数学·统计学系列

数学分析（第2册）

Mathematical Analysis (Volume Ⅱ)

徐森林 薛春华 编著

哈爾濱工業大學出版社
HARBIN INSTITUTE OF TECHNOLOGY PRESS

内容简介

本套书共分三册来讲解数学分析的内容，在深入挖掘传统精髓内容的同时，力争做到与后续课程内容的密切结合，使内容具有近代数学的气息．另外，从讲述和训练两个层面来体现因材施教的教学理念．

本册是第 2 册，内容包括($\mathbb{R}^n$,ρ_0^n)的拓扑，n 元函数的连续与极限，n 元函数的微分及其应用，n 元函数的 Riemann 积分，曲线积分，曲面积分，外微分形式积分与场论．书中配备大量典型实例，习题分练习题、思考题与复习题三个层次，供广大读者选用．

本套书可作为理工科大学或师范大学数学专业的教材，特别是基地班或试点班的教材，也可作为大学教师与数学工作者的参考书．

图书在版编目(CIP)数据

数学分析．第 2 册/徐森林，薛春华编著．—哈尔滨：哈尔滨工业大学出版社，2021.3(2022.9 重印)
ISBN 978-7-5603-8172-5

Ⅰ．①数…　Ⅱ．①徐…　②薛…　Ⅲ．①数学分析-高等学校-教材　Ⅳ．①O17

中国版本图书馆 CIP 数据核字(2021)第 045530 号

策划编辑　刘培杰　张永芹
责任编辑　刘立娟　杜莹雪
封面设计　孙茵艾
出版发行　哈尔滨工业大学出版社
社　　址　哈尔滨市南岗区复华四道街 10 号　邮编 150006
传　　真　0451-86414749
网　　址　http://hitpress.hit.edu.cn
印　　刷　哈尔滨市颉升高印刷有限公司
开　　本　787 mm×1 092 mm　1/16　印张 31.5　字数 545 千字
版　　次　2021 年 3 月第 1 版　2022 年 9 月第 2 次印刷
书　　号　ISBN 978-7-5603-8172-5
定　　价　48.00 元

前　言

数学分析是数学专业最重要的基础课,它对后继课程(实变函数、泛函分析、拓扑、微分几何)和近代数学的学习与研究具有非常深远的影响和至关重要的作用.一本优秀的数学分析教材必须包含传统微积分内容的精髓和分析能力与方法的传授,也必须包含近代的内容,其检验标准是若干年后能否涌现出一批高水准的应用数学人才和数学研究人才,特别是一些数学顶尖人物.作者从事数学分析教学几十年,继承导师、著名数学家吴文俊教授的一整套教学(特别是教授数学分析的)方法(中国科学技术大学称之为"吴龙"),并将其发扬光大,因材施教,在中国科学技术大学培养了一批国内外知名的数学家与数学工作者.目前,作者徐森林被特聘到华中师范大学数学与统计学学院,并在数学试点班用此教材讲授数学分析,效果显著.

本书的主要特色可以归纳为以下几点:

1.传统精髓内容的完善化.

本书包含了实数的各种引入,七个实数连续性等价命题的论述;给出了单变量与多变量的 Riemann 可积的各等价命题的证明;讨论了微分中值定理,Taylor 公式余项的各种表达;介绍了积分第一、第二中值定理,隐函数存在性定理与反函数定理的两种不同的证法等内容.

2. 与后继课程的紧密结合,使内容近代化.

本书在介绍经典微积分理论的同时,将近代数学中许多重要的概念、理论恰到好处地引入分析教材中. 例如,在积分理论中,给出了 Lebesgue 定理:函数 f Riemann 可积的充要条件是 f 几乎处处连续且有界;详细讨论了 $\mathbb{R}^n$ 中的拓扑及相应的开集、闭集、聚点等概念,描述了 $\mathbb{R}^n$ 中集合的紧致性、连通性、可数性、Hausdorff 性等拓扑不变性,使读者站在拓扑的高度来理解零值定理、介值定理、最值定理与一致连续性定理. 引进外微分形式及外微分运算,将经典 Newton-Leibniz 公式、平面 Green 公式、空间 Stokes 公式与 Gauss 公式统一为 Stokes 公式,并对闭形式、恰当形式与场论的对偶关系给出了全新的表述. 这不仅使教材内容本身近代化,而且为学生在高年级学习拓扑、实变函数、泛函分析、微分几何等课程提供了一个实际模型并打下良好的基础,为经典数学与近代数学架设了一座桥梁.

3. 因材施教,着重培养学生的研究与创新能力.

同一定理(如零值定理、一致连续性定理、Lagrange 中值定理、Cauchy 中值定理、隐函数存在性定理与反函数定理等)经常采用多种证法;同一例题应用不同定理或不同方法解答,这是本书的又一特色. 它使学生广开思路、积极锻炼思维能力,使思维越来越敏捷与成熟. 书中举出大量例题是为了让读者得到一定的基本训练,同时从定理的证明和典型实例的分析中掌握数学分析的技巧与方法. 习题共分 3 个层次:练习题、思考题与复习题. 练习题是基础题,是为读者熟练掌握内容与方法所设置的. 为提高学生对数学的兴趣及解题的能力,设置了思考题. 为了让读者减少做题的障碍,增强对数学的自信心,其中有些题给出了提示. 实际上,每一节的标题就是最好的提示. 在每一章设置了大量复习题,这些题不给提示,因此大部分学生对它们会感到无从下手,这些题是为少数想当数学家的学生特别设置的,希望他们能深入思考,自由发挥,将复习题一一解答出来,为将来的研究培养自己的创新能力. 如有困难,我们还可撰写一本精练的学习指导书.

本套书共分三册. 第 1 册内容包括数列极限,函数极限与连续,一元函数的导数与微分中值定理,Taylor 公式,不定积分以及 Riemann 积分;第 2 册内容包括$\mathbb{R}^n$中的拓扑，n元函数的极限与连续，n元函数的微分学，隐函数定理与反函数定理，n重积分，第一型曲线、曲面积分，第二型曲线、曲面积分，Stokes定理，外微分形式与场论；第3册内容包括数项级数和各种收敛判别法，函数项级数的一致收敛性及其性质，含参变量反常积分的一致收敛性及其性质，Euler积分（Γ函数与B函数），幂级数与Taylor级数，Fourier分析.

在撰写本书的时候，得到了华中师范大学数学与统计学学院领导和教师们的热情鼓励与大力支持，作者们谨在此对他们表示诚挚的感谢. 博士生邓勤涛、胡自胜、薛琼，硕士生金亚东、鲍焱红等对本书的写作提出了许多宝贵的意见，使本书增色不少，在此也一并感谢.

特别还要感谢的是哈尔滨工业大学出版社的副社长刘培杰老师，编辑张永芹、杜莹雪、刘立娟，他们为我们提供了出版这本数学分析书的机会，了却了我多年的心愿.

徐森林

目　录

第7章　$(\mathbb{R}^n,\rho_0^n)$的拓扑、n元函数的连续与极限

从极限理论和实数理论导出了闭区间$[a,b]$上连续函数的零值定理、介值定理、最值定理及一致连续性定理,要将这些定理推广到n维 Euclid 空间$\mathbb{R}^n$中,必须介绍$\mathbb{R}^n$及其子集的拓扑的确切定义,随之而来的还有开集、闭集、聚点、收敛、紧致性、连通性等重要概念.本章证明了$\mathbb{R}^n$中子集A的紧致、可数紧致、列紧、序列紧致都等价于A为$\mathbb{R}^n$中的有界闭集;连通集上的连续函数有零值定理与介值定理;紧致集上的连续函数有最值定理及一致连续性定理.上述内容是站在度量空间、拓扑空间的高度来叙述的.考虑到 Euclid 空间$\mathbb{R}^n$这一特定的度量空间、特定的拓扑空间,我们还需讨论n元函数的极限及相关的定理.

7.1　$(\mathbb{R}^n,\rho_0^n)$的拓扑

为了培养读者的抽象思维能力,我们采用从抽象到具体的方法,在非空集合上引进拓扑的概念,然后给出度量空间(X,ρ)诱导的拓扑空间$(X,\mathscr{T}_\rho)$,作为特殊度量空间的 Euclid 空间$(\mathbb{R}^n,\rho_0^n)$,它相应的拓扑空间为$(\mathbb{R}^n,\mathscr{T}_{\rho_0^n})$,而$\mathscr{T}_{\rho_0^n}$就是$\mathbb{R}^n$中的通常拓扑.

定义 7.1.1　如果非空集合X的子集族

$$\mathscr{T}=\{U \mid U\text{ 具有性质 } *\}$$

满足:

(1)$X,\varnothing\in\mathscr{T}$;

(2)若$U_1,U_2\in\mathscr{T}$,则$U_1\cap U_2\in\mathscr{T}$;

(3)$\bigcup\limits_{U\in\mathscr{T}_0\subset\mathscr{T}}U\in\mathscr{T}$(或表达为:若$U_\alpha\in\mathscr{T},\alpha\in\Gamma$(指标集),则必有$\bigcup\limits_{\alpha\in\Gamma}U_\alpha\in\mathscr{T}$),

则称$\mathscr{T}$为X上的一个**拓扑**,$(X,\mathscr{T})$称为X上的一个**拓扑空间**.

$U\in\mathscr{T}$称为$(X,\mathscr{T})$中的**开集**,如果F的余(补)集$F^c=X\backslash F\in\mathscr{T}$,则称$F$为$(X,\mathscr{T})$中的**闭集**.由数学归纳法与(2)知,有限个开集的交为开集;由(3)知,任

意多个开集的并为开集.

定义 7.1.2 设$(X,\mathscr{T})$为拓扑空间,$A\subset X$,$x\in X$(不必属于A),如果对x的任何**开邻域**(含x的开集)U必有

$$U\cap(A\setminus\{x\})=(U\setminus\{x\})\cap A\neq\varnothing$$

则称x为A的**聚点**. 记A的聚点的全体为A'或A^{d},称为A的**导集**. 而$\overline{A}=A\cup A'$称为A的**闭包**,有时,记$\overline{A}$为A^{-},如果$\overline{A}=X$,则称A为$(X,\mathscr{T})$的**稠密集**.

如果$a\in A$,且$a\notin A'$,则称a为A的**孤立点**. 显然

$$a\text{ 为 }A\text{ 的孤立点}\Leftrightarrow a\in A,\text{且}\ \exists\, U_0\in\mathscr{T},\text{ s. t. } U_0\cap A=\{a\}$$

定理 7.1.1 $x\in\overline{A}\Leftrightarrow$对$x$的任何开邻域$U$,有$U\cap A\neq\varnothing$.

等价地,有

$$x\notin\overline{A}\Leftrightarrow\text{存在 }x\text{ 的开邻域 }U_0,\text{使得 }U_0\cap A=\varnothing$$

证明 $x\in\overline{A}=A\cup A'\Leftrightarrow x\in A$或$x\notin A,x\in A'\Leftrightarrow$对$x$的任何开邻域$U$,有$U\cap A\neq\varnothing$.

引理 7.1.1(De Morgan 公式)

$$X\setminus\bigcup_{\alpha\in\Gamma}A_\alpha=\bigcap_{\alpha\in\Gamma}(X\setminus A_\alpha)$$

$$X\setminus\bigcap_{\alpha\in\Gamma}A_\alpha=\bigcup_{\alpha\in\Gamma}(X\setminus A_\alpha)$$

如果$A_\alpha\subset X(\forall\alpha\in\Gamma)$,则称$X$为**全空间**. 上述两式变为

$$\Big(\bigcup_{\alpha\in\Gamma}A_\alpha\Big)^{\mathrm{c}}=\bigcap_{\alpha\in\Gamma}A_\alpha^{\mathrm{c}}$$

$$\Big(\bigcap_{\alpha\in\Gamma}A_\alpha\Big)^{\mathrm{c}}=\bigcup_{\alpha\in\Gamma}A_\alpha^{\mathrm{c}}$$

证明 由

$$\begin{aligned}x\in X\setminus\bigcup_{\alpha\in\Gamma}A_\alpha&\Leftrightarrow x\in X,x\notin\bigcup_{\alpha\in\Gamma}A_\alpha\\&\Leftrightarrow x\in X,\ \forall\alpha\in\Gamma,x\notin A_\alpha\\&\Leftrightarrow\forall\alpha\in\Gamma,x\in(X\setminus A_\alpha)\\&\Leftrightarrow x\in\bigcap_{\alpha\in\Gamma}(X\setminus A_\alpha)\end{aligned}$$

知

$$X\setminus\bigcup_{\alpha\in\Gamma}A_\alpha=\bigcap_{\alpha\in\Gamma}(X\setminus A_\alpha)$$

第2式可类似证明(留作习题).

定理 7.1.2 设$(X,\mathscr{T})$为拓扑空间,则闭集族

$$\mathscr{F}=\{F\mid F\text{ 为}(X,\mathscr{T})\text{中的闭集}\}$$

具有如下性质:

(1)$X,\varnothing\in\mathscr{F}$;

(2)若 $F_1,F_2\in\mathscr{F}$,则 $F_1\cup F_2\in\mathscr{F}$;

(3)$\bigcap\limits_{F\in\mathscr{F}_0\subset\mathscr{F}}F\in\mathscr{F}$ (或表达为:若 $F_\alpha\in\mathscr{F}$,$\alpha\in\Gamma$(指标集),则必有$\bigcap\limits_{\alpha\in\Gamma}F_\alpha\in\mathscr{F}$).

由数学归纳法与(2)知,有限个闭集的并为闭集;由(3)知,任意多个闭集的交为闭集.

证明　(1)因为 $X^c=\varnothing\in\mathscr{T}$,$\varnothing^c=X\in\mathscr{T}$,所以 $X,\varnothing\in\mathscr{F}$.

(2)因为 $F_1,F_2\in\mathscr{F}$,所以 $F_1^c,F_2^c\in\mathscr{T}$,于是

$$(F_1\cup F_2)^c\xlongequal{\text{De Morgan 公式}}F_1^c\cap F_2^c\in\mathscr{T}$$

从而 $F_1\cup F_2\in\mathscr{F}$.

(3)因为 $F_\alpha\in\mathscr{F}$,所以 $F_\alpha^c\in\mathscr{F}$,$\alpha\in\Gamma$. 于是

$$\left(\bigcap_{\alpha\in\Gamma}F_\alpha\right)^c\xlongequal{\text{De Morgan 公式}}\bigcup_{\alpha\in\Gamma}F_\alpha^c\in\mathscr{T}$$

从而$\bigcap\limits_{\alpha\in\Gamma}F_\alpha\in\mathscr{F}$.

或者由

$$\left(\bigcap_{F\in\mathscr{F}_0\subset\mathscr{F}}F\right)^c\xlongequal{\text{De Morgan 公式}}\bigcup_{F\in\mathscr{F}_0\subset\mathscr{F}}F^c\in\mathscr{T}$$

推得$\bigcap\limits_{F\in\mathscr{F}_0\subset\mathscr{F}}F\in\mathscr{F}$.

定理 7.1.3(导集的性质)

(1)$\varnothing'=\varnothing$;

(2)$A\subset B$ 蕴涵 $A'\subset B'$;

(3)$(A\cup B)'=A'\cup B'$.

证明　(1) $\forall x\in X$,x 的任何开邻域 U,$U\cap(\varnothing\setminus\{x\})=\varnothing$,故 $x\notin\varnothing'$,从而$\varnothing'=\varnothing$.

(2)设 $x\in A'$,对 x 的任何开邻域 U,有

$$U\cap(B\setminus\{x\})\supset U\cap(A\setminus\{x\})\neq\varnothing$$

所以 $x\in B'$,从而 $A'\subset B'$.

(3)一方面,由 $A\subset A\cup B$,$B\subset A\cup B$,根据(2)知

$$A'\subset(A\cup B)',\quad B'\subset(A\cup B)'$$

因此,$A'\cup B'\subset(A\cup B)'$.

另一方面,如果 $x\notin A'\cup B'$,则 $x\notin A'$ 且 $x\notin B'$,故存在 x 的开邻域 U_A,U_B,使得

$$U_A\cap(A\backslash\{x\})=\varnothing,\quad U_B\cap(B\backslash\{x\})=\varnothing$$

显然

$$(U_A\cap U_B)\cap(A\cup B\backslash\{x\})=\varnothing$$

所以 $x\notin(A\cup B)'$. 这就证明了

$$(A\cup B)'\subset A'\cup B'$$

综上得到 $(A\cup B)'=A'\cup B'$.

定理 7.1.4(闭包的性质)

(1) $\overline{\varnothing}=\varnothing$;

(2) $A\subset B$ 蕴涵 $\overline{A}\subset\overline{B}$;

(3) $\overline{A\cup B}=\overline{A}\cup\overline{B}$;

(4) $\overline{(\overline{A})}=\overline{A}$.

证明 (1) $\overline{\varnothing}=\varnothing\cup\varnothing'=\varnothing\cup\varnothing=\varnothing$.

(2) 由 $A\subset B$ 与定理 7.1.3(2) 得到 $A'\subset B'$,从而

$$\overline{A}=A\cup A'\subset B\cup B'=\overline{B}$$

(3) $\overline{A\cup B}=(A\cup B)\cup(A\cup B)'\xlongequal{\text{定理 7.1.3(3)}}(A\cup B)\cup(A'\cup B')=(A\cup A')\cup(B\cup B')=\overline{A}\cup\overline{B}$.

(4) 显然,$\overline{A}\subset\overline{A}\cup(\overline{A})'=\overline{(\overline{A})}$. 进而,有

$$\begin{aligned} x\in\overline{A} &\overset{\text{定理7.1.1}}{\Longleftrightarrow}\text{对 } x \text{ 的任何开邻域 } U, U\cap A\neq\varnothing\\ &\Longleftrightarrow\text{对 } x \text{ 的任何开邻域 } U, U\cap\overline{A}\neq\varnothing\\ &\overset{\text{定理7.1.1}}{\Longleftrightarrow} x\in\overline{(\overline{A})}\end{aligned}$$

所以,$\overline{(\overline{A})}=\overline{A}$.

定义 7.1.3 设 $\{x_n\}$ 为 $(X,\mathscr{T})$ 中的点列,如果 $\exists x\in X$,对 x 的任何开邻域 U, $\exists N\in\mathbb{Z}_+$,当 $n>N$ 时,有 $x_n\in U$,则称 $\{x_n\}$ **收敛于** x,记作 $\lim\limits_{n\to+\infty}x_n=x$ 或 $x_n\to x(n\to+\infty)$,而 x 称为点列 $\{x_n\}$ 的**极限**.

定理 7.1.5 设 $(X,\mathscr{T})$ 为拓扑空间,则:(1) A 为闭集 $\Leftrightarrow$ (2) $A'\subset A\Leftrightarrow$ (3) $\overline{A}=$

$A\Rightarrow(4)\ \forall x_n\in A,\lim\limits_{n\to+\infty}x_n=x$,则 $x\in A$.

证明　(1)⇒(2). 设 A 为闭集,则 A^c 为开集,$\forall x\in A^c$(x 的开邻域),有

$$A^c\cap(A\setminus\{x\})=\varnothing$$

所以 $x\notin A'$,从而 $A'\subset A$.

(2)⇔(3). $A'\subset A\Leftrightarrow\overline{A}=A\cup A'=A$.

(1)⇐(2). 设 $A'\subset A$, $\forall x\in A^c$,则必有 $x\notin A'$. 根据聚点的定义,存在 x 的开邻域 U_x,使得 $U_x\cap(A\setminus\{x\})=\varnothing$. 再从 $x\notin A$ 知 $U_x\cap A=\varnothing$, $x\in U_x\subset A^c$,于是,$A^c=\bigcup\limits_{x\in A^c}U_x$ 为开集,而 A 为闭集.

(1)⇒(4). 因 A 为闭集,故 A^c 为开集.(反证)假设 $x\notin A$,即 $x\in A^c$,则 A^c 为 x 的一个开邻域,由于 $\lim\limits_{n\to+\infty}x_n=x$,故 $\exists N\in\mathbb{Z}_+$,当 $n>N$ 时,有 $x_n\in A^c$,即 $x_n\notin A$,这与已知 $x_n\in A$ 相矛盾.

下面将介绍的度量空间就是一类具有优良性质的拓扑空间.

定义 7.1.4　设 X 为非空集合,且

$$\rho:X\times X\to\mathbb{R},\quad (x,y)\longmapsto\rho(x,y)$$

为映射,如果满足:

(1)$\rho(x,y)\geqslant0$,且 $\rho(x,y)=0\Leftrightarrow x=y$(正定性);

(2)$\rho(x,y)=\rho(y,x)$(对称性);

(3)$\rho(x,z)\leqslant\rho(x,y)+\rho(y,z)$(三角(点)不等式),

则称 ρ 为 X 上的一个**度量**(或**距离**),(X,ρ) 称为 X 上的一个**度量**(**距离**)**空间**,$\rho(x,y)$ 称为**点 x 与 y 的距离**.

现在验证:度量空间 (X,ρ) 上的子集族

$$\mathscr{T}_\rho=\{U\mid\forall x\in U,\exists\delta>0,\text{s. t. 开球 }B(x;\delta)\subset U\}$$

为 X 上的一个拓扑,称为**由 ρ 诱导的拓扑**,其中 $B(x;\delta)=\{y\mid y\in X,\rho(y,x)<\delta\}$ 是**以 x 为中心,δ 为半径的开球**.

证明　(1)由于 $\forall x\in X$,显然有 $B(x;1)\subset X$,故 $X\in\mathscr{T}_\rho$.

因为 $\varnothing$ 不含任何元素,它自然满足 $\mathscr{T}_\rho$ 的性质,所以 $\varnothing\in\mathscr{T}_\rho$.

(2)设 $U_1,U_2\in\mathscr{T}_\rho$,如果 $U_1\cap U_2=\varnothing$,根据(1),$U_1\cap U_2=\varnothing\in\mathscr{T}_\rho$;如果 $U_1\cap U_2\neq\varnothing$,则 $\forall x\in U_1\cap U_2$,有 $x\in U_i$, $\exists\delta_i>0$, s. t. $B(x;\delta_i)\subset U_i(i=1,2)$,于是,$B(x;\delta)\subset U_1\cap U_2$,其中 $\delta=\min\{\delta_1,\delta_2\}$. 因此,$U_1\cap U_2\in\mathscr{T}_\rho$.

(3)设 $U_\alpha\in\mathscr{T}_\rho$, $\alpha\in\Gamma$. 如果 $x\in\bigcup\limits_{\alpha\in\Gamma}U_\alpha$,则 $x\in U_{\alpha_0}$, $\alpha_0\in\Gamma$. 于是,$\exists\delta_0>0$,

s. t. $B(x;\delta_0)\subset U_{\alpha_0}\subset\bigcup\limits_{\alpha\in\Gamma}U_\alpha$. 因此, $\bigcup\limits_{\alpha\in\Gamma}U_\alpha\in\mathscr{T}_\rho$.

根据(1)(2)(3)可知 $\mathscr{T}_\rho$ 为 X 上的一个拓扑.

在度量空间$(X,\mathscr{T}_\rho)$中显然有

$$\begin{aligned}\text{点列}\{x_n\}\text{收敛于 } x_0\in X &\Leftrightarrow \forall\varepsilon>0,\exists N\in\mathbb{Z}_+,\text{当 } n>N \text{ 时},x_n\in B(x_0;\varepsilon)\\ &\Leftrightarrow \forall\varepsilon>0,\exists N\in\mathbb{Z}_+,\text{当 } n>N \text{ 时},\rho(x_n,x_0)<\varepsilon\end{aligned}$$

定理 7.1.6 设(X,ρ)为度量空间,$A\subset X$,则以下结论等价:

(1) x 为 A 的聚点,即 $x\in A'$.

(2)对 x 的任何开邻域 U,$U\cap A$ 为无限集,即 U 中含 A 的无限个点.

(3) $\exists\{x_k\}\subset A$,x_k 互异且 $x_k\neq x$, s. t. $\lim\limits_{k\to+\infty}x_k=x$.

证明 (1)⇐(2). 由聚点的定义即知.

(1)⇒(3). 设 $x\in A'$,对 x 的任何开邻域 U, $\exists n_1\in\mathbb{Z}_+$, s. t. $B\left(x;\dfrac{1}{n_1}\right)\subset U$,则有 $x_1\in B\left(x;\dfrac{1}{n_1}\right)\cap(A\setminus\{x\})$,取 $n_2>n_1$, s. t. $\dfrac{1}{n_2}<\rho(x_1,x)$,则对 x 的开邻域 $B\left(x;\dfrac{1}{n_2}\right)$,有 $x_2\in B\left(x;\dfrac{1}{n_2}\right)\cap(A\setminus\{x\})$,显然 $x_2\neq x_1$,依此类推,得到$\{x_k\}$, s. t. $x_k\in B\left(x;\dfrac{1}{n_k}\right)\cap(A\setminus\{x\})$,且 x_k 为异于 $x_1,x_2,\cdots,x_{k-1}$ 的点. 于是,x_k 互异且 $x_k\neq x$,再由 $0\leqslant\rho(x_k,x)<\dfrac{1}{n_k}\to0\ (k\to+\infty)$ 得到 $\lim\limits_{k\to+\infty}x_k=x$.

(2)⇐(3). 对 x 的任何开邻域 U,因为 $\lim\limits_{k\to+\infty}x_k=x$,所以 $\exists K\in\mathbb{Z}_+$,当 $k>K$ 时,有 $x_k\in U$. 由 x_k 互异知 U 中含 A 的无限个点.

为了看出定理 7.1.6 中的(2)(3)为度量空间中特有的性质,注意下面的例题.

例 7.1.1 设 X 为非空集合,$\mathscr{T}_{\text{平庸}}=\{\varnothing,X\}$,显然 $\mathscr{T}_{\text{平庸}}$ 为 X 上的一个拓扑,其开集最少,只含$\varnothing$与 X 两个,称$(X,\mathscr{T}_{\text{平庸}})$为 X 上的**平庸拓扑空间**.

当 $X=\{a,b\}$,$a\neq b$ 时,$\mathscr{T}_{\text{平庸}}=\{\varnothing,X=\{a,b\}\}$. 取 $A=\{a\}$,则 $A'=\{b\}$. 显然,b 的任何开邻域 U 必为 $X=\{a,b\}$,它只含 $A=\{a\}$ 的一个点 a,而不是无限个点,由于 A 为有限集,自然定理 7.1.6 中(3)不成立.

定义 7.1.5 设$(X,\mathscr{T})$为拓扑空间,$x\in X$,x 的一个开邻域族 $\mathscr{T}_x^*$,若对 x 的任何开邻域 U,均有 $U_0\in\mathscr{T}_x^*$, s. t. $x\in U_0\subset U$,则称 $\mathscr{T}_x^*$ 为 x 的一个**局部基**. 若

$\mathscr{T}_x^*$ 为至多可数集,则称 $\mathscr{T}_x^*$ 为 x 的一个**可数局部基**.

如果 $\forall x\in X$ 均有可数局部基,则称$(X,\mathscr{T})$为 A_1 **空间或具有第一可数性公理**的拓扑空间.

如果有 $\mathscr{T}^*\subset\mathscr{T}$,对 $\mathscr{T}$ 中任一元素 U,有 $U=\bigcup\limits_{V\in\mathscr{T}_0^*\subset\mathscr{T}^*}V$(即 $\forall x\in U$, $\exists V\in\mathscr{T}^*$, s. t. $x\in V\subset U$),则称 $\mathscr{T}^*$ 为$(X,\mathscr{T})$的一个**拓扑基**,换句话说,$\mathscr{T}$ 是由 $\mathscr{T}^*$ 生成的,进而,当 $\mathscr{T}^*$ 为至多可数集时,称 $\mathscr{T}^*$ 为$(X,\mathscr{T})$的一个**可数拓扑基**. 有可数拓扑基的拓扑空间$(X,\mathscr{T})$称为 A_2 **空间或具有第二可数性公理**的拓扑空间.

显然 A_2 空间必为 A_1 空间($\mathscr{T}_x^*=\{U\mid U\in\mathscr{T}^*,x\in U\}$ 为 x 处的可数局部基). 但反之不一定成立.

例 7.1.2　设 X 为非空集合,$\mathscr{T}_{离散}=\{A\mid A\subset X\}$ 显然为一个拓扑,它的开集最多,称$(X,\mathscr{T}_{离散})$为 X 上的**离散拓扑空间**. 容易看出$(X,\mathscr{T}_{离散})$为 A_1 空间($\mathscr{T}_x^*=\{\{x\}\}$ 为 x 处的可数局部基).

但值得注意的是$(X,\mathscr{T}_{离散})$未必为 A_2 空间. 例如,当 X 为不可数集时,$(X,\mathscr{T}_{离散})$就不是 A_2 空间.

证明　(反证)假设$(X,\mathscr{T}_{离散})$为 A_2 空间,则有可数拓扑基 $\mathscr{T}^*$. 由于独点集 $\{x\}\in\mathscr{T}_{离散}$,根据拓扑基的定义知,$\exists U_x\in\mathscr{T}^*$, s. t. $x\in U_x\subset\{x\}$,则$\{x\}=U_x$. 由此推得$\{\{x\}\mid x\in X\}\subset\mathscr{T}^*$,从而$\{\{x\}\mid x\in X\}$与 X 为至多可数集,这与 X 为不可数集相矛盾.

定理 7.1.7　设$(X,\mathscr{T})$为拓扑空间,在 $x\in X$ 处有可数局部基 $\mathscr{T}^*=\{U_n\mid n\in\mathbb{Z}_+\}$,则必有 x 的可数局部基 $\mathscr{T}^{**}=\{V_n\mid n\in\mathbb{Z}_+\}$, s. t. $V_1\supset V_2\supset\cdots\supset V_n\supset V_{n+1}\supset\cdots$,并称 $\mathscr{T}^{**}$ 为 x 处的**规范可数局部基**.

证明　令 $V_n=\bigcap\limits_{i=1}^{n}U_i\subset U_n$. 显然 $V_n\in\mathscr{T}$,且 $V_1\supset V_2\supset\cdots\supset V_n\supset V_{n+1}\supset\cdots$. 再证$\{V_n\mid n\in\mathbb{Z}_+\}$为 x 处的局部基. 事实上,对 x 的任何开邻域 U,必有 $U_n\in\mathscr{T}^*$, s. t. $x\in U_n\subset U$. 根据 V_n 的定义,$x\in V_n=\bigcap\limits_{i=1}^{n}U_i\subset U_n\subset U$. 这就证明了$\{V_n\mid n\in\mathbb{Z}_+\}$为 x 处的局部基.

定理 7.1.8　设$(X,\mathscr{T})$为 A_1 空间,则

$$A\text{ 为闭集}\Leftrightarrow\forall x_n\in A,\ \lim_{n\to+\infty}x_n=x,\text{则 }x\in A$$

证明　$(\Rightarrow)$由定理 7.1.5(1)$\Rightarrow$(4)可得结论.

($\Leftarrow$)(反证)假设 A 不为闭集,则 $\exists x\in A', x\notin A$. 因为 $(X,\mathscr{T})$ 为 A_1 空间,根据定理 7.1.7, x 处有规范可数局部基 $\{V_n \mid n\in\mathbb{Z}_+\}$. 于是,对 x 的任何开邻域 V_n,有 $V_n\cap(A\setminus\{x\})\neq\varnothing$. 取 $x_n\in V_n\cap(A\setminus\{x\})\subset A$,显然 $\lim\limits_{n\to+\infty}x_n=x$. 事实上,对 x 的任何开邻域 U,由 $\{V_n \mid n\in\mathbb{Z}_+\}$ 为 x 处的规范可数局部基,故 $\exists N\in\mathbb{Z}_+$, s. t. $x\in V_N\subset U$,当 $n>N$ 时, $x_n\in V_n\subset V_N\subset U$,这就证明了 $\lim\limits_{n\to+\infty}x_n=x$. 但是, $x\notin A$,这与右边条件矛盾.

定义 7.1.6 设 $(X,\mathscr{T})$ 为拓扑空间,如果 $\forall p,q\in X, p\neq q$ 均有 p 的开邻域 U 与 q 的开邻域 V, s. t. $U\cap V=\varnothing$,则称 $(X,\mathscr{T})$ 为 T_2 **空间或 Hausdorff 空间**.

定理 7.1.9 设 $(X,\mathscr{T})$ 为 T_2 空间,点列 $\{x_n\}\subset X$ 收敛,则极限是唯一的.

证明 (反证)假设极限不唯一,则 $\exists x,y\in X, x\neq y$, s. t. $\lim\limits_{n\to+\infty}x_n=x$ 且 $\lim\limits_{n\to+\infty}x_n=y$. 因为 $(X,\mathscr{T})$ 为 T_2 空间,所以存在 x 的开邻域 U 与 y 的开邻域 V, s. t. $U\cap V=\varnothing$. 根据极限的定义, $\exists N_1,N_2\in\mathbb{Z}_+$,当 $n>N_1$ 时, $x_n\in U$;当 $n>N_2$ 时, $x_n\in V$. 于是,当 $n>N=\max\{N_1,N_2\}$ 时, $x_n\in U\cap V=\varnothing$,矛盾.

例 7.1.3 设 X 至少含两个点, $\{x_n\}$ 为 $(X,\mathscr{T}_{平庸})$ 中的任一点列,则 $\forall x\in X$,都必有 $\lim\limits_{n\to+\infty}x_n=x$.

事实上,对 x 的任何开邻域 U,必有 $U=X$,故当 $n>N=1$ 时, $x_n\in X=U$,这就证明了 $\lim\limits_{n\to+\infty}x_n=x$. 因此, X 中任一点都为点列 $\{x_n\}$ 的极限,这个结果真出乎意料!

引理 7.1.2 (X,ρ) 中的开球 $B(x;\delta)$ 为开集.

证明 $\forall y\in B(x;\delta)$,必有 $B(y;\delta-\rho(x,y))\subset B(x;\delta)$,因此 $B(x;\delta)\in\mathscr{T}_\rho$,即开球 $B(x;\delta)$ 为开集.

例 7.1.4 设 X 为非空集合, $\rho: X\times X\to\mathbb{R}$, $(x,y)\mapsto\rho(x,y)$,其中

$$\rho(x,y)=\begin{cases}1, & x\neq y\\0, & x=y\end{cases}$$

显然, (X,ρ) 为 X 上的一个度量空间,并且开球

$$B(x;\delta)=\begin{cases}\{x\}, & 0<\delta\leqslant 1\\X, & \delta>1\end{cases}$$

由此可知,每个独点集 $\{x\}$ 均为 $(X,\mathscr{T}_\rho)$ 中的开集(实际上是开球). $\forall A\subset X$,有

$$A=\bigcup_{x\in A}\{x\}=\bigcup_{x\in A}B(x;1)$$

为 $(X,\mathscr{T}_\rho)$ 的开集. 因此 $\mathscr{T}_\rho=\{A \mid A\subset X\}=\mathscr{T}_{离散}$.

例 7.1.5　设(X,ρ)为度量空间，$Y\subset X$ 为非空集合，显然，$\rho_Y=\rho|_Y: Y\times Y\to\mathbb{R}$，$\rho_Y(x,y)=\rho(x,y)$为 Y 上的一个度量(距离)，使得(Y,ρ_Y)为 Y 上的一个度量(距离)空间，称为(X,ρ)的一个**子度量空间**. 其开球

$$\begin{aligned}B_Y(x;\delta)&=\{y\mid y\in Y,\rho_Y(y,x)=\rho(y,x)<\delta\}\\&=\{y\mid y\in X,\rho(y,x)<\delta\}\cap Y=B(x;\delta)\cap Y\end{aligned}$$

这表明(Y,ρ_Y)中的以 x 为中心、δ 为半径的开球 $B_Y(X;\delta)$就是(X,ρ)中以 x 为中心、δ 为半径的开球 $B(x;\delta)$与 Y 的交.

例 7.1.6　设$(X,\mathscr{T})$为拓扑空间，$Y\subset X$ 为非空集合，记

$$\mathscr{T}_Y=\{U\cap Y\mid U\in\mathscr{T}\}$$

则 $\mathscr{T}_Y$ 为 Y 上的一个拓扑，称为**由 $\mathscr{T}$ 诱导的拓扑**，$(Y,\mathscr{T}_Y)$称为$(X,\mathscr{T})$的**诱导拓扑空间或子拓扑空间**.

证明　(1)$\varnothing=\varnothing\cap Y\in\mathscr{T}_Y$，$Y=X\cap Y\in\mathscr{T}_Y$.

(2)若 $H_i=U_i\cap Y\in\mathscr{T}_Y$，$U_i\in\mathscr{T}(i=1,2)$，则 $U_1\cap U_2\in\mathscr{T}$，从而

$$H_1\cap H_2=(U_1\cap Y)\cap(U_2\cap Y)=(U_1\cap U_2)\cap Y\in\mathscr{T}_Y$$

(3)若 $H_\alpha=U_\alpha\cap Y\in\mathscr{T}_Y$，$U_\alpha\in\mathscr{T}$，$\alpha\in\Gamma$，则$\bigcup\limits_{\alpha\in\Gamma}U_\alpha\in\mathscr{T}$，从而

$$\bigcup_{\alpha\in\Gamma}H_\alpha=\bigcup_{\alpha\in\Gamma}(U_\alpha\cap Y)=(\bigcup_{\alpha\in\Gamma}U_\alpha)\cap Y\in\mathscr{T}_Y$$

根据(1)(2)(3)推得 $\mathscr{T}_Y$ 为 Y 上的一个拓扑.

引理 7.1.3　设(X,ρ)为度量空间，$Y\subset X$ 为非空子集，则 $\mathscr{T}_{\rho_Y}=(\mathscr{T}_\rho)_Y$.

证明　$\forall H\in(\mathscr{T}_\rho)_Y$，则 $H=U\cap Y$，$U\in\mathscr{T}_\rho$. $\forall x\in H$，必有开球 $B(x;\delta)\subset U$，则

$$B_Y(x;\delta)=B(x;\delta)\cap Y\subset U\cap Y=H$$

从而 $H\in\mathscr{T}_{\rho_Y}$，$(\mathscr{T}_\rho)_Y\subset\mathscr{T}_{\rho_Y}$.

反之，$\forall H\in\mathscr{T}_{\rho_Y}$，$\forall x\in H$，必有 $B(x;\delta_x)\cap Y=B_Y(x;\delta_x)\subset H$，则

$$H=\bigcup_{x\in H}B_Y(x;\delta_x)=(\bigcup_{x\in H}B(x;\delta_x))\cap Y\in(\mathscr{T}_\rho)_Y,\quad \mathscr{T}_{\rho_Y}\subset(\mathscr{T}_\rho)_Y$$

综上可知，$\mathscr{T}_{\rho_Y}=(\mathscr{T}_\rho)_Y$.

引理 7.1.4　设(X,ρ)为度量空间，则$(X,\mathscr{T}_\rho)$为 A_1 空间、T_2 空间.

证明　容易验证$\left\{B\left(x;\dfrac{1}{n}\right)\middle|\,n\in\mathbb{Z}_+\right\}$为点 x 处的规范可数局部基；而$\{B(x;r)\mid r\in\mathbb{Q},r>0\}$为点 x 处的可数局部基. 因此$(X,\mathscr{T}_\rho)$为 A_1 空间.

$\forall p,q\in X,p\neq q$,显然 $B\left(p;\frac{1}{2}\rho(p,q)\right)$与 $B\left(q;\frac{1}{2}\rho(p,q)\right)$分别为 p 与 q 的两个不相交的开球邻域,所以$(X,\mathscr{T}_\rho)$为 T_2 空间.

推论 7.1.1 设(X,ρ)为度量空间,则有:

(1)A 为闭集$\Leftrightarrow \forall x_n\in A,\lim\limits_{n\to+\infty}x_n=x$,则 $x\in A$;

(2)如果点列$\{x_n\}\subset X$ 收敛,则极限是唯一的.

证明 (1)可由引理 7.1.4 与定理 7.1.8 推得.

(2)可由引理 7.1.4 与定理 7.1.9 推得.

注 7.1.1 设 X 为不可数集,且

$$\rho(x,y)=\begin{cases}1, & x\neq y\\0, & x=y\end{cases}$$

由例 7.1.4 知,$\mathscr{T}_\rho=\mathscr{T}_{离散}$. 再由例 7.1.2 知,$(X,\mathscr{T}_\rho)=(X,\mathscr{T}_{离散})$为 A_1 空间,但不为 A_2 空间. 此例表明度量空间只是 A_1 空间($\mathscr{T}^*=\left\{B\left(x;\frac{1}{n}\right)\middle| n\in\mathbb{Z}_+\right\}$为点 x 处的规范可数局部基),未必是 A_2 空间.

现在来讨论最重要的一个度量空间——通常的 Euclid 空间.

例 7.1.7 $\forall n\in\mathbb{Z}_+$,有

$$\mathbb{R}^n=\{\boldsymbol{x}=(x_1,x_2,\cdots,x_n)\mid x_i\in\mathbb{R},i=1,2,\cdots,n\}$$

并称$\langle\boldsymbol{x},\boldsymbol{y}\rangle=\sum\limits_{i=1}^{n}x_iy_i$ 为向量 $\boldsymbol{x}$ 与 $\boldsymbol{y}$ 的内积,也记为 $\boldsymbol{x}\cdot\boldsymbol{y}$;称 $\|\boldsymbol{x}\|=\sqrt{\langle\boldsymbol{x},\boldsymbol{x}\rangle}$ 为 $\boldsymbol{x}$ 的**模**、**范数**或**长度**;由此,我们还定义 $\rho_0^n:\mathbb{R}^n\times\mathbb{R}^n\to\mathbb{R}$,$(\boldsymbol{x},\boldsymbol{y})\mapsto\rho_0^n(\boldsymbol{x},\boldsymbol{y})=\sqrt{\sum\limits_{i=1}^{n}(x_i-y_i)^2}=\|\boldsymbol{x}-\boldsymbol{y}\|$,其中 $\boldsymbol{x}=(x_1,x_2,\cdots,x_n)$,$\boldsymbol{y}=(y_1,y_2,\cdots,y_n)$. 下面证明 ρ_0^n 为$\mathbb{R}^n$上的一个度量(距离),使得$(\mathbb{R}^n,\rho_0^n)$为$\mathbb{R}^n$的一个度量空间,它诱导的拓扑空间为$(\mathbb{R}^n,\mathscr{T}_{\rho_0^n})$. 这就是通常的 n **维 Euclid 空间**.

证明 (1)$\rho_0^n(\boldsymbol{x},\boldsymbol{y})\geqslant 0$,$\rho_0^n(\boldsymbol{x},\boldsymbol{x})=0\Leftrightarrow x_i-y_i=0,i=1,2,\cdots,n$

$$\Leftrightarrow x_i=y_i,i=1,2,\cdots,n$$

$$\Leftrightarrow \boldsymbol{x}=\boldsymbol{y};$$

(2)$\rho_0^n(\boldsymbol{x},\boldsymbol{y})=\sqrt{\sum\limits_{i=1}^{n}(x_i-y_i)^2}=\sqrt{\sum\limits_{i=1}^{n}(y_i-x_i)^2}=\rho_0^n(\boldsymbol{y},\boldsymbol{x})$;

(3)由关于 t 的二次三项式

$$\sum_{i=1}^n a_i^2 - 2\left(\sum_{i=1}^n a_ib_i\right)t + \left(\sum_{i=1}^n b_i^2\right)t^2 = \sum_{i=1}^n (a_i - b_it)^2 \geqslant 0$$

的判别式 $\Delta = 4\left[\left(\sum_{i=1}^n a_ib_i\right)^2 - \sum_{i=1}^n a_i^2 \sum_{i=1}^n b_i^2\right] \leqslant 0$ 得到 Cauchy-Schwarz 不等式

$$\left(\sum_{i=1}^n a_ib_i\right)^2 \leqslant \sum_{i=1}^n a_i^2 \sum_{i=1}^n b_i^2$$

由此推得

$$\left[\sum_{i=1}^n (x_i - y_i)(y_i - z_i)\right]^2 \leqslant \sum_{i=1}^n (x_i - y_i)^2 \sum_{i=1}^n (y_i - z_i)^2$$

$$\begin{aligned}
\rho_0(\boldsymbol{x},\boldsymbol{z}) &= \sqrt{\sum_{i=1}^n (x_i - z_i)^2} \\
&= \sqrt{\sum_{i=1}^n [(x_i - y_i) + (y_i - z_i)]^2} \\
&= \sqrt{\sum_{i=1}^n [(x_i - y_i)^2 + (y_i - z_i)^2 + 2(x_i - y_i)(y_i - z_i)]} \\
&\leqslant \sqrt{\sum_{i=1}^n (x_i - y_i)^2} + \sqrt{\sum_{i=1}^n (y_i - z_i)^2} \\
&= \rho_0(\boldsymbol{x},\boldsymbol{y}) + \rho_0(\boldsymbol{y},\boldsymbol{z})
\end{aligned}$$

$B(\boldsymbol{x};\delta) = \{(y_1,y_2,\cdots,y_n) \mid (y_1 - x_1)^2 + (y_2 - x_2)^2 + \cdots + (y_n - x_n)^2 < \delta^2\}$ 称为($\mathbb{R}^n,\rho_0^n$)中以 $\boldsymbol{x}$ 为中心，$\delta > 0$ 为半径的 n **维开球体**.

当 $n = 1$ 时，($\mathbb{R}^1,\rho_0^1$)称为 **Euclid 直线或实直线**，$B(x;\delta) = (x - \delta, x + \delta)$ 为开区间；

当 $n = 2$ 时，($\mathbb{R}^2,\rho_0^2$)称为 **Euclid 平面**，$B(\boldsymbol{x};\delta) = \{(y_1,y_2) \mid (y_1 - x_1)^2 + (y_2 - x_2)^2 < \delta\}$ 为开圆片；

当 $n = 3$ 时，($\mathbb{R}^3,\rho_0^3$)称为**三维 Euclid 空间**，$B(\boldsymbol{x};\delta) = \{(y_1,y_2,y_3) \mid (y_1 - x_1)^2 + (y_2 - x_2)^2 + (y_3 - x_3)^2 < \delta^2\}$ 为三维开球体.

($\mathbb{R}^n,\rho_0^n$)作为一个特殊的度量空间，凡是拓扑空间与度量空间具有的性质，($\mathbb{R}^n,\rho_0^n$)也必具有，除此以外，还应注意一般度量空间不具有的性质.

不难证明($\mathbb{R}^n,\mathscr{T}_{\rho_0^n}$)为 A_2 空间. 事实上，$\mathscr{T}^* = \left\{B\left(\boldsymbol{x};\frac{1}{m}\right) \middle| \boldsymbol{x} \in \mathbb{Q}^n, m \in \mathbb{Z}_+\right\}$或

$\mathscr{T}^{**}=\{B(\boldsymbol{x};\delta)\mid \boldsymbol{x}\in\mathbb{Q}^n,\delta\in\mathbb{Q},\delta>0\}$都为$(\mathbb{R}^n,\mathscr{T}_{\rho_0^n})$的可数拓扑基.

例 7.1.8 设$\mathbb{Q}^n=\{(x_1,x_2,\cdots,x_n)\mid x_i\in\mathbb{Q},i=1,2,\cdots,n\}$,易见$\overline{\mathbb{Q}^n}=\mathbb{R}^n$,$\overline{\mathbb{R}^n\setminus\mathbb{Q}^n}=\mathbb{R}^n$,因此,$\mathbb{Q}^n$与$\mathbb{R}^n\setminus\mathbb{Q}^n$都为$(\mathbb{R}^n,\mathscr{T}_{\rho_0^n})$中的稠密集,而

$$B_{\mathbb{Q}^n}(\boldsymbol{x};\delta)=B(\boldsymbol{x};\delta)\cap\mathbb{Q}^n$$

为$(\mathbb{Q}^n,\mathscr{T}_{\rho_0^n})$的开球$B(\boldsymbol{x};\delta)$中有理点($n$个坐标都为有理数的点)的全体.

例 7.1.9 在直线$\mathbb{R}^1$上的通常拓扑空间$(\mathbb{R}^1,\mathscr{T}_{\rho_0^1})$中

$$U\text{ 为开集}\Leftrightarrow U=\bigcup_{i\in\Gamma}(\alpha_i,\beta_i)$$

其中Γ为至多可数集,(α_i,β_i)为两两不相交的开区间,称为开集U的**构成区间**.

证明 ($\Leftarrow$)由$\mathscr{T}_{\rho_0^1}$的定义可得到.

($\Rightarrow$)设U为$(\mathbb{R}^1,\mathscr{T}_{\rho_0^1})$中的开集,$\forall a\in U$,$\exists\delta>0$, s. t.

$$(a-\delta,a+\delta)=B(a;\delta)\subset U$$

令

$$\alpha_a=\inf\{x\mid(x,a)\subset U\},\quad \beta_a=\sup\{x\mid(a,x)\subset U\}$$

根据确界的定义,$\alpha_a,\beta_a\notin U$,且$(\alpha_a,\beta_a)\cap(\alpha_b,\beta_b)\neq\varnothing$,必有$(\alpha_a,\beta_a)=(\alpha_b,\beta_b)$,于是,得到若干个两两不相交的$U$的构成区间.

在每个构成区间中取一个有理点,易见,不同的构成区间对应不同的有理点,所以这种构成区间至多可数,这就证明了

$$U=\bigcup_{i\in\Gamma}(\alpha_i,\beta_i)$$

其中Γ为至多可数集.

定义 7.1.7 设$(X,\mathscr{T})$为拓扑空间,$A\subset X$. 如果存在x的开邻域U,使得$x\in U\subset A$,则称x为A的**内点**,A的内点的全体记为$\mathring{A}$,A°,A^i或 Int A;如果$x\in A^c$,且存在x的开邻域U,使得$x\in U\subset A^c$,则称x为A的**外点**(即A^c的内点),记为$(A^c)^\circ$;如果x的任何开邻域U内既含A的点又含A^c的点,则称x为A的**边界点**,边界点的全体记为A^b或∂A(图7.1.1

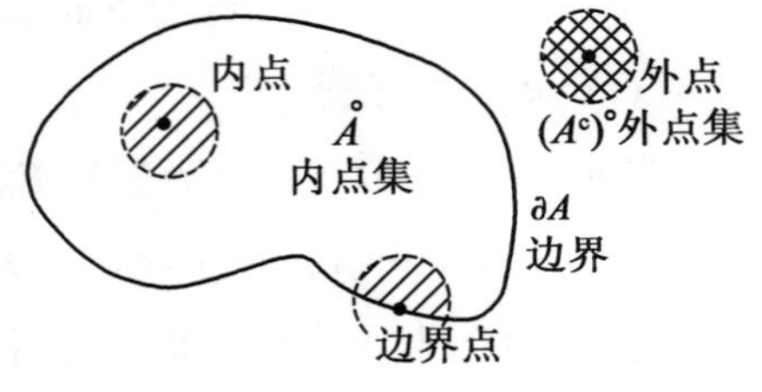

图 7.1.1

中 A 为平面$(\mathbb{R}^2,\mathscr{T}_{\rho_0^2})$中的子集)，并称为 A 的**边界**.

显然，$\mathring{A}$，$(A^c)^\circ$，∂A 彼此不相交，且

$$X=\mathring{A}\cup(A^c)^\circ\cup\partial A$$

此外，还有

$$\partial A=\partial A^c,\quad \overline{A}\cap\overline{A^c}=\partial A$$

$$\overline{A}=\mathring{A}\cup\partial A,\quad \overline{A^c}=(A^c)^\circ\cup\partial A^c$$

例 7.1.10　(1)在$(\mathbb{R}^n,\mathscr{T}_{\rho_0^n})$中，$\mathring{\mathbb{Q}}^n=\varnothing$，$((\mathbb{Q}^n)^c)^\circ=\varnothing$，$\partial\mathbb{Q}^n=\mathbb{R}^n$.

(2)设 $A=(0,1)\cup\{2\}$，则在$(\mathbb{R}^1,\mathscr{T}_{\rho_0^1})$中，$\mathring{A}=(0,1)$，$(A^c)^\circ=(-\infty,0)\cup(1,2)\cup(2,+\infty)$，$\partial A=\{0,1,2\}$.

(3)$A=\{(x,y)\mid x^2+y^2<1\}$，则在$(\mathbb{R}^2,\mathscr{T}_{\rho_0^2})$中

$$\mathring{A}=\{(x,y)\mid x^2+y^2<1\}$$
$$(A^c)^\circ=\{(x,y)\mid x^2+y^2>1\}$$
$$\partial A=S^1=\{(x,y)\mid x^2+y^2=1\}$$

最后，我们来深入刻画$(X,\mathscr{T})$中子集 A 的内点集 $\mathring{A}$ 与闭包 $\overline{A}$.

定理 7.1.10　设$(X,\mathscr{T})$为拓扑空间，$A\subset X$，则：

(1)A 的内点集 $\mathring{A}$ 为含在 A 中的最大开集，即

$$\mathring{A}=\bigcup_{U\in\mathscr{T},U\subset A}U$$

(2)$A\in\mathscr{T}\Leftrightarrow A=\mathring{A}$.

证明　(1)一方面，$\forall x\in\mathring{A}$，根据内点的定义，存在 x 的开邻域 U_x，使得 $x\in U_x\subset A$，显然根据内点的定义有 $U_x\subset\mathring{A}$，且 $\mathring{A}=\bigcup\limits_{x\in\mathring{A}}U_x\in\mathscr{T}$，这就表明 $\mathring{A}$ 为含在 A 中的开集.

另一方面，如果开集 $U\subset A$，$\forall x\in U$，取 $U_x=U$，就有 $x\in U_x=U\subset U$，$x\in\mathring{A}$，$U\subset\mathring{A}$. 这就证明了 $\mathring{A}$ 为含在 A 中的最大开集，此时，显然有

$$\mathring{A}=\bigcup_{U\in\mathscr{T},U\subset A}U$$

(2)($\Leftarrow$)由(1)的证明知，$A=\mathring{A}$ 为开集，即 $A\in\mathscr{T}$.

($\Rightarrow$)设 $A\in\mathscr{T}$，则 $\forall x\in A$，A 为 x 的开邻域，且 $x\in A\subset A$，故 $x\in\mathring{A}$，从而 $A\subset\mathring{A}$. 又显然有 $\mathring{A}\subset A$，因此，$A=\mathring{A}$.

定理 7.1.11　设$(X,\mathscr{T})$为拓扑空间，$A\subset X$，则 A 的闭包 $\overline{A}$ 为包含 A 的最小

闭集. 从而

$$\overline{A}=\bigcap_{A\subset F,F\in\mathscr{F}}F$$

证明 $\forall x\in(\overline{A})^{c}=X\backslash\overline{A}$,则 $x\notin\overline{A}$,即 $x\notin A$ 且 $x\notin A'$,所以存在 x 的开邻域 U_x,使得 $U_x\cap A=\varnothing$,更进一步有 $U_x\cap\overline{A}=\varnothing$,这意味着 $U_x\subset(\overline{A})^{c}$,$(\overline{A})^{c}$ 为开集,因而 $\overline{A}$ 为闭集.

如果闭集 $F\supset A$,根据定理 7.1.3 推得 $F'\supset A'$,于是

$$F\xlongequal{\text{定理 7.1.5}}\overline{F}=F\cup F'\supset A\cup A'=\overline{A}$$

综合上述可知,$\overline{A}$ 为包含 A 的最小闭集,再由定理 7.1.2(3),有

$$\overline{A}=\bigcap_{A\subset F,F\in\mathscr{F}}F$$

练习题 7.1

1. 设 $\boldsymbol{x}=(x_1,x_2,\cdots,x_n)\in\mathbb{R}^n$,$\boldsymbol{y}=(y_1,y_2,\cdots,y_n)\in\mathbb{R}^n$,$\lambda\in\mathbb{R}$,定义

$$\boldsymbol{x}+\boldsymbol{y}=(x_1+y_1,x_2+y_2,\cdots,x_n+y_n)$$

为向量 $\boldsymbol{x}$ 与 $\boldsymbol{y}$ 之和. 再定义

$$\lambda\boldsymbol{x}=(\lambda x_1,\lambda x_2,\cdots,\lambda x_n)$$

为向量 $\boldsymbol{x}$ 的 λ 倍. 显然,$\boldsymbol{x}+\boldsymbol{y}\in\mathbb{R}^n$,$\lambda\boldsymbol{x}\in\mathbb{R}^n$. 试验证:

(1)($\mathbb{R}^n$, +,数乘)为一个 n 维向量空间.

(2)内积 $\langle\boldsymbol{x},\boldsymbol{y}\rangle=\sum\limits_{i=1}^{n}x_iy_i$ 具有性质:

①$\langle\boldsymbol{x},\boldsymbol{x}\rangle\geqslant0$,且 $\langle\boldsymbol{x},\boldsymbol{x}\rangle=0\Leftrightarrow\boldsymbol{x}=\boldsymbol{0}$(正定性);

②$\langle\boldsymbol{x},\boldsymbol{y}\rangle=\langle\boldsymbol{y},\boldsymbol{x}\rangle$(对称性);

③$\left.\begin{array}{l}\langle\boldsymbol{x},\boldsymbol{y}+\boldsymbol{z}\rangle=\langle\boldsymbol{x},\boldsymbol{y}\rangle+\langle\boldsymbol{x},\boldsymbol{z}\rangle\\ \langle\lambda\boldsymbol{x},\boldsymbol{y}\rangle=\lambda\langle\boldsymbol{x},\boldsymbol{y}\rangle,\lambda\in\mathbb{R}\end{array}\right\}$(线性性),

其中 $\boldsymbol{x},\boldsymbol{y},\boldsymbol{z}\in\mathbb{R}^n$,$\lambda\in\mathbb{R}$.

由②③立即推得 $\langle\lambda\boldsymbol{x}+\mu\boldsymbol{y},\boldsymbol{z}\rangle=\lambda\langle\boldsymbol{x},\boldsymbol{z}\rangle+\mu\langle\boldsymbol{y},\boldsymbol{z}\rangle$.

(3)由(2)中的性质证明模或范数 $\|\boldsymbol{x}\|=\sqrt{\langle\boldsymbol{x},\boldsymbol{x}\rangle}$ 具有性质:

① $\|\boldsymbol{x}\|\geqslant0$, $\|\boldsymbol{x}\|=0\Leftrightarrow\boldsymbol{x}=\boldsymbol{0}$;

② $\|\lambda \boldsymbol{x}\| = |\lambda| \|\boldsymbol{x}\|$;

③ $\|\boldsymbol{x}+\boldsymbol{y}\| \leqslant \|\boldsymbol{x}\| + \|\boldsymbol{y}\|$(三角形不等式).

2. 设 $\boldsymbol{x},\boldsymbol{y}\in\mathbb{R}^n$ 都不为 $\boldsymbol{0}=(0,\cdots,0)$,则由 Cauchy-Schwarz 不等式得到

$$\frac{|\langle \boldsymbol{x},\boldsymbol{y}\rangle|}{\|\boldsymbol{x}\|\ \|\boldsymbol{y}\|}\leqslant 1$$

这表明 $\exists_1\theta\in[0,\pi]$, s. t.

$$\cos\theta=\frac{\langle \boldsymbol{x},\boldsymbol{y}\rangle}{\|\boldsymbol{x}\|\ \|\boldsymbol{y}\|}$$

其中 θ 为两个非零向量 $\boldsymbol{x}$ 与 $\boldsymbol{y}$ 间的**夹角**. 显然

$$\langle \boldsymbol{x},\boldsymbol{y}\rangle=0\Leftrightarrow\theta=\frac{\pi}{2}$$

此时称 $\boldsymbol{x}$ 与 $\boldsymbol{y}$ 是**正交的**或**垂直的**. 零向量 $\boldsymbol{0}=(0,\cdots,0)\in\mathbb{R}^n$ 可认为与任何向量都正交.

模或范数为 1 的向量称为**单位向量**. 下面 n 个向量

$$\begin{aligned}\boldsymbol{e}_1&=(1,0,0,\cdots,0)\\ \boldsymbol{e}_2&=(0,1,0,\cdots,0)\\ &\ \ \vdots\\ \boldsymbol{e}_n&=(0,0,0,\cdots,1)\end{aligned}$$

都是单位向量,并且彼此都是正交的,即

$$\langle \boldsymbol{e}_i,\boldsymbol{e}_j\rangle=\delta_{ij}=\begin{cases}0, & i\neq j\\ 1, & i=j\end{cases}$$

此外,它们是**线性无关的**,即

$$\sum_{i=1}^{n}\lambda_i\boldsymbol{e}_i=\boldsymbol{0}\Leftrightarrow\lambda_1=\lambda_2=\cdots=\lambda_n$$

以及 $\forall\boldsymbol{x}\in\mathbb{R}^n$,有

$$\boldsymbol{x}=\sum_{i=1}^{n}x_i\boldsymbol{e}_i$$

即 $\boldsymbol{x}$ 可由 $\{\boldsymbol{e}_1,\boldsymbol{e}_2,\cdots,\boldsymbol{e}_n\}$(有限)线性表示. 我们也称 $\{\boldsymbol{e}_1,\boldsymbol{e}_2,\cdots,\boldsymbol{e}_n\}$ 为向量空间 $\mathbb{R}^n$ 的一个**基**.

3. (1)设 $\boldsymbol{x},\boldsymbol{y}\in\mathbb{R}^n$,$\theta$ 为 $\boldsymbol{x}$ 与 $\boldsymbol{y}$ 之间的夹角,证明余弦定理

$$\|\boldsymbol{x}-\boldsymbol{y}\|^2=\|\boldsymbol{x}\|^2+\|\boldsymbol{y}\|^2-2\|\boldsymbol{x}\|\ \|\boldsymbol{y}\|\cos\theta$$

(2)如果 $\boldsymbol{x},\boldsymbol{y}\in\mathbb{R}^n$ 且彼此正交,证明勾股定理

$$\|\boldsymbol{x}+\boldsymbol{y}\|^2=\|\boldsymbol{x}\|^2+\|\boldsymbol{y}\|^2$$

(3)设 $\boldsymbol{x},\boldsymbol{y}\in\mathbb{R}^n$,证明平行四边形法则

$$\|\boldsymbol{x}+\boldsymbol{y}\|^2+\|\boldsymbol{x}-\boldsymbol{y}\|^2=2(\|\boldsymbol{x}\|^2+\|\boldsymbol{y}\|^2)$$

4. 从数列的 Bolzano-Weierstrass 定理证明$(\mathbb{R}^n,\mathscr{T}_{\rho_0})$中的 Bolzano-Weierstrass 定理:$\mathbb{R}^n$中任一有界点列必有收敛的子点列.

5. 证明$(\mathbb{R}^n,\mathscr{T}_{\rho_0})$中的收敛点列必有界.

6. 设$\{\boldsymbol{x}^m\}$为$(\mathbb{R}^n,\mathscr{T}_{\rho_0})$中的一点列,并且无穷级数 $\sum\limits_{m=1}^{\infty}\|\boldsymbol{x}^{m+1}-\boldsymbol{x}^m\|$ 收敛,证明:$\{\boldsymbol{x}^m\}$为一收敛点列.

7. 求 $A',\overline{A},\mathring{A},\partial A$:

(1)在$(\mathbb{R}^1,\mathscr{T}_{\rho_0^1})$中,$A=\left\{\dfrac{1}{n}\middle|n\in\mathbb{Z}_+\right\}$;

(2)在$(\mathbb{R}^2,\mathscr{T}_{\rho_0^2})$中,$A=\{(x,y)|0<y<x+1\}$;

(3)A 为$(\mathbb{R}^n,\mathscr{T}_{\rho_0^n})$中的有限点集;

(4)$A=\{(x,y)|x\in\mathbb{Q},y\in\mathbb{Q}\}$为$(\mathbb{R}^2,\mathscr{T}_{\rho_0^2})$中的有理点集.

8. 在拓扑空间$(X,\mathscr{T})$中,设 $A,B\subset X$,证明:

(1)$(A\cap B)^\circ=A^\circ\cap B^\circ$.

(2)$A\subset B$ 蕴涵 $A^\circ\subset B^\circ$.

(3)$A^\circ\cup B^\circ\subset(A\cup B)^\circ$. 举例说明:真包含关系是可以出现的.

(4)$A^\circ=(\overline{A^c})^c$.

(5)$\overline{A}\backslash\overline{B}\subset\overline{A\backslash B}$.

9. 设 Γ 为一指标集,证明:

(1)$\overline{\bigcap\limits_{\alpha\in\Gamma}A_\alpha}\subset\bigcap\limits_{\alpha\in\Gamma}\overline{A_\alpha}$;　(2)$\bigcup\limits_{\alpha\in\Gamma}\overline{A_\alpha}\subset\overline{\bigcup\limits_{\alpha\in\Gamma}A_\alpha}$;　(3)$\bigcup\limits_{\alpha\in\Gamma}A_\alpha^\circ\subset(\bigcup\limits_{\alpha\in\Gamma}A_\alpha)^\circ$.

举例说明:真包含关系是可以出现的.

10. 在$(\mathbb{R}^n,\mathscr{T}_{\rho_0^n})$中作闭集列$\{F_i\}$与开集列$\{G_i\}$,使得:

(1)$\bigcup\limits_{i=1}^{\infty}F_i=B(0;1)$;　(2)$\bigcap\limits_{i=1}^{\infty}G_i=\overline{B(0;1)}$.

11. 判断下列集合是否为平面$(\mathbb{R}^2,\mathscr{T}_{\rho_0^2})$中的开集、闭集,并阐明理由.

(1)$A=(0,+\infty)\times(0,+\infty)$;　(2)$A=\mathbb{Q}^2=\mathbb{Q}\times\mathbb{Q}$;

(3)$A=\{(x,0)|x\in\mathbb{R}\}$;　(4)$A=\left\{\left(\dfrac{1}{n},0\right)\middle|n\in\mathbb{Z}_+\right\}$;

(5) $A=\left\{(0,0),\left(\frac{1}{n},0\right)\middle|\, n\in\mathbb{Z}_+\right\}$；(6) A 为有限点集.

12. 设$(X,\mathscr{T})$为拓扑空间,$A\subset X$,证明:

(1) ∂A 为$(X,\mathscr{T})$中的闭集;

(2) A 为闭集$\Leftrightarrow\partial A\subset A$;

(3) $\partial\overline{A}\subset\partial A$. 举例说明$\partial A\subset\partial\overline{A}$未必成立.

13. 设$(X,\mathscr{T})$为拓扑空间,$A,B\subset X$,证明:

(1) $x\in X$ 为 A 的聚点$\Leftrightarrow x$ 为 $A\setminus\{x\}$ 的聚点;

(2) 如果 $A'\subset B\subset A$,则 B 为闭集.

14. $(\mathbb{R}^2,\mathscr{T}_{\rho_0^2})$为二维 Euclid 空间,$P_i:\mathbb{R}^2\to\mathbb{R}^1$,$P_i(x_1,x_2)=x_i$,$P_i$ 称为**向第 i 分量的投影算子**,$i=1,2$.

(1) 设 $A\subset\mathbb{R}^2$为开集,证明:$P_i(A)$为$(\mathbb{R}^1,\mathscr{T}_{\rho_0^1})$中的开集;

(2) 举例说明 A 为$(\mathbb{R}^2,\mathscr{T}_{\rho_0^2})$中的闭集,但 $P_i(A)$不为$(\mathbb{R}^1,\mathscr{T}_{\rho_0^1})$中的闭集.

15. 设$\mathbb{R}^m$,$\mathbb{R}^n$,$\mathbb{R}^{m+n}$均为通常的 Euclid 空间,$A\subset\mathbb{R}^m$,$B\subset\mathbb{R}^n$,证明:

(1) 如果 A,B 都为开集,则 $A\times B$ 为$\mathbb{R}^{m+n}$的开集;

(2) 如果 A,B 都为闭集,则 $A\times B$ 为$\mathbb{R}^{m+n}$的闭集.

思考题 7.1

1. (1) 设(X,ρ)为度量空间,$A\subset X$,证明:$(A')'\subset A'$,即导集 A'必为闭集.

(2) 举出一个度量空间(X,ρ),$A\subset X$,使得$(A')'\not\supset A'$.

(3) 设 $X=\{a,b\}$,$A=\{a\}$,验证在$(X,\mathscr{T}_{平庸})$中$(A')'\not\subset A'$,$(A')'\not\supset A'$.

2. 设 E 为$(\mathbb{R}^1,\mathscr{T}_{\rho_0^1})$中的子集,$E'$为至多可数集,证明:$E$ 为至多可数集.

7.2　连续映射、拓扑空间的连通与道路连通

这一节先引进映射的连续及连续映射与同胚映射的概念,论述与它们有关的性质. 在此基础上,研究了拓扑空间的连通与道路连通性,还证明了$(\mathbb{R}^n,\mathscr{T}_{\rho_0})$中的开集,其连通、道路连通与折线连通是彼此等价的. 从而对$(\mathbb{R}^n,\mathscr{T}_{\rho_0})$中开区

域的定义给出了清晰的描述.

定义 7.2.1 设$(X,\mathscr{T}_1)$与$(Y,\mathscr{T}_2)$为拓扑空间,$f:X\to Y$为映射,$x_0\in X$,如果对$f(x_0)\in Y$的任何开邻域V,均存在x_0的开邻域U,使得

$$f(U)\subset V$$

则称f**在x_0连续**(图7.2.1).如果f在X上的每一点处连续,则称f为X上的**连续映射**或f在X上是**连续**的.如果f为一一连续映射,且f^{-1}也连续,则称f为**拓扑映射**或**同胚**.如果$(X,\mathscr{T}_1)$与$(Y,\mathscr{T}_2)$之间存在一个同胚,则称它们为**同胚的拓扑空间**,记作$(X,\mathscr{T}_1)\cong(Y,\mathscr{T}_2)$,简记为$X\cong Y$;否则称为**不同胚的拓扑空间**,记作$(X,\mathscr{T}_1)\not\cong(Y,\mathscr{T}_2)$,简记为$X\not\cong Y$.

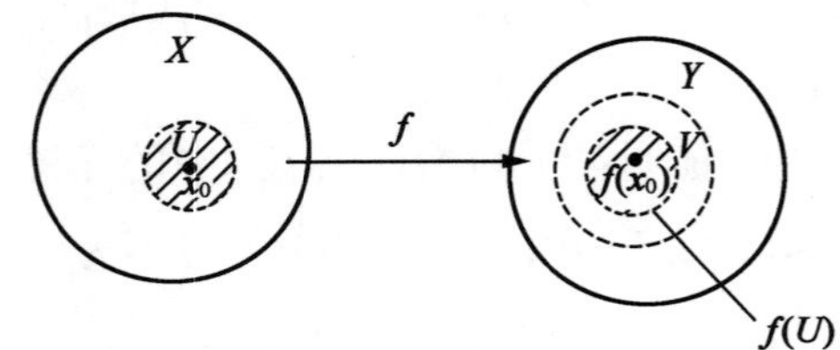

图 7.2.1

例 7.2.1 (1)在$(\mathbb{R}^{n+1},\mathscr{T}_{\rho_0^{n+1}})$中,半径为$r_1>0$与$r_2>0$的球心都在0处的$n$维球面$S^n(r_1)$与$S^n(r_2)$是同胚的;

(2)在$(\mathbb{R}^{n+1},\mathscr{T}_{\rho_0^{n+1}})$中,$n$维椭球面

$$X=\left\{(x_1,x_2,\cdots,x_{n+1})\,\middle|\,x_i\in\mathbb{R},\frac{x_1^2}{a_1^2}+\cdots+\frac{x_{n+1}^2}{a_{n+1}^2}=1\right\}$$

与n维单位球面$S^n=S^n(1)$是同胚的.

证明 (1)$f:S^n(r_1)\to S^n(r_2),\boldsymbol{x}\mapsto f(\boldsymbol{x})=\dfrac{r_2}{r_1}\boldsymbol{x}$为所需的同胚.

(2)$f:X\to S^n=S^n(1),\boldsymbol{x}\mapsto f(\boldsymbol{x})=\dfrac{\boldsymbol{x}}{\|\boldsymbol{x}\|}$为所需的同胚,其中

$$\|\boldsymbol{x}\|=\sqrt{\sum_{i=1}^{n+1}x_i^2}=\rho_0^{n+1}(\boldsymbol{x},\boldsymbol{0})$$

容易证明关于度量空间的有关描述.

定理 7.2.1 在度量空间$(X,\mathscr{T}_{\rho_1})$与$(Y,\mathscr{T}_{\rho_2})$中,$f:X\to Y$为映射,则以下结论等价:

(1)f在x_0处连续;

(2)$\forall\varepsilon>0,\exists\delta>0$,s.t.$f(B(x_0;\delta))\subset B(f(x_0);\varepsilon)$;

(3) $\forall \varepsilon>0$, $\exists \delta>0$,当 $x\in X$, $\rho_1(x,x_0)<\delta$ 时,有 $\rho_2(f(x),f(x_0))<\varepsilon$.

证明　只需证(1)⇒(2). $\forall \varepsilon>0$,显然 $V=B(f(x_0);\varepsilon)$为$f(x_0)$的开邻域,由f在 x_0 处连续,故存在 x_0 的开邻域 U,使得$f(U)\subset V$. 于是,$\exists \delta>0$, s. t. $B(x_0;\delta)\subset U$. 这就推得$f(B(x_0;\delta))\subset f(U)\subset V=B(f(x_0);\varepsilon)$.

(1)⇐(2). 对$f(x_0)$的任何开邻域 V,必有 $\varepsilon>0$, s. t. $B(f(x_0);\varepsilon)\subset V$. 由(2)知,$\exists\delta>0$, s. t. $f(U)=f(B(x_0;\delta))\subset B(f(x_0);\varepsilon)\subset V$,其中 $U=B(x_0;\delta)$为 x_0 的开邻域. 根据定义 7. 2. 1, f 在 x_0 处连续.

定理 7. 2. 2　设$(X,\mathscr{T}_1)$与$(Y,\mathscr{T}_2)$为拓扑空间,$f:X\to Y$ 为映射,则下面的(1)(2)(3)等价,且它们中任一个成立,可推得(4)成立.

(1) f 为连续映射;

(2)开集 V 的逆象$f^{-1}(V)=\{x\mid x\in X, f(x)\in V\}$为开集;

(3)闭集 F 的逆象$f^{-1}(F)=\{x\mid x\in X, f(x)\in F\}$为闭集;

(4) $\forall x\in X$, $\forall x_n\in X$, $\lim\limits_{n\to+\infty}x_n=x$ 蕴涵 $\lim\limits_{n\to+\infty}f(x_n)=f(x)$.

证明　(1)⇒(2). 若$f^{-1}(V)=\varnothing$,则它为开集.

若$f^{-1}(V)\neq\varnothing$,则$\forall x\in f^{-1}(V)$, $f(x)\in V\subset Y$. 由 V 为开集,f 连续,故有 x 的开邻域 U_x,使得$f(U_x)\subset V$,即 $x\in U_x\subset f^{-1}(V)$. 所以

$$f^{-1}(V)=\bigcup_{x\in f^{-1}(V)}\{x\}\subset\bigcup_{x\in f^{-1}(V)}U_x\subset f^{-1}(V)$$

$$f^{-1}(V)=\bigcup_{x\in f^{-1}(V)}U_x$$

根据拓扑定义(3), $f^{-1}(V)$为$(X,\mathscr{T}_1)$中的开集.

(1)⇐(2). $\forall x\in X$, $f(x)$的任何开邻域 V,由(2)知$f^{-1}(V)$为 x 的开邻域,且$f(f^{-1}(V))\subset V$,所以f 在 x 处连续. 由 x 的任意性推得f 为连续映射.

(2)⇔(3). 由$f^{-1}(Y\backslash B)=X\backslash f^{-1}(B)$立即推得结论.

(1)⇒(4). 设 V 为$f(x)$的任一开邻域,因f 在 x 处连续,故存在 x 的开邻域 U,使得$f(U)\subset V$. 由 $\lim\limits_{n\to+\infty}x_n=x\in U$(开集),故$\exists N\in\mathbb{Z}_+$,当 $n>N$ 时,有 $x_n\in U$. 于是, $f(x_n)\in f(U)\subset V$. 从而 $\lim\limits_{n\to+\infty}f(x_n)=f(x)$.

推论 7. 2. 1　设$(X,\mathscr{T}_1)$与$(Y,\mathscr{T}_2)$为拓扑空间, $f:X\to Y$ 为映射,则

f 在 $x_0\in X$ 处连续⇒$\forall x_n\in X$,且 $\lim\limits_{n\to+\infty}x_n=x_0$ 蕴涵 $\lim\limits_{n\to+\infty}f(x_n)=f(x_0)$

证明　完全仿照定理 7. 2. 2(1)⇒(4).

关于 A_1 空间(特别是度量空间),有以下定理.

定理 7.2.3 设$(X,\mathscr{T}_1)$为A_1空间(特别是度量空间),$(Y,\mathscr{T}_2)$为拓扑空间,$f:X\to Y$为映射,则

$$f\text{ 在 }x_0\in X\text{ 处连续}\Leftrightarrow \forall x_n\in X,\ \lim_{n\to+\infty}x_n=x_0\text{ 蕴涵 }\lim_{n\to+\infty}f(x_n)=f(x_0)$$

证明 $(\Rightarrow)$由定理 7.2.2(1)$\Rightarrow$(4)可得结论.

$(\Leftarrow)$因为$(X,\mathscr{T}_1)$为A_1空间,所以对x_0有规范可数局部基$\{U_n\mid n\in\mathbb{Z}_+\}$.(反证)假设$f$在$x_0$处不连续,故必有$f(x_0)$的开邻域$V$,对$x_0$的任何开邻域$U$,$f(U)\not\subset V$.特别对$x_0$的开邻域$U_n$,有$f(U_n)\not\subset V$.取$x_n\in U_n$,s.t. $f(x_n)\notin V$.由$\{U_n\mid n\in\mathbb{Z}_+\}$为$x_0$处的规范可数局部基及点列极限的定义得到$\lim\limits_{n\to+\infty}x_n=x_0$.但是,$\lim\limits_{n\to+\infty}f(x_n)\neq f(x_0)$,这与右边的条件相矛盾.

定理 7.2.4 设$\mathbb{R}^n$与$\mathbb{R}^m$为通常的n维与m维 Euclid 拓扑空间,Y为$\mathbb{R}^n$中的子拓扑空间,则以下结论等价:

(1)$\boldsymbol{f}=(f_1,f_2,\cdots,f_m):Y\to\mathbb{R}^m$在$\boldsymbol{x}^0=(x_1^0,x_2^0,\cdots,x_n^0)$处连续;

(2)$f_i:Y\to\mathbb{R}$在$\boldsymbol{x}^0$处连续,$i=1,2,\cdots,m$,

其中$\boldsymbol{f}(\boldsymbol{x})=(f_1(\boldsymbol{x}),\cdots,f_m(\boldsymbol{x}))=(f_1(x_1,x_2,\cdots,x_n),\cdots,f_m(x_1,x_2,\cdots,x_n))$.

证明 由

$$\begin{aligned}|f_i(\boldsymbol{x})-f_i(\boldsymbol{x}^0)|&\leqslant\rho_0(\boldsymbol{f}(\boldsymbol{x}),\boldsymbol{f}(\boldsymbol{x}^0))\\&=\sqrt{\sum_{j=1}^m[f_j(\boldsymbol{x})-f_j(\boldsymbol{x}^0)]^2}\\&=\sqrt{m}\max_{1\leqslant j\leqslant m}|f_j(\boldsymbol{x})-f_j(\boldsymbol{x}^0)|\end{aligned}$$

与连续的定义 7.2.1 立即推出结论.

下面将介绍与连续映射密切相关的道路连通这一重要概念.

定义 7.2.2 设$(X,\mathscr{T})$为拓扑空间,$[0,1]$为通常的 Euclid 直线$(\mathbb{R}^1,\mathscr{T}_{\rho_0})$的子拓扑空间.如果对$\forall p,q\in X$,存在连接$p$与$q$的一条**道路**,即存在连续映射

$$\sigma:[0,1]\to X$$

使得$\sigma(0)=p,\sigma(1)=q$,则称$(X,\mathscr{T})$为**道路连通**的拓扑空间(图 7.2.2).

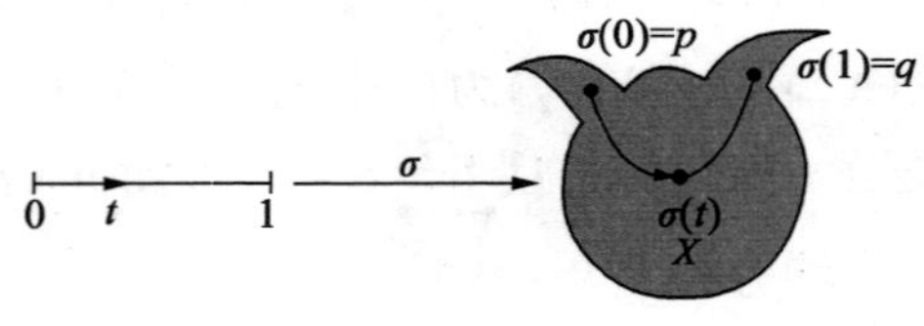

图 7.2.2

应该注意的是,道路指的是连续映射 $\boldsymbol{\sigma}$,而不是 $\boldsymbol{\sigma}$ 的象 $\boldsymbol{\sigma}([0,1])=\{\boldsymbol{\sigma}(t)\mid t\in[0,1]\}$.

例 7.2.2　设 X 为 $\mathbb{R}^n$ 中的一个**凸集**,即 $\forall \boldsymbol{p},\boldsymbol{q}\in X$, $\forall t\in[0,1]$,必有 $(1-t)\boldsymbol{p}+t\boldsymbol{q}\in X$,则 X 作为通常的 Euclid 空间$(\mathbb{R}^n,\mathscr{T}_{\rho_0^n})$的子拓扑空间是道路连通的. 事实上,只需取连接 $\boldsymbol{p}$ 与 $\boldsymbol{q}$ 的道路 $\boldsymbol{\sigma}:[0,1]\to X$, $\boldsymbol{\sigma}(t)=(1-t)\boldsymbol{p}+t\boldsymbol{q}$(图 7.2.3).

显然,直线上的(开或闭或半开半闭)区间,平面上的(开或闭)圆片(椭圆片),$\mathbb{R}^n(n\geqslant 3)$中的(开或闭)球体(椭球体),还有 $\mathbb{R}^n(n\geqslant 1)$本身都是凸集. 因而,它们都是道路连通的.

考察平面上的集合

$$X=[-2,2]\times[-1,0]\cup[-2,-1]\times[0,1]\cup[1,2]\times[0,1]$$

它是道路连通的,但不是凸集(图 7.2.4).

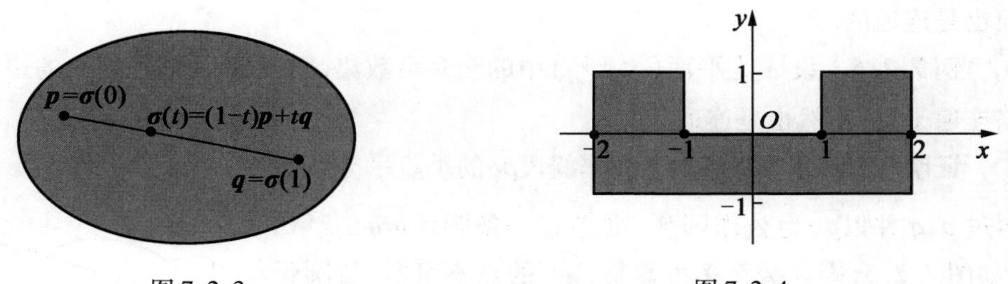

图 7.2.3　　　　图 7.2.4

定义 7.2.3　设$(X,\mathscr{T})$为拓扑空间,如果 X 为两个不相交的非空开集的并,则称$(X,\mathscr{T})$为**非连通**的拓扑空间,否则称为**连通**的拓扑空间.

易见:

X 非连通 $\Leftrightarrow$ X 为两个不相交的非空闭集的并

$\Leftrightarrow$ X 含有一个非空的真子集,它既为开集又为闭集.

例 7.2.3　$[a,b]\,(a<b,a,b\in\mathbb{R})$作为$(\mathbb{R}^1,\mathscr{T}_{\rho_0^1})$的子拓扑空间是连通的.

证明　(反证)假设$[a,b]$非连通,则$[a,b]=U\cup V$,U 与 V 为$[a,b]$中不相交的非空开集. 取 $p\in U,q\in V$,不妨设 $p<q$. 令

$$\xi=\sup\{x\mid x\in U\cap[p,q]\}$$

由 U 与 V 为开集,易见 $p<\xi<q$. 再由 sup 的定义知 $\xi\notin V\cap[p,q]$,而由$(\xi,q)\subset V$ 知 $\xi\notin U\cap[p,q]$. 因此

$$\xi\notin(U\cap[p,q])\cup(V\cap[p,q])=(U\cup V)\cap[p,q]=[p,q]$$

这与ξ的定义$\xi\in[p,q]$相矛盾.

类似可证(a,b),$[a,b)$,$(a,b]$,$(-\infty,a)$,$(-\infty,a]$,$[a,+\infty)$,$(a,+\infty)$,$(-\infty,+\infty)$都是连通的.

定理 7.2.5 $(X,\mathscr{T})$道路连通必连通,但反之不真.

证明 (反证)假设$(X,\mathscr{T})$非连通,则$X=U\cup V$,U与V为$(X,\mathscr{T})$中的非空不相交的开集,取$p\in U,q\in V$,显然,$p\neq q$. 因$(X,\mathscr{T})$道路连通,故存在连接p与q的道路$\boldsymbol{\sigma}:[0,1]\to X$,使$\boldsymbol{\sigma}(0)=p\in U,\boldsymbol{\sigma}(1)=q\in V$. 于是

$$[0,1]=\boldsymbol{\sigma}^{-1}(X)=\boldsymbol{\sigma}^{-1}(U\cup V)=\boldsymbol{\sigma}^{-1}(U)\cup\boldsymbol{\sigma}^{-1}(V)$$

其中$0\in\boldsymbol{\sigma}^{-1}(U)$,$1\in\boldsymbol{\sigma}^{-1}(V)$. 由$\boldsymbol{\sigma}$连续知$\boldsymbol{\sigma}^{-1}(U)$与$\boldsymbol{\sigma}^{-1}(V)$为$[0,1]$中的不相交的非空开集,从而$[0,1]$非连通,这与例7.2.3中的结论相矛盾.

反之不真,参阅例7.2.5与例7.2.6.

定理7.2.5与例7.2.2表明,$(\mathbb{R}^n,\mathscr{T}_{\rho_0^n})$中的任何凸集都是道路连通的,因而也是连通的.

例 7.2.4 设A为平面$(\mathbb{R}^2,\mathscr{T}_{\rho_0^2})$中的至多可数集,则$\mathbb{R}^2\setminus A$为$(\mathbb{R}^2,\mathscr{T}_{\rho_0^2})$的道路连通子集,当然也是连通子集.

证明 $\forall\,\boldsymbol{p},\boldsymbol{q}\in\mathbb{R}^2\setminus A,\boldsymbol{p}\neq\boldsymbol{q}$. 作线段$\overline{\boldsymbol{pq}}$的垂直平分线$l$,再过$\boldsymbol{p},\boldsymbol{q}$并以$\overline{\boldsymbol{pq}}$为弦作圆弧,则必有一条圆弧$\widehat{\boldsymbol{prq}}\subset\mathbb{R}^2\setminus A$(如图7.2.5,因$A$为至多可数集,$l$上的点不可数,故圆弧为不可数集),它就是$\mathbb{R}^2\setminus A$中连接$\boldsymbol{p}$与$\boldsymbol{q}$的一条道路,从而,$\mathbb{R}^2\setminus A$是道路连通的. 再根据定理7.2.5,$\mathbb{R}^2\setminus A$也是连通的.

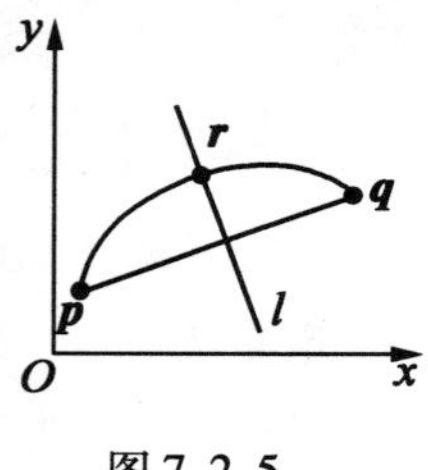

图7.2.5

定理 7.2.6 设$(X,\mathscr{T})$为拓扑空间,Y为$(X,\mathscr{T})$的连通子集(即Y作为子拓扑空间是连通的),且$Y\subset Z\subset\overline{Y}$,则$Z$也连通. 特别地,$\overline{Y}$是连通的.

证明 (反证)假设Z非连通,则$Z=A\cup B$,A与B为Z中不相交的非空开集. 因为连通子集$Y=(Y\cap A)\cup(Y\cap B)$,而$Y\cap A$与$Y\cap B$为Y中的开集,所以,$Y\cap A=\varnothing$或$Y\cap B=\varnothing$,即$Y\subset B$或$Y\subset A$. 不妨设$Y\subset A$. 由于

$$Z\subset\overline{Y}\subset\overline{A}$$

故

$$Z\cap B\subset\overline{A}\cap B=(\overline{A}\cap Z)\cap B=A^-\cap B=A\cap B=\varnothing$$

(其中A^-为A在Z中的闭包). 因此,$B=Z\cap B=\varnothing$. 这与假设B非空相矛盾.

定理 7.2.7　设$(X,\mathscr{T}_1)$与$(Y,\mathscr{T}_2)$都为拓扑空间，$f:X\to Y$ 为连续映射.

(1)如果$(X,\mathscr{T}_1)$连通，则$f(X)$也连通；

(2)如果$(X,\mathscr{T}_1)$道路连通，则$f(X)$也道路连通.

证明　(1)(反证)假设$f(X)$非连通，则$f(X)=A\cup B$，其中 A 与 B 为$f(X)$中的非空不相交的开子集. 由f连续及定理 7.2.2 知，$f^{-1}(A)$与$f^{-1}(B)$也为 X 的非空不相交的开子集，且 $X=f^{-1}(A)\cup f^{-1}(B)$，从而 X 非连通. 这与已知 X 连通相矛盾，所以$f(X)$也是连通的.

(2)设 $p,q\in f(X)$，则 $\exists\, a,b\in X$, s. t. $f(a)=p$, $f(b)=q$. 因为$(X,\mathscr{T}_1)$道路连通，所以有连续映射 $\boldsymbol{\eta}:[0,1]\to X$，使 $\boldsymbol{\eta}(0)=a$，$\boldsymbol{\eta}(1)=b$. 于是

$$\boldsymbol{\sigma}=f\circ\boldsymbol{\eta}:[0,1]\to f(X)$$

$$\boldsymbol{\sigma}(0)=f\circ\boldsymbol{\eta}(0)=f(a)=p,\quad \boldsymbol{\sigma}(1)=f\circ\boldsymbol{\eta}(1)=f(b)=q$$

为$f(X)$中连接 p 与 q 的一条道路，因此，$f(X)$是道路连通的.

从定理 7.2.7 可知，连通与道路连通都是拓扑不变性质.

例 7.2.5　设 $A=\left\{(x,y)\,\middle|\, y=\sin\dfrac{1}{x},0<x\leqslant\dfrac{2}{\pi}\right\}\subset\mathbb{R}^2$，$B=\{(0,y)\mid -1\leqslant y\leqslant 1\}\subset\mathbb{R}^2$. 显然，$\overline{A}=A\cup B$.

因为 A 为$\left(0,\dfrac{2}{\pi}\right]$的连续象，根据定理 7.2.7(2)，$A$ 是道路连通的，当然也是连通的，再由定理 7.2.6，$\overline{A}$ 是连通的，但 $\overline{A}$ 不是道路连通的. 事实上，设 $\boldsymbol{a}\in A$，$\boldsymbol{b}\in B$，$\boldsymbol{\sigma}:[0,1]\to\overline{A}$ 为任一映射，使得 $\boldsymbol{\sigma}(0)=\boldsymbol{a}$，$\boldsymbol{\sigma}(1)=\boldsymbol{b}$，则 $\boldsymbol{\sigma}$ 必不连续(图 7.2.6).

(反证)假设 $\boldsymbol{\sigma}(t)=(x(t),y(t))$连续，即 $x(t)$与 $y(t)$均连续. 令

$$t_*=\inf\{t\in[0,1]\mid\boldsymbol{\sigma}(t)\in B\}$$

显然，$0<t_*$. 由 t_* 的定义，存在 $t_n\to t_*^+\,(n\to+\infty)$，$\boldsymbol{\sigma}(t_n)\in B$. 于是

$$\lim_{t\to t_*}x(t)=x(t_*)=\lim_{n\to+\infty}x(t_n)=\lim_{n\to+\infty}0=0$$

$$y(t_*)=\lim_{t\to t_*^-}y(t)=\lim_{t\to t_*^-}\sin\frac{1}{x(t)}$$

易见，上式左边 $y(t_*)$为一确定实数，右边由于$\lim\limits_{t\to t_*}x(t)=0$ 而无极限，矛盾.

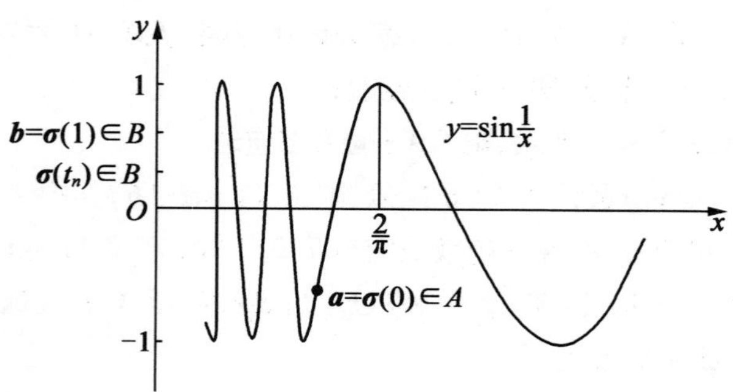

图 7.2.6

例 7.2.6 设$\mathbb{R}^2_+=\{(x,y)\in\mathbb{R}^2\mid y>0\}=(-\infty,+\infty)\times(0,+\infty)$,且

$$F_n=[-n,n]\times\left[\frac{1}{n}-\frac{1}{4n(n+1)},\frac{1}{n}+\frac{1}{4n(n+1)}\right],\quad n=1,2,\cdots$$

则:

(1)$G=\mathbb{R}^2_+\setminus\bigcup\limits_{n=1}^{\infty}F_n$ 为开区域(连通的开集称为**开区域**);

(2)G 的闭包 $\overline{G}$ 为$(\mathbb{R}^2,\mathscr{T}_{\rho_0^2})$的连通子集;

(3)$\overline{G}$ 在$(\mathbb{R}^2,\mathscr{T}_{\rho_0^2})$中不是道路连通的.

证明 (1)$\forall \boldsymbol{p}\in G$,显然 $\varepsilon=\rho_0^2(\boldsymbol{p},G^c)=\inf\limits_{\boldsymbol{q}\in G^c}\rho_0^2(\boldsymbol{p},\boldsymbol{q})>0$,则以 $\boldsymbol{p}$ 为中心、ε 为半径的开圆片 $B(\boldsymbol{p};\varepsilon)\subset G$. 因此,$G$ 为开集.

设 $\boldsymbol{p},\boldsymbol{q}\in G,\boldsymbol{p}\neq\boldsymbol{q}$,显然在 G 中存在折线(由平行于坐标轴的直线段组成)将 $\boldsymbol{p}$ 与 $\boldsymbol{q}$ 相连接. 因此,G 是折线连通的,当然是道路连通的. 根据定理 7.2.5 知,它也是连通的. 这就证明了 G 为连通的开集,即 G 为开区域.

(2)由定理 7.2.6 推得 $\overline{G}$ 是连通的.

(3)(反证)假设 $\overline{G}$ 是道路连通的,则对$(0,0)\in\overline{G}$,$(0,2)\in\overline{G}$,必有连接$(0,0)$与$(0,2)$的一条道路,即存在连续映射

$$\boldsymbol{\sigma}:[0,1]\to\overline{G},\quad \boldsymbol{\sigma}(t)=(x(t),y(t))$$

$$\boldsymbol{\sigma}(0)=(0,0),\quad \boldsymbol{\sigma}(1)=(0,2)$$

其中 $x(t),y(t)$ 均为 t 的连续函数(图 7.2.7). 由一元连续函数的最值定理,$\exists t_*\in[0,1]$,s.t. $|x(t_*)|=\max\limits_{t\in[0,1]}|x(t)|$. 取 $N\in\mathbb{Z}_+$,s.t. $N>|x(t_*)|$. 由于 $0<\frac{1}{N}<2$和一元连续函数的介值定理,$\exists t_{**}\in(0,1)$,s.t. $y(t_{**})=\frac{1}{N}$. 所以

$$(x(t_{**}),y(t_{**}))=\left(x(t_{**}),\frac{1}{N}\right)\in\left([-|x(t_*)|,|x(t_*)|]\times\left\{\frac{1}{N}\right\}\right)\cap\overline{G}$$
$$\subset\left((-N,N)\times\left\{\frac{1}{N}\right\}\right)\cap\overline{G}=\varnothing$$

矛盾. 从而 $\overline{G}$ 不是道路连通的.

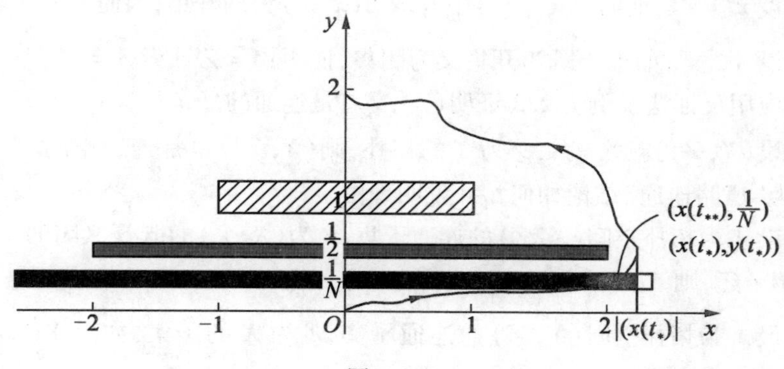

图 7.2.7

定理 7.2.8　设 U 为$(\mathbb{R}^n,\mathscr{T}_{\rho_0^n})$中的开集,则以下结论等价:

(1) U 折线连通;

(2) U 道路连通;

(3) U 连通.

证明　(1)⇒(2). 因为折线道路是特殊的道路,所以 U 折线连通必为道路连通.

(2)⇒(3). 由定理 7.2.5 即得结论.

(3)⇒(1). 设 $U_{\boldsymbol{x}}=\{\boldsymbol{y}\mid\boldsymbol{y}\in U$,存在 U 中连接 $\boldsymbol{x}$ 与 $\boldsymbol{y}$ 的折线$\}$,则 $U_{\boldsymbol{x}}$ 为$(\mathbb{R}^n,\mathscr{T}_{\rho_0^n})$中的开集. 事实上,$\forall\boldsymbol{p}\in U_{\boldsymbol{x}}\subset U$,由 U 为开集,存在 $\boldsymbol{p}$ 的开球邻域 $B(\boldsymbol{p};\varepsilon)\subset U$,而 $\forall\boldsymbol{q}\in B(\boldsymbol{p};\varepsilon)$,有直线段 $\overline{\boldsymbol{pq}}$ 连接 $\boldsymbol{p}$ 与 $\boldsymbol{q}$. 因此,在 U 中有折线将 $\boldsymbol{x}$ 与 $\boldsymbol{q}$ 相连,即 $\boldsymbol{q}\in U_{\boldsymbol{x}}$, $B(\boldsymbol{p};\varepsilon)\subset U_{\boldsymbol{x}}$,故 $U_{\boldsymbol{x}}$ 为开集(图 7.2.8).

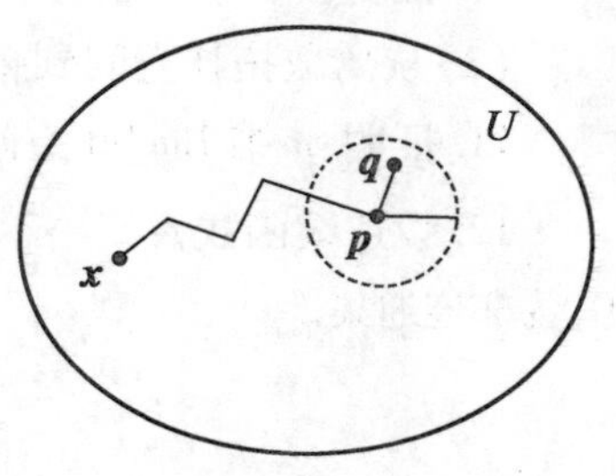

图 7.2.8

易见,U_{x_1} 与 U_{x_2} 或者不相交,或者重合,并且

$$U=U_{\boldsymbol{x}}\cup\left(\bigcup_{\boldsymbol{y}\in U\setminus U_{\boldsymbol{x}}}U_{\boldsymbol{y}}\right)$$

由题设 U 连通及 $U_{\boldsymbol{x}}$ 非空(因 $\boldsymbol{x}\in U_{\boldsymbol{x}}$)可知 $\bigcup_{\boldsymbol{y}\in U\setminus U_{\boldsymbol{x}}}U_{\boldsymbol{y}}=\varnothing$,从而,$U=U_{\boldsymbol{x}}$,明显地,$U$ 是折线连通的.

练习题 7.2

1. 设 $\boldsymbol{x}^0\in\mathbb{R}^n$,证明:$(\mathbb{R}^n,\mathscr{T}_{\rho_0^n})$中开球 $B(\boldsymbol{x}^0;\delta)$为凸开集,因而为开区域.

2. 设 $A\subset\mathbb{R}^n$,如果 A 既为开集又为闭集,证明:$A=\varnothing$或者 $A=\mathbb{R}^n$.

3. 应用反证法及例 7.2.3 证明$(\mathbb{R}^n,\mathscr{T}_{\rho_0^n})$是连通的.

4. 设$(X,\mathscr{T})$连通,$\mathscr{T}'\subset\mathscr{T}$为 X 的拓扑,则$(X,\mathscr{T}')$也是连通空间. 上述"连通"改为"道路连通"结论如何? 并说明理由.

5. 设 A 为拓扑空间$(X,\mathscr{T})$的连通子集,B 为$(X,\mathscr{T})$的既开又闭的子集,如果 $A\cap B\neq\varnothing$,则 $A\subset B$.

6. 设 Y 为拓扑空间$(X,\mathscr{T})$的连通子集,Z 为 X 的子集,如果 $Y\cap\overline{Z}\neq\varnothing$,$Y\cap\overline{Z^c}\neq\varnothing$,证明:$Y\cap\partial Z\neq\varnothing$.

7. 设 A 为连通空间$(X,\mathscr{T})$的非空真子集,证明:$\partial A\neq\varnothing$.

8. 证明:$(\mathbb{R}^2,\mathscr{T}_{\rho_0^2})$上所有至少有一个坐标为有理数的点构成的集合是一个道路连通子集.

9. 设 Y 是拓扑空间$(X,\mathscr{T})$的一个连通子集,证明:如果 A 与 B 是$(X,\mathscr{T})$的两个无交开集(闭集)使得 $Y\subset A\cup B$,则或者 $Y\subset A$ 或者 $Y\subset B$.

10. 证明:(1)从拓扑空间到平庸拓扑空间的任何映射都为连续映射;

(2)从离散拓扑空间到拓扑空间的任何映射都为连续映射.

11. 证明:n 维 Euclid 空间$(\mathbb{R}^n,\mathscr{T}_{\rho_0^n})(n\geqslant 2)$与$(\mathbb{R}^1,\mathscr{T}_{\rho_0^1})$不同胚.

12. 设连续函数 $f:\mathbb{R}^n\to\mathbb{R}^1$既取正值又取负值,证明:集合 $E=\{\boldsymbol{x}\in\mathbb{R}^n\mid f(\boldsymbol{x})\neq 0\}$为非连通集.

思考题 7.2

1. 设$(X,\mathscr{T})$为拓扑空间,证明:$(X,\mathscr{T})$非连通$\Leftrightarrow X$ 中存在两个子集 A 与 B 是隔离的,即$(A\cap\overline{B})\cup(B\cup\overline{A})=\varnothing$.

2. 设 Y,Z 都是拓扑空间$(X,\mathscr{T})$的子集,其中 Y 是连通的,证明:如果 $Z\cap$

$Y\neq\varnothing$与 $Z\cap Y'\neq\varnothing$,则 $Z\cap\partial Y\neq\varnothing$.

3. 设 Y 为拓扑空间$(X,\mathscr{T})$的一个子集,证明:$\overline{Y}$ 为$(X,\mathscr{T})$的一个非连通子集$\Leftrightarrow X$ 中存在两个非空集合 A 与 B 使得 $Y\subset A\cup B,\overline{A}\cap\overline{B}=\varnothing,Y\cap A\neq\varnothing$与 $Y\cap B\neq\varnothing$成立.

4. 在 Euclid 平面$(\mathbb{R}^2,\mathscr{T}_{\rho_0^2})$中,令

$$L_{\frac{1}{n}}=\left\{(x,y)\,\middle|\,x-\frac{1}{n}y=0\right\}\subset\mathbb{R}^2,\quad n=1,2,\cdots$$

$$L_0=\{(0,y)\mid y\in\mathbb{R}\}\subset\mathbb{R}^2$$

证明:$\forall A\subset L_0$,子集 $A\cup(\bigcup\limits_{n=1}^{\infty}L_{\frac{1}{n}})$是连通的. 它是道路连通的吗?

5. 设 A 为单位球面 $S^n(n\geqslant 2)$的一个至多可数的子集,证明:$S^n\backslash A$ 是道路连通的.

6. 证明:n 维 Euclid 空间$\mathbb{R}^n(n\geqslant 2)$(或 n 维单位球面 $S^n(n\geqslant 1)$)不能嵌入到实数空间$\mathbb{R}^1$中去,即不存在同胚$f:\mathbb{R}^n\to f(\mathbb{R}^n)\subset\mathbb{R}^1$(或$f:S^n\to f(S^n)\subset\mathbb{R}^1$).

7. (粘结引理)设 A 与 B 为拓扑空间$(X,\mathscr{T}_1)$中的两个开集(闭集),并且 $X=A\cup B$. 又设$(Y,\mathscr{T}_2)$也为拓扑空间,$f_1:A\to Y$ 与 $f_2:B\to Y$ 都为连续映射,且满足

$$f_1|_{A\cap B}=f_2|_{A\cap B}$$

则

$$f:X\to Y,\quad x\longmapsto f(x),\quad f(x)=\begin{cases}f_1(x), & x\in A\\ f_2(x), & x\in B\end{cases}$$

为一个连续映射.

8. 设 A 与 B 为$(\mathbb{R}^n,\mathscr{T}_{\rho_0^n})$中两个不相交的闭集,证明:存在一个连续函数 $f:\mathbb{R}^n\to\mathbb{R}^1$,使得$f|_A\equiv 1$, $f|_B\equiv 0$.

提示:令$f(\boldsymbol{x})=\dfrac{\rho(\boldsymbol{x},B)}{\rho(\boldsymbol{x},A)+\rho(\boldsymbol{x},B)}$,其中,$\rho(\boldsymbol{x},A)=\inf\limits_{\boldsymbol{y}\in A}\rho(\boldsymbol{x},\boldsymbol{y})$.

9. 设$(X,\mathscr{T}_1)$与$(Y,\mathscr{T}_2)$都为拓扑空间,$f:X\to Y$ 为映射,证明

$$f\text{ 为连续映射}\Leftrightarrow\forall A\subset X,\text{有 }f(\overline{A})\subset\overline{f(A)}$$

10. 举出连续函数$f:\mathbb{R}^1\to\mathbb{R}^1$及 $A\subset\mathbb{R}^1$,使$f(\overline{A})\not\supset\overline{f(A)}$.

7.3 紧致、可数紧致、列紧、序列紧致

前两节介绍的 A_1, A_2, T_2,连通性及道路连通性都是拓扑不变性,即拓扑映射(同胚)下不变的性质,定理7.2.7表明,连通与道路连通还是连续不变性.

定理7.3.1 设 $(X,\mathscr{T})$ 为拓扑空间.

(1)紧致空间:X 的任何开覆盖必有有限子覆盖;

(2)可数紧致空间:X 的任何可数开覆盖必有有限子覆盖;

(3)列紧空间:X 的任何无限子集 A 必有聚点 $a\in X$;

(4)序列紧致空间:X 中每个点列 $\{x_n\}$ 必有收敛于 $x\in X$ 的子点列 $\{x_{n_k}\}$;

(5)任何递降非空闭集序列 $\{F_i\}$ 必有交,即 $\exists x\in\bigcap\limits_{n=1}^{\infty}F_n$(或 $\bigcap\limits_{n=1}^{\infty}F_n\neq\varnothing$).

它们具有如下关系:

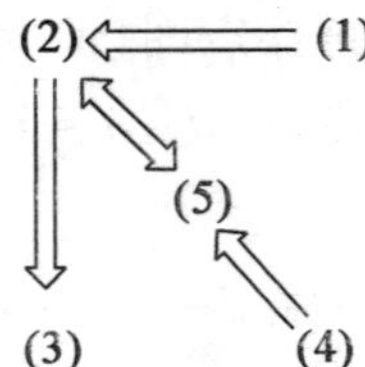

证明 (1)⇒(2). 显然.

(2)⇒(3). 设 A 为 X 的任一无限子集. 取 A 的可数子集 A_1,下证 A_1 必有聚点(属于 X),当然它也是 A 的聚点. (反证)假设 A_1 无聚点,即 $A_1'=\varnothing\subset A_1$,根据定理7.1.5(2),$A_1$ 为闭集. $\forall x\in A_1$,由于 x 不为 A_1 的聚点,故存在 x 的开邻域 U_x,使

$$U_x\cap(A_1\setminus\{x\})=\varnothing$$

即

$$U_x\cap A_1=\{x\}$$

显然,$\{U_x\mid x\in A_1\}\cup\{A_1^{c}\}$ 为 X 的可数开覆盖,而 $(X,\mathscr{T})$ 为可数紧致空间,故必存在有限覆盖 $\{U_{x_1},U_{x_2},\cdots,U_{x_n},A_1^{c}\}$. 因为 A_1^{c} 中无 A_1 的点,所以 $\{U_{x_1},U_{x_2},\cdots,U_{x_n}\}$ 覆盖 A_1,从而

$$A_1=\left(\bigcup_{i=1}^{n}U_{x_i}\right)\cap A_1=\bigcup_{i=1}^{n}(U_{x_i}\cap A_1)=\{x_1,x_2,\cdots,x_n\}$$

为有限集,这与 A_1 为可数集相矛盾.

(2)⇒(5).(反证)假设 $\bigcap\limits_{n=1}^{\infty} F_n=\varnothing$,则由 De Morgan 公式,有

$$\bigcup_{n=1}^{\infty} F_n^{c}=(\bigcap_{n=1}^{\infty} F_n)^{c}=\varnothing^{c}=X$$

因此,$\{F_n^{c}\mid n\in\mathbb{Z}_+\}$ 为 X 的可数开覆盖. 由(2),存在有限子覆盖 $\{F_{n_1}^{c},F_{n_2}^{c},\cdots,F_{n_k}^{c}\}$. 于是,由

$$F_{n_1}^{c}\cup F_{n_2}^{c}\cup\cdots\cup F_{n_k}^{c}=X$$

推出

$$\varnothing\neq F_{\max\{n_1,n_2,\cdots,n_k\}}=F_{n_1}\cap F_{n_2}\cap\cdots\cap F_{n_k}\xlongequal{\text{De Morgan 公式}}(F_{n_1}^{c}\cup F_{n_2}^{c}\cup\cdots\cup F_{n_k}^{c})^{c}=X^{c}=\varnothing$$

矛盾. 所以,$\bigcap\limits_{n=1}^{\infty} F_n\neq\varnothing$.

(2)⇐(5). 设 $\mathscr{S}=\{U_n\mid n\in\mathbb{Z}_+\}$ 为 X 的任一可数开覆盖,我们断定 $\mathscr{S}$ 必有有限子覆盖.(反证)假设 $\mathscr{S}$ 无有限子覆盖. 令

$$F_n=(\bigcup_{i=1}^{n} U_i)^{c},\quad n\in\mathbb{Z}_+$$

则 $F_n\neq\varnothing$(由 $\bigcup\limits_{i=1}^{n} U_i\neq X$),且

$$F_1\supset F_2\supset\cdots\supset F_n\supset\cdots$$

由(5)得到

$$\varnothing\neq\bigcap_{n=1}^{\infty} F_n=\bigcap_{n=1}^{\infty}(\bigcup_{i=1}^{n} U_i)^{c}=(\bigcup_{n=1}^{\infty}(\bigcup_{i=1}^{n} U_i))^{c}=(\bigcup_{n=1}^{\infty} U_n)^{c}=X^{c}=\varnothing$$

矛盾. 从而 $\mathscr{S}$ 有有限子覆盖,$(X,\mathscr{T})$ 是可数紧致的.

(4)⇒(5)⇔(2). 设 $\{F_n\}$ 为 $(X,\mathscr{T})$ 中任一递降非空闭集序列,取 $x_n\in F_n$,$n\in\mathbb{Z}_+$,因为 X 是序列紧致的,所以存在 $\{x_n\}$ 的子点列 $\{x_{n_i}\}$ 收敛于 $x\in X$. 由于 $x_{n_j}\in F_{n_i}(j=i,i+1,\cdots)$,以及 F_{n_i} 为闭集,所以,$x\in F_{n_i}\subset F_i(i\in\mathbb{Z}_+)$,从而 $x\in\bigcap\limits_{n=1}^{\infty} F_n$. 这就证明了 $\bigcap\limits_{n=1}^{\infty} F_n\neq\varnothing$,(5)成立.

定理 7.3.2　对于度量空间 (X,ρ) 诱导的拓扑空间 $(X,\mathscr{T}_\rho)$,关于定理 7.3.1 中的(1)~(5),有如下关系:

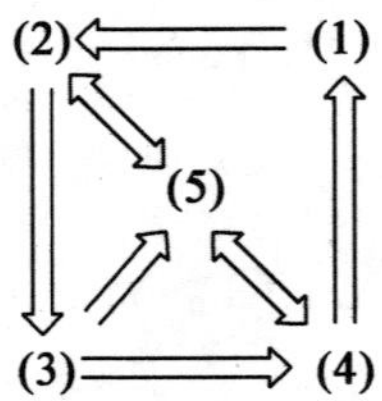

证明 由定理 7. 3. 1,只需证明:

(3)⇒(4). 设$\{x_n\}$为$(X,\mathscr{T}_\rho)$中任一点列,记$A=\{x_n|n\in\mathbb{Z}_+\}$.

如果 A 为有限集,则$\exists x\in A,n_1<n_2<\cdots<n_k<\cdots$, s. t. $x_{n_k}=x$. 于是

$$\lim_{k\to+\infty}x_{n_k}=x\in X$$

如果 A 为无限集,由于$(X,\mathscr{T}_\rho)$为列紧空间,$\exists x\in A'$. 令

$$A_n=\{x_n,x_{n+1},\cdots\}$$

$$n_1=\min\{j|x_j\in B(x;1)\cap A_1\}$$

$$n_2=\min\left\{j\,\middle|\,x_j\in B\left(x;\frac{1}{2}\right)\cap A_{n_1+1}\right\}$$

$$\vdots$$

$$n_k=\min\left\{j\,\middle|\,x_j\in B\left(x;\frac{1}{k}\right)\cap A_{n_{k-1}+1}\right\}$$

$$\vdots$$

显然,$x_{n_{k-1}}\notin A_{n_{k-1}+1}$,$n_1<n_2<\cdots<n_k<\cdots$,从而$\{x_{n_k}\}$为$\{x_n\}$的一个子点列,且$x_{n_k}\in B\left(x;\frac{1}{k}\right)$,$0\leqslant\rho(x_{n_k},x)<\frac{1}{k}\to0\ (k\to+\infty)$,即$\lim\limits_{k\to+\infty}x_{n_k}=x$. 这就证明了$(X,\mathscr{T}_\rho)$是序列紧致的.

(4)⇒(1). 设(X,ρ)为序列紧致的度量空间,$\mathscr{S}$为 X 的一开覆盖,根据定理 7. 4. 4(Lebesgue 数定理),有 Lebesgue 数 $\lambda=\lambda(\mathscr{S})>0$. 令

$$\widetilde{\mathscr{S}}=\left\{B\left(x;\frac{\lambda}{3}\right)\,\middle|\,x\in X\right\}$$

则开覆盖$\widetilde{\mathscr{S}}$有有限子覆盖. (反证)假设$\widetilde{\mathscr{S}}$无有限子覆盖,则$\widetilde{\mathscr{S}}$的任何有限子族都不覆盖 X. 任取 $x_1\in X$,因为$\left\{B\left(x_1;\frac{\lambda}{3}\right)\right\}$不是 X 的覆盖,取 $x_2\in X-B\left(x_1;\frac{\lambda}{3}\right)$.

假定已定义了 $x_1,x_2,\cdots,x_n\in X$ 满足:若 $j>i$,则 $x_j\notin B\left(x_i;\frac{\lambda}{3}\right)\left(\text{即}\rho(x_i,x_j)>\frac{\lambda}{3}\right)^*$.

由于

$$\left\{B\left(x_1;\frac{\lambda}{3}\right),B\left(x_2;\frac{\lambda}{3}\right),\cdots,B\left(x_n;\frac{\lambda}{3}\right)\right\}$$

不是 X 的覆盖,故可取

$$x_{n+1}\in X-\bigcup_{i=1}^{n}B\left(x_i;\frac{\lambda}{3}\right)$$

易见,$x_1,x_2,\cdots,x_{n+1}$也满足(＊). 因此,我们归纳定义了 X 中的一个序列$\{x_n\}$满足(＊). 可以断定$\{x_n\}$无收敛子序列(否则,若有子序列收敛于 x,则 $B\left(x;\frac{\lambda}{6}\right)$中必含$\{x_n\}$的无限多个点,这是不可能的. 因为$\{x_n\}$中不同点的距离大于$\frac{\lambda}{3}$,但 $B\left(x,\frac{\lambda}{6}\right)$中任意两点的距离都小于$\frac{\lambda}{3}$),这与$(X,\mathscr{T}_\rho)$为序列紧致空间相矛盾. 这证明了$\tilde{\mathscr{S}}$有有限子覆盖.

设$\tilde{\mathscr{S}}$的有限子覆盖为$\left\{B\left(y_1;\frac{\lambda}{3}\right),B\left(y_2;\frac{\lambda}{3}\right),\cdots,B\left(y_n;\frac{\lambda}{3}\right)\right\}$,由 $\forall i$, $\exists A_i\in\mathscr{S}$, s. t. $B\left(y_i;\frac{\lambda}{3}\right)\subset A_i$,易见,$\{A_1,A_2,\cdots,A_n\}$为$\mathscr{S}$的有限子覆盖. 于是证明了$(X,\mathscr{T}_\rho)$为紧致空间.

定理 7.3.3　在$(X,\mathscr{T}_\rho)$中,如果 $A\subset X$(作为子拓扑空间)序列紧致(或可数紧致或列紧或紧致),则 A 为$(X,\mathscr{T}_\rho)$中的有界闭集. 但反之不真.

证法 1　(反证)假设 A 无界,则 $\exists x_n,x_0\in A$, s. t. $\rho(x_n,x_0)\geqslant n$. 显然,$\{x_n\}$无收敛子列,这与 A 序列紧致相矛盾. 因此,A 有界.

(反证)假设 A 不为闭集,则 $\exists x_n\in A$,它收敛于 x,但 $x\notin A$. 当然,$\{x_n\}$的一切子列也收敛于 $x\notin A$. 从而 A 不是序列紧致的,这与已知 A 序列紧致相矛盾. 因此,A 为闭集.

进而,根据定理 7.3.2,可数紧致或列紧或紧致必为序列紧致,因此,也能推得 A 为$(X,\mathscr{T}_\rho)$中的有界闭集.

如果$(X,\mathscr{T}_\rho)$紧致,我们还有下面两个证法.

证法 2　取一定点 $x\in A$. 显然,$\mathscr{S}=\{B(x;n)\mid n\in\mathbb{Z}_+\}$为 A 的一个开覆盖,由于 A 紧致,故 $\exists N\in\mathbb{Z}_+$, s. t. $B(x;N)=\bigcup\limits_{n=1}^{N}B(x;n)\supset A$,这就证明了 A 是有界的.

再证 A 为闭集,只需证 A^c 为开集. 设 $p\in A^c$, $\forall q\in A$,取 $0<\delta(q)\leqslant\frac{1}{2}\rho(p,$

q),则

$$B(q;\delta(q))\cap B(p,\delta(q))=\varnothing$$

于是,$\mathscr{S}=\{B(q;\delta(q))\mid q\in A\}$为紧致集 A 的一个开覆盖,故存在 A 的有限子覆盖

$$\mathscr{S}_1=\{B(q_i;\delta(q_i))\mid i=1,2,\cdots,K\}$$

因为

$$B(q_i;\delta(q_i))\cap B(p;\delta(q_i))=\varnothing,\quad i=1,2,\cdots,K$$

所以

$$\bigcup_{i=1}^{K}B(q_i,\delta(q_i))\quad 与\quad U=\bigcap_{i=1}^{K}B(p;\delta(q_i))$$

不相交,从而 $A\cap U=\varnothing$,$p\in U\subset A^{c}$,其中 U 为开集. 由此知 A^{c} 为开集.

证法3 (反证)假设 A 不为闭集,则 $A'\not\subset A$,即 $\exists x_0\in A'$,但 $x_0\notin A$. 于是,存在相异点组成的集合 $\{x_n\mid n\in\mathbb{Z}_+\}\subset A$, s. t. $\lim\limits_{n\to+\infty}x_n=x_0$.

显然

$$\left\{B\left(x;\frac{1}{2}\rho(x,x_0)\right)\middle|\,x\in A\right\}$$

为 A 的一个开覆盖,而且它无有限子覆盖,这与 A 紧致相矛盾. 这就证明了 A 为闭集.

反之不真. 例如,$X=(0,1)$ 作为通常的 Euclid 直线 $(\mathbb{R}^1,\mathscr{T}_{\rho_0^1})$ 的子拓扑空间为有界闭集,但开区间族 $\left\{\left(\frac{1}{n},1\right)\middle|\,n\in\mathbb{Z}_+\right\}$ 为 $(0,1)$ 的一个可数开覆盖,它无有限子覆盖. 因此,$A=(0,1)$ 非紧致、非可数紧致. 因为 $A=(0,1)$ 中的无限子集 $\left\{\frac{1}{n+1}\middle|\,n\in\mathbb{Z}_+\right\}$ 无聚点属于 A,所以 $A=(0,1)$ 非列紧. 由于 $A=(0,1)$ 中的点列 $\left\{\frac{1}{n+1}\right\}$ 在 $A=(0,1)$ 中无任何收敛子序列,故 $A=(0,1)$ 非序列紧致.

定理 7.3.4(闭集套原理) 序列紧致(或可数紧致或列紧或紧致)度量空间 $(X,\mathscr{T}_\rho)$ 中的递降非空闭集序列 $\{F_n\}$,$F_1\supset F_2\supset\cdots\supset F_n\supset F_{n+1}\supset\cdots$,且 F_n 的直径 $d(F_n)=\operatorname{diam}F_n=\sup\{\rho(x',x'')\mid x',x''\in F_n\}\to 0\ (n\to+\infty)$,则 $\exists_1 x\in\bigcap\limits_{n=1}^{\infty}F_n$.

证明 由定理 7.3.2(5)知,$\exists x\in\bigcap\limits_{n=1}^{\infty}F_n$.

再证唯一性.(反证)假设$\exists x_1,x_2\in X$, s. t. $x_1,x_2\in\bigcap\limits_{n=1}^{\infty}F_n$,则

$$0\leqslant\rho(x_1,x_2)\leqslant\operatorname{diam}F_n\to 0,\quad n\to+\infty$$

从而$\rho(x_1,x_2)=0$,$x_1=x_2$,即$\exists_1 x\in\bigcap\limits_{n=1}^{\infty}F_n$.

推论 7.3.1　$(\mathbb{R}^n,\mathscr{T}_{\rho_0^n})$中的递降非空 n 维闭区间(即 n 维闭长方体)$\{I_n\}$,$I_1\supset I_2\supset\cdots\supset I_n\supset I_{n+1}\supset\cdots$,且 $\operatorname{diam}I_n\to 0(n\to+\infty)$,则$\exists_1\boldsymbol{x}\in\bigcap\limits_{n=1}^{\infty}I_n$.

证明　在定理 7.3.4 中,取$(X,\mathscr{T}_\rho)=(I_1,\mathscr{T}_{\rho_0^n}|_{I_1})$即得本推论的结论.

定义 7.3.1　设$\{x_n\}$为度量空间(X,ρ)中的一个点列,如果$\forall\varepsilon>0$,$\exists N\in\mathbb{Z}_+$,当 $n,m>N$ 时,有$\rho(x_n,x_m)<\varepsilon$,则称$\{x_n\}$为$(X,\rho)$中的**Cauchy 点列**或**基本点列**.

Cauchy 点列等价于:如果$\forall\varepsilon>0$,$\exists N\in\mathbb{Z}_+$,当 $n>N$ 时,$\forall p\in\mathbb{Z}_+$,有$\rho(x_n,x_{n+p})<\varepsilon$.

如果(X,ρ)中的任何 Cauchy(基本)点列都收敛(于 X 中的点),则称(X,ρ)为**完备度量(距离)空间**.

定理 7.3.5　(1)$(\mathbb{R}^n,\rho_0^n)$为完备度量空间;

(2)序列紧致(或可数紧致,或列紧,或紧致)度量空间$(X,\mathscr{T}_\rho)$是完备度量空间.

证明　(1)因为

$$|x_i^m-x_i^{m+p}|\leqslant\rho_0^n(\boldsymbol{x}^m,\boldsymbol{x}^{m+p})\leqslant\sqrt{n}\max_{1\leqslant j\leqslant n}|x_j^m-x_j^{m+p}|,\quad i=1,2,\cdots,n$$

所以$\{\boldsymbol{x}^m\}$为$(\mathbb{R}^n,\rho_0^n)$中的 Cauchy(基本)点列$\Leftrightarrow\{x_i^m\}$为$(\mathbb{R}^1,\rho_0^1)$中的 Cauchy(基本)数列$\Leftrightarrow\{x_i^m\}$在$(\mathbb{R}^1,\rho_0^1)$$(i=1,2,\cdots,n)$中均收敛$\Leftrightarrow\{\boldsymbol{x}^m\}$在$(\mathbb{R}^n,\rho_0^n)$中收敛.

这就证明了$(\mathbb{R}^n,\rho_0^n)$为完备度量空间.

(2)设$\{x_n\}$为序列紧致度量空间$(X,\mathscr{T}_\rho)$的 Cauchy(基本)点列,则$\{x_n\}$必有收敛子列$\{x_{n_k}\}$,记$\lim\limits_{k\to+\infty}x_{n_k}=x_0$. $\forall\varepsilon>0$,$\exists N\in\mathbb{Z}_+$,当 $n,m>N,k>N$ 时,有

$$\rho(x_n,x_m)<\frac{\varepsilon}{2},\quad\rho(x_{n_k},x_0)<\frac{\varepsilon}{2}$$

于是

$$\rho(x_n,x_0)\leqslant\rho(x_n,x_{n_k})+\rho(x_{n_k},x_0)<\frac{\varepsilon}{2}+\frac{\varepsilon}{2}=\varepsilon$$

这就证明了$\{x_n\}$收敛于$x_0\in X$. 从而$(X,\mathscr{T}_{\rho_0})$为完备度量空间.

例 7.3.1 对$(\mathbb{R}^n,\rho_0^n)$,定理7.3.1(5)的结论并不成立. 只需取

$$F_m=[m,+\infty)^n=\underbrace{[m,+\infty)\times[m,+\infty)\times\cdots\times[m,+\infty)}_{n\text{个}}$$

显然$\{F_m\}$为递降非空闭集序列,但$\bigcap\limits_{m=1}^{\infty}F_m=\varnothing$.

定理 7.3.6 设A为$(\mathbb{R}^n,\mathscr{T}_{\rho_0^n})$的子拓扑空间,则对于定理7.3.1中的(1)~(5)及下面的(6)满足以下关系:

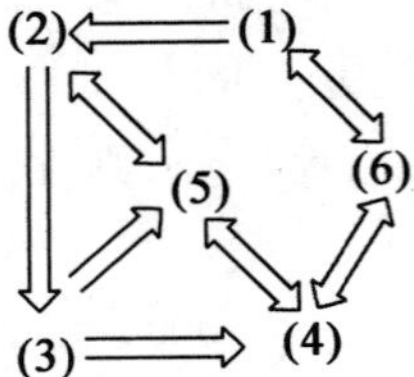

其中:(6)A是有界闭集.

证明 (4)⇒(6). 由定理7.3.3的证法1推得.

(1)⇒(6). 由定理7.3.3的证法2,3推得.

(1)⇐(6). (Heine-Borel)设n维闭区间(n维闭长方体)$I_1\supset A$. (反证)假设A非紧致,则存在A的开覆盖$\{U_\alpha\mid\alpha\in\Gamma\}$,它无有限子覆盖. 将$I_1$ 2^n等分(图7.3.1),必有一等分$I_2\subset I_1$,使$I_2\cap A$无有限子覆盖. 再将I_2 2^n等分,必有一等分$I_3\subset I_2$,使$I_3\cap A$无有限子覆盖. 于是,得到一串n维闭区间的递降序列

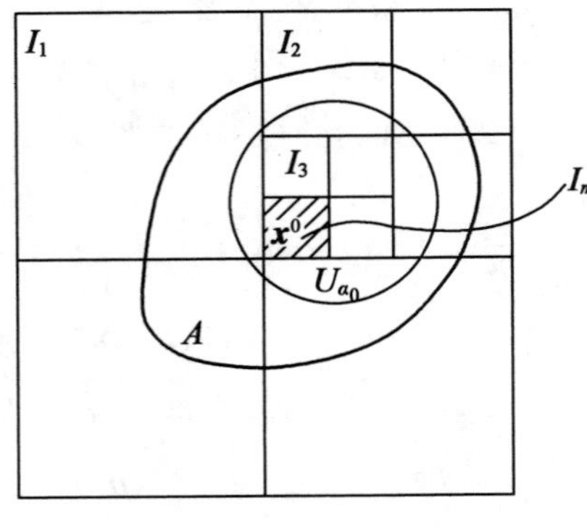

图 7.3.1

$$I_1\supset I_2\supset\cdots\supset I_m\supset\cdots$$

且I_m的直径$\operatorname{diam}I_m\to0\ (m\to+\infty)$. 根据闭集套(或闭区间套)原理(定理7.3.4,推论7.3.1),$\exists_1\boldsymbol{x}^0\in I_m$, $\forall m\in\mathbb{Z}_+$. 取$\boldsymbol{x}^m\in I_m\cap A$,显然,$\{\boldsymbol{x}^m\}$收敛于$\boldsymbol{x}^0$. 又因$A$为闭集,故$\boldsymbol{x}^0\in A$. 因为$\{U_\alpha\mid\alpha\in\Gamma\}$为$A$的开覆盖,所以,$\exists N\in\mathbb{Z}_+$,当$m>N$时,$I_m\subset U_{\alpha_0}$,即$\{U_{\alpha_0}\}$为$I_m\cap A$的有限子覆盖,这与$I_m\cap A$无有限子覆盖相矛盾. 这就证明了$A$是紧致的.

例 7.3.2　$\mathbb{R}^n$在$(\mathbb{R}^n,\mathscr{T}_{\rho_0^n})$中非紧致.

证法1　显然,$\mathscr{S}=\{B(0;n)\mid n\in\mathbb{Z}_+\}$为$\mathbb{R}^n$的一个开覆盖,但它无有限子覆盖. 因此,$\mathbb{R}^n$在$(\mathbb{R}^n,\mathscr{T}_{\rho_0^n})$中非紧致.

证法2　因为无限子集$A=\{(n,0,0,\cdots,0)\mid n\in\mathbb{Z}_+\}$无聚点,所以$\mathbb{R}^n$在$(\mathbb{R}^n,\mathscr{T}_{\rho_0^n})$中非列紧. 根据定理7.3.1,$\mathbb{R}^n$在$(\mathbb{R}^n,\mathscr{T}_{\rho_0^n})$中非紧致.

证法3　因为点列$\{(n,0,0,\cdots,0)\}$无收敛子列,所以$\mathbb{R}^n$在$(\mathbb{R}^n,\mathscr{T}_{\rho_0^n})$中非序列紧致. 根据定理7.3.2,$\mathbb{R}^n$在$(\mathbb{R}^n,\mathscr{T}_{\rho_0^n})$中非紧致.

证法4　因为$\mathbb{R}^n$无界,根据定理7.3.3知,$\mathbb{R}^n$在$(\mathbb{R}^n,\mathscr{T}_{\rho_0^n})$中非紧致.

读者仔细考虑一下,你最欣赏的是哪一种证法？应该是证法1,它只需用到紧致的定义,不需用到其他定理.

定理 7.3.7　设$(X,\mathscr{T}_1)$与$(Y,\mathscr{T}_2)$都为拓扑空间,$f:X\to Y$为连续映射.

(1)如果$(X,\mathscr{T}_1)$紧致,则$f(X)$也紧致;

(2)如果$(X,\mathscr{T}_1)$可数紧致,则$f(X)$也可数紧致;

(3)如果$(X,\mathscr{T}_1)$序列紧致,则$f(X)$也序列紧致.

证明　(1)$f(X)$视作$(Y,\mathscr{T}_2)$的子拓扑空间. 由定义知$f:X\to f(X)$也为连续映射. 设$\mathscr{S}$为$f(X)$的任一开覆盖,根据定理7.2.2(2),$\{f^{-1}(V)\mid V\in\mathscr{S}\}$为$X$的一个开覆盖. 由$X$紧致,$\{f^{-1}(V)\mid V\in\mathscr{S}\}$有一个有限子覆盖$\{f^{-1}(V_i)\mid V_i\in\mathscr{S},i=1,2,\cdots,n\}$. 因为$f(f^{-1}(V_i))=V_i$,所以$\mathscr{S}_1=\{V_i\mid i=1,2,\cdots,n\}$为$f(X)$关于$\mathscr{S}$的一个有限子覆盖. 这就证明了$f(X)$为$(Y,\mathscr{T}_2)$的紧致子集.

(2)仿(1)证明.

(3)在$f(X)$中任取点列$\{y_n\}$,令$x_n\in X$, s. t. $f(x_n)=y_n$. 因为$(X,\mathscr{T}_1)$序列紧致,所以$\{x_n\}$有收敛子列$\{x_{n_k}\}$收敛于$x_0\in X$. 再由f在x_0连续及推论7.2.1知,$\{y_{n_k}\}=\{f(x_{n_k})\}$收敛于$f(x_0)\in f(X)$,即$\{y_n\}$在$f(X)$中有收敛的子点列$\{y_{n_k}\}$. 这就证明了$f(X)$是序列紧致的.

推论 7.3.2　设(X,ρ_1)与(Y,ρ_2)都为度量空间,$f:X\to Y$为连续映射. 如果$(X,\mathscr{T}_{\rho_1})$序列紧致(或可数紧致或列紧或紧致),则$f(X)$也序列紧致(或可数紧致或列紧或紧致.)

证明　由定理7.3.7,只需证明:如果$(X,\mathscr{T}_{\rho_1})$列紧,根据定理7.3.2,$(X,\mathscr{T}_{\rho_1})$序列紧致. 从定理7.3.7(3)知,$f(X)$也序列紧致. 再根据定理7.3.2,$f(X)$为$(Y,\mathscr{T}_2)$的列紧子集.

从定理7.3.7可知,紧致、可数紧致与序列紧致都是连续不变性,也是拓扑不变性. 此外,列紧虽然不是连续不变性(为什么?),但根据列紧的定义可推得,它是拓扑不变性.

下面我们再来研究几个重要定理.

定理7.3.8 紧致拓扑空间$(X,\mathscr{T})$的闭子集A为紧致子集.

证明 设$\{U\cap A\mid U\in\mathscr{T}_0\subset\mathscr{T}\}$为$A$的任一开覆盖,则$\mathscr{T}_0\cup\{A^c\}$为紧致空间$(X,\mathscr{T})$的一个开覆盖,故必有有限子覆盖$\{U_1,U_2,\cdots,U_n,A^c\}$. 因为$A\cap A^c=\varnothing$,所以$\{U_1,U_2,\cdots,U_n\}$覆盖$A$,即$\{U_1\cap A,U_2\cap A,\cdots,U_n\cap A\}$覆盖$A$,它是$\{U\cap A\mid U\in\mathscr{T}_0\subset\mathscr{T}\}$的有限子覆盖. 这就证明了$A$为紧致子集.

定理7.3.9 T_2空间$(X,\mathscr{T})$中的紧致子集A为闭子集.

证明 取$p\in A^c$, $\forall q\in A$,由于$(X,\mathscr{T})$为T_2空间,故存在q的开邻域U_q与p的开邻域V_p,使得$U_q\cap V_p=\varnothing$. 易见,$\mathscr{S}=\{U_q\mid q\in A\}$为紧致子集$A$的一个开覆盖,它必有有限子覆盖$\mathscr{S}_1=\{U_{q_1},U_{q_2},\cdots,U_{q_n}\}$. 令

$$U=\bigcup_{i=1}^{n}U_{q_i},\quad V=\bigcap_{i=1}^{n}V_{p_i}$$

由于$U_{q_i}\cap V\subset U_{q_i}\cap V_{p_i}=\varnothing$,故$U_{q_i}\cap V=\varnothing$,且

$$U\cap V=(\bigcup_{i=1}^{n}U_{q_i})\cap V=\bigcup_{i=1}^{n}(U_{q_i}\cap V)=\bigcup_{i=1}^{n}\varnothing=\varnothing$$

$$A\cap V=\varnothing,\quad p\in V\subset A^c$$

这就证明了A^c为开集,而A为闭集.

例7.3.3 设$X=\{a,b\}$, $a\neq b$. $\mathscr{T}_{平庸}=\{\varnothing,X\}$. 由$\mathscr{T}_{平庸}$中只含两个元素,故$A=\{a\}$为紧致子集. 但它显然不为$(X,\mathscr{T}_{平庸})$中的闭集.

定理7.3.10 设$(X,\mathscr{T}_1)$为紧致空间,$(Y,\mathscr{T}_2)$为T_2空间,$f:X\to Y$为一一连续映射,则f为同胚.

证明 设F为$(X,\mathscr{T}_1)$中任一闭集,因为$(X,\mathscr{T}_1)$为紧致空间,根据定理7.3.8,闭集F也紧致. 由f为连续映射及定理7.3.7(1)知$(f^{-1})^{-1}(F)=f(F)$也是紧致的. 从定理7.3.9可知,T_2空间$(Y,\mathscr{T}_2)$中的紧致子集$f(F)$为闭子集. 由定理7.2.2(3)立即推出f^{-1}为连续映射,而f以及f^{-1}都为同胚.

例7.3.4 设$X=[0,2\pi)$为实直线$(\mathbb{R}^1,\mathscr{T}_{\rho_0^1})$的子拓扑空间. 单位圆$Y=S^1$为平面$(\mathbb{R}^2,\mathscr{T}_{\rho_0^2})$的子拓扑空间. $f:X=[0,2\pi)\to S^1=Y,\theta\longmapsto f(\theta)=(\cos\theta,\sin\theta)$,显然,$f$为一一连续映射,但$f^{-1}$在$(\cos 0,\sin 0)=(1,0)$处不连续,从而$f$不为同胚.

事实上,对$f^{-1}((1,0))=0$ 的开邻域 $U_0=[0,\pi)$,都不存在$(1,0)$的开邻域 V,使得$f^{-1}(V)\subset U_0=[0,\pi)$,所以$f^{-1}$在$(1,0)$处不连续(图 7.3.2).

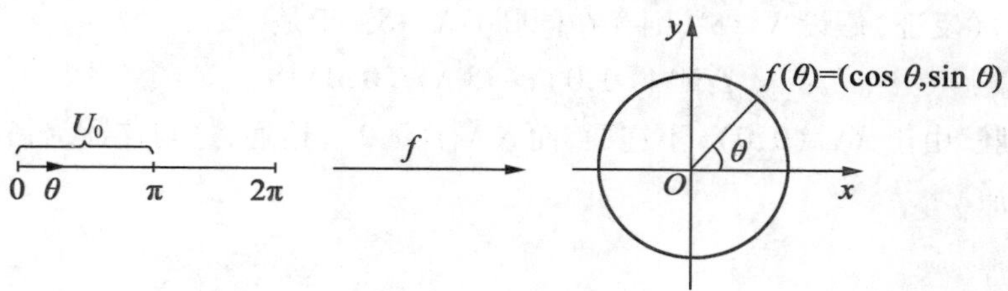

图 7.3.2

例 7.3.5　设 $X=Y=\{a,b\}$, $a\neq b$. 显然,恒同映射

$$f=\mathrm{Id}_X:(X,\mathscr{T}_{离散})\to(X,\mathscr{T}_{平庸})$$

为一一连续映射,但f^{-1}不连续,从而f不为同胚. 事实上,对$f^{-1}(a)=a\in X$ 的开邻域$\{a\}$, $a\in Y$ 的开邻域只有 $Y=\{a,b\}$,显然$f^{-1}(Y)=\{a,b\}\not\subset\{a\}$. 因此$f^{-1}$在 a 处不连续.

细心的读者会注意到例 7.3.4 中 $X=[0,2\pi)$ 非紧致,例 7.3.5 中$(Y,\mathscr{T}_{平庸})$不是 T_2 空间,它们都不符合定理 7.3.10 的条件.

我们知道,连通、道路连通、紧致、可数紧致、序列紧致、列紧都为拓扑不变性,作为它的应用,我们往往可以判别两个拓扑空间不同胚.

例 7.3.6

(1) $(\mathbb{Z}_+,\mathscr{T}_1)\not\cong(\mathbb{R},\mathscr{T}_2)$;

(2) $S^n\not\cong\mathbb{R}^m$,其中 S^n 为通常的 n 维单位球面,$\mathbb{R}^m$为通常的 m 维 Euclid 空间;

(3) $S^1\not\cong S^2$,其中 S^1 为通常的单位圆,S^2 为通常的二维单位球面;

(4) $X\not\cong S^1$,其中 S^1 为通常的单位圆,$X=\{(x,y)\mid(x^2+y^2)^2=a^2(x^2-y^2)\}\subset\mathbb{R}^2(a>0)$为平面上的双纽线.

证明　(1)(反证)假设$(\mathbb{Z}_+,\mathscr{T}_1)\cong(\mathbb{R},\mathscr{T}_2)$,则存在同胚$f:\mathbb{Z}_+\to\mathbb{R}$. 因此,$\mathbb{Z}_+$与$\mathbb{R}$ 在f下一一对应,但$\mathbb{Z}_+$可数,$\mathbb{R}$ 不可数,矛盾.

(2)(反证)假设 $S^n\cong\mathbb{R}^m$,则存在同胚$f:S^n\to\mathbb{R}^m$. 由于 S^n 紧致,而$\mathbb{R}^m$非紧致,这与紧致为拓扑不变性相矛盾.

(3)(反证)假设 $S^1\cong S^2$,则存在同胚$f:S^1\to S^2$. 于是

$$f:S^1\setminus\{(1,0),(-1,0)\}\to S^2\setminus\{f(1,0),f(-1,0)\}$$

也为同胚. 由于 $S^1\backslash\{(1,0),(-1,0)\}$ 不连通,而 $S^2\backslash\{f(1,0),f(-1,0)\}$ 连通(例 7.2.4),这与连通性为拓扑不变性相矛盾.

(4)(反证)假设 $X\cong S^1$,则存在同胚 $f:X\to S^1$. 于是

$$f:X\backslash\{(0,0)\}\to S^1\backslash\{f(0,0)\}$$

也为同胚. 由于 $X\backslash\{(0,0)\}$ 不连通,而 $S^1\backslash\{f(0,0)\}$ 连通,这与连通为拓扑不变性相矛盾.

练习题 7.3

1. 证明:A 为 $(X,\mathscr{T})$ 的紧致子集 $\Leftrightarrow$ $(X,\mathscr{T})$ 的任一闭集类 $\mathscr{F}_0\subset\mathscr{F}$,且 $A\cap(\bigcap\limits_{F\in\mathscr{F}_0}F)=\varnothing$,则有 $A_1,A_2,\cdots,A_k\in\mathscr{F}_0$,使得 $A\cap(\bigcap\limits_{i=1}^{k}A_i)=\varnothing$.

2. 证明:A 为 $(X,\mathscr{T})$ 的可数紧致子集 $\Leftrightarrow$ $(X,\mathscr{F})$ 的任一可数闭集类 $\mathscr{F}_0\subset\mathscr{F}$,且 $A\cap(\bigcap\limits_{F\in\mathscr{F}_0}F)=\varnothing$,则有 $A_1,A_2,\cdots,A_k\in\mathscr{F}_0$,使得 $A\cap(\bigcap\limits_{i=1}^{k}A_i)=\varnothing$.

3. 设 $P_i:\mathbb{R}^2\to\mathbb{R}^1$,$P_i(x_1,x_2)=x_i$ 为投影算子,$A\subset\mathbb{R}^2$ 为 $(\mathbb{R}^2,\mathscr{T}_{\rho_0^2})$ 中的紧致集,证明:

(1)P_i 为连续映射;

(2)$P_i(A)$ 也为 $(\mathbb{R}^1,\mathscr{T}_{\rho_0^1})$ 中的紧致集.

4. 设 $A,B\subset\mathbb{R}^1$,证明:$A\times B$ 为 $(\mathbb{R}^2,\mathscr{T}_{\rho_0^2})$ 中的紧致集 $\Leftrightarrow$ A 与 B 均为 $(\mathbb{R}^1,\mathscr{T}_{\rho_0^1})$ 中的紧致集.

5. 证明:拓扑空间 $(X,\mathscr{T})$ 的任何有限子集都为紧致子集.

6. 设 $\mathscr{T}'$ 与 $\mathscr{T}$ 都为 X 的拓扑,且 $\mathscr{T}'\subset\mathscr{T}$,证明:当 $(X,\mathscr{T})$ 紧致时,$(X,\mathscr{T}')$ 也紧致.

7. 证明:拓扑空间 $(X,\mathscr{T})$ 中任何有限个紧致子集的并集仍是一个紧致子集.

8. 证明:拓扑空间 $(X,\mathscr{T})$ 中任何一族紧致闭子集的交仍是一个紧致闭集.

思考题 7.3

1. 在定理 7.3.2 中,证明:(3)⇒(5),(5)⇒(4).

2. 设$(X,\mathscr{T})$为 T_2 空间,$A\subset X$ 为$(X,\mathscr{T})$中的紧致子集,$x\in A^c$,证明:x 与 A 分别存在开邻域 U 与 V,使得 $U\cap V=\varnothing$.

3. 设$(X,\mathscr{T})$为 T_2 空间,如果 A 与 B 为$(X,\mathscr{T})$的不交紧致子集,则 A 与 B 分别存在开邻域 U 与 V,使得 $U\cap V=\varnothing$.

4. 证明:T_2 空间$(X,\mathscr{T})$中任意多个紧致子集的交仍为紧致子集.

5. 设(X,ρ)为度量空间,A 为$(X,\mathscr{T}_\rho)$的列紧子集,证明:A 为有界闭集.

6. (1)设(X,ρ)为度量空间. X 中的两个非空子集 A 与 B 的距离 $\rho(A,B)$定义为

$$\rho(A,B)=\inf\{\rho(x,y)\mid x\in A,y\in B\}$$

当 $A=\{a\}$时,$\rho(a,B)=\rho(\{a\},B)=\inf\{\rho(a,y)\mid y\in B\}$称为 a 与集合 B 之间的距离.

证明:(1)如果 A 与 B 为(X,ρ)中的两个非空紧致子集,则 $\exists a\in A$ 与 $b\in B$, s. t. $\rho(a,b)=\rho(A,B)$;

(2)设 $X=\{-1\}\cup(0,1)$作为$(\mathbb{R}^1,\mathscr{T}_{\rho_0^1})$的子度量空间,$A=\{-1\}$与 $B=(0,1)$分别为 X 的紧致子集与闭集,易见,它无(1)中的结论;

(3)设 A 与 B 分别为$(\mathbb{R}^n,\rho_0^n)$中的非空紧致子集与非空闭集,则 $\exists a\in A$ 与 $b\in B$, s. t. $\rho_0^n(a,b)=\rho_0^n(A,B)$;

(4)在$(\mathbb{R}^2,\rho_0^2)$中给出两个不相交的非空闭集 A 与 B,使得 $\rho_0^2(A,B)=0$,但不存在 $a\in A$ 与 $b\in B$, s. t. $\rho_0^2(a,b)=\rho_0^2(A,B)$.

(5)设 A 与 B 分别为度量空间(X,ρ)的非空紧子集与非空闭集,证明

$$\rho(A,B)=0\Leftrightarrow A\cap B\neq\varnothing$$

7. 证明:不存在由$[0,1]$到圆周上的一一连续映射.

8. 证明:不存在由$[0,1]$到$[0,1]\times[0,1]$上的一一连续映射.

9. 设 $E\subset\mathbb{R}^n$, $f:E\to\mathbb{R}^m$.

(1)如果 E 为闭集,f 连续,则 f 的图像

$$G(f)=\{(x,f(x)),x\in E\}$$

为$\mathbb{R}^{n+m}$中的闭集；

(2)如果 E 为紧致集，f 连续，则 $G(f)$ 也为紧致集；

(3)如果 $G(f)$ 为紧致集，则 f 连续；

(4)如果 $G(f)$ 为闭集，f 是否连续?

7.4 零值定理、介值定理、最值定理及一致连续性定理

在这一节，我们将有界闭区间$[a,b]$上连续函数的零值定理、介值定理、最值定理及一致连续性定理推广到 n 维 Euclid 空间，以至拓扑空间.

定理 7.4.1(介值定理) 设$(X,\mathscr{T})$连通，$(\mathbb{R}^1,\mathscr{T}_{\rho_0^1})=(\mathbb{R},\mathscr{T}_{\rho_0^1})$为通常的实直线，$f:X\to\mathbb{R}^1$为连续函数，$p,q\in X$，则 f 达到介于 $f(p)$ 与 $f(q)$ 之间的一切值，即 $\exists\xi\in X$，s. t. $f(\xi)=r\in[\min\{f(p),f(q)\},\max\{f(p),f(q)\}]$.

证明 由定理 7.2.7(1)，$f(X)$为$(\mathbb{R}^1,\mathscr{T}_{\rho_0^1})$中的连通集，即为实直线上的区间(当 f 为常值函数时缩成一点)，所以 f 达到 $f(p)$ 与 $f(q)$ 之间的一切值.

定理 7.4.2(零(根)值定理) 设$(X,\mathscr{T})$连通，$f:X\to\mathbb{R}$ 为连续函数，$p,q\in X$，如果 $f(p)f(q)\leqslant 0$，则 $\exists\xi\in X$，s. t. $f(\xi)=0$.

证明 因为 $f(p)f(q)\leqslant 0$，所以 $r=0\in[\min\{f(p),f(q)\},\max\{f(p),f(q)\}]$，由定理 7.4.1(介值定理)，$\exists\xi\in X$，s. t. $f(\xi)=0$.

例 7.4.1(Borsuk-Ulam 定理) 设 $S^n=\left\{(x_1,x_2,\cdots,x_{n+1})\ \middle|\ \sum_{i=1}^{n+1}x_i^2=1\right\}\subset\mathbb{R}^{n+1}$ 为 n 维单位球面($n\in\mathbb{Z}_+$)，$f:S^n\to\mathbb{R}^1$ 为连续函数，则 $\exists\boldsymbol{\xi}\in S^n$，s. t. $f(\boldsymbol{\xi})=f(-\boldsymbol{\xi})$.

证明 $\forall\boldsymbol{p},\boldsymbol{q}\in S^n$，取一个过球心的二维平面，s. t. $\boldsymbol{e}_1=\boldsymbol{p}$，$\{\boldsymbol{e}_1,\boldsymbol{e}_2\}$ 构成该平面的规范正交基，而 $\boldsymbol{q}$ 也在此平面内(图 7.4.1). 于是，$\boldsymbol{q}=\cos\theta_0\boldsymbol{e}_1+\sin\theta_0\boldsymbol{e}_2$. 显然，$\boldsymbol{\sigma}(t)=\cos t\theta_0\boldsymbol{e}_1+\sin t\theta_0\boldsymbol{e}_2$ 为球面 S^n 上连接 $\boldsymbol{p}$ 与 $\boldsymbol{q}$ 的一条道路. 因此，S^n 是道路连通的，根据定

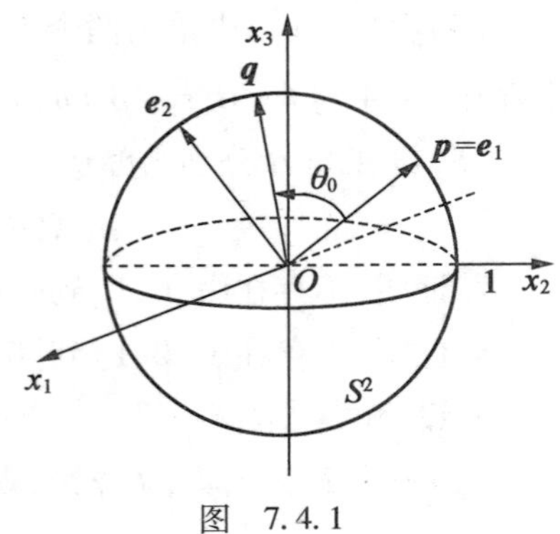

图 7.4.1

理 7.2.5，S^n 是连通的.

令 $F(\boldsymbol{x})=f(\boldsymbol{x})-f(-\boldsymbol{x})$，$\boldsymbol{x}=(x_1,x_2,x_3)$，则

$$\begin{aligned}F(\boldsymbol{p})F(-\boldsymbol{p})&=[f(\boldsymbol{p})-f(-\boldsymbol{p})][f(-\boldsymbol{p})-f(\boldsymbol{p})]\\&=-[f(\boldsymbol{p})-f(-\boldsymbol{p})]^2\leqslant 0\end{aligned}$$

根据定理 7.4.2，$\exists\boldsymbol{\xi}\in S^n$，s. t.

$$0=F(\boldsymbol{\xi})=f(\boldsymbol{\xi})-f(-\boldsymbol{\xi})$$

即 $f(\boldsymbol{\xi})=f(-\boldsymbol{\xi})$.

定理 7.4.3（最值定理）　设 $(X,\mathscr{T})$ 为紧致（或可数紧致，或序列紧致）空间，$(\mathbb{R}^1,\mathscr{T}_{\rho_0^1})$ 为通常的一维 Euclid 空间，$f:X\to\mathbb{R}^1$ 为连续函数，则 f 在 X 上必达到最大值与最小值. 此时，$f(X)=[m,M]$，其中 $m=\min\limits_{x\in X}f(x)$，$M=\max\limits_{x\in X}f(x)$.

证明　由定理 7.3.7，$f(X)$ 为 $(\mathbb{R}^1,\mathscr{T}_{\rho_0^1})$ 中的紧致（或可数紧致，或序列紧致）子集. 再由定理 7.3.6 知，$f(X)$ 为 $(\mathbb{R}^2,\mathscr{T}_{\rho_0^2})$ 中的有界闭集. 因此，$\min\limits_{x\in X}f(x)$，$\max\limits_{x\in X}f(x)$ 分别为 f 在 X 上的最小值与最大值.

推论 7.4.1　设 $(X,\mathscr{T}_\rho)$ 为列紧度量空间，$(\mathbb{R}^1,\mathscr{T}_{\rho_0^1})$ 为通常的一维 Euclid 空间，$f:X\to\mathbb{R}^1$ 为连续函数，则 f 在 X 上必达到最大值与最小值.

证明　由定理 7.3.2，列紧度量空间 $(X,\mathscr{T}_\rho)$ 是可数紧致的，也是序列紧致的，再根据定理 7.4.3，f 在 X 上必达到最大值与最小值.

定理 7.4.4（Lebesgue 数定理）　设 (X,ρ) 为序列紧致（或可数紧致，或列紧，或紧致）度量空间，$\mathscr{T}$ 为 X 的一个开覆盖（即 $X=\bigcup\limits_{I\in\mathscr{T}}I$，$I$ 为 $(X,\mathscr{T}_\rho)$ 中的开集），则存在一个正数 $\lambda=\lambda(\mathscr{T})$ 具有性质：如果 $A\subset X$，其直径 $d(A)=\operatorname{diam}A=\sup\{\rho(x',x'')\mid x',x''\in A\}<\lambda=\lambda(\mathscr{T})$ 时，必有 $I\in\mathscr{T}$，s. t. $A\subset I$. 我们称 $\lambda=\lambda(\mathscr{T})$ 为开覆盖 $\mathscr{T}$ 的一个 **Lebesgue 数**.

证明　完全仿照定理 2.5.6 的证明.

（反证）假设结论不成立，则 $\forall n\in\mathbb{Z}_+$，$\exists A_n\subset X$，它的直径 $d(A_n)<\dfrac{1}{n}$，而不存在 $I\in\mathscr{T}$，s. t. $A_n\subset I$. 在每个 A_n 中取 a_n. 根据 (X,ρ) 为序列紧致空间，存在子列 $\{a_{n_k}\}$ 收敛于 $a_0\in X$. 因为 $\mathscr{T}$ 为 $(X,\mathscr{T}_\rho)$ 的一个开覆盖，所以存在 $I_0\in\mathscr{T}$，使得 $a_0\in I_0$. 因为 I_0 为开集，当 $X\setminus I_0\neq\varnothing$ 时，点 a_0 到集合 $X\setminus I_0$ 的距离 $d=\rho(a_0,X\setminus I_0)=\inf\{\rho(a_0,x)\mid x\in X\setminus I_0\}>0$，因为 $\lim\limits_{k\to+\infty}a_{n_k}=a_0$，所以，$\exists n_{k_0}$，s. t. $n_{k_0}<\dfrac{2}{d}$ 与

$\rho(a_0,a_{n_{k_0}})<\frac{d}{2}$. 于是, $\forall x\in A_{n_{k_0}}$,有

$$\rho(a_0,x)\leqslant\rho(a_0,a_{n_{k_0}})+\rho(a_{n_{k_0}},x)<\frac{d}{2}+\frac{1}{n_{k_0}}<\frac{d}{2}+\frac{d}{2}=d$$

因而, $A_{n_{k_0}}\subset I_0\in\mathscr{I}$;当 $X\backslash I_0=\varnothing$ 时, $A_n\subset X\subset I_0$. 这与不存在 $I\in\mathscr{I}$, s. t. $A_{n_{k_0}}\subset I$ 相矛盾.

定理 7.4.5(一致连续性定理) 设 (X,ρ_1) 为序列紧致(或可数紧致,或列紧,或紧致)的度量空间, (Y,ρ_2) 为度量空间, $f:X\to Y$ 为连续映射,则 f 在 X 上一致连续,即 $\forall\varepsilon>0$, $\exists\delta>0$,当 $x',x''\in X$, $\rho_1(x',x'')<\delta$ 时,有 $\rho_2(f(x'),f(x''))<\varepsilon$.

证法 1 根据定理 7.3.2,只需考虑序列紧致的情况.

(反证)假设 f 在 X 上不一致连续,则 $\exists\varepsilon_0>0$, $\forall n\in\mathbb{Z}_+$,必有 x'_n,x''_n, s. t. $\rho_1(x'_n,x''_n)<\frac{1}{n}$,但 $\rho_2(f(x'_n),f(x''_n))\geqslant\varepsilon_0$. 因为 $(X,\mathscr{T}_{\rho_1})$ 序列紧致,所以 $\{x'_n\}$ 必有收敛子列 $\{x'_{n_k}\}$,记 $\lim\limits_{k\to+\infty}x'_{n_k}=x_0\in X$. 由于 $\rho_1(x'_n,x''_n)<\frac{1}{n}$,故

$$0\leqslant\rho_1(x''_{n_k},x_0)\leqslant\rho_1(x''_{n_k},x'_{n_k})+\rho_1(x'_{n_k},x_0)<\frac{1}{n_k}+\rho_1(x'_{n_k},x_0)\to0,\quad k\to+\infty$$

$$\lim_{k\to+\infty}\rho_1(x''_{n_k},x_0)=0,\quad \lim_{k\to+\infty}x''_{n_k}=x_0$$

于是,由 f 为 X 上的连续函数, $\exists K\in\mathbb{Z}_+$,当 $k>K$ 时,有

$$\begin{aligned}\varepsilon_0&\leqslant\rho_2(f(x'_{n_k}),f(x''_{n_k}))\\&\leqslant\rho_2(f(x'_{n_k}),f(x_0))+\rho_2(f(x_0),f(x''_{n_k}))\\&<\frac{\varepsilon_0}{2}+\frac{\varepsilon_0}{2}=\varepsilon_0\end{aligned}$$

矛盾. 所以, f 在 X 上一致连续.

证法 2 设 $(X,\mathscr{T}_{\rho_1})$ 紧致. $\forall\varepsilon>0$,因为 f 在 X 上连续,所以对 $x\in X$, $\exists\delta(x)>0$,满足当 $x'\in X$,且 $\rho_1(x',x)<\delta(x)$ 时,有 $\rho_2(f(x'),f(x))<\frac{\varepsilon}{2}$.

显然,开球族 $\mathscr{I}=\left\{B\left(x;\frac{\delta(x)}{2}\right)\middle|x\in X\right\}$ 为紧致空间 $(X,\mathscr{T}_{\rho_1})$ 的一个开覆盖.

因此,存在有限子覆盖 $\mathscr{I}_1=\left\{B\left(x_i;\frac{\delta(x_i)}{2}\right)\middle|i=1,2,\cdots,m\right\}$. 令

$$\delta=\min\left\{\frac{\delta(x_i)}{2}\middle|i=1,2,\cdots,m\right\}$$

则$\forall x',x''\in X$，当$\rho_1(x',x'')<\delta$时，如果$x'\in B\left(x_{i_0};\dfrac{\delta(x_{i_0})}{2}\right)$，必有$x',x''\in B(x_{i_0};\delta(x_{i_0}))$，从而

$$\rho_2(f(x'),f(x''))\leqslant\rho_2(f(x'),f(x_{i_0}))+\rho_2(f(x_{i_0}),f(x''))$$
$$<\frac{\varepsilon}{2}+\frac{\varepsilon}{2}=\varepsilon$$

即f在X上是一致连续的.

证法 3　设$(X,\mathscr{T}_\rho)$序列紧致. 在证法 2 中，由于$\mathscr{T}_1=\{B(x;\delta(x))\mid x\in X\}$为序列紧致集$X$的一个开覆盖. 根据定理 7.4.4，存在 Lebesgue 数$\lambda(\mathscr{T}_1)>0$. 对于$\varepsilon>0$，取$\delta=\lambda(\mathscr{T}_1)$，则当$x',x''\in X$，且$\operatorname{diam}\{x',x''\}=\rho(x',x'')<\delta=\lambda(\mathscr{T}_1)$时，存在$B(x_0;\delta(x_0))\in\mathscr{T}_1$，使得$\{x',x''\}\subset B(x_0;\delta(x_0))$，从而

$$\rho_2(f(x'),f(x''))\leqslant\rho_2(f(x'),f(x_0))+\rho_2(f(x_0),f(x''))<\frac{\varepsilon}{2}+\frac{\varepsilon}{2}=\varepsilon$$

这就证明了f在X上是一致连续的.

定理 7.4.6（延拓定理）　设(X,ρ_1)与(Y,ρ_2)为度量空间，$A\subset X$.

（1）如果$\overline{A}$为$(X,\mathscr{T}_{\rho_1})$的序列紧致（或可数紧致，或列紧，或紧致）子集，$f:\overline{A}\to Y$连续，则f在$\overline{A}$（当然也在A）上一致连续.

（2）如果$f:A\to Y$一致连续，$\overline{f(A)}$为(Y,ρ_2)的完备子度量空间，则存在连续映射$\tilde{f}:\overline{A}\to Y$，使得$\tilde{f}|_A=f|_A$，即$\tilde{f}$为$f$的（连续）延拓.

证明　（1）由定理 7.4.5 推得.

（2）$\forall x_0\in\overline{A}$，$x_n\in A$，$x_n\to x_0(n\to+\infty)$，必有$\lim\limits_{n\to+\infty}f(x_n)$存在，且$\lim\limits_{n\to+\infty}f(x_n)\in\overline{f(A)}$. 事实上，$\forall\varepsilon>0$，由于$f$在$A$上一致连续，所以存在$\delta>0$，当$\rho_1(x',x'')<\delta$时，有

$$\rho_2(f(x'),f(x''))<\varepsilon$$

于是，$\exists N\in\mathbb{Z}_+$，当$n,m>N$时，$\rho_1(x_n,x_m)<\delta$，从而

$$\rho_2(f(x_n),f(x_m))<\varepsilon$$

这意味着$\{f(x_n)\}$为$\overline{f(A)}\subset Y$中的 Cauchy（基本）点列. 因为$\overline{f(A)}$为(Y,ρ_2)的完备子度量空间，所以$\{f(x_n)\}$在$\overline{f(A)}$中必收敛，即$\lim\limits_{n\to+\infty}f(x_n)$存在且属于$\overline{f(A)}$. 再证$\lim\limits_{n\to+\infty}f(x_n)$与点列$\{x_n\}$，$x_n\to x_0(n\to+\infty)$的选取无关. 如果$y_n\in A$，$y_n\to x_0(n\to+\infty)$，则

$$\{z_n\} = \{x_1, y_1, x_2, y_2, \cdots, x_n, y_n, \cdots\}$$

也收敛于 x_0，所以 $\{f(z_n)\}$ 也收敛，且

$$\lim_{n\to+\infty} f(x_n) = \lim_{n\to+\infty} f(z_n) = \lim_{n\to+\infty} f(y_n)$$

由此与归结原则可知，$\lim\limits_{\substack{x\to x_0\\ x\in A}} f(x)$ 存在且属于 $\overline{f(A)}$. 我们定义

$$\tilde{f}(x_0) = \lim_{\substack{x\to x_0\\ x\in A}} f(x)$$

易见，$\tilde{f}$ 为 $\overline{A}$ 上的连续映射，且 $\tilde{f}|_A = f|_A$，即 $\tilde{f}$ 为 f 的(连续)延拓.

作为一致连续的应用，我们来考虑下面的重要例子.

例 7.4.2 设 $X = ([0,1]\times\{0\}) \cup \left(\left\{0,1,\frac{1}{2},\cdots,\frac{1}{n},\cdots\right\}\times[0,1]\right) \subset \mathbb{R}^2$，称它为**篦式空间**，则：

(1) 点 $(0,1)$ 为 X 的**形变收缩核**，即存在连续映射 $F: X\times[0,1]\to X$，使得

$$F((x_1,x_2),0) = (x_1,x_2) = \mathrm{Id}_X(x_1,x_2)$$
$$F((x_1,x_2),1) = (0,1) = C_{(0,1)}(x_1,x_2)$$

其中 $\mathrm{Id}_X: X\to X$ 为 X 上的恒同映射，$C_{(0,1)}$ 为 X 上的常值映射.

(2) 点 $(0,1)$ 不为 X 上的**强形变收缩核**，即不存在连续映射 $G: X\times[0,1]\to X$，使得

$$G((x_1,x_2),0) = (x_1,x_2) = \mathrm{Id}_X(x_1,x_2)$$
$$G((x_1,x_2),1) = (0,1) = C_{(0,1)}(x_1,x_2)$$
$$G((0,1),t) = (0,1), \quad \forall t\in[0,1]$$

(3) 点 $(0,0)$ 为 X 上的强形变收缩核(读者自证).

证明 (1) 令 $F: X\times[0,1]\to X$，且

$$F((x_1,x_2),t) = \begin{cases} (x_1,(1-3t)x_2), & 0\leqslant t\leqslant \frac{1}{3} \\ ((2-3t)x_1,0), & \frac{1}{3} < t\leqslant \frac{2}{3} \\ (0,3t-2), & \frac{2}{3} < t\leqslant 1 \end{cases}$$

为所需的形变收缩，因此，$(0,1)$ 为 X 的形变收缩核.

(2)(反证)假设 $(0,1)$ 为 X 的强形变收缩核，即存在(2)中所述的连续映

射 $G:X\times[0,1]\to X$. 因为 $X\times[0,1]$ 为紧致集,所以必一致连续. 从而对 $\varepsilon_0=\frac{1}{2}$, $\exists\delta>0$,当

$$\|(x_1,x_2,t)-(x_1',x_2',t')\|<\delta$$

时,有

$$\|G(x_1,x_2,t)-G(x_1',x_2',t')\|<\varepsilon_0=\frac{1}{2}$$

因此,当 $\left\|(0,1,t)-\left(\frac{1}{n},1,t\right)\right\|=\left\|\left(\frac{1}{n},0,0\right)\right\|=\frac{1}{n}<\delta$ 时,有

$$\left\|(0,1)-G\left(\frac{1}{n},1,t\right)\right\|=\left\|G(0,1,t)-G\left(\frac{1}{n},1,t\right)\right\|<\varepsilon_0=\frac{1}{2}$$

由此得 $G\left(\frac{1}{n},1,t\right)\in B\left((0,1);\frac{1}{2}\right)$, $\forall t\in[0,1]$. 于是, $G\left(\frac{1}{n},1,t\right)$ 为开球 $B\left((0,1);\frac{1}{2}\right)$ 中连接 $G\left(\left(\frac{1}{n},1\right),1\right)=(0,1)$ 与 $G\left(\left(\frac{1}{n},1\right),0\right)=\left(\frac{1}{n},1\right)$ 的一条道路,这与图 7.4.2 中明显地在 $B\left((0,1);\frac{1}{2}\right)$ 中无一条道路连接 $\left(\frac{1}{n},1\right)$ 与 $(0,1)$ 相矛盾.

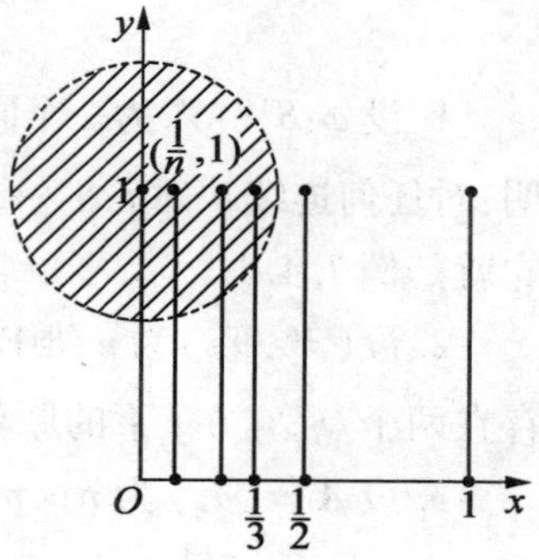

图 7.4.2

练习题 7.4

1. 设 (X,ρ_1) 与 (Y,ρ_2) 均为度量空间, $f:X\to Y$ 为一致连续映射,证明: f 为连续映射.

2. 设 (X,ρ_1) 与 (Y,ρ_2) 均为度量空间, $f:X\to Y$ 为映射,如果 $\exists\alpha\in(0,1)$, s. t.

$$\rho_2(f(x'),f(x''))\leqslant\alpha\rho_1(x',x''),\quad\forall x',x''\in X$$

则称 f 为一个**压缩映射**. 显然,它满足 Lipschitz 条件,也为一致连续映射,当然是连续映射. 当 (X,ρ) 为完备度量空间, $f:X\to X$ 为压缩映射时,令 $x_{n+1}=f(x_n)$,

证明:

(1)$\{x_n\}$为(X,ρ)中的 Cauchy(基本)点列,记 $x_0=\lim\limits_{n\to+\infty}x_n$,则$f(x_0)=x_0$,即 x_0 为f的一个不动点;

(2)f有唯一的一个不动点,即$\exists_1\xi\in X$,s. t. $f(\xi)=\xi$.

3. 设 $A\subset\mathbb{R}^n$ 为非空集合,证明:点 $\boldsymbol{x}$ 到 A 的距离

$$f_A(\boldsymbol{x})=\rho(\boldsymbol{x},A)=\inf_{\boldsymbol{y}\in A}\rho(\boldsymbol{x},\boldsymbol{y})$$

为$\mathbb{R}^n$上的一致连续函数.

思考题 7.4

1. 设 $\varphi:S^n\to S^n$ 为一个同胚,满足:$\forall\boldsymbol{x}\in S^n$,有 $\varphi(\varphi(\boldsymbol{x}))=\boldsymbol{x}$,其中 $n\in\mathbb{Z}_+$. 证明:对任何连续映射$f:S^n\to\mathbb{R}$,$\exists\boldsymbol{\xi}\in S^n$,s. t. $f(\boldsymbol{\xi})=f(\varphi(\boldsymbol{\xi}))$. 当 $\varphi(\boldsymbol{x})=-\boldsymbol{x}$时,它就是例 7. 4. 1.

2. 设$(\mathbb{R}^n,\mathscr{T}_{\rho_0^n})$为 n 维 Euclid 空间,$f:\mathbb{R}^n\to\mathbb{R}^1$为连续映射,证明:在$\mathbb{R}^1$中最多存在两个点,它在$f$下的原象为非空的至多可数集.

3. 设 $\boldsymbol{A}=(a_{ij})$为 $n\times n$ 的实方阵,将它视为$\mathbb{R}^{n^2}$中一个点$(a_{11},a_{12},\cdots,a_{1n},a_{21},a_{22},\cdots,a_{2n},\cdots,a_{n1},a_{n2},\cdots,a_{nn})$. 于是,将$\{\boldsymbol{A}=(a_{ij})\mid a_{ij}\in\mathbb{R}\}$视为 n^2 维 Euclid 空间$(\mathbb{R}^{n^2},\mathscr{T}_{\rho_0^{n^2}})$. 考虑 n 阶正交群

$$O(n)=O(n,\mathbb{R})=\{\boldsymbol{P}\mid\boldsymbol{PP}'=\boldsymbol{P}'\boldsymbol{P}=\boldsymbol{I},\boldsymbol{P}\text{ 为 }n\times n\text{ 实矩阵}\}$$

其中 $\boldsymbol{I}$ 为单位矩阵,$\boldsymbol{P}$ 为 $n\times n$ 实矩阵. 满足 $\boldsymbol{PP}'=\boldsymbol{P}'\boldsymbol{P}=\boldsymbol{I}$ 的实矩阵 $\boldsymbol{P}$ 称为 n 阶 **(实)正交矩阵**. 显然,有$(\det\boldsymbol{P})^2=\det\boldsymbol{P}\det\boldsymbol{P}'=\det\boldsymbol{PP}'=\det\boldsymbol{I}=1$,$\det\boldsymbol{P}=\pm1$. 证明:

(1)$O(n)$为$\mathbb{R}^{n^2}$中的有界闭集,即为紧致集;

(2)$O^+(n)=O^+(n,\mathbb{R})=\{\boldsymbol{P}\mid\boldsymbol{PP}'=\boldsymbol{P}'\boldsymbol{P}=\boldsymbol{I},\det\boldsymbol{P}=1\}$与 $O^-(n)=O^-(n,\mathbb{R})=\{\boldsymbol{P}\mid\boldsymbol{PP}'=\boldsymbol{P}'\boldsymbol{P}=\boldsymbol{I},\det\boldsymbol{P}=-1\}$都是道路连通的;

(3)$O(n)$不是道路连通的.

4. 设 $\mathrm{GL}(n,\mathbb{R})=\{\boldsymbol{A}=(a_{ij})\mid\det\boldsymbol{A}\neq0,\boldsymbol{A}\text{ 为 }n\times n\text{ 实矩阵}\}$,称它为 n 阶**一般线性群**.

证明:

(1) $GL(n,\mathbb{R})$非紧致;

(2) $GL^+(n,\mathbb{R})=\{\boldsymbol{A}\mid\det\boldsymbol{A}>0,\boldsymbol{A}$ 为 $n\times n$ 实矩阵$\}$与 $GL^-(n,\mathbb{R})=\{\boldsymbol{A}\mid\det\boldsymbol{A}<0,\boldsymbol{A}$ 为 $n\times n$ 实矩阵$\}$都是道路连通的;

(3) $GL(n;\mathbb{R})$不是道路连通的.

7.5　n 元函数的连续与极限

设 $A\subset\mathbb{R}^n$, $f:A\to\mathbb{R}^1$ 为 n 元函数,且

$$\boldsymbol{x}=(x_1,x_2,\cdots,x_n)\longmapsto y=f(\boldsymbol{x})=f(x_1,x_2,\cdots,x_n)\in\mathbb{R}^1$$

定义 7.5.1　设 $A\subset\mathbb{R}^n$, $\boldsymbol{x}^0\in\overline{A}$,如果 $\forall\varepsilon>0$, $\exists\delta>0$,当 $\boldsymbol{x}\in A$,且 $0<\|\boldsymbol{x}-\boldsymbol{x}^0\|<\delta$ 时,有

$$|f(\boldsymbol{x})-l|<\varepsilon$$

则称 f 当 $\boldsymbol{x}$(在 A 中或沿 A)趋于 $\boldsymbol{x}^0$ 时,有**极限** l,记作

$$\lim_{\boldsymbol{x}\to\boldsymbol{x}^0}f(\boldsymbol{x})=l$$

或

$$\lim_{(x_1,x_2,\cdots,x_n)\to(x_1^0,x_2^0,\cdots,x_n^0)}f(x_1,x_2,\cdots,x_n)=l$$

或

$$\lim_{\substack{x_1\to x_1^0\\ x_2\to x_2^0\\ \vdots\\ x_n\to x_n^0}}f(x_1,x_2,\cdots,x_n)=l$$

此极限也常称为 n **重极限**.

注 7.5.1　从定义 7.5.1 可知

$$\lim_{\substack{\boldsymbol{x}\to\boldsymbol{x}^0\\ \boldsymbol{x}\in A}}f(\boldsymbol{x})=l\Leftrightarrow\lim_{\substack{\boldsymbol{x}\to\boldsymbol{x}^0\\ \boldsymbol{x}\in B}}f(\boldsymbol{x})=l,\quad\forall B\subset A$$

因此,如果有 $B\subset A$,使得$\lim\limits_{\substack{\boldsymbol{x}\to\boldsymbol{x}^0\\ \boldsymbol{x}\in B}}f(\boldsymbol{x})$不存在,或者有 $B_1\subset A$, $B_2\subset A$,使得

$$\lim_{\substack{\boldsymbol{x}\to\boldsymbol{x}^0\\ \boldsymbol{x}\in B_1}}f(\boldsymbol{x})=l_1\neq l_2=\lim_{\substack{\boldsymbol{x}\to\boldsymbol{x}^0\\ \boldsymbol{x}\in B_2}}f(\boldsymbol{x})$$

则 $\lim\limits_{\boldsymbol{x}\to\boldsymbol{x}^0,\boldsymbol{x}\in A}f(\boldsymbol{x})$不存在.

特别考虑二元函数的二重极限,有

$$\lim_{\substack{x\to x_0\\ y\to y_0}} f(x,y)=\lim_{(x,y)\to(x_0,y_0)} f(x,y)$$

二元函数还可考虑两个累次极限

$$\lim_{y\to y_0}\lim_{x\to x_0} f(x,y) \quad 与 \quad \lim_{x\to x_0}\lim_{y\to y_0} f(x,y)$$

类似定义 7.5.1 可定义

$$\lim_{\boldsymbol{x}\to\boldsymbol{x}^0} f(\boldsymbol{x})=+\infty\ (-\infty 或 \infty)$$

$$\lim_{\substack{x_1\to x_1^0\\ x_2\to x_2^0\\ \vdots\\ x_n\to\infty}} f(\boldsymbol{x})=l\ (+\infty,-\infty 或 \infty)$$

定理 7.5.1 设 $X\times Y\subset\mathbb{R}^2$, $x_0\in X'$, $y_0\in Y'$ (故 $(x_0,y_0)\in(X\times Y)'$), $f:X\times Y\to\mathbb{R}^1$ 为二元函数,如果二重极限

$$\lim_{\substack{x\to x_0\\ y\to y_0}} f(x,y)=l\ (实数,+\infty,-\infty,\infty)$$

且 $\forall y\in Y$ ($\forall x\in X$),单重极限 $\lim\limits_{x\to x_0} f(x,y)$ ($\lim\limits_{y\to y_0} f(x,y)$)存在,则累次极限

$$\lim_{y\to y_0}\lim_{x\to x_0} f(x,y)=l \quad \left(\lim_{x\to x_0}\lim_{y\to y_0} f(x,y)=l\right)$$

证明 只对 $l\in\mathbb{R}$ 加以证明,其他读者自证.

因为 $\lim\limits_{\substack{x\to x_0\\ y\to y_0}} f(x,y)=l$,所以 $\forall\varepsilon>0$, $\exists\delta>0$,当 $x\in X, y\in Y, 0<|x-x_0|<\delta, 0<|y-y_0|<\delta$ (它等价于 $0<\|(x,y)-(x_0,y_0)\|<\delta$)时,有

$$|f(x,y)-l|<\frac{\varepsilon}{2}$$

固定 y, $0<|y-y_0|<\delta$,令 $x\to x_0$ 得到

$$\left|\lim_{x\to x_0} f(x,y)-l\right|=\lim_{x\to x_0}|f(x,y)-l|\leqslant\frac{\varepsilon}{2}<\varepsilon$$

所以

$$\lim_{y\to y_0}\lim_{x\to x_0} f(x,y)=l$$

类似讨论,有 $\lim\limits_{\substack{x\to+\infty\\ y\to y_0}} f(x,y)$, $\lim\limits_{\substack{x\to\infty\\ y\to y_0}} f(x,y)$ 等定理.

对 n 元函数 $f(x_1,x_2,\cdots,x_n)$ 也有 n 重极限及累次极限的概念,且有相同的结果. 与一元函数一样,n 元函数的极限满足唯一性定理. 如果 f,g 有有限极限,则

$$\lim_{x\to x^0}(f\pm g)(\boldsymbol{x})=\lim_{x\to x^0}f(\boldsymbol{x})\pm\lim_{x\to x^0}g(\boldsymbol{x})$$

$$\lim_{x\to x^0}(fg)(\boldsymbol{x})=\lim_{x\to x^0}f(\boldsymbol{x})\cdot\lim_{x\to x^0}g(\boldsymbol{x}),\quad \lim_{x\to x^0}(cf)(\boldsymbol{x})=c\lim_{x\to x^0}f(\boldsymbol{x})$$

$$\lim_{x\to x^0}\frac{f}{g}(\boldsymbol{x})=\frac{\lim\limits_{x\to x^0}f(\boldsymbol{x})}{\lim\limits_{x\to x^0}g(\boldsymbol{x})}\quad(\text{当}\lim_{x\to x^0}g(\boldsymbol{x})\neq 0\text{ 时})$$

其中 $c\in\mathbb{R}$. 其他类型的极限有相同的结果.

根据定义 7.2.1 可知，f 在 $\boldsymbol{x}^0$ 连续等价于 $\lim\limits_{x\to x^0}f(\boldsymbol{x})=f(\boldsymbol{x}^0)$，即 $\forall\varepsilon>0$，$\exists\delta>0$，当 $\boldsymbol{x}\in A$，且 $\|\boldsymbol{x}-\boldsymbol{x}^0\|<\delta$ 时，有

$$|f(\boldsymbol{x})-f(\boldsymbol{x}^0)|<\varepsilon$$

定理 7.5.2　设 $A\subset\mathbb{R}^n$，$\boldsymbol{x}^0\in A$，f 与 g 在 $\boldsymbol{x}^0$ 均连续，则 $f\pm g$，fg，$cf(c\in\mathbb{R})$，$\dfrac{f}{g}$ $(g(\boldsymbol{x}^0)\neq 0)$ 也都在 $\boldsymbol{x}^0$ 连续.

证明　因为 $\lim\limits_{x\to x^0}(fg)(\boldsymbol{x})=\lim\limits_{x\to x^0}f(\boldsymbol{x})\cdot\lim\limits_{x\to x^0}g(\boldsymbol{x})=f(\boldsymbol{x}^0)g(\boldsymbol{x}^0)=(fg)(\boldsymbol{x}^0)$，所以 fg 在 $\boldsymbol{x}^0$ 连续. 其他类似证明.

关于 n 元函数还有很多概念、方法、定理的论述与一元函数相类似，如归结原则、夹逼定理、连续函数的保号性与保不等式性等，不再一一赘述.

例 7.5.1　设函数 $f(x,y)=\dfrac{x^2y^2}{x^2+y^2}$，$(x,y)\neq(0,0)$，求 $\lim\limits_{\substack{x\to 0\\ y\to 0}}f(x,y)$.

解　$\forall\varepsilon>0$，取 $\delta=\sqrt{2\varepsilon}$，当 $0<\|(x,y)-(0,0)\|=\|(x,y)\|=\sqrt{x^2+y^2}<\delta$ 时，有

$$\left|\frac{x^2y^2}{x^2+y^2}-0\right|\begin{cases}\leqslant\dfrac{x^2y^2}{2|xy|}, & x\neq 0,y\neq 0\\ =0, & x=0,y\neq 0\text{ 或 }y=0,x\neq 0\end{cases}$$

又有

$$\frac{x^2y^2}{2|xy|}=\frac{1}{2}|x||y|<\frac{\delta^2}{2}=\varepsilon$$

所以

$$\lim_{\substack{x\to 0\\ y\to 0}}\frac{x^2y^2}{x^2+y^2}=0$$

例 7.5.2　求二重极限 $\lim\limits_{\substack{x\to+\infty\\ y\to+\infty}}xy\mathrm{e}^{-x^2y^4}$.

解 $\forall \varepsilon>0$,取 $\Delta=\sqrt[4]{\dfrac{1}{\varepsilon}}$,当 $x>\Delta, y>\Delta$ 时,有

$$|xy\mathrm{e}^{-x^2y^4}-0|=\frac{|xy|}{\mathrm{e}^{x^2y^4}}\leqslant\frac{|xy|}{x^2y^4}=\frac{1}{|x||y|^3}<\frac{1}{\Delta^4}=\varepsilon$$

所以

$$\lim_{\substack{x\to+\infty\\y\to+\infty}} xy\mathrm{e}^{-x^2y^4}=0$$

例 7.5.3 求二重极限:

(1) $\lim\limits_{\substack{x\to0\\y\to0}} x^2\ln(x^2+y^2)$;　　(2) $\lim\limits_{\substack{x\to0\\y\to0}} x\ln(x^2+y^2)$.

解 (1)因为 $\left|\dfrac{x^2}{x^2+y^2}\right|\leqslant1$,且

$$\lim_{u\to0^+} u\ln u=\lim_{u\to0^+}\frac{-\ln\dfrac{1}{u}}{\dfrac{1}{u}}=-\lim_{v\to+\infty}\frac{\ln v}{v}=-\lim_{v\to+\infty}\frac{\dfrac{1}{v}}{1}=0$$

所以 $\lim\limits_{\substack{x\to0\\y\to0}}(x^2+y^2)\ln(x^2+y^2)=0$,从而

$$\lim_{\substack{x\to0\\y\to0}} x^2\ln(x^2+y^2)=\lim_{\substack{x\to0\\y\to0}}\frac{x^2}{x^2+y^2}(x^2+y^2)\ln(x^2+y^2)=0$$

(2) $\lim\limits_{\substack{x\to0\\y\to0}} x\ln(x^2+y^2)=2\lim\limits_{\substack{x\to0\\y\to0}}\dfrac{x}{\sqrt{x^2+y^2}}\sqrt{x^2+y^2}\ln\sqrt{x^2+y^2}=0.$

例 7.5.4 求二重极限 $\lim\limits_{\substack{x\to0\\y\to0}} y\sin\dfrac{1}{x}$ 及累次极限 $\lim\limits_{y\to0}\lim\limits_{x\to0} y\sin\dfrac{1}{x}$,$\lim\limits_{x\to0}\lim\limits_{y\to0} y\sin\dfrac{1}{x}$.

解 $\forall \varepsilon>0$,取 $\delta=\varepsilon$,当 $0<\|(x,y)-(0,0)\|=\sqrt{x^2+y^2}<\delta$ 时,有

$$\left|y\sin\frac{1}{x}-0\right|=\left|y\sin\frac{1}{x}\right|\leqslant|y|\leqslant\sqrt{x^2+y^2}<\delta=\varepsilon$$

所以二重极限

$$\lim_{\substack{x\to0\\y\to0}} y\sin\frac{1}{x}=0$$

由于当 $y\neq0$ 时,$\lim\limits_{x\to0} y\sin\dfrac{1}{x}$ 不存在,故累次极限 $\lim\limits_{y\to0}\lim\limits_{x\to0} y\sin\dfrac{1}{x}$ 不存在. 而 $\lim\limits_{y\to0} y\sin\dfrac{1}{x}=0$,故

$$\lim_{x\to 0}\lim_{y\to 0} y\sin\frac{1}{x}=\lim_{x\to 0}0=0=\lim_{\substack{x\to 0\\ y\to 0}} y\sin\frac{1}{x}$$

例 7.5.5　证明:二重极限$\lim\limits_{\substack{x\to 0\\ y\to 0}}\frac{xy}{x^2+y^2}$不存在.

证明　令 $y=kx$,则

$$\lim_{\substack{x\to 0\\ y=kx\to 0}}\frac{xy}{x^2+y^2}=\lim_{x\to 0}\frac{kx^2}{x^2+k^2x^2}=\lim_{x\to 0}\frac{k}{1+k^2}=\frac{k}{1+k^2}$$

从上式可看出,(x,y)沿过$(0,0)$的斜率为 k 的不同直线方向趋于$(0,0)$时,极限值$\frac{k}{1+k^2}$各不相同,根据归结原则知,二重极限$\lim\limits_{\substack{x\to 0\\ y\to 0}}\frac{xy}{x^2+y^2}$不存在.

但是,两个累次极限都存在且为 0,即

$$\lim_{y\to 0}\lim_{x\to 0}\frac{xy}{x^2+y^2}=\lim_{y\to 0}\frac{0\cdot y}{0+y^2}=\lim_{y\to 0}0=0$$

$$\lim_{x\to 0}\lim_{y\to 0}\frac{xy}{x^2+y^2}=\lim_{x\to 0}\frac{x\cdot 0}{x^2+0}=\lim_{x\to 0}0=0$$

例 7.5.6　研究函数

$$f(x,y)=\begin{cases}\dfrac{x^2y}{x^4+y^2}, & (x,y)\neq(0,0)\\ 0, & (x,y)=(0,0)\end{cases}$$

在点$(0,0)$处的二重极限与累次极限,并说明$f(x,y)$沿每条过原点$(0,0)$的直线是连续的,但此函数在点$(0,0)$并非连续.

解　先求两个累次极限

$$\lim_{y\to 0}\lim_{x\to 0}\frac{x^2y}{x^4+y^2}=\lim_{y\to 0}\frac{0\cdot y}{0+y^2}=\lim_{y\to 0}0=0$$

$$\lim_{x\to 0}\lim_{y\to 0}\frac{x^2y}{x^4+y^2}=\lim_{x\to 0}\frac{x^2\cdot 0}{x^4+0}=\lim_{x\to 0}0=0$$

再来观察二重极限. 当(x,y)沿直线 $y=kx$ 趋于$(0,0)$时,有

$$\lim_{\substack{x\to 0\\ y=kx\to 0}}\frac{x^2y}{x^4+y^2}=\lim_{x\to 0}\frac{x^2\cdot kx}{x^4+k^2x^2}=\lim_{x\to 0}\frac{kx}{x^2+k^2}=0=f(0,0)$$

由此还不能断定二重极限存在且为 0,事实上,当(x,y)沿抛物线 $y=x^2$ 趋于$(0,0)$时,有

$$\lim_{\substack{x\to 0\\ y=x^2\to 0}}\frac{x^2y}{x^4+y^2}=\lim_{x\to 0}\frac{x^4}{x^4+x^4}=\lim_{x\to 0}\frac{1}{2}=\frac{1}{2}\neq 0=\lim_{\substack{x\to 0\\ y=kx\to 0}}\frac{x^2y}{x^4+y^2}$$

由此可知二重极限$\lim\limits_{\substack{x\to 0\\ y\to 0}}\dfrac{x^2y}{x^4+y^2}$不存在,因而,$f(x,y)$在点$(0,0)$不连续.

例 7.5.7 求二重极限$\lim\limits_{\substack{x\to 0\\ y\to 0}}\dfrac{x-y+x^2+y^2}{x+y}$及累次极限$\lim\limits_{x\to 0}\lim\limits_{y\to 0}\dfrac{x-y+x^2+y^2}{x+y}$,$\lim\limits_{y\to 0}\lim\limits_{x\to 0}\dfrac{x-y+x^2+y^2}{x+y}$.

解法 1 因为

$$\lim_{y\to 0}\lim_{x\to 0}\frac{x-y+x^2+y^2}{x+y}=\lim_{y\to 0}\frac{-y+y^2}{y}=\lim_{y\to 0}(-1+y)=-1+0=-1$$

$$\lim_{x\to 0}\lim_{y\to 0}\frac{x-y+x^2+y^2}{x+y}=\lim_{x\to 0}\frac{x+x^2}{x}=\lim_{x\to 0}(1+x)=1+0=1$$

所以

$$\lim_{y\to 0}\lim_{x\to 0}\frac{x-y+x^2+y^2}{x+y}\neq\lim_{x\to 0}\lim_{y\to 0}\frac{x-y+x^2+y^2}{x+y}$$

应用反证法及定理 7.5.1 可知,$\lim\limits_{\substack{x\to 0\\ y\to 0}}\dfrac{x-y+x^2+y^2}{x+y}$不存在.

解法 2 因为

$$\lim_{(x,0)\to(0,0)}\frac{x-y+x^2+y^2}{x+y}=\lim_{(x,0)\to(0,0)}\frac{x+x^2}{x}=\lim_{(x,0)\to(0,0)}(1+x)=1+0=1$$

$$\lim_{(0,y)\to(0,0)}\frac{x-y+x^2+y^2}{x+y}=\lim_{(0,y)\to(0,0)}\frac{-y+y^2}{y}=\lim_{(0,y)\to(0,0)}(-1+y)=-1+0=-1$$

所以

$$\lim_{(x,0)\to(0,0)}\frac{x-y+x^2+y^2}{x+y}\neq\lim_{(0,y)\to(0,0)}\frac{x-y+x^2+y^2}{x+y}$$

根据注 7.5.1 推得$\lim\limits_{\substack{x\to 0\\ y\to 0}}\dfrac{x-y+x^2+y^2}{x+y}$不存在.

解法 3 因为当$k\neq -1$时,有

$$\lim_{\substack{(x,y)\to(0,0)\\ y=kx}}\frac{x-y+x^2+y^2}{x+y}=\lim_{x\to 0}\frac{x-kx+x^2+k^2x^2}{x+kx}$$

$$=\lim_{x\to 0}\frac{1-k+x+k^2x}{1+k}=\frac{1-k}{1+k}$$

所以当k不同时,上述极限不同,从而根据注 7.5.1 推得$\lim\limits_{\substack{x\to 0\\ y\to 0}}\dfrac{x-y+x^2+y^2}{x+y}$不存在.

例 7.5.8　设

$$f(x,y)=\frac{1}{2x^2+3y^2}$$

证明：$\lim\limits_{(x,y)\to(0,0)}f(x,y)=+\infty$.

证明　$\forall A>0$，取$0<\delta<\dfrac{1}{2\sqrt{A}}$，当$0<\sqrt{x^2+y^2}=\sqrt{(x-0)^2+(y-0)^2}<\delta$时，有

$$\frac{1}{2x^2+3y^2}\geqslant\frac{1}{4(x^2+y^2)}>\frac{1}{4\delta^2}>A$$

所以

$$\lim_{(x,y)\to(0,0)}f(x,y)=\lim_{(x,y)\to(0,0)}\frac{1}{2x^2+3y^2}=+\infty$$

例 7.5.9　讨论函数$f(x,y,z)=\sin(xy+z)$的连续性.

解　由定义知，$x,y,z,\sin u$都是连续函数，而加、减、乘、除运算及复合都保持连续性，所以，$f(x,y,z)=\sin(xy+z)$在$\mathbb{R}^3$中连续.

例 7.5.10　证明：关于x,y的有理函数

$$f(x,y)=\frac{xy}{x^2+y^2},\quad (x,y)\neq(0,0)$$

在其定义域上连续，但非一致连续.

证明　从定义知，x,y连续. 再由$f(x,y)$是由x,y通过三次乘法，一次加法，一次除法而得到的，而加、减、乘、除运算保持连续性推得$f(x,y)$在其定义域中连续.

取点列$\boldsymbol{p}_n=\left(\dfrac{1}{n},\dfrac{1}{n}\right)$，$\boldsymbol{q}_n=\left(\dfrac{1}{n},0\right)$，则

$$\rho_0^2(\boldsymbol{p}_n,\boldsymbol{q}_n)=\|\boldsymbol{p}_n-\boldsymbol{q}_n\|=\left\|\left(\frac{1}{n},\frac{1}{n}\right)-\left(\frac{1}{n},0\right)\right\|$$

$$=\left\|\left(0,\frac{1}{n}\right)\right\|=\frac{1}{n}\to0,\quad n\to+\infty$$

但

$$|f(\boldsymbol{p}_n)-f(\boldsymbol{q}_n)|=\left|\frac{\frac{1}{n}\cdot\frac{1}{n}}{\left(\frac{1}{n}\right)^2+\left(\frac{1}{n}\right)^2}-\frac{\frac{1}{n}\cdot0}{\left(\frac{1}{n}\right)^2+0^2}\right|=\frac{1}{2}\not\to0,\quad n\to+\infty$$

再应用反证法可知f在其定义域上非一致连续.

如果二元函数$f(x,y)$在点(x_0,y_0)处连续,由定义,显然两个**边缘函数**$f(x,y_0)$,$f(x_0,y)$分别在x_0,y_0处连续,然而,反之不真.

例 7.5.11 设

$$f(x,y)=\begin{cases}\dfrac{xy}{x^2+y^2}, & (x,y)\neq(0,0)\\ 0, & (x,y)=(0,0)\end{cases}$$

因为

$$\lim_{x\to 0}f(x,0)=\lim_{x\to 0}\frac{x\cdot 0}{x^2+0}=\lim_{x\to 0}0=0=f(0,0)$$

$$\lim_{y\to 0}f(0,y)=\lim_{y\to 0}\frac{0\cdot y}{0+y^2}=\lim_{y\to 0}0=0=f(0,0)$$

所以两个边缘函数$f(x,0)$与$f(0,y)$分别在$x_0=0$与$y_0=0$处连续,此外,根据例7.5.10知$f(x,y)$在$\mathbb{R}^2\setminus\{(0,0)\}$中每一点都连续,因此两个边缘函数$f(x,y_0)$,$f(x_0,y)$分别在$x_0$,$y_0$处连续.但是,当$k\neq 0$时,因为

$$\lim_{\substack{x\to 0\\ y=kx\to 0}}\frac{xy}{x^2+y^2}=\lim_{x\to 0}\frac{x\cdot kx}{x^2+k^2x^2}=\lim_{x\to 0}\frac{k}{1+k^2}=\frac{k}{1+k^2}\neq 0=f(0,0)$$

所以$f(x,y)$在点$(0,0)$处不连续.

练习题 7.5

1. 确定并画出下列二元函数的定义域:

(1) $u=x+\sqrt{y}$;

(2) $u=\sqrt{1-x^2}+\sqrt{y^2-1}$;

(3) $u=\sqrt{x^2+y^2-1}$;

(4) $u=\sqrt{1-(x^2+y^2)}$;

(5) $u=\arcsin\dfrac{y}{x}$;

(6) $u=\ln(x+y)$;

(7) $u=f(x,y)=\sqrt{x}$;

(8) $u=\arccos\dfrac{x}{x+y}$;

(9) $u=\dfrac{x^2+y^2}{x^2-y^2}$;

(10) $u=\dfrac{1}{2x^2+3y^2}$;

(11) $u=\sqrt{xy}$;

(12) $u=\sqrt{\sin(x^2+y^2)}$.

2. 确定下列三元函数的定义域,并几何地描述它们:

(1) $u=\ln(xyz)$;　　(2) $u=\ln\sqrt{2-(x^2+y^2+z^2)}$;

(3) $u=f(x,y,z)=\dfrac{1}{x^2+y^2}$;　　(4) $u=\arccos\dfrac{z}{\sqrt{x^2+y^2}}$;

(5) $u=\sqrt{R^2-(x^2+y^2+z^2)}+\dfrac{1}{\sqrt{x^2+y^2+z^2-r^2}}, R>r>0.$

3. 计算下列二重极限:

(1) $\lim\limits_{(x,y)\to(0,0)}\dfrac{\sin(xy)}{x}$;　　(2) $\lim\limits_{\substack{x\to+\infty\\y\to+\infty}}(x^2+y^2)^{-(x+y)}$;

(3) $\lim\limits_{(x,y)\to(1,0)}\dfrac{\ln(x+\mathrm{e}^y)}{\sqrt{x^2+y^2}}$;　　(4) $\lim\limits_{\substack{x\to+\infty\\y\to+\infty}}\left(\dfrac{xy}{x^2+y^2}\right)^{x^2}$;

(5) $\lim\limits_{\substack{x\to\infty\\y\to\infty}}\dfrac{x+y}{x^2-xy+y^2}$;　　(6) $\lim\limits_{(x,y)\to(0,0)}(x^2+y^2)^{x^2y^4}$;

(7) $\lim\limits_{(x,y)\to(+\infty,0)}\left(1+\dfrac{1}{x}\right)^{\frac{x2}{x+y}}$;　　(8) $\lim\limits_{(x,y)\to(+\infty,+\infty)}\left(1+\dfrac{1}{xy}\right)^{x\sin y}$;

(9) $\lim\limits_{(x,y)\to(+\infty,+\infty)}(x^2+y^2)\mathrm{e}^{-(x+y)}$;(10) $\lim\limits_{(x,y)\to(+\infty,+\infty)}\dfrac{x^2+y^2}{x^4+y^4}$.

4. 计算两个累次极限:

(1) $\lim\limits_{x\to\infty}\lim\limits_{y\to\infty}\sin\dfrac{\pi x}{2x+y}$; $\lim\limits_{y\to\infty}\lim\limits_{x\to\infty}\sin\dfrac{\pi x}{2x+y}$;

(2) $\lim\limits_{x\to+\infty}\lim\limits_{y\to0^+}\dfrac{x^y}{1+x^y}$; $\lim\limits_{y\to0^+}\lim\limits_{x\to+\infty}\dfrac{x^y}{1+x^y}$.

5. (1)设

$$f(x,y)=(x+y)\sin\frac{1}{x}\sin\frac{1}{y}$$

证明:f在原点(0,0)处的两个累次极限均不存在,但二重极限

$$\lim_{(x,y)\to(0,0)}f(x,y)=0$$

(2)设

$$f(x,y)=\frac{x^2y^2}{x^2y^2+(x-y)^2}$$

证明

$$\lim_{x\to0}\lim_{y\to0}f(x,y)=\lim_{y\to0}\lim_{x\to0}f(x,y)=0$$

然而,$\lim\limits_{\substack{x\to 0\\ y\to 0}} f(x,y)$不存在.

6. 证明

$$f(x,y)=\begin{cases}\dfrac{xy}{x^2+y^2}, & (x,y)\neq(0,0)\\ 0, & (x,y)=(0,0)\end{cases}$$

在点$O(0,0)$处不连续,在$\{O\}^c=\mathbb{R}^2\setminus\{O\}$上连续.进而再证$f$在$\{O\}^c$上不一致连续.

7. 求下列函数f的不连续(即间断)点集:

(1)$f(x,y)=\begin{cases}\dfrac{1}{\sqrt{x^2+y^2}}, & (x,y)\neq(0,0)\\ 0, & (x,y)=(0,0)\end{cases}$;

(2)$f(x,y)=\begin{cases}\dfrac{xy}{x^2+y^2}, & (x,y)\neq(0,0)\\ 0, & (x,y)=(0,0)\end{cases}$;

(3)$f(x,y)=\begin{cases}x\sin\dfrac{1}{y}, & y\neq 0\\ 0, & y=0\end{cases}$;

(4)$f(x,y)=\begin{cases}\dfrac{x+y}{x^2+y^2}, & (x,y)\neq(0,0)\\ 0, & (x,y)=(0,0)\end{cases}$.

8. 求下列各函数的函数值:

(1)$f(x,y)=\left[\dfrac{\arctan\,(x+y)}{\arctan\,(x-y)}\right]^2$,求$f\left(\dfrac{1+\sqrt{3}}{2},\dfrac{1-\sqrt{3}}{2}\right)$;

(2)$f(x,y)=\dfrac{2xy}{x^2+y^2}$,求$f\left(1,\dfrac{y}{x}\right)$;

(3)$f(x,y)=x^2+y^2-xy\tan\dfrac{x}{y}$,求$f(tx,ty)$.

9. 讨论下列函数的连续性:

(1)$f(x,y)=\tan(x^2+y^2)$;　　　(2)$f(x,y)=[x+y]$;

(3)$f(x,y)=\begin{cases}\dfrac{\sin xy}{y}, & y\neq 0\\ 0, & y=0\end{cases}$;

(4) $f(x,y)=\begin{cases}\dfrac{\sin xy}{\sqrt{x^2+y^2}}, & (x,y)\neq(0,0)\\ 0, & (x,y)=(0,0)\end{cases}$;

(5) $f(x,y)=\begin{cases}0, & x\text{ 为无理数}\\ y, & x\text{ 为有理数}\end{cases}$;

(6) $f(x,y)=\begin{cases}y^2\ln(x^2+y^2), & (x,y)\neq(0,0)\\ 0, & (x,y)=(0,0)\end{cases}$;

(7) $f(x,y)=\dfrac{1}{\sin x\sin y}$;　　　(8) $f(x,y)=\mathrm{e}^{-\frac{x}{y}}$.

10. 讨论函数

$$f(x,y)=\begin{cases}\dfrac{x}{(x^2+y^2)^p}, & (x,y)\neq(0,0)\\ 0, & (x,y)=(0,0)\end{cases}$$

当 $p>0$ 时在点 $(0,0)$ 处的连续性.

思考题7.5

1. 设

$$f(x,y)=\begin{cases}xy\dfrac{x^2-y^2}{x^2+y^2}, & (x,y)\neq(0,0)\\ 0, & (x,y)=(0,0)\end{cases}$$

证明: $\lim\limits_{(x,y)\to(0,0)}f(x,y)=0$.

2. 设

$$f(x,y)=\begin{cases}1, & 0<y<x^2,\ -\infty<x<+\infty\\ 0, & \text{其余部分}\end{cases}$$

证明:二重极限 $\lim\limits_{(x,y)\to(0,0)}f(x,y)$ 不存在(图7.5.1).

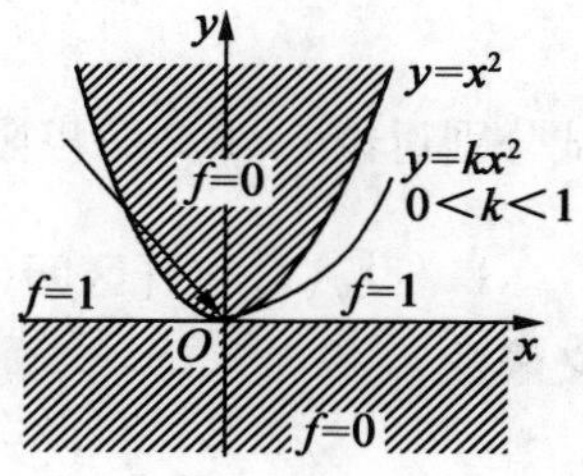

图7.5.1

3. 证明

$$f(x,y)=\frac{1}{1-xy}$$

在 $D=[0,1)\times[0,1)$ 上连续,但不一致连续.

4. 设$f(x,y)$定义在闭矩形$[a,b]\times[c,d]$上,如果f对y在$[c,d]$上处处连续,对x在$[a,b]$(且关于y!)上一致连续,证明:f在$[a,b]\times[c,d]$上处处连续.

5. 设f在$\mathbb{R}^2$上分别对每一自变量x与y是连续的,并且每当固定x时f对y是单调的,证明:f为$\mathbb{R}^2$上的二元连续函数.

6. 设$\lim\limits_{y\to y_0}\varphi(y)=a$,$\lim\limits_{x\to x_0}\psi(x)=0$,且在$(x_0,y_0)$附近有$|f(x,y)-\varphi(y)|\leqslant\psi(x)$,证明

$$\lim_{(x,y)\to(x_0,y_0)}f(x,y)=a$$

7. 设A为$(\mathbb{R}^n,\mathscr{T}_{\rho_0^n})$中的有界开集,$f:A\to\mathbb{R}$为一致连续的函数,证明:

(1)可将f延拓到$\overline{A}$上; (2)f在A上有界.

8. 设$u=\varphi(x,y)$与$v=\psi(x,y)$在xOy平面中的点集A上一致连续;φ与ψ将点集A映为uOv平面中的点集D,$f(u,v)$在D上一致连续,证明:复合函数$f(\varphi(x,y),\psi(x,y))$在$A$上一致连续.

9. 设$(\mathbb{R}^n,\mathscr{T}_{\rho_0^n})$为$n$维 Euclid 空间,$f:\mathbb{R}^n\to\mathbb{R}^1$为连续函数,$\alpha\in\mathbb{R}$,且

$$E=\{\boldsymbol{x}=(x_1,x_2,\cdots,x_n)\mid f(\boldsymbol{x})=f(x_1,x_2,\cdots,x_n)>\alpha\}\subset\mathbb{R}^n$$

$$F=\{\boldsymbol{x}=(x_1,x_2,\cdots,x_n)\mid f(\boldsymbol{x})=f(x_1,x_2,\cdots,x_n)\geqslant\alpha\}\subset\mathbb{R}^n$$

证明:E为$(\mathbb{R}^n,\mathscr{T}_{\rho_0^n})$中的开集,$F$为$(\mathbb{R}^n,\mathscr{T}_{\rho_0^n})$中的闭集.

10. 设$f(x,y)=\dfrac{1}{xy}$,$r=\sqrt{x^2+y^2}$,$k>1$,且

$$D_1=\left\{(x,y)\,\middle|\,\frac{x}{k}\leqslant y\leqslant kx\right\}$$

$$D_2=\{(x,y)\mid x>0,y>0\}$$

试分别讨论$i=1,2$时极限$\lim\limits_{\substack{r\to+\infty\\(x,y)\in D_i}}f(x,y)$是否存在?并说明理由.

11. 设$f(t)$在开区间(a,b)内连续可导,在开区间$D=(a,b)\times(a,b)$内定义函数

$$F(x,y)=\begin{cases}\dfrac{f(x)-f(y)}{x-y}, & x\neq y\\ f'(x), & x=y\end{cases}$$

证明:$\forall c\in(a,b)$,有$\lim\limits_{(x,y)\to(c,c)}F(x,y)=f'(c)$.

12. 设$\varphi(x)$在$[a,b]$上连续,令$f(x,y)=\varphi(x)$,$(x,y)\in D=[a,b]\times$

$(-\infty,+\infty)$，证明：f 在 D 上连续且为一致连续函数.

13. 设 f 在$\mathbb{R}^2$上连续，且 $\lim\limits_{r\to+\infty} f(x,y)=a, r=\sqrt{x^2+y^2}$，证明：

(1) f 在$\mathbb{R}^2$上有界；　　(2) f 在$\mathbb{R}^2$上一致连续.

14. 叙述并证明二元函数的局部保号性.

15. 设 E 与 F 为度量空间$(X,\mathscr{T})$中的两个不相交的闭集，证明：

(1) $U_E=\{x\mid\rho(x,E)<\rho(x,F)\}\subset X$ 与 $U_F=\{x\mid\rho(x,E)>\rho(x,F)\}\subset X$ 分别为 E 与 F 的两个不相交的开邻域；

(2) $U_E=\bigcup\limits_{x\in E}B\left(x;\frac{1}{3}\rho(x,F)\right)$ 与 $U_F=\bigcup\limits_{x\in F}B\left(x;\frac{1}{3}\rho(x,E)\right)$ 分别为 E 与 F 的两个不相交的开邻域.

16. 设(X,ρ)为度量空间，$A\neq\varnothing$ 且 $A\subset X$，则 $f:X\to\mathbb{R}$，$f(x)=\rho(x,A)$ 为 X 上的一致连续函数.

17. 设函数 $f(x,y)$ 在$[a,A]\times[b,B]$上连续，而函数列$\{\varphi_n(x)\}$在$[a,A]$上一致收敛，且 $b\leqslant\varphi_n(x)\leqslant B, n\in\mathbb{Z}_+$，证明：函数列$\{F_n(x)\}=\{f(x,\varphi_n(x))\}$也在$[a,A]$上一致收敛.

18. 设：(1) 函数 $f(x,y)$ 于$(a,A)\times(b,B)$内是连续的；(2) 函数 $\varphi(x)$ 于区间(a,A)内连续且 $b<\varphi(x)<B$，证明：函数

$$F(x)=f(x,\varphi(x))$$

在区间(a,A)内是连续的.

19. 设：(1) 函数 $f(x,y)$ 于$(a,A)\times(b,B)$内是连续的；(2) 函数 $x=\varphi(u,v)$，$y=\psi(u,v)$ 在$(a',A')\times(b',B')$内是连续的，并分别有属于(a,A)与(b,B)的值，证明：函数

$$F(u,v)=f(\varphi(u,v),\psi(u,v))$$

在(a',A')内连续.

20. 设$(u,v)=F(x,y)=(f(x,y),g(x,y))$，其中

$$u=f(x,y)=\begin{cases}\dfrac{x}{(x^2+y^2)^\alpha}\ln(|x|+|y|), & x^2+y^2\neq0\\ 0, & x^2+y^2=0\end{cases}$$

$$v=g(x,y)=\begin{cases}\dfrac{y}{(x^2+y^2)^\alpha}\ln(|x|+|y|), & x^2+y^2\neq0\\ 0, & x^2+y^2=0\end{cases}$$

讨论 $F(x,y)$ 的连续性.

复习题7

1. (杨忠道定理)拓扑空间$(X,\mathscr{T})$的任一子集 A 的导集 A' 为闭集$\Leftrightarrow(X,\mathscr{T})$的每个独点集的导集为闭集.

2. 设$(X,\mathscr{T})$为拓扑空间,$\{A_\alpha \mid \alpha\in\Gamma\}$为 X 中的一个子集族,如果$\forall\alpha\in\Gamma$,导集 A'_α 为$(X,\mathscr{T})$中的闭集,则集合$(\bigcup\limits_{\alpha\in\Gamma}A_\alpha)'$也为闭集.

3. (1)证明:$(\mathbb{R}^n,\mathscr{T}_{\rho_0^n})$中至多可数个稠密开集的交为$(\mathbb{R}^n,\mathscr{T}_{\rho_0^n})$中的稠密开集;

(2)对一般的度量空间$(X,\mathscr{T}_\rho)$,上述结论仍正确吗?

4. 设 $Y,Y_\alpha(\alpha\in\Gamma)$ 都是拓扑空间$(X,\mathscr{T})$的连通子集,如果$\forall\alpha\in\Gamma$,$Y_\alpha\cap Y\neq\varnothing$,则$(\bigcup\limits_{\alpha\in\Gamma}Y_\alpha)\cup Y$ 为$(X,\mathscr{T})$的连通子集. 上述"连通"改为"道路连通"结论如何? 并说明理由.

5. 设$\{Y_\alpha \mid \alpha\in\Gamma\}$为拓扑空间$(X,\mathscr{T})$的道路连通的子集族,并且满足:$\forall\alpha,\beta\in\Gamma$,存在 Γ 中的有限个元素 $\gamma_1=\alpha,\gamma_2,\cdots,\gamma_{n+1}=\beta$,使得 $Y_{\gamma_i}\cap Y_{\gamma_{i+1}}\neq\varnothing,i=1,2,\cdots,n$,则 $\bigcup\limits_{\alpha\in\Gamma}Y_\alpha$ 为道路连通子集. 上述"道路连通"改为"连通"结论如何? 并说明理由.

6. 证明:满足 A_1 的可数紧致空间必为序列紧致空间.

7. 举例说明拓扑空间中两个紧致子集的交可以不为紧致子集.

8. 设(X,ρ)为列紧度量空间,则$\forall\varepsilon>0$,X 必有 ε 网 A(即 A 为 X 的有限子集,并且$\forall x\in X$,有 $\rho(x,A)=\inf\limits_{y\in A}\rho(y,x)<\varepsilon$).

9. 设(X,ρ)为度量空间,证明

$$(X,\mathscr{T}_\rho)\text{紧致}\Leftrightarrow(X,\mathscr{T}_\rho)\text{列紧}$$

(提示:应用 Lebesgue 数定理与本复习题第8题证明其充分性.)

10. 设函数 $z=f(x,y)$ 在 $D=[0,1]\times[0,1]$ 上有定义,且$\forall x_0\in[0,1]$,$f(x,y)$于点$(x_0,0)$连续,证明:$\exists\delta>0$,s.t. $f(x,y)$ 于 $D^*=\{(x,y)\mid 0\leqslant x\leqslant 1,0\leqslant y\leqslant\delta\}=[0,1]\times[0,\delta]$ 上有界.

11. (1) 设 $u=f(x,y,z)$ 在闭立方体 $[a,b]^3$ 上连续,证明: $g(x,y)=\max\limits_{a\leqslant z\leqslant b}f(x,y,z)$ 在正方形 $[a,b]^2\subset\mathbb{R}^2$ 上连续;

(2) 设 $f(x,y,z)$ 在 $[a,b]^3=[a,b]\times[a,b]\times[a,b]$ 上连续,令

$$g(x)=\max_{a\leqslant y\leqslant x}\ \min_{a\leqslant z\leqslant b}f(x,y,z)$$

证明: $g(x)$ 在 $[a,b]$ 上连续.

12. 设 U 为拓扑空间 $(X,\mathscr{T})$ 中的一个开集, $\mathscr{A}$ 为 $(X,\mathscr{T})$ 中的一个由紧致闭集构成的集族. 如果 $\mathscr{A}$ 满足 $\bigcap\limits_{A\in\mathscr{A}}A\subset U$,则存在 $\mathscr{A}$ 的一个有限子集族 $\{A_1,A_2,\cdots,A_n\}$ 也满足

$$A_1\cap A_2\cap\cdots\cap A_n\subset U$$

13. 设 $(X,\mathscr{T})$ 为一个 Hausdorff 空间, $\mathscr{A}$ 为 $(X,\mathscr{T})$ 中由紧致子集构成的非空集族. 证明:如果 $\mathscr{A}$ 中任意有限个元素的交是连通的,则这个集族的交 $\bigcap\limits_{A\in\mathscr{A}}A$ 也是连通的.

14. 设 $f(x,y)$ 满足: (1) 对固定的 $y\neq b$, $\lim\limits_{x\to a}f(x,y)=\psi(y)$; (2) $\exists\eta>0$, s. t. $f(x,y)$ 当 $y\to b$ 时关于 $x\in E=\{x|0<x<|x-a|<\eta\}$ 存在一致极限 $\varphi(x)$. 证明

$$\lim_{x\to a}\lim_{y\to b}f(x,y)=\lim_{y\to b}\lim_{x\to a}f(x,y)$$

15. 设 $f_0(x)$ 在 $[a,b]$ 上连续, $g(x,y)$ 在闭区域 $[a,b]^2=[a,b]\times[a,b]$ 上连续,对任何 $x\in[a,b]$,令

$$f_n(x)=\int_a^x g(x,y)f_{n-1}(y)\,\mathrm{d}y,\quad n=1,2,\cdots$$

证明:函数列 $\{f_n(x)\}$ 在 $[a,b]$ 上一致收敛于 0.

16. 设有界点列 $z^n=(x_n,y_n)$, $n=1,2,\cdots$,满足

$$\varliminf_{n\to+\infty}\|z^n\|=l,\quad \varlimsup_{n\to+\infty}\|z^n\|=L,\quad l<L$$

$$\lim_{n\to+\infty}\|z^{n+1}-z^n\|=0$$

证明:对 $\forall\mu\in(l,L)$,圆周 $x^2+y^2=\mu^2$ 上至少有 $\{z^n\}$ 的一个聚点.

第 8 章　n 元函数微分学

本章引进方向导数与偏导数，并用偏导数表达方向导数；给出了复合函数的求导链规则. 作为它的应用，证明在区域 U 上，如果 $\left.\frac{\partial f}{\partial x_i}\right|_U \equiv 0\ (i=1,2,\cdots,n)$，$f$ 在 $\overline{U}$ 上连续，则 f 为常值函数. 接着详细讨论了函数可微与映射可微的重要概念，得到了可微的充分条件和必要条件，以及函数的高维微分中值定理与映射的拟微分中值定理. n 元 Lagrange 型余项的 Taylor 公式与 Peano 型余项的 Taylor 公式是 n 元微分学的重要定理. Peano 型余项 Taylor 公式的唯一性定理保证了用各种方法 Taylor 展开的合法性. Lagrange 型余项的 Taylor 公式在第 9 章极值研究中起到重要作用. 最后，隐射（隐函数）与逆射（反函数）定理的两种精美的证明，使读者得到了分析能力的严格训练. 这些知识在第 9 章参数曲面与条件极值的研究中有重要应用.

8.1　方向导数与偏导数

对一元函数 $y=f(x)$，如果极限

$$\lim_{t\to 0}\frac{f(x_0+t)-f(x_0)}{t}=\lim_{\Delta x\to 0}\frac{f(x_0+\Delta x)-f(x_0)}{\Delta x}=\lim_{x\to x_0}\frac{f(x)-f(x_0)}{x-x_0}$$

存在且有限，则 f 在 x_0 处可导，且上述极限就是 f 在 x_0 处的导数

$$f'(x_0)=\left.\frac{\mathrm{d}f}{\mathrm{d}x}\right|_{x=x_0}=\left.\frac{\mathrm{d}y}{\mathrm{d}x}\right|_{x=x_0}=y'(x_0)$$

它是 f 在 x_0 处的变化率.

f 在 x_0 处可导 $\Leftrightarrow$ f 在 x_0 处的左、右导数相等，即

$$f'_-(x_0)=\lim_{x\to x_0^-}\frac{f(x)-f(x_0)}{x-x_0}=\lim_{x\to x_0^+}\frac{f(x)-f(x_0)}{x-x_0}=f'_+(x_0)$$

在 $\mathbb{R}^n\ (n\geqslant 2)$ 中，一个点的开邻域中过该点不止有两个方向，而是有无穷多

个方向. 因此,代替左、右导数应考虑方向导数.

定义 8.1.1　设 $U\subset\mathbb{R}^n$ 为开集(今后都指 Euclid 空间$(\mathbb{R}^n,\mathscr{T}_{\rho_0^n})$中的开集),$f:U\to\mathbb{R}^1$,$\boldsymbol{e}$ 为$\mathbb{R}^n$中的一个单位向量,$\boldsymbol{x}^0\in U$,令

$$u(t)=f(\boldsymbol{x}^0+t\boldsymbol{e})$$

(此时 u 为 t 的一元函数). 如果 u 在 $t=0$ 的导数

$$u'(0)=\lim_{t\to 0}\frac{u(t)-u(0)}{t}=\lim_{t\to 0}\frac{f(\boldsymbol{x}^0+t\boldsymbol{e})-f(\boldsymbol{x}^0)}{t}$$

存在且有限,则称它为 f 在点 $\boldsymbol{x}^0$ 沿方向 $\boldsymbol{e}$ 的**方向导数**,记作$\frac{\partial f}{\partial \boldsymbol{e}}(\boldsymbol{x}^0)$,它就是 f 在点 $\boldsymbol{x}^0$ 沿方向 $\boldsymbol{e}$ 的变化率(图 8.1.1),且 $\tan\theta=\frac{\partial f}{\partial \boldsymbol{e}}(\boldsymbol{x}^0)$.

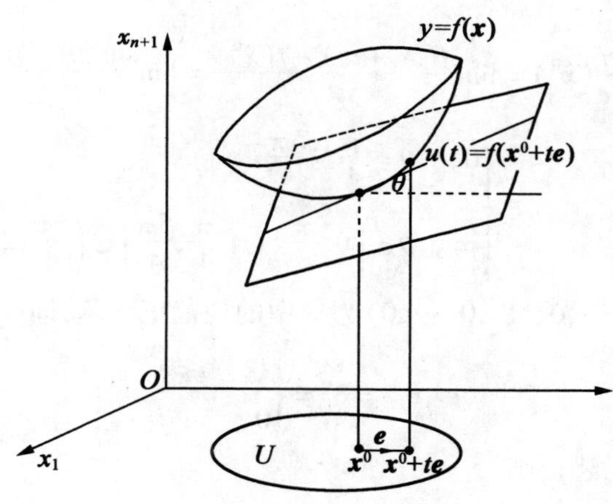

图　8.1.1

例 8.1.1　设 $\boldsymbol{e}$ 为一个方向,则 $\|-\boldsymbol{e}\|=\|\boldsymbol{e}\|=1$,可见 $-\boldsymbol{e}$ 也为一个方向. 此时,我们有

$$\begin{aligned}\frac{\partial f}{\partial(-\boldsymbol{e})}(\boldsymbol{x}^0)&=\lim_{t\to 0}\frac{f(\boldsymbol{x}^0+t(-\boldsymbol{e}))-f(\boldsymbol{x}^0)}{t}\\&=-\lim_{-t\to 0}\frac{f(\boldsymbol{x}^0+(-t)\boldsymbol{e})-f(\boldsymbol{x}^0)}{-t}\\&=-\frac{\partial f}{\partial \boldsymbol{e}}(\boldsymbol{x}^0)\end{aligned}$$

例 8.1.2 考察二元函数

$$f(x,y)=\begin{cases}\dfrac{2xy}{x^2+y^2}, & (x,y)\neq(0,0)\\ 1 & (x,y)=(0,0)\end{cases}$$

记方向 $\boldsymbol{e}=(\cos\theta,\sin\theta)$,$0\leqslant\theta<2\pi$,并取 $\boldsymbol{x}^0=(0,0)$,当 $t\neq0$ 时,有

$$\begin{aligned}\frac{f(\boldsymbol{x}^0+t\boldsymbol{e})-f(\boldsymbol{x}^0)}{t}&=\frac{f(t\cos\theta,t\sin\theta)-f(0,0)}{t}\\&=\frac{2\cos\theta\sin\theta-1}{t}=\frac{\sin2\theta-1}{t}\end{aligned}$$

由此看出,当且仅当 $\theta=\dfrac{\pi}{4}$ 与 $\dfrac{5\pi}{4}$,方向导数存在且为零. 而对其他 θ,方向导数不存在

$$\begin{aligned}\frac{\partial f}{\partial\boldsymbol{e}}(\boldsymbol{x}^0)&=\lim_{t\to0}\frac{f(\boldsymbol{x}^0+t\boldsymbol{e})-f(\boldsymbol{x}^0)}{t}=\lim_{t\to0}\frac{\sin2\theta-1}{t}\\&=\begin{cases}0, & \theta=\dfrac{\pi}{4}\text{与}\dfrac{5\pi}{4}\\ \infty, & \theta\in\left[0,\dfrac{\pi}{4}\right)\cup\left(\dfrac{\pi}{4},\dfrac{5\pi}{4}\right)\cup\left(\dfrac{5\pi}{4},2\pi\right)\end{cases}\end{aligned}$$

记 $\boldsymbol{e}_i=(0,0,\cdots,0,\underset{\text{第}i\text{个}}{1},0,\cdots,0)$ 为 $\mathbb{R}^n$ 中的规范正交基,即

$$\langle\boldsymbol{e}_i,\boldsymbol{e}_j\rangle=\delta_{ij}=\begin{cases}1, & i=j\\0, & i\neq j\end{cases}$$

设 $\boldsymbol{x}^0=(x_1^0,x_2^0,\cdots,x_n^0)$,则

$$\begin{aligned}\frac{\partial f}{\partial\boldsymbol{e}_i}(\boldsymbol{x}^0)&=\lim_{t\to0}\frac{f(\boldsymbol{x}^0+t\boldsymbol{e}_i)-f(\boldsymbol{x}^0)}{t}\\&=\lim_{t\to0}\frac{f(x_1^0,x_2^0,\cdots,x_{i-1}^0,x_i^0+t,x_{i+1}^0,\cdots,x_n^0)-f(x_1^0,x_2^0,\cdots,x_n^0)}{t}\\&=\lim_{x_i\to x_i^0}\frac{f(x_1^0,x_2^0,\cdots,x_{i-1}^0,x_i,x_{i+1}^0,\cdots,x_n^0)-f(x_1^0,x_2^0,\cdots,x_n^0)}{x_i-x_i^0}\\&\xlongequal{\text{记作}}\frac{\partial f}{\partial x_i}(\boldsymbol{x}^0)=f'_{x_i}(\boldsymbol{x}^0)=f'_i(\boldsymbol{x}^0)\end{aligned}$$

称它为 f 的**第 i 个一阶偏导数**,它是点 $\boldsymbol{x}^0$ 处沿方向 $\boldsymbol{e}_i$ 的**方向导数**.

例 8.1.3 在 $\mathbb{R}^n$ 中计算函数 $f(\boldsymbol{x})=\|\boldsymbol{x}\|=\sqrt{x_1^2+x_2^2+\cdots+x_n^2}$ 的偏导数,其中 $\boldsymbol{x}=(x_1,x_2,\cdots,x_n)$.

解　当 $\boldsymbol{x}\neq\boldsymbol{0}$ 时,有

$$f'_{x_i}(\boldsymbol{x})=\frac{1}{2}(x_1^2+x_2^2+\cdots+x_n^2)^{-\frac{1}{2}}\cdot 2x_i=\frac{x_i}{\|\boldsymbol{x}\|},\quad i=1,2,\cdots,n$$

当 $\boldsymbol{x}=\boldsymbol{0}$ 时,设 $\boldsymbol{e}$ 为任一给定的方向(单位向量),此时,极限

$$\lim_{t\to 0}\frac{f(t\boldsymbol{e})-f(\boldsymbol{0})}{t}=\lim_{t\to 0}\frac{\|t\boldsymbol{e}\|}{t}=\lim_{t\to 0}\frac{|t|\ \|\boldsymbol{e}\|}{t}=\lim_{t\to 0}\frac{|t|}{t}$$

不存在,即 f 在原点处的任何方向导数都不存在. 特别地, f 在原点处的任何偏导数也不存在.

如果在开集 U 中的每一点有偏导数,就得到 n 个**一阶偏导函数**

$$\frac{\partial f}{\partial \boldsymbol{e}_i}=\frac{\partial f}{\partial x_i},\quad i=1,2,\cdots,n$$

如果 f 的一阶偏导函数 $\frac{\partial f}{\partial x_i}$ 又有偏导数,称为 f 的**二阶偏导数**,记作

$$f''_{x_ix_j}=\frac{\partial^2 f}{\partial x_i\partial x_j}=\frac{\partial}{\partial x_j}\left(\frac{\partial f}{\partial x_i}\right)$$

$$f''_{x_ix_i}=\frac{\partial^2 f}{\partial x_i^2}=\frac{\partial}{\partial x_i}\left(\frac{\partial f}{\partial x_i}\right),\quad i,j=1,2,\cdots,n$$

类似可定义 3 阶、4 阶……m **阶……偏导数**.

f 为 C^k **函数**,即:

$k=0$, f **连续**;

$0<k<+\infty$, f 在 U 中有直至 k **阶连续偏导数**;

$k=\infty$, f 在 U 中有**各阶连续的偏导数**;

$k=\omega$, f 在 U 中是**实解析**的,即 f 在 U 中每一点邻近可展开为收敛的(n 元)幂级数

$$f(x_1,x_2,\cdots,x_n)=\sum_{k=0}^{\infty}\sum_{j_1,j_2,\cdots,j_k=1}^{n}a_{j_1j_2\cdots j_k}(x_{j_1}-x_{j_1}^0)(x_{j_2}-x_{j_2}^0)\cdots(x_{j_k}-x_{j_k}^0)$$

记 $C^k(U,\mathbb{R}^1)$ 为从 U 到 $\mathbb{R}^1$ 的 C^k 函数的全体.

定理 8.1.1　设 $U\subset\mathbb{R}^2$ 为开集, $f:U\to\mathbb{R}^1$ 为二元函数. 如果 f''_{xy} 与 f''_{yx} 在 $(x_0,y_0)\in U$ 连续,则

$$f''_{xy}(x_0,y_0)=f''_{yx}(x_0,y_0)$$

证明　当 $k\neq 0, h\neq 0$ 时,分别对

$$\varphi(y)=f(x_0+h,y)-f(x_0,y)$$

与

$$\psi(x)=f(x,y_0+k)-f(x,y_0)$$

一方面,应用 Lagrange 中值定理,就有

$$\begin{aligned}&[f(x_0+h,y_0+k)-f(x_0,y_0+k)]-[f(x_0+h,y_0)-f(x_0,y_0)]\\&=\varphi(y_0+k)-\varphi(y_0)=\varphi'(y_0+\theta_1 k)k\\&=[f'_y(x_0+h,y_0+\theta_1 k)-f'_y(x_0,y_0+\theta_1 k)]k\\&=f''_{yx}(x_0+\theta_2 h,y_0+\theta_1 k)hk,\quad 0<\theta_1,\theta_2<1\end{aligned}$$

另一方面

$$\begin{aligned}&[f(x_0+h,y_0+k)-f(x_0,y_0+k)]-[f(x_0+h,y_0)-f(x_0,y_0)]\\&=[f(x_0+h,y_0+k)-f(x_0+h,y_0)]-[f(x_0,y_0+k)-f(x_0,y_0)]\\&=\psi(x_0+h)-\psi(x_0)=\psi'(x_0+\theta_3 h)h\\&=[f'_x(x_0+\theta_3 h,y_0+k)-f'_x(x_0+\theta_3 h,y_0)]h\\&=f''_{xy}(x_0+\theta_3 h,y_0+\theta_4 k)hk,\quad 0<\theta_3,\theta_4<1\end{aligned}$$

因此

$$f''_{xy}(x_0+\theta_3 h,y_0+\theta_4 k)=f''_{yx}(x_0+\theta_2 h,y_0+\theta_1 k)$$

由于f''_{xy}与f''_{yx}在(x_0,y_0)处连续,令 $h\to0,k\to0$ 就得到

$$f''_{xy}(x_0,y_0)=f''_{yx}(x_0,y_0)$$

应用定理 8.1.1 及归纳法立即可得下面的定理.

定理 8.1.1′ 设 $U\subset\mathbb{R}^n$ 为开集,$f:U\to\mathbb{R}^1$ 为 n 元函数. 如果 f 在 D 上有直至 k 阶的偏导数,且都在 $\boldsymbol{x}^0=(x_1^0,x_2^0,\cdots,x_n^0)\in U$ 连续,则

$$\frac{\partial^l f}{\partial x_{i_1}\partial x_{i_2}\cdots\partial x_{i_l}}(\boldsymbol{x}^0)=\frac{\partial^l f}{\partial x_{i_2}\partial x_{i_1}\cdots\partial x_{i_l}}(\boldsymbol{x}^0)=\cdots=\frac{\partial^l f}{\partial x_{i_l}\partial x_{i_{l-1}}\cdots\partial x_{i_1}}(\boldsymbol{x}^0)$$

即任一 $l(l\leqslant k)$ 阶偏导数与逐次求导的次序无关.

如果定理 8.1.1 中条件"f''_{xy} 与 f''_{yx} 在 (x_0,y_0) 连续"不满足,则其结论"$f''_{xy}(x_0,y_0)=f''_{yx}(x_0,y_0)$"不一定成立.

例 8.1.4 设

$$f(x,y)=\begin{cases}xy\dfrac{x^2-y^2}{x^2+y^2}, & (x,y)\neq(0,0)\\0, & (x,y)=(0,0)\end{cases}$$

则有

$$f'_x(0,0)=\lim_{x\to0}\frac{f(x,0)-f(0,0)}{x-0}=\lim_{x\to0}\frac{0-0}{x}=\lim_{x\to0}0=0$$

$$f'_y(0,0)=\lim_{y\to0}\frac{f(0,y)-f(0,0)}{y-0}=\lim_{y\to0}\frac{0-0}{y}=\lim_{y\to0}0=0$$

当 $(x,y)\neq0$ 时，有

$$f'_x(x,y)=y\left[\frac{x^2-y^2}{x^2+y^2}+\frac{4x^2y^2}{(x^2+y^2)^2}\right]$$

$$f'_y(x,y)=x\left[\frac{x^2-y^2}{x^2+y^2}-\frac{4x^2y^2}{(x^2+y^2)^2}\right]$$

于是，$\forall y, f'_x(0,y)=-y, f''_{xy}(0,0)=-1, \forall x, f'_y(x,0)=x, f''_{yx}(0,0)=1$，故

$$f''_{xy}(0,0)\neq f''_{yx}(0,0)$$

由此与定理 8.1.1 可知，f''_{xy} 与 f''_{yx} 在 $(0,0)$ 至少有一个不连续.

例 8.1.5　设 $f(x,y)=xy$，求 f 在点 $\boldsymbol{x}^0=(1,1)$ 沿方向 $\boldsymbol{e}=\left(\frac{1}{\sqrt2},\frac{1}{\sqrt2}\right)$ 的方向导数.

解法 1　$$\frac{f(\boldsymbol{x}^0+t\boldsymbol{e})-f(\boldsymbol{x}^0)}{t}=\frac{f\left(1+\frac{t}{\sqrt2},1+\frac{t}{\sqrt2}\right)-f(1,1)}{t}$$

$$=\frac{\left(1+\frac{t}{\sqrt2}\right)^2-1^2}{t}=\sqrt2+\frac{t}{2}$$

$$\frac{\partial f}{\partial \boldsymbol{e}}(1,1)=\lim_{t\to0}\left(\sqrt2+\frac{t}{2}\right)=\sqrt2$$

解法 2　$$\frac{\partial f}{\partial \boldsymbol{e}}(1,1)=\lim_{t\to0}\frac{f(\boldsymbol{x}^0+t\boldsymbol{e})-f(\boldsymbol{x}^0)}{t}$$

$$\xlongequal{\text{定理 8.1.5}}f'_x(1,1)\cdot\frac{1}{\sqrt2}+f'_y(1,1)\cdot\frac{1}{\sqrt2}$$

$$=1\cdot\frac{1}{\sqrt2}+1\cdot\frac{1}{\sqrt2}=\sqrt2$$

例 8.1.6　设 $f(x,y)=\sqrt{x^2+y^2}+xy$，求 $\frac{\partial f}{\partial x}(1,2)$，$\frac{\partial f}{\partial y}(1,2)$.

解　因为

$$\frac{\partial f}{\partial x}=\frac{x}{\sqrt{x^2+y^2}}+y,\quad \frac{\partial f}{\partial y}=\frac{y}{\sqrt{x^2+y^2}}+x$$

所以

$$\frac{\partial f}{\partial x}(1,2)=\frac{1}{\sqrt{5}}+2,\quad \frac{\partial f}{\partial y}(1,2)=\frac{2}{\sqrt{5}}+1$$

例 8.1.7 设 $f(x,y,z)=y^2z+\sin 5xy$,求 $\frac{\partial f}{\partial x},\frac{\partial f}{\partial y},\frac{\partial f}{\partial z}$.

解 $\frac{\partial f}{\partial x}=5y\cos 5xy,\frac{\partial f}{\partial y}=2yz+5x\cos 5xy,\frac{\partial f}{\partial z}=y^2$.

例 8.1.8 设 $z=x\ln(1+xe^{2y})$,求 $\frac{\partial z}{\partial x},\frac{\partial z}{\partial y}$.

解

$$\frac{\partial z}{\partial x}=\ln(1+xe^{2y})+\frac{xe^{2y}}{1+xe^{2y}}$$

$$\frac{\partial z}{\partial y}=x\cdot\frac{xe^{2y}\cdot 2}{1+xe^{2y}}=\frac{2x^2e^{2y}}{1+xe^{2y}}$$

例 8.1.9 设 $f(x,y)=xy+2x^3y^2+x^4+5$,求 $f''_{xx}(1,0),f''_{xy}(1,0),f''_{yx}(1,0),f''_{yy}(1,0)$.

解

$$f'_x(x,y)=y+6x^2y^2+4x^3,\quad f'_y(x,y)=x+4x^3y$$

$$f''_{xx}(x,y)=12xy^2+12x^2,\quad f''_{yy}(x,y)=4x^3$$

$$f''_{xy}(x,y)=1+12x^2y=f''_{yx}(x,y)$$

于是,$f''_{xx}(1,0)=12,f''_{xy}(1,0)=1=f''_{yx}(1,0),f''_{yy}(1,0)=4$.

回想一元函数 Lagrange 中值定理的推论 3.3.1:

$$f\text{ 在区间 } I \text{ 中可导,则 } f=\text{常数}\Leftrightarrow f'(x)=0,\ \forall x\in I$$

能否讲如果 $f'(x)=0$,则 $f=$ 常数?否!反例

$$f(x)=\begin{cases}0, & x\in(-1,0)\\ 1, & x\in(0,1)\end{cases}$$

关于 n 元函数,我们有下面的定理.

定理 8.1.2 设 $U\subset\mathbb{R}^n$ 为区域,且对 $\forall \boldsymbol{p}=(x_1,x_2,\cdots,x_{i-1},a,x_{i+1},\cdots,x_n)\in U$ 与 $\boldsymbol{q}=(x_1,x_2,\cdots,x_{i-1},b,x_{i+1},\cdots,x_n)\in U$,必有线段 $\overline{\boldsymbol{pq}}=\{(1-t)\boldsymbol{p}+t\boldsymbol{q}\mid t\in[0,1]\}\subset U$(图 8.1.2).如果 f 在 U 上连续,且 $\left.\frac{\partial f}{\partial x_i}\right|_{\mathring{U}}\equiv 0$,则

$$f(x_1,x_2,\cdots,x_n)=\varphi(x_1,x_2,\cdots,\hat{x}_i,\cdots,x_n)$$

即 f 与 x_i 无关,其中 $\hat{x}_i$ 表示删去 x_i.

证明 固定 $x_1,x_2,\cdots,x_{i-1},x_{i+1},\cdots,x_n$,因为(不妨设 $a<b$)

$$f(x_1,x_2,\cdots,x_{i-1},b,x_{i+1},\cdots,x_n)-f(x_1,x_2,\cdots,x_{i-1},a,x_{i+1},\cdots,x_n)$$

$$\xlongequal[\exists\xi\in(a,b)]{\text{由 Lagrange 中值定理}}\frac{\partial f}{\partial x_i}(x_1,x_2,\cdots,x_{i-1},\xi,x_{i+1},\cdots,x_n)(b-a)$$

$$=0\cdot(b-a)=0$$

所以，$f(x_1,x_2,\cdots,x_n)$与x_i无关.

思考题：当$U\subset\mathbb{R}^2$为区域时，构造反例，说明定理8.1.2中的结论不成立.

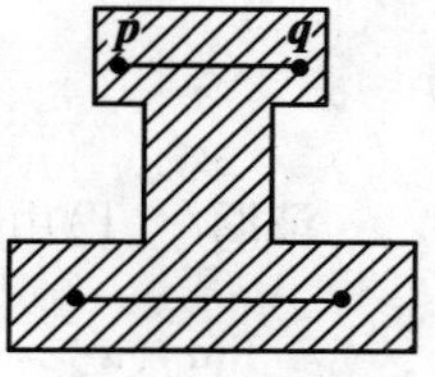

图 8.1.2

例 8.1.10　设$U_1=[-2,-1]\times[0,1]$，$U_2=[1,2]\times[0,1]$，$U_3=[-2,2]\times[-1,0]$，$U=U_1\cup U_2\cup U_3$. 显然，U为$\mathbb{R}^2$中的闭区域. 令

$$f(x,y)=\begin{cases}y^2, & (x,y)\in U_1\\ y^3, & (x,y)\in U_2\\ 0, & (x,y)\in U_3\end{cases}$$

易见，f在U上连续，$\left.\frac{\partial f}{\partial x}\right|_U\equiv 0$. 但当$y=\frac{1}{2}$时，有

$$f\left(x,\frac{1}{2}\right)=\begin{cases}\frac{1}{4}, & x\in[-2,-1]\\ \frac{1}{8}, & x\in[1,2]\end{cases}$$

这表明函数值与x有关(图 8.1.3).

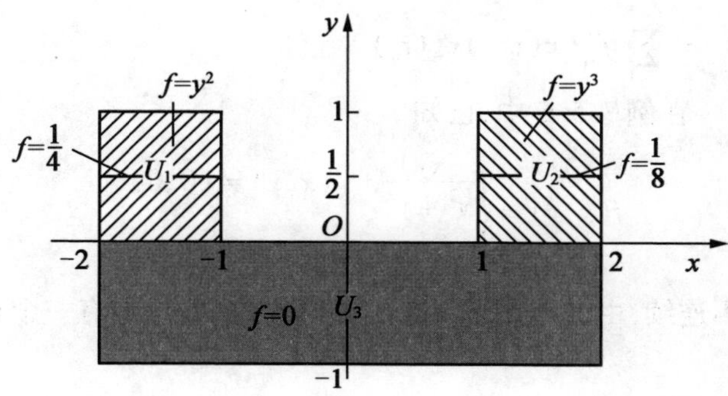

图 8.1.3

定理 8.1.3　设$U\subset\mathbb{R}^n$为开集，$f:U\to\mathbb{R}^1$为n元函数. 如果$f'_{x_i}(i=1,2,\cdots,n)$在$\boldsymbol{x}^0=(x_1^0,x_2^0,\cdots,x_n^0)\in U$处连续，则：

(1)f 在 $\boldsymbol{x}^0$ 处连续;

(2)如果 $x_i = x_i(t)(i=1,2,\cdots,n)$ 在 t_0 处可导,其中 $\boldsymbol{x}^0 = \boldsymbol{x}(t_0) = (x_1(t_0), x_2(t_0),\cdots,x_n(t_0))$,则对

$$u = f(\boldsymbol{x}(t)) = f(x_1(t), x_2(t),\cdots,x_n(t))$$

有

$$\frac{\mathrm{d}u}{\mathrm{d}t}(t_0) = \sum_{i=1}^{n} f'_{x_i}(\boldsymbol{x}(t_0))\frac{\mathrm{d}x_i}{\mathrm{d}t}(t_0)$$

证明 (1)由 Lagrange 中值定理可知,存在介于 x_i^0 与 x_i 之间的 ξ_i,使得

$$\begin{aligned}\lim_{\boldsymbol{x}\to\boldsymbol{x}^0} f(\boldsymbol{x}) &= \lim_{\boldsymbol{x}\to\boldsymbol{x}^0}\Big\{f(\boldsymbol{x}^0) + \sum_{i=1}^{n}[f(x_1^0,x_2^0,\cdots,x_{i-1}^0,x_i,\cdots,x_n) - \\ &\qquad f(x_1^0,x_2^0,\cdots,x_{i-1}^0,x_i^0,x_{i+1},\cdots,x_n)]\Big\} \\ &= \lim_{\boldsymbol{x}\to\boldsymbol{x}^0}[f(\boldsymbol{x}^0) + \sum_{i=1}^{n} f'_{x_i}(x_1^0,x_2^0,\cdots,x_{i-1}^0,\xi_i,x_{i+1},\cdots,x_n)(x_i - x_i^0)] \\ &= f(\boldsymbol{x}^0) + \sum_{i=1}^{n} f'_{x_i}(\boldsymbol{x}^0)\cdot 0 = f(\boldsymbol{x}^0)\end{aligned}$$

即 f 在 $\boldsymbol{x}^0$ 处连续.

$$\begin{aligned}(2)\ \frac{\mathrm{d}u}{\mathrm{d}t}(t_0) &= \lim_{t\to t_0}\frac{f(\boldsymbol{x}(t)) - f(\boldsymbol{x}(t_0))}{t - t_0} \\ &= \lim_{t\to t_0}\sum_{i=1}^{n} f'_{x_i}(x_1^0,x_2^0,\cdots,x_{i-1}^0,\xi_i,x_{i+1},\cdots,x_n)\frac{x_i(t) - x_i(t_0)}{t - t_0} \\ &= \sum_{i=1}^{n} f'_{x_i}(\boldsymbol{x}(t_0))x_i'(t_0)\end{aligned}$$

例 8.1.11 在例 7.5.5 中,已知

$$f(x,y) = \begin{cases}\dfrac{xy}{x^2+y^2}, & (x,y)\neq(0,0) \\ 0, & (x,y) = (0,0)\end{cases}$$

在点(0,0)处不连续,由此与定理 8.1.3 可得 f'_x 与 f'_y 至少有一个在点(0,0)处不连续.

从 $f(x,0)=0$, $f(0,y)=0$ 可知, $f'_x(0,0)=0$, $f'_y(0,0)=0$. 因此

$$f'_x(x,y) = \begin{cases}\dfrac{y(y^2-x^2)}{(x^2+y^2)^2}, & (x,y)\neq(0,0) \\ 0, & (x,y) = (0,0)\end{cases}$$

$$f'_y(x,y)=\begin{cases}\dfrac{x(x^2-y^2)}{(x^2+y^2)^2}, & (x,y)\neq(0,0)\\ 0, & (x,y)=(0,0)\end{cases}$$

由于

$$\lim_{(0,y)\to(0,0)} f'_x(x,y)=\lim_{(0,y)\to(0,0)}\frac{y(y^2-x^2)}{(x^2+y^2)^2}=\lim_{y\to 0}\frac{1}{y}=\infty\neq 0=f'_x(0,0)$$

所以f'_x 在点(0,0)处不连续.

此例表明,只从f'_x 与f'_y 存在,而不在点(0,0)处连续不能推出f在点(0,0)处连续. 换句话说,定理 8.1.3 中条件"$f'_{x_i}(i=1,2,\cdots,n)$在$\boldsymbol{x}^0$ 处连续"不能删去.

定理 8.1.4　设$U\subset\mathbb{R}^n$为开集,$f:U\to\mathbb{R}^1$为n元函数,$f'_{x_i}(i=1,2,\cdots,n)$在$\boldsymbol{x}^0=(x_1^0,x_2^0,\cdots,x_n^0)$处连续,$x_i=x_i(\boldsymbol{u})=x_i(u_1,u_2,\cdots,u_m)$在$\boldsymbol{u}^0$ 有一阶偏导数$\dfrac{\partial x_i}{\partial u_j}$,$i=1,2,\cdots,n;j=1,2,\cdots,m$,且$\boldsymbol{x}^0=\boldsymbol{x}(\boldsymbol{u}^0)$,则有多变量的求导链规则

$$\frac{\partial f}{\partial u_j}(\boldsymbol{u}^0)=\sum_{i=1}^{n}\frac{\partial f}{\partial x_i}(\boldsymbol{x}(\boldsymbol{u}^0))\frac{\partial x_i}{\partial u_j}(\boldsymbol{u}^0),\quad j=1,2,\cdots,m$$

证明　在定理 8.1.3(2)中,取$t=u_j$ 即证.

例 8.1.12　设一元函数f,g都二阶可导,又$u=u(x,t)=f(x-at)+g(x+at)$,a为常数,证明:u满足二阶偏微分方程

$$\frac{\partial^2 u}{\partial t^2}=a^2\frac{\partial^2 u}{\partial x^2}$$

证明　令$\xi=x-at,\eta=x+at$,则

$$\frac{\partial u}{\partial x}=f'(\xi)\frac{\partial\xi}{\partial x}+g'(\eta)\frac{\partial\eta}{\partial x}=f'(x-at)+g'(x+at)$$

$$\frac{\partial u}{\partial t}=f'(\xi)\frac{\partial\xi}{\partial t}+g'(\eta)\frac{\partial\eta}{\partial t}=-af'(x-at)+ag'(x+at)$$

$$\frac{\partial^2 u}{\partial x^2}=f''(x-at)+g''(x+at)$$

$$\frac{\partial^2 u}{\partial t^2}=a^2f''(x-at)+a^2g''(x+at)=a^2\frac{\partial^2 u}{\partial x^2}$$

定理 8.1.5　设$\{\boldsymbol{e}_i\mid i=1,2,\cdots,n\}$为$\mathbb{R}^n$中的规范正交基,$\boldsymbol{e}=\sum\limits_{i=1}^{n}\boldsymbol{e}_i\cos\alpha_i$

为单位向量,此时 $\sum_{i=1}^{n}\cos^2\alpha_i=1$. 如果 f'_{x_i} 在 $\boldsymbol{x}^0$ 处连续,则 f 在点 $\boldsymbol{x}^0$ 处沿方向 $\boldsymbol{e}$ 的方向导数为

$$\frac{\partial f}{\partial \boldsymbol{e}}(\boldsymbol{x}^0)=\sum_{i=1}^{n}\frac{\partial f}{\partial x_i}(\boldsymbol{x}^0)\cos\alpha_i$$

这是方向导数用偏导数表达的公式.

证明 令 $\boldsymbol{x}(t)=\boldsymbol{x}^0+t\boldsymbol{e}=\boldsymbol{x}^0+t\sum_{i=1}^{n}\cos\alpha_i\boldsymbol{e}_i$, $x_i(t)=x_i^0+t\cos\alpha_i$, $i=1,2,\cdots,n$,则

$$\frac{\partial f}{\partial \boldsymbol{e}}(\boldsymbol{x}^0)=\frac{\mathrm{d}}{\mathrm{d}t}f(\boldsymbol{x}^0+t\boldsymbol{e})\bigg|_{t=0}\xlongequal{\text{定理 8.1.4}}\sum_{i=1}^{n}\frac{\partial f}{\partial x_i}(\boldsymbol{x}^0)\frac{\mathrm{d}x_i}{\mathrm{d}t}\bigg|_{t=0}=\sum_{i=1}^{n}\frac{\partial f}{\partial x_i}(\boldsymbol{x}^0)\cos\alpha_i$$

在上述定理中,特别地,二元函数 $f(x,y)$ 在点 (x_0,y_0) 处沿方向 $\boldsymbol{e}=(\cos\theta,\sin\theta)$ 的方向导数为

$$\frac{\partial f}{\partial \boldsymbol{e}}(x_0,y_0)=\frac{\partial f}{\partial x}(x_0,y_0)\cos\theta+\frac{\partial f}{\partial y}(x_0,y_0)\sin\theta$$

三元函数 $f(x,y,z)$ 在点 (x_0,y_0,z_0) 处沿方向 $\boldsymbol{e}=(\cos\alpha,\cos\beta,\cos\gamma)$ 的方向导数为

$$\frac{\partial f}{\partial \boldsymbol{e}}(x_0,y_0,z_0)=\frac{\partial f}{\partial x}(x_0,y_0,z_0)\cos\alpha+\frac{\partial f}{\partial y}(x_0,y_0,z_0)\cos\beta+\frac{\partial f}{\partial z}(x_0,y_0,z_0)\cos\gamma$$

例 8.1.13 设 $\boldsymbol{r}=(x,y,z)$,则 $r=\|\boldsymbol{r}\|=\sqrt{x^2+y^2+z^2}$,求函数 r 在点 (x,y,z) 处沿方向 $\boldsymbol{e}=(\cos\alpha,\cos\beta,\cos\gamma)$ 的方向导数.

解

$$\begin{aligned}\frac{\partial r}{\partial \boldsymbol{e}}&=\frac{\partial r}{\partial x}\cos\alpha+\frac{\partial r}{\partial y}\cos\beta+\frac{\partial r}{\partial z}\cos\gamma\\&=\frac{x}{r}\cos\alpha+\frac{y}{r}\cos\beta+\frac{z}{r}\cos\gamma\\&=\frac{\langle\boldsymbol{r},\boldsymbol{e}\rangle}{\|\boldsymbol{r}\|\ \|\boldsymbol{e}\|}=\cos\theta\end{aligned}$$

其中 θ 为向量 $\boldsymbol{r}$ 与 $\boldsymbol{e}$ 的夹角.

定理 8.1.6 设 $U\subset\mathbb{R}^n$ 为开区域,f 在 $\overline{U}$ 上连续,且于 U 上有 $\frac{\partial f}{\partial x_i}\equiv 0$, $i=1,2,\cdots,n$,则 f 在 $\overline{U}$ 上为常值函数.

证明 $\forall \boldsymbol{p}\in U$,因 U 为开集,故存在开球 $B(\boldsymbol{p};\delta)\subset U$. $\forall \boldsymbol{q}\in B(\boldsymbol{p};\delta)$,令

$$u(t)=f(\boldsymbol{p}+t(\boldsymbol{q}-\boldsymbol{p}))=f((1-t)\boldsymbol{p}+t\boldsymbol{q})$$

则

$$u(0)=f(\boldsymbol{p}),\quad u(1)=f(\boldsymbol{q})$$

$$x_i(t)=p_i+t(q_i-p_i)=(1-t)p_i+tq_i,\quad i=1,2,\cdots,n$$

由定理 8.1.3(2),有

$$\begin{aligned}\frac{\mathrm{d}u}{\mathrm{d}t}&=\sum_{i=1}^{n}\frac{\partial f}{\partial x_i}(\boldsymbol{p}+t(\boldsymbol{q}-\boldsymbol{p}))\frac{\mathrm{d}x_i}{\mathrm{d}t}\\&=\sum_{i=1}^{n}0\cdot(q_i-p_i)=0\end{aligned}$$

$$u(t)=u(0),\quad t\in[0,1]$$

$$f(\boldsymbol{q})=u(1)=u(0)=f(\boldsymbol{p})$$

所以,f 在 $B(\boldsymbol{p};\delta)$ 中为常值函数,从而 f 为局部常值函数.

令

$$V=\{\boldsymbol{x}\in U\,|\,f(\boldsymbol{x})=f(\boldsymbol{p})\},\quad W=\{\boldsymbol{x}\in U\,|\,f(\boldsymbol{x})\neq f(\boldsymbol{p})\}$$

显然,$\boldsymbol{p}\in V$,再由 f 为局部常值函数,故 V 为开集. 从 f 连续推得 W 也为开集. 而 $U=V\cup W$,由 U 连通立得 $W=\varnothing$,从而 $U=V$,即 f 在 U 上为常值函数. 又 f 在 $\overline{U}$ 上连续,从而 f 在 $\overline{U}$ 上为常值函数.

注 8.1.1　读者可应用 f 局部常值、U 道路连通及有限覆盖定理证明定理 8.1.6.

定义 8.1.2　设 $U\subset\mathbb{R}^n$ 为开集,$f:U\to\mathbb{R}^1$ 为 n 元函数. 如果 $\forall t>0$, $\forall \boldsymbol{x}=(x_1,x_2,\cdots,x_n)\in U$,必有 $t\boldsymbol{x}\in U$,且

$$f(t\boldsymbol{x})=f(tx_1,tx_2,\cdots,tx_n)=t^{\alpha}f(\boldsymbol{x})$$

则称 f 为 α **次齐次函数**.

例 8.1.14　显然,由定义 8.1.2 可看出:

$f(x,y)=2x^2+6xy-3y^2$,2 次齐次函数;

$g(x,y)=\dfrac{x^2+y^2}{x+y}$,1 次齐次函数;

$h(x,y)=x^{-\frac{1}{2}}\arctan\dfrac{xy}{x^2+y^2}$, $-\dfrac{1}{2}$次齐次函数.

定理 8.1.7(Euler 定理)　设 $U\subset\mathbb{R}^n$ 为开集,且 $\forall t>0$, $\forall\boldsymbol{x}=(x_1,x_2,\cdots,x_n)\in U$,必有 $t\boldsymbol{x}\in U$,$f:U\to\mathbb{R}^1$ 有连续偏导数$\dfrac{\partial f}{\partial x_i}$,$i=1,2,\cdots,n$,则

$$f\text{ 为 }\alpha\text{ 次齐次函数}\Leftrightarrow \sum_{i=1}^{n} x_i f'_{x_i}=\alpha f$$

证明 ($\Rightarrow$)设 f 为 α 次齐次函数,即 $f(tx_1,tx_2,\cdots,tx_n)=t^{\alpha}f(x_1,x_2,\cdots,x_n)$, $\forall t>0$, $\forall \boldsymbol{x}=(x_1,x_2,\cdots,x_n)\in U$. 上述等式两边对 t 求导得

$$\sum_{i=1}^{n} x_i f'_i(tx_1,tx_2,\cdots,tx_n)=\alpha t^{\alpha-1}(x_1,x_2,\cdots,x_n)$$

其中f'_i 为f关于第 i 个分量的偏导数,这里不用f'_{x_i}是防止概念混淆,如果用 $f'_{u_i}(tx_1,tx_2,\cdots,tx_n)$, $u_i=tx_i$ 表示就更确切.

令 $t=1$,得到

$$\sum_{i=1}^{n} x_i f'_{x_i}(x_1,x_2,\cdots,x_n)=\alpha f(x_1,x_2,\cdots,x_n)$$

($\Leftarrow$)令

$$\varphi(t)=\frac{f(tx_1,tx_2,\cdots,tx_n)}{t^{\alpha}},\quad t>0$$

则

$$\begin{aligned}\varphi'(t)&=\frac{t^{\alpha}\sum\limits_{i=1}^{n} x_i f'_i(tx_1,tx_2,\cdots,tx_n)-\alpha t^{\alpha-1}f(tx_1,tx_2,\cdots,tx_n)}{t^{2\alpha}}\\&=\frac{\sum\limits_{i=1}^{n} tx_i f'_i(tx_1,tx_2,\cdots,tx_n)-\alpha f(tx_1,tx_2,\cdots,tx_n)}{t^{\alpha+1}}=0\end{aligned}$$

根据推论 3.3.1,当 $t>0$ 时 $\varphi(t)$为常值函数. 所以

$$\frac{f(tx_1,tx_2,\cdots,tx_n)}{t^{\alpha}}=\varphi(t)=\varphi(1)=f(x_1,x_2,\cdots,x_n)$$

即

$$f(tx_1,tx_2,\cdots,tx_n)=t^{\alpha}f(x_1,x_2,\cdots,x_n),\quad t>0,\quad \boldsymbol{x}=(x_1,x_2,\cdots,x_n)\in U$$

这就证明了f为 α 次齐次函数.

例 8.1.15 设 $U\subset\mathbb{R}^3$是关于 x,y,z 都满足定理 8.1.2 中条件的区域, f: $U\to\mathbb{R}^1$有三阶连续的偏导数,试解方程:$\dfrac{\partial^3 f}{\partial x\partial y\partial z}=0$.

解 因为

$$0=\frac{\partial^3 f}{\partial x\partial y\partial z}=\frac{\partial}{\partial z}\left(\frac{\partial^2 f}{\partial x\partial y}\right)$$

所以应用定理 8.1.2 有

$$\frac{\partial}{\partial y}\left(\frac{\partial f}{\partial x}\right)=\frac{\partial^2 f}{\partial x\partial y}=\varphi(x,y)=\frac{\partial}{\partial y}\int_{y_0}^{y}\varphi(x,y)\mathrm{d}y\quad(\text{与 } z \text{ 无关})$$

因此

$$\frac{\partial f}{\partial x}=\int_{y_0}^{y}\varphi(x,y)\mathrm{d}y+\psi(x,z)$$

$$f(x,y,z)=\int_{x_0}^{x}\left[\int_{y_0}^{y}\varphi(x,y)\mathrm{d}y\right]\mathrm{d}x+\int_{x_0}^{x}\psi(x,z)\mathrm{d}x+\theta(y,z)$$

显然,当 φ,ψ 连续时,上式满足

$$\frac{\partial^3 f}{\partial x\partial y\partial z}=0$$

练习题 8.1

1. 计算下列偏导数:

(1) $z=\mathrm{e}^{xy}$;　　(2) $u=\ln(x+y^2+z^3)$;

(3) $z=x^y$;　　(4) $z=\ln(x_1+x_2+\cdots+x_n)$;

(5) $z=\arcsin(x_1^2+x_2^2+\cdots+x_n^2)$;　　(6) $u=x^{y^z}$.

2. 计算下列偏导数:

(1) 设 $f(x,y)=x+y+\sqrt{x^2+y^2}$,求 $\frac{\partial f}{\partial x}(0,1)$,$\frac{\partial f}{\partial y}(0,1)$;

(2) 设 $f(x,y)=\ln(1+xy)+3$,求 $\frac{\partial f}{\partial x}(1,2)$,$\frac{\partial f}{\partial y}(1,2)$;

(3) 设 $f(x,y)=\mathrm{e}^{x+y^2}+\sin(x^2y)$,求 $\frac{\partial f}{\partial x}(1,1)$,$\frac{\partial f}{\partial y}(1,1)$.

3. (1) 设 $f(x,y)=\sqrt{|x^2-y^2|}$,问:在坐标原点处沿哪些方向 f 的方向导数存在?

(2) 设

$$f(x,y)=\begin{cases}\dfrac{xy}{\sqrt{x^2+y^2}}, & x^2+y^2\neq 0\\ 0, & x^2+y^2=0\end{cases}$$

问:在坐标原点处沿哪些方向 f 的方向导数存在?

(3)设 $f(x,y)=\sqrt{x^2+y^2}$,试证明 $f(x,y)$ 在点 $(0,0)$ 处连续但偏导数不存在.

4. 设 $f(x,y)=(x-1)^2-y^2$,求 f 在点 $(0,1)$ 处沿方向 $\boldsymbol{e}=\left(\frac{3}{5},-\frac{4}{5}\right)$ 的方向导数.

5. 设函数 $f(x,y,z)=|x+y+z|$,问:在平面 $x+y+z=0$ 上的每一点处沿哪些方向 f 存在着方向导数?

6. 求下列函数的二阶偏导数:

(1) $z=xy+\dfrac{x}{y}$;

(2) $z=\tan\dfrac{x^2}{y}$;

(3) $z=\ln(x^2+y^2)$;

(4) $z=\arctan\dfrac{y}{x}$;

(5) $u=\sin(xyz)$;

(6) $u=xy+yz+zx$;

(7) $u=\mathrm{e}^{xyz}$;

(8) $u=x^{yz}$;

(9) $u=\ln(x_1+x_2+\cdots+x_n)$;

(10) $u=\arcsin(x_1^2+x_2^2+\cdots+x_n^2)$.

7. 设 $u=\arcsin\dfrac{y}{x}$,证明:$\dfrac{\partial^2 u}{\partial x^2}+\dfrac{\partial^2 u}{\partial y^2}=0$.

8. 设 $u=\mathrm{e}^{a\theta}\cos(a\ln r)$,$a$ 为常数,证明:$\dfrac{\partial^2 u}{\partial r^2}+\dfrac{1}{r^2}\dfrac{\partial^2 u}{\partial \theta^2}+\dfrac{1}{r}\dfrac{\partial u}{\partial r}=0$.

9. 设 $u=u(x,y,z)$,令

$$\Delta u=\frac{\partial^2 u}{\partial x^2}+\frac{\partial^2 u}{\partial y^2}+\frac{\partial^2 u}{\partial z^2}$$

我们称

$$\Delta=\frac{\partial^2}{\partial x^2}+\frac{\partial^2}{\partial y^2}+\frac{\partial^2}{\partial z^2}$$

为 **Laplace 算子**,$\Delta u=0$ 称为 u 的 **Laplace 方程**,满足 Laplace 方程的函数 u 称为**调和函数**.

(1)设 $p=\sqrt{x^2+y^2+z^2}$,证明

$$\Delta p=\frac{2}{p},\quad \Delta\ln p=\frac{1}{p^2},\quad \Delta\left(\frac{1}{p}\right)=0$$

其中 $p>0$.

(2)设 $u=f(p)$，f 二阶连续可导,求 Δu.

10. 设 $p=\sqrt{x^2+y^2+z^2}$，$u=\frac{1}{p}[\varphi(p-at)+\psi(p+at)]$，$\varphi$ 与 ψ 均二阶连续可导,证明:$\frac{\partial^2 u}{\partial t^2}=a^2\Delta u$.

11. 解下列方程(u 为 x,y,z 的函数):

(1)$\frac{\partial^2 u}{\partial x^2}=0$;　(2)$\frac{\partial^2 u}{\partial x\partial y}=0$;　(3)$\frac{\partial^3 u}{\partial x\partial y\partial z}=0$.

12. 设二元函数 $f(x,y)$ 在点 $\boldsymbol{x}^0=(x_0,y_0)$ 的某开邻域 $U(\boldsymbol{x}^0)$ 内的偏导函数 f'_x 与 f'_y 有界,证明:f 在 $U(\boldsymbol{x}^0)$ 内连续. 问:一致连续吗?

13. 设 $f(x,y,z)=x^2y+y^2z+z^2x$,证明:$f'_x+f'_y+f'_z=(x+y+z)^2$.

14. 设函数 $u=\ln\frac{1}{r}$，$r=\sqrt{(x-a)^2+(y-b)^2+(z-c)^2}$,求 u 的梯度 $\mathrm{grad}\ u=\left(\frac{\partial u}{\partial x},\frac{\partial u}{\partial y},\frac{\partial u}{\partial z}\right)$;并指出在空间 $\mathbb{R}^3$ 的哪些点上成立等式 $|\mathrm{grad}\ u|=1$.

15. 设 $u=x^2+y^2+z^2-3xyz$,试问:在怎样的点集上 grad u 分别满足:(1)垂直于 x 轴;(2)平行于 x 轴;(3)恒为零向量.

16. 设 $r=\sqrt{x^2+y^2+z^2}$,试求:

(1)$\mathrm{grad}\ r$;　(2)$\mathrm{grad}\ \frac{1}{r}$.

17. 设 u,v 为 x,y,z 的 C^1 函数，$f(u)$ 为 u 的 C^1 函数，$c,\alpha,\beta\in\mathbb{R}$ 为常数,证明:

(1)$\mathrm{grad}(u+c)=\mathrm{grad}\ u$;

(2)$\mathrm{grad}(\alpha u+\beta v)=\alpha\mathrm{grad}\ u+\beta\mathrm{grad}\ v$(线性性);

(3)$\mathrm{grad}(uv)=u\mathrm{grad}\ v+v\mathrm{grad}\ u$(导性);

(4)$\mathrm{grad}\ f(u)=f'(u)\mathrm{grad}\ u$.

18. 用多元函数微分法计算下列一元函数的导数:

(1)$y=x^x(y=u^v,u=x,v=x)$;

(2)$y=\frac{(1+x^2)\ln x}{\sin x+\cos x}\left(y=\frac{vw}{u},u=\sin x+\cos x,v=1+x^2,w=\ln x\right)$.

19. 证明:$z=\frac{xy^2}{\sqrt{x^2+y^2}}-xy$ 为二次齐次函数.

思考题 8.1

1. 设 $f(u_1,u_2,\cdots,u_n)=u_1u_2\cdots u_n,u_i=u_i(x)$,应用多元函数的求导链规则求

$$\frac{\mathrm{d}}{\mathrm{d}x}f(u_1(x),u_2(x),\cdots,u_n(x))$$

进而证明

$$\frac{\mathrm{d}}{\mathrm{d}x}\begin{vmatrix}a_{11}(x) & \cdots & a_{1n}(x)\\ \vdots & & \vdots\\ a_{n1}(x) & \cdots & a_{nn}(x)\end{vmatrix}=\sum_{i=1}^{n}\begin{vmatrix}a_{11}(x) & \cdots & a_{1n}(x)\\ \vdots & & \vdots\\ a'_{i1}(x) & \cdots & a'_{in}(x)\\ \vdots & & \vdots\\ a_{n1}(x) & \cdots & a_{nn}(x)\end{vmatrix}$$

2. 设

$$\varphi(x,y,z)=\begin{vmatrix}a+x & b+y & c+z\\ d+z & e+x & f+y\\ g+y & h+z & i+x\end{vmatrix}$$

求$\frac{\partial^2\varphi}{\partial x^2}$.

3. 设

$$\Phi(x,y,z)=\begin{vmatrix}f_1(x) & f_2(x) & f_3(x)\\ g_1(y) & g_2(y) & g_3(y)\\ h_1(z) & h_2(z) & h_3(z)\end{vmatrix}$$

求$\frac{\partial^3\Phi}{\partial x\partial y\partial z}$.

4. 设

$$u=\begin{vmatrix}1 & 1 & 1\\ x & y & z\\ x^2 & y^2 & z^2\end{vmatrix}$$

求:(1)$u'_x+u'_y+u'_z$;(2)$xu'_x+yu'_y+zu'_z$;(3)$u''_{xx}+u''_{yy}+u''_{zz}$.

5. 设 $u=f(x,y)$ 有二阶连续偏导数，$x=r\cos\theta, y=r\sin\theta$，证明

$$\frac{\partial^2 u}{\partial r^2}+\frac{1}{r}\frac{\partial u}{\partial r}+\frac{1}{r^2}\frac{\partial^2 u}{\partial \theta^2}=\frac{\partial^2 u}{\partial x^2}+\frac{\partial^2 u}{\partial y^2}$$

6. 设 $u=f(r)$ 二阶连续可导，$r^2=x_1^2+x_2^2+\cdots+x_n^2$，证明

$$\frac{\partial^2 u}{\partial x_1^2}+\frac{\partial^2 u}{\partial x_2^2}+\cdots+\frac{\partial^2 u}{\partial x_n^2}=\frac{\mathrm{d}^2 u}{\mathrm{d}r^2}+\frac{n-1}{r}\frac{\mathrm{d}u}{\mathrm{d}r}$$

7. 设 $v=\frac{1}{r}g\left(t-\frac{r}{c}\right)$，$c\in\mathbb{R}$ 为常数，$r=\sqrt{x^2+y^2+z^2}$，g 为 C^2 函数，证明

$$v''_{xx}+v''_{yy}+v''_{zz}=\frac{1}{c^2}v''_{tt}$$

8. 证明：函数

$$u=\frac{1}{2a\sqrt{\pi t}}\mathrm{e}^{-\frac{(x-b)^2}{4a^2t}}\quad (a,b\in\mathbb{R}\text{ 为常数})$$

满足热传导方程

$$\frac{\partial u}{\partial t}=a^2\frac{\partial^2 u}{\partial x^2}$$

9. 证明：函数 $u=\ln\sqrt{(x-a)^2+(y-b)^2}$ $(a,b\in\mathbb{R}$ 为常数$)$ 满足 Laplace 方程

$$\Delta u=\frac{\partial^2 u}{\partial x^2}+\frac{\partial^2 u}{\partial y^2}=0$$

10. 设函数 $u=f(x,y)$ 为 C^2 函数且满足 Laplace 方程

$$\frac{\partial^2 u}{\partial x^2}+\frac{\partial^2 u}{\partial y^2}=0$$

证明：函数 $v=f\left(\frac{x}{x^2+y^2},\frac{y}{x^2+y^2}\right)$ 也满足 Laplace 方程.

11. 设 φ,ψ 为 C^2 函数，证明：函数 $u=\varphi(x+\psi(y))$ 满足

$$\frac{\partial u}{\partial x}\frac{\partial^2 u}{\partial x\partial y}=\frac{\partial u}{\partial y}\frac{\partial^2 u}{\partial x^2}$$

12. 函数的连续性与偏导数的存在性两者互不蕴涵.

(1) 证明

$$f(x,y)=\begin{cases}\mathrm{e}^{-\frac{x^2}{y^2}-\frac{y^2}{x^2}}, & xy\neq 0\\ 0, & xy=0\end{cases}$$

具有各阶偏导数,但在点(0,0)处不连续(这个例子是由 Burr 作出的).

(2)证明

$$f(x,y)=\begin{cases}e^{\frac{x^{-2}y^{-2}}{e^{x^{-4}}+e^{y^{-4}}}}, & xy\neq 0\\ 0, & xy=0\end{cases}$$

具有各阶偏导数,但在点(0,0)处不连续.(这个例子是由 Snow 作出的.)

(3)证明:$f(x,y)=\sqrt{x^2+y^2}$在全平面上连续,但在点(0,0)处两个偏导数不存在.

13. 研究例子

$$f(x,y)=\begin{cases}\dfrac{xy}{x^2+y^2}, & x^2+y^2>0\\ 0, & x=y=0\end{cases}$$

与

$$f(x,y)=\begin{cases}(x+y)\sin\dfrac{1}{x}\sin\dfrac{1}{y}, & x\neq 0, y\neq 0, x+y\neq 0\\ 0, & 其他\end{cases}$$

说明:两个累次极限存在且相等,与二重极限存在互不蕴涵.

14. 设

$$f(x,y)=\begin{cases}\dfrac{e^{-\frac{1}{x^2}}y}{e^{-\frac{2}{x^2}}+y^2}, & x\neq 0\\ 0, & x=0\end{cases}$$

证明:$\lim\limits_{\substack{x\to 0\\ y=cx^{\frac{m}{n}}}}f(x,y)=0$, $\lim\limits_{\substack{x\to 0\\ y=e^{-\frac{1}{x^2}}}}f(x,y)=\dfrac{1}{2}$,且$\lim\limits_{(x,y)\to(0,0)}f(x,y)$不存在.

15. 设

$$f(x,y)=\begin{cases}\dfrac{\ln(1+xy)}{x+\tan y}, & x^2+y^2\neq 0\\ 0, & x=y=0\end{cases}$$

证明:在点(0,0)处两个累次极限都存在且相等,而二重极限不存在(考虑$y=-x\to 0$).

16. 证明

$$f(x,y)=\begin{cases}(x^2+y^2)\sin\dfrac{1}{\sqrt{x^2+y^2}}, & x^2+y^2\neq 0\\ 0, & x=y=0\end{cases}$$

的两个二阶混合偏导数相等,但都在点(0,0)处不连续.

17. 设 $t=xyz,u=f(xyz),\dfrac{\partial^3 u}{\partial x\partial y\partial z}=F(t)$,证明

$$F(t)=f'(t)+3tf''(t)+t^2f'''(t)$$

18. 利用线性变换

$$\begin{cases}\xi=x+\lambda_1 y\\ \eta=x+\lambda_2 y\end{cases}$$

将方程

$$A\frac{\partial^2 u}{\partial x^2}+2B\frac{\partial^2 u}{\partial x\partial y}+C\frac{\partial^2 u}{\partial y^2}=0$$

(其中 A,B 与 C 为常数及 $AC-B^2<0$)变为下面的形式

$$\frac{\partial^2 u}{\partial\xi\partial\eta}=0$$

由此求满足方程 $A\dfrac{\partial^2 u}{\partial x^2}+2B\dfrac{\partial^2 u}{\partial x\partial y}+C\dfrac{\partial^2 u}{\partial y^2}=0$ 的一切函数.

8.2 微　分

在 8.1 节已经介绍了方向导数与偏导数两个重要概念,这一节将介绍另一个重要概念,就是微分.

定义 8.2.1　设 $U\subset\mathbb{R}^n$ 为开集,$f:U\to\mathbb{R}^1$ 为 n 元函数,且

$$\boldsymbol{x}^0=\begin{pmatrix}x_1^0\\ \vdots\\ x_n^0\end{pmatrix}\in U,\quad \boldsymbol{x}=\begin{pmatrix}x_1\\ \vdots\\ x_n\end{pmatrix}\in U,\quad \Delta\boldsymbol{x}=\begin{pmatrix}\Delta x_1\\ \vdots\\ \Delta x_n\end{pmatrix}=\begin{pmatrix}x_1-x_1^0\\ \vdots\\ x_n-x_n^0\end{pmatrix}=\boldsymbol{x}-\boldsymbol{x}^0\in\mathbb{R}^n$$

$\boldsymbol{A}=(a_1,a_2,\cdots,a_n)$为行向量,$a_i\in\mathbb{R}$ 为常数(与 $\Delta\boldsymbol{x}$ 无关).

如果

$$\Delta f=f(\boldsymbol{x}^0+\Delta\boldsymbol{x})-f(\boldsymbol{x}^0)=\boldsymbol{A}\Delta\boldsymbol{x}+o(\|\Delta\boldsymbol{x}\|),\quad \|\Delta\boldsymbol{x}\|\to 0$$

$$\begin{aligned}&f(x_1^0+\Delta x_1,x_2^0+\Delta x_2,\cdots,x_n^0+\Delta x_n)-f(x_1^0,x_2^0,\cdots,x_n^0)\\ &=a_1\Delta x_1+a_2\Delta x_2+\cdots+a_n\Delta x_n+o\left(\sqrt{\sum_{i=1}^n(\Delta x_i)^2}\right)\end{aligned}$$

即

$$\Delta f=f(\boldsymbol{x})-f(\boldsymbol{x}^0)=\boldsymbol{A}(\boldsymbol{x}-\boldsymbol{x}^0)+o(\|\boldsymbol{x}-\boldsymbol{x}^0\|),\quad \|\boldsymbol{x}-\boldsymbol{x}^0\|\to 0$$

$$\begin{aligned}&f(x_1,x_2,\cdots,x_n)-f(x_1^0,x_2^0,\cdots,x_n^0)\\=&a_1(x_1-x_1^0)+a_2(x_2-x_2^0)+\cdots+a_n(x_n-x_n^0)+o\left(\sqrt{\sum_{i=1}^{n}(x_i-x_i^0)^2}\right)\end{aligned}$$

则称 f 在点 $\boldsymbol{x}^0$ 处**可微**. 记

$$\mathrm{d}f(\boldsymbol{x}^0):\mathbb{R}^n\to\mathbb{R}^1$$

$$\mathrm{d}f(\boldsymbol{x}^0)(\Delta\boldsymbol{x})=\boldsymbol{A}\Delta\boldsymbol{x},\quad \Delta\boldsymbol{x}\in\mathbb{R}^n$$

显然,$\mathrm{d}f(\boldsymbol{x}^0)$ 为线性映射,称 $\mathrm{d}f(\boldsymbol{x}^0)$ 为 f 在点 $\boldsymbol{x}^0\in U$ 处的**微分**.

定理 8.2.1 f 在点 $\boldsymbol{x}^0$ 处可微,必有 f 在点 $\boldsymbol{x}^0$ 处连续. 但反之不真.

证明 因为 f 在 $\boldsymbol{x}^0$ 处可微,所以

$$\begin{aligned}\lim_{\boldsymbol{x}\to\boldsymbol{x}^0}f(\boldsymbol{x})&=\lim_{\boldsymbol{x}\to\boldsymbol{x}^0}[f(\boldsymbol{x}^0)+\boldsymbol{A}(\boldsymbol{x}-\boldsymbol{x}^0)+o(\|\boldsymbol{x}-\boldsymbol{x}^0\|)]\\&=f(\boldsymbol{x}^0)+\boldsymbol{A0}+0=f(\boldsymbol{x}^0)\end{aligned}$$

即 f 在点 $\boldsymbol{x}^0$ 处连续.

但反之不真. 例如,一元函数 $f(x)=|x|$ 在点 $x^0=0$ 处连续,而

$$|x|-|0|=A(x-0)+o(|x-0|)$$

无论 A 为何实数,上式总不成立. 因此,$f(x)=|x|$ 在点 $x^0=0$ 处不可微.

定理 8.2.2 一元函数 f 在点 x^0 处可微 $\Leftrightarrow$ f 在点 x^0 处可导,并且,$A=f'(x^0)$ (图 8.2.1).

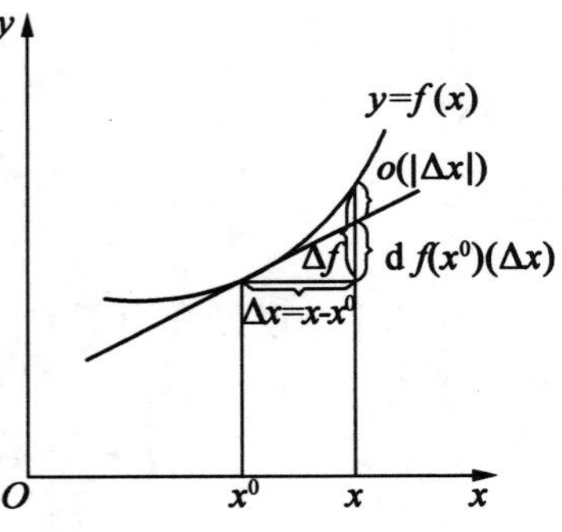

图 8.2.1

证明 ($\Rightarrow$)因为 f 在点 x^0 处可微,即

$$\begin{aligned}f(x)-f(x^0)&=A(x-x^0)+o(|x-x^0|)\\&=A(x-x^0)+o(x-x^0)\end{aligned}$$

则

$$\begin{aligned}\lim_{x\to x^0}\frac{f(x)-f(x^0)}{x-x^0}&=\lim_{x\to 0}\left[A+\frac{o(|x-x^0|)}{x-x^0}\right]\\&=A+0=A\end{aligned}$$

从而 f 在点 x^0 处可导,且 $f'(x^0)=A$.

($\Leftarrow$)因为 f 在点 x^0 处可导,所以

$$\lim_{x\to x^0}\frac{f(x)-f(x^0)-f'(x^0)(x-x^0)}{x-x^0}=\lim_{x\to x^0}\left[\frac{f(x)-f(x^0)}{x-x^0}-f'(x^0)\right]$$
$$=f'(x^0)-f'(x^0)=0$$

由此得到

$$f(x)-f(x^0)-f'(x^0)(x-x^0)=o(|x-x^0|)$$
$$f(x)-f(x^0)=f'(x^0)(x-x^0)+o(|x-x^0|)$$

这就证明了 f 在点 x^0 处是可微的.

定理 8.2.2 表明,当 $n=1$ 时,f 在点 x^0 处可微与可导是彼此等价的. 是否可以指望当 $n\geqslant 2$ 时,f 在点 x^0 处可微与 f 在点 x^0 处有偏导数是彼此等价的呢? 下面的定理给出了明确的回答.

定理 8.2.3(可微的必要条件)　若 n 元函数 f 在点 $\boldsymbol{x}^0$ 处可微,则 f 在点 $\boldsymbol{x}^0$ 处有一阶偏导数 $f'_{x_i}(\boldsymbol{x}^0)$,$i=1,2,\cdots,n$,且 $\boldsymbol{A}=\boldsymbol{J}f(\boldsymbol{x}^0)=(f'_{x_1}(\boldsymbol{x}^0),f'_{x_2}(\boldsymbol{x}^0),\cdots,f'_{x_n}(\boldsymbol{x}^0))$. 但反之不真.

证明　设 n 元函数 f 在点 $\boldsymbol{x}^0$ 处可微,令

$$x_j-x_j^0=0,\quad j=1,2,\cdots,i-1,i+1,\cdots,n$$

可以得到

$$f(x_1^0,x_2^0,\cdots,x_{i-1}^0,x_i,x_{i+1}^0,\cdots,x_n^0)-f(x_1^0,x_2^0,\cdots,x_{i-1}^0,x_i^0,x_{i+1}^0,\cdots,x_n^0)$$
$$=a_i(x_i-x_i^0)+o(|x_i-x_i^0|)=a_i(x_i-x_i^0)+o(x_i-x_i^0)$$

于是

$$f'_{x_i}(\boldsymbol{x}^0)=\lim_{x_i\to x_i^0}\frac{f(x_1^0,x_2^0,\cdots,x_{i-1}^0,x_i,x_{i+1}^0,\cdots,x_n^0)-f(x_1^0,x_2^0,\cdots,x_{i-1}^0,x_i^0,x_{i+1}^0,\cdots,x_n^0)}{x_i-x_i^0}$$
$$=\lim_{x_i\to x_i^0}\frac{a_i(x_i-x_i^0)+o(x_i-x_i^0)}{x_i-x_i^0}$$
$$=\lim_{x_i\to x_i^0}\left[a_i+\frac{o(x_i-x_i^0)}{x_i-x_i^0}\right]=a_i+0=a_i,\quad i=1,2,\cdots,n$$

但反之不真. 例如

$$f(x,y)=\begin{cases}\dfrac{xy}{x^2+y^2}, & (x,y)\neq(0,0)\\ 0, & (x,y)=(0,0)\end{cases}$$

易见

$$f'_x(0,0)=\lim_{x\to 0}\frac{f(x,0)-f(0,0)}{x-0}=\lim_{x\to 0}0=0$$

$$f_y'(0,0)=\lim_{y\to 0}\frac{f(0,y)-f(0,0)}{y-0}=\lim_{y\to 0}0=0$$

所以

$$\boldsymbol{J}f(0,0)=(f_x'(0,0),f_y'(0,0))=(0,0)$$

$$f(x,y)-f(0,0)=\frac{xy}{x^2+y^2}-0=(0,0)\begin{pmatrix}x-0\\y-0\end{pmatrix}+\frac{xy}{x^2+y^2}$$

现证$\frac{xy}{x^2+y^2}\neq o(\sqrt{x^2+y^2})$.

(反证)假设$\frac{xy}{x^2+y^2}=o(\sqrt{x^2+y^2})$,则

$$\lim_{(x,y)\to(0,0)}\frac{xy}{x^2+y^2}=\lim_{(x,y)\to(0,0)}\frac{\frac{xy}{x^2+y^2}}{\sqrt{x^2+y^2}}\sqrt{x^2+y^2}=0\times 0=0$$

这与例7.5.5中二重极限不存在相矛盾. 由上述得到f在点(0,0)处不可微.

或者从$\lim\limits_{\substack{x\to 0\\y\to 0}}\frac{xy}{x^2+y^2}$不存在及定理8.2.1推得$f$在点(0,0)处不可微.

注 8.2.1 因为

$$\mathrm{d}f(\boldsymbol{x}^0)(\Delta\boldsymbol{x})=\sum_{i=1}^{n}\frac{\partial f}{\partial x_i}(\boldsymbol{x}^0)\Delta x_i=\left(\sum_{i=1}^{n}\frac{\partial f}{\partial x_i}(\boldsymbol{x}^0)\mathrm{d}x_i\right)(\Delta\boldsymbol{x})$$

所以

$$\mathrm{d}f(\boldsymbol{x}^0)=\sum_{i=1}^{n}\frac{\partial f}{\partial x_i}(\boldsymbol{x}^0)\mathrm{d}x_i$$

并称

$$\mathrm{d}f=\sum_{i=1}^{n}\frac{\partial f}{\partial x_i}\mathrm{d}x_i$$

为f的(**全**)**微分**.

定理 8.2.4(可微的充分条件) 设$U\subset\mathbb{R}^n$为开集,$f:U\to\mathbb{R}^1$为n元函数,如果$\boldsymbol{J}f=(f_{x_1}',f_{x_2}',\cdots,f_{x_n}')$在$\boldsymbol{x}^0$连续($\Leftrightarrow f_{x_i}'$在$\boldsymbol{x}^0$连续,$i=1,2,\cdots,n$),则$f$在$\boldsymbol{x}^0$可微. 但反之不真.

证明

$$\begin{aligned}&f(\boldsymbol{x})-f(\boldsymbol{x}^0)\\&=\sum_{i=1}^{n}[f(x_1^0,x_2^0,\cdots,x_{i-1}^0,x_i,x_{i+1},\cdots,x_n)-f(x_1^0,x_2^0,\cdots,x_{i-1}^0,x_i^0,x_{i+1},\cdots,x_n)]\end{aligned}$$

$$\xlongequal[\exists \xi_i \text{ 在 } x_i^0 \text{ 与 } x_i \text{ 之间}]{\text{Lagrange 中值定理}} \sum_{i=1}^{n} f'_{x_i}(x_1^0, x_2^0, \cdots, x_{i-1}^0, \xi_i, x_{i+1}, \cdots, x_n)(x_i - x_i^0)$$

$$= \sum_{i=1}^{n} f'_{x_i}(\boldsymbol{x}^0)(x_i - x_i^0) + \sum_{i=1}^{n} \alpha_i (x_i - x_i^0)$$

其中

$$\alpha_i = f'_{x_i}(x_1^0, x_2^0, \cdots, x_{i-1}^0, \xi_i, x_{i+1}, \cdots, x_n) - f'_{x_i}(x_1^0, x_2^0, \cdots, x_{i-1}^0, x_i^0, x_{i+1}^0, \cdots, x_n^0)$$

$$\xrightarrow{Jf \text{ 在 } \boldsymbol{x}^0 \text{ 处连续}} 0 \quad (\| \boldsymbol{x} - \boldsymbol{x}^0 \| \to 0)$$

$$0 \leqslant \frac{\left| \sum_{i=1}^{n} \alpha_i (x_i - x_i^0) \right|}{\| \boldsymbol{x} - \boldsymbol{x}^0 \|} = \left| \sum_{i=1}^{n} \alpha_i \frac{x_i - x_i^0}{\sqrt{\sum_{j=1}^{n} (x_j - x_j^0)^2}} \right|$$

$$\leqslant \sum_{i=1}^{n} |\alpha_i| \to 0, \quad \| \boldsymbol{x} - \boldsymbol{x}^0 \| \to 0$$

所以

$$\lim_{\boldsymbol{x} \to \boldsymbol{x}^0} \frac{\sum_{i=1}^{n} \alpha_i (x_i - x_i^0)}{\| \boldsymbol{x} - \boldsymbol{x}^0 \|} = 0$$

$$f(\boldsymbol{x}) - f(\boldsymbol{x}^0) = \sum_{i=1}^{n} f'_{x_i}(\boldsymbol{x}^0)(x_i - x_i^0) + o(\| \boldsymbol{x} - \boldsymbol{x}^0 \|)$$

这就证明了 f 在 $\boldsymbol{x}^0$ 可微.

但反之不真. 例如:$f: \mathbb{R}^1 \to \mathbb{R}^1, x \mapsto f(x)$,且

$$f(x) = \begin{cases} x^2 \sin \dfrac{1}{x}, & x \neq 0 \\ 0, & x = 0 \end{cases}$$

$$f'(x) = \begin{cases} 2x \sin \dfrac{1}{x} - \cos \dfrac{1}{x}, & x \neq 0 \\ 0, & x = 0 \end{cases}$$

根据定理 8.2.2, f 在 0 可导$\Leftrightarrow f$ 在 0 可微. 然而 f' 在 0 不连续.

可微的概念可从 n 元函数继续推广到 Euclid 空间之间的映射.

定义 8.2.2　设 $U \subset \mathbb{R}^n$ 为开集, $\boldsymbol{f}: U \to \mathbb{R}^m$ 为映射,且

$$\boldsymbol{x}^0 = \begin{pmatrix} x_1^0 \\ \vdots \\ x_n^0 \end{pmatrix} \in U, \quad \boldsymbol{x} = \begin{pmatrix} x_1 \\ \vdots \\ x_n \end{pmatrix} \in U, \quad \boldsymbol{\Delta x} = \begin{pmatrix} \Delta x_1 \\ \vdots \\ \Delta x_n \end{pmatrix} = \begin{pmatrix} x_1 - x_1^0 \\ \vdots \\ x_n - x_n^0 \end{pmatrix} = \boldsymbol{x} - \boldsymbol{x}^0 \in \mathbb{R}^n$$

$$\boldsymbol{f}=\begin{pmatrix}f_1\\ \vdots\\ f_n\end{pmatrix},\quad \boldsymbol{A}=\begin{pmatrix}a_{11} & \cdots & a_{1n}\\ \vdots & & \vdots\\ a_{m1} & \cdots & a_{mn}\end{pmatrix}$$

其中 $\boldsymbol{A}$ 为 $m\times n$ 的实矩阵. 如果

$$\boldsymbol{f}(\boldsymbol{x}^0+\Delta\boldsymbol{x})-\boldsymbol{f}(\boldsymbol{x}^0)=\boldsymbol{A}\Delta\boldsymbol{x}+\boldsymbol{R}(\Delta\boldsymbol{x}),\quad \boldsymbol{R}(\Delta\boldsymbol{x})=o(\|\Delta\boldsymbol{x}\|),\quad \|\Delta\boldsymbol{x}\|\to 0$$

即

$$\boldsymbol{f}(\boldsymbol{x})-\boldsymbol{f}(\boldsymbol{x}^0)=\boldsymbol{A}(\boldsymbol{x}-\boldsymbol{x}^0)+\boldsymbol{R}(\boldsymbol{x}-\boldsymbol{x}^0)$$

$$\boldsymbol{R}(\boldsymbol{x}-\boldsymbol{x}^0)=o(\|\boldsymbol{x}-\boldsymbol{x}^0\|),\quad \|\boldsymbol{x}-\boldsymbol{x}^0\|\to 0$$

则称映射 $\boldsymbol{f}$ 在点 $\boldsymbol{x}^0$ 处**可微**. 记

$$\mathrm{d}\,\boldsymbol{f}(\boldsymbol{x}^0):\mathbb{R}^n\to\mathbb{R}^m$$

$$\mathrm{d}\,\boldsymbol{f}(\boldsymbol{x}^0)(\Delta\boldsymbol{x})=\boldsymbol{A}\Delta\boldsymbol{x}$$

即

$$\mathrm{d}\,\boldsymbol{f}(\boldsymbol{x}^0)(\boldsymbol{x}-\boldsymbol{x}^0)=\boldsymbol{A}(\boldsymbol{x}-\boldsymbol{x}^0)$$

显然,$\mathrm{d}\,\boldsymbol{f}(\boldsymbol{x}^0)$ 为线性映射,称 $\mathrm{d}\,\boldsymbol{f}(\boldsymbol{x}^0)$ 为 $\boldsymbol{f}$ 在点 $\boldsymbol{x}^0\in U$ 处的**微分**.

考虑分量形式为

$$\begin{pmatrix}f_1(\boldsymbol{x}^0+\Delta\boldsymbol{x})-f_1(\boldsymbol{x}^0)\\ \vdots\\ f_m(\boldsymbol{x}^0+\Delta\boldsymbol{x})-f_m(\boldsymbol{x}^0)\end{pmatrix}=\begin{pmatrix}a_{11} & \cdots & a_{1n}\\ \vdots & & \vdots\\ a_{m1} & \cdots & a_{mn}\end{pmatrix}\begin{pmatrix}\Delta x_1\\ \vdots\\ \Delta x_n\end{pmatrix}+\begin{pmatrix}R_1(\Delta\boldsymbol{x})\\ \vdots\\ R_m(\Delta\boldsymbol{x})\end{pmatrix}$$

$$\Leftrightarrow f_i(\boldsymbol{x}^0+\Delta\boldsymbol{x})-f_i(\boldsymbol{x}^0)=(a_{i1},a_{i2},\cdots,a_{in})\begin{pmatrix}\Delta x_1\\ \vdots\\ \Delta x_n\end{pmatrix}+R_i(\Delta\boldsymbol{x})$$

$$R_i(\Delta\boldsymbol{x})=o(\|\Delta\boldsymbol{x}\|),\quad \|\Delta\boldsymbol{x}\|\to 0,\quad i=1,2,\cdots,m$$

$\Leftrightarrow f_i$ 在点 $\boldsymbol{x}^0$ 是可微的,$i=1,2,\cdots,m$.

读者可用另一形式(即 $\boldsymbol{x},\boldsymbol{x}-\boldsymbol{x}^0$)表达上述式子.

由上述讨论立即有下面的定理.

定理 8.2.5 设 $U\subset\mathbb{R}^n$ 为开集,映射 $\boldsymbol{f}:U\to\mathbb{R}^m$ 在点 $\boldsymbol{x}^0\in U$ 处可微 $\Leftrightarrow n$ 元函数 $f_i(i=1,2,\cdots,m)$ 在点 $\boldsymbol{x}^0$ 处可微.

类似 n 元函数的定理 8.2.1、定理 8.2.3、定理 8.2.4,关于映射也有以下相应的定理.

定理 8.2.1′ 设 $U\subset\mathbb{R}^n$ 为开集,映射 $\boldsymbol{f}:U\to\mathbb{R}^m$ 在点 $\boldsymbol{x}^0$ 处可微,必有 $\boldsymbol{f}$ 在点

$\boldsymbol{x}^0$ 处连续. 但反之不真.

证明　类似定理 8. 2. 1 的证明.

定理 8. 2. 3′(可微的必要条件)　设 $U\subset\mathbb{R}^n$ 为开集，$\boldsymbol{f}:U\to\mathbb{R}^n$ 为映射，且 $\boldsymbol{f}$ 在点 $\boldsymbol{x}^0$ 处可微，则 $\dfrac{\partial f_i}{\partial x_j}(\boldsymbol{x}^0)$ 存在且有限，且

$$\boldsymbol{A}=\left(\frac{\partial f_i}{\partial x_j}\right)\Bigg|_{\boldsymbol{x}^0}=\begin{pmatrix}\dfrac{\partial f_1}{\partial x_1} & \cdots & \dfrac{\partial f_1}{\partial x_n}\\ \vdots & & \vdots\\ \dfrac{\partial f_m}{\partial x_1} & \cdots & \dfrac{\partial f_m}{\partial x_n}\end{pmatrix}_{\boldsymbol{x}^0}=\boldsymbol{Jf}(\boldsymbol{x}^0)=\mathrm{grad}\,\boldsymbol{f}\Big|_{\boldsymbol{x}^0}$$

并称 $\mathrm{grad}\,\boldsymbol{f}\Big|_{\boldsymbol{x}^0}=\boldsymbol{Jf}(\boldsymbol{x}^0)$ 为 $\boldsymbol{f}$ 在点 $\boldsymbol{x}^0$ 处的 **Jacobi 矩阵**，或 $\boldsymbol{f}$ 在点 $\boldsymbol{x}^0$ 处的“**导数**”，或 $\boldsymbol{f}$ 的**梯度**(gradient). 但反之不真.

证明　$\boldsymbol{f}$ 在点 $\boldsymbol{x}^0$ 处可微 $\Leftrightarrow f_i$ 在点 $\boldsymbol{x}^0$ 处可微，$i=1,2,\cdots,m$，由定理 8. 2. 3 可知，$\dfrac{\partial f_i}{\partial x_j}(\boldsymbol{x}^0)$ 存在且有限，$i=1,2,\cdots,m$; $j=1,2,\cdots,n$.

但反之不真. 反例见定理 8. 2. 3 中的反例.

如果 $\boldsymbol{f}$ 在任何点 $\boldsymbol{x}\in U\subset\mathbb{R}^n$ 处有偏导数，则

$$\boldsymbol{Jf}:U\to\mathbb{R}^{mn}$$

$$\boldsymbol{x}\longmapsto\boldsymbol{Jf}(\boldsymbol{x})=\begin{pmatrix}\dfrac{\partial f_1}{\partial x_1} & \cdots & \dfrac{\partial f_1}{\partial x_n}\\ \vdots & & \vdots\\ \dfrac{\partial f_m}{\partial x_1} & \cdots & \dfrac{\partial f_m}{\partial x_n}\end{pmatrix}_{\boldsymbol{x}}$$

为一映射. 于是

$$\mathrm{d}\boldsymbol{f}(\boldsymbol{x}^0)(\Delta\boldsymbol{x})=\boldsymbol{Jf}(\boldsymbol{x}^0)\Delta\boldsymbol{x}$$

令

$$\mathrm{d}x_i(\Delta x_j)=\delta_{ij}=\begin{cases}1, & i\neq j\\ 0, & i=j\end{cases}$$

则

$$\mathrm{d}\,f_i\Big|_{\boldsymbol{x}^0}=\sum_{j=1}^{n}\frac{\partial f_i}{\partial x_j}(\boldsymbol{x}^0)\,\mathrm{d}x_j$$

$$\mathrm{d}\boldsymbol{f}\Big|_{\boldsymbol{x}^0}=\begin{pmatrix}\mathrm{d}f_1\\ \vdots\\ \mathrm{d}f_m\end{pmatrix}\Bigg|_{\boldsymbol{x}^0}=\begin{pmatrix}\sum\limits_{j=1}^{n}\dfrac{\partial f_1}{\partial x_j}(\boldsymbol{x}^0)\,\mathrm{d}x_j\\ \vdots\\ \sum\limits_{j=1}^{n}\dfrac{\partial f_m}{\partial x_j}(\boldsymbol{x}^0)\,\mathrm{d}x_j\end{pmatrix}$$

$$=\begin{pmatrix}\dfrac{\partial f_1}{\partial x_1} & \cdots & \dfrac{\partial f_1}{\partial x_n}\\ \vdots & & \vdots\\ \dfrac{\partial f_m}{\partial x_1} & \cdots & \dfrac{\partial f_m}{\partial x_n}\end{pmatrix}_{\boldsymbol{x}^0}\begin{pmatrix}\mathrm{d}x_1\\ \vdots\\ \mathrm{d}x_n\end{pmatrix}=\boldsymbol{Jf}(\boldsymbol{x}^0)\,\mathrm{d}\boldsymbol{x}$$

并称它为映射 $\boldsymbol{f}$ 的(**全**)**微分**.

定理 8.2.4′(可微的充分条件) 设 $U\subset\mathbb{R}^n$ 为开集, $\boldsymbol{f}:U\to\mathbb{R}^m$ 为映射,如果 $\boldsymbol{f}$ 的 Jacobi 矩阵 $\boldsymbol{Jf}=\left(\dfrac{\partial f_i}{\partial x_j}\right)$ 在 $\boldsymbol{x}^0$ 处连续,则 $\boldsymbol{f}$ 在 $\boldsymbol{x}^0$ 处可微. 但反之不真.

证明 $\boldsymbol{Jf}=\left(\dfrac{\partial f_i}{\partial x_j}\right)$ 在 $\boldsymbol{x}^0$ 处连续 $\Leftrightarrow \boldsymbol{J}f_i$ 在 $\boldsymbol{x}^0$ 处连续, $i=1,2,\cdots,m$

$\xRightarrow{\text{定理8.2.4}} f_i$ 在 $\boldsymbol{x}^0$ 处可微, $i=1,2,\cdots,m$

$\xLeftrightarrow{\text{定理8.2.5}} \boldsymbol{f}$ 在 $\boldsymbol{x}^0$ 处可微

注 8.2.2 从定理 8.2.3′与定理 8.2.4′可知, $\boldsymbol{f}$ 的一阶偏导数 $\dfrac{\partial f_i}{\partial x_j}$ 在 $\boldsymbol{x}^0$ 处连续 $\Rightarrow \boldsymbol{f}$ 在 $\boldsymbol{x}^0$ 处可微 $\Rightarrow \boldsymbol{f}$ 在 $\boldsymbol{x}^0$ 处有一阶偏导数 $\dfrac{\partial f_i}{\partial x_j}$, $i=1,2,\cdots,m$; $j=1,2,\cdots,n$. 因此,可微是介于 $\boldsymbol{f}$ 的一阶偏导数在 $\boldsymbol{x}^0$ 处连续与 $\boldsymbol{f}$ 在 $\boldsymbol{x}^0$ 处有一阶偏导数之间的一个概念.

定义 8.2.3 设 $U\subset\mathbb{R}^n$ 为开集, $\boldsymbol{f}:U\to\mathbb{R}^m$ 为 C^k 映射:

$k=0$, $\boldsymbol{f}$ 为**连续映射**;

$0<k<+\infty$, f_i 有直到 k **阶连续偏导数**, $i=1,2,\cdots,m$;

$k=+\infty$, f_i 具有**各阶连续偏导数**, $i=1,2,\cdots,m$;

$k=\omega$, f_i **实解析**,即在 U 中任一点 $\boldsymbol{x}^0=(x_1^0,x_2^0,\cdots,x_n^0)$ 的邻近可展开为收敛的(n 元)幂级数, $i=1,2,\cdots,m$.

记 $C^k(U,\mathbb{R}^n)$ 为从 U 到 $\mathbb{R}^n$ 的 C^k 映射的全体.

将定理 8.1.3 推广为映射的复合求导链规则有下面的定理.

定理 8.2.6（映射的复合求导链规则）　设 $U\subset\mathbb{R}^l$ 与 $V\subset\mathbb{R}^n$ 都为开集,且

$$\boldsymbol{g}:U\to V \quad 与 \quad \boldsymbol{f}:V\to\mathbb{R}^m$$

都为映射,$\boldsymbol{g}$ 在 $\boldsymbol{u}^0\in U$ 可微,$\boldsymbol{f}$ 在 $\boldsymbol{x}^0=\boldsymbol{g}(\boldsymbol{u}^0)$ 可微,则复合映射 $\boldsymbol{f}\circ\boldsymbol{g}$ 在 $\boldsymbol{u}^0$ 也可微,且

$$\boldsymbol{J}(\boldsymbol{f}\circ\boldsymbol{g})(\boldsymbol{u}^0)=\boldsymbol{Jf}(\boldsymbol{x}^0)\boldsymbol{Jg}(\boldsymbol{u}^0)$$

证明　$\boldsymbol{g}$ 在 $\boldsymbol{u}^0$ 可微,即

$$\boldsymbol{g}(\boldsymbol{u})-\boldsymbol{g}(\boldsymbol{u}^0)=\boldsymbol{Jg}(\boldsymbol{u}^0)(\boldsymbol{u}-\boldsymbol{u}^0)+\boldsymbol{R}_g(\boldsymbol{u}-\boldsymbol{u}^0)$$

$$\boldsymbol{R}_g(\boldsymbol{u}-\boldsymbol{u}^0)=o(\boldsymbol{u}-\boldsymbol{u}^0),\quad \boldsymbol{u}\to\boldsymbol{u}^0$$

又 $\boldsymbol{f}$ 在 $\boldsymbol{x}^0=\boldsymbol{g}(\boldsymbol{u}^0)$ 可微,故

$$\boldsymbol{f}(\boldsymbol{x})-\boldsymbol{f}(\boldsymbol{x}^0)=\boldsymbol{Jf}(\boldsymbol{x}^0)(\boldsymbol{x}-\boldsymbol{x}^0)+\boldsymbol{R}_f(\boldsymbol{x}-\boldsymbol{x}^0)$$

$$\boldsymbol{R}_f(\boldsymbol{x}-\boldsymbol{x}^0)=o(\boldsymbol{x}-\boldsymbol{x}^0),\quad \boldsymbol{x}\to\boldsymbol{x}^0$$

令 $\boldsymbol{x}=\boldsymbol{g}(\boldsymbol{u}),\boldsymbol{x}^0=\boldsymbol{g}(\boldsymbol{u}^0)$ 代入上式得到

$$\begin{aligned}&\boldsymbol{f}\circ\boldsymbol{g}(\boldsymbol{u})-\boldsymbol{f}\circ\boldsymbol{g}(\boldsymbol{u}^0)\\=&\boldsymbol{Jf}(\boldsymbol{x}^0)(\boldsymbol{g}(\boldsymbol{u})-\boldsymbol{g}(\boldsymbol{u}^0))+\boldsymbol{R}_f(\boldsymbol{g}(\boldsymbol{u})-\boldsymbol{g}(\boldsymbol{u}^0))\\=&\boldsymbol{Jf}(\boldsymbol{x}^0)[\boldsymbol{Jg}(\boldsymbol{u}^0)(\boldsymbol{u}-\boldsymbol{u}^0)+\boldsymbol{R}_g(\boldsymbol{u}-\boldsymbol{u}^0)]+\boldsymbol{R}_f(\boldsymbol{g}(\boldsymbol{u})-\boldsymbol{g}(\boldsymbol{u}^0))\\=&\boldsymbol{Jf}(\boldsymbol{x}^0)\boldsymbol{Jg}(\boldsymbol{u}^0)(\boldsymbol{u}-\boldsymbol{u}^0)+\boldsymbol{R}_{f\circ g}(\boldsymbol{u}-\boldsymbol{u}^0)\end{aligned}$$

其中

$$\|\boldsymbol{Jf}(\boldsymbol{x}^0)\boldsymbol{R}_g(\boldsymbol{u}-\boldsymbol{u}^0)\|\overset{8.2练习题26}{\leqslant}\|\boldsymbol{Jf}(\boldsymbol{x}^0)\|\|\boldsymbol{R}_g(\boldsymbol{u}-\boldsymbol{u}^0)\|=o(\boldsymbol{u}-\boldsymbol{u}^0)$$

矩阵 $\boldsymbol{A}$ 的模 $\|\boldsymbol{A}\|=\sqrt{\sum\limits_{i=1}^{m}\sum\limits_{j=1}^{n}a_{ij}^2}$. 因此

$$\begin{aligned}0&\leqslant\frac{\|\boldsymbol{R}_f(\boldsymbol{g}(\boldsymbol{u})-\boldsymbol{g}(\boldsymbol{u}^0))\|}{\|\boldsymbol{u}-\boldsymbol{u}^0\|}\\&=\frac{\|\boldsymbol{R}_f(\boldsymbol{g}(\boldsymbol{u})-\boldsymbol{g}(\boldsymbol{u}^0))\|}{\|\boldsymbol{g}(\boldsymbol{u})-\boldsymbol{g}(\boldsymbol{u}^0)\|}\cdot\frac{\|\boldsymbol{g}(\boldsymbol{u})-\boldsymbol{g}(\boldsymbol{u}^0)\|}{\|\boldsymbol{u}-\boldsymbol{u}^0\|}\\&\leqslant\frac{\|\boldsymbol{R}_f(\boldsymbol{g}(\boldsymbol{u})-\boldsymbol{g}(\boldsymbol{u}^0))\|}{\|\boldsymbol{g}(\boldsymbol{u})-\boldsymbol{g}(\boldsymbol{u}^0)\|}\left[\|\boldsymbol{Jg}(\boldsymbol{u}^0)\|+\frac{\|\boldsymbol{R}_g(\boldsymbol{u}-\boldsymbol{u}^0)\|}{\boldsymbol{u}-\boldsymbol{u}^0}\right]\\&\to0\quad(\boldsymbol{u}\to\boldsymbol{u}^0,由\ \boldsymbol{g}\ 连续知,\boldsymbol{g}(\boldsymbol{u})\to\boldsymbol{g}(\boldsymbol{u}^0))\end{aligned}$$

注意,当 $\boldsymbol{g}(\boldsymbol{u})=\boldsymbol{g}(\boldsymbol{u}^0)$ 时,上式也有

$$\frac{\|\boldsymbol{R}_f(\boldsymbol{g}(\boldsymbol{u})-\boldsymbol{g}(\boldsymbol{u}^0))\|}{\|\boldsymbol{u}-\boldsymbol{u}^0\|}=\frac{\|\boldsymbol{R}_f(\boldsymbol{0})\|}{\|\boldsymbol{u}-\boldsymbol{u}^0\|}=0\to0\quad(\boldsymbol{u}\to\boldsymbol{u}^0)$$

因此$\boldsymbol{f}\circ\boldsymbol{g}$在$\boldsymbol{u}^0$可微,且

$$\boldsymbol{J}(\boldsymbol{f}\circ\boldsymbol{g})(\boldsymbol{u}^0)=\boldsymbol{J}\boldsymbol{f}(\boldsymbol{x}^0)\boldsymbol{J}\boldsymbol{g}(\boldsymbol{u}^0)$$

注 8.2.3

$$\boldsymbol{y}=\boldsymbol{f}(\boldsymbol{x}),\quad \boldsymbol{x}=\boldsymbol{g}(\boldsymbol{u})$$

$$\boldsymbol{J}(\boldsymbol{f}\circ\boldsymbol{g})(\boldsymbol{u}^0)=\boldsymbol{J}\boldsymbol{f}(\boldsymbol{x}^0)\boldsymbol{J}\boldsymbol{g}(\boldsymbol{u}^0)$$

其分量形式表达为

$$\begin{pmatrix} y_1 \\ \vdots \\ y_m \end{pmatrix}=\begin{pmatrix} f_1(x_1,\cdots,x_n) \\ \vdots \\ f_m(x_1,\cdots,x_n) \end{pmatrix},\quad \begin{pmatrix} x_1 \\ \vdots \\ x_n \end{pmatrix}=\begin{pmatrix} g_1(u_1,\cdots,u_l) \\ \vdots \\ g_n(u_1,\cdots,u_l) \end{pmatrix}$$

$$\begin{pmatrix} \frac{\partial y_1}{\partial u_1} & \cdots & \frac{\partial y_1}{\partial u_l} \\ \vdots & & \vdots \\ \frac{\partial y_m}{\partial u_1} & \cdots & \frac{\partial y_m}{\partial u_l} \end{pmatrix}=\begin{pmatrix} \frac{\partial y_1}{\partial x_1} & \cdots & \frac{\partial y_1}{\partial x_n} \\ \vdots & & \vdots \\ \frac{\partial y_m}{\partial x_1} & \cdots & \frac{\partial y_m}{\partial x_n} \end{pmatrix}\begin{pmatrix} \frac{\partial x_1}{\partial u_1} & \cdots & \frac{\partial x_1}{\partial u_l} \\ \vdots & & \vdots \\ \frac{\partial x_n}{\partial u_1} & \cdots & \frac{\partial x_n}{\partial u_l} \end{pmatrix}$$

即

$$\frac{\partial y_i}{\partial u_j}=\sum_{k=1}^{n}\frac{\partial y_i}{\partial x_k}\frac{\partial x_k}{\partial u_j},\quad i=1,2,\cdots,m;\quad j=1,2,\cdots,l$$

这就是多变量函数求导的链规则公式. 最后一式适合于单个分量y_i的求导,因为它不涉及其他分量y_j的求导,所以不必大张旗鼓地应用上述矩阵公式来计算.

应该指出,上述矩阵公式特别适用于全部分量y_i的偏导数计算与整体性论证的简捷表达.

可微的定义可以换成下面的等价形式,它在使用时比较方便.

定理 8.2.7 设$U\subset\mathbb{R}^n$为开集,则

$$\text{映射}\boldsymbol{f}:U\to\mathbb{R}^m\text{在点}\boldsymbol{x}^0\text{处可微}$$
$$\Leftrightarrow \boldsymbol{f}(\boldsymbol{x}^0+\Delta\boldsymbol{x})-\boldsymbol{f}(\boldsymbol{x}^0)=\boldsymbol{J}\boldsymbol{f}(\boldsymbol{x}^0)\Delta\boldsymbol{x}+\boldsymbol{B}(\Delta\boldsymbol{x})\Delta\boldsymbol{x}$$

其中$\boldsymbol{B}(\Delta\boldsymbol{x})$为$m\times n$矩阵,且

$$\lim_{\Delta\boldsymbol{x}\to\boldsymbol{0}}\boldsymbol{B}(\Delta\boldsymbol{x})=\boldsymbol{0}$$

证明 ($\Leftarrow$)显然有

$$0\leqslant\frac{1}{\|\Delta\boldsymbol{x}\|}\|\boldsymbol{B}(\Delta\boldsymbol{x})\Delta\boldsymbol{x}\|=\left\|\boldsymbol{B}(\Delta\boldsymbol{x})\frac{\Delta\boldsymbol{x}}{\|\Delta\boldsymbol{x}\|}\right\|$$
$$\overset{8.2\text{练习题}26}{\leqslant}\|\boldsymbol{B}(\Delta\boldsymbol{x})\|\left\|\frac{\Delta\boldsymbol{x}}{\|\Delta\boldsymbol{x}\|}\right\|=\|\boldsymbol{B}(\Delta\boldsymbol{x})\|\to 0\quad(\|\Delta\boldsymbol{x}\|\to 0)$$

因此

$$\boldsymbol{B}(\Delta\boldsymbol{x})\Delta\boldsymbol{x}=o(\|\Delta\boldsymbol{x}\|)$$

根据定义 8.2.2，$\boldsymbol{f}$ 在点 $\boldsymbol{x}^0$ 处可微.

(⇒)设 $\boldsymbol{f}$ 在点 $\boldsymbol{x}^0$ 处可微，则

$$\boldsymbol{R}_f(\Delta\boldsymbol{x})=\boldsymbol{f}(\boldsymbol{x}^0+\Delta\boldsymbol{x})-\boldsymbol{f}(\boldsymbol{x}^0)-\boldsymbol{Jf}(\boldsymbol{x}^0)\Delta\boldsymbol{x}$$
$$\boldsymbol{R}_f(\Delta\boldsymbol{x})=o(\|\Delta\boldsymbol{x}\|)\quad(\|\Delta\boldsymbol{x}\|\to 0)$$

令

$$\boldsymbol{B}(\Delta\boldsymbol{x})=\begin{cases}\dfrac{\boldsymbol{R}_f(\Delta\boldsymbol{x})}{\|\Delta\boldsymbol{x}\|}\dfrac{\Delta\boldsymbol{x}}{\|\Delta\boldsymbol{x}\|}, & \Delta\boldsymbol{x}\neq\boldsymbol{0}\\ \boldsymbol{0}, & \Delta\boldsymbol{x}=\boldsymbol{0}\end{cases}$$

由于

$$0\leqslant\|\boldsymbol{B}(\Delta\boldsymbol{x})\|=\left\|\frac{\boldsymbol{R}_f(\Delta\boldsymbol{x})}{\|\Delta\boldsymbol{x}\|}\frac{\Delta\boldsymbol{x}}{\|\Delta\boldsymbol{x}\|}\right\|=\left\|\frac{\boldsymbol{R}_f(\Delta\boldsymbol{x})}{\|\Delta\boldsymbol{x}\|}\right\|\to 0\quad(\|\Delta\boldsymbol{x}\|\to 0)$$

就有

$$\lim_{\|\Delta\boldsymbol{x}\|\to 0}\boldsymbol{B}(\Delta\boldsymbol{x})=\boldsymbol{0}$$

而

$$\boldsymbol{B}(\Delta\boldsymbol{x})\Delta\boldsymbol{x}=\begin{cases}\left(\dfrac{\boldsymbol{R}_f(\Delta\boldsymbol{x})}{\|\Delta\boldsymbol{x}\|}\dfrac{\Delta\boldsymbol{x}}{\|\Delta\boldsymbol{x}\|}\right)\Delta\boldsymbol{x}, & \Delta\boldsymbol{x}\neq\boldsymbol{0}\\ \boldsymbol{0}, & \Delta\boldsymbol{x}=\boldsymbol{0}\end{cases}$$

$$\boldsymbol{B}(\Delta\boldsymbol{x})\Delta\boldsymbol{x}=\boldsymbol{R}_f(\Delta\boldsymbol{x})=\boldsymbol{f}(\boldsymbol{x}^0+\Delta\boldsymbol{x})-\boldsymbol{f}(\boldsymbol{x}^0)-\boldsymbol{Jf}(\boldsymbol{x}^0)\Delta\boldsymbol{x}$$

即

$$\boldsymbol{f}(\boldsymbol{x}^0+\Delta\boldsymbol{x})-\boldsymbol{f}(\boldsymbol{x}^0)=\boldsymbol{Jf}(\boldsymbol{x}^0)\Delta\boldsymbol{x}+\boldsymbol{B}(\Delta\boldsymbol{x})\Delta\boldsymbol{x}$$

在一元函数微分学中，Lagrange 中值定理起着很重要的作用. 应用这个定理，证明了开区间内导数为零的函数 f 必为常值函数；应用这个定理，可以通过函数导数的正负来判断这个函数的增减性. 在讨论高维 Euclid 空间之间的映射时，有与一元函数的导数相对应的概念，它就是该映射的 Jacobi 矩阵. 至此，自然会问：有没有类似于 Lagrange 中值定理的定理？对于定义在凸区域上的可微函数，中值定理是正确的.

定理 8.2.8(高维微分中值定理)　设 $U\subset\mathbb{R}^n$ 为凸区域，函数 $f:U\to\mathbb{R}^1$ 可微，则 $\forall\boldsymbol{a},\boldsymbol{b}\in U$，在 $\boldsymbol{a}$ 与 $\boldsymbol{b}$ 的连线内部必有一点 $\boldsymbol{\xi}$，使得

$$f(\boldsymbol{b})-f(\boldsymbol{a})=\boldsymbol{J}f(\boldsymbol{\xi})(\boldsymbol{b}-\boldsymbol{a})$$

证明 显然,$\boldsymbol{a}$ 与 $\boldsymbol{b}$ 连线上的点可表示为 $(1-t)\boldsymbol{a}+t\boldsymbol{b}, t\in[0,1]$. 令

$$\varphi(t)=f((1-t)\boldsymbol{a}+t\boldsymbol{b}), \quad t\in[0,1]$$

它是一个可微函数,由定理8.2.2知,φ 在 $[0,1]$ 上为可导函数. 根据一元函数的 Lagrange 中值定理,$\exists\,\theta\in(0,1)$, s. t.

$$\varphi(1)-\varphi(0)=\varphi'(\theta)(1-0)=\varphi'(\theta)$$

即

$$\begin{aligned}f(\boldsymbol{b})-f(\boldsymbol{a}) &= \sum_{i=1}^{n} f'_{x_i}((1-\theta)\boldsymbol{a}+\theta\boldsymbol{b})(b_i-a_i)\\ &= \boldsymbol{J}f(\boldsymbol{\xi})(\boldsymbol{b}-\boldsymbol{a})\end{aligned}$$

其中 $\boldsymbol{\xi}=(1-\theta)\boldsymbol{a}+\theta\boldsymbol{b}$.

关于映射,我们有拟微分中值定理. 为此,先证下面特殊情形的引理8.2.1.

引理 8.2.1 设映射 $\boldsymbol{f}:[a,b]\to\mathbb{R}^m$ 连续,在 (a,b) 内可微,则 $\exists\,\xi\in(a,b)$, s. t.

$$\|\boldsymbol{f}(b)-\boldsymbol{f}(a)\|\leqslant\|\boldsymbol{J}\boldsymbol{f}(\xi)\|(b-a)$$

证明 令 $\varphi(t)=\langle\boldsymbol{f}(b)-\boldsymbol{f}(a),\boldsymbol{f}(t)\rangle$. 显然,$\varphi$ 在 $[a,b]$ 上连续,在 (a,b) 内可微,根据定理8.2.2,φ 在 (a,b) 内可导. 对 φ 应用 Lagrange 中值定理,$\exists\,\xi\in(a,b)$, s. t.

$$\varphi(b)-\varphi(a)=(b-a)\varphi'(\xi)=(b-a)\langle\boldsymbol{f}(b)-\boldsymbol{f}(a),\boldsymbol{J}\boldsymbol{f}(\xi)\rangle$$

另一方面

$$\begin{aligned}\varphi(b)-\varphi(a)&=\langle\boldsymbol{f}(b)-\boldsymbol{f}(a),\boldsymbol{f}(b)\rangle-\langle\boldsymbol{f}(b)-\boldsymbol{f}(a),\boldsymbol{f}(a)\rangle\\&=\langle\boldsymbol{f}(b)-\boldsymbol{f}(a),\boldsymbol{f}(b)-\boldsymbol{f}(a)\rangle=\|\boldsymbol{f}(b)-\boldsymbol{f}(a)\|^2\end{aligned}$$

根据 Cauchy-Schwarz 不等式有

$$\begin{aligned}\|\boldsymbol{f}(b)-\boldsymbol{f}(a)\|^2&=(b-a)\langle\boldsymbol{f}(b)-\boldsymbol{f}(a),\boldsymbol{J}\boldsymbol{f}(\xi)\rangle\\&\leqslant(b-a)\|\boldsymbol{f}(b)-\boldsymbol{f}(a)\|\,\|\boldsymbol{J}\boldsymbol{f}(\xi)\|\end{aligned}$$

当 $\boldsymbol{f}(b)-\boldsymbol{f}(a)\neq\boldsymbol{0}$ 时,两边消去 $\|\boldsymbol{f}(b)-\boldsymbol{f}(a)\|$ 得到

$$\|\boldsymbol{f}(b)-\boldsymbol{f}(a)\|\leqslant(b-a)\|\boldsymbol{J}\boldsymbol{f}(\xi)\|$$

注意,当 $\boldsymbol{f}(b)-\boldsymbol{f}(a)=\boldsymbol{0}$ 时,上式自然成立(可以任取 $\xi\in(a,b)$).

应用引理8.2.1立即推得映射的拟微分中值定理.

定理 8.2.9(映射的拟微分中值定理) 设 $U\subset\mathbb{R}^n$ 为凸区域,映射 $\boldsymbol{f}:U\to\mathbb{R}^m$ 在 U 上连续,在 U° 内可微,则 $\forall\,\boldsymbol{a},\boldsymbol{b}\in U$,在由 $\boldsymbol{a}$ 与 $\boldsymbol{b}$ 所决定的线段内必有一点 $\boldsymbol{\xi}$, s. t.

$$\|\boldsymbol{f}(\boldsymbol{b})-\boldsymbol{f}(\boldsymbol{a})\| \leqslant \|\boldsymbol{J}\boldsymbol{f}(\boldsymbol{\xi})\|\ \|\boldsymbol{b}-\boldsymbol{a}\|$$

证明　由 $\boldsymbol{a}$ 与 $\boldsymbol{b}$ 所决定的线段可表示成

$$\boldsymbol{r}(t)=(1-t)\boldsymbol{a}+t\boldsymbol{b},\quad t\in[0,1]$$

令

$$\boldsymbol{g}(t)=\boldsymbol{f}\circ\boldsymbol{r}(t)=\boldsymbol{f}(\boldsymbol{r}(t)),\quad t\in[0,1]$$

$\boldsymbol{g}$ 在$[0,1]$上连续,在$(0,1)$内可微,根据定理8.2.2,$\boldsymbol{g}$ 在$(0,1)$内可导.再由复合映射求导的链规则可得

$$\boldsymbol{J}\boldsymbol{g}(t)=\boldsymbol{J}\boldsymbol{f}(\boldsymbol{r}(t))\boldsymbol{J}\boldsymbol{r}(t)=\boldsymbol{J}\boldsymbol{f}(\boldsymbol{r}(t))(\boldsymbol{b}-\boldsymbol{a})$$

应用引理8.2.1,有

$$\|\boldsymbol{g}(1)-\boldsymbol{g}(0)\| \leqslant \|\boldsymbol{J}\boldsymbol{g}(\theta)\|(1-0)=\|\boldsymbol{J}\boldsymbol{g}(\theta)\|,\quad \theta\in(0,1)$$

若令 $\boldsymbol{\xi}=\boldsymbol{r}(\theta)=(1-\theta)\boldsymbol{a}+\theta\boldsymbol{b}$,它是由 $\boldsymbol{a}$ 与 $\boldsymbol{b}$ 所决定的线段内的一点,则有

$$\begin{aligned}\|\boldsymbol{f}(\boldsymbol{b})-\boldsymbol{f}(\boldsymbol{a})\| &= \|\boldsymbol{g}(1)-\boldsymbol{g}(0)\| \leqslant \|\boldsymbol{J}\boldsymbol{g}(\theta)\| \\ &= \|\boldsymbol{J}\boldsymbol{f}(\boldsymbol{r}(\theta))(\boldsymbol{b}-\boldsymbol{a})\| \leqslant \|\boldsymbol{J}\boldsymbol{f}(\boldsymbol{\xi})\|\ \|\boldsymbol{b}-\boldsymbol{a}\|\end{aligned}$$

作为拟微分中值定理的应用,我们来推广定理8.1.6.

定理8.2.10　设 $U\subset\mathbb{R}^n$ 为开区域,映射 $\boldsymbol{f}:\overline{U}\to\mathbb{R}^m$ 连续,在 U 上可微,且 $\boldsymbol{J}\boldsymbol{f}=\boldsymbol{0}$,则 $\boldsymbol{f}$ 在 $\overline{U}$ 上为一常向量.

证法1　如果 $V\subset U$ 为一凸区域,由定理8.2.9,$\forall\,\boldsymbol{a},\boldsymbol{b}\in V$,有

$$0\leqslant\|\boldsymbol{f}(\boldsymbol{b})-\boldsymbol{f}(\boldsymbol{a})\| \leqslant \|\boldsymbol{J}\boldsymbol{f}(\boldsymbol{\xi})\|\ \|\boldsymbol{b}-\boldsymbol{a}\|=\|\boldsymbol{0}\|\ \|\boldsymbol{b}-\boldsymbol{a}\|=0$$

$$\boldsymbol{f}(\boldsymbol{b})=\boldsymbol{f}(\boldsymbol{a})$$

所以,$\boldsymbol{f}$ 在 V 上为一常向量.任取 $\boldsymbol{x}^0\in U$,令

$$U_1=\{\boldsymbol{x}\in U\,|\,\boldsymbol{f}(\boldsymbol{x})=\boldsymbol{f}(\boldsymbol{x}^0)\}$$

$$U_2=\{\boldsymbol{x}\in U\,|\,\boldsymbol{f}(\boldsymbol{x})\neq\boldsymbol{f}(\boldsymbol{x}^0)\}$$

显然,$\boldsymbol{x}^0\in U_1$,故 $U_1\neq\varnothing$,且 $U_1\cap U_2=\varnothing$.

现证 U_1 与 U_2 都为开集.$\forall\,\boldsymbol{p}\in U_1\subset U$,因为 U 为开集,所以 $\exists\,\delta_1>0$, s. t. $B(\boldsymbol{p};\delta_1)\subset U$.从 $B(\boldsymbol{p};\delta_1)$ 为凸区域及定理8.2.9,上述表明 $\boldsymbol{f}$ 在 $B(\boldsymbol{p};\delta_1)$ 上为一常向量,即

$$\boldsymbol{f}(\boldsymbol{x})=\boldsymbol{f}(\boldsymbol{p})=\boldsymbol{f}(\boldsymbol{x}^0),\quad \forall\,\boldsymbol{x}\in B(\boldsymbol{p};\delta_1)$$

这表明 $B(\boldsymbol{p};\delta_1)\subset U_1$,从而 U_1 为开集.同样也可证明 U_2 为开集.事实上,$\forall\,\boldsymbol{q}\in U_2\subset U$,因为 U 为开集,所以 $\exists\,\delta_2>0$, s. t. $B(\boldsymbol{q};\delta_2)\subset U$.由 $B(\boldsymbol{q};\delta_2)$ 为凸区域及定理8.2.9知,$\boldsymbol{f}$ 在 $B(\boldsymbol{q};\delta)$ 上为一常向量,即

$$\boldsymbol{f}(\boldsymbol{x})=\boldsymbol{f}(\boldsymbol{q})\neq\boldsymbol{f}(\boldsymbol{x}^0),\quad \forall\boldsymbol{x}\in B(\boldsymbol{q};\delta_2)$$

这表明 $B(\boldsymbol{q};\delta_2)\subset U_2$,从而 U_2 为开集(根据 $\boldsymbol{f}$ 的连续性也能从 $\boldsymbol{f}(\boldsymbol{q})\neq\boldsymbol{f}(\boldsymbol{x}^0)$ 推得 $\exists\delta_2>0$, s. t. $\boldsymbol{f}(\boldsymbol{x})\neq\boldsymbol{f}(\boldsymbol{x}^0)$, $\forall\boldsymbol{x}\in B(\boldsymbol{q};\delta_2)$). 由 $U=U_1\cup U_2$, $U_1\neq\varnothing$ 及 U 连通立知, $U_2=\varnothing$, $U=U_1$, 即 $\boldsymbol{f}$ 在 U 上为常向量. 又因 $\boldsymbol{f}$ 在 $\overline{U}$ 上连续,故 $\boldsymbol{f}$ 在 $\overline{U}$ 上为一常向量.

证法 2 $\quad \boldsymbol{Jf}|_U=\boldsymbol{0}\Leftrightarrow \boldsymbol{J}f_i|_U=0,\quad i=1,2,\cdots,m$

$$\overset{\text{定理8.1.6}}{\Longleftrightarrow} f_i \text{ 在 } \overline{U} \text{ 上为常值函数},\quad i=1,2,\cdots,m$$

$$\Leftrightarrow \boldsymbol{f} \text{ 在 } \overline{U} \text{ 上为一常向量}$$

注 8.2.4 定理 8.2.10 证法 2 是将映射 $\boldsymbol{f}$ 化为各分量函数 f_i 再应用定理 8.1.6. 而证法 1 是用映射的拟微分中值定理 8.2.9(不等式,而不是等式)及套用定理 8.1.6 中关于连通性的典型证法而完成的. 读者应牢记并自如地应用这种方法.

例 8.2.1 定理 8.2.8 对一般映射 $\boldsymbol{f}$ 未必有

$$\boldsymbol{f}(\boldsymbol{b})-\boldsymbol{f}(\boldsymbol{a})=\boldsymbol{Jf}(\boldsymbol{\xi})(\boldsymbol{b}-\boldsymbol{a})$$

其中 $\boldsymbol{\xi}$ 为 $\boldsymbol{a}$ 与 $\boldsymbol{b}$ 连线内的一点. 例如, $\boldsymbol{f}:[0,1]\to\mathbb{R}^2$, $t\longmapsto\boldsymbol{f}(t)$, 且

$$\boldsymbol{f}(t)=\begin{pmatrix}t^2\\t^3\end{pmatrix},\quad t\in[0,1]$$

此时

$$\boldsymbol{Jf}(t)=\begin{pmatrix}2t\\3t^2\end{pmatrix}$$

如果微分中值定理成立,应有 $\xi\in(0,1)$,使得

$$\begin{pmatrix}1\\1\end{pmatrix}=\boldsymbol{f}(1)-\boldsymbol{f}(0)=\boldsymbol{Jf}(\xi)(1-0)=\boldsymbol{Jf}(\xi)=\begin{pmatrix}2\xi\\3\xi^2\end{pmatrix}$$

显然,满足上式的 ξ 是不存在的,矛盾.

但是,此例不能作为引理 8.2.1 中使

$$\|\boldsymbol{f}(b)-\boldsymbol{f}(a)\|\neq\|\boldsymbol{Jf}(\xi)\|(b-a)$$

的例子. 事实上

$$\sqrt{2}=\left\|\begin{pmatrix}1\\1\end{pmatrix}\right\|=\left\|\begin{pmatrix}2\xi\\3\xi^2\end{pmatrix}\right\|=\sqrt{4\xi^2+9\xi^4}$$

$$9(\xi^2)^2+4\xi^2-2=0$$

$$\xi_1^2=\frac{-4+\sqrt{16+72}}{18}=\frac{-2+\sqrt{22}}{9}$$

$$\xi_2^2=\frac{-2-\sqrt{22}}{9}\quad（舍去）$$

显然，$\xi=\sqrt{\frac{\sqrt{22}-2}{9}}\in(0,1)$. 这表明满足条件的 ξ 是存在的.

例 8.2.2　设 $\boldsymbol{f}:[0,1]\to\mathbb{R}^2, t\longmapsto \boldsymbol{f}(t)$，且

$$\boldsymbol{f}(t)=\begin{pmatrix}\cos\frac{\pi}{2}t\\ \sin\frac{\pi}{2}t\end{pmatrix},\quad t\in[0,1]$$

此时

$$\boldsymbol{Jf}(t)=\frac{\pi}{2}\begin{pmatrix}-\sin\frac{\pi}{2}t\\ \cos\frac{\pi}{2}t\end{pmatrix}$$

如果

$$\|\boldsymbol{f}(1)-\boldsymbol{f}(0)\|=\|\boldsymbol{Jf}(\xi)\|(1-0)=\|\boldsymbol{Jf}(\xi)\|$$

即

$$\sqrt{2}=\left\|\begin{pmatrix}-1\\ 1\end{pmatrix}\right\|=\left\|\begin{pmatrix}0\\ 1\end{pmatrix}-\begin{pmatrix}1\\ 0\end{pmatrix}\right\|=\frac{\pi}{2}\left\|\begin{pmatrix}-\sin\frac{\pi}{2}\xi\\ \cos\frac{\pi}{2}\xi\end{pmatrix}\right\|=\frac{\pi}{2}$$

矛盾. 这表明满足引理 8.2.1 或定理 8.2.9 等号成立的 ξ 是不存在的.

例 8.2.3　设 $f(x_1,x_2,\cdots,x_n)$ 为一个 n 元可微函数，每一个 $x_i(t)$ 都为 t 的可微函数，$i=1,2,\cdots,n$. 令 $\varphi(t)=f(x_1(t),x_2(t),\cdots,x_n(t))=f\circ\boldsymbol{x}(t)$，则定理 8.2.6 中的公式为

$$\begin{aligned}\varphi'(t)&=\boldsymbol{J}\varphi(t)=\boldsymbol{J}f(x_1(t),x_2(t),\cdots,x_n(t))\boldsymbol{Jx}(t)\\&=\left(\frac{\partial f}{\partial x_1},\frac{\partial f}{\partial x_2},\cdots,\frac{\partial f}{\partial x_n}\right)\bigg|_{(x_1(t),x_2(t),\cdots,x_n(t))}\begin{pmatrix}x_1'(t)\\ \vdots\\ x_n'(t)\end{pmatrix}\\&=\sum_{i=1}^{n}\frac{\partial f}{\partial x_i}(x_1(t),x_2(t),\cdots,x_n(t))x_i'(t)\end{aligned}$$

这就是定理8.1.3(2)中复合函数$f\circ \boldsymbol{x}(t)$的链规则求导公式.

特别地,当$\boldsymbol{x}(t)=\boldsymbol{x}^0+t\boldsymbol{e}$,$\boldsymbol{e}=(\cos\alpha_1,\cos\alpha_2,\cdots,\cos\alpha_n)$为一个方向,即$\cos^2\alpha_1+\cos^2\alpha_2+\cdots+\cos^n\alpha_n=1$时,$\varphi(t)=f(\boldsymbol{x}^0+t\boldsymbol{e})$,由上述链规则求导公式得到

$$\frac{\partial f}{\partial \boldsymbol{e}}(\boldsymbol{x}^0)=\varphi'(0)=\boldsymbol{J}f(\boldsymbol{x}(0))\boldsymbol{J}\boldsymbol{x}(0)=\boldsymbol{J}f(\boldsymbol{x}^0)\boldsymbol{e}=\sum_{i=1}^{n}\frac{\partial f}{\partial x_i}(\boldsymbol{x}^0)\cos\alpha_i$$

这就是方向导数用偏导数表达的公式.

值得注意的是f与$\boldsymbol{x}(t)$所满足的条件较弱,只需可微,不必具有偏导数的连续性.

例8.2.4 设$U\subset\mathbb{R}^3$为开集,$u=f(x,y,z)$在U中可微,问:沿哪个方向$\boldsymbol{e}$的方向导数最大、最小?

解 设$\boldsymbol{e}=(\cos\alpha,\cos\beta,\cos\gamma)$,$\cos^2\alpha+\cos^2\beta+\cos^2\gamma=1$,则

$$\frac{\partial f}{\partial \boldsymbol{e}}=\frac{\partial f}{\partial x}\cos\alpha+\frac{\partial f}{\partial y}\cos\beta+\frac{\partial f}{\partial z}\cos\gamma=\langle \mathrm{grad}\, f,\boldsymbol{e}\rangle=\|\mathrm{grad}\, f\|\cos\theta$$

其中$\mathrm{grad}\, f=\left(\frac{\partial f}{\partial x},\frac{\partial f}{\partial y},\frac{\partial f}{\partial z}\right)$,$\|\mathrm{grad}\, f\|=\sqrt{\left(\frac{\partial f}{\partial x}\right)^2+\left(\frac{\partial f}{\partial y}\right)^2+\left(\frac{\partial f}{\partial z}\right)^2}$,$\theta$为梯度向量$\mathrm{grad}\, f$与$\boldsymbol{e}$之间的夹角.

当$\theta=0$,即$\boldsymbol{e}$与f的等值面$f(x,y,z)=C$的法向(参阅例9.1.5)$\boldsymbol{n}=\left(\frac{\partial f}{\partial x},\frac{\partial f}{\partial y},\frac{\partial f}{\partial z}\right)=\mathrm{grad}\, f$一致时,$\frac{\partial f}{\partial \boldsymbol{e}}$达到最大值$\|\mathrm{grad}\, f\|$,沿此方向$f$增长得最快.

当$\theta=\pi$,即$\boldsymbol{e}$与f的等值面$f(x,y,z)=C$的法向

$$\boldsymbol{n}=\left(\frac{\partial f}{\partial x},\frac{\partial f}{\partial y},\frac{\partial f}{\partial z}\right)=\mathrm{grad}\, f$$

反向时,$\frac{\partial f}{\partial \boldsymbol{e}}$达到最小值$-\|\mathrm{grad}\, f\|$,沿此方向$f$减少得最快(图8.2.2).

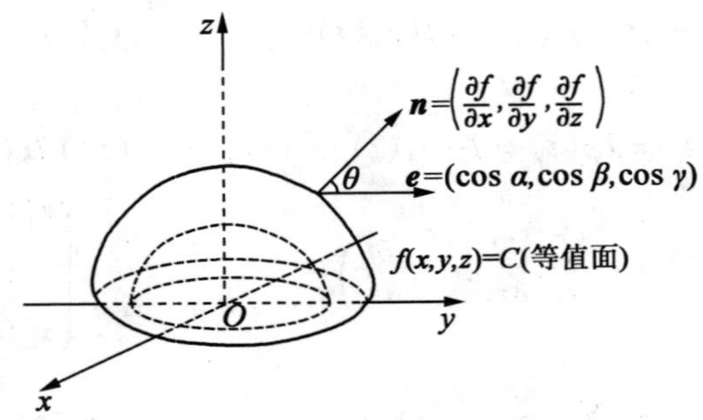

图8.2.2

f的梯度有时也记为

$$\operatorname{grad} f=\left(\frac{\partial f}{\partial x},\frac{\partial f}{\partial y},\frac{\partial f}{\partial z}\right)=\left(\boldsymbol{i}\frac{\partial}{\partial x}+\boldsymbol{j}\frac{\partial}{\partial y}+\boldsymbol{k}\frac{\partial}{\partial z}\right)f=\nabla f$$

其中$\nabla=\boldsymbol{i}\frac{\partial}{\partial x}+\boldsymbol{j}\frac{\partial}{\partial y}+\boldsymbol{k}\frac{\partial}{\partial z}$为一个算子,它是一个假向量,具有向量运算的部分方便的规则,但它毕竟不是一个真向量,向量运算的另一部分性质未必具有.因此,必须小心使用.

设$U\subset\mathbb{R}^3$为开集,$f:U\to\mathbb{R}^1$在其定义域U中每一点有连续偏导数(或弱一点,在每一点可微),则f沿任何方向$\boldsymbol{e}$有方向导数$\frac{\partial f}{\partial \boldsymbol{e}}$,而$\operatorname{grad} f=\nabla f=\left(\frac{\partial f}{\partial x},\frac{\partial f}{\partial y},\frac{\partial f}{\partial z}\right)$为$f$在$U$中的一个梯度场.算子grad即$\nabla$将一个数量场(函数)$f$变为一个向量场grad f.

现在,我们将方向导数的概念引申一下.为此,设$\boldsymbol{X}\in\mathbb{R}^n$为非零向量,$\boldsymbol{X}_0=\frac{\boldsymbol{X}}{\|\boldsymbol{X}\|}=\sum_{i=1}^{n}\cos\alpha_i\boldsymbol{e}_i$为$\boldsymbol{X}$方向的单位向量,$f$在$\boldsymbol{x}^0$处有连续的偏导数.定义$f$在点$\boldsymbol{x}^0$沿$\boldsymbol{X}$方向的方向导数为

$$\begin{aligned}\boldsymbol{X}f|_{\boldsymbol{x}^0}&=\frac{\partial f}{\partial \boldsymbol{X}}(\boldsymbol{x}^0)=\lim_{t\to0}\frac{f(\boldsymbol{x}^0+t\boldsymbol{X})-f(\boldsymbol{x}^0)}{t}\\&=\lim_{t\to0}\frac{f(\boldsymbol{x}^0+t\|\boldsymbol{X}\|\boldsymbol{X}_0)-f(\boldsymbol{x}^0)}{t\|\boldsymbol{X}\|}\cdot\|\boldsymbol{X}\|\\&=\frac{\partial f}{\partial \boldsymbol{X}_0}(\boldsymbol{x}^0)\|\boldsymbol{X}\|\\&=\sum_{i=1}^{n}\frac{\partial f}{\partial x_i}(\boldsymbol{x}^0)\cos\alpha_i\cdot\|\boldsymbol{X}\|\\&=\operatorname{grad} f|_{\boldsymbol{x}^0}\cdot\boldsymbol{X}\end{aligned}$$

其中$\operatorname{grad} f|_{\boldsymbol{x}^0}=\sum_{i=1}^{n}\frac{\partial f}{\partial x_i}(\boldsymbol{x}^0)\boldsymbol{e}_i$称为$f$在点$\boldsymbol{x}^0$的**梯度向量**.容易验证$\boldsymbol{X}f$具有以下性质:

(1)如果f与g在$\boldsymbol{x}^0$的某开邻域内相等,则$\boldsymbol{X}f|_{\boldsymbol{x}^0}=\boldsymbol{X}g|_{\boldsymbol{x}^0}$;

(2)线性性质$\boldsymbol{X}(f+g)|_{\boldsymbol{x}^0}=\boldsymbol{X}f|_{\boldsymbol{x}^0}+\boldsymbol{X}g|_{\boldsymbol{x}^0}$,$\boldsymbol{X}(\lambda f)|_{\boldsymbol{x}^0}=\lambda(\boldsymbol{X}f|_{\boldsymbol{x}^0})$;

(3)导性$\boldsymbol{X}(fg)|_{\boldsymbol{x}^0}=f(\boldsymbol{x}^0)(\boldsymbol{X}g|_{\boldsymbol{x}^0})+g(\boldsymbol{x}^0)(\boldsymbol{X}f|_{\boldsymbol{x}^0})$.

上面方向导数的三条简单而又重要的性质,正是近代数学中,在流形上采

用近代观点或映射观点或不变观点引进切向量的依据(参阅文献[5],147页).

例 8.2.5 设二元函数 $u=f(x,y)$ 在点 (x_0,y_0) 处可微,两个二元函数

$$\begin{pmatrix} x \\ y \end{pmatrix} = \begin{pmatrix} x(s,t) \\ y(s,t) \end{pmatrix}$$

在点 (s_0,t_0) 处可微,且

$$\begin{pmatrix} x_0 \\ y_0 \end{pmatrix} = \begin{pmatrix} x(s_0,t_0) \\ y(s_0,t_0) \end{pmatrix}$$

求复合函数 $u=f(x(s,t),y(s,t))$ 在 (s_0,t_0) 处的两个偏导数 $\frac{\partial u}{\partial s},\frac{\partial u}{\partial t}$.

解 由 $(s,t)\to(x,y)\to u$ 可得复合求导公式

$$\left(\frac{\partial u}{\partial s},\frac{\partial u}{\partial t}\right)=\left(\frac{\partial f}{\partial x},\frac{\partial f}{\partial y}\right)\begin{pmatrix} \frac{\partial x}{\partial s} & \frac{\partial x}{\partial t} \\ \frac{\partial y}{\partial s} & \frac{\partial y}{\partial t} \end{pmatrix}$$

即是熟悉的数量等式

$$\begin{cases} \dfrac{\partial u}{\partial s}=\dfrac{\partial f}{\partial x}\dfrac{\partial x}{\partial s}+\dfrac{\partial f}{\partial y}\dfrac{\partial y}{\partial s} \\ \dfrac{\partial u}{\partial t}=\dfrac{\partial f}{\partial x}\dfrac{\partial x}{\partial t}+\dfrac{\partial f}{\partial y}\dfrac{\partial y}{\partial t} \end{cases}$$

将 (s_0,t_0) 代入第一个矩阵公式得到

$$\left(\frac{\partial u}{\partial s},\frac{\partial u}{\partial t}\right)\bigg|_{(s_0,t_0)}=\left(\frac{\partial f}{\partial x},\frac{\partial f}{\partial y}\right)\bigg|_{(x_0,y_0)}\begin{pmatrix} \frac{\partial x}{\partial s} & \frac{\partial x}{\partial t} \\ \frac{\partial y}{\partial s} & \frac{\partial y}{\partial t} \end{pmatrix}_{(s_0,t_0)}$$

大家知道,矩阵的表达式有紧凑、集成等优点,它适合于求所有偏导数. 而通常的数量等式适合于求单个偏导数.

例 8.2.6 设 $u(x,y)$ 有连续的一阶偏导数,又 $x=r\cos\theta,y=r\sin\theta$,证明:

$$\left(\frac{\partial u}{\partial x}\right)^2+\left(\frac{\partial u}{\partial y}\right)^2=\left(\frac{\partial u}{\partial r}\right)^2+\frac{1}{r^2}\left(\frac{\partial u}{\partial \theta}\right)^2$$

证法 1 由 $(r,\theta)\xrightarrow{\boldsymbol{g}}(x,y)=(r\cos\theta,r\sin\theta)\xrightarrow{f}u$,且

$$\boldsymbol{J}(f\circ\boldsymbol{g})=\boldsymbol{J}f\boldsymbol{J}\boldsymbol{g}$$

即

$$\left(\frac{\partial u}{\partial r},\frac{\partial u}{\partial \theta}\right)=\left(\frac{\partial u}{\partial x},\frac{\partial u}{\partial y}\right)\begin{pmatrix}\dfrac{\partial x}{\partial r} & \dfrac{\partial x}{\partial \theta}\\ \dfrac{\partial y}{\partial r} & \dfrac{\partial y}{\partial \theta}\end{pmatrix}=\left(\frac{\partial u}{\partial x},\frac{\partial u}{\partial y}\right)\begin{pmatrix}\cos\theta & -r\sin\theta\\ \sin\theta & r\cos\theta\end{pmatrix}$$

$$\left(\frac{\partial u}{\partial r},\frac{1}{r}\ \frac{\partial u}{\partial \theta}\right)=\left(\frac{\partial u}{\partial x},\frac{\partial u}{\partial y}\right)\begin{pmatrix}\cos\theta & -\sin\theta\\ \sin\theta & \cos\theta\end{pmatrix}=\left(\cos\theta\frac{\partial u}{\partial x}+\sin\theta\frac{\partial u}{\partial y},\ -\sin\theta\frac{\partial u}{\partial x}+\cos\theta\frac{\partial u}{\partial y}\right)$$

于是

$$\left(\frac{\partial u}{\partial r}\right)^2+\frac{1}{r^2}\left(\frac{\partial u}{\partial \theta}\right)^2=\left(\frac{\partial u}{\partial r},\frac{1}{r}\ \frac{\partial u}{\partial \theta}\right)\begin{pmatrix}\dfrac{\partial u}{\partial r}\\ \dfrac{1}{r}\ \dfrac{\partial u}{\partial \theta}\end{pmatrix}$$

$$=\left(\frac{\partial u}{\partial x},\frac{\partial u}{\partial y}\right)\begin{pmatrix}\cos\theta & -\sin\theta\\ \sin\theta & \cos\theta\end{pmatrix}\begin{pmatrix}\cos\theta & \sin\theta\\ -\sin\theta & \cos\theta\end{pmatrix}\begin{pmatrix}\dfrac{\partial u}{\partial x}\\ \dfrac{\partial u}{\partial y}\end{pmatrix}$$

$$=\left(\frac{\partial u}{\partial x},\frac{\partial u}{\partial y}\right)\begin{pmatrix}1 & 0\\ 0 & 1\end{pmatrix}\begin{pmatrix}\dfrac{\partial u}{\partial x}\\ \dfrac{\partial u}{\partial y}\end{pmatrix}=\left(\frac{\partial u}{\partial x},\frac{\partial u}{\partial y}\right)\begin{pmatrix}\dfrac{\partial u}{\partial x}\\ \dfrac{\partial u}{\partial y}\end{pmatrix}$$

$$=\left(\frac{\partial u}{\partial x}\right)^2+\left(\frac{\partial u}{\partial y}\right)^2$$

证法 2　由证法 1 得到

$$\left(\frac{\partial u}{\partial r}\right)^2+\frac{1}{r^2}\left(\frac{\partial u}{\partial \theta}\right)^2=\left(\cos\theta\frac{\partial u}{\partial x}+\sin\theta\frac{\partial u}{\partial y}\right)^2+\left(-\sin\theta\frac{\partial u}{\partial x}+\cos\theta\frac{\partial u}{\partial y}\right)^2$$

$$=(\cos^2\theta+\sin^2\theta)\left(\frac{\partial u}{\partial x}\right)^2+(\sin^2\theta+\cos^2\theta)\left(\frac{\partial u}{\partial y}\right)^2+$$

$$2\cos\theta\sin\theta\frac{\partial u}{\partial x}\frac{\partial u}{\partial y}-2\sin\theta\cos\theta\frac{\partial u}{\partial x}\frac{\partial u}{\partial y}$$

$$=\left(\frac{\partial u}{\partial x}\right)^2+\left(\frac{\partial u}{\partial y}\right)^2$$

例 8.2.7 设二元函数 f 有连续的一阶偏导数，$u=f(x+y+z,x^2+y^2+z^2)$，求 $\frac{\partial u}{\partial x},\frac{\partial u}{\partial y},\frac{\partial u}{\partial z}$.

解法 1 $\frac{\partial u}{\partial x}=f_1'(x+y+z,x^2+y^2+z^2)+2xf_2'(x+y+z,x^2+y^2+z^2)$

由对称性，有

$$\frac{\partial u}{\partial y}=f_1'(x+y+z,x^2+y^2+z^2)+2yf_2'(x+y+z,x^2+y^2+z^2)$$

$$\frac{\partial u}{\partial z}=f_1'(x+y+z,x^2+y^2+z^2)+2zf_2'(x+y+z,x^2+y^2+z^2)$$

解法 2 由 $(x,y,z)\xrightarrow{\boldsymbol{g}}(\xi,\eta)\xrightarrow{f}u=f(\xi,\eta)=f(x+y+z,x^2+y^2+z^2)$，有

$$\begin{aligned}\left(\frac{\partial u}{\partial x},\frac{\partial u}{\partial y},\frac{\partial u}{\partial z}\right)&=\boldsymbol{J}(f\circ\boldsymbol{g})=\boldsymbol{J}f\boldsymbol{J}\boldsymbol{g}\\&=(f_\xi',f_\eta')\begin{pmatrix}\frac{\partial\xi}{\partial x},\frac{\partial\xi}{\partial y},\frac{\partial\xi}{\partial z}\\ \frac{\partial\eta}{\partial x},\frac{\partial\eta}{\partial y},\frac{\partial\eta}{\partial z}\end{pmatrix}\\&=(f_\xi',f_\eta')\begin{pmatrix}1&1&1\\2x&2y&2z\end{pmatrix}\\&=(f_\xi'+2xf_\eta',f_\xi'+2yf_\eta',f_\xi'+2zf_\eta')\end{aligned}$$

这与解法 1 的结果完全相同.

例 8.2.8 设

$$\boldsymbol{f}:\mathbb{R}^3\to\mathbb{R}^2$$

$$(x,y,z)\longmapsto\boldsymbol{f}(x,y,z)=\begin{pmatrix}3xyz-x^3\\2x^2y+5y^2z\end{pmatrix}$$

求 $\boldsymbol{f}$ 在 $(-1,2,1)$ 处的 Jacobi 矩阵 $\boldsymbol{J}\boldsymbol{f}$ 与微分 $\mathrm{d}\boldsymbol{f}$.

解法 1
$$\begin{aligned}\boldsymbol{J}\boldsymbol{f}(-1,2,1)&=\begin{pmatrix}3yz-3x^2&3xz&3xy\\4xy&2x^2+10yz&5y^2\end{pmatrix}\Bigg|_{(-1,2,1)}\\&=\begin{pmatrix}3&-3&-6\\-8&22&20\end{pmatrix}\end{aligned}$$

$$\mathrm{d}\boldsymbol{f}(-1,2,1)=\boldsymbol{J}\boldsymbol{f}(-1,2,1)\begin{pmatrix}\mathrm{d}x\\\mathrm{d}y\\\mathrm{d}z\end{pmatrix}$$

$$=\begin{pmatrix}3 & -3 & -6\\ -8 & 22 & 20\end{pmatrix}\begin{pmatrix}\mathrm{d}x\\ \mathrm{d}y\\ \mathrm{d}z\end{pmatrix}$$

$$=\begin{pmatrix}3\mathrm{d}x-3\mathrm{d}y-6\mathrm{d}z\\ -8\mathrm{d}x+22\mathrm{d}y+20\mathrm{d}z\end{pmatrix}$$

解法 2　$\mathrm{d}\boldsymbol{f}(-1,2,1)=\begin{pmatrix}\mathrm{d}(3xyz-x^3)\\ \mathrm{d}(2x^2y+5y^2z)\end{pmatrix}_{(-1,2,1)}$

$$=\begin{pmatrix}(3yz-3x^2)\mathrm{d}x+3xz\mathrm{d}y+3xy\mathrm{d}z\\ 4xy\mathrm{d}x+(2x^2+10yz)\mathrm{d}y+5y^2\mathrm{d}z\end{pmatrix}_{(-1,2,1)}$$

$$=\begin{pmatrix}3\mathrm{d}x-3\mathrm{d}y-6\mathrm{d}z\\ -8\mathrm{d}x+22\mathrm{d}y+20\mathrm{d}z\end{pmatrix}$$

例 8.2.9　设 $\boldsymbol{f}:(0,+\infty)\times(-\infty,+\infty)\times(-\infty,+\infty)\to\mathbb{R}^3$，有

$$(r,\theta,z)\longmapsto\boldsymbol{f}(r,\theta,z)=(r\cos\theta,r\sin\theta,z)$$

求 $\boldsymbol{Jf}(r,\theta,z)$ 与 $\mathrm{d}\boldsymbol{f}(r,\theta,z)$.

解法 1　$$\boldsymbol{Jf}(r,\theta,z)=\begin{pmatrix}\cos\theta & -r\sin\theta & 0\\ \sin\theta & r\cos\theta & 0\\ 0 & 0 & 1\end{pmatrix}$$

$$\mathrm{d}\boldsymbol{f}(r,\theta,z)=\boldsymbol{Jf}(r,\theta,z)\begin{pmatrix}\mathrm{d}r\\ \mathrm{d}\theta\\ \mathrm{d}z\end{pmatrix}=\begin{pmatrix}\cos\theta & -r\sin\theta & 0\\ \sin\theta & r\cos\theta & 0\\ 0 & 0 & 1\end{pmatrix}\begin{pmatrix}\mathrm{d}r\\ \mathrm{d}\theta\\ \mathrm{d}z\end{pmatrix}$$

$$=\begin{pmatrix}\cos\theta\mathrm{d}r-r\sin\theta\mathrm{d}\theta\\ \sin\theta\mathrm{d}r+r\cos\theta\mathrm{d}\theta\\ \mathrm{d}z\end{pmatrix}$$

解法 2　$\mathrm{d}\boldsymbol{f}(r,\theta,z)=\begin{pmatrix}\mathrm{d}(r\cos\theta)\\ \mathrm{d}(r\sin\theta)\\ \mathrm{d}z\end{pmatrix}=\begin{pmatrix}\cos\theta\mathrm{d}r-r\sin\theta\mathrm{d}\theta\\ \sin\theta\mathrm{d}r+r\cos\theta\mathrm{d}\theta\\ \mathrm{d}z\end{pmatrix}$

例 8.2.10　设 f 为可微的二元函数，φ 为可微的一元函数，$u=f(x,\varphi(x))$，求$\dfrac{\mathrm{d}u}{\mathrm{d}x}$.

解法 1　由 $x\xrightarrow{\boldsymbol{g}}(x,\varphi(x))\xrightarrow{f}u=f(x,\varphi(x))$，有

$$\frac{\mathrm{d}u}{\mathrm{d}x}=\boldsymbol{J}f(x,\varphi(x))\boldsymbol{J}\boldsymbol{g}=(f_1',f_2')\big|_{(x,\varphi(x))}\begin{pmatrix}1\\ \varphi'(x)\end{pmatrix}$$
$$=f_1'(x,\varphi(x))+f_2'(x,\varphi(x))\varphi'(x)$$

解法2 应用复合函数求导的链规则,有

$$\frac{\mathrm{d}u}{\mathrm{d}x}=f_1'(x,\varphi(x))\cdot 1+f_2'(x,\varphi(x))\varphi'(x)$$
$$=f_1'(x,\varphi(x))+f_2'(x,\varphi(x))\varphi'(x)$$

例 8.2.11 设 $u=f(x,y)$,$v=g(x,y,u)$,$w=h(x,u,v)$,求$\frac{\partial w}{\partial x},\frac{\partial w}{\partial y}$.

解法1 由

$$\begin{pmatrix}x\\ y\end{pmatrix}\xrightarrow{\boldsymbol{F}}\begin{pmatrix}x\\ y\\ u\end{pmatrix}\xrightarrow{\boldsymbol{G}}\begin{pmatrix}x\\ u\\ v\end{pmatrix}\xrightarrow{h}w$$

有

$$\left(\frac{\partial w}{\partial x},\frac{\partial w}{\partial y}\right)=\boldsymbol{J}(h\circ\boldsymbol{G}\circ\boldsymbol{F})=\boldsymbol{J}h\boldsymbol{J}\boldsymbol{G}\boldsymbol{J}\boldsymbol{F}$$

$$=\left(\frac{\partial h}{\partial x},\frac{\partial h}{\partial u},\frac{\partial h}{\partial v}\right)\begin{pmatrix}\frac{\partial G_1}{\partial x}&\frac{\partial G_1}{\partial y}&\frac{\partial G_1}{\partial u}\\ \frac{\partial G_2}{\partial x}&\frac{\partial G_2}{\partial y}&\frac{\partial G_2}{\partial u}\\ \frac{\partial G_3}{\partial x}&\frac{\partial G_3}{\partial y}&\frac{\partial G_3}{\partial u}\end{pmatrix}\begin{pmatrix}\frac{\partial F_1}{\partial x}&\frac{\partial F_1}{\partial y}\\ \frac{\partial F_2}{\partial x}&\frac{\partial F_2}{\partial y}\\ \frac{\partial F_3}{\partial x}&\frac{\partial F_3}{\partial y}\end{pmatrix}$$

$$=\left(\frac{\partial h}{\partial x},\frac{\partial h}{\partial u},\frac{\partial h}{\partial v}\right)\begin{pmatrix}1&0&0\\ 0&0&1\\ \frac{\partial g}{\partial x}&\frac{\partial g}{\partial y}&\frac{\partial g}{\partial u}\end{pmatrix}\begin{pmatrix}1&0\\ 0&1\\ \frac{\partial f}{\partial x}&\frac{\partial f}{\partial y}\end{pmatrix}$$

$$=\left(\frac{\partial h}{\partial x},\frac{\partial h}{\partial u},\frac{\partial h}{\partial v}\right)\begin{pmatrix}1&0\\ \frac{\partial f}{\partial x}&\frac{\partial f}{\partial y}\\ \frac{\partial g}{\partial x}+\frac{\partial g}{\partial u}\frac{\partial f}{\partial x}&\frac{\partial g}{\partial y}+\frac{\partial g}{\partial u}\frac{\partial f}{\partial y}\end{pmatrix}$$

$$=\left(\frac{\partial h}{\partial x}+\frac{\partial h}{\partial u}\frac{\partial f}{\partial x}+\frac{\partial h}{\partial v}\frac{\partial g}{\partial x}+\frac{\partial h}{\partial v}\frac{\partial g}{\partial u}\frac{\partial f}{\partial x},\frac{\partial h}{\partial u}\frac{\partial f}{\partial y}+\frac{\partial h}{\partial v}\frac{\partial g}{\partial y}+\frac{\partial h}{\partial v}\frac{\partial g}{\partial u}\frac{\partial f}{\partial y}\right)$$

解法2

$$\frac{\partial w}{\partial x}=\frac{\partial h}{\partial x}+\frac{\partial h}{\partial u}\frac{\partial u}{\partial x}+\frac{\partial h}{\partial v}\left(\frac{\partial g}{\partial x}+\frac{\partial g}{\partial u}\frac{\partial u}{\partial x}\right)$$
$$=\frac{\partial h}{\partial x}+\frac{\partial h}{\partial u}\frac{\partial f}{\partial x}+\frac{\partial h}{\partial v}\frac{\partial g}{\partial x}+\frac{\partial h}{\partial v}\frac{\partial g}{\partial u}\frac{\partial u}{\partial x}$$
$$\frac{\partial w}{\partial y}=\frac{\partial h}{\partial u}\frac{\partial u}{\partial y}+\frac{\partial h}{\partial v}\left(\frac{\partial g}{\partial y}+\frac{\partial g}{\partial u}\frac{\partial u}{\partial y}\right)$$
$$=\frac{\partial h}{\partial u}\frac{\partial u}{\partial y}+\frac{\partial h}{\partial v}\frac{\partial g}{\partial y}+\frac{\partial h}{\partial v}\frac{\partial g}{\partial u}\frac{\partial u}{\partial y}$$

例8.2.12　设$u=f(x,y)$满足方程$\frac{\partial^2 u}{\partial x^2}=\frac{\partial^2 u}{\partial y^2}$，且$u\big|_{y=2x}=x$，$\frac{\partial u}{\partial x}\Big|_{y=2x}=x^2$. 求$\frac{\partial^2 u}{\partial x^2}\Big|_{y=2x}$，$\frac{\partial^2 u}{\partial x\partial y}\Big|_{y=2x}$，$\frac{\partial^2 u}{\partial y^2}\Big|_{y=2x}$.

解　因为$x=u\big|_{y=2x}=f(x,2x)$，所以两边对x求导得到

$$1=\frac{\partial u}{\partial x}\Big|_{y=2x}+\frac{\partial u}{\partial y}\Big|_{y=2x}\cdot(2x)'=x^2+2\frac{\partial u}{\partial y}\Big|_{y=2x}$$
$$\frac{\partial u}{\partial y}\Big|_{y=2x}=\frac{1}{2}(1-x^2)$$

于是

$$\frac{\partial^2 u}{\partial x^2}\Big|_{y=2x}+2\frac{\partial^2 u}{\partial x\partial y}\Big|_{y=2x}=\frac{\partial}{\partial x}\left(\frac{\partial u}{\partial x}(x,2x)\right)=\frac{\partial}{\partial x}x^2=2x \tag{1}$$
$$\frac{\partial^2 u}{\partial y\partial x}\Big|_{y=2x}+2\frac{\partial^2 u}{\partial y^2}\Big|_{y=2x}=\frac{\partial}{\partial x}\left(\frac{\partial u}{\partial y}(x,2x)\right)=\frac{\partial}{\partial x}\frac{1}{2}(1-x^2)=-x$$
$$\frac{\partial^2 u}{\partial y\partial x}\Big|_{y=2x}+\frac{\partial^2 u}{\partial x^2}\Big|_{y=2x}=\frac{\partial^2 u}{\partial y\partial x}\Big|_{y=2x}+\frac{\partial^2 u}{\partial y^2}\Big|_{y=2x}=-x$$
$$2\frac{\partial^2 u}{\partial y\partial x}\Big|_{y=2x}+4\frac{\partial^2 u}{\partial x^2}\Big|_{y=2x}=-2x \tag{2}$$

由式(2)－式(1)得到

$$3\frac{\partial^2 u}{\partial x^2}\Big|_{y=2x}=-4x$$

因此

$$\frac{\partial^2 u}{\partial y^2}\Big|_{y=2x}=\frac{\partial^2 u}{\partial x^2}\Big|_{y=2x}=-\frac{4}{3}x$$
$$\frac{\partial^2 u}{\partial x\partial y}\Big|_{y=2x}=-2\frac{\partial^2 u}{\partial y^2}\Big|_{y=2x}-x=\frac{8}{3}x-x=\frac{5}{3}x$$

练习题 8.2

1. 计算函数 f 的雅可比矩阵 $\boldsymbol{J}f$:

(1) $f(x,y)=x^2y^3$;

(2) $f(x,y,z)=x^2y\sin(yz)$;

(3) $f(x,y,z)=x\cos(y-3z)+\arcsin(xy)$;

(4) $f(x_1,x_2,\cdots,x_n)=\sqrt{x_1^2+x_2^2+\cdots+x_n^2}$.

2. 求下列函数在指定点处的微分:

(1) $f(x,y)=x^2+2xy-y^2$,在点 $(1,2)$ 处;

(2) $f(x,y,z)=\ln(x+y-z)+\mathrm{e}^{x+y}\sin z$,在点 $(1,2,1)$ 处;

(3) $u=\sqrt{x_1^2+x_2^2+\cdots+x_n^2}$,在点 $(t_1,t_2,\cdots,t_n)$ 处,其中 $t_1^2+t_2^2+\cdots+t_n^2>0$;

(4) $u=\sin(x_1+x_2^2+\cdots+x_n^n)$,在点 $(x_1,x_2,\cdots,x_n)$ 处.

3. 用可微的定义证明:函数 $f(x,y)=xy$ 在 $\mathbb{R}^2$ 的每一点处可微.

4. 证明:函数 $f(x,y)=\sqrt{|xy|}$ 在原点处不可微.

5. (1) 设

$$f(x,y)=\begin{cases}\dfrac{x^2y}{x^4+y^2}, & x^2+y^2\neq 0\\ 0, & x=y=0\end{cases}$$

证明:函数 f 在原点处各个方向导数都存在,但在原点处不可微.

(2) 证明:函数

$$f(x,y)=\begin{cases}\dfrac{x^2y}{x^2+y^2}, & x^2+y^2\neq 0\\ 0, & x^2+y^2=0\end{cases}$$

在原点 $(0,0)$ 处连续且偏导数存在,但在此点不可微.

6. 计算下列映射的 Jacobi 矩阵和微分:

(1) $\boldsymbol{f}(x,y)=(\mathrm{e}^x\cos(xy),\mathrm{e}^x\sin(xy))$,在点 $\left(1,\dfrac{\pi}{2}\right)$ 处;

(2) $\boldsymbol{f}(r,\theta)=(r\cos\theta,r\sin\theta)$;

(3) $\boldsymbol{f}(r,\theta,z)=(r\cos\theta,r\sin\theta,z)$;

(4) $\boldsymbol{f}(r,\theta,\varphi)=(r\sin\theta\cos\varphi, r\sin\theta\sin\varphi, r\cos\theta)$.

7. 设 $U\subset\mathbb{R}^n$ 为开集，映射 $\boldsymbol{f}:U\to\mathbb{R}^m$，证明：

(1) $\boldsymbol{J}(c\boldsymbol{f})=c\boldsymbol{J}\boldsymbol{f}$，其中 $c\in\mathbb{R}$ 为常数；

(2) $\boldsymbol{J}(\boldsymbol{f}+\boldsymbol{g})=\boldsymbol{J}\boldsymbol{f}+\boldsymbol{J}\boldsymbol{g}$；

(3) 当 $m=1$ 时，有 $\boldsymbol{J}(\boldsymbol{f}\boldsymbol{g})=\boldsymbol{g}\boldsymbol{J}\boldsymbol{f}+\boldsymbol{f}\boldsymbol{J}\boldsymbol{g}$；

(4) 当 $m>1$ 时，有

$$\boldsymbol{J}(\boldsymbol{f}\cdot\boldsymbol{g})=\boldsymbol{g}(\boldsymbol{J}\boldsymbol{f})+\boldsymbol{f}(\boldsymbol{J}\boldsymbol{g})$$

其中 $\boldsymbol{f}\cdot\boldsymbol{g}$ 表示$\mathbb{R}^m$中通常的内积，而右边涉及 $1\times m$ 矩阵与 $m\times n$ 矩阵相乘.

8. 设 $\boldsymbol{f}:[a,b]\to\mathbb{R}^n$，且 $\|\boldsymbol{f}(t)\|=$常数，$\forall t\in[a,b]$，证明：$\langle\boldsymbol{J}\boldsymbol{f},\boldsymbol{f}\rangle=\boldsymbol{f}\cdot\boldsymbol{J}\boldsymbol{f}=0$，并对此式作出几何解释.

9. 设 α,β,γ 为$\mathbb{R}$ 上的连续函数，求出一个由$\mathbb{R}^3$到$\mathbb{R}^3$的可微映射 $\boldsymbol{f}$，使得

$$\boldsymbol{J}\boldsymbol{f}(x,y,z)=\begin{pmatrix}\alpha(x) & 0 & 0\\ 0 & \beta(y) & 0\\ 0 & 0 & \gamma(z)\end{pmatrix}$$

10. 映射 $\boldsymbol{f}:\mathbb{R}^n\to\mathbb{R}^m$，如果条件

$$\boldsymbol{f}(\lambda\boldsymbol{x}+\mu\boldsymbol{y})=\lambda\boldsymbol{f}(\boldsymbol{x})+\mu\boldsymbol{f}(\boldsymbol{y})$$

对 $\forall\boldsymbol{x},\boldsymbol{y}\in\mathbb{R}^n$ 与 $\forall\lambda,\mu\in\mathbb{R}$ 成立，则称 $\boldsymbol{f}$ 为一个**线性映射**. 证明：

(1) $\boldsymbol{f}(\boldsymbol{0})=\boldsymbol{0}$；

(2) $\boldsymbol{f}(-\boldsymbol{x})=-\boldsymbol{f}(\boldsymbol{x})$，$\forall\boldsymbol{x}\in\mathbb{R}^n$；

(3) 映射 $\boldsymbol{f}$ 由 $\boldsymbol{f}(\boldsymbol{e}_1),\boldsymbol{f}(\boldsymbol{e}_2),\cdots,\boldsymbol{f}(\boldsymbol{e}_n)$ 完全确定，其中 $\boldsymbol{e}_1,\boldsymbol{e}_2,\cdots,\boldsymbol{e}_n$ 为$\mathbb{R}^n$中的单位坐标基向量.

11. 设 $\boldsymbol{f}:\mathbb{R}^n\to\mathbb{R}^n$为一线性映射，试求 $\boldsymbol{J}\boldsymbol{f}$.

12. 设 $\boldsymbol{E}=\mathrm{Id}_{\mathbb{R}^n}:\mathbb{R}^n\to\mathbb{R}^n$适合：$\boldsymbol{E}(\boldsymbol{x})=\boldsymbol{x}$，$\forall\boldsymbol{x}\in\mathbb{R}^n$，称 E 为$\mathbb{R}^n$中的**恒等(同)映射**. 证明：$\boldsymbol{E}$ 为一个线性映射，并且 $\boldsymbol{J}\boldsymbol{E}=\boldsymbol{I}_n$($n$ 阶单位矩阵).

13. 设 f 为可微函数，求 u 的一切偏导数：

(1) $u=f(x+y,xy)$；

(2) $u=f(x,xy,xyz)$；

(3) $u=f\left(\dfrac{x}{y},\dfrac{y}{z}\right)$.

14. 求 $\boldsymbol{J}(\boldsymbol{f}\circ\boldsymbol{g})$，设：

(1) $\boldsymbol{f}(x,y)=(x,y,x^2y)$，$\boldsymbol{g}(s,t)=(s+t,s^2-t^2)$，在点(2,1)处；

(2)$\boldsymbol{f}(x,y)=(\varphi(x+y),\varphi(x-y))$，$\boldsymbol{g}(s,t)=(\mathrm{e}^{t},\mathrm{e}^{-t})$；

(3)$\boldsymbol{f}(x,y,z)=(x^2+y+z,2x+y+z^2,0)$，$\boldsymbol{g}(u,v,w)=(uv^2w^2,w^2\sin v,u^2\mathrm{e}^{v})$.

15. 设 $u=f(x^2+y^2)$，f 为可微函数，证明：$y\dfrac{\partial u}{\partial x}-x\dfrac{\partial u}{\partial y}=0$.

16. 设 $u=f(xy)$，f 为可微函数，证明：$x\dfrac{\partial u}{\partial x}-y\dfrac{\partial u}{\partial y}=0$.

17. 设 $u=f\left(\ln x+\dfrac{1}{y}\right)$，$f$ 为可微函数，证明：$x\dfrac{\partial u}{\partial x}+y^2\dfrac{\partial u}{\partial y}=0$.

18. 设 $u=f(\varphi(x),\psi(y))$，f,φ,ψ 均为可微函数，证明：$\psi'(y)\dfrac{\partial u}{\partial x}=\varphi'(x)\dfrac{\partial u}{\partial y}$.

19. 设 $f(x,y,z)=F(u,v,w)$，其中 f,F 可微，$x^2=vw,y^2=wu,z^2=uv$，证明

$$x\frac{\partial f}{\partial x}+y\frac{\partial f}{\partial y}+z\frac{\partial f}{\partial z}=u\frac{\partial F}{\partial u}+v\frac{\partial F}{\partial v}+w\frac{\partial F}{\partial w}$$

20. 设 $u=f(x,y)$ 可微，且当 $y=x^2$ 时有 $u=1$，$\dfrac{\partial u}{\partial x}=x$，求 $\left.\dfrac{\partial u}{\partial y}\right|_{y=x^2}$.

21. 设 $\bar{\boldsymbol{e}}_1,\bar{\boldsymbol{e}}_2,\cdots,\bar{\boldsymbol{e}}_n$ 为 $\mathbb{R}^n$ 中的规范正交基，$f(x_1,x_2,\cdots,x_n)$ 为可微函数，证明

$$\sum_{i=1}^{n}\left(\frac{\partial f}{\partial\bar{\boldsymbol{e}}_i}\right)^2=\sum_{i=1}^{n}\left(\frac{\partial f}{\partial x_i}\right)^2$$

22. 证明：在原点(0,0)处的充分小开邻域内，有：

(1)$(1+x)^m(1+y)^n\approx 1+mx+ny$；

(2)$\ln(1+x)(1+y)\approx xy$；

(3)$\arctan\dfrac{x+y}{1+xy}\approx x+y$.

23. 设 $z=\mathrm{e}^{xy}\sin(x+y)$.

(1)应用微分定义求 $\mathrm{d}z$；

(2)应用一阶微分形式不变性求 $\mathrm{d}z$，并由此导出 $\dfrac{\partial z}{\partial x}$ 与 $\dfrac{\partial z}{\partial y}$($z=\mathrm{e}^{u}\sin v$).

24. 设 $z=\dfrac{y}{f(x^2-y^2)}$，f 为可微函数，证明

$$\frac{1}{x}\frac{\partial z}{\partial x}+\frac{1}{y}\frac{\partial z}{\partial y}=\frac{z}{y^2}$$

25. 设 $z=\sin y+f(\sin x-\sin y)$，其中 f 为可微函数，证明

$$\frac{\partial z}{\partial x}\sec x+\frac{\partial z}{\partial y}\sec y=1$$

26. 设 $\boldsymbol{A}$ 为 $m\times n$ 实矩阵，$\boldsymbol{x}$ 为 $n\times 1$ 列向量，证明：$\|\boldsymbol{Ax}\|\leqslant\|\boldsymbol{A}\|\ \|\boldsymbol{x}\|$.

思考题 8.2

1. 设 $U\subset\mathbb{R}^n$ 为一凸集. 如果函数 $f:U\to\mathbb{R}^1$ 对一切 $\boldsymbol{x}^1,\boldsymbol{x}^2\in U$ 及 $\lambda\in(0,1)$，有

$$f(\lambda\boldsymbol{x}^1+(1-\lambda)\boldsymbol{x}^2)\leqslant\lambda f(\boldsymbol{x}^1)+(1-\lambda)f(\boldsymbol{x}^2)$$

则称 f 为 U 上的一个**凸函数**. 设函数 f 在凸区域 U 上可微，证明：f 在 U 上为凸函数等价于

$$f(\boldsymbol{x})-f(\boldsymbol{x}^0)\geqslant\boldsymbol{J}f(\boldsymbol{x}^0)(\boldsymbol{x}-\boldsymbol{x}^0),\quad\forall\,\boldsymbol{x},\boldsymbol{x}^0\in U$$

2. 设 $f(x,y)$ 为可微函数，证明：在坐标旋转变换

$$x=u\cos\theta-v\sin\theta,\quad y=u\sin\theta+v\cos\theta$$

之下，$(f'_x)^2+(f'_y)^2$ 是一个形式不变量，即若

$$g(u,v)=f(u\cos\theta-v\sin\theta,u\sin\theta+v\cos\theta)$$

则必有

$$(f'_x)^2+(f'_y)^2=(g'_u)^2+(g'_v)^2$$

其中转角 $\theta\in\mathbb{R}$ 为常数.

3. 设 $f(x,y,z)$ 具有性质 $f(tx,t^ky,t^mz)=t^nf(x,y,z)\ (t>0)$，证明：

(1) $f(x,y,z)=x^nf\left(1,\dfrac{y}{x^k},\dfrac{z}{x^m}\right)$；

(2) $xf'_x(x,y,z)+kyf'_y(x,y,z)+mzf'_z(x,y,z)=nf(x,y,z)$，

其中 f 为可微函数.

4. 设 $f(x_1,x_2,\cdots,x_n)$ 可微，$\boldsymbol{\varepsilon}$ 为 $\mathbb{R}^n$ 中的一个固定方向（单位向量）. 如果 $\dfrac{\partial f}{\partial\boldsymbol{\varepsilon}}(x_1,x_2,\cdots,x_n)\equiv 0$，试问：函数 f 有何特征？

5. 设 $f(x_1,x_2,\cdots,x_n)$ 为可微函数，$\boldsymbol{\varepsilon}_1,\boldsymbol{\varepsilon}_2,\cdots,\boldsymbol{\varepsilon}_n$ 为 $\mathbb{R}^n$ 中的一组线性无关的向量. 如果 $\dfrac{\partial f}{\partial\boldsymbol{\varepsilon}_i}(x_1,x_2,\cdots,x_n)\equiv 0$，证明：$f(x_1,x_2,\cdots,x_n)\equiv$ 常数.

6. 设 f 在点 $\boldsymbol{x}^0=(x_0,y_0)$ 处可微，且在 $\boldsymbol{x}^0$ 处给定了 n 个单位向量 $\boldsymbol{l}_i,i=1,$

$2,\cdots,n$,相邻两个向量之间的夹角为$\dfrac{2\pi}{n}$,证明

$$\sum_{i=1}^{n}\frac{\partial f}{\partial \boldsymbol{l}_i}(\boldsymbol{x}^0)=0$$

7. 设 $y=y(x_1,x_2,\cdots,x_n)$ 与 $x_i=x_i(u_1,u_2,\cdots,u_m)$ 均为可微函数,证明

$$\sum_{i=1}^{n}\frac{\partial y}{\partial x_i}\mathrm{d}x_i=\sum_{j=1}^{m}\frac{\partial y}{\partial u_j}\mathrm{d}u_j$$

即 $\mathrm{d}y=\sum\limits_{j=1}^{m}\dfrac{\partial y}{\partial u_j}\mathrm{d}u_j=\sum\limits_{i=1}^{n}\dfrac{\partial y}{\partial x_i}\mathrm{d}x_i$,称此为**一阶微分形式的不变性**.

8. 设 $f(x_1,x_2,\cdots,x_n)$ 与 $g(x_1,x_2,\cdots,x_n)$ 为 C^1 函数,证明:

(1) $\mathrm{d}(f+g)=\mathrm{d}f+\mathrm{d}g$;

(2) $\mathrm{d}(\lambda f)=\lambda\mathrm{d}f,\lambda\in\mathbb{R}$;

(3) $\mathrm{d}(fg)=f\mathrm{d}g+g\mathrm{d}f$;

(4) $\mathrm{d}\left(\dfrac{f}{g}\right)=\dfrac{g\mathrm{d}f-f\mathrm{d}g}{g^2}$,其中 $g(x_1,x_2,\cdots,x_n)$ 处处不为0.

9. $w=\mathrm{e}^v,v=\sin u,u=x^2+y^2,w=\mathrm{e}^{\sin(x^2+y^2)}$.

(1)由定义求 $\mathrm{d}w$;

(2)应用题7的方法求 $\mathrm{d}w$,并由此得到$\dfrac{\partial w}{\partial x},\dfrac{\partial w}{\partial y}$.

10. 设 $G_1(x,y,z),G_2(x,y,z),f(x,y)$ 都是可微的,且

$$g_i(x,y)=G_i(x,y,f(x,y)),\quad i=1,2$$

证明

$$\frac{\partial(g_1,g_2)}{\partial(x,y)}=\begin{vmatrix}-f'_x & -f'_y & 1\\ G'_{1x} & G'_{1y} & G'_{1z}\\ G'_{2x} & G'_{2y} & G'_{2z}\end{vmatrix}$$

11. 证明

$$f(x,y)=\begin{cases}(x^2+y^2)\sin\dfrac{1}{\sqrt{x^2+y^2}}, & x^2+y^2\neq 0\\ 0, & x=y=0\end{cases}$$

的偏导数在点(0,0)处均不连续,但它在点(0,0)处可微.

12. 证明

$$f(x,y)=\begin{cases}(x^2+y^2)\sin\dfrac{1}{x^2+y^2}, & x^2+y^2>0\\ 0, & x^2+y^2=0\end{cases}$$

在点(0,0)处连续,f 的偏导数 f'_x 与 f'_y 在点(0,0)处都不连续,且在点(0,0)的任何开邻域内无界,但它在点(0,0)处可微.

13. 证明

$$f(x,y)=\begin{cases}\dfrac{xy}{\sqrt{x^2+y^2}}, & x^2+y^2>0\\ 0, & x^2+y^2=0\end{cases}$$

在点(0,0)的某开邻域内连续且有有界的偏导数,但 f 在点(0,0)处不可微.

14. (Euler 定理)设 $U\subset\mathbb{R}^n$ 为开集,且 $\forall t>0$, $\forall \boldsymbol{x}=(x_1,x_2,\cdots,x_n)\in U$,必有 $t\boldsymbol{x}\in U$, $f:U\to\mathbb{R}^1$ 可微,则

$$f\text{ 为 }\alpha\text{ 次齐次函数}\Leftrightarrow\sum_{i=1}^{n}x_i f'_{x_i}=\alpha f$$

15. 设 $f(x_1,x_2,\cdots,x_n)$ 为可微分的 α 次齐次函数,证明:其偏导函数 $f'_{x_i}(x_1,x_2,\cdots,x_n)$ $(i=1,2,\cdots,n)$ 均为 $\alpha-1$ 次齐次函数.

16. (1)设 $f(x_1,x_2,\cdots,x_n)$ 为可微分两次的 α 次齐次函数,证明

$$\left(x_1\frac{\partial}{\partial x_1}+x_2\frac{\partial}{\partial x_2}+\cdots+x_n\frac{\partial}{\partial x_n}\right)^2 f=\alpha(\alpha-1)f$$

其中算子

$$\left(x_1\frac{\partial}{\partial x_1}+x_2\frac{\partial}{\partial x_2}+\cdots+x_n\frac{\partial}{\partial x_n}\right)^2=\sum_{i,j=1}^{n}x_ix_j\frac{\partial^2}{\partial x_i\partial x_j}$$

(2)设 $f(x_1,x_2,\cdots,x_n)$ 为可微分 m 次的 α 次齐次函数,证明

$$\left(x_1\frac{\partial}{\partial x_1}+x_2\frac{\partial}{\partial x_2}+\cdots+x_n\frac{\partial}{\partial x_n}\right)^m f=\alpha(\alpha-1)\cdots(\alpha-m+1)f$$

其中

$$\left(x_1\frac{\partial}{\partial x_1}+x_2\frac{\partial}{\partial x_2}+\cdots+x_n\frac{\partial}{\partial x_n}\right)^m=\sum_{r_1+r_2+\cdots+r_n=m}\frac{m!}{r_1!\ \cdots r_n!}x_1^{r_1}x_2^{r_2}\cdots x_n^{r_n}\frac{\partial^m}{\partial x_1^{r_1}\partial x_2^{r_2}\cdots\partial x_n^{r_n}}$$

17. 设 $f(x,y)=\varphi(|xy|)$,其中 $\varphi(0)=0$,在 $u=0$ 的附近满足 $|\varphi(u)|\leqslant u^2$,试证:$f(x,y)$ 在点(0,0)处可微.

8.3 Taylor 公式

设$f:(x_0-\delta,x_0+\delta)\to\mathbb{R}^1$，$y=f(x)$为一元函数，如果$f$在$x_0$有直到$m$阶导数，则$\forall x\in(x_0-\delta,x_0+\delta)$，已证 Peano 余项的 Taylor 公式

$$f(x)=\sum_{k=0}^{m}\frac{f^{(k)}(x_0)}{k!}(x-x_0)^k+o((x-x_0)^m)$$

如果f在$(x_0-\delta,x_0+\delta)$内有$m+1$阶导数，则有 Lagrange 余项的 Taylor 公式

$$f(x)=\sum_{k=0}^{m}\frac{f^{(k)}(x_0)}{k!}(x-x_0)^k+\frac{1}{(m+1)!}f^{(m+1)}(\xi)(x-x_0)^{m+1}$$

$$x\in(x_0-\delta,x_0+\delta)$$

其中ξ介于x_0与x之间.

现考虑n元函数的 Taylor 公式.

定理 8.3.1（n元 Lagrange 型余项的 Taylor 公式） 设$U\subset\mathbb{R}^n$为凸区域，$f:U\to\mathbb{R}^1$具有$m+1$阶连续偏导数，$\boldsymbol{x}^0=(x_1^0,x_2^0,\cdots,x_n^0)\in U$，$\boldsymbol{x}=(x_1,x_2,\cdots,x_n)\in U$，$\exists\boldsymbol{\xi}\in\overline{\boldsymbol{x}^0\boldsymbol{x}}$（$\boldsymbol{x}^0$与$\boldsymbol{x}$的连线），s.t.

$$\begin{aligned}f(\boldsymbol{x})=f(\boldsymbol{x}^0)+\sum_{k=1}^{m}\frac{1}{k!}\sum_{i_1,i_2,\cdots,i_k=1}^{n}\frac{\partial^k f}{\partial x_{i_1}\partial x_{i_2}\cdots\partial x_{i_k}}(\boldsymbol{x}^0)\cdot\\(x_{i_1}-x_{i_1}^0)(x_{i_2}-x_{i_2}^0)\cdots(x_{i_k}-x_{i_k}^0)+\\\frac{1}{(m+1)!}\sum_{i_1,i_2,\cdots,i_{m+1}=1}^{n}\frac{\partial^{m+1}f}{\partial x_{i_1}\partial x_{i_2}\cdots\partial x_{i_{m+1}}}(\boldsymbol{\xi})\cdot\\(x_{i_1}-x_{i_1}^0)(x_{i_2}-x_{i_2}^0)\cdots(x_{i_{m+1}}-x_{i_{m+1}}^0)\end{aligned}$$

或

$$\begin{aligned}f(\boldsymbol{x})=f(\boldsymbol{x}^0)+\sum_{k=1}^{m}\frac{1}{k!}\left(\sum_{i=1}^{n}(x_i-x_i^0)\frac{\partial}{\partial x_i}\right)^k f(\boldsymbol{x}^0)+\\\frac{1}{(m+1)!}\left(\sum_{i=1}^{n}(x_i-x_i^0)\frac{\partial}{\partial x_i}\right)^{m+1}f(\boldsymbol{\xi})\end{aligned}$$

证明 令$\varphi(t)=f((1-t)\boldsymbol{x}^0+t\boldsymbol{x})$，$t\in[0,1]$，显然$\varphi\in C^{m+1}([0,1],\mathbb{R}^1)$，且

$$\varphi(0)=f(\boldsymbol{x}^0),\quad \varphi(1)=f(\boldsymbol{x})$$

$$\varphi'(t)=\sum_{i_1=1}^{n}\frac{\partial f}{\partial x_{i_1}}((1-t)\boldsymbol{x}^0+t\boldsymbol{x})(x_{i_1}-x_{i_1}^0)$$

$$\varphi''(t)=\sum_{i_1,i_2=1}^{n}\frac{\partial^2 f}{\partial x_{i_1}\partial x_{i_2}}((1-t)\boldsymbol{x}^0+t\boldsymbol{x})(x_{i_1}-x_{i_1}^0)(x_{i_2}-x_{i_2}^0)$$

$$\vdots$$

$$\varphi^{(k)}(t)=\sum_{i_1,i_2,\cdots,i_k=1}^{n}\frac{\partial^k f}{\partial x_{i_1}\partial x_{i_2}\cdots\partial x_{i_k}}((1-t)\boldsymbol{x}^0+t\boldsymbol{x})(x_{i_1}-x_{i_1}^0)\cdots(x_{i_k}-x_{i_k}^0)$$

$$k=1,2,\cdots,m+1$$

将 $t=0$ 代入以上公式后得

$$\varphi'(0)=\sum_{i_1=1}^{n}\frac{\partial f}{\partial x_{i_1}}(\boldsymbol{x}^0)(x_{i_1}-x_{i_1}^0)=\left[\sum_{i=1}^{n}(x_i-x_i^0)\frac{\partial}{\partial x_i}\right]f(\boldsymbol{x}^0)$$

$$\varphi''(0)=\sum_{i_1,i_2=1}^{n}\frac{\partial^2 f}{\partial x_{i_1}\partial x_{i_2}}(\boldsymbol{x}^0)(x_{i_1}-x_{i_1}^0)(x_{i_2}-x_{i_2}^0)$$

$$=\left[\sum_{i=1}^{n}(x_i-x_i^0)\frac{\partial}{\partial x_i}\right]^2 f(\boldsymbol{x}^0)$$

$$\vdots$$

$$\varphi^{(k)}(0)=\sum_{i_1,i_2,\cdots,i_k=1}^{n}\frac{\partial^k f}{\partial x_{i_1}\partial x_{i_2}\cdots\partial x_{i_k}}(\boldsymbol{x}^0)(x_{i_1}-x_{i_1}^0)(x_{i_2}-x_{i_2}^0)\cdots(x_{i_k}-x_{i_k}^0)$$

$$=\left[\sum_{i=1}^{n}(x_i-x_i^0)\frac{\partial}{\partial x_i}\right]^k f(\boldsymbol{x}^0)$$

$$\vdots$$

$$\varphi^{(m+1)}(\theta)=\sum_{i_1,i_2,\cdots,i_{m+1}=1}^{n}\frac{\partial^{m+1} f}{\partial x_{i_1}\partial x_{i_2}\cdots\partial x_{i_{m+1}}}((1-\theta)\boldsymbol{x}^0+\theta\boldsymbol{x})\cdot$$

$$(x_{i_1}-x_{i_1}^0)(x_{i_2}-x_{i_2}^0)\cdots(x_{i_{m+1}}-x_{i_{m+1}}^0)$$

$$=\left[\sum_{i=1}^{n}(x_i-x_i^0)\frac{\partial}{\partial x_i}\right]^{m+1} f(\boldsymbol{\xi})$$

$$\theta\in(0,1),\quad \boldsymbol{\xi}=(1-\theta)\boldsymbol{x}^0+\theta\boldsymbol{x}$$

于是,将一元函数的 Lagrange 余项的 Taylor 公式用到 φ 上得到

$$\varphi(1)=\varphi(0)+\sum_{k=1}^{m}\frac{\varphi^{(k)}(0)}{k!}(1-0)^k+\frac{\varphi^{(m+1)}(\theta)}{(m+1)!}(1-0)^{m+1},\quad \theta\in(0,1)$$

即

$$f(\boldsymbol{x})=f(\boldsymbol{x}^0)+\sum_{k=1}^{m}\frac{1}{k!}\sum_{i_1,i_2,\cdots,i_k=1}^{n}\frac{\partial^k f}{\partial x_{i_1}\partial x_{i_2}\cdots\partial x_{i_k}}(\boldsymbol{x}^0)\cdot$$

$$(x_{i_1}-x_{i_1}^0)(x_{i_2}-x_{i_2}^0)\cdots(x_{i_k}-x_{i_k}^0)+$$
$$\frac{1}{(m+1)!}\sum_{i_1,i_2,\cdots,i_{m+1}=1}^{n}\frac{\partial^{m+1}f}{\partial x_{i_1}\partial x_{i_2}\cdots\partial x_{i_{m+1}}}(\boldsymbol{\xi})\cdot$$
$$(x_{i_1}-x_{i_1}^0)(x_{i_2}-x_{i_2}^0)\cdots(x_{i_{m+1}}-x_{i_{m+1}}^0)$$

或者

$$f(\boldsymbol{x})=f(\boldsymbol{x}^0)+\sum_{k=1}^{m}\frac{1}{k!}\left[\sum_{i=1}^{n}(x_i-x_i^0)\frac{\partial}{\partial x_i}\right]^k f(\boldsymbol{x}^0)+$$
$$\frac{1}{(m+1)!}\left[\sum_{i=1}^{n}(x_i-x_i^0)\frac{\partial}{\partial x_i}\right]^{m+1}f(\boldsymbol{\xi})$$

在应用时,特别重要的是 Taylor 公式的前三项,具体表达如下:

$$f(\boldsymbol{x})=f(\boldsymbol{x}^0)+\boldsymbol{J}f(\boldsymbol{x}^0)\begin{pmatrix}x_1-x_1^0\\ \vdots\\ x_n-x_n^0\end{pmatrix}+$$
$$\frac{1}{2!}(x_1-x_1^0,x_2-x_2^0,\cdots,x_n-x_n^0)\begin{pmatrix}\dfrac{\partial^2 f}{\partial x_1^2} & \cdots & \dfrac{\partial^2 f}{\partial x_1\partial x_n}\\ \vdots & & \vdots\\ \dfrac{\partial^2 f}{\partial x_n\partial x_1} & \cdots & \dfrac{\partial^2 f}{\partial x_n^2}\end{pmatrix}_{\boldsymbol{x}^0}\begin{pmatrix}x_1-x_1^0\\ \vdots\\ x_n-x_n^0\end{pmatrix}+\cdots$$

其中方阵

$$\boldsymbol{H}f(\boldsymbol{x}^0)=\begin{pmatrix}\dfrac{\partial^2 f}{\partial x_1^2} & \cdots & \dfrac{\partial^2 f}{\partial x_1\partial x_n}\\ \vdots & & \vdots\\ \dfrac{\partial^2 f}{\partial x_n\partial x_1} & \cdots & \dfrac{\partial^2 f}{\partial x_n^2}\end{pmatrix}_{\boldsymbol{x}^0}$$

称为函数 f 的 **Hesse 矩阵**,它是一个 n 阶对称方阵(满足 $\boldsymbol{A}^{\mathrm{T}}=\boldsymbol{A}$ 的方阵 $\boldsymbol{A}$ 称为**对称方阵**,即 $a_{ji}=a_{ij}$).

定理 8.3.2(n 元 Peano 型余项的 Taylor 公式) 设 f 在 $\boldsymbol{x}^0\in\mathbb{R}^n$ 的某开邻域 $U\subset\mathbb{R}^n$ 内具有 $m+1$ 阶连续偏导数,则有

$$f(\boldsymbol{x})=f(\boldsymbol{x}^0)+\sum_{k=1}^{m}\frac{1}{k!}\sum_{i_1,i_2,\cdots,i_k=1}^{n}\frac{\partial^k f}{\partial x_{i_1}\partial x_{i_2}\cdots\partial x_{i_k}}(\boldsymbol{x}^0)\cdot$$
$$(x_{i_1}-x_{i_1}^0)(x_{i_2}-x_{i_2}^0)\cdots(x_{i_k}-x_{i_k}^0)+R_m(\boldsymbol{x}-\boldsymbol{x}^0)$$

其中 $R_m(\boldsymbol{x}-\boldsymbol{x}^0)=O(\|\boldsymbol{x}-\boldsymbol{x}^0\|^{m+1})$ 或 $o(\|\boldsymbol{x}-\boldsymbol{x}^0\|^m)$，$\|\boldsymbol{x}-\boldsymbol{x}^0\|\to 0$.

证明　因为 U 为 $\boldsymbol{x}^0$ 的开邻域，所以 $\exists\delta>0$，满足闭球 $\overline{B(\boldsymbol{x}^0;\delta)}\subset U$. 又因 f 的所有 $m+1$ 阶偏导数在紧致集 $\overline{B(\boldsymbol{x}^0;\delta)}$ 上连续，根据连续函数的最值定理，$\exists M>0$，s. t.

$$M>\max_{\boldsymbol{x}\in\overline{B(\boldsymbol{x}^0;\delta)}}\left\{\left|\frac{\partial^{m+1}f}{\partial x_{i_1}\partial x_{i_2}\cdots\partial x_{i_{m+1}}}(\boldsymbol{x})\right|\middle|1\leqslant i_1,i_2,\cdots,i_{m+1}\leqslant n\right\}$$

于是

$$\begin{aligned}
&|R_m(\boldsymbol{x}-\boldsymbol{x}^0)|\\
=&\frac{1}{(m+1)!}\left|\sum_{i_1,i_2,\cdots,i_{m+1}=1}^{n}\frac{\partial^{m+1}f}{\partial x_{i_1}\partial x_{i_2}\cdots\partial x_{i_{m+1}}}(\boldsymbol{\xi})(x_{i_1}-x_{i_1}^0)(x_{i_2}-x_{i_2}^0)\cdots(x_{i_{m+1}}-x_{i_{m+1}}^0)\right|\\
\leqslant&\frac{M}{(m+1)!}\Big(\sum_{i=1}^{n}|x_i-x_i^0|\Big)^{m+1}\\
\leqslant&\frac{M}{(m+1)!}(n\|\boldsymbol{x}-\boldsymbol{x}^0\|)^{m+1}\\
=&\frac{Mn^{m+1}}{(m+1)!}(\|\boldsymbol{x}-\boldsymbol{x}^0\|)^{m+1}.
\end{aligned}$$

$$\left|\frac{R_m(\boldsymbol{x}-\boldsymbol{x}^0)}{(\|\boldsymbol{x}-\boldsymbol{x}^0\|)^{m+1}}\right|\leqslant\frac{Mn^{m+1}}{(m+1)!},\quad \boldsymbol{x}\in\overline{B(\boldsymbol{x}^0;\delta)}\setminus\{\boldsymbol{x}^0\};$$

$$\left|\frac{R_m(\boldsymbol{x}-\boldsymbol{x}^0)}{(\|\boldsymbol{x}-\boldsymbol{x}^0\|)^{m}}\right|\leqslant\frac{Mn^{m+1}}{(m+1)!}\|\boldsymbol{x}-\boldsymbol{x}^0\|\to 0,\quad \|\boldsymbol{x}-\boldsymbol{x}^0\|\to 0$$

这就证明了 $R_m(\boldsymbol{x}-\boldsymbol{x}^0)=O(\|\boldsymbol{x}-\boldsymbol{x}^0\|^{m+1})$ 或 $o(\|\boldsymbol{x}-\boldsymbol{x}^0\|^m)$，$\|x-x^0\|\to 0$.

为了与一元函数一样能用各种方法作 Taylor 展开，我们必须将定理 4. 1. 1 推广到 n 元情形，即证明 n 元 Peano 型 Taylor 展开的唯一性.

定理 8. 3. 3（n 元 Peano 型余项 Taylor 展开的唯一性）　设

$$\begin{aligned}
f(\boldsymbol{x})=&\sum_{i_1,i_2,\cdots,i_k=1}^{m}a_{i_1i_2\cdots i_k}(x_{i_1}-x_{i_1}^0)(x_{i_2}-x_{i_2}^0)\cdots(x_{i_k}-x_{i_k}^0)+\\
&o(\|\boldsymbol{x}-\boldsymbol{x}^0\|^m),\quad \|\boldsymbol{x}-\boldsymbol{x}^0\|\to 0\\
f(\boldsymbol{x})=&\sum_{i_1,i_2,\cdots,i_k=1}^{m}b_{i_1i_2\cdots i_k}(x_{i_1}-x_{i_1}^0)(x_{i_2}-x_{i_2}^0)\cdots(x_{i_k}-x_{i_k}^0)+\\
&o(\|\boldsymbol{x}-\boldsymbol{x}^0\|^m),\quad \|\boldsymbol{x}-\boldsymbol{x}^0\|\to 0
\end{aligned}$$

则 $a_{i_1i_2\cdots i_k}=b_{i_1i_2\cdots i_k}$，$i=0,1,2,\cdots,m$.

证明　为了对 n 便于归纳证明，我们将上面两式用另一种方式表达

$$f(\boldsymbol{x})=\sum_{k=0}^{m}\sum_{i_1+i_2+\cdots+i_n=k}a_{i_1i_2\cdots i_n}(x_1-x_1^0)^{i_1}(x_2-x_2^0)^{i_2}\cdots(x_n-x_n^0)^{i_n}+o(\|\boldsymbol{x}-\boldsymbol{x}^0\|^m),\quad \|\boldsymbol{x}-\boldsymbol{x}^0\|\to 0$$

$$f(\boldsymbol{x})=\sum_{k=0}^{m}\sum_{i_1+i_2+\cdots+i_n=k}b_{i_1i_2\cdots i_n}(x_1-x_1^0)^{i_1}(x_2-x_2^0)^{i_2}\cdots(x_n-x_n^0)^{i_n}+o(\|\boldsymbol{x}-\boldsymbol{x}^0\|^m),\quad \|\boldsymbol{x}-\boldsymbol{x}^0\|\to 0$$

(归纳法)当 $n=1$ 时,定理4.1.1已证明.

假设 $n-1$ 时,唯一性定理已成立,则当 n 时,将上面两式相减整理即得

$$\lim_{\|\boldsymbol{x}-\boldsymbol{x}^0\|\to 0}\frac{\sum\limits_{k=0}^{m}\sum\limits_{i_1+i_2+\cdots+i_n=k}(a_{i_1i_2\cdots i_n}-b_{i_1i_2\cdots i_n})(x_1-x_1^0)^{i_1}(x_2-x_2^0)^{i_2}\cdots(x_n-x_n^0)^{i_n}}{\|\boldsymbol{x}-\boldsymbol{x}^0\|^m}=0$$

取定 $\delta_1,\delta_2,\cdots,\delta_{n-1}$,令 $\boldsymbol{\delta}=(\delta_1,\delta_2,\cdots,\delta_{n-1},1)$,$\boldsymbol{x}-\boldsymbol{x}^0=\boldsymbol{\delta}(x_n-x_n^0)$,则有

$$\lim_{\substack{\boldsymbol{\delta}(x_n-x_n^0)\to 0\\ x_n-x_n^0\neq 0}}\frac{\sum\limits_{k=0}^{m}\Big[\sum\limits_{i_1+i_2+\cdots+i_n=k}(a_{i_1i_2\cdots i_n}-b_{i_1i_2\cdots i_n})\delta_1^{i_1}\delta_2^{i_2}\cdots\delta_{n-1}^{i_{n-1}}\Big](x_n-x_n^0)^k}{(\sqrt{1+\delta_1^2+\delta_2^2+\cdots+\delta_{n-1}^2})^m|x_n-x_n^0|^m}=0$$

根据 $n=1$ 时定理成立得到

$$\sum_{i_1+i_2+\cdots+i_{n-1}=k-i_n}(a_{i_1i_2\cdots i_n}-b_{i_1i_2\cdots i_n})\delta_1^{i_1}\delta_2^{i_2}\cdots\delta_{n-1}^{i_{n-1}}=0$$

再由 $\delta_1,\delta_2,\cdots,\delta_{n-1}$ 任取及定理对 $n-1$ 成立知

$$a_{i_1i_2\cdots i_n}-b_{i_1i_2\cdots i_n}=0,\quad i_1,i_2,\cdots,i_n=0,1,2,\cdots,m$$

例8.3.1 求 $f(x,y)=2x^2-3xy+y^2-x+y-1$ 在 $(0,0)$ 与 $(1,-1)$ 处的Taylor展开式.

解法1 由 $f(0,0)=-1$,$f'_x(0,0)=(4x-3y-1)|_{(0,0)}=-1$,$f'_y(0,0)=(-3x+2y+1)|_{(0,0)}=1$,$f''_{xx}(0,0)=4$,$f''_{xy}(0,0)=-3=f''_{yx}(0,0)$,$f''_{yy}(0,0)=2$ 及三阶以上的偏导数全为零,故 f 在点 $(0,0)$ 处的Taylor展开式为

$$\begin{aligned}f(x,y)&=2x^2-3xy+y^2-x+y-1\\&=-1-(x-0)+(y-0)+\\&\quad\frac{1}{2!}[4(x-0)^2+2(-3)xy+2y^2]\\&=-1-x+y+2x^2-3xy+y^2\end{aligned}$$

$$f(1,-1)=3,\quad f'_x(1,-1)=(4x-3y-1)|_{(1,-1)}=6$$

$$f'_y(1,-1)=(-3x+2y+1)|_{(1,-1)}=-4$$

$$f''_{xx}(1,-1)=4,\quad f''_{xy}(1,-1)=-3=f''_{yx}(1,-1),\quad f''_{yy}(1,-1)=2$$

及三阶以上的偏导数全为零,故 f 在点 $(1,-1)$ 处的 Taylor 展开式为

$$\begin{aligned}f(x,y)&=3+6(x-1)-4(y+1)+\frac{1}{2!}[4(x-1)^2-\\&\quad 6(x-1)(y+1)+2(y+1)^2]\\&=3+6(x-1)-4(y+1)+2(x-1)^2-\\&\quad 3(x-1)(y+1)+(y+1)^2\end{aligned}$$

解法 2　在点 $(0,0)$ 处不必凑,只需按幂次从小到大排列,即

$$\begin{aligned}f(x,y)&=2x^2-3xy+y^2-x+y-1\\&=-1-x+y+2x^2-3xy+y^2\end{aligned}$$

在点 $(1,-1)$ 处,从高幂次往低幂次凑,然后再从低幂次往高幂次重新排列,我们有

$$\begin{aligned}f(x,y)&=2x^2-3xy+y^2-x+y-1\\&=2(x-1)^2-3(x-1)(y+1)+(y+1)^2+\\&\quad 4x-2+3x-3y-3-2y-1-x+y-1\\&=2(x-1)^2-3(x-1)(y+1)+(y+1)^2+6x-4y-7\\&=3+6(x-1)-4(y+1)+2(x-1)^2-\\&\quad 3(x-1)(y+1)+(y+1)^2\end{aligned}$$

例 8.3.2　将 $\sin(x^2+y^2)$ 在点 $(0,0)$ 处作 Taylor 展开到 6 次幂.

解法 1　令 $u=x^2+y^2$,因为 $\sin u=u-\dfrac{u^3}{3!}+o(u^4)$,所以

$$\begin{aligned}\sin(x^2+y^2)&=(x^2+y^2)-\frac{1}{3!}(x^2+y^2)^3+o((x^2+y^2)^4)\\&=x^2+y^2-\frac{1}{6}(x^6+3x^4y^2+3x^2y^4+y^6)+o((x^2+y^2)^4)\end{aligned}$$

解法 2

$$f(x,y)=\sin(x^2+y^2),\quad f(0,0)=0$$

$$f'_x(0,0)=2x\cos(x^2+y^2)|_{(0,0)}=0$$

$$f'_y(0,0)=2y\cos(x^2+y^2)|_{(0,0)}=0$$

$$f''_{xx}(0,0)=[2\cos(x^2+y^2)-4x^2\sin(x^2+y^2)]|_{(0,0)}=2$$

$$f''_{xy}(0,0)=-4xy\sin(x^2+y^2)|_{(0,0)}=0=f''_{yx}(0,0)$$

$$f''_{yy}(0,0)=[2\cos(x^2+y^2)-4y^2\sin(x^2+y^2)]|_{(0,0)}=2$$

$$\vdots$$

由二元函数的 Taylor 公式得到

$$\sin(x^2+y^2)=\frac{1}{2!}(2x^2+2y^2)+\cdots$$
$$=x^2+y^2-\frac{1}{6}(x^6+3x^4y^2+3x^2y^4+y^6)+o((x^2+y^2)^3)$$

例 8.3.3 将 e^{x+y} 在点(0,0)处作 Taylor 展开到 4 次幂.

解法 1 $e^{x+y}=1+(x+y)+\frac{1}{2!}(x+y)^2+\frac{1}{3!}(x+y)^3+$

$$\frac{1}{4!}(x+y)^4+o((x+y)^4)$$
$$=1+(x+y)+\frac{1}{2}(x^2+2xy+y^2)+\frac{1}{6}(x^3+3x^2y+3xy^2+y^3)+$$
$$\frac{1}{24}(x^4+4x^3y+6x^2y^2+4xy^3+y^4)+o((x^2+y^2)^2)$$

解法 2 $e^{x+y}=e^xe^y$

$$=\left(1+x+\frac{x^2}{2!}+\frac{x^3}{3!}+\frac{x^4}{4!}+o(x^4)\right)\left(1+y+\frac{y^2}{2!}+\frac{y^3}{3!}+\frac{y^4}{4!}+o(y^4)\right)$$
$$=1+(x+y)+\frac{1}{2}(x^2+2xy+y^2)+\frac{1}{6}(x^3+3x^2y+3xy^2+y^3)+$$
$$\frac{1}{24}(x^4+4x^3y+6x^2y^2+4xy^3+y^4)+o((x^2+y^2)^2)$$

解法 3 显然,$f(0,0)=e^{x+y}|_{(0,0)}=1$,$\frac{\partial^k f}{\partial x_{i_1}\partial x_{i_2}\cdots\partial x_{i_k}}(0,0)=e^{x+y}|_{(0,0)}=1$.

于是,根据二元函数的 Taylor 公式有

$$e^{x+y}=1+(x+y)+\frac{1}{2}(x^2+2xy+y^2)+\frac{1}{6}(x^3+3x^2y+3xy^2+y^3)+$$
$$\frac{1}{24}(x^4+4x^3y+6x^2y^2+4xy^3+y^4)+o((x^2+y^2)^2)$$

例 8.3.4 证明:当$|x|$,$|y|$充分小时,有

$$\frac{\cos x}{\cos y}\approx 1-\frac{1}{2}(x^2-y^2)$$

证法 1 令 $f(x,y)=\frac{\cos x}{\cos y}$,则 $f(0,0)=1$,且

$$f'_x(0,0)=\left.\frac{-\sin x}{\cos y}\right|_{(0,0)}=0,\quad f'_y(0,0)=\left.\frac{\cos x}{\cos^2 y}\sin y\right|_{(0,0)}=0$$

$$f''_{xx}(0,0)=\left.\frac{-\cos x}{\cos y}\right|_{(0,0)}=-1,\quad f''_{xy}(0,0)=\left.\frac{-\sin x\sin y}{\cos^2 y}\right|_{(0,0)}=0=f''_{yx}(0,0)$$

$$f''_{yy}(0,0)=\cos x\left.\frac{\cos y\cos^2 y-\sin y\cdot 2\cos y(-\sin y)}{\cos^4 y}\right|_{(0,0)}=1$$

再应用二元函数的 Taylor 公式，有

$$\frac{\cos x}{\cos y}\approx 1-\frac{1}{2}(x^2-y^2)$$

证法 2　(待定系数法)令

$$\frac{\cos x}{\cos y}=a_1+a_2x+a_3y+a_4x^2+a_5xy+a_6y^2+o(x^2+y^2)$$

$$1-\frac{x^2}{2}+o(x^2+y^2)$$

$$=(a_1+a_2x+a_3y+a_4x^2+a_5xy+a_6y^2)\left(1-\frac{y^2}{2}+o(x^2+y^2)\right)+o(x^2+y^2)$$

$$=a_1+a_2x+a_3y+a_4x^2+a_5xy+\left(a_6-\frac{a_1}{2}\right)y^2+o(x^2+y^2)$$

比较两边 x 与 y 同幂次的系数得到

$$a_1=1,\quad a_2=a_3=0,\quad a_4=\frac{1}{2},\quad a_5=0,\quad a_6-\frac{a_1}{2}=0$$

即

$$a_6=\frac{a_1}{2}=\frac{1}{2}$$

于是

$$\frac{\cos x}{\cos y}=1-\frac{1}{2}x^2+\frac{1}{2}y^2+o(x^2+y^2)\approx 1-\frac{1}{2}(x^2-y^2)$$

练习题 8.3

1. 将下列多项式在指定点处展开成 Taylor 多项式：

(1)$f(x,y)=2x^2-xy-y^2-6x-3y+5$，在点$(1,-2)$处；

(2)$f(x,y)=x^3+y^3+z^3-3xyz$，在点$(1,1,1)$处；

(3)$f(x,y)=\sin(x^2+y^2)$，在点$(0,0)$处(到 2 次幂为止)；

(4) $f(x,y)=\frac{x}{y}$,在点(1,1)处(到3次幂为止);

(5) $f(x,y)=\ln(1+x+y)$,在点(0,0)处(到3次幂为止).

2. 将 x^y 在点(1,1)处作 Taylor 展开到2次幂.

3. 考察二次多项式

$$f(x,y,z)=(x\quad y\quad z)\begin{pmatrix}A & D & F\\ D & B & E\\ F & E & C\end{pmatrix}\begin{pmatrix}x\\ y\\ z\end{pmatrix}$$

试将 $f(x+\Delta x,y+\Delta y,z+\Delta z)$ 按 $\Delta x,\Delta y,\Delta z$ 的正整数幂展开.

4. 根据 Maclaurin 公式展开函数

$$f(x,y)=\sqrt{1-x^2-y^2}$$

到4次幂.

5. 当 $|x|,|y|,|z|$ 很小时,证明:

$$\cos(x+y+z)-\cos x\cos y\cos z\approx -(xy+xz+yz)$$

6. 将函数 $f(x,y)=\int_0^1(1+x)^{t^2y}\mathrm{d}t$ 在点(0,0)处作 Taylor 展开到3次幂.

8.4 隐射(隐函数)与逆射(反函数)定理

记 $F(\boldsymbol{x},y)$ 为 $n+1$ 元函数,其中 $\boldsymbol{x}=(x_1,x_2,\cdots,x_n)$. 于是,方程

$$\{(\boldsymbol{x},y)\mid F(\boldsymbol{x},y)=0\}$$

确定了 $\mathbb{R}^{n+1}$ 中的一个点集. 问:当 F 满足什么条件时,$F(\boldsymbol{x},y)=0$ 才能确定一个隐函数 $y=f(\boldsymbol{x})$,且这个隐函数是 C^k 的?

定理 8.4.1(隐函数存在定理) 记 $U\subset\mathbb{R}^{n+1}$ 为开集,$F:U\to\mathbb{R}^1$ 为 $n+1$ 元函数. 如果:

(1°) $F\in C^k(U,\mathbb{R}^1)$,$1\leqslant k\leqslant+\infty$;

(2°) $F(\boldsymbol{x}^0,y^0)=0$,其中 $\boldsymbol{x}^0=(x_1^0,x_2^0,\cdots,x_n^0)\in\mathbb{R}^n$,$y_0^0\in\mathbb{R}$,$(\boldsymbol{x}^0,y^0)\in U$(即方程 $F(\boldsymbol{x},y)=0$ 有解 $(\boldsymbol{x}^0,y^0)$);

(3°) $F_y'(\boldsymbol{x}^0,y^0)\neq 0$,

则存在含 $(\boldsymbol{x}^0,y^0)$ 的开区间 $I\times J$(I 为 $\boldsymbol{x}^0$ 在 $\mathbb{R}^n$ 中的一个开区间,J 为 $\mathbb{R}^1$ 中含 y^0 的

一个开区间),如图 8.4.1 所示,使得:

(1) $\forall \boldsymbol{x}\in I$,方程 $F(\boldsymbol{x},y)=0$ 在 J 中有唯一解 $y=f(\boldsymbol{x})$,$f:I\to J$ 为 n 元函数(称 f 为**隐函数**——隐藏在方程 $F(\boldsymbol{x},f(\boldsymbol{x}))=0$ 中,但未必有明显的表达式);

(2) $y^0=f(\boldsymbol{x}^0)$;

(3) $f\in C^k(I,\mathbb{R}^1)$;

(4) 当 $\boldsymbol{x}\in I$ 时,$\dfrac{\partial f}{\partial x_i}=\dfrac{\partial y}{\partial x_i}=-\dfrac{F'_{x_i}(\boldsymbol{x},y)}{F'_y(\boldsymbol{x},y)}$,$i=1,2,\cdots,n$,其中 $y=f(\boldsymbol{x})$.

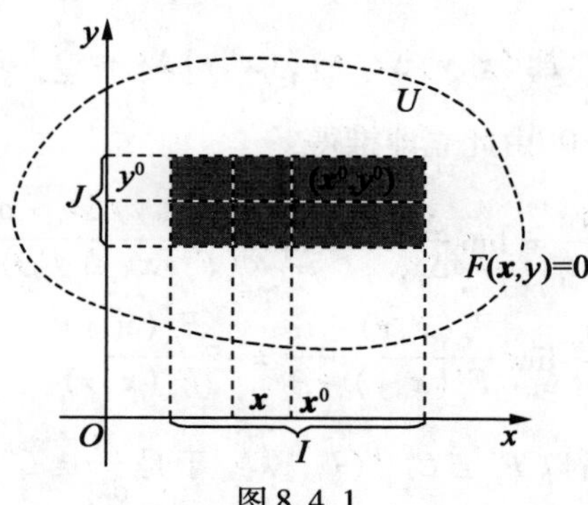

图 8.4.1

证明　(1) 由条件(3°),不妨设 $F'_y(\boldsymbol{x}^0,y^0)>0$,根据条件(1°),存在含 $(\boldsymbol{x}^0,y^0)$ 的开区间 $I_0\times J\subset U$,$F'_y|_{I_0\times J}>0$. 于是,$\forall \boldsymbol{x}\in I_0$,$F(\boldsymbol{x},\cdot)$ 在 J 上严格增加. 设 $J=(c,d)$,则由(2°),必有 $F(\boldsymbol{x}^0,c)<0$,$F(\boldsymbol{x}^0,d)>0$. 再由(1°),$F\in C^k(U,\mathbb{R}^1)$,故 F 连续. 因此,存在含 $\boldsymbol{x}^0$ 的开区间 $I\subset I_0$,当 $\boldsymbol{x}\in I$ 时,$F(\boldsymbol{x},c)<0$,$F(\boldsymbol{x},d)>0$. 所以,$\forall \boldsymbol{x}\in I$,$\exists_1 y\in(c,d)$,s. t. $y=f(\boldsymbol{x})$,且 $F(\boldsymbol{x},f(\boldsymbol{x}))=F(\boldsymbol{x},y)=0$(图 8.4.1).

(2) 由(2°)得到 $y^0=f(\boldsymbol{x}^0)$.

为证(3)与(4),先证 f 在 I 上连续.

$\forall \boldsymbol{x}^1\in I$,设 $y^1=f(\boldsymbol{x}^1)$,$(\boldsymbol{x}^1,y^1)\in I\times J$. 因为 $F(\boldsymbol{x}^1,y^1)=0$,$F'_y(\boldsymbol{x}^1,y^1)>0$,所以$(\boldsymbol{x}^1,y^1)$与$(\boldsymbol{x}^0,y^0)$满足相同的条件. 于是,由前面所证知,$\exists I_1\times J_1\subset I\times J$,s. t. $(\boldsymbol{x}^1,y^1)\in I_1\times J_1$,且当 $\boldsymbol{x}\in I_1$ 时,$F(\boldsymbol{x},y)=0$ 在 J_1 中有唯一解 $y=g(\boldsymbol{x})$,且 $y^1=g(\boldsymbol{x}^1)$.

$\forall \varepsilon>0$,可取 $J_1=(y^1-\varepsilon,y^1+\varepsilon)$. 于是,当 $\boldsymbol{x}\in I_1$ 时,有

$$y^1-\varepsilon=g(\boldsymbol{x}^1)-\varepsilon<g(\boldsymbol{x})<g(\boldsymbol{x}^1)+\varepsilon=y^1+\varepsilon$$

然而,由唯一性知,在 I_1 上,$g=f$. 这就证明了 f 在 $\boldsymbol{x}^1$ 处连续. 又因 $\boldsymbol{x}^1\in I$ 是任取的,故 f 在 I 上连续.

设 $\boldsymbol{x}\in I$,取 $\Delta\boldsymbol{x}$ 充分小,使 $\boldsymbol{x}+\Delta\boldsymbol{x}\in I$. 记 $y=f(\boldsymbol{x})$,$\Delta y=f(\boldsymbol{x}+\Delta\boldsymbol{x})-f(\boldsymbol{x})$. 因为 f 连续,所以当 $\Delta\boldsymbol{x}\to 0$ 时,$\Delta y\to 0$. 于是,由 $F\in C^k(U,\mathbb{R}^1)$,$k\geqslant 1$ 及定理 8.2.4′与定理 8.2.7 得到

$$\begin{aligned}0&=0-0=F(\boldsymbol{x}+\Delta\boldsymbol{x},f(\boldsymbol{x}+\Delta\boldsymbol{x}))-F(\boldsymbol{x},f(\boldsymbol{x}))\\&=F(\boldsymbol{x}+\Delta\boldsymbol{x},y+\Delta y)-F(\boldsymbol{x},f(\boldsymbol{x}))\\&=\sum_{i=1}^{n}F'_{x_i}(\boldsymbol{x},y)\Delta x_i+F'_y(\boldsymbol{x},y)\Delta y+\sum_{i=1}^{n}\alpha_i\Delta x_i+\beta\Delta y\end{aligned}$$

其中 $\lim\limits_{\Delta\boldsymbol{x}\to\boldsymbol{0}}\alpha_i=0$,$\lim\limits_{\Delta\boldsymbol{x}\to\boldsymbol{0}}\beta=0$. 由此立即推得

$$\begin{aligned}\frac{\partial f}{\partial x_i}&=\frac{\partial y}{\partial x_i}=\lim_{\Delta x_i\to 0}\frac{\Delta y}{\Delta x_i}=-\lim_{\Delta x_i\to 0}\frac{F'_{x_i}(\boldsymbol{x},y)\Delta x_i+\alpha_i\Delta x_i}{(F'_y(\boldsymbol{x},y)+\beta)\Delta x_i}\\&=-\lim_{\Delta x_i\to 0}\frac{F'_{x_i}(\boldsymbol{x},y)+\alpha_i}{F'_y(\boldsymbol{x},y)+\beta}=-\frac{F'_{x_i}(\boldsymbol{x},y)}{F'_y(\boldsymbol{x},y)}\end{aligned}$$

因为 $F\in C^k(U,\mathbb{R}^1)$,所以 $F'_{x_i}\in C^{k-1}(U,\mathbb{R}^1)$. 于是 $\dfrac{\partial f}{\partial x_i}\in C^{k-1}(I,\mathbb{R}^1)$,$f\in C^k(I,\mathbb{R}^1)$.

定理 8.4.2(隐射存在定理) 设 $U\subset\mathbb{R}^{n+m}$ 为开集,$\boldsymbol{F}:U\to\mathbb{R}^m$ 为映射. 如果:

(1°)$\boldsymbol{F}\in C^k(U,\mathbb{R}^m)$,$1\leqslant k\leqslant+\infty$;

(2°)$\boldsymbol{F}(\boldsymbol{x}^0,\boldsymbol{y}^0)=\boldsymbol{0}$,其中 $\boldsymbol{x}^0=(x_1^0,x_2^0,\cdots,x_n^0)$,$\boldsymbol{y}^0=(y_1^0,y_2^0,\cdots,y_m^0)$,$(\boldsymbol{x}^0,\boldsymbol{y}^0)\in U$(即方程 $\boldsymbol{F}(\boldsymbol{x},\boldsymbol{y})=\boldsymbol{0}$ 有解 $(\boldsymbol{x}^0,\boldsymbol{y}^0)$);

(3°)行列式

$$\det\begin{pmatrix}\dfrac{\partial F_1}{\partial y_1}&\cdots&\dfrac{\partial F_1}{\partial y_m}\\\vdots&&\vdots\\\dfrac{\partial F_m}{\partial y_1}&\cdots&\dfrac{\partial F_m}{\partial y_m}\end{pmatrix}_{(\boldsymbol{x}^0,\boldsymbol{y}^0)}=\det\boldsymbol{J}_{\boldsymbol{y}}\boldsymbol{F}(\boldsymbol{x}^0,\boldsymbol{y}^0)\neq 0$$

则存在含 $(\boldsymbol{x}^0,\boldsymbol{y}^0)$ 的一个开区间 $I\times J\subset U\subset\mathbb{R}^{n+m}$,使得:

(1) $\forall\,\boldsymbol{x}\in I$,方程组 $\boldsymbol{F}(\boldsymbol{x},\boldsymbol{y})=\boldsymbol{0}$ 在 J 中有唯一解 $\boldsymbol{y}=\boldsymbol{f}(\boldsymbol{x})$,$\boldsymbol{f}:I\to J$ 为映射(称 $\boldsymbol{f}$ 为**隐射**——隐藏在方程 $\boldsymbol{F}(\boldsymbol{x},\boldsymbol{f}(\boldsymbol{x}))=\boldsymbol{0}$ 中);

(2) $\boldsymbol{y}^0=\boldsymbol{f}(\boldsymbol{x}^0)$;

(3) $\boldsymbol{f}\in C^k(I,\mathbb{R}^m)$;

(4) 当 $\boldsymbol{x}\in I$ 时,有

$$\begin{aligned}\boldsymbol{Jf}(\boldsymbol{x}) &= -(\boldsymbol{J}_y\boldsymbol{F}(\boldsymbol{x},\boldsymbol{y}))^{-1}\boldsymbol{J}_x\boldsymbol{F}(\boldsymbol{x},\boldsymbol{y})\\ &= -\begin{pmatrix}\dfrac{\partial F_1}{\partial y_1} & \cdots & \dfrac{\partial F_1}{\partial y_m}\\ \vdots & & \vdots\\ \dfrac{\partial F_m}{\partial y_1} & \cdots & \dfrac{\partial F_m}{\partial y_m}\end{pmatrix}^{-1}\begin{pmatrix}\dfrac{\partial F_1}{\partial x_1} & \cdots & \dfrac{\partial F_1}{\partial x_n}\\ \vdots & & \vdots\\ \dfrac{\partial F_m}{\partial x_1} & \cdots & \dfrac{\partial F_m}{\partial x_n}\end{pmatrix}\end{aligned}$$

其中 $\boldsymbol{y}=\boldsymbol{f}(\boldsymbol{x})$.

证明　(对 m 应用归纳法)

当 $m=1$ 时,就是定理 8.4.1.

假设定理在 $m-1$ 时成立,则当 m 时,由条件(1°)与(3°),存在$(\boldsymbol{x}^0,\boldsymbol{y}^0)$的开邻域 $U_0\subset U$,在 U_0 上,$\det \boldsymbol{J}_y\boldsymbol{F}\neq 0$ 处处成立.

再由条件(3°),$\dfrac{\partial F_i}{\partial y_j}(\boldsymbol{x}^0,\boldsymbol{y}^0)$不全为零,为叙述方便,不妨设$\dfrac{\partial F_m}{\partial y_m}(\boldsymbol{x}^0,\boldsymbol{y}^0)\neq 0$,并改记

$$(\boldsymbol{x},\boldsymbol{y})=(\boldsymbol{x},y_1,y_2,\cdots,y_{m-1},y_m)=(\boldsymbol{x},u_1,u_2,\cdots,u_{m-1},y_m)=(\boldsymbol{x},\boldsymbol{u},y_m)$$

相应有$(\boldsymbol{x}^0,\boldsymbol{y}^0)=(\boldsymbol{x}^0,\boldsymbol{u}^0,y_m^0)$,且

$$\frac{\partial F_m}{\partial y_m}(\boldsymbol{x}^0,\boldsymbol{u}^0,y_m^0)=\frac{\partial F_m}{\partial y_m}(\boldsymbol{x}^0,\boldsymbol{y}^0)\neq 0$$

再由条件(1°),$F_m\in C^k(U,\mathbb{R}^1)$,又由条件(2°),有

$$F_m(\boldsymbol{x}^0,\boldsymbol{u}^0,y_m^0)=F_m(\boldsymbol{x}^0,\boldsymbol{y}^0)=0$$

所以,根据定理 8.4.1,存在$(\boldsymbol{x}^0,\boldsymbol{u}^0,y_m^0)$的开区间 $\tilde{I}\times\tilde{J}_{m-1}\times\tilde{J}_1\subset U_0$,使得:

$(\tilde{1})$ $\forall(\boldsymbol{x},\boldsymbol{u})\in\tilde{I}\times\tilde{J}_{m-1}$,方程 $F_m(\boldsymbol{x},\boldsymbol{u},y_m)=0$ 在 $\tilde{J}_1$ 中有唯一解 $y_m=\varphi(\boldsymbol{x},\boldsymbol{u})$,其中 $\varphi:\tilde{I}\times\tilde{J}_{m-1}\to\tilde{J}_1$ 为 $n+m-1$ 元函数;

$(\tilde{2})$ $\varphi(\boldsymbol{x}^0,\boldsymbol{u}^0)=y_m^0$;

$(\tilde{3})$ $\varphi\in C^k(\tilde{I}\times\tilde{J}_{m-1},\mathbb{R}^1)$.

这就表明,从方程组 $F(\boldsymbol{x},\boldsymbol{y})=\boldsymbol{0}$ 的最后一个方程 $F_m(\boldsymbol{x},\boldsymbol{u},y_m)=0$ 中解出了隐函数 $y_m=\varphi(\boldsymbol{x},\boldsymbol{u})$,代入前 $m-1$ 个方程有

$$\begin{cases} F_1(\boldsymbol{x},\boldsymbol{u},\varphi(\boldsymbol{x},\boldsymbol{u}))=0 \\ \vdots \\ F_{m-1}(\boldsymbol{x},\boldsymbol{u},\varphi(\boldsymbol{x},\boldsymbol{u}))=0 \end{cases}$$

其中$(\boldsymbol{x},\boldsymbol{u})\in\tilde{I}\times\tilde{J}_{m-1}$.

令 $G_i(\boldsymbol{x},\boldsymbol{u})=F_i(\boldsymbol{x},\boldsymbol{u},\varphi(\boldsymbol{x},\boldsymbol{u})),i=1,2,\cdots,m-1,(\boldsymbol{x},\boldsymbol{u})\in\tilde{I}\times\tilde{J}_{m-1}$. 现考察$\boldsymbol{G}=(G_1,G_2,\cdots,G_{m-1}):\tilde{I}\times\tilde{J}_{m-1}\to\mathbb{R}^{m-1}$. 由 $G_i(\boldsymbol{x},\boldsymbol{u})$的定义及 $\varphi(\boldsymbol{x},\boldsymbol{u})\in C^k(\tilde{I}\times\tilde{J}_{m-1},\mathbb{R}^1)$可知,$G$ 满足:

$(\tilde{1}°)\ \boldsymbol{G}\in C^k(\tilde{I}\times\tilde{J}_{m-1},\mathbb{R}^{m-1})$;

$$\begin{aligned}(\tilde{2}°)\ \boldsymbol{G}(\boldsymbol{x}^0,\boldsymbol{u}^0)&=(G_1(\boldsymbol{x}^0,\boldsymbol{u}^0),G_2(\boldsymbol{x}^0,\boldsymbol{u}^0),\cdots,G_{m-1}(\boldsymbol{x}^0,\boldsymbol{u}^0))\\&=(F_1(\boldsymbol{x}^0,\boldsymbol{u}^0,\varphi(\boldsymbol{x}^0,\boldsymbol{u}^0)),F_2(\boldsymbol{x}^0,\boldsymbol{u}^0,\varphi(\boldsymbol{x}^0,\boldsymbol{u}^0)),\cdots,F_{m-1}(\boldsymbol{x}^0,\boldsymbol{u}^0,\varphi(\boldsymbol{x}^0,\boldsymbol{u}^0)))\\&=(F_1(\boldsymbol{x}^0,\boldsymbol{u}^0,y_m^0),F_2(\boldsymbol{x}^0,\boldsymbol{u}^0,y_m^0),\cdots,F_{m-1}(\boldsymbol{x}^0,\boldsymbol{u}^0,y_m^0))\\&=(F_1(\boldsymbol{x}^0,\boldsymbol{y}^0),F_2(\boldsymbol{x}^0,\boldsymbol{y}^0),\cdots,F_{m-1}(\boldsymbol{x}^0,\boldsymbol{y}^0))=(0,0,\cdots,0)=\boldsymbol{0}\end{aligned}$$

$(\tilde{3}°)$令 $\boldsymbol{\psi}(\boldsymbol{x},\boldsymbol{u})=(\boldsymbol{x},\boldsymbol{u},\varphi(\boldsymbol{x},\boldsymbol{u}))$,$\boldsymbol{\psi}:\tilde{I}\times\tilde{J}_{m-1}\to\mathbb{R}^{n+m}$为 C^k 映射. 于是

$$\begin{pmatrix}\boldsymbol{G}(\boldsymbol{x},\boldsymbol{u})\\F_m(\boldsymbol{x},\boldsymbol{u},\varphi(\boldsymbol{x},\boldsymbol{u}))\end{pmatrix}=\begin{pmatrix}\boldsymbol{G}(\boldsymbol{x},\boldsymbol{u})\\0\end{pmatrix}=\boldsymbol{F}\circ\boldsymbol{\psi}(\boldsymbol{x},\boldsymbol{u})$$

一方面,对该复合映射求“导”得

$$\begin{pmatrix}\boldsymbol{JG}(\boldsymbol{x},\boldsymbol{u})\\\boldsymbol{0}\end{pmatrix}=\begin{pmatrix}\boldsymbol{J_xG}&\boldsymbol{J_uG}\\\boldsymbol{0}&\boldsymbol{0}\end{pmatrix}=\boldsymbol{JF}(\boldsymbol{\psi}(\boldsymbol{x},\boldsymbol{u}))\boldsymbol{J\psi}(\boldsymbol{x},\boldsymbol{u})$$

$$=(\boldsymbol{J_xF},\boldsymbol{J_uF},\boldsymbol{J}_{y_m}\boldsymbol{F})_{\boldsymbol{\psi}(\boldsymbol{x},\boldsymbol{u})}\begin{pmatrix}\boldsymbol{I}_n&\boldsymbol{0}\\\boldsymbol{0}&\boldsymbol{I}_{m-1}\\\boldsymbol{J_x}\varphi&\boldsymbol{J_u}\varphi\end{pmatrix}$$

其中 $\boldsymbol{I}_n,\boldsymbol{I}_{m-1}$分别为 n 阶,$m-1$ 阶单位矩阵,因此

$$\begin{pmatrix}\boldsymbol{J_uG}\\\boldsymbol{0}\end{pmatrix}=\boldsymbol{J_uF}(\boldsymbol{\psi}(\boldsymbol{x},\boldsymbol{u}))+\boldsymbol{J}_{y_m}\boldsymbol{F}(\boldsymbol{\psi}(\boldsymbol{x},\boldsymbol{u}))\boldsymbol{J_u}\varphi(\boldsymbol{x},\boldsymbol{u})$$

另一方面,由条件(3°),有

$$0\neq\det\left(\frac{\partial\boldsymbol{F}}{\partial y_1},\frac{\partial\boldsymbol{F}}{\partial y_2},\cdots,\frac{\partial\boldsymbol{F}}{\partial y_m}\right)_{(\boldsymbol{x}^0,\boldsymbol{y}^0)}=\det\left(\frac{\partial\boldsymbol{F}}{\partial u_1},\cdots,\frac{\partial\boldsymbol{F}}{\partial u_{m-1}},\frac{\partial\boldsymbol{F}}{\partial y_m}\right)_{(\boldsymbol{x}^0,\boldsymbol{u}^0,y_m^0)}$$

$$\xlongequal{\text{行列式性质}}\det\left(\frac{\partial\boldsymbol{F}}{\partial u_1}+\frac{\partial\boldsymbol{F}}{\partial y_m}\frac{\partial\varphi}{\partial u_1},\frac{\partial\boldsymbol{F}}{\partial u_2}+\frac{\partial\boldsymbol{F}}{\partial y_m}\frac{\partial\varphi}{\partial u_2},\cdots,\frac{\partial\boldsymbol{F}}{\partial u_{m-1}}+\frac{\partial\boldsymbol{F}}{\partial y_m}\frac{\partial\varphi}{\partial u_{m-1}},\frac{\partial\boldsymbol{F}}{\partial y_m}\right)_{(\boldsymbol{x}^0,\boldsymbol{u}^0,y_m^0)}$$

$$=\det\left(\boldsymbol{J}_u\boldsymbol{F}+\boldsymbol{J}_{y_m}\boldsymbol{F}\boldsymbol{J}_u\varphi,\frac{\partial\boldsymbol{F}}{\partial y_m}\right)_{(\boldsymbol{x}^0,\boldsymbol{u}^0,y_m^0)}$$

$$=\det\begin{pmatrix}\boldsymbol{J}_u\boldsymbol{G} & \dfrac{\partial F_1}{\partial y_m}\\ & \vdots\\ \boldsymbol{0} & \dfrac{\partial F_m}{\partial y_m}\end{pmatrix}_{(\boldsymbol{x}^0,\boldsymbol{u}^0,y_m^0)}=\frac{\partial F_m}{\partial y_m}(\boldsymbol{x}^0,\boldsymbol{y}^0)\cdot\det\boldsymbol{J}_u\boldsymbol{G}(\boldsymbol{x}^0,\boldsymbol{u}^0)$$

故有 $\det\boldsymbol{J}_u\boldsymbol{G}(\boldsymbol{x}^0,\boldsymbol{u}^0)\neq 0$.

上述推导表明 $\boldsymbol{G}$ 在 $(\boldsymbol{x}^0,\boldsymbol{u}^0)$ 满足定理的条件(1°)(2°)(3°). 由归纳假设，方程组 $\boldsymbol{G}(\boldsymbol{x},\boldsymbol{u})=\boldsymbol{0}$ 在含 $(\boldsymbol{x}^0,\boldsymbol{u}^0)$ 的区间 $I\times J_{m-1}\subset\tilde{I}\times\tilde{J}_{m-1}\subset\tilde{I}\times\tilde{J}$ 内，有：

$(\tilde{1})$ 当 $\boldsymbol{x}\in I$ 时，方程组 $\boldsymbol{G}(\boldsymbol{x},\boldsymbol{u})=\boldsymbol{0}$ 在 J_{m-1} 中有唯一解 $\boldsymbol{u}=\boldsymbol{g}(\boldsymbol{x})$，其中 $\boldsymbol{g}:I\to J_{m-1}$ 为映射；

$(\tilde{2})$ $\boldsymbol{u}^0=\boldsymbol{g}(\boldsymbol{x}^0)$；

$(\tilde{3})$ $\boldsymbol{g}\in C^k(I,J_{m-1})$.

令 $\boldsymbol{f}(\boldsymbol{x})=\begin{pmatrix}\boldsymbol{g}(\boldsymbol{x})\\ \varphi(\boldsymbol{x},\boldsymbol{g}(\boldsymbol{x}))\end{pmatrix}$，$\boldsymbol{x}\in I$，$J=J_{m-1}\times\tilde{J}$. 于是，$\boldsymbol{f}:I\to J$ 为映射，且满足定理结论的(1)～(4).

(1) 当 $\boldsymbol{x}\in I$ 时，$(\boldsymbol{x},\boldsymbol{g}(\boldsymbol{x}))\in I\times J_{m-1}\subset\tilde{I}\times\tilde{J}_{m-1}$. 由 $(\tilde{1})$，有

$$F_i(\boldsymbol{x},\boldsymbol{f}(\boldsymbol{x}))=F_i(\boldsymbol{x},\boldsymbol{g}(\boldsymbol{x})),\quad \varphi(\boldsymbol{x},\boldsymbol{g}(\boldsymbol{x}))=G_i(\boldsymbol{x},\boldsymbol{g}(\boldsymbol{x}))=0,\quad i=1,2,\cdots,m-1$$

$$F_m(\boldsymbol{x},\boldsymbol{f}(\boldsymbol{x}))=F_m(\boldsymbol{x},\boldsymbol{g}(\boldsymbol{x})),\quad \varphi(\boldsymbol{x},\boldsymbol{g}(\boldsymbol{x}))=0$$

且 $\boldsymbol{g}$ 和 φ 都是唯一的，故

$$\boldsymbol{y}=\boldsymbol{f}(\boldsymbol{x})=\begin{pmatrix}\boldsymbol{g}(\boldsymbol{x})\\ \varphi(\boldsymbol{x},\boldsymbol{g}(\boldsymbol{x}))\end{pmatrix}$$

为方程组

$$\boldsymbol{F}(\boldsymbol{x},\boldsymbol{y})=\boldsymbol{0}$$

在 J 中的唯一解.

(2) $\boldsymbol{u}^0=\boldsymbol{g}(\boldsymbol{x}^0)$ 与 $\boldsymbol{f}(\boldsymbol{x}^0)=\begin{pmatrix}\boldsymbol{g}(\boldsymbol{x}^0)\\ \varphi(\boldsymbol{x}^0,\boldsymbol{g}(\boldsymbol{x}^0))\end{pmatrix}=\begin{pmatrix}\boldsymbol{u}^0\\ y_m^0\end{pmatrix}=\boldsymbol{y}^0$.

(3) 因为 $\boldsymbol{g}\in C^k(I,J_{m-1})$，$\varphi\in C^k(\tilde{I}\times\tilde{J}_{m-1},\mathbb{R}^1)$，所以 $\boldsymbol{f}=\begin{pmatrix}\boldsymbol{g}\\ \varphi\end{pmatrix}\in C^k(I,\mathbb{R}^m)$.

(4)当 $\boldsymbol{x}\in I$ 时,有

$$\boldsymbol{x}\longmapsto\begin{pmatrix}\boldsymbol{x}\\ \boldsymbol{f}(\boldsymbol{x})\end{pmatrix}\longmapsto\boldsymbol{F}(\boldsymbol{x},\boldsymbol{y})$$

且

$$\boldsymbol{F}(\boldsymbol{x},\boldsymbol{f}(\boldsymbol{x}))\equiv\boldsymbol{0}$$

对此等式复合求导得

$$\begin{aligned}\boldsymbol{0}&=\boldsymbol{JF}(\boldsymbol{x},\boldsymbol{f}(\boldsymbol{x}))\begin{pmatrix}\boldsymbol{I}_n\\ \boldsymbol{Jf}(\boldsymbol{x})\end{pmatrix}\\&=(\boldsymbol{J}_x\boldsymbol{F}(\boldsymbol{x},\boldsymbol{f}(\boldsymbol{x})),\boldsymbol{J}_y\boldsymbol{F}(\boldsymbol{x},\boldsymbol{f}(\boldsymbol{x})))\begin{pmatrix}\boldsymbol{I}_n\\ \boldsymbol{Jf}(\boldsymbol{x})\end{pmatrix}\\&=\boldsymbol{J}_x\boldsymbol{F}(\boldsymbol{x},\boldsymbol{f}(\boldsymbol{x}))+\boldsymbol{J}_y\boldsymbol{F}(\boldsymbol{x},\boldsymbol{f}(\boldsymbol{x}))\boldsymbol{Jf}(\boldsymbol{x})\end{aligned}$$

由条件 $\det\boldsymbol{J}_y\boldsymbol{F}(\boldsymbol{x},\boldsymbol{f}(\boldsymbol{x}))\neq 0,(\boldsymbol{x},\boldsymbol{y})\in U_0$,故 $\boldsymbol{J}_y\boldsymbol{F}$ 可逆. 于是

$$\boldsymbol{Jf}(\boldsymbol{x})=-(\boldsymbol{J}_y\boldsymbol{F}(\boldsymbol{x},\boldsymbol{f}(\boldsymbol{x})))^{-1}\boldsymbol{J}_x\boldsymbol{F}(\boldsymbol{x},\boldsymbol{f}(\boldsymbol{x}))$$

从上述可看出 $\boldsymbol{Jf}\in C^{k-1}(I,\mathbb{R}^{mn})$,因而 $\boldsymbol{f}\in C^k(I,\mathbb{R}^m)$.

注 8.4.1 在定理 8.4.2 中,由

$$\boldsymbol{F}(\boldsymbol{x},\boldsymbol{f}(\boldsymbol{x}))\equiv\boldsymbol{0}$$

得到

$$\boldsymbol{J}_x\boldsymbol{F}(\boldsymbol{x},\boldsymbol{f}(\boldsymbol{x}))+\boldsymbol{J}_y\boldsymbol{F}(\boldsymbol{x},\boldsymbol{f}(\boldsymbol{x}))\boldsymbol{J}_x\boldsymbol{f}\equiv\boldsymbol{0}$$

$$\boldsymbol{J}_x\boldsymbol{f}=-(\boldsymbol{J}_y\boldsymbol{F}(\boldsymbol{x},\boldsymbol{f}(\boldsymbol{x})))^{-1}\boldsymbol{J}_x\boldsymbol{F}(\boldsymbol{x},\boldsymbol{f}(\boldsymbol{x}))$$

为研究逆射(反函数)定理,先举两个简单的例子.

例 8.4.1 设一元函数 $f:I\to\mathbb{R}^1$, $y=f(x)$ 在 I 上连续,在 $\mathring{I}$ 内可导,其中 I 为区间,且 $y'=f'(x)\neq 0$, $\forall x\in\mathring{I}$. 由此可推出在 $\mathring{I}$ 上恒有 $f'(x)>0$ 或恒有 $f'(x)<0$((反证)假设 $\exists x_1,x_2\in\mathring{I}$, s. t. $f'(x_1)<0<f'(x_2)$,由 Darboux 导函数介值定理知,$\exists\xi\in\mathring{I}$, s. t. $f'(\xi)=0$,这与 $f'(x)\neq 0$, $\forall x\in\mathring{I}$ 矛盾). 这表明 f 在 I 上严格增或严格减,从而 $y=f(x)$ 在 I 上有反函数 $x=f^{-1}(y)$. 进而,有

$$x'_y=\frac{\mathrm{d}x}{\mathrm{d}y}=\frac{1}{y'_x}=\frac{1}{f'(x)}=\frac{1}{f'(f^{-1}(y))}$$

例 8.4.2 设 $z=x+\mathrm{i}y$, $w=u+\mathrm{i}v$, $x,y,u,v\in\mathbb{R}$,考虑复变量 z 的复值函数(简称复函数),$u+\mathrm{i}v=w=\mathrm{e}^z=\mathrm{e}^{x+\mathrm{i}y}=\mathrm{e}^x(\cos y+\mathrm{i}\sin y)$,且

$$T:\begin{cases}u=\mathrm{e}^x\cos y\\ v=\mathrm{e}^x\sin y\end{cases}$$

它可视作平面$\mathbb{R}^2$到自身的一个 C^ω 映射，其 Jacobi 行列式为

$$\frac{\partial(u,v)}{\partial(x,y)}=\det\begin{pmatrix}e^x\cos y & -e^x\sin y\\ e^x\sin y & e^x\cos y\end{pmatrix}=e^{2x}(\cos^2 y+\sin^2 y)=e^{2x}$$

由于

$$w'=\frac{dw}{dz}=(e^z)'=e^z$$

$$\left\|\frac{dw}{dz}\right\|=\|e^z\|=\|e^x(\cos y+i\sin y)\|=\sqrt{e^{2x}(\cos^2 y+\sin^2 y)}=e^x$$

所以

$$\frac{\partial(u,v)}{\partial(x,y)}=\left\|\frac{dw}{dz}\right\|^2=e^{2x}>0$$

值得注意的是，即使 Jacobi 行列式处处大于零，映射 $(x,y)\longmapsto(e^x\cos y, e^x\sin y)$ $(z\longmapsto w=e^z)$ 也未必有逆映射. 事实上，从 $T(x,y)=T(x,y+2k\pi)$ 可知 T 甚至不是单射，因而无逆射.

但是，从$\mathbb{R}^n$中的开集到$\mathbb{R}^n$的映射有下面定理.

定理 8.4.3（局部逆射定理）　设 $D\subset\mathbb{R}^n$ 为开集，$\boldsymbol{f}:D\to\mathbb{R}^n$ 为映射. 如果：

(1°) $\boldsymbol{f}\in C^k(D,\mathbb{R}^n)$，$1\leqslant k\leqslant+\infty$；

(2°) $\boldsymbol{f}(\boldsymbol{x}^0)=\boldsymbol{y}^0$，$\boldsymbol{x}^0\in D$，$\boldsymbol{y}^0\in\mathbb{R}^n$；

(3°) $\det \boldsymbol{Jf}(\boldsymbol{x}^0)\neq 0$，

则存在 $\boldsymbol{x}^0$ 的开邻域 U 与 $\boldsymbol{y}^0$ 的开邻域 V，使得：

(1) $\boldsymbol{f}(U)=V$，且 $\boldsymbol{f}$ 在 U 上为单射；

(2) 记 $\boldsymbol{g}$ 为 $\boldsymbol{f}$ 在 U 上的逆映射，$\boldsymbol{g}\in C^k(V,U)$；

(3) 当 $\boldsymbol{y}\in V$ 时，有

$$\boldsymbol{Jg}(\boldsymbol{y})=(\boldsymbol{Jf}(\boldsymbol{x}))^{-1}$$

其中 $\boldsymbol{x}=\boldsymbol{g}(\boldsymbol{y})$ $(\boldsymbol{y}=\boldsymbol{f}(\boldsymbol{x}))$. 此时，$\boldsymbol{f}:U\to V$ 为 C^k 微分同胚.

证明　令 $\boldsymbol{F}(\boldsymbol{x},\boldsymbol{y})=\boldsymbol{f}(\boldsymbol{x})-\boldsymbol{y}$，$(\boldsymbol{x},\boldsymbol{y})\in D\times\mathbb{R}^n$，它为映射，且：

(1°) $\boldsymbol{F}:D\times\mathbb{R}^n\to\mathbb{R}^n$，$\boldsymbol{F}\in C^k(D\times\mathbb{R}^n,\mathbb{R}^n)$；

(2°) $\boldsymbol{F}(\boldsymbol{x}^0,\boldsymbol{y}^0)=\boldsymbol{f}(\boldsymbol{x}^0)-\boldsymbol{y}^0=\boldsymbol{y}^0-\boldsymbol{y}^0=\boldsymbol{0}$；

(3°) $\boldsymbol{J}_x\boldsymbol{F}(\boldsymbol{x}^0,\boldsymbol{y}^0)=\boldsymbol{Jf}(\boldsymbol{x}^0)$，故 $\det \boldsymbol{J}_x\boldsymbol{F}(\boldsymbol{x}^0,\boldsymbol{y}^0)=\det \boldsymbol{Jf}(\boldsymbol{x}^0)\neq 0$.

根据定理 8.4.2（隐射存在定理），存在含 $(\boldsymbol{x}^0,\boldsymbol{y}^0)$ 的开区间 $I\times J\subset D\times\mathbb{R}^n$ 使得 $\forall\boldsymbol{y}\in J$，方程 $\boldsymbol{F}(\boldsymbol{x},\boldsymbol{y})=\boldsymbol{0}$，即 $\boldsymbol{y}=\boldsymbol{f}(\boldsymbol{x})$ 在 I 中有唯一解 $\boldsymbol{x}=\boldsymbol{g}(\boldsymbol{y})$，其中 $\boldsymbol{g}\in C^k(J,$

I);$\boldsymbol{x}^0=\boldsymbol{g}(\boldsymbol{y}^0)$;且当$\boldsymbol{y}\in J$时,有

$$\begin{aligned}J\boldsymbol{g}(\boldsymbol{y}) &= -(J_x\boldsymbol{F}(\boldsymbol{x},\boldsymbol{y}))^{-1}J_y\boldsymbol{F}(\boldsymbol{x},\boldsymbol{y})\\ &= -(J\boldsymbol{f}(\boldsymbol{x}))^{-1}(-\boldsymbol{I}_n)=(J\boldsymbol{f}(\boldsymbol{x}))^{-1}\end{aligned}$$

其中 $\boldsymbol{x}=\boldsymbol{g}(\boldsymbol{y})$.

令 $V=J,U=\boldsymbol{g}(J)=\boldsymbol{g}(V)$,显见 $V=\boldsymbol{f}(U)$,$\boldsymbol{f}:U\to V$ 与 $\boldsymbol{g}:V\to U$ 互为逆映射. 余下只需证明 U 为开集. 事实上,由于 $V=J$ 为开集与 $\boldsymbol{f}$ 连续可知,$\boldsymbol{f}^{-1}(V)$ 为开集. 又因 I 为开集,故

$$U=\boldsymbol{g}(V)=I\cap\boldsymbol{f}^{-1}(V)$$

也为开集.

特别应注意的是,定理 8.4.3 只具有局部性质,只在点 $\boldsymbol{f}(\boldsymbol{x}^0)$ 的近旁才存在着逆映射. 即使当 $\det J\boldsymbol{f}$ 在 D 上处处不等于零,也只能断言在 $\boldsymbol{f}(D)$ 中的每一个点的一个局部范围内存在着逆映射,而不是在大范围内成为 $\boldsymbol{f}$ 在 $\boldsymbol{f}(D)$ 上的逆映射. 而例 8.4.2 正是说明这个问题的一个典型反例.

如果再加强条件,就有如下的整体逆射定理.

定理 8.4.4(整体逆射定理) 设 $U\subset\mathbb{R}^n$ 为开集,$\boldsymbol{f}:U\to\mathbb{R}^n$ 为映射. 如果:

(1) $\boldsymbol{f}\in C^k(U,\mathbb{R}^n)$,$1\leqslant k\leqslant+\infty$;

(2) $\forall\boldsymbol{x}\in U$,$\det J\boldsymbol{f}(\boldsymbol{x})\neq 0$,

则 $V=\boldsymbol{f}(U)$ 为开集. 又如果:

(3) $\boldsymbol{f}$ 在 U 上为单射,

则 $\boldsymbol{f}$ 有逆映射 $\boldsymbol{f}^{-1}:V\to U$,即 $\boldsymbol{x}=\boldsymbol{f}^{-1}(\boldsymbol{y})$,$\boldsymbol{y}=\boldsymbol{f}(\boldsymbol{x})$. 此外,$\boldsymbol{f}^{-1}\in C^k(V,U)$,且

$$J\boldsymbol{f}^{-1}(\boldsymbol{y})=(J\boldsymbol{f}(\boldsymbol{x}))^{-1}$$

其中 $\boldsymbol{x}=\boldsymbol{f}^{-1}(\boldsymbol{y})$.

证明 $\forall\boldsymbol{y}^0\in V$,$\exists\boldsymbol{x}^0\in U$,s. t. $\boldsymbol{y}^0=\boldsymbol{f}(\boldsymbol{x}^0)$. 由定理 8.4.3,存在 $\boldsymbol{x}^0$ 的开邻域 U_0 与 $\boldsymbol{y}^0$ 的开邻域 V_0 满足 $V_0=\boldsymbol{f}(U_0)$. 因此,$V_0=\boldsymbol{f}(U_0)\subset\boldsymbol{f}(U)=V$,这表明 $\boldsymbol{y}^0$ 为 V 的一个内点. 由于 $\boldsymbol{y}^0$ 是任取的,故 V 全由内点组成,所以 $V=\boldsymbol{f}(U)$ 为开集.

由于 $\boldsymbol{f}$ 为单射,故它有逆映射 $\boldsymbol{f}^{-1}:V\to U$,即 $\boldsymbol{x}=\boldsymbol{f}^{-1}(\boldsymbol{y})$,$\boldsymbol{y}=\boldsymbol{f}(\boldsymbol{x})$. 定理 8.4.3(局部逆射定理)保证了局部逆射的存在唯一性. 由于整体的逆映射必然是局部的逆映射,所以 $J\boldsymbol{f}^{-1}(\boldsymbol{y})=(J\boldsymbol{f}(\boldsymbol{x}))^{-1}$ 也是成立的.

注 8.4.2 (1) 如果定理 8.4.4 中(1)(2)成立,则 $\boldsymbol{f}$ 将开集映为开集;

(2) $J\boldsymbol{f}^{-1}(\boldsymbol{y})=(J\boldsymbol{f}(\boldsymbol{x}))^{-1}$ 用坐标与矩阵表示为

$$\begin{pmatrix} \frac{\partial x_1}{\partial y_1} & \cdots & \frac{\partial x_1}{\partial y_n} \\ \vdots & & \vdots \\ \frac{\partial x_n}{\partial y_1} & \cdots & \frac{\partial x_n}{\partial y_n} \end{pmatrix} = \begin{pmatrix} \frac{\partial y_1}{\partial x_1} & \cdots & \frac{\partial y_1}{\partial x_n} \\ \vdots & & \vdots \\ \frac{\partial y_n}{\partial x_1} & \cdots & \frac{\partial y_n}{\partial x_n} \end{pmatrix}^{-1}$$

于是

$$\det\begin{pmatrix} \frac{\partial x_1}{\partial y_1} & \cdots & \frac{\partial x_1}{\partial y_n} \\ \vdots & & \vdots \\ \frac{\partial x_n}{\partial y_1} & \cdots & \frac{\partial x_n}{\partial y_n} \end{pmatrix} = \det\begin{pmatrix} \frac{\partial y_1}{\partial x_1} & \cdots & \frac{\partial y_1}{\partial x_n} \\ \vdots & & \vdots \\ \frac{\partial y_n}{\partial x_1} & \cdots & \frac{\partial y_n}{\partial x_n} \end{pmatrix}^{-1}$$

$$= \left(\det\begin{pmatrix} \frac{\partial y_1}{\partial x_1} & \cdots & \frac{\partial y_1}{\partial x_n} \\ \vdots & & \vdots \\ \frac{\partial y_n}{\partial x_1} & \cdots & \frac{\partial y_n}{\partial x_n} \end{pmatrix}\right)^{-1}$$

按习惯将 Jacobi 行列式简记为

$$\frac{\partial(y_1, y_2, \cdots, y_n)}{\partial(x_1, x_2, \cdots, x_n)} = \det\begin{pmatrix} \frac{\partial y_1}{\partial x_1} & \cdots & \frac{\partial y_1}{\partial x_n} \\ \vdots & & \vdots \\ \frac{\partial y_n}{\partial x_1} & \cdots & \frac{\partial y_n}{\partial x_n} \end{pmatrix}$$

因此,上述公式就成为

$$\frac{\partial(x_1, x_2, \cdots, x_n)}{\partial(y_1, y_2, \cdots, y_n)} = \frac{1}{\frac{\partial(y_1, y_2, \cdots, y_n)}{\partial(x_1, x_2, \cdots, x_n)}}$$

作为隐射与逆射定理的应用,我们来研究一些例子.

例 8.4.3　设 $U \subset \mathbb{R}^n$ 为开集, $V \subset \mathbb{R}^m$ 为开集, $\boldsymbol{f}: U \to V$ 为同胚,且 $\boldsymbol{f}$ 为 $C^k(1 \leqslant k \leqslant +\infty)$ 映射与浸入,所谓**浸入**就是

$$\operatorname{rank} \boldsymbol{f}=\operatorname{rank}\begin{pmatrix}\dfrac{\partial y_1}{\partial x_1} & \cdots & \dfrac{\partial y_1}{\partial x_n}\\ \vdots & & \vdots\\ \dfrac{\partial y_m}{\partial x_1} & \cdots & \dfrac{\partial y_m}{\partial x_n}\end{pmatrix}\equiv n$$

显然,$n\leqslant m$. 由此可推得 $n=m$,且$\boldsymbol{f}^{-1}$也为 C^k 浸入. 这样的$\boldsymbol{f}$与$\boldsymbol{f}^{-1}$都称为 C^k **微分同胚**.

证明 (反证)假设 $n<m$. $\forall \boldsymbol{p}\in U$,令

$$\left.\frac{\partial(y_{i_1},y_{i_2},\cdots,y_{i_n})}{\partial(x_1,x_2,\cdots,x_n)}\right|_{\boldsymbol{p}}\neq 0$$

由于上述行列式为连续函数以及由逆射定理,存在 $\boldsymbol{p}$ 的开邻域 $U_{\boldsymbol{p}}$,使得

$$\left.\frac{\partial(y_{i_1},y_{i_2},\cdots,y_{i_n})}{\partial(x_1,x_2,\cdots,x_n)}\right|_{U_{\boldsymbol{p}}}\neq 0$$

且 $x_1,x_2,\cdots,x_n$ 为 $y_{i_1},y_{i_2},\cdots,y_{i_n}$的 C^k 函数. 由于 $n<m$,故有不同的$(y_1,y_2,\cdots,y_m)$对应着同一点$(x_1,x_2,\cdots,x_n)$,这与$\boldsymbol{f}$为同胚矛盾. 这就证明了 $n=m$.

根据定理 8.4.4 知,$\boldsymbol{f}^{-1}$也为 C^k 浸入.

定义 8.4.1 设$(M,\mathscr{T})$为 Hausdorff 空间,如果$\forall p\in M$ 均有 $U\in\mathscr{T}$,s.t. $p\in U$,且有同胚 $\varphi:U\to\varphi(U)$,其中 $\varphi(U)\subset\mathbb{R}^n$为开集(**局部欧**),则称 M 为 **n 维拓扑流形**或 **C^0 流形**,U 称为**局部坐标邻域**,φ 称为**局部坐标映射**,(U,φ)称为**局部坐标系**. 记局部坐标系的全体为 $\mathscr{D}^0$. 而 $x_i(p)=(\varphi(p))_i,1\leqslant i\leqslant n$ 为 $p\in U$ 的**局部坐标**. 如果 $p\in U$,则称(U,φ)为 p 的**局部坐标系**.

定义 8.4.2 设$(M,\mathscr{D}^0)$为 n 维拓扑流形,Γ 为指标集,如果 $\mathscr{D}'=\{(U_\alpha,\varphi_\alpha)\mid\alpha\in\Gamma\}\subset\mathscr{D}^0$满足:

(1) $\bigcup\limits_{\alpha\in\Gamma}U_\alpha=M$;

(2)C^r 相容性:如果$(U_\alpha,\varphi_\alpha)$,$(U_\beta,\varphi_\beta)\in\mathscr{D}'$,$U_\alpha\cap U_\beta\neq\varnothing$,则**坐标变换** $\varphi_\beta\circ\varphi_\alpha^{-1}:\varphi_\alpha(U_\alpha\cap U_\beta)\to\varphi_\beta(U_\alpha\cap U_\beta)$是 C^r 的,$r\in\{1,2,\cdots,\infty,\omega\}$(由对称性,当然 $\varphi_\alpha\circ\varphi_\beta^{-1}$ 也是 C^r 的),即

$$\begin{cases}y_1=(\varphi_\beta\circ\varphi_\alpha^{-1})_1(x_1,x_2,\cdots,x_n)\\ \vdots\\ y_n=(\varphi_\beta\circ\varphi_\alpha^{-1})_n(x_1,x_2,\cdots,x_n)\end{cases}$$

是 C^r 的，则称 $\mathscr{D}'$为$(M,\mathscr{T})$上的一个 C^r **微分构造的基**. 而由 $\mathscr{D}'$唯一生成的

$$\mathscr{D}=\{(U,\varphi)\in\mathscr{D}^0\mid(U,\varphi)\text{与}\mathscr{D}'\text{中任一元素 }C^r\text{ 相容}\}$$

称为$(M,\mathscr{T})$上的一个 C^r **微分构造**，而$(M,\mathscr{D})$称为 M 上的 C^r **微分流形**. 当 $r=\omega$ 时，$(M,\mathscr{D})$称为 M 上的**实解析流形**.

显然，由 Jacobi 行列式的等式

$$1=\frac{\partial(y_1,y_2,\cdots,y_n)}{\partial(y_1,y_2,\cdots,y_n)}=\frac{\partial(y_1,y_2,\cdots,y_n)}{\partial(x_1,x_2,\cdots,x_n)}\frac{\partial(x_1,x_2,\cdots,x_n)}{\partial(y_1,y_2,\cdots,y_n)}$$

可知，在 $\varphi_\alpha(U_\alpha\cap U_\beta)$中，有

$$\frac{\partial(y_1,y_2,\cdots,y_n)}{\partial(x_1,x_2,\cdots,x_n)}\neq0$$

例 8.4.4　设 $\boldsymbol{A}$ 为 $n\times m$ 实矩阵，$\operatorname{rank}\boldsymbol{A}=l$，$\boldsymbol{F}:\mathbb{R}^n\to\mathbb{R}^m$，$\boldsymbol{F}(\boldsymbol{x})=\boldsymbol{Ax}$ 为线性映射. 根据线性代数知识，$\boldsymbol{F}(\boldsymbol{x})=\boldsymbol{Ax}=\boldsymbol{0}$ 确定的解空间 $M=\boldsymbol{F}^{-1}(\boldsymbol{0})=\{\boldsymbol{x}\in\mathbb{R}^n\mid\boldsymbol{Ax}=\boldsymbol{0}\}$ 为$\mathbb{R}^n$的 $n-l$ 维线性子空间.

因为 $\operatorname{rank}\boldsymbol{A}=l$，所以不妨设

$$\begin{pmatrix}a_{11}&\cdots&a_{1l}\\\vdots&&\vdots\\a_{l1}&\cdots&a_{ll}\end{pmatrix}$$

为非异矩阵，由

$$\begin{cases}a_{11}x_1+a_{12}x_2+\cdots+a_{1l}x_l+a_{1,l+1}x_{l+1}+\cdots+a_{1n}x_n=0\\\vdots\\a_{l1}x_1+a_{l2}x_2+\cdots+a_{ll}x_l+a_{l,l+1}x_{l+1}+\cdots+a_{ln}x_n=0\end{cases}$$

解得 $x_1,x_2,\cdots,x_l$ 为 $x_{l+1},x_{l+2},\cdots,x_n$ 的函数，$n-l$ 个变量 $x_{l+1},x_{l+2},\cdots,x_n$ 为其独立变量，使得$\{x_{l+1},x_{l+2},\cdots,x_n\}$为 M 上点的整体坐标，当然也是局部坐标. 因此，M 为一个 $n-l$ 维 C^ω 流形.

推广到更一般的情形，有下面的定理.

定理 8.4.5　设 $U\subset\mathbb{R}^n$为开集，$\boldsymbol{f}:U\to\mathbb{R}^m$为 $C^k(1\leqslant k\leqslant+\infty)$映射，且在 U 上，有

$$\operatorname{rank}\boldsymbol{f}=\operatorname{rank}\boldsymbol{Jf}=\operatorname{rank}\begin{pmatrix}\dfrac{\partial f_1}{\partial x_1}&\cdots&\dfrac{\partial f_1}{\partial x_n}\\\vdots&&\vdots\\\dfrac{\partial f_m}{\partial x_1}&\cdots&\dfrac{\partial f_m}{\partial x_n}\end{pmatrix}\equiv l(\text{常值})$$

则

$$M=\boldsymbol{f}^{-1}(\boldsymbol{q})=\{\boldsymbol{x}\in U|\boldsymbol{f}(\boldsymbol{x})=\boldsymbol{q}\}=\{\boldsymbol{x}\in U|\boldsymbol{f}(\boldsymbol{x})-\boldsymbol{q}=\boldsymbol{0}\}$$

或为空集,或为 $n-l$ 维 C^k 流形,其中 $\boldsymbol{f}(\boldsymbol{x})-\boldsymbol{q}=\boldsymbol{0}$ 用分量表达为

$$\begin{cases}F_1(x_1,x_2,\cdots,x_n)=f_1(x_1,x_2,\cdots,x_n)-q_1=0\\ \vdots\\ F_m(x_1,x_2,\cdots,x_n)=f_m(x_1,x_2,\cdots,x_n)-q_m=0\end{cases}$$

证明 设 M 不为空集. 对于任何 $\boldsymbol{p}\in M$,存在 $\boldsymbol{p}$ 在 U 中的开邻域 $U_{\boldsymbol{p}}=I_{\boldsymbol{p}}\times J_{\boldsymbol{p}}\subset\mathbb{R}^{n-l}\times\mathbb{R}^l\subset U$ 使得

$$\frac{\partial(F_{i_1},F_{i_2},\cdots,F_{i_l})}{\partial(x_{j_1},x_{j_2},\cdots,x_{j_l})}=\frac{\partial(f_{i_1},f_{i_2},\cdots,f_{i_l})}{\partial(x_{j_1},x_{j_2},\cdots,x_{j_l})}\neq 0$$

根据隐射定理8.4.2,解上述方程组得到 C^k 函数组

$$\begin{cases}x_{j_1}=g_{j_1}(x_1,x_2,\cdots,\hat{x}_{j_1},\cdots,\hat{x}_{j_l},\cdots,x_n)\\ \vdots\\ x_{j_l}=g_{j_l}(x_1,x_2,\cdots,\hat{x}_{j_1},\cdots,\hat{x}_{j_l},\cdots,x_n)\end{cases}\qquad(\text{其中 }\hat{x}_i\text{ 表示删去 }x_i)$$

即

$$\boldsymbol{g}=(g_{j_1},g_{j_2},\cdots,g_{j_l}):I_{\boldsymbol{p}}\to J_{\boldsymbol{p}}$$
$$(x_1,x_2,\cdots,\hat{x}_{j_1},\cdots,\hat{x}_{j_l},\cdots,x_n)\longmapsto(x_{j_1},x_{j_2},\cdots,x_{j_l})$$

或者

$$\varphi_{\boldsymbol{p}}:U_{\boldsymbol{p}}\cap M\to I_{\boldsymbol{p}}$$
$$(x_1,x_2,\cdots,x_n)\longmapsto(x_1,x_2,\cdots,\hat{x}_{j_1},\cdots,\hat{x}_{j_l},\cdots,x_n)$$

易见,它为同胚. 因此,$(U_{\boldsymbol{p}}\cap M,\varphi_{\boldsymbol{p}})$ 为 $\boldsymbol{p}$ 的一个局部坐标系. 令

$$\mathscr{D}'=\{(U_{\boldsymbol{p}}\cap M,\varphi_{\boldsymbol{p}})|\boldsymbol{p}\in M\}$$

则有:

(1) $\bigcup\limits_{\boldsymbol{p}\in M}(U_{\boldsymbol{p}}\cap M)=M$;

(2) 如果 $(U_{\boldsymbol{p}_1}\cap M,\varphi_{\boldsymbol{p}_1}),\{x_1,x_2,\cdots,\hat{x}_{j_1},\cdots,\hat{x}_{j_l},\cdots,x_n\}\in\mathscr{D}'$,$(U_{\boldsymbol{p}_2}\cap M,\varphi_{\boldsymbol{p}_2}),\{x_1,x_2,\cdots,\hat{x}_{s_1},\cdots,\hat{x}_{s_l},\cdots,x_n\}\in\mathscr{D}'$,且 $(U_{\boldsymbol{p}_1}\cap M)\cap(U_{\boldsymbol{p}_2}\cap M)\neq\varnothing$,则由上述可知

$$(x_1,x_2,\cdots,\hat{x}_{j_1},\cdots,\hat{x}_{j_l},\cdots,x_n)\quad\text{与}\quad(x_1,x_2,\cdots,\hat{x}_{s_1},\cdots,\hat{x}_{s_l},\cdots,x_n)$$

彼此为 C^k 函数. 因此,$\mathscr{D}'$是 C^k 相容的,它是 M 上的一个 C^k 微分构造的基. 由 $\mathscr{D}'$唯一生成了 C^k 微分构造

$$\mathscr{D}=\{(U,\varphi)\in\mathscr{D}^0\mid(U,\varphi)\text{与}\mathscr{D}'C^r\text{相容}\}$$

使得$(M,\mathscr{D})$成为 M 上的一个 C^k 微分流形.

例 8.4.5　设 $U\subset\mathbb{R}^n$为开集,$f:U\to\mathbb{R}^1$为 $C^k(1\leqslant k\leqslant+\infty)$映射,且在 U 上,有

$$\operatorname{rank} f=\operatorname{rank}\boldsymbol{J}f=\operatorname{rank}\left(\frac{\partial f}{\partial x_1},\frac{\partial f}{\partial x_2},\cdots,\frac{\partial f}{\partial x_n}\right)\equiv 1(\text{常值})$$

则

$$M=f^{-1}(q)=\{\boldsymbol{x}\in U\mid f(\boldsymbol{x})=q\}=\{\boldsymbol{x}\in U\mid f(\boldsymbol{x})-q=0\}$$

或为空集,或为 $n-1$ 维 C^k 流形,也称为 C^k **超曲面**.

如果$\dfrac{\partial f}{\partial x_i}\neq 0$,根据隐函数定理 8.4.1,解方程

$$F(x_1,x_2,\cdots,x_n)=f(x_1,x_2,\cdots,x_n)-q=0$$

得到

$$x_i=g_i(x_1,x_2,\cdots,\hat{x}_i,\cdots,x_n)$$

$$\varphi_{\boldsymbol{p}}:U_{\boldsymbol{p}}\cap M\to I_{\boldsymbol{p}}$$

$$(x_1,x_2,\cdots,x_n)\longmapsto(x_1,x_2,\cdots,\hat{x}_i,\cdots,x_n)$$

且$(U_{\boldsymbol{p}}\cap M,\varphi_{\boldsymbol{p}})$,$\{x_1,x_2,\cdots,\hat{x}_i,\cdots,x_n\}$为点 $\boldsymbol{p}$ 的局部坐标系.

例如:$U=\mathbb{R}^n\setminus\{\boldsymbol{0}\}$, $f(x_1,x_2,\cdots,x_n)=x_1^2+x_2^2+\cdots+x_n^2$ 为 C^∞ 函数,且在 $\mathbb{R}^n\setminus\{\boldsymbol{0}\}$上,有

$$\operatorname{rank} f=\operatorname{rank}\boldsymbol{J}f=\operatorname{rank}\left(\frac{\partial f}{\partial x_1},\frac{\partial f}{\partial x_2},\cdots,\frac{\partial f}{\partial x_n}\right)=\operatorname{rank}(2x_1,2x_2,\cdots,2x_n)=1$$

于是,单位球面

$$S^n=f^{-1}(1)=\{\boldsymbol{x}\in\mathbb{R}^n\setminus\{\boldsymbol{0}\}\mid f(\boldsymbol{x})=x_1^2+x_2^2+\cdots+x_n^2=1\}$$

为 $n-1$ 维 C^∞ 超曲面.

如果$\dfrac{\partial f}{\partial x_i}=2x_i\neq 0$,即 $x_i\neq 0$,则从方程 $f(\boldsymbol{x})-1=x_1^2+x_2^2+\cdots+x_n^2-1=0$ 得到

$$x_i=g_i(x_1,x_2,\cdots,\hat{x}_i,\cdots,x_n)$$

对本例可直接解得 $x_i=\pm\sqrt{1-\sum\limits_{j\neq i}x_j^2}$.

例 8.4.6　设 $F(x,y,z)=\sin z-xyz=0$,求$\dfrac{\partial z}{\partial x},\dfrac{\partial z}{\partial y}$.

解法1 $F'_x=-yz, F'_y=-xz, F'_z=\cos z-xy$.

当 $F'_z=\cos z-xy\neq 0$,即 $\cos z\neq xy$ 时,方程

$$F(x,y,z)=\sin z-xyz=0$$

有隐函数 $z=z(x,y)$,且

$$\frac{\partial z}{\partial x}=-\frac{F'_x}{F'_z}=-\frac{-yz}{\cos z-xy}=\frac{yz}{\cos z-xy}$$

$$\frac{\partial z}{\partial y}=-\frac{F'_y}{F'_z}=-\frac{-xz}{\cos z-xy}=\frac{xz}{\cos z-xy}$$

解法2 将 z 视作 x 与 y 的隐函数,$z=z(x,y)$. 在

$$\sin z-xyz=0$$

两边分别对 x,y 求偏导得

$$\cos z\cdot\frac{\partial z}{\partial x}-yz-xy\frac{\partial z}{\partial x}=0$$

$$\cos z\cdot\frac{\partial z}{\partial y}-xz-xy\frac{\partial z}{\partial y}=0$$

即

$$\frac{\partial z}{\partial x}=\frac{yz}{\cos z-xy}$$

$$\frac{\partial z}{\partial y}=\frac{xz}{\cos z-xy}$$

例 8.4.7 设 $F(x,y)$ 可微,试由方程 $F(x+y,x-y)=0$,求 $\frac{\mathrm{d}y}{\mathrm{d}x}$.

解法1 将 y 视为 x 的隐函数,$y=y(x)$. 对方程

$$F(x+y,x-y)=0$$

两边关于 x 求导得到

$$F'_1(x+y,x-y)\left(1+\frac{\mathrm{d}y}{\mathrm{d}x}\right)+F'_2(x+y,x-y)\left(1-\frac{\mathrm{d}y}{\mathrm{d}x}\right)=0$$

$$(F'_1-F'_2)\frac{\mathrm{d}y}{\mathrm{d}x}=-F'_1-F'_2$$

$$\frac{\mathrm{d}y}{\mathrm{d}x}=-\frac{F'_1(x+y,x-y)+F'_2(x+y,x-y)}{F'_1(x+y,x-y)-F'_2(x+y,x-y)}$$

解法2 设 $H(x,y)=F(x+y,x-y)=0$,则由定理 8.4.1,有

$$\frac{\mathrm{d}y}{\mathrm{d}x}=-\frac{H'_x}{H'_y}=-\frac{F'_1(x+y,x-y)+F'_2(x+y,x-y)}{F'_1(x+y,x-y)-F'_2(x+y,x-y)}$$

当然,上面的推算应要求 $F_1'(x+y,x-y)-F_2'(x+y,x-y)\neq 0$.

例 8.4.8　设 $F(x,y,z)$ 可微,且 $F_x'\neq 0,F_y'\neq 0,F_z'\neq 0$,则由方程

$$F(x,y,z)=0$$

可推得

$$\frac{\partial x}{\partial y}\frac{\partial y}{\partial z}\frac{\partial z}{\partial x}=-1$$

证明　由 $F_x'\neq 0,F_y'\neq 0,F_z'\neq 0$ 及定理 8.4.1 有

$$\frac{\partial x}{\partial y}\frac{\partial y}{\partial z}\frac{\partial z}{\partial x}=\left(-\frac{F_y'}{F_x'}\right)\left(-\frac{F_z'}{F_y'}\right)\left(-\frac{F_x'}{F_z'}\right)=-1$$

例 8.4.9　设 $z=f(x,y),g(x,y)=0$,而 f 与 g 都为可微的二元函数,求 $\frac{\mathrm{d}z}{\mathrm{d}x}$.

解法 1　从 $g(x,y)=0$,将 y 视为 x 的隐函数,$y=y(x)$.

在 $g(x,y)=0$ 两边对 x 求导得

$$g_x'+g_y'\frac{\mathrm{d}y}{\mathrm{d}x}=0,\quad \frac{\mathrm{d}y}{\mathrm{d}x}=-\frac{g_x'}{g_y'}$$

于是

$$\frac{\mathrm{d}z}{\mathrm{d}x}=f_x'+f_y'\frac{\mathrm{d}y}{\mathrm{d}x}=f_x'+f_y'\left(-\frac{g_x'}{g_y'}\right)=\frac{f_x'g_y'-f_y'g_x'}{g_y'},\quad g_y'\neq 0$$

解法 2　$\boldsymbol{F}(x,y,z)=\begin{pmatrix}F_1(x,y,z)\\F_2(x,y,z)\end{pmatrix}=\begin{pmatrix}z-f(x,y)\\g(x,y)\end{pmatrix}=\begin{pmatrix}0\\0\end{pmatrix}$

当 $\det \boldsymbol{J}_{(y,z)}\boldsymbol{F}(x,y,z)=\begin{vmatrix}-f_y' & 1\\ g_y' & 0\end{vmatrix}=-g_y'\neq 0$ 时,有

$$\begin{pmatrix}\frac{\mathrm{d}y}{\mathrm{d}x}\\ \frac{\mathrm{d}z}{\mathrm{d}x}\end{pmatrix}=-(\boldsymbol{J}_{(y,z)}\boldsymbol{F}(x,y,z))^{-1}\begin{pmatrix}-f_x'\\ g_x'\end{pmatrix}$$

$$=-\begin{pmatrix}-f_y' & 1\\ g_y' & 0\end{pmatrix}^{-1}\begin{pmatrix}-f_x'\\ g_x'\end{pmatrix}=-\frac{-1}{g_y'}\begin{pmatrix}0 & -1\\ -g_y' & -f_y'\end{pmatrix}\begin{pmatrix}-f_x'\\ g_x'\end{pmatrix}$$

$$=\frac{1}{g_y'}\begin{pmatrix}-g_x'\\ f_x'g_y'-f_y'g_x'\end{pmatrix}$$

$$\frac{\mathrm{d}z}{\mathrm{d}x}=\frac{f_x'g_y'-f_y'g_x'}{g_y'},\quad g_y'\neq 0$$

例 8.4.10 设

$$\boldsymbol{F}(\boldsymbol{x},\boldsymbol{y})=\begin{pmatrix}F_1(\boldsymbol{x},\boldsymbol{y})\\F_2(\boldsymbol{x},\boldsymbol{y})\end{pmatrix}=\begin{pmatrix}x_1y_2-4x_2+2\mathrm{e}^{y_1}+3\\2x_1-x_3-6y_1+y_2\cos y_1\end{pmatrix}=\begin{pmatrix}0\\0\end{pmatrix}$$

试计算:当$(\boldsymbol{x},\boldsymbol{y})=(x_1,x_2,x_3,y_1,y_2)=(-1,1,-1,0,1)$时的 Jacobi 矩阵 $\left(\dfrac{\partial y_i}{\partial x_j}\right)$,$i=1,2$; $j=1,2,3$,其中 $\boldsymbol{y}=\boldsymbol{f}(\boldsymbol{x})$.

解法 1 $\boldsymbol{JF}(\boldsymbol{x},\boldsymbol{y})=(\boldsymbol{J_xF},\boldsymbol{J_yF})$

$$=\begin{pmatrix}y_2&-4&0&2\mathrm{e}^{y_1}&x_1\\2&0&-1&-6-y_2\sin y_1&\cos y_1\end{pmatrix}$$

$$\boldsymbol{JF}(-1,1,-1,0,1)=\begin{pmatrix}1&-4&0&2&-1\\2&0&-1&-6&1\end{pmatrix}$$

由定理 8.4.2(4)得到

$$\boldsymbol{Jf}(\boldsymbol{x})\mid_{\boldsymbol{x}=(-1,1,-1)}=-(\boldsymbol{J_yF}(\boldsymbol{x},\boldsymbol{y}))^{-1}\boldsymbol{J_xF}(\boldsymbol{x},\boldsymbol{y})\mid_{(\boldsymbol{x},\boldsymbol{y})=(-1,1,-1,0,1)}$$

$$=-\begin{pmatrix}2&-1\\-6&1\end{pmatrix}^{-1}\begin{pmatrix}1&-4&0\\2&0&-1\end{pmatrix}$$

$$=-\begin{pmatrix}-\dfrac{1}{4}&-\dfrac{1}{4}\\-\dfrac{3}{2}&-\dfrac{1}{2}\end{pmatrix}\begin{pmatrix}1&-4&0\\2&0&-1\end{pmatrix}$$

$$=\frac{1}{4}\begin{pmatrix}3&-4&-1\\10&-24&-2\end{pmatrix}$$

即

$$\begin{pmatrix}\dfrac{\partial y_1}{\partial x_1}&\dfrac{\partial y_1}{\partial x_2}&\dfrac{\partial y_1}{\partial x_3}\\\dfrac{\partial y_2}{\partial x_1}&\dfrac{\partial y_2}{\partial x_2}&\dfrac{\partial y_2}{\partial x_3}\end{pmatrix}_{(-1,1,-1)}=\begin{pmatrix}\dfrac{3}{4}&-1&-\dfrac{1}{4}\\\dfrac{5}{2}&-6&-\dfrac{1}{2}\end{pmatrix}$$

解法 2 对方程组两边关于 x_1 求导得到

$$\begin{cases}y_2+x_1\dfrac{\partial y_2}{\partial x_1}+2\mathrm{e}^{y_1}\dfrac{\partial y_1}{\partial x_1}=0\\2-6\dfrac{\partial y_1}{\partial x_1}-y_2\sin y_1\dfrac{\partial y_1}{\partial x_1}+\cos y_1\dfrac{\partial y_2}{\partial x_1}=0\end{cases}$$

用$(-1,1,-1,0,1)$代入上式得

$$\begin{cases}2\dfrac{\partial y_1}{\partial x_1}-\dfrac{\partial y_2}{\partial x_1}=-1\\-6\dfrac{\partial y_1}{\partial x_1}+\dfrac{\partial y_2}{\partial x_1}=-2\end{cases}$$

两式相加得$-4\dfrac{\partial y_1}{\partial x_1}=-3$，则

$$\begin{cases}\dfrac{\partial y_1}{\partial x_1}=\dfrac{3}{4}\\\dfrac{\partial y_2}{\partial x_1}=6\dfrac{\partial y_1}{\partial x_1}-2=\dfrac{9}{2}-2=\dfrac{5}{2}\end{cases}$$

对方程组两边关于x_2求导得到

$$\begin{cases}x_1\dfrac{\partial y_2}{\partial x_2}-4+2e^{y_1}\dfrac{\partial y_1}{\partial x_2}=0\\-6\dfrac{\partial y_1}{\partial x_2}+\cos y_1\dfrac{\partial y_2}{\partial x_2}-y_2\sin y_1\dfrac{\partial y_1}{\partial x_2}=0\end{cases}$$

用$(-1,1,-1,0,1)$代入上式得

$$\begin{cases}-\dfrac{\partial y_2}{\partial x_2}-4+2\dfrac{\partial y_1}{\partial x_2}=0\\-6\dfrac{\partial y_1}{\partial x_2}+\dfrac{\partial y_2}{\partial x_2}=0\end{cases},\quad\begin{cases}2\dfrac{\partial y_1}{\partial x_2}-\dfrac{\partial y_2}{\partial x_2}=4\\-6\dfrac{\partial y_1}{\partial x_2}+\dfrac{\partial y_2}{\partial x_2}=0\end{cases}$$

两式相加得$-4\dfrac{\partial y_1}{\partial x_2}=4$，则

$$\begin{cases}\dfrac{\partial y_1}{\partial x_2}=-1\\\dfrac{\partial y_2}{\partial x_2}=6\dfrac{\partial y_1}{\partial x_2}=-6\end{cases}$$

对方程组两边关于x_3求导得到

$$\begin{cases}x_1\dfrac{\partial y_2}{\partial x_3}+2e^{y_1}\dfrac{\partial y_1}{\partial x_3}=0\\-1-6\dfrac{\partial y_1}{\partial x_3}+\cos y_1\dfrac{\partial y_2}{\partial x_3}-y_2\sin y_1\dfrac{\partial y_1}{\partial x_3}=0\end{cases}$$

用$(-1,1,-1,0,1)$代入上式得

$$\begin{cases}-\dfrac{\partial y_2}{\partial x_3}+2\dfrac{\partial y_1}{\partial x_3}=0\\-1-6\dfrac{\partial y_1}{\partial x_3}+\dfrac{\partial y_2}{\partial x_3}=0\end{cases},\quad\begin{cases}2\dfrac{\partial y_1}{\partial x_3}-\dfrac{\partial y_2}{\partial x_3}=0\\-6\dfrac{\partial y_1}{\partial x_3}+\dfrac{\partial y_2}{\partial x_3}=1\end{cases}$$

两式相加得$-4\dfrac{\partial y_1}{\partial x_3}=1$,则

$$\begin{cases}\dfrac{\partial y_1}{\partial x_3}=-\dfrac{1}{4}\\\dfrac{\partial y_2}{\partial x_3}=2\dfrac{\partial y_1}{\partial x_3}=-\dfrac{1}{2}\end{cases}$$

注 8.4.3 例 8.4.10 表明,如果求 Jacobi 矩阵,即要求所有偏导数$\dfrac{\partial y_i}{\partial x_j}$,那么用解法 1 要快捷得多;如果只求$\dfrac{\partial y_1}{\partial x_1},\dfrac{\partial y_2}{\partial x_1}$,那么用解法 2 比较合适.

例 8.4.11 设$y^2=ux,x^2=vy$,求$\dfrac{\partial(x,y)}{\partial(u,v)}$.

解法 1 显然容易解得$u=\dfrac{y^2}{x},v=\dfrac{x^2}{y}$,则有

$$\frac{\partial(u,v)}{\partial(x,y)}=\begin{vmatrix}-\dfrac{y^2}{x^2} & \dfrac{2y}{x}\\\dfrac{2x}{y} & -\dfrac{x^2}{y^2}\end{vmatrix}=1-4=-3$$

$$\frac{\partial(x,y)}{\partial(u,v)}=\frac{1}{\dfrac{\partial(u,v)}{\partial(x,y)}}=\frac{1}{-3}=-\frac{1}{3}$$

解法 2 将$x=\dfrac{y^2}{u}$代入$x^2=vy$,得$\dfrac{y^4}{u^2}=vy,y=u^{\frac{2}{3}}v^{\frac{1}{3}}$,从而$x=u^{\frac{1}{3}}v^{\frac{2}{3}}$. 由此得到

$$\frac{\partial(x,y)}{\partial(u,v)}=\begin{vmatrix}\dfrac{1}{3}u^{-\frac{2}{3}}v^{\frac{2}{3}} & \dfrac{2}{3}u^{\frac{1}{3}}v^{-\frac{1}{3}}\\\dfrac{2}{3}u^{-\frac{1}{3}}v^{\frac{1}{3}} & \dfrac{1}{3}u^{\frac{2}{3}}v^{-\frac{2}{3}}\end{vmatrix}=\frac{1}{9}-\frac{4}{9}=-\frac{1}{3}$$

例 8.4.12 设$\boldsymbol{f}:(0,+\infty)\times(-\infty,+\infty)\to\mathbb{R}^2$,且

$$(r,\theta)\longmapsto(x,y)=\boldsymbol{f}(r,\theta)=(r\cos\theta,r\sin\theta)$$

为极坐标变换公式(图 8.4.2),则

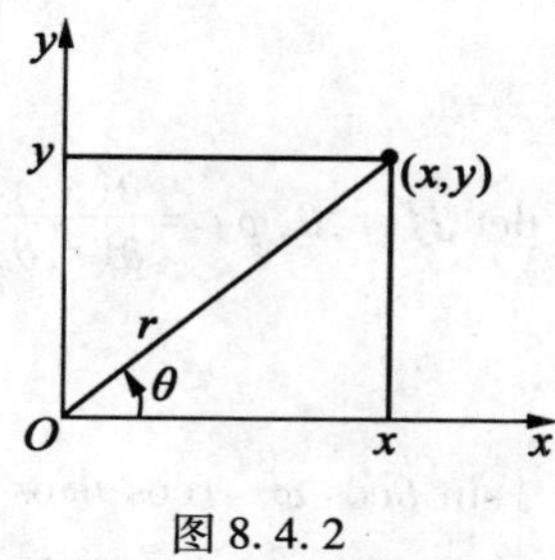

图 8.4.2

$$\det Jf(r,\theta)=\frac{\partial(x,y)}{\partial(r,\theta)}=\begin{vmatrix}\frac{\partial x}{\partial r} & \frac{\partial x}{\partial\theta}\\ \frac{\partial y}{\partial r} & \frac{\partial y}{\partial\theta}\end{vmatrix}$$

$$=\begin{vmatrix}\cos\theta & -r\sin\theta\\ \sin\theta & r\cos\theta\end{vmatrix}=r\neq 0$$

因此,f 为局部 C^∞ 微分同胚. 但由 $f(1,0)=f(1,2\pi)$ 知 f 非单射,从而整体的 f^{-1} 不存在,f 不为整体 C^∞ 微分同胚.

再求 r,θ 关于 x,y 的偏导数$\frac{\partial r}{\partial x},\frac{\partial r}{\partial y},\frac{\partial\theta}{\partial x},\frac{\partial\theta}{\partial y}$.

解法 1 $Jf^{-1}(x,y)=[Jf(r,\theta)]^{-1}$

$$=\begin{pmatrix}\frac{\partial r}{\partial x} & \frac{\partial r}{\partial y}\\ \frac{\partial\theta}{\partial x} & \frac{\partial\theta}{\partial y}\end{pmatrix}=\begin{pmatrix}\frac{\partial x}{\partial r} & \frac{\partial x}{\partial\theta}\\ \frac{\partial y}{\partial r} & \frac{\partial y}{\partial\theta}\end{pmatrix}^{-1}=\begin{pmatrix}\cos\theta & -r\sin\theta\\ \sin\theta & r\cos\theta\end{pmatrix}^{-1}$$

$$=\frac{1}{r}\begin{pmatrix}r\cos\theta & r\sin\theta\\ -\sin\theta & \cos\theta\end{pmatrix}=\begin{pmatrix}\frac{x}{\sqrt{x^2+y^2}} & \frac{y}{\sqrt{x^2+y^2}}\\ -\frac{y}{x^2+y^2} & \frac{x}{x^2+y^2}\end{pmatrix}$$

解法 2 $r=\sqrt{x^2+y^2}$,$\theta=\arctan\frac{y}{x}$,因此

$$\frac{\partial r}{\partial x}=\frac{x}{\sqrt{x^2+y^2}},\quad\frac{\partial r}{\partial y}=\frac{y}{\sqrt{x^2+y^2}}$$

$$\frac{\partial\theta}{\partial x}=\frac{-\frac{y}{x^2}}{1+\left(\frac{y}{x}\right)^2}=-\frac{y}{x^2+y^2},\quad\frac{\partial\theta}{\partial y}=\frac{\frac{1}{x}}{1+\left(\frac{y}{x}\right)^2}=\frac{x}{x^2+y^2}$$

例 8.4.13 设 $f:(0,+\infty)\times(0,\pi)\times(-\infty,+\infty)\to\mathbb{R}^3$,且

$$(r,\theta,\varphi)\longmapsto(x,y,z)=f(r,\theta,\varphi)$$
$$=(r\sin\theta\cos\varphi,r\sin\theta\sin\varphi,r\cos\theta)$$

为球坐标变换公式(图 8.4.3),则

$$\det \boldsymbol{J}\boldsymbol{f}(r,\theta,\varphi)=\frac{\partial(x,y,z)}{\partial(r,\theta,\varphi)}=\begin{vmatrix}\dfrac{\partial x}{\partial r} & \dfrac{\partial x}{\partial \theta} & \dfrac{\partial x}{\partial \varphi}\\ \dfrac{\partial y}{\partial r} & \dfrac{\partial y}{\partial \theta} & \dfrac{\partial y}{\partial \varphi}\\ \dfrac{\partial z}{\partial r} & \dfrac{\partial z}{\partial \theta} & \dfrac{\partial z}{\partial \varphi}\end{vmatrix}$$

$$=\begin{vmatrix}\sin\theta\cos\varphi & r\cos\theta\cos\varphi & -r\sin\theta\sin\varphi\\ \sin\theta\sin\varphi & r\cos\theta\sin\varphi & r\sin\theta\cos\varphi\\ \cos\theta & -r\sin\theta & 0\end{vmatrix}$$

$$=r^2\sin\theta\neq 0$$

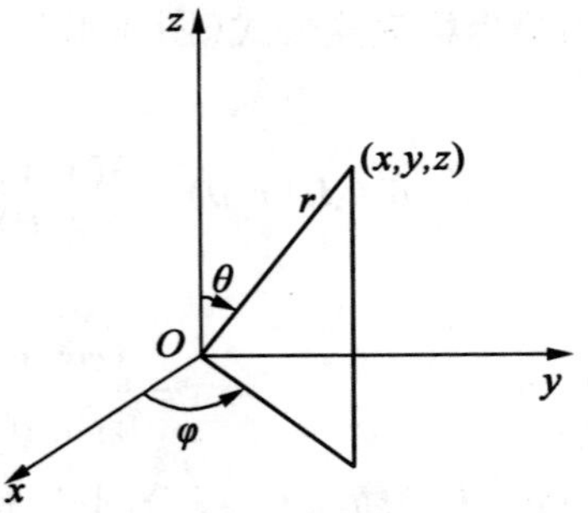

图 8.4.3

因此, $\boldsymbol{f}$ 为局部 C^∞ 微分同胚. 但由 $\boldsymbol{f}\left(1,\dfrac{\pi}{2},0\right)=\boldsymbol{f}\left(1,\dfrac{\pi}{2},2\pi\right)$ 知, $\boldsymbol{f}$ 非单射, 从而整体的 $\boldsymbol{f}^{-1}$ 不存在, $\boldsymbol{f}$ 不为整体的 C^∞ 微分同胚.

再求 r,θ,φ 关于 x,y,z 的偏导数 $\dfrac{\partial r}{\partial x},\dfrac{\partial r}{\partial y},\dfrac{\partial r}{\partial z},\dfrac{\partial \theta}{\partial x},\dfrac{\partial \theta}{\partial y},\dfrac{\partial \theta}{\partial z},\dfrac{\partial \varphi}{\partial x},\dfrac{\partial \varphi}{\partial y},\dfrac{\partial \varphi}{\partial z}$.

解法 1 $\boldsymbol{J}\boldsymbol{f}^{-1}(x,y,z)=[\boldsymbol{J}\boldsymbol{f}(r,\theta,\varphi)]^{-1}$

$$=\begin{pmatrix}\dfrac{\partial r}{\partial x} & \dfrac{\partial r}{\partial y} & \dfrac{\partial r}{\partial z}\\ \dfrac{\partial \theta}{\partial x} & \dfrac{\partial \theta}{\partial y} & \dfrac{\partial \theta}{\partial z}\\ \dfrac{\partial \varphi}{\partial x} & \dfrac{\partial \varphi}{\partial y} & \dfrac{\partial \varphi}{\partial z}\end{pmatrix}=\begin{pmatrix}\dfrac{\partial x}{\partial r} & \dfrac{\partial x}{\partial \theta} & \dfrac{\partial x}{\partial \varphi}\\ \dfrac{\partial y}{\partial r} & \dfrac{\partial y}{\partial \theta} & \dfrac{\partial y}{\partial \varphi}\\ \dfrac{\partial z}{\partial r} & \dfrac{\partial z}{\partial \theta} & \dfrac{\partial z}{\partial \varphi}\end{pmatrix}^{-1}$$

$$=\begin{pmatrix}\sin\theta\cos\varphi & r\cos\theta\cos\varphi & -r\sin\theta\sin\varphi\\ \sin\theta\sin\varphi & r\cos\theta\sin\varphi & r\sin\theta\cos\varphi\\ \cos\theta & -r\sin\theta & 0\end{pmatrix}^{-1}$$

$$=\frac{1}{r^2\sin\theta}\begin{pmatrix}r^2\sin^2\theta\cos\varphi & r^2\sin^2\theta\sin\varphi & r^2\sin\theta\cos\theta\\ r\sin\theta\cos\theta\cos\varphi & r\sin\theta\cos\theta\sin\varphi & -r\sin^2\theta\\ -r\sin\varphi & r\cos\varphi & 0\end{pmatrix}$$

$$=\begin{pmatrix}\sin\theta\cos\varphi & \sin\theta\sin\varphi & \cos\theta\\ \dfrac{\cos\theta\cos\varphi}{r} & \dfrac{\cos\theta\sin\varphi}{r} & -\dfrac{\sin\theta}{r}\\ -\dfrac{\sin\varphi}{r\sin\theta} & \dfrac{\cos\varphi}{r\sin\theta} & 0\end{pmatrix}$$

$$
=\begin{pmatrix}
\dfrac{x}{r} & \dfrac{y}{r} & \dfrac{z}{r} \\[2ex]
\dfrac{xz}{r^2\sqrt{x^2+y^2}} & \dfrac{yz}{r^2\sqrt{x^2+y^2}} & -\dfrac{\sqrt{x^2+y^2}}{r^2} \\[2ex]
-\dfrac{y}{x^2+y^2} & \dfrac{x}{x^2+y^2} & 0
\end{pmatrix}
$$

其中 $x^2+y^2=r^2\sin^2\theta\neq 0, r=\sqrt{x^2+y^2+z^2}\neq 0.$

解法 2

$$r=\sqrt{x^2+y^2+z^2}$$

$$\theta=\arccos\frac{z}{\sqrt{x^2+y^2+z^2}}$$

$$\varphi=\arcsin\frac{y}{\sqrt{x^2+y^2}}$$

通过简单计算,分别求出 r,θ,φ 对于 x,y,z 的偏导数可以验证与上述结果完全一致.

例 8.4.14　设 $U\subset\mathbb{R}^4$ 为开集,$F,G:U\to\mathbb{R}^1$ 为 4 元函数. 如果 $\boldsymbol{H}=(F,G)^{\mathrm{T}}$ 在点 $(\boldsymbol{z}_0,\boldsymbol{w}_0)\in U$(其中 $\boldsymbol{z}_0=(x_0,y_0),\boldsymbol{w}_0=(u_0,v_0)$)的某开邻域内满足隐射定理 8.4.2 的条件且 $\det \boldsymbol{J}_w\boldsymbol{H}(\boldsymbol{z}_0,\boldsymbol{w}_0)\neq 0$,则方程组

$$\boldsymbol{H}(x,y,u,v)=\boldsymbol{0}$$

在点 $\boldsymbol{z}_0$ 的某开邻域内能确定一个 C^k 隐映 $\boldsymbol{w}=\boldsymbol{f}(\boldsymbol{z})$.

解法 1　由定理 8.4.2 中的(4)求得

$$\boldsymbol{J}\boldsymbol{f}(\boldsymbol{z})=-[\boldsymbol{J}_w\boldsymbol{H}(\boldsymbol{z},\boldsymbol{w})]^{-1}\boldsymbol{J}_z\boldsymbol{H}(\boldsymbol{z},\boldsymbol{w})$$

即

$$
\begin{pmatrix}
\dfrac{\partial u}{\partial x} & \dfrac{\partial u}{\partial y} \\[2ex]
\dfrac{\partial v}{\partial x} & \dfrac{\partial v}{\partial y}
\end{pmatrix}
=-\begin{pmatrix}
\dfrac{\partial F}{\partial u} & \dfrac{\partial F}{\partial v} \\[2ex]
\dfrac{\partial G}{\partial u} & \dfrac{\partial G}{\partial v}
\end{pmatrix}^{-1}
\begin{pmatrix}
\dfrac{\partial F}{\partial x} & \dfrac{\partial F}{\partial y} \\[2ex]
\dfrac{\partial G}{\partial x} & \dfrac{\partial G}{\partial y}
\end{pmatrix}
$$

$$
=-\frac{1}{J}\begin{pmatrix}
\dfrac{\partial G}{\partial v} & -\dfrac{\partial F}{\partial v} \\[2ex]
-\dfrac{\partial G}{\partial u} & \dfrac{\partial F}{\partial u}
\end{pmatrix}
\begin{pmatrix}
\dfrac{\partial F}{\partial x} & \dfrac{\partial F}{\partial y} \\[2ex]
\dfrac{\partial G}{\partial x} & \dfrac{\partial G}{\partial y}
\end{pmatrix}
$$

$$= -\frac{1}{J}\begin{pmatrix} \dfrac{\partial(F,G)}{\partial(x,v)} & \dfrac{\partial(F,G)}{\partial(y,v)} \\ \dfrac{\partial(F,G)}{\partial(u,x)} & \dfrac{\partial(F,G)}{\partial(u,y)} \end{pmatrix}$$

其中 $J=\dfrac{\partial(F,G)}{\partial(u,v)}$.

解法2 设 $u=f(x,y)$,$v=g(x,y)$ 为由方程组

$$\begin{cases} F(x,y,u,v)=0 \\ G(x,y,u,v)=0 \end{cases}$$

所确定的隐函数,即

$$\begin{cases} F(x,y,f(x,y),g(x,y))\equiv 0 \\ G(x,y,f(x,y),g(x,y))\equiv 0 \end{cases}$$

对上述方程关于 x,y 分别求偏导数得到

$$\begin{cases} F'_x+F'_u u'_x+F'_v v'_x=0 \\ G'_x+G'_u u'_x+G'_v v'_x=0 \end{cases}$$

$$\begin{cases} F'_y+F'_u u'_y+F'_v v'_y=0 \\ G'_y+G'_u u'_y+G'_v v'_y=0 \end{cases}$$

因为

$$J=\frac{\partial(F,G)}{\partial(u,v)}=\begin{vmatrix} F'_u & F'_v \\ G'_u & G'_v \end{vmatrix}\neq 0$$

所以从两个方程组分别解得

$$\frac{\partial u}{\partial x}=u'_x=-\frac{1}{J}\frac{\partial(F,G)}{\partial(x,v)},\quad \frac{\partial u}{\partial y}=u'_y=-\frac{1}{J}\frac{\partial(F,G)}{\partial(y,v)}$$

$$\frac{\partial v}{\partial x}=v'_x=-\frac{1}{J}\frac{\partial(F,G)}{\partial(u,x)},\quad \frac{\partial v}{\partial y}=v'_y=-\frac{1}{J}\frac{\partial(F,G)}{\partial(u,y)}$$

练习题 8.4

1. 下列方程确定隐函数 $y=y(x)$,计算$\dfrac{\mathrm{d}y}{\mathrm{d}x}$.

(1) $x^2+2xy-y^2=a^2$;

(2) $xy-\ln y=0$,在点$(0,1)$处;

(3) $y-\varepsilon\sin y=x$,常数 $\varepsilon\in(0,1)$;

(4) $x^y=y^x$.

2. 下列方程确定隐函数 $z=z(x,y)$,计算$\frac{\partial z}{\partial x}$与$\frac{\partial z}{\partial y}$.

(1) $\mathrm{e}^z-xyz=0$;

(2) $\frac{x}{z}=\ln\frac{z}{y}$;

(3) $x+y+z=\mathrm{e}^{-(x+y+z)}$,并对计算的结果作出解释;

(4) $z^2y-xz^3-1=0$,在点$(1,2,1)$处.

3. 设 $u=f(x,y,z,t)$, $g(y,z,t)=0$, $h(z,t)=0$, f,g 与 h 都一阶连续可导,计算$\frac{\partial u}{\partial x}$与$\frac{\partial u}{\partial y}$,并给出相应可计算的条件.

4. 设 $F(x-y,y-z,z-x)=0$, F 有一阶连续偏导数,计算$\frac{\partial z}{\partial x}$与$\frac{\partial z}{\partial y}$,并给出相应可计算的条件.

5. 设 $F(x+y+z,x^2+y^2+z^2)=0$, F 有一阶连续偏导数,计算$\frac{\partial z}{\partial x}$与$\frac{\partial z}{\partial y}$,并给出相应可计算的条件.

6. 设二元函数 F 在$\mathbb{R}^2$上二次连续可导. 已知曲线 $F(x,y)=0$ 呈"8"字形,问方程组

$$\begin{cases}\frac{\partial F}{\partial x}(x,y)=0\\ \frac{\partial F}{\partial y}(x,y)=0\end{cases}$$

在$\mathbb{R}^2$中至少有几组解?

7. 从方程组

$$\begin{cases}x^2+y^2+z^2=1\\ x+y+z=0\end{cases}$$

中,计算$\frac{\mathrm{d}y}{\mathrm{d}x}$与$\frac{\mathrm{d}z}{\mathrm{d}x}$,并作出几何解释.

8. 从方程组

$$\begin{cases}x^2+y^2-z=0\\x^2+2y^2+3z^2=20\end{cases}$$

中,计算$\dfrac{\mathrm{d}y}{\mathrm{d}x}$与$\dfrac{\mathrm{d}z}{\mathrm{d}x}$,并作出几何解释.

9. 从下列方程中,计算 Jacobi 矩阵

$$\begin{pmatrix}\dfrac{\partial x}{\partial u} & \dfrac{\partial x}{\partial v}\\[2ex]\dfrac{\partial y}{\partial u} & \dfrac{\partial y}{\partial v}\end{pmatrix}$$

(1) $xu-yv=0, yu+xv=1$;

(2) $x+y=u+v, \dfrac{x}{y}=\dfrac{\sin u}{\sin v}$.

10. 设

$$\begin{cases}u^2-v\cos(xy)+w^2=0\\u^2+v^2-\sin(xy)+2w^2=2\\uv-\sin x\cos y+w=0\end{cases}$$

试在$(x,y)=\left(\dfrac{\pi}{2},0\right),(u,v,w)=(1,1,0)$处计算 Jacobi 矩阵

$$\begin{pmatrix}\dfrac{\partial u}{\partial x} & \dfrac{\partial u}{\partial y}\\[2ex]\dfrac{\partial v}{\partial x} & \dfrac{\partial v}{\partial y}\\[2ex]\dfrac{\partial w}{\partial x} & \dfrac{\partial w}{\partial y}\end{pmatrix}$$

11. 从方程组

$$\begin{cases}x=t+\dfrac{1}{t}\\[2ex]y=t^2+\dfrac{1}{t^2}\\[2ex]z=t^3+\dfrac{1}{t^3}\end{cases}$$

中,计算$\dfrac{\mathrm{d}y}{\mathrm{d}x}$与$\dfrac{\mathrm{d}z}{\mathrm{d}x}$.

12. 设 $U\subset\mathbb{R}^n$, $\boldsymbol{f}:U\to\mathbb{R}^n$. 如果 $\boldsymbol{f}$ 将开集映为开集,则称 $\boldsymbol{f}$ 为一个**开映射**. 问:

下列映射是否为开映射？并说明理由.

(1)$\boldsymbol{f}(x,y)=\left(x^2,\dfrac{y}{x}\right)$;

(2)$\boldsymbol{f}(x,y)=(\mathrm{e}^x\cos y,\mathrm{e}^x\sin y)$;

(3)$\boldsymbol{f}(x,y)=(x,x^2)$.

进而,对(1)与(2)中的$\boldsymbol{f}$,计算$\boldsymbol{J}\boldsymbol{f}^{-1}$.

13. 求由下列方程所确定的隐函数的偏导数:

(1)$x+y+z=\mathrm{e}^{-(x+y+z)}$,求 z 对 x,y 的一阶与二阶偏导数;

(2)$F(x,x+y,x+y+z)=0$,F 为 C^2 函数,求$\dfrac{\partial z}{\partial x},\dfrac{\partial z}{\partial y},\dfrac{\partial^2 z}{\partial x^2}$.

14. 设f为一元函数,试问:f应满足什么条件,方程

$$2f(xy)=f(x)+f(y)$$

在点(1,1)的开邻域内能确定出唯一的 y 为 x 的函数?

15. 设 $F(x,y)$ 为 C^2 函数,$F'_y\neq 0$,证明:由 $F(x,y)=0$ 所确定的隐函数 $y=f(x)$满足

$$(F'_y)^3y''=\begin{vmatrix}F''_{xx} & F''_{xy} & F'_x\\ F''_{xy} & F''_{yy} & F'_y\\ F'_x & F'_y & 0\end{vmatrix}$$

16. 求由下列方程所确定的隐函数的极值:

(1)$x^2+2xy+2y^2=1$;

(2)$x^2+y^2=a^2(x^2-y^2)\,(a>0)$.

17. 设f,g,h 可微,且

$$\begin{cases}x=f(u,v,w)\\ y=g(u,v,w)\\ z=h(u,v,w)\end{cases}$$

求$\dfrac{\partial u}{\partial x},\dfrac{\partial u}{\partial y},\dfrac{\partial u}{\partial z}$,并给出可计算的条件.

18. 设f,g 为可微函数,求下列方程所确定的隐函数 $u=u(x,y)$的偏导数$\dfrac{\partial u}{\partial x},\dfrac{\partial u}{\partial y}$:

(1)$x^2+u^2=f(x,u)+g(x,y,u)$;

(2) $u=f(x+u,yu)$.

进而给出可计算的条件.

19. 设 $y=f(x)$ 为 C^1 函数, $x=\varphi(u,v)$, $y=\psi(u,v)$ 为 C^2 函数,则由方程 $\psi(u,v)=f(\varphi(u,v))$ 可以确定函数 $v=v(u)$. 试用 $u,v,\frac{\mathrm{d}v}{\mathrm{d}u},\frac{\mathrm{d}^2v}{\mathrm{d}u^2}$ 表示 $\frac{\mathrm{d}y}{\mathrm{d}x},\frac{\mathrm{d}^2y}{\mathrm{d}x^2}$,并给出可计算的条件.

思考题 8.4

1. 设 (x_0,y_0,z_0,u_0) 满足方程组

$$\begin{cases}f(x)+f(y)+f(z)=F(u)\\g(x)+g(y)+g(z)=G(u)\\h(x)+h(y)+h(z)=H(u)\end{cases}$$

这里所有的函数假定有连续的导数.

(1) 说出一个能在该点开邻域内确定 x,y,z 为 u 的函数的充分条件;

(2) 在 $f(x)=x$, $g(x)=x^2$, $h(x)=x^3$ 的情形下,上述条件相当于什么?

2. 据理说明:在点 $(0,1)$ 近旁是否存在 C^∞ 的 $f(x,y)$ 与 $g(x,y)$ 满足

$$f(0,1)=1,\quad g(0,1)=-1$$

且

$$\begin{cases}[f(x,y)]^3+xg(x,y)-y=0\\[g(x,y)]^3+yf(x,y)-x=0\end{cases}$$

8.5 逆射与隐射定理的另一精美证法

上节应用数学归纳法先证隐射定理:方程组 $\boldsymbol{F}(\boldsymbol{x},\boldsymbol{y})=\boldsymbol{0}$ 在条件 $\det \boldsymbol{J}_y\boldsymbol{F}\neq 0$ 时,局部解得 $\boldsymbol{y}=\boldsymbol{f}(\boldsymbol{x})$,使得 $\boldsymbol{F}(\boldsymbol{x},\boldsymbol{f}(\boldsymbol{x}))\equiv\boldsymbol{0}$. 进而,当 $\det \boldsymbol{J}\boldsymbol{f}(\boldsymbol{x})\neq 0$ 时,对 $\boldsymbol{F}(\boldsymbol{x},\boldsymbol{y})=\boldsymbol{f}(\boldsymbol{x})-\boldsymbol{y}=\boldsymbol{0}$ 施用隐射定理,证得 $\boldsymbol{y}=\boldsymbol{f}(\boldsymbol{x})$ 有局部逆射 $\boldsymbol{x}=\boldsymbol{g}(\boldsymbol{y})=\boldsymbol{f}^{-1}(\boldsymbol{y})$. 读者已领略了它的精美的论证方法,自然会大胆地问:能否先证局部逆射定理,再应用局部逆射定理来证明隐射定理?现在来实现这一设想.

定理 8.5.1(局部逆射定理)　设 $D\subset\mathbb{R}^n$ 为开集,$\boldsymbol{f}:D\to\mathbb{R}^n$ 为 $C^k(1\leqslant k\leqslant+\infty)$映射,且 $\det \boldsymbol{J}\boldsymbol{f}(\boldsymbol{x}^0)=\det\left(\frac{\partial f_i}{\partial x_j}(\boldsymbol{x}^0)\right)\neq 0,\boldsymbol{x}^0\in D$,则 $\boldsymbol{f}$ 为一个 C^k 局部微分同胚,它将 $\boldsymbol{x}^0$ 的一个开邻域映成 $\boldsymbol{f}(\boldsymbol{x}^0)$的一个开邻域.

证明　可以假定 $\boldsymbol{x}^0=\boldsymbol{0},\boldsymbol{f}(\boldsymbol{x}^0)=\boldsymbol{0},\left(\frac{\partial f_i}{\partial x_j}(\boldsymbol{x}^0)\right)=(\delta_j^i)=\boldsymbol{I}$(否则作一仿射变换,不影响定理的证明).选取 a 充分小,使得方体

$$C^n(a)=\{\boldsymbol{x}\in\mathbb{R}^n\mid\|\boldsymbol{x}\|=\max_{1\leqslant j\leqslant n}|x_j|<a\}\subset D$$

且当 $\boldsymbol{x}\in C^n(a)$时,有

$$\det\left(\frac{\partial f_i}{\partial x_j}(\boldsymbol{x})\right)\neq 0$$

及

$$\left(\frac{\partial f_i}{\partial x_j}(\boldsymbol{x})\right)-\boldsymbol{I}$$

中的元素满足 $\left|\left(\frac{\partial f_i}{\partial x_j}(\boldsymbol{x})\right)-\delta_j^i\right|\leqslant\frac{1}{2n}\left(\text{只需注意}\left(\frac{\partial f_i}{\partial x_j}(\boldsymbol{0})\right)-\boldsymbol{I}=\boldsymbol{0}\right)$.

令 $\boldsymbol{g}(\boldsymbol{x})=\boldsymbol{f}(\boldsymbol{x})-\boldsymbol{x}$,则当 $\boldsymbol{x}^1,\boldsymbol{x}^2\in C^n(a)$时,应用 Lagrange 中值定理有

$$\begin{aligned}\|\boldsymbol{g}(\boldsymbol{x}^1)-\boldsymbol{g}(\boldsymbol{x}^2)\|&=\max_{1\leqslant i\leqslant n}\{|g_i(\boldsymbol{x}^1)-g_i(\boldsymbol{x}^2)|\}\\&=\max_{1\leqslant i\leqslant n}\left\{\left|\sum_{j=1}^n\frac{\partial g_i}{\partial x_j}(\xi^j)(x_j^1-x_j^2)\right|\right\}\\&\leqslant n\max_{1\leqslant i,\,j\leqslant n}\left\{\left|\frac{\partial g_i}{\partial x_j}(\xi^j)\right|\right\}\max_{1\leqslant j\leqslant n}\{|x_j^1-x_j^2|\}\\&\leqslant n\cdot\frac{1}{2n}\|\boldsymbol{x}^1-\boldsymbol{x}^2\|=\frac{1}{2}\|\boldsymbol{x}^1-\boldsymbol{x}^2\|\end{aligned}$$

此外,还有

$$\begin{aligned}\|\boldsymbol{f}(\boldsymbol{x}^1)-\boldsymbol{f}(\boldsymbol{x}^2)\|&=\|\boldsymbol{g}(\boldsymbol{x}^1)-\boldsymbol{g}(\boldsymbol{x}^2)+\boldsymbol{x}^1-\boldsymbol{x}^2\|\\&\geqslant\|\boldsymbol{x}^1-\boldsymbol{x}^2\|-\|\boldsymbol{g}(\boldsymbol{x}^1)-\boldsymbol{g}(\boldsymbol{x}^2)\|\\&\geqslant\|\boldsymbol{x}^1-\boldsymbol{x}^2\|-\frac{1}{2}\|\boldsymbol{x}^1-\boldsymbol{x}^2\|\\&=\frac{1}{2}\|\boldsymbol{x}^1-\boldsymbol{x}^2\|\end{aligned}$$

(1)如果 $\boldsymbol{y}\in C^n\left(\frac{a}{2}\right)$,则必存在一点 $\boldsymbol{x}\in C^n(a)$,使得 $\boldsymbol{f}(\boldsymbol{x})=\boldsymbol{y}$.

为此,设

$$\boldsymbol{x}^0=\boldsymbol{0},\quad \boldsymbol{x}^1=\boldsymbol{y},\quad \boldsymbol{x}^{k+1}=\boldsymbol{y}-\boldsymbol{g}(\boldsymbol{x}^k),\quad k=0,1,2,\cdots$$

容易看出

$$\begin{aligned}\|\boldsymbol{x}^k-\boldsymbol{x}^{k-1}\| &= \|\boldsymbol{g}(\boldsymbol{x}^{k-1})-\boldsymbol{g}(\boldsymbol{x}^{k-2})\|\leqslant\frac{1}{2}\|\boldsymbol{x}^{k-1}-\boldsymbol{x}^{k-2}\|\\ &\leqslant\cdots\leqslant\frac{1}{2^{k-2}}\|\boldsymbol{x}^1-\boldsymbol{x}^0\|=\frac{1}{2^{k-1}}\|\boldsymbol{y}\|\end{aligned}$$

$$\begin{aligned}\|\boldsymbol{x}^k\| &= \|\boldsymbol{x}^k-\boldsymbol{x}^0\|\\ &\leqslant\|\boldsymbol{x}^k-\boldsymbol{x}^{k-1}\|+\|\boldsymbol{x}^{k-1}-\boldsymbol{x}^{k-2}\|+\cdots+\|\boldsymbol{x}^1-\boldsymbol{x}^0\|\\ &\leqslant\left(\frac{1}{2^{k-1}}+\frac{1}{2^{k-2}}+\cdots+1\right)\|\boldsymbol{y}\|\\ &<2\|\boldsymbol{y}\|<2\cdot\frac{a}{2}=a\end{aligned}$$

$$\begin{aligned}\|\boldsymbol{x}^{k+p}-\boldsymbol{x}^k\| &\leqslant\|\boldsymbol{x}^{k+p}-\boldsymbol{x}^{k+p-1}\|+\cdots+\|\boldsymbol{x}^{k+1}-\boldsymbol{x}^k\|\\ &\leqslant\left(\frac{1}{2^{k+p-1}}+\cdots+\frac{1}{2^k}\right)\|\boldsymbol{y}\|\\ &=\frac{1}{2^k}\left(\frac{1}{2^{p-1}}+\cdots+1\right)\|\boldsymbol{y}\|\leqslant\frac{1}{2^{k-1}}\|\boldsymbol{y}\|\end{aligned}$$

于是,$\boldsymbol{x}^k\in C^n(a)$及$\{\boldsymbol{x}^k\}$为 Cauchy 点列. 由于$\mathbb{R}^n$完备,故$\{\boldsymbol{x}^k\}$收敛,设$\lim\limits_{k\to+\infty}\boldsymbol{x}^k=\boldsymbol{x}$,再在上述第二个不等式中令$k\to+\infty$得到

$$\|\boldsymbol{x}\|<2\|\boldsymbol{y}\|<a$$

因而$\boldsymbol{x}\in C^n(a)$,且

$$\begin{aligned}\boldsymbol{x} &= \lim_{k\to+\infty}\boldsymbol{x}^{k+1}=\lim_{k\to+\infty}[\boldsymbol{y}-\boldsymbol{g}(\boldsymbol{x}^k)]=\boldsymbol{y}-\boldsymbol{g}(\boldsymbol{x})\\ &=\boldsymbol{y}-[\boldsymbol{f}(\boldsymbol{x})-\boldsymbol{x}]=\boldsymbol{y}-\boldsymbol{f}(\boldsymbol{x})+\boldsymbol{x},\quad \boldsymbol{f}(\boldsymbol{x})=\boldsymbol{y}\end{aligned}$$

这就证明了 $\boldsymbol{x}$ 的存在性.

再证唯一性. 如果$\exists\,\boldsymbol{x},\boldsymbol{x}'\in C^n(a)$, s. t. $\boldsymbol{f}(\boldsymbol{x})=\boldsymbol{y}=\boldsymbol{f}(\boldsymbol{x}')$,则由

$$0=\|\boldsymbol{f}(\boldsymbol{x})-\boldsymbol{f}(\boldsymbol{x}')\|\geqslant\frac{1}{2}\|\boldsymbol{x}-\boldsymbol{x}'\|\geqslant 0$$

推得$\|\boldsymbol{x}-\boldsymbol{x}'\|=0$, $\boldsymbol{x}=\boldsymbol{x}'$.

(2)一方面,由(1)知$\boldsymbol{f}^{-1}:C^n\left(\frac{a}{2}\right)\to C^n(a)$是存在的. 另一方面,从

$$\|\boldsymbol{y}'-\boldsymbol{y}''\|=\|\boldsymbol{f}(\boldsymbol{x}')-\boldsymbol{f}(\boldsymbol{x}'')\|\geqslant\frac{1}{2}\|\boldsymbol{x}'-\boldsymbol{x}''\|=\frac{1}{2}\|\boldsymbol{f}^{-1}(\boldsymbol{y}')-\boldsymbol{f}^{-1}(\boldsymbol{y}'')\|$$

可推出$\boldsymbol{f}^{-1}$在$C^n\left(\frac{a}{2}\right)$上是一致连续的,因而是连续的.

显然,由$\boldsymbol{f}$连续及$C^n\left(\frac{a}{2}\right)$为开集知,$\boldsymbol{f}^{-1}\left(C^n\left(\frac{a}{2}\right)\right)$为开集,从而$C^n\left(\frac{a}{2}\right)$在$\boldsymbol{f}^{-1}:C^n\left(\frac{a}{2}\right)\to C^n(a)$下的逆象为$C^n(a)\cap\boldsymbol{f}^{-1}\left(C^n\left(\frac{a}{2}\right)\right)$,它是一个开集. 这就证明了

$$\boldsymbol{f}:C^n(a)\cap\boldsymbol{f}^{-1}\left(C^n\left(\frac{a}{2}\right)\right)\to C^n\left(\frac{a}{2}\right)$$

为一个同胚(拓扑映射),它将$\boldsymbol{0}$的一个开邻域映成$\boldsymbol{f}(\boldsymbol{0})=\boldsymbol{0}$的一个开邻域.

(3)$\boldsymbol{f}^{-1}$是可微的,由此得到$\boldsymbol{J}(\boldsymbol{f}^{-1})$是存在的.

由于$\boldsymbol{f}$是$C^k(1\leqslant k\leqslant+\infty)$的,根据定理 8. 2. 4′,$\boldsymbol{f}$在$\forall\boldsymbol{x}^1\in C^n(a)\cap\boldsymbol{f}^{-1}\left(C^n\left(\frac{a}{2}\right)\right)$是可微的,即

$$\boldsymbol{f}(\boldsymbol{x})-\boldsymbol{f}(\boldsymbol{x}')=\left(\frac{\partial f_i}{\partial x_j}(\boldsymbol{x}^1)\right)(\boldsymbol{x}-\boldsymbol{x}^1)+\boldsymbol{h}(\boldsymbol{x}^1,\boldsymbol{x})$$

$$\lim_{\|\boldsymbol{x}-\boldsymbol{x}^1\|\to0}\frac{\boldsymbol{h}(\boldsymbol{x}^1,\boldsymbol{x})}{\|\boldsymbol{x}-\boldsymbol{x}^1\|}=\boldsymbol{0}(\boldsymbol{x}^1\text{ 固定}),\quad \boldsymbol{x}^1,\boldsymbol{x}\in C^n(a)\cap\boldsymbol{f}^{-1}\left(C^n\left(\frac{a}{2}\right)\right)$$

记$\left(\frac{\partial f_i}{\partial x_j}(\boldsymbol{x}^1)\right)^{-1}$为$\left(\frac{\partial f_i}{\partial x_j}(\boldsymbol{x}^1)\right)$的逆矩阵,则

$$\left(\frac{\partial f_i}{\partial x_j}(\boldsymbol{x}^1)\right)^{-1}[\boldsymbol{f}(\boldsymbol{x})-\boldsymbol{f}(\boldsymbol{x}^1)]=(\boldsymbol{x}-\boldsymbol{x}^1)+\left(\frac{\partial f_i}{\partial x_j}(\boldsymbol{x}^1)\right)^{-1}\boldsymbol{h}(\boldsymbol{x}^1,\boldsymbol{x})$$

$$\left(\frac{\partial f_i}{\partial x_j}(\boldsymbol{x}^1)\right)^{-1}(\boldsymbol{y}-\boldsymbol{y}^1)+\tilde{\boldsymbol{h}}(\boldsymbol{y}^1,\boldsymbol{y})=\boldsymbol{f}^{-1}(\boldsymbol{y})-\boldsymbol{f}^{-1}(\boldsymbol{y}^1)$$

其中$\tilde{\boldsymbol{h}}(\boldsymbol{y}^1,\boldsymbol{y})=-\left(\frac{\partial f_i}{\partial x_j}(\boldsymbol{x}^1)\right)^{-1}\boldsymbol{h}(\boldsymbol{x}^1,\boldsymbol{x})$. 因为

$$\|\boldsymbol{y}-\boldsymbol{y}^1\|=\|\boldsymbol{f}(\boldsymbol{x})-\boldsymbol{f}(\boldsymbol{x}^1)\|\geqslant\frac{1}{2}\|\boldsymbol{x}-\boldsymbol{x}^1\|$$

$$\frac{\|\boldsymbol{x}-\boldsymbol{x}^1\|}{\|\boldsymbol{y}-\boldsymbol{y}^1\|}\leqslant2,\quad \|\boldsymbol{y}-\boldsymbol{y}^1\|\neq0$$

所以

$$\lim_{\boldsymbol{y}\to\boldsymbol{y}^1}\frac{\tilde{\boldsymbol{h}}(\boldsymbol{y}^1,\boldsymbol{y})}{\|\boldsymbol{y}-\boldsymbol{y}^1\|}=\lim_{\boldsymbol{y}\to\boldsymbol{y}^1}\frac{-\left(\frac{\partial f_i}{\partial x_j}(\boldsymbol{x}^1)\right)^{-1}\boldsymbol{h}(\boldsymbol{f}^{-1}(\boldsymbol{y}^1),\boldsymbol{f}^{-1}(\boldsymbol{y}))}{\|\boldsymbol{y}-\boldsymbol{y}^1\|}$$

$$= -\left(\frac{\partial f_i}{\partial x_j}(\boldsymbol{x}^1)\right)^{-1}\lim_{\boldsymbol{x}\to\boldsymbol{x}^1}\frac{\boldsymbol{h}(\boldsymbol{x}^1,\boldsymbol{x})}{\|\boldsymbol{x}-\boldsymbol{x}^1\|}\cdot\frac{\|\boldsymbol{x}-\boldsymbol{x}^1\|}{\|\boldsymbol{y}-\boldsymbol{y}^1\|}=\boldsymbol{0}$$

这就证明了$\boldsymbol{f}^{-1}$在$\boldsymbol{y}^1$是可微的. 根据定理 8.2.3 可推出$(\boldsymbol{f}^{-1})_i$在$\boldsymbol{y}^1$有关于y_1, $y_2,\cdots,y_n$的偏导数,且

$$\left(\frac{\partial(\boldsymbol{f}^{-1})_i}{\partial y_j}(\boldsymbol{y}^1)\right)=\left(\frac{\partial f_i}{\partial x_j}(\boldsymbol{x}^1)\right)^{-1}$$

(4)最后,用数学归纳法证明$\boldsymbol{f}^{-1}$是C^k的. 映射

$$\boldsymbol{y}\longmapsto \boldsymbol{J}(\boldsymbol{f}^{-1})(\boldsymbol{y})=\left(\frac{\partial(f^{-1})_i}{\partial y_j}(\boldsymbol{y})\right)=\left(\frac{\partial f_i}{\partial x_j}(\boldsymbol{x})\right)^{-1}=(\boldsymbol{Jf}(\boldsymbol{x}))^{-1}$$

可以由以下映射的复合而得到:

$$\underbrace{C^n\left(\frac{a}{2}\right)\xrightarrow{\boldsymbol{f}^{-1}}C^n(a)\xrightarrow{\boldsymbol{Jf}}GL(n,\mathbb{R})\xrightarrow{\text{矩阵的逆}}GL(n,\mathbb{R})}_{\boldsymbol{J}(\boldsymbol{f}^{-1})}$$

其中$GL(n,\mathbb{R})$表示$n\times n$的非异矩阵的全体. 根据(2),$\boldsymbol{f}^{-1}$是C^0的(即是连续的). 此外,显然$\boldsymbol{Jf}$是C^{k-1}的,矩阵的逆所对应的映射是C^∞的,所以$\boldsymbol{J}(\boldsymbol{f}^{-1})$是$C^0$的,即$\boldsymbol{f}^{-1}$是$C^1$的. 如果$\boldsymbol{f}^{-1}$是$C^s(1\leqslant s\leqslant k-1)$的,则通过同样的推理可得到$\boldsymbol{J}(\boldsymbol{f}^{-1})$是$C^s$的,即$\boldsymbol{f}^{-1}$是$C^{s+1}$的. 这就证明了$\boldsymbol{f}^{-1}$是$C^k$的.

应用逆射定理可以证明隐射定理.

定理 8.5.2(隐射定理) 设$(\boldsymbol{x}^0,\boldsymbol{y}^0)\in U\subset\mathbb{R}^n\times\mathbb{R}^m=\mathbb{R}^{n+m}$,$U$为开集,$\boldsymbol{F}$:$U\to\mathbb{R}^m$为$C^k(1\leqslant k\leqslant+\infty)$映射,$\boldsymbol{F}(\boldsymbol{x}^0,\boldsymbol{y}^0)=\boldsymbol{0}$,且

$$\left.\frac{\partial(F_1,F_2,\cdots,F_m)}{\partial(y_1,y_2,\cdots,y_m)}\right|_{(\boldsymbol{x}^0,\boldsymbol{y}^0)}\neq 0$$

则存在唯一的C^k映射$\boldsymbol{f}:I\to\mathbb{R}^m$(其中$I$为$\boldsymbol{x}^0$的一个开邻域),使得$\boldsymbol{y}=\boldsymbol{f}(\boldsymbol{x})$, $\boldsymbol{y}^0=\boldsymbol{f}(\boldsymbol{x}^0)$,且

$$\boldsymbol{F}(\boldsymbol{x},\boldsymbol{f}(\boldsymbol{x}))=\boldsymbol{0},\quad \boldsymbol{x}\in I$$

证明 定义$\widetilde{\boldsymbol{F}}:U\to\mathbb{R}^{n+m}$为

$$\widetilde{\boldsymbol{F}}(\boldsymbol{x},\boldsymbol{y})=(\boldsymbol{x},\boldsymbol{F}(\boldsymbol{x},\boldsymbol{y}))$$

显然

$$\det(\boldsymbol{J}\widetilde{\boldsymbol{F}}(\boldsymbol{x},\boldsymbol{y}))_{(\boldsymbol{x}^0,\boldsymbol{y}^0)}=\det\begin{pmatrix}\boldsymbol{I}_n & \boldsymbol{0}\\ \boldsymbol{J}_x\boldsymbol{F} & \boldsymbol{J}_y\boldsymbol{F}\end{pmatrix}_{(\boldsymbol{x}^0,\boldsymbol{y}^0)}$$

$$=\frac{\partial(F_1,F_2,\cdots,F_m)}{\partial(y_1,y_2,\cdots,y_m)}\bigg|_{(\boldsymbol{x}^0,\boldsymbol{y}^0)}\neq 0$$

因此,在$(\boldsymbol{x}^0,\boldsymbol{y}^0)$邻近有局部逆射$\widetilde{\boldsymbol{G}}$,它是$C^k$映射.

一方面,如果$\boldsymbol{F}(\boldsymbol{x},\boldsymbol{f}(\boldsymbol{x}))=\boldsymbol{0}$,则必须有

$$\widetilde{\boldsymbol{F}}(\boldsymbol{x},\boldsymbol{f}(\boldsymbol{x}))=(\boldsymbol{x},\boldsymbol{F}(\boldsymbol{x},\boldsymbol{f}(\boldsymbol{x})))=(\boldsymbol{x},\boldsymbol{0})$$

$$(\boldsymbol{x},\boldsymbol{f}(\boldsymbol{x}))=\widetilde{\boldsymbol{G}}\circ\widetilde{\boldsymbol{F}}(\boldsymbol{x},\boldsymbol{f}(\boldsymbol{x}))=\widetilde{\boldsymbol{G}}(\boldsymbol{x},\boldsymbol{0})$$

$$\boldsymbol{f}(\boldsymbol{x})=\boldsymbol{\pi}\circ\widetilde{\boldsymbol{G}}(\boldsymbol{x},\boldsymbol{0})$$

其中$\boldsymbol{\pi}:\mathbb{R}^n\times\mathbb{R}^m\to\mathbb{R}^m,\boldsymbol{\pi}(\boldsymbol{x},\boldsymbol{y})=\boldsymbol{y}$.

另一方面,若令$\boldsymbol{f}(\boldsymbol{x})=\boldsymbol{\pi}\circ\widetilde{\boldsymbol{G}}(\boldsymbol{x},\boldsymbol{0})$,显然它是$C^k$的,且

$$(\boldsymbol{x},\boldsymbol{\pi}\circ\widetilde{\boldsymbol{G}}(\boldsymbol{x},\boldsymbol{0}))=(\boldsymbol{x},\boldsymbol{f}(\boldsymbol{x}))=\widetilde{\boldsymbol{G}}(\boldsymbol{x},\boldsymbol{0})$$

$$(\boldsymbol{x},\boldsymbol{F}(\boldsymbol{x},\boldsymbol{f}(\boldsymbol{x})))=\widetilde{\boldsymbol{F}}(\boldsymbol{x},\boldsymbol{f}(\boldsymbol{x}))=\widetilde{\boldsymbol{F}}(\widetilde{\boldsymbol{G}}(\boldsymbol{x},\boldsymbol{0}))=\widetilde{\boldsymbol{F}}\circ\widetilde{\boldsymbol{G}}(\boldsymbol{x},\boldsymbol{0})=(\boldsymbol{x},\boldsymbol{0})$$

$$\boldsymbol{F}(\boldsymbol{x},\boldsymbol{f}(\boldsymbol{x}))=0$$

再由

$$\widetilde{\boldsymbol{F}}(\boldsymbol{x}^0,\boldsymbol{y}^0)=(\boldsymbol{x}^0,\boldsymbol{F}(\boldsymbol{x}^0,\boldsymbol{y}^0))=(\boldsymbol{x}^0,\boldsymbol{0})$$
$$=(\boldsymbol{x}^0,\boldsymbol{F}(\boldsymbol{x}^0,\boldsymbol{f}(\boldsymbol{x}^0)))=\widetilde{\boldsymbol{F}}(\boldsymbol{x}^0,\boldsymbol{f}(\boldsymbol{x}^0))$$

推出

$$(\boldsymbol{x}^0,\boldsymbol{y}^0)=\widetilde{\boldsymbol{G}}\circ\widetilde{\boldsymbol{F}}(\boldsymbol{x}^0,\boldsymbol{y}^0)=\widetilde{\boldsymbol{G}}\circ\widetilde{\boldsymbol{F}}(\boldsymbol{x}^0,\boldsymbol{f}(\boldsymbol{x}^0))=(\boldsymbol{x}^0,\boldsymbol{f}(\boldsymbol{x}^0))$$
$$\boldsymbol{y}^0=\boldsymbol{f}(\boldsymbol{x}^0)$$

所以,$\boldsymbol{f}(\boldsymbol{x})=\boldsymbol{\pi}\circ\widetilde{\boldsymbol{G}}(\boldsymbol{x},\boldsymbol{0})$就是所要求的唯一的$C^k$映射.

作为局部逆射定理的应用,我们给出下面三个推论.

推论 8.5.1　设U为$\mathbb{R}^n$中的开集,$\boldsymbol{f}:U\to\mathbb{R}^m$为$C^k(1\leqslant k\leqslant+\infty)$映射,$\boldsymbol{f}(\boldsymbol{0})=\boldsymbol{0}$,且$\operatorname{rank}\left(\frac{\partial f_i}{\partial x_j}(\boldsymbol{0})\right)=n(n\leqslant m)$,则存在一个$C^k$微分同胚$\boldsymbol{g}$,将$\mathbb{R}^m$中$\boldsymbol{0}$的一个开邻域映成另一个开邻域,且$\boldsymbol{g}(\boldsymbol{0})=\boldsymbol{0}$及

$$\boldsymbol{g}\circ\boldsymbol{f}(x_1,x_2,\cdots,x_n)=(x_1,x_2,\cdots,x_n,0,0,\cdots,0)$$

证明　不失一般性,可以假定

$$\frac{\partial(f_1,f_2,\cdots,f_n)}{\partial(x_1,x_2,\cdots,x_n)}\bigg|_{\boldsymbol{0}}\neq 0$$

定义 $\boldsymbol{F}:U\times\mathbb{R}^{m-n}\to\mathbb{R}^m$ 为

$$\boldsymbol{F}(x_1,x_2,\cdots,x_m)=\boldsymbol{f}(x_1,x_2,\cdots,x_n)+(0,0,\cdots,0,x_{n+1},x_{n+2},\cdots,x_m)$$

则 $\boldsymbol{F}(\boldsymbol{0})=\boldsymbol{0}$,且

$$\left.\frac{\partial(f_1,f_2,\cdots,f_m)}{\partial(x_1,x_2,\cdots,x_m)}\right|_{\boldsymbol{0}}=\det\begin{pmatrix}\boldsymbol{J}\boldsymbol{f}(\boldsymbol{0}) & \boldsymbol{0}\\ & \boldsymbol{I}_{m-n}\end{pmatrix}=\left.\frac{\partial(f_1,f_2,\cdots,f_n)}{\partial(x_1,x_2,\cdots,x_n)}\right|_{\boldsymbol{0}}\neq 0$$

根据定理8.5.1,存在 $\boldsymbol{F}$ 的局部逆映射 $\boldsymbol{g}$,它是 C^k 微分同胚,将 $\mathbb{R}^m$ 中 $\boldsymbol{0}$ 的一个开邻域映成另一个开邻域,使得 $\boldsymbol{g}(\boldsymbol{0})=\boldsymbol{0}$ 及

$$\boldsymbol{g}\circ\boldsymbol{f}(x_1,x_2,\cdots,x_n)=\boldsymbol{g}(\boldsymbol{F}(x_1,x_2,\cdots,x_n,0,0,\cdots,0))=(x_1,x_2,\cdots,x_n,0,0,\cdots,0)$$

推论 8.5.2 设 U 为 $\mathbb{R}^n$ 中的开集,$\boldsymbol{f}:U\to\mathbb{R}^m$ 为 $C^k(1\leqslant k\leqslant+\infty)$ 映射,$\boldsymbol{f}(\boldsymbol{0})=\boldsymbol{0}$,且 $\operatorname{rank}\left(\frac{\partial f_i}{\partial y_j}(\boldsymbol{0})\right)=m(m\leqslant n)$,则存在一个 C^k 微分同胚 $\boldsymbol{h}$,将 $\mathbb{R}^n$ 中 $\boldsymbol{0}$ 的一个开邻域映成另一个开邻域,使得 $\boldsymbol{h}(\boldsymbol{0})=\boldsymbol{0}$ 及

$$\boldsymbol{f}\circ\boldsymbol{h}(x_1,x_2,\cdots,x_n)=(x_1,x_2,\cdots,x_m)$$

证明 因为 $\operatorname{rank}\left(\frac{\partial f_i}{\partial y_j}(\boldsymbol{0})\right)=m$,不失一般性,可以假定

$$\left.\frac{\partial(f_1,f_2,\cdots,f_m)}{\partial(x_1,x_2,\cdots,x_m)}\right|_{\boldsymbol{0}}\neq 0$$

定义 $\boldsymbol{F}:U\to\mathbb{R}^n$ 为

$$\boldsymbol{F}(y_1,y_2,\cdots,y_n)=(f_1(\boldsymbol{y}),f_2(\boldsymbol{y}),\cdots,f_m(\boldsymbol{y}),y_{m+1},y_{m+2},\cdots,y_n)$$

则 $\boldsymbol{F}(\boldsymbol{0})=\boldsymbol{0}$,$\boldsymbol{f}=\boldsymbol{\pi}\circ\boldsymbol{F}$(其中 $\boldsymbol{\pi}:\mathbb{R}^n\to\mathbb{R}^m$,$\boldsymbol{\pi}(x_1,x_2,\cdots,x_n)=(x_1,x_2,\cdots,x_m)$ 为投影),且

$$\left.\frac{\partial(F_1,F_2,\cdots,F_n)}{\partial(y_1,y_2,\cdots,y_n)}\right|_{\boldsymbol{0}}=\det\begin{pmatrix}\boldsymbol{J}_y & \boldsymbol{f}(\boldsymbol{0})\\ \boldsymbol{0} & \boldsymbol{I}_{n-m}\end{pmatrix}=\left.\frac{\partial(f_1,f_2,\cdots,f_m)}{\partial(y_1,y_2,\cdots,y_m)}\right|_{\boldsymbol{0}}\neq 0$$

根据定理8.5.1,存在 $\boldsymbol{F}$ 的局部逆映射 $\boldsymbol{h}$,它是 C^k 微分同胚,将 $\mathbb{R}^n$ 中 $\boldsymbol{0}$ 的一个开邻域映成另一个开邻域,使得 $\boldsymbol{h}(\boldsymbol{0})=\boldsymbol{0}$ 及

$$\boldsymbol{f}\circ\boldsymbol{h}(x_1,x_2,\cdots,x_n)=\boldsymbol{\pi}\circ\boldsymbol{F}\circ\boldsymbol{h}(x_1,x_2,\cdots,x_n)=\boldsymbol{\pi}(x_1,x_2,\cdots,x_n)=(x_1,x_2,\cdots,x_m)$$

推论 8.5.3 设 U 为 $\mathbb{R}^n$ 中的开集,$\boldsymbol{f}:U\to\mathbb{R}^m$ 为 $C^k(1\leqslant k\leqslant+\infty)$ 映射,$\boldsymbol{f}(\boldsymbol{0})=\boldsymbol{0}$,$\operatorname{rank}\left(\frac{\partial f_i}{\partial y_j}(\boldsymbol{y})\right)=l(\boldsymbol{y}\in U,l\leqslant\min\{m,n\})$,则存在 C^k 微分同胚 $\boldsymbol{h}$ 与 $\boldsymbol{g}$,它们分别将 $\mathbb{R}^n$ 与 $\mathbb{R}^m$ 中 $\boldsymbol{0}$ 的一个开邻域映成 $\boldsymbol{0}$ 的另一个开邻域,使得 $\boldsymbol{h}(\boldsymbol{0})=\boldsymbol{0}$,

$\boldsymbol{g}(\boldsymbol{0})=\boldsymbol{0}$及

$$\boldsymbol{g}\circ\boldsymbol{f}\circ\boldsymbol{h}(x_1,x_2,\cdots,x_n)=(x_1,x_2,\cdots,x_l,0,0,\cdots,0)$$

证明　不失一般性,不妨设

$$\left.\frac{\partial(f_1,f_2,\cdots,f_l)}{\partial(y_1,y_2,\cdots,y_l)}\right|_{\boldsymbol{0}}\neq 0$$

令

$$\begin{aligned}(x_1,x_2,\cdots,x_l,\cdots,x_n)&=\boldsymbol{F}(y_1,y_2,\cdots,y_n)\\&=(f_1(\boldsymbol{y}),f_2(\boldsymbol{y}),\cdots,f_l(\boldsymbol{y}),y_{l+1},y_{l+2},\cdots,y_n)\end{aligned}$$

$$\boldsymbol{F}(\boldsymbol{0})=\boldsymbol{0}$$

$$\left.\frac{\partial(f_1,f_2,\cdots,f_l)}{\partial(y_1,y_2,\cdots,y_l)}\right|_{\boldsymbol{0}}=\det\begin{pmatrix}\frac{\partial f_1}{\partial y_1}\cdots\frac{\partial f_1}{\partial y_l} & \\ \vdots\qquad\vdots & * \\ \frac{\partial f_l}{\partial y_1}\cdots\frac{\partial f_l}{\partial y_l} & \\ \boldsymbol{0} & \boldsymbol{I}_{n-l}\end{pmatrix}_{\boldsymbol{0}}=\left.\frac{\partial(f_1,f_2,\cdots,f_l)}{\partial(y_1,y_2,\cdots,y_l)}\right|_{\boldsymbol{0}}\neq 0$$

由定理 8.5.1,$\boldsymbol{F}$ 有局部逆映射 $\boldsymbol{h}$,将$\mathbb{R}^n$中 $\boldsymbol{0}$ 的一个凸开邻域 $U_1\subset U$ 映成 $\boldsymbol{0}$ 的另一个开邻域,且

$$\begin{aligned}(z_1,z_2,\cdots,z_m)&=\boldsymbol{f}\circ\boldsymbol{h}(\boldsymbol{x})\\&=(f_1\circ\boldsymbol{h}(\boldsymbol{x}),f_2\circ\boldsymbol{h}(\boldsymbol{x}),\cdots,f_l\circ\boldsymbol{h}(\boldsymbol{x}),f_{l+1}\circ\boldsymbol{h}(\boldsymbol{x}),\cdots,f_m\circ\boldsymbol{h}(\boldsymbol{x}))\\&=(f_1(\boldsymbol{y}),f_2(\boldsymbol{y}),\cdots,f_l(\boldsymbol{y}),f_{l+1}\circ\boldsymbol{h}(\boldsymbol{x}),\cdots,f_m\circ\boldsymbol{h}(\boldsymbol{x}))\\&=(x_1,x_2,\cdots,x_l,f_{l+1}\circ\boldsymbol{h}(\boldsymbol{x}),\cdots,f_m\circ\boldsymbol{h}(\boldsymbol{x}))\end{aligned}$$

因为

$$\operatorname{rank}\left.\left(\frac{\partial(\boldsymbol{f}\circ\boldsymbol{h})_i}{\partial x_j}\right)\right|_{U_1}\equiv l$$

所以

$$0=\left.\frac{\partial(z_1,z_2,\cdots,z_l,\cdots,z_{l+j})}{\partial(x_1,x_2,\cdots,x_l,\cdots,x_{l+s})}\right|_{U_1}=\det\left.\begin{pmatrix}\boldsymbol{I}_l & \boldsymbol{0}\\ * & \frac{\partial(f_{l+j}\circ\boldsymbol{h})}{\partial x_{l+s}}\end{pmatrix}\right|_{U_1}$$

于是,$z_{l+j}=f_{l+j}\circ\boldsymbol{h}(\boldsymbol{x})$仅是 $x_1,x_2,\cdots,x_l$ 的函数,记为

$$z_{l+j}=f_{l+j}\circ\boldsymbol{h}(\boldsymbol{x})=\tilde{\boldsymbol{f}}_{l+j}(x_1,x_2,\cdots,x_l),\quad j=1,2,\cdots,m-l$$

令

$$\begin{aligned}
&(z_1,z_2,\cdots,z_l,z_{l+1},\cdots,z_m)\\
&=\boldsymbol{G}(u_1,u_2,\cdots,u_m)\\
&=(u_1,u_2,\cdots,u_l,\tilde{f}_{l+1}(u_1,u_2,\cdots,u_l),\cdots,\tilde{f}_m(u_1,u_2,\cdots,u_l))+\\
&\quad(0,0,\cdots,0,u_{l+1},u_{l+2},\cdots,u_m)
\end{aligned}$$

$$\boldsymbol{G}(\boldsymbol{0})=\boldsymbol{0}$$

$$\boldsymbol{G}(u_1,u_2,\cdots,u_l,0,\cdots,0)=\boldsymbol{f}\circ\boldsymbol{h}(u_1,u_2,\cdots,u_n)$$

$$\left.\frac{\partial(G_1,G_2,\cdots,G_m)}{\partial(u_1,u_2,\cdots,u_m)}\right|_{\boldsymbol{0}}=\det\begin{pmatrix}\boldsymbol{I}_l & \boldsymbol{0}\\ * & \boldsymbol{I}_{m-l}\end{pmatrix}_{\boldsymbol{0}}=1\neq0$$

根据定理 8.5.1,$\boldsymbol{G}$ 有局部逆射 $\boldsymbol{g}$,将$\mathbb{R}^m$中 $\boldsymbol{0}$ 的一个开邻域映成 $\boldsymbol{0}$ 的另一个开邻域,并且

$$\boldsymbol{g}\circ\boldsymbol{f}\circ\boldsymbol{h}(x_1,x_2,\cdots,x_n)=\boldsymbol{g}\circ\boldsymbol{G}(x_1,x_2,\cdots,x_l,0,\cdots,0)=(x_1,x_2,\cdots,x_l,0,\cdots,0)$$

复习题 8

1. 设 f'_x, f'_y 与 f''_{yx} 在点 (x_0,y_0) 的某开邻域内存在,f''_{yx} 在点 (x_0,y_0) 处连续,证明:$f''_{xy}(x_0,y_0)$ 也存在,且 $f''_{xy}(x_0,y_0)=f''_{yx}(x_0,y_0)$.

2. 设 f'_x, f'_y 在点 (x_0,y_0) 的某开邻域内存在且在点 (x_0,y_0) 处可微,证明

$$f''_{xy}(x_0,y_0)=f''_{yx}(x_0,y_0)$$

3. 设

$$u=\begin{vmatrix}1 & 1 & \cdots & 1\\ x_1 & x_2 & \cdots & x_n\\ x_1^2 & x_2^2 & \cdots & x_n^2\\ \vdots & \vdots & & \vdots\\ x_1^{n-1} & x_2^{n-1} & \cdots & x_n^{n-1}\end{vmatrix}$$

证明:(1) $\displaystyle\sum_{i=1}^{n}\frac{\partial u}{\partial x_i}=0$; (2) $\displaystyle\sum_{i=1}^{n}x_i\frac{\partial u}{\partial x_i}=\frac{n(n-1)}{2}u$.

4. 设函数 $f(x,y)$ 具有连续的 n 阶偏导数,试证:函数 $g(t)=f(a+ht,b+kt)$ 的 n 阶导数

$$\frac{\mathrm{d}^n g(t)}{\mathrm{d}t^n}=\left(h\frac{\partial}{\partial x}+k\frac{\partial}{\partial y}\right)^n f(a+ht,b+kt)$$

5. 设$f(x,y)$为 n 次齐次函数,即$\forall t>0$,有$f(tx,ty)=t^n f(x,y)$,证明

$$\left(x\frac{\partial}{\partial x}+y\frac{\partial}{\partial y}\right)^m f=n(n-1)\cdots(n-m+1)f$$

6. 对于函数$f(x,y)=\sin\dfrac{y}{x}$,证明:$\left(x\dfrac{\partial}{\partial x}+y\dfrac{\partial}{\partial y}\right)^m f=0$.

7. 设$\varphi(x,y)$为 C^2 函数,它满足弦振动方程:$a^2\dfrac{\partial^2\varphi}{\partial x^2}=\dfrac{\partial^2\varphi}{\partial t^2}(a>0)$.

(1)作变换 $u=x+at,v=x-at$,则有$\dfrac{\partial^2\varphi}{\partial u\partial v}=0$;

(2)解得 $\varphi=f(u)+g(v)=f(x+at)+g(x-at)$.

8. 设 $u=u(x,y,z),v=v(x,y,z)$和 $x=x(s,t),y=y(s,t),z=z(s,t)$都有连续的一阶偏导数,证明

$$\frac{\partial(u,v)}{\partial(s,t)}=\frac{\partial(u,v)}{\partial(x,y)}\frac{\partial(x,y)}{\partial(s,t)}+\frac{\partial(u,v)}{\partial(y,z)}\frac{\partial(y,z)}{\partial(s,t)}+\frac{\partial(u,v)}{\partial(z,x)}\frac{\partial(z,x)}{\partial(s,t)}$$

9. 设 $u=\dfrac{x}{r^2},v=\dfrac{y}{r^2},w=\dfrac{z}{r^2}$,其中 $r=\sqrt{x^2+y^2+z^2}$,证明:

(1)以 u,v,w 为自变量的反函数组为

$$x=\frac{u}{u^2+v^2+w^2},\quad y=\frac{v}{u^2+v^2+w^2},\quad z=\frac{w}{u^2+v^2+w^2}$$

(2)$\dfrac{\partial(u,v,w)}{\partial(x,y,z)}=-\dfrac{1}{r^6}$.

10. 证明:Descartes 叶形线

$$x^3+y^3-3axy=0,\quad a>0$$

所确定的隐函数 $y=f(x)$的一阶与二阶导数分别为

$$y'=\frac{ay-x^2}{y^2-ax},\quad y^2-ax\neq 0$$

与

$$y''=-\frac{2a^3xy}{(y^2-ax)^2}$$

由此给出曲线上具有水平切线与垂直切线的点.

11. 求由方程 $z=f(x+y+z,xyz)$所确定的隐函数的偏导数$\dfrac{\partial z}{\partial x},\dfrac{\partial x}{\partial y},\dfrac{\partial y}{\partial z}$,并叙

述可计算的条件.

12. 设 $u=x^2+y^2+z^2$,其中 $z=f(x,y)$ 是由方程 $x^3+y^3+z^3=3xyz$ 所确定的隐函数. 求 u'_x 与 u''_{xx}.

13. 应用球坐标与直角坐标之间的变换公式

$$(x,y,z)=(r\sin\theta\cos\varphi,r\sin\theta\sin\varphi,r\cos\theta)$$

证明

$$\Delta_1 u=\left(\frac{\partial u}{\partial x}\right)^2+\left(\frac{\partial u}{\partial y}\right)^2+\left(\frac{\partial u}{\partial z}\right)^2=\left(\frac{\partial u}{\partial r}\right)^2+\frac{1}{r^2}\left(\frac{\partial u}{\partial \theta}\right)^2+\frac{1}{r^2\sin^2\theta}\left(\frac{\partial u}{\partial \varphi}\right)^2$$

$$\Delta_2 u=\frac{\partial^2 u}{\partial x^2}+\frac{\partial^2 u}{\partial y^2}+\frac{\partial^2 u}{\partial z^2}=\frac{1}{r^2}\left[\frac{\partial}{\partial r}\left(r^2\frac{\partial u}{\partial r}\right)+\frac{1}{\sin\theta}\frac{\partial}{\partial\theta}\left(\sin\theta\frac{\partial u}{\partial\theta}\right)+\frac{1}{\sin^2\theta}\frac{\partial^2 u}{\partial\varphi^2}\right]$$

(提示:上述变换是由两个特殊变换 $(x,y,z)=(R\cos\varphi,R\sin\varphi,z)$ 与 $(R,\varphi,z)=(r\sin\theta,\varphi,r\cos\theta)$ 复合而成.)

14. 设 $f(x,y)$ 在点 (x_0,y_0) 的某开邻域内有偏导数 $f'_x(x,y)$ 与 $f'_y(x,y)$,且 $f'_y(x,y)$ 在点 (x_0,y_0) 处连续,证明:$f(x,y)$ 在点 (x_0,y_0) 处可微.

15. 设 $f(x,y)=|x-y|\varphi(x,y)$,其中 $\varphi(x,y)$ 在点 $(0,0)$ 的某开邻域内连续. 问:

(1) $\varphi(x,y)$ 在什么条件下,偏导数 $f'_x(0,0)$, $f'_y(0,0)$ 存在;

(2) $\varphi(x,y)$ 在什么条件下,$f(x,y)$ 在点 $(0,0)$ 处可微?

16. 设函数 $f(x,y)$ 在闭单位圆片 $\{(x,y)\mid x^2+y^2\leqslant 1\}$ 上有连续的偏导数,并且 $f(1,0)=f(0,1)$,证明:在单位圆 $\{(x,y)\mid x^2+y^2=1\}$ 上至少有两点满足方程

$$y\frac{\partial}{\partial x}f(x,y)=x\frac{\partial}{\partial y}f(x,y)$$

17. 设实数 x,y,z 满足 $e^x+y^2+|z|=3$,证明:$e^xy^2|z|\leqslant 1$.

18. 考察变换

$$\begin{cases}x=a_1u+b_1v+c_1w\\ y=a_2u+b_2v+c_2w\\ z=a_3u+b_3v+c_3w\end{cases}$$

问:在什么条件下(即 a_i,b_i,c_i 满足什么条件时),对任何二阶连续可微函数

$$f,\left(\frac{\partial f}{\partial x}\right)^2+\left(\frac{\partial f}{\partial y}\right)^2+\left(\frac{\partial f}{\partial z}\right)^2\quad 与\quad \frac{\partial^2 f}{\partial x^2}+\frac{\partial^2 f}{\partial y^2}+\frac{\partial^2 f}{\partial z^2}$$

在此变换下形式不变,即

$$\left(\frac{\partial f}{\partial x}\right)^2+\left(\frac{\partial f}{\partial y}\right)^2+\left(\frac{\partial f}{\partial z}\right)^2=\left(\frac{\partial f}{\partial u}\right)^2+\left(\frac{\partial f}{\partial v}\right)^2+\left(\frac{\partial f}{\partial w}\right)^2$$

$$\frac{\partial^2 f}{\partial x^2}+\frac{\partial^2 f}{\partial y^2}+\frac{\partial^2 f}{\partial z^2}=\frac{\partial^2 f}{\partial u^2}+\frac{\partial^2 f}{\partial v^2}+\frac{\partial^2 f}{\partial w^2}$$

19. 设 f'_x, f'_y 在点 (x_0,y_0) 的某开邻域内存在,且在点 (x_0,y_0) 处可微,证明

$$f''_{xy}(x_0,y_0)=f''_{yx}(x_0,y_0)$$

20. 设 $F(x,y,z)$ 在 $\mathbb{R}^3$ 中有连续的一阶偏导数 $\frac{\partial F}{\partial x},\frac{\partial F}{\partial y},\frac{\partial F}{\partial z}$,并满足不等式

$$y\frac{\partial F}{\partial x}-x\frac{\partial F}{\partial y}+\frac{\partial F}{\partial z}\geqslant\alpha>0,\quad \forall\,(x,y,z)\in\mathbb{R}^3$$

其中 α 为常数,证明:当 (x,y,z) 沿着曲线

$$C:(x,y,z)=(-\cos t,\sin t,t),\quad t\geqslant 0$$

趋向无穷远时,$F(x,y,z)\to+\infty$.

21. 设 $U\subset\mathbb{R}^n$ 为凸区域, $f(\boldsymbol{x})=f(x_1,x_2,\cdots,x_n)$ 在 U 上有连续的二阶偏导数,证明:$f(\boldsymbol{x})$ 在 U 上为凸函数等价于 f 的 Hesse 矩阵

$$\boldsymbol{H}f=\left(\frac{\partial^2 f}{\partial x_i\partial x_j}\right)$$

在 U 上是半正定的.

第 9 章　n 元函数微分学的应用

第 8 章论述了 n 元函数的 Taylor 公式与隐射、逆射定理. 作为隐射、逆射定理的应用,在本章,我们将研究 $C^k(k\geqslant 1)$ 参数曲面的切空间、法空间以及第一基本量;证明了条件极值的必要条件,并给出了用 Lagrange 不定乘数法求条件极值. 9.2 节应用二次型 $Q(\boldsymbol{x}^0,\boldsymbol{t})=\sum\limits_{i,j=1}^{n}\frac{\partial^2 f}{\partial x_i\partial x_j}(\boldsymbol{x}^0)t_it_j$ 描述了 n 元函数在驻点处达到极值的充分条件,它的证明正是 n 元带 Lagrange 余项的 Taylor 公式的重要应用.

9.1　曲面的参数表示、切空间

定义 9.1.1　设 Δ 为 $\mathbb{R}^s$ 中的开集, $\boldsymbol{x}:\Delta\to\mathbb{R}^n$, $\boldsymbol{u}=(u_1,u_2,\cdots,u_s)\longmapsto\boldsymbol{x}(\boldsymbol{u})=(x_1(u_1,u_2,\cdots,u_s),x_2(u_1,u_2,\cdots,u_s),\cdots,x_n(u_1,u_2,\cdots,u_s))$ 为映射,则称 $M=\boldsymbol{x}(\Delta)=\{\boldsymbol{x}(\boldsymbol{u})\mid\boldsymbol{u}\in\Delta\}$ 为 s **维曲面**,而 $\boldsymbol{x}(\boldsymbol{u})$ 又称为 M 的**参数表示**. 当 $\boldsymbol{x}(\boldsymbol{u})$ 为 $C^k(k\geqslant 0)$ 时,称 $\boldsymbol{x}$ 或 M 为 C^k **曲面**.

如果 $\boldsymbol{x}$ 是 $C^k(k\geqslant 1)$ 的,则称 $\boldsymbol{x}$ 或 M 为 s **维** C^k **光滑曲面**. 当

$$\operatorname{rank}(\boldsymbol{x}'_{u_1}(\boldsymbol{u}^0),\boldsymbol{x}'_{u_2}(\boldsymbol{u}^0),\cdots,\boldsymbol{x}'_{u_s}(\boldsymbol{u}^0))=\operatorname{rank}\begin{pmatrix}\frac{\partial x_1}{\partial u_1} & \cdots & \frac{\partial x_1}{\partial u_s}\\ \vdots & & \vdots\\ \frac{\partial x_n}{\partial u_1} & \cdots & \frac{\partial x_n}{\partial u_s}\end{pmatrix}_{\boldsymbol{u}^0}=s$$

时,我们称 $\boldsymbol{u}^0$ 或 $\boldsymbol{x}(\boldsymbol{u}^0)$ 为曲面或 M 的**正则点**,否则称为**奇异点**. 每个点都为正则点的曲面称为 s **维** C^k **正则曲面**. 此时, $\{\boldsymbol{x}'_{u_1},\cdots,\boldsymbol{x}'_{u_s}\}$ 处处是线性无关的.

当 $s=1$ 时,用 t 表示参数,一维曲面通常称为**曲线**. 考察一维 $C^k(k\geqslant 1)$ 曲线 $\boldsymbol{x}(t)$,有(图 9.1.1)

$$\begin{aligned}\boldsymbol{x}'(t) &= \lim_{\Delta t\to 0}\frac{\boldsymbol{x}(t+\Delta t)-\boldsymbol{x}(t)}{\Delta t}\\ &= \left(\lim_{\Delta t\to 0}\frac{x_1(t+\Delta t)-x_1(t)}{\Delta t},\lim_{\Delta t\to 0}\frac{x_2(t+\Delta t)-x_2(t)}{\Delta t},\cdots,\lim_{\Delta t\to 0}\frac{x_n(t+\Delta t)-x_n(t)}{\Delta t}\right)\\ &= (x_1'(t),x_2'(t),\cdots,x_n'(t))\end{aligned}$$

t 为**正则点**等价于 $\operatorname{rank}\boldsymbol{x}'(t)=\operatorname{rank}(x_1'(t),x_2'(t),\cdots,x_n'(t))=1$；等价于 $\boldsymbol{x}'(t)\neq 0$，即 $x_1'(t),x_2'(t),\cdots,x_n'(t)$ 不全为 0.

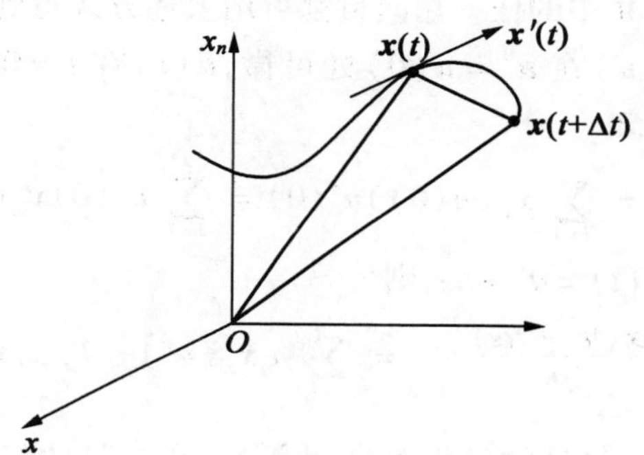

图 9.1.1

我们称 $\boldsymbol{x}'(t)$ 为曲线 $\boldsymbol{x}(t)$ 在点 t 处的**切向量**，当 t 变动时，得到一个沿曲线 $\boldsymbol{x}(t)$ 的**切向量场**. 如果 $\boldsymbol{x}(t)$ 为正则曲线，则 $\dfrac{\boldsymbol{x}'(t)}{\|\boldsymbol{x}'(t)\|}$ 为沿曲线 $\boldsymbol{x}(t)$ 的单位切向量场. 应该强调的是 $\boldsymbol{x}'(t)$ 或 $\dfrac{\boldsymbol{x}'(t)}{\|\boldsymbol{x}'(t)\|}$ 都是从点 $\boldsymbol{x}(t)$ 出发的向量.

定义 9.1.2　设 $\boldsymbol{x}(\boldsymbol{u})$ 为 s 维 $C^k(k\geqslant 1)$ 正则曲面（也记为 M），称 $\boldsymbol{x}_{u_i}'$ 为关于参数坐标 u_i 的**坐标切向量**，它是 u_i **曲线**（固定所有参数 $u_j,j\neq i$，只让 u_i 变动时的曲线）的切向量. 由于 $\boldsymbol{x}(\boldsymbol{u})$ 为正则曲面，故 $\operatorname{rank}(\boldsymbol{x}_{u_1}',\boldsymbol{x}_{u_2}',\cdots,\boldsymbol{x}_{u_s}')=s$，即 $\boldsymbol{x}_{u_1}',\boldsymbol{x}_{u_2}',\cdots,\boldsymbol{x}_{u_s}'$ 是线性无关的. 我们称由 $\{\boldsymbol{x}_{u_1}'(\boldsymbol{u}^0),x_{u_2}'(\boldsymbol{u}^0),\cdots,\boldsymbol{x}_{u_s}'(\boldsymbol{u}^0)\}$ 张成的线性子空间

$$T_{\boldsymbol{x}(\boldsymbol{u}^0)}M=\left\{\sum_{i=1}^{s}\alpha_i\boldsymbol{x}_{u_i}'(\boldsymbol{u}^0)\mid\alpha_i\in\mathbb{R}\right\}$$

为曲面 M（或 $\boldsymbol{x}(\boldsymbol{u})$）在点 $\boldsymbol{x}(\boldsymbol{u}^0)$ 处的**切空间**. $T_{\boldsymbol{x}(\boldsymbol{u}^0)}M$ 的每个向量称为曲面 M 在点 $\boldsymbol{x}(\boldsymbol{u}^0)$ 处的**切向量**. 显然，$T_{\boldsymbol{x}(\boldsymbol{u}^0)}M$ 为 s 维线性（向量）空间.

定理 9.1.1　设 $\boldsymbol{x}(\boldsymbol{u})$ 在 $\boldsymbol{u}^0\in\Delta$ 处可微，如果 $\{\boldsymbol{x}_{u_1}'(\boldsymbol{u}^0),\boldsymbol{x}_{u_2}'(\boldsymbol{u}^0),\cdots,\boldsymbol{x}_{u_s}'(\boldsymbol{u}^0)\}$ 线性无关，即 $\operatorname{rank}\{\boldsymbol{x}_{u_1}'(\boldsymbol{u}^0),\boldsymbol{x}_{u_2}'(\boldsymbol{u}^0),\cdots,\boldsymbol{x}_{u_s}'(\boldsymbol{u}^0)\}=s$，$\boldsymbol{u}^0=\boldsymbol{u}(0)$ 为 $\boldsymbol{u}(t)$ 上一固定点，$\boldsymbol{u}(t)$ 在点 0 处可导，则

$$\left.\frac{\mathrm{d}\boldsymbol{x}(\boldsymbol{u}(t))}{\mathrm{d}t}\right|_{t_0} \in T_{\boldsymbol{x}(\boldsymbol{u}^0)}M$$

其中 $M=\boldsymbol{x}(\Delta)$(见定义 9.1.1).

反之,$\forall \boldsymbol{\alpha}\in\mathbb{R}^s$, $\sum\limits_{i=1}^{s}\alpha_i\boldsymbol{x}'_{u_i}(\boldsymbol{u}^0)\in T_{\boldsymbol{x}(\boldsymbol{u}^0)}M$,必 $\exists\boldsymbol{x}(\boldsymbol{u}(t))\in M$, s. t. $\boldsymbol{u}(0)=\boldsymbol{u}^0$,且

$$\left.\frac{\mathrm{d}\boldsymbol{x}(\boldsymbol{u}(t))}{\mathrm{d}t}\right|_{t_0} = \sum_{i=1}^{s}\alpha_i\boldsymbol{x}'_{u_i}(\boldsymbol{u}^0)$$

这表明切空间 $T_{\boldsymbol{x}(\boldsymbol{u}^0)}M$ 中的任一切向量都可用上述方式得到.

证明 由于 $\boldsymbol{x}(\boldsymbol{u})$ 在 $\boldsymbol{u}^0=\boldsymbol{u}(0)$ 处可微,$\boldsymbol{u}(t)$ 在 $t=0$ 处可导,根据定理 8.2.2与定理 8.2.6 知

$$\left.\frac{\mathrm{d}\boldsymbol{x}(\boldsymbol{u}(t))}{\mathrm{d}t}\right|_{t=0} = \sum_{i=1}^{s}\boldsymbol{x}'_{u_i}(\boldsymbol{u}(0))u'_i(0) = \sum_{i=1}^{s}u'_i(0)\boldsymbol{x}'_{u_i}(\boldsymbol{u}^0)\in T_{\boldsymbol{x}(\boldsymbol{u}^0)}M$$

反之,$\forall\boldsymbol{\alpha}\in\mathbb{R}^s$,令 $\boldsymbol{u}(t)=\boldsymbol{u}^0+t\boldsymbol{\alpha}$,则

$$\left.\frac{\mathrm{d}\boldsymbol{x}(\boldsymbol{u}^0+t\boldsymbol{\alpha})}{\mathrm{d}t}\right|_{t=0} = \sum_{i=1}^{s}\alpha_i\boldsymbol{x}'_{u_i}(\boldsymbol{u}^0)\in T_{\boldsymbol{x}(\boldsymbol{u}^0)}M$$

曲面 M 在点 $\boldsymbol{x}(\boldsymbol{u}^0)$ 处的每个切向量 $\sum\limits_{i=1}^{s}\alpha_i\boldsymbol{x}'_{u_i}(\boldsymbol{u}^0)$ 的起点都为 $\boldsymbol{x}(\boldsymbol{u}^0)$,其终点在$\mathbb{R}^n$中可表示为(图 9.1.2)

$$\boldsymbol{y}=\boldsymbol{x}(\boldsymbol{u}^0)+\sum_{i=1}^{s}\alpha_i\boldsymbol{x}'_{u_i}(\boldsymbol{u}^0)$$

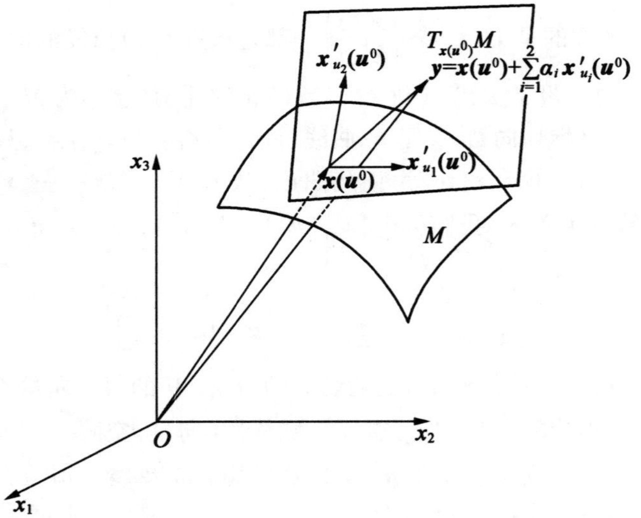

图 9.1.2

例 9.1.1　设$\boldsymbol{x}:(a,b)\to\mathbb{R}^n$为$C^k(k\geqslant 1)$正则曲线,记为$M$. $t_0\in(a,b)$,曲线$\boldsymbol{x}(t)$在t_0的切向量为$\boldsymbol{x}'(t_0)$,切空间$T_{\boldsymbol{x}(t_0)}M=\{\alpha\boldsymbol{x}'(t_0)\mid\alpha\in\mathbb{R}\}$. 在$\boldsymbol{x}(t_0)$处的切线为$\boldsymbol{y}=\boldsymbol{x}(t_0)+\alpha\boldsymbol{x}'(t_0)$(向量形式),$\boldsymbol{x}(t_0)$为切线上的定点,$\boldsymbol{y}$为切线上的动点,$\alpha$为切线上的参数(图 9.1.3). 或坐标形式为

$$\frac{y_1-x_1(t_0)}{x_1'(t_0)}=\frac{y_2-x_2(t_0)}{x_2'(t_0)}=\cdots=\frac{y_n-x_n(t_0)}{x_n'(t_0)}(=\alpha)$$

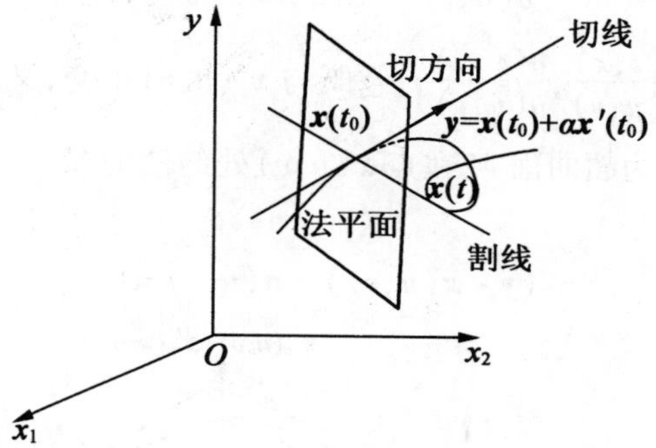

图 9.1.3

垂直切向量的超平面

$$x_1'(t_0)(y_1-x_1(t_0))+x_2'(t_0)(y_2-x_2(t_0))+\cdots+x_n'(t_0)(y_n-x_n(t_0))=0$$

称为曲线$\boldsymbol{x}(t)$在$\boldsymbol{x}(t_0)$处的**法平面**. $\boldsymbol{x}(t_0)$为法平面上的定点,而$\boldsymbol{y}=(y_1,y_2,\cdots,y_n)$为法平面上的动点.

例 9.1.2　设$\Delta\subset\mathbb{R}^2$为开集,$\boldsymbol{x}:\Delta\to\mathbb{R}^3$,$(u,v)\longmapsto\boldsymbol{x}(u,v)=(x(u,v),y(u,v),z(u,v))$为$C^k(k\geqslant 1)$映射,$\operatorname{rank}(\boldsymbol{x}_u',\boldsymbol{x}_v')=2$,$M=\boldsymbol{x}(\Delta)$为一个二维$C^k$正则超曲面,它的切空间为

$$T_{\boldsymbol{x}(u,v)}M=\{\alpha_1\boldsymbol{x}_u'(u,v)+\alpha_2\boldsymbol{x}_v'(u,v)\mid\alpha_1,\alpha_2\in\mathbb{R}\}$$

在$\boldsymbol{x}(u,v)$处的切超平面为(向量形式)

$$\boldsymbol{y}=\boldsymbol{x}(u,v)+\alpha_1\boldsymbol{x}_u'(u,v)+\alpha_2\boldsymbol{x}_v'(u,v)$$

$\boldsymbol{x}(u,v)$为切超平面上的定点,$\boldsymbol{y}$为切超平面上的动点,α_1,α_2为切超平面上的参数.

与切超平面中从点$\boldsymbol{x}(u,v)$出发的任何切向量$\alpha_1\boldsymbol{x}_u'(u,v)+\alpha_2\boldsymbol{x}_v'(u,v)$都正交的向量称为点$\boldsymbol{x}(u,v)$处的**法向量**. 显然,$\boldsymbol{n}$为法向量等价于$\boldsymbol{n}$与$\boldsymbol{x}_u'(u,v)$,$\boldsymbol{x}_v'(u,v)$都正交.

例如(图 9.1.4)

$$\boldsymbol{n}(u,v)=\boldsymbol{x}_u'(u,v)\times\boldsymbol{x}_v'(u,v)=\begin{vmatrix}\boldsymbol{i} & \boldsymbol{j} & \boldsymbol{k}\\ \dfrac{\partial x}{\partial u} & \dfrac{\partial y}{\partial u} & \dfrac{\partial z}{\partial u}\\ \dfrac{\partial x}{\partial v} & \dfrac{\partial y}{\partial v} & \dfrac{\partial z}{\partial v}\end{vmatrix}$$

$$=\frac{\partial(y,z)}{\partial(u,v)}\boldsymbol{i}+\frac{\partial(z,x)}{\partial(u,v)}\boldsymbol{j}+\frac{\partial(x,y)}{\partial(u,v)}\boldsymbol{k}$$

或等于$\left(\dfrac{\partial(y,z)}{\partial(u,v)},\dfrac{\partial(z,x)}{\partial(u,v)},\dfrac{\partial(x,y)}{\partial(u,v)}\right)$,它既与$\boldsymbol{x}_u'(u,v)$正交,又与$\boldsymbol{x}_v'(u,v)$正交. 因此,上述的$\boldsymbol{n}(u,v)$为超曲面$M$在点$\boldsymbol{x}(u,v)$处的法向量. 而切超平面的另一向量形式为

$$(\boldsymbol{y}-\boldsymbol{x}(u,v))\cdot\boldsymbol{n}(u,v)=0$$

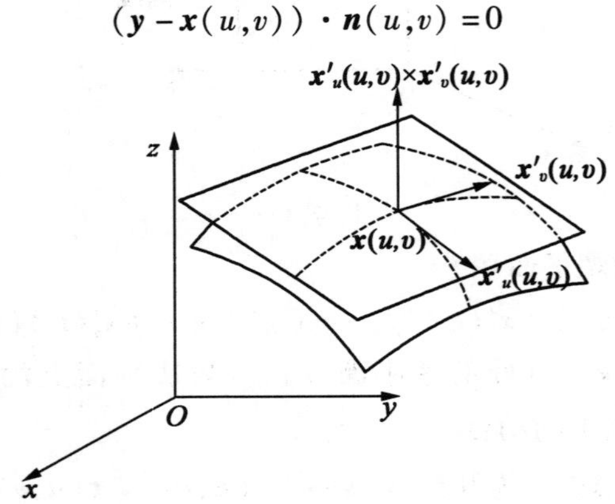

图 9.1.4

其坐标形式为

$$\begin{vmatrix}y_1-x(u,v) & y_2-y(u,v) & y_3-z(u,v)\\ \dfrac{\partial x}{\partial u} & \dfrac{\partial y}{\partial u} & \dfrac{\partial z}{\partial u}\\ \dfrac{\partial x}{\partial v} & \dfrac{\partial y}{\partial v} & \dfrac{\partial z}{\partial v}\end{vmatrix}=0$$

$\boldsymbol{n}(u,v)$通常不是单位向量. 现在,我们来计算它的模. 由于

$$\begin{aligned}\|\boldsymbol{x}_u'\times\boldsymbol{x}_v'\|^2&=(\|\boldsymbol{x}_u'\|\,\|\boldsymbol{x}_v'\|\sin\theta)^2\\&=\|\boldsymbol{x}_u'\|^2\|\boldsymbol{x}_v'\|^2(1-\cos^2\theta)\\&=\|\boldsymbol{x}_u'\|^2\|\boldsymbol{x}_v'\|^2-(\boldsymbol{x}_u'\cdot\boldsymbol{x}_v')^2\end{aligned}$$

$$=EG-F^2=\det\begin{pmatrix}E & F\\ F & G\end{pmatrix}$$

其中

$$\begin{cases}E=\boldsymbol{x}'_u\cdot\boldsymbol{x}'_u=\left(\dfrac{\partial x}{\partial u}\right)^2+\left(\dfrac{\partial y}{\partial u}\right)^2+\left(\dfrac{\partial z}{\partial u}\right)^2\\ F=\boldsymbol{x}'_u\cdot\boldsymbol{x}'_v=\dfrac{\partial x}{\partial u}\dfrac{\partial x}{\partial v}+\dfrac{\partial y}{\partial u}\dfrac{\partial y}{\partial v}+\dfrac{\partial z}{\partial u}\dfrac{\partial z}{\partial v}\\ G=\boldsymbol{x}'_v\cdot\boldsymbol{x}'_v=\left(\dfrac{\partial x}{\partial v}\right)^2+\left(\dfrac{\partial y}{\partial v}\right)^2+\left(\dfrac{\partial z}{\partial v}\right)^2\end{cases}$$

因此,$\boldsymbol{x}(u,v)$处的单位法向量为

$$\boldsymbol{n}_0=\pm\frac{\boldsymbol{x}'_u\times\boldsymbol{x}'_v}{\|\boldsymbol{x}'_u\times\boldsymbol{x}'_v\|}=\pm\frac{1}{\sqrt{EG-F^2}}\left(\frac{\partial(y,z)}{\partial(u,v)},\frac{\partial(z,x)}{\partial(u,v)},\frac{\partial(x,y)}{\partial(u,v)}\right)$$

E,G,F 称为曲面 M 的**第一基本量**.

设参数(u,v)与参数$(\bar{u},\bar{v})$之间存在着一一对应的、一阶连续可导的对应关系

$$\begin{cases}u=u(\bar{u},\bar{v})\\ v=v(\bar{u},\bar{v})\end{cases},\quad(\bar{u},\bar{v})\in\bar{\Delta},(u,v)\in\Delta$$

这时曲面 M 有了新的参数表示：

$$\boldsymbol{x}=\boldsymbol{x}(u(\bar{u},\bar{v}),v(\bar{u},\bar{v}))$$

直接计算可知

$$\begin{aligned}\bar{\boldsymbol{n}}(\bar{u},\bar{v})&=\boldsymbol{x}'_{\bar{u}}\times\boldsymbol{x}'_{\bar{v}}\\&=\left(\boldsymbol{x}'_u\frac{\partial u}{\partial\bar{u}}+\boldsymbol{x}'_v\frac{\partial v}{\partial\bar{u}}\right)\times\left(\boldsymbol{x}'_u\frac{\partial u}{\partial\bar{v}}+\boldsymbol{x}'_v\frac{\partial v}{\partial\bar{v}}\right)\\&=\left(\frac{\partial u}{\partial\bar{u}}\frac{\partial v}{\partial\bar{v}}-\frac{\partial u}{\partial\bar{v}}\frac{\partial v}{\partial\bar{u}}\right)\boldsymbol{x}'_u\times\boldsymbol{x}'_v\\&=\frac{\partial(u,v)}{\partial(\bar{u},\bar{v})}\boldsymbol{x}'_u\times\boldsymbol{x}'_v=\frac{\partial(u,v)}{\partial(\bar{u},\bar{v})}\boldsymbol{n}(u,v)\end{aligned}$$

注意,由于

$$1=\frac{\partial(u,v)}{\partial(u,v)}=\frac{\partial(u,v)}{\partial(\bar{u},\bar{v})}\frac{\partial(\bar{u},\bar{v})}{\partial(u,v)}$$

故

$$\frac{\partial(u,v)}{\partial(\bar{u},\bar{v})}\neq0,\quad\frac{\partial(\bar{u},\bar{v})}{\partial(u,v)}\neq0$$

如果$\dfrac{\partial(u,v)}{\partial(\bar{u},\bar{v})}>0(<0)$,则 $\boldsymbol{x}'_{\bar{u}}\times\boldsymbol{x}'_{\bar{v}}$与 $\boldsymbol{x}'_u\times\boldsymbol{x}'_v$ 同(反)向,我们称$(\bar{u},\bar{v})$与$(u,$

v)为同(反)向的参数.

更一般地,我们有下面的结果.

例 9.1.3 设 $\Delta\subset\mathbb{R}^{n-1}$ 为开集,$\boldsymbol{x}:\Delta\to\mathbb{R}^n$,$\boldsymbol{u}=(u_1,u_2,\cdots,u_{n-1})\longmapsto\boldsymbol{x}(\boldsymbol{u})=\boldsymbol{x}(u_1,u_2,\cdots,u_{n-1})=(x_1(u_1,u_2,\cdots,u_{n-1}),x_2(u_1,u_2,\cdots,u_{n-1}),\cdots,x_n(u_1,u_2,\cdots,u_{n-1}))$ 为 $C^k(k\geqslant1)$ 映射,$\operatorname{rank}(\boldsymbol{x}'_{u_1},\boldsymbol{x}'_{u_2},\cdots,\boldsymbol{x}'_{u_{n-1}})=n-1$,$M=\boldsymbol{x}(\Delta)$ 为一个 $n-1$ 维 C^k 正则超曲面,它的切空间为

$$T_{\boldsymbol{x}(\boldsymbol{u})}M=\left\{\sum_{i=1}^{n-1}\alpha_i\boldsymbol{x}'_{u_i}(\boldsymbol{u})\mid\alpha_i\in\mathbb{R},i=1,2,\cdots,n-1\right\}$$

在 $\boldsymbol{x}(u,v)$ 处的切超平面为(向量形式)

$$\boldsymbol{y}=\boldsymbol{x}(\boldsymbol{u})+\sum_{i=1}^{n-1}\alpha_i\boldsymbol{x}'_{u_i}(\boldsymbol{u})$$

$\boldsymbol{x}(\boldsymbol{u})$ 为切超平面上的定点,$\boldsymbol{y}$ 为切超平面上的动点,$\alpha_1,\alpha_2,\cdots,\alpha_{n-1}$ 为切超平面上的参数.

与切超平面中从点 $\boldsymbol{x}(\boldsymbol{u})$ 出发的任何切向量 $\sum\limits_{i=1}^{n-1}\alpha_i\boldsymbol{x}'_{u_i}(\boldsymbol{u})$ 都正交的向量称为点 $\boldsymbol{x}(\boldsymbol{u})$ 处的**法向量**. 显然

$$\boldsymbol{n}\text{ 为法向量}\Leftrightarrow\boldsymbol{n}\text{ 与每个 }\boldsymbol{x}'_{u_i}(i=1,2,\cdots,n-1)\text{ 都正交}$$

例如,设 $\{\boldsymbol{e}_1,\boldsymbol{e}_2,\cdots,\boldsymbol{e}_n\}$ 为 $\mathbb{R}^n$ 中的规范正交基(当 $n=3$ 时,$\boldsymbol{e}_1=\boldsymbol{i},\boldsymbol{e}_2=\boldsymbol{j},\boldsymbol{e}_3=\boldsymbol{k}$),则

$$\boldsymbol{n}(\boldsymbol{u})=\begin{vmatrix}\boldsymbol{e}_1 & \cdots & \boldsymbol{e}_n\\ \dfrac{\partial x_1}{\partial u_1} & \cdots & \dfrac{\partial x_n}{\partial u_n}\\ \vdots & & \vdots\\ \dfrac{\partial x_1}{\partial u_{n-1}} & \cdots & \dfrac{\partial x_n}{\partial u_{n-1}}\end{vmatrix}=\sum_{i=1}^{n}(-1)^{1+i}\frac{\partial(x_1,x_2,\cdots,\hat{x}_i,\cdots,x_n)}{\partial(u_1,u_2,\cdots,u_{n-1})}\boldsymbol{e}_i$$

与每个 $\dfrac{\partial\boldsymbol{x}}{\partial u_i}$ 都正交($i=1,2,\cdots,n-1$),其中 $\hat{x}_i$ 表示删去 x_i. 换言之

$$\boldsymbol{n}(\boldsymbol{u})\cdot\frac{\partial\boldsymbol{x}}{\partial u_i}=\begin{vmatrix}\dfrac{\partial x_1}{\partial u_i} & \cdots & \dfrac{\partial x_n}{\partial u_i}\\ \dfrac{\partial x_1}{\partial u_1} & \cdots & \dfrac{\partial x_n}{\partial u_1}\\ \vdots & & \vdots\\ \dfrac{\partial x_1}{\partial u_{n-1}} & \cdots & \dfrac{\partial x_n}{\partial u_{n-1}}\end{vmatrix}=0$$

因此,上述的 $\boldsymbol{n}(\boldsymbol{u})$ 为超曲面 M 在点 $\boldsymbol{x}(\boldsymbol{u})$ 处的法向量,而切超平面的另一向量形式为

$$(\boldsymbol{y}-\boldsymbol{x}(\boldsymbol{u}))\cdot\boldsymbol{n}(\boldsymbol{u})=0$$

其坐标形式为

$$\begin{vmatrix} y_1-x_1(u) & \cdots & y_n-x_n(u) \\ \dfrac{\partial x_1}{\partial u_1} & \cdots & \dfrac{\partial x_n}{\partial u_1} \\ \vdots & & \vdots \\ \dfrac{\partial x_1}{\partial u_{n-1}} & \cdots & \dfrac{\partial x_n}{\partial u_{n-1}} \end{vmatrix}=0$$

$\boldsymbol{n}(\boldsymbol{u})$ 通常不是单位向量. 当 $n\neq 3$ 时,不能用 $\|\boldsymbol{x}'_u\times\boldsymbol{x}'_v\|$ 的方法来求 $\boldsymbol{n}(\boldsymbol{u})$ 的模. 但由其结果 $\|\boldsymbol{n}'_u\times\boldsymbol{n}'_v\|^2=\det\begin{pmatrix}E & F\\ F & G\end{pmatrix}$ 的启发,我们有如下推导:

设 $g_{ij}=\boldsymbol{x}'_{u_i}\cdot\boldsymbol{x}'_{u_j}=\sum\limits_{l=1}^{n}\dfrac{\partial x_l}{\partial u_i}\dfrac{\partial x_l}{\partial u_j},i,j=1,2,\cdots,n$,则

$$\begin{aligned}\|\boldsymbol{n}(\boldsymbol{u})\| &= \boldsymbol{n}(\boldsymbol{u})\cdot\boldsymbol{n}_0(\boldsymbol{u}) \\ &= \begin{vmatrix} \boldsymbol{e}_1 & \cdots & \boldsymbol{e}_n \\ \dfrac{\partial x_1}{\partial u_1} & \cdots & \dfrac{\partial x_n}{\partial u_1} \\ \vdots & & \vdots \\ \dfrac{\partial x_1}{\partial u_{n-1}} & \cdots & \dfrac{\partial x_n}{\partial u_{n-1}} \end{vmatrix}\cdot\sum_{i=1}^{n}h_i\boldsymbol{e}_i \\ &= \begin{vmatrix} h_1 & \cdots & h_n \\ \dfrac{\partial x_1}{\partial u_1} & \cdots & \dfrac{\partial x_n}{\partial u_1} \\ \vdots & & \vdots \\ \dfrac{\partial x_1}{\partial u_{n-1}} & \cdots & \dfrac{\partial x_n}{\partial u_{n-1}} \end{vmatrix}\end{aligned}$$

$$= \sqrt{\det\begin{pmatrix} h_1 & \cdots & h_n \\ \frac{\partial x_1}{\partial u_1} & \cdots & \frac{\partial x_n}{\partial u_1} \\ \vdots & & \vdots \\ \frac{\partial x_1}{\partial u_{n-1}} & \cdots & \frac{\partial x_n}{\partial u_{n-1}} \end{pmatrix}\begin{pmatrix} h_1 & \frac{\partial x_1}{\partial u_1} & \cdots & \frac{\partial x_1}{\partial u_{n-1}} \\ \vdots & \vdots & & \vdots \\ h_n & \frac{\partial x_n}{\partial u_1} & \cdots & \frac{\partial x_n}{\partial u_{n-1}} \end{pmatrix}}$$

$$= \sqrt{\det\begin{pmatrix} 1 & 0 & \cdots & 0 \\ 0 & g_{11} & \cdots & g_{1,n-1} \\ \vdots & \vdots & & \vdots \\ 0 & g_{n-1,1} & \cdots & g_{n-1,n-1} \end{pmatrix}}$$

$$= \sqrt{\det\begin{pmatrix} g_{11} & \cdots & g_{1,n-1} \\ \vdots & & \vdots \\ g_{n-1,1} & \cdots & g_{n-1,n-1} \end{pmatrix}} = \sqrt{\det(g_{ij})}$$

其中 $\sum\limits_{i=1}^{n} h_i\boldsymbol{e}_i = \boldsymbol{n}_0(\boldsymbol{u})$为与$\boldsymbol{n}(\boldsymbol{u})$同方向的单位法向量. 因此,$\boldsymbol{x}(\boldsymbol{u})$处的单位法向量为

$$\boldsymbol{n}_0(\boldsymbol{u}) = \pm\frac{\boldsymbol{n}(\boldsymbol{u})}{\|\boldsymbol{n}(\boldsymbol{u})\|} = \pm\frac{1}{\sqrt{\det(g_{ij})}}\sum_{i=1}^{n}(-1)^{1+i}\frac{\partial(x_1,x_2,\cdots,\hat{x}_i,\cdots,x_n)}{\partial(u_1,u_2,\cdots,u_{n-1})}\boldsymbol{e}_i$$

$g_{ij}(i,j=1,2,\cdots,n-1)$称为超曲面 M 的**第一基本量**. 当 $n=3$ 时,$g_{11}=E,g_{12}=g_{21}=F,g_{22}=G$.

设参数$(u_1,u_2,\cdots,u_{n-1})$与参数$(\bar{u}_1,\bar{u}_2,\cdots,\bar{u}_{n-1})$之间存在着一一对应的、一阶连续可导的对应关系

$$\begin{cases} u_1 = u_1(\bar{u}_1,\bar{u}_2,\cdots,\bar{u}_{n-1}) \\ \vdots \\ u_{n-1} = u_{n-1}(\bar{u}_1,\bar{u}_2,\cdots,\bar{u}_{n-1}) \end{cases}$$

$$\bar{\boldsymbol{u}} = (\bar{u}_1,\bar{u}_2,\cdots,\bar{u}_{n-1}) \in \bar{\Delta}, \quad \boldsymbol{u} = (u_1,u_2,\cdots,u_{n-1}) \in \Delta$$

这时曲面 M 有了新的参数表示:

$$\boldsymbol{x} = \boldsymbol{x}(\boldsymbol{u}(\bar{\boldsymbol{u}})) = \boldsymbol{x}(u_1(\bar{u}_1,\bar{u}_2,\cdots,\bar{u}_{n-1}),u_2(\bar{u}_1,\bar{u}_2,\cdots,\bar{u}_{n-1}),\cdots,$$
$$u_{n-1}(\bar{u}_1,\bar{u}_2,\cdots,\bar{u}_{n-1}))$$

直接计算可知

$$\overline{\boldsymbol{n}}(\overline{\boldsymbol{u}})=\begin{vmatrix}\boldsymbol{e}_1 & \cdots & \boldsymbol{e}_n\\ \dfrac{\partial x_1}{\partial \overline{u}_1} & \cdots & \dfrac{\partial x_n}{\partial \overline{u}_1}\\ \vdots & & \vdots\\ \dfrac{\partial x_1}{\partial \overline{u}_{n-1}} & \cdots & \dfrac{\partial x_n}{\partial \overline{u}_{u-1}}\end{vmatrix}=\sum_{i=1}^{n}(-1)^{1+i}\frac{\partial(x_1,x_2,\cdots,\hat{x}_i,\cdots,x_n)}{\partial(\overline{u}_1,\overline{u}_2,\cdots,\overline{u}_{n-1})}\boldsymbol{e}_i$$

$$=\sum_{i=1}^{n}(-1)^{1+i}\frac{\partial(x_1,x_2,\cdots,\hat{x}_i,\cdots,x_n)}{\partial(u_1,u_2,\cdots,u_{n-1})}\frac{\partial(u_1,u_2,\cdots,u_{n-1})}{\partial(\overline{u}_1,\overline{u}_2,\cdots,\overline{u}_{n-1})}\boldsymbol{e}_i$$

$$=\frac{\partial(u_1,u_2,\cdots,u_{n-1})}{\partial(\overline{u}_1,\overline{u}_2,\cdots,\overline{u}_{n-1})}\sum_{i=1}^{n}(-1)^{1+i}\frac{\partial(x_1,x_2,\cdots,\hat{x}_i,\cdots,x_n)}{\partial(u_1,u_2,\cdots,u_{n-1})}\boldsymbol{e}_i$$

$$=\frac{\partial(u_1,u_2,\cdots,u_{n-1})}{\partial(\overline{u}_1,\overline{u}_2,\cdots,\overline{u}_{n-1})}\boldsymbol{n}(\boldsymbol{u})$$

注意,由于

$$1=\frac{\partial(u_1,u_2,\cdots,u_{n-1})}{\partial(u_1,u_2,\cdots,u_{n-1})}=\frac{\partial(u_1,u_2,\cdots,u_{n-1})}{\partial(\overline{u}_1,\overline{u}_2,\cdots,\overline{u}_{n-1})}\frac{\partial(\overline{u}_1,\overline{u}_2,\cdots,\overline{u}_{n-1})}{\partial(u_1,u_2,\cdots,u_{n-1})}$$

故

$$\frac{\partial(u_1,u_2,\cdots,u_{n-1})}{\partial(\overline{u}_1,\overline{u}_2,\cdots,\overline{u}_{n-1})}\neq 0,\quad \frac{\partial(\overline{u}_1,\overline{u}_2,\cdots,\overline{u}_{n-1})}{\partial(u_1,u_2,\cdots,u_{n-1})}\neq 0$$

如果$\dfrac{\partial(u_1,u_2,\cdots,u_{n-1})}{\partial(\overline{u}_1,\overline{u}_2,\cdots,\overline{u}_{n-1})}>0(<0)$,则 $\overline{\boldsymbol{n}}(\overline{\boldsymbol{u}})$ 与 $\boldsymbol{n}(\boldsymbol{u})$ 同(反)向,我们称$(\overline{u}_1,\overline{u}_2,\cdots,\overline{u}_{n-1})$与$(u_1,u_2,\cdots,u_{n-1})$为**同(反)向的参数**.

上面已详细讨论了 $C^k(k\geqslant 1)$正则超曲面的切空间、法向量,自然会问:s 维 $C^k(k\geqslant 1)$正则曲面的法空间应如何表示?我们期望能用切空间 $T_{\boldsymbol{x}(\boldsymbol{u})}M$ 的基$\{\boldsymbol{x}'_{u_1}(\boldsymbol{u}),\boldsymbol{x}'_{u_2}(\boldsymbol{u}),\cdots,\boldsymbol{x}'_{u_s}(\boldsymbol{u})\}$来表达法空间

$$T^{\perp}_{\boldsymbol{x}(\boldsymbol{u})}M=\{\boldsymbol{n}\mid\boldsymbol{n}\perp \boldsymbol{T}_{\boldsymbol{x}(\boldsymbol{u})}M,\text{即 }\boldsymbol{n}\cdot\boldsymbol{x}'_{u_i}(\boldsymbol{u})=0,i=1,2,\cdots,s\}$$

或者来表达法空间的一个基.

例 9.1.4　设 $\boldsymbol{x}(\boldsymbol{u})$为 s 维 $C^k(k\geqslant 1)$正则曲面,则

$$(\boldsymbol{P}\quad \boldsymbol{Q})=\begin{pmatrix}\dfrac{\partial \boldsymbol{x}(\boldsymbol{u})}{\partial u_1}\\ \vdots\\ \dfrac{\partial \boldsymbol{x}(\boldsymbol{u})}{\partial u_s}\end{pmatrix}=\begin{pmatrix}\dfrac{\partial x_1}{\partial u_1} & \cdots & \dfrac{\partial x_n}{\partial u_1}\\ \vdots & & \vdots\\ \dfrac{\partial x_1}{\partial u_s} & \cdots & \dfrac{\partial x_n}{\partial u_s}\end{pmatrix}$$

由于 $\mathrm{rank}(\boldsymbol{P}\quad\boldsymbol{Q})=s$,为叙述简单起见,不妨设

$$\boldsymbol{P}=\begin{pmatrix}\frac{\partial x_1}{\partial u_1} & \cdots & \frac{\partial x_s}{\partial u_1}\\ \vdots & & \vdots\\ \frac{\partial x_1}{\partial u_s} & \cdots & \frac{\partial x_s}{\partial u_s}\end{pmatrix}$$

为 $s\times s$ 非异矩阵. 因为

$$\begin{aligned}(\boldsymbol{P}\quad\boldsymbol{Q})(-(\boldsymbol{P}^{-1}\boldsymbol{Q})^{\mathrm{T}}\quad\boldsymbol{I}_{n-s})^{\mathrm{T}}&=(\boldsymbol{P}\quad\boldsymbol{Q})\begin{pmatrix}-\boldsymbol{P}^{-1}\boldsymbol{Q}\\ \boldsymbol{I}_{n-s}\end{pmatrix}\\&=-\boldsymbol{P}(\boldsymbol{P}^{-1}\boldsymbol{Q})+\boldsymbol{Q}\boldsymbol{I}_{n-s}\\&=-\boldsymbol{Q}+\boldsymbol{Q}=\boldsymbol{0}\end{aligned}$$

所以,$(\boldsymbol{P}\quad\boldsymbol{Q})$的行向量都正交于$(-(\boldsymbol{P}^{-1}\boldsymbol{Q})^{\mathrm{T}}\quad\boldsymbol{I}_{n-s})$的行向量. 此外,显然有

$$\mathrm{rank}(-(\boldsymbol{P}^{-1}\boldsymbol{Q})^{\mathrm{T}}\quad\boldsymbol{I}_{n-s})=n-s$$

因此,$(-(\boldsymbol{P}^{-1}\boldsymbol{Q})^{\mathrm{T}}\quad\boldsymbol{I}_{n-s})$的 $n-s$ 个行向量为法空间 $T_{\boldsymbol{x}(\boldsymbol{u})}^{\perp}M$ 的一个基,它由$(\boldsymbol{P}\quad\boldsymbol{Q})$的元素所表达,即由$\frac{\partial x_i}{\partial u_j}(i=1,2,\cdots,n;\ j=1,2,\cdots,s)$所完全表达.

上述简洁的论述是难以想到的,这是在查阅 Grassmann 流形 $G_{n-s,s}$与 $G_{s,n-s}$之间是微分同胚时,见到的推导.

例 9.1.5 设 $U\subset\mathbb{R}^n$为开集,$f:U\to\mathbb{R}^1$为 $C^k(1\leqslant k\leqslant+\infty)$映射,且在 U 上,有

$$\mathrm{rank}\ f=\mathrm{rank}\ \boldsymbol{J}f=\mathrm{rank}\left(\frac{\partial f}{\partial x_1},\frac{\partial f}{\partial x_2},\cdots,\frac{\partial f}{\partial x_n}\right)\equiv 1(\text{常值})$$

由例 8.4.5 知

$$M=f^{-1}(q)=\{\boldsymbol{x}\in U|f(\boldsymbol{x})=q\}=\{\boldsymbol{x}\in U|f(\boldsymbol{x})-q=0\}$$

或为空集,或为 $n-1$ 维 C^k 流形或 C^k 超曲面. 证明:当 $M\neq\varnothing$时,$\mathrm{grad}\ f=\left(\frac{\partial f}{\partial x_1},\frac{\partial f}{\partial x_2},\cdots,\frac{\partial f}{\partial x_n}\right)$为 M 的法向量场. 从而,过定点 $\boldsymbol{x}^0\in M$ 的切超平面为

$$(\boldsymbol{y}-\boldsymbol{x}^0)\cdot\mathrm{grad}\ f(\boldsymbol{x}^0)=0$$

即

$$\sum_{i=1}^{n}\frac{\partial f}{\partial x_i}(\boldsymbol{x}^0)(y_i-x_i^0)=0$$

证法 1　设 $M\neq\varnothing$，$\boldsymbol{x}(t)$ 为 M 上过定点 $\boldsymbol{x}^0=\boldsymbol{x}(0)$ 的任一 C^1 曲线，则

$$f(\boldsymbol{x}(t))\equiv q$$

两边对 t 求导得到

$$\mathrm{grad}\, f\cdot\frac{\mathrm{d}\boldsymbol{x}}{\mathrm{d}t}=\sum_{i=1}^{n}\frac{\partial f}{\partial x_i}(\boldsymbol{x}(t))\cdot\frac{\mathrm{d}x_i}{\mathrm{d}t}\equiv 0$$

它表明 f 的梯度向量 $\mathrm{grad}\, f\equiv\left(\frac{\partial f}{\partial x_1},\frac{\partial f}{\partial x_2},\cdots,\frac{\partial f}{\partial x_n}\right)\bigg|_{\boldsymbol{x}^0}$ 与曲面 M 上点 $\boldsymbol{x}^0$ 处的切向量 $\boldsymbol{x}'(0)$ 正交. 由于 $\boldsymbol{x}(t)$ 的任意性，$\mathrm{grad}\, f=\left(\frac{\partial f}{\partial x_1},\frac{\partial f}{\partial x_2},\cdots,\frac{\partial f}{\partial x_n}\right)\bigg|_{\boldsymbol{x}^0}$ 为 $T_{\boldsymbol{x}^0}M$ 的法向量.

证法 2　设 $M\neq\varnothing$，不妨令 $\frac{\partial f}{\partial x_n}\neq 0$，根据隐函数定理，在局部，$x_n=x_n(x_1,x_2,\cdots,x_{n-1})$，且

$$\frac{\partial x_n}{\partial x_i}=-\frac{\dfrac{\partial f}{\partial x_i}}{\dfrac{\partial f}{\partial x_n}}$$

由于局部参数表示为 $\boldsymbol{x}=\boldsymbol{x}(x_1,x_2,\cdots,x_{n-1})=(x_1,x_2,\cdots,x_{n-1},x_n(x_1,\cdots,x_{n-1}))$，故

$$\begin{cases}\boldsymbol{x}'_{u_1}=\left(1,0,\cdots,0,-\dfrac{\frac{\partial f}{\partial x_1}}{\frac{\partial f}{\partial x_n}}\right)\\ \vdots\\ \boldsymbol{x}'_{u_{n-1}}=\left(0,0,\cdots,1,-\dfrac{\frac{\partial f}{\partial x_{n-1}}}{\frac{\partial f}{\partial x_n}}\right)\end{cases}$$

显然

$$\mathrm{grad}\, f\cdot\boldsymbol{x}'_{u_i}=\left(\frac{\partial f}{\partial x_1},\frac{\partial f}{\partial x_2},\cdots,\frac{\partial f}{\partial x_n}\right)\cdot\left(0,\cdots,0,\underset{i\text{个}}{1},0,\cdots,-\dfrac{\frac{\partial f}{\partial x_i}}{\frac{\partial f}{\partial x_n}}\right)=0$$

因此,$\operatorname{grad} f=\left(\frac{\partial f}{\partial x_1},\frac{\partial f}{\partial x_2},\cdots,\frac{\partial f}{\partial x_n}\right)$为 $T_{\boldsymbol{x}(x_1,x_2,\cdots,x_{n-1})}M$ 的法向量.

定义 9.1.3 设 $\Delta_i\subset\mathbb{R}^{s_i}$为开集,$\varphi_i^{-1}:\Delta_i\to\varphi_i^{-1}(\Delta_i)\subset\mathbb{R}^{n_i}$为同胚,$i=1,2$,$\varphi_1^{-1}(\boldsymbol{u})=\boldsymbol{x}(\boldsymbol{u})$为 s_1 维 $C^k(k\geqslant 1)$正则曲面 M_1,$\varphi_2^{-1}(\boldsymbol{v})=\boldsymbol{y}(\boldsymbol{v})$为 s_2 维 C^k 正则曲面 M_2,$\boldsymbol{u}(t)$为 M_1 上的一条 C^1 曲线. 如果映射 $f:M_1\to M_2$ 是 C^k 的,即 $\varphi_2\circ f\circ\varphi_1^{-1}:\Delta_1\to\Delta_2$ 为 C^k 映射,也就是分量

$$\begin{cases}v_1=(\varphi_2\circ f\circ\varphi_1^{-1})_1(u_1,u_2,\cdots,u_{s_1})\\ \vdots\\ v_{s_2}=(\varphi_2\circ f\circ\varphi_1^{-1})_{s_2}(u_1,u_2,\cdots,u_{s_1})\end{cases}$$

为 C^k 的函数,于是,$\boldsymbol{y}=\boldsymbol{y}(\boldsymbol{v}(\boldsymbol{u}(t)))=\boldsymbol{y}(\varphi_2\circ f\circ\varphi_1^{-1})(\boldsymbol{u}(t))$为 M_2 上的一条 C^1 曲线. 易见

$$f_*\left(\frac{\mathrm{d}\boldsymbol{x}}{\mathrm{d}t}\right)=\frac{\mathrm{d}\boldsymbol{y}}{\mathrm{d}t}=\sum_{j=1}^{s_2}\frac{\partial\boldsymbol{y}}{\partial v_j}\frac{\mathrm{d}v_j}{\mathrm{d}t}=\sum_{j=1}^{s_2}\frac{\partial\boldsymbol{y}}{\partial v_j}\sum_{i=1}^{s_1}\frac{\partial v_j}{\partial u_i}\frac{\mathrm{d}u_i}{\mathrm{d}t}$$

$$\begin{pmatrix}\frac{\mathrm{d}v_1}{\mathrm{d}t}\\ \vdots\\ \frac{\mathrm{d}v_{s_2}}{\mathrm{d}t}\end{pmatrix}=\begin{pmatrix}\frac{\partial v_1}{\partial u_1}&\cdots&\frac{\partial v_1}{\partial u_{s_1}}\\ \vdots&&\vdots\\ \frac{\partial v_{s_2}}{\partial u_1}&\cdots&\frac{\partial v_{s_2}}{\partial u_{s_1}}\end{pmatrix}\begin{pmatrix}\frac{\mathrm{d}u_1}{\mathrm{d}t}\\ \vdots\\ \frac{\mathrm{d}u_{s_1}}{\mathrm{d}t}\end{pmatrix}$$

特别地,当 $t=u_i$ 时,有

$$f_*\left(\frac{\partial\boldsymbol{x}}{\partial u_i}\right)=\sum_{j=1}^{s_2}\frac{\partial\boldsymbol{y}}{\partial v_j}\frac{\partial v_j}{\partial u_i}$$

因此

$$\begin{pmatrix}f_*\left(\frac{\partial\boldsymbol{x}}{\partial u_1}\right)\\ \vdots\\ f_*\left(\frac{\partial\boldsymbol{x}}{\partial u_{s_1}}\right)\end{pmatrix}=\begin{pmatrix}\frac{\partial v_1}{\partial u_1}&\cdots&\frac{\partial v_{s_2}}{\partial u_1}\\ \vdots&&\vdots\\ \frac{\partial v_1}{\partial u_{s_1}}&\cdots&\frac{\partial v_{s_2}}{\partial u_{s_1}}\end{pmatrix}\begin{pmatrix}\frac{\partial\boldsymbol{y}}{\partial v_1}\\ \vdots\\ \frac{\partial\boldsymbol{y}}{\partial v_{s_2}}\end{pmatrix}$$

显然,上式决定了一个线性映射 $f_{*\boldsymbol{x}(\boldsymbol{u})}:T_{\boldsymbol{x}(\boldsymbol{u})}M_1\to T_{f(\boldsymbol{x}(\boldsymbol{u}))}M_2$(图 9.1.5),称为**切映射**或 **Jacobi 映射**或 **f 的微分**. 有时记 $f_{*\boldsymbol{x}(\boldsymbol{u})}=\mathrm{d}f(\boldsymbol{x}(\boldsymbol{u}))$.

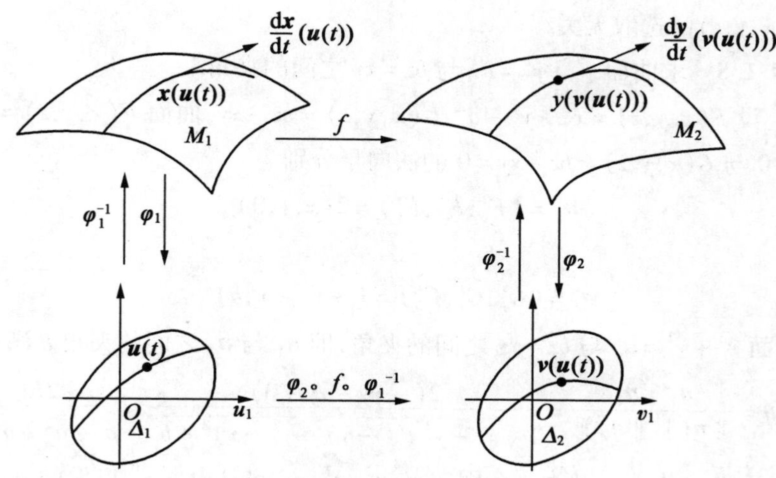

图 9.1.5

例 9.1.6　设曲线 $F(x,y)=x^2y^2-3y+2x^3=0$,求该曲线在点$(1,1)$处的切线.

解　因为 $F(1,1)=0$,所以点$(1,1)$在此曲线上. 又由

$$F'_x(1,1)=(2xy^2+6x^2)|_{(1,1)}=8,\quad F'_y(1,1)=(2x^2y-3)|_{(1,1)}=-1$$

得到过点$(1,1)$的切线方程为

$$8(x-1)-(y-1)=0,\quad 即\quad 8x-y-7=0$$

例 9.1.7　证明:曲面 $xyz=a^3(a>0)$上每一点的切(超)平面与三个坐标面构成的四面体有相同的体积.

证明　令 $F(x,y,z)=xyz-a^3$,则

$$F'_x=yz,\quad F'_y=xz,\quad F'_z=xy$$

从而点(x,y,z)处的切平面为

$$F'_x(x,y,z)(X-x)+F'_y(x,y,z)(Y-y)+F'_z(x,y,z)(Z-z)=0$$

即

$$yz(X-x)+xz(Y-y)+xy(Z-z)=0$$

$$\frac{X}{3x}+\frac{Y}{3y}+\frac{Z}{3z}=1$$

它与三个坐标面所围四面体的体积为

$$V(x,y,z)=\frac{1}{3}\cdot 3x\cdot\frac{1}{2}\cdot(3y)(3z)=\frac{9}{2}xyz=\frac{9}{2}a^3$$

这与点(x,y,z)的选取无关.

例 9.1.8 求曲面 $x^2+y^2=a^2$ 与 $bz=xy$ 之间的夹角.

解 设 $F(x,y,z)=x^2+y^2-a^2$,$G(x,y,z)=bz-xy$,曲面 $F(x,y,z)=x^2+y^2-a^2=0$ 与 $G(x,y,z)=bz-xy=0$ 的法向量分别为

$$\boldsymbol{n}_1=(F'_x,F'_y,F'_z)=2(x,y,0)$$

与

$$\boldsymbol{n}_2=(G'_x,G'_y,G'_z)=(-y,-x,b)$$

因此,曲面 $x^2+y^2=a^2$ 与 $bz=xy$ 之间的夹角,即 $\boldsymbol{n}_1$ 与 $\boldsymbol{n}_2$ 之间的夹角 θ 满足:

$$\cos\theta=\frac{\boldsymbol{n}_1\cdot\boldsymbol{n}_2}{\|\boldsymbol{n}_1\|\ \|\boldsymbol{n}_2\|}=\frac{2(-xy-xy+0)}{2\sqrt{x^2+y^2}\sqrt{(-y)^2+(-x)^2+b^2}}=\frac{-2bz}{a\sqrt{a^2+b^2}}$$

例 9.1.9 设 $\boldsymbol{x}^0\in\mathbb{R}^n$ 为一个固定点,$\boldsymbol{a}^1,\boldsymbol{a}^2,\cdots,\boldsymbol{a}^{n-1}$ 为自 $\boldsymbol{x}^0$ 出发的 $n-1$ 个线性无关的向量. 这时,由 $\boldsymbol{a}^1,\boldsymbol{a}^2,\cdots,\boldsymbol{a}^{n-1}$ 张成的 $\boldsymbol{x}^0$ 处的 $n-1$ 维超平面 M:

$$\boldsymbol{x}=\boldsymbol{x}^0+\sum_{i=1}^{n-1}u_i\boldsymbol{a}^i$$

其中 $\boldsymbol{u}=(u_1,u_2,\cdots,u_{n-1})$ 为该超平面的参数,它在全参数空间 $\mathbb{R}^{n-1}$ 上变化. 其坐标切向量为

$$\boldsymbol{x}'_{u_i}=\boldsymbol{a}^i,\quad i=1,2,\cdots,n-1$$

它们张成的切空间为 $T_{\boldsymbol{x}^0}M=\left\{\sum\limits_{i=1}^{n-1}\alpha_i\boldsymbol{x}'_{u_i}=\sum\limits_{i=1}^{n-1}\alpha_i\boldsymbol{a}^i\,\middle|\,\alpha_i\in\mathbb{R},i=1,2,\cdots,n-1\right\}$. 其法向量为

$$\boldsymbol{n}(\boldsymbol{u})=\begin{vmatrix}\boldsymbol{e}_1 & \cdots & \boldsymbol{e}_n\\ a_1^1 & \cdots & a_n^1\\ \vdots & & \vdots\\ a_1^{n-1} & \cdots & a_n^{n-1}\end{vmatrix}$$

例 9.1.10 球心在坐标原点,半径为 a 的二维球面

$$S^2(a)=\{(x,y,z)\in\mathbb{R}^3\mid x^2+y^2+z^2=a^2\},\quad a>0$$

求二维球面 $S^2(a)$ 的单位法向量场.

解法 1 令 $F(x,y,z)=x^2+y^2+z^2-a^2$,则

$$F'_x=2x,\quad F'_y=2y,\quad F'_z=2z$$

因此,单位法向量场为

$$\begin{aligned}\boldsymbol{n}_0 &= \pm\frac{1}{\sqrt{(F'_x)^2+(F'_y)^2+(F'_z)^2}}(F'_x,F'_y,F'_z)\\&= \pm\frac{1}{\sqrt{(2x)^2+(2y)^2+(2z)^2}}(2x,2y,2z)\\&= \pm\left(\frac{x}{a},\frac{y}{a},\frac{z}{a}\right)\end{aligned}$$

解法 2　令 $\boldsymbol{x}=\boldsymbol{x}(\theta,\varphi)=(a\sin\theta\cos\varphi,a\sin\theta\sin\varphi,a\cos\theta)$,其中 θ,φ 为参数,也称为球面坐标. 而$(\theta,\varphi)\in(0,\pi)\times(0,2\pi)$. 当 $\theta=\theta_0$ 时,$\boldsymbol{x}(\theta_0,\varphi)$ 为 φ 线,也称为**纬线**;当 $\varphi=\varphi_0$ 时,$\boldsymbol{x}(\theta,\varphi_0)$ 为 θ 线,也称为**经线**. 显然,除了南极与北极两点,球面上的其他点只有唯一的一条纬线和唯一的一条经线. 纬线与经线就是球面 M 在参数 θ,φ 下的坐标曲线. 它的坐标切向量为

$$\begin{cases}\boldsymbol{x}'_\theta=a(\cos\theta\cos\varphi,\cos\theta\sin\varphi,-\sin\theta)\\\boldsymbol{x}'_\varphi=a(-\sin\theta\sin\varphi,\sin\theta\cos\varphi,0)\end{cases}$$

其第一基本量的矩阵为

$$\begin{pmatrix}g_{11}&g_{12}\\g_{21}&g_{22}\end{pmatrix}=\begin{pmatrix}E&F\\F&G\end{pmatrix}=\begin{pmatrix}\boldsymbol{x}'_\theta\cdot\boldsymbol{x}'_\theta&\boldsymbol{x}'_\theta\cdot\boldsymbol{x}'_\varphi\\\boldsymbol{x}'_\varphi\cdot\boldsymbol{x}'_\theta&\boldsymbol{x}'_\varphi\cdot\boldsymbol{x}'_\varphi\end{pmatrix}=\begin{pmatrix}a^2&0\\0&a^2\sin^2\theta\end{pmatrix}$$

由此得到

$$\sqrt{g_{11}g_{22}-g_{12}^2}=\sqrt{EG-F^2}=a^2\sin\theta$$

且法向量

$$\begin{aligned}\boldsymbol{n}(\theta,\varphi)&=\boldsymbol{x}'_\theta\times\boldsymbol{x}'_\varphi\\&=\begin{vmatrix}\boldsymbol{i}&\boldsymbol{j}&\boldsymbol{k}\\a\cos\theta\cos\varphi&a\cos\theta\sin\varphi&-a\sin\theta\\-a\sin\theta\sin\varphi&a\sin\theta\cos\varphi&0\end{vmatrix}\\&=a^2\sin\theta(\sin\theta\cos\varphi,\sin\theta\sin\varphi,\cos\theta)\end{aligned}$$

因此,球面的单位法向量为

$$\begin{aligned}\boldsymbol{n}_0(\theta,\varphi)&=\frac{\boldsymbol{x}'_\theta\times\boldsymbol{x}'_\varphi}{\|\boldsymbol{x}'_\theta\times\boldsymbol{x}'_\varphi\|}\\&=(\sin\theta\cos\varphi,\sin\theta\sin\varphi,\cos\theta)=\left(\frac{x}{a},\frac{y}{a},\frac{z}{a}\right)\end{aligned}$$

细心的读者会注意到 $\boldsymbol{x}'_\theta\cdot\boldsymbol{x}'_\varphi=F=0$ 表明两个坐标切向量 $\boldsymbol{x}'_\theta$ 与 $\boldsymbol{x}'_\varphi$ 正交,即 θ 线与 φ 线为正交曲线网(图 9.1.6).

更一般地,我们来求 $n-1$ 维球面的单位法向量场.

例 9.1.11 已知球心在坐标原点,半径为 a 的 $n-1$ 维球面

$$S^{n-1}(a)=\left\{(x_1,x_2,\cdots,x_n)\in\mathbb{R}^n \,\middle|\, \sum_{i=1}^{n} x_i^2=a^2\right\},\quad a>0$$

求 $n-1$ 维球面 $S^{n-1}(a)$ 的单位法向量场、球面坐标及第一基本量.

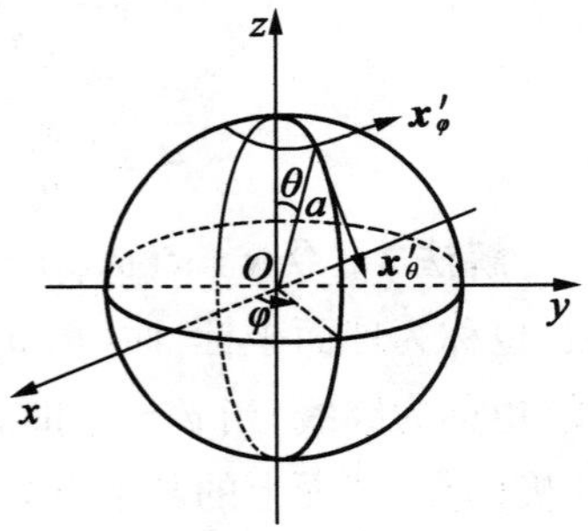

图 9.1.6

解法 1 令 $F(x_1,x_2,\cdots,x_n)=\sum_{i=1}^{n} x_i^2-a^2$,则

$$F'_{x_i}=2x_i$$

因此,单位法向量场为

$$\begin{aligned}\boldsymbol{n}_0 &= \frac{1}{\sqrt{\sum_{i=1}^{n}(F'_{x_i})^2}}(F'_{x_1},F'_{x_2},\cdots,F'_{x_n})\\ &=\pm\frac{1}{\sqrt{\sum_{i=1}^{n}(2x_i)^2}}(2x_1,2x_2,\cdots,2x_n)\\ &=\pm\left(\frac{x_1}{a},\frac{x_2}{a},\cdots,\frac{x_n}{a}\right)\end{aligned}$$

解法 2 设

$$\boldsymbol{x}(\theta_1,\theta_2,\cdots,\theta_{n-1})=(x_1(\theta_1,\theta_2,\cdots,\theta_{n-1}),x_2(\theta_1,\theta_2,\cdots,\theta_{n-1}),\cdots,x_n(\theta_1,\theta_2,\cdots,\theta_{n-1}))$$

其中

$$\begin{cases}x_1=a\cos\theta_1\\ x_2=a\sin\theta_1\cos\theta_2\\ x_3=a\sin\theta_1\sin\theta_2\cos\theta_3\\ \vdots\\ x_{n-1}=a\sin\theta_1\sin\theta_2\sin\theta_3\cdots\sin\theta_{n-2}\cos\theta_{n-1}\\ x_n=a\sin\theta_1\sin\theta_2\sin\theta_3\cdots\sin\theta_{n-2}\sin\theta_{n-1}\end{cases}$$

而 $\theta_1,\theta_2,\cdots,\theta_{n-1}$ 称为**球面参数**,也称为**球面坐标**. 不难验证第一基本量为

$$g_{ij}=\boldsymbol{x}'_{\theta_i}\cdot\boldsymbol{x}'_{\theta_j}=\begin{cases}0, & i\neq j\\ a^2, & i=j=1\\ a^2\sin^2\theta_1\cdots\sin^2\theta_{i-1}, & i=j=2,3,\cdots,n-1\end{cases}$$

由此得到 $\sqrt{\det(g_{ij})}=a^{n-1}\sin^{n-2}\theta_1\sin^{n-3}\theta_2\cdots\sin\theta_{n-2}$.

对 $\boldsymbol{x}\cdot\boldsymbol{x}=a^2$ 两边关于 θ_i 求偏导或直接对 $\boldsymbol{x}$ 关于 θ_i 求偏导验证得

$$\boldsymbol{x}\cdot\frac{\partial\boldsymbol{x}}{\partial\theta_i}=0,\quad i=1,2,\cdots,n-1$$

可知,$\boldsymbol{x}$ 为球面 M 的法向量场. 因此,单位法向量场为

$$\boldsymbol{n}_0=\pm\frac{\boldsymbol{x}}{\|\boldsymbol{x}\|}=\pm\frac{\boldsymbol{x}}{a}=\pm\left(\frac{x_1}{a},\frac{x_2}{a},\cdots,\frac{x_n}{a}\right)$$

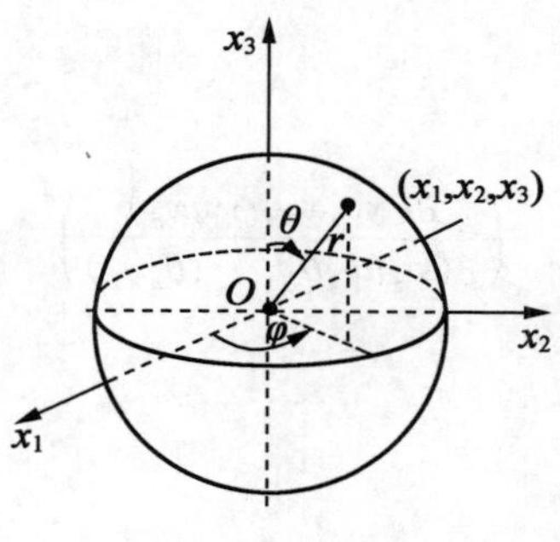

图 9.1.7

例 9.1.12　从球面坐标、平面极坐标 $(x_1,x_2)=(r\cos\theta,r\sin\theta)$ 以及三维 Euclid 空间 $\mathbb{R}^3$ 中的球坐标

$$(x_1,x_2,x_3)=(r\cos\theta_1,r\sin\theta_1\cos\theta_2,r\sin\theta_1\sin\theta_2)$$

或者

$$(r\sin\theta\cos\varphi,r\sin\theta\sin\varphi,r\cos\theta)$$

(图 9.1.7),自然会想到 n 维 Euclid 空间 $\mathbb{R}^n$ 中应有球坐标.

$$\boldsymbol{x}(r,\theta_1,\theta_2,\cdots,\theta_{n-1})=(x_1(r,\theta_1,\theta_2,\cdots,\theta_{n-1}),x_2(r,\theta_1,\theta_2,\cdots,\theta_{n-1}),\cdots,\\ x_n(r,\theta_1,\theta_2,\cdots,\theta_{n-1}))$$

为

$$\begin{cases}x_1=r\cos\theta_1\\ x_2=r\sin\theta_1\cos\theta_2\\ x_3=r\sin\theta_1\sin\theta_2\cos\theta_3\\ \vdots\\ x_{n-1}=r\sin\theta_1\sin\theta_2\sin\theta_3\cdots\sin\theta_{n-2}\cos\theta_{n-1}\\ x_n=r\sin\theta_1\sin\theta_2\sin\theta_3\cdots\sin\theta_{n-2}\sin\theta_{n-1}\end{cases}$$

其中 $r,\theta_1,\theta_2,\cdots,\theta_{n-1}$ 为 $\mathbb{R}^n$ 的参数,也称为**球坐标**. 不难验证第一基本量为

$$g_{00}=\boldsymbol{x}_r'\cdot\boldsymbol{x}_r'=1$$

$$g_{0i}=\boldsymbol{x}_r'\cdot\boldsymbol{x}_{\theta_i}'=0=\boldsymbol{x}_{\theta_i}'\cdot\boldsymbol{x}_r'=g_{i0}$$

$$g_{ij}=\begin{cases}0, & i\neq j\\ r^2, & i=j=1\\ r^2\sin^2\theta_1\sin^2\theta_2\cdots\sin^2\theta_{i-1}, & i=j=2,3,\cdots,n-1\end{cases}$$

由此得到

$$\left(\frac{\partial(x_1,x_2,\cdots,x_n)}{\partial(r,\theta_1,\theta_2,\cdots,\theta_{n-1})}\right)^2=\det\begin{pmatrix}\frac{\partial x_1}{\partial r} & \cdots & \frac{\partial x_n}{\partial r}\\ \frac{\partial x_1}{\partial \theta_1} & \cdots & \frac{\partial x_n}{\partial \theta_1}\\ \vdots & & \vdots\\ \frac{\partial x_1}{\partial \theta_{n-1}} & \cdots & \frac{\partial x_n}{\partial \theta_{n-1}}\end{pmatrix}\begin{pmatrix}\frac{\partial x_1}{\partial r} & \frac{\partial x_1}{\partial \theta_1} & \cdots & \frac{\partial x_1}{\partial \theta_{n-1}}\\ \vdots & \vdots & & \vdots\\ \frac{\partial x_n}{\partial r} & \frac{\partial x_n}{\partial \theta_1} & \cdots & \frac{\partial x_n}{\partial \theta_{n-1}}\end{pmatrix}$$

$$=\det\begin{pmatrix}g_{00} & g_{01} & \cdots & g_{0,n-1}\\ g_{10} & g_{11} & \cdots & g_{1,n-1}\\ \vdots & \vdots & & \vdots\\ g_{n-1,0} & g_{n-1,1} & \cdots & g_{n-1,n-1}\end{pmatrix}$$

$$=(r^{n-1}\sin^{n-2}\theta_1\sin^{n-3}\theta_2\cdots\sin\theta_{n-2})^2$$

如果注意到

$$\left.\frac{\partial(x_1,x_2,\cdots,x_n)}{\partial(r,\theta_1,\theta_2,\cdots,\theta_{n-1})}\right|_{(r,\frac{\pi}{2},\frac{\pi}{2},\cdots,\frac{\pi}{2})}=\begin{vmatrix}0 & -r & 0 & \cdots & 0\\ 0 & 0 & -r & \cdots & 0\\ \vdots & \vdots & \vdots & & \vdots\\ 0 & 0 & 0 & \cdots & -r\\ 1 & 0 & 0 & \cdots & 0\end{vmatrix}$$

$$=(-1)^{1+n}(-r)^{n-1}$$

$$=r^{n-1}>0$$

及直角坐标 $x_1,x_2,\cdots,x_n$ 与球坐标 $r,\theta_1,\theta_2,\cdots,\theta_{n-1}$ 之间变换的 Jacobi 行列式

$$\frac{\partial(x_1,x_2,\cdots,x_n)}{\partial(r,\theta_1,\theta_2,\cdots,\theta_{n-1})}$$

为连续函数,它具有保号性,因此有

$$\frac{\partial(x_1,x_2,\cdots,x_n)}{\partial(r,\theta_1,\theta_2,\cdots,\theta_{n-1})}>0$$

从而

$$\frac{\partial(x_1,x_2,\cdots,x_n)}{\partial(r,\theta_1,\theta_2,\cdots,\theta_{n-1})}=\sqrt{\det\begin{pmatrix}g_{00} & g_{01} & \cdots & g_{0,n-1}\\ g_{10} & g_{11} & \cdots & g_{1,n-1}\\ \vdots & \vdots & & \vdots\\ g_{n-1,0} & g_{n-1,1} & \cdots & g_{n-1,n-1}\end{pmatrix}}$$

$$= r^{n-1}\sin^{n-2}\theta_1\sin^{n-3}\theta_2\cdots\sin\theta_{n-2}$$

此行列式在应用 n 元球坐标变换计算 n 重积分时非常重要与简便.

例 9.1.13　设 $U\subset\mathbb{R}^3$ 为开集,$F,G:U\to\mathbb{R}^1$ 为两个三元函数,且

$$L=\{(x,y,z)\in\mathbb{R}^3\mid F(x,y,z)=0,G(x,y,z)=0\},\quad \boldsymbol{x}^0=(x_0,y_0,z_0)\in L$$

如果 $F,G\in C^k(U,\mathbb{R}^1)$,$k\geqslant 1$,且 $\boldsymbol{x}^0$ 处的切向量

$$\boldsymbol{t}(\boldsymbol{x}^0)=\boldsymbol{J}\boldsymbol{F}(\boldsymbol{x}^0)\times\boldsymbol{J}\boldsymbol{G}(\boldsymbol{x}^0)=\begin{vmatrix}\boldsymbol{i} & \boldsymbol{j} & \boldsymbol{k}\\ F'_x & F'_y & F'_z\\ G'_x & G'_y & G'_z\end{vmatrix}\neq\boldsymbol{0}$$

则 $\exists\boldsymbol{x}^0$ 的开邻域 $U_0\subset U$, s. t. $U_0\cap L$ 为一段 C^k 参数曲线,这时,L 在 $\boldsymbol{x}^0$ 处的切线方程为

$$\begin{cases}F'_x(\boldsymbol{x}^0)(x-x_0)+F'_y(\boldsymbol{x}^0)(y-y_0)+F'_z(\boldsymbol{x}^0)(z-z_0)=0\\ G'_x(\boldsymbol{x}^0)(x-x_0)+G'_y(\boldsymbol{x}^0)(y-y_0)+G'_z(\boldsymbol{x}^0)(z-z_0)=0\end{cases}$$

证明　不妨设

$$\left|\frac{\partial(F,G)}{\partial(y,z)}\right|_{\boldsymbol{x}^0}\neq 0$$

由隐函数定理,存在含 x_0 的开区间 I 与含 (y_0,z_0) 的开区间 J 使得方程组

$$\begin{cases}F(x,y,z)=0\\ G(x,y,z)=0\end{cases}$$

在含 $\boldsymbol{x}^0$ 的开区间 $U_0=I\times J$ 内有

$$y=f(x),\quad z=g(x),\quad x\in I$$

且 $f,g\in C^k(I,\mathbb{R}^1)$,因此,$U_0\cap L$ 为一段 C^k 参数曲线 $\boldsymbol{x}=\boldsymbol{x}(x)=(x,f(x),g(x))$,$x$ 为其参数. 该曲线在 $\boldsymbol{x}^0$ 处的切向量为 $(1,f'(x_0),g'(x_0))$. 又因为

$$\begin{cases}F(x,f(x),g(x))\equiv 0\\ G(x,f(x),g(x))\equiv 0\end{cases}$$

所以

$$\begin{cases}F'_x+F'_yf'(x)+F'_zg'(x)=0\\ G'_x+G'_yf'(x)+G'_zg'(x)=0\end{cases}$$

从而

$$(1,f'(x_0),g'(x_0))\,/\!/\,\boldsymbol{t}(\boldsymbol{x}^0)=(F'_x(\boldsymbol{x}^0),F'_y(\boldsymbol{x}^0),F'_z(\boldsymbol{x}^0))\times(G'_x(\boldsymbol{x}^0),G'_y(\boldsymbol{x}^0),G'_z(\boldsymbol{x}^0))$$

$$=\boldsymbol{JF}(\boldsymbol{x}^0)\times \boldsymbol{JG}(\boldsymbol{x}^0)\text{(图 9.1.8)}$$

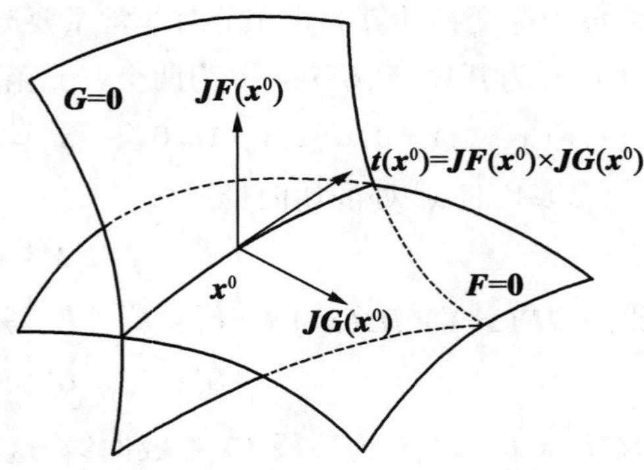

图 9.1.8

由此知,切线平行于 $\boldsymbol{t}(\boldsymbol{x}^0)$,而切线方程为

$$\begin{cases}F_x'(\boldsymbol{x}^0)(x-x_0)+F_y'(\boldsymbol{x}^0)(y-y_0)+F_z'(\boldsymbol{x}^0)(z-z_0)=0\\G_x'(\boldsymbol{x}^0)(x-x_0)+G_y'(\boldsymbol{x}^0)(y-y_0)+G_z'(\boldsymbol{x}^0)(z-z_0)=0\end{cases}$$

例 9.1.14 设 $\Delta\subset\mathbb{R}^2$ 为开区域,曲面 M 的参数表示为 $\boldsymbol{x}:\Delta\to\mathbb{R}^3$,它是 C^1 映射. 而 $(u(t),v(t))$ 对应于 M 上的一条 C^1 曲线,其向量形式为

$$\boldsymbol{x}=\boldsymbol{x}(u(t),v(t))$$

$$\mathrm{d}\boldsymbol{x}=[\boldsymbol{x}_u'u'(t)+\boldsymbol{x}_v'v'(t)]\mathrm{d}t=\boldsymbol{x}_u'\mathrm{d}u+\boldsymbol{x}_v'\mathrm{d}v$$

弧元 $\mathrm{d}s$ 的平方为

$$\begin{aligned}(\mathrm{d}s)^2&=(\mathrm{d}\boldsymbol{x})^2=\mathrm{d}\boldsymbol{x}\cdot\mathrm{d}\boldsymbol{x}\\&=[Eu'^2(t)+2Fu'(t)v'(t)+Gv'^2(t)](\mathrm{d}t)^2\\&=E(\mathrm{d}u)^2+2F\mathrm{d}u\mathrm{d}v+G(\mathrm{d}v)^2\end{aligned}$$

由此得到 M 上从点 $\boldsymbol{x}(u(\alpha),v(\alpha))$ 到 $\boldsymbol{x}(u(\beta),v(\beta))$ 的曲线的弧长为

$$s=\int_\alpha^\beta\sqrt{Eu'^2(t)+2Fu'(t)v'(t)+Gv'^2(t)}\,\mathrm{d}t$$

考虑例 9.1.10 中的球面 M 上的两点 $\boldsymbol{p}$ 与 $\boldsymbol{q}$. 不失一般性,可设 $\boldsymbol{p}$ 与 $\boldsymbol{q}$ 在 M 的同一条经线上. 设这两点的参数分别为 (θ_0,φ_0) 与 (θ_1,φ_1),其中 $\theta_1>\theta_0$. 这两点所决定的球面曲线记为 Γ,其 C^1 参数表示为

$$(\theta(t),\varphi(t)),\quad t_0\leqslant t\leqslant t_1$$

于是,Γ 的弧长为

$$s(\Gamma)=\int_{t_0}^{t_1}\sqrt{a^2[\theta'(t)]^2+a^2\sin^2\theta(t)\cdot[\varphi'(t)]^2}\,\mathrm{d}t$$

$$\geqslant a\int_{t_0}^{t_1}\theta'(t)\,\mathrm{d}\theta = a[\theta(t_1)-\theta(t_0)]$$

式中等号成立等价于 $\varphi'(t)=0$,等价于 $\varphi(t)=\varphi_0$(常值). 这时曲线 Γ 正是由 $\boldsymbol{p}$ 与 $\boldsymbol{q}$ 两点所决定的大圆弧,而 $a[\theta(t_1)-\theta(t_0)]=a(\theta_1-\theta_0)$ 恰为这一段大圆弧的弧长.

定义 9.1.4　设 s 维 $C^k(k\geqslant 1)$ 正则曲面 M 的参数表示为 $\boldsymbol{x}(u_1,u_2,\cdots,u_s)$,它的第一基本量为 $g_{ij}=\boldsymbol{x}'_{u_i}\cdot\boldsymbol{x}'_{u_j}$, $i,j=1,2,\cdots,s$. 我们称

$$\mathrm{I}=\sum_{i,j=1}^{n} g_{ij}\mathrm{d}u_i\mathrm{d}u_j$$

为曲面 M 或 $\boldsymbol{x}(\boldsymbol{u})$ 的**第一基本形式**. 易见

$$\begin{aligned}(\mathrm{d}\boldsymbol{x})^2 &= \mathrm{d}\boldsymbol{x}\cdot\mathrm{d}\boldsymbol{x}=\Big(\sum_{i=1}^{s}\boldsymbol{x}'_{u_i}\mathrm{d}u_i\Big)\cdot\Big(\sum_{j=1}^{s}\boldsymbol{x}'_{u_j}\mathrm{d}u_j\Big)\\ &=\sum_{i,j=1}^{s}\boldsymbol{x}'_{u_i}\cdot\boldsymbol{x}'_{u_j}\mathrm{d}u_i\mathrm{d}u_j=\sum_{i,j=1}^{s}g_{ij}\mathrm{d}u_i\mathrm{d}u_j=\mathrm{I}\end{aligned}$$

考察 M 上的曲线 $\boldsymbol{u}(t)$ 或 $\boldsymbol{x}(\boldsymbol{u}(t))$,则弧元 $\mathrm{d}s$ 的平方为

$$\begin{aligned}(\mathrm{d}s)^2=(\mathrm{d}\boldsymbol{x})^2 &= \mathrm{d}\boldsymbol{x}\cdot\mathrm{d}\boldsymbol{x}=\Big(\sum_{i=1}^{s}\boldsymbol{x}'_{u_i}\mathrm{d}u_i\Big)\cdot\Big(\sum_{i=1}^{s}\boldsymbol{x}'_{u_j}\mathrm{d}u_j\Big)\\ &=\sum_{i,j=1}^{s}\boldsymbol{x}'_{u_i}\cdot\boldsymbol{x}'_{u_j}\mathrm{d}u_i\mathrm{d}u_j=\sum_{i,j=1}^{s}g_{ij}\mathrm{d}u_i\mathrm{d}u_j\end{aligned}$$

其中 $\mathrm{d}u_i=\mathrm{d}u_i(t)=u'_i(t)\mathrm{d}t$. 从 t_0 到 t_1 相应的弧长为

$$s\Big|_{t_0}^{t_1}=\int_{t_0}^{t_1}\sqrt{\sum_{i,j=1}^{s}g_{ij}u'_iu'_j}\,\mathrm{d}t$$

当 $s=2$ 时, $g_{11}=E$, $g_{12}=g_{21}=F$, $g_{22}=G$, 由 $\boldsymbol{x}'_u\mathrm{d}u$ 与 $\boldsymbol{x}'_v\mathrm{d}v$ 张成的平行四边形的面积

$$\begin{aligned}\mathrm{d}\sigma &= \|\boldsymbol{x}'_u\mathrm{d}u\times\boldsymbol{x}'_v\mathrm{d}v\| = \|\boldsymbol{x}'_u\times\boldsymbol{x}'_v\|\,\mathrm{d}u\mathrm{d}v\\ &=\sqrt{EG-F^2}\,\mathrm{d}u\mathrm{d}v\end{aligned}$$

称为该曲面的**面积元**,也称为**二维体积元**(图 9.1.9).

更一般地,由 $\boldsymbol{x}'_{u_i}\mathrm{d}u_i(i=1,2,\cdots,s)$ 张成的 s 维平行 $2s$ 面体的体积

$$\mathrm{d}\sigma=\sqrt{\det(g_{ij})}\,\mathrm{d}u_1\mathrm{d}u_2\cdots\mathrm{d}u_s$$

称为该 s 维曲面的 **s 维体积元**.

例 9.1.15　求下列曲面的第一基本形式及体积元:

(1) $\mathbb{R}^3$ 中二维曲面 M,参数表示为 $\boldsymbol{x}(x,y)=(x,y,z(x,y))$, $z(x,y)$ 为 C^1 函

数;

(2)$\mathbb{R}^3$中二维球面$S^2(a)$,参数表示为$\boldsymbol{x}(\theta,\varphi)=(a\sin\theta\cos\varphi,a\sin\theta\sin\varphi,a\cos\theta)$,$a>0$;

(3)$\mathbb{R}^n$中$n-1$维球面$S^{n-1}(a)$,参数表示$\boldsymbol{x}(\theta_1,\theta_2,\cdots,\theta_{n-1})$,如例9.1.11所示;

(4)$\mathbb{R}^n$中n维参数曲面$\boldsymbol{x}(r,\theta_1,\theta_2,\cdots,\theta_{n-1})$,如例9.1.12所示.

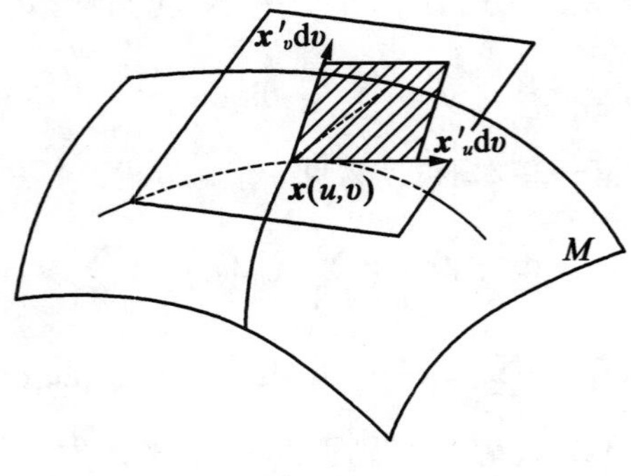

图9.1.9

解 (1)因为

$$\boldsymbol{x}'_x=(1,0,z'_x),\quad \boldsymbol{x}'_y=(0,1,z'_y)$$

$$\begin{pmatrix} g_{11} & g_{12} \\ g_{21} & g_{22} \end{pmatrix}=\begin{pmatrix} E & F \\ F & G \end{pmatrix}=\begin{pmatrix} 1+z'^2_x & z'_x z'_y \\ z'_x z'_y & 1+z'^2_y \end{pmatrix}$$

所以,曲面M的第一基本形式为

$$\begin{aligned} I &= E(\mathrm{d}x)^2+2F\mathrm{d}x\mathrm{d}y+G(\mathrm{d}y)^2 \\ &= (1+z'^2_x)(\mathrm{d}x)^2+2z'_x z'_y\mathrm{d}x\mathrm{d}y+(1+z'^2_y)(\mathrm{d}y)^2 \end{aligned}$$

而面积元为

$$\begin{aligned} \mathrm{d}\sigma &= \sqrt{EG-F^2}\,\mathrm{d}x\mathrm{d}y \\ &= \sqrt{(1+z'^2_x)(1+z'^2_y)-(z'_x z'_y)^2}\,\mathrm{d}x\mathrm{d}y \\ &= \sqrt{1+z'^2_x+z'^2_y}\,\mathrm{d}x\mathrm{d}y \end{aligned}$$

(2)由例9.1.10的解法2知,二维球面M的第一基本形式为

$$I=a^2(\mathrm{d}\theta)^2+a^2\sin^2\theta(\mathrm{d}\varphi)^2$$

而面积元为

$$\mathrm{d}\sigma=\sqrt{EG-F^2}\,\mathrm{d}\theta\mathrm{d}\varphi=a^2\sin\theta\mathrm{d}\theta\mathrm{d}\varphi$$

(3)由例 9.1.11 的解法 2 知,$n-1$ 维球面 $S^{n-1}(a)$的第一基本形式为

$$\begin{aligned}I=&a^2(\mathrm{d}\theta_1)^2+a^2\sin^2\theta_1(\mathrm{d}\theta_2)^2+\cdots+\\&a^2\sin^2\theta_1\cdots\sin^2\theta_{i-1}(\mathrm{d}\theta_i)^2+\cdots+\\&a^2\sin^2\theta_1\cdots\sin^2\theta_{n-2}(\mathrm{d}\theta_{n-1})^2\end{aligned}$$

而面积元为

$$\begin{aligned}\mathrm{d}\sigma&=\sqrt{\det(g_{ij})}\,\mathrm{d}\theta_i\mathrm{d}\theta_{i+1}\cdots\mathrm{d}\theta_{n-1}\\&=a^{n-1}\sin^{n-2}\theta_1\sin^{n-3}\theta_2\cdots\sin^2\theta_{n-3}\sin\theta_{n-2}\mathrm{d}\theta_1\mathrm{d}\theta_2\cdots\mathrm{d}\theta_{n-1}\end{aligned}$$

(4)由例 9.1.12 知,$\boldsymbol{x}(r,\theta_1,\theta_2,\cdots,\theta_{n-1})$的第二基本形式为

$$\begin{aligned}I=&\mathrm{d}r^2+r^2(\mathrm{d}\theta_1)^2+r^2\sin^2\theta_1(\mathrm{d}\theta_2)^2+\cdots+\\&r^2\sin^2\theta_1\cdots\sin^2\theta_{i-1}(\mathrm{d}\theta_i)^2+\cdots+\\&r^2\sin^2\theta_1\cdots\sin^2\theta_{n-2}(\mathrm{d}\theta_{n-1})^2\end{aligned}$$

而体积元为

$$\begin{aligned}\mathrm{d}v&=\sqrt{\det(g_{ij})}\,\mathrm{d}r\mathrm{d}\theta_1\mathrm{d}\theta_2\cdots\mathrm{d}\theta_{n-1}\\&=r^{n-1}\sin^{n-2}\theta_1\sin^{n-3}\theta_2\cdots\sin^2\theta_{n-3}\sin\theta_{n-2}\mathrm{d}r\mathrm{d}\theta_1\mathrm{d}\theta_2\cdots\mathrm{d}\theta_{n-1}\end{aligned}$$

练习题 9.1

1. 求下列曲面在指定点处的法向量、切平面方程与法线方程:

(1)$x^2+y^2+z^2=4,\boldsymbol{x}^0=(1,1,\sqrt{2})$;

(2)$z=\arctan\dfrac{y}{x},\boldsymbol{x}^0=\left(1,1,\dfrac{\pi}{4}\right)$;

(3)$3x^2+2y^2-2z-1=0,\boldsymbol{x}^0=(1,1,2)$;

(4)$z=y+\ln\left(\dfrac{x}{z}\right),\boldsymbol{x}^0=(1,1,1)$;

(5)$y-\mathrm{e}^{2x-z}=0,\boldsymbol{x}^0=(1,1,2)$;

(6)$\dfrac{x^2}{a^2}+\dfrac{y^2}{b^2}+\dfrac{z^2}{c^2}=1,\boldsymbol{x}^0=\left(\dfrac{a}{\sqrt{3}},\dfrac{b}{\sqrt{3}},\dfrac{c}{\sqrt{3}}\right)$.

2. 求椭球面 $x^2+2y^2+3z^2=21$ 上所有平行于平面 $x+4y+6z=0$ 的切平面.

3. 求曲面 $x^2+y^2+z^2=x$ 的切平面,使其垂直于平面 $x-y-z=2$ 与 $x-y-$

$\frac{z}{2}=2$.

4. 求两曲面

$$F(x,y,z)=0,\quad G(x,y,z)=0$$

的交线在 xOy 平面上的投影曲线的切线方程,并给出求切线方程的条件.

5. 两相交曲面在交点处的法向量所夹的角称为这两曲面在这一点的**夹角**.求圆柱面 $x^2+y^2=a^2$ 与曲面 $bz=xy$ 的夹角.

6. 求椭球面

$$\frac{x^2}{a^2}+\frac{y^2}{b^2}+\frac{z^2}{c^2}=1$$

上的点的法向量与 x 轴和 z 轴夹成等角的点的全体.

7. 定出正数 λ,使曲面 $xyz=\lambda$ 与椭球面

$$\frac{x^2}{a^2}+\frac{y^2}{b^2}+\frac{z^2}{c^2}=1$$

在某一点相切,即有共同的切平面.

8. 证明:曲面 $z=x\mathrm{e}^{\frac{x}{y}}$ 上所有切平面都通过原点.

9. 证明:曲面 $\sqrt{x}+\sqrt{y}+\sqrt{z}=\sqrt{a}\ (a>0)$ 的切平面在各坐标平面上割下的诸线段之和为常数.

10. 证明:曲面 $F(x-az,y-bz)=0$ 的所有切平面与某一直线平行,其中 a,b 为常数,并说明论述中需加什么条件.

11. 证明:曲面 $F\left(\frac{x-a}{z-c},\frac{y-b}{z-c}\right)=0$ 的切平面通过一个固定点,其中 a,b,c 为常数,并说明论述中需加什么条件.

12. 证明:曲面 $ax+by+cz=\Phi(x^2+y^2+z^2)$ 在点 $\boldsymbol{x}^0=(x_0,y_0,z_0)$ 处的法向量与向量 (x_0,y_0,z_0) 和 (a,b,c) 共面,并说明论述中需加什么条件.

13. 求下列曲面的 E,F 与 G,第一基本形式及面积元:

(1) 椭球面 $\boldsymbol{x}(u,v)=(a\sin u\cos v,b\sin u\sin v,c\cos u)$;

(2) 单叶双曲面 $\boldsymbol{x}(u,v)=(a\operatorname{ch} u\cos v,b\operatorname{ch} u\sin v,c\operatorname{sh} u)$;

(3) 椭圆抛物面 $\boldsymbol{x}(u,v)=\left(u,v,\frac{1}{2}\left(\frac{u^2}{a^2}+\frac{v^2}{b^2}\right)\right)$;

(4) 双曲抛物面 $\boldsymbol{x}(u,v)=(a(u+v),b(u-v),2uv)$;

(5) 劈锥面 $\boldsymbol{x}(u,v)=(u\cos v,u\sin v,\varphi(v))$;

(6)一般螺面 $\boldsymbol{x}(u,v)=(u\cos v,u\sin v,\varphi(u)+av)$.

14. 求$\mathbb{R}^3$中圆柱面 $\boldsymbol{x}(\theta,z)=(a\cos\theta,a\sin\theta,z)$的第一基本形式与面积元.

15. 设曲面 M 的第一基本形式为

$$I=\mathrm{d}u^2+(u^2+a^2)\mathrm{d}v^2$$

求曲面上的曲线 $u=v$ 从 v_1 到 $v_2(v_2>v_1)$这一段的弧长.

16. 求平面曲线(星形线)$x^{\frac{2}{3}}+y^{\frac{2}{3}}=a^{\frac{2}{3}}(a>0)$上任一点处的切线方程,并证明这些切线被坐标轴所截取的线段等长(应用 $F(x,y)=x^{\frac{2}{3}}+y^{\frac{2}{3}}-a^{\frac{2}{3}}=0$ 与参数表示$(x,y)=(a\cos^3 t,a\sin^3 t)$两种方法求曲线的切向量).

17. 求下列曲线所示点处的切线与法平面:

(1)$(x,y,z)=(a\sin^2 t,b\sin t\cos t,c\cos^2 t)$,在点 $t=\dfrac{\pi}{4}$;

(2)$2x^2+3y^2+z^2=9,z^2=3x^2+y^2$,在点$(1,-1,-2)$.

18. 证明:球面 $x^2+y^2+z^2=\rho^2$ 与锥面 $x^2+y^2=z^2\tan^2\varphi$ 是正交的($\rho>0$ 与 φ 为常数).

19. 在曲线$(x,y,z)=(t,t^2,t^3)$上求出一点,使曲线在此点的切线平行于平面 $x+2y+z=4$.

20. 求函数

$$u=\frac{x}{\sqrt{x^2+y^2+z^2}}$$

沿曲线$(x,y,z)=(t,2t^2,-2t^4)$在点$(1,2,-2)$处切线方向的方向导数.

21. 设(x_0,y_0,z_0)为曲面 $F(x,y,z)=1$ 的非奇异点(若$(F'_x(x_0,y_0,z_0),F'_y(x_0,y_0,z_0),F'_z(x_0,y_0,z_0))\neq(0,0,0)$,则称$(x_0,y_0,z_0)$为**非奇异点**;否则$(x_0,y_0,z_0)$称为**奇异点**),$F$ 在(x_0,y_0,z_0)的开邻域 U 内可微,且为 n 次齐次函数.证明:曲面在(x_0,y_0,z_0)处的切平面方程为

$$xF'_x(x_0,y_0,z_0)+yF'_y(x_0,y_0,z_0)+zF'_z(x_0,y_0,z_0)=n$$

22. 设 $F(u,v)$为 C^1 函数,证明:曲面 $F(nx-lz,ny-mz)=0$ 上任一点的切平面都平行于直线 L:$\dfrac{x}{l}=\dfrac{y}{m}=\dfrac{z}{n}$.

23. 从原点向单叶双曲面

$$\frac{x^2}{a^2}+\frac{y^2}{b^2}-\frac{z^2}{c^2}=1$$

的切平面引垂线,求垂足的轨迹.

24. 设 $a>0,b>0,c>0$,证明:$\mathbb{R}^3$ 中任意一点 (x,y,z) 处有三个彼此正交的二次曲面

$$\frac{x^2}{a^2-\lambda_i^2}+\frac{y^2}{b^2-\lambda_i^2}+\frac{z^2}{c^2-\lambda_i^2}=-1,\quad i=1,2,3$$

其中 $\lambda_1,\lambda_2,\lambda_3$ 为三个彼此不同的实数.

9.2 n 元函数的极值与最值

在第 1 册 3.5 节与 4.2 节中,应用导数与 Taylor 公式研究了一元函数的极值与最值. 在此基础上,我们用偏导数与 n 元 Taylor 公式来讨论 n 元函数的极值与最值.

定义 9.2.1 设 $U\subset\mathbb{R}^n$,$\boldsymbol{x}^0\in\mathring{U}$,如果存在开球 $B(\boldsymbol{x}^0;\delta)\subset\mathring{U}$,使得对 n 元函数 $f:U\to\mathbb{R}^1$ 有 $f(\boldsymbol{x})\geqslant f(\boldsymbol{x}^0)$ $(f(\boldsymbol{x})>f(\boldsymbol{x}^0))$,$\forall\boldsymbol{x}\in B(\boldsymbol{x}^0;\delta)$,则称 $\boldsymbol{x}^0$ 为 f 的一个(**严格**)**极小值点**,而 $f(\boldsymbol{x}^0)$ 称为函数 f 的一个(**严格**)**极小值**.

如果存在开球 $B(\boldsymbol{x}^0;\delta)\subset\mathring{U}$,使得对 n 元函数 $f:U\to\mathbb{R}^1$,有 $f(\boldsymbol{x})\leqslant f(\boldsymbol{x}^0)$ $(f(\boldsymbol{x})<f(\boldsymbol{x}^0))$,$\forall\boldsymbol{x}\in B(\boldsymbol{x}^0;\delta)$,则称 $\boldsymbol{x}^0$ 为 f 的一个(**严格**)**极大值点**,而 $f(\boldsymbol{x}^0)$ 称为函数 f 的一个(**严格**)**极大值**.

极小值与极大值统称为**极值**.

设 $\boldsymbol{x}^0\in U$,如果 $f(\boldsymbol{x})\geqslant f(\boldsymbol{x}^0)$ $(f(\boldsymbol{x})>f(\boldsymbol{x}^0))$,$\forall\boldsymbol{x}\in U$ $(\forall\boldsymbol{x}\in U\setminus\{\boldsymbol{x}^0\})$,则称 $\boldsymbol{x}^0$ 为 f 在 U 上的(**严格**)**最小值点**,而 $f(\boldsymbol{x}^0)$ 称为函数 f 在 U 上的一个(**严格**)**最小值**.

设 $\boldsymbol{x}^0\in U$,如果 $f(\boldsymbol{x})\leqslant f(\boldsymbol{x}^0)$ $(f(\boldsymbol{x})<f(\boldsymbol{x}^0))$,$\forall\boldsymbol{x}\in U$ $(\forall\boldsymbol{x}\in U\setminus\{\boldsymbol{x}^0\})$,则称 $\boldsymbol{x}^0$ 为 f 在 U 上的(**严格**)**最大值点**,而 $f(\boldsymbol{x}^0)$ 称为函数 f 在 U 上的一个(**严格**)**最大值**.

最小值与最大值统称为**最值**.

下面的定理给出了极值点的必要条件,它是一元函数关于极值的 Fermat 定理的推广.

定理 9.2.1(极值的必要条件) 设 n 元函数 f 在 $\boldsymbol{x}^0$ 取得极值,且 $\boldsymbol{J}f(\boldsymbol{x}^0)=$

$\left(\frac{\partial f}{\partial x_1}(\boldsymbol{x}^0),\frac{\partial f}{\partial x_2}(\boldsymbol{x}^0),\cdots,\frac{\partial f}{\partial x_n}(\boldsymbol{x}^0)\right)$存在，则必有 $\boldsymbol{J}f(\boldsymbol{x}^0)=\boldsymbol{0}$，即$\frac{\partial f}{\partial x_i}(\boldsymbol{x})=0,i=1,2,\cdots,n$.

证明　因为 f 在点 $\boldsymbol{x}^0$ 取得极值（极大或极小），所以 $f(x_1^0,x_2^0,\cdots,x_{i-1}^0,t,x_{i+1}^0,\cdots,x_n^0)$ 在 $t=x_i^0$ 处取得同样类型（极大或极小）的极值. 根据一元函数的 Fermat 定理得到

$$\frac{\partial f}{\partial x_i}(\boldsymbol{x}^0)=\frac{\mathrm{d}}{\mathrm{d}t}f(x_1^0,x_2^0,\cdots,x_{i-1}^0,t,x_{i+1}^0,\cdots,x_n^0)\bigg|_{t=x_i^0}=0,\quad i=1,2,\cdots,n$$

即 $\boldsymbol{J}f(\boldsymbol{x}^0)=\boldsymbol{0}$.

定义 9.2.2　U 中使得 $\boldsymbol{J}f(x)=\boldsymbol{0}$ 的一切内点称为 n 元函数 f 的**驻点**或**稳定点**. 由上面定理 9.2.1 已知，具有一阶偏导数的极值点一定是驻点. 但是，反之未必成立. 如 $f(x_1,x_2,\cdots,x_n)=x_1^3$，$\boldsymbol{x}^0=(0,0,\cdots,0)$ 为 f 的驻点，而它不是 f 的极值点.

我们再举一个例子，设 $f(x,y)=xy$，则

$$\frac{\partial f}{\partial x}=y,\quad \frac{\partial f}{\partial y}=x$$

所以 $(0,0)$ 是 f 的唯一驻点. 由于 $f(0,0)=0$，而在原点 $(0,0)$ 的任何一个开邻域内，既有使 f 取正值的点（第一、三象限内的点），也有使 f 取负值的点（第二、四象限内的点），可见原点不是极值点.

我们再来考虑极值的充分条件.

定理 9.2.2（极值的充分条件）　设 n 元函数 f 在 $\boldsymbol{x}^0$ 的开邻域 U 内有二阶连续偏导数，$\boldsymbol{x}^0$ 为其驻点，而

$$Q(\boldsymbol{x},\boldsymbol{t})=\sum_{i,j=1}^{n}\frac{\partial^2 f}{\partial x_i\partial x_j}(\boldsymbol{x})t_i t_j$$

当 $\boldsymbol{x}$ 固定时，$Q(\boldsymbol{x},\boldsymbol{t})$ 为 $\boldsymbol{t}=(t_1,t_2,\cdots,t_n)\in\mathbb{R}^n$ 的二次型.

(1) 如果 $\boldsymbol{t}\neq\boldsymbol{0}$ 时，$Q(\boldsymbol{x}^0,\boldsymbol{t})>0$，则 $\boldsymbol{x}^0$ 为 f 的严格极小值点；

(2) 如果 $\boldsymbol{t}\neq\boldsymbol{0}$ 时，$Q(\boldsymbol{x}^0,\boldsymbol{t})<0$，则 $\boldsymbol{x}^0$ 为 f 的严格极大值点；

(3) 如果 $Q(\boldsymbol{x}^0,\boldsymbol{t})$ 变号，则 $\boldsymbol{x}^0$ 不为 f 的极值点.

证明　(1) 设 $Q(\boldsymbol{x}^0,\boldsymbol{t})>0$，$\forall\boldsymbol{t}\neq\boldsymbol{0}$. 因为 $Q(\boldsymbol{x}^0,\boldsymbol{t})$ 关于 $\boldsymbol{t}$ 连续与单位球面

$$S^{n-1}=\{\boldsymbol{t}\in\mathbb{R}^n\mid\|\boldsymbol{t}\|=1\}$$

为紧致集，所以

$$m=\min_{t\in S^{n-1}}Q(\boldsymbol{x}^0,\boldsymbol{t})=Q(\boldsymbol{x}^0,\boldsymbol{t}^0)>0,\quad \boldsymbol{t}^0\in S^{n-1}$$

令 $\varepsilon=\frac{m}{2n^2}$,因 f 在 $\boldsymbol{x}^0$ 的开邻域 U 内有二阶连续偏导数,故 $\exists\delta>0$,使当 $\|\boldsymbol{x}-\boldsymbol{x}^0\|<\delta$时,有

$$\left|\frac{\partial^2 f}{\partial x_i\partial x_j}(\boldsymbol{x})-\frac{\partial^2 f}{\partial x_i\partial x_j}(\boldsymbol{x}^0)\right|<\varepsilon,\quad i,j=1,2,\cdots,n$$

于是,当 $\boldsymbol{t}\in S^{n-1}$时,有

$$\begin{aligned}&|Q(\boldsymbol{x},\boldsymbol{t})-Q(\boldsymbol{x}^0,\boldsymbol{t})|\\&=\left|\sum_{i,j=1}^{n}\left[\frac{\partial^2 f}{\partial x_i\partial x_j}(\boldsymbol{x})-\frac{\partial^2 f}{\partial x_i\partial x_j}(\boldsymbol{x}^0)\right]t_it_j\right|\\&\leqslant\sum_{i,j=1}^{n}\left|\frac{\partial^2 f}{\partial x_i\partial x_j}(\boldsymbol{x})-\frac{\partial^2 f}{\partial x_i\partial x_j}(\boldsymbol{x}^0)\right||t_it_j|\\&<\varepsilon\sum_{i,j=1}^{n}|t_it_j|\leqslant\varepsilon n^2=\frac{m}{2n^2}\cdot n^2\\&=\frac{m}{2},\quad\forall\boldsymbol{t}\in S^{n-1},\quad\|\boldsymbol{x}-\boldsymbol{x}^0\|<\varepsilon\end{aligned}$$

由此推得

$$Q(\boldsymbol{x},\boldsymbol{t})\geqslant Q(\boldsymbol{x}^0,\boldsymbol{t})-\frac{m}{2}\geqslant m-\frac{m}{2}=\frac{m}{2}$$

因为$\boldsymbol{x}^0$ 为f的驻点$\left(即\boldsymbol{J}f(\boldsymbol{x}^0)=\left(\frac{\partial f}{\partial x_1}(\boldsymbol{x}^0),\frac{\partial f}{\partial x_2}(\boldsymbol{x}^0),\cdots,\frac{\partial f}{\partial x_n}(\boldsymbol{x}^0)\right)=(0,0,\cdots,0)\right)$及 Taylor 公式(定理 8.3.1),当 $0<\|\boldsymbol{x}-\boldsymbol{x}^0\|<\delta$ 时,$\exists\boldsymbol{\xi}$,s. t. $\|\boldsymbol{\xi}-\boldsymbol{x}^0\|<\delta$,且

$$\begin{aligned}f(\boldsymbol{x})-f(\boldsymbol{x}^0)&=\sum_{i=1}^{n}\frac{\partial f}{\partial x_i}(\boldsymbol{x}^0)(x_i-x_i^0)+\frac{1}{2!}\sum_{i,j=1}^{n}\frac{\partial^2 f}{\partial x_i\partial x_j}(\boldsymbol{\xi})(x_i-x_i^0)(x_j-x_j^0)\\&=\frac{1}{2!}Q(\boldsymbol{\xi},\boldsymbol{x}-\boldsymbol{x}^0)=\frac{1}{2}\|\boldsymbol{x}-\boldsymbol{x}^0\|^2Q\left(\boldsymbol{\xi},\frac{\boldsymbol{x}-\boldsymbol{x}^0}{\|\boldsymbol{x}-\boldsymbol{x}^0\|}\right)\\&>\frac{1}{2}\|\boldsymbol{x}-\boldsymbol{x}^0\|2\cdot\frac{m}{2}>0\end{aligned}$$

所以,$\boldsymbol{x}^0$ 为f的严格极小值点.

(2)类似(1)的证明,或用 $-f$代替f并应用(1)的结果.

(3)因 $Q(\boldsymbol{x}^0,\boldsymbol{t})$关于$\boldsymbol{t}$变号,故$\exists\boldsymbol{t}^1,\boldsymbol{t}^2\in\mathbb{R}^n$,s. t.

$$Q(\boldsymbol{x}^0,\boldsymbol{t}^1)<0,\quad Q(\boldsymbol{x}^0,\boldsymbol{t}^2)>0$$

显然,$\boldsymbol{t}^1\neq\boldsymbol{0}$,$\boldsymbol{t}^2\neq\boldsymbol{0}$. 又因为 f 在开集 U 中有连续的二阶偏导数,所以,$Q(\cdot,\boldsymbol{t}^1)$ 与 $Q(\cdot,\boldsymbol{t}^2)$ 都在 $\boldsymbol{x}^0$ 连续. 因此,$\exists\delta>0$,当 $\|\boldsymbol{x}-\boldsymbol{x}^0\|<\delta$ 时,有

$$Q(\boldsymbol{x},\boldsymbol{t}^1)<0,\quad Q(\boldsymbol{x},\boldsymbol{t}^2)>0$$

当 $0<\alpha<\min\left\{\dfrac{\delta}{\|\boldsymbol{t}^1\|},\dfrac{\delta}{\|\boldsymbol{t}^2\|}\right\}$ 时,应用 Taylor 公式(定理 8. 3. 1),$\exists\boldsymbol{\xi}^1$ 与 $\boldsymbol{\xi}^2$,s. t. $\|\boldsymbol{\xi}^1-\boldsymbol{x}^0\|<\delta$,$\|\boldsymbol{\xi}^2-\boldsymbol{x}^0\|<\delta$,且

$$\begin{aligned}f(\boldsymbol{x}^0+\alpha\boldsymbol{t}^1)-f(\boldsymbol{x}^0)&=\frac{1}{2}\sum_{i,j=1}^{n}\frac{\partial^2 f}{\partial x_i\partial x_j}(\boldsymbol{\xi}^1)(\alpha t_i^1)(\alpha t_j^1)\\&=\frac{1}{2}Q(\boldsymbol{\xi}^1,\alpha\boldsymbol{t}^1)=\frac{\alpha^2}{2}Q(\boldsymbol{\xi}^1,\boldsymbol{t}^1)<0\end{aligned}$$

$$f(\boldsymbol{x}^0+\alpha\boldsymbol{t}^2)-f(\boldsymbol{x}^0)=\frac{1}{2}Q(\boldsymbol{\xi}^2,\alpha\boldsymbol{t}^2)=\frac{\alpha^2}{2}Q(\boldsymbol{\xi}^2,\boldsymbol{t}^2)>0$$

由此推得 $\boldsymbol{x}^0$ 不为 f 的极值点.

注 9. 2. 1　在定理 9. 2. 2 中,如果 $\boldsymbol{t}\neq\boldsymbol{0}$ 时,恒有

$$Q(\boldsymbol{x}^0,\boldsymbol{t})=\sum_{i,j=1}^{n}\frac{\partial^2 f}{\partial x_i\partial x_j}(\boldsymbol{x}^0)t_it_j>0$$

则关于 $\boldsymbol{t}$ 的二次型 $Q(\boldsymbol{x}^0,\boldsymbol{t})$ 是正定二次型. 根据线性代数知识,它等价于 f 在点 $\boldsymbol{x}^0$ 处的 Hesse 方阵

$$\boldsymbol{H}f(\boldsymbol{x}^0)=\begin{pmatrix}\dfrac{\partial^2 f}{\partial x_1^2}(\boldsymbol{x}^0)&\cdots&\dfrac{\partial^2 f}{\partial x_1\partial x_n}(\boldsymbol{x}^0)\\\vdots&&\vdots\\\dfrac{\partial^2 f}{\partial x_n\partial x_1}(\boldsymbol{x}^0)&\cdots&\dfrac{\partial^2 f}{\partial x_n^2}(\boldsymbol{x}^0)\end{pmatrix}$$

的顺序主子式满足

$$\frac{\partial^2 f}{\partial x_1^2}(\boldsymbol{x}^0)>0$$

$$\begin{pmatrix}\dfrac{\partial^2 f}{\partial x_1^2}(\boldsymbol{x}^0)&\dfrac{\partial^2 f}{\partial x_1\partial x_2}(\boldsymbol{x}^0)\\\dfrac{\partial^2 f}{\partial x_2\partial x_1}(\boldsymbol{x}^0)&\dfrac{\partial^2 f}{\partial x_2^2}(\boldsymbol{x}^0)\end{pmatrix}>0$$

$$\vdots$$

$$\det \boldsymbol{H}f(\boldsymbol{x}^0)=\begin{vmatrix}\frac{\partial^2 f}{\partial x_1^2}(\boldsymbol{x}^0) & \cdots & \frac{\partial^2 f}{\partial x_1\partial x_n}(\boldsymbol{x}^0)\\ \vdots & & \vdots\\ \frac{\partial^2 f}{\partial x_n\partial x_1}(\boldsymbol{x}^0) & \cdots & \frac{\partial^2 f}{\partial x_n^2}(\boldsymbol{x}^0)\end{vmatrix}>0$$

如果 $\boldsymbol{t}\neq\boldsymbol{0}$ 时,恒有

$$Q(\boldsymbol{x}^0,\boldsymbol{t})=\sum_{i,j=1}^{n}\frac{\partial^2 f}{\partial x_i\partial x_j}(\boldsymbol{x}^0)t_it_j<0$$

则关于 $\boldsymbol{t}$ 的二次型 $Q(\boldsymbol{x}^0,\boldsymbol{t})$ 是负定二次型. 自然

$$-Q(\boldsymbol{x}^0,\boldsymbol{t})=\sum_{i,j=1}^{n}\left(-\frac{\partial^2 f}{\partial x_i\partial x_j}(\boldsymbol{x}^0)t_it_j\right)$$

为正定二次型. 根据上述结果,它等价于 f 在点 $\boldsymbol{x}^0$ 处的 Hesse 方阵 $\boldsymbol{H}f(\boldsymbol{x}^0)$ 的顺序主子式满足

$$\frac{\partial^2 f}{\partial x_1^2}(\boldsymbol{x}^0)<0$$

$$\begin{pmatrix}\frac{\partial^2 f}{\partial x_1^2}(\boldsymbol{x}^0) & \frac{\partial^2 f}{\partial x_1\partial x_2}(\boldsymbol{x}^0)\\ \frac{\partial^2 f}{\partial x_2\partial x_1}(\boldsymbol{x}^0) & \frac{\partial^2 f}{\partial x_2^2}(\boldsymbol{x}^0)\end{pmatrix}>0$$

$$\vdots$$

$$(-1)^n\det \boldsymbol{H}f(\boldsymbol{x}^0)>0$$

回忆一下第 1 册推论 3. 5. 1,我们自然会猜测 n 元函数时会有什么样的结论.

推论 9. 2. 1 设 n 元函数 f 在 $\boldsymbol{x}^0$ 的开邻域 U 内有二阶连续偏导数,$\boldsymbol{x}^0$ 为其驻点,并且 $\boldsymbol{x}^0$ 为 f 的极小(大)值点,则 $Q(\boldsymbol{x}^0,\boldsymbol{t})\geqslant 0(\leqslant 0)$, $\forall \boldsymbol{t}\in\mathbb{R}^n$,即 $Q(\boldsymbol{x}^0,\boldsymbol{t})$ 为半正(负)定的二次型.

证明 (反证)假设 $\exists \boldsymbol{t}^1\in\mathbb{R}^n$, s. t. $Q(\boldsymbol{x}^0,\boldsymbol{t}^1)<0$,类似定理 9. 2. 2(3)的论证有

$$f(\boldsymbol{x}^0+\alpha\boldsymbol{t}^1)-f(\boldsymbol{x}^0)=\frac{\alpha^2}{2}Q(\boldsymbol{\xi}^1,\boldsymbol{t}^1)<0$$

这与 $f(\boldsymbol{x}^0)$ 为局部极小(大)值矛盾. 这就证明了 $Q(\boldsymbol{x}^0,\boldsymbol{t})\geqslant 0$, $\forall \boldsymbol{t}\in\mathbb{R}^n$.

当 $\boldsymbol{x}^0$ 为 f 的极大值点时,类似上述证明或用 $-f$ 代 f 并应用上述结果.

注 9.2.2　二次型 $\sum\limits_{i,j=1}^{n} a_{ij}t_it_j$ 半正定 $\Leftrightarrow (a_{ij})$ 的所有主子式

$$\begin{vmatrix} a_{i_1i_1} & \cdots & a_{i_1i_r} \\ \vdots & & \vdots \\ a_{i_ri_1} & \cdots & a_{i_ri_r} \end{vmatrix} \geqslant 0$$

证法 1　$(\Rightarrow)\sum\limits_{i,j=1}^{n} a_{ij}t_it_j \geqslant 0$，故 $\sum\limits_{l,s=1}^{r} a_{i_li_s}t_{i_l}t_{i_s} \geqslant 0$，从而半正定矩阵

$$\begin{pmatrix} a_{i_1i_1} & \cdots & a_{i_1i_r} \\ \vdots & & \vdots \\ a_{i_ri_1} & \cdots & a_{i_ri_r} \end{pmatrix}$$

合同于 $\begin{pmatrix} \boldsymbol{I}_t & \boldsymbol{0} \\ \boldsymbol{0} & \boldsymbol{0} \end{pmatrix}$，且

$$\begin{vmatrix} a_{i_1i_1} & \cdots & a_{i_1i_r} \\ \vdots & & \vdots \\ a_{i_ri_1} & \cdots & a_{i_ri_r} \end{vmatrix} = \left| \boldsymbol{P}\begin{pmatrix} \boldsymbol{I}_t & \boldsymbol{0} \\ \boldsymbol{0} & \boldsymbol{0} \end{pmatrix}\boldsymbol{P}' \right| = |\boldsymbol{P}|^2 \begin{vmatrix} \boldsymbol{I}_t & \boldsymbol{0} \\ \boldsymbol{0} & \boldsymbol{0} \end{vmatrix} \geqslant 0$$

$(\Leftarrow)A$ 的特征多项式当 $\lambda < 0$ 时，有

$$\begin{aligned} |\lambda \boldsymbol{I} - \boldsymbol{A}| &= \lambda^n - \alpha_1\lambda^{n-1} + \alpha_2\lambda^{n-2} - \cdots + (-1)^n\alpha_n \\ &= (-1)^n(|\lambda|^n + \alpha_1|\lambda|^{n-1} + \cdots + \alpha_n) \neq 0 \end{aligned}$$

这是因为每个 α_i 恰为 $\boldsymbol{A}$ 的所有 i 阶主子式之和，而由右边条件，主子式都非负，故 $\alpha_i \geqslant 0(i=1,2,\cdots,n)$. 由此推得上述特征多项式(因 $\boldsymbol{A}$ 为实对称，故特征值全为实数)无负根，从而 $\boldsymbol{A}$ 半正定.

证法 2　$(\Rightarrow)$设 $\varepsilon > 0$，显然 $\sum\limits_{i,j=1}^{n}(a_{ij} + \varepsilon\delta_{ij})t_it_j$ 是正定的，根据线性代数知识，主子式 $\det(a_{i_li_s} + \varepsilon\delta_{i_li_s}) > 0$. 令 $\varepsilon > 0^+$ 得到

$$\begin{vmatrix} a_{i_1i_1} & \cdots & a_{i_1i_r} \\ \vdots & & \vdots \\ a_{i_ri_1} & \cdots & a_{i_ri_r} \end{vmatrix} = \det(a_{i_li_s}) \geqslant 0$$

注意：即使 $\boldsymbol{A}$ 的所有顺序主子式都大于或等于零时，二次型 $\sum\limits_{i,j=1}^{n} a_{ij}t_it_j$ 也未

必半正定. 例如, $\boldsymbol{A}=\begin{pmatrix}0&0\\0&-1\end{pmatrix}$, $\sum\limits_{i,j=1}^{n}a_{ij}t_it_j=-t_2^2$. 显然, $a_{11}=0$, $\begin{vmatrix}a_{11}&a_{12}\\a_{21}&a_{22}\end{vmatrix}=0$, 但该二次型不是半正定的.

如果二次型 $\sum\limits_{i,j=1}^{n}a_{ij}t_it_j$ 正定、负定、半正定、半负定,分别称相应的方阵 (a_{ij}) 为**正定**、**负定**、**半正定**、**半负定**的.

推论 9.2.2(二元函数极值的充分条件) 设 $z=f(x,y)$ 为二元函数, f 在 (x_0,y_0) 的某开邻域内有连续的二阶偏导数, (x_0,y_0) 为 f 的驻点.

(1)当

$$\frac{\partial^2 f}{\partial x^2}(x_0,y_0)>0,\quad \begin{vmatrix}\frac{\partial^2 f}{\partial x^2}(x_0,y_0) & \frac{\partial^2 f}{\partial x\partial y}(x_0,y_0)\\ \frac{\partial^2 f}{\partial x\partial y}(x_0,y_0) & \frac{\partial^2 f}{\partial y^2}(x_0,y_0)\end{vmatrix}>0$$

时, (x_0,y_0) 为 f 的严格极小值点.

(2)当

$$\frac{\partial^2 f}{\partial x^2}(x_0,y_0)<0,\quad \begin{vmatrix}\frac{\partial^2 f}{\partial x^2}(x_0,y_0) & \frac{\partial^2 f}{\partial x\partial y}(x_0,y_0)\\ \frac{\partial^2 f}{\partial x\partial y}(x_0,y_0) & \frac{\partial^2 f}{\partial y^2}(x_0,y_0)\end{vmatrix}>0$$

时, (x_0,y_0) 为 f 的严格极大值点.

(3)当

$$\begin{vmatrix}\frac{\partial^2 f}{\partial x^2}(x_0,y_0) & \frac{\partial^2 f}{\partial x\partial y}(x_0,y_0)\\ \frac{\partial^2 f}{\partial x\partial y}(x_0,y_0) & \frac{\partial^2 f}{\partial y^2}(x_0,y_0)\end{vmatrix}<0$$

时, (x_0,y_0) 不为 f 的极值点.

证明 应用定理 9.2.2 与注 9.2.1 可立即推得(1)(2). 而注 9.2.1 中的等价性要用到线性代数的结果. 对于二元函数这样的特殊情形,我们可以直接证明.

(1)设

$$a=\frac{\partial^2 f}{\partial x^2}(x_0,y_0),\quad b=\frac{\partial^2 f}{\partial x\partial y}(x_0,y_0)=\frac{\partial^2 f}{\partial y\partial x}(x_0,y_0),\quad c=\frac{\partial^2 f}{\partial y^2}(x_0,y_0)$$

则 $a>0, ac-b^2=\begin{vmatrix} a & b \\ b & c \end{vmatrix}>0$，且当$(t_1,t_2)\neq(0,0)$时，有

$$Q(x_0,y_0,\boldsymbol{t})=at_1^2+2bt_1t_2+ct_2^2=a\left(t_1+\frac{b}{a}t_2\right)^2+\frac{ac-b^2}{a}t_2^2>0$$

即$Q(x_0,y_0,\boldsymbol{t})$为关于$\boldsymbol{t}$的正定二次型. 根据定理9.2.2(1)知，$(x_0,y_0)$为$f$的严格极小值点.

(2)当 $a<0, ac-b^2=\begin{vmatrix} a & b \\ b & c \end{vmatrix}>0$，$(t_1,t_2)\neq(0,0)$时，有

$$Q(x_0,y_0,\boldsymbol{t})=a\left(t_1+\frac{b}{a}t_2\right)^2+\frac{ac-b^2}{a}t_2^2<0$$

即$Q(x_0,y_0,\boldsymbol{t})$为负定二次型. 根据定理9.2.2(2)知，$(x_0,y_0)$为$f$的严格极大值点.

(3)当 $ac-b^2=\begin{vmatrix} a & b \\ b & c \end{vmatrix}<0$ 时：

①$a=c=0$，则 $Q(x_0,y_0,\boldsymbol{t})=2bt_1t_2$. 因为 $-b^2=ac-b^2<0$，所以 $b\neq0$. 取 $\boldsymbol{t}^1=(1,-1)$，$\boldsymbol{t}^2=(1,1)$，则

$$Q(x_0,y_0,\boldsymbol{t}^1)=-2b,\quad Q(x_0,y_0,\boldsymbol{t}^2)=2b$$

它表明$Q(x_0,y_0,\boldsymbol{t})$变号. 根据定理9.2.2(3)，$(x_0,y_0)$不为$f$的极值点.

②$a\neq0$，则 $au^2+2bu+c=0$ 的判别式 $\Delta=4(b^2-ac)<0$，故该二次方程有两个不同的实根 $\alpha,\beta,\alpha<\beta$. 不妨设 $a>0$. 因为

$$Q(x_0,y_0,\boldsymbol{t})=t_2^2\left[a\left(\frac{t_1}{t_2}\right)^2+2b\frac{t_1}{t_2}+c\right]=at_2^2\left(\frac{t_1}{t_2}-\alpha\right)\left(\frac{t_1}{t_2}-\beta\right)$$

取 $\boldsymbol{t}^1=(t_1^1,t_2^1)$，使 $\alpha<\dfrac{t_1^1}{t_2^1}<\beta$，就有 $Q(x_0,y_0,\boldsymbol{t}^1)<0$；取 $\boldsymbol{t}^2=(t_1^2,t_2^2)$，使 $\alpha<\beta<\dfrac{t_1^2}{t_2^2}$，就有 $Q(x_0,y_0,\boldsymbol{t}^1)>0$. 从而 $Q(x_0,y_0,\boldsymbol{t})$变号. 由定理9.2.2(3)知，$(x_0,y_0)$不为$f$的极值点.

③$c\neq0$，类似②，考虑 $a+2bv+cv^2=0$，同样可推得(x_0,y_0)不为f的极值点.

定理3.5.7指出：若区间I上的连续函数f有唯一的极值点x_0，如果x_0为f的极大(小)值点，则x_0为f在I上的唯一的最大(小)值点. 惊奇与遗憾的是，

这个定理不能推广到$\mathbb{R}^n$中.

例 9.2.1 构造一个二元函数$f(x,y)$在整个平面$\mathbb{R}^2$上有唯一的驻点,且为极大值点,但非最大值点.

解 令

$$f(x,y)=2(\arctan x)^3-2(\arctan x)^2+\frac{1}{8}\arctan x\arctan y-\frac{1}{64}(\arctan y)^2$$

则解方程组

$$\begin{cases}\dfrac{\partial f}{\partial x}=\dfrac{1}{1+x^2}\left[6(\arctan x)^2-4\arctan x+\dfrac{1}{8}\arctan y\right]=0\\[2mm]\dfrac{\partial f}{\partial y}=\dfrac{1}{1+y^2}\left[\dfrac{1}{8}\arctan x-\dfrac{1}{32}\arctan y\right]=0\end{cases}$$

得$\arctan y=0\left(\text{或}\dfrac{7}{3}>\dfrac{\pi}{2}(\text{不符})\right)$,$\arctan x=0\left(\text{或}\dfrac{7}{12},\text{但相应的}\arctan y=\dfrac{7}{3}(\text{不符})\right)$,即$f(x,y)$有唯一的驻点$(0,0)$. 由于

$$\frac{\partial^2 f}{\partial x^2}(0,0)=-4<0$$

$$\frac{\partial^2 f}{\partial x\partial y}(0,0)=\frac{\partial^2 f}{\partial y\partial x}(0,0)=\frac{1}{8}$$

$$\frac{\partial^2 f}{\partial y^2}(0,0)=-\frac{1}{32}$$

$$\begin{vmatrix}\dfrac{\partial^2 f}{\partial x^2}(0,0) & \dfrac{\partial^2 f}{\partial x\partial y}(0,0)\\[2mm] \dfrac{\partial^2 f}{\partial x\partial y}(0,0) & \dfrac{\partial^2 f}{\partial y^2}(0,0)\end{vmatrix}=\begin{vmatrix}-4 & \dfrac{1}{8}\\[2mm] \dfrac{1}{8} & -\dfrac{1}{32}\end{vmatrix}=\frac{1}{8}-\frac{1}{64}>0$$

根据定理9.2.2(2),$(0,0)$为$f(x,y)$的唯一的严格极大值点. 但是,由

$$f(\tan 1,\tan 1)=2-2+\frac{1}{8}-\frac{1}{64}=\frac{7}{64}>0=f(0,0)$$

知$f(0,0)$非最大值.

例 9.2.2 设$f(x,y)=x^3-y^3+3x^2+3y^2-9x$,求$f$的极值.

解 令

$$\begin{cases}\dfrac{\partial f}{\partial x}=3x^2+6x-9=3(x+3)(x-1)=0\\[2mm]\dfrac{\partial f}{\partial y}=-3y^2+6y=-3y(y-2)=0\end{cases}$$

解得驻点 $(-3,0)$, $(-3,2)$, $(1,0)$, $(1,2)$.

$$\frac{\partial^2 f}{\partial x^2}=6x+6,\quad \frac{\partial^2 f}{\partial x\partial y}=\frac{\partial^2 f}{\partial y\partial x}=0,\quad \frac{\partial^2 f}{\partial y^2}=-6y+6$$

	$(-3,0)$	$(-3,2)$	$(1,0)$	$(1,2)$
$a=\frac{\partial^2 f}{\partial x^2}$	-12	-12	12	12
$b=\frac{\partial^2 f}{\partial x\partial y}=\frac{\partial^2 f}{\partial y\partial x}$	0	0	0	0
$c=\frac{\partial^2 f}{\partial y^2}$	6	-6	6	-6
$ac-b^2$	$-72<0$	$72>0$	$72>0$	$-72<0$
	非极值点	极大值点	极小值点	非极值点

由上表知, $(1,0)$ 与 $(-3,2)$ 分别为 f 的极小值点与极大值点,且

$$f_{极小}=f(1,0)=-5$$
$$f_{极大}=f(-3,2)=31$$

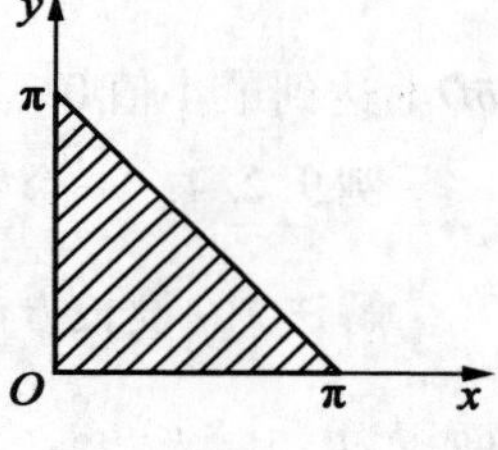

图 9.2.1

例 9.2.3　求 $f(x,y)=\sin x\sin y\sin(x+y)$ 在闭三角形 $D=\{(x,y)\in\mathbb{R}^2 \mid x\geqslant 0, y\geqslant 0, x+y\leqslant\pi\}$ (图 9.2.1)中的最大值与最小值.

解　由

$$\begin{cases} f'_x(x,y)=\cos x\sin y\sin(x+y)+\sin x\sin y\cos(x+y) \\ \qquad\qquad =\sin y\sin(2x+y)=0 \\ f'_y(x,y)=\sin x\sin(x+2y)=0 \end{cases}$$

因为 $0<x<\pi$, $0<y<\pi$,所以上述方程组等价于

$$\begin{cases} \sin(2x+y)=0 \\ \sin(x+2y)=0 \end{cases}$$

因为 $0<2x+y<2\pi$, $0<x+2y<2\pi$,所以

$$\begin{cases} 2x+y=\pi \\ x+2y=\pi \end{cases},\quad \begin{cases} x=\dfrac{\pi}{3} \\ y=\dfrac{\pi}{3} \end{cases}$$

这就解出了唯一的驻点 $\left(\frac{\pi}{3},\frac{\pi}{3}\right)$.

因为 D 为紧致集,所以连续函数 f 在 D 上达到最大值与最小值,而最大值点、最小值点或在 D 的边界 ∂D 上,或该点为 f 的驻点. 从

$$f\left(\frac{\pi}{3},\frac{\pi}{3}\right)=\sin\frac{\pi}{3}\sin\frac{\pi}{3}\sin\frac{2\pi}{3}=\left(\frac{\sqrt{3}}{2}\right)^3=\frac{3\sqrt{3}}{8}$$

与在边界 ∂D 上:

① $x=0, 0\leqslant y\leqslant\pi,\ f(x,y)=0$;

② $y=0, 0\leqslant x\leqslant\pi,\ f(x,y)=0$;

③ $x+y=\pi,\ f(x,y)=0$.

比较①②③知,f 在 D 上于点 $\left(\frac{\pi}{3},\frac{\pi}{3}\right)$ 达到最大值 $f\left(\frac{\pi}{3},\frac{\pi}{3}\right)=\frac{3\sqrt{3}}{8}$;而在边界 ∂D 上达到最小值 0.

例 9.2.4 一个容量为 4 的无盖长方体容器,各边长如何,使表面积最小.

解法 1 设长方体底面长、宽分别为 x,y,则从 $xyz=4$ 解出,高 $z=\frac{4}{xy}$,其表面积为

$$S=xy+2x\cdot\frac{4}{xy}+2y\cdot\frac{4}{xy}=xy+\frac{8}{y}+\frac{8}{x},\quad x>0,y>0$$

解方程组

$$\begin{cases}\dfrac{\partial S}{\partial x}=y-\dfrac{8}{x^2}=0\\[2mm]\dfrac{\partial S}{\partial y}=x-\dfrac{8}{y^2}=0\end{cases}$$

得到

$$y=\frac{8}{x^2}=\frac{8}{\left(\frac{8}{y^2}\right)^2}=\frac{y^4}{8}$$

$$y^4-8y=y(y-2)(y^2+2y+4)=0,\quad y=2,\quad x=\frac{8}{y^2}=\frac{8}{4}=2$$

因此,有唯一的驻点(2,2),且

$$a=\frac{\partial^2 S}{\partial x^2}(2,2)=\left.\frac{16}{x^3}\right|_{(2,2)}=2$$

$$b=\frac{\partial^2 S}{\partial x\partial y}(2,2)=\frac{\partial^2 S}{\partial y\partial x}(2,2)=1$$

$$c=\frac{\partial^2 S}{\partial y^2}(2,2)=\frac{16}{y^3}\bigg|_{(2,2)}=2$$

再从 $a=2>0,ac-b^2=2^2-1^2=3>0$ 知，$(2,2)$ 为 S 的极小值点. 根据例 9.2.1 千万不能由上述判断点 $(2,2)$ 为 f 的最小值点!

因 $\lim\limits_{x\to 0}\frac{8}{x}=+\infty=\lim\limits_{y\to 0}\frac{8}{y}$，故 $\exists\delta\in(0,2)$，当 $x\in(0,\delta]$，$y\in(0,\delta]$ 时，有

$$\frac{8}{x}>S(2,2),\quad \frac{8}{y}>S(2,2)$$

$$S=xy+\frac{8}{y}+\frac{8}{x}>S(2,2)$$

又因 $\lim\limits_{x\to+\infty}xy=+\infty=\lim\limits_{y\to+\infty}xy$（当 $x\geqslant\delta,y\geqslant\delta$ 时），故 $\exists\Delta>\delta>0$，当 $x\geqslant\Delta$ 或 $y\geqslant\Delta$ 时，有

$$S=xy+\frac{8}{y}+\frac{8}{x}\geqslant xy\geqslant\delta\Delta>S(2,2)$$

此外，f 在紧致集 $[\delta,\Delta]\times[\delta,\Delta]$ 上必有最小值点，该点必为 $[\delta,\Delta]\times[\delta,\Delta]$ 的内点（图 9.2.2），它为 S 的驻点，就是点 $(2,2)$，所以当底面边长分别为 2 与 2，高为 $\frac{4}{2\times 2}=1$ 时，表面积

$$S(2,2)=2\times 2+\frac{8}{2}+\frac{8}{2}=12$$

为 S 的最小值.

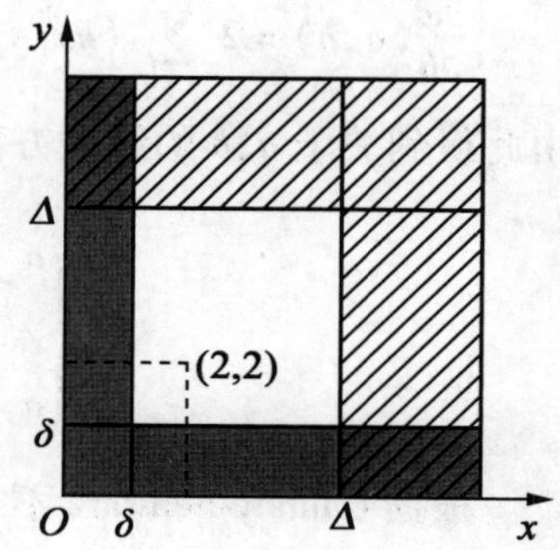

图 9.2.2

解法 2　应用几何平均数不大于算术平均数可立即推得. 事实上

$$S(x,y)=xy+2xz+2yz\geqslant 3\sqrt[3]{xy\cdot 2xz\cdot 2yz}$$
$$=3\sqrt[3]{4x^2y^2z^2}=3\sqrt[3]{4\times 4^2}=12$$

而等号当且仅当 $xy=2xz=2yz$，即 $x=y=2z$ 时成立，将它代入 $xyz=4$，得到 $z=1,x=y=2$，即 $(x,y,z)=(2,2,1)$ 时，$S(2,2)=12$ 为 S 的最小值.

例 9.2.5（最小二乘法，经验配线法）　设平面 $\mathbb{R}^2$ 上有 n 个数据点 (x_i,y_i)，

$i=1,2,\cdots,n,n\geqslant 2$. 不妨设 $x_i\leqslant x_{i+1}$,且 $x_1,x_2,\cdots,x_n$ 中至少有两个数不相等. 选一条直线 $y=ax+b$,使

$$\varphi(a,b)=\sum_{i=1}^{n}(ax_i+b-y_i)^2$$

取最小值.

解　当我们将这 n 个数据点(x_i,y_i)画在平面直角坐标系中,如果发现它们近似地分布在一条直线上,就可求出一条逼近这些数据的最合适的直线(一次函数,图 9.2.3). 这种方法称为**最小二乘法**,也称为**经验配线法**. 作函数

$$\varphi(a,b)=\sum_{i=1}^{n}(ax_i+b-y_i)^2$$

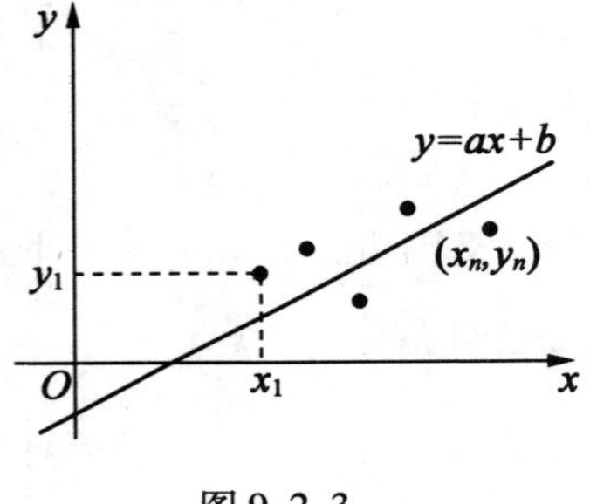

图 9.2.3

并将直线 $y=ax+b$ 的未知系数 a,b 视作独立变量,它的定义域是$\mathbb{R}^2$. 为求 a,b 使 $\varphi(a,b)$达到最小值,我们先求 φ 的驻点,有

$$\begin{cases}\dfrac{\partial\varphi}{\partial a}(a,b)=2\sum\limits_{i=1}^{n}(ax_i+b-y_i)x_i=0\\[2ex]\dfrac{\partial\varphi}{\partial b}(a,b)=2\sum\limits_{i=1}^{n}(ax_i+b-y_i)=0\end{cases}$$

由此得到关于 a,b 的线性方程组

$$\begin{cases}a\sum\limits_{i=1}^{n}x_i^2+b\sum\limits_{i=1}^{n}x_i=\sum\limits_{i=1}^{n}x_iy_i\\[2ex]a\sum\limits_{i=1}^{n}x_i+nb=\sum\limits_{i=1}^{n}y_i\end{cases}$$

根据 Cauchy-Schwarz 不等式

$$\left(\sum_{i=1}^{n}x_i\right)^2=\left(\sum_{i=1}^{n}1\cdot x_i\right)^2<\sum_{i=1}^{n}1^2\sum_{i=1}^{n}x_i^2=n\sum_{i=1}^{n}x_i^2$$

(其中 $n\geqslant 2$,严格不等号是由于 $x_1,x_2,\cdots,x_n$ 中至少有两个不相等)可知,上面线性方程组的系数行列式不等于零,所以有唯一解,即有唯一的驻点(a_0,b_0). 进而考虑函数 φ 的 Hesse 矩阵

$$\begin{pmatrix} \dfrac{\partial^2\varphi}{\partial a^2} & \dfrac{\partial^2\varphi}{\partial a\partial b} \\ \dfrac{\partial^2\varphi}{\partial b\partial a} & \dfrac{\partial^2\varphi}{\partial b^2} \end{pmatrix}_{(a_0,b_0)} = \begin{pmatrix} 2\sum\limits_{i=1}^n x_i^2 & 2\sum\limits_{i=1}^n x_i \\ 2\sum\limits_{i=1}^n x_i & 2n \end{pmatrix}$$

由于$\dfrac{\partial^2\varphi}{\partial a^2}(a_0,b_0)=2\sum\limits_{i=1}^n x_i^2>0$(因为 $n\geqslant 2,x_1,x_2,\cdots,x_n$ 中至少有两个不相等),有

$$\det \boldsymbol{H}\varphi(a_0,b_0)=4\left[n\sum_{i=1}^n x_i^2-\left(\sum_{i=1}^n x_i\right)^2\right]>0$$

所以 $\boldsymbol{H}\varphi(a_0,b_0)$为正定矩阵,根据推论 9.2.2,$(a_0,b_0)$为 φ 的严格极小值点.

特别要注意的是(a_0,b_0)为 φ 的唯一驻点,是 φ 的唯一极小值点,也不能误认为一定是 φ 的最小值点(参阅例 9.2.1).

下面证(a_0,b_0)为 φ 的最小值点,为此作变换

$$\begin{cases} u=ax_i+b-y_i \\ v=ax_j+b-y_j \end{cases}$$

解得

$$\begin{cases} a=a(u,v) \\ b=b(u,v) \end{cases},\quad \begin{cases} u_0=a_0x_i+b_0-y_i \\ v_0=a_0x_j+b_0-y_j \end{cases},\quad \begin{cases} a_0=a(u_0,v_0) \\ b_0=b(u_0,v_0) \end{cases}$$

这里取 x_i,x_j,使$\begin{vmatrix} x_i & 1 \\ x_j & 1 \end{vmatrix}=x_i-x_j\neq 0$,于是,作为 u,v 的函数

$$\begin{aligned} \varphi(a,b) &= \varphi(a(u,v),b(u,v)) \\ &= u^2+v^2+\sum_{k\neq i,j}^n (ax_k+b-y_k)^2\geqslant u^2+v^2 \end{aligned}$$

令正数 $M>\varphi(a_0,b_0)=\varphi(a(u_0,v_0),b(u_0,v_0))$,集合

$$G=\{(u,v)\mid u^2+v^2\leqslant M\}$$

则当$(u,v)\in \overline{G}^c=\{(u,v)\mid u^2+v^2\geqslant M\}$时,有

$$\varphi(a,b)=\varphi(a(u,v),b(u,v))\geqslant u^2+v^2\geqslant M>\varphi(a_0,b_0)$$

由于 φ 连续,故 φ 在紧致集 G 上达到最小值,它也是 φ 在整个$\mathbb{R}^2$上的最小值,其最小值点必为唯一的驻点(a_0,b_0).

所求直线方程为

$$y=a_0x+b_0=\frac{\begin{vmatrix}\sum\limits_{i=1}^{n}x_iy_i & \sum\limits_{i=1}^{n}x_i\\ \sum\limits_{i=1}^{n}y_i & n\end{vmatrix}}{\begin{vmatrix}\sum\limits_{i=1}^{n}x_i^2 & \sum\limits_{i=1}^{n}x_i\\ \sum\limits_{i=1}^{n}x_i & n\end{vmatrix}}x+\frac{\begin{vmatrix}\sum\limits_{i=1}^{n}x_i^2 & \sum\limits_{i=1}^{n}x_iy_i\\ \sum\limits_{i=1}^{n}x_i & \sum\limits_{i=1}^{n}y_i\end{vmatrix}}{\begin{vmatrix}\sum\limits_{i=1}^{n}x_i^2 & \sum\limits_{i=1}^{n}x_i\\ \sum\limits_{i=1}^{n}x_i & n\end{vmatrix}}$$

即

$$\begin{vmatrix}x & y & 1\\ \sum\limits_{i=1}^{n}x_i^2 & \sum\limits_{i=1}^{n}x_iy_i & \sum\limits_{i=1}^{n}x_i\\ \sum\limits_{i=1}^{n}x_i & \sum\limits_{i=1}^{n}y_i & n\end{vmatrix}=0$$

它是由数据点$(x_i,y_i)(i=1,2,\cdots,n)$完全确定的.

练习题 9.2

1. 求下列函数的极值:

(1) $f(x,y)=4(x-y)-x^2-y^2$;　　(2) $f(x,y)=x^2-3x^2y+y^3$;

(3) $f(x,y)=x^2+(y-1)^2$;　　(4) $z=3axy-x^3-y^3(a>0)$;

(5) $z=x^2+5y^2-6x+10y+6$;　　(6) $z=\mathrm{e}^{2x}(x+y^2+2y)$.

2. 求函数$f(x,y)=xy\sqrt{1-\dfrac{x^2}{a^2}-\dfrac{y^2}{b^2}}(a>0,b>0)$的极值.

3. 求函数$f(x,y)=\sin x+\cos y+\cos(x-y)$在正方形$\left[0,\dfrac{\pi}{2}\right]^2$上的极值.

4. 设$f(x,y)=3x^4-4x^2y+y^2$,证明:限制在每条过原点的直线上,原点是f的极小值点,但是函数f在原点处不取极小值. 在xOy平面上,画出点集

$$P=\{(x,y)\mid f(x,y)>0\},Q=\{(x,y)\mid f(x,y)<0\}$$

5. 求下列函数在指定范围内的最大值与最小值：

(1) $z=x^2-y^2,\{(x,y)\mid x^2+y^2\leqslant 4\}$；

(2) $z=x^2-xy+y^2,\{(x,y)\mid |x|+|y|\leqslant 1\}$；

(3) $z=\sin x+\sin y-\sin(x+y),\{(x,y)\mid x\geqslant 0,y\geqslant 0,x+y\leqslant 2\pi\}$；

(4) $u=\sin x+\sin y+\sin z-\sin(x+y+z),\{(x,y,z)\mid 0\leqslant x\leqslant \pi,0\leqslant y\leqslant \pi,0\leqslant z\leqslant \pi\}$.

6. 设 $(x_1,y_1),(x_2,y_2),\cdots,(x_n,y_n)$ 为平面上取定的 n 个点，试求一点，使它与这 n 个点距离的平方和最小.

7. 在 xOy 平面上求一点，使它到三直线 $x=0,y=0$ 及 $x+2y-16=0$ 的距离平方和最小.

8. 在已知周长为 $2l$ 的一切三角形中，求出面积最大的三角形.

9. 证明：圆的所有外切三角形中，以正三角形的面积最小.

10. 证明：函数 $z=f(x,y)=(1+\mathrm{e}^y)\cos x-y\mathrm{e}^y$ 有无穷多个极大值，但无极小值.

9.3　条件极值

在例 9.2.4 中，为求无盖长方体容器的表面积 $S=xy+2xz+2yz$ 在体积固定为 $xyz=4$ 下的最小值，我们用的方法是从约束方程 $xyz=4$ 中解得 $z=\dfrac{4}{xy}$，代入 S 的表达式使 $S=S(x,y)=xy+\dfrac{8}{y}+\dfrac{8}{x}$. 于是，化为求无条件的极值、最值问题.

这个例子虽然十分简单，但从约束条件中解出一批变量，然后代入目标函数 S 中，转化成为无条件极值有着普遍的指导意义. 当约束方程复杂时，真正"解出"往往是做不到的，这时实际上要利用隐射定理. 因此，求条件极值的方法是隐射定理的重要应用.

定义 9.3.1　设 $D\subset\mathbb{R}^{n+m}$ 为开集，$f:D\to\mathbb{R}^1$ 为 $n+m$ 元函数，又 $\boldsymbol{\Phi}:D\to\mathbb{R}^m$ 为映射，$M=\{\boldsymbol{z}\in D\mid \boldsymbol{\Phi}(\boldsymbol{z})=\boldsymbol{0}\}$. 如果 $\boldsymbol{z}^0\in M$ 有一个 $\mathbb{R}^{n+m}$ 中的开邻域 U，使得

$$f(z^0)=\min f(M\cap U)\ (=\max f(M\cap U))$$

则称 $f(z^0)$ 为**目标函数** f 在约束条件 $\boldsymbol{\Phi}(z)=\mathbf{0}$ 下的**条件极小(大)值**;z^0 称为 f 的**条件极小(大)值点**. 条件极小值与条件极大值统称为**条件极值**.

如果记 $\boldsymbol{z}=(\boldsymbol{x},\boldsymbol{y})\in\mathbb{R}^n\times\mathbb{R}^m$,则 $\boldsymbol{\Phi}(z)=\mathbf{0}$ 变成 $\boldsymbol{\Phi}(\boldsymbol{x},\boldsymbol{y})=\mathbf{0}$. 若 $\boldsymbol{\Phi}$ 为 C^1 映射,且 $\boldsymbol{J}_y\boldsymbol{\Phi}\neq\mathbf{0}$,$\boldsymbol{z}^0=(\boldsymbol{x}^0,\boldsymbol{y}^0)\in M$,即 $\boldsymbol{\Phi}(\boldsymbol{x}^0,\boldsymbol{y}^0)=\mathbf{0}$,则由隐射定理,$\boldsymbol{y}=\boldsymbol{\varphi}(\boldsymbol{x})$,$\boldsymbol{y}^0=\boldsymbol{\varphi}(\boldsymbol{x}^0)$,$\boldsymbol{x}^0$ 就是使 n 元函数 $f(\boldsymbol{x},\boldsymbol{\varphi}(\boldsymbol{x}))$ 达到(无条件)极小(大)值的点. 因此,求条件极值的问题就化成了无条件极值问题,将 $n+m$ 个变量由 $\boldsymbol{\varphi}(\boldsymbol{x},\boldsymbol{y})=\mathbf{0}$ 化为 n 个独立变量.

定理 9.3.1(Lagrange 不定乘数法) 设 $D\subset\mathbb{R}^{n+m}$ 为开集,$f:D\to\mathbb{R}^1$ 为函数,$\boldsymbol{\Phi}:D\to\mathbb{R}^m$ 为映射,$M=\{z\in D\mid\boldsymbol{\Phi}(z)=\mathbf{0}\}$,$z^0\in M$. 如果:

(1°) $f\in C^1(D,\mathbb{R}^1)$,$\boldsymbol{\Phi}\in C^1(D,\mathbb{R}^m)$;

(2°) $\operatorname{rank}\boldsymbol{J\Phi}(z^0)=m$;

(3°) z^0 为 f 在约束条件 $\boldsymbol{\Phi}(z)=\mathbf{0}$ 下取到条件极值的点,

则 $\exists\boldsymbol{\lambda}^0\in\mathbb{R}^m$, s. t. $\boldsymbol{\lambda}^0$ 与 z^0 满足方程

$$\boldsymbol{J}f(z)+\boldsymbol{\lambda J\Phi}(z)=\mathbf{0}$$

即满足 $n+m$ 个方程

$$\frac{\partial f}{\partial z_i}(z)+\sum_{j=1}^{m}\lambda_j\frac{\partial\Phi_j}{\partial z_i}(z)=0,\quad i=1,2,\cdots,n+m$$

证明 由(2°),不妨设

$$\left.\frac{\partial(\Phi_1,\Phi_2,\cdots,\Phi_m)}{\partial(y_1,y_2,\cdots,y_m)}\right|_{z^0}\neq 0$$

于是,由隐射定理,存在 $\boldsymbol{z}^0=(\boldsymbol{x}^0,\boldsymbol{y}^0)$ 的开邻域 $U=I\times J$,使方程 $\boldsymbol{\Phi}(z)=\mathbf{0}$ 在 U 中有唯一解 $\boldsymbol{y}=\boldsymbol{\varphi}(\boldsymbol{x})$,$\boldsymbol{x}\in I$,且 $\boldsymbol{\varphi}\in C^1(I,\mathbb{R}^m)$. 则当 $\boldsymbol{x}\in I$ 时,有

$$\boldsymbol{\Phi}(\boldsymbol{x},\boldsymbol{\varphi}(\boldsymbol{x}))\equiv\mathbf{0}$$

一方面,利用复合映射求导的链规则得到

$$\begin{aligned}\mathbf{0}&=(\boldsymbol{J}_x\boldsymbol{\Phi}(\boldsymbol{x}^0,\boldsymbol{y}^0)\quad\boldsymbol{J}_y\boldsymbol{\Phi}(\boldsymbol{x}^0,\boldsymbol{y}^0))\begin{pmatrix}\boldsymbol{I}\\ \boldsymbol{J\varphi}(\boldsymbol{x}^0)\end{pmatrix}\\&=\boldsymbol{J}_x\boldsymbol{\Phi}(\boldsymbol{x}^0,\boldsymbol{y}^0)+\boldsymbol{J}_y\boldsymbol{\Phi}(\boldsymbol{x}^0,\boldsymbol{y}^0)\boldsymbol{J\varphi}(\boldsymbol{x}^0)\end{aligned}\tag{1}$$

另一方面,由 $f(z)=f(\boldsymbol{x},\boldsymbol{y})=f(\boldsymbol{x},\boldsymbol{\varphi}(\boldsymbol{x}))$ 在 $\boldsymbol{x}^0$ 达到极值及 Fermat 定理得

$$\mathbf{0}=\boldsymbol{J}_x f(\boldsymbol{x}^0,\boldsymbol{y}^0)+\boldsymbol{J}_y f(\boldsymbol{x}^0,\boldsymbol{y}^0)\boldsymbol{J\varphi}(\boldsymbol{x}^0)\tag{2}$$

再由条件 $\left.\frac{\partial(\Phi_1,\Phi_2,\cdots,\Phi_m)}{\partial(y_1,y_2,\cdots,y_m)}\right|_{z^0}\neq 0$ 知 $\boldsymbol{J}_y\boldsymbol{\Phi}(\boldsymbol{x}^0,\boldsymbol{y}^0)$ 可逆,故 $\exists\boldsymbol{\lambda}^0\in\mathbb{R}^m$, s. t.

$$\boldsymbol{J}_y f(\boldsymbol{x}^0,\boldsymbol{y}^0)+\boldsymbol{\lambda}^0\boldsymbol{J}_y\boldsymbol{\Phi}(\boldsymbol{x}^0,\boldsymbol{y}^0)=\boldsymbol{0} \tag{3}$$

由(1)(2)(3)三式得

$$\begin{aligned}
0&=[\boldsymbol{J}_y f(\boldsymbol{x}^0,\boldsymbol{y}^0)+\boldsymbol{\lambda}^0\boldsymbol{J}_y\boldsymbol{\Phi}(\boldsymbol{x}^0,\boldsymbol{y}^0)]+\\
&\quad[\boldsymbol{J}_x f(\boldsymbol{x}^0,\boldsymbol{y}^0)+\boldsymbol{J}_y f(\boldsymbol{x}^0,\boldsymbol{y}^0)\boldsymbol{J}\boldsymbol{\varphi}(\boldsymbol{x}^0)]+\\
&\quad\boldsymbol{\lambda}^0[\boldsymbol{J}_x\boldsymbol{\Phi}(\boldsymbol{x}^0,\boldsymbol{y}^0)+\boldsymbol{J}_y\boldsymbol{\Phi}(\boldsymbol{x}^0,\boldsymbol{y}^0)\boldsymbol{J}\boldsymbol{\varphi}(\boldsymbol{x}^0)]\\
&=\boldsymbol{J}f(\boldsymbol{x}^0,\boldsymbol{y}^0)+\boldsymbol{\lambda}^0\boldsymbol{J}_x\boldsymbol{\Phi}(\boldsymbol{x}^0,\boldsymbol{y}^0)+\\
&\quad[\boldsymbol{J}_y f(\boldsymbol{x}^0,\boldsymbol{y}^0)+\boldsymbol{\lambda}^0\boldsymbol{J}_y\boldsymbol{\Phi}(\boldsymbol{x}^0,\boldsymbol{y}^0)]\boldsymbol{J}\boldsymbol{\varphi}(\boldsymbol{x}^0)\\
&=\boldsymbol{J}f(\boldsymbol{z}^0)+\boldsymbol{\lambda}^0\boldsymbol{J}\boldsymbol{\Phi}(\boldsymbol{z}^0)
\end{aligned}$$

注 9.3.1　为记忆与计算的方便,令

$$F(z,\boldsymbol{\lambda})=f(z)+\sum_{j=1}^{m}\lambda_j\Phi_j(z)$$

则定理 9.3.1 中 $\boldsymbol{\lambda}^0$ 与 $\boldsymbol{z}^0$ 满足

$$\begin{cases}\dfrac{\partial F}{\partial z_i}(z,\boldsymbol{\lambda})=\dfrac{\partial F}{\partial z_i}(z)+\displaystyle\sum_{j=1}^{m}\lambda_j\frac{\partial\Phi_i}{\partial z_i}=0, & i=1,2,\cdots,n+m\\ \dfrac{\partial F}{\partial\lambda_k}(z,\boldsymbol{\lambda})=\Phi_k(z)=0, & k=1,2,\cdots,m\end{cases}$$

上述第二组方程实际上就是约束方程,其中 $\boldsymbol{\lambda}=(\lambda_1,\cdots,\lambda_m)$ 称为**不定乘数**. 我们的目的是求出极值点 $\boldsymbol{z}^0$,而不是 $\boldsymbol{\lambda}^0$,因此,往往不必求 $\boldsymbol{\lambda}^0$,只需消去 $\boldsymbol{\lambda}$ 得到 $\boldsymbol{z}^0$.

例 9.3.1　求 $f(x,y,z)=xy+2xz+2yz$ 在约束方程 $\varphi(x,y,z)=xyz-4=0$ 下的最小值.

解法 1　参阅例 9.2,4 解法 1.

解法 2　参阅例 9.2.4 解法 2.

解法 3　令

$$\begin{aligned}F(x,y,z,\lambda)&=f(x,y,z)+\lambda\varphi(x,y,z)\\&=(xy+2xz+2yz)+\lambda(xyz-4)\end{aligned}$$

应用不定乘数法,有

$$\begin{cases}\dfrac{\partial F}{\partial x}=\dfrac{\partial f}{\partial x}+\lambda\,\dfrac{\partial \varphi}{\partial x}=y+2z+\lambda yz=0 & (1)\\[2mm] \dfrac{\partial F}{\partial y}=\dfrac{\partial f}{\partial y}+\lambda\,\dfrac{\partial \varphi}{\partial y}=x+2z+\lambda xz=0 & (2)\\[2mm] \dfrac{\partial F}{\partial z}=\dfrac{\partial f}{\partial z}+\lambda\,\dfrac{\partial \varphi}{\partial z}=2x+2y+\lambda xy=0 & (3)\\[2mm] \dfrac{\partial F}{\partial \lambda}=\varphi=xyz-4=0 & (4)\end{cases}$$

由式(1)与(2)得到

$$xy+2xz=-\lambda xyz=xy+2yz,\quad x=y$$

由式(2)与(3)得到

$$xy+2yz=-\lambda xyz=2xz+2yz,\quad y=2z$$

将 $x=y=2z$ 代入式(4)得到

$$(2z)^2z-4=0,\quad z=1,\quad x=y=2z=2$$

所以$(x,y,z)=(2,2,1)$.

因为定理9.3.1只是给出了f在z^0达到条件极值的必要条件,它相当于无条件极值的Fermat定理,所以,点(2,2,1)是否为f的条件极值点还必须论述清楚.类似例9.2.4,考察

$$f(x,y,z)=xy+2xz+2yz=\frac{4}{z}+\frac{8}{y}+\frac{8}{x}$$

因为

$$\lim_{x\to 0}\frac{8}{x}=\lim_{y\to 0}\frac{8}{y}=\lim_{z\to 0}\frac{4}{z}=+\infty$$

所以$\exists\delta>0$,当$x\in(0,\delta]$或$y\in(0,\delta]$或$z\in(0,\delta]$时,有$f(x,y,z)>f(2,2,1)$.固定δ,当$x\geqslant\delta,y\geqslant\delta,z\geqslant\delta$时,有$\lim\limits_{x\to+\infty}(xy+2xz+2yz)=\lim\limits_{y\to+\infty}(xy+2xz+2yz)=\lim\limits_{z\to+\infty}(xy+2xz+2yz)=+\infty$,因此,$\exists\Delta>\delta>0$,满足当$x\geqslant\Delta$或$y\geqslant\Delta$或$z\geqslant\Delta$时,都有$f(x,y,z)>f(2,2,1)$.再由于$f(x,y,z)$在紧致集$[\delta,\Delta]^3\cap M$上连续($M=\{(x,y,z)\mid\varphi(x,y,z)=xyz-4=0\}$)知,$f$在$[\delta,\Delta]^3\cap M$上必有最小值点,该点一定是$f$的条件极值点(2,2,1).此时,$f$的条件最小值也是条件极小值,即为$f(2,2,1)=12$.

例9.3.2 求$f(x,y)=xy$在圆周$S^1=\{(x,y)\mid(x-1)^2+y^2=1\}$上的最值与条件极值点.

解法1　令 $F(x,y,\lambda)=xy+\lambda[(x-1)^2+y^2-1]$，应用不定乘数法，有

$$\begin{cases}\dfrac{\partial F}{\partial x}=y+2\lambda(x-1)=0 & (1)\\ \dfrac{\partial F}{\partial y}=x+2\lambda y=0 & (2)\\ \dfrac{\partial F}{\partial \lambda}=(x-1)^2+y^2-1=0 & (3)\end{cases}$$

由式(1)与(2)得到

$$y^2=-2\lambda y(x-1)=x(x-1)$$

再由式(3)，有

$$(x-1)^2+x(x-1)-1=0,\quad x(2x-3)=2x^2-3x=0$$

$$x_1=0,\quad x_2=\frac{3}{2}$$

于是，解得

$$(x_1,y_1)=(0,0),\quad (x_2,y_2)=\left(\frac{3}{2},\frac{\sqrt{3}}{2}\right),\quad (x_3,y_3)=\left(\frac{3}{2},-\frac{\sqrt{3}}{2}\right)$$

显然，连续函数 f 在紧致集 S^1 上必达到最大值与最小值，由于 S^1 作为 $\mathbb{R}^2$ 的子拓扑空间，它的边界为空集，故最大（小）值点都为条件极大（小）值点. 因此，f 的最大值与最小值分别为

$$\begin{aligned}f_{\max}&=\max\left\{f(0,0),f\left(\frac{3}{2},\frac{\sqrt{3}}{2}\right),f\left(\frac{3}{2},-\frac{\sqrt{3}}{2}\right)\right\}\\&=\max\left\{0,\frac{3\sqrt{3}}{4},-\frac{3\sqrt{3}}{4}\right\}=\frac{3\sqrt{3}}{4}=f\left(\frac{3}{2},\frac{\sqrt{3}}{2}\right)\\f_{\min}&=\min\left\{f(0,0),f\left(\frac{3}{2},\frac{\sqrt{3}}{2}\right),f\left(\frac{3}{2},-\frac{\sqrt{3}}{2}\right)\right\}\\&=\min\left\{0,\frac{3\sqrt{3}}{4},-\frac{3\sqrt{3}}{4}\right\}=-\frac{3\sqrt{3}}{4}=f\left(\frac{3}{2},-\frac{\sqrt{3}}{2}\right)\end{aligned}$$

因为 $f(0,0)=0$，而在第一象限内 $f>0$，在第四象限内 $f<0$，所以点 $(0,0)$ 不是 f 的条件极值点.

解法2　应用算术－几何平均不等式，有

$$f^2=x^2y^2=x^2(2x-x^2)=\frac{1}{3}x^3(6-3x)$$

$$\leqslant \frac{1}{3}\left[\frac{x+x+x+(6-3x)}{4}\right]^4 = \frac{1}{3}\left(\frac{3}{2}\right)^4 = \frac{3^3}{4^2}$$

$$|f| \leqslant \frac{3\sqrt{3}}{4}$$

式中等号当且仅当 $x=6-3x$ 时成立,即 $x=\frac{3}{2}$. 此时,$y=\pm\frac{\sqrt{3}}{2}$. 于是

$$f\left(\frac{3}{2},\frac{\sqrt{3}}{2}\right)=\frac{3\sqrt{3}}{4}=f_{最大}, \quad f\left(\frac{3}{2},-\frac{\sqrt{3}}{2}\right)=-\frac{3\sqrt{3}}{4}=f_{最小}$$

例 9.3.3 求椭圆 M:

$$\begin{cases}\dfrac{x^2}{a^2}+\dfrac{y^2}{b^2}+\dfrac{z^2}{c^2}=1\\ Ax+By+Cz=0\end{cases}$$

的半轴之长,其中 $a>0,b>0,c>0$,且 A,B,C 不全为零.

解法 1 椭球面$\frac{x^2}{a^2}+\frac{y^2}{b^2}+\frac{z^2}{c^2}=1$ 的中心在原点,而平面 $Ax+By+Cz=0$ 过原点,法向为(A,B,C). 显然,椭球面与平面的交线为一个以原点为中心的椭圆(图 9.3.1). 设

$$r^2=f(x,y,z)=x^2+y^2+z^2$$

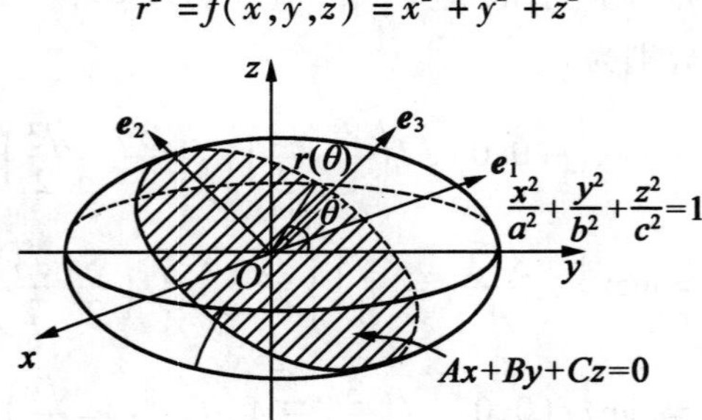

图 9.3.1

为$\mathbb{R}^3$中点(x,y,z)到原点的距离的平方. 在两个约束方程

$$\begin{cases}\varphi_1(x,y,z)=\dfrac{x^2}{a^2}+\dfrac{y^2}{b^2}+\dfrac{z^2}{c^2}-1=0\\ \varphi_2(x,y,z)=Ax+By+Cz=0\end{cases}$$

的限制之下,应求函数 $r^2=f(x,y,z)$(即 r)的最小值与最大值. 令

$$F(x,y,z,\lambda_1,\lambda_2)=f(x,y,z)+\lambda_1\varphi_1(x,y,z)+\lambda_2\varphi_2(x,y,z)$$

$$=(x^2+y^2+z^2)+\lambda_1\left(\frac{x^2}{a^2}+\frac{y^2}{b^2}+\frac{z^2}{c^2}-1\right)+$$

$$\lambda_2(Ax+By+Cz)$$

应用不定乘数法,有

$$\begin{cases}\dfrac{\partial F}{\partial x}=2x+2\lambda_1\dfrac{x}{a^2}+A\lambda_2=0 & (1)\\ \dfrac{\partial F}{\partial y}=2y+2\lambda_1\dfrac{y}{b^2}+B\lambda_2=0 & (2)\\ \dfrac{\partial F}{\partial z}=2z+2\lambda_1\dfrac{z}{c^2}+C\lambda_2=0 & (3)\\ \dfrac{\partial F}{\partial \lambda_1}=\dfrac{x^2}{a^2}+\dfrac{y^2}{b^2}+\dfrac{z^2}{c^2}-1=0 & (4)\\ \dfrac{\partial F}{\partial \lambda_2}=Ax+By+Cz=0 & (5)\end{cases}$$

$x\times(1)+y\times(2)+z\times(3)$,得到

$$\begin{aligned}0&=2(x^2+y^2+z^2)+2\lambda_1\left(\frac{x^2}{a^2}+\frac{y^2}{b^2}+\frac{z^2}{c^2}\right)+\lambda_2(Ax+By+Cz)\\&=2r^2+2\lambda_1\cdot 1+\lambda_2\cdot 0=2r^2+2\lambda_1\end{aligned}$$

$$\lambda_1=-r^2$$

将此代入式(1)(2)(3)就有

$$\begin{cases}x=-\dfrac{\lambda_2Aa^2}{2(a^2+\lambda_1)}=-\dfrac{\lambda_2Aa^2}{2(a^2-r^2)}=\dfrac{\lambda_2Aa^2}{2(r^2-a^2)}\\ y=\dfrac{\lambda_2Bb^2}{2(r^2-b^2)}\\ z=\dfrac{\lambda_2Cc^2}{2(r^2-c^2)}\end{cases}.$$

如果 $\lambda_2=0$,则 $x=y=z=0$,代入式(4)得到 $0=\frac{0^2}{a^2}+\frac{0^2}{b^2}+\frac{0^2}{c^2}=1$,矛盾.由此知 $\lambda_2\neq0$.从

$$\begin{aligned}0&=Ax+By+Cz\\&=\frac{\lambda_2}{2}\left(\frac{A^2a^2}{r^2-a^2}+\frac{B^2b^2}{r^2-b^2}+\frac{C^2c^2}{r^2-c^2}\right)\end{aligned}$$

可得

$$\frac{A^2a^2}{r^2-a^2}+\frac{B^2b^2}{r^2-b^2}+\frac{C^2c^2}{r^2-c^2}=0$$

因为连续函数$f(x,y,z)=r^2$在紧致集M上必达到最大值与最小值,它们也必定分别为条件极大值与条件极小值,因此r必满足上面最后一个方程.从该方程解出r^2,可以求得r的最大值与最小值.

解法2 平面$Ax+By+Cz=0$的法向量为(A,B,C),不失一般性,设$A\neq 0$.显然,$(C,0,-A)$与(A,B,C)正交.考察向量

$$\begin{vmatrix} \boldsymbol{i} & \boldsymbol{j} & \boldsymbol{k} \\ A & B & C \\ C & 0 & -A \end{vmatrix}=(-AB,A^2+C^2,-BC)$$

它与$(C,0,-A)$,(A,B,C)均正交.因此

$$\boldsymbol{e}_1=\frac{1}{\sqrt{A^2+C^2}}(C,0,-A)$$

$$\boldsymbol{e}_2=\frac{1}{\sqrt{(-AB)^2+(A^2+C^2)^2+(-BC)^2}}(-AB,A^2+C^2,-BC)$$

$$\boldsymbol{e}_3=\frac{1}{\sqrt{A^2+B^2+C^2}}(A,B,C)$$

为$\mathbb{R}^3$中的规范正交基.椭圆上动点为

$$\begin{aligned}(x(\theta),y(\theta),z(\theta))&=\boldsymbol{r}(\theta)=r(\theta)\cos\theta\boldsymbol{e}_1+r(\theta)\sin\theta\boldsymbol{e}_2\\&=r(\theta)\Big[\cos\theta\cdot\frac{1}{\sqrt{A^2+C^2}}(C,0,-A)+\\&\quad\sin\theta\cdot\frac{1}{\sqrt{(-AB)^2+(A^2+C^2)^2+(-BC)^2}}\cdot\\&\quad(-AB,A^2+C^2,-BC)\Big]\end{aligned}$$

所以,有

$$\begin{aligned}1&=\frac{x^2(\theta)}{a^2}+\frac{y^2(\theta)}{b^2}+\frac{z^2(\theta)}{c^2}\\&=r^2(\theta)\left\{\frac{1}{a^2}\left[\frac{C\cos\theta}{\sqrt{A^2+B^2}}+\frac{-AB\sin\theta}{\sqrt{(-AB)^2+(A^2+C^2)^2+(-BC)^2}}\right]^2+\right.\\&\quad\frac{1}{b^2}\left[\frac{(A^2+C^2)\sin\theta}{\sqrt{(-AB)^2+(A^2+C^2)^2+(-BC)^2}}\right]^2+\end{aligned}$$

$$\frac{1}{c^2}\left[\frac{-A^2\cos\theta}{\sqrt{A^2+C^2}}+\frac{-BC\sin\theta}{\sqrt{(-AB)^2+(A^2+C^2)^2+(-BC)^2}}\right]^2\Bigg\}$$

由上式得到

$$g(\theta)=\frac{1}{r^2(\theta)}=\frac{1}{a^2}\left[\frac{C\cos\theta}{\sqrt{A^2+B^2}}-\frac{AB\sin\theta}{\sqrt{(AB)^2+(A^2+C^2)^2+(BC)^2}}\right]^2+$$
$$\frac{1}{b^2}\left[\frac{(A^2+C^2)\sin\theta}{\sqrt{(AB)^2+(A^2+C^2)^2+(BC)^2}}\right]^2+$$
$$\frac{1}{c^2}\left[\frac{A^2\cos\theta}{\sqrt{A^2+C^2}}+\frac{BC\sin\theta}{\sqrt{(AB)^2+(A^2+C^2)^2+(BC)^2}}\right]^2$$

显然，$g(\theta)=\dfrac{1}{r^2(\theta)}$达到最大(小)值点恰为 $r(\theta)$ 达到最小(大)值点. 当然，它是 $g(\theta)$ 的驻点，即

$$0=\frac{\mathrm{d}g}{\mathrm{d}\theta}=\widetilde{A}\sin^2\theta+\widetilde{B}\sin\theta\cos\theta-\widetilde{A}\cos^2\theta$$

$$\widetilde{A}\tan^2\theta+\widetilde{B}\tan\theta-\widetilde{A}=0$$

解二次方程 $\widetilde{A}t^2+\widetilde{B}t-\widetilde{A}=0$ 得两根

$$t_1=\tan\theta_1,\quad t_2=\tan\theta_2$$

而 $r(\theta_1)$ 与 $r(\theta_2)$ 就是椭圆的两半轴的长. 此外，由于

$$t_1t_2=\tan\theta_1\tan\theta_2=\frac{-\widetilde{A}}{\widetilde{A}}=-1$$

故知 $\boldsymbol{r}(\theta_1)$ 与 $\boldsymbol{r}(\theta_2)$ 正交.

例 9.3.4　求函数 $f(x,y,z)=\ln x+\ln y+3\ln z(x>0,y>0,z>0)$ 在球面 $x^2+y^2+z^2=5r^2$ 的最大值，并证明：$\forall a,b,c>0$，有

$$abc^3\leqslant 27\left(\frac{a+b+c}{5}\right)^5$$

解　应用 Lagrange 不定乘数法，设

$$F(x,y,z,\lambda)=(\ln x+\ln y+3\ln z)+\lambda(x^2+y^2+z^2-5r^2)$$

则由方程组

$$\begin{cases} F'_x = \dfrac{1}{x} + 2\lambda x = 0 \\ F'_y = \dfrac{1}{y} + 2\lambda y = 0 \\ F'_z = \dfrac{3}{z} + 2\lambda z = 0 \\ F'_\lambda = x^2 + y^2 + z^2 - 5r^2 = 0 \end{cases} \tag{1}$$

得出

$$\begin{cases} 1 + 2\lambda x^2 = 0 \\ 1 + 2\lambda y^2 = 0 \\ 3 + 2\lambda z^2 = 0 \\ x^2 + y^2 + z^2 - 5r^2 = 0 \end{cases}$$

前3式相加得到 $5 + 2\lambda(x^2 + y^2 + z^2) = 0$,再由第4式,有

$$5 + 2\lambda(5r^2) = 0, \quad \lambda = -\frac{1}{2r^2}$$

于是,$(x,y,z) = (r,r,\sqrt{3}r)$,$f(x,y,z)$ 在约束条件 $x^2 + y^2 + z^2 = 5r^2$ 下可能的极值点就是 $(r,r,\sqrt{3}r)$. 因为

$$\lim_{x\to 0^+} \ln x = \lim_{y\to 0^+} \ln y = \lim_{z\to 0^+} \ln z = -\infty$$

所以 $\exists \varepsilon \in (0,r)$,满足当 $(x,y,z) \in (0,\varepsilon)^3$ 时,有

$$f(x,y,z) < f(r,r,\sqrt{3}r)$$

又因连续函数 f 在紧致集(有界闭集)

$$\{(x,y,z) \in \mathbb{R}^3 \mid x^2 + y^2 + z^2 = 5r^2, x \geqslant \varepsilon, y \geqslant \varepsilon, z \geqslant \varepsilon\}$$

上达到最大值,显然,它就是 f 在 $\{(x,y,z) \in \mathbb{R}^3 \mid x^2 + y^2 + z^2 = 5r^2, x > 0, y > 0, z > 0\}$ 上的最大值. 此最大值点一定是条件极值点,一定满足方程组(1). 因此,最大值点必为唯一的驻点 $(r,r,\sqrt{3}r)$. 此时

$$f(r,r,\sqrt{3}r) = \ln r + \ln r + 3\ln(\sqrt{3}r) = \ln(3\sqrt{3}r^5)$$

$\forall a,b,c > 0$,取 $r = \left(\dfrac{a+b+c}{5}\right)^{\frac{1}{2}}$,就有

$$(\sqrt{a})^2 + (\sqrt{b})^2 + (\sqrt{c})^2 = a + b + c = 5r^2$$

$$f(\sqrt{a},\sqrt{b},\sqrt{c}) = \ln\sqrt{a} + \ln\sqrt{b} + 3\ln\sqrt{c} = \frac{1}{2}\ln(abc^3) \leqslant \ln(3\sqrt{3}r^5)$$

$$= \ln 3\sqrt{3}\left(\frac{a+b+c}{5}\right)^{\frac{5}{2}}$$

$$abc^3 \leqslant \left[3\sqrt{3}\left(\frac{a+b+c}{5}\right)^{\frac{5}{2}}\right]^2 = 27\left(\frac{a+b+c}{5}\right)^5$$

对初等数学熟练的读者，立即会想到

$$abc^3 = 27ab\left(\frac{c}{3}\right)^3 \leqslant 27\left[\frac{a+b+3\cdot\frac{c}{3}}{5}\right]^5 = 27\left(\frac{a+b+c}{5}\right)^5$$

例 9.3.5　将正数 a 分解为 n 个非负数之和，使这 n 个非负数之积达到最大.

解　上述问题就是求函数 $f(x_1,x_2,\cdots,x_n)=x_1x_2\cdots x_n$ 在条件 $x_1+x_2+\cdots+x_n=a(x_i\geqslant 0,i=1,2,\cdots,n)$ 下的条件极值.

应用 Lagrange 不定乘数法，设

$$F(x_1,x_2,\cdots,x_n,\lambda)=x_1x_2\cdots x_n+\lambda(x_1+x_2+\cdots+x_n-a)$$

则由方程组

$$\begin{cases} F'_{x_1}=x_2\cdots x_n+\lambda=0 \\ F'_{x_2}=x_1x_3\cdots x_n+\lambda=0 \\ \vdots \\ F'_{x_n}=x_1\cdots x_{n-1}+\lambda=0 \\ F'_{\lambda}=x_1+\cdots+x_n-a=0 \end{cases}$$

的前 n 个方程得到

$$x_2\cdots x_n=x_1x_3\cdots x_n=\cdots=x_1\cdots x_{n-1}=-\lambda$$

从而

$$x_1=x_2=\cdots=x_n$$

代入最后一个方程解得

$$nx_1=a,x_1=x_2=\cdots=x_n=\frac{a}{n}$$

因为连续函数 f 在紧致集 $\{(x_1,x_2,\cdots,x_n)\in\mathbb{R}^n \mid x_1+x_2+\cdots+x_n=a,x_i\geqslant 0,i=1,2,\cdots,n\}$ 上一定达到最大值与最小值，且其最小值为 0（在 $x_i=0$ 处达到），所以，f 的最大值点必为 f 的唯一的条件极值点 $\left(\frac{a}{n},\frac{a}{n},\cdots,\frac{a}{n}\right)$，从而

$$x_1x_2\cdots x_n = f(x_1,x_2,\cdots,x_n) \leqslant f\left(\frac{a}{n},\frac{a}{n},\cdots,\frac{a}{n}\right)$$

$$= \left(\frac{a}{n}\right)^n = \left(\frac{x_1+x_2+\cdots+x_n}{n}\right)^n$$

即

$$\sqrt[n]{x_1x_2\cdots x_n} \leqslant \frac{x_1+x_2+\cdots+x_n}{n}$$

例 9.3.6 求二次型

$$f(x_1,x_2,\cdots,x_n) = \sum_{i,j=1}^{n} a_{ij}x_ix_j, \quad a_{ij}=a_{ji}$$

在条件 $\Phi(x_1,x_2,,\cdots,x_n) = \sum\limits_{i=1}^{n} x_i^2 - 1 = 0$ 下的最大值与最小值.

解 显然,连续函数 f 在紧致集

$$S^{n-1} = \left\{(x_1,x_2,\cdots,x_n) \in \mathbb{R}^n \mid \Phi(x_1,x_2,\cdots,x_n) = \sum_{i=1}^{n} x_i^2 - 1 = 0\right\}$$

$$= \left\{(x_1,x_2,\cdots,x_n) \in \mathbb{R}^n \,\middle|\, \sum_{i=1}^{n} x_i^2 = 1\right\}$$

上达到最大值与最小值,其最大值点与最小值点必为 f 的条件极大值点与条件极小值点. 应用 Lagrange 不定乘数法,令

$$F(x_1,x_2,\cdots,x_n) = \sum_{i,j=1}^{n} a_{ij}x_ix_j + \lambda(x_1^2+x_2^2+\cdots+x_n^2-1)$$

则由方程组

$$\begin{cases} \dfrac{1}{2}F'_{x_1} = (a_{11}-\lambda)x_1 + a_{12}x_2 + \cdots + a_{1n}x_n = 0 \\ \dfrac{1}{2}F'_{x_2} = a_{21}x_1 + (a_{22}-\lambda)x_2 + \cdots + a_{2n}x_n = 0 \\ \vdots \\ \dfrac{1}{2}F'_{x_n} = a_{n1}x_1 + a_{n2}x_2 + \cdots + (a_{nn}-\lambda)x_n = 0 \\ F'_\lambda = x_1^2 + \cdots + x_n^2 - 1 = 0 \end{cases} \tag{1}$$

可以看出,它的解 $(x_1,x_2,\cdots,x_n) \in S^{n-1}$,故为齐次线性方程组的非零解,根 λ 为特征方程

$$\begin{vmatrix} a_{11}-\lambda & a_{12} & \cdots & a_{1n} \\ a_{21} & a_{22}-\lambda & \cdots & a_{2n} \\ \vdots & \vdots & & \vdots \\ a_{n1} & a_{n2} & \cdots & a_{nn} \end{vmatrix}=0$$

的根(也称 λ 为矩阵 (a_{ij}) 的**特征值**). 反之,对 (a_{ij}) 的任一特征值 λ,方程组(1)必有相应的一组非零解 $(x_1,x_2,\cdots,x_n)$,并可取 $(x_1,x_2,\cdots,x_n)\in S^{n-1}$. 此时,上述方程组的等式分别乘 $x_1,x_2,\cdots,x_n$ 并相加得

$$\sum_{i,j=1}^{n} a_{ij}x_ix_j-\lambda=\sum_{i,j=1}^{n} a_{ij}x_ix_j-\lambda(x_1^2+x_2^2+\cdots+x_n^2)=0$$

所以, $f(x_1,x_2,\cdots,x_n)=\sum\limits_{i,j=1}^{n} a_{ij}x_ix_j=\lambda$.

于是,一个有趣的结果,即 f 在 S^{n-1} 上的最大值与最小值分别是矩阵 (a_{ij}) 的最大特征值与最小特征值.

练习题 9.3

1. 求在指定条件下 u 的极值:

(1) $u=xy, x+y=1$;

(2) $u=\cos^2x+\cos^2y, x-y=\dfrac{\pi}{4}$;

(3) $u=x-2y+2z, x^2+y^2+z^2=1$;

(4) $u=3x^2+3y^2+z^2, x+y+z=1$.

2. 设 $a>0$,求曲线

$$\begin{cases} x^2+y^2=2az \\ x^2+y^2+xy=a^2 \end{cases}$$

上的点到 xOy 平面的最小距离与最大距离.

3. 在椭球面

$$\frac{x^2}{a^2}+\frac{y^2}{b^2}+\frac{z^2}{c^2}=1$$

内嵌入有最大体积的长方体,问这长方体的尺寸如何?

4. 应用 Lagrange 不定乘数法,求下列函数的条件极值:

(1)$f(x,y)=x^2+y^2$,约束条件为 $x+y-1=0$;

(2)$f(x,y,z,t)=x+y+z+t$,约束条件为 $xyzt=c^4$(其中 $x,y,z,t>0,c>0$);

(3)$f(x,y,z)=xyz$,约束条件为 $x^2+y^2+z^2=1,x+y+z=0$.

5. (1)求表面积一定而体积最大的长方体;

(2)求体积一定而表面积最小的长方体.

6. 求 $f(x,y,z)=xyz$ 在条件 $\frac{1}{x}+\frac{1}{y}+\frac{1}{z}=\frac{1}{r}$ $(x>0,y>0,z>0,r>0)$ 下的极小值;并证明不等式

$$3\left(\frac{1}{a}+\frac{1}{b}+\frac{1}{c}\right)^{-1}\leqslant\sqrt[3]{abc}$$

其中 a,b,c 为任意正实数.

7. 求原点到曲面 $(x-y)^2-z^2=1$ 上的点的最短距离.

8. 求点 (x_0,y_0,z_0) 到平面 $Ax+By+Cz+D=0$ 的最短距离.

9. 求 $\mathbb{R}^3$ 中两直线

$$\frac{x-x_1}{m_1}=\frac{y-y_1}{n_1}=\frac{z-z_1}{p_1}$$

与

$$\frac{x-x_2}{m_2}=\frac{y-y_2}{n_2}=\frac{z-z_2}{p_2}$$

之间的最短距离.

10. 求 $\mathbb{R}^2$ 中有心二次曲线

$$Ax^2+Bxy+Cy^2=1$$

的半轴.

11. 求 $\mathbb{R}^3$ 中有心二次曲面

$$Ax^2+By^2+Cz^2+2Dxy+2Eyz+2Fxz=1$$

的半轴.

12. 求 $\mathbb{R}^3$ 中用平面

$$Ax+By+Cz=0$$

与圆柱面

$$\frac{x^2}{a^2}+\frac{y^2}{b^2}=1$$

相交所成椭圆的面积.

13. 求$\mathbb{R}^3$中用平面 $x\cos\alpha+y\cos\beta+z\cos\gamma=0$(其中 $\cos^2\alpha+\cos^2\beta+\cos^2\gamma=1$)与椭球面

$$\frac{x^2}{a^2}+\frac{y^2}{b^2}+\frac{z^2}{c^2}=1$$

相截所成截面的面积.

14. 求函数 $f(x,y,z)=x^4+y^4+z^4$ 在约束条件 $xyz=1$ 下的极值. 该极值是极大值还是极小值？为什么？

15. 求 $f(x,y)=ax^2+2bxy+cy^2$ 在 $x^2+y^2\leqslant 1$ 上的最大值与最小值,其中 $a,b,c>0$ 且 $b^2-ac>0$.

16. 求 $x>0,y>0,z>0$ 时函数

$$f(x,y,z)=\ln x+2\ln y+3\ln z$$

在球面 $x^2+y^2+z^2=6r^2$ 上的最大值. 证明:当 a,b,c 为正实数时,有

$$ab^2c^3<108\left(\frac{a+b+c}{6}\right)^6$$

复习题 9

1. 设 $a_1,a_2,\cdots,a_n$ 为 n 个正数,求

$$f(x_1,x_2,\cdots,x_n)=\sum_{k=1}^{n}a_kx_k$$

在约束条件 $x_1^2+x_2^2+\cdots+x_n^2\leqslant 1$ 下的最大值.

2. 求函数

$$f(x_1,x_2,\cdots,x_n)=x_1^2+x_2^2+\cdots+x_n^2$$

在约束条件 $\sum_{k=1}^{n}a_kx_k=1\ (a_k>0,k=1,2,\cdots,n)$ 下的最小值.

3. 设 n 为正整数,$x,y>0$. 试给出适当的约束条件,并用条件极值的方法证明

$$\frac{x^n+y^n}{2}\geqslant\left(\frac{x+y}{2}\right)^n$$

4. 求出椭球面$\dfrac{x^2}{a^2}+\dfrac{y^2}{b^2}+\dfrac{z^2}{c^2}=1$在第一卦限中的切平面与三个坐标面所成四面体的最小体积.

5. 讨论下列函数的条件极值与条件最值.

(1)$u=x_1^p+x_2^p+\cdots+x_n^p(p>1)$,约束条件为$x_1+x_2+\cdots+x_n=a(a>0)$;

(2)$u=\dfrac{\alpha_1}{x_1}+\dfrac{\alpha_2}{x_2}+\cdots+\dfrac{\alpha_n}{x_n}$,约束条件为$\beta_1x_1+\beta_2x_2+\cdots+\beta_nx_n=1(\alpha_i>0,\beta_i>0,i=1,2,\cdots,n)$;

(3)$u=x_1^{\alpha_1}x_2^{\alpha_2}\cdots x_n^{\alpha_n}$,约束条件为$x_1+x_2+\cdots+x_n=a(a>0,\alpha_i>0,i=1,2,\cdots,n)$.

6. 证明:Hölder 不等式

$$\sum_{i=1}^{n}a_ix_i\leqslant\left(\sum_{i=1}^{n}a_i^p\right)^{\frac{1}{p}}\left(\sum_{i=1}^{n}x_i^q\right)^{\frac{1}{q}}$$

其中$a_i\geqslant0,x_i\geqslant0,i=1,2,\cdots,n;p>1,\dfrac{1}{p}+\dfrac{1}{q}=1$.

(提示:在$\sum\limits_{i=1}^{n}a_ix_i=A$的条件下,求函数

$$u=\left(\sum_{i=1}^{n}a_i^p\right)^{\frac{1}{p}}\left(\sum_{i=1}^{n}x_i^q\right)^{\frac{1}{q}}$$

的最小值.)

7. 证明:Hadamard 不等式

$$|(a_{ij})|^2\leqslant\prod_{i=1}^{n}\left(\sum_{j=1}^{n}a_{ij}^2\right)$$

其中$a_{ij}\in\mathbb{R}$,$|(a_{ij})|$为n阶行列式.

8. (Huyghens 问题)在a与b两正数之间插入n个数$x_1,x_2,\cdots,x_n$,使得分数

$$u=\frac{x_1x_2\cdots x_n}{(a+x_1)(x_1+x_2)\cdots(x_n+b)}$$

的值达到最大.

9. 设$\boldsymbol{A}$为$n\times n$实方阵,$\boldsymbol{B}$为n维向量,$\boldsymbol{C}$为$m\times n(m<n)$矩阵,$\boldsymbol{D}$为m维向量,T 表示矩阵转置. 求函数

$$f(\boldsymbol{x})=\frac{1}{2}\boldsymbol{x}^{\mathrm{T}}\boldsymbol{A}\boldsymbol{x}+\boldsymbol{B}^{\mathrm{T}}\boldsymbol{x},\quad \boldsymbol{x}\in\mathbb{R}^n$$

在约束条件$\boldsymbol{C}\boldsymbol{x}=\boldsymbol{D}$下的极值点的条件.

第 10 章　n 元函数的 Riemann 积分

设 f 是定义在$\mathbb{R}^n$中的有界点集 Ω 上的函数,我们将定义 f 在 Ω 上的 n 重积分. 首先着重介绍二重积分,也就是二元函数的积分. 我们会看到,n 重积分的概念和理论,基本上与重数 n 无关. 因此,当我们将二重积分的理论牢固地建立起来之后,再过渡到 n 重积分,不会有本质的困难. 在产生区别的地方,我们会着重指明. 第 1 步介绍有界闭区间上的二重积分,它与一元函数的 Riemann 积分很相似;第 2 步介绍有界集合上的二重积分. 然后,给出化二重积分为累次积分及二重积分换元两种重要的计算方法. 大量的例题使读者能学会如何定出积分限,如何找到合适的换元,使读者熟练掌握二重积分的计算技巧. 进而,对三重、n 重积分的概念与理论,只需想一想就能顺理成章随手得到. 但是,不要太乐观,三重积分的计算由于被积函数可能会复杂,积分区域不但复杂甚至不能清楚表达. 我们给出大量例题和习题帮助读者进入更高的境界. n 重积分的计算主要依靠单变量积分、二重积分、三重积分计算的经验,数学归纳法以及线性代数的方法与知识. 为了与一元函数广义积分相呼应,我们还引进了广义 n 重积分.

10.1　闭区间上的二重积分

回忆一元函数的 Riemann 积分

$$\int_a^b f(x)\,\mathrm{d}x = \lim_{\|T\|\to 0}\sum_{i=1}^n f(\xi_i)\Delta x_i$$

其中 $T: a = x_0 < x_1 < \cdots < x_n = b$ 为$[a,b]$的一个分割,$\|T\| = \max\limits_{1\leqslant i\leqslant n}\Delta x_i$,$\Delta x_i = x_i - x_{i-1}$,$\xi_i \in [x_{i-1}, x_i]$,$i = 1,2,\cdots,n$.

为研究二重积分,设 $\Omega\subset\mathbb{R}^2$为有界点集,非负函数 $f:\Omega\to\mathbb{R}$ 的图像

$$\operatorname{graph} f = \{(x,y,f(x,y))\mid (x,y)\in\Omega\}$$

是分布在 Ω 上的一块曲面(图 10.1.1). 由 Ω 和这块曲面(称为**曲顶**)夹成的一

个**曲顶柱体**(图 10.1.1)可表示为

$$\{(x,y,z) \mid 0 \leqslant z \leqslant f(x,y),(x,y) \in \Omega\}$$

为计算这个柱体的体积,将 Ω 分割成若干小块,记为 $\Omega_1,\Omega_2,\cdots,\Omega_k$(图 10.1.2). 任取 $\boldsymbol{\xi}^i \in \Omega_i$,并用

$$\sum_{i=1}^{k} f(\boldsymbol{\xi}^i)v(\Omega_i)$$

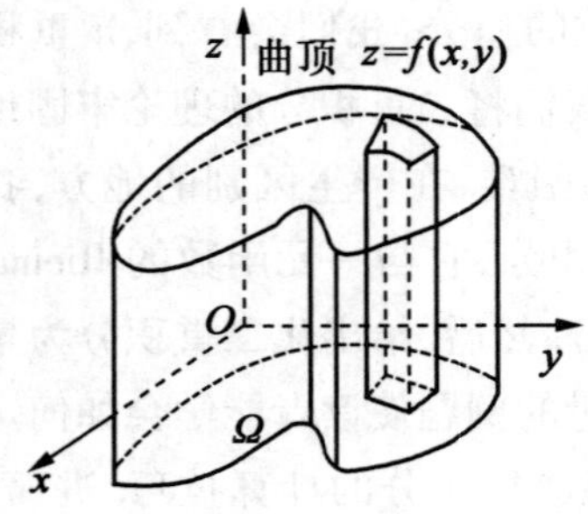

图 10.1.1

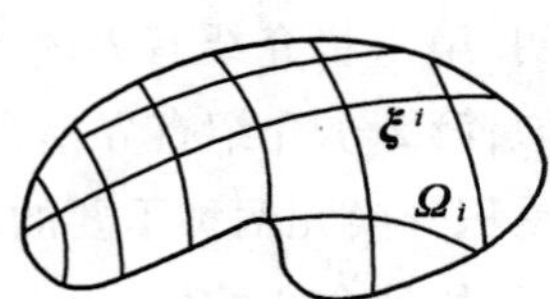

图 10.1.2

表示曲顶柱体体积的一个近似值,其中 $v(\Omega_i)$ 为小块 Ω_i 的面积. 为得到柱体体积的精确值,应当将分割 $T=\{\Omega_1,\Omega_2,\cdots,\Omega_k\}$ 无限地加细,并定义曲顶柱体的体积为

$$V=\lim_{\|T\| \to 0} \sum_{i=1}^{k} f(\boldsymbol{\xi}^i)v(\Omega_i)$$

这里 $\|T\|=\max\{\mathrm{diam}\ \Omega_1,\mathrm{diam}\ \Omega_2,\cdots,\mathrm{diam}\ \Omega_k\}$. 要求上述极限存在、有限且不依赖于 Ω_i 与 $\boldsymbol{\xi}^i$ 的选取. 记

$$V=\iint_{\Omega} f(x,y)\mathrm{d}x\mathrm{d}y$$

或

$$V=\iint_{\Omega} f(\boldsymbol{x})\mathrm{d}v, \quad \boldsymbol{x}=(x,y)$$

$\mathrm{d}v=\mathrm{d}x\mathrm{d}y$ 称为**面积元**. 在不致混淆时,简记为 $V=\int_{\Omega} f$.

对照一元函数积分的定义,将 $[a,b]$ 分割成若干子区间,计算这些区间的长度十分容易. 但是,在 $\mathbb{R}^2$ 中,一个点集 Ω 即使有界,也可能相当复杂. 如何分割 Ω,如何确定面积 $v(\Omega_i)$,这是建立二重积分精确定义的最大障碍. 为克服这些障碍,我们分成两步:首先讨论二维闭区间上的二重积分,然后再讨论 $\mathbb{R}^2$ 中任

一有界集上的二重积分.

定义 10.1.1　设 $I=[a,b]\times[c,d]$ 为 $\mathbb{R}^2$ 中的闭区间(即每条边平行于坐标轴的闭矩形(闭长方形)),作 $[a,b]$ 的分割

$$T_x: a=x_0<x_1<\cdots<x_n=b$$

又作 $[c,d]$ 的分割

$$T_y: c=y_0<y_1<\cdots<y_m=d$$

两族平行直线 $x=x_i(i=0,1,\cdots,n)$ 与 $y=y_j(j=0,1,\cdots,m)$ 将 I 分割成 $k=n\times m$ 个子区间

$$[x_{i-1},x_i]\times[y_{j-1},y_j],\quad i=1,\cdots,n;\quad j=1,\cdots,m$$

这 k 个子区间的全体组成 I 的一个分割 $T=T_x\times T_y=\{I_1,I_2,\cdots,I_k\}$. 任取 $\boldsymbol{\xi}^i\in I_i$ $(i=1,2,\cdots,k)$. 对二元函数 $f:I\to\mathbb{R}$ 作 **Riemann 和**(也称为**积分和**)

$$\sum_{i=1}^{k} \mathrm{f}(\boldsymbol{\xi}^i)v(I_i)$$

其中 $v(I_i)$ 为二维闭区间(闭矩形) I_i 的面积,即 I_i 的长与宽之积. 记

$$\|T\|=\max\{\mathrm{diam}\ I_1,\mathrm{diam}\ I_2,\cdots,\mathrm{diam}\ I_k\}$$

这里 I_i 的直径 $\mathrm{diam}\ I_i$ 为矩形 I_i 的对角线的长度. 称 $\|T\|$ 为分割 T 的**模**或**宽度**. 称 $\boldsymbol{\xi}=(\boldsymbol{\xi}^1,\boldsymbol{\xi}^2,\cdots,\boldsymbol{\xi}^k)\in I_1\times I_2\times\cdots\times I_k$ 为上述 Riemann 和的**值点向量**,称 $\boldsymbol{\xi}^1,\boldsymbol{\xi}^2,\cdots,\boldsymbol{\xi}^k$ 为**值点**.

如果 $\exists J\in\mathbb{R}$, s. t. $\forall\varepsilon>0$, $\exists\delta>0$, 当 $\|T\|<\delta$ 时, $\forall\boldsymbol{\xi}\in I_1\times I_2\times\cdots\times I_k$, 都有

$$\left|\sum_{i=1}^{k} f(\boldsymbol{\xi}^i)v(I_i)-J\right|<\varepsilon$$

则称二元函数 f 在闭区间 I 上(**Riemann**)**可积**,而

$$J=\lim_{\|T\|\to 0}\sum_{i=1}^{k} f(\boldsymbol{\xi}^i)v(I_i)\overset{\text{def}}{=\!=\!=}\iint\limits_I f(x,y)\,\mathrm{d}x\mathrm{d}y \text{ 或} \int_I f\mathrm{d}v \text{ 或} \int_I f$$

称为 f 在 I 上的**二重积分**,或简称为 f 在 I 上的**积分**. 这里 f 称为**被积函数**, I 称为**积分区间**, $\iint$ 与 $\int$ 称为**积分号**, $\mathrm{d}v=\mathrm{d}x\mathrm{d}y$ 称为**面积元**.

如此定义的积分具有与一元函数积分类似的简单性质.

定理 10.1.1　(1) $\int_I c=cv(I)$, $c\in\mathbb{R}$;

(2) 设 f 在二维闭区间 $I\subset\mathbb{R}^2$ 上可积,则 $\forall c\in\mathbb{R}$ (c 为常数), cf 也可积,且

$$\int_I cf = c\int_I f$$

(3)设f_1与f_2在I上都可积,则f_1+f_2在I上也可积,且

$$\int_I (f_1+f_2) = \int_I f_1 + \int_I f_2$$

(4) 设$f\geqslant 0$且在I上可积,则$\int_I f\geqslant 0$.

特别地,如果f_1, f_2都在I上可积,且$f_1\geqslant f_2$,则$\int_I f_1\geqslant\int_I f_2$.

(5)设f在I上可积,则$|f|$在I上也可积,且

$$\left|\int_I f\right|\leqslant\int_I |f|$$

证明 (1)因为

$$\sum_{i=1}^k cv(I_i) = c\sum_{i=1}^k v(I_i) = cv(I)$$

所以根据积分定义知

$$\int_I c = cv(I)$$

(2)因为

$$\sum_{i=1}^k cf(\boldsymbol{\xi}^i)v(I_i) = c\sum_{i=1}^k f(\boldsymbol{\xi}^i)v(I_i)$$

所以根据积分定义知

$$\int_I cf = c\int_I f$$

(3)因为

$$\sum_{i=1}^k (f_1+f_2)(\boldsymbol{\xi}^i)v(I_i) = \sum_{i=1}^k f_1(\boldsymbol{\xi}^i)v(I_i) + \sum_{i=1}^k f_2(\boldsymbol{\xi}^i)v(I_i)$$

所以根据积分定义知

$$\int_I (f_1+f_2) = \int_I f_1 + \int_I f_2$$

(4)因为$\sum_{i=1}^k f(\boldsymbol{\xi}^i)v(I_i)\geqslant 0$,所以必有$\int_I f\geqslant 0$.(反证)假设$\int_I f<0$,取$\varepsilon_0=-\frac{1}{2}\int_I f>0$,根据$f$可积与积分定义知,$\exists\delta>0$,当$\|T\|<\delta$时,有

$$0\leqslant \sum_{i=1}^{k} f(\boldsymbol{\xi}^i)v(I_i) < \int_I f + \varepsilon_0 = \int_I f - \frac{1}{2}\int_I f = \frac{1}{2}\int_I f < 0$$

矛盾.

特别地，当$f_1 \geqslant f_2$ 时，$f_1 - f_2 \geqslant 0$. 由上得到

$$\int_I f_1 - \int_I f_2 = \int_I (f_1 - f_2) \geqslant 0$$

$$\int_I f_1 \geqslant \int_I f_2$$

(5)类似例 6.1.9 应用定理 10.1.7 的(3)或(8)知，f 可积蕴涵着$|f|$可积. 再由 $-|f|\leqslant f\leqslant |f|$ 及(4)立得

$$-\int_I |f| \leqslant \int_I f \leqslant \int_I |f|$$

即

$$\left|\int_I f\right| \leqslant \int_I |f|$$

定理 10.1.2(唯一性)　设f在闭区间 $I=[a,b]\times[c,d]$ 上可积，则积分值 $J=\int_I f$是唯一的.

证明　仿照定理 6.1.1 证明.

定理 10.1.3(可积的必要条件)　设f在闭区间 $I=[a,b]\times[c,d]$上可积，则f在 I 上有界(因而无界函数不是可积的). 但反之不真.

证明　仿照定理 6.1.2 的证明. 只需将反例改为

$$f(x,y)=D(x,y)=\begin{cases}1, & (x,y)\in\mathbb{Q}^2\cap[0,1]^2\\ 0, & (x,y)\in[0,1]^2\setminus\mathbb{Q}^2\end{cases}$$

与一元函数一样，定理 10.1.3 只是可积的必要条件，它只能否定无界函数是可积的，但对有界函数是否可积就束手无策了. 要判断一个函数是否可积，原则上可以根据定义直接考察 Riemann 和是否无限接近某个常数 J，但由于常数 J 不易预知及 Riemann 和的复杂性，这种判断是非常困难的.

为给出f在 $I=[a,b]\times[c,d]$上可积的充要条件，先引进零面积集、零测集的概念.

定义 10.1.2　设 $A\subset\mathbb{R}^2$. 如果对任何 $\varepsilon>0$，存在有限个闭区间 $I_1,I_2,\cdots,I_k$ 使得$\bigcup_{i=1}^{k} I_i\supset A$，且 $\sum_{i=1}^{k} v(I_i)<\varepsilon$，则称 A 为**零面积集**.

设$A\subset\mathbb{R}^2$. 如果对任何$\varepsilon>0$,存在至多可数个二维闭区间$I_1,I_2,\cdots,I_k,\cdots$,使得$\bigcup\limits_{i=1}^{\infty}I_i\supset A$,且$\sum\limits_{i=1}^{\infty}v(I_i)<\varepsilon$,则称$A$为**零测集**.

该定义中将"闭区间"改为"开区间",或"闭圆",或"开圆"都是等价的.

定理 10.1.4 零面积集必为零测集,但反之不真.

证明 如果$A\subset\mathbb{R}^2$为零面积集,则对任何$\varepsilon>0$,必有二维闭区间$I_1,I_2,\cdots,I_k$使$\bigcup\limits_{i=1}^{k}I_i\supset A$,且$\sum\limits_{i=1}^{k}v(I_i)<\varepsilon$. 再选面积充分小的$I_{k+1},I_{k+2},\cdots$,使$\sum\limits_{i=1}^{\infty}v(I_i)<\varepsilon$. 而$\bigcup\limits_{i=1}^{\infty}I_i\supset\bigcup\limits_{i=1}^{k}I_i\supset A$是显然的. 因此,$A$为零测集.

反例:$[0,1]^2$中有理点的全体$\mathbb{Q}^2\cap[0,1]^2=\{P^i\mid i\in\mathbb{Z}_+\}$为零测集,但非零面积集. 作以$P_i$为中心,$\dfrac{\sqrt{\varepsilon}}{2^i}$为边长的正方形$I_i$,则

$$\bigcup_{i=1}^{\infty}I_i\supset\bigcup_{i=1}^{\infty}\{P^i\}=\mathbb{Q}^2\cap[0,1]^2$$

且

$$\sum_{i=1}^{\infty}v(I_i)=\sum_{i=1}^{\infty}\left(\frac{\sqrt{\varepsilon}}{2^i}\right)^2=\sum_{i=1}^{\infty}\frac{\varepsilon}{2^{2i}}=\sum_{i=1}^{\infty}\left(\frac{1}{4}\right)^i\varepsilon=\frac{\varepsilon}{3}<\varepsilon$$

由此推得$\mathbb{Q}^2\cap[0,1]$为零测集. 但它为非零面积集. (反证)假设$\mathbb{Q}^2\cap[0,1]^2$为零面积集,则对$\varepsilon_0=\dfrac{1}{2}$存在闭区间$I_1,I_2,\cdots,I_k$使得$\bigcup\limits_{i=1}^{k}I_i\supset\mathbb{Q}^2\cap[0,1]^2$,且$\sum\limits_{i=1}^{k}v(I_i)<\varepsilon_0=\dfrac{1}{2}$. 显然

$$[0,1]^2=\overline{\mathbb{Q}^2\cap[0,1]^2}\subset\overline{\bigcup_{i=1}^{k}I_i}=\bigcup_{i=1}^{k}\overline{I_i}=\bigcup_{i=1}^{k}I_i$$

所以

$$1=v([0,1]^2)\leqslant v\Big(\bigcup_{i=1}^{k}I_i\Big)\leqslant\sum_{i=1}^{k}v(I_i)<\varepsilon_0=\frac{1}{2}$$

矛盾.

例 10.1.1 设$f:[a,b]\to\mathbb{R}$为连续函数,则集合(f的图像)

$$\operatorname{graph}f=\{(x,f(x))\mid x\in[a,b]\}\subset\mathbb{R}^2$$

为零面积集.

证明 任给$\varepsilon>0$,因f在$[a,b]$上连续,故一致连续. 于是,存在$[a,b]$的一

个分割：$a=x_0<x_1<\cdots<x_n=b$，当 $t_1,t_2\in[x_{i-1},x_i]$，$i=1,2,\cdots,n$ 时

$$|f(t_1)-f(t_2)|<\frac{\varepsilon}{b-a}$$

令 $m_i=\min f([x_{i-1},x_i])$，$M_i=\max f([x_{i-1},x_i])$，则

$$0\leqslant M_i-m_i<\frac{\varepsilon}{b-a},\quad i=1,2,\cdots,n$$

设 $I_i=[x_{i-1},x_i]\times[m_i,M_i]$ $(i=1,2,\cdots,n)$. 显见(图 10.1.3)，有 graph $f\subset\bigcup\limits_{i=1}^{n}I_i$，且

$$\sum_{i=1}^{n}v(I_i)<\sum_{i=1}^{n}(x_i-x_{i-1})\cdot\frac{\varepsilon}{b-a}=(b-a)\cdot\frac{\varepsilon}{b-a}=\varepsilon$$

因此，graph f 为零面积集.

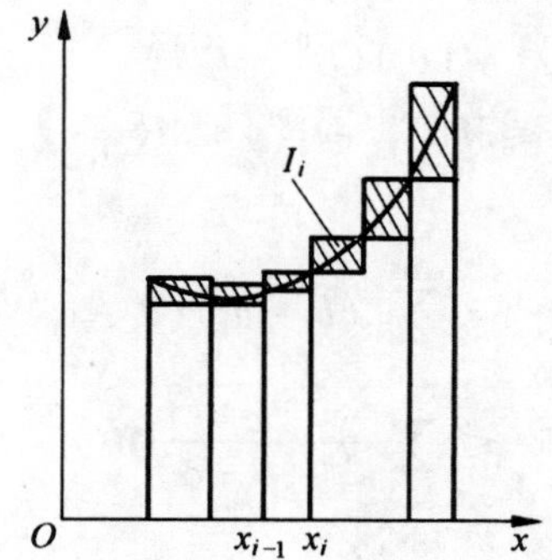

图 10.1.3

例 10.1.2　设 $l\subset\mathbb{R}^2$ 为 C^1 参数曲线，则 l 为零面积集.

更进一步，设 $l\subset\mathbb{R}^2$ 为 C^0 参数曲线，并且其中至少有一个分量有连续的导数，则 l 为零面积集.

证明　设 l 有参数表示 $(x,y)=(x(t),y(t))$，$t\in[\alpha,\beta]$，其中 x 与 y 为 $[\alpha,\beta]$ 上的连续函数，不妨再设 y 在 $[\alpha,\beta]$ 上有连续的导数. 由最值定理，$\exists M>0$，s.t. $|y'(t)|\leqslant M$，$\forall t\in[\alpha,\beta]$. 于是，$\forall\varepsilon>0$，由于 $x(t)$ 在 $[\alpha,\beta]$ 上一致连续，故必有分割

$$T:\alpha=t_0<t_1<\cdots<t_m=\beta$$

满足当 $s,t\in[t_{i-1},t_i]$ $(i=1,2,\cdots,m)$ 时，有

$$|x(s)-x(t)|<\frac{\varepsilon}{2M(\beta-\alpha)}$$

令

$$a_i=\min x([t_{i-1},t_i]),\quad b_i=\max x([t_{i-1},t_i])$$

则有 $b_i-a_i\leqslant\dfrac{\varepsilon}{2M(\beta-\alpha)}$. 再令

$$c_i=\min y([t_{i-1},t_i]),\quad d_i=\max y([t_{i-1},t_i])$$

$$I_i=[a_i,b_i]\times[c_i,d_i],\quad i=1,2,\cdots,m$$

于是,当 $t\in[t_{i-1},t_i]$ 时,$(x(t),y(t))\in I_i(i=1,2,\cdots,m)$. 所以

$$l\subset\bigcup_{i=1}^{m}I_i$$

由于 $y(t)$ 在 $[\alpha,\beta]$ 上连续,根据最值定理,$\exists\, t_i^{(0)},t_i^{(1)}\in[t_{i-1},t_i]$, s. t. $y(t_i^{(0)})=d_i,y(t_i^{(1)})=c_i$. 再由 Lagrange 中值定理,$\exists\,\theta_i\in[t_i^{(0)},t_i^{(1)}]\subset[t_{i-1},t_i]$,有

$$\begin{aligned}0\leqslant d_i-c_i&=y(t_i^{(0)})-y(t_i^{(1)})\\&=y'(\theta_i)(t_i^{(0)}-t_i^{(1)})\\&\leqslant M|t_i^{(0)}-t_i^{(1)}|\leqslant M(t_i-t_{i-1})\end{aligned}$$

由此推得

$$\begin{aligned}\sum_{i=1}^{m}v(I_i)&=\sum_{i=1}^{m}(b_i-a_i)(d_i-c_i)\\&\leqslant\sum_{i=1}^{m}\frac{\varepsilon}{2M(\beta-\alpha)}M(t_i-t_{i-1})\\&=\frac{\varepsilon}{2M(\beta-\alpha)}M(\beta-\alpha)=\frac{\varepsilon}{2}<\varepsilon\end{aligned}$$

这就证明了 l 为零面积集.

注 10.1.1 (1)设函数 $f:[a,b]\to\mathbb{R}$ 连续,由例 10.1.2 的结论知,f 的图像

$$\begin{aligned}\operatorname{graph}f&=\{(x,f(x))\mid x\in[a,b]\}\\&=\{(t,f(t))\mid t\in[a,b]\}\subset\mathbb{R}^2\end{aligned}$$

为零面积集.

(2)如果 $x(t),y(t)$ 只连续,但都不具有连续可导的条件,则例 10.1.2 的结论可能不成立. 甚至我们将在第 3 册中给出一条连续的参数曲线,它竟能充满整个正方形,从而这条连续曲线就不是零面积集.

关于零面积集与零测集,还有下面的定理.

定理 10.1.5 (1)至多可数集为零测集.

(2)零测集的任何子集为零测集.

(3)至多可数个零测集 A_i 的并集 $\bigcup\limits_i A_i$ 仍为零测集.

(4)零面积集的任何子集为零面积集.

(5)有限个零面积集之并仍为零面积集;可数个零面积集之并未必为零面积集.

(6)A 为零面积集$\Leftrightarrow \overline{A}$ 也为零面积集.

(7)如果 A 为有界闭集,则

$$A\text{ 为零测集}\Leftrightarrow A\text{ 为零面积集}$$

证明　(1)~(4)和(5)的第一个结论是显而易见的,读者自己可以证明.这里只证(5)的第二个论断及(6)(7).

(5)$\boldsymbol{x}=(x,y)\in\mathbb{R}^2$, $\forall\varepsilon>0$,作闭区间

$$I=\left[x-\frac{\sqrt{\varepsilon}}{4},x+\frac{\sqrt{\varepsilon}}{4}\right]\times\left[y-\frac{\sqrt{\varepsilon}}{4},y+\frac{\sqrt{\varepsilon}}{4}\right]$$

则 $\boldsymbol{x}\in I$,且 $v(I)=\left(\frac{\sqrt{\varepsilon}}{2}\right)^2=\frac{\varepsilon}{4}<\varepsilon$. 因此,独点集 $\{\boldsymbol{x}\}$ 为零面积集.

显然,$\mathbb{Q}^2\cap[0,1]^2=\{P_i\mid i\in\mathbb{Z}_+\}$ 为可数个独点集之并,因而它为可数个零面积集之并,但根据定理 10.1.4 的证明知,$\mathbb{Q}^2\cap[0,1]^2$ 为非零面积集.

(6)($\Leftarrow$)因为 $A\subset\overline{A}$,根据(4)知,$\overline{A}$ 为零面积集蕴涵着 A 为零面积集.

($\Rightarrow$)设 A 为零面积集,则 $\forall\varepsilon>0$,必有闭区间 $I_1,I_2,\cdots,I_m$, s. t.

$$A\subset\bigcup_{i=1}^m I_i,\quad\sum_{i=1}^m v(I_i)<\varepsilon$$

因为 $\bigcup\limits_{i=1}^m I_i$ 为闭集,所以仍有

$$\overline{A}\subset\overline{\bigcup_{i=1}^m I_i}=\bigcup_{i=1}^m I_i$$

由此可见 $\overline{A}$ 为零面积集.

(7)($\Leftarrow$)见定理 10.1.4.

($\Rightarrow$)设 A 为紧致的零测集,则对任何 $\varepsilon>0$,存在开区间序列 $\{I_i\}$,使得

$$A\subset\bigcup_{i=1}^\infty I_i\quad\text{且}\quad\sum_{i=1}^\infty v(I_i)<\varepsilon$$

由有限覆盖定理,从 $\{I_i\}$ 中可选出有限个开区间仍能覆盖住 A,这些开区间面

积之和自然仍小于 ε,所以 A 为零面积集.

下面将给出 Riemann 可积的充要条件,它只与被积函数 f 本身有关,而不涉及 Riemann 积分的值.

设 $f:I\to\mathbb{R}$ 为有界函数,$I=[a,b]\times[c,d]\subset\mathbb{R}^2$ 为闭区间,$M=\sup\limits_{\boldsymbol{x}\in I}f(\boldsymbol{x})$,$m=\inf\limits_{\boldsymbol{x}\in I}f(\boldsymbol{x})$. $T=\{I_1,I_2,\cdots,I_k\}$ 为定义 10.1.1 中所述的 I 的一个分割.

$$M_i^f=\sup_{\boldsymbol{x}\in I_i}f(\boldsymbol{x}),\quad m_i^f=\inf_{\boldsymbol{x}\in I_i}f(\boldsymbol{x})$$

在不致混淆时,记 M_i^f 为 M_i,m_i^f 为 m_i.

分别称

$$S(T,f)=\sum_{i=1}^{k}M_iv(I_i)\quad 与\quad s(T,f)=\sum_{i=1}^{k}m_iv(I_i)$$

为 f 关于分割 T 的 **Darboux 上和**与 **Darboux 下和**,统称为 **Darboux 和**. 在不致混淆时,分别记 S(T, f) 与 s(T, f) 为 S(T) 与 s(T). 显然,$\forall\boldsymbol{\xi}^i\in I_i(i=1,2,\cdots,k)$,Riemann 和 $S(T,f,\boldsymbol{\xi})=\sum\limits_{i=1}^{k}f(\boldsymbol{\xi}^i)v(I_i)$ 满足

$$mv(I)\leqslant\sum_{i=1}^{k}m_iv(I_i)\leqslant\sum_{i=1}^{k}f(\boldsymbol{\xi}^i)v(I_i)\leqslant\sum_{i=1}^{k}M_iv(I_i)\leqslant Mv(I)$$

即

$$mv(I)\leqslant s(T,f)\leqslant S(T,f,\boldsymbol{\xi})\leqslant S(T,f)\leqslant Mv(I)$$

其中 $\boldsymbol{\xi}=(\boldsymbol{\xi}^1,\boldsymbol{\xi}^2,\cdots,\boldsymbol{\xi}^k)$.

设 $\omega_i^f=M_i^f-m_i^f$,称它为 f 在 I_i 上的**振幅**,简记为 $\omega_i=M_i-m_i$,而

$$S(T,f)-s(T,f)=\sum_{i=1}^{k}(M_i-m_i)v(I_i)=\sum_{i=1}^{k}\omega_iv(I_i)\left(或\sum_{T}\omega_iv(I_i)\right)$$

称为 f 在 I 上关于分割 T 的**振幅和**.

引理 10.1.1 对闭区间 $I\subset\mathbb{R}^2$ 的同一分割 $T=\{I_1,I_2,\cdots,I_k\}$,相对于任何 $\boldsymbol{\xi}=(\boldsymbol{\xi}^1,\boldsymbol{\xi}^2,\cdots,\boldsymbol{\xi}^k)\in I_1\times I_2\times\cdots\times I_k$,有

$$S(T,f)=\sup_{\boldsymbol{\xi}}\sum_{i=1}^{k}f(\boldsymbol{\xi}^i)v(I_i),\quad s(T,f)=\inf_{\boldsymbol{\xi}}\sum_{i=1}^{k}f(\boldsymbol{\xi}^i)v(I_i)$$

证明 仿引理 6.1.1 证明.

设 $T'=T_x'\times T_y'$,$T''=T_x''\times T_y''$ 为闭区间 $I\subset\mathbb{R}^2$ 的两个分割. $T_x'+T_x''$ 表示将 T_x' 与 T_x'' 的所有分点合并得到的分割(重复的分点只取一次),$T_y'+T_y''$ 表示将 T_y' 与 T_y'' 的所有分点合并得到的分割(重复的分点只取一次). 记 $T'+T''=(T_x'+T_x'')\times$

$(T_y'+T_y'')$.

引理 10.1.2　$S(T'+T'')\leqslant S(T')$,　$s(T'+T'')\geqslant s(T')$

$$S(T'+T'')\leqslant S(T''),\quad s(T'+T'')\geqslant s(T'')$$

证明　类似引理 6.1.2 的证明知,分割增加新分点后,上和不增,下和不减.因此,立即推得引理中的结论.

引理 10.1.3　对闭区间 $I\subset\mathbb{R}^2$ 的任意两个分割 T' 与 T'',有

$$s(T')\leqslant S(T'')$$

证明　由引理 10.1.2 便有

$$s(T')\leqslant s(T'+T'')\leqslant S(T'+T'')\leqslant S(T'')$$

引理 10.1.4　$mv(I)\leqslant\sup\limits_{T'}s(T')\leqslant\inf\limits_{T''}S(T'')\leqslant Mv(I)$.

证明　由引理 10.1.3 知

$$mv(I)\leqslant s(T')\leqslant S(T'')\leqslant Mv(I)$$

从而有

$$mv(I)\leqslant\sup_{T'}s(T')\leqslant\inf_{T''}S(T'')\leqslant Mv(I)$$

$$mv(I)\leqslant s\leqslant S\leqslant Mv(I)$$

其中 $S=\inf\limits_{T}S(T)$ 与 $s=\sup\limits_{T}s(T)$ 分别称为 f 在 I 上的**上积分与下积分**.

定理 10.1.6(Darboux 定理)　$\lim\limits_{\|T\|\to0}S(T)=S$, $\lim\limits_{\|T\|\to0}s(T)=s$.

证明　$\forall\varepsilon>0$,由 S 的定义知,必有某个分割 $T'=T_x'\times T_y'$, s.t.

$$S(T')<S+\frac{\varepsilon}{2}$$

设 T_x' 与 T_y' 分别由 p 个与 q 个分点构成.对于任意另外一个分割 T,$(T+T')_x$ 至多比 T_x 多 p 个分点,$(T+T')_y$ 至多比 T_y 多 q 个分点.根据引理 6.1.2 证明中的方法与引理 10.1.2 有

$$\begin{aligned}&S(T)-(M-m)[p(d-c)+q(b-a)]\|T\|\\ \leqslant\,&S(T)-(M-m)[p(d-c)\|T_x\|+q(b-a)\|T_y\|]\\ \leqslant\,&S(T+T')\leqslant S(T')\end{aligned}$$

于是,当 $\|T\|<\dfrac{\varepsilon}{2(M-m+1)[p(d-c)+q(b-a)]}$ 时

$$\begin{aligned}S&\leqslant S(T)\leqslant S(T')+(M-m)[p(d-c)+q(b-a)]\|T\|\\ &<S(T')+(M-m)[p(d-c)+q(b-a)]\frac{\varepsilon}{2(M-m+1)[p(d-c)+q(b-a)]}\end{aligned}$$

$$< S(T') + \frac{\varepsilon}{2} < \left(S + \frac{\varepsilon}{2}\right) + \frac{\varepsilon}{2} = S + \varepsilon$$

这就证明了

$$\lim_{\|T\| \to 0} S(T) = S$$

同理,或用 $-f$ 代替 f 得到

$$\lim_{\|T\| \to 0} s(T) = s$$

定理 10.1.7(Riemann 可积的充要条件) 设 $I \subset \mathbb{R}^2$ 为闭区间, $f: I \to \mathbb{R}$ 为有界函数,即 $|f(x)| \leqslant M$, $\forall x \in I$. 则下面的结论等价:

(1) f 在 I 上 Riemann 可积.

(2) f 在 I 上的上积分与下积分相等,即 $S = s$.

(3) 对任何 $\varepsilon > 0$,存在 I 的某个分割 T,使得

$$S(T) - s(T) = \sum_{i=1}^{k} \omega_i v(I_i) < \varepsilon$$

(4) 存在 I 的分割串 $T_m (m = 1, 2, \cdots)$,使得

$$\lim_{m \to +\infty} [S(T_m) - s(T_m)] = 0$$

(5) $\lim\limits_{\|T\| \to 0} [S(T) - s(T)] = 0$.

(6) 对任何 $\varepsilon > 0$,存在 I 的某个分割 T,使对任何 $\boldsymbol{\xi} = (\boldsymbol{\xi}^1, \boldsymbol{\xi}^2, \cdots, \boldsymbol{\xi}^k) \in I_1 \times I_2 \times \cdots \times I_k$,有

$$|S(T, f, \boldsymbol{\xi}) - J| < \varepsilon$$

(7) 对任何 $\varepsilon > 0$, $\eta > 0$,存在 I 的某个分割 $T = \{I_1, I_2, \cdots, I_k\}$,使得

$$\sum_{\omega_i \geqslant \varepsilon} v(I_i) < \eta$$

(8)(Lebesgue 定理) f 在 I 上几乎处处连续,即 f 的不连续点集 $D_{\text{不}}^{f}$(简记为 $D_{\text{不}}$)为零测集,记作

$$\text{meas } D_{\text{不}} = 0$$

证明 我们只证(3)$\Leftrightarrow$(8),其余证明完全仿照定理 6.1.4 中相应部分的证明.

(3)$\Rightarrow$(8). 对任何 $\varepsilon > 0$,存在 I 的某个分割 $T = \{I_1, I_2, \cdots, I_k\}$,使得

$$S(T) - s(T) < \frac{\delta}{2}\varepsilon$$

其中 $\delta > 0$ 为任何正数. 令

$$\begin{aligned} D_\delta &= \{\boldsymbol{x}\in I \mid \text{振幅 } \omega_f(\boldsymbol{x}) = \lim_{r\to 0^+}\omega_f(\boldsymbol{x},r) \\ &= \lim_{r\to 0^+}[\sup f(I\cap B(\boldsymbol{x};r)) - \inf f(I\cap B(\boldsymbol{x};r))] \geqslant \delta\} \end{aligned}$$

则

$$\sum_{D_\delta\cap I_i^\circ\neq\varnothing} v(I_i) < \frac{\varepsilon}{2}$$

若不然

$$\begin{aligned} \frac{\delta}{2}\varepsilon > S(T) - s(T) &\geqslant \sum_{D_\delta\cap I_i^\circ\neq\varnothing} \omega_i v(I_i) \geqslant \sum_{D_\delta\cap I_i^\circ\neq\varnothing} \delta v(I_i) \\ &\geqslant \delta\cdot\frac{\varepsilon}{2} = \frac{\delta}{2}\varepsilon \end{aligned}$$

矛盾.

显然, $\bigcup\limits_{i=1}^{k}\partial I_i$ 为零面积集,故必有闭区间 $J_1, J_2, \cdots, J_m$,使得

$$\bigcup_{i=1}^{k}\partial I_i \subset \bigcup_{j=1}^{m} J_j, \quad 且 \quad \sum_{j=1}^{m} v(J_j) < \frac{\varepsilon}{2}$$

由此可知

$$D_\delta \subset \Big(\bigcup_{\omega_i\geqslant\delta} I_i\Big) \cup \Big(\bigcup_{j=1}^{m} J_j\Big)$$

并且

$$\sum_{\omega_i\geqslant\delta} v(I_i) + \sum_{j=1}^{m} v(J_j) < \frac{\varepsilon}{2} + \frac{\varepsilon}{2} = \varepsilon$$

这就证明了 D_δ 为零测集,从而由下面的定理 10.1.8 与定理 10.1.5(3)知,$D_{不} = \bigcup\limits_{n=1}^{\infty} D_{\frac{1}{n}}$ 为零测集,即 f 在 I 上几乎处处连续.

(3)⇐(8). 由(8),$D_{不}$ 为零测集,故对任何 $\varepsilon > 0$,存在开区间集 $\{U_i \mid i = 1, 2, \cdots\}$,使得

$$D_{不} \subset \bigcup_{i=1}^{\infty} U_i, \quad 且 \quad \sum_{i=1}^{\infty} v(U_i) < \frac{\varepsilon}{4M+1}$$

由此, $\forall \boldsymbol{x}\in I\setminus\bigcup\limits_{i=1}^{\infty} U_i$, f 在 $\boldsymbol{x}$ 连续. 于是,存在含 $\boldsymbol{x}$ 的开区间 $U_{\boldsymbol{x}}$,当 $\boldsymbol{u}\in U_{\boldsymbol{x}}\cap I$ 时

$$|f(\boldsymbol{u}) - f(\boldsymbol{x})| < \frac{\varepsilon}{2v(I)}$$

显然 $\mathscr{L} = \{U_i, U_{\boldsymbol{x}} \mid i = 1, 2, \cdots; \boldsymbol{x}\in I\setminus\bigcup\limits_{i=1}^{\infty} U_i\}$ 为紧致集 I 的一个开覆盖. 根据

Heine-Borel 有限覆盖定理,存在 $\mathscr{L}$ 的有限子集 $\mathscr{L}'=\{U_{i_l},U_{x^s}\mid l=1,2,\cdots,p;s=1,2,\cdots,q\}$ 覆盖 I. 再根据 Lebesgue 数定理,存在 Lebesgue 数 $\lambda=\lambda(\mathscr{L}')>0$. 当 I 的分割 $T=\{I_1,I_2,\cdots,I_k\}$ 满足 $\|T\|<\lambda$ 时,必有

$$I_i\subset U_{i_l}\quad 或\quad U_{x^s}$$

于是

$$\begin{aligned}0\leqslant S(T)-s(T)&=\sum_{i=1}^{k}\omega_i v(I_i)\\&\leqslant\sum_{I_i\subset U_{i_l}}\omega_i v(I_i)+\sum_{I_i\subset U_{x^s}}\omega_i v(I_i)\\&\leqslant 2M\sum{}_1 v(I_i)+\frac{\varepsilon}{2v(I)}\sum{}_2 v(I_i)\\&\leqslant 2M\sum_{i=1}^{\infty}v(U_i)+\frac{\varepsilon}{2v(I)}v(I)\\&\leqslant 2M\cdot\frac{\varepsilon}{4M+1}+\frac{\varepsilon}{2}<\varepsilon\end{aligned}$$

注 10.1.2 我们可以不应用 Darboux 定理证明定理 10.1.7 中的(2)⇒(3).

事实上,设 $J=S=s$. 由下积分的定义,对任何 $\varepsilon>0$,存在闭区间 I 的一个分割 T',使得

$$s(T')>J-\frac{\varepsilon}{2}$$

又由上积分的定义,存在闭区间 I 的一个分割 T'',使得

$$S(T'')<J+\frac{\varepsilon}{2}$$

于是,有

$$J-\frac{\varepsilon}{2}<s(T')\leqslant s(T'+T'')\leqslant S(T'+T'')\leqslant S(T'')<J+\frac{\varepsilon}{2}$$

由此推得

$$S(T'+T'')-s(T'+T'')<\left(J+\frac{\varepsilon}{2}\right)-\left(J-\frac{\varepsilon}{2}\right)=\varepsilon$$

令 $T=T'+T''$,它为 I 的一个分割,且有

$$S(T)-s(T)<\varepsilon$$

定理 10.1.8 设 $A\subset\mathbb{R}^2$,则

$$\text{函数} f:A\to\mathbb{R} \text{ 在点 } \boldsymbol{x}\in A \text{ 处连续} \Leftrightarrow \omega_f(\boldsymbol{x}) = \lim_{r\to 0^+}\omega(\boldsymbol{x},r)=0$$

其中 $\omega_f(\boldsymbol{x},r)=\sup f(A\cap B(\boldsymbol{x};r))-\inf f(A\cap B(\boldsymbol{x};r))$ 为 f 在 $A\cap B(\boldsymbol{x};r)$ 上的振幅，而 $\omega_f(\boldsymbol{x})$ 为 f 在点 $\boldsymbol{x}$ 处的**振幅**.

证明　与定理 2.4.6 的证明完全类似.

例 10.1.3　证明 Dirichlet 函数

$$D(x,y)=\begin{cases}1, & (x,y)\in\mathbb{Q}^2\cap[0,1]^2\\ 0, & [0,1]^2-\mathbb{Q}^2\end{cases}$$

在 $[0,1]^2$ 上不可积.

证法 1　类似定理 6.1.2 中反例的证明.

证法 2,3,4　类似例 6.1.1 中的证法 2,3,4.

例 10.1.4　设 $I\subset\mathbb{R}^2$ 为闭区间，$f:I\to\mathbb{R}$ 有界. 若 $l=\{\boldsymbol{x}\in I \mid f(\boldsymbol{x})\neq 0\}$ 为零面积集，则 f 在 I 上可积，且 $\int_I f=0$.

证法 1　显然，$I^\circ\setminus\bar{l}=I^\circ\cap(\mathbb{R}^2\setminus\bar{l})$ 中的点为 f 的连续点，可见 $D_{\text{不}}\subset\partial I\cup\bar{l}$. 由于 ∂I 与 $\bar{l}$ 都为零面积集，故 $\partial I\cup\bar{l}$ 也为零面积集. 根据 Lebesgue 定理 10.1.7(8) 知，f 在 I 上可积.

对于 I 的任一分割 $T=\{I_1,I_2,\cdots,I_k\}$，由于 $\bar{l}$ 为零面积集，故必 $\exists\boldsymbol{\xi}^i\in I_i$，s. t. $f(\boldsymbol{\xi}^i)=0$，$i=1,2,\cdots,k$. 此时，Riemann 和

$$\sum_{i=1}^{k} f(\boldsymbol{\xi}^i)v(I_i)=0$$

由积分的存在性立知 $\int_I f=0$.

证法 2　设 $|f(\boldsymbol{x})|<M$，$\forall\boldsymbol{x}\in I$. $\forall\varepsilon>0$，因为 l 为零面积集，所以存在闭区间 $J_1,J_2,\cdots,J_m$，使 $\bigcup\limits_{i=1}^{m}J_i\supset l$，且 $\sum\limits_{i=1}^{m}v(J_i)<\dfrac{\varepsilon}{M}$. 将每个 J_i 稍稍扩大得到闭区间 $\tilde{J}_i$，使 $\sum\limits_{i=1}^{m}v(\tilde{J}_i)<\dfrac{\varepsilon}{M}$，且

$$\delta=\rho_0^2\Big(l,\partial\Big(\bigcup_{i=1}^{m}\tilde{J}_i\Big)\Big)=\inf\Big\{\rho_0^2(\boldsymbol{x},\boldsymbol{y})=\|\boldsymbol{x}-\boldsymbol{y}\| \,\Big|\, \boldsymbol{x}\in l,\boldsymbol{y}\in\partial\Big(\bigcup_{i=1}^{m}\tilde{J}_i\Big)\Big\}>0$$

设 $T=\{I_1,I_2,\cdots,I_k\}$ 为 I 的一个分割，且 $\|T\|<\delta$，则当 $I_j\cap l\neq\varnothing$ 时，必有 $I_j\subset\bigcup\limits_{i=1}^{m}\tilde{J}_i$，所以

$$\begin{aligned}|S(T,f,\boldsymbol{\xi})-0| &= \left|\sum_{I_j\cap l\neq\varnothing} f(\boldsymbol{\xi}^j)I_j + \sum_{I_j\cap l=\varnothing} f(\boldsymbol{\xi}^j)I_j\right| \\ &= \left|\sum_{I_j\cap l\neq\varnothing} f(\boldsymbol{\xi}^j)v(I_j)\right| \\ &\leqslant M\sum_{I_j\cap l\neq\varnothing} v(I_j)\leqslant M\sum_{i=1}^{m} v(\tilde{J}_i) \\ &< M\cdot\frac{\varepsilon}{M}=\varepsilon\end{aligned}$$

从而

$$\int_I f = \lim_{\|T\|\to 0} S(T,f,\boldsymbol{\xi}) = 0$$

注 10.1.3 (1)从例10.1.4可知,$\mathbb{Q}^2\cap[0,1]^2$ 不为零面积集.

(反证)假设$\mathbb{Q}^2\cap[0,1]^2$ 为零面积集,则由例10.1.4推得$\mathbb{Q}^2\cap[0,1]^2$ 的特征函数,即 Dirichlet 函数

$$\chi_{\mathbb{Q}^2\cap[0,1]^2}(x,y)=D(x,y)=\begin{cases}1, & (x,y)\in\mathbb{Q}^2\cap[0,1]^2\\ 0, & (x,y)\in[0,1]^2\backslash\mathbb{Q}^2\cap[0,1]^2\end{cases}$$

在$[0,1]^2$ 上可积,且积分为0. 这与定理10.1.3中的反例 $D(x,y)$在$[0,1]^2$ 上不可积相矛盾.

(2)例10.1.4中,将"l 为零面积集"改为"l 为零测集"结论不真. 上述 $D(x,y)$就是反例.

例 10.1.5 设 $I\subset\mathbb{R}^2$为闭区间, $f,g:I\to\mathbb{R}$ 都为有界函数,集合 $l=\{\boldsymbol{x}\in I\mid f(\boldsymbol{x})\neq g(\boldsymbol{x})\}$为零面积集. 如果$f$与 g 中有一个在 I 上可积,则另一个也在 I 上可积,并且

$$\int_I f = \int_I g$$

证明 不妨设 g 在 I 上可积. 由于有界函数$f-g$ 有性质:$l=\{\boldsymbol{x}\in I\mid f(\boldsymbol{x})-g(\boldsymbol{x})\neq 0\}$为零面积集,根据例10.1.4的结果,$f-g$ 在 I 上可积,且

$$\int_I (f-g) = 0$$

再根据定理10.1.1,有

$$\int_I f = \int_I[(f-g)+g] = \int_I (f-g) + \int_I g = 0 + \int_I g = \int_I g$$

从例10.1.5中可知,若函数f在闭区间 I 上有界,只在一个零面积集上改变f的值,但仍使之保持有界,那么既不会改变函数的可积性,也不会改变其积

分值.

例 10.1.6　设 $I\subset\mathbb{R}^2$ 为闭区间，$A\subset I$，A 的特征函数

$$\chi_A(\boldsymbol{x})=\begin{cases}1, & \boldsymbol{x}\in A\\ 0, & \boldsymbol{x}\in I\backslash A\end{cases}$$

则

$$A=\{\boldsymbol{x}\in I\mid \chi_A(\boldsymbol{x})\neq 0\}\text{ 为零面积集}\Leftrightarrow\int_I\chi_A=0$$

证明　(⇒) 因 $A=\{\boldsymbol{x}\in I\mid \chi_A(\boldsymbol{x})\neq 0\}$ 为零面积集，故根据例 10.1.4 知，$\int_I\chi_A=0$.

(⇐) 设 $\int_I\chi_A=0$. $\forall\varepsilon>0$，$\exists\delta>0$，对 I 的分割 $T=\{I_1,I_2,\cdots,I_k\}$，当 $\|T\|<\delta$ 时，有

$$0\leqslant S(T,\chi_A,\boldsymbol{\xi})=\sum_{i=1}^{k}\chi_A(\boldsymbol{\xi}^i)v(I_i)<\varepsilon,\quad \forall\boldsymbol{\xi}=(\boldsymbol{\xi}^1,\boldsymbol{\xi}^2,\cdots,\boldsymbol{\xi}^k)\in I_1\times I_2\times\cdots\times I_k$$

当 $A\cap I_i\neq\varnothing$ 时，取 $\boldsymbol{\xi}^i\in A\cap I_i$，则

$$0\leqslant\sum_{A\cap I_i\neq\varnothing}\chi_A(\boldsymbol{\xi}^i)v(I_i)=\sum_{A\cap I_i\neq\varnothing}v(I_i)<\varepsilon$$

且 $\bigcup\limits_{A\cap I_i\neq\varnothing}I_i\supset A$，所以 A 为零面积集.

例 10.1.7　证明：函数

$$f(x,y)=\sin\frac{1}{(x^2-1)^2+(y^2-1)^2}$$

在闭区间 $[-2,2]^2$ 上可积.

证明　函数 f 在 $[-2,2]^2$ 中的 4 个点 $(-1,-1)$，$(-1,1)$，$(1,-1)$，$(1,1)$ 上无定义，但这 4 个点组成的集合为零面积集. 补充定义 f 在这 4 个点之值（可以为任何实常数），f 在 $[-2,2]^2$ 上是有界的，其不连续点集为上述 4 个点，它是零面积集，当然是零测集，根据定理 10.1.7(8) 知，f 在 $[-2,2]^2$ 上是可积的.

例 10.1.8　证明：函数

$$f(x,y)=\arctan\frac{1}{y-x^2}$$

在闭区间 $[0,1]^2$ 上可积.

证明 函数f在抛物线一段$l=\{(x,x^2)\mid 0\leqslant x\leqslant 1\}$上无定义. 由例10.1.2知$l$为零面积集. 我们可以在$l$上为$f$赋以实数值,使$f$在$[0,1]^2$上保持有界,则$f$在$[0,1]^2$上的不连续点集为$l$,它是零面积集,当然是零测集,根据定理10.1.7(8)知,f在$[0,1]^2$上是可积的.

练习题10.1

1. 设$a>0$,根据二重积分的定义及对称性证明

$$\iint\limits_{[-a,a]^2}\sin(x+y)\,\mathrm{d}x\mathrm{d}y=0$$

并从几何上说明这一结果.

2. 设一元函数f,g在区间$[0,1]$上可积,应用二重积分的定义证明:二元函数$f(x)g(y)$在$[0,1]^2$上也可积,并且

$$\iint\limits_{[0,1]^2}f(x)g(y)\,\mathrm{d}x\mathrm{d}y=\int_0^1 f(x)\,\mathrm{d}x\int_0^1 g(y)\,\mathrm{d}y$$

试应用另外的方法证明$f(x)g(y)$在$[0,1]^2$上可积,再由定理10.3.3证明上述公式.

3. 计算二重积分:

(1) $\iint\limits_{[0,1]^2}\mathrm{e}^{x+y}\mathrm{d}x\mathrm{d}y$; (2) $\iint\limits_{x^2+y^2\leqslant 4}\mathrm{sgn}(x^2-y^2+2)\,\mathrm{d}x\mathrm{d}y$.

4. 设点列$\{\boldsymbol{x}^n\}$在$\mathbb{R}^2$中有极限,证明:集合$\{\boldsymbol{x}^n\mid n\in\mathbb{Z}_+\}$为一个零面积集.

5. 设$A\subset\mathbb{R}^2$为有界集,且A的导集A'为零面积集,证明:$\overline{A}$也是零面积集.

6. 设J与I均为闭区间,$J\subset I$,且f在I上可积,证明:f在J上也可积.

7. 研究$[0,1]^2$上的二元函数

$$f(x,y)=\begin{cases}\sin\dfrac{1}{xy}, & x\neq 0\text{ 且 }y\neq 0\\ 0, & x=0\text{ 或 }y=0\end{cases}$$

的可积性.

8. 设I为$\mathbb{R}^2$中的一个有界闭区间,$A=\{\boldsymbol{x}^1,\boldsymbol{x}^2,\cdots,\boldsymbol{x}^n,\cdots\}\subset I$. 定义二元函数

$$f(\boldsymbol{x})=\begin{cases}\dfrac{1}{n}, & \boldsymbol{x}=\boldsymbol{x}^n,\quad n\in\mathbb{Z}_+\\ 0, & \boldsymbol{x}\notin A\end{cases}$$

研究二元函数 f 在 I 上的可积性.

9. 设二元函数 f 与 g 在闭区间 $I\subset\mathbb{R}^2$ 上可积,证明:fg 在 I 上也可积. 问:当 g 在 I 上不取零值时,$\dfrac{f}{g}$ 也在 I 上可积吗? 说明理由.

思考题 10.1

1. 设 $f>0$ 在闭区间 $I\subset\mathbb{R}^2$ 上成立,且 f 在 I 上可积,证明:$\int_I f>0$.

2. 设闭区间 $I\subset\mathbb{R}^2$ 上的连续函数列 $\{f_n\}$ 满足 $f_1\geqslant f_2\geqslant\cdots\geqslant f_n\geqslant\cdots$,且 $\lim\limits_{n\to+\infty}f_n=0$,证明:

(1) f_n 在 I 上一致收敛于 0;

(2) $\lim\limits_{n\to+\infty}\int_I f_n=0$.

3. 设 $I\subset\mathbb{R}^2$ 为闭区间,且 $\int_I f>0$,证明:存在闭区间 $J\subset I$,使得 $f>0$ 在 J 上成立.

4. (1) 设 $f(x)$ 在 $[a,b]$ 上连续,应用二重积分的性质与 $f(x)f(y)\leqslant\dfrac{f^2(x)+f^2(y)}{2}$,证明

$$\left[\int_a^b f(x)\,\mathrm{d}x\right]^2\leqslant(b-a)\int_a^b f^2(x)\,\mathrm{d}x$$

其中等号仅在 $f(x)$ 为常值函数时成立.

(2) 设 $f(x)$ 与 $g(x)$ 在 $[a,b]$ 上可积,应用二重积分证明

$$\left[\int_a^b f(x)g(x)\,\mathrm{d}x\right]^2\leqslant\int_a^b f^2(x)\,\mathrm{d}x\int_a^b g^2(x)\,\mathrm{d}x$$

5. 设 $f(x,y)$ 在 $[0,\pi]^2$ 上连续,且恒取正值,求

$$\lim_{n\to+\infty}\iint\limits_{[0,\pi]^2}\sin x\,\sqrt[n]{f(x,y)}\,\mathrm{d}x\mathrm{d}y$$

6. 设 f 为区间 $[a,b]$ 上的连续函数,应用不等式 $e^u \geqslant 1+u$,证明

$$\iint\limits_{\substack{a\leqslant x\leqslant b\\ a\leqslant y\leqslant b}} e^{f(x)-f(y)}\,\mathrm{d}x\mathrm{d}y \geqslant (b-a)^2$$

10.2 $\mathbb{R}^2$中有界集合上的二重积分

上节在$\mathbb{R}^2$中的闭区间上引进了二重 Riemann 积分,它与$\mathbb{R}^1$中闭区间$[a,b]$上的 Riemann 积分完全类似. 现在来定义$\mathbb{R}^2$中有界集合上的 Riemann 积分.

定义 10.2.1 设 $\Omega\subset\mathbb{R}^2$为有界集,$f:\Omega\to\mathbb{R}$ 为二元函数. 记

$$f_\Omega(\boldsymbol{x}) = f_\Omega(x,y) = \begin{cases} f(x,y), & \boldsymbol{x}=(x,y)\in\Omega \\ 0, & \boldsymbol{x}=(x,y)\notin\Omega \end{cases}$$

并称之为 f 的**零延拓**. 任取闭区间 $I\supset\Omega$,如果 f_Ω 在 I 上 Riemann 可积,则称 **f 在 Ω 上 Riemann 可积**(简称**可积**),称$\int_I f_\Omega$ 为 **f 在 Ω 上的 Riemann 积分**,记为

$$\iint\limits_{\Omega} f(x,y)\,\mathrm{d}x\mathrm{d}y = \int_\Omega f\mathrm{d}V = \int_\Omega f = \int_\Omega f_\Omega = \iint\limits_{I} f_\Omega(x,y)\,\mathrm{d}x\mathrm{d}y$$

引理 10.2.1 定义 10.2.1 中$\int_\Omega f$与包含 Ω 的闭区间 I 的选取无关(定义的合理性).

证明 设 I_1,I_2 为包含 Ω 的任意两个闭区间,则 $I=I_1\cap I_2$ 也是包含 Ω 的闭区间(图 10.2.1). 由 f_Ω 的定义知 $f_\Omega|_{I_i\setminus I}=0$. 再由闭区间上积分的定义得到

$$f_\Omega \text{ 在 } I_i \text{ 上可积} \Leftrightarrow f_\Omega \text{ 在 } I \text{ 上可积}$$

且

$$\int_{I_i} f_\Omega = \int_I f,\quad i=1,2$$

从而

$$\int_{I_1} f_\Omega = \int_{I_2} f_\Omega$$

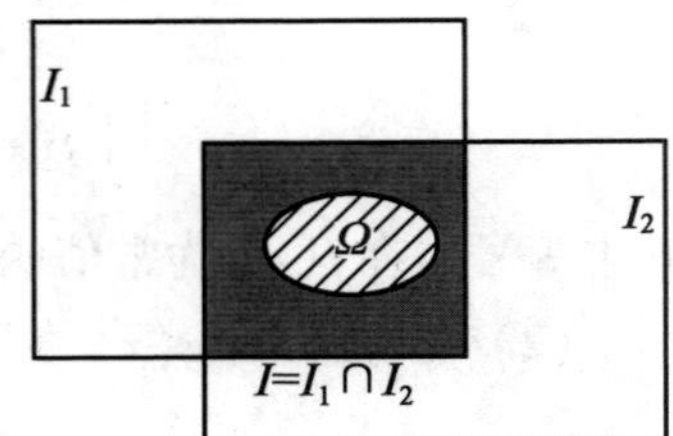

图 10.2.1

定理 10.2.1(可积的充分条件) 设$\Omega\subset\mathbb{R}^2$为有界集,函数 $f:\Omega\to\mathbb{R}$ 有界. 如果 $\partial\Omega$ 与 f 在 Ω 上的不连续点集 $D^f_{\text{不}}$ 都为零测集,则 f 在 Ω 上可积.

证明 取闭区间 I 满足 $I^\circ\supset\overline{\Omega}$. 因为 f_Ω 在开集$(\overline{\Omega})^c$ 上处处为零,所以

$(\overline{\Omega})^c$ 上的每一点都是f_Ω的连续点. 在Ω°上, $f_\Omega=f$,所以在Ω°上, f_Ω的不连续点即为f的不连续点. 因此,有

$$D_{不}^{f_\Omega}\subset D_{不}^{f}\cup\partial\Omega$$

由于$D_{不}^{f}$与$\partial\Omega$都为零测集,故$D_{不}^{f_\Omega}$也为零测集,根据定理10.1.7(8)知, f_Ω在I上是可积的,从而f在Ω上是可积的.

例10.2.1　设$\Omega=\mathbb{Q}^2\cap[0,1]^2=\{\boldsymbol{x}^1,\boldsymbol{x}^2,\cdots,\boldsymbol{x}^m,\cdots\}$

$$f:\Omega\to\mathbb{R},\quad f(\boldsymbol{x}^m)=\frac{1}{m},\quad m\in\mathbb{Z}_+$$

则

$$f_\Omega(\boldsymbol{x})=\begin{cases}\dfrac{1}{m}, & \boldsymbol{x}=\boldsymbol{x}^m\in\Omega,\ m\in\mathbb{Z}_+\\ 0, & \boldsymbol{x}\notin\{\boldsymbol{x}^m\mid m\in\mathbb{Z}_+\}=\Omega\end{cases}$$

下面证f_Ω在$[0,1]^2$上可积,且$\int_\Omega f=\int_{[0,1]^2}f_\Omega=0$. 但是, $\partial\Omega=[0,1]^2$与$D_{不}^{f}=\mathbb{Q}^2\cap[0,1]^2=\Omega$均不为零面积集,且$\partial\Omega$不为零测集.

事实上, $\forall\varepsilon>0$,取$K\in\mathbb{Z}_+$, s. t. $\dfrac{1}{K}<\dfrac{\varepsilon}{2}$. 于是,当$m>K$时, $\dfrac{1}{m}<\dfrac{1}{K}<\dfrac{\varepsilon}{2}$,且必有$\delta>0$,当$[0,1]^2$的任何分割$T=\{I_1,I_2,\cdots,I_k\}$, $\|T\|=\max\limits_{1\leqslant i\leqslant k}\{\operatorname{diam}I_i\}<\delta$时,有$v(I_i)<\dfrac{\varepsilon}{8K}$. 因此

$$\begin{aligned}0\leqslant\sum_{i=1}^{k}f_\Omega(\boldsymbol{\xi}^i)v(I_i)&=\sum_{\substack{\boldsymbol{\xi}^i=\boldsymbol{x}^m\\ m\leqslant K}}f(\boldsymbol{\xi}^i)v(I_i)+\sum_{\substack{\boldsymbol{\xi}^i=\boldsymbol{x}^m\\ m>K}}f(\boldsymbol{\xi}^i)v(I_i)\\ &<4K\cdot1\cdot\frac{\varepsilon}{8K}+\frac{1}{K}\cdot1<\frac{\varepsilon}{2}+\frac{\varepsilon}{2}=\varepsilon\end{aligned}$$

$$\int_\Omega f=\int_{[0,1]^2}f_\Omega=\lim_{\|T\|\to0}\sum_{i=1}^{k}f_\Omega(\boldsymbol{\xi}^i)v(I_i)=0$$

或者, $\forall\boldsymbol{x}^0\in\Omega^c\cap[0,1]^2$,则$f_\Omega(\boldsymbol{x}^0)=0$. $\forall\varepsilon>0$,取$\delta=\min\left\{\|\boldsymbol{x}^i-\boldsymbol{x}^0\|\,\middle|\,1\leqslant i\leqslant\left[\dfrac{1}{\varepsilon}\right]+1\right\}$,当$\rho_0^2(\boldsymbol{x},\boldsymbol{x}^0)=\|\boldsymbol{x}-\boldsymbol{x}^0\|<\delta$时,有

$$|f_\Omega(\boldsymbol{x})-f_\Omega(\boldsymbol{x}^0)|=f_\Omega(\boldsymbol{x})=\begin{cases}f(\boldsymbol{x}^i), & \boldsymbol{x}=\boldsymbol{x}^i,\quad i>\left[\dfrac{1}{\varepsilon}\right]+1>\dfrac{1}{\varepsilon}\\ 0, & \boldsymbol{x}\neq\boldsymbol{x}^i\end{cases}$$

$$=\begin{cases}\frac{1}{i}, & x=x^i, \quad i>\left[\frac{1}{\varepsilon}\right]+1>\frac{1}{\varepsilon}\\ 0, & x\neq x^i\end{cases}$$

$$<\varepsilon$$

这就证明了 f_Ω 在 x^0 连续. 由此得到 $D_{不}^{f_\Omega}\subset\Omega$. 因为可数集 Ω 为零测集,所以它的子集 $D_{不}^{f_\Omega}$ 也为零测集. 根据定理 10.1.7(8)知,f_Ω 在 $[0,1]^2$ 上可积,且

$$\int_\Omega f=\int_{[0,1]^2}f_\Omega=s=0$$

定理 10.2.2 设 $\Omega\subset\mathbb{R}^2$ 为有界集. 如果 f 在 Ω 上可积,则 f 在 Ω 上必有界(因而无界函数不可积). 但反之不真.

证明 任取闭区间 $I\supset\Omega$,由定义 10.2.1,f 在 Ω 上可积等价于 f_Ω 在 I 上可积,再由定理 10.1.3,它蕴涵着 f_Ω 在 I 有界,它等价于 f 在 Ω 上有界.

但反之不真,有反例

$$f(x,y)=\chi_{\mathbb{Q}^2}(x,y)=D(x,y)=\begin{cases}1, & (x,y)\in\mathbb{Q}^2\cap[0,1]^2\\ 0, & (x,y)\in[0,1]^2-\mathbb{Q}^2\end{cases}$$

在 $\Omega=[0,1]^2$ 上有界(界为 1),但不可积.

现在,通过积分来刻画有界零面积集.

定理 10.2.3 (零面积集的积分特征) 设 $\Omega\subset\mathbb{R}^2$ 为有界集,则

$$\Omega\text{ 为零面积集}\Leftrightarrow\int_\Omega 1=0$$

证明 任取闭区间 I 使得 $I^\circ\supset\overline{\Omega}$.

($\Rightarrow$) 设 Ω 为零面积集,并令

$$1_\Omega(\boldsymbol{x})=1_\Omega(x,y)=\begin{cases}1, & \boldsymbol{x}=(x,y)\in\Omega\\ 0, & \boldsymbol{x}=(x,y)\notin\Omega\end{cases}$$

于是

$$\int_\Omega 1=\int_I 1_\Omega\xlongequal{\text{例 10.1.4}}0$$

($\Leftarrow$) 设 $\int_\Omega 1=0$,则 1 在 Ω 上可积. 再设 $T=\{I_1,I_2,\cdots,I_k\}$ 为 I 的任一分割,若 $\Omega\cap I_i\neq\varnothing$,取 $\boldsymbol{\xi}^i\in\Omega\cap I_i$,则

$$S(T,1_\Omega,\boldsymbol{\xi})=\sum_{\Omega\cap I_i\neq\varnothing}1\cdot v(I_i)+\sum_{\Omega\cap I_i=\varnothing}0\cdot v(I_i)=\sum_{\Omega\cap I_i\neq\varnothing}v(I_i)$$

$$\lim_{\|T\|\to 0}\sum_{\Omega\cap I_i\neq\varnothing} v(I_i)=\lim_{\|T\|\to 0} S(T,1_\Omega,\boldsymbol{\xi})=\int_I 1_\Omega=\int_\Omega 1=0$$

于是，$\forall\varepsilon>0$，$\exists\delta>0$，当 $\|T\|<\delta$ 时，有

$$\sum_{\Omega\cap I_i\neq\varnothing} v(I_i)=S(T,1_\Omega,\boldsymbol{\xi})<\varepsilon$$

此外，显然

$$\bigcup_{\Omega\cap I_i\neq\varnothing} I_i\supset\Omega$$

这就证明了 Ω 为零面积集.

或者，由 $\int_I 1_\Omega=\int_\Omega 1=0$ 知，集合 Ω 必定无内点(否则将有 $v(\Omega)>0$，从而 $\int_I 1_\Omega>0$，矛盾). 由此可知 $D_{\text{不}}^{1_\Omega}=\partial\Omega$. 又由 1_Ω 可积知，$D_{\text{不}}^{1_\Omega}=\partial\Omega$ 为零测集. 因为 $\partial\Omega$ 为有界闭的零测集，根据定理 10.1.5(7)，$\partial\Omega$ 为零面积集. 再由 $\Omega\subset\partial\Omega$ 知，Ω 也为零面积集.

定义 10.2.2　设 $\Omega\subset\mathbb{R}^2$ 为有界集，如果函数 1 在 Ω 上可积，则称 Ω 为**有面积集**，且 Ω 的**面积**为

$$v(\Omega)=\int_\Omega 1=\iint_\Omega \mathrm{d}x\mathrm{d}y=\int_I 1_\Omega$$

(此外，如果 Ω 为有面积集，则 1 在 Ω 上可积，且 $\int_\Omega c=\int_\Omega c\cdot 1\xlongequal{\text{定理 10.1.1(2)}} c\int_\Omega 1$)，其中 I 为包含 Ω 的闭区间. 根据引理 10.2.1，面积值与包含 Ω 的闭区间 I 的选取无关.

由定义 10.2.2 与定理 10.2.3 立知：

Ω 为零面积集 $\Leftrightarrow$ Ω 为有面积集，且 Ω 的面积为零，即 $v(\Omega)=\int_\Omega 1=0$.

定理 10.2.4(有面积集的几何特征一)　设 $\Omega\subset\mathbb{R}^2$ 为有界集，闭区间 $I\supset\Omega$，则 Ω 为有面积集 $\Leftrightarrow$ 对 I 的分割 $T=\{I_1,I_2,\cdots,I_k\}$，有(图 10.2.2)

$$\lim_{\|T\|\to 0} S(T,1_\Omega)=\lim_{\|T\|\to 0}\sum_{\Omega\cap I_i\neq\varnothing} v(I_i)=\lim_{\|T\|\to 0}\sum_{I_i\subset\Omega} v(I_i)=\lim_{\|T\|\to 0} s(T,1_\Omega)$$

此时

$$v(\Omega)=\int_\Omega 1=\int_I 1_\Omega$$

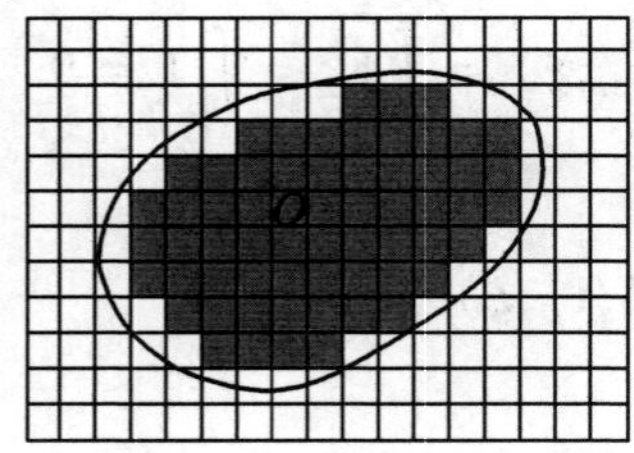

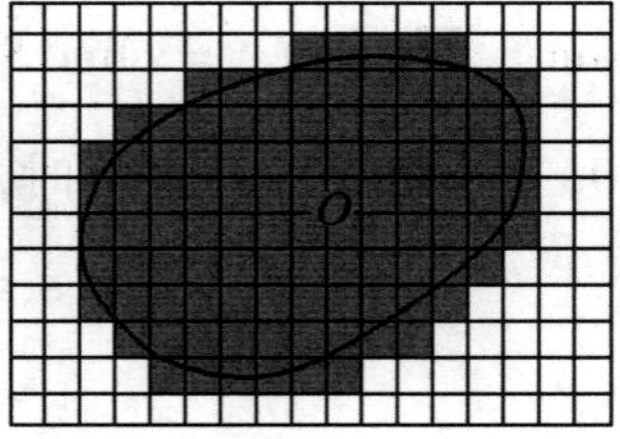

图 10.2.2

证明 Ω 为有面积集,即 1 在 Ω 上可积,且

$$v(\Omega)=\int_{\Omega}1=\int_{I}1_{\Omega}\Leftrightarrow$$

$$\lim_{\|T\|\to 0}S(T,1_{\Omega})=\lim_{\|T\|\to 0}s(T,1_{\Omega})(=v(\Omega))\Leftrightarrow$$

$$\lim_{\|T\|\to 0}\sum_{\Omega\cap I_i\neq\varnothing}v(I_i)=\lim_{\|T\|\to 0}\sum_{I_i\subset\Omega}v(I_i)(=v(\Omega))$$

定义 10.2.2′(有面积集的等价定义) 设 $\Omega\subset\mathbb{R}^2$ 为有界集,闭区间 $I\supset\Omega$,对 I 的分割 $T=\{I_1,I_2,\cdots,I_k\}$,有

$$\bigcup_{I_i\subset\Omega}I_i\subset\Omega\subset\bigcup_{\Omega\cap I_i\neq\varnothing}I_i$$

如果

$$\lim_{\|T\|\to 0}\sum_{\Omega\cap I_i\neq\varnothing}v(I_i)=\lim_{\|T\|\to 0}\sum_{I_i\subset\Omega}v(I_i)$$

则称 Ω 为**有面积集**,并称 $\lim\limits_{\|T\|\to 0}\sum\limits_{\Omega\cap I_i\neq\varnothing}v(I_i)=\lim\limits_{\|T\|\to 0}\sum\limits_{I_i\subset\Omega}v(I_i)$ 为 Ω 的**面积**,记为$v(\Omega)$.

定理 10.2.5(有面积集的几何特征二) 设 $\Omega\subset\mathbb{R}^2$为有界集,则(图 10.2.2)

$$\Omega\text{ 为有面积集}\Leftrightarrow\partial\Omega\text{ 为零面积集,即 }v(\partial\Omega)=0$$

证明 ($\Leftarrow$)设$\partial\Omega$ 为零面积集,即 $v(\partial\Omega)=0$. 又因 1 在 Ω 上连续,故 $D^1_{不}=\varnothing$,当然是零面积集. 根据定理 10.1.4 知,$\partial\Omega$ 与 $D^1_{不}$ 都为零测集,再由定理 10.2.1 推得函数 1 在 Ω 上可积,即 Ω 为有面积集.

($\Rightarrow$)设 Ω 为有面积集,任取闭区间 $I\supset\Omega$,由定理 10.2.4,$\forall\varepsilon>0$,$\exists\delta>0$,当 $\|T\|<\delta$ 时,有

$$\sum_{\substack{\Omega\cap I_i\neq\varnothing\\ I_i\not\subset\Omega}}v(I_i)=\sum_{\Omega\cap I_i\neq\varnothing}v(I_i)-\sum_{I_i\subset\Omega}v(I_i)<\frac{\varepsilon}{2}$$

固定分割 $T=\{I_1,I_2,\cdots,I_k\}$，显然 $\bigcup\limits_{i=1}^{k}\partial I_i$ 为零面积集，从而存在闭区间 J_1，$J_2,\cdots,J_s$，使得

$$\bigcup_{i=1}^{k}\partial I_i\subset\bigcup_{j=1}^{s}J_j,\quad 且\quad \sum_{j=1}^{s}v(J_i)<\frac{\varepsilon}{2}$$

于是

$$\partial\Omega\subset\Big(\bigcup_{\substack{\Omega\cap I_i\neq\varnothing\\ I_i\not\subset\Omega}}I_i\Big)\cup\Big(\bigcup_{i=1}^{k}\partial I_i\Big)\subset\Big(\bigcup_{\substack{\Omega\cap I_i\neq\varnothing\\ I_i\not\subset\Omega}}I_i\Big)\cup\Big(\bigcup_{j=1}^{s}J_j\Big)$$

且

$$\sum_{\substack{\Omega\cap I_i\neq\varnothing\\ I_i\not\subset\Omega}}v(I_i)+\sum_{j=1}^{s}v(J_j)<\frac{\varepsilon}{2}+\frac{\varepsilon}{2}=\varepsilon$$

这就证明了 $\partial\Omega$ 为零面积集. 再根据定理 10.2.3，$v(\partial\Omega)=\int_{\partial\Omega}1=0$.

例 10.2.2　由定理 10.1.4 中的反例知，$\mathbb{Q}^2\cap[0,1]^2$ 为 $\mathbb{R}^2$ 中的有界非零面积集. 再由 $v(\partial(\mathbb{Q}^2\cap[0,1]^2))=v([0,1]^2)=1\neq 0$ 以及定理 10.2.5 推得 $\mathbb{Q}^2\cap[0,1]^2$ 不为有面积集. 根据定义 10.2.2，1 在 Ω 上不可积.

定义 10.2.2″（有面积集的等价定义）　设 $\Omega\subset\mathbb{R}^2$ 为有界集，如果 $\partial\Omega$ 为零面积集，则称 Ω 为**有面积集**.

因为有时对 $\partial\Omega$ 是否为零面积集的判断比较容易，所以用这种方法判断 Ω 是否为有面积集也比较容易. 但是，这个定义不能给出 Ω 的面积的大小.

定理 10.2.6（有面积集上函数可积的充要条件）　设 $\Omega\subset\mathbb{R}^2$ 为有面积集，$f:\Omega\to\mathbb{R}$ 为有界二元函数，证明：

f 在 Ω 上可积 $\Leftrightarrow$ $D^f_{不}=\{(x,y)\in\Omega\mid f$ 在 (x,y) 处不连续$\}$ 为零测集，即 f 在 Ω 上几乎处处连续.

证明　因为 Ω 为有面积集，根据定理 10.2.5 知，$\partial\Omega$ 与 $\partial\Omega\cap\Omega$ 都为零面积集，当然它们也为零测集.

设闭区间 $I\supset\Omega$，则 $\Omega=\mathring{\Omega}\cup(\partial\Omega\cap\Omega)$，且

$$I=\mathring{\Omega}\cup\partial\Omega\cup(I\backslash\Omega)^{\circ}\cup\partial I$$

显然，∂I 为零面积集，自然也为零测集. 此外，易见

$$f 在 \boldsymbol{x}\in\Omega 不连续\Rightarrow f_\Omega 在 \boldsymbol{x}\in\Omega 不连续$$

$$f 在 \boldsymbol{x}\in\mathring{\Omega} 不连续\Leftrightarrow f_\Omega 在 \boldsymbol{x}\in\mathring{\Omega} 不连续$$

f_Ω 在$(I\backslash\Omega)^\circ$上恒为0,故它连续.

于是

$$\begin{cases} D^f_{不} \subset D^{f_\Omega}_{不} \\ D^{f_\Omega}_{不} \subset D^f_{不} \cup \partial\Omega \cup \partial I \end{cases}$$

这就可推出:

f在Ω上可积$\Leftrightarrow f_\Omega$ 在I上可积$\Leftrightarrow D^{f_\Omega}_{不}$为零测集$\Leftrightarrow D^f_{不}$ 为零测集,即f在Ω上几乎处处连续.

注意,0在任何有界集$\Omega \subset \mathbb{R}^2$上都可积,不必要求$\Omega$为有面积集. 而定理10.2.6是在$\Omega$为有面积集的前提下$f$可积的充要条件. 定义10.2.2表明1在$\Omega$上可积就是$\Omega$为有面积集.

例 10.2.3 设Ω为有限段显式表示的连续曲线围成的区域(图10.2.3),根据例10.1.1知$\partial\Omega$为零面积集,即$v(\partial\Omega)=0$. 再根据定理10.2.5,Ω为有面积集.

同理,若Ω为有限段C^1参数曲线围成的区域(图10.2.4),根据例10.1.2知,$\partial\Omega$为零面积集. 再由定理10.2.5,Ω为有面积集.

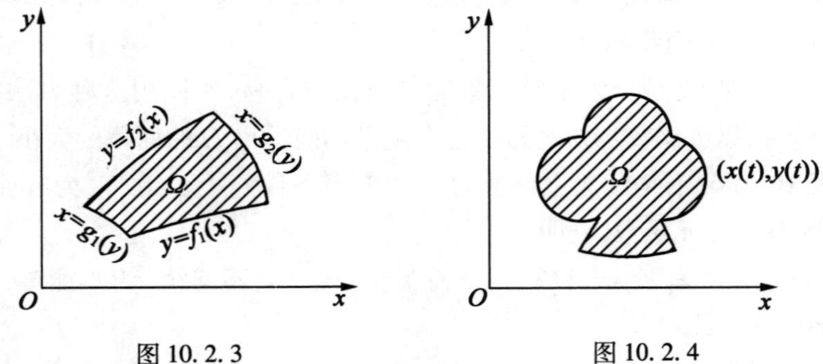

图 10.2.3　　　图 10.2.4

上面所述的区域Ω是数学分析中常见的集合. 再从定理10.2.6立即得到

$$f:\Omega \to \mathbb{R}$$

可积$\Leftrightarrow f$在Ω上几乎处处连续.

最后,我们来讨论可积函数的一些性质.

定理 10.2.7 设$\Omega \subset \mathbb{R}^2$为有界集,$f, f_1, f_2:\Omega \to \mathbb{R}$都为二元函数,$c \in \mathbb{R}$为常数.

(1) 如果Ω为有面积集,则c在Ω上可积,且

$$\int_\Omega c = cv(\Omega)$$

(2) 如果 f 在 Ω 上可积,则 cf 在 Ω 上也可积,且

$$\int_\Omega cf = c\int_\Omega f$$

(3) 如果 f_1 与 f_2 都在 Ω 上可积,则 f_1+f_2 在 Ω 上也可积,且

$$\int_\Omega (f_1+f_2) = \int_\Omega f_1 + \int_\Omega f_2$$

(4) 如果 f 在 Ω 上可积,且 $f \geqslant 0$,则

$$\int_\Omega f \geqslant 0$$

特别地,若 f_1 与 f_2 都在 Ω 上可积,且 $f_1 \geqslant f_2$,则

$$\int_\Omega f_1 \geqslant \int_\Omega f_2$$

(5) 如果 f 在 Ω 上可积,则 $|f|$ 在 Ω 上也可积,且

$$\left|\int_\Omega f\right| \leqslant \int_\Omega |f|$$

证明　设 $I \subset \mathbb{R}^2$ 为闭区间,且 $I \supset \Omega$. 先证(2),再证(1).

(2) $$\int_\Omega cf = \int_I (cf)_\Omega = \int_I cf_\Omega = c\int_I f_\Omega = c\int_\Omega f$$

(1) 因为 Ω 为有面积集,由(2)知 $c = c\cdot 1$ 在 Ω 上也可积,且

$$\int_\Omega c = \int_\Omega c\cdot 1 = c\int_\Omega 1 = cv(\Omega)$$

(3) 因为 f_1 与 f_2 都在 Ω 上可积,所以 $f_{1\Omega}$ 与 $f_{2\Omega}$ 都在 I 上可积,从而 $(f_1+f_2)_\Omega = f_{1\Omega}+f_{2\Omega}$ 也在 I 上可积,即 f_1+f_2 在 Ω 上可积,且

$$\begin{aligned}\int_\Omega (f_1+f_2) &= \int_I (f_1+f_2)_\Omega = \int_I (f_{1\Omega}+f_{2\Omega}) \\ &= \int_I f_{1\Omega} + \int_I f_{2\Omega} = \int_\Omega f_1 + \int_\Omega f_2\end{aligned}$$

(4) 因为在 Ω 上 $f \geqslant 0$,所以 $f_\Omega \geqslant 0$. 根据定理 10.1.1(4),有

$$\int_\Omega f = \int_I f_\Omega \geqslant 0$$

从而

$$\int_\Omega f_1 - \int_\Omega f_2 = \int_\Omega (f_1 - f_2) \geqslant 0$$

$$\int_{\Omega} f_1 \geqslant \int_{\Omega} f_2$$

(5) 因为f在Ω上可积,所以f_{Ω}在I上可积,从而$|f|_{\Omega}=|f_{\Omega}|$在$I$上可积.再由

$$-|f| \leqslant f \leqslant |f|$$

及(4)得到

$$-\int_{\Omega} |f| \leqslant \int_{\Omega} f \leqslant \int_{\Omega} |f|$$

$$\left|\int_{\Omega} f\right| \leqslant \int_{\Omega} |f|$$

定理 10.2.8(积分的集合可加性) 设$\Omega_1,\Omega_2 \subset \mathbb{R}^2$都为有界集,且$\Omega_1 \cap \Omega_2$为一个零面积集($\Omega_1 \cap \Omega = \varnothing$为其特例).若函数$f$在$\Omega_1$与$\Omega_2$上都可积,则$f$在$\Omega_1 \cup \Omega_2$上也可积,且

$$\int_{\Omega_1 \cup \Omega_2} f = \int_{\Omega_1} f + \int_{\Omega_2} f$$

证明 显然,除了一个零面积集,等式$f_{\Omega_1 \cup \Omega_2} = f_{\Omega_1} + f_{\Omega_2}$成立.设闭区间$I \supset \Omega_1 \cup \Omega_2$,则有

$$\int_{\Omega_1} f + \int_{\Omega_2} f = \int_I f_{\Omega_1} + \int_I f_{\Omega_2} = \int_I (f_{\Omega_1} + f_{\Omega_2}) \xlongequal{\text{例 10.1.5}} \int_I f_{\Omega_1 \cup \Omega_2} = \int_{\Omega_1 \cup \Omega_2} f$$

定理 10.2.9(积分中值定理) 设$\Omega \subset \mathbb{R}^2$为有面积的连通紧致集,$f,g$:$\Omega \to \mathbb{R}$连续,且$g$在$\Omega$上不变号,则$\exists \boldsymbol{\xi} \in \Omega$, s. t.

$$\int_{\Omega} fg = f(\boldsymbol{\xi}) \int_{\Omega} g$$

特别地,取$g=1$,则$\exists \boldsymbol{\xi} \in \Omega$, s. t.

$$\int_{\Omega} f = f(\boldsymbol{\xi}) v(\Omega)$$

证明 因为Ω为有面积集,根据定理 10.2.5,$v(\partial\Omega)=0$(即$\partial\Omega$为零面积集).由于f,g在Ω上连续,故fg在Ω上也连续.再根据定理10.2.1或定理10.2.6,g与fg都在Ω上可积.又因Ω紧致,故连续函数f在Ω上达到最大值与最小值,所以$\exists \boldsymbol{p},\boldsymbol{q} \in \Omega$, s. t.

$$f(\boldsymbol{p}) = \max f(\Omega), \quad f(\boldsymbol{q}) = \min f(\Omega)$$

从题设g在Ω上不变号,不妨设$g|_{\Omega} \geqslant 0$.于是

$$f(\boldsymbol{q}) g \leqslant fg \leqslant f(\boldsymbol{p}) g$$

根据定理 10.2.7(4)(2),有

$$f(\boldsymbol{q})\int_{\Omega} g \leqslant \int_{\Omega} fg \leqslant f(\boldsymbol{p})\int_{\Omega} g$$

(1) 若$\int_{\Omega} g=0$,由g非负连续,$g|_{\Omega}\equiv 0$,则$\int_{\Omega} fg=0=f(\boldsymbol{\xi})\cdot 0=f(\boldsymbol{\xi})\int_{\Omega} g$,$\forall \boldsymbol{\xi}\in\Omega$.

(2) 若$\int_{\Omega} g\neq 0$,由$g\geqslant 0$知$\int_{\Omega} g>0$. 于是

$$f(\boldsymbol{q})\leqslant \frac{\int_{\Omega} fg}{\int_{\Omega} g}\leqslant f(\boldsymbol{p})$$

再由Ω连通,应用连续函数的介值定理,$\exists \boldsymbol{\xi}\in\Omega$, s. t.

$$\frac{\int_{\Omega} fg}{\int_{\Omega} g}=f(\boldsymbol{\xi})$$

即

$$\int_{\Omega} fg=f(\boldsymbol{\xi})\int_{\Omega} g$$

练习题 10.2

1. 设f为连续函数,求极限$\lim\limits_{r\to 0}\dfrac{1}{\pi r^2}\iint\limits_{x^2+y^2\leqslant r^2} f(x,y)\,\mathrm{d}x\mathrm{d}y$.

2. 证明:$1.96<\iint\limits_{|x|+|y|\leqslant 10}\dfrac{\mathrm{d}x\mathrm{d}y}{100+\cos^2 x+\cos^2 y}<2$.

10.3　化二重积分为累次积分

计算$\mathbb{R}^2$中闭区间上的二重积分有一种简单的方法,就是将二重积分化为累次积分,即二重积分可以依次化为两个单变量函数的积分来计算.

设$I=[a,b]\times[c,d]\subset\mathbb{R}^2$为二维闭区间,$f:I\to\mathbb{R}$. 记号$f(x,\cdot)$表示将$x$固定在$[a,b]$中,它是第二个变量的函数. 如果$\forall x\in[a,b]$,函数$f(x,\cdot)$在$[c,d]$上可积,通过积分得到定义在$[a,b]$上的函数

$$\varphi(x)=\int_c^d f(x,y)\,\mathrm{d}y,\quad x\in[a,b]$$

如果函数φ又在$[a,b]$上可积,则又得积分

$$\int_a^b\varphi(x)\,\mathrm{d}x=\int_a^b\left(\int_c^d f(x,y)\,\mathrm{d}y\right)\mathrm{d}x\xlongequal{\text{def}}\int_a^b\mathrm{d}x\int_c^d f(x,y)\,\mathrm{d}y$$

这个积分称为**累次积分**.

类似地,可定义另一个累次积分

$$\int_c^d\left(\int_a^b f(x,y)\,\mathrm{d}x\right)\mathrm{d}y\xlongequal{\text{def}}\int_c^d\mathrm{d}y\int_a^b f(x,y)\,\mathrm{d}x$$

读者自然要问,等式

$$\int_I f=\int_a^b\mathrm{d}x\int_c^d f(x,y)\,\mathrm{d}y=\int_c^d\mathrm{d}y\int_a^b f(x,y)\,\mathrm{d}x$$

是否成立? 如果上述等式成立,则二重积分可化为累次积分来计算,即依次计算两个单变量函数的积分.

现设函数f在闭区间I上有界,则函数

$$\varphi(x)=\underline{\int_c^d} f(x,y)\,\mathrm{d}y$$

与

$$\psi(x)=\overline{\int_c^d} f(x,y)\,\mathrm{d}y$$

分别为$f(x,\cdot)$在$[c,d]$上的下积分与上积分. 由于f在I上有界,故函数φ与ψ在$[a,b]$上都有定义.

定理 10.3.1 设$I=[a,b]\times[c,d]$,$f:I\to\mathbb{R}$可积,则单变量函数

$$\varphi(x)=\underline{\int_c^d} f(x,y)\,\mathrm{d}y\quad 与\quad \psi(x)=\overline{\int_c^d} f(x,y)\,\mathrm{d}y$$

在$[a,b]$上可积,且

$$\int_I f=\int_a^b\varphi(x)\,\mathrm{d}x=\int_a^b\psi(x)\,\mathrm{d}x$$

证明 分别作$[a,b]$与$[c,d]$的分割

$$T_x: a=x_0<x_1<\cdots<x_n=b$$

与

$$T_y: c = y_0 < y_1 < \cdots < y_m = d$$

由此可得到 I 的分割

$$\begin{aligned} T &= T_x \times T_y = \{[x_{i-1}, x_i] \times [y_{j-1}, y_j] \mid i = 1,2,\cdots,n;\ j = 1,2,\cdots,m\} \\ &= \{I_i \times J_j \mid i = 1,2,\cdots,n; j = 1,2,\cdots,m\} \end{aligned}$$

因为 f 在 I 上可积,所以 $\forall \varepsilon > 0$, $\exists \delta > 0$,当 $\|T\| < \delta$ 时,有

$$\int_I f - \frac{\varepsilon}{2} < \sum_{i=1}^{n} \sum_{j=1}^{m} f(\xi_i, \eta_j) \Delta x_i \Delta y_j < \int_I f + \frac{\varepsilon}{2}$$

其中 $\xi_i \in I_i, \eta_j \in J_j (i = 1,2,\cdots,n; j = 1,2,\cdots,m)$. 现取分割 T_x 与 T_y 满足 $\|T_x\| < \frac{\delta}{\sqrt{2}}$, $\|T_y\| < \frac{\delta}{\sqrt{2}}$,则

$$\|T\| = \|T_x \times T_y\| < \sqrt{\left(\frac{\delta}{\sqrt{2}}\right)^2 + \left(\frac{\delta}{\sqrt{2}}\right)^2} = \delta$$

因此

$$\begin{aligned} \int_I f - \varepsilon < \int_I f - \frac{\varepsilon}{2} &\leqslant \sum_{i=1}^{n} \sum_{j=1}^{m} \inf f(\xi_i, J_j) \Delta x_i \Delta y_j \\ &\leqslant \sum_{i=1}^{n} \sum_{j=1}^{m} \sup f(\xi_i, J_j) \Delta x_i \Delta y_j \\ &\leqslant \int_I f + \frac{\varepsilon}{2} < \int_I f + \varepsilon \end{aligned}$$

注意到 $\sum_{j=1}^{m} \inf f(\xi_i, J_j) \Delta y_j$ 与 $\sum_{j=1}^{m} \sup f(\xi_i, J_j) \Delta y_j$ 分别为函数 $f(\xi_i, \cdot)$ 在 $[c,d]$ 上的达布下和与达布上和,以及下积分与上积分的定义知

$$\begin{aligned} \int_I f - \varepsilon &< \sum_{i=1}^{n} \left(\sum_{j=1}^{m} \inf f(\xi_i, J_j) \Delta y_j\right) \Delta x_i \\ &\leqslant \sum_{i=1}^{n} \left(\underline{\int_c^d} f(\xi_i, y) \mathrm{d}y\right) \Delta x_i = \sum_{i=1}^{n} \varphi(\xi_i) \Delta x_i \\ &\leqslant \sum_{i=1}^{n} \psi(\xi_i) \Delta x_i = \sum_{i=1}^{n} \left(\overline{\int_c^d} f(\xi_i, y) \mathrm{d}y\right) \Delta x_i \\ &\leqslant \sum_{i=1}^{n} \left(\sum_{j=1}^{m} \sup f(\xi_i, J_j) \Delta y_j\right) \Delta x_i < \int_I f + \varepsilon \end{aligned}$$

这就证明了

$$\begin{aligned}\int_a^b \varphi(x)\,\mathrm{d}x &= \lim_{\|T_x\|\to 0}\sum_{i=1}^n \varphi(\xi_i)\Delta x_i = \int_I f \\ &= \lim_{\|T_x\|\to 0}\sum_{i=1}^n \psi(\xi_i)\Delta x_i = \int_a^b \psi(x)\,\mathrm{d}x\end{aligned}$$

由定理10.3.1立即得到下面的定理.

定理10.3.2(闭区间上化二重积分为累次积分) 设f在闭区间$I=[a,b]\times[c,d]$上可积.如果$\forall x\in[a,b]$,函数$f(x,\cdot)$在$[c,d]$上可积,则

$$\int_I f = \int_a^b \mathrm{d}x\int_c^d f(x,y)\,\mathrm{d}y$$

同样,如果$\forall y\in[c,d]$,函数$f(\cdot,y)$在$[a,b]$上可积,则又有

$$\int_I f = \int_c^d \mathrm{d}y\int_a^b f(x,y)\,\mathrm{d}x$$

证明 只证上面第1式,第2式类似证明.

由$f(x,\cdot)$在$[c,d]$上可积知

$$\int_c^d f(x,y)\,\mathrm{d}y = \underline{\int_c^d} f(x,y)\,\mathrm{d}y = \overline{\int_c^d} f(x,y)\,\mathrm{d}y$$

根据定理10.3.1得到

$$\int_I f = \int_a^b\left(\underline{\int_c^d} f(x,y)\,\mathrm{d}y\right)\mathrm{d}x = \int_a^b \mathrm{d}x\int_c^d f(x,y)\,\mathrm{d}y$$

定理10.3.3(闭区间上化二重积分为累次积分) 设f在$I=[a,b]\times[c,d]$上可积,且$\forall x\in[a,b]$,$f(x,\cdot)$在$[c,d]$上可积,又$\forall y\in[c,d]$,$f(\cdot,y)$在$[a,b]$上可积,则

$$\int_I f = \int_a^b \mathrm{d}x\int_c^d f(x,y)\,\mathrm{d}y = \int_c^d \mathrm{d}y\int_a^b f(x,y)\,\mathrm{d}y$$

特别地,当f在I上连续时,上式成立.

证明 由定理10.3.2可推得.

在闭区间上化二重积分为累次积分的基础上,很容易将有界集上的二重积分化为累次积分.

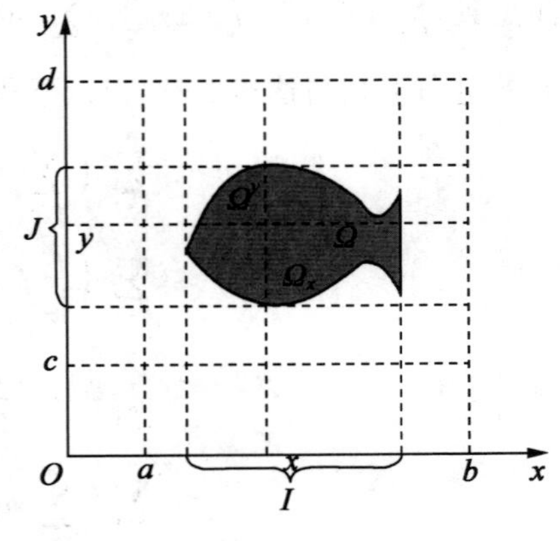

图10.3.1

定理10.3.4(有界集上化二重积分为累次积分) 设$\Omega\subset\mathbb{R}^2$为有面积集,$f:\Omega\to\mathbb{R}$有界且连续.记$\Omega$在$x$轴上的垂直投影(图10.3.1)为

$$I=\{x\in\mathbb{R}\mid\exists y,\text{s.t.}\ (x,y)\in\Omega\}$$

如果 $\forall x\in I$，截 $\Omega_x=\{y\in\mathbb{R}\mid(x,y)\in\Omega\}$ 为一区间（可以退缩为一点），则

$$\int_\Omega f=\int_I \mathrm{d}x\int_{\Omega_x}f(x,y)\,\mathrm{d}y$$

同样，记 Ω 在 y 轴上的垂直投影（图 10.3.1）为

$$J=\{y\in\mathbb{R}\mid\exists x,\text{s.t.}\ (x,y)\in\Omega\}$$

如果 $\forall y\in J$，截 $\Omega^y=\{x\in\mathbb{R}\mid(x,y)\in\Omega\}$ 为一区间（可以退缩为一点），则

$$\int_\Omega f=\int_J \mathrm{d}y\int_{\Omega^y}f(x,y)\,\mathrm{d}x$$

证明　作闭区间 $[a,b]\times[c,d]\supset\Omega$（图 10.3.1）. 因为 f 在 Ω 上有界且连续，并且 $\Omega\subset\mathbb{R}^2$ 为有面积集，根据定理 10.2.6，f 在 Ω 上可积. 再由定义10.2.1，函数 f_Ω 在 $[a,b]\times[c,d]$ 上可积，且

$$\int_\Omega f=\int_{[a,b]\times[c,d]}f_\Omega$$

当 $x\in I$ 时，函数 $f(x,\cdot)$ 在区间 Ω_x 上有界且连续，所以 $f(x,\cdot)$ 在 Ω_x 上可积. 于是

$$\int_c^d f_\Omega(x,y)\,\mathrm{d}y=\begin{cases}\displaystyle\int_{\Omega_x}f(x,y)\,\mathrm{d}y, & x\in I\\ 0, & x\in I^{\mathrm{c}}\cap[a,b]\end{cases}$$

根据定理 10.3.2，有

$$\begin{aligned}\int_\Omega f&=\int_{[a,b]\times[c,d]}f_\Omega=\int_a^b\mathrm{d}x\int_c^d f_\Omega(x,y)\,\mathrm{d}y\\&=\int_I\mathrm{d}x\int_c^d f_\Omega(x,y)\,\mathrm{d}y=\int_I\mathrm{d}x\int_{\Omega_x}f(x,y)\,\mathrm{d}y\end{aligned}$$

考虑特殊情形，我们有下面的定理.

定理 10.3.5（有界集上化二重积分为累次积分）　设 $\Omega=\{(x,y)\in\mathbb{R}^2\mid y_1(x)\leqslant y\leqslant y_2(x),a\leqslant x\leqslant b\}$，其中函数 y_1 与 y_2 在 $[a,b]$ 上连续（图 10.3.2），函数 f 在 Ω 上可积. 如果 $\forall x\in[a,b]$，单变量积分

$$\int_{y_1(x)}^{y_2(x)}f(x,y)\,\mathrm{d}y$$

存在，则

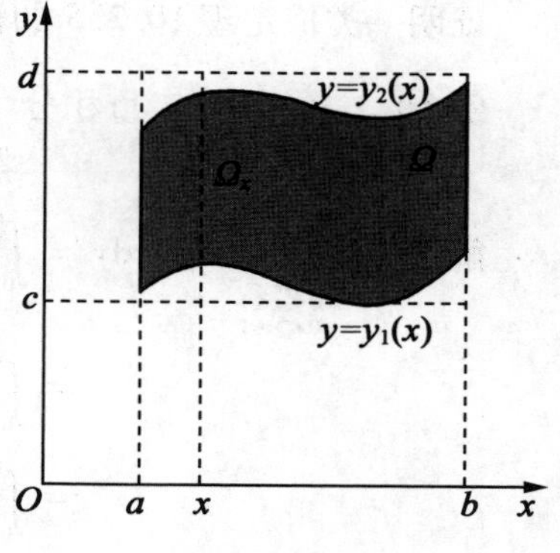

图 10.3.2

$$\int_{\Omega} f = \int_a^b \mathrm{d}x \int_{y_1(x)}^{y_2(x)} f(x,y)\,\mathrm{d}y$$

证明 令

$$c = \inf y_1([a,b]), \quad d = \sup y_2([a,b])$$

于是,闭区间 $I=[a,b]\times[c,d]\supset\Omega$. 因为 f 在 Ω 上可积,所以 f_Ω 在 I 上可积. 由所给条件, $\forall x\in[a,b]$,函数

$$f_{\Omega}(x,y) = \begin{cases} f(x,y), & y\in[y_1(x),y_2(x)] \\ 0, & y\in[(c,y_1(x))\cup(y_2(x),d)] \end{cases}$$

在 $[c,d]$ 上可积,且

$$\begin{aligned} \int_c^d f_{\Omega}(x,y)\,\mathrm{d}y &= \int_c^{y_1(x)} f_{\Omega}(x,y)\,\mathrm{d}y + \int_{y_1(x)}^{y_2(x)} f_{\Omega}(x,y)\,\mathrm{d}y + \int_{y_2(x)}^{d} f_{\Omega}(x,y)\,\mathrm{d}y \\ &= 0 + \int_{y_1(x)}^{y_2(x)} f_{\Omega}(x,y)\,\mathrm{d}y + 0 = \int_{y_1(x)}^{y_2(x)} f_{\Omega}(x,y)\,\mathrm{d}y \end{aligned}$$

根据定理 10. 3. 2,有

$$\int_{\Omega} f = \int_a^b \mathrm{d}x \int_c^d f_{\Omega}(x,y)\,\mathrm{d}y = \int_a^b \mathrm{d}x \int_{y_1(x)}^{y_2(x)} f(x,y)\,\mathrm{d}y$$

定理 10. 3. 6(有界集上化二重积分为累次积分) 设 $\Omega=\{(x,y)\in\mathbb{R}^2 \mid x_1(y)\leqslant x\leqslant x_2(y), c\leqslant y\leqslant d\}$,其中函数 x_1 与 x_2 在 $[c,d]$ 上连续(图 10. 3. 3),函数 f 在 Ω 上可积. 如果 $\forall y\in[c,d]$,单变量积分

$$\int_{x_1(y)}^{x_2(y)} f(x,y)\,\mathrm{d}x$$

存在,则

$$\int_{\Omega} f = \int_c^d \mathrm{d}y \int_{x_1(y)}^{x_2(y)} f(x,y)\,\mathrm{d}x$$

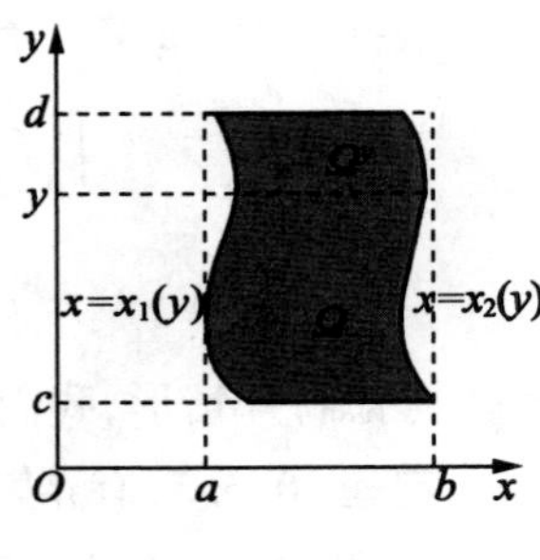

图 10. 3. 3

证明 类似定理 10. 3. 5 的证明.

例 10. 3. 1 计算二重积分 $\displaystyle\iint\limits_{\substack{0\leqslant x\leqslant 1\\ 0\leqslant y\leqslant 1}} x\mathrm{e}^{xy}\,\mathrm{d}x\mathrm{d}y$.

解法 1

$$\begin{aligned} \iint\limits_{\substack{0\leqslant x\leqslant 1\\ 0\leqslant y\leqslant 1}} x\mathrm{e}^{xy}\,\mathrm{d}x\mathrm{d}y &= \int_0^1 \mathrm{d}x \int_0^1 x\mathrm{e}^{xy}\,\mathrm{d}y \\ &= \int_0^1 \mathrm{e}^{xy}\Big|_{y=0}^{y=1}\,\mathrm{d}x \\ &= \int_0^1 (\mathrm{e}^x - 1)\,\mathrm{d}x = (\mathrm{e}^x - x)\Big|_0^1 \end{aligned}$$

$$= (e^1 - 1) - (1 - 0) = e - 2$$

解法 2
$$\iint\limits_{\substack{0\leqslant x\leqslant 1\\0\leqslant y\leqslant 1}} x e^{xy}\,dx\,dy = \int_0^1 dy\int_0^1 x e^{xy}\,dx = \int_0^1 dy\int_0^1 x\,d\,\frac{e^{xy}}{y}$$
$$= \int_0^1\left[x\frac{e^{xy}}{y}\Big|_{x=0}^{x=1} - \int_0^1 \frac{e^{xy}}{y}dx\right]dy$$
$$= \int_0^1\left(\frac{e^y}{y} - \frac{e^{xy}}{y^2}\Big|_{x=0}^{x=1}\right)dy$$
$$= \int_0^1\left(\frac{e^y}{y} - \frac{e^y}{y^2} + \frac{1}{y^2}\right)dy = \frac{e^y - 1}{y}\Big|_0^1$$
$$= (e - 1) - 1 = e - 2$$

例 10.3.2　计算二重积分 $\iint\limits_{[0,\pi]\times[0,1]} y\sin(xy)\,dx\,dy$.

解法 1
$$\iint\limits_{[0,\pi]\times[0,1]} y\sin(xy)\,dx\,dy = \int_0^1 dy\int_0^\pi y\sin(xy)\,dx$$
$$= \int_0^1 dy\int_0^\pi \frac{\partial}{\partial x}(-\cos(xy))\,dx$$
$$= \int_0^1 \cos(xy)\Big|_{x=\pi}^{x=0} dy$$
$$= \int_0^1 (1 - \cos(\pi y))\,dy$$
$$= 1 - \frac{1}{\pi}\sin(\pi y)\Big|_0^1 = 1$$

解法 2
$$\iint\limits_{[0,\pi]\times[0,1]} y\sin(xy)\,dx\,dy = \int_0^\pi dx\int_0^1 y\sin(xy)\,dy$$
$$= \int_0^\pi dx\int_0^1 \frac{-y}{x}d\cos(xy)$$
$$= \int_0^\pi\left[\frac{-y}{x}\cos(xy)\Big|_{y=0}^{y=1} + \int_0^1 \frac{\cos(xy)}{x}dy\right]dx$$
$$= \int_0^\pi\left(-\frac{\cos x}{x} + \frac{\sin(xy)}{x^2}\Big|_{y=0}^{y=1}\right)dx$$
$$= \int_0^\pi\left(-\frac{\cos x}{x} + \frac{\sin x}{x^2}\right)dx$$
$$= -\frac{\sin x}{x}\Big|_0^\pi = 1$$

比较两个累次积分可以看出,解法1比解法2简单得多.需要选择时,自然应选择简便的方法.有时,甚至一个累次积分能计算出,而另一个累次积分却无法计算下去.

例 10.3.3 计算 $\iint\limits_{\substack{-1\leqslant x\leqslant 1\\0\leqslant y\leqslant 1}} x\mathrm{e}^{x^2+y^2}\mathrm{d}x\mathrm{d}y$.

解 $$\iint\limits_{\substack{-1\leqslant x\leqslant 1\\0\leqslant y\leqslant 1}} x\mathrm{e}^{x^2+y^2}\mathrm{d}x\mathrm{d}y = \int_0^1\mathrm{d}y\int_{-1}^1 x\mathrm{e}^{x^2+y^2}\mathrm{d}x \xlongequal{\text{奇函数}} \int_0^1 0\mathrm{d}y = 0.$$

但由于$\int_0^1 \mathrm{e}^{y^2}\mathrm{d}y$无法计算下去,故另一个累次积分也无法计算下去.

例 10.3.4 计算二重积分 $\iint\limits_{[0,1]^2} xy^3\mathrm{e}^{x^2+y^2}\mathrm{d}x\mathrm{d}y$.

解
$$\begin{aligned}\iint\limits_{[0,1]^2} xy^3\mathrm{e}^{x^2+y^2}\mathrm{d}x\mathrm{d}y &= \int_0^1 x\mathrm{e}^{x^2}\mathrm{d}x\int_0^1 y^3\mathrm{e}^{y^2}\mathrm{d}y\\
&\xlongequal{t=y^2} \frac{1}{2}\mathrm{e}^{x^2}\Big|_0^1\cdot\frac{1}{2}\int_0^1 t\mathrm{e}^t\mathrm{d}t = \frac{1}{4}(\mathrm{e}-1)\int_0^1 t\mathrm{d}\mathrm{e}^t\\
&= \frac{1}{4}(\mathrm{e}-1)\left(t\mathrm{e}^t\Big|_0^1 - \int_0^1\mathrm{e}^t\mathrm{d}t\right)\\
&= \frac{1}{4}(\mathrm{e}-1)\left(\mathrm{e}-\mathrm{e}^t\Big|_0^1\right) = \frac{1}{4}(\mathrm{e}-1)\end{aligned}$$

例 10.3.5 计算二重积分

$$\iint\limits_{\substack{0\leqslant x\leqslant 2\\0\leqslant y\leqslant 2}} [x+y]\mathrm{d}x\mathrm{d}y$$

其中$[x]$表示不超过x的最大整数.

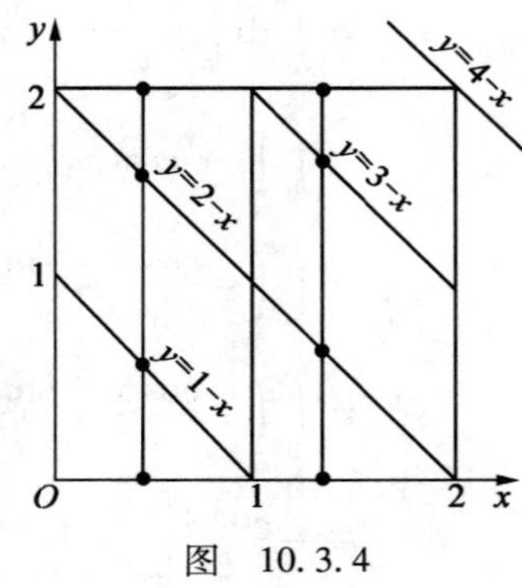

图 10.3.4

解法 1　从图 10.3.4 可知

$$\begin{aligned}
\iint\limits_{\substack{0\leqslant x\leqslant 2\\0\leqslant y\leqslant 2}}[x+y]\mathrm{d}x\mathrm{d}y &= \int_0^2\mathrm{d}x\int_0^2[x+y]\mathrm{d}y \\
&= \int_0^1\mathrm{d}x\int_0^2[x+y]\mathrm{d}y + \int_1^2\mathrm{d}x\int_0^2[x+y]\mathrm{d}y \\
&= \int_0^1\left[\int_0^{1-x}0\mathrm{d}y + \int_{1-x}^{2-x}1\mathrm{d}y + \int_{2-x}^{2}2\mathrm{d}y\right]\mathrm{d}x + \\
&\quad \int_1^2\left[\int_0^{2-x}1\mathrm{d}y + \int_{2-x}^{3-x}2\mathrm{d}y + \int_{3-x}^{2}3\mathrm{d}y\right]\mathrm{d}x \\
&= \int_0^1[(2-x)-(1-x)+2(2-(2-x))]\mathrm{d}x + \\
&\quad \int_1^2\{(2-x)+2[(3-x)-(2-x)]+3[2-(3-x)]\}\mathrm{d}x \\
&= \int_0^1(1+2x)\mathrm{d}x + \int_1^2(1+2x)\mathrm{d}x = \int_0^2(1+2x)\mathrm{d}x = (x+x^2)\Big|_0^2 = 6
\end{aligned}$$

解法 2　从图 10.3.5 还可知，$\Omega=[0,2]^2$ 上的二重积分等于 $\Omega_1,\Omega_2,\Omega_3,\Omega_4$ 上二重积分之和，即

$$\begin{aligned}
\iint\limits_{\substack{0\leqslant x\leqslant 2\\0\leqslant y\leqslant 2}}[x+y]\mathrm{d}x\mathrm{d}y &= 0\times\frac{1}{2}+1\times\left(2-\frac{1}{2}\right)+2\times\left(2-\frac{1}{2}\right)+3\times\frac{1}{2} \\
&= \frac{3}{2}+\frac{6}{2}+\frac{3}{2}=6
\end{aligned}$$

例 10.3.6　计算二重积分

$$\iint\limits_{\Omega}x^2y^2\mathrm{d}x\mathrm{d}y$$

其中 Ω 为由 $y=\frac{b}{a}x, y=0, x=a$ 三条直线围成的三角形(图 10.3.6).

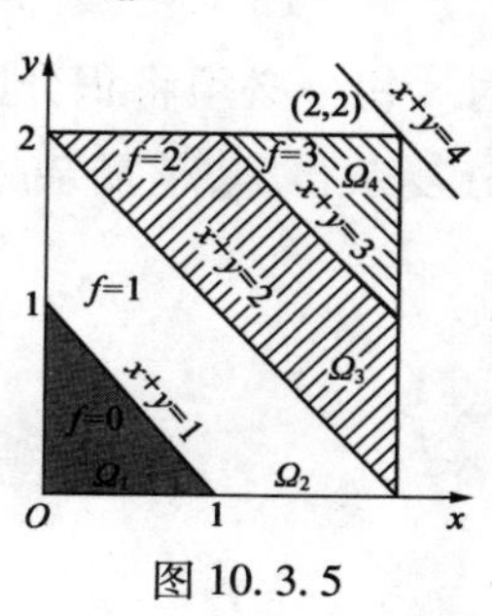

图 10.3.5

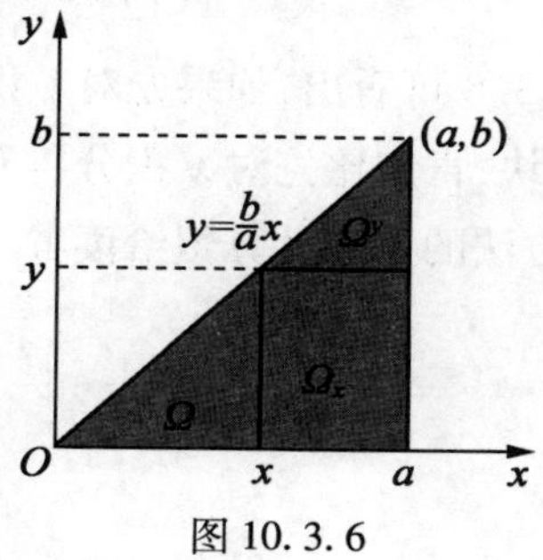

图 10.3.6

解法1 $\iint\limits_{\Omega} x^2y^2\mathrm{d}x\mathrm{d}y = \int_0^a \mathrm{d}x\int_0^{\frac{b}{a}x} x^2y^2\mathrm{d}y = \int_0^a x^2 \cdot \frac{y^3}{3}\Big|_0^{\frac{b}{a}x}\mathrm{d}x$

$$= \frac{1}{3}\left(\frac{b}{a}\right)^3\int_0^a x^5\mathrm{d}x = \frac{b^3}{18a^3}x^6\Big|_0^a = \frac{1}{18}a^3b^3$$

解法2 $\iint\limits_{\Omega} x^2y^2\mathrm{d}x\mathrm{d}y = \int_0^b y^2\mathrm{d}y\int_{\frac{b}{a}y}^a x^2\mathrm{d}x = \frac{1}{3}\int_0^b y^2\left(a^3 - \frac{a^3}{b^3}y^3\right)\mathrm{d}y$

$$= \frac{1}{3}\left(\frac{a^3}{3}y^3 - \frac{a^3}{6b^3}y^6\right)\Big|_0^b = \frac{1}{3}\left(\frac{1}{3}a^3b^3 - \frac{1}{6}a^3b^3\right)$$

$$= \frac{1}{18}a^3b^3$$

例10.3.7 计算二重积分

$$\iint\limits_{\Omega}(x^2+y^2)\mathrm{d}x\mathrm{d}y$$

其中 Ω 为由直线 $y=x, y=x+a, y=a, y=3a$ 所围成的平行四边形(图10.3.7).

解 从图10.3.7可看出,先对 x 积分再对 y 积分比较方便.

$$\begin{aligned}\iint\limits_{\Omega}(x^2+y^2)\mathrm{d}x\mathrm{d}y &= \int_a^{3a}\mathrm{d}y\int_{y-a}^{y}(x^2+y^2)\mathrm{d}x \\ &= \int_a^{3a}\left[\frac{x^3}{3}\Big|_{y-a}^{y} + y^2(y-(y-a))\right]\mathrm{d}y \\ &= \int_a^{3a}\left[\frac{y^3}{3} - \frac{(y-a)^3}{3} + ay^2\right]\mathrm{d}y \\ &= \left[\frac{y^4}{12} - \frac{(y-a)^4}{12} + \frac{ay^3}{3}\right]\Big|_a^{3a} \\ &= \left(\frac{81}{12}a^4 - \frac{16}{12}a^4 + 9a^4\right) - \left(\frac{1}{12}a^4 + \frac{1}{3}a^4\right) = 14a^4\end{aligned}$$

从图10.3.8可看出,如果先对 y 积分再对 x 积分必须将积分区域 Ω 分成 $\Omega_1,\Omega_2,\Omega_3$ 三块,肯定比先对 x 积分再对 y 积分复杂得多,越复杂越容易算错.应用第二种方法的具体计算留给读者.

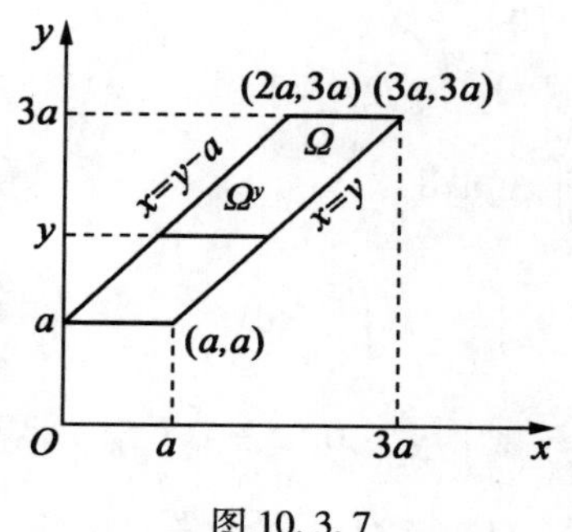

图 10.3.7

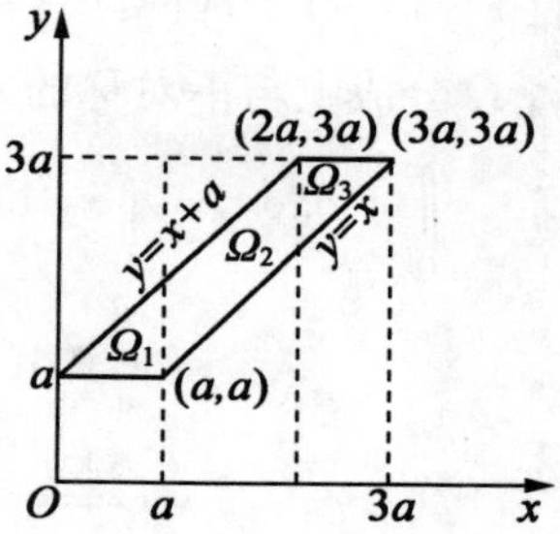

图 10.3.8

例 10.3.8　计算二重积分

$$\iint\limits_{\Omega} y^2\mathrm{d}x\mathrm{d}y$$

其中 Ω 是由摆线 $(x,y)=(a(t-\sin t),a(1-\cos t))$ 与 x 轴所围成的区域(图 10.3.9).

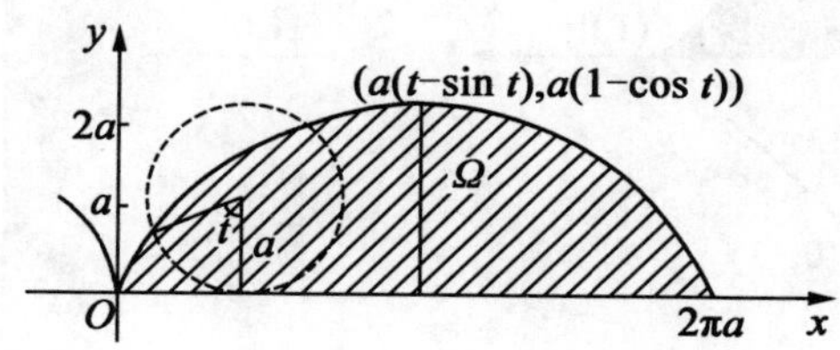

图 10.3.9

解

$$\begin{aligned}\iint\limits_{\Omega} y^2\mathrm{d}x\mathrm{d}y &= \int_0^{2\pi a}\mathrm{d}x\int_0^{y(x)} y^2\mathrm{d}y = \frac{1}{3}\int_0^{2\pi a} y^3(x)\mathrm{d}x \\ &= \frac{1}{3}\int_0^{2\pi} a^3(1-\cos t)^3\cdot a(1-\cos t)\mathrm{d}t \\ &= \frac{a^4}{3}\int_0^{2\pi} 16\sin^8\frac{t}{2}\mathrm{d}t \xlongequal{\theta=\frac{t}{2}} \frac{32a^4}{3}\int_0^{\pi}\sin^8\theta\mathrm{d}\theta \\ &= \frac{64a^4}{3}\int_0^{\frac{\pi}{2}}\sin^8\theta\mathrm{d}\theta \\ &= \frac{64a^4}{3}\cdot\frac{7!!}{8!!}\frac{\pi}{2} = \frac{35}{12}\pi\end{aligned}$$

例 10.3.9　计算二重积分

$$\iint\limits_{\Omega} xy^2\mathrm{d}x\mathrm{d}y$$

其中 $\Omega=\{(x,y)\mid |x|+|y|\leqslant 1\}$(图 10.3.10).

解 将 Ω 分成上与下对称的两个区域 $\Omega_{上}$ 与 $\Omega_{下}$,则

$$\begin{aligned}\iint\limits_{\Omega} xy^2\mathrm{d}x\mathrm{d}y &= \iint\limits_{\Omega_{上}} xy^2\mathrm{d}x\mathrm{d}y + \iint\limits_{\Omega_{下}} xy^2\mathrm{d}x\mathrm{d}y \\ &= \int_0^1 y^2\mathrm{d}y\int_{y-1}^{1-y} x\mathrm{d}x + \int_{-1}^0 y^2\mathrm{d}y\int_{-1-y}^{1+y} x\mathrm{d}x \\ &\xlongequal{\text{奇函数}} \int_0^1 y^2\cdot 0\mathrm{d}y + \int_{-1}^0 y^2\cdot 0\mathrm{d}x = 0\end{aligned}$$

如果将 Ω 分成左与右对称的两个区域 $\Omega_{左}$ 与 $\Omega_{右}$,由于先对 y 积分时被积函数不是 y 的奇函数,因此计算将比第一种算法复杂许多(图 10.3.11).

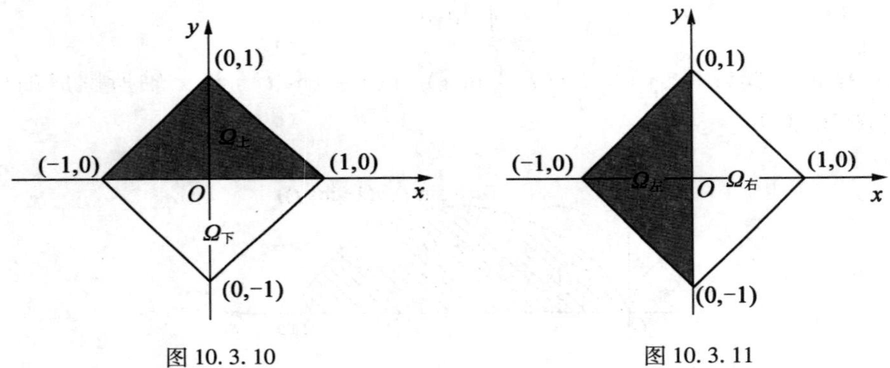

图 10.3.10　　　　图 10.3.11

例 10.3.10 求二重积分 $\iint\limits_{[0,\pi]^2} |\cos(x+y)|\mathrm{d}x\mathrm{d}y$.

解 如图 10.3.12 将 Ω 分为 $\Omega_1,\Omega_2,\Omega_3,\Omega_4$ 四个区域,于是有

$$\begin{aligned}&\iint\limits_{[0,\pi]^2} |\cos(x+y)|\mathrm{d}x\mathrm{d}y \\ &= \int_0^{\frac{\pi}{2}}\mathrm{d}x\int_0^{\frac{\pi}{2}-x}\cos(x+y)\mathrm{d}y + \\ &\int_0^{\frac{\pi}{2}}\mathrm{d}x\int_{\frac{\pi}{2}-x}^{\pi}[-\cos(x+y)]\mathrm{d}y + \\ &\int_{\frac{\pi}{2}}^{\pi}\mathrm{d}x\int_0^{\frac{3}{2}\pi-x}[-\cos(x+y)]\mathrm{d}y + \\ &\int_{\frac{\pi}{2}}^{\pi}\mathrm{d}x\int_{\frac{3}{2}\pi-x}^{\pi}\cos(x+y)\mathrm{d}y\end{aligned}$$

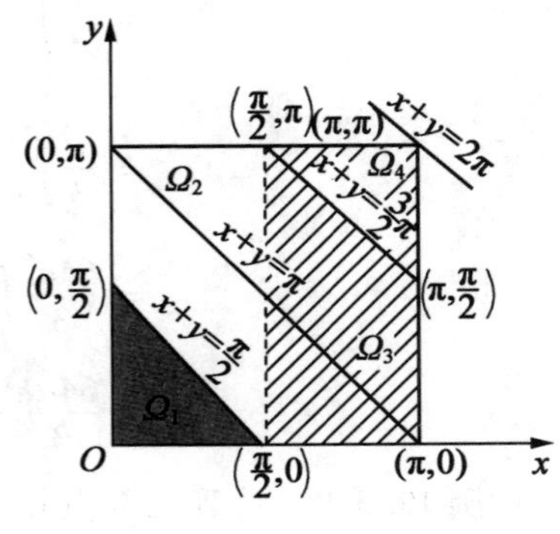

图 10.3.12

$$= \int_0^{\frac{\pi}{2}} \left(\sin \frac{\pi}{2} - \sin x \right) dx + \int_0^{\frac{\pi}{2}} \left[\sin \frac{\pi}{2} - \sin(\pi + x) \right] dx +$$

$$\int_{\frac{\pi}{2}}^{\pi} \left(\sin x - \sin \frac{3}{2}\pi \right) dx + \int_{\frac{\pi}{2}}^{\pi} \left[\sin(\pi + x) - \sin \frac{3}{2}\pi \right] dx$$

$$= \frac{\pi}{2} + \cos x \Big|_0^{\frac{\pi}{2}} + \frac{\pi}{2} - \cos x \Big|_0^{\frac{\pi}{2}} - \cos x \Big|_{\frac{\pi}{2}}^{\pi} + \frac{\pi}{2} + \cos x \Big|_{\frac{\pi}{2}}^{\pi} + \frac{\pi}{2}$$

$$= 2\pi$$

例 10.3.11　计算累次积分

$$\int_0^1 dy \int_y^{\sqrt{y}} \frac{\sin x}{x} dx$$

解　在第 1 册 5.3 节末,我们曾经指出$\frac{\sin x}{x}$的原函数是不能用初等函数表达的,因此,按照题中顺序计算累次积分是不可能的. 我们自然想到先将累次积分"还原"为二重积分,再交换累次积分的顺序,试一试能否积出来. 为此应当确定积分区域 Ω. 由本题看出 Ω 是由直线 $y=0$,$y=1$ 及曲线 $x=y$,$x=\sqrt{y}$所围成的区域(图 10.3.13).

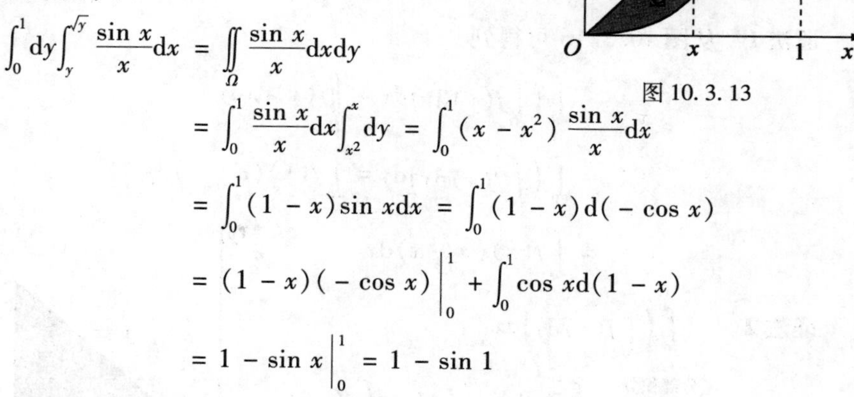

图 10.3.13

对照图 10.3.13,便很容易将累次积分改变成如下的顺序:

$$\int_0^1 dy \int_y^{\sqrt{y}} \frac{\sin x}{x} dx = \iint_{\Omega} \frac{\sin x}{x} dx dy$$

$$= \int_0^1 \frac{\sin x}{x} dx \int_{x^2}^{x} dy = \int_0^1 (x - x^2) \frac{\sin x}{x} dx$$

$$= \int_0^1 (1 - x) \sin x dx = \int_0^1 (1 - x) d(-\cos x)$$

$$= (1 - x)(-\cos x) \Big|_0^1 + \int_0^1 \cos x d(1 - x)$$

$$= 1 - \sin x \Big|_0^1 = 1 - \sin 1$$

类似例 10.3.11,读者可以证明

$$\int_0^1 dx \int_x^{\sqrt{x}} \frac{\cos y}{y} dy (\text{不好积!}) = 1 - \cos 1$$

例 10.3.12　改变累次积分的次序:

(1)从图 10.3.14 得到

$$\int_0^{\pi}\mathrm{d}x\int_0^{\cos x}f(x,y)\,\mathrm{d}y=\iint_{\Omega_1}f(x,y)\,\mathrm{d}x\mathrm{d}y-\iint_{\Omega_2}f(x,y)\,\mathrm{d}x\mathrm{d}y$$

$$=\int_0^1\mathrm{d}y\int_0^{\arccos y}f(x,y)\,\mathrm{d}x-\int_{-1}^0\mathrm{d}y\int_{\arccos y}^{\pi}f(x,y)\,\mathrm{d}x$$

(2)从图 10.3.15 得到

$$\int_0^1\mathrm{d}x\int_0^x f(x,y)\,\mathrm{d}y+\int_1^2\mathrm{d}x\int_0^{2-x}f(x,y)\,\mathrm{d}x$$

$$=\iint_{\Omega}f(x,y)\,\mathrm{d}x\mathrm{d}y=\int_0^1\mathrm{d}y\int_y^{2-y}f(x,y)\,\mathrm{d}x$$

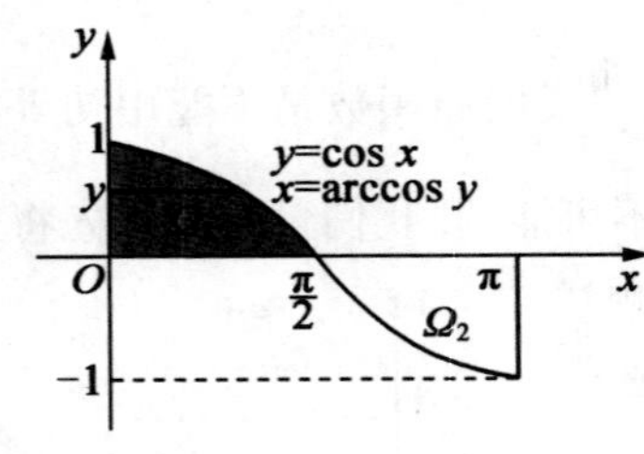

图 10.3.14

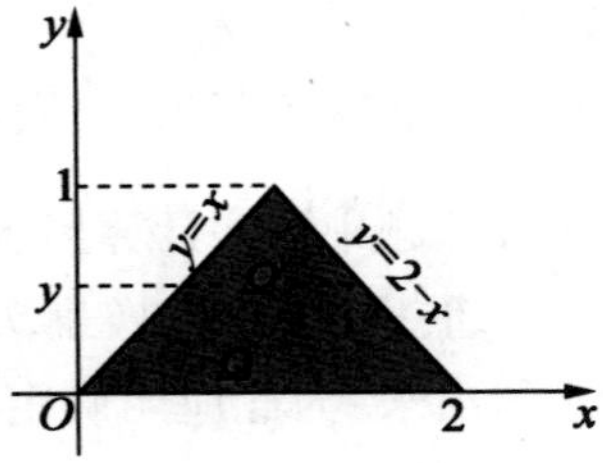

图 10.3.15

例 10.3.13　证明(参阅第1册练习题6.4题13)

$$\int_0^a\left(\int_0^x f(y)\,\mathrm{d}y\right)\mathrm{d}x=\int_0^a f(x)(a-x)\,\mathrm{d}x$$

证法1　从图 10.3.16 可得到

$$\int_0^a\left(\int_0^x f(y)\,\mathrm{d}y\right)\mathrm{d}x=\iint_{\Omega}f(y)\,\mathrm{d}x\mathrm{d}y$$

$$=\int_0^a\left(\int_y^a f(y)\,\mathrm{d}x\right)\mathrm{d}y=\int_0^a f(y)(a-y)\,\mathrm{d}y$$

$$=\int_0^a f(x)(a-x)\,\mathrm{d}x$$

证法2　$\displaystyle\int_0^a\left(\int_0^x f(y)\,\mathrm{d}y\right)\mathrm{d}x$

$$\xlongequal{\text{分部积分}}x\int_0^x f(y)\,\mathrm{d}y\Big|_0^a-\int_0^a x\,\mathrm{d}\int_0^x f(y)\,\mathrm{d}y$$

$$=a\int_0^a f(y)\,\mathrm{d}y-\int_0^a xf(x)\,\mathrm{d}x$$

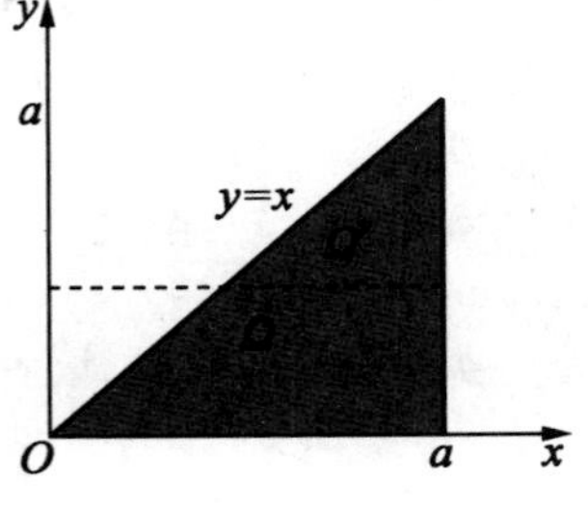

图 10.3.16

$$= \int_0^a f(x)(a-x)\mathrm{d}x$$

证法 3　令

$$F(x) = \int_0^x \left(\int_0^x f(y)\mathrm{d}y\right)\mathrm{d}x,\quad G(x) = \int_0^x f(y)(x-y)\mathrm{d}y$$

则

$$\begin{aligned} G'(x) &= \left(\int_0^x f(y)(x-y)\mathrm{d}y\right)' \\ &= \left(x\int_0^x f(y)\mathrm{d}y - \int_0^x yf(y)\mathrm{d}y\right)' \\ &= \int_0^x f(y)\mathrm{d}y + xf(x) - xf(x) \\ &= \int_0^x f(y)\mathrm{d}y = F'(x) \end{aligned}$$

$$\begin{aligned} F(x) &= F(0) + \int_0^x F'(y)\mathrm{d}y = 0 + \int_0^x G'(y)\mathrm{d}y \\ &= G(x) - G(0) = G(x) - 0 = G(x) \end{aligned}$$

$$\int_0^a \left(\int_0^x f(y)\mathrm{d}y\right)\mathrm{d}x = F(a) = G(a) = \int_0^a f(y)(a-y)\mathrm{d}y = \int_0^a f(x)(a-x)\mathrm{d}x$$

例 10.3.14　计算由抛物线 $y = x^2$ 与 $y^2 = x$ 围成的平面图形 Ω 的面积(图 10.3.17).

解法 1

$$\begin{aligned} v(\Omega) &= \int_\Omega 1 = \iint_\Omega \mathrm{d}x\mathrm{d}y = \int_0^1 \mathrm{d}x\int_{x^2}^{\sqrt{x}}\mathrm{d}y \\ &= \int_0^1 (\sqrt{x} - x^2)\mathrm{d}x = \left(\frac{2}{3}x^{\frac{3}{2}} - \frac{x^3}{3}\right)\Big|_0^1 \\ &= \frac{2}{3} - \frac{1}{3} = \frac{1}{3} \end{aligned}$$

解法 2　$v(\Omega) = \int_\Omega 1 = \iint_\Omega \mathrm{d}x\mathrm{d}y = \int_0^1 \mathrm{d}y\int_{y^2}^{\sqrt{y}}\mathrm{d}x \xlongequal{\text{同解法 1}} \frac{1}{3}$

例 10.3.15　计算由两个圆柱面 $x^2 + y^2 = a^2$ 与 $x^2 + z^2 = a^2$ 所围成的空间立体的体积 V(图 10.3.18).

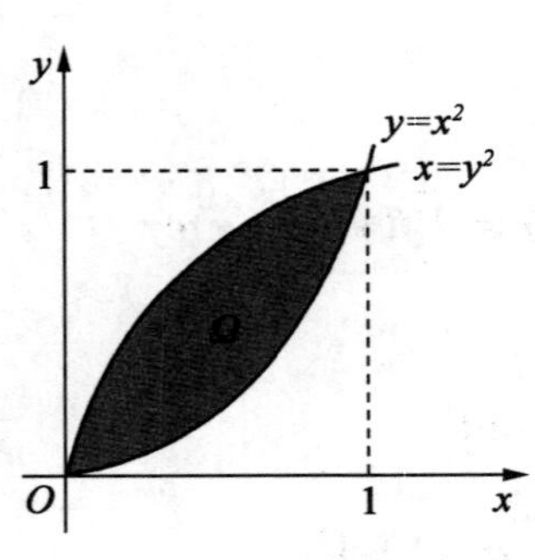

图 10.3.17

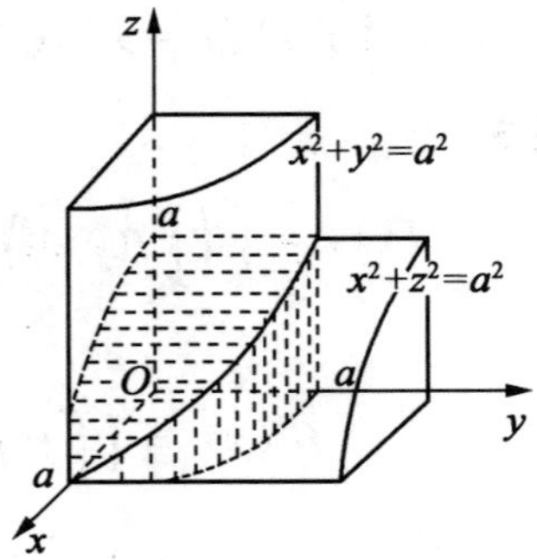

图 10.3.18

解 由对称性得到(对照第1册例6.6.5)

$$V = 8\iint\limits_{\substack{x^2+y^2\leqslant a^2\\ x\geqslant 0,y\geqslant 0}} \sqrt{a^2 - x^2}\,\mathrm{d}x\mathrm{d}y = 8\int_0^a \mathrm{d}x\int_0^{\sqrt{a^2-x^2}} \sqrt{a^2 - x^2}\,\mathrm{d}y$$

$$= 8\int_0^a (a^2 - x^2)\,\mathrm{d}x = 8\left(a^2x - \frac{x^3}{3}\right)\bigg|_0^a = \frac{16}{3}a^3$$

例 10.3.16 求由马鞍面 $z = xy$,平面 $x + y + z = 1$ 与 $z = 0$ 所围成立体的体积 V.

解 首先,马鞍面 $z = xy$ 与平面 $x + y + z = 1$ 的交线在 xOy 平面上的投影为双曲线

$$x + y + xy = 1$$

即

$$y = \frac{1 - x}{1 + x}$$

这条双曲线经过 xOy 平面上的点(1,0)与(0,1),并且以 $x = -1$ 与 $y = -1$ 为其渐近线. 其次,从平面 $z = 0$,平面 $z = 1 - x - y$ 及马鞍面可以看出所围成的立体在 xOy 平面上的投影为

$$\Omega = \{(x,y) \mid x\geqslant 0, y\geqslant 0, x + y\leqslant 1\}$$

它是三角形区域,也是求立体体积的积分区域. 上述双曲线一支将积分区域 Ω 分成 Ω_1 与 Ω_2 两部分(图 10.3.19,图 10.3.20).

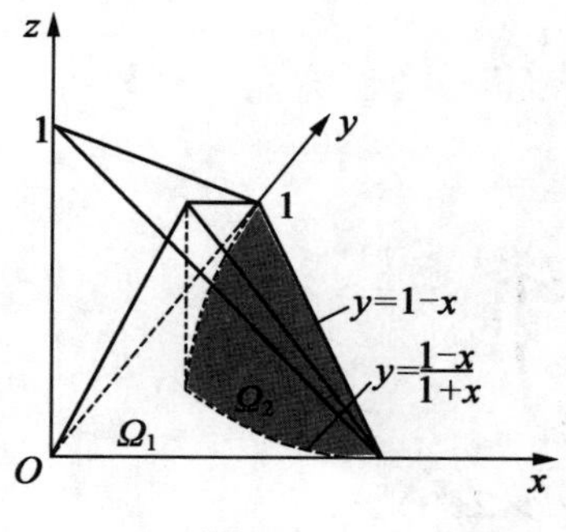

图 10.3.19

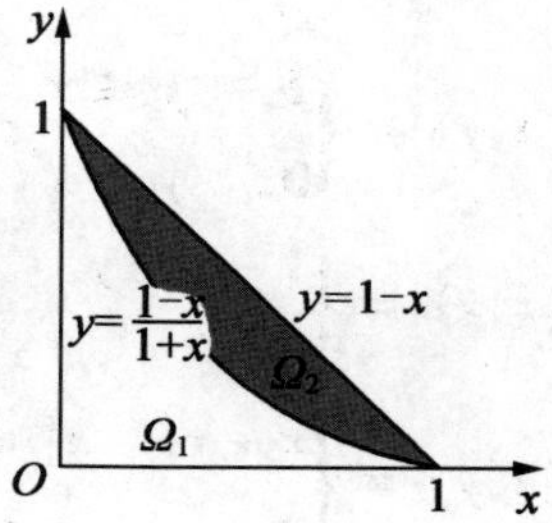

图 10.3.20

在 Ω_1 上,由于 $xy<1-x-y$,故马鞍面 $z_1=xy$ 在平面 $z_2=1-x-y$ 之下;在 Ω_2 上,由于 $1-x-y<xy$,故平面 $z_2=1-x-y$ 在马鞍面 $z_1=xy$ 之下.由此得到所求体积为

$$
\begin{aligned}
V &= \iint\limits_{\Omega_1} xy\mathrm{d}x\mathrm{d}y + \iint\limits_{\Omega_2}(1-x-y)\mathrm{d}x\mathrm{d}y \\
&= \int_0^1 x\mathrm{d}x\int_0^{\frac{1-x}{1+x}} y\mathrm{d}y + \int_0^1 \mathrm{d}x\int_{\frac{1-x}{1+x}}^{1-x}(1-x-y)\mathrm{d}y \\
&= \frac{1}{2}\int_0^1 \frac{x(1-x)^2}{(1+x)^2}\mathrm{d}x + \int_0^1\left\{\frac{x(1-x)^2}{1+x} - \frac{1}{2}\left[(1-x)^2 - \frac{(1-x)^2}{(1+x)^2}\right]\right\}\mathrm{d}x \\
&= \frac{1}{2}\int_0^1 \frac{x(1-x)^2}{1+x}\mathrm{d}x \xlongequal{1+x=t} \frac{1}{2}\int_1^2 \frac{(t-1)(2-t)^2}{t}\mathrm{d}t \\
&= \frac{1}{2}\int_1^2\left(t^2-5t+8-\frac{4}{t}\right)\mathrm{d}t \\
&= \frac{1}{2}\left(\frac{t^3}{3}-\frac{5}{2}t^2+8t-4\ln t\right)\Bigg|_1^2 = \frac{17}{12}-2\ln 2
\end{aligned}
$$

练习题 10.3

1. 计算二重积分:

(1) $\displaystyle\iint\limits_{[0,1]^2}\frac{x^2}{1+y^2}\mathrm{d}x\mathrm{d}y$;　　(2) $\displaystyle\iint\limits_{[0,\frac{\pi}{2}]\times[0,1]} x\cos(xy)\mathrm{d}x\mathrm{d}y$;

(3) $\displaystyle\iint\limits_{[0,\pi]^2}\sin(x+y)\mathrm{d}x\mathrm{d}y$.

2. 计算二重积分$\int_I f$,其中$I=[0,1]^2$.

(1)$f(x,y)=\begin{cases}1, & y\leqslant x^2\\ 0, & y>x^2\end{cases}$;

(2)$f(x,y)=\begin{cases}1-x-y, & x+y\leqslant 1\\ 0, & x+y>1\end{cases}$;

(3)$f(x,y)=\begin{cases}x+y, & x^2\leqslant y\leqslant 2x^2\\ 0, & y<x^2 \text{或} y>2x^2\end{cases}$.

3. 设函数f在闭区间$[a,b]\times[c,d]$上有连续的二阶偏导数,计算二重积分

$$\iint\limits_{[a,b]\times[c,d]}\frac{\partial^2 f}{\partial x\partial y}(x,y)\mathrm{d}x\mathrm{d}y$$

4. 计算下列二重积分:

(1)$\iint\limits_{\Omega}\cos(x+y)\mathrm{d}x\mathrm{d}y$,其中$\Omega$由$x=0,y=x,y=\pi$围成;

(2)$\iint\limits_{\Omega}xy^2\mathrm{d}x\mathrm{d}y$,$\Omega$由$y^2=4x$与$x=1$围成;

(3)$\iint\limits_{\Omega}\mathrm{e}^{x+y}\mathrm{d}x\mathrm{d}y$,$\Omega=\{(x,y)\mid |x|+|y|\leqslant 1\}$;

(4)$\iint\limits_{\Omega}|xy|\mathrm{d}x\mathrm{d}y$,$\Omega=\{(x,y)\mid x^2+y^2\leqslant a^2\}$,$a>0$;

(5)$\iint\limits_{\Omega}x\cos(xy)\mathrm{d}x\mathrm{d}y$,$\Omega=\{(x,y)\mid x^2+y^2\leqslant a^2\}$,$a>0$;

(6)$\iint\limits_{\Omega}|\cos(x+y)|\mathrm{d}x\mathrm{d}y$,$\Omega=[0,1]^2$;

(7)$\iint\limits_{\Omega}y^2\mathrm{d}x\mathrm{d}y$,$\Omega$由旋轮线

$$\begin{cases}x=a(t-\sin t)\\ y=a(1-\cos t)\end{cases},\quad 0\leqslant t\leqslant 2\pi$$

与$y=0$围成.

5. 改变下列累次积分的次序:

(1)$\int_0^1\mathrm{d}x\int_0^{x^2}f(x,y)\mathrm{d}y$;　(2)$\int_1^{\mathrm{e}}\mathrm{d}x\int_0^{\ln x}f(x,y)\mathrm{d}y$;

(3)$\int_0^1\mathrm{d}x\int_{x^2}^{x}f(x,y)\mathrm{d}y$;　(4)$\int_a^b\mathrm{d}x\int_a^{x}f(x,y)\mathrm{d}y$;

(5) $\int_{-1}^{1}\mathrm{d}x\int_{-\sqrt{1-x^2}}^{1-x^2}f(x,y)\,\mathrm{d}y$；　　(6) $\int_{0}^{1}\mathrm{d}x\int_{x-1}^{1-x}f(x,y)\,\mathrm{d}y$；

(7) $\int_{0}^{\pi}\mathrm{d}x\int_{0}^{\cos x}f(x,y)\,\mathrm{d}y$；　　(8) $\int_{0}^{2a}\mathrm{d}x\int_{\sqrt{2ax-x^2}}^{\sqrt{2ax}}f(x,y)\,\mathrm{d}y, a>0$；

(9) $\int_{0}^{1}\mathrm{d}x\int_{0}^{x^2}f(x,y)\,\mathrm{d}y+\int_{1}^{3}\mathrm{d}x\int_{0}^{\frac{1}{2}(3-x)}f(x,y)\,\mathrm{d}y$.

6. 设 f 为一元连续函数，证明：$\int_{0}^{a}\mathrm{d}x\int_{0}^{x}f(x)f(y)\,\mathrm{d}y=\frac{1}{2}\left(\int_{0}^{a}f(t)\,\mathrm{d}t\right)^2$.

10.4　二重积分的换元(变量代换)

一元函数的积分有换元公式

$$\int_{a}^{b}f(x)\,\mathrm{d}x=\int_{\alpha}^{\beta}f(\varphi(t))\varphi'(t)\,\mathrm{d}t=\int_{\alpha}^{\beta}(f\circ\varphi)(t)\varphi'(t)\,\mathrm{d}t$$

对于二重积分也有类似的公式.

定理 10.4.1(二重积分的换元(变量代换))　设 $\boldsymbol{\Omega}\subset\mathbb{R}^2$ 为开集，映射

$$\boldsymbol{F}:\boldsymbol{\Omega}\to\mathbb{R}^2,(u,v)\mapsto\boldsymbol{F}(u,v)=(x(u,v),y(u,v))$$

满足：

(1°) $\boldsymbol{F}\in C^1(\boldsymbol{\Omega},\mathbb{R}^2)$；

(2°) $\frac{\partial(x,y)}{\partial(u,v)}=\det \boldsymbol{JF}(u,v)=\det\boldsymbol{JF}(\boldsymbol{p})\neq 0,\boldsymbol{p}=(u,v)\in\boldsymbol{\Omega}$；

(3°) $\boldsymbol{F}$ 为单射.

如果集合 Δ 为有面积集，且 $\overline{\Delta}\subset\Omega$，$f$ 为 $\boldsymbol{F}(\Omega)$ 上的连续函数，则 $\boldsymbol{F}(\Delta)$ 也为有面积集，且

$$\int_{\boldsymbol{F}(\Delta)}f=\int_{\Delta}f\circ\boldsymbol{F}\,|\det\boldsymbol{JF}|$$

即

$$\iint\limits_{\boldsymbol{F}(\Delta)}f(x,y)\,\mathrm{d}x\mathrm{d}y=\iint\limits_{\Delta}f(x(u,v),y(u,v))\left|\frac{\partial(x,y)}{\partial(u,v)}\right|\mathrm{d}u\mathrm{d}v$$

证明　为了突出本定理的证明，如果用到一些结论时，我们采用引理补叙的方式.

因为 Δ 为有面积集，所以它有界，从而 $\overline{\Delta}$ 是有界闭集，即为紧致集. 由 $\boldsymbol{F}$ 连

续,故 $\boldsymbol{F}(\overline{\Delta})$ 也紧致. 从 f 连续知, f 在 $\boldsymbol{F}(\overline{\Delta})$ 上连续有界. 又 $\boldsymbol{F}\in C^1(\Omega,\mathbb{R}^2)$,故 $f\circ\boldsymbol{F}|\det\boldsymbol{JF}|$ 在 $\overline{\Delta}$ 上连续有界.

根据引理 10.4.1,Δ 与 $\boldsymbol{F}(\Delta)$ 都为有面积集,因而积分

$$\int_{\boldsymbol{F}(\Delta)} f,\quad \int_{\Delta} f\circ\boldsymbol{F}|\det\boldsymbol{JF}|$$

都存在(有限). 下面证明它们相等.

(1)f 非负.

① 先证$\int_{\boldsymbol{F}(\Delta)} f\leqslant\int_{\Delta} f\circ\boldsymbol{F}|\det\boldsymbol{JF}|$.

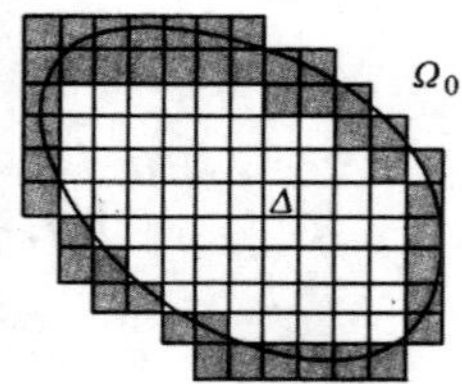

图 10.4.1

因为 $\overline{\Delta}$ 为有界闭集,可作有界开集 Ω_0,使得

$$\overline{\Delta}\subset\Omega_0\subset\overline{\Omega}_0\subset\Omega$$

设在 $\overline{\Omega}_0$ 上,$|\det\boldsymbol{JF}|\leqslant M$,在 $\boldsymbol{F}(\Delta)$ 上有 $0\leqslant f\leqslant N$.

用平行于坐标轴的两族直线将$\mathbb{R}^2$分割成大小相等的封闭正方形,其中与 Δ 相交者构成正方形族

$$T=\{I_1,I_2,\cdots,I_n\}$$

假定 $I_1,I_2,\cdots,I_m\subset\Delta$,$I_{m+1},I_{m+2},\cdots,I_n$ 既含有 Δ 中的点,又含有 Δ^c 中的点(即都与$\partial\Delta$ 相交). 当 $\|T\|$ 很小时,可使(图 10.4.1)

$$I_j\subset\Omega_0,\quad j=1,2,\cdots,n$$

考虑 $\boldsymbol{F}(I_j)$,$j=1,2,\cdots,n$,其中 $\boldsymbol{F}(I_j)\subset\boldsymbol{F}(\Delta)$,$j=1,2,\cdots,m$;当 $m+1\leqslant j\leqslant n$ 时,$\boldsymbol{F}(I_j)$ 中既含有 $\boldsymbol{F}(\Delta)$ 中的点,又含有 $\boldsymbol{F}(\Delta)^c$ 中的点(由条件(1)与(3)).

于是,$\boldsymbol{F}(\Delta)$ 被分成 $\boldsymbol{F}(I_1),\boldsymbol{F}(I_2),\cdots,\boldsymbol{F}(I_m),\boldsymbol{F}(I_{m+1}\cap\Delta),\cdots,\boldsymbol{F}(I_n\cap\Delta)$. 从引理 10.4.2(由$\partial(I_{m+1}\cap\Delta)\subset\partial I_{m+1}\cup\partial\Delta$ 知,$\partial(I_{m+1}\cap\Delta)$ 为零面积集,根据定理 10.2.5,$I_{m+1}\cap\Delta$ 为有面积集),它们都为有面积集. 根据引理 10.4.1 与引理 10.4.2,它们只在边界

$$\partial\boldsymbol{F}(I_1)=\boldsymbol{F}(\partial I_1),\partial\boldsymbol{F}(I_2)=\boldsymbol{F}(\partial I_2),\cdots,\partial\boldsymbol{F}(I_m)=\boldsymbol{F}(\partial I_m)$$
$$\partial\boldsymbol{F}(I_{m+1})=\boldsymbol{F}(\partial I_{m+1}),\partial\boldsymbol{F}(I_{m+2})=\boldsymbol{F}(\partial I_{m+2}),\cdots,\partial\boldsymbol{F}(I_n)=\boldsymbol{F}(\partial I_n)$$
$$\partial\boldsymbol{F}(\Delta)=\boldsymbol{F}(\partial\Delta)$$

上相交. 因此,相交成零面积集.

因为 F 非负,由引理 10.4.4(2)有

$$\sum_{j=1}^{m}\int_{\boldsymbol{F}(I_j)} f\leqslant\sum_{j=1}^{m}\int_{I_j} f\circ\boldsymbol{F}|\det\boldsymbol{JF}|$$

$$\int_{F(\Delta)} f \xlongequal{\text{定理 10.2.8}} \sum_{j=1}^{m}\int_{F(I_j)} f + \sum_{j=m+1}^{n}\int_{F(I_j\cap\Delta)} f$$

$$= \lim_{\|T\|\to 0}\sum_{j=1}^{m}\int_{F(I_j)} f + \lim_{\|T\|\to 0}\sum_{j=m+1}^{n}\int_{F(I_j\cap\Delta)} f$$

$$= \lim_{\|T\|\to 0}\sum_{j=1}^{m}\int_{F(I_j)} f \leqslant \lim_{\|T\|\to 0}\sum_{j=1}^{m}\int_{I_j} f\circ \boldsymbol{F} |\det \boldsymbol{JF}|$$

$$= \lim_{\|T\|\to 0}\sum_{j=1}^{m}\int_{I_j} f\circ \boldsymbol{F} |\det \boldsymbol{JF}| + \lim_{\|T\|\to 0}\sum_{j=m+1}^{n}\int_{I_j\cap\Delta} f\circ \boldsymbol{F} |\det \boldsymbol{JF}|$$

$$= \int_{\Delta} f\circ \boldsymbol{F} |\det \boldsymbol{JF}|$$

其中第三个等式是由

$$0 \leqslant \sum_{j=m+1}^{n}\int_{F(I_j\cap\Delta)} f \leqslant N\sum_{j=m+1}^{n}\int_{F(I_j)} 1$$

$$\overset{\text{引理10.4.4(2)}}{\leqslant} N\sum_{j=m+1}^{n}\int_{I_j} |\det \boldsymbol{JF}|$$

$$\leqslant MN\sum_{j=m+1}^{n} v(I_j) \xrightarrow{\text{定理 10.2.4}} 0,\quad \|T\|\to 0$$

及

$$\lim_{\|T\|\to 0}\sum_{j=m+1}^{n}\int_{F(I_j\cap\Delta)} f = 0$$

推得.

②对函数 $f\circ \boldsymbol{F}|\det \boldsymbol{JF}|$ 与映射 $\boldsymbol{F}^{-1}$ 在 $\boldsymbol{F}^{-1}(\boldsymbol{F}(\Delta))=\Delta$ 上再应用①中不等式就有

$$\int_{\Delta} f\circ \boldsymbol{F} |\det \boldsymbol{JF}| = \int_{F^{-1}(F(\Delta))} f\circ \boldsymbol{F} |\det \boldsymbol{JF}|$$

$$\leqslant \int_{F(\Delta)} f\circ \boldsymbol{F}\circ \boldsymbol{F}^{-1} |\det \boldsymbol{JF}|\cdot|\det \boldsymbol{JF}^{-1}| = \int_{F(\Delta)} f$$

综合①和②，对 $\boldsymbol{F}\geqslant \boldsymbol{0}$，有

$$\int_{F(\Delta)} f = \int_{\Delta} f\circ \boldsymbol{F} |\det \boldsymbol{JF}|$$

(2)对一般的 $f\in C^0(\boldsymbol{F}(\Delta),\mathbb{R})$.

记 $f^+(\boldsymbol{P})=\max\{f(\boldsymbol{P}),0\}\geqslant 0$，$f^-(\boldsymbol{P})=-\min\{f(\boldsymbol{P}),0\}\geqslant 0$. 于是，$f=f^+-f^-$. 因为 f 在 $\boldsymbol{F}(\Omega)$ 上连续，仿照一元函数第 1 册练习题 2.4 题 10 知，f^+ 与 f^- 在 $\boldsymbol{F}(\Omega)$ 上也连续. 由此与(1)推得

$$\begin{aligned}\int_{F(\Delta)} f &= \int_{F(\Delta)} (f^+ - f^-) = \int_{F(\Delta)} f^+ - \int_{F(\Delta)} f^- \\ &= \int_{\Delta} f^+ \circ F \mid \det JF \mid - \int_{\Delta} f^- \circ F \mid \det JF \mid \\ &= \int_{\Delta} (f^+ - f^-) \circ F \mid \det JF \mid = \int_{\Delta} f \circ F \mid \det JF \mid\end{aligned}$$

引理 10.4.1 设 $\Omega \subset \mathbb{R}^2$ 为开集,$F:\Omega \to \mathbb{R}^2$ 为映射. 如果 $F \in C^1(\Omega, \mathbb{R}^2)$,$l$ 为零面积集,$\bar{l} \subset \Omega$,则 $F(l)$ 也为零面积集.

证明 因为 l 为零面积集,所以 l 有界,从而 $\bar{l}$ 为有界闭集,即紧致集. 所以存在有界开集 Ω_0,使得

$$\bar{l} \subset \Omega_0 \subset \overline{\Omega}_0 \subset \Omega$$

于是,$\delta = \rho_0^2(\bar{l}, \partial\Omega_0) > 0$. $\forall \varepsilon > 0$,因 l 为零面积集,可作有限个大小相等的正方形 $I_1, I_2, \cdots, I_n$(边长为 $2a$),使 $I_i \subset \Omega_0 \subset \Omega$,$\mathrm{diam}\, I_i = 2\sqrt{2}a < \delta$,$i = 1, 2, \cdots, n$,且

$$l \subset \bigcup_{i=1}^{n} I_i, \quad 4na^2 = \sum_{i=1}^{n} v(I_i) < \varepsilon$$

则

$$F(l) \subset \bigcup_{i=1}^{n} F(I_i)$$

因为 $F \in C^1(\Omega, \mathbb{R}^2)$,所以 $\| JF \|$ 在紧致集 $\overline{\Omega}_0$ 上有界,设 M 为其上界. $\forall p \in I_i$,令 p^i 为 I_i 的中心. 根据拟微分中值定理,$\exists \xi^i \in \overline{pp^i}$($p$ 与 p^i 的连线),使得

$$\| F(p) - F(p^i) \| < \| JF(\xi^i) \| \; \| p - p^i \| \leqslant M \cdot \sqrt{2}a = \sqrt{2}Ma$$

因此,$F(l)$ 包含在 n 个边长为 $2\sqrt{2}Ma$,中心在 $F(p^i)$ 的正方形中,它们的面积总和为

$$n \cdot 4 \cdot 2M^2a^2 < 2M^2\varepsilon$$

由 ε 的任意性可知,$F(l)$ 为零面积集.

引理 10.4.2 设 Ω 为开集,映射

$$F:\Omega \to \mathbb{R}^2$$

满足:(1°)$F \in C^1(\Omega, \mathbb{R}^2)$;

(2°)$\det JF(p) \neq 0, p \in \Omega$;

(3°)F 为单射.

那么:(1)如果有界集 Δ 满足 $\overline{\Delta} \subset \Omega$,则 $\partial F(\Delta) = F(\partial\Delta)$;

(2)如果 $\overline{\Delta}\subset\Omega$,且 Δ 有面积,则 $\boldsymbol{F}(\Delta)$ 也有面积.

证明　(1)一方面,因 $\overline{\Delta}$ 为有界闭集,即 $\overline{\Delta}$ 为紧致集,又 $\boldsymbol{F}$ 连续,故 $\boldsymbol{F}(\overline{\Delta})$ 也紧致. 由于 $\boldsymbol{F}(\Delta)\subset\boldsymbol{F}(\overline{\overline{\Delta}})$,故

$$\overline{\boldsymbol{F}(\Delta)}\subset\overline{\boldsymbol{F}(\overline{\Delta})}=\boldsymbol{F}(\overline{\Delta})$$

所以

$$\partial\boldsymbol{F}(\Delta)\subset\overline{\boldsymbol{F}(\Delta)}\subset\boldsymbol{F}(\overline{\Delta})=\boldsymbol{F}(\Delta^\circ)\cup\boldsymbol{F}(\partial\Delta)$$

根据逆射定理,$\boldsymbol{F}(\Delta^\circ)$ 为开集,而 $\boldsymbol{F}(\Delta^\circ)\subset\boldsymbol{F}(\Delta)$,因此

$$\boldsymbol{F}(\Delta^\circ)\subset\boldsymbol{F}(\Delta)^\circ$$

从而

$$\partial\boldsymbol{F}(\Delta)\subset\boldsymbol{F}(\partial\Delta)$$

另一方面,如果 $\boldsymbol{p}\in\boldsymbol{F}(\partial\Delta)$,则有 $\boldsymbol{t}\in\partial\Delta$,使得 $\boldsymbol{F}(\boldsymbol{t})=\boldsymbol{p}$. 于是,$\exists\,\boldsymbol{t}^n\in\Delta$ 与 $\bar{\boldsymbol{t}}^n\in\Delta^c$,s. t. $\boldsymbol{t}^n\to\boldsymbol{t}$,$\bar{\boldsymbol{t}}^n\to\boldsymbol{t}\,(n\to+\infty)$. 由于 $\boldsymbol{F}$ 连续,故

$$\boldsymbol{F}(\boldsymbol{t}^n)\to\boldsymbol{F}(\boldsymbol{t})=\boldsymbol{p},\quad \boldsymbol{F}(\bar{\boldsymbol{t}}^n)\to\boldsymbol{F}(\boldsymbol{t})=\boldsymbol{p}$$

但是,$\boldsymbol{F}(\boldsymbol{t}^n)\in\boldsymbol{F}(\Delta)$,$\boldsymbol{F}(\bar{\boldsymbol{t}}^n)\in\boldsymbol{F}(\Delta^c)$,$n\in\mathbb{Z}_+$. 又 $\boldsymbol{F}$ 为单射,故 $\boldsymbol{F}(\Delta^c)\subset\boldsymbol{F}(\Delta)^c$,即 $\boldsymbol{F}(\Delta^c)\cap\boldsymbol{F}(\Delta)=\varnothing$. 由上推得 $\boldsymbol{p}\in\partial\boldsymbol{F}(\Delta)$,从而 $\boldsymbol{F}(\partial\Delta)\subset\partial\boldsymbol{F}(\Delta)$.

综合上述,我们证明了 $\partial\boldsymbol{F}(\Delta)=\boldsymbol{F}(\partial\Delta)$.

(2)因 $\overline{\Delta}$ 紧致,$\boldsymbol{F}$ 连续,故 $\boldsymbol{F}(\overline{\Delta})$ 紧致,从而 $\boldsymbol{F}(\Delta)\subset\boldsymbol{F}(\overline{\Delta})$,$\boldsymbol{F}(\Delta)$ 为有界集. 又因 Δ 有面积,根据定理 10. 2. 5,$\partial\Delta$ 为零面积集. 再根据引理 10. 4. 1,$\partial\boldsymbol{F}(\Delta)=\boldsymbol{F}(\partial\Delta)$ 为零面积集. 于是,结合定理 10. 2. 5 可知,$\boldsymbol{F}(\Delta)$ 有面积.

引理 10. 4. 3　设

$$\begin{pmatrix}x\\y\end{pmatrix}=\boldsymbol{L}(u,v)=\boldsymbol{A}\begin{pmatrix}u\\v\end{pmatrix}+\boldsymbol{w},\quad \begin{pmatrix}u\\v\end{pmatrix}\in\mathbb{R}^2$$

其中 $\boldsymbol{A}=\begin{pmatrix}a&b\\c&d\end{pmatrix}$ 为二阶可逆方阵,$\boldsymbol{w}$ 为二维列向量. 则映射 $\boldsymbol{L}$ 将区间 $I\subset\mathbb{R}^2$ 映成平行四边形 $\boldsymbol{L}(I)$,其面积

$$v(\boldsymbol{L}(I))=|\det\boldsymbol{JL}|v(I)=|\det\boldsymbol{A}|v(I)$$

证明　设 $I=[u_0,u_1]\times[v_0,v_1]$,则

$$v(I)=(u_1-u_0)(v_1-v_0)$$

且

$$I=\left\{\begin{pmatrix}u_0\\v_0\end{pmatrix}+\lambda\begin{pmatrix}u_1-u_0\\0\end{pmatrix}+\mu\begin{pmatrix}0\\v_1-v_0\end{pmatrix}\,\middle|\,(\lambda,\mu)\in[0,1]^2\right\}$$

于是

$$\boldsymbol{L}(I)=\left\{\boldsymbol{A}\begin{pmatrix}u_0\\v_0\end{pmatrix}+\lambda\boldsymbol{A}\begin{pmatrix}u_1-u_0\\0\end{pmatrix}+\mu\boldsymbol{A}\begin{pmatrix}0\\v_1-v_0\end{pmatrix}+\boldsymbol{w}\,\middle|\,(\lambda,\mu)\in[0,1]^2\right\}$$

为平行四边形(图 10. 4. 2,取 $\boldsymbol{w}=\boldsymbol{0}$).

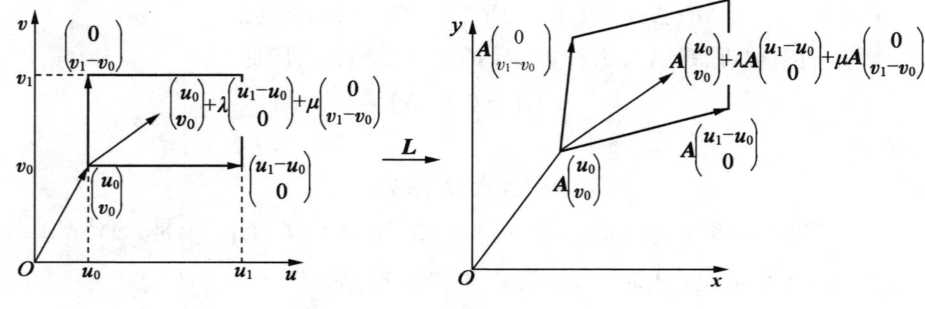

图 10. 4. 2

众所周知,上述平行四边形的面积为

$$\begin{aligned}v(\boldsymbol{L}(I))&=\left\|\boldsymbol{A}\begin{pmatrix}u_1-u_0\\0\end{pmatrix}\times\boldsymbol{A}\begin{pmatrix}0\\v_1-v_0\end{pmatrix}\right\|\\&=\left\|\begin{pmatrix}a&b\\c&d\end{pmatrix}\begin{pmatrix}u_1-u_0\\0\end{pmatrix}\times\begin{pmatrix}a&b\\c&d\end{pmatrix}\begin{pmatrix}0\\v_1-v_0\end{pmatrix}\right\|\\&=\left\|\begin{pmatrix}a(u_1-u_0)\\c(u_1-u_0)\end{pmatrix}\times\begin{pmatrix}b(v_1-v_0)\\d(v_1-v_0)\end{pmatrix}\right\|\\&=\left\|\det\begin{pmatrix}a(u_1-u_0)&c(u_1-u_0)\\b(v_1-v_0)&d(v_1-v_0)\end{pmatrix}\boldsymbol{k}\right\|\\&=\left|\det\begin{pmatrix}a&b\\c&d\end{pmatrix}\right|(u_1-u_0)(v_1-v_0)\\&=|\det\boldsymbol{A}|v(I)=|\det\boldsymbol{JL}|v(I)\end{aligned}$$

引理 10. 4. 4 设 $\Omega\subset\mathbb{R}^2$ 为开集,映射

$$\boldsymbol{F}:\Omega\to\mathbb{R}^2$$

满足:(1°)$\boldsymbol{F}\in C^1(\Omega,\mathbb{R}^2)$;

(2°) $\dfrac{\partial(x,y)}{\partial(u,v)}=\det \boldsymbol{JF}(u,v)=\det \boldsymbol{JF}(\boldsymbol{p}),\boldsymbol{p}=(u,v)\in\Omega$;

(3°) $\boldsymbol{F}$ 为单射.

如果 f 为 $\boldsymbol{F}(\Omega)$ 上的非负连续函数,则有:

(1) $\forall \boldsymbol{\tau}_0\in\Omega,\forall\varepsilon>0$,必存在 $\boldsymbol{\tau}_0$ 的开邻域 G,当正方形闭区间 $I\subset G$ 且 $\boldsymbol{\tau}_0\in I$ 时,有

$$\int_{\boldsymbol{F}(I)} f\leqslant\int_I f\circ\boldsymbol{F}\,|\det \boldsymbol{JF}|+\varepsilon v(I)$$

(2) 对一切正方形闭区间 $I\subset\Omega$ 有

$$\int_{\boldsymbol{F}(I)} f\leqslant\int_I f\circ\boldsymbol{F}\,|\det \boldsymbol{JF}|$$

证明　(1) 由假设,所证不等式两端的被积函数都是连续的,而 $\boldsymbol{F}(I)$ 是有面积(引理 10.4.2(2))的紧致集,因此,积分 $\int_{\boldsymbol{F}(I)} f$ 与 $\int_I f\circ\boldsymbol{F}\,|\det \boldsymbol{JF}|$ 都是存在的.

对 $\boldsymbol{\tau}_0\in\Omega,\varepsilon>0$,取两个数 ζ 与 η 都很小,使

$$\zeta>0,\quad 0<\eta<|\det \boldsymbol{JF}(\boldsymbol{\tau}_0)|$$

$$[f\circ\boldsymbol{F}(\boldsymbol{\tau}_0)+\eta]|\det \boldsymbol{JF}(\boldsymbol{\tau}_0)|(1+\zeta)^2-[f\circ\boldsymbol{F}(\boldsymbol{\tau}_0)-\eta][|\det \boldsymbol{JF}(\boldsymbol{\tau}_0)|-\eta]<\varepsilon$$

(因为上式左边当 $\zeta=\eta=0$ 时为 0,所以满足上述不等式的 ζ 与 η 是可以找到的).

取 $\boldsymbol{\tau}_0$ 的开邻域 G_1,当 $\boldsymbol{\tau}\in G_1$ 时,有

$$|\det \boldsymbol{JF}(\boldsymbol{\tau})|>|\det \boldsymbol{JF}(\boldsymbol{\tau}_0)|-\eta$$

$$f\circ\boldsymbol{F}(\boldsymbol{\tau}_0)-\eta<f\circ\boldsymbol{F}(\boldsymbol{\tau})<f\circ\boldsymbol{F}(\boldsymbol{\tau}_0)+\eta$$

令

$$\boldsymbol{L}(\boldsymbol{\tau})=\boldsymbol{F}(\boldsymbol{\tau}_0)+\boldsymbol{JF}(\boldsymbol{\tau}_0)(\boldsymbol{\tau}-\boldsymbol{\tau}_0)$$

因为 $\boldsymbol{F}\in C^1(\Omega,\mathbb{R}^2),\boldsymbol{F}(\boldsymbol{\tau}_0)-\boldsymbol{L}(\boldsymbol{\tau}_0)=\boldsymbol{0}$,所以存在 $\boldsymbol{\tau}_0$ 的开邻域 $G\subset G_1$,当 $\boldsymbol{\tau}\in G$ 时,有

$$\begin{aligned}\|\boldsymbol{F}(\boldsymbol{\tau})-\boldsymbol{L}(\boldsymbol{\tau})\|&=\|\boldsymbol{F}(\boldsymbol{\tau})-\boldsymbol{F}(\boldsymbol{\tau}_0)-\boldsymbol{JF}(\boldsymbol{\tau}_0)(\boldsymbol{\tau}-\boldsymbol{\tau}_0)\|\\&=o(\|\boldsymbol{\tau}-\boldsymbol{\tau}_0\|)\\&<\frac{\zeta}{2\sqrt{2}\,\|\boldsymbol{JF}(\boldsymbol{\tau}_0)^{-1}\|}\|\boldsymbol{\tau}-\boldsymbol{\tau}_0\|\end{aligned}$$

任取正方形闭区间 $I\subset G$,且 $\boldsymbol{\tau}_0\in I$. 设 I 的边长为 a. 任取 $\boldsymbol{p}\in\boldsymbol{F}(I)$,有 $\boldsymbol{\tau}\in I$

使 $\boldsymbol{p}=\boldsymbol{F}(\boldsymbol{\tau})$. 令 $\boldsymbol{\lambda}=\boldsymbol{L}^{-1}(\boldsymbol{p})$,则 $\boldsymbol{L}(\boldsymbol{\lambda})=\boldsymbol{p}=\boldsymbol{F}(\boldsymbol{\tau})$,且

$$\boldsymbol{L}(\boldsymbol{\lambda})-\boldsymbol{L}(\boldsymbol{\tau})=\boldsymbol{JF}(\boldsymbol{\tau}_0)(\boldsymbol{\lambda}-\boldsymbol{\tau})$$

从而

$$\boldsymbol{\lambda}-\boldsymbol{\tau}=\boldsymbol{JF}(\boldsymbol{\tau}_0)^{-1}[\boldsymbol{L}(\boldsymbol{\lambda})-\boldsymbol{L}(\boldsymbol{\tau})]$$

从前两式得到

$$\begin{aligned}\|\boldsymbol{\lambda}-\boldsymbol{\tau}\| &= \|\boldsymbol{JF}(\boldsymbol{\tau}_0)^{-1}[\boldsymbol{L}(\boldsymbol{\lambda})-\boldsymbol{L}(\boldsymbol{\tau})]\| \\ &\leqslant \|\boldsymbol{JF}(\boldsymbol{\tau}_0)^{-1}\|\,\|\boldsymbol{L}(\boldsymbol{\lambda})-\boldsymbol{L}(\boldsymbol{\tau})\| \\ &= \|\boldsymbol{JF}(\boldsymbol{\tau}_0)^{-1}\|\,\|\boldsymbol{F}(\boldsymbol{\tau})-\boldsymbol{L}(\boldsymbol{\tau})\| \\ &< \|\boldsymbol{JF}(\boldsymbol{\tau}_0)^{-1}\|\frac{\zeta}{2\sqrt{2}\,\|\boldsymbol{JF}(\boldsymbol{\tau}_0)^{-1}\|}\|\boldsymbol{\tau}-\boldsymbol{\tau}_0\| \\ &= \frac{\zeta}{2\sqrt{2}}\|\boldsymbol{\tau}-\boldsymbol{\tau}_0\|\end{aligned}$$

因为 $\boldsymbol{\tau},\boldsymbol{\tau}_0\in I$, ,所以

$$\|\boldsymbol{\tau}-\boldsymbol{\tau}_0\|\leqslant\sqrt{2}a$$

$$\|\boldsymbol{\lambda}-\boldsymbol{\tau}\|<\frac{\zeta}{2\sqrt{2}}\|\boldsymbol{\tau}-\boldsymbol{\tau}_0\|\leqslant\frac{\zeta}{2\sqrt{2}}\cdot\sqrt{2}a=\frac{\zeta a}{2}$$

(图 10.4.3).

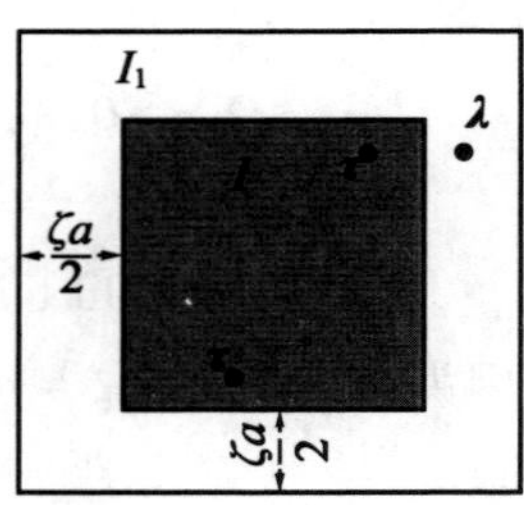

图 10.4.3

设 I_1 是与 I 同中心的正方形闭区间(图 10.4.3),边长为 $a+\zeta a=(1+\zeta)a$,则由上式可知 $\boldsymbol{\lambda}\in I_1$. 所以 $\boldsymbol{F}(\boldsymbol{\tau})=\boldsymbol{p}=\boldsymbol{L}(\boldsymbol{\lambda})\in\boldsymbol{L}(I_1)$. 因此,$\boldsymbol{F}(I)\subset\boldsymbol{L}(I_1)$. 再由引理 10.4.3 便知

$$\begin{aligned}v(\boldsymbol{F}(I))\leqslant v(\boldsymbol{L}(I_1)) &= |\det\boldsymbol{JL}|v(I_1) \\ &= |\det\boldsymbol{JF}(\boldsymbol{\tau}_0)|v(I_1) \\ &= |\det\boldsymbol{JF}(\boldsymbol{\tau}_0)|(1+\zeta)^2a^2 \\ &= |\det\boldsymbol{JF}(\boldsymbol{\tau}_0)|(1+\zeta)^2v(I)\end{aligned}$$

由此式与上述 $f\circ\boldsymbol{F}(\boldsymbol{\tau})<f\circ\boldsymbol{F}(\boldsymbol{\tau}_0)+\eta$ 得到

$$\begin{aligned}\int_{\boldsymbol{F}(I)}f &\leqslant [f\circ\boldsymbol{F}(\boldsymbol{\tau}_0)+\eta]v(\boldsymbol{F}(I)) \\ &\leqslant [f\circ\boldsymbol{F}(\boldsymbol{\tau}_0)+\eta]|\det\boldsymbol{JF}(\boldsymbol{\tau}_0)|(1+\zeta)^2v(I)\end{aligned}$$

另一方面,由上述

$$|\det\boldsymbol{JF}(\boldsymbol{\tau})|>|\det\boldsymbol{JF}(\boldsymbol{\tau}_0)|-\eta>0 \quad 及 \quad f\circ\boldsymbol{F}(\boldsymbol{\tau})>f\circ\boldsymbol{F}(\boldsymbol{\tau}_0)-\eta$$

若$f\circ\boldsymbol{F}(\boldsymbol{\tau}_0)-\eta\geqslant 0$,有

$$\int_I f\circ\boldsymbol{F}\mid\det\boldsymbol{JF}\mid\geqslant[f\circ\boldsymbol{F}(\boldsymbol{\tau}_0)-\eta][\mid\det\boldsymbol{JF}(\boldsymbol{\tau}_0)\mid-\eta]v(I)$$

若$f\circ\boldsymbol{F}(\boldsymbol{\tau}_0)-\eta<0$,则上式右端为负,而因为$f$非负,左端积分非负,所以上式也成立.

综合上述,推得

$$\begin{aligned}\int_{\boldsymbol{F}(I)}f&\leqslant(f\circ\boldsymbol{F}(\boldsymbol{\tau}_0)-\eta)\mid\det\boldsymbol{JF}(\boldsymbol{\tau}_0)\mid(1+\zeta)^2v(I)\\&\leqslant[(f\circ\boldsymbol{F}(\boldsymbol{\tau}_0)-\eta)(\mid\det\boldsymbol{JF}(\boldsymbol{\tau}_0)\mid-\eta)+\varepsilon]v(I)\\&\leqslant\int_I f\circ\boldsymbol{F}\mid\det\boldsymbol{JF}\mid+\varepsilon v(I)\end{aligned}$$

(2)(反证)设有正方形闭区间$I\subset\Omega$使

$$\int_{\boldsymbol{F}(I)}f\leqslant\int_I f\circ\boldsymbol{F}\mid\det\boldsymbol{JF}\mid$$

不成立. 令

$$\int_{\boldsymbol{F}(I)}f-\int_I f\circ\boldsymbol{F}\mid\det\boldsymbol{JF}\mid=\alpha$$

则$\alpha>0$. 将I等分为4个小正方形闭区间,则4个正方形闭区间中必有一个,记为I_1,使

$$\int_{\boldsymbol{F}(I_1)}f-\int_{I_1}f\circ\boldsymbol{F}\mid\det\boldsymbol{JF}\mid\geqslant\frac{\alpha}{4}$$

再将I_1等分为4个正方形闭区间,其中又必有一个I_2,使

$$\int_{\boldsymbol{F}(I_2)}f-\int_{I_2}f\circ\boldsymbol{F}\mid\det\boldsymbol{JF}\mid\geqslant\frac{\alpha}{4^2}$$

这样我们便得到正方形闭区间序列$I_1\supset I_2\supset\cdots$. 显然,$\operatorname{diam}I_n\to 0(n\to+\infty)$.

根据定理 7.3.4(闭集套原理),$\exists_1\boldsymbol{\tau}_0\in\bigcap\limits_{n=1}^{\infty}I_n$. 于是,$\boldsymbol{\tau}_0\in\Omega$. 任给$\varepsilon>0$,由(1)存在$\boldsymbol{\tau}_0$的开邻域$G\subset\Omega$满足(1)的结论. 当$n$充分大时便有$I_n\subset G$,于是有

$$\frac{\varepsilon v(I)}{4^n}=\varepsilon v(I_n)\geqslant\int_{\boldsymbol{F}(I_n)}f-\int_{I_n}f\circ\boldsymbol{F}\mid\det\boldsymbol{JF}\mid\geqslant\frac{\alpha}{4^n}$$

即

$$\varepsilon v(I)\geqslant\alpha>0$$

令$\varepsilon\to 0^+$得到$0\geqslant\alpha>0$,矛盾.

注 10.4.1　注意:不能从(1)中不等式

$$\int_{F(I)} f \leqslant \int_I f \circ \boldsymbol{F} \mid \det \boldsymbol{JF} \mid + \varepsilon v(I)$$

令 $\varepsilon \to 0^+$ 得到

$$\int_{F(I)} f \leqslant \int_I f \circ \boldsymbol{F} \mid \det \boldsymbol{JF} \mid$$

这从引理10.4.4(1)可看出,对取定的 $\boldsymbol{\tau}_0 \in \Omega$,取定的 $\varepsilon > 0$,有 $\boldsymbol{\tau}_0$ 的开邻域 G,当正方形闭区间 $I \subset G$ 且 $\boldsymbol{\tau}_0 \in I$ 时,才有

$$\int_{F(I)} f \leqslant \int_I f \circ \boldsymbol{F} \mid \det \boldsymbol{JF} \mid + \varepsilon v(I)$$

其中 I 依赖于 ε.

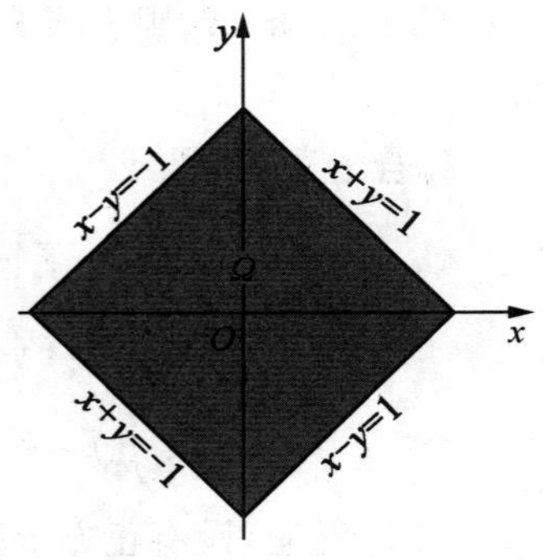

图 10.4.4

例 10.4.1 计算二重积分

$$\iint_\Omega \frac{x - y + 1}{x + y + 2} \mathrm{d}x\mathrm{d}y$$

其中 Ω 是以 $(-1,0)$,$(0,-1)$,$(1,0)$,$(0,1)$ 为顶点的正方形区域(图10.4.4).

解 由于被积函数较繁杂,化二重积分为累次积分可能很困难. 从积分区域边界为 $x+y=-1$,$x+y=1$,$x-y=-1$,$x-y=1$ 以及被积函数中含 $x-y$ 与 $x+y$ 可猜测应作变换

$$\begin{cases} u = x + y \\ v = x - y \end{cases}, \quad (u,v) \in [-1,1]^2$$

它的逆变换为

$$\begin{cases} x = \dfrac{u+v}{2} \\ y = \dfrac{u-v}{2} \end{cases}$$

$$\frac{\partial(x,y)}{\partial(u,v)} = \begin{vmatrix} \dfrac{1}{2} & \dfrac{1}{2} \\ \dfrac{1}{2} & -\dfrac{1}{2} \end{vmatrix} = -\frac{1}{4} - \frac{1}{4} = -\frac{1}{2}$$

或者

$$\frac{\partial(x,y)}{\partial(u,v)} = 1 \Big/ \frac{\partial(u,v)}{\partial(x,y)} = 1 \Big/ \begin{vmatrix} 1 & 1 \\ 1 & -1 \end{vmatrix} = -\frac{1}{2}$$

于是

$$\iint_{\Omega}\frac{x-y+1}{x+y+2}\mathrm{d}x\mathrm{d}y=\iint_{[0,1]^2}\frac{v+1}{u+2}\cdot\frac{1}{2}\mathrm{d}u\mathrm{d}v=\frac{1}{2}\int_{-1}^{1}(v+1)\mathrm{d}v\int_{-1}^{1}\frac{\mathrm{d}u}{u+2}$$

$$=\frac{1}{2}\left(\frac{v^2}{2}+v\right)\Bigg|_{-1}^{1}\cdot\ln(u+2)\Bigg|_{-1}^{1}=1\cdot\ln 3=\ln 3$$

例 10.4.2　设 Ω 为由 $x=0,y=0$ 与 $x+y=1$ 所围成的图形,求二重积分

$$\iint_{\Omega}\mathrm{e}^{\frac{x-y}{x+y}}\mathrm{d}x\mathrm{d}y$$

解　积分区域 Ω 为一个三角形闭区域(图 10.4.5),形状并不复杂,这时二重积分计算的困难是由被积函数造成的. 此外,还要注意,被积函数虽然在原点处没有定义,但它在 $\Omega\setminus\{(0,0)\}$ 上是有界的

$$0<\mathrm{e}^{\frac{x-y}{x+y}}=\mathrm{e}^{1-\frac{2y}{x+y}}\leqslant\mathrm{e}$$

因此,只需在点(0,0)随意定义一个确定的值(实数),得到延拓后的新函数总是可积的,且积分值完全由 $\mathrm{e}^{\frac{x-y}{x+y}}$ 所决定.

从被积函数与积分区域都可猜测应作变换

$$\begin{cases}u=x-y\\v=x+y\end{cases}$$

由此解出

$$\begin{cases}x=\dfrac{u+v}{2}\\[2ex]y=\dfrac{v-u}{2}\end{cases}$$

这个映射将 uOv 平面上的闭区域 $\Delta=\{(u,v)\mid |u|\leqslant v,0\leqslant v\leqslant 1\}$(图 10.4.6)映成 xOy 平面上的闭区域 Ω,而且显然是一一映射. 这时,有

$$\frac{\partial(x,y)}{\partial(u,v)}=\begin{vmatrix}\dfrac{1}{2}&\dfrac{1}{2}\\[2ex]-\dfrac{1}{2}&\dfrac{1}{2}\end{vmatrix}=\frac{1}{2}$$

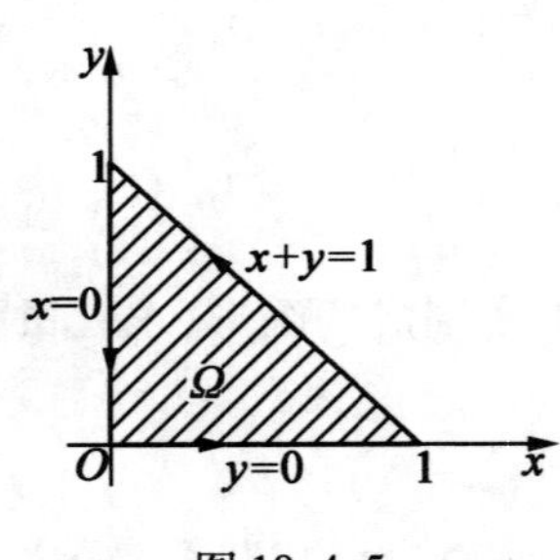

图 10.4.5

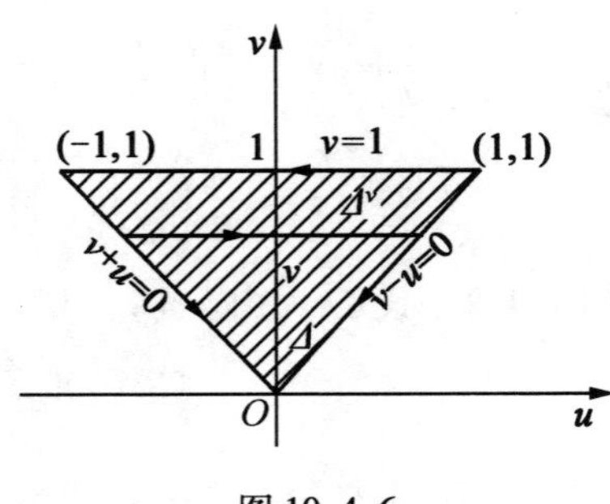

图 10.4.6

应用二重积分换元公式得到

$$\iint_{\Omega} e^{\frac{x-y}{x+y}} dx dy = \frac{1}{2}\iint_{\Delta} e^{\frac{u}{v}} du dv = \frac{1}{2}\int_0^1 dv \int_{-v}^{v} e^{\frac{u}{v}} du$$

$$= \frac{1}{2}\int_0^1 v e^{\frac{u}{v}} \Big|_{u=-v}^{u=v} dv = \frac{1}{2}\int_0^1 v(e - e^{-1}) dv$$

$$= \frac{1}{4}(e - e^{-1})$$

例 10.4.3 设 Ω 为由 4 条抛物线

$$y^2 = px, y^2 = qx, x^2 = ay, x^2 = by$$

$(0 < p < q, 0 < a < b)$ 所围成的图形(图 10.4.7). 计算 Ω 的面积与二重积分

$$\iint_{\Omega} \frac{1}{xy} dx dy, \quad \iint_{\Omega} xy dx dy$$

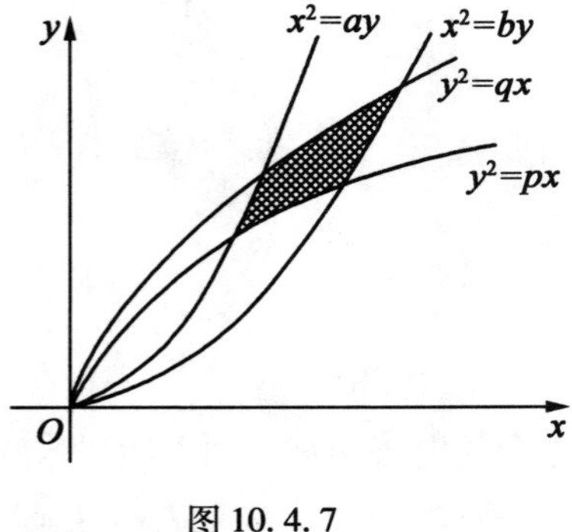

图 10.4.7

解 引入参数 u, v 使

$$\begin{cases} y^2 = ux \\ x^2 = vy \end{cases}$$

即

$$\begin{cases} u = \dfrac{y^2}{x} \\ v = \dfrac{x^2}{y} \end{cases}$$

其中 $p \leqslant u \leqslant q, a \leqslant v \leqslant b$. 这说明,在这变换之下,图形 Ω 变成了 uOv 平面上的闭区间 $[p,q] \times [a,b]$. 解出 x 与 y 得到

$$\begin{cases} x = (uv^2)^{\frac{1}{3}} \\ y = (u^2 v)^{\frac{1}{3}} \end{cases}$$

通过简单的计算可得

$$\frac{\partial(x,y)}{\partial(u,v)} = \begin{vmatrix} \frac{1}{3}u^{-\frac{2}{3}}v^{\frac{2}{3}} & \frac{2}{3}u^{\frac{1}{3}}v^{-\frac{1}{3}} \\ \frac{2}{3}u^{-\frac{1}{3}}v^{\frac{1}{3}} & \frac{1}{3}u^{\frac{2}{3}}v^{-\frac{2}{3}} \end{vmatrix} = -\frac{1}{3}$$

或者从

$$\frac{\partial(u,v)}{\partial(x,y)} = \begin{vmatrix} -\frac{y^2}{x^2} & \frac{2y}{x} \\ \frac{2x}{y} & -\frac{x^2}{y^2} \end{vmatrix} = -3$$

得到

$$\frac{\partial(x,y)}{\partial(u,v)} = 1\Big/\frac{\partial(u,v)}{\partial(x,y)} = \frac{1}{-3} = -\frac{1}{3}$$

记上述变换为 $\boldsymbol{F}:(0,+\infty)\times(0,+\infty)\to(0,+\infty)\times(0,+\infty)$，它为 C^1 映射，将 $\Delta=[p,q]\times[a,b]$ 一一映为 Ω，则 $\boldsymbol{F}(\Delta)=\Omega$.

Ω 的面积为

$$v(\Omega) = \iint\limits_{\Omega}\mathrm{d}x\mathrm{d}y = \frac{1}{3}\iint\limits_{\Delta}\mathrm{d}u\mathrm{d}v = \frac{1}{3}\int_p^q\mathrm{d}u\int_a^b\mathrm{d}v = \frac{1}{3}(q-p)(b-a)$$

注意到 $xy=uv$，便有

$$\begin{aligned}\iint\limits_{\Omega}\frac{1}{xy}\mathrm{d}x\mathrm{d}y &= \frac{1}{3}\iint\limits_{\Delta}\frac{1}{uv}\mathrm{d}u\mathrm{d}v = \frac{1}{3}\int_p^q\frac{\mathrm{d}u}{u}\int_a^b\frac{\mathrm{d}v}{v} = \frac{1}{3}\ln u\Big|_p^q\cdot\ln v\Big|_a^b \\ &= \frac{1}{3}(\ln q-\ln p)(\ln b-\ln a)\end{aligned}$$

$$\begin{aligned}\iint\limits_{\Omega}xy\mathrm{d}x\mathrm{d}y &= \frac{1}{3}\iint\limits_{\Delta}uv\mathrm{d}u\mathrm{d}v = \frac{1}{3}\int_p^q u\mathrm{d}u\int_a^b v\mathrm{d}v = \frac{1}{3}\cdot\frac{u^2}{2}\Big|_p^q\cdot\frac{v^2}{2}\Big|_a^b \\ &= \frac{1}{12}(q^2-p^2)(b^2-a^2)\end{aligned}$$

例 10.4.4　求二重积分

$$\iint\limits_{\Omega}(\sqrt{x}+\sqrt{y})\mathrm{d}x\mathrm{d}y$$

其中 Ω 由$\sqrt{x}+\sqrt{y}=1, x=0, y=0$ 围成(图 10.4.8).

解法1 作变换

$$\begin{cases} x = r\cos^4\varphi \\ y = r\sin^4\varphi \end{cases}$$

则

$$\begin{aligned}\frac{\partial(x,y)}{\partial(r,\varphi)} &= \begin{vmatrix} \cos^4\varphi & 4r\cos^3\varphi(-\sin\varphi) \\ \sin^4\varphi & 4r\sin^3\varphi\cos\varphi \end{vmatrix} \\ &= 4r\sin^3\varphi\cos^3\varphi(\cos^2\varphi+\sin^2\varphi) \\ &= 4r\sin^3\varphi\cos^3\varphi\end{aligned}$$

从而

$$\begin{aligned}\iint\limits_{\Omega}(\sqrt{x}+\sqrt{y})\mathrm{d}x\mathrm{d}y &= \iint\limits_{\substack{0\leqslant r\leqslant 1\\ 0\leqslant\varphi\leqslant\frac{\pi}{2}}}\sqrt{r}(\cos^2\varphi+\sin^2\varphi)\cdot 4r\sin^3\varphi\cos^3\varphi\mathrm{d}r\mathrm{d}\varphi \\ &= 4\int_0^{\frac{\pi}{2}}\sin^3\varphi\cos^3\varphi\mathrm{d}\varphi\int_0^1 r^{\frac{3}{2}}\mathrm{d}r \\ &= 4\int_0^{\frac{\pi}{2}}\frac{1}{8}\sin^3 2\varphi\mathrm{d}\varphi\cdot\frac{2}{5}r^{\frac{5}{2}}\Big|_0^1 \\ &= \frac{1}{10}\int_0^{\frac{\pi}{2}}(\cos^2 2\varphi-1)\mathrm{d}\cos 2\varphi \\ &= \frac{1}{10}\left(\frac{\cos^3 2\varphi}{3}-\cos 2\varphi\right)\Big|_0^{\frac{\pi}{2}} \\ &= \frac{1}{10}\left(\frac{2}{3}+\frac{2}{3}\right)=\frac{2}{15}\end{aligned}$$

或者

$$\begin{aligned}\iint\limits_{\Omega}(\sqrt{x}+\sqrt{y})\mathrm{d}x\mathrm{d}y &= 4\int_0^{\frac{\pi}{2}}\sin^3\varphi\cos^3\varphi\mathrm{d}\varphi\cdot\frac{2}{5}r^{\frac{5}{2}}\Big|_0^1 \\ &= \frac{8}{5}\int_0^{\frac{\pi}{2}}\sin^3\varphi(1-\sin^2\varphi)\mathrm{d}\sin\varphi \\ &= \frac{8}{5}\left(\frac{\sin^4\varphi}{4}-\frac{\sin^6\varphi}{6}\right)\Big|_0^{\frac{\pi}{2}} \\ &= \frac{8}{5}\left(\frac{1}{4}-\frac{1}{6}\right)=\frac{2}{15}\end{aligned}$$

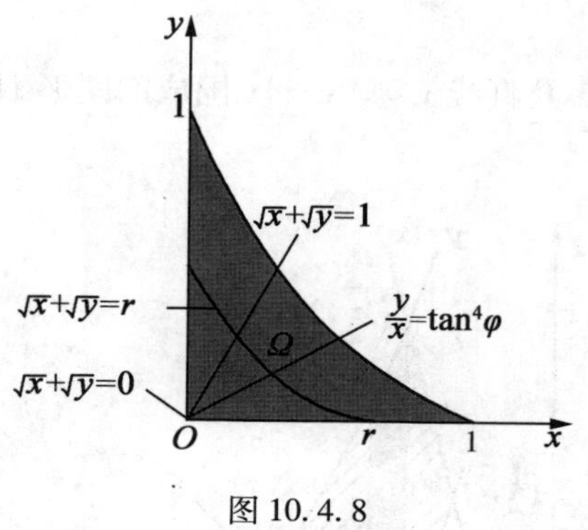

图 10.4.8

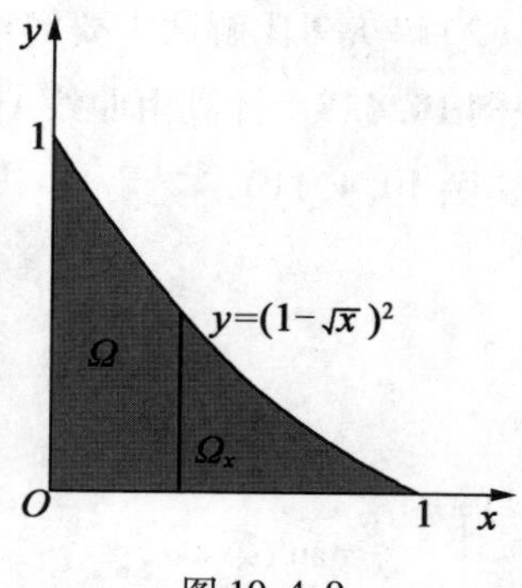

图 10.4.9

解法 2　由对称性(图 10.4.9),有

$$\iint_{\Omega}(\sqrt{x}+\sqrt{y})\mathrm{d}x\mathrm{d}y=2\iint_{\Omega}\sqrt{x}\mathrm{d}x\mathrm{d}y=2\int_0^1\sqrt{x}\mathrm{d}x\int_0^{(1-\sqrt{x})^2}\mathrm{d}y$$

$$=2\int_0^1\sqrt{x}(1-\sqrt{x})^2\mathrm{d}x=2\int_0^1(\sqrt{x}-2x+x^{\frac{3}{2}})\mathrm{d}x$$

$$=2\left(\frac{2}{3}x^{\frac{3}{2}}-x^2+\frac{2}{5}x^{\frac{5}{2}}\right)\Big|_0^1=2\left(\frac{2}{3}-1+\frac{2}{5}\right)=\frac{2}{15}$$

注 10.4.2　(1)细心的读者会想到例 10.4.4 解法 1 中的变换不是一一对应,其 Jacobi 行列式,当 $r\neq0,\varphi\in\left(0,\frac{\pi}{2}\right)$时,有

$$\frac{\partial(x,y)}{\partial(r,\varphi)}=4r\sin^3\varphi\cos^3\varphi\neq0$$

并且该变换在 $\Delta_{\varepsilon}=[\varepsilon,1]\times\left[\varepsilon,\frac{\pi}{2}-\varepsilon\right]$上为一一映射(图 10.4.10),它在变换下的象为 Ω_{ε}. 于是

$$\iint_{\Omega}(\sqrt{x}+\sqrt{y})\mathrm{d}x\mathrm{d}y=\lim_{\varepsilon\to0^+}\iint_{\Omega_{\varepsilon}}(\sqrt{x}+\sqrt{y})\mathrm{d}x\mathrm{d}y$$

$$=\lim_{\varepsilon\to0^+}4\int_{\varepsilon}^{\frac{\pi}{2}-\varepsilon}\sin^3\varphi\cos^3\varphi\mathrm{d}\varphi\int_{\varepsilon}^1 r^{\frac{3}{2}}\mathrm{d}r$$

$$=4\int_0^{\frac{\pi}{2}}\sin^3\varphi\cos^3\varphi\mathrm{d}\varphi\int_0^1 r^{\frac{3}{2}}\mathrm{d}r=\frac{2}{15}$$

今后,如例 10.4.4 解法 1 与例 10.4.2 中的类似的二重积分,不再作一一说明,而做直接的计算.

(2)解法2比解法1要简单.

例 10.4.5 计算由曲线 $xy=1$, $xy=2$ 及直线 $y=x$, $y=4x$ 围成的图形 Ω 的面积(图 10.4.11).

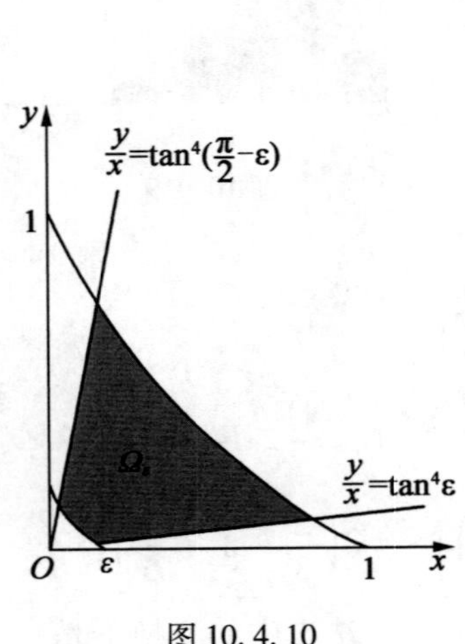

图 10.4.10

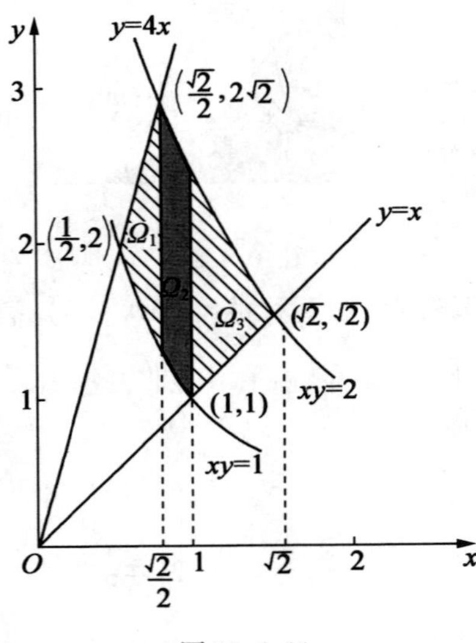

图 10.4.11

解法1 令

$$\begin{cases}u=xy\\y=vx\end{cases}$$

即作变换

$$\begin{cases}u=xy\\v=\dfrac{y}{x}\end{cases}$$

它将 Ω 变为 $\Delta=[1,2]\times[1,4]$. 由于 $u=xy=x\cdot vx=x^2v$,解得其逆变换为

$$\begin{cases}x=u^{\frac{1}{2}}v^{-\frac{1}{2}}\\y=u^{\frac{1}{2}}v^{\frac{1}{2}}\end{cases}$$

它的 Jacobi 行列式为

$$\frac{\partial(x,y)}{\partial(u,v)}=\begin{vmatrix}\dfrac{1}{2}u^{-\frac{1}{2}}v^{-\frac{1}{2}} & -\dfrac{1}{2}u^{\frac{1}{2}}v^{-\frac{3}{2}}\\\dfrac{1}{2}u^{-\frac{1}{2}}v^{\frac{1}{2}} & \dfrac{1}{2}u^{\frac{1}{2}}v^{-\frac{1}{2}}\end{vmatrix}=\frac{1}{2v}$$

或者从

$$\frac{\partial(u,v)}{\partial(x,y)}=\begin{vmatrix} y & x \\ \frac{-y}{x^2} & \frac{1}{x}\end{vmatrix}=2\cdot\frac{y}{x}$$

得到

$$\frac{\partial(x,y)}{\partial(u,v)}=1\Big/\frac{\partial(u,v)}{\partial(x,y)}=\frac{x}{2y}=\frac{1}{2v}$$

于是

$$\begin{aligned} v(\Omega) &= \int_\Omega 1 = \iint_\Omega \mathrm{d}x\mathrm{d}y = \iint_\Delta \frac{1}{2v}\mathrm{d}u\mathrm{d}v \\ &= \frac{1}{2}\int_1^2 \mathrm{d}u\int_1^4 \frac{\mathrm{d}v}{v} = \frac{1}{2}(2-1)\ln v\Big|_1^4 = \ln 2 \end{aligned}$$

解法2　将Ω分成3个区域$\Omega_1,\Omega_2,\Omega_3$(图10.4.11),并化二重积分为累次积分,则有

$$\begin{aligned} v(\Omega) &= \int_\Omega 1 = \int_{\Omega_1} 1 + \int_{\Omega_2} 1 + \int_{\Omega_3} 1 \\ &= \int_{\frac{1}{2}}^{\frac{\sqrt{2}}{2}} \mathrm{d}x\int_{\frac{1}{x}}^{4x}\mathrm{d}y + \int_{\frac{\sqrt{2}}{2}}^{1}\mathrm{d}x\int_{\frac{1}{x}}^{\frac{2}{x}}\mathrm{d}y + \int_1^{\sqrt{2}}\mathrm{d}x\int_x^{\frac{2}{x}}\mathrm{d}y \\ &= \int_{\frac{1}{2}}^{\frac{\sqrt{2}}{2}}\left(4x-\frac{1}{x}\right)\mathrm{d}x + \int_{\frac{\sqrt{2}}{2}}^{1}\left(\frac{2}{x}-\frac{1}{x}\right)\mathrm{d}x + \int_1^{\sqrt{2}}\left(\frac{2}{x}-x\right)\mathrm{d}x \\ &= (2x^2-\ln x)\Big|_{\frac{1}{2}}^{\frac{\sqrt{2}}{2}} + \ln x\Big|_{\frac{\sqrt{2}}{2}}^{1} + 2\ln x\Big|_1^{\sqrt{2}} - \frac{x^2}{2}\Big|_1^{\sqrt{2}} \\ &= 2\left(\frac{1}{2}-\frac{1}{4}\right) - \ln\frac{\frac{\sqrt{2}}{2}}{\frac{1}{2}} - \ln\frac{\sqrt{2}}{2} + 2\ln\sqrt{2} - \frac{1}{2}(2-1) \\ &= \frac{1}{2}-\frac{1}{2}\ln 2+\frac{1}{2}\ln 2+\ln 2-\frac{1}{2} = \ln 2 \end{aligned}$$

例10.4.6　计算二重积分(图10.4.12) $\iint\limits_{\substack{x^4+y^4\leqslant 1\\ x\geqslant 0,y\geqslant 0}} xy\mathrm{d}x\mathrm{d}y$.

解　作变换

$$\begin{cases} x=r\sqrt{\cos\varphi} \\ y=r\sqrt{\sin\varphi} \end{cases}$$

则

$$\begin{cases} r^4 = r^4(\cos^2\varphi + \sin^2\varphi) = x^4 + y^4 \\ \sqrt{\tan\varphi} = \sqrt{\dfrac{\sin\varphi}{\cos\varphi}} = \dfrac{y}{x} \end{cases}$$

$$\begin{cases} r = (x^4 + y^4)^{\frac{1}{4}} \\ \varphi = \arctan\dfrac{y^2}{x^2} \end{cases}$$

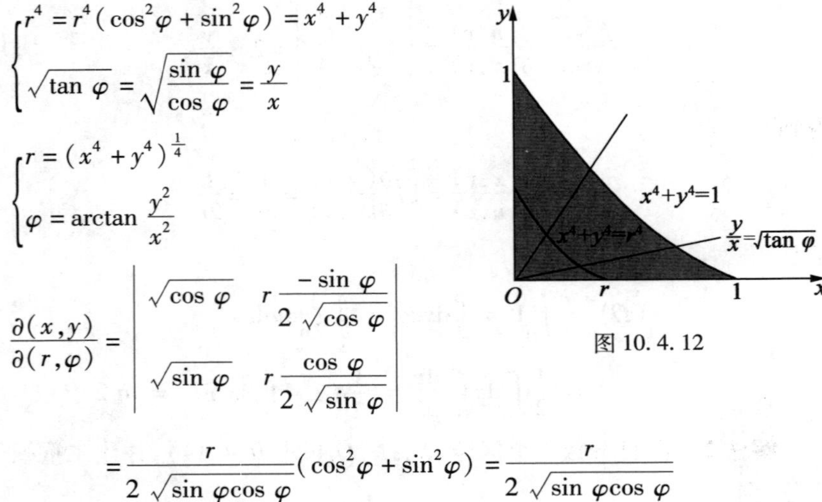

图 10.4.12

$$\frac{\partial(x,y)}{\partial(r,\varphi)} = \begin{vmatrix} \sqrt{\cos\varphi} & r\dfrac{-\sin\varphi}{2\sqrt{\cos\varphi}} \\ \sqrt{\sin\varphi} & r\dfrac{\cos\varphi}{2\sqrt{\sin\varphi}} \end{vmatrix}$$

$$= \frac{r}{2\sqrt{\sin\varphi\cos\varphi}}(\cos^2\varphi + \sin^2\varphi) = \frac{r}{2\sqrt{\sin\varphi\cos\varphi}}$$

于是

$$\iint\limits_{\substack{x^4+y^4\leqslant 1 \\ x\geqslant 0,y\geqslant 0}} xy\mathrm{d}x\mathrm{d}y = \iint\limits_{\substack{0\leqslant r\leqslant 1 \\ 0\leqslant\varphi\leqslant\frac{\pi}{2}}} r^2\sqrt{\sin\varphi\cos\varphi}\,\frac{r}{2\sqrt{\sin\varphi\cos\varphi}}\mathrm{d}r\mathrm{d}\varphi$$

$$= \frac{1}{2}\int_0^{\frac{\pi}{2}}\mathrm{d}\varphi\int_0^1 r^3\mathrm{d}r = \frac{\pi}{4}\cdot\frac{r^4}{4}\bigg|_0^1 = \frac{\pi}{16}$$

现在我们来讨论二重积分的一个特殊的换元——极坐标换元,即由

$$(x,y) = (r\cos\varphi, r\sin\varphi)$$

定义了映射 $\boldsymbol{F}:\mathbb{R}^2\to\mathbb{R}^2$. 这映射将 $rO\varphi$ 平面上的直线 $r=r_0$ 与 $\varphi=\varphi_0$ 分别映成 xOy 平面上的圆与射线. 它在整个 $rO\varphi$ 平面上有定义,并将整个 $rO\varphi$ 平面映成整个 xOy 平面. 但是,它一方面严重地失去一对一性(例如:它将 $[0,+\infty)\times[0,2\pi)$ 与 $[0,+\infty)\times[2\pi,4\pi)$ 都映成整个 xOy 平面,或者 $\boldsymbol{F}(r,\varphi)=\boldsymbol{F}(r,\varphi+2\pi)$);另一方面,它的 Jacobi 行列式

$$\det \boldsymbol{JF}(r,\varphi) = \begin{vmatrix} \cos\varphi & -r\sin\varphi \\ \sin\varphi & r\cos\varphi \end{vmatrix} = r$$

且当且仅当 $r=0$ 时为0.

考虑无穷开区间 $\Omega=(0,+\infty)\times(0,2\pi)$,在此 Ω 上,$\boldsymbol{F}$ 满足定理 10.4.1 的全部条件. 因此,如果 Δ 有面积,且 $\overline{\Delta}\subset\Omega$,则有换元公式

$$\iint\limits_{F(\Delta)} f(x,y)\mathrm{d}x\mathrm{d}y = \int_{F(\Delta)} f = \int_{F(\Delta)} f\circ \boldsymbol{F} \mid \det \boldsymbol{JF}\mid = \iint\limits_{\Delta} f(r\cos\varphi, r\sin\varphi)r\mathrm{d}r\mathrm{d}\varphi$$

但又有一个问题,即 $\boldsymbol{F}(\Omega)$ 不再是整个 $\mathbb{R}^2$,它是 xOy 平面除去原点与正 x 轴(图 10.4.13),而 $\boldsymbol{F}(\overline{\Omega})=\boldsymbol{F}([0,+\infty)\times[0,2\pi])=\mathbb{R}^2$. 因此,如果 xOy 平面上的集合 D 含有原点或与正 x 轴相交,则就不存在 $\Delta\subset\Omega$,使 $\boldsymbol{F}(\Delta)=D$;只存在 $\Delta\subset\overline{\Omega}$ 使 $\boldsymbol{F}(\Delta)=D$. 欲计算 D 上的积分,能否应用上述换元公式呢? 我们已有注 10.4.2 中处理问题的经验,可以用下面的定理作肯定的回答.

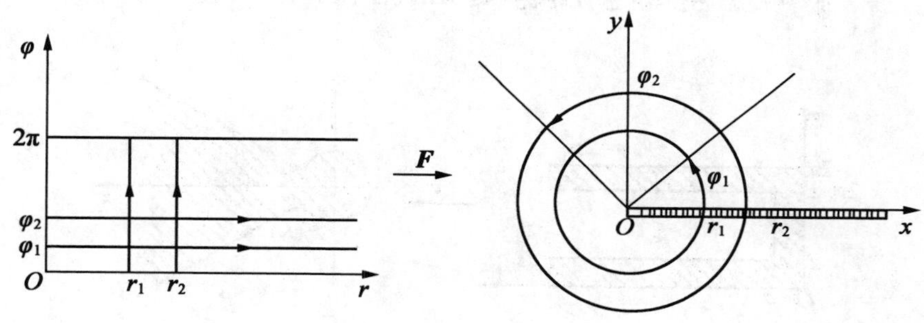

图 10.4.13

定理 10.4.2(二维极坐标换元公式)　设 $\Omega=(0,+\infty)\times(0,2\pi)$,$\Delta\subset\overline{\Omega}$ 为有面积集,则 $\boldsymbol{F}(\Delta)$ 也为有面积集. 如果 f 在 $\mathbb{R}^2$ 上连续,则

$$\iint\limits_{F(\Delta)} f(x,y)\mathrm{d}x\mathrm{d}y = \iint\limits_{\Delta} f(r\cos\varphi, r\sin\varphi)r\mathrm{d}r\mathrm{d}\varphi$$

证明　因 $\boldsymbol{F}\in C^1(\mathbb{R}^2,\mathbb{R}^2)$,根据引理 10.4.1,若 $l\subset\overline{\Omega}$ 为零面积集,则 $\boldsymbol{F}(l)$ 也为零面积集. 再由引理 10.4.2 前部分的证明(不用单射! 只需 $\det \boldsymbol{JF}$ 在 $\Delta^\circ\subset\Omega$ 上处处不为零,由局部逆射定理,$f(\Delta^\circ)$ 为开集)知

$$\partial\boldsymbol{F}(\Delta)\subset\boldsymbol{F}(\partial\Delta)$$

因此,若 $\Delta\subset\overline{\Omega}$ 有面积,由定理 10.2.5,$\partial\Delta\subset\overline{\Omega}$ 为零面积集. 根据上述结论,$\boldsymbol{F}(\partial\Delta)$ 为零面积集,从 $\partial\boldsymbol{F}(\Delta)\subset\boldsymbol{F}(\partial\Delta)$ 知,$\partial\boldsymbol{F}(\Delta)$ 为零面积集. 再由定理10.2.5,$\boldsymbol{F}(\Delta)$ 为有面积集.

考虑 Ω 中的无穷区间(图 10.4.14)

$$I_\varepsilon=[\varepsilon,+\infty)\times[\varepsilon,2\pi-\varepsilon]$$

其中 $0<\varepsilon<2\pi$,则 $\boldsymbol{F}(I_\varepsilon)$ 为图 10.4.15 中非阴影部分. 因为 $\overline{\Delta\cap I_\varepsilon}\subset\Omega$,所以极

坐标换元公式在$\Delta\cap I_\varepsilon$上成立,即

$$\int_{F(\Delta\cap I_\varepsilon)} f = \iint_{\Delta\cap I_\varepsilon} f(r\cos\varphi, r\sin\varphi)\, r\mathrm{d}r\mathrm{d}\varphi$$

因f在紧致集$\overline{F(\Delta)}$上连续,故有界,令$|f|\leqslant M$. 又Δ有界,所以Δ中点的横坐标r也有界(以R为界). 于是

$$\left|\int_{F(\Delta\cap I_\varepsilon^c)} f\right| \leqslant Mv(F(\Delta\cap I_\varepsilon^c)) \to 0(\varepsilon\to 0^+)$$

$$\left|\iint_{\Delta\cap I_\varepsilon^c} f(r\cos\varphi, r\sin\varphi)\, r\mathrm{d}r\mathrm{d}\varphi\right| \leqslant MRv(\Delta\cap I_\varepsilon^c) \to 0(\varepsilon\to 0^+)$$

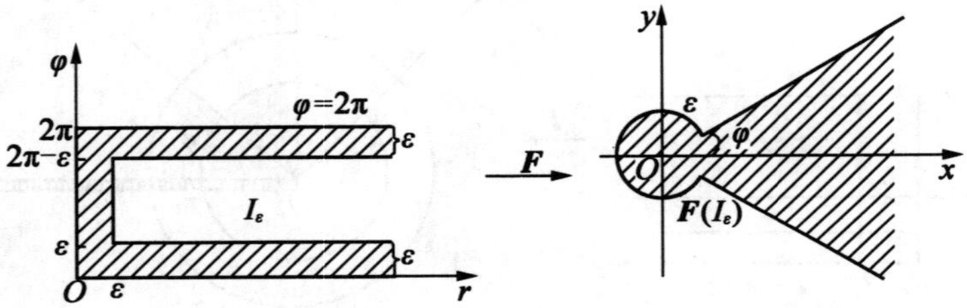

图 10.1.14

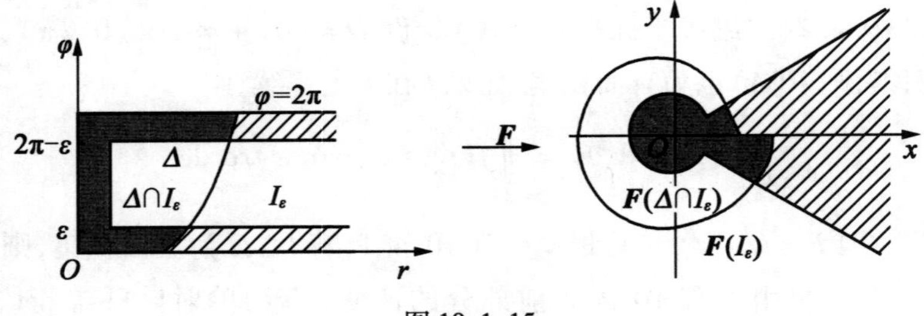

图 10.1.15

由此推得

$$\begin{aligned}\int_{F(\Delta)} f &= \lim_{\varepsilon\to 0^+}\left(\int_{F(\Delta\cap I_\varepsilon)} f + \int_{F(\Delta\cap I_\varepsilon^c)} f\right)\\ &= \lim_{\varepsilon\to 0^+}\int_{F(\Delta\cap I_\varepsilon)} f = \lim_{\varepsilon\to 0^+}\iint_{\Delta\cap I_\varepsilon} f(r\cos\varphi, r\sin\varphi)\, r\mathrm{d}r\mathrm{d}\varphi\\ &= \lim_{\varepsilon\to 0^+}\left[\iint_{\Delta\cap I_\varepsilon} f(r\cos\varphi, r\sin\varphi)\, r\mathrm{d}r\mathrm{d}\varphi + \iint_{\Delta\cap I_\varepsilon^c} f(r\cos\varphi, r\sin\varphi)\, r\mathrm{d}r\mathrm{d}\varphi\right]\\ &= \iint_{\Delta} f(r\cos\varphi, r\sin\varphi)\, r\mathrm{d}r\mathrm{d}\varphi\end{aligned}$$

例 10.4.7　计算二重积分

$$\iint\limits_{\frac{x^2}{a^2}+\frac{y^2}{b^2}\leqslant 1}\sqrt{\frac{x^2}{a^2}+\frac{y^2}{b^2}}\mathrm{d}x\mathrm{d}y,\quad a>0,b>0$$

解　作广义极坐标变换

$$\begin{cases}x=ar\cos\varphi\\ y=br\sin\varphi\end{cases}$$

它的 Jacobi 行列式为

$$\frac{\partial(x,y)}{\partial(r,\varphi)}=\begin{vmatrix}a\cos\varphi & -ar\sin\varphi\\ b\sin\varphi & br\cos\varphi\end{vmatrix}=abr$$

于是

$$\begin{aligned}\iint\limits_{\frac{x^2}{a^2}+\frac{y^2}{b^2}\leqslant 1}\sqrt{\frac{x^2}{a^2}+\frac{y^2}{b^2}}\mathrm{d}x\mathrm{d}y &= \iint\limits_{\substack{0\leqslant r\leqslant 1\\ 0\leqslant\varphi\leqslant 2\pi}}\sqrt{r^2\cos^2\varphi+r^2\sin^2\varphi}\,abr\mathrm{d}r\mathrm{d}\varphi\\ &= ab\int_0^{2\pi}\mathrm{d}\varphi\int_0^1 r^2\mathrm{d}r = 2\pi ab\frac{r^3}{3}\bigg|_0^1=\frac{2}{3}\pi ab\end{aligned}$$

例 10.4.8　计算椭圆$\frac{x^2}{a^2}+\frac{y^2}{b^2}=1$所围图形$\Omega$的面积$v(\Omega)$.

解法 1　$v(\Omega)=\iint\limits_{\Omega}\mathrm{d}x\mathrm{d}y\xlongequal{\text{广义极坐标}}\int_0^{2\pi}\mathrm{d}\varphi\int_0^1 abr\mathrm{d}r=2\pi ab\cdot\frac{r^2}{2}\bigg|_0^1=\pi ab$

解法 2

$$\begin{aligned}v(\Omega) &= \iint\limits_{\Omega}\mathrm{d}x\mathrm{d}y\xlongequal{\text{对称性}}4\int_0^a\mathrm{d}x\int_0^{b\sqrt{1-\frac{x^2}{a^2}}}\mathrm{d}y\\ &= 4\,\frac{b}{a}\int_0^a\sqrt{a^2-x^2}\mathrm{d}x\\ &\xlongequal{x=a\sin\theta}4b\int_0^{\frac{\pi}{2}}\cos\theta\cdot a\cos\theta\mathrm{d}\theta\\ &= 4ab\cdot\frac{1}{2}\cdot\frac{\pi}{2}=\pi ab\end{aligned}$$

例 10.4.9　计算二重积分

$$\iint\limits_{[a,b]^2}\sqrt{x^2+y^2}\mathrm{d}x\mathrm{d}y$$

解法 1　$\iint\limits_{[0,a]^2}\sqrt{x^2+y^2}\mathrm{d}x\mathrm{d}y\xlongequal{\text{对称性}}2\int_{\Omega_1}\sqrt{x^2+y^2}\mathrm{d}x\mathrm{d}y$

$$\xlongequal{\text{广义极坐标变换}} 2\iint_{\Delta_1} r\cdot r\mathrm{d}r\mathrm{d}\varphi$$

$$= 2\int_0^{\frac{\pi}{4}}\mathrm{d}\varphi\int_0^{\frac{a}{\cos\varphi}} r^2\mathrm{d}r = 2\int_0^{\frac{\pi}{4}}\frac{1}{3}\frac{a^3}{\cos^3\varphi}\mathrm{d}\varphi$$

$$\xlongequal[\text{解法3}]{\text{例5.2.13}} \frac{2a^3}{3}\cdot\frac{1}{4}\left(\frac{2\sin\varphi}{\cos^2\varphi}+\ln\frac{1+\sin\varphi}{1-\sin\varphi}\right)\Bigg|_0^{\frac{\pi}{4}}$$

$$= \frac{a^3}{3}\cdot\frac{1}{2}\left[\frac{2\cdot\frac{\sqrt{2}}{2}}{\left(\frac{\sqrt{2}}{2}\right)^2}+\ln\frac{1+\frac{\sqrt{2}}{2}}{1-\frac{\sqrt{2}}{2}}\right]$$

$$= \frac{a^3}{3}\left[\sqrt{2}+\frac{1}{2}\ln\frac{2+\sqrt{2}}{2-\sqrt{2}}\right]$$

$$= \frac{a^3}{3}\left[\sqrt{2}+\ln(\sqrt{2}+1)\right]$$

其中 Ω_1 如图 10.4.16,Δ_1 如图 10.4.17.

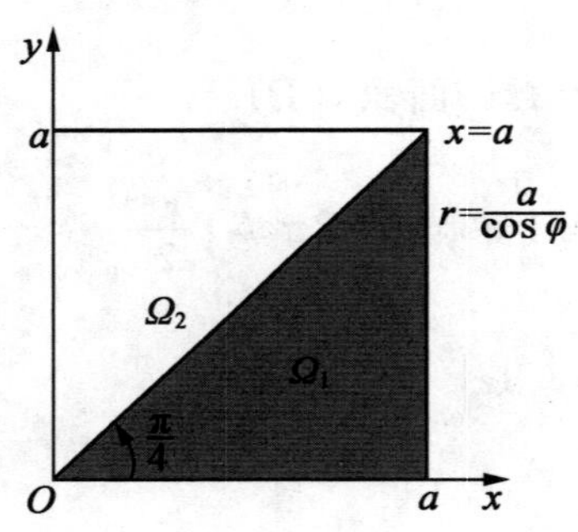

图 10.4.16

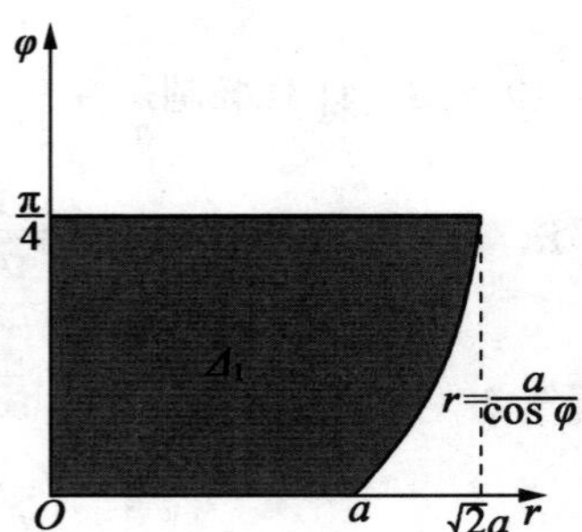

图 10.4.17

解法 2

$$\iint_{[0,a]^2}\sqrt{x^2+y^2}\,\mathrm{d}x\mathrm{d}y = \frac{2a^3}{3}\int_0^{\frac{\pi}{4}}\frac{\mathrm{d}\varphi}{\cos^3\varphi}$$

$$= \frac{2a^3}{3}\int_0^{\frac{\pi}{4}}\frac{\mathrm{d}\sin\varphi}{(1-\sin^2\varphi)^2} = \frac{2a^3}{3}\int_0^{\frac{\sqrt{2}}{2}}\frac{\mathrm{d}u}{(1-u^2)^2}$$

$$= \frac{2a^3}{3}\int_0^{\frac{\sqrt{2}}{2}}\frac{1}{4}\left(\frac{1}{1-u}+\frac{1}{1+u}\right)^2\mathrm{d}u$$

$$= \frac{2a^3}{3}\cdot\frac{1}{4}\int_0^{\frac{\sqrt{2}}{2}}\left[\frac{1}{(1-u)^2}+\frac{1}{(1+u)^2}+\frac{1}{1-u}+\frac{1}{1+u}\right]\mathrm{d}u$$

$$= \frac{2a^3}{3}\cdot\frac{1}{4}\left(\frac{1}{1-u}-\frac{1}{1+u}+\ln\frac{1+u}{1-u}\right)\Bigg|_0^{\frac{\sqrt{2}}{2}}$$

$$= \frac{2a^3}{3}\cdot\frac{1}{4}\left[\frac{1}{1-\frac{\sqrt{2}}{2}}-\frac{1}{1+\frac{\sqrt{2}}{2}}+\ln\frac{1+\frac{\sqrt{2}}{2}}{1-\frac{\sqrt{2}}{2}}\right]$$

$$= \frac{2a^3}{3}\cdot\frac{1}{4}\left[\frac{\sqrt{2}}{1-\frac{1}{2}}+\ln\frac{2+\sqrt{2}}{2-\sqrt{2}}\right]$$

$$= \frac{a^3}{3}\left[\sqrt{2}+\frac{1}{2}\ln(\sqrt{2}+1)^2\right]$$

$$= \frac{a^3}{3}[\sqrt{2}+\ln(\sqrt{2}+1)]$$

例 10.4.10　计算二重积分

$$\iint_{\Omega} e^{\frac{y}{x+y}}\mathrm{d}x\mathrm{d}y$$

其中 Ω 为以(0,0),(0,1),(1,0)为顶点的三角形.

解法 1　作变换

$$\begin{cases}x=v-u\\ y=u\end{cases},\qquad \frac{\partial(x,y)}{\partial(u,v)}=\begin{vmatrix}-1 & 1\\ 1 & 0\end{vmatrix}=-1$$

$$\iint_{\Omega} e^{\frac{y}{x+y}}\mathrm{d}x\mathrm{d}y = \iint_{\Delta} e^{\frac{u}{v}}\mathrm{d}u\mathrm{d}v = \int_0^1\mathrm{d}v\int_0^v e^{\frac{u}{v}}\mathrm{d}u$$

$$= \int_0^1 v e^{\frac{u}{v}}\Big|_0^v\mathrm{d}v = \int_0^1 v(e-1)\mathrm{d}v$$

$$= (e-1)\frac{v^2}{2}\Big|_0^1 = \frac{1}{2}(e-1)$$

其中 Δ 是由 $v=0, v=1, v=u$ 围成的三角形.

解法 2　作极坐标变换 $(x,y)=(r\cos\varphi, r\sin\varphi)$,有(图 10.4.18)

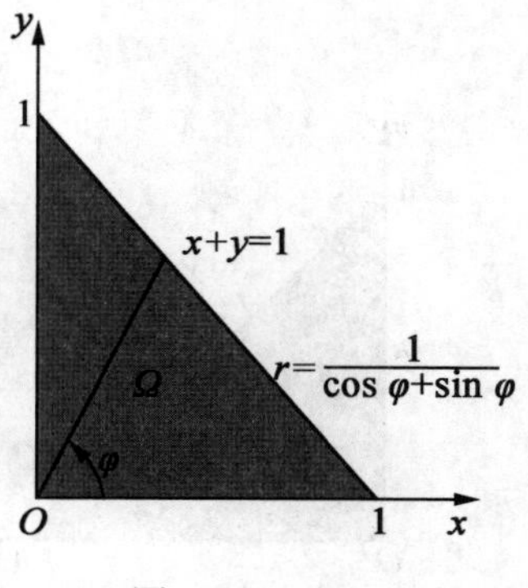

图　10.4.18

$$\iint_{\Omega} e^{\frac{y}{x+y}}\mathrm{d}x\mathrm{d}y = \int_0^{\frac{\pi}{2}}\mathrm{d}\varphi\int_0^{\frac{1}{\cos\varphi+\sin\varphi}} e^{\frac{\sin\varphi}{\cos\varphi+\sin\varphi}} r\mathrm{d}r$$

$$= \frac{1}{2}\int_0^{\frac{\pi}{2}} e^{\frac{\sin\varphi}{\cos\varphi+\sin\varphi}}\frac{1}{(\cos\varphi+\sin\varphi)^2}\mathrm{d}\varphi$$

$$= \frac{1}{2}e^{\frac{\sin\varphi}{\cos\varphi+\sin\varphi}}\Big|_0^{\frac{\pi}{2}} = \frac{1}{2}(e-1)$$

解法 3 根据被积函数 $e^{\frac{y}{x+y}}$ 猜测应作变换(图 10.4.19)

$$\begin{cases} x+y=u, & 0\leqslant u\leqslant 1 \\ y=uv, & 0\leqslant v=\dfrac{y}{u}=\dfrac{y}{x+y}=\dfrac{\frac{y}{x}}{1+\frac{y}{x}}\leqslant 1 \end{cases}$$

其逆变换为

$$\begin{cases} x=u(1-v) \\ y=uv \end{cases}, \quad \begin{cases} x+y=u \\ \dfrac{y}{x}=\dfrac{v}{1-v}=-1+\dfrac{1}{1-v} \end{cases}$$

$$\frac{\partial(x,y)}{\partial(u,v)}=\begin{vmatrix} 1-v & -u \\ v & u \end{vmatrix}=u-uv+uv=u$$

所以

$$\iint\limits_{\Omega} e^{\frac{y}{x+y}}\mathrm{d}x\mathrm{d}y = \iint\limits_{[0,1]^2} e^{v}u\mathrm{d}u\mathrm{d}v = \int_0^1 u\mathrm{d}u\int_0^1 e^{v}\mathrm{d}v = \frac{u^2}{2}\Big|_0^1\cdot e^{v}\Big|_0^1 = \frac{1}{2}(e-1)$$

解法 4 作变换(图 10.4.20)

$$\begin{cases} x+y=u \\ y=x\tan\varphi \end{cases}, \quad \begin{cases} x=\dfrac{u}{1+\tan\varphi} \\ y=\dfrac{u\tan\varphi}{1+\tan\varphi} \end{cases}$$

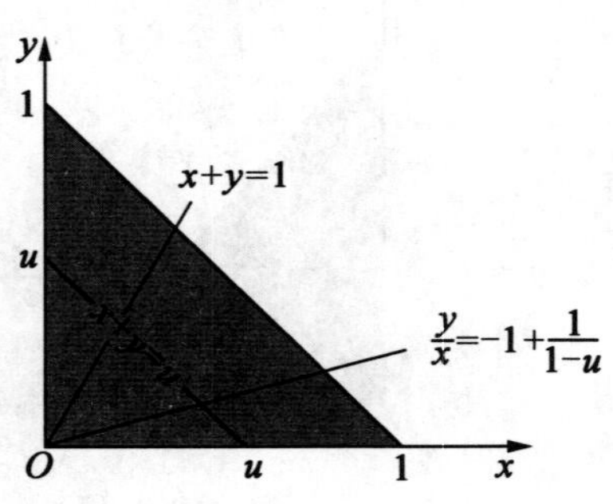

图 10.4.19

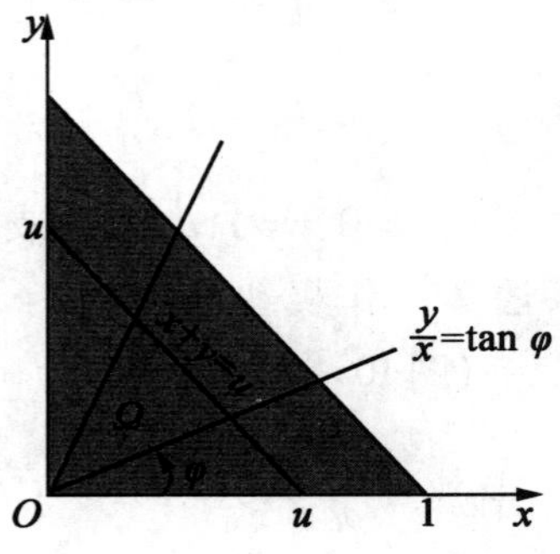

图 10.4.20

则它的 Jacobi 行列式为

$$\frac{\partial(x,y)}{\partial(u,\varphi)}=\begin{vmatrix}\frac{1}{1+\tan\varphi} & -\frac{u\sec^2\varphi}{(1+\tan\varphi)^2}\\ \frac{\tan\varphi}{1+\tan\varphi} & \frac{u\sec^2\varphi}{(1+\tan\varphi)^2}\end{vmatrix}$$

$$=\frac{u\sec^2\varphi}{(1+\tan\varphi)^2}\cdot\frac{1}{1+\tan\varphi}(1+\tan\varphi)$$

$$=\frac{u\sec^2\varphi}{(1+\tan\varphi)^2}$$

$$=\frac{u}{(\cos\varphi+\sin\varphi)^2}$$

于是

$$\iint\limits_{\Omega}e^{\frac{y}{x+y}}\mathrm{d}x\mathrm{d}y=\int_0^{\frac{\pi}{2}}\mathrm{d}\varphi\int_0^1 e^{\frac{\tan\varphi}{1+\tan\varphi}}\frac{u}{(\cos\varphi+\sin\varphi)^2}\mathrm{d}u$$

$$=\int_0^{\frac{\pi}{2}}e^{\frac{\sin\varphi}{\cos\varphi+\sin\varphi}}\cdot\frac{1}{(\cos\varphi+\sin\varphi)^2}\cdot\frac{u^2}{2}\Big|_0^1\mathrm{d}\varphi$$

$$=\frac{1}{2}e^{\frac{\sin\varphi}{\cos\varphi+\sin\varphi}}\Big|_0^{\frac{\pi}{2}}=\frac{1}{2}(e-1)$$

例 10.4.11　计算二重积分

$$\iint\limits_{\substack{x^2+y^2\leqslant R^2\\ x\geqslant 0,y\geqslant 0}}e^{-(x^2+y^2)}\mathrm{d}x\mathrm{d}y$$

解　应用极坐标变换,有

$$\iint\limits_{\substack{x^2+y^2\leqslant R^2\\ x\geqslant 0,y\geqslant 0}}e^{-(x^2+y^2)}\mathrm{d}x\mathrm{d}y=\iint\limits_{\substack{0\leqslant r\leqslant R\\ 0\leqslant\varphi\leqslant\frac{\pi}{2}}}e^{-r^2}r\mathrm{d}r\mathrm{d}\varphi=\int_0^{\frac{\pi}{2}}\mathrm{d}\varphi\int_0^R re^{-r^2}\mathrm{d}r$$

$$=\frac{\pi}{2}\cdot\left(-\frac{1}{2}e^{-r^2}\right)\Big|_0^R=\frac{\pi}{4}(1-e^{-R^2})$$

例 10.4.12　证明概率积分 $I=\int_0^{+\infty}e^{-x^2}\mathrm{d}x=\frac{\sqrt{\pi}}{2}$.

证法1　参阅例6.5.7.

证法2　由图10.4.21与例10.4.11知

$$\frac{\pi}{4}(1-e^{-R^2})=\iint\limits_{\substack{x^2+y^2\leqslant R^2\\ x\geqslant 0,y\geqslant 0}}e^{-(x^2+y^2)}\mathrm{d}x\mathrm{d}y$$

$$\leqslant \iint\limits_{\substack{0\leqslant x\leqslant R\\0\leqslant y\leqslant R}} e^{-(x^2+y^2)}\mathrm{d}x\mathrm{d}y$$

$$\leqslant \iint\limits_{\substack{x^2+y^2\leqslant 2R^2\\x\geqslant 0,y\geqslant 0}} e^{-(x^2+y^2)}\mathrm{d}x\mathrm{d}y$$

$$= \frac{\pi}{4}(1-e^{-2R^2})$$

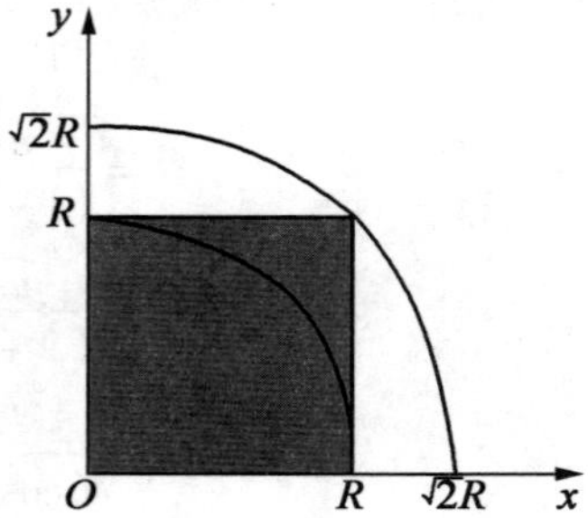

图 10.4.21

再由 $\lim\limits_{R\to+\infty}\frac{\pi}{4}(1-e^{-R^2})=\frac{\pi}{4}=\lim\limits_{R\to+\infty}\frac{\pi}{4}(1-e^{-2R^2})$ 及夹逼定理推得

$$I^2=\lim_{R\to+\infty}\left(\int_0^R e^{-x^2}\mathrm{d}x\right)^2=\lim_{R\to+\infty}\int_0^R e^{-x^2}\mathrm{d}x\int_0^R e^{-y^2}\mathrm{d}y$$

$$=\lim_{R\to+\infty}\iint\limits_{\substack{0\leqslant x\leqslant R\\0\leqslant y\leqslant R}} e^{-(x^2+y^2)}\mathrm{d}x\mathrm{d}y=\frac{\pi}{4}$$

所以
$$I=\frac{\sqrt{\pi}}{2}$$

证法 3 借用第 3 册中的余元公式 $\Gamma(s)\Gamma(1-s)=\frac{\pi}{\sin s\pi}, 0<s<1$,其中

$$\Gamma(s)=\int_0^{+\infty}t^{s-1}e^{-t}\mathrm{d}t$$

称为 Γ 函数. 于是,$\Gamma\left(\frac{1}{2}\right)^2=\Gamma\left(\frac{1}{2}\right)\Gamma\left(\frac{1}{2}\right)=\frac{\pi}{\sin\frac{\pi}{2}}=\pi$,有

$$I=\int_0^{+\infty}e^{-x^2}\mathrm{d}x\xlongequal[\mathrm{d}t\,=\,2x\mathrm{d}x]{t\,=\,x^2}\int_0^{+\infty}\frac{1}{2\sqrt{t}}e^{-t}\mathrm{d}t$$

$$=\frac{1}{2}\int_0^{+\infty}t^{\frac{1}{2}-1}e^{-t}\mathrm{d}t=\frac{1}{2}\Gamma\left(\frac{1}{2}\right)$$

$$=\frac{\sqrt{\pi}}{2}$$

例 10.4.13 计算曲线 $r=r(\varphi)$(极坐标方程)夹在 $\alpha\leqslant\varphi\leqslant\beta$ 之间的图形 Ω(图 10.4.22)的面积,其中 $r(\varphi)$ 为 $[\alpha,\beta]$ 上的连续函数.

解法 1 $$v(\Omega)=\iint\limits_{\Omega}\mathrm{d}x\mathrm{d}y=\iint\limits_{\Delta}r\mathrm{d}r\mathrm{d}\varphi=\int_\alpha^\beta\mathrm{d}\varphi\int_0^{r(\varphi)}r\mathrm{d}\varphi$$

$$=\int_\alpha^\beta\frac{r^2}{2}\bigg|_0^{r(\varphi)}\mathrm{d}\varphi=\frac{1}{2}\int_\alpha^\beta r^2(\varphi)\mathrm{d}\varphi$$

解法 2　参阅 6.6.1 节平面图形的面积(2),有

$$v(\Omega) = \lim_{\|T\| \to 0} \sum_{i=1}^{n} \frac{1}{2} r^2(\xi_i) \Delta\varphi_i = \frac{1}{2}\int_\alpha^\beta r^2(\varphi)\,\mathrm{d}\varphi$$

例 10.4.14　求心脏线(或心形线)$r = a(1+\cos\varphi)$所围图形 Ω 的面积.

解　由对称性(图 10.4.23)得到

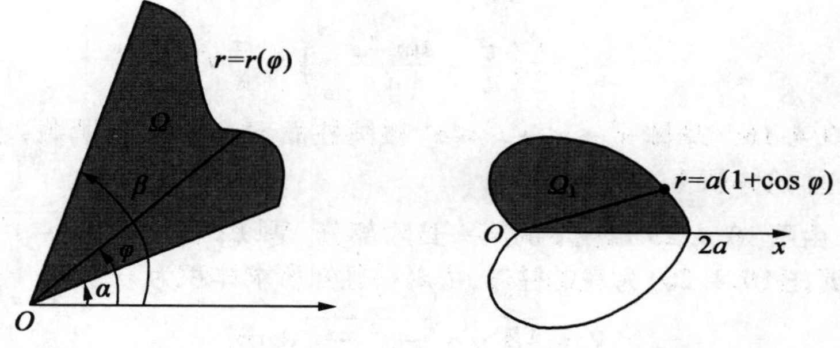

图 10.4.22　　　图 10.4.23

$$\begin{aligned} v(\Omega) &= 2\iint_{\Omega_1} \mathrm{d}x\mathrm{d}y = 2\int_0^\pi \mathrm{d}\varphi \int_0^{a(1+\cos\varphi)} r\mathrm{d}r = 2\int_0^\pi \frac{r^2}{2}\bigg|_0^{a(1+\cos\varphi)} \mathrm{d}\varphi \\ &= a^2\int_0^\pi (1+\cos\varphi)^2 \mathrm{d}\varphi = a^2\int_0^\pi (1+2\cos\varphi+\cos^2\varphi)\mathrm{d}\varphi \\ &= a^2\left[\pi + 2\sin\varphi\bigg|_0^\pi + \frac{1}{2}\int_0^\pi (1+\cos 2\varphi)\mathrm{d}\varphi\right] \\ &= a^2\pi + \frac{a^2}{2}\left(\pi + \frac{1}{2}\sin 2\varphi\bigg|_0^\pi\right) = \frac{3}{2}\pi a^2 \end{aligned}$$

例 10.4.15　计算二重积分

$$\iint_\Omega (x^2+y^2)\,\mathrm{d}x\mathrm{d}y$$

其中 Ω 为由双纽线$(x^2+y^2)^2 = a^2(x^2-y^2)$所围成的区域,$a>0$(图 10.4.24).

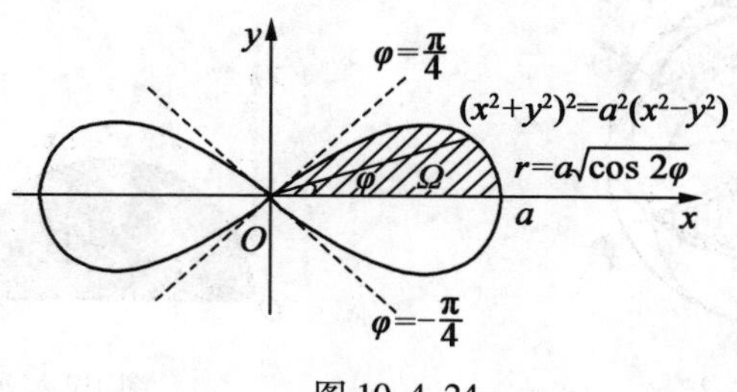

图 10.4.24

解 $$\iint\limits_{\Omega}(x^2+y^2)\mathrm{d}x\mathrm{d}y \xlongequal{\text{由对称性}} 4\iint\limits_{\Omega_1}(x^2+y^2)\mathrm{d}x\mathrm{d}y$$

$$= 4\int_0^{\frac{\pi}{4}}\mathrm{d}\varphi\int_0^{a\sqrt{\cos 2\varphi}} r^2\cdot r\mathrm{d}r = \int_0^{\frac{\pi}{4}} r^4\Big|_0^{a\sqrt{\cos 2\varphi}}\mathrm{d}\varphi$$

$$= a^4\int_0^{\frac{\pi}{4}}\cos^2 2\varphi\mathrm{d}\varphi = \frac{a^4}{2}\int_0^{\frac{\pi}{4}}(1+\cos 4\varphi)\mathrm{d}\varphi$$

$$= \frac{a^4}{2}\left(\frac{\pi}{4}+\frac{\sin 4\varphi}{4}\Big|_0^{\frac{\pi}{4}}\right) = \frac{\pi}{8}a^4$$

例 10.4.16 球体 $x^2+y^2+z^2\leqslant a^2$ 被圆柱面 $x^2+y^2=ax$ 所截,求截下的 Viviani 立体的体积 V.

解 由图 10.4.25 知截下的第一卦限部分,是以 $z=\sqrt{a^2-x^2-y^2}$ 为顶盖,以半圆 Ω(图 10.4.26)为底的柱体,由对称性知所求体积为

$$V = 4\iint\limits_{\Omega}\sqrt{a^2-x^2-y^2}\mathrm{d}x\mathrm{d}y$$

$$\xlongequal{\text{极坐标变换}} 4\iint\limits_{\Delta}\sqrt{a^2-r^2}\,r\mathrm{d}r\mathrm{d}\varphi$$

$$\xlongequal{\text{图 10.4.26}} 4\int_0^{\frac{\pi}{2}}\mathrm{d}\varphi\int_0^{a\cos\varphi}\sqrt{a^2-r^2}\,r\mathrm{d}r$$

$$= 4\int_0^{\frac{\pi}{2}}\frac{-1}{3}(a^2-r^2)^{\frac{3}{2}}\Big|_0^{a\cos\varphi}\mathrm{d}\varphi$$

$$= \frac{4a^3}{3}\int_0^{\frac{\pi}{2}}(1-\sin^3\varphi)\mathrm{d}\varphi$$

$$= \frac{4a^3}{3}\left(\frac{\pi}{2}-\frac{2}{3}\right)$$

$$= \left(\frac{2\pi}{3}-\frac{8}{9}\right)a^3$$

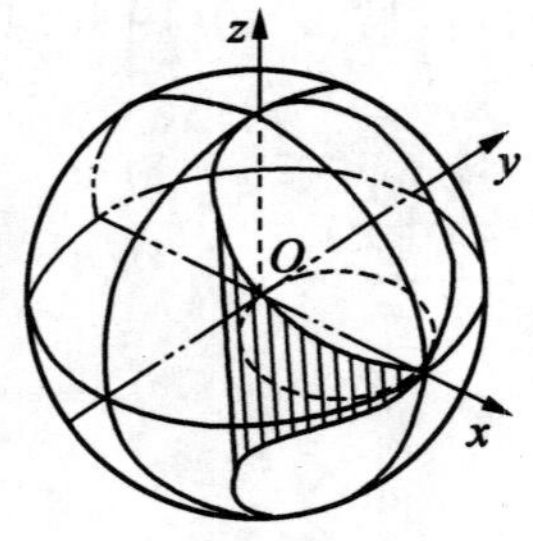

图 10.4.25

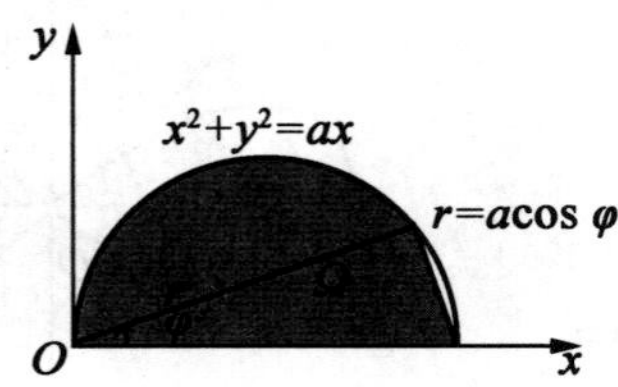

图 10.4.26

练习题 10.4

1. 计算下列二重积分：

(1) $\iint\limits_{\Omega}(x-y)^2\sin(x+y)\,\mathrm{d}x\mathrm{d}y$，其中 Ω 是由 4 点 $(\pi,0)$，$(2\pi,\pi)$，$(\pi,2\pi)$，$(0,\pi)$ 顺次连成的正方形；

(2) $\iint\limits_{\Omega}(x+y)\,\mathrm{d}x\mathrm{d}y$，其中 Ω 由曲线 $y^2=2x$，$x+y=4$，$x+y=12$ 围成；

(3) $\iint\limits_{\Omega}(x^2+y^2)\,\mathrm{d}x\mathrm{d}y$，其中 Ω 由曲线 $x^2-y^2=1$，$x^2-y^2=2$，$xy=1$ 与 $xy=2$ 围成；

(4) $\iint\limits_{\Omega}(x-y^2)\,\mathrm{d}x\mathrm{d}y$，其中 Ω 由曲线 $y=2$，$y^2-y-x=0$，$y^2+2y-x=0$ 围成.

2. 计算下列二重积分：

(1) $\iint\limits_{\pi^2\leqslant x^2+y^2\leqslant 4\pi^2}\sin\sqrt{x^2+y^2}\,\mathrm{d}x\mathrm{d}y$；　(2) $\iint\limits_{x^2+y^2\leqslant Rx}\sqrt{R^2-x^2-y^2}\,\mathrm{d}x\mathrm{d}y$；

(3) $\iint\limits_{\substack{1\leqslant x\leqslant 2\\ x\leqslant y\leqslant 2x}}\sqrt{xy}\,\mathrm{d}x\mathrm{d}y$；　(4) $\iint\limits_{x^2+y^2\leqslant x+y}\sqrt{x^2+y^2}\,\mathrm{d}x\mathrm{d}y$；

(5) $\iint\limits_{x^2+y^2\leqslant x+y}(x+y)\,\mathrm{d}x\mathrm{d}y$；　(6) $\iint\limits_{x^2+y^2\leqslant a^2}|xy|\,\mathrm{d}x\mathrm{d}y$；

(7) $\iint\limits_{|x|+|y|\leqslant 1}(x^2+y^2)\,\mathrm{d}x\mathrm{d}y$；

(8) $\iint\limits_{x^2+y^2\leqslant R^2}f'(x^2+y^2)\,\mathrm{d}x\mathrm{d}y$，其中 f 为连续可导的单变量函数.

3. 计算由下列曲线围成的平面图形的面积：

(1) $(a_1x+b_1y+c_1)^2+(a_2x+b_2y+c_2)^2=1$，其中 $a_1b_2-a_2b_1\neq 0$；

(2) $\sqrt{x}+\sqrt{y}=\sqrt{a}$，$x=0$ 与 $y=0$，其中 $a>0$；

(3) $x+y=a$，$x+y=b$，$y=\alpha x$，$y=\beta x\,(a<b,\alpha<\beta)$；

(4) $\left(\dfrac{x^2}{a^2}+\dfrac{y^2}{b^2}\right)^2=x^2+y^2$；

(5) $(x^2+y^2)^2=2a^2(x^2-y^2)$(双纽线), $x^2+y^2\geqslant a^2$;

(6) $(x-y)^2+x^2=a^2, a>0$.

4. 求由下列曲面所围立体 Ω 的体积 $v(\Omega)$:

(1) Ω 是由 $z=x^2+y^2$ 与 $z=x+y$ 所围的立体;

(2) Ω 是由 $z^2=\dfrac{x^2}{4}+\dfrac{y^2}{9}$ 与 $2z=\dfrac{x^2}{4}+\dfrac{y^2}{9}$ 所围的立体.

5. 在下列积分中引入新变量 u,v 后,再将它化为累次积分:

(1) $\int_0^2 dx\int_{1-x}^{2-x} f(x,y)dy$, 令 $u=x+y, v=x-y$;

(2) $\iint\limits_{\Omega} f(x,y)dxdy$, 其中 $\Omega=\{(x,y)\mid \sqrt{x}+\sqrt{y}\leqslant\sqrt{a}, x\geqslant 0, y\geqslant 0\}, a>0$, 令 $x=u\cos^4 v, y=u\sin^4 v$;

(3) $\iint\limits_{\Omega} f(x,y)dxdy$, 其中 $\Omega=\{(x,y)\mid x+y\leqslant a, x\geqslant 0, y\geqslant 0\}, a>0$, 令 $x+y=u, y=uv$.

6. 作适当的变换,计算积分

$$\iint\limits_{\Omega}(x+y)\sin(x-y)dxdy$$

其中 $\Omega=\{(x,y)\mid 0\leqslant x+y\leqslant\pi, 0\leqslant x-y\leqslant\pi\}$.

7. 证明: $\iint\limits_{|x|+|y|\leqslant 1} f(x+y)dxdy=\int_{-1}^{1} f(t)dt$.

8. 设常数 a,b 不全为零,证明

$$\iint\limits_{x^2+y^2\leqslant 1} f(ax+by+c)dxdy=2\int_{-1}^{1}\sqrt{1-t^2}f(t\sqrt{a^2+b^2}+c)dt$$

9. 设 Ω 为由曲线 $xy=1, xy=2, y=x$ 与 $y=4x$ 围成的图形在第一象限中的那一部分,证明

$$\iint\limits_{\Omega} f(xy)dxdy=\ln 2\int_1^2 f(t)dt$$

思考题 10.4

1. 证明:积分不等式

$$\int_0^a e^{-\frac{x^2}{2}}dx < \left[\frac{\pi}{2}\left(1 - e^{-\frac{2a^2}{\pi}}\right)\right]^{\frac{1}{2}}$$

$\left(\text{提示:设 } I = \int_0^a e^{-\frac{x^2}{2}}dx\text{,考察二重积分 } I^2 = \iint\limits_{[0,a]^2} e^{-\frac{x^2+y^2}{2}}dxdy.\right)$

2. 设 $F(t) = \iint\limits_{(x-t)^2+(y-t)^2\leqslant 1} \sqrt{x^2+y^2}\,dxdy$,求 $F'(t)$.

3. 设

$$F(t) = \iint\limits_{x^2+y^2\leqslant t^2} f(x,y)\,dxdy \quad (t>0)$$

(1) 当 $f(x,y)$ 为连续函数时,应用极坐标变换再求 $F'(t)$;

(2) 当 $f(x,y)$ 具有连续偏导数时,应用变换 $(x,y) = (tu,tv)$ 求 $F'(t)$.

4. 设 $f(x,y)$ 为连续函数,证明

$$u(x,y) = \frac{1}{2}\int_0^x d\xi\int_{\xi-x+y}^{x+y-\xi} f(\xi,\eta)\,d\eta$$

满足二阶偏微分方程

$$\frac{\partial^2 u}{\partial x^2} - \frac{\partial^2 u}{\partial y^2} = f(x,y)$$

5. 应用极坐标变换计算下列曲线所界平面图形的面积:

(1) $(x^3+y^3)^2 = x^2+y^2, x\geqslant 0, y\geqslant 0$(图 10.4.27);

(2) $(x^2+y^2)^2 = a(x^3-3xy^2)\ (a>0)$(图 10.4.28).

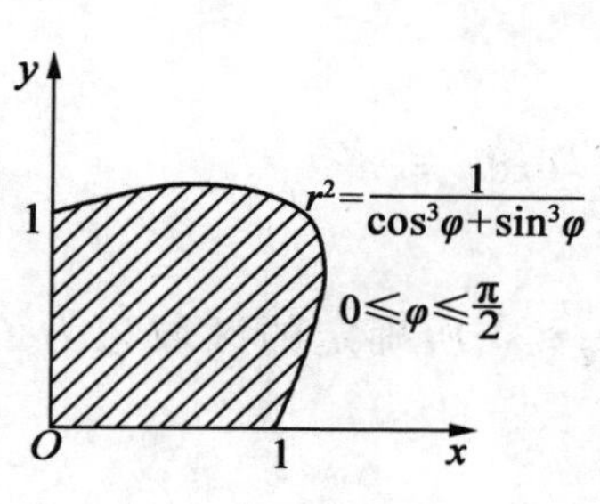

图 10.4.27

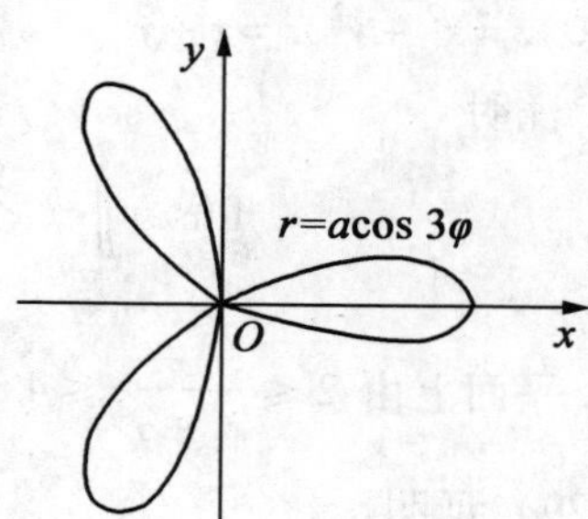

图 10.4.28

6. 应用广义的极坐标变换

$$(x,y) = (ar\cos^{\alpha}\varphi, br\sin^{\alpha}\varphi), \quad r\geqslant 0$$

$$\frac{D(x,y)}{D(r,\varphi)} = abr\cos^{\alpha-1}\varphi\sin^{\alpha-1}\varphi$$

求下列曲线所界平面图形的面积(假定曲线方程中的参数 a,b,h,k 都为正数).

(1) $\frac{x^2}{a^2}+\frac{y^2}{b^2}=\frac{x}{h}+\frac{y}{k}$;

(2) $\left(\frac{x}{a}+\frac{y}{b}\right)^4=\frac{x^2}{h^2}+\frac{y^2}{k^2}(x>0,y>0)$;

(3) $\left(\frac{x}{a}+\frac{y}{b}\right)^4=\frac{x^2}{h^2}-\frac{y^2}{k^2}(x>0,y>0)$;

(4) $\frac{x^3}{a^3}+\frac{y^3}{b^3}=\frac{x^2}{h^2}+\frac{y^2}{k^2},x=0,y=0$;

(5) $\sqrt[4]{\frac{x}{a}}+\sqrt[4]{\frac{y}{b}}=1,x=0,y=0$;

(6) $\sqrt{\frac{x}{a}}+\sqrt{\frac{x}{b}}=1,\sqrt{\frac{x}{a}}+\sqrt{\frac{y}{b}}=2,\frac{x}{a}=\frac{y}{b},4\frac{x}{a}=\frac{y}{b}$.

7. 应用极坐标变换,求下列曲面所界立体的体积:

(1) $z^2=xy,x^2+y^2=a^2$;

(2) $z=x+y,(x^2+y^2)^2=2xy,z=0(x>0,y>0)$;

(3) $z=x^2+y^2,x^2+y^2=x,x^2+y^2=2x,z=0$;

(4) $x^2+y^2-az=0,(x^2+y^2)^2=a^2(x^2-y^2),z=0(a>0)$;

(5) $z=\mathrm{e}^{-(x^2+y^2)},z=0,x^2+y^2=R^2$;

(6) $z=x^2+y^2,z=x+y$.

8. 证明

$$\lim_{R\to+\infty}\iint\limits_{\substack{|x|\leqslant R\\|y|\leqslant R}}(x^2+y^2)\mathrm{e}^{-(x^2+y^2)}\mathrm{d}x\mathrm{d}y=\pi$$

9. 平面上由 $2\leqslant\frac{x}{x^2+y^2}\leqslant4$ 与 $2\leqslant\frac{y}{x^2+y^2}\leqslant4$ 所确定的区域记为 Ω(图10.4.29),证明

$$\iint\limits_{\Omega}\frac{1}{xy}\mathrm{d}x\mathrm{d}y=\ln^2 2$$

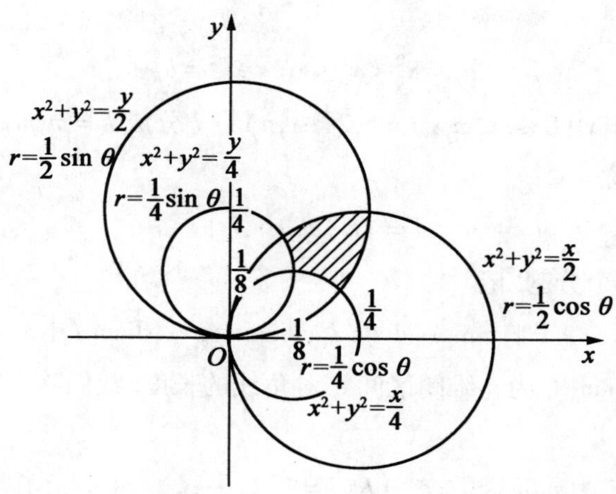

图 10.4.29

10. 设 Ω 为平面曲线 $xy=1, xy=3, y^2=x, y^2=3x$ 所围成的有界闭区域. 作变换 $(u,v)=\left(xy,\frac{y^2}{x}\right)$,证明

$$\iint_{\Omega}\frac{3x}{y^2+xy^3}\mathrm{d}x\mathrm{d}y=\frac{2}{3}\ln 2$$

11. 用两种方法证明

$$\iint_{|x|+|y|\leqslant 1}\frac{x^2-y^2}{\sqrt{x+y+3}}\mathrm{d}x\mathrm{d}y=0$$

10.5　三重积分、n 重积分及其计算

我们已经详细讨论了二重积分的基本内容,n 元函数的 n 重积分在概念上和理论上都与二重积分的概念和理论是一样的.

设 $I=[a_1,b_1]\times\cdots\times[a_n,b_n]\subset\mathbb{R}^n$ 为 n 维闭区间(或闭长方体),$v(I)=(b_1-a_1)\cdots(b_n-a_n)=\prod\limits_{i=1}^{n}(b_i-a_i)$ 为 I 的 n 维体积(英文 volume 是体积,因此用 $v(I)$ 表示 I 的体积). 当 $n=1$ 时为长度,当 $n=2$ 时为面积. 又设

$$a_1=x_1^0<x_1^1<\cdots<x_1^{m_1}=b_1$$

$$\vdots$$

$$a_n = x_n^0 < x_n^1 < \cdots < x_n^{m_n} = b_n$$

于是,超平面 $x_j = x_j^i (0 \leqslant i \leqslant m_j;\ j=1,2,\cdots,n)$ 将 I 分成 $k = m_1 m_2 \cdots m_n$ 个小闭区间 $I_1, I_2, \cdots, I_k$. 称

$$T = \{I_1, I_2, \cdots, I_k\}$$

为闭区间 I 的一个**分割**. 记

$$\|T\| = \max\{\text{diam } I_1, \text{diam } I_2, \cdots, \text{diam } I_k\}$$

这里 I_i 的直径 $\text{diam } I_i$ 为 n 维闭区间 I_i 对角线的长度. 我们称 $\|T\|$ 为分割 T 的**模或宽度**.

再设 $f: I \to \mathbb{R}$ 为 n 元函数,$\boldsymbol{\xi}^i \in I_i (i=1,2,\cdots,k)$. 对 n 元函数 f 作 **Riemann 和**(也称为**积分和**)

$$\sum_{i=1}^{k} f(\boldsymbol{\xi}^i) v(I_i)$$

其中 $v(I_i)$ 为 n 维闭区间的体积,即 I_i 的各棱长之积. 我们也称 $\boldsymbol{\xi} = (\boldsymbol{\xi}^1, \boldsymbol{\xi}^2, \cdots, \boldsymbol{\xi}^k) \in I_1 \times I_2 \times \cdots \times I_k$ 为上述 Riemann 和的**值点向量**,称 $\boldsymbol{\xi}^1, \boldsymbol{\xi}^2, \cdots, \boldsymbol{\xi}^k$ 为**值点**.

如果 $\exists J \in \mathbb{R}$, s. t. $\forall \varepsilon > 0$, $\exists \delta > 0$, 当 $\|T\| < \delta$ 时, $\forall \boldsymbol{\xi} \in I_1 \times I_2 \times \cdots \times I_k$, 都有

$$\left| \sum_{i=1}^{k} f(\boldsymbol{\xi}^i) v(I_i) - J \right| < \varepsilon$$

则称 n 元函数 f 在闭区间 I 上(**Riemann**)**可积**,而

$$J = \lim_{\|T\| \to 0} \sum_{i=1}^{k} f(\boldsymbol{\xi}^i) v(I_i)$$

$$\xlongequal{\text{def}} \int \cdots \int_I f(x_1, x_2, \cdots, x_n) \mathrm{d}x_1 \mathrm{d}x_2 \cdots \mathrm{d}x_n \text{ 或} \int_I f \mathrm{d}v \text{ 或} \int_I f$$

称为 f 在 I 上的(**Riemann**)**积分**或 n **重积分**或**积分**. 这里 f 称为**被积函数**, I 称为**积分区间**, $\underbrace{\int \cdots \int}_{n\text{个}}$ 与 $\int$ 称为(n 重)**积分号**, $\mathrm{d}v = \mathrm{d}x_1 \mathrm{d}x_2 \cdots \mathrm{d}x_n$ 称为**体积元**. 当 $n=3$ 时,积分号为 $\iiint$ 或 $\int$, $\mathrm{d}v = \mathrm{d}x\mathrm{d}y\mathrm{d}z$; 当 $n=2$ 时,积分号为 $\iint$ 或 $\int$.

因为 n 元函数 f 在闭区间 I 上可积和积分的定义与二重积分完全类似,所以它也有与定理 10. 1. 1 相同的简单积分公式. 如果 f 在 I 上可积,则 f 在 I 上有

界,反之却不真.

如果将$\mathbb{R}^2$改为$\mathbb{R}^n$,二维闭(开)区间改为 n 维闭(开)区间,闭(开)圆改为 n 维闭(开)球,类似零面积集可定义 n 维零体积集(当 $n=1$ 时,为零长度集;当 $n=2$时,为零面积集).类似二维零测集可定义 n 维零测集.与定理 10.1.4 一样,零体积集必为零测集,但反之不真,与定理 10.1.5 相同,零体积集与零测集有 7 个简单性质.

对 n 元函数 f 引进 Darboux 上和与 Darboux 下和可得到 Darboux 定理:$\lim\limits_{\|T\|\to 0} S(T,f)=S$, $\lim\limits_{\|T\|\to 0} s(T,f)=s$. 进而有 n 元函数 Riemann 可积的 8 个等价条件,特别是 Lebesgue 可积定理:闭区间 I 上的有界函数 f 在 I 上可积$\Leftrightarrow f$ 在 I 上的不连续点集为零测集,即 f 在 I 上几乎处处(a. e.)连续.

设 $\Omega\subset\mathbb{R}^n$为有界集,$f:\Omega\to\mathbb{R}$ 为 n 元函数,记

$$f_\Omega(\boldsymbol{x})=f_\Omega(x_1,x_2,\cdots,x_n)=\begin{cases}f(x_1,x_2,\cdots,x_n), & \boldsymbol{x}=(x_1,x_2,\cdots,x_n)\in\Omega\\ 0, & \boldsymbol{x}=(x_1,x_2,\cdots,x_n)\notin\Omega\end{cases}$$

并称为 f 的**零延拓**.任取闭区间 $I\supset\Omega$,如果 f_Ω 在 I 上可积,则称 **f 在 Ω 上可积**,且称$\int_I f_\Omega$ 为 **f 在 Ω 上的积分**,它与 I 的选取无关!记作

$$\int_\Omega f=\int_\Omega f\mathrm{d}V=\int\cdots\int_\Omega f(x_1,x_2,\cdots,x_n)\,\mathrm{d}x_1\mathrm{d}x_2\cdots\mathrm{d}x_n$$

$$=\int_I f_\Omega=\int\cdots\int_I f_\Omega(x_1,x_2,\cdots,x_n)\,\mathrm{d}x_1\mathrm{d}x_2\cdots\mathrm{d}x_n$$

这就是 f 在 Ω 上的 **n 重积分**.

如果函数 1 在 Ω 上可积,则称 Ω 为**有体积集**,并定义 Ω 的(n 维)**体积**为

$$v(\Omega)=\int_\Omega 1=\int\cdots\int_\Omega \mathrm{d}x_1\mathrm{d}x_2\cdots\mathrm{d}x_n$$

类似二维情形可证:Ω 为零体积集$\Leftrightarrow v(\Omega)=0$.

有界集 $\Omega\subset\mathbb{R}^n$,$\Omega$ 为有体积集$\Leftrightarrow\partial\Omega$ 为零体积集,即 $v(\partial\Omega)=0$.

如果 Ω 有体积,f 在 Ω 上可积$\Leftrightarrow D_{不}^f=\{\boldsymbol{x}\in\Omega\mid f$ 在 $\boldsymbol{x}$ 不连续$\}$为零测集,即 f 在 Ω 上几乎处处连续.

还有其他有关的概念、定理和证明也是类似的,不再一一赘述.

关于 n 维闭区间上的 n 重积分的计算,同样可以化为累次积分进行,所不

同的是,二重积分化为累次积分的顺序只有两种,而在三重积分,这种顺序可以有6种. 而 n 重积分,这种顺序就更多了. 但其定理的叙述与论证与定理10.3.1、定理10.3.2是完全相同的.

现在,再来讲有界集合上三重积分如何化为累次积分的问题.

定理10.5.1(三重积分化为累次积分) 有界集 $\Omega\subset\mathbb{R}^3$ 为有体积集,$f:\Omega\to\mathbb{R}$ 有界且连续.

(1)设 Ω 为 xOy 平面上的垂直投影为 $D=\{(x,y)\mid \exists z\in\mathbb{R},\text{s.t.}(x,y,z)\in\Omega\}$(图10.5.1),它为有面积集,且当 $(x,y)\in D$ 时,过点 $(x,y,0)$ 并垂直于 xOy 平面的直线与 Ω 交成一个区间 $\Omega_{xy}=\{z\mid (x,y,z)\in\Omega\}=[\varphi_1(x,y),\varphi_2(x,y)]$(可退化为一点),则

$$\int_\Omega f=\iint_D \mathrm{d}x\mathrm{d}y\int_{\Omega_{xy}}f(x,y,z)\,\mathrm{d}z=\iint_D \mathrm{d}x\mathrm{d}y\int_{\varphi_1(x,y)}^{\varphi_2(x,y)}f(x,y,z)\,\mathrm{d}z$$

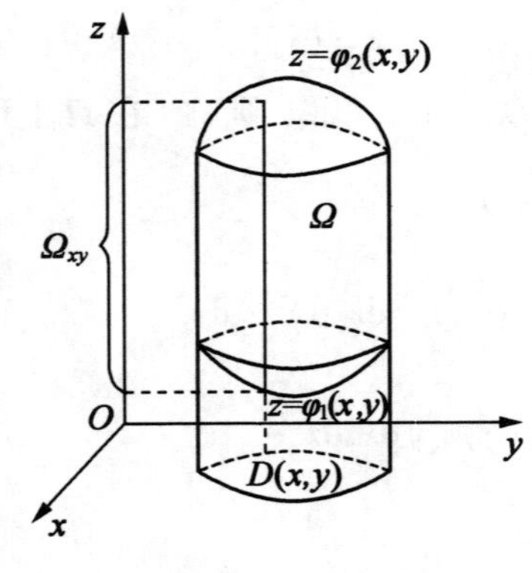

图10.5.1

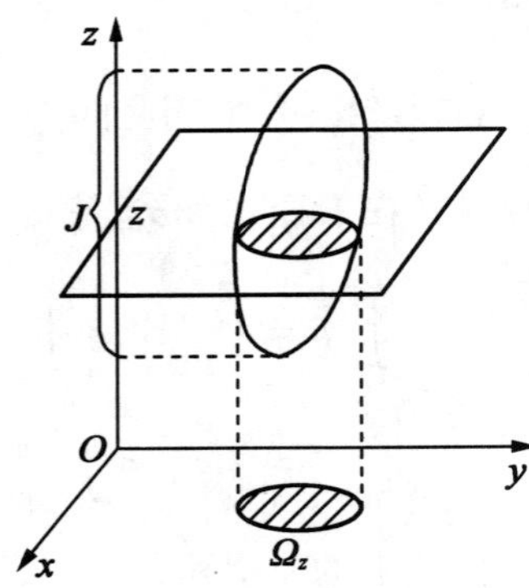

图10.5.2

(2)设 Ω 在 z 轴上的垂直投影 $J=\{z\mid \exists (x,y)\in\mathbb{R}^2,\text{s.t.}(x,y,z)\in\Omega\}$ 为一个区间(图10.5.2),且当 $z\in J$ 时,通过点 $(0,0,z)$ 又垂直于 z 轴的平面与 Ω 交成的图形在 xOy 平面上的垂直投影 $\Omega_z=\{(x,y)\mid (x,y,z)\in\Omega\}$ 为一有面积集,则

$$\int_\Omega f=\int_J \mathrm{d}z\iint_{\Omega_z}f(x,y,z)\,\mathrm{d}x\mathrm{d}y$$

证明 由定理的条件,f 在 Ω 上可积. 作三维闭区间 $I=I_1\times I_2\times I_3\supset\Omega$,其中 I_1,I_2,I_3 为一维闭区间. 令

$$f_\Omega(\boldsymbol{x}) = \begin{cases} f(\boldsymbol{x}), & \boldsymbol{x} \in \Omega \\ 0, & \boldsymbol{x} \in \Omega \end{cases}$$

(1) 当 $(x,y) \in D$ 时，函数 $f_\Omega(x,y,\cdot) = f(x,y,\cdot)$ 在 Ω_{xy} 上连续、有界，故可积；当 $(x,y) \notin D$ 时，$f_\Omega(x,y,\cdot) = 0$. 所以

$$\int_{I_3} f_\Omega(x,y,z)\,\mathrm{d}z = \begin{cases} \int_{\Omega_{xy}} f(x,y,z)\,\mathrm{d}z, & (x,y) \in D \\ 0, & (x,y) \in I_1 \times I_2 \setminus D \end{cases}$$

于是

$$\begin{aligned} \int_\Omega f &= \int_I f_\Omega = \iint\limits_{I_1 \times I_2} \mathrm{d}x\mathrm{d}y \int_{I_3} f_\Omega(x,y,z)\,\mathrm{d}z \\ &= \iint\limits_D \mathrm{d}x\mathrm{d}y \int_{\Omega_{xy}} f_\Omega(x,y,z)\,\mathrm{d}z \\ &= \iint\limits_D \mathrm{d}x\mathrm{d}y \int_{\varphi_1(x,y)}^{\varphi_2(x,y)} f(x,y,z)\,\mathrm{d}z \end{aligned}$$

(2) 当 $z \in J$ 时，因 $\Omega_z \subset I_1 \times I_2$ 为一有面积集，故 $v(\partial\Omega_z) = 0$. 又因 $f(\cdot,\cdot,z)$ 在 Ω_z 上连续有界，因此，$f(\cdot,\cdot,z)$ 在 Ω_z 上可积.

当 $z \notin J$ 时，$f_\Omega(\cdot,\cdot,z) = 0$，因此，有

$$\iint\limits_{I_1 \times I_2} f_\Omega(x,y,z)\,\mathrm{d}x\mathrm{d}y = \begin{cases} \iint\limits_{\Omega_z} f(x,y,z)\,\mathrm{d}x\mathrm{d}y, & z \in J \\ 0, & z \in I_3 \setminus J \end{cases}$$

于是

$$\begin{aligned} \int_\Omega f &= \int_I f_\Omega = \int_{I_3} \mathrm{d}z \iint\limits_{I_1 \times I_2} f_\Omega(x,y,z)\,\mathrm{d}x\mathrm{d}y \\ &= \int_J \mathrm{d}z \iint\limits_{\Omega_z} f(x,y,z)\,\mathrm{d}x\mathrm{d}y \end{aligned}$$

作为定理 10.5.1 的直接推论，我们有下面的定理.

定理 10.5.2　在定理 10.5.1 中：

(1) 如果 $D = \{(x,y) \mid \psi_1(x) \leqslant y \leqslant \psi_2(x), a \leqslant x \leqslant b\}$，$\psi_1(x)$ 与 $\psi_2(x)$ 都为连续函数，则

$$\int_\Omega f = \int_a^b \mathrm{d}x \int_{\psi_1(x)}^{\psi_2(x)} \mathrm{d}y \int_{\varphi_1(x,y)}^{\varphi_2(x,y)} f(x,y,z)\,\mathrm{d}z$$

(2) 如果 $J = [c,d]$，$\Omega_z = \{(x,y) \mid \varphi_1(y,z) \leqslant x \leqslant \varphi_2(y,z), \psi_1(z) \leqslant y \leqslant$

$\psi_2(z)\}$,其中 $\varphi_1(y,z),\varphi_2(y,z),\psi_1(z),\psi_2(z)$ 都为连续函数,则

$$\int_\Omega f=\int_c^d \mathrm{d}z\int_{\psi_1(z)}^{\psi_2(z)}\mathrm{d}y\int_{\varphi_1(y,z)}^{\varphi_2(y,z)}f(x,y,z)\,\mathrm{d}x$$

更一般地,有下面的定理.

定理 10.5.3(n 重积分化为累次积分) 设有界集 $\Omega\subset\mathbb{R}^n$ 为有体积集, $f:\Omega\to\mathbb{R}$ 为连续有界函数.

(1)如果

$$\Omega=\{\boldsymbol{x}=(x_1,x_2,\cdots,x_n)\in\mathbb{R}^n\mid 当(x_1,x_2,\cdots,x_{n-1})\in D\subset\mathbb{R}^{n-1}时,\\ \varphi_1(x_1,x_2,\cdots,x_{n-1})\leqslant x_n\leqslant\varphi_2(x_1,x_2,\cdots,x_{n-1})\}$$

其中 D 为 $n-1$ 维有体积集,φ_1 与 φ_2 都连续,则

$$\int_\Omega f=\int\cdots\int_D \mathrm{d}x_1\cdots\mathrm{d}x_{n-1}\int_{\varphi_1(x_1,\cdots,x_{n-1})}^{\varphi_2(x_1,\cdots,x_{n-1})}f(x_1,\cdots,x_{n-1},x_n)\,\mathrm{d}x_n$$

(2)如果

$\Omega=\{\boldsymbol{x}=(x_1,x_2,\cdots,x_n)\in\mathbb{R}^n\mid$ 当 $x_n\in[a,b]$ 时,$(x_1,x_2,\cdots,x_{n-1})\in\Omega_{x_n}\subset\mathbb{R}^{n-1}\}$,其中 Ω_{x_n} 为 $n-1$ 维有体积集,则

$$\int_\Omega f=\int_a^b\mathrm{d}x_n\int\cdots\int_{\Omega_{x_n}}f(x_1,x_2,\cdots,x_{n-1},x_n)\,\mathrm{d}x_1\cdots\mathrm{d}x_{n-1}$$

(3)如果

$$\Omega=\{\boldsymbol{x}=(x_1,x_2,\cdots,x_n)\in\mathbb{R}^n\mid 当(x_{k+1},\cdots,x_n)\in D\subset\mathbb{R}^{n-k}时,\\ (x_1,x_2,\cdots,x_k)\in\Omega_{x_{k+1}\cdots x_n}\subset\mathbb{R}^k\}$$

其中 D 与 $\Omega_{x_{k+1}\cdots x_n}$ 分别为 $n-k$ 维与 k 维有体积集,则

$$\int_\Omega f=\overbrace{\int\cdots\int_\Omega}^{n-k个}\mathrm{d}x_{k+1}\cdots\mathrm{d}x_n\overbrace{\int\cdots\int_{\Omega_{x_{k+1}\cdots x_n}}}^{k个}f(x_1,x_2,\cdots,x_n)\,\mathrm{d}x_1\cdots\mathrm{d}x_k$$

由于二重积分换元公式的证明实际上与维数无关,就可照搬到 n 重积分中来.

定理 10.5.4(n 重积分的换元(变量代换)) 设 $\Omega\subset\mathbb{R}^n$ 为开集,映射 $\boldsymbol{F}=(F_1,F_2,\cdots,F_n):\Omega\to\mathbb{R}^n$,$\boldsymbol{u}=(u_1,u_2,\cdots,u_n)\longmapsto\boldsymbol{x}=(x_1,x_2,\cdots,x_n)=\boldsymbol{F}(\boldsymbol{u})=(F_1(u_1,u_2,\cdots,u_n),F_2(u_1,u_2,\cdots,u_n),\cdots,F_n(u_1,u_2,\cdots,u_n))$,满足:

(1°)$\boldsymbol{F}\in C^1(\Omega,\mathbb{R}^n)$;

(2°)$\dfrac{\partial(x_1,x_2,\cdots,x_n)}{\partial(u_1,u_2,\cdots,u_n)}=\det\boldsymbol{JF}(u_1,u_2,\cdots,u_n)=\det\boldsymbol{JF}(\boldsymbol{p})\neq 0$,$\boldsymbol{p}=(u_1,u_2,\cdots,u_n)\in\Omega$;

(3°)$\boldsymbol{F}$ 为单射.

如果集合 Δ 为有体积集,$\overline{\Delta}\subset\Omega$, f 为 $\boldsymbol{F}(\Omega)$ 上的连续函数,则 $\boldsymbol{F}(\Delta)$ 也为有体积集,且

$$\int_{\boldsymbol{F}(\Delta)} f = \int_{\Delta} f\circ\boldsymbol{F}\,|\det\boldsymbol{JF}|$$

即

$$\begin{aligned}&\int\cdots\int_{\boldsymbol{F}(\Delta)} f(x_1,x_2,\cdots,x_n)\,\mathrm{d}x_1\mathrm{d}x_2\cdots\mathrm{d}x_n\\ =&\int\cdots\int_{\Delta} f(x_1(u_1,u_2,\cdots,u_n),\cdots,x_n(u_1,u_2,\cdots,u_n))\left|\frac{\partial(x_1,x_2,\cdots,x_n)}{\partial(u_1,u_2,\cdots,u_n)}\right|\mathrm{d}u_1\mathrm{d}u_2\cdots\mathrm{d}u_n\end{aligned}$$

当 $n=3$ 时,上述积分换元公式就是通常的

$$\begin{aligned}&\iiint_{\boldsymbol{F}(\Delta)} f(x,y,z)\,\mathrm{d}x\mathrm{d}y\mathrm{d}z\\ =&\iiint_{\Delta} f(x(u,v,w),y(u,v,w),z(u,v,w))\left|\frac{\partial(x,y,z)}{\partial(u,v,w)}\right|\mathrm{d}u\mathrm{d}v\mathrm{d}w\end{aligned}$$

而用得较多的有球坐标换元(变换)及柱坐标换元(变换).

1. 球坐标换元(变换)

$$\boldsymbol{F}:\mathbb{R}^3\to\mathbb{R}^3$$

$$(r,\theta,\varphi)\longmapsto(x,y,z)=(r\sin\theta\cos\varphi,r\sin\theta\sin\varphi,r\cos\theta)$$

$r=r_0$(常数)$\xrightarrow{\boldsymbol{F}}S^2=S^2(0,r_0)\subset\mathbb{R}^3$,以原点 O 为中心,r_0 为半径的球面;

$\theta=\theta_0$(常数)$\xrightarrow{\boldsymbol{F}}\mathbb{R}^3$中以原点 O 为顶点,过 Oz 轴且轴张角为 θ_0 的圆锥面;

$\varphi=\varphi_0$(常数)$\xrightarrow{\boldsymbol{F}}\mathbb{R}^3$中过 Oz 轴旋转角为 φ_0 的半平面(图 10.5.3,图 10.5.4).

显然,$\boldsymbol{F}(r,\theta,0)=\boldsymbol{F}(r,\theta,2\pi)$,故 $\boldsymbol{F}$ 不是一一映射,且 Jacobi 行列式为

$$\begin{aligned}\det\boldsymbol{JF}(r,\theta,\varphi)&=\frac{\partial(x,y,z)}{\partial(r,\theta,\varphi)}\\ &=\begin{vmatrix}\sin\theta\cos\varphi & r\cos\theta\cos\varphi & -r\sin\theta\sin\varphi\\ \sin\theta\sin\varphi & r\cos\theta\sin\varphi & r\sin\theta\cos\varphi\\ \cos\theta & -r\sin\theta & 0\end{vmatrix}\\ &=r^2\sin\theta\end{aligned}$$

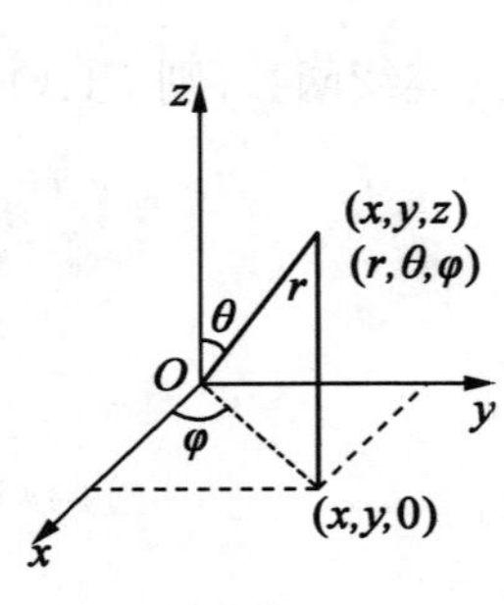

图 10.5.3

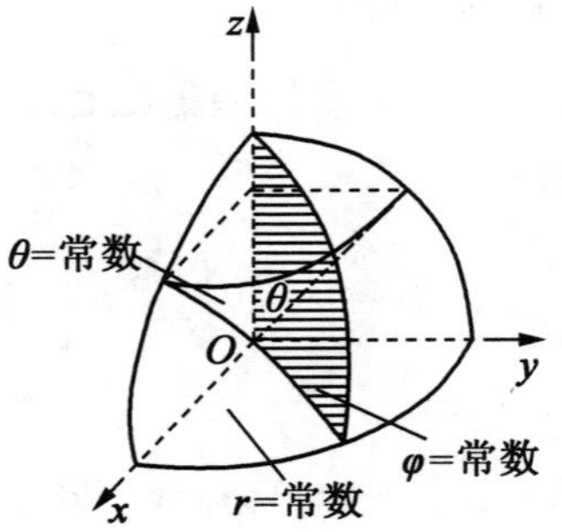

θ=常数

r=常数

φ=常数

图 10.5.4

当 $r=0$ 或 $\theta=k\pi, k\in\mathbb{Z}_+$ 时,该 Jacobi 行列式为零,不能直接应用定理 10.5.4,但也可与二重积分极坐标换元一样,考虑开区间

$$\Omega=(0,+\infty)\times(0,\pi)\times(0,2\pi)$$

则 $\boldsymbol{F}(\Omega)$ 为 $\mathbb{R}^3$ 中除去过 Oz 轴的半张坐标平面 $xOz(x\geqslant 0)$. 类似极坐标换元公式,有球坐标变换公式.

定理 10.5.5(三重积分球坐标换元公式) 设 $\Omega=(0,+\infty)\times(0,\pi)\times(0,2\pi)$, $\Delta\subset\overline{\Omega}$ 为有体积集,则 $\boldsymbol{F}(\Delta)$ 也为有体积集. 如果 f 在 $\mathbb{R}^3$ 上连续,则

$$\iiint\limits_{\boldsymbol{F}(\Delta)} f(x,y,z)\,\mathrm{d}x\mathrm{d}y\mathrm{d}z = \iiint\limits_{\Delta} f(r\sin\theta\cos\varphi, r\sin\theta\sin\varphi, r\cos\theta)\,r^2\sin\theta\,\mathrm{d}r\mathrm{d}\theta\mathrm{d}\varphi$$

进而,我们来介绍 n 维球坐标换元(变换):

$$\begin{cases} x_1=r\cos\theta_1 \\ x_2=r\sin\theta_1\cos\theta_2 \\ x_3=r\sin\theta_1\sin\theta_2\cos\theta_3 \\ \vdots \\ x_{n-1}=r\sin\theta_1\sin\theta_2\sin\theta_3\cdots\sin\theta_{n-2}\cos\theta_{n-1} \\ x_n=r\sin\theta_1\sin\theta_2\sin\theta_3\cdots\sin\theta_{n-2}\sin\theta_{n-1} \end{cases}$$

称为 n **维球坐标变换**,它将 n 维闭区间

$$\{(r,\theta_1,\cdots,\theta_{n-1})\mid 0\leqslant r\leqslant a, 0\leqslant\theta_1,\cdots,\theta_{n-2}\leqslant\pi, 0\leqslant\theta_{n-1}\leqslant 2\pi\}$$

映为 n 维闭球 $\overline{B(0;a)}=\{(x_1,x_2,\cdots,x_n)\mid x_1^2+x_2^2+\cdots+x_n^2\leqslant a^2\}$. 记此变换为 $\boldsymbol{F}:\mathbb{R}^3\to\mathbb{R}^3$,且

$(r,\theta_1,\cdots,\theta_{n-1})\longmapsto(x_1,x_2,\cdots,x_n)=(r\cos\theta_1, r\sin\theta_1\cos\theta_1, r\sin\theta_1\sin\theta_2\cos\theta_3,\cdots,$

$r\sin\theta_1\sin\theta_2\sin\theta_3\cdots\sin\theta_{n-2}\cos\theta_{n-1}, r\sin\theta_1\sin\theta_2\sin\theta_3\cdots\sin\theta_{n-2}\sin\theta_{n-1})$

显然，$\boldsymbol{F}(r,\theta_1,\cdots,\theta_{n-2},0)=\boldsymbol{F}(r,\theta_1,\cdots,\theta_{n-2},2\pi)$，故 $\boldsymbol{F}$ 不是一一映射. 在用 n 维球坐标变换时，我们要知道这个变换的 Jacobi 行列式

$$\frac{\partial(x_1,x_2,\cdots,x_n)}{\partial(r,\theta_1,\cdots,\theta_{n-1})}$$

直接通过 n 维球坐标变换来计算这个 n 阶行列式是非常困难的. 下面我们用隐函数定理来计算这个行列式. 为此令

$$\begin{cases} G_1=r^2-(x_1^2+x_2^2+\cdots+x_n^2)=0 \\ G_2=r^2\sin^2\theta_1-(x_2^2+\cdots+x_n^2)=0 \\ G_3=r^2\sin^2\theta_1\sin^2\theta_2-(x_3^2+\cdots+x_n^2)=0 \\ \vdots \\ G_n=r^2\sin^2\theta_1\cdots\sin^2\theta_{n-1}-x_n^2=0 \end{cases}$$

容易看出，n 维球坐标变换满足上述方程组. 由于

$$\boldsymbol{J_u G}(\boldsymbol{u},\boldsymbol{x}) = \begin{pmatrix} 2r & & & & \\ 2r\sin^2\theta_1 & 2r^2\sin\theta_1\cos\theta_1 & & & \\ * & * & 2r^2\sin^2\theta_1\sin\theta_2\cos\theta_2 & & \\ \vdots & \vdots & \vdots & \ddots & \\ * & * & * & \cdots & 2r^2\sin^2\theta_1\cdots\sin^2\theta_{n-2}\sin\theta_{n-1}\cos\theta_{n-1} \end{pmatrix}$$

所以，有

$$\det \boldsymbol{J_u G}(\boldsymbol{u},\boldsymbol{x})=2^n r^{2n-1}\sin^{2n-3}\theta_1\cos\theta_1\sin^{2n-5}\theta_2\cos\theta_2\cdots\sin\theta_{n-1}\cos\theta_{n-1}$$

其中 $\boldsymbol{u}=(r,\theta_1,\cdots,\theta_{n-1})$.

又因为

$$\boldsymbol{J_x G}(\boldsymbol{u},\boldsymbol{x}) = \begin{pmatrix} -2x_1 & * & * & \cdots & * \\ & -2x_2 & * & \cdots & * \\ & & -2x_3 & \cdots & * \\ & & & \ddots & \vdots \\ & & & & -2x_n \end{pmatrix}$$

所以

$$\det \boldsymbol{J_x G}(\boldsymbol{u},\boldsymbol{x})=(-1)^n 2^n x_1 x_2\cdots x_n$$

$$= (-1)^n 2^n r^n \sin^{n-1}\theta_1 \cos\theta_1 \sin^{n-2}\theta_2 \cos\theta_2 \cdots \sin\theta_{n-1} \cos\theta_{n-1}$$

根据隐射定理8.4.2(4)得到 n 维球坐标变换的Jacobi行列式为

$$\frac{\partial(x_1,x_2,\cdots,x_n)}{\partial(r,\theta_1,\cdots,\theta_{n-1})} = \det[-\boldsymbol{J}_x\boldsymbol{G}(\boldsymbol{u},\boldsymbol{x})^{-1}\boldsymbol{J}_u\boldsymbol{G}(\boldsymbol{u},\boldsymbol{x})]$$

$$= (-1)^n \frac{\det \boldsymbol{J}_u\boldsymbol{G}(\boldsymbol{u},\boldsymbol{x})}{\det \boldsymbol{J}_x\boldsymbol{G}(\boldsymbol{u},\boldsymbol{x})} = r^{n-1}\sin^{n-2}\theta_1 \sin^{n-3}\theta_2 \cdots \sin\theta_{n-2}$$

由以上讨论得到下面的定理.

定理10.5.6(n 重积分球坐标换元公式) 设 $\Omega=(0,+\infty)\times(0,\pi)\times\cdots\times(0,\pi)\times(0,2\pi)\subset\mathbb{R}^n$,$\Delta\subset\overline{\Omega}$ 为有体积集,则 $\boldsymbol{F}(\Delta)$ 也为有体积集. 如果 f 在 $\mathbb{R}^n$ 上连续,则

$$\int\cdots\int_{\boldsymbol{F}(\Delta)} f(x_1,x_2,\cdots,x_n)\,\mathrm{d}x_1\mathrm{d}x_2\cdots\mathrm{d}x_n$$

$$= \int\cdots\int_{\Delta} f(r\cos\theta_1, r\sin\theta_1\cos\theta_2, r\sin\theta_1\sin\theta_2\cos\theta_3,\cdots,$$
$$r\sin\theta_1\sin\theta_2\sin\theta_3\cdots\sin\theta_{n-2}\cos\theta_{n-1},$$
$$r\sin\theta_1\sin\theta_2\sin\theta_3\cdots\sin\theta_{n-2}\sin\theta_{n-1})\cdot$$
$$r^{n-1}\sin^{n-2}\theta_1\sin^{n-3}\theta_2\cdots\sin\theta_{n-2}\,\mathrm{d}r\mathrm{d}\theta_1\cdots\mathrm{d}\theta_{n-1}$$

2. 柱坐标换元(变换)

$$\boldsymbol{F}:\mathbb{R}^3\to\mathbb{R}^3$$

$$(r,\varphi,z)\longmapsto(x,y,z)=(r\cos\varphi, r\sin\varphi, z)$$

$r=r_0$(常数)$\xrightarrow{\boldsymbol{F}}\mathbb{R}^3$ 中以 Oz 为轴,半径为 r_0 的圆柱面;

$\varphi=\varphi_0$(常数)$\xrightarrow{\boldsymbol{F}}\mathbb{R}^3$ 中过 Oz 轴旋转角为 φ_0 的半平面;

$z=z_0$(常数)$\xrightarrow{\boldsymbol{F}}\mathbb{R}^3$ 中过点 $(0,0,z_0)$ 的平面,它平行于 xOy 平面(图10.5.5,图10.5.6).

显然,$\boldsymbol{F}(r,0,z)=\boldsymbol{F}(r,2\pi,z)$,故 $\boldsymbol{F}$ 不是一一映射,且Jacobi行列式为

$$\det \boldsymbol{JF}(r,\varphi,z)=\frac{\partial(x,y,z)}{\partial(r,\varphi,z)}=\begin{vmatrix}\cos\varphi & -r\sin\varphi & 0\\ \sin\varphi & r\cos\varphi & 0\\ 0 & 0 & 1\end{vmatrix}=r$$

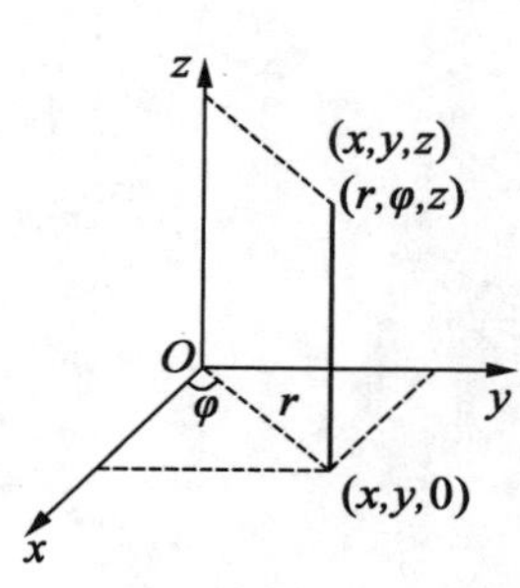

图 10.5.5

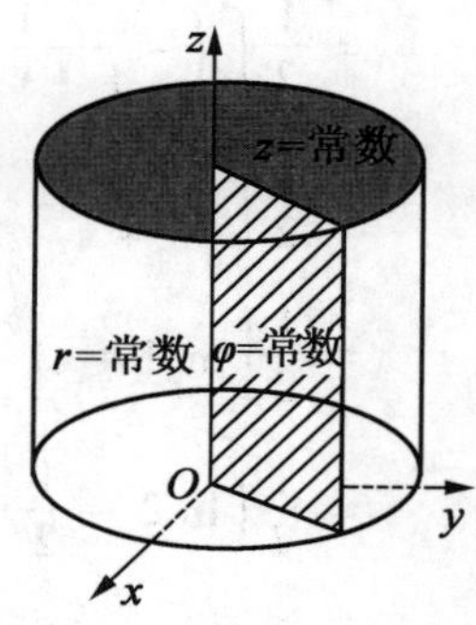

图 10.5.6

当 $r=0$ 时，该 Jacobi 行列式为零. 不能直接应用定理 10.5.4，但也可与二重积分极坐标换元一样，考虑开区间

$$\Omega=(0,+\infty)\times(0,2\pi)\times\mathbb{R}$$

则 $F(\Omega)$ 为 $\mathbb{R}^3$ 中除去半平面 $xOy(x\geqslant 0)$. 于是，有下面的结论.

定理 10.5.7（三重积分柱坐标换元公式）　设 $\Omega=(0,+\infty)\times(0,2\pi)\times\mathbb{R}$，$\Delta\subset\overline{\Omega}$ 为有体积集，则 $\boldsymbol{F}(\Delta)$ 也为有体积集. 如果 f 在 $\mathbb{R}^3$ 中连续，则

$$\iiint\limits_{F(\Delta)} f(x,y,z)\,\mathrm{d}x\mathrm{d}y\mathrm{d}z=\iiint\limits_{\Delta} f(r\cos\varphi,r\sin\varphi,z)\,r\mathrm{d}r\mathrm{d}\varphi\mathrm{d}z$$

例 10.5.1　计算三重积分

$$\iiint\limits_{\Omega}\frac{\mathrm{d}x\mathrm{d}y\mathrm{d}z}{(1+x+y+z)^3}$$

其中 $\Omega=\{(x,y,z)\mid x+y+z\leqslant 1,x,y,z\geqslant 0\}$.

解法 1　$$\iiint\limits_{\Omega}\frac{\mathrm{d}x\mathrm{d}y\mathrm{d}z}{(1+x+y+z)^3}$$

$$\xlongequal[\text{图 10.5.7}]{\text{定理 10.5.1(1)}}\iint\limits_{\substack{x+y\leqslant 1\\ x\geqslant 0,y\geqslant 0}}\mathrm{d}x\mathrm{d}y\int_0^{1-x-y}\frac{\mathrm{d}z}{(1+x+y+z)^3}$$

$$=\iint\limits_{\substack{x+y\leqslant 1\\ x\geqslant 0,y\geqslant 0}}\frac{-1}{2(1+x+y+z)^2}\bigg|_{z=0}^{z=1-x-y}\mathrm{d}x\mathrm{d}y$$

$$=\frac{1}{2}\iint\limits_{\substack{x+y\leqslant 1\\ x\geqslant 0,y\geqslant 0}}\left[\frac{1}{(1+x+y)^2}-\frac{1}{4}\right]\mathrm{d}x\mathrm{d}y$$

$$=\frac{1}{2}\int_0^1\mathrm{d}x\int_0^{1-x}\left[\frac{1}{(1+x+y)^2}-\frac{1}{4}\right]\mathrm{d}y$$

$$= \frac{1}{2}\int_0^1 \left(-\frac{1}{1+x+y} - \frac{1}{4}y \right) \Bigg|_{y=0}^{y=1-x} \mathrm{d}x$$

$$= \frac{1}{2}\int_0^1 \left(\frac{1}{1+x} - \frac{1}{2} - \frac{1-x}{4} \right) \mathrm{d}x$$

$$= \frac{1}{2}\left[\ln(1+x) - \frac{x}{2} + \frac{(1-x)^2}{8} \right] \Bigg|_0^1$$

$$= \frac{1}{2}\left(\ln 2 - \frac{1}{2} + 0 - 0 + 0 - \frac{1}{8} \right)$$

$$= \frac{1}{2}\left(\ln 2 - \frac{5}{8} \right)$$

解法 2

$$\iiint\limits_{\Omega} \frac{\mathrm{d}x\mathrm{d}y\mathrm{d}z}{(1+x+y+z)^3}$$

$$\xlongequal[\text{图 10.5.8}]{\text{定理 10.5.1(2)}} \int_0^1 \mathrm{d}z \iint\limits_{\substack{x+y\leqslant 1-z \\ x\geqslant 0,\, y\geqslant 0}} \frac{\mathrm{d}x\mathrm{d}y}{(1+x+y+z)^3}$$

$$= \int_0^1 \mathrm{d}z \int_0^{1-z} \mathrm{d}x \int_0^{1-x-z} \frac{\mathrm{d}y}{(1+x+y+z)^3}$$

$$= \frac{1}{2}\int_0^1 \mathrm{d}z \int_0^{1-z} \frac{-1}{(1+x+y+z)^2} \Bigg|_{y=0}^{y=1-x-z} \mathrm{d}x$$

$$= \frac{1}{2}\int_0^1 \mathrm{d}z \int_0^{1-z} \left[\frac{1}{(1+x+z)^2} - \frac{1}{4} \right] \mathrm{d}x$$

$$= \frac{1}{2}\int_0^1 \left(\frac{1}{1+z} - \frac{1}{2} - \frac{1-z}{4} \right) \mathrm{d}z = \frac{1}{2}\left(\ln 2 - \frac{5}{8} \right)$$

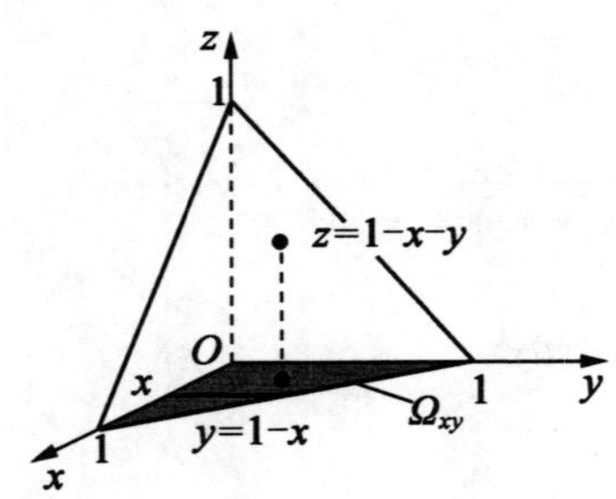

图 10.5.7

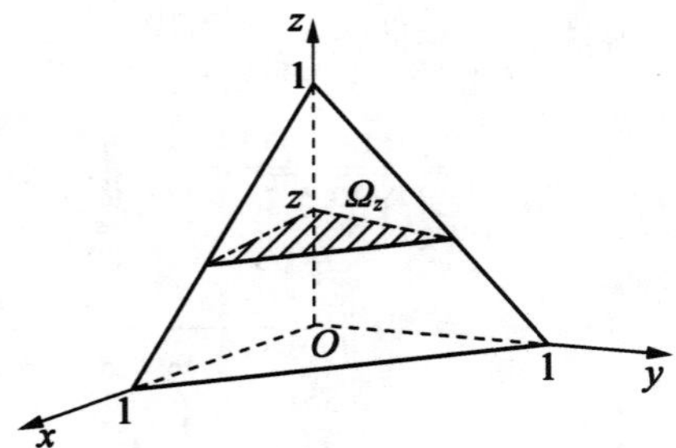

图 10.5.8

解法 3 将三重积分化为单积分(一元函数的积分). 实际做法如下.

平面族 $x+y+z=t, 0\leqslant t\leqslant 1$ 与 Ω 交成一个等边三等形(图 10.5.9),它的

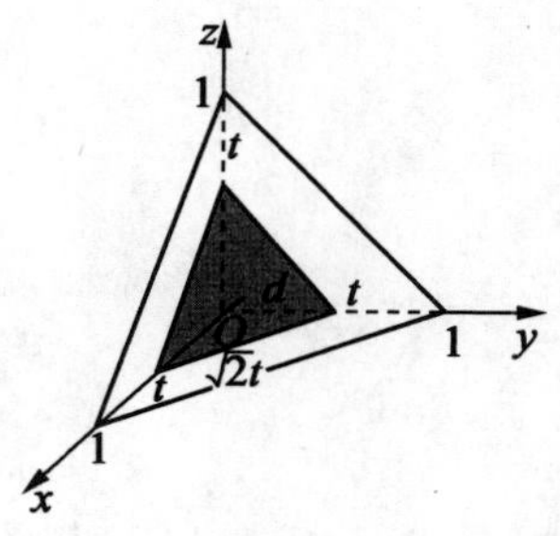

图 10.5.9

边长为$\sqrt{2}t$,所以面积是$\frac{1}{2}(\sqrt{2}t)^2\sin\frac{\pi}{3}=\frac{\sqrt{3}}{2}t^2$. 设坐标原点(即四面体的顶点)到该三角形的距离(即到三角形中心的距离) $d=\frac{t}{\sqrt{3}}$ $\left(由\frac{1}{3}d\cdot\frac{\sqrt{3}}{2}t^2=\frac{1}{3}\cdot t\cdot\frac{1}{2}t^2 得到 d=\frac{t}{\sqrt{3}}\right)$. 于是

$$\begin{aligned}
&\iiint\limits_{\Omega}\frac{\mathrm{d}x\mathrm{d}y\mathrm{d}z}{(1+x+y+z)^3}\\
&=\int_0^1\frac{1}{(1+t)^3}\frac{\sqrt{3}}{2}t^2\mathrm{d}\frac{t}{\sqrt{3}}\\
&=\frac{1}{2}\int_0^1\frac{t^2}{(1+t)^3}\mathrm{d}t\\
&=\frac{1}{2}\int_0^1\left[\frac{1}{1+t}-\frac{2}{(1+t)^2}+\frac{1}{(1+t)^3}\right]\mathrm{d}t\\
&=\frac{1}{2}\left[\ln(1+t)+\frac{2}{1+t}-\frac{1}{2(1+t)^2}\right]\Big|_0^1\\
&=\frac{1}{2}\left[\left(\ln 2+1-\frac{1}{8}\right)-\left(0+2-\frac{1}{2}\right)\right]\\
&=\frac{1}{2}\left(\ln 2-\frac{5}{8}\right)
\end{aligned}$$

例 10.5.2　计算三重积分

$$\iiint\limits_{\Omega}z\mathrm{d}x\mathrm{d}y\mathrm{d}z$$

其中 Ω 由圆锥面 $R^2z^2=h^2(x^2+y^2)$ 和平面 $z=h(>0)$ 围成.

解法 1　由图 10.5.10, $D=\{(x,y)\mid x^2+y^2\leqslant R^2\}$. 再根据定理 10.5.1(1),有

$$\begin{aligned}
\iiint\limits_{\Omega}z\mathrm{d}x\mathrm{d}y\mathrm{d}z&=\iint\limits_{x^2+y^2\leqslant R^2}\mathrm{d}x\mathrm{d}y\int_{\frac{h}{R}(x^2+y^2)^{\frac{1}{2}}}^{h}z\mathrm{d}z\\
&=\frac{1}{2}\iint\limits_{x^2+y^2\leqslant R^2}\left[h^2-\frac{h^2}{R^2}(x^2+y^2)\right]\mathrm{d}x\mathrm{d}y\\
&=\frac{1}{2}\left[h^2\pi R^2-\frac{h^2}{R^2}\int_0^{2\pi}\mathrm{d}\varphi\int_0^R r^3\mathrm{d}r\right]
\end{aligned}$$

$$=\frac{1}{2}\left(\pi h^2R^2-\frac{h^2}{R^2}\cdot 2\pi\cdot\frac{R^4}{4}\right)$$

$$=\frac{\pi}{4}h^2R^2$$

解法 2

$$J=[0,h]$$

$$\Omega_z=\left\{(x,y)\,\middle|\,x^2+y^2\leqslant\frac{R^2}{h^2}z^2\right\}$$

根据定理 10.5.1(2)与图 10.5.11,有

$$\iiint\limits_{\Omega}z\mathrm{d}x\mathrm{d}y\mathrm{d}z=\int_0^h z\mathrm{d}z\iint\limits_{x^2+y^2\leqslant\frac{R^2}{h^2}z^2}\mathrm{d}x\mathrm{d}y$$

$$=\int_0^h z\pi\left(\frac{R}{h}z\right)^2\mathrm{d}z=\pi\frac{R^2}{h^2}\frac{z^4}{4}\bigg|_0^h$$

$$=\frac{\pi}{4}h^2R^2$$

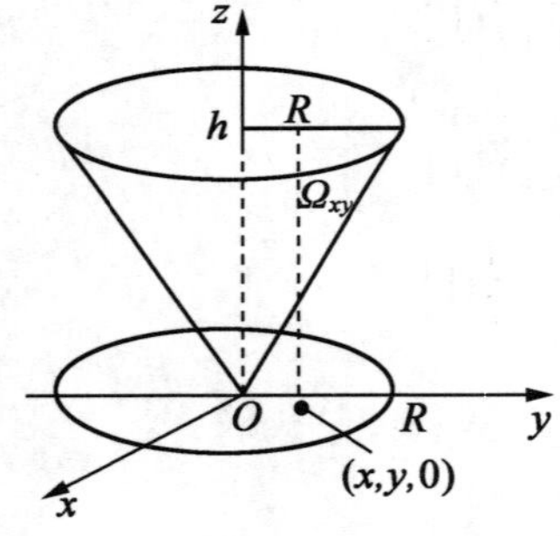

图 10.5.10

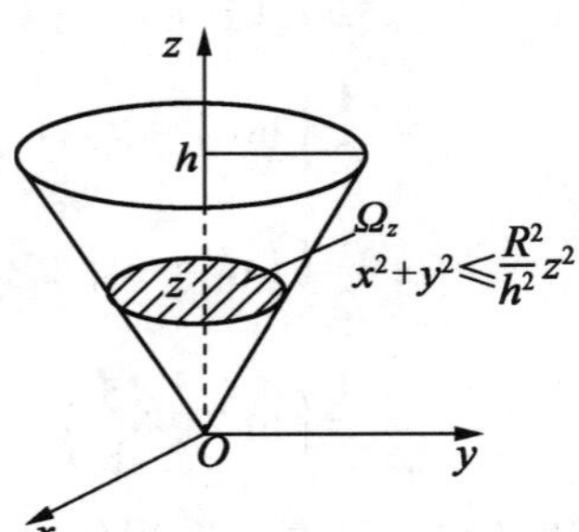

图 10.5.11

例 10.5.3 计算两球体 $x^2+y^2+z^2\leqslant R^2$ 与 $x^2+y^2+(z-R)^2\leqslant R^2$ 的交 Ω 的体积 $v(\Omega)$.

由

$$\begin{cases}x^2+y^2+z^2=R^2\\x^2+y^2+(z-R)^2=R^2\end{cases}$$

得到

$$z^2-(z-R)^2=0,\quad 2zR-R^2=0,\quad z=\frac{R}{2}$$

$$x^2+y^2+\left(\frac{R}{2}\right)^2=R^2$$

$$x^2+y^2=\left(\frac{\sqrt{3}}{2}R\right)^2=\frac{3}{4}R^2$$

解法 1　由定理 10.5.1(1) 与图 10.5.12,有

$$\begin{aligned}v(\Omega)&=\iint\limits_{x^2+y^2\leqslant\frac{3}{4}R^2}\mathrm{d}x\mathrm{d}y\int_{R-\sqrt{R^2-(x^2+y^2)}}^{\sqrt{R^2-(x^2+y^2)}}\mathrm{d}z\\&=\iint\limits_{x^2+y^2\leqslant\frac{3}{4}R^2}\left[\sqrt{R^2-(x^2+y^2)}-(R-\sqrt{R^2-(x^2+y^2)})\right]\mathrm{d}x\mathrm{d}y\\&=\iint\limits_{x^2+y^2\leqslant\frac{3}{4}R^2}\left[2\sqrt{R^2-(x^2+y^2)}-R\right]\mathrm{d}x\mathrm{d}y\\&\xlongequal{\text{极坐标变换}}2\int_0^{2\pi}\mathrm{d}\varphi\int_0^{\frac{\sqrt{3}}{2}R}\sqrt{R^2-r^2}\,r\mathrm{d}r-R\cdot\pi\frac{3}{4}R^2\\&=4\pi\cdot\frac{-1}{3}(R^2-r^2)^{\frac{3}{2}}\bigg|_0^{\frac{\sqrt{3}}{2}R}-\frac{3}{4}\pi R^3\\&=\frac{4\pi}{3}\left[R^3-\left(R^2-\frac{3}{4}R^2\right)^{\frac{3}{2}}\right]-\frac{3}{4}\pi R^3\\&=\frac{4\pi}{3}\left(1-\frac{1}{8}\right)R^3-\frac{3}{4}\pi R^3=\frac{5}{12}\pi R^3\end{aligned}$$

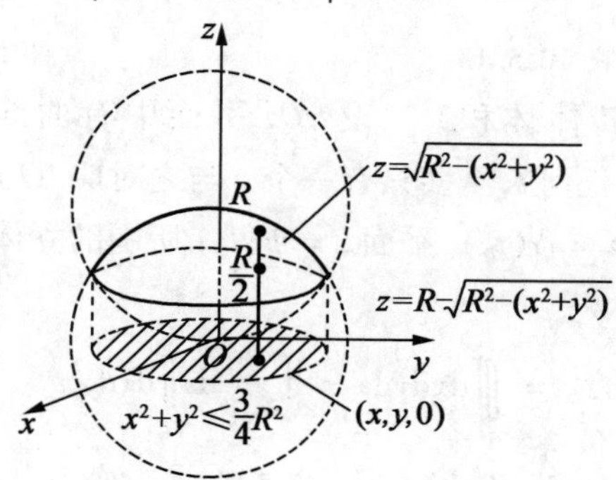

图 10.5.12

解法 2　$J=[0,R],\Omega_z=\begin{cases}\{(x,y)\mid x^2+y^2\leqslant R^2-(z-R)^2\}, & 0\leqslant z\leqslant\dfrac{R}{2}\\\{(x,y)\mid x^2+y^2\leqslant R^2-z^2\}, & \dfrac{R}{2}\leqslant z\leqslant R\end{cases}$

由定理 10.5.1(2) 与图 10.5.13,有

$$\begin{aligned}
v(\Omega) &= \iiint\limits_{\Omega} \mathrm{d}x\mathrm{d}y\mathrm{d}z = \int_0^{\frac{R}{2}} \mathrm{d}z \iint\limits_{\Omega_z} \mathrm{d}x\mathrm{d}y + \int_{\frac{R}{2}}^{R} \mathrm{d}z \iint\limits_{\Omega_z} \mathrm{d}x\mathrm{d}y \\
&= \int_0^{\frac{R}{2}} \pi[R^2 - (z-R)^2]\mathrm{d}z + \int_{\frac{R}{2}}^{R} \pi(R^2 - z^2)\mathrm{d}z \\
&= \pi R^2 \cdot \frac{R}{2} - \pi \frac{(z-R)^3}{3}\Big|_0^{\frac{R}{2}} + \pi R^2 \cdot \frac{R}{2} - \pi \frac{z^3}{3}\Big|_{\frac{R}{2}}^{R} \\
&= \frac{1}{2}\pi R^3 + \frac{1}{24}\pi R^3 - \frac{1}{3}\pi R^3 + \frac{1}{2}\pi R^3 - \frac{1}{3}\pi R^3 + \frac{1}{24}\pi R^3 \\
&= \frac{5}{12}\pi R^3
\end{aligned}$$

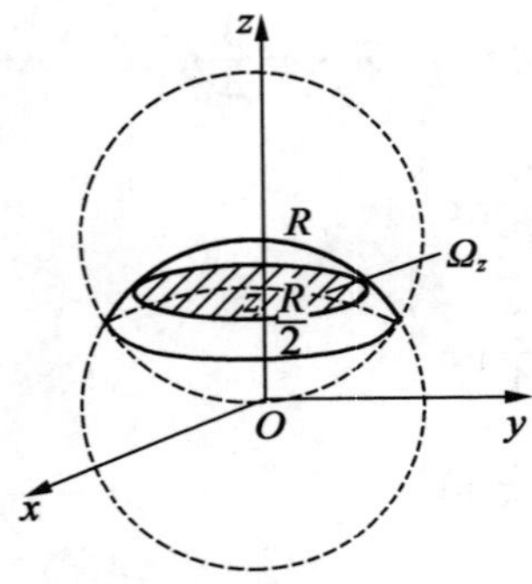

图 10.5.13

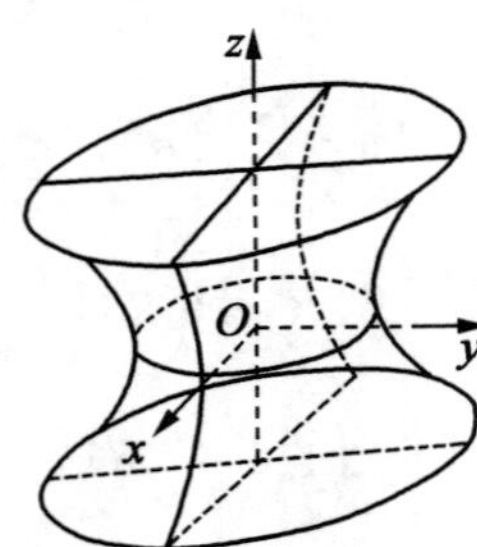

图 10.5.14

例 10.5.4(旋转体体积)　设 yOz 平面中有曲线 C:$(y,z) = (\varphi(t), \psi(t))$,$t_0 \leqslant t \leqslant t_1$,任何 t,至多只有一个 y 与之对应. Ω 是由曲线 C 绕 z 轴旋转所得的曲面与平面 $z=\psi(t_0)$,平面 $z=\psi(t_1)$ 所围的立体(图 10.5.14). 求 Ω 的体积 $v(\Omega)$.

解

$$\begin{aligned}
v(\Omega) &= \iiint\limits_{\Omega} \mathrm{d}x\mathrm{d}y\mathrm{d}z = \int_{\psi(t_0)}^{\psi(t_1)} \mathrm{d}z \iint\limits_{\Omega_z} \mathrm{d}x\mathrm{d}y \\
&= \int_{\psi(t_0)}^{\psi(t_1)} \pi y^2 \mathrm{d}z \xlongequal[z=\psi(t)]{y=\varphi(t)} \pi \int_{t_2}^{t_1} \varphi^2(t)\psi'(t)\mathrm{d}t
\end{aligned}$$

特别地,球体 $\Omega = \{(x,y,z) \mid x^2+y^2+z^2 \leqslant R^2\}$ 是由圆 $(y,z) = (R\cos\theta, R\sin\theta)$, $-\frac{\pi}{2} \leqslant \theta \leqslant \frac{\pi}{2}$ 绕 z 轴旋转所围成,它的体积为

$$v(\Omega) = \pi\int_{-\frac{\pi}{2}}^{\frac{\pi}{2}} R^2\cos^2\theta \cdot R\cos\theta\mathrm{d}\theta = 2\pi R^3\int_0^{\frac{\pi}{2}}\cos^3\theta\mathrm{d}\theta = 2\pi R^3 \cdot \frac{2}{3} = \frac{4\pi}{3}R^3$$

例10.5.5　计算三重积分

$$\iiint\limits_{\Omega}\frac{\mathrm{d}x\mathrm{d}y\mathrm{d}z}{x^2+y^2}$$

其中Ω为由平面$x=1,x=2,z=0,y=x$与$z=y$所围的区域(图10.5.15).

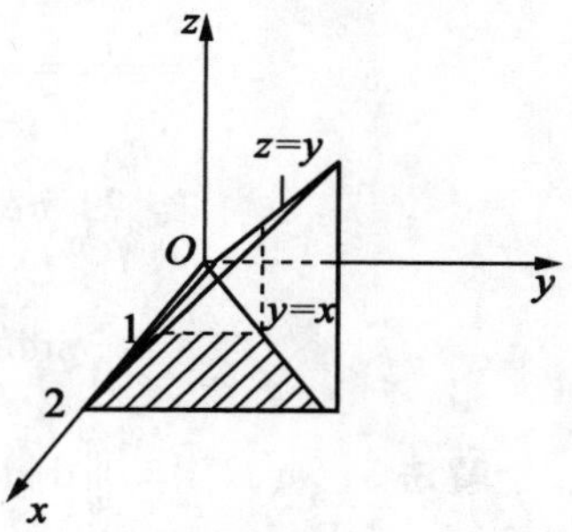

图10.5.15

解　由定理10.5.2(1)与图10.5.15,有

$$\begin{aligned}\iiint\limits_{\Omega}\frac{\mathrm{d}x\mathrm{d}y\mathrm{d}z}{x^2+y^2}&=\int_1^2\mathrm{d}x\int_0^x\mathrm{d}y\int_0^y\frac{\mathrm{d}z}{x^2+y^2}\\&=\int_1^2\mathrm{d}x\int_0^x\frac{y}{x^2+y^2}\mathrm{d}y\\&=\int_1^2\frac{1}{2}\ln(x^2+y^2)\bigg|_0^x\mathrm{d}x=\int_1^2\frac{1}{2}[\ln(2x^2)-\ln x^2]\mathrm{d}x\\&=\frac{1}{2}\int_1^2\ln 2\mathrm{d}x=\frac{1}{2}\ln 2\end{aligned}$$

例10.5.6　计算椭球$\Omega=\left\{(x,y,z)\mid\frac{x^2}{a^2}+\frac{y^2}{b^2}+\frac{z^2}{c^2}\leqslant 1\right\}$的体积$v(\Omega)$.

解法1　应用广义球坐标变换

$$(x,y,z)=(ar\sin\theta\cos\varphi,br\sin\theta\sin\varphi,cr\cos\theta)$$

有

$$\begin{aligned}v(\Omega)&=\iiint\limits_{\Omega}\mathrm{d}x\mathrm{d}y\mathrm{d}z=\iiint\limits_{F(\Delta)}\mathrm{d}x\mathrm{d}y\mathrm{d}z\\&=\iiint\limits_{\Delta}abcr^2\sin\theta\mathrm{d}r\mathrm{d}\theta\mathrm{d}\varphi\\&=abc\int_0^{2\pi}\mathrm{d}\varphi\int_0^{\pi}\sin\theta\mathrm{d}\theta\int_0^1r^2\mathrm{d}r\\&=2\pi abc\cdot(-\cos\theta)\bigg|_0^{\pi}\cdot\frac{r^3}{3}\bigg|_0^1\\&=\frac{4}{3}\pi abc\end{aligned}$$

当$a=b=c$时,椭球就成为球,它的体积为$\frac{4}{3}\pi a^3$.

解法2　$v(\Omega)=\iiint\limits_{\Omega}\mathrm{d}x\mathrm{d}y\mathrm{d}z\xlongequal{\text{对称性}}2\int_0^c\mathrm{d}z\iint\limits_{\frac{x^2}{a^2}+\frac{y^2}{b^2}\leqslant 1-\frac{z^2}{c^2}}\mathrm{d}x\mathrm{d}y$

$$\xlongequal{\text{例 10.4.8}} 2\int_0^c \pi\sqrt{1-\frac{z^2}{c^2}}a\cdot\sqrt{1-\frac{z^2}{c^2}}b\mathrm{d}z$$

$$= 2\int_0^c \pi ab\left(1-\frac{z^2}{c^2}\right)\mathrm{d}z = 2\pi ab\left(c-\frac{z^3}{3c^2}\Bigg|_0^c\right)$$

$$= \frac{4}{3}\pi abc(\text{图 10.5.16})$$

解法 3 $v(\Omega) = \iiint\limits_{\Omega}\mathrm{d}x\mathrm{d}y\mathrm{d}z$

$$\xlongequal{\text{对称性}} 2\iint\limits_{\frac{x^2}{a^2}+\frac{y^2}{b^2}\leqslant 1}\mathrm{d}x\mathrm{d}y\int_0^c c\sqrt{1-\frac{x^2}{a^2}-\frac{y^2}{b^2}}\mathrm{d}z$$

$$= 2\iint\limits_{\frac{x^2}{a^2}+\frac{y^2}{b^2}\leqslant 1} c\sqrt{1-\frac{x^2}{a^2}-\frac{y^2}{b^2}}\mathrm{d}x\mathrm{d}y$$

$$\xlongequal{\begin{cases}x = ar\cos\varphi\\ y = br\sin\varphi\end{cases}} 2\int_0^{2\pi}\mathrm{d}\varphi\int_0^1 c\sqrt{1-r^2}abr\mathrm{d}r$$

$$= 4\pi abc\frac{-1}{3}(1-r^2)^{\frac{3}{2}}\Bigg|_0^1 = \frac{4\pi}{3}abc(\text{图 10.5.17})$$

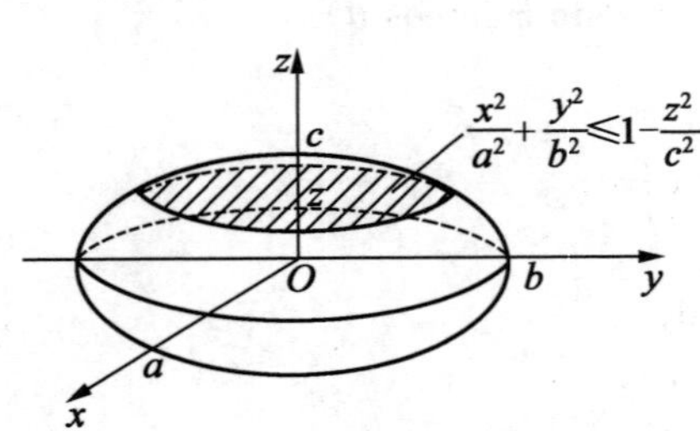

图 10.5.16

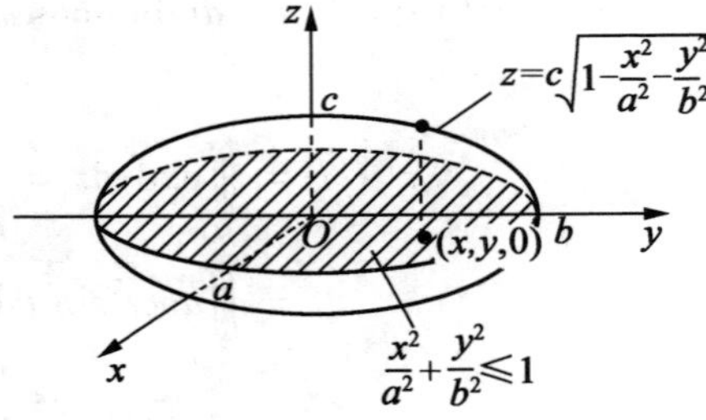

图 10.5.17

例 10.5.7 计算三重积分

$$\iiint\limits_{\Omega}(x^2+y^2+z^2)\mathrm{d}x\mathrm{d}y\mathrm{d}z$$

其中 Ω 为球面 $x^2+y^2+z^2=a^2$ 与锥面 $z=\sqrt{x^2+y^2}$ 所围成的立体(图 10.5.18).

解 $\iiint\limits_{\Omega}(x^2+y^2+z^2)\mathrm{d}x\mathrm{d}y\mathrm{d}z$

$$\xlongequal{\text{球坐标换元}} \iiint\limits_{\Delta} r^2\cdot r^2\sin\theta\mathrm{d}r\mathrm{d}\theta\mathrm{d}\varphi$$

$$= \int_0^{2\pi} d\varphi \int_0^{\frac{\pi}{4}} \sin\theta d\theta \int_0^a r^4 dr$$

$$= 2\pi(-\cos\theta)\Big|_0^{\frac{\pi}{4}} \cdot \frac{r^5}{5}\Big|_0^a$$

$$= 2\pi\left(1 - \frac{\sqrt{2}}{2}\right) \cdot \frac{a^5}{5} = \frac{\pi}{5}(2 - \sqrt{2})a^5$$

其中 $\Delta = \left\{(r,\theta,\varphi) \mid 0 \leqslant r \leqslant a, 0 \leqslant \theta \leqslant \frac{\pi}{4}, 0 \leqslant \varphi \leqslant 2\pi\right\}$.

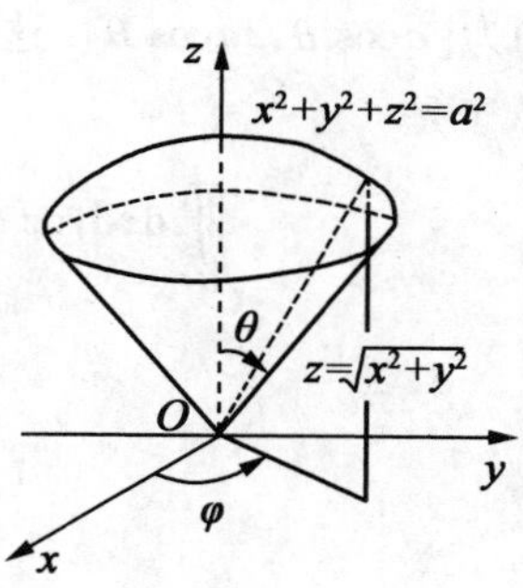

图 10.5.18

注意，将三重积分 $\iiint\limits_{\Delta} r^4 \sin\theta dr d\theta d\varphi$ 化为累次积分时，先固定 $\varphi \in [0,2\pi]$，再固定 $\theta \in \left[0,\frac{\pi}{4}\right]$，于是得到过原点 O 的射线，上面的点从 0 变到 a. 累次积分积分限的确定不必再画出图形 Δ，只需在原图 10.5.18 上看出.

例 10.5.8　计算三重积分

$$\iiint\limits_{\Omega} z dx dy dz$$

其中 Ω 为两个球面 $x^2 + y^2 + z^2 = 2az$ 与 $x^2 + y^2 + z^2 = az$ 之间的点集(图 10.5.19).

解法 1　经过配方，将这两个球面的方程改写为

$$x^2 + y^2 + (z-a)^2 = a^2$$

$$x^2 + y^2 + \left(z - \frac{a}{2}\right)^2 = \left(\frac{a}{2}\right)^2$$

由此容易得出它们的中心和半径分别为 $(0,0,a)$, a 与 $\left(0,0,\frac{a}{2}\right)$, $\frac{a}{2}$.

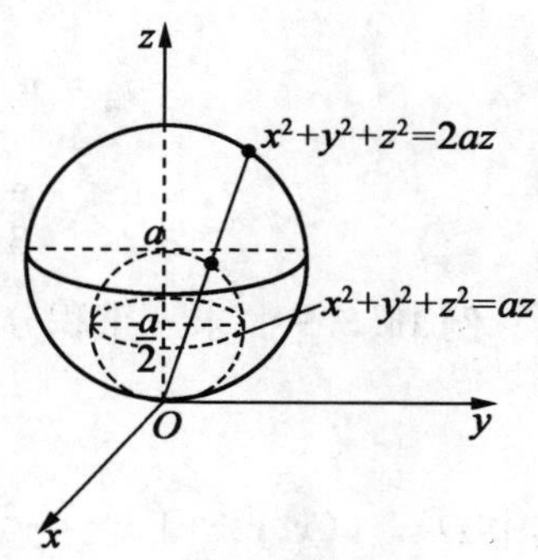

图 10.5.19

用球坐标换元，易见 θ 和 φ 的变化范围分别是 $\left[0,\frac{\pi}{2}\right]$ 和 $[0,2\pi]$. 过原点，在上半空间中作一条射线，这条射线只要 $\theta \neq \frac{\pi}{2}$，恰与这两球面各交于一点，它们到原点的距离分别为 $a\cos\theta$ 和 $2a\cos\theta$（事实上，$r^2 = ar\cos\theta$, $r = a\cos\theta$; $r^2 =$

$2a r\cos\theta, r=2a\cos\theta$). 因此,先固定 $\varphi\in[0,2\pi]$,再固定 $\theta\in\left[0,\frac{\pi}{2}\right]$,$r$ 的变化范围为$[a\cos\theta,2a\cos\theta]$. 这样,从原图 10.5.19 就定出了参数$(r,\theta,\varphi)$的变化域 Δ. 于是

$$\begin{aligned}\iiint_{\Omega} z\mathrm{d}x\mathrm{d}y\mathrm{d}z &= \iiint_{\Delta} r\cos\theta\cdot r^2\sin\theta\mathrm{d}r\mathrm{d}\theta\mathrm{d}\varphi\\ &= \int_0^{2\pi}\mathrm{d}\varphi\int_0^{\frac{\pi}{2}}\sin\theta\cos\theta\mathrm{d}\theta\int_{a\cos\theta}^{2a\cos\theta} r^3\mathrm{d}r\\ &= 2\pi\int_0^{\frac{\pi}{2}}\sin\theta\cos\theta\cdot\frac{r^4}{4}\bigg|_{a\cos\theta}^{2a\cos\theta}\mathrm{d}\theta\\ &= \frac{15}{2}\pi a^4\int_0^{\frac{\pi}{2}}\sin\theta\cos^5\theta\mathrm{d}\theta\\ &= \frac{15}{2}\pi a^4\cdot\frac{-\cos^6\theta}{6}\bigg|_0^{\frac{\pi}{2}} = \frac{5\pi}{4}a^4\end{aligned}$$

解法 2 设 Ω_1 与 Ω_2 分别表示小球体与大球体,则 $\Omega=\Omega_2\backslash\Omega_1$. 于是

$$\begin{aligned}\iiint_{\Omega} z\mathrm{d}x\mathrm{d}y\mathrm{d}z &= \iiint_{\Omega_2} z\mathrm{d}x\mathrm{d}y\mathrm{d}z - \iiint_{\Omega_1} z\mathrm{d}x\mathrm{d}y\mathrm{d}z\\ &= \iiint_{\Omega_2}(z-a)\mathrm{d}x\mathrm{d}y\mathrm{d}z + \iiint_{\Omega_2} a\mathrm{d}x\mathrm{d}y\mathrm{d}z -\\ &\quad \iiint_{\Omega_1}\left(z-\frac{a}{2}\right)\mathrm{d}x\mathrm{d}y\mathrm{d}z - \iiint_{\Omega_1}\frac{a}{2}\mathrm{d}x\mathrm{d}y\mathrm{d}z\\ &\xlongequal{\text{对称性}} 0 + av(\Omega_2) - 0 - \frac{a}{2}v(\Omega_1)\\ &= a\cdot\frac{4}{3}\pi a^3 - \frac{a}{2}\cdot\frac{4}{3}\pi\left(\frac{a}{2}\right)^3\\ &= \frac{4}{3}\pi a^4\left(1-\frac{1}{16}\right) = \frac{5}{4}\pi a^4\end{aligned}$$

例 10.5.9 求三重积分

$$\iiint_{\Omega} \mathrm{e}^{x^2+y^2}\mathrm{d}x\mathrm{d}y\mathrm{d}z$$

其中 $\Omega=\{(x,y,z)\mid x^2+y^2\leqslant R^2, 0\leqslant z\leqslant h\}$ 为圆柱体.

解 因为 Ω 为圆柱体与被积函数中含 x^2+y^2,所以应采用柱坐标变换$(x,y,z)=(r\cos\varphi,r\sin\varphi,z)$. 于是

$$\iiint_{\Omega} e^{x^2+y^2}\,dx\,dy\,dz = \iiint_{\Delta} e^{r^2} r\,dr\,d\varphi\,dz = \int_0^h dz\int_0^{2\pi} d\varphi\int_0^R r e^{r^2}\,dr$$

$$= 2\pi h\cdot\frac{1}{2}e^{r^2}\Big|_0^R$$

$$= \pi h(e^{R^2}-1)$$

例 10.5.10　设 Ω 为由 6 个平面

$$a_i x + b_i y + c_i z = \pm h_i,\quad i=1,2,3$$

所围成,其中行列式

$$\begin{vmatrix} a_1 & b_1 & c_1\\ a_2 & b_2 & c_2\\ a_3 & b_3 & c_3\end{vmatrix}\neq 0$$

求所围平行六面体 Ω 的体积.

解　作换元

$$\begin{cases} u = a_1x + b_1y + c_1z\\ v = a_2x + b_2y + c_2z\\ w = a_3x + b_3y + c_3z\end{cases}$$

则它将 $\mathbb{R}^3$ 无穷次连续地一一映为 $\mathbb{R}^3$,令其逆变换为 $\boldsymbol{F}$,且 $\boldsymbol{F}(\Delta)=\Omega$(图 10.5.20).容易看出

$$\frac{\partial(u,v,w)}{\partial(x,y,z)} = \begin{vmatrix} a_1 & b_1 & c_1\\ a_2 & b_2 & c_2\\ a_3 & b_3 & c_3\end{vmatrix}\neq 0$$

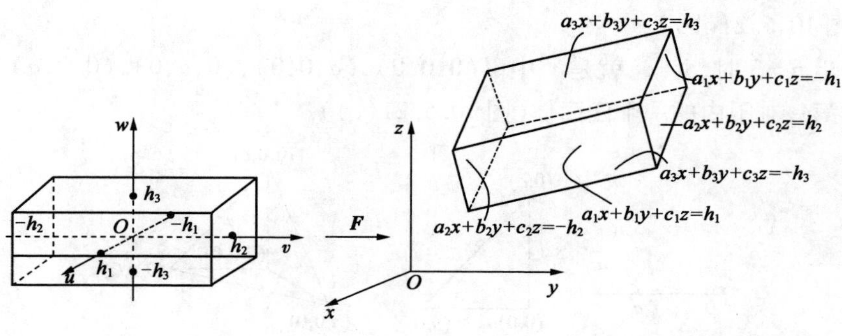

图 10.5.20

于是

$$
\begin{aligned}
v(\Omega) &= \iiint\limits_{\Omega} \mathrm{d}x\mathrm{d}y\mathrm{d}z = \iiint\limits_{F(\Delta)} \mathrm{d}x\mathrm{d}y\mathrm{d}z \\
&= \iiint\limits_{\Delta} \left| \frac{\partial(x,y,z)}{\partial(u,v,w)} \right| \mathrm{d}u\mathrm{d}v\mathrm{d}w \\
&= \iiint\limits_{\Delta} \frac{1}{\left| \det\begin{pmatrix} a_1 & b_1 & c_1 \\ a_2 & b_2 & c_2 \\ a_3 & b_3 & c_3 \end{pmatrix} \right|} \mathrm{d}u\mathrm{d}v\mathrm{d}w \\
&= \frac{1}{\left| \det\begin{pmatrix} a_1 & b_1 & c_1 \\ a_2 & b_2 & c_2 \\ a_3 & b_3 & c_3 \end{pmatrix} \right|} \iiint\limits_{[-h_1,h_1]\times[-h_2,h_2]\times[-h_3,h_3]} \mathrm{d}u\mathrm{d}v\mathrm{d}w \\
&= \frac{8h_1h_2h_3}{\left| \det\begin{pmatrix} a_1 & b_1 & c_1 \\ a_2 & b_2 & c_2 \\ a_3 & b_3 & c_3 \end{pmatrix} \right|}
\end{aligned}
$$

最后,我们来讨论一些常见的重要的 n 重积分.

例 10.5.11(n 维单形的体积) 在 n 维 Euclid 空间$\mathbb{R}^n$中,点集

$$S_n(a)=\{(x_1,x_2,\cdots,x_n)\mid x_1,x_2,\cdots,x_n\geqslant 0 \text{ 且 } x_1+x_2+\cdots+x_n\leqslant a\} \quad (a>0)$$

称为一个 n **维单形**.

当 $n=1$ 时,$S_1(a)=[0,a]$,即它为数轴$\mathbb{R}^1$上的闭区间(图 10.5.21(a));

当 $n=2$ 时,$S_2(a)$就是平面$\mathbb{R}^2$上的以$(0,0)$,$(a,0)$,$(0,a)$为顶点的三角形(图 10.5.21(b));

当 $n=3$ 时,$S_3(a)$就是$\mathbb{R}^3$中以$(0,0,0)$,$(a,0,0)$,$(0,a,0)$,$(0,0,a)$为顶点的第一卦限内的一个四面体(图 10.5.21(c)).

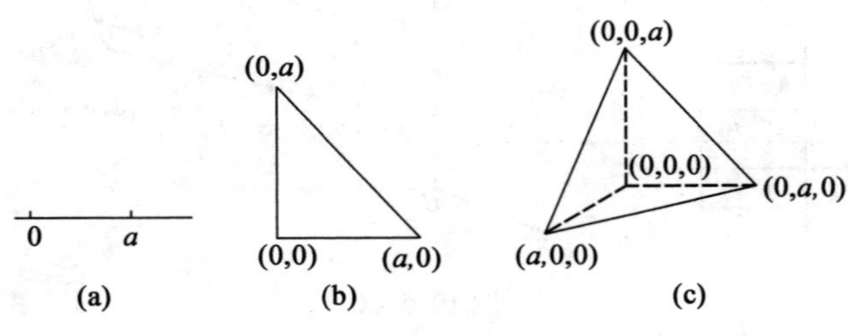

图 10.5.21

一方面,考虑 n 维单形 $S_n(a)$ 的 n 维体积

$$\begin{aligned} v(S_n(a)) &= \int_{S_n(a)} 1 = \int_{S_n(a)} \mathrm{d}x_1\mathrm{d}x_2\cdots\mathrm{d}x_n \\ &\xlongequal{x_i = at_i, i=1,2,\cdots,n} \int_{S_n(1)} \left| \frac{\partial(x_1,x_2,\cdots,x_n)}{\partial(t_1,t_2,\cdots,t_n)} \right| \mathrm{d}t_1\mathrm{d}t_2\cdots\mathrm{d}t_n \\ &= \int_{S_n(1)} a^n \mathrm{d}t_1\mathrm{d}t_2\cdots\mathrm{d}t_n \\ &= a^n\int_{S_n(1)} 1 = a^n v(S_n(1)) \end{aligned}$$

另一方面,将 n 重积分化为累次积分得到

$$\begin{aligned} v(S_n(1)) &= \int_{S_n(1)} 1 = \int_0^1 \mathrm{d}t_n \int_{S_{n-1}} \cdots \int_{(1-t_n)} \mathrm{d}t_1\cdots\mathrm{d}t_{n-1} \\ &= \int_0^1 v(S_{n-1}(1-t_n))\mathrm{d}t_n \\ &= \int_0^1 (1-t_n)^{n-1} v(S_{n-1}(1))\mathrm{d}t_n \\ &= \frac{-(1-t_n)^n}{n}\bigg|_0^1 \cdot v(S_{n-1}(1)) \xlongequal{\text{递推公式}} \frac{1}{n}\cdot v(S_{n-1}(1)) \\ &= \cdots = \frac{1}{n(n-1)\cdots 2}\cdot v(S_1(1)) = \frac{1}{n!}\int_0^1 1 = \frac{1}{n!} \end{aligned}$$

一般地,对 $a>0$,有

$$v(S_n(a)) = a^n v(S_n(1)) = \frac{a^n}{n!},\quad n\in\mathbb{Z}_+$$

例 10.5.12(n 维球的体积)　在 n 维 Euclid 空间$\mathbb{R}^n$中,点集

$$\overline{B_n(0;a)} = \{(x_1,x_2,\cdots,x_n) \mid x_1^2+x_2^2+\cdots+x_n^2 \leqslant a^2\},\quad a>0$$

称为以原点为中心,a 为半径的 **n 维闭球体**.

当 $n=1$ 时,$\overline{B_n(0;a)}$ 为数轴$\mathbb{R}^1$上的闭区间$[-a,a]$;

当 $n=2$ 时,$\overline{B_n(0;a)}$ 为平面$\mathbb{R}^2$上以原点为中心,a 为半径的闭圆盘;

当 $n=3$ 时,$\overline{B_n(0;a)}$ 为空间$\mathbb{R}^3$中以原点为中心,a 为半径的闭球体.

考虑 n 维闭球体 $\overline{B_n(0;a)}$ 的 n 维体积 $v(\overline{B_n(0;a)})$. 通过换元可得

$$v(\overline{B_n(0;a)}) = \int_{\overline{B_n(0;a)}} 1 = \underset{\overline{B_n(0;a)}}{\int\cdots\int} \mathrm{d}x_1\mathrm{d}x_2\cdots\mathrm{d}x_n$$

$$\xlongequal{x_i = at_i, i = 1,2,\cdots,n} \int\cdots\int_{\overline{B_n(0;1)}} \left|\frac{\partial(x_1,x_2,\cdots,x_n)}{\partial(t_1,t_2,\cdots,t_n)}\right| \mathrm{d}t_1\mathrm{d}t_2\cdots\mathrm{d}t_n$$

$$= \int\cdots\int_{\overline{B_n(0;1)}} a^n \mathrm{d}t_1\mathrm{d}t_2\cdots\mathrm{d}t_n = a^n v(\overline{B_n(0;1)})$$

解法1 为了得到计算 $v(\overline{B_n(0;1)})$ 的递推公式,我们将这个 n 重积分化为一个 $n-2$ 重积分与一个二重积分来计算.

$$\begin{aligned}
v(\overline{B_n(0;1)}) &= \int_{\overline{B_n(0;1)}} 1 = \int\cdots\int_{\overline{B_n(0;1)}} \mathrm{d}t_1\mathrm{d}t_2\cdots\mathrm{d}t_n \\
&= \iint_{t_{n-1}^2+t_n^2\leqslant 1} \mathrm{d}t_{n-1}\mathrm{d}t_n \int\cdots\int_{\overline{B_{n-2}(0;\sqrt{1-t_{n-1}^2-t_n^2})}} \mathrm{d}t_1\cdots\mathrm{d}t_{n-2} \\
&= \iint_{t_{n-1}^2+t_n^2\leqslant 1} v(\overline{B_{n-2}(0;\sqrt{1-t_{n-1}^2-t_n^2})})\mathrm{d}t_{n-1}\mathrm{d}t_n \\
&= \iint_{t_{n-1}^2+t_n^2\leqslant 1} (\sqrt{1-t_{n-1}^2-t_n^2})^{n-2} v(\overline{B_{n-2}(0;1)})\mathrm{d}t_{n-1}\mathrm{d}t_n \\
&= v(\overline{B_{n-2}(0;1)}) \iint_{t_{n-1}^2+t_n^2\leqslant 1} (1-t_{n-1}^2-t_n^2)^{\frac{n-2}{2}}\mathrm{d}t_{n-1}\mathrm{d}t_n \\
&\xlongequal{\begin{cases} t_{n-1} = r\cos\varphi \\ t_n = r\sin\varphi \end{cases}} v(\overline{B_{n-2}(0;1)}) \int_0^{2\pi}\mathrm{d}\varphi\int_0^1 (1-r^2)^{\frac{n-2}{2}} r\mathrm{d}r \\
&= v(\overline{B_{n-2}(0;1)}) 2\pi \cdot \left.\frac{-(1-r^2)^{\frac{n}{2}}}{n}\right|_0^1 \\
&= \frac{2\pi}{n} v(\overline{B_{n-2}(0;1)}) \\
&= \begin{cases} \dfrac{2\cdot(2\pi)^{k-1}}{(2k)!!} v(\overline{B_2(0;1)}), & n = 2k \\ \dfrac{(2\pi)^{k-1}}{(2k-1)!!} v(\overline{B_1(0;1)}), & n = 2k-1 \end{cases} \\
&= \begin{cases} \dfrac{2\cdot(2\pi)^{k-1}}{(2k)!!} \cdot \pi, & n = 2k \\ \dfrac{(2\pi)^{k-1}}{(2k-1)!!} \cdot 2, & n = 2k-1 \end{cases}
\end{aligned}$$

$$= \begin{cases} \dfrac{\pi^k}{k!}, & n = 2k \\ \dfrac{2^k \pi^{k-1}}{(2k-1)!!}, & n = 2k-1 \end{cases}$$

由此推得

$$v(\overline{B_n(0;a)}) = \begin{cases} \dfrac{\pi^k}{k!} a^{2k}, & n = 2k \\ \dfrac{2^k \pi^{k-1}}{(2k-1)!!} a^{2k-1}, & n = 2k-1 \end{cases}$$

解法2　$v(\overline{B_n(0;1)}) = \int_{\overline{B_n(0;1)}} 1 = \underset{\overline{B_n(0;1)}}{\int\cdots\int} \mathrm{d}t_1 \mathrm{d}t_2 \cdots \mathrm{d}t_n$

$$= \int_{-1}^{1} \mathrm{d}t_n \underset{\overline{B_{n-1}(0;\sqrt{1-t_n^2})}}{\int\cdots\int} \mathrm{d}t_1 \cdots \mathrm{d}t_{n-1}$$

$$= \int_{-1}^{1} v(\overline{B_{n-1}(0;\sqrt{1-t_n^2})}) \mathrm{d}t_n$$

$$= \int_{-1}^{1} (\sqrt{1-t_n^2})^{n-1} v(\overline{B_{n-1}(0;1)}) \mathrm{d}t_n$$

$$\xlongequal{t_n = \sin\theta} 2v(\overline{B_{n-1}(0;1)}) \int_0^{\frac{\pi}{2}} \cos^{n-1}\theta \cos\theta \mathrm{d}\theta$$

$$= 2v(\overline{B_{n-1}(0;1)}) \int_0^{\frac{\pi}{2}} \cos^n\theta \mathrm{d}\theta$$

$$= \cdots = 2^{n-1} v(\overline{B_1(0;1)}) \int_0^{\frac{\pi}{2}} \cos^n\theta \mathrm{d}\theta \int_0^{\frac{\pi}{2}} \cos^{n-1}\theta \mathrm{d}\theta \cdots \int_0^{\frac{\pi}{2}} \cos^2\theta \mathrm{d}\theta$$

$$= 2^n \int_0^{\frac{\pi}{2}} \cos^n\theta \mathrm{d}\theta \int_0^{\frac{\pi}{2}} \cos^{n-1}\theta \mathrm{d}\theta \cdots \int_0^{\frac{\pi}{2}} \cos\theta \mathrm{d}\theta$$

$$\xlongequal{\text{Wallis 公式}} \begin{cases} 2^{2k} \cdot \dfrac{(2k-1)!!}{(2k)!!} \dfrac{\pi}{2} \cdot \dfrac{(2k-2)!!}{(2k-1)!!} \cdot \dfrac{(2k-3)!!}{(2k-2)!!} \dfrac{\pi}{2} \cdots \dfrac{1}{2!!} \dfrac{\pi}{2} \cdot 1, n = 2k \\ 2^{2k-1} \cdot \dfrac{(2k-2)!!}{(2k-1)!!} \cdot \dfrac{(2k-3)!!}{(2k-2)!!} \dfrac{\pi}{2} \cdot \dfrac{(2k-4)!!}{(2k-3)!!} \cdots \dfrac{1}{2!!} \dfrac{\pi}{2} \cdot 1, n = 2k-1 \end{cases}$$

$$= \begin{cases} \dfrac{2^{2k}}{(2k)!!} \left(\dfrac{\pi}{2}\right)^k, & n = 2k \\ \dfrac{2^{2k-1}}{(2k-1)!!} \left(\dfrac{\pi}{2}\right)^{k-1}, & n = 2k-1 \end{cases}$$

$$= \begin{cases} \dfrac{\pi^k}{k!}, & n = 2k \\ \dfrac{2^k\pi^{k-1}}{(2k-1)!!}, & n = 2k-1 \end{cases}$$

由此推得

$$v(\overline{B_n(0;a)}) = \begin{cases} \dfrac{\pi^k}{k!}a^{2k}, & n = 2k \\ \dfrac{2^k\pi^{k-1}}{(2k-1)!!}a^{2k-1}, & n = 2k-1 \end{cases}$$

解法3 应用 n 维球坐标变换 $\boldsymbol{F}:\Delta = [0,a]\times[0,\pi]\times\cdots\times[0,\pi]\times[0,2\pi]\to\boldsymbol{F}(\Delta) = B_n(0;a)$,即

$$\begin{cases} x_1 = r\cos\theta_1 \\ x_2 = r\sin\theta_1\cos\theta_2 \\ \vdots \\ x_{n-1} = r\sin\theta_1\sin\theta_2\cdots\sin\theta_{n-2}\cos\theta_{n-1} \\ x_n = r\sin\theta_1\sin\theta_2\cdots\sin\theta_{n-2}\sin\theta_{n-1} \end{cases}$$

它的 Jacobi 行列式为

$$\det \boldsymbol{JF} = \frac{\partial(x_1,x_2,\cdots,x_n)}{\partial(r,\theta_1,\cdots,\theta_{n-1})} = r^{n-1}\sin^{n-2}\theta_1\sin^{n-3}\theta_2\cdots\sin\theta_{n-2}$$

于是

$$v(\overline{B_n(0;a)}) = \int_{\overline{B_n(0;a)}} 1 = \int\cdots\int_{\overline{B_n(0;a)}} \mathrm{d}x_1\mathrm{d}x_2\cdots\mathrm{d}x_n$$

$$= \int\cdots\int_{\boldsymbol{F}(\Delta)} r^{n-1}\sin^{n-2}\theta_1\sin^{n-3}\theta_2\cdots\sin\theta_{n-2}\mathrm{d}r\mathrm{d}\theta_1\cdots\mathrm{d}\theta_{n-1}$$

$$\overset{\text{对称性}}{=\!=\!=} \int_0^a r^{n-1}\mathrm{d}r\cdot\left(2\int_0^{\frac{\pi}{2}}\sin^{n-2}\theta_1\mathrm{d}\theta_1\right)\left(2\int_0^{\frac{\pi}{2}}\sin^{n-3}\theta_2\mathrm{d}\theta_2\right)\cdots\left(2\int_0^{\frac{\pi}{2}}\sin\theta_{n-2}\mathrm{d}\theta_{n-2}\right)\cdot\int_0^{2\pi}\mathrm{d}\theta_{n-1}$$

$$= \frac{a^n}{n}\cdot 2\pi\cdot 2^{n-2}\int_0^{\frac{\pi}{2}}\sin^{n-2}\theta_1\mathrm{d}\theta_1\int_0^{\frac{\pi}{2}}\sin^{n-3}\theta_2\mathrm{d}\theta_2\cdots\int_0^{\frac{\pi}{2}}\sin\theta_{n-2}\mathrm{d}\theta_{n-2}$$

$$= 2^n a^n\int_0^{\frac{\pi}{2}}\cos^n\theta\mathrm{d}\theta\int_0^{\frac{\pi}{2}}\cos^{n-1}\theta\mathrm{d}\theta\int_0^{\frac{\pi}{2}}\cos^{n-2}\theta\mathrm{d}\theta\cdots\int_0^{\frac{\pi}{2}}\cos\theta\mathrm{d}\theta$$

$$\xlongequal{\text{解法 2 的结果}}\begin{cases}\dfrac{\pi^k}{k!}a^{2k}, & n=2k\\ \dfrac{2^k\pi^{k-1}}{(2k-1)!!}a^{2k-1}, & n=2k-1\end{cases}$$

应用$\Gamma(s+1)=s\Gamma(s)$,$\Gamma(n+1)=n!$,$\Gamma\left(\dfrac{1}{2}\right)=\sqrt{\pi}$,我们有

$$v(\overline{B_n(0;a)})=\frac{(\sqrt{\pi}a)^n}{\Gamma\left(\dfrac{n+2}{2}\right)}$$

例 10.5.13　设f为$[0,a]$上的单变量连续函数,化n重积分

$$\int\cdots\int_{B_n(0;a)}f(\sqrt{x_1^2+x_2^2+\cdots+x_n^2})\,\mathrm{d}x_1\mathrm{d}x_2\cdots\mathrm{d}x_n$$

为单变量积分.

解　用球坐标变换立即可得

$$\int\cdots\int_{B_n(0;a)}f(\sqrt{x_1^2+x_2^2+\cdots+x_n^2})\,\mathrm{d}x_1\mathrm{d}x_2\cdots\mathrm{d}x_n$$

$$=\int_0^a r^{n-1}f(r)\,\mathrm{d}r\int_0^\pi\sin^{n-2}\theta_1\mathrm{d}\theta_1\int_0^\pi\sin^{n-3}\theta_2\mathrm{d}\theta_2\cdots\int_0^\pi\sin\theta_{n-2}\mathrm{d}\theta_{n-2}\int_0^{2\pi}\mathrm{d}\theta_{n-1}$$

$$=\int_0^a r^{n-1}f(r)\,\mathrm{d}r\cdot n\int_0^1 r^{n-1}\mathrm{d}r\int_0^\pi\sin^{n-2}\theta_1\mathrm{d}\theta_1\int_0^\pi\sin^{n-3}\theta_2\mathrm{d}\theta_2\cdots\int_0^\pi\sin\theta_{n-2}\mathrm{d}\theta_{n-2}\int_0^{2\pi}\mathrm{d}\theta_{n-1}$$

$$=nv(\overline{B_n(0;1)})\cdot\int_0^a r^{n-1}f(r)\,\mathrm{d}r$$

$$\xlongequal{\text{例 10.5.12}}\begin{cases}2k\cdot\dfrac{\pi^k}{k!}\displaystyle\int_0^a r^{2k-1}f(r)\,\mathrm{d}r, & n=2k\\ (2k-1)\cdot\dfrac{2^k\pi^{k-1}}{(2k-1)!!}\displaystyle\int_0^a r^{2k-2}f(r)\,\mathrm{d}r, & n=2k-1\end{cases}$$

$$=\begin{cases}\dfrac{2\pi^k}{(k-1)!}\displaystyle\int_0^a r^{2k-1}f(r)\,\mathrm{d}r, & n=2k\\ \dfrac{2^k\pi^{k-1}}{(2k-3)!!}\displaystyle\int_0^a r^{2k-2}f(r)\,\mathrm{d}r, & n=2k-1\end{cases}$$

例 10.5.14　求$n-1$维单位球面$S^{n-1}(1)$的面积($n-1$维体积).

解　设$x_n=\varphi(x_1,x_2,\cdots,x_{n-1})$,$(x_1,x_2,\cdots,x_{n-1})\in\Delta\subset\mathbb{R}^{n-1}$为$n$维 Euclid 空间$\mathbb{R}^n$中的$n-1$维曲面,$\varphi\in C^1(\Delta,\mathbb{R})$,则其$n-1$维面积(即$n-1$维体积)为(参阅复习题 11 中题 3)

$$\underbrace{\int\cdots\int_{\Delta}}_{n-1个}\sqrt{1+\left(\frac{\partial x_n}{\partial x_1}\right)^2+\left(\frac{\partial x_n}{\partial x_2}\right)^2+\cdots+\left(\frac{\partial x_n}{\partial x_{n-1}}\right)^2}\mathrm{d}x_1\cdots\mathrm{d}x_{n-1}$$

因为 $n-1$ 维单位球面的上半部可由方程

$$x_n=\sqrt{1-(x_1^2+x_2^2+\cdots+x_{n-1}^2)},\quad x_1^2+x_2^2+\cdots+x_{n-1}^2\leqslant 1$$

确定,又由于

$$\sqrt{1+\left(\frac{\partial x_n}{\partial x_1}\right)^2+\left(\frac{\partial x_n}{\partial x_2}\right)^2+\cdots+\left(\frac{\partial x_n}{\partial x_{n-1}}\right)^2}=\sqrt{1+\sum_{i=1}^{n-1}\left(\frac{x_i}{x_n}\right)^2}=\sqrt{1+\frac{1-x_n^2}{x_n^2}}=\frac{1}{x_n}$$

$S^{n-1}(1)$ 的面积为

$$\begin{aligned}
\sigma(S^{n-1}(1)) &= 2\underbrace{\int\cdots\int}_{n-1个}_{x_1^2+x_2^2+\cdots+x_{n-1}^2\leqslant 1}\frac{\mathrm{d}x_1\mathrm{d}x_2\cdots\mathrm{d}x_{n-1}}{x_n}\\
&= 2\underbrace{\int\cdots\int}_{n-2个}_{x_1^2+x_2^2+\cdots+x_{n-2}^2\leqslant 1}\mathrm{d}x_1\cdots\mathrm{d}x_{n-2}\cdot\\
&\quad\int_{-\sqrt{1-(x_1^2+x_2^2+\cdots+x_{n-2}^2)}}^{\sqrt{1-(x_1^2+x_2^2+\cdots+x_{n-2}^2)}}\frac{\mathrm{d}x_{n-1}}{\sqrt{1-(x_1^2+x_2^2+\cdots+x_{n-1}^2)}}\\
&= 2\pi\underbrace{\int\cdots\int}_{n-2个}_{x_1^2+x_2^2+\cdots+x_{n-2}^2\leqslant 1}\mathrm{d}x_1\cdots\mathrm{d}x_{n-2}=2\pi\sigma(B_{n-2}(0;1))\\
&\xlongequal{\text{例 10.5.12}}\begin{cases}\dfrac{2\pi\cdot\pi^{k-1}}{(k-1)!}, & n=2k\\ \dfrac{2\pi\cdot 2^{k-1}\pi^{k-2}}{(2k-3)!!}, & n=2k-1\end{cases}\\
&=\begin{cases}\dfrac{2\pi^{k}}{(k-1)!}, & n=2k\\ \dfrac{2(2\pi)^{k-1}}{(2k-3)!!}, & n=2k-1\end{cases}
\end{aligned}$$

易见,$\sigma(S^1(1))=\sigma(S^{2-1}(1))=2\pi$,$\sigma(S^2(1))=\sigma(S^{3-1}(1))=4\pi$.

练习题 10.5

1. 计算下列三重积分:

(1) $\iiint\limits_{\Omega} xyz\mathrm{d}x\mathrm{d}y\mathrm{d}z$,$\Omega$ 为单位球体 $x^2+y^2+z^2 \leqslant 1$ 在第一卦限中的部分;

(2) $\iiint\limits_{\Omega}(x+y+z)\mathrm{d}x\mathrm{d}y\mathrm{d}z$,$\Omega$ 为平面 $x+y+z=1$ 和三个坐标平面所围成的立体;

(3) $\iiint\limits_{\Omega} z\mathrm{d}x\mathrm{d}y\mathrm{d}z$,$\Omega$ 由 $z=xy$ 和 $z=0$ 以及以下四张平面 $x=-1,x=1,y=2,y=3$ 围成;

(4) $\iiint\limits_{\Omega} xy^2z^3\mathrm{d}x\mathrm{d}y\mathrm{d}z$,$\Omega$ 由 $z=xy$ 和 $z=0$ 以及两张平面 $x=1$ 和 $x=y$ 围成;

(5) $\iiint\limits_{\Omega} y\cos(x+y)\mathrm{d}x\mathrm{d}y\mathrm{d}z$,其中 Ω 是由 $y=\sqrt{x},y=0,z=0$ 及 $x+z=\dfrac{\pi}{2}$ 所围成的区域;

(6) $\iiint\limits_{\Omega} z^2\mathrm{d}x\mathrm{d}y\mathrm{d}z$,其中 Ω 为球体 $x^2+y^2+z^2 \leqslant r^2$ 与 $x^2+y^2+z^2 \leqslant 2rz$ 的交集.

2. 计算下列曲面围成的立体的体积:

(1) $az=x^2+y^2,z=\sqrt{x^2+y^2}\ (a>0)$;

(2) $x^2+y^2=a^2,|x|+|y|=a$.

3. 计算由下列曲面围成立体的体积(参数 a,b,c 均为正数):

(1) $x^2+y^2+z^2=a^2,x^2+y^2+z^2=b^2\ (0\leqslant a\leqslant b$ 且 $z>0)$;

(2) $(x^2+y^2+z^2)^2=a^3z$;

(3) $\left(\dfrac{x^2}{a^2}+\dfrac{y^2}{b^2}+\dfrac{z^2}{c^2}\right)^2=\dfrac{x^2}{a^2}+\dfrac{y^2}{b^2}$;

(4) $z=x^2+y^2,z=2(x^2+y^2),y=x,y=x^2$;

(5) $\left(\dfrac{x}{a}+\dfrac{y}{b}\right)^2+\left(\dfrac{z}{c}\right)^2=1\ (x\geqslant 0,y\geqslant 0,z\geqslant 0)$;

(6) $\dfrac{x^2}{a^2}+\dfrac{y^2}{b^2}+\dfrac{z^2}{c^2}=1,\dfrac{x^2}{a^2}+\dfrac{y^2}{b^2}=\dfrac{z^2}{c^2}\ (z>0)$;

(7) $\dfrac{x^2}{a^2}+\dfrac{y^2}{b^2}-\dfrac{z^2}{c^2}=-1,\dfrac{x^2}{a^2}+\dfrac{y^2}{b^2}=1$;

(8) $\dfrac{x^2}{a^2}+\dfrac{y^2}{b^2}=\dfrac{z}{c},\dfrac{x^2}{a^2}+\dfrac{y^2}{b^2}=\dfrac{x}{a}+\dfrac{y}{b},z=0$;

(9) $\left(\frac{x^2}{a^2}+\frac{y^2}{b^2}\right)+\frac{z}{c}=1, z=0$;

(10) $\left(\frac{x}{a}+\frac{y}{b}\right)^2+\frac{z^2}{c^2}=1, x=0, y=0, z=0$;

(11) $\frac{x^2}{a^2}+\frac{y^2}{b^2}+\frac{z^2}{c^2}=1, \left(\frac{x^2}{a^2}+\frac{y^2}{b^2}\right)^2=\frac{x^2}{a^2}-\frac{y^2}{b^2}$;

(12) $z^2=xy, x+y=a, x+y=b(0<a<b)$;

(13) $z=x^2+y^2, xy=a^2, xy=2a^2, y=\frac{x}{2}, y=2x, z=0$;

(14) $z=xy, x^2=y, x^2=2y, y^2=x, y^2=2x, z=0$;

(15) $z=x^{\frac{3}{2}}+y^{\frac{3}{2}}, z=0, x+y=1, x=0, y=0$;

(16) $\frac{x^2}{a^2}+\frac{y^2}{b^2}+\frac{z}{c}=1, \left(\frac{x}{a}\right)^{\frac{2}{3}}+\left(\frac{y}{b}\right)^{\frac{2}{3}}=1, z=0$;

(17) $z=a\arctan\frac{y}{x}, z=0, \sqrt{x^2+y^2}=a\arctan\frac{y}{x}, y\geqslant 0$.

4. 计算下列三重积分:

(1) $\iiint\limits_{x^2+y^2+z^2\leqslant z}\sqrt{x^2+y^2+z^2}\,\mathrm{d}x\mathrm{d}y\mathrm{d}z$;

(2) $\iiint\limits_{a^2\leqslant x^2+y^2+z^2\leqslant b^2}(x^2+y^2)\,\mathrm{d}x\mathrm{d}y\mathrm{d}z$;

(3) $\iiint\limits_{\frac{x^2}{a^2}+\frac{y^2}{b^2}+\frac{z^2}{c^2}\leqslant 1}\sqrt{1-\left(\frac{x^2}{a^2}+\frac{y^2}{b^2}+\frac{z^2}{c^2}\right)}\,\mathrm{d}x\mathrm{d}y\mathrm{d}z$;

(4) $\iiint\limits_{\frac{x^2}{a^2}+\frac{y^2}{b^2}+\frac{z^2}{c^2}\leqslant 1}\mathrm{e}^{\sqrt{\frac{x^2}{a^2}+\frac{y^2}{b^2}+\frac{z^2}{c^2}}}\,\mathrm{d}x\mathrm{d}y\mathrm{d}z$;

(5) $\iiint\limits_{\frac{x^2}{a^2}+\frac{y^2}{b^2}+\frac{z^2}{c^2}\leqslant 1}\left(\frac{x^2}{a^2}+\frac{y^2}{b^2}+\frac{z^2}{c^2}\right)\mathrm{d}x\mathrm{d}y\mathrm{d}z$.

5. 设函数 f 连续,证明

$$\int_a^b \mathrm{d}x\int_a^x \mathrm{d}y\int_a^y f(x,y,z)\,\mathrm{d}z=\int_a^b \mathrm{d}z\int_z^b \mathrm{d}y\int_y^b f(x,y,z)\,\mathrm{d}x$$

6. 设函数 f 连续,证明

$$\int_0^a \mathrm{d}x\int_0^x \mathrm{d}y\int_0^y f(x)f(y)f(z)\,\mathrm{d}z=\frac{1}{3!}\left(\int_0^a f(t)\,\mathrm{d}t\right)^3$$

7. 设函数 f 连续,证明

$$\int_0^a \mathrm{d}x \int_0^x \mathrm{d}y \int_0^y f(z)\,\mathrm{d}z = \frac{1}{2}\int_0^a (a-t)^2 f(t)\,\mathrm{d}t$$

8. 设 f 为连续函数,求极限

$$\lim_{r \to 0^+} \frac{3}{4\pi r^3} \iiint\limits_{x^2+y^2+z^2 \leqslant r^2} f(x,y,z)\,\mathrm{d}x\mathrm{d}y\mathrm{d}z$$

9. 应用球坐标变换计算下列积分:

(1) $\displaystyle\iiint\limits_{x^2+y^2+z^2 \leqslant z} \sqrt{x^2+y^2+z^2}\,\mathrm{d}x\mathrm{d}y\mathrm{d}z$;

(2) $\displaystyle\int_0^1 \mathrm{d}x \int_0^{\sqrt{1-x^2}} \mathrm{d}y \int_{\sqrt{x^2+y^2}}^{\sqrt{2-x^2-y^2}} z^2\,\mathrm{d}z$.

10. 应用广义球坐标变换计算三重积分

$$\iiint\limits_{\frac{x^2}{a^2}+\frac{y^2}{b^2}+\frac{z^2}{c^2} \leqslant 1} \sqrt{1-\frac{x^2}{a^2}-\frac{y^2}{b^2}-\frac{z^2}{c^2}}\,\mathrm{d}x\mathrm{d}y\mathrm{d}z$$

11. 应用柱坐标变换计算三重积分

$$\iiint\limits_{\Omega} (x^2+y^2)\,\mathrm{d}x\mathrm{d}y\mathrm{d}z$$

其中 Ω 是由曲面 $x^2+y^2=2z, z=2$ 所围成的区域.

12. 求由曲面

$$(a_1x+b_1y+c_1z)^2+(a_2x+b_2y+c_2z)^2+(a_3x+b_3y+c_3z)^2=R^2$$

所界立体的体积,其中

$$\begin{vmatrix} a_1 & b_1 & c_1 \\ a_2 & b_2 & c_2 \\ a_3 & b_3 & c_3 \end{vmatrix} \neq 0$$

13. 设 f 为单变量连续可导函数. 令

$$F(t) = \iiint\limits_{x^2+y^2+z^2 \leqslant t^2} f(x^2+y^2+z^2)\,\mathrm{d}x\mathrm{d}y\mathrm{d}z$$

求 $F'(t)$.

思考题 10.5

1. 设 α,β,γ 是不全为 0 的实数，f 为一元连续函数，证明

$$\iiint\limits_{x^2+y^2+z^2\leqslant 1} f(\alpha x+\beta y+\gamma z)\,\mathrm{d}x\mathrm{d}y\mathrm{d}z=\pi\int_{-1}^{1}(1-w^2)f(w\sqrt{\alpha^2+\beta^2+\gamma^2})\,\mathrm{d}w$$

2. 设 f 为一元连续可导的函数，证明

$$\lim_{t\to 0^+}\frac{1}{\pi t^4}\iiint\limits_{x^2+y^2+z^2\leqslant t^2} f(\sqrt{x^2+y^2+z^2})\,\mathrm{d}x\mathrm{d}y\mathrm{d}z=\begin{cases} f'(0), & \text{当} f(0)=0 \\ \infty, & \text{当} f(0)\neq 0 \end{cases}$$

3. 设 $F(x,y,z)$ 三阶连续可导，求三重积分

$$\iiint\limits_{[a,A]\times[b,B]\times[c,C]} F'''_{xyz}(x,y,z)\,\mathrm{d}x\mathrm{d}y\mathrm{d}z$$

4. 作变换 $(x,y,z)=(ar\sin^2\theta\cos^2\varphi,br\sin^2\theta\sin^2\varphi,cr\cos^2\theta)$，证明：

(1) 由曲面

$$\left(\frac{x}{a}+\frac{y}{b}+\frac{z}{c}\right)^2=\frac{x}{h}+\frac{y}{k}\quad(x>0,y>0,z>0)$$

所围立体 Ω 的体积

$$v(\Omega)=\frac{abc}{60}\left(\frac{a}{h}+\frac{b}{k}\right)\left(\frac{a}{h^2}+\frac{b}{k^2}\right)$$

其中 $a,b,c,h,k>0$；

(2) 由曲面

$$\left(\frac{x}{a}+\frac{y}{b}+\frac{z}{c}\right)^4=\frac{xyz}{abc}\quad(x>0,y>0,z>0)$$

所围立体 Ω 的体积

$$v(\Omega)=\frac{abc}{554\,400}$$

其中 $a,b,c>0$.

5. 设 Ω 为由曲面

$$\left(\frac{x}{a}+\frac{y}{b}\right)^2+\left(\frac{z}{c}\right)^2=1\quad(x>0,y>0,z>0)$$

所围立体.

(1) 作变换

$$(x,y,z) = (ar\sin\theta\cos^2\varphi, br\sin\theta\sin^2\varphi, cr\cos\theta)$$

(2) 作变换

$$\begin{cases} u = \dfrac{x}{a} + \dfrac{y}{b} \\ uv = \dfrac{y}{b} \end{cases}$$

即

$$\begin{cases} x = au(1-v) \\ y = buv \end{cases}$$

证明:Ω 的体积 $v(\Omega) = \dfrac{abc}{3}$,其中 $a,b,c > 0$.

6. 作变换

$$\begin{cases} u = \dfrac{z}{x^2 + y^2} \\ v = xy \\ w = \dfrac{y}{x} \end{cases}$$

证明:由曲面 $z = x^2 + y^2, z = 2(x^2 + y^2), xy = a, xy = 2a^2, x = 2y, 2x = y(x > 0, y > 0)$ 所围立体 Ω 的体积 $v(\Omega) = \dfrac{9a^4}{4}$,其中 $a > 0$.

7. 应用球坐标变换,证明:由曲面

$$(x^2 + y^2 + z^2)^3 = \frac{a^6 z^2}{x^2 + y^2},\quad a > 0$$

所围立体 Ω 的体积 $v(\Omega) = \dfrac{4\pi a^3}{3}$.

8. 应用广义球坐标变换,证明:由曲面

$$\left(\frac{x^2}{a^2} + \frac{y^2}{b^2} + \frac{z^2}{c^2}\right)^2 = \frac{z}{h}\exp\left[-\frac{\dfrac{z^2}{c^2}}{\dfrac{x^2}{a^2} + \dfrac{y^2}{b^2} + \dfrac{z^2}{c^2}}\right]$$

所围立体 Ω 的体积

$$v(\Omega) = \frac{\pi abc^2}{3h}(1 - e^{-1})$$

其中 $a,b,c,h>0$.

9. 作变换

$$(x,y,z)=(ar\sin^{\frac{1}{n}}\theta\cos\varphi,br\sin^{\frac{1}{n}}\theta\sin\varphi,cr\cos^{\frac{1}{n}}\varphi)$$

证明:由曲面

$$\left(\frac{x^2}{a^2}+\frac{y^2}{b^2}\right)^n+\frac{z^{2n}}{c^{2n}}=\frac{z}{h}\left(\frac{x^2}{a^2}+\frac{y^2}{b^2}\right)^{n-2}\quad(n>1,a,b,c>0)$$

所围立体 Ω 的体积

$$v(\Omega)=\frac{\pi^2abc^2}{3hn\sin\dfrac{\pi}{n}}$$

10. 用球坐标变换证明

$$\int\cdots\int\limits_{x_1^2+x_2^2+\cdots+x_n^2\leqslant R^2}f(\sqrt{x_1^2+x_2^2+\cdots+x_n^2})\mathrm{d}x_1\mathrm{d}x_2\cdots\mathrm{d}x_n=\frac{2\pi^{\frac{n}{2}}}{\Gamma\left(\dfrac{n}{2}\right)}\int_0^R r^{n-1}f(r)\mathrm{d}r$$

11. 计算下列 n 重积分:

(1) $\int\cdots\int\limits_{[0,1]^n}(x_1^2+x_2^2+\cdots+x_n^2)\mathrm{d}x_1\mathrm{d}x_2\cdots\mathrm{d}x_n$;

(2) $\int\cdots\int\limits_{[0,1]^n}(x_1+x_2+\cdots+x_n)^2\mathrm{d}x_1\mathrm{d}x_2\cdots\mathrm{d}x_n$.

12. 计算累次积分

$$\int_0^1\mathrm{d}x_1\int_0^{x_1}\mathrm{d}x_2\cdots\int_0^{x_{n-1}}x_1x_2\cdots x_n\mathrm{d}x_n$$

13. 设 f 为单变量连续函数,证明

$$\int_0^a\mathrm{d}x_1\int_0^{x_1}\mathrm{d}x_2\cdots\int_0^{x_{n-1}}f(x_1)f(x_2)\cdots f(x_n)\mathrm{d}x_n=\frac{1}{n!}\left(\int_0^a f(t)\mathrm{d}t\right)^n$$

当 $f(x)=x,a=1$ 时就是题 12.

14. 计算 $\mathbb{R}^n$ 中下列集合的 n 维体积(其中 $a_1,a_2,\cdots,a_n>0$):

(1) n 维角锥 $\Omega_n=\left\{(x_1,x_2,\cdots,x_n)\,\middle|\,\dfrac{x_1}{a_1}+\dfrac{x_2}{a_2}+\cdots+\dfrac{x_n}{a_n}\leqslant 1,x_1,x_2,\cdots,x_n\geqslant 0\right\}$;

(2) $\Omega_n(a)=\{(x_1,x_2,\cdots,x_n)\mid |x_1|+|x_2|+\cdots+|x_n|\leqslant a\},a>0$;

(3) $\Omega_n=\left\{(x_1,x_2,\cdots,x_n)\,\middle|\,\dfrac{|x_i|}{a_i}+\dfrac{|x_n|}{a_n}\leqslant 1,i=1,2,\cdots,n-1\right\}$.

15. 设 f 为 n 元连续函数,证明

$$\int_a^b \mathrm{d}x_1 \int_a^{x_1} \mathrm{d}x_2 \cdots \int_a^{x_{n-1}} f(x_1, x_2, \cdots, x_n) \mathrm{d}x_n = \int_a^b \mathrm{d}x_n \int_{x_n}^b \mathrm{d}x_{n-1} \cdots \int_{x_2}^b f(x_1, x_2, \cdots, x_n) \mathrm{d}x_1$$

16. 设 f 为单变量连续函数,证明

$$\int_a^b \mathrm{d}x_1 \int_a^{x_1} \mathrm{d}x_2 \cdots \int_a^{x_{n-1}} f(x_n) \mathrm{d}x_n = \frac{1}{(n-1)!} \int_0^b f(t)(b-t)^{n-1} \mathrm{d}t$$

17. 设 K 为二元连续函数,对 $n \in \mathbb{Z}_+$,令

$$K_n(x,y) = \int \cdots \int_{[a,b]^n} K(x,t_1) K(t_1,t_2) \cdots K(t_n,y) \mathrm{d}t_1 \mathrm{d}t_2 \cdots \mathrm{d}t_n$$

证明:$\forall m,n \in \mathbb{Z}_+$,有

$$K_{m+n+1}(x,y) = \int_a^b K_m(x,t) K_n(t,y) \mathrm{d}t$$

18. 设 $f(x_1, x_2, \cdots, x_n)$ 为区域 V 内的连续函数,且对任何子区域 $\Omega \subset V$,恒有

$$\int \cdots \int_{\Omega} f(x_1, x_2, \cdots, x_n) \mathrm{d}x_1 \mathrm{d}x_2 \cdots \mathrm{d}x_n = 0$$

证明:$f(x_1, x_2, \cdots, x_n) \equiv 0, \forall (x_1, x_2, \cdots, x_n) \in V$.

19. 证明:由 $n-1$ 维超平面

$$a_{i1}x_1 + a_{i2}x_2 + \cdots + a_{in}x_n = \pm h_i \quad (i = 1, 2, \cdots, n)$$

所围的 n 维平行 $2n$ 维体 Ω 的体积

$$v(\Omega) = \frac{2^n h_1 h_2 \cdots h_n}{|\det(a_{ij})|}$$

20. 证明

$$\int \cdots \int_{\substack{x_1^2+x_2^2+\cdots+x_n^2 \leqslant a^2 \\ -\frac{h}{2} \leqslant x_n \leqslant \frac{h}{2}}} x_n^2 \mathrm{d}x_1 \mathrm{d}x_2 \cdots \mathrm{d}x_n = \frac{h^3}{12} \frac{(\sqrt{\pi} a)^{n-1}}{\Gamma\left(\frac{n+1}{2}\right)}$$

21. 证明:$\left(\iint_{x^2+y^2 \leqslant 1} \mathrm{e}^{x^2+y^2} \mathrm{d}x \mathrm{d}y \right)^{\frac{1}{2}} \leqslant \sqrt{\pi} \int_0^1 \mathrm{e}^{\frac{\pi t^2}{4}} \mathrm{d}t$.

22. 应用 $\mathrm{e}^{-(x^2+y^2)}$ 的二重积分证明不等式

$$\frac{\sqrt{\pi}}{2} \sqrt{1 - \mathrm{e}^{-a^2}} < \int_0^a \mathrm{e}^{-x^2} \mathrm{d}x < \frac{\sqrt{\pi}}{2} \sqrt{1 - \mathrm{e}^{-\frac{4}{\pi} a^2}}$$

23. 考察三重积分

$$I = \iiint_{x^2+y^2+z^2 \leqslant 1} x^m y^n z^p \mathrm{d}x \mathrm{d}y \mathrm{d}z$$

其中 m,n,p 为非负整数.

(1) 当 m,n,p 中至少有一个为奇数时,证明:$I=0$;

(2) 当 m,n,p 都为偶数时,应用极坐标变换证明

$$I=\frac{4\pi(m-1)!!(n-1)!!(p-1)!!}{(m+n+p+3)!!}$$

24. 设 Ω 是由 $x+y+z=1,x=0,y=0,z=0$ 所围成的区域,作变换

$$x+y+z=\xi,\quad y+z=\zeta\eta,\quad z=\xi\eta\zeta$$

证明:Dirichlet 积分

$$\iiint_{\Omega}x^p y^q z^r(1-x-y-z)^s\mathrm{d}x\mathrm{d}y\mathrm{d}z=\frac{\Gamma(p+1)\Gamma(q+1)\Gamma(r+1)\Gamma(s+1)}{\Gamma(p+q+r+s+4)}$$

25. 设 f 为单变量连续函数,证明

$$\int_0^x x_1\mathrm{d}x_1\int_0^{x_1}x_2\mathrm{d}x_2\cdots\int_0^{x_n}f(x_{n+1})\mathrm{d}x_{n+1}=\frac{1}{2^n n!}\int_0^x(x^2-u^2)^n f(u)\mathrm{d}u$$

10.6 广义重积分

如前所知,n 重积分作为多变量的 Riemann 积分,要求积分域 Ω 是有界集,被积函数 $f:\Omega\to\mathbb{R}$ 为有界函数. 然而,正如单变量函数的 Riemann 积分推广到广义积分(无穷积分与瑕积分)一样,我们也可考察无界集上的重积分与无界函数的重积分,统称为**广义(或反常)重积分**. 为简明起见,仅讨论广义二重积分. 对广义 n 重积分可类似论述.

先研究无穷积分,它是一类重要的广义二重积分.

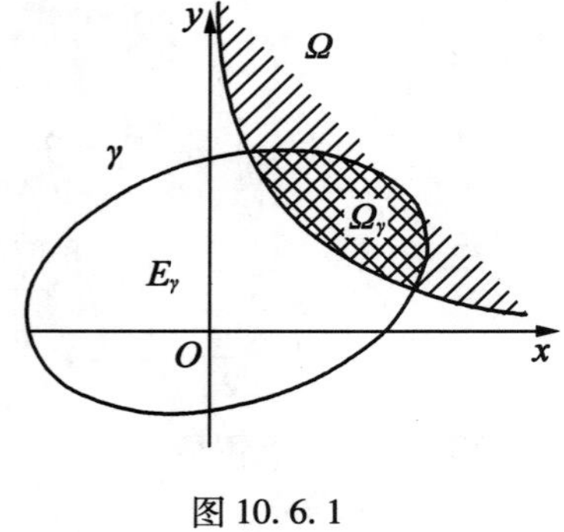

图 10.6.1

定义 10.6.1(无界集上的二重积分) 设 $f(x,y)$ 为定义在无界集 Ω 上的二元函数. 如果对平面 $\mathbb{R}^2$ 上任一包围原点的 C^1 光滑封闭曲线 $\boldsymbol{\gamma}$, $f(x,y)$ 在曲线 $\boldsymbol{\gamma}$ 所围的有界区域 E_γ 与 Ω 的交集 $E_\gamma\cap\Omega=\Omega_\gamma$(图 10.6.1)上恒可积. 令 $d_\gamma=\inf\{\sqrt{x^2+y^2}\mid(x,y)\in\boldsymbol{\gamma}\}$,如果极限

$$\lim_{d_\gamma\to\infty}\iint_{\Omega_\gamma}f(x,y)\,\mathrm{d}x\mathrm{d}y$$

存在有限,且与 γ 的取法无关,则称 $f(x,y)$ 在 Ω 上的无穷二重积分(或广义二重积分) **收敛**,并记

$$\iint_{\Omega}f(x,y)\,\mathrm{d}x\mathrm{d}y = \lim_{d_\gamma\to\infty}\iint_{\Omega_\gamma}f(x,y)\,\mathrm{d}x\mathrm{d}y$$

否则称 $f(x,y)$ 在 Ω 上的无穷二重积分(或广义二重积分) **发散**.

定理 10.6.1　设在无界区域 Ω 上 $f(x,y)\geqslant 0$,$\gamma_1,\gamma_2,\cdots,\gamma_n,\cdots$ 为一列包围原点的 C^1 光滑封闭曲线序列,满足:

(1) $d_n = \inf\{\sqrt{x^2+y^2} \mid (x,y)\in\gamma_n\}\to+\infty\ (n\to+\infty)$;

(2) $J = \sup\limits_{n}\iint_{\Omega_n}f(x,y)\,\mathrm{d}x\mathrm{d}y < +\infty$,

其中 Ω_n 为 γ_n 所围的有界区域 E_n 与 Ω 的交集,即 $\Omega_n = E_n\cap\Omega$,则无穷二重积分(或广义二重积分) $\iint_{\Omega}f(x,y)\,\mathrm{d}x\mathrm{d}y$ 收敛,且

$$\iint_{\Omega}f(x,y)\,\mathrm{d}x\mathrm{d}y = J$$

证明　设 $\widetilde{\gamma}$ 为任何包围原点的 C^1 光滑封闭曲线,曲线所围区域为 $\widetilde{E}$,记 $\widetilde{\Omega}=\widetilde{E}\cap\Omega$. 一方面,因为 $\lim\limits_{n\to+\infty}d_n = +\infty$,所以,$\exists n\in\mathbb{Z}_+$,s. t. $\widetilde{\Omega}\subset\Omega_n\subset\Omega$. 由于 $f(x,y)\geqslant 0$,故有

$$\iint_{\widetilde{\Omega}}f(x,y)\,\mathrm{d}x\mathrm{d}y\leqslant\iint_{\Omega_n}f(x,y)\,\mathrm{d}x\mathrm{d}y\leqslant J$$

另一方面,因为

$$J = \sup_{n}\iint_{\Omega_n}f(x,y)\,\mathrm{d}x\mathrm{d}y$$

所以,$\forall\varepsilon > 0$,总 $\exists n_0\in\mathbb{Z}_+$,s. t.

$$\iint_{\Omega_{n_0}}f(x,y)\,\mathrm{d}x\mathrm{d}y > J-\varepsilon$$

从而对充分大的 d,当 $d_\gamma > d$ 时,Ω_γ 又可包含 Ω_{n_0}. 于是

$$\iint_{\widetilde{\Omega}}f(x,y)\,\mathrm{d}x\mathrm{d}y\geqslant\iint_{\Omega_{n_0}}f(x,y)\,\mathrm{d}x\mathrm{d}y > J-\varepsilon$$

$$J-\varepsilon<\iint\limits_{\Omega_\gamma} f(x,y)\,\mathrm{d}x\mathrm{d}y\leqslant J<J+\varepsilon$$

$$\lim_{d_\gamma\to+\infty}\iint\limits_{\Omega_\gamma} f(x,y)\,\mathrm{d}x\mathrm{d}y=J$$

即 $f(x,y)$ 在 Ω 上的反常二重积分存在,且等于 $J=\sup\limits_{n}\iint\limits_{\Omega_n} f(x,y)\,\mathrm{d}x\mathrm{d}y$.

定理 10.6.2 设在无界区域 Ω 上 $f(x,y)\geqslant 0$,则:

反常二重积 $\iint\limits_{\Omega} f(x,y)\,\mathrm{d}x\mathrm{d}y$ 收敛 $\Leftrightarrow$ 在 Ω 的任何有界子区域上 $f(x,y)$ 可积,且积分值有上界.

证明 ($\Leftarrow$) 一方面,J 为 $f(x,y)$ 在 Ω 的任何有界子区域上的积分值的上确界,则对任何 C^1 光滑曲线 γ,有

$$\iint\limits_{\Omega_\gamma} f(x,y)\,\mathrm{d}x\mathrm{d}y\leqslant J$$

另一方面,因为

$$J=\sup_{\tilde{\Omega}}\iint\limits_{\tilde{\Omega}\subset\Omega} f(x,y)\,\mathrm{d}x\mathrm{d}y$$

所以,$\forall\varepsilon>0$,总 $\exists\Omega_0\subset\Omega$,s. t.

$$\iint\limits_{\Omega_0} f(x,y)\,\mathrm{d}x\mathrm{d}y>J-\varepsilon$$

从而对充分大的 d,当 $d_\gamma>d$ 时,有 $\Omega_\gamma\supset\Omega_0$,且

$$\iint\limits_{\Omega_\gamma} f(x,y)\,\mathrm{d}x\mathrm{d}y\geqslant\iint\limits_{\Omega_0} f(x,y)\,\mathrm{d}x\mathrm{d}y>J-\varepsilon$$

$$J-\varepsilon<\iint\limits_{\Omega_\gamma} f(x,y)\,\mathrm{d}x\mathrm{d}y\leqslant J<J+\varepsilon$$

$$\lim_{d_\gamma\to+\infty}\iint\limits_{\Omega_\gamma} f(x,y)\,\mathrm{d}x\mathrm{d}y=J$$

这就证明了反常二重积分 $\iint\limits_{\Omega} f(x,y)\,\mathrm{d}x\mathrm{d}y$ 是收敛的.

($\Rightarrow$) 因为 $f(x,y)$ 在 Ω 上的广义二重积分存在有限,即

$$\iint\limits_{\Omega} f(x,y)\,\mathrm{d}x\mathrm{d}y<+\infty$$

对 Ω 的任何有界子区域 $\Omega_0\subset\Omega$,必有 Ω_γ,使 $\Omega_0\subset\Omega_\gamma\subset\Omega$,且

$$0 \leqslant \iint_{\Omega_0} f(x,y)\,\mathrm{d}x\mathrm{d}y \leqslant \iint_{\Omega_\gamma} f(x,y)\,\mathrm{d}x\mathrm{d}y \leqslant \iint_{\Omega} f(x,y)\,\mathrm{d}x\mathrm{d}y < +\infty$$

所以,$\iint_{\Omega} f(x,y)\,\mathrm{d}x\mathrm{d}y$ 为 $f(x,y)$ 在 Ω 的任何有界子区域的积分值的上确界.

定理 10.6.3　设 $f(x,y)$ 在无界区域 Ω 的任何有界子区域上可积,则:

$f(x,y)$ 在 Ω 上反常二重积分收敛 $\Leftrightarrow |f(x,y)|$ 在 Ω 上反常二重积分收敛.

证明　($\Leftarrow$) 设 $|f(x,y)|$ 在 Ω 上反常二重积分收敛. 由

$$f^+(x,y) = \frac{|f(x,y)| + f(x,y)}{2}, \quad f^-(x,y) = \frac{|f(x,y)| - f(x,y)}{2}$$

显然,$0 \leqslant f^+(x,y) \leqslant |f(x,y)|$,$0 \leqslant f^-(x,y) \leqslant |f(x,y)|$. 因而在 Ω 的任何有界子区域 Ω_0 上,恒有

$$0 \leqslant \iint_{\Omega_0} f^+(x,y)\,\mathrm{d}x\mathrm{d}y \leqslant \iint_{\Omega} |f(x,y)|\,\mathrm{d}x\mathrm{d}y = M < +\infty$$

$$0 \leqslant \iint_{\Omega_0} f^-(x,y)\,\mathrm{d}x\mathrm{d}y \leqslant \iint_{\Omega} |f(x,y)|\,\mathrm{d}x\mathrm{d}y = M < +\infty$$

所以,$f^+(x,y)$ 与 $f^-(x,y)$ 在 Ω 上的反常二重积分收敛. 所以

$$f(x,y) = f^+(x,y) - f^-(x,y)$$

在 Ω 上的反常二重积分也收敛.

($\Rightarrow$) 留作习题(有兴趣的读者可参阅[1] 第三卷第一分册 p. 587 ~ 588, p. 220 ~ 225).

由定理 10.6.1 及定理 10.6.2,立即有下面的结论.

定理 10.6.4(无穷区域上的广义二重积分收敛的 Cauchy 准则)　设 $\Omega_\gamma = B(0;\gamma) \cap \Omega$,且在无界区域 Ω 上 $f(x,y) \geqslant 0$,则:

无穷区域上广义积分 $\iint_{\Omega} f(x,y)\,\mathrm{d}x\mathrm{d}y$ 收敛 $\Leftrightarrow \forall \varepsilon > 0, \exists \bar{r} > 0$,对任意 $r_2 > r_1 > \bar{r}$,记 $\Omega_{r_1 r_2} = \Omega_2 \backslash \Omega_1$,则有

$$0 \leqslant \iint_{\Omega_{r_1 r_2}} f(x,y)\,\mathrm{d}x\mathrm{d}y < \varepsilon$$

定理 10.6.5(无穷区域上的广义二重积分收敛的 Cauchy 判别法)　设 $f(x,y)$ 在无界区域 Ω 的任何有界子区域上二重积分存在,$r = \sqrt{x^2 + y^2}$ 为 Ω 内的点 (x,y) 到原点的距离.

(1) 如果$|f(x,y)| \leqslant \frac{c}{r^{2+\delta}}, r = \sqrt{x^2+y^2} \geqslant r_0 > 0$,其中$(x,y) \in \Omega$,而$c$与$r_0$均为正的常数,则当$\delta > 0$时广义二重积分$\iint\limits_{\Omega} f(x,y)\mathrm{d}x\mathrm{d}y$收敛;

(2) 如果$|f(x,y)| \geqslant \frac{c}{r^{2-\delta}}, r = \sqrt{x^2+y^2} \geqslant r_0 > 0$,其中$(x,y) \in \Omega$,$\Omega$是含有顶点为原点的无限扇形区域,而$c$为正的常数,则当$\delta \geqslant 0$时,广义二重积分$\iint\limits_{\Omega} f(x,y)\mathrm{d}x\mathrm{d}y$发散.

证明 (1) $\forall \varepsilon > 0, \exists \bar{r} > r_0$, s. t. $\frac{2c\pi}{\delta}\frac{1}{\bar{r}^\delta} < \varepsilon$. 于是,当$r_1 > r_2 > \bar{r}$时,有

$$
\begin{aligned}
0 &\leqslant \iint\limits_{\Omega_{r_1r_2}} |f(x,y)|\mathrm{d}x\mathrm{d}y \leqslant \iint\limits_{\Omega_{r_1r_2}} \frac{c}{r^{2+\delta}}\mathrm{d}x\mathrm{d}y \\
&\xlongequal{\text{极坐标变换}} c\int_0^{2\pi}\mathrm{d}\varphi\int_{r_1}^{r_2}\frac{1}{r^{2+\delta}}\cdot r\mathrm{d}r \\
&= c2\pi\int_{r_1}^{r_2}\frac{\mathrm{d}r}{r^{1+\delta}} = \frac{2c\pi}{\delta}\left(\frac{1}{r_1^\delta} - \frac{1}{r_2^\delta}\right) < \frac{2c\pi}{\delta}\cdot\frac{1}{r_1^\delta} < \varepsilon
\end{aligned}
$$

根据 Cauchy 收敛准则定理 10.6.4 知,$\iint\limits_{\Omega} |f(x,y)|\mathrm{d}x\mathrm{d}y$收敛. 再根据定理 10.6.3 推得$\iint\limits_{\Omega} f(x,y)\mathrm{d}x\mathrm{d}y$也收敛.

(2) 因为

$$
\begin{aligned}
\iint\limits_{\Omega} |f(x,y)|\mathrm{d}x\mathrm{d}y &\geqslant \iint\limits_{\Omega}\frac{c}{r^{2-\delta}}\mathrm{d}x\mathrm{d}y \geqslant c\int_\alpha^\beta\mathrm{d}\varphi\int_{r_0}^{+\infty}\frac{1}{r^{2-\delta}}\cdot r\mathrm{d}r \\
&= c(\beta-\alpha)\int_{r_0}^{+\infty}\frac{\mathrm{d}r}{r^{1-\delta}} = +\infty
\end{aligned}
$$

所以,$\iint\limits_{\Omega}|f(x,y)|\mathrm{d}x\mathrm{d}y = +\infty$,从而$\iint\limits_{\Omega}|f(x,y)|\mathrm{d}x\mathrm{d}y$发散. 再根据定理10.6.3知,$\iint\limits_{\Omega} f(x,y)\mathrm{d}x\mathrm{d}y$也发散.

例 10.6.1 设$\Omega = [0,+\infty)\times[0,+\infty)$,证明反常积分

$$\iint\limits_{\Omega}\mathrm{e}^{-(x^2+y^2)}\mathrm{d}x\mathrm{d}y$$

收敛,并求其积分值.

证明　设 Ω_R 是以原点为圆心，半径为 R 的圆片与 Ω 的交集，即该圆片的第一象限部分. 因为 $e^{-(x^2+y^2)}>0$，所以二重积分

$$\iint_{\Omega_R} e^{-(x^2+y^2)}\,dx\,dy$$

的值随 R 的增大而增大. 由于

$$\iint_{\Omega_R} e^{-(x^2+y^2)}\,dx\,dy = \int_0^{\frac{\pi}{2}} d\varphi \int_0^R e^{-r^2} r\,dr = \frac{-\pi}{4} e^{-r^2}\Big|_0^R = \frac{\pi}{4}(1-e^{-R^2})$$

所以

$$\lim_{R\to+\infty}\iint_{\Omega_R} e^{-(x^2+y^2)}\,dx\,dy = \lim_{R\to+\infty}\frac{\pi}{4}(1-e^{-R^2}) = \frac{\pi}{4}$$

显然，对 Ω 的任何有界子区域 $\widetilde{\Omega}$，总存在充分大的 R，使 $\widetilde{\Omega}\subset\Omega_R$. 于是

$$\iint_{\widetilde{\Omega}} e^{-(x^2+y^2)}\,dx\,dy \leqslant \iint_{\Omega_R} e^{-(x^2+y^2)}\,dx\,dy \leqslant \frac{\pi}{4}$$

因此，由定理 10. 6. 2 知，反常二重积分

$$\iint_{\Omega} e^{-(x^2+y^2)}\,dx\,dy$$

收敛，并且由定理 10. 6. 1 得到

$$\iint_{\Omega} e^{-(x^2+y^2)}\,dx\,dy = \frac{\pi}{4}$$

例 10. 6. 2　证明：概率积分

$$\int_0^{+\infty} e^{-x^2}\,dx = \frac{\sqrt{\pi}}{2}$$

证明　我们考察 $S_R=[0,R]\times[0,R]$ 上的积分 $\iint_{S_R} e^{-(x^2+y^2)}\,dx\,dy$.

因为

$$\iint_{S_R} e^{-(x^2+y^2)}\,dx\,dy = \int_0^R e^{-x^2}dx\int_0^R e^{-y^2}dy = \left(\int_0^R e^{-x^2}dx\right)^2$$

以及 $\Omega_R\subset S_R\subset\Omega_{\sqrt{2}R}$（图 10. 6. 2），有

$$\begin{aligned}\iint_{\Omega_R} e^{-(x^2+y^2)}\,dx\,dy &\leqslant \iint_{S_R} e^{-(x^2+y^2)}\,dx\,dy\\ &= \left(\int_0^R e^{-x^2}dx\right)^2 \leqslant \iint_{\Omega_{\sqrt{2}R}} e^{-(x^2+y^2)}\,dx\,dy\end{aligned}$$

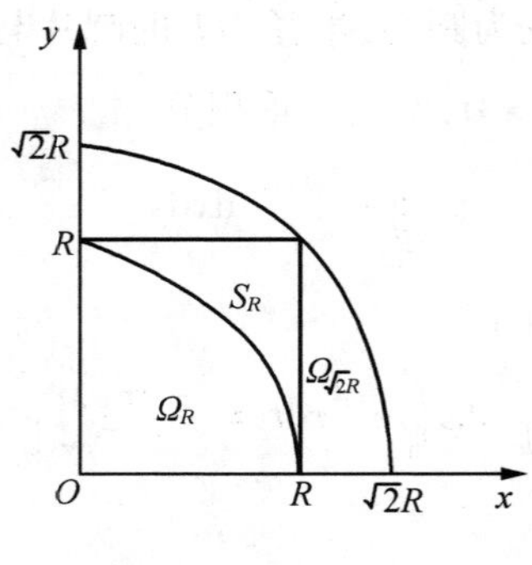

图 10.6.2

令 $R\to+\infty$,得到

$$\iint\limits_{\Omega}\mathrm{e}^{-(x^2+y^2)}\mathrm{d}x\mathrm{d}y\leqslant\lim_{R\to+\infty}\left(\int_0^R\mathrm{e}^{-x^2}\mathrm{d}x\right)^2\leqslant\iint\limits_{\Omega}\mathrm{e}^{-(x^2+y^2)}\mathrm{d}x\mathrm{d}y$$

$$\int_0^{+\infty}\mathrm{e}^{-x^2}\mathrm{d}x=\left[\iint\limits_{\Omega}\mathrm{e}^{-(x^2+y^2)}\mathrm{d}x\mathrm{d}y\right]^{\frac{1}{2}}\xlongequal{\text{例 10.6.1}}\left(\frac{\pi}{4}\right)^{\frac{1}{2}}=\frac{\sqrt{\pi}}{2}$$

例 10.6.3 设

$$\Gamma(s)=\int_0^{+\infty}t^{s-1}\mathrm{e}^{-t}\mathrm{d}t$$

与

$$\mathrm{B}(p,q)=\int_0^1 t^{p-1}(1-t)^{q-1}\mathrm{d}t$$

分别称为 Γ 函数与 B 函数. 易证 $\Gamma(s)$ 的定义域为 $s>0$,$\mathrm{B}(p,q)$ 的定义域为 $p>0,q>0$. 证明

$$\mathrm{B}(p,q)=\frac{\Gamma(p)\Gamma(q)}{\Gamma(p+q)}$$

证明 对于 Γ 函数有

$$\Gamma(p)=\int_0^{+\infty}x^{p-1}\mathrm{e}^{-x}\mathrm{d}x\xlongequal[\mathrm{d}x=2u\mathrm{d}u]{x=u^2}2\int_0^{+\infty}u^{2p-1}\mathrm{e}^{-u^2}\mathrm{d}u$$

从而

$$\begin{aligned}\Gamma(p)\Gamma(q)&=4\int_0^{+\infty}x^{2p-1}\mathrm{e}^{-x^2}\mathrm{d}x\cdot\int_0^{+\infty}y^{2q-1}\mathrm{e}^{-y^2}\mathrm{d}y\\&=\lim_{R\to+\infty}4\int_0^R x^{2p-1}\mathrm{e}^{-x^2}\mathrm{d}x\int_0^R y^{2q-1}\mathrm{e}^{-y^2}\mathrm{d}y\end{aligned}$$

$$= \lim_{R\to+\infty} 4 \iint\limits_{[0,R]^2} x^{2p-1}y^{2q-1}\mathrm{e}^{-(x^2+y^2)}\mathrm{d}x\mathrm{d}y$$

$$= 4 \iint\limits_{[0,+\infty)^2} x^{2p-1}y^{2q-1}\mathrm{e}^{-(x^2+y^2)}\mathrm{d}x\mathrm{d}y$$

$$= \lim_{R\to+\infty} 4 \iint\limits_{\substack{x^2+y^2\leqslant R^2\\ x\geqslant 0,y\geqslant 0}} x^{2p-1}y^{2q-1}\mathrm{e}^{-(x^2+y^2)}\mathrm{d}x\mathrm{d}y$$

$$\xlongequal{\text{极坐标变换}} \lim_{R\to+\infty} 4\int_0^{\frac{\pi}{2}}\mathrm{d}\theta\int_0^R r^{2(p+q)-2}\cos^{2p-1}\theta\sin^{2q-1}\theta\mathrm{e}^{-r^2}r\mathrm{d}r$$

$$= \lim_{R\to+\infty} 2\int_0^{\frac{\pi}{2}}\cos^{2p-1}\theta\sin^{2q-1}\theta\mathrm{d}\theta\cdot 2\int_0^R r^{2(p+q)-1}\mathrm{e}^{-r^2}\mathrm{d}r$$

$$= \mathrm{B}(p,q)\Gamma(p+q)$$

其中

$$\mathrm{B}(p,q) = \int_0^1 t^{p-1}(1-t)^{q-1}\mathrm{d}t$$

$$\xlongequal{t\,=\,\cos^2\theta} \int_{\frac{\pi}{2}}^0 \cos^{2p-2}\theta\sin^{2q-2}\theta\cdot 2\cos\theta(-\sin\theta)\mathrm{d}\theta$$

$$= 2\int_0^{\frac{\pi}{2}}\cos^{2p-1}\theta\sin^{2q-1}\theta\mathrm{d}\theta$$

于是,立即得到

$$\mathrm{B}(p,q) = \frac{\Gamma(p)\Gamma(q)}{\Gamma(p+q)}$$

再研究瑕积分(即无界函数的二重积分),它是另一类重要的广义二重积分.

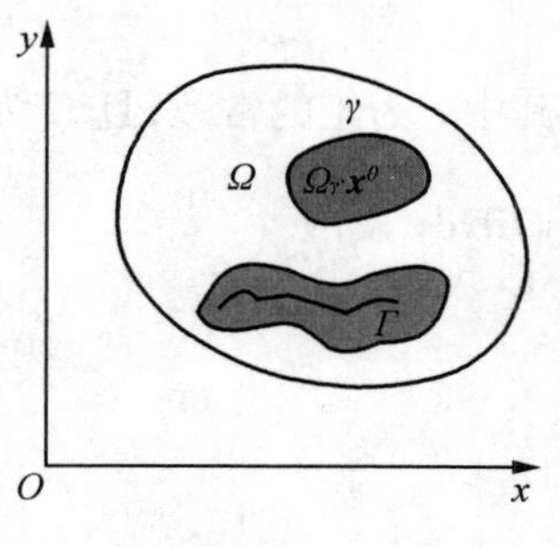

图 10.6.3

定义 10.6.2(无界函数广义二重积分——瑕积分)　设 $f:\Omega\to\mathbb{R}$ 在有界区域 Ω 内的某点 $\boldsymbol{x}^0=(x_0,y_0)\in\Omega$(或某曲线段 $\Gamma\subset\Omega$) 附近无界,称之为瑕点(或瑕线). 用 Ω 中的 C^1 光滑闭曲线 $\boldsymbol{\gamma}$ 隔开瑕点(或瑕线). 设 $\boldsymbol{\gamma}$ 所围区域为 $\Omega_\gamma\subset\Omega$, 如图 10.6.3 所示. 当 $\boldsymbol{\gamma}$ 连续变化使 Ω_γ 收缩到**瑕点**(或**瑕线**)时,记为 $\Omega_\gamma\to\boldsymbol{x}^0=(x_0,y_0)$(或 $\Omega_\gamma\to\Gamma$). 如果 f 在 $\Omega\backslash\Omega_\gamma$ 上可积,则称极限

$$\iint_{\Omega} f(x,y)\,\mathrm{d}x\mathrm{d}y = \lim_{\Omega_\gamma \to x^0} \iint_{\Omega \setminus \Omega_\gamma} f(x,y)\,\mathrm{d}x\mathrm{d}y \left(或 \lim_{\Omega_\gamma \to \Gamma} \iint_{\Omega \setminus \Omega_\gamma} f(x,y)\,\mathrm{d}x\mathrm{d}y \right)$$

为 Ω 上**无界函数的广义二重积分**或**瑕二重积分**.

若不论曲线 γ 形状如何,也不论收缩过程怎样,上式均存在同一有限极限值,则称瑕积分 $\iint_{\Omega} f(x,y)\,\mathrm{d}x\mathrm{d}y$ **收敛**,又称无界函数 f 在 Ω 上**广义可积**;若上述极限值不存在,或极限值为 ∞,或极限值依赖于曲线 γ 的形状或 Ω_γ 的收缩过程,则称瑕积分 $\iint_{\Omega} f(x,y)\,\mathrm{d}x\mathrm{d}y$ **发散**,或称无界函数 f 在 Ω 上**非广义可积**.

与无界区域上广义二重积分一样,对无界函数的广义二重积分也可建立相应的各收敛性定理.

例 10.6.4(瑕二重积分的 Cauchy 判别法) 设 $f(x,y)$ 在有界区域 Ω 上除点 $\boldsymbol{p} = (x_0, y_0)$ 外处处有定义,$\boldsymbol{p} = (x_0, y_0)$ 为它的瑕点,则下面两个结论成立.

(1) 设在点 $\boldsymbol{p}$ 附近有

$$|f(x,y)| \leqslant \frac{c}{r^{2-\delta}}$$

其中 c 为常数,$r = \sqrt{(x-x_0)^2 + (y-y_0)^2} > 0$,$\delta > 0$,则瑕积分 $\iint_{\Omega} f(x,y)\,\mathrm{d}x\mathrm{d}y$ 必收敛;

(2) 设在点 $\boldsymbol{p} = (x_0, y_0)$ 附近有

$$f(x,y) \geqslant \frac{c}{r^{2+\delta}}$$

其中 c 为正的常数,且 Ω 为含有 $\boldsymbol{p}$ 为顶点的扇形区域,$\delta \geqslant 0$,则瑕积分 $\iint_{\Omega} f(x,y)\,\mathrm{d}x\mathrm{d}y$ 发散.

练习题 10.6

1. 讨论下列无界区域上二重积分的收敛性:

(1) $\displaystyle\iint_{x^2+y^2 \geqslant 1} \frac{\mathrm{d}x\mathrm{d}y}{(x^2+y^2)^m}$;　　(2) $\displaystyle\iint_{\mathbb{R}^2} \frac{\mathrm{d}x\mathrm{d}y}{(1+|x|)^p(1+|y|)^q}$;

（3）$\iint\limits_{0\leqslant y\leqslant 1}\dfrac{\mathrm{d}x\mathrm{d}y}{(1+x^2+y^2)^p}$.

2. 判别下列二重积分的收敛性：

（1）$\iint\limits_{x^2+y^2\leqslant 1}\dfrac{\mathrm{d}x\mathrm{d}y}{(x^2+y^2)^m}$；　　（2）$\iint\limits_{x^2+y^2\leqslant 1}\dfrac{\mathrm{d}x\mathrm{d}y}{(1-x^2-y^2)^m}$.

3. 计算无穷二重积分$\iint\limits_{\mathbb{R}^2}\mathrm{e}^{-(x^2+y^2)}\cos(x^2+y^2)\mathrm{d}x\mathrm{d}y$.

4. 计算二重广义积分$\iint\limits_{\mathbb{R}^2}\mathrm{e}^{2xy-2x^2-y^2}\mathrm{d}x\mathrm{d}y$.

5. 设 $\boldsymbol{x}$ 为$\mathbb{R}^n$中的列向量，$\boldsymbol{x}^{\mathrm{T}}\boldsymbol{A}\boldsymbol{x}$ 为一个 n 元正定二次型. 计算广义 n 重积分

$$\int\limits_{\mathbb{R}^n}\cdots\int \mathrm{e}^{\boldsymbol{x}^{\mathrm{T}}\boldsymbol{A}\boldsymbol{x}}\mathrm{d}x_1\mathrm{d}x_2\cdots\mathrm{d}x_n$$

6. 设 $F(t)=\iint\limits_{\substack{0\leqslant x\leqslant t\\0\leqslant y\leqslant t}}\mathrm{e}^{tx/y^2}\mathrm{d}x\mathrm{d}y\ (t>0)$，求 $F'(t)$.

7. 证明：广义二重积分

$$\iint\limits_{(-\infty,+\infty)^2}\frac{\mathrm{d}x\mathrm{d}y}{(1+|x|^p)(1+|y|^q)}$$

当 $p>1,q>1$ 时收敛；当 p,q 取其他值时发散.

8. 证明：广义二重积分 $\iint\limits_{x+y\geqslant 1}\dfrac{\sin x\sin y}{(x+y)^p}\mathrm{d}x\mathrm{d}y$ 发散.

（提示：作变换

$$\begin{cases}u=x+y\\v=y-x\end{cases}$$

并考虑区域$[1,M]\times[-N\pi,N\pi]$.）

9. 应用变换$(x,y)=((r\cos\varphi)^{\frac{2}{p}},(r\sin\varphi)^{\frac{2}{q}})$，证明：广义二重积分

$$\iint\limits_{|x|+|y|\geqslant 1}\frac{\mathrm{d}x\mathrm{d}y}{|x|^p+|y|^q}\quad(p>0,q>0)$$

当$\dfrac{1}{p}+\dfrac{1}{q}<1$ 时收敛；而当$\dfrac{1}{p}+\dfrac{1}{q}\geqslant 1$ 时发散.

10. 证明：

（1）$\lim\limits_{n\to+\infty}\iint\limits_{x^2+y^2\leqslant 2n\pi}\sin(x^2+y^2)\mathrm{d}x\mathrm{d}y\xlongequal{\text{极坐标变换}}0$；

(2) $\lim\limits_{n\to+\infty}\iint\limits_{\substack{|x|\leqslant n\\|y|\leqslant n}}\sin(x^2+y^2)\,\mathrm{d}x\mathrm{d}y=\pi.$

(应用已知结果$\int_0^{+\infty}\sin x^2\mathrm{d}x=\int_0^{+\infty}\cos x^2\mathrm{d}x=\frac{1}{2}\sqrt{\frac{\pi}{2}}$.)

(3) $\lim\limits_{R\to+\infty}\iint\limits_{x^2+y^2\leqslant R^2}\sin(x^2+y^2)\,\mathrm{d}x\mathrm{d}y$ 不存在.

问:广义二重积$\iint\limits_{\mathbb{R}^2}\sin(x^2+y^2)\,\mathrm{d}x\mathrm{d}y$是否收敛?

11. 证明:

(1) $\int_1^{+\infty}\mathrm{d}x\int_1^{+\infty}\frac{x^2-y^2}{(x^2+y^2)^2}\mathrm{d}y=-\frac{\pi}{4}$,

$\int_1^{+\infty}\mathrm{d}y\int_1^{+\infty}\frac{x^2-y^2}{(x^2+y^2)^2}\mathrm{d}x=\frac{\pi}{4}$;

(2) $\lim\limits_{R\to+\infty}\iint\limits_{[1,R]^2}\frac{x^2-y^2}{(x^2+y^2)^2}\mathrm{d}x\mathrm{d}y=0$,

$\lim\limits_{R\to+\infty}\iint\limits_{[1,2R]\times[1,R]}\frac{x^2-y^2}{(x^2+y^2)^2}\mathrm{d}x\mathrm{d}y=\arctan 2-\frac{\pi}{4}\neq 0.$

问:广义二重积分$\iint\limits_{[1,+\infty)^2}\frac{x^2-y^2}{(x^2+y^2)^2}\mathrm{d}x\mathrm{d}y$是否收敛?

12. 设$\varphi(x,y)$为连续函数,且$0<m\leqslant|\varphi(x,y)|\leqslant M$,证明:

(1) $\iint\limits_{x^2+y^2\geqslant 1}\frac{\varphi(x,y)}{(x^2+y^2)^p}\mathrm{d}x\mathrm{d}y$ 当$p>1$时收敛;当$p\leqslant 1$时发散;

(2) $\iint\limits_{0\leqslant y\leqslant 1}\frac{\varphi(x,y)}{(1+x^2+y^2)^p}\mathrm{d}x\mathrm{d}y$ 当$p>\frac{1}{2}$时收敛;当$p\leqslant\frac{1}{2}$时发散.

13. 作变换

$$\begin{cases}u=x\\v=x+y\end{cases}$$

证明:广义二重积分

$$\iint\limits_{\substack{x+y\geqslant 1\\0\leqslant x\leqslant 1}}\frac{\mathrm{d}x\mathrm{d}y}{(x+y)^p}$$

当$p\leqslant 1$时发散;当$p>1$时收敛,并且

$$\iint\limits_{\substack{x+y\geqslant 1\\0\leqslant x\leqslant 1}}\frac{\mathrm{d}x\mathrm{d}y}{(x+y)^p}=\frac{1}{p-1}$$

14. 作变换

$$\begin{cases} x = u \\ xy = v \end{cases}$$

即

$$\begin{cases} x = u \\ y = \dfrac{v}{u} \end{cases}$$

证明:广义二重积分

$$\iint\limits_{xy \geqslant 1} \frac{\mathrm{d}x\mathrm{d}y}{x^p y^q}$$

仅当 $p > q > 1$ 时收敛,且

$$\iint\limits_{xy \geqslant 1} \frac{\mathrm{d}x\mathrm{d}y}{x^p y^q} = \frac{1}{(p-q)(q-1)}$$

15. 应用极坐标变换证明:广义二重积分

$$\iint\limits_{x^2+y^2 \geqslant 1} \frac{\mathrm{d}x\mathrm{d}y}{(x^2+y^2)^p}$$

仅当 $p > 1$ 时收敛,并且

$$\iint\limits_{x^2+y^2 \geqslant 1} \frac{\mathrm{d}x\mathrm{d}y}{(x^2+y^2)^p} = \frac{\pi}{p-1}$$

16. 证明:$\iint\limits_{0 \leqslant x \leqslant y} \mathrm{e}^{-(x+y)}\mathrm{d}x\mathrm{d}y = \dfrac{1}{2}$.

17. 应用极坐标变换证明:瑕(以 $x^2 + y^2 = 1$ 为瑕线) 二重积分

$$\iint\limits_{x^2+y^2 \leqslant 1} \frac{\mathrm{d}x\mathrm{d}y}{\sqrt{1-x^2-y^2}} = 2\pi$$

18. 应用极坐标变换证明:

(1)$\int_{-\infty}^{+\infty}\int_{-\infty}^{+\infty} \mathrm{e}^{-(x^2+y^2)}\mathrm{d}x\mathrm{d}y = \pi$;

(2)$\int_{-\infty}^{+\infty}\int_{-\infty}^{+\infty} \mathrm{e}^{-(x^2+y^2)}\cos(x^2+y^2)\mathrm{d}x\mathrm{d}y = \dfrac{\pi}{2}$;

(3)$\int_{-\infty}^{+\infty}\int_{-\infty}^{+\infty} \mathrm{e}^{-(x^2+y^2)}\sin(x^2+y^2)\mathrm{d}x\mathrm{d}y = \dfrac{\pi}{2}$.

19. 应用广义极坐标变换证明

$$\iint\limits_{\frac{x^2}{a^2}+\frac{y^2}{b^2}\geqslant 1} \mathrm{e}^{-\left(\frac{x^2}{a^2}+\frac{y^2}{b^2}\right)}\mathrm{d}x\mathrm{d}y = \frac{\pi ab}{\mathrm{e}}$$

20. 应用极坐标变换证明:

(1) $\displaystyle\iint\limits_{x^2+y^2\leqslant 1} \ln\frac{1}{\sqrt{x^2+y^2}}\mathrm{d}x\mathrm{d}y = \frac{\pi}{2}$;

(2) $\displaystyle\iint\limits_{x^2+y^2\leqslant x} \frac{\mathrm{d}x\mathrm{d}y}{\sqrt{x^2+y^2}} = 2.$

21. 证明:$\displaystyle\int_0^a \mathrm{d}x\int_0^x \frac{\mathrm{d}y}{\sqrt{(a-x)(x-y)}} = \pi a.$

22. 设$\varphi(x,y,z)$连续,且$0 < m \leqslant |\varphi(x,y,z)| \leqslant M$. 应用球坐标变换证明:

(1) $\displaystyle\iiint\limits_{x^2+y^2+z^2>1} \frac{\varphi(x,y,z)}{(x^2+y^2+z^2)^p}\mathrm{d}x\mathrm{d}y\mathrm{d}z$ 当$p > \dfrac{3}{2}$时收敛;而当$p \leqslant \dfrac{3}{2}$时发散.

(2) $\displaystyle\iiint\limits_{x^2+y^2+z^2\leqslant 1} \frac{\varphi(x,y,z)}{(x^2+y^2+z^2)^p}\mathrm{d}x\mathrm{d}y\mathrm{d}z$ 当$p < \dfrac{3}{2}$时收敛;而当$p \geqslant \dfrac{3}{2}$时发散.

23. 证明:仅当$p < 1, q < 1, r < 1$时,广义三重积分

$$\int_0^1\int_0^1\int_0^1 \frac{\mathrm{d}x\mathrm{d}y\mathrm{d}z}{x^p y^q z^r}$$

收敛,且

$$\iiint\limits_{[0,1]^3} \frac{\mathrm{d}x\mathrm{d}y\mathrm{d}z}{x^p y^q z^r} = \frac{1}{(1-p)(1-q)(1-r)}$$

24. 应用球坐标证明:

(1) $\displaystyle\iiint\limits_{x^2+y^2+z^2>1} \frac{\mathrm{d}x\mathrm{d}y\mathrm{d}z}{(x^2+y^2+z^2)^3} = \frac{4\pi}{3}$;

(2) $\displaystyle\iiint\limits_{x^2+y^2+z^2\leqslant 1} \frac{\mathrm{d}x\mathrm{d}y\mathrm{d}z}{(1-x^2-y^2-z^2)^p}$ 仅当$p < 1$时收敛,且

$$\iiint\limits_{x^2+y^2+z^2\leqslant 1} \frac{\mathrm{d}x\mathrm{d}y\mathrm{d}z}{(1-x^2-y^2-z^2)^p} = 2\pi\mathrm{B}\left(\frac{3}{2}, 1-p\right)$$

(3) $\displaystyle\iiint\limits_{(-\infty,+\infty)^3} \mathrm{e}^{-(x^2+y^2+z^2)}\mathrm{d}x\mathrm{d}y\mathrm{d}z = 2\pi\Gamma\left(\frac{3}{2}\right) = \pi^{\frac{3}{2}}$ $\left(\text{用到}\ \Gamma(s+1) = s\Gamma(s), \Gamma\left(\frac{1}{2}\right) = \pi^{\frac{1}{2}}\right)$.

思考题 10.6

1. 证明定理 10.6.3 的必要性.

2. 定理 10.6.4 中,如果删去“$f(x,y) \geqslant 0$” 结论如何?

3. 作变换$(x,y,z) = \left((r\sin\theta\cos\varphi)^{\frac{2}{p}},(r\sin\theta\sin\varphi)^{\frac{2}{q}},(r\cos\theta)^{\frac{2}{r}}\right)$,证明

$$\iiint\limits_{|x|+|y|+|z|>1} \frac{\mathrm{d}x\mathrm{d}y\mathrm{d}z}{|x|^p+|y|^q+|z|^r} \quad (p>0,q>0,r>0)$$

仅当$\frac{1}{p}+\frac{1}{q}+\frac{1}{r}<1$时收敛,且

$$\iiint\limits_{|x|+|y|+|z|>1} \frac{\mathrm{d}x\mathrm{d}y\mathrm{d}z}{|x|^p+|y|^q+|z|^r} = \frac{2}{pqr}\frac{\Gamma\left(\frac{1}{p}\right)\Gamma\left(\frac{1}{q}\right)\Gamma\left(\frac{1}{r}\right)}{\Gamma\left(\frac{1}{p}+\frac{1}{q}+\frac{1}{r}\right)}\int_1^{+\infty}\frac{\mathrm{d}r}{r^{3-\left(\frac{2}{p}+\frac{2}{q}+\frac{2}{r}\right)}}$$

复习题 10

1. 设f为单变量函数,连续可导. 令

$$F(t) = \iint\limits_{[0,t]^2} f(xy)\,\mathrm{d}x\mathrm{d}y$$

证明:$F'(t) = \frac{2}{t}\left(F(t) + \iint\limits_{[0,t]^2} xyf'(xy)\,\mathrm{d}x\mathrm{d}y\right)$.

2. 设f为单变量的连续函数. 令

$$F(t) = \iint\limits_{[0,t]^2} f(xy)\,\mathrm{d}x\mathrm{d}y$$

证明:$F'(t) = \frac{2}{t}\int_0^{t^2} f(u)\,\mathrm{d}u$.

3. 设f为单变量函数,连续可导. 令

$$F(t) = \iiint\limits_{[0,t]^3} f(xyz)\,\mathrm{d}x\mathrm{d}y\mathrm{d}z$$

证明:$F'(t) = \frac{3}{t}\left[F(t) + \iiint\limits_{[0,t]^3} xyzf'(xyz)\,\mathrm{d}x\mathrm{d}y\mathrm{d}z\right]$.

能否将题1与题3的结果推广到一般情形.

4. 设f为单变量的连续函数. 令

$$F(t) = \iiint\limits_{[0,t]^3} f(xyz)\,\mathrm{d}x\mathrm{d}y\mathrm{d}z$$

证明:$F'(t) = \dfrac{3}{t}\displaystyle\int_0^{t^3} \frac{\int_0^u f(s)\,\mathrm{d}s}{u}\mathrm{d}u$.

5. 设Ω是由在第一象限里的圆周$x^2+y^2=1$与直线$x+y=1$所围成的图形,证明

$$\iint\limits_{\Omega} \frac{\mathrm{d}x\mathrm{d}y}{xy(\ln^2 x + \ln^2 y)} = \frac{\pi}{2}\ln 2$$

6. 设平面区域Ω在x轴与y轴的投影长度分别为l_x与l_y,Ω的面积为$v(\Omega)$,(α,β)为Ω内任一点,证明:

(1) $\left|\displaystyle\iint\limits_D (x-\alpha)(y-\beta)\,\mathrm{d}x\mathrm{d}y\right| \leqslant l_x l_y v(\Omega)$;

(2) $\left|\displaystyle\iint\limits_D (x-\alpha)(y-\beta)\,\mathrm{d}x\mathrm{d}y\right| \leqslant \dfrac{1}{4}l_x^2 l_y^2$.

7. 设

$$f(x,y) = \begin{cases} \dfrac{1}{q_x} + \dfrac{1}{q_y}, & \text{当}(x,y)\text{为}[0,1]^2\text{中有理点时} \\ 0, & \text{当}(x,y)\text{为}[0,1]^2\text{中非有理点时} \end{cases}$$

其中q_x表示有理数x化成既约分数后的分母. 证明:$f(x,y)$在$[0,1]^2$上的二重积分存在而两个累次积分不存在.

8. (Pringsneim定理) 设

$$f(x,y) = \begin{cases} 1, & \text{当}(x,y)\text{为}[0,1]^2\text{中有理点,且}q_x \neq q_y\text{时} \\ 0, & \text{当}(x,y)\text{为}[0,1]^2\text{中其他点时} \end{cases}$$

其中q_x表示有理数x化成既约分数后的分母. 证明:$f(x,y)$在$[0,1]^2$上的二重积分不存在而两个累次积分都存在且为0.

9. 证明:由曲面$\dfrac{x^n}{a^n}+\dfrac{y^n}{b^n}+\dfrac{z^n}{c^n}=1$,$x=0$,$y=0$,$z=0$($n>0$,$a>0$,$b>0$,$c>0$)所界立体$\Omega$的体积$v(\Omega) = \dfrac{abc}{3n^2}\dfrac{\Gamma^3\left(\frac{1}{n}\right)}{\Gamma\left(\frac{3}{n}\right)}$.

10. 证明：由曲面 $\left(\frac{x}{a}+\frac{y}{b}\right)^n+\left(\frac{z}{c}\right)^m=1, x=0, y=0, z=0\ (n>0, m>0, a>0, b>0, c>0)$ 所界立体 Ω 的体积 $v(\Omega)=\frac{abc}{2m+n}\frac{\Gamma\left(\frac{1}{m}\right)\Gamma\left(\frac{2}{n}\right)}{\Gamma\left(\frac{1}{m}+\frac{2}{n}\right)}$.

11. 设 Ω 为第一卦限内且由曲面 $z=\frac{x^2+y^2}{m}, z=\frac{x^2+y^2}{n}, xy=a^2, xy=b^2, y=\alpha x, y=\beta x\ (0<a<b, 0<\alpha<\beta, 0<m<n)$ 所围成的立体，证明

$$\iiint_{\Omega} xyz\mathrm{d}x\mathrm{d}y\mathrm{d}z=\frac{1}{32}(b^8-a^8)\left(\frac{1}{m^2}-\frac{1}{n^2}\right)\left[(\beta^2-\alpha^2)\left(1+\frac{1}{\alpha^2\beta^2}\right)+4\ln\frac{\beta}{\alpha}\right]$$

12. 应用数学归纳法证明：Dirichlet 公式

$$\underset{\substack{x_1,x_2,\cdots,x_n\geqslant 0\\ x_1+x_2+\cdots+x_n\leqslant 1}}{\int\cdots\int} x_1^{p_1-1}x_2^{p_2-1}\cdots x_n^{p_n-1}\mathrm{d}x_1\mathrm{d}x_2\cdots\mathrm{d}x_n=\frac{\Gamma(p_1)\Gamma(p_2)\cdots\Gamma(p_n)}{\Gamma(p_1+p_2+\cdots+p_n+1)}\quad (p_1,p_2,\cdots,p_n>0)$$

13. 设 $f(x)$ 为连续函数，应用数学归纳法证明：Liouville 公式

$$\underset{\substack{x_1,x_2,\cdots,x_n\geqslant 0\\ x_1+x_2+\cdots+x_n\leqslant 1}}{\int\cdots\int} f(x_1+x_2+\cdots+x_n)x_1^{p_1-1}x_2^{p_2-1}\cdots x_n^{p_n-1}\mathrm{d}x_1\mathrm{d}x_2\cdots\mathrm{d}x_n$$

$$=\frac{\Gamma(p_1)\Gamma(p_2)\cdots\Gamma(p_n)}{\Gamma(p_1+p_2+\cdots+p_n)}\int_0^1 f(u)u^{p_1+p_2+\cdots+p_n-1}\mathrm{d}u\quad (p_1,p_2,\cdots,p_n>0)$$

14. 设 $\sum_{i,j=1}^{n}a_{ij}x_ix_j\ (a_{ij}=a_{ji})$ 为正定二次型，证明

$$\underset{\mathbb{R}^n}{\int\cdots\int}\mathrm{e}^{-\left(\sum_{i,j=1}^{n}a_{ij}x_ix_j+2\sum_{i=1}^{n}b_ix_i+c\right)}\mathrm{d}x_1\mathrm{d}x_2\cdots\mathrm{d}x_n=\frac{\pi^{\frac{n}{2}}}{\sqrt{\delta_n}}\mathrm{e}^{-\frac{\Delta_n}{\delta_n}}$$

其中 $\delta_n=\begin{vmatrix}a_{11}&\cdots&a_{1n}\\ \vdots&&\vdots\\ a_{n1}&\cdots&a_{nn}\end{vmatrix}, \Delta_n=\begin{vmatrix}a_{11}&\cdots&a_{1n}&b_1\\ \vdots&&\vdots&\vdots\\ a_{n1}&\cdots&a_{nn}&b_n\\ b_1&\cdots&b_n&c\end{vmatrix}$.

15. 设 $f(x,y)$ 是在 $I=[0,1]^2$ 上有定义的实值函数. 对任意的 $(a,b)\in I$，设 $I(a,b)$ 是以 (a,b) 为中心并且完全含在 I 内的且各边与 I 的边平行的正方形中的最大的一个. 如果 $\forall\,(a,b)\in I$，有

$$\iint_{I(x,b)} f(x,y)\mathrm{d}x\mathrm{d}y=0$$

问:$f(x,y)$ 在 I 上恒等于零吗?(1977 年第 38 届美国 Putnam 数学竞赛题).

16. 设四次连续可导函数 $f(x,y)$ 在 $[0,1]^2$ 的边界上为零,并且

$$\left|\frac{\partial^4 f}{\partial x^2 \partial y^2}\right| \leqslant M$$

证明:$\left|\iint\limits_{[0,1]^2} f(x,y)\,\mathrm{d}x\mathrm{d}y\right| \leqslant \frac{1}{144}M.$

17. 设二元函数 $f(x,y)$ 在 $[a,b]\times[c,d]$ 上有定义,并且 $f(x,y)$ 对于确定的 $x\in[a,b]$ 是 y 在 $[c,d]$ 上的增函数,对于确定的 $y\in[c,d]$ 是 x 在 $[a,b]$ 上的增函数. 证明:$f(x,y)$ 在 $[a,b]\times[c,d]$ 上可积.

18. 设 $f(x,y)\geqslant 0$ 且在 $\{(x,y)\mid x^2+y^2\leqslant a^2\}$ 上有连续的一阶偏导数,边界上取值为零,证明

$$\left|\iint\limits_{x^2+y^2\leqslant a^2} f(x,y)\,\mathrm{d}x\mathrm{d}y\right| \leqslant \frac{1}{3}\pi a^3 \max_{x^2+y^2\leqslant a^2}\sqrt{\left(\frac{\partial f}{\partial x}\right)^2+\left(\frac{\partial f}{\partial y}\right)^2}$$

19. 设 $\Omega=\{x,y,z,u\mid x,y,z,u\geqslant 0, x^2+y^2+z^2+u^2\leqslant 1\}$. 应用:

(1) 球坐标变换

$$\begin{cases} x = r\cos\theta_1 \\ y = r\sin\theta_1\cos\theta_2 \\ z = r\sin\theta_1\sin\theta_2\cos\theta_3 \\ u = r\sin\theta_1\sin\theta_2\sin\theta_3 \end{cases};$$

(2) 双极坐标变换

$$\begin{cases} x = r\cos\theta \\ y = r\sin\theta \\ z = \zeta\cos\varphi \\ u = \zeta\sin\varphi \end{cases},$$

证明:$\iiiint\limits_{\Omega}\sqrt{\frac{1-x^2-y^2-z^2-u^2}{1+x^2+y^2+z^2+u^2}}\,\mathrm{d}x\mathrm{d}y\mathrm{d}z\mathrm{d}u = \frac{\pi^2}{16}\left(1-\frac{\pi}{4}\right).$

20. 设 $f_1(x), f_2(x),\cdots, f_m(x); g_1(x), g_2(x),\cdots, g_m(x)$ 在 $[a,b]$ 上 Riemann 可积,证明

$$\frac{1}{m!}\int_a^b\cdots\int_a^b \begin{vmatrix} f_1(x_1) & \cdots & f_1(x_m) \\ \vdots & & \vdots \\ f_m(x_1) & \cdots & f_m(x_m) \end{vmatrix} \begin{vmatrix} g_1(x_1) & \cdots & g_1(x_m) \\ \vdots & & \vdots \\ g_m(x_1) & \cdots & g_m(x_m) \end{vmatrix} \mathrm{d}x_1\mathrm{d}x_2\cdots\mathrm{d}x_m$$

$$= \begin{vmatrix} \int_a^b f_1(x)g_1(x)\,\mathrm{d}x & \cdots & \int_a^b f_1(x)g_m(x)\,\mathrm{d}x \\ \vdots & & \vdots \\ \int_a^b f_m(x)g_1(x)\,\mathrm{d}x & \cdots & \int_a^b f_m(x)g_m(x)\,\mathrm{d}x \end{vmatrix}$$

第 11 章　曲线积分、曲面积分、外微分形式积分与场论

这一章将引进第一型、第二型曲线积分和曲面积分以及外微分形式在定向流形上的积分. 它既为积分理论进一步打好基础,又为近代数学提供具体背景,也为从古典分析到近代分析架设了一座桥梁,使读者离跨进近代数学只差一步之遥了. 我们还提供了计算第一型与第二型曲线、曲面积分的各种方法,所配备的大量例题、习题是为了训练读者的计算能力. Green 公式、Stokes 公式与 Gauss 公式可以统一为一个公式,即 Stokes 公式 $\int_{\partial\vec{M}}\omega = \int_{\vec{M}}\mathrm{d}\omega$, 其中 $\overrightarrow{\partial M}$ 的定向必须是 $\vec{M}$ 的诱导定向. 闭形式与恰当微分形式的理论与场论是对偶的理论,所描述的内容是本书的一个特色.

11.1　第一型曲线、曲面积分

在定义 6.6.1 中给出了可求长曲线的弧长的定义,进而,定理 6.6.1 证明了 C^1 光滑正则曲线弧长公式为

$$s = \int_{\alpha}^{\beta}\sqrt{[x'(t)]^2 + [y'(t)]^2 + [z'(t)]^2}\,\mathrm{d}t$$

在此基础上,我们来定义可求长曲线 C 的第一型曲线积分.

定义 11.1.1　设 $U\subset\mathbb{R}^3$ 为一区域,函数 $f:U\to\mathbb{R}$. 可求长曲线 $C\subset U$,其两个端点分别记为 A 与 B. 在 C 上依次取一列点 $\{P^i\mid i=0,1,\cdots,m\}$,使得 $P^0=A$, $P^m=B$. 称 $\overparen{P^{i-1}P^i}$ 为 C 的第 i 段曲线,令 $\Delta s_i = s(\overparen{P^{i-1}P^i})$ 为 C 的第 i 段曲线的弧长. 在 $\overparen{P^{i-1}P^i}$ 上任取一点 $\boldsymbol{\xi}^i$ $(i=1,2,\cdots,m)$,如果极限

$$\lim_{\max\Delta s_i\to 0}\sum_{i=1}^{m} f(\boldsymbol{\xi}^i)\Delta s_i$$

是一个有限数,并且其值不依赖于点列 $\{P^i\mid i=0,1,\cdots,m\}$ 与点 $\boldsymbol{\xi}^i$ 在 $\overparen{P^{i-1}P^i}$ 上的

选择,那就将这个极限值记为

$$\int_C f\mathrm{d}s, \quad 或\int_C f(\boldsymbol{x})\mathrm{d}s, \quad 或\int_C f(x,y,z)\mathrm{d}s$$

称之为函数 f 在 C 上的**第一型曲线积分**.

当 $f(\boldsymbol{x})=1$, $\forall \boldsymbol{x}\in C$ 时,显然 $\int_C \mathrm{d}s=s(C)$,即曲线 C 的弧长.

现在推导计算第一型曲线积分的公式.

定理 11.1.1($\mathbb{R}^3$ 中第一型曲线积分的计算公式)　设 $U\subset\mathbb{R}^3$ 为一区域,C^1 光滑正则曲线 $C\subset U$ 有参数表示 $\boldsymbol{x}=\boldsymbol{x}(t)=(x(t),y(t),z(t))$, $t\in[\alpha,\beta]$, f 为曲线上的连续函数. 则

$$\begin{aligned}\int_C f\mathrm{d}s &= \int_\alpha^\beta f\circ \boldsymbol{x}(t)\,\|\boldsymbol{x}'(t)\|\,\mathrm{d}t\\ &= \int_\alpha^\beta f(x(t),y(t),z(t))\sqrt{[x'(t)]^2+[y'(t)]^2+[z'(t)]^2}\,\mathrm{d}t\end{aligned}$$

也就是说,第一型曲线积分可以化成定积分来计算.

证明　设 $P^i=\boldsymbol{x}(t_i)$, $i=0,1,\cdots,m$ 且 $\alpha=t_0<t_1<\cdots<t_{m-1}<t_m=\beta$, $\boldsymbol{\xi}^i=\boldsymbol{x}(\eta_i)\in\overparen{P^{i-1}P^i}$, $\eta_i\in[t_{i-1},t_i]$, $i=1,2,\cdots,m$. 根据定理 6.6.1,曲线 C 上变点的弧长为

$$s(t)=\int_\alpha^t \|\boldsymbol{x}'(\tau)\|\,\mathrm{d}\tau$$

由此可知

$$\begin{aligned}\Delta s_i &= s(t_i)-s(t_{i-1})=\int_{t_{i-1}}^{t_i}\|\boldsymbol{x}'(\tau)\|\,\mathrm{d}\tau\\ &\xlongequal{\text{积分中值定理}} \|\boldsymbol{x}'(\boldsymbol{\zeta}_i)\|(t_i-t_{i-1}) = \|\boldsymbol{x}'(\boldsymbol{\zeta}_i)\|\Delta t_i\end{aligned}$$

其中 $\boldsymbol{\zeta}_i\in[t_{i-1},t_i]$, $i=1,2,\cdots,m$. 于是

$$\begin{aligned}\int_C f\mathrm{d}s &= \lim_{\max \Delta t_i\to 0}\sum_{i=1}^m f(\boldsymbol{\xi}^i)\Delta s_i = \lim_{\max\Delta t_i\to 0}\sum_{i=1}^m f(\boldsymbol{x}(\boldsymbol{\eta}_i))\,\|\boldsymbol{x}'(\boldsymbol{\zeta}_i)\|\,\Delta t_i\\ &\xlongequal{\text{类似定理 6.1.1 证明}} \lim_{\max\Delta t_i\to 0}\sum_{i=1}^m f(\boldsymbol{x}(\boldsymbol{\eta}_i))\,\|\boldsymbol{x}'(\boldsymbol{\eta}_i)\|\,\Delta t_i\\ &= \int_\alpha^\beta f\circ\boldsymbol{x}(t)\,\|\boldsymbol{x}'(t)\|\,\mathrm{d}t\end{aligned}$$

如果空间曲线 C 以直角坐标 x 为参数,$(x,y,z)=(x,y(x),z(x))$,且 $y(x)$, $z(x)$ 在 $[a,b]$ 上连续可导,则空间曲线 C 上的第一型曲线积分公式为

$$\int_a^b f(x,y(x),z(x))\ \sqrt{1+[y'(x)]^2+[z'(x)]^2}\,\mathrm{d}x$$

类似上面讨论,或在上述公式中令 $z=z(t)=0$,则有平面曲线 C 上的第一型曲线积分公式为

$$\int_C f\mathrm{d}s=\int_\alpha^\beta f(x(t),y(t))\ \sqrt{[x'(t)]^2+[y'(t)]^2}\,\mathrm{d}t$$

如果以直角坐标 x 为参数,即 $(x,y)=(x,y(x))$,且 $y(x)$ 在 $[a,b]$ 上连续可导,则平面曲线 C 上的第一型曲线积分公式为

$$\int_C f\mathrm{d}s=\int_a^b f(x,y(x))\ \sqrt{1+[y'(x)]^2}\,\mathrm{d}x$$

如果平面曲线 C 由极坐标方程

$$r=r(\theta),\quad \theta\in[\alpha,\beta]$$

给出,$r(\theta)$ 连续可导,由

$$(x,y)=(r(\theta)\cos\theta,r(\theta)\sin\theta)$$

得

$$[x'(\theta)]^2+[y'(\theta)]^2=r^2(\theta)+[r'(\theta)]^2\neq 0$$

因而平面上曲线 C 的第一型曲线积分公式为

$$\int_C f\mathrm{d}s=\int_\alpha^\beta f(r\cos\theta,r\sin\theta)\ \sqrt{r^2(\theta)+[r'(\theta)]^2}\,\mathrm{d}\theta$$

更一般地,类似定义 11.1.1,在 $\mathbb{R}^n$ 中引进第一型曲线积分,并给出第一型曲线积分的计算公式.

定义 11.1.1′　设 $U\subset\mathbb{R}^n$ 为一区域,函数 $f:U\to\mathbb{R}$. 可求长曲线 $C\subset U$,其两个端点分别记为 A 与 B. 在 C 上依次取一列点 $\{P^i\mid i=0,1,\cdots,m\}$,使得 $P^0=A$, $P^m=B$. 称 $\widehat{P^{i-1}P^i}$ 为 C 的第 i 段曲线,令 $\Delta s_i=s(\widehat{P^{i-1}P^i})$ 为 C 的第 i 段曲线的弧长($\mathbb{R}^n$ 中曲线弧长的定义与定义 6.6.1 完全类似). 在 $\widehat{P^{i-1}P^i}$ 上任取一点 $\boldsymbol{\xi}^i$ $(i=1,2,\cdots,m)$,如果极限

$$\lim_{\max\Delta s_i\to 0}\sum_{i=1}^m f(\boldsymbol{\xi}^i)\Delta s_i$$

是一个有限数,并且其值不依赖于点列 $\{P^i\mid i=1,2,\cdots,m\}$ 与 $\boldsymbol{\xi}^i$ 在 $\widehat{P^{i-1}P^i}$ 上的选择,那就将这个极限值记为

$$\int_C f\mathrm{d}s,\quad 或\int_C f(\boldsymbol{x})\mathrm{d}s,\quad 或\int_C f(x_1,x_2,\cdots,x_n)\mathrm{d}s$$

称之为函数 f 在 C 上的**第一型曲线积分**.

定理 11.1.1′($\mathbb{R}^n$ 中第一型曲线积分的计算公式)　设 $U\subset\mathbb{R}^n$ 为一区域,C^1 光滑曲线 $C\subset U$ 有参数表示 $\boldsymbol{x}=\boldsymbol{x}(t)=(x_1(t),x_2(t),\cdots,x_n(t)),t\in[\alpha,\beta]$,$f$ 为曲线 C 上的连续函数,则

$$\begin{aligned}\int_C f\mathrm{d}x &= \int_\alpha^\beta f\circ \boldsymbol{x}(t)\ \|\boldsymbol{x}'(t)\|\,\mathrm{d}t\\ &= \int_\alpha^\beta f(x_1(t),x_2(t),\cdots,x_n(t))\sqrt{[x_1'(t)]^2+[x_2'(t)]^2+\cdots+[x_n'(t)]^2}\,\mathrm{d}t\end{aligned}$$

也就是说,第一型曲线积分可以化成定积分来计算.

例 11.1.1　求圆柱螺线(图 6.6.17)$C:(x,y,z)=(a\cos t,a\sin t,bt),t\in[0,2\pi]$上一段的弧长 $s(C)$.

解

$$\begin{aligned}s(C) &= \int_0^{2\pi}\sqrt{[x'(t)]^2+[y'(t)]^2+[z'(t)]^2}\,\mathrm{d}t\\ &= \int_0^{2\pi}\sqrt{(-a\sin t)^2+(a\cos t)^2+b^2}\,\mathrm{d}t\\ &= \sqrt{a^2+b^2}\int_0^{2\pi}\mathrm{d}t = 2\pi\sqrt{a^2+b^2}\end{aligned}$$

例 11.1.2　计算第一型曲线积分$\int_C\frac{z^2}{x^2+y^2}\mathrm{d}s$,其中 C 为圆柱螺线

$$(x,y,z)=(a\cos t,a\sin t,bt),\quad t\in[0,2\pi]$$

解

$$\begin{aligned}\int_C\frac{z^2}{x^2+y^2}\mathrm{d}s &= \int_0^{2\pi}\frac{z^2(t)}{x^2(t)+y^2(t)}\sqrt{[x'(t)]^2+[y'(t)]^2+[z'(t)]^2}\,\mathrm{d}t\\ &= \int_0^{2\pi}\frac{(bt)^2}{(a\cos t)^2+(a\sin t)^2}\sqrt{(-a\sin t)^2+(a\cos t)^2+b^2}\,\mathrm{d}t\\ &= \frac{b^2}{a^2}\sqrt{a^2+b^2}\int_0^{2\pi}t^2\mathrm{d}t = \left(\frac{b}{a}\right)^2\sqrt{a^2+b^2}\,\frac{t^3}{3}\bigg|_0^{2\pi}\\ &= \frac{8}{3}\left(\frac{b}{a}\right)^2\sqrt{a^2+b^2}\,\pi^3\end{aligned}$$

例 11.1.3　计算第一型曲线积分$\int_C xy\mathrm{d}s$,其中 C 为球面 $x^2+y^2+z^2=a^2$ 与平面 $x+y+z=0$ 交成的圆周.

解法 1　(常规算法)由于 C 所在平面 $x+y+z=0$ 的法向量为$(1,1,1)$,我们取

$$\begin{cases} \boldsymbol{e}_1 = \dfrac{1}{\sqrt{6}}(1,-2,1) \\ \boldsymbol{e}_2 = \dfrac{1}{\sqrt{2}}(1,0,-1) \\ \boldsymbol{e}_3 = \dfrac{1}{\sqrt{3}}(1,1,1) \end{cases}$$

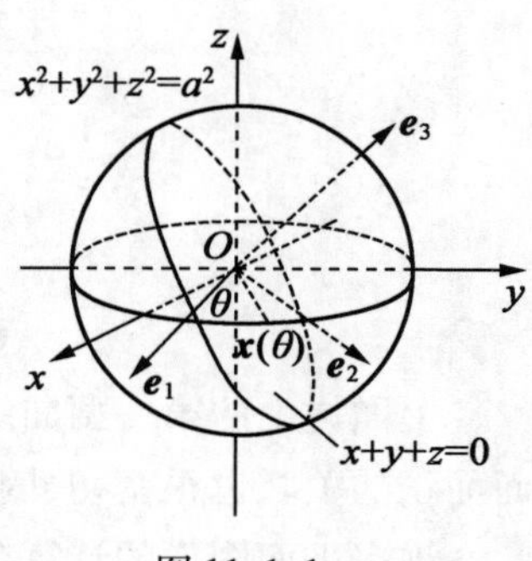

图 11.1.1

这是三个互相正交的单位向量，$\boldsymbol{e}_1$ 与 $\boldsymbol{e}_2$ 张成 C 所在的平面 $x+y+z=0$. 因此，C 的参数表示为(图 11.1.1)

$$\begin{aligned}(x,y,z) &= \boldsymbol{x} = \boldsymbol{x}(\theta) \\ &= a(\cos\theta\boldsymbol{e}_1 + \sin\theta\boldsymbol{e}_2) \\ &= a\left[\frac{1}{\sqrt{6}}\cos\theta(1,-2,1) + \frac{1}{\sqrt{2}}\sin\theta(1,0,-1)\right] \\ &= a\left(\frac{1}{\sqrt{6}}\cos\theta + \frac{1}{\sqrt{2}}\sin\theta, -\frac{2}{\sqrt{6}}\cos\theta, \frac{1}{\sqrt{6}}\cos\theta - \frac{1}{\sqrt{2}}\sin\theta\right)\end{aligned}$$

于是，半径为 a 的圆 C 的弧长元为 $\mathrm{d}s = a\mathrm{d}\theta$，或者

$$\mathrm{d}s = \|\boldsymbol{x}'(\theta)\|\mathrm{d}\theta = \|a(-\sin\theta\boldsymbol{e}_1 + \cos\theta\boldsymbol{e}_2)\|\mathrm{d}\theta = a\mathrm{d}\theta$$

因此，第一型曲线积分

$$\begin{aligned}\int_C xy\mathrm{d}s &= \int_0^{2\pi} a\left(\frac{1}{\sqrt{6}}\cos\theta + \frac{1}{\sqrt{2}}\sin\theta\right)\cdot a\left(-\frac{2}{\sqrt{6}}\cos\theta\right)\cdot a\mathrm{d}\theta \\ &= a^3\int_0^{2\pi}\left(-\frac{2}{6}\cos^2\theta - \sqrt{\frac{2}{6}}\sin\theta\cos\theta\right)\mathrm{d}\theta \\ &= -\frac{1}{3}a^3\int_0^{2\pi}\cos^2\theta\mathrm{d}\theta = -\frac{1}{3}a^3\int_0^{2\pi}\frac{1+\cos 2\theta}{2}\mathrm{d}\theta \\ &= -\frac{1}{3}a^3\left(\pi + \frac{1}{4}\sin 2\theta\Big|_0^{2\pi}\right) = -\frac{1}{3}\pi a^3\end{aligned}$$

解法 2　由代数与几何两方面的对称性，有

$$\int_C xy\mathrm{d}s = \int_C yz\mathrm{d}s = \int_C zx\mathrm{d}s$$

所以

$$\int_C xy\mathrm{d}s = \frac{1}{3}\int_C (xy + yz + zx)\mathrm{d}s$$

$$= \frac{1}{6}\int_C [(x+y+z)^2-(x^2+y^2+z^2)]\mathrm{d}s$$

$$= \frac{1}{6}\int_C (0^2-a^2)\mathrm{d}s = -\frac{1}{6}a^2 s(C)$$

$$= -\frac{1}{6}a^2\cdot 2\pi a = -\frac{1}{3}\pi a^3$$

上面讨论的第一型曲线积分与曲线的弧长关系密切.第一型曲面积分与曲面面积的关联也很密切,因此,我们必须从曲面的面积讲起.

许多平面图形的计算公式,早在 Euclid 的《几何原本》出现之前就已经建立起来了.特别是平面多边形的面积计算,也许是更早一些的事.对于一般的平面上有界点集的面积,在定义 10.2.2 中已经通过二重积分给出.

多面体的表面是由一些平面多边形组成的,其表面积就是这些平面多边形的面积之和,因此多面体的表面积的计算就被认为是解决了.对于弯曲的曲面,它的面积,人们想到用内接于该曲面的若干平面三角形组成的图形(称为**折面**)的表面积来逼近是很自然的事.曲线的弧长正是用内接于该曲线的连续折线的长度来逼近的.对于弯曲的曲面抱有类似的希望又有什么不合理的呢?但是,19 世纪末,H. A. Schwarz 给出了一个著名的例子说明,即使对于非常简单的曲面,这种想法也是行不通的.

考虑一个底半径为 1,高为 1 的直圆柱面 Σ.若将 Σ 沿一条母线剪开,然后将它平铺在平面上,就变成了一个边长为 1 与 2π 的矩形.这个矩形的面积等于 2π,因此 Σ 的表面积就应当等于 2π. Schwarz 考虑用折面来逼近这个直圆柱面:用与母线垂直的、间隔均匀的 $m+1$ 张平面去分割这个直圆柱面,截出 $m+1$ 个圆周.然后在每个这样的圆周上,用 n 个分点将它等分.这些分点是这样分布的:上一个圆周上的分点对最靠近它的下一圆周的垂直投影与下一圆周上的相邻两个分点有相等的距离.图 11.1.2 中的分点 A 与 B,C 就代表这种关系.

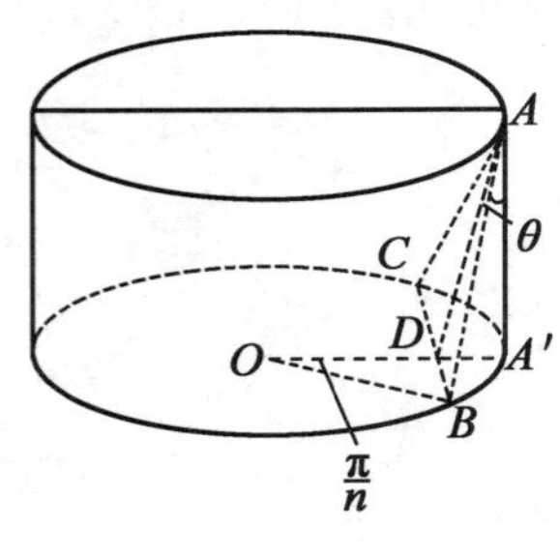

图 11.1.2

再将 A,B,C 三点连成一个三角形,并且设想所有的有这种关系的三个分点都被这样地连成了三角形,构造成了图 11.1.3 那样的模型,它是一个内接于直圆柱面的折面.这个折面由 $2mn$ 个全等的三角形组成.

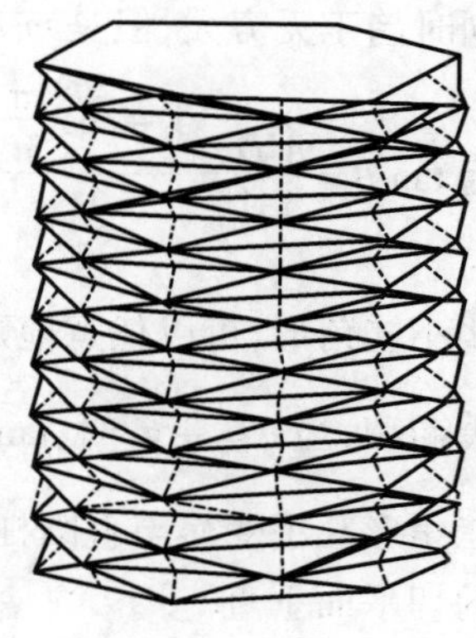
图 11.1.3

在图 11.1.2 中，$\angle BOA' = \dfrac{\pi}{n}$，从而 $A'D = 1 - \cos\dfrac{\pi}{n}$，所以

$$\begin{aligned}AD &= \sqrt{A'A^2 + A'D^2}\\ &= \sqrt{\left(\frac{1}{m}\right)^2 + \left(1 - \cos\frac{\pi}{n}\right)^2}\end{aligned}$$

于是，$\triangle ABC$ 的面积为

$$\begin{aligned}&\frac{1}{2}BC \cdot AD = BD \cdot AD\\ &= \sin\frac{\pi}{n}\sqrt{\left(\frac{1}{m}\right)^2 + \left(1 - \cos\frac{\pi}{n}\right)^2}\end{aligned}$$

因而折面的面积

$$\begin{aligned}S_{m,n} &= 2mn\sin\frac{\pi}{n}\sqrt{\left(\frac{1}{m}\right)^2 + \left(1 - \cos\frac{\pi}{n}\right)^2}\\ &= 2n\sin\frac{\pi}{n}\sqrt{1 + m^2\left(1 - \cos\frac{\pi}{n}\right)^2}\end{aligned}$$

当 m 与 n 同时无限增加时，所有那些小三角形的直径趋于零，但 $S_{m,n}$ 无极限. 实际上，若令 m 与 n 增长时，使得比值 $\dfrac{m}{n^2}$ 趋向于一个确定的数 q，即

$$\lim\frac{m}{n^2} = q$$

这就立即推得

$$\begin{aligned}\lim S_{m,n} &= \lim 2\pi\frac{\sin\frac{\pi}{n}}{\frac{\pi}{n}}\sqrt{1 + \left(\frac{m}{n^2}\right)^2\left(\frac{1 - \cos\frac{\pi}{n}}{\frac{\pi^2}{2n^2}}\right)^2\frac{\pi^4}{4}}\\ &= 2\pi\sqrt{1 + \frac{q^2}{4}\pi^4}\end{aligned}$$

由此可见，这个极限依赖于比值 q 的大小，即依赖于 m 与 n 同时增加的方式. 当 $q = 0$ 时，也只在这个时候，所说的极限等于 2π，这正是中学立体几何教程中给出的面积.

深入地考察一下图 11.1.2，便能发现问题之所在. 当 $q = 0$ 时，m 与 n 虽然同时趋于无穷大,但是 m 趋于无穷大的速度远比 n^2 趋于无穷大的速度要慢. 因为 $\tan\theta=\dfrac{A'D}{AA'}=\dfrac{1-\cos\dfrac{\pi}{n}}{\dfrac{1}{m}}=\dfrac{1-\cos\dfrac{\pi}{n}}{\dfrac{\pi^2}{2n^2}}\cdot\dfrac{m}{n^2}\cdot\dfrac{\pi^2}{2}\to\dfrac{\pi^2}{2}q=0(m,n\to+\infty)$,所以那些小三角形,可以任意地贴近直圆柱面,这时 $S_{m,n}$ 的极限确能表示直圆柱面的表面积;当 $q=+\infty$ 时,$\tan\theta\to\dfrac{\pi^2}{2}q=+\infty\ (m,n\to+\infty)$. 正好相反,此时这些小三角形几乎变得与直圆柱面的母线(即轴线)垂直,也就是说几乎与直圆柱面的切平面垂直.

因此,只能放弃用内接于曲面的折面的面积的极限来定义该曲面的面积的想法. 在此,我们也不去讨论最一般的曲面的面积的定义,而是假定曲面已经有了连续偏导数的参数表示.

用 u 曲线与 v 曲线将曲面 Σ 分成小块,每小块在曲面的切平面上的投影的面积(图 11.1.4) 可以近似地表示为

$$\|\boldsymbol{x}'_u\Delta u\times\boldsymbol{x}'_v\Delta v\|=\|\boldsymbol{x}'_u\times\boldsymbol{x}'_v\|\Delta u\Delta v$$

这样,和式

$$\sum\ \|\boldsymbol{x}'_u\times\boldsymbol{x}'_v\|\Delta u\Delta v$$

就可以当作 Σ 的面积的近似值. 加密 u 曲线与 v 曲线,通过极限过程,得到曲面 Σ 的面积的精确值. 曲面面积的确切定义如下.

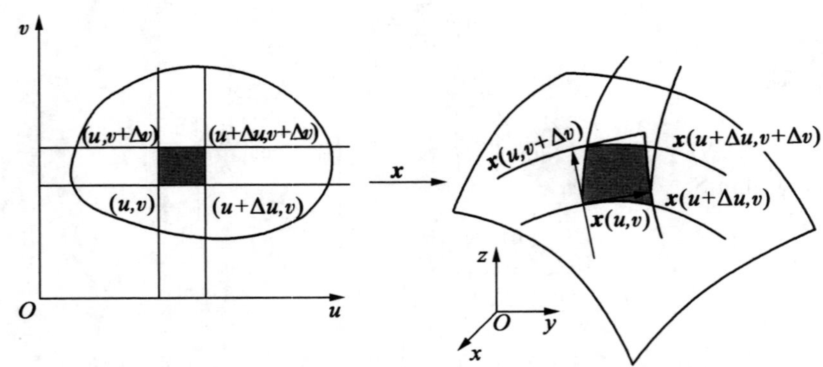

图 11.1.4

定义 11.1.2 设 Δ 为 $\mathbb{R}^2$ 中的一个区域,曲面 Σ 有参数表示 $\boldsymbol{x}=\boldsymbol{x}(u,v)=(x(u,v),y(u,v),z(u,v)),(u,v)\in\Delta$,并且设 Δ 与曲面 Σ 上的点有一一对应关

系,$\boldsymbol{x}(u,v)$ 是 C^1 类的,在 Δ 上 $\boldsymbol{x}'_u\times\boldsymbol{x}'_v\neq\boldsymbol{0}$,即 $\boldsymbol{\Sigma}$ 为正则曲面.

我们称

$$\sigma(\boldsymbol{\Sigma})=\iint\limits_{\Delta}\|\boldsymbol{x}'_u\times\boldsymbol{x}'_v\|\,\mathrm{d}u\mathrm{d}v$$

为曲面 $\boldsymbol{\Sigma}$ 的**面积**,而称

$$\mathrm{d}\sigma=\|\boldsymbol{x}'_u\times\boldsymbol{x}'_v\|\,\mathrm{d}u\mathrm{d}v$$

为曲面 $\boldsymbol{\Sigma}$ 的**面积元素**,简称**面元**.

引理 11.1.1　定义 11.1.2 不依赖于参数的选择,即定义是合理的.

证明　设参数变换 $\boldsymbol{F}:\Delta'\to\Delta,(s,t)\to(u,v)$ 为 C^1 微分同胚,即 $\boldsymbol{F}$ 为一一映射,$\boldsymbol{F}$ 与 $\boldsymbol{F}^{-1}$ 都是 C^1 的. 经变换 $(u,v)=(u(s,t),v(s,t))$ 得到

$$\begin{aligned}\|\boldsymbol{x}'_s\times\boldsymbol{x}'_t\|&=\|(\boldsymbol{x}'_u u'_s+\boldsymbol{x}'_v v'_s)\times(\boldsymbol{x}'_u u'_t+\boldsymbol{x}'_v v'_t)\|\\&=\left|\frac{\partial(u,v)}{\partial(s,t)}\right|\|\boldsymbol{x}'_u\times\boldsymbol{x}'_v\|\end{aligned}$$

于是

$$\begin{aligned}\iint\limits_{\Delta}\|\boldsymbol{x}'_u\times\boldsymbol{x}'_v\|\,\mathrm{d}u\mathrm{d}v&=\iint\limits_{\Delta'}\|\boldsymbol{x}'_u\times\boldsymbol{x}'_v\|\left|\frac{\partial(u,v)}{\partial(s,t)}\right|\mathrm{d}s\mathrm{d}t\\&=\iint\limits_{\Delta'}\|\boldsymbol{x}'_s\times\boldsymbol{x}'_t\|\,\mathrm{d}s\mathrm{d}t\end{aligned}$$

这就证明了曲面面积的定义 11.1.2 确实是与参数的选择无关的.

曲面面积公式还有几种表示方法. 因为

$$\boldsymbol{x}'_u\times\boldsymbol{x}'_v=\begin{vmatrix}\boldsymbol{e}_1&\boldsymbol{e}_2&\boldsymbol{e}_3\\\dfrac{\partial x}{\partial u}&\dfrac{\partial y}{\partial u}&\dfrac{\partial z}{\partial u}\\\dfrac{\partial x}{\partial v}&\dfrac{\partial y}{\partial v}&\dfrac{\partial z}{\partial v}\end{vmatrix}=\frac{\partial(y,z)}{\partial(u,v)}\boldsymbol{e}_1+\frac{\partial(z,x)}{\partial(u,v)}\boldsymbol{e}_2+\frac{\partial(x,y)}{\partial(u,v)}\boldsymbol{e}_3$$

(其中 $\{\boldsymbol{e}_1,\boldsymbol{e}_2,\boldsymbol{e}_3\}$ 为 $\mathbb{R}^3$ 中通常直角坐标系下的规范正交基),所以

$$\sigma(\boldsymbol{\Sigma})=\iint\limits_{\Delta}\|\boldsymbol{x}'_u\times\boldsymbol{x}'_v\|\,\mathrm{d}u\mathrm{d}v=\iint\limits_{\Delta}\left[\left(\frac{\partial(y,z)}{\partial(u,v)}\right)^2+\left(\frac{\partial(z,x)}{\partial(u,v)}\right)^2+\left(\frac{\partial(x,y)}{\partial(u,v)}\right)^2\right]^{\frac{1}{2}}\mathrm{d}u\mathrm{d}v$$

此外,由

$$\begin{aligned}\|\boldsymbol{x}'_u\times\boldsymbol{x}'_v\|^2&=\|\boldsymbol{x}'_u\|^2\|\boldsymbol{x}'_v\|^2\sin^2\theta=\|\boldsymbol{x}'_u\|^2\|\boldsymbol{x}'_v\|^2(1-\cos^2\theta)\\&=\|\boldsymbol{x}'_u\|^2\|\boldsymbol{x}'_v\|^2-(\boldsymbol{x}'_u\cdot\boldsymbol{x}'_v)^2\\&=EG-F^2=g_{11}g_{22}-g_{12}^2\end{aligned}$$

其中

$$g_{11}=E=\boldsymbol{x}'_u\cdot\boldsymbol{x}'_u=\|\boldsymbol{x}'_u\|^2=\left(\frac{\partial x}{\partial u}\right)^2+\left(\frac{\partial y}{\partial u}\right)^2+\left(\frac{\partial z}{\partial u}\right)^2$$

$$g_{12}=g_{21}=F=\boldsymbol{x}'_u\cdot\boldsymbol{x}'_v=\frac{\partial x}{\partial u}\frac{\partial x}{\partial v}+\frac{\partial y}{\partial u}\frac{\partial y}{\partial v}+\frac{\partial z}{\partial u}\frac{\partial z}{\partial v}$$

$$g_{22}=G=\boldsymbol{x}'_v\cdot\boldsymbol{x}'_v=\|\boldsymbol{x}'_v\|^2=\left(\frac{\partial x}{\partial v}\right)^2+\left(\frac{\partial y}{\partial v}\right)^2+\left(\frac{\partial z}{\partial v}\right)^2$$

于是

$$\sigma(\Sigma)=\iint\limits_{\Delta}\|\boldsymbol{x}'_u\times\boldsymbol{x}'_v\|\,\mathrm{d}u\mathrm{d}v=\iint\limits_{\Delta}\sqrt{EG-F^2}\,\mathrm{d}u\mathrm{d}v=\iint\limits_{\Delta}\sqrt{g_{11}g_{22}-g_{12}^2}\,\mathrm{d}u\mathrm{d}v$$

$$=\iint\limits_{\Delta}\sqrt{\begin{vmatrix}g_{11}&g_{12}\\g_{21}&g_{22}\end{vmatrix}}\,\mathrm{d}u\mathrm{d}v=\iint\limits_{\Delta}\sqrt{\left|\begin{pmatrix}\frac{\partial x}{\partial u}&\frac{\partial y}{\partial u}&\frac{\partial z}{\partial u}\\\frac{\partial x}{\partial v}&\frac{\partial y}{\partial v}&\frac{\partial z}{\partial v}\end{pmatrix}\begin{pmatrix}\frac{\partial x}{\partial u}&\frac{\partial x}{\partial v}\\\frac{\partial y}{\partial u}&\frac{\partial y}{\partial v}\\\frac{\partial z}{\partial u}&\frac{\partial z}{\partial v}\end{pmatrix}\right|}\,\mathrm{d}u\mathrm{d}v$$

当曲面由

$$\boldsymbol{x}(x,y)=(x,y,z(x,y)),\quad (x,y)\in\boldsymbol{\Delta}$$

表达时,如果 $z(x,y)$ 有连续偏导数,则

$$\frac{\partial(y,z)}{\partial(x,y)}=-\frac{\partial z}{\partial x},\quad\frac{\partial(z,x)}{\partial(x,y)}=-\frac{\partial z}{\partial y},\quad\frac{\partial(x,y)}{\partial(x,y)}=1$$

$$\sigma(\Sigma)=\iint\limits_{\Delta}\sqrt{\left(\frac{\partial(y,z)}{\partial(x,y)}\right)^2+\left(\frac{\partial(z,x)}{\partial(x,y)}\right)^2+\left(\frac{\partial(x,y)}{\partial(x,y)}\right)^2}\,\mathrm{d}x\mathrm{d}y$$

$$=\iint\limits_{\Delta}\sqrt{1+\left(\frac{\partial z}{\partial x}\right)^2+\left(\frac{\partial z}{\partial y}\right)^2}\,\mathrm{d}x\mathrm{d}y$$

或者

$$\boldsymbol{x}'_x(x,y)=\left(1,0,\frac{\partial z}{\partial x}\right)$$

$$\boldsymbol{x}'_y(x,y)=\left(0,1,\frac{\partial z}{\partial y}\right)$$

$$E=\boldsymbol{x}'_x\cdot\boldsymbol{x}'_x=1+\left(\frac{\partial z}{\partial x}\right)^2$$

$$F=\boldsymbol{x}'_x\cdot\boldsymbol{x}'_y=\frac{\partial z}{\partial x}\frac{\partial z}{\partial y}$$

$$G = \boldsymbol{x}'_y \cdot \boldsymbol{x}'_y = 1 + \left(\frac{\partial z}{\partial y}\right)^2$$

$$EG - F^2 = \left[1 + \left(\frac{\partial z}{\partial x}\right)^2\right]\left[1 + \left(\frac{\partial z}{\partial y}\right)^2\right] - \left(\frac{\partial z}{\partial x}\frac{\partial z}{\partial y}\right)^2 = 1 + \left(\frac{\partial z}{\partial x}\right)^2 + \left(\frac{\partial z}{\partial y}\right)^2$$

$$\iint_\Delta \sqrt{EG - F^2}\,\mathrm{d}x\mathrm{d}y = \iint_\Delta \sqrt{1 + \left(\frac{\partial z}{\partial x}\right)^2 + \left(\frac{\partial z}{\partial y}\right)^2}\,\mathrm{d}x\mathrm{d}y$$

注 11.1.1　(1)定义 11.1.2 中关于 $\boldsymbol{x}:\Delta \to \Sigma$ 是一一对应的假设是为防止曲面上出现重点(即虽 $(u_1,v_1) \neq (u_2,v_2)$,但 $\boldsymbol{x}(u_1,v_1) = \boldsymbol{x}(u_2,v_2)$). 但是,如果曲面 Σ 上只含孤立重点,或者重点的集合对应于 Δ 中的零面积集,面积公式仍成立.

(2)平面图形也可以看成是一张曲面. 如果 Δ 是 xOy 平面上的点集,它的参数表示为

$$\boldsymbol{x} = \boldsymbol{x}(x,y) = (x,y,0), \quad (x,y) \in \Delta$$

此时

$$\boldsymbol{x}'_x = (1,0,0), \quad \boldsymbol{x}'_y = (0,1,0)$$

从而

$$\mathrm{d}\sigma = \|\boldsymbol{x}'_x \times \boldsymbol{x}'_y\|\,\mathrm{d}x\mathrm{d}y = \mathrm{d}x\mathrm{d}y$$

$$\sigma(\Delta) = \iint_\Delta \mathrm{d}x\mathrm{d}y$$

这正是平面图形面积的定义. 这说明,一般曲面面积的定义和过去已给出的平面图形面积的定义没有冲突,是一致的.

(3)上述关于 $\mathbb{R}^3$ 中二维参数曲面面积公式的讨论能否推广到 $\mathbb{R}^n$ 中 $n-1$ 维参数超曲面. 显然,法向 $\boldsymbol{x}'_u \times \boldsymbol{x}'_v$ 中的叉积"×"不易推广. 面积公式如何推广呢?请看定义 11.1.3.

定义 11.1.3　设 Δ 为 $\mathbb{R}^{n-1}$ 中的一个区域,$\mathbb{R}^n$ 中 $n-1$ 维超曲面(余维数为 $n-(n-1)=1$)Σ 有参数表示 $\boldsymbol{x} = \boldsymbol{x}(u_1,u_2,\cdots,u_{n-1}) = (x_1(u_1,u_2,\cdots,u_{n-1}), x_2(u_1,u_2,\cdots,u_{n-1}),\cdots,x_n(u_1,u_2,\cdots,u_{n-1}))$,$\boldsymbol{u} = (u_1,u_2,\cdots,u_{n-1}) \in \Delta$,并且设 Δ 与曲面 Σ 上的点有一一对应关系,$\boldsymbol{x}(u_1,u_2,\cdots,u_{n-1})$ 是 C^1 类的,在 Δ 上 $\mathrm{rank}\{\boldsymbol{x}'_{u_1},\boldsymbol{x}'_{u_2},\cdots,\boldsymbol{x}'_{u_{n-1}}\} = n-1$,即 Σ 为正则曲面.

设 $\{\boldsymbol{e}_1,\boldsymbol{e}_2,\cdots,\boldsymbol{e}_n\}$ 为 $\mathbb{R}^n$ 中通常直角坐标系下的规范正交基. 根据行列式的性质,有

$$\begin{vmatrix} \boldsymbol{e}_1 & \cdots & \boldsymbol{e}_n \\ & \boldsymbol{x}'_{u_1} & \\ & \vdots & \\ & \boldsymbol{x}'_{u_{n-1}} & \end{vmatrix} = \begin{vmatrix} \boldsymbol{e}_1 & \cdots & \boldsymbol{e}_n \\ x'_{1u_1} & \cdots & x'_{nu_1} \\ \vdots & & \vdots \\ x'_{1u_{n-1}} & \cdots & x'_{nu_{n-1}} \end{vmatrix} \stackrel{\text{def}}{=} \boldsymbol{x}'_{u_1} \times \cdots \times \boldsymbol{x}'_{u_{n-1}}$$

都与 $\boldsymbol{x}'_{u_1},\boldsymbol{x}'_{u_2},\cdots,\boldsymbol{x}'_{u_{n-1}}$ 正交,并且从 $\text{rank}\{\boldsymbol{x}'_{u_1},\boldsymbol{x}'_{u_2},\cdots,\boldsymbol{x}'_{u_{n-1}}\}=n-1$ 立即推得它是 Σ 在点 $\boldsymbol{x}(u_1,u_2,\cdots,u_{n-1})$ 处的一个非零法向量. 当 $n=3$ 时,它就是 $\boldsymbol{x}'_{u_1}\times\boldsymbol{x}'_{u_2}$. 因此上述引进的 $\mathbb{R}^n$ 中的 $n-1$ 维超曲面 Σ 的法向量的表示正是 $\boldsymbol{x}'_{u_1}\times\boldsymbol{x}'_{u_2}$ 表示的推广. 设 $\boldsymbol{n}_0$ 为 Σ 的单位法向量,它与 $\boldsymbol{x}'_{u_1}\times\cdots\times\boldsymbol{x}'_{u_{n-1}}$ 方向一致. 易见

$$\sum_{i=1}^{n}\left((-1)^{1+i}\frac{\partial(x_1,\cdots,x_{i-1},x_{i+1},\cdots,x_n)}{\partial(u_1,u_2,\cdots,u_{n-1})}\right)^2 = \|\boldsymbol{x}'_{u_1}\times\cdots\times\boldsymbol{x}'_{u_{n-1}}\|^2$$

$$= [(\boldsymbol{x}'_{u_1}\times\cdots\times\boldsymbol{x}'_{u_{n-1}})\cdot\boldsymbol{n}_0]^2 = \begin{vmatrix} \boldsymbol{n}_0 \\ \boldsymbol{x}'_{u_1} \\ \vdots \\ \boldsymbol{x}'_{u_{n-1}} \end{vmatrix}^2 = \left|\begin{bmatrix} \boldsymbol{n}_0 \\ \boldsymbol{x}'_{u_1} \\ \vdots \\ \boldsymbol{x}'_{u_{n-1}} \end{bmatrix}\begin{bmatrix} \boldsymbol{n}_0 \\ \boldsymbol{x}'_{u_1} \\ \vdots \\ \boldsymbol{x}'_{u_{n-1}} \end{bmatrix}^{\mathrm{T}}\right|$$

$$= \begin{vmatrix} 1 & 0 & \cdots & 0 \\ 0 & \boldsymbol{x}'_{u_1}\cdot\boldsymbol{x}'_{u_1} & \cdots & \boldsymbol{x}'_{u_1}\cdot\boldsymbol{x}'_{u_{n-1}} \\ \vdots & \vdots & & \vdots \\ 0 & \boldsymbol{x}'_{u_{n-1}}\cdot\boldsymbol{x}'_{u_1} & \cdots & \boldsymbol{x}'_{u_{n-1}}\cdot\boldsymbol{x}'_{u_{n-1}} \end{vmatrix} = \det\begin{pmatrix} g_{11} & \cdots & g_{1,n-1} \\ \vdots & & \vdots \\ g_{n-1,1} & \cdots & g_{n-1,n-1} \end{pmatrix}$$

根据下面的引理 11.1.2 知

$$\|\boldsymbol{x}'_{u_1}\times\boldsymbol{x}'_{u_2}\times\cdots\times\boldsymbol{x}'_{u_{n-1}}\| = \sqrt{\det\begin{pmatrix} g_{11} & \cdots & g_{1,n-1} \\ \vdots & & \vdots \\ g_{n-1,1} & \cdots & g_{n-1,n-1} \end{pmatrix}}$$

恰是由向量 $\boldsymbol{x}'_{u_1}\times\boldsymbol{x}'_{u_2}\times\cdots\times\boldsymbol{x}'_{u_{n-1}}$ 张成的平行 $2n-2$ 面体的面积(也可称为体积).

如果用 $u_i(i=1,2,\cdots,n-1)$ 曲线将曲面 Σ 分成小块,每小块在超曲面的切空间上的投影的面积(或体积)可以近似地表示为

$$\|\boldsymbol{x}'_{u_1}\Delta u_1\times\cdots\times\boldsymbol{x}'_{u_{n-1}}\Delta u_{n-1}\| = \|\boldsymbol{x}'_{u_1}\times\cdots\times\boldsymbol{x}'_{u_{n-1}}\|\Delta u_1\cdots\Delta u_{n-1}$$

这样,和式

$$\sum \|\boldsymbol{x}'_{u_1}\times\cdots\times\boldsymbol{x}'_{u_{n-1}}\|\Delta u_1\cdots\Delta u_{n-1}$$

就可以当作 $\boldsymbol{\Sigma}$ 的面积(或体积)的近似值. 加密 $u_i(i=1,2,\cdots,n-1)$ 曲线,通过极限过程,得到超曲面 $\boldsymbol{\Sigma}$ 的面积(或体积)的精确值. 称

$$\begin{aligned}\boldsymbol{\sigma}(\boldsymbol{\Sigma}) &= \int_{\Delta}\cdots\int \|\boldsymbol{x}'_{u_1}\times\cdots\times\boldsymbol{x}'_{u_{n-1}}\|\,\mathrm{d}u_1\cdots\mathrm{d}u_{n-1}\\ &= \int_{\Delta}\cdots\int\sqrt{\det\begin{pmatrix} g_{11} & \cdots & g_{1,n-1}\\ \vdots & & \vdots\\ g_{n-1,1} & \cdots & g_{n-1,n-1}\end{pmatrix}}\,\mathrm{d}u_1\cdots\mathrm{d}u_{n-1}\end{aligned}$$

为曲面 $\boldsymbol{\Sigma}$ 的**面积**(或**体积**,此时也可记为 $v(\boldsymbol{\Sigma})$),而称

$$\begin{aligned}\mathrm{d}\boldsymbol{\sigma} &= \|\boldsymbol{x}'_{u_1}\times\cdots\times\boldsymbol{x}'_{u_{n-1}}\|\,\mathrm{d}u_1\cdots\mathrm{d}u_{n-1}\\ &= \sqrt{\det\begin{pmatrix} g_{11} & \cdots & g_{1,n-1}\\ \vdots & & \vdots\\ g_{n-1,1} & \cdots & g_{n-1,n-1}\end{pmatrix}}\,\mathrm{d}u_1\cdots\mathrm{d}u_{n-1}\end{aligned}$$

为曲面 $\boldsymbol{\Sigma}$ 的**面积元素**(或**体积元素**),简称**面元**(或**体积元**).

当曲面是由

$$\boldsymbol{x}(x_1,x_2,\cdots,x_{n-1})=(x_1,x_2,\cdots,x_{n-1},x_n(x_1,x_2,\cdots,x_{n-1})),\quad (x_1,x_2,\cdots,x_{n-1})\in\boldsymbol{\Delta}$$

表示时($x_n(x_1,x_2,\cdots,x_{n-1})$有连续偏导数),$\boldsymbol{\Sigma}$ 的面积元素为(参见复习题 11,题 3)

$$\mathrm{d}\boldsymbol{\sigma}=\sqrt{1+\left(\frac{\partial x_n}{\partial x_1}\right)^2+\cdots+\left(\frac{\partial x_n}{\partial x_{n-1}}\right)^2}\,\mathrm{d}x_1\cdots\mathrm{d}x_{n-1}$$

而 $\boldsymbol{\Sigma}$ 的面积为

$$\boldsymbol{\sigma}(\boldsymbol{\Sigma}) = \int_{\Delta}\cdots\int\sqrt{1+\left(\frac{\partial x_n}{\partial x_1}\right)^2+\cdots+\left(\frac{\partial x_n}{\partial x_{n-1}}\right)^2}\,\mathrm{d}x_1\cdots\mathrm{d}x_{n-1}$$

类似引理 11.1.1,定义 11.1.3 与参数选择无关,因而定义是合理的. 也就是说

$$\begin{aligned}&\int_{\Delta}\cdots\int\|\boldsymbol{x}'_{u_1}\times\cdots\times\boldsymbol{x}'_{u_{n-1}}\|\,\mathrm{d}u_1\cdots\mathrm{d}u_{n-1}\\ =&\int_{\Delta}\cdots\int\|\boldsymbol{x}'_{u_1}\times\cdots\times\boldsymbol{x}'_{u_{n-1}}\|\left|\frac{\partial(u_1,\cdots,u_{n-1})}{\partial(s_1,\cdots,s_{n-1})}\right|\mathrm{d}s_1\cdots\mathrm{d}s_{n-1}\\ =&\int_{\Delta'}\cdots\int\|\boldsymbol{x}'_{s_1}\times\cdots\times\boldsymbol{x}'_{s_{n-1}}\|\,\mathrm{d}s_1\cdots\mathrm{d}s_{n-1}\end{aligned}$$

根据上述推导,$\boldsymbol{\Sigma}$ 的面积公式也有下面几种表示方法

$$\sigma(\Sigma)=\int\cdots\int_{\Delta}\|\boldsymbol{x}'_{u_1}\times\cdots\times\boldsymbol{x}'_{u_{n-1}}\|\,\mathrm{d}u_1\cdots\mathrm{d}u_{n-1}$$

$$=\int\cdots\int_{\Delta}\left[\sum_{i=1}^{n}\left(\frac{\partial(x_1,\cdots,x_{i-1},x_{i+1},\cdots,\partial x_n)}{\partial(u_1,\cdots,u_{n-1})}\right)^2\right]^{\frac{1}{2}}\mathrm{d}u_1\cdots\mathrm{d}u_{n-1}$$

$$\sigma(\Sigma)=\int\cdots\int_{\Delta}\sqrt{\det\begin{pmatrix}g_{11}&\cdots&g_{1,n-1}\\ \vdots&&\vdots\\ g_{n-1,1}&\cdots&g_{n-1,n-1}\end{pmatrix}}\mathrm{d}u_1\cdots\mathrm{d}u_{n-1}$$

$$=\int\cdots\int_{\Delta}\sqrt{\left|\begin{pmatrix}\frac{\partial x_1}{\partial u_1}&\cdots&\frac{\partial x_n}{\partial u_1}\\ \vdots&&\vdots\\ \frac{\partial x_1}{\partial u_{n-1}}&\cdots&\frac{\partial x_n}{\partial u_{n-1}}\end{pmatrix}\begin{pmatrix}\frac{\partial x_1}{\partial u_1}&\cdots&\frac{\partial x_1}{\partial u_{n-1}}\\ \vdots&&\vdots\\ \frac{\partial x_n}{\partial u_1}&\cdots&\frac{\partial x_n}{\partial u_{n-1}}\end{pmatrix}\right|}\mathrm{d}u_1\cdots\mathrm{d}u_{n-1}$$

引理 11.1.2 $\mathbb{R}^n$中由 k 个向量 $\boldsymbol{a}^i=(a_1^i,a_2^i,\cdots,a_n^i)$ $(i=1,2,\cdots,k)$张成的平行 $2k$ 面体 V_k 的体积

$$v(V_k)=\sqrt{\det\begin{pmatrix}a_1^1&\cdots&a_n^1\\ \vdots&&\vdots\\ a_1^k&\cdots&a_n^k\end{pmatrix}\begin{pmatrix}a_1^1&\cdots&a_1^k\\ \vdots&&\vdots\\ a_n^1&\cdots&a_n^k\end{pmatrix}}$$

$$=\sqrt{\det\begin{pmatrix}\boldsymbol{a}^1\cdot\boldsymbol{a}^1&\cdots&\boldsymbol{a}^1\cdot\boldsymbol{a}^k\\ \vdots&&\vdots\\ \boldsymbol{a}^k\cdot\boldsymbol{a}^1&\cdots&\boldsymbol{a}^k\cdot\boldsymbol{a}^k\end{pmatrix}}$$

$$=\sqrt{\det\begin{pmatrix}g_{11}&\cdots&g_{1k}\\ \vdots&&\vdots\\ g_{k1}&\cdots&g_{kk}\end{pmatrix}}$$

特别地,当$\{\boldsymbol{a}^1,\boldsymbol{a}^2,\cdots,\boldsymbol{a}^k\}$线性相关时,$v(V_k)=0$.

证法 1 (归纳法)当 $l=1$ 时,$v(V_1)$就是向量 $\boldsymbol{a}^1$ 的长度,即

$$v(V_1)=\|\boldsymbol{a}^1\|=\sqrt{\boldsymbol{a}^1\cdot\boldsymbol{a}^1}=\sqrt{\det(\boldsymbol{a}^1\cdot\boldsymbol{a}^1)}$$

假设当 $l=k-1$ 时,公式成立. 则当 $l=k$ 时,设 $\{\bar{\boldsymbol{e}}_1,\bar{\boldsymbol{e}}_2,\cdots,\bar{\boldsymbol{e}}_k\}$ 为由 $\{\boldsymbol{a}^1,\boldsymbol{a}^2,\cdots,\boldsymbol{a}^k\}$ 张成的线性子空间中的规范正交基,而 $\{\bar{\boldsymbol{e}}_1,\bar{\boldsymbol{e}}_2,\cdots,\bar{\boldsymbol{e}}_{k-1}\}$ 为由 $\{\boldsymbol{a}^1,\boldsymbol{a}^2,\cdots,\boldsymbol{a}^{k-1}\}$ 张成的线性子空间中的规范正交基(图 11.1.5).

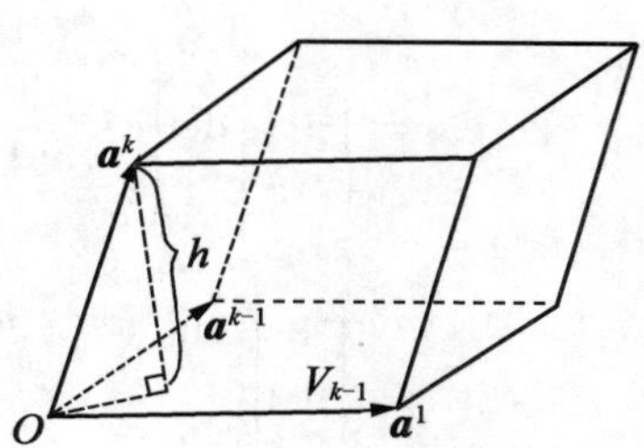

图 11.1.5

于是

$$v(V_k)=hv(V_{k-1})$$

$$=\left|\frac{1}{\sqrt{\det\begin{pmatrix}\boldsymbol{a}^1\cdot\boldsymbol{a}^1 & \cdots & \boldsymbol{a}^1\cdot\boldsymbol{a}^{k-1}\\ \vdots & & \vdots\\ \boldsymbol{a}^{k-1}\cdot\boldsymbol{a}^1 & \cdots & \boldsymbol{a}^{k-1}\cdot\boldsymbol{a}^{k-1}\end{pmatrix}}}\begin{pmatrix}\bar{\boldsymbol{e}}_1 & \cdots & \bar{\boldsymbol{e}}_k\\ & \boldsymbol{a}^1 & \\ & \vdots & \\ & \boldsymbol{a}^{k-1} & \end{pmatrix}\boldsymbol{a}^k\right|\cdot$$

$$\sqrt{\det\begin{pmatrix}\boldsymbol{a}^1\cdot\boldsymbol{a}^1 & \cdots & \boldsymbol{a}^1\cdot\boldsymbol{a}^{k-1}\\ \vdots & & \vdots\\ \boldsymbol{a}^{k-1}\cdot\boldsymbol{a}^1 & \cdots & \boldsymbol{a}^{k-1}\cdot\boldsymbol{a}^{k-1}\end{pmatrix}}=\left|\det\begin{pmatrix}\boldsymbol{a}^1\\ \vdots\\ \boldsymbol{a}^k\end{pmatrix}\right|$$

$$=\sqrt{\det\begin{pmatrix}\boldsymbol{a}^1\cdot\boldsymbol{a}^1 & \cdots & \boldsymbol{a}^1\cdot\boldsymbol{a}^k\\ \vdots & & \vdots\\ \boldsymbol{a}^k\cdot\boldsymbol{a}^1 & \cdots & \boldsymbol{a}^k\cdot\boldsymbol{a}^k\end{pmatrix}}$$

证法 2　设 $\{\bar{\boldsymbol{e}}_1,\bar{\boldsymbol{e}}_2,\cdots,\bar{\boldsymbol{e}}_{k-1}\}$ 如证法 1 所述. 令

$$\boldsymbol{a}^i=\sum_{j=1}^k\bar{a}_{ij}\bar{\boldsymbol{e}}_j$$

作线性变换,使

$$\bar{\boldsymbol{e}}_i\to\boldsymbol{a}^i,\quad i=1,2,\cdots,k$$

$$\sum_{i=1}^k u_i\bar{\boldsymbol{e}}_i\to\sum_{j=1}^k v_j\bar{\boldsymbol{e}}_j=\boldsymbol{x}=\sum_{i=1}^k u_i\boldsymbol{a}^i=\sum_{i=1}^k u_i\Big(\sum_{j=1}^k\bar{a}_{ij}\bar{\boldsymbol{e}}_j\Big)$$

$$=\sum_{j=1}^k\Big(\sum_{i=1}^k\bar{a}_{ij}u_i\Big)\bar{\boldsymbol{e}}_j,\quad v_j=\sum_{i=1}^k\bar{a}_{ij}u_i$$

于是

$$v(V_k)=\int\cdots\int_{V_k}\mathrm{d}v_1\cdots\mathrm{d}v_k\xlongequal{\text{变量代换}}\int\cdots\int_{[0,1]^k}\left|\frac{\partial(v_1,\cdots,v_k)}{\partial(u_1,\cdots,u_k)}\right|\mathrm{d}u_1\cdots\mathrm{d}u_k$$

$$
\begin{aligned}
&= \int\cdots\int_{[0,1]^k} \left|\det\begin{pmatrix} \bar{a}_{11} & \cdots & \bar{a}_{k1} \\ \vdots & & \vdots \\ \bar{a}_{1k} & \cdots & \bar{a}_{kk} \end{pmatrix}\right| \mathrm{d}u_1\cdots\mathrm{d}u_k \\
&= \left|\det\begin{pmatrix} \bar{a}_{11} & \cdots & \bar{a}_{k1} \\ \vdots & & \vdots \\ \bar{a}_{1k} & \cdots & \bar{a}_{kk} \end{pmatrix}\right| \\
&= \sqrt{\det\begin{pmatrix} \bar{a}_{11} & \cdots & \bar{a}_{k1} \\ \vdots & & \vdots \\ \bar{a}_{1k} & \cdots & \bar{a}_{kk} \end{pmatrix}\begin{pmatrix} \bar{a}_{11} & \cdots & \bar{a}_{1k} \\ \vdots & & \vdots \\ \bar{a}_{k1} & \cdots & \bar{a}_{kk} \end{pmatrix}} \\
&= \sqrt{\det\begin{pmatrix} \boldsymbol{a}^1\cdot\boldsymbol{a}^1 & \cdots & \boldsymbol{a}^1\cdot\boldsymbol{a}^k \\ \vdots & & \vdots \\ \boldsymbol{a}^k\cdot\boldsymbol{a}^k & \cdots & \boldsymbol{a}^k\cdot\boldsymbol{a}^k \end{pmatrix}} \\
&= \sqrt{\det\begin{pmatrix} a_1^1 & \cdots & a_n^1 \\ \vdots & & \vdots \\ a_1^k & \cdots & a_n^k \end{pmatrix}\begin{pmatrix} a_1^1 & \cdots & a_1^k \\ \vdots & & \vdots \\ a_n^1 & \cdots & a_n^k \end{pmatrix}}
\end{aligned}
$$

从引理11.1.2立即可以给出$\mathbb{R}^n$中k维C^1正则曲面的面积(或体积)公式.

定义11.1.4 设Δ为$\mathbb{R}^k$中的一个区域,$\mathbb{R}^n$中k维曲面(余维数为$n-k$)Σ有参数表示$\boldsymbol{x}=\boldsymbol{x}(u_1,u_2,\cdots,u_k)=(x_1(u_1,u_2,\cdots,u_k),x_2(u_1,u_2,\cdots,u_k),\cdots,x_n(u_1,u_2,\cdots,u_k))$,$\boldsymbol{u}=(u_1,u_2,\cdots,u_k)\in\Delta$,并且设$\Delta$与曲面$\Sigma$上的点有一一对应关系,$\boldsymbol{x}(u_1,u_2,\cdots,u_k)$是$C^1$类的,在$\Delta$上$\operatorname{rank}\{\boldsymbol{x}'_{u_1},\boldsymbol{x}'_{u_2},\cdots,\boldsymbol{x}'_{u_k}\}=k$,即$\Sigma$为正则曲面.

如果用$u_i(i=1,2,\cdots,k)$曲线将曲面Σ分成小块,每小块在曲面的切空间上的投影的面积(或体积)可以近似地表示为

$$
\sqrt{\det\begin{pmatrix} g_{11} & \cdots & g_{1k} \\ \vdots & & \vdots \\ g_{k1} & \cdots & g_{kk} \end{pmatrix}}\Delta u_1\cdots\Delta u_k
$$

这样,和式

$$\sum \sqrt{\det\begin{pmatrix} g_{11} & \cdots & g_{1k} \\ \vdots & & \vdots \\ g_{k1} & \cdots & g_{kk} \end{pmatrix}}\Delta u_1\cdots\Delta u_k$$

就可以当作 Σ 的面积(或体积)的近似值. 加密 $u_i(i=1,2,\cdots,k)$ 曲线,通过极限过程,得到曲面 Σ 的面积(或体积)的精确值. 称

$$\sigma(\Sigma) = \int_\Delta\cdots\int \sqrt{\det\begin{pmatrix} g_{11} & \cdots & g_{1k} \\ \vdots & & \vdots \\ g_{k1} & \cdots & g_{kk} \end{pmatrix}}\mathrm{d}u_1\cdots\mathrm{d}u_k$$

$$= \int_\Delta\cdots\int \sqrt{\left|\begin{pmatrix} \frac{\partial x_1}{\partial u_1} & \cdots & \frac{\partial x_n}{\partial u_1} \\ \vdots & & \vdots \\ \frac{\partial x_1}{\partial u_k} & \cdots & \frac{\partial x_n}{\partial u_k} \end{pmatrix}\begin{pmatrix} \frac{\partial x_1}{\partial u_1} & \cdots & \frac{\partial x_1}{\partial u_k} \\ \vdots & & \vdots \\ \frac{\partial x_n}{\partial u_1} & \cdots & \frac{\partial x_n}{\partial u_k} \end{pmatrix}\right|}\mathrm{d}u_1\cdots\mathrm{d}u_k$$

为曲面 Σ 的**面积**(或**体积**,此时也可记为 $v(\Sigma)$),而称

$$\mathrm{d}\sigma = \sqrt{\det\begin{pmatrix} g_{11} & \cdots & g_{1k} \\ \vdots & & \vdots \\ g_{k1} & \cdots & g_{kk} \end{pmatrix}}\mathrm{d}u_1\cdots\mathrm{d}u_k$$

为曲面 Σ 的**面积元素**(或**体积元素**),简称**面元**(或**体积元**).

类似引理 11.1.1,定义 11.1.4 与参数的选择无关,因而定义是合理的. 也就是说

$$\int_\Delta\cdots\int \sqrt{\det\begin{pmatrix} g_{11} & \cdots & g_{1k} \\ \vdots & & \vdots \\ g_{k1} & \cdots & g_{kk} \end{pmatrix}}\mathrm{d}u_1\cdots\mathrm{d}u_k$$

$$= \int_\Delta\cdots\int \sqrt{\det\begin{pmatrix} \frac{\partial s_1}{\partial u_1} & \cdots & \frac{\partial s_k}{\partial u_1} \\ \vdots & & \vdots \\ \frac{\partial s_1}{\partial u_k} & \cdots & \frac{\partial s_k}{\partial u_k} \end{pmatrix}\begin{pmatrix} \bar{g}_{11} & \cdots & \bar{g}_{1k} \\ \vdots & & \vdots \\ \bar{g}_{k1} & \cdots & \bar{g}_{kk} \end{pmatrix}\begin{pmatrix} \frac{\partial s_1}{\partial u_1} & \cdots & \frac{\partial s_1}{\partial u_k} \\ \vdots & & \vdots \\ \frac{\partial s_k}{\partial u_1} & \cdots & \frac{\partial s_k}{\partial u_k} \end{pmatrix}}\mathrm{d}u_1\cdots\mathrm{d}u_k$$

$$= \int\cdots\int_{\Delta} \sqrt{\det\begin{pmatrix} \bar{g}_{11} & \cdots & \bar{g}_{1k} \\ \vdots & & \vdots \\ \bar{g}_{k1} & \cdots & \bar{g}_{kk} \end{pmatrix}} \left|\frac{\partial(s_1,\cdots,s_k)}{\partial(u_1,\cdots,u_k)}\right| \mathrm{d}u_1\cdots\mathrm{d}u_k$$

$$= \int\cdots\int_{\Delta'} \sqrt{\det\begin{pmatrix} \bar{g}_{11} & \cdots & \bar{g}_{1k} \\ \vdots & & \vdots \\ \bar{g}_{k1} & \cdots & \bar{g}_{kk} \end{pmatrix}} \mathrm{d}s_1\cdots\mathrm{d}s_k$$

其中

$$\bar{g}_{lt} = \boldsymbol{x}'_{s_l}\cdot\boldsymbol{x}'_{s_t}$$

$$g_{ij} = \boldsymbol{x}'_{u_i}\cdot\boldsymbol{x}'_{u_j} = \left(\sum_{l=1}^{k}\boldsymbol{x}'_{s_l}\frac{\partial s_l}{\partial u_i}\right)\cdot\left(\sum_{t=1}^{k}\boldsymbol{x}'_{s_t}\frac{\partial s_t}{\partial u_j}\right) = \sum_{l,t=1}^{k}\bar{g}_{lt}\frac{\partial s_l}{\partial u_i}\frac{\partial s_t}{\partial u_j}$$

定义 11.1.5 设 Σ 是 $\mathbb{R}^n$ 中的一张 k 维有面积的曲面片，$f:\Sigma\to\mathbb{R}$ 为函数. 分割 T 将 Σ 分成若干更小的曲面片 $\Sigma_1,\Sigma_2,\cdots,\Sigma_m$. 定义分割的**模**(**宽度**)

$$\|T\| = \max\{\operatorname{diam}\Sigma_i \mid i=1,2,\cdots,m\}$$

在每一小块上取一点 $\boldsymbol{\xi}^i$，如果

$$\sum_{i=1}^{m} f(\boldsymbol{\xi}^i)\sigma(\Sigma_i)$$

当 $\|T\|\to 0$ 时有有限的极限，并且其极限值不依赖于点 $\boldsymbol{\xi}^i$ 在 Σ_i 上的选择，就称此极限值为函数 f 沿曲面 Σ 的**第一型曲面积分**，记作

$$\int_{\Sigma} f\mathrm{d}\sigma = \lim_{\|T\|\to 0}\sum_{i=1}^{m} f(\boldsymbol{\xi}^i)\sigma(\Sigma_i)$$

当 f 连续，Σ 有 C^1 参数表示时，有

$$\int_{\Sigma} f\mathrm{d}\sigma = \int\cdots\int_{\Delta} f\circ\boldsymbol{x}(u_1,u_2,\cdots,u_k)\sqrt{\det(g_{ij})}\,\mathrm{d}u_1\cdots\mathrm{d}u_k$$

类似引理 11.1.1，上述公式与参数无关. 因此，也可用右边的 k 重积分来定义第一型曲面积分.

例 11.1.4 计算中心在原点，半径为 $a>0$ 的球面

$$\Sigma = S^2(a) = \{(x,y,z) \mid x^2+y^2+z^2=a^2\}$$

的面积 $\sigma(\Sigma)=\sigma(S^2(a))$.

解法 1 由对称性，只需计算上半球面的面积，然后乘以 2.

$\forall\varepsilon\in(0,a)$，考虑球面在平面 $z=\varepsilon$ 以上的那一部分 Σ_ε，则有

$$
\begin{aligned}
\sigma(S^2(a)) &= \sigma(\Sigma) = 2\lim_{\varepsilon\to 0^+}\sigma(\Sigma_\varepsilon) \\
&= 2\lim_{\varepsilon\to 0^+}\iint\limits_{x^2+y^2\leqslant a^2-\varepsilon^2}\sqrt{1+\left(\frac{\partial z}{\partial x}\right)^2+\left(\frac{\partial z}{\partial y}\right)^2}\,\mathrm{d}x\mathrm{d}y \\
&= 2\lim_{\varepsilon\to 0^+}\iint\limits_{x^2+y^2\leqslant a^2-\varepsilon^2}\sqrt{1+\left(-\frac{x}{z}\right)^2+\left(-\frac{y}{z}\right)^2}\,\mathrm{d}x\mathrm{d}y \\
&= 2\lim_{\varepsilon\to 0^+}\iint\limits_{x^2+y^2\leqslant a^2-\varepsilon^2}\frac{\sqrt{x^2+y^2+z^2}}{\sqrt{a^2-x^2-y^2}}\mathrm{d}x\mathrm{d}y \\
&\xlongequal{\text{极坐标变换}} 2\lim_{\varepsilon\to 0^+}\int_0^{2\pi}\mathrm{d}\varphi\int_0^{\sqrt{a^2-\varepsilon^2}}\frac{a}{\sqrt{a^2-r^2}}r\mathrm{d}r \\
&= 2\lim_{\varepsilon\to 0^+}2\pi a\sqrt{a^2-r^2}\Big|_{\sqrt{a^2-\varepsilon^2}}^{0} \\
&= 2\lim_{\varepsilon\to 0^+}2\pi a(a-\varepsilon) = 4\pi a^2
\end{aligned}
$$

或者,应用广义积分

$$
\begin{aligned}
\sigma(S^2(a)) &= 2\iint\limits_{x^2+y^2\leqslant a^2}\sqrt{1+\left(\frac{\partial z}{\partial x}\right)^2+\left(\frac{\partial z}{\partial y}\right)^2}\,\mathrm{d}x\mathrm{d}y \\
&= 2\iint\limits_{x^2+y^2\leqslant a^2}\sqrt{1+\left(-\frac{x}{z}\right)^2+\left(-\frac{y}{z}\right)^2}\,\mathrm{d}x\mathrm{d}y \\
&= 2\iint\limits_{x^2+y^2\leqslant a^2}\frac{\sqrt{x^2+y^2+z^2}}{\sqrt{a^2-x^2-y^2}}\mathrm{d}x\mathrm{d}y \\
&\xlongequal{\text{极坐标变换}} 2a\int_0^{2\pi}\mathrm{d}\varphi\int_0^{a}\frac{r}{\sqrt{a^2-r^2}}\mathrm{d}r \\
&= 4\pi a\sqrt{a^2-r^2}\Big|_a^0 = 4\pi a^2
\end{aligned}
$$

解法2

$$
\begin{aligned}
\sigma(S^2(a)) &= 2a\iint\limits_{x^2+y^2\leqslant a^2}\frac{\mathrm{d}x\mathrm{d}y}{\sqrt{a^2-x^2-y^2}} \\
&\xlongequal{\text{对称性}} 8a\int_0^a\mathrm{d}x\int_0^{\sqrt{a^2-x^2}}\frac{\mathrm{d}y}{\sqrt{a^2-x^2-y^2}} \\
&= 8a\int_0^a\arcsin\frac{y}{\sqrt{a^2-x^2}}\Bigg|_{y=0}^{y=\sqrt{a^2-x^2}}\mathrm{d}x \\
&= 8a\cdot\frac{\pi}{2}\int_0^a\mathrm{d}x = 4\pi a^2
\end{aligned}
$$

解法3 参阅第1册例6.6.12.

解法4 因为$S^2(a)$为球面,自然应想到球面坐标

$$\begin{aligned}\boldsymbol{x}(\theta,\varphi) &= (x(\theta,\varphi),y(\theta,\varphi),z(\theta,\varphi))\\ &= (a\sin\theta\cos\varphi, a\sin\theta\sin\varphi, a\cos\theta)\end{aligned}$$

所以有

$$\boldsymbol{x}'_\theta = (a\cos\theta\cos\varphi, a\cos\theta\sin\varphi, -a\sin\theta)$$

$$\boldsymbol{x}'_\varphi = (-a\sin\theta\sin\varphi, a\sin\theta\cos\varphi, 0)$$

$$E = \boldsymbol{x}'_\theta\cdot\boldsymbol{x}'_\theta = a^2,\quad F = \boldsymbol{x}'_\theta\cdot\boldsymbol{x}'_\varphi = 0(\text{即 }\boldsymbol{x}'_\theta\perp\boldsymbol{x}'_\varphi),\quad G = \boldsymbol{x}'_\varphi\cdot\boldsymbol{x}'_\varphi = a^2\sin^2\theta$$

于是

$$\mathrm{d}\sigma = \sqrt{EG-F^2}\,\mathrm{d}\theta\mathrm{d}\varphi = a^2\sin\theta\mathrm{d}\theta\mathrm{d}\varphi$$

$$\sigma(S^2(a)) = \int_0^{2\pi}\mathrm{d}\varphi\int_0^{\pi}a^2\sin\theta\mathrm{d}\theta = 2\pi a^2(-\cos\theta)\Big|_0^{\pi} = 4\pi a^2$$

注意,由于$\boldsymbol{x}'_\theta\perp\boldsymbol{x}'_\varphi$, $\|\boldsymbol{x}'_\theta\|\mathrm{d}\theta = a\mathrm{d}\theta$, $\|\boldsymbol{x}'_\varphi\|\mathrm{d}\varphi = a\sin\theta\mathrm{d}\varphi$(都可从图11.1.6看出)得到

$$\mathrm{d}\sigma = \|\boldsymbol{x}'_\theta\times\boldsymbol{x}'_\varphi\|\mathrm{d}\theta\mathrm{d}\varphi = \|\boldsymbol{x}'_\theta\|\mathrm{d}\theta\cdot\|\boldsymbol{x}'_\varphi\|\mathrm{d}\varphi = a\mathrm{d}\theta\cdot a\sin\theta\mathrm{d}\varphi = a^2\sin\theta\mathrm{d}\theta\mathrm{d}\varphi$$

球面坐标的这个面积元应该熟记,不必每次重复计算.

例11.1.5 计算球面$x^2+y^2+z^2=a^2$被柱面$x^2+y^2=ax$所截下的球面片Σ(图11.1.7)的面积$\sigma(\Sigma)$.

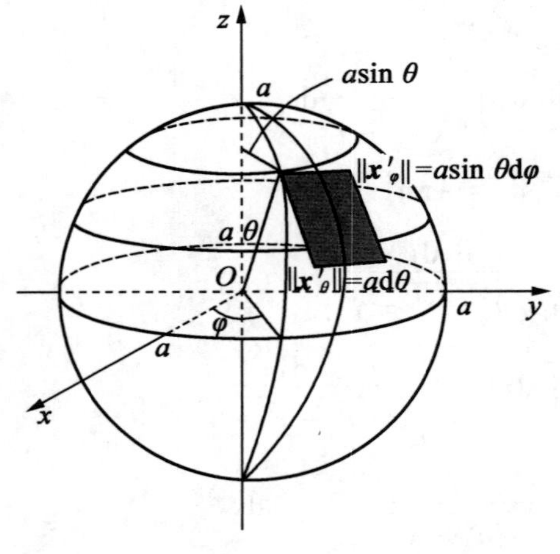

图11.1.6

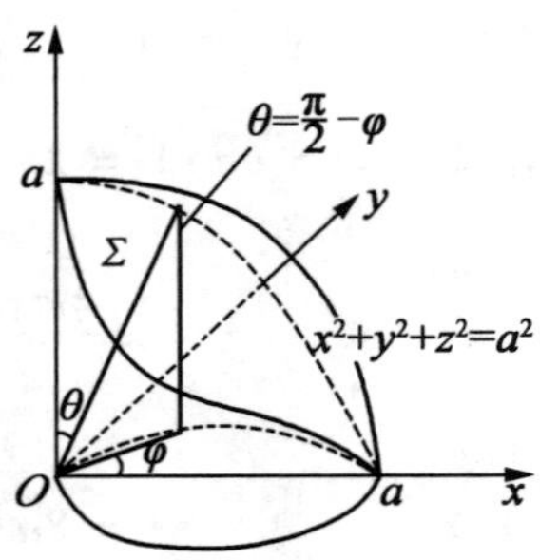

图11.1.7

解 用球面坐标来计算.将

$$(x,y,z)=(a\sin\theta\cos\varphi,a\sin\theta\sin\varphi,a\cos\theta)$$

代入 $x^2+y^2=ax$ 得到

$$a^2\sin^2\theta=a^2\sin\theta\cos\varphi$$

$$\sin\theta=\cos\varphi=\sin\left(\frac{\pi}{2}-\varphi\right)$$

当点在第一卦限中变化时，$\theta,\varphi\in\left[0,\frac{\pi}{2}\right]$，故得到球面 $x^2+y^2+z^2=a^2$ 与柱面 $x^2+y^2=ax$的交线的球面坐标方程为 $\theta=\frac{\pi}{2}-\varphi$. 因此，$\Delta$ 是三角形区域

$$\Delta=\left\{(\theta,\varphi)\mid\theta,\varphi\geqslant0,\theta+\varphi\leqslant\frac{\pi}{2}\right\}$$

于是

$$\begin{aligned}\sigma(\Sigma)&=4\iint_{\Delta}a^2\sin\theta\mathrm{d}\theta\mathrm{d}\varphi\\&=4a^2\int_0^{\frac{\pi}{2}}\mathrm{d}\varphi\int_0^{\frac{\pi}{2}-\varphi}\sin\theta\mathrm{d}\theta\\&=4a^2\int_0^{\frac{\pi}{2}}(-\cos\theta)\Big|_0^{\frac{\pi}{2}-\varphi}\mathrm{d}\varphi\\&=4a^2\int_0^{\frac{\pi}{2}}(1-\sin\varphi)\mathrm{d}\varphi\\&=4a^2\left(\frac{\pi}{2}-1\right)=2a^2(\pi-2)\end{aligned}$$

例 11.1.6　计算环面 $\Sigma:\boldsymbol{x}(\theta,\varphi)=((b+a\cos\theta)\cos\varphi,(b+a\cos\theta)\sin\varphi,a\sin\theta)$，$0\leqslant\theta,\varphi\leqslant2\pi(0<a<b)$的表面积 $\sigma(\Sigma)$（图 11.1.8）.

解　$\boldsymbol{x}'_\theta=(-a\sin\theta\cos\varphi,-a\sin\theta\sin\varphi,a\cos\theta)$

$$\boldsymbol{x}'_\varphi=(-(b+a\cos\theta)\sin\varphi,(b+a\cos\theta)\cos\varphi,0)$$

$$E=\boldsymbol{x}'_\theta\cdot\boldsymbol{x}'_\theta=a^2$$

$$F=\boldsymbol{x}'_\theta\cdot\boldsymbol{x}'_\varphi=0\text{（即 }\boldsymbol{x}'_\theta\perp\boldsymbol{x}'_\varphi\text{）}$$

$$G=\boldsymbol{x}'_\varphi\cdot\boldsymbol{x}'_\varphi=(b+a\cos\theta)^2$$

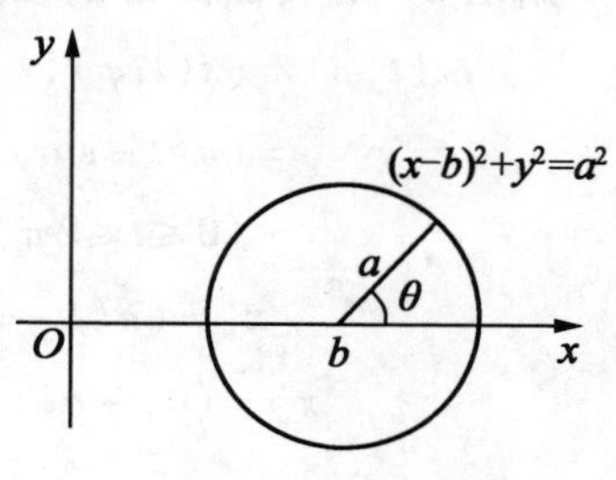

图 11.1.8

由此得到

$$\begin{aligned}\sigma(\Sigma) &= \iint\limits_{\substack{0\leqslant\theta\leqslant 2\pi\\0\leqslant\varphi\leqslant 2\pi}} \sqrt{EG-F^2}\,\mathrm{d}\theta\mathrm{d}\varphi\\&= \int_0^{2\pi}\mathrm{d}\varphi\int_0^{2\pi}a(b+a\cos\theta)\,\mathrm{d}\theta\\&= 2\pi a\left(2\pi b + a\sin\theta\Big|_0^{2\pi}\right)\\&= 4\pi^2 ab\end{aligned}$$

例 11.1.7 计算摆线一拱$(x,y)=(a(t-\sin t),a(1-\cos t))$,$0\leqslant t\leqslant 2\pi$绕$x$轴旋转一周所得曲面$\Sigma$的面积$\sigma(\Sigma)$(见第1册图6.6.4).

解法1 设摆线一拱为C,则

$$\begin{aligned}\sigma(\Sigma) &= \int_C 2\pi y\,\mathrm{d}s = 2\pi\int_0^{2\pi}a(1-\cos t)\sqrt{[x'(t)]^2+[y'(t)]^2}\,\mathrm{d}t\\&= 2\pi a\int_0^{2\pi}(1-\cos t)\sqrt{a^2(1-\cos t)^2+a^2\sin^2 t}\,\mathrm{d}t\\&= 2\pi a^2\int_0^{2\pi}(1-\cos t)\sqrt{2(1-\cos t)}\,\mathrm{d}t\\&= 8\pi a^2\int_0^{2\pi}\sin^3\frac{t}{2}\mathrm{d}t\\&= 16\pi a^2\int_0^{2\pi}\left(\cos^2\frac{t}{2}-1\right)\mathrm{d}\cos\frac{t}{2}\\&= 16\pi a^2\left(\frac{\cos^3\frac{t}{2}}{3}-\cos\frac{t}{2}\right)\Bigg|_0^{2\pi} = \frac{64}{3}\pi a^2\end{aligned}$$

解法2 旋转曲面Σ的参数表示为

$$\begin{aligned}\boldsymbol{x}(t,\varphi) &= (x(t,\varphi),y(t,\varphi),z(t,\varphi))\\&= (a(t-\sin t),a(1-\cos t)\cos\varphi,a(1-\cos t)\sin\varphi)\\&\quad(0\leqslant t\leqslant 2\pi,0\leqslant\varphi\leqslant 2\pi)\end{aligned}$$

$$\boldsymbol{x}'_t = (a(1-\cos t),a\sin t\cos\varphi,a\sin t\sin\varphi)$$

$$\boldsymbol{x}'_\varphi = (0,-a(1-\cos t)\sin\varphi,a(1-\cos t)\cos\varphi)$$

$$E=\boldsymbol{x}'_t\cdot\boldsymbol{x}'_t = a^2[(1-\cos t)^2+\sin^2 t] = 2a^2(1-\cos t)$$

$$F=\boldsymbol{x}'_t\cdot\boldsymbol{x}'_\varphi = 0\quad(\boldsymbol{x}'_t\perp\boldsymbol{x}'_\varphi)$$

$$G=\boldsymbol{x}'_\varphi\cdot\boldsymbol{x}'_\varphi = a^2(1-\cos t)^2$$

$$\begin{aligned}\sigma(\Sigma) &= \iint\limits_{\substack{0\leqslant t\leqslant 2\pi\\0\leqslant\varphi\leqslant 2\pi}} \sqrt{EG-F^2}\,\mathrm{d}t\mathrm{d}\varphi\\&= \iint\limits_{\substack{0\leqslant t\leqslant 2\pi\\0\leqslant\varphi\leqslant 2\pi}} \sqrt{2}a^2\sqrt{(1-\cos t)^3}\,\mathrm{d}t\mathrm{d}\varphi\\&= 4a^2\int_0^{2\pi}\sin^3\frac{t}{2}\mathrm{d}t\int_0^{2\pi}\mathrm{d}\varphi\\&= 8\pi a^2\int_0^{2\pi}\sin^3\frac{t}{2}\mathrm{d}t = \frac{64}{3}\pi a^2\end{aligned}$$

例 11.1.8　将抛物线 $C: y=\sqrt{x}, 0\leqslant x\leqslant a$ 绕 x 轴旋转一周得旋转抛物面 Σ，求它的面积 $\sigma(\Sigma)$.

解法 1　$\sigma(\Sigma) = \int_C 2\pi y\mathrm{d}s = 2\pi\int_0^a\sqrt{x}\sqrt{1+[y'(x)]^2}\mathrm{d}x$

$$\begin{aligned}&= 2\pi\int_0^a\sqrt{x}\sqrt{1+\frac{1}{4x}}\mathrm{d}x = 2\pi\int_0^a\sqrt{x+\frac{1}{4}}\mathrm{d}x\\&= 2\pi\cdot\frac{2}{3}\left(x+\frac{1}{4}\right)^{\frac{3}{2}}\Bigg|_0^a = \frac{4\pi}{3}\left[\left(a+\frac{1}{4}\right)^{\frac{3}{2}}-\frac{1}{8}\right]\\&= \frac{\pi}{6}[(4a+1)^{\frac{3}{2}}-1]\end{aligned}$$

解法 2　旋转抛物面的参数表示为

$$\boldsymbol{x}(x,\varphi) = (x,\sqrt{x}\cos\varphi,\sqrt{x}\sin\varphi),\quad 0\leqslant x\leqslant a, 0\leqslant\varphi\leqslant 2\pi$$

$$\boldsymbol{x}'_x = \left(1,\frac{1}{2\sqrt{x}}\cos\varphi,\frac{1}{2\sqrt{x}}\sin\varphi\right)$$

$$\boldsymbol{x}'_\varphi = (0,-\sqrt{x}\sin\varphi,\sqrt{x}\cos\varphi)$$

$$E = \boldsymbol{x}'_x\cdot\boldsymbol{x}'_x = 1+\frac{1}{4x}$$

$$F = \boldsymbol{x}'_x\cdot\boldsymbol{x}'_\varphi = 0\quad(\boldsymbol{x}'_x\perp\boldsymbol{x}'_\varphi)$$

$$G = \boldsymbol{x}'_\varphi\cdot\boldsymbol{x}'_\varphi = x$$

$$\begin{aligned}\sigma(\Sigma) &= \iint\limits_{\substack{0\leqslant x\leqslant a\\0\leqslant\varphi\leqslant 2\pi}}\sqrt{EG-F^2}\,\mathrm{d}x\mathrm{d}\varphi = \iint\limits_{\substack{0\leqslant x\leqslant a\\0\leqslant\varphi\leqslant 2\pi}}\sqrt{x+\frac{1}{4}}\,\mathrm{d}x\mathrm{d}\varphi\\&= \int_0^{2\pi}\mathrm{d}\varphi\int_0^a\sqrt{x+\frac{1}{4}}\mathrm{d}x \xlongequal{\text{由解法 1}} \frac{\pi}{6}[(4a+1)^{\frac{3}{2}}-1]\end{aligned}$$

下面考虑一般的旋转曲面.

例 11.1.9 将 xOy 平面上的曲线 $C:(x,y)=(x(t),y(t)),\alpha\leqslant t\leqslant\beta$ 绕 x 轴旋转一周得旋转曲面 Σ,其中 $x(t),y(t)$ 都为 C^1 函数. 求它的面积 $\sigma(\Sigma)$.

解法 1 $\sigma(\Sigma)=\int_C 2\pi y\mathrm{d}s=2\pi\int_\alpha^\beta y(t)\sqrt{[x'(t)]^2+[y'(t)]^2}\mathrm{d}t.$

解法 2 旋转曲面 Σ 的参数表示为

$$\boldsymbol{x}(t,\varphi)=(x(t),y(t)\cos\varphi,y(t)\sin\varphi),\quad \alpha\leqslant t\leqslant\beta,\quad 0\leqslant\varphi\leqslant 2\pi$$

$$\boldsymbol{x}'_t=(x'(t),y'(t)\cos\varphi,y'(t)\sin\varphi)$$

$$\boldsymbol{x}'_\varphi=(0,-y(t)\sin\varphi,y(t)\cos\varphi)$$

$$E=\boldsymbol{x}'_t\cdot\boldsymbol{x}'_t=[x'(t)]^2+[y'(t)]^2$$

$$F=\boldsymbol{x}'_t\cdot\boldsymbol{x}'_\varphi=0\quad(\boldsymbol{x}'_t\perp\boldsymbol{x}'_\varphi)$$

$$G=\boldsymbol{x}'_\varphi\cdot\boldsymbol{x}'_\varphi=y^2(t)$$

$$\begin{aligned}\sigma(\Sigma)&=\iint\limits_{\substack{\alpha\leqslant t\leqslant\beta\\0\leqslant\varphi\leqslant2\pi}}\sqrt{EG-F^2}\,\mathrm{d}t\mathrm{d}\varphi\\&=\iint\limits_{\substack{\alpha\leqslant t\leqslant\beta\\0\leqslant\varphi\leqslant2\pi}}y(t)\sqrt{[x'(t)]^2+[y'(t)]^2}\,\mathrm{d}t\mathrm{d}\varphi\\&=\int_0^{2\pi}\mathrm{d}\varphi\int_\alpha^\beta y(t)\sqrt{[x'(t)]^2+[y'(t)]^2}\,\mathrm{d}t\\&=2\pi\int_\alpha^\beta y(t)\sqrt{[x'(t)]^2+[y'(t)]^2}\,\mathrm{d}t\end{aligned}$$

例 11.1.10 计算 $\mathbb{R}^n$ 中以原点为中心,$a>0$ 为半径的 $n-1$ 维球面 $S^{n-1}(a)$ 的面积 $\sigma(S^{n-1}(a))$.

解法 1 应用 $n-1$ 维球面坐标变换

$$\begin{cases}x_1=a\cos\theta_1\\x_2=a\sin\theta_1\cos\theta_2\\x_3=a\sin\theta_1\sin\theta_2\cos\theta_3\\\vdots\\x_{n-1}=a\sin\theta_1\sin\theta_2\sin\theta_3\cdots\sin\theta_{n-2}\cos\theta_{n-1}\\x_n=a\sin\theta_1\sin\theta_2\sin\theta_3\cdots\sin\theta_{n-2}\sin\theta_{n-1}\end{cases}$$

$$0\leqslant\theta_1,\theta_2,\cdots,\theta_{n-2}\leqslant\pi,\quad 0\leqslant\theta_{n-1}\leqslant2\pi$$

读者可以证明 $n-1$ 维球面 $S^{n-1}(a)$ 的面积元为(复习题 11 题 2)

$$\begin{aligned}
\mathrm{d}\sigma &= \sqrt{\det\begin{pmatrix} g_{11} & \cdots & g_{1,n-1} \\ \vdots & & \vdots \\ g_{n-1,1} & \cdots & g_{n-1,n-1}\end{pmatrix}}\mathrm{d}\theta_1\mathrm{d}\theta_2\cdots\mathrm{d}\theta_{n-1} \\
&= a^{n-1}\sin^{n-2}\theta_1\sin^{n-3}\theta_2\cdots\sin\theta_{n-2}\mathrm{d}\theta_1\cdots\mathrm{d}\theta_{n-1}
\end{aligned}$$

因此,$S^{n-1}(a)$的面积为

$$\begin{aligned}
\sigma(S^{n-1}(a)) &= \underset{\substack{0\leqslant\theta_1,\theta_2,\cdots,\theta_{n-2}\leqslant\pi \\ 0\leqslant\theta_{n-1}\leqslant 2\pi}}{\int\cdots\int} a^{n-1}\sin^{n-2}\theta_1\sin^{n-3}\theta_2\cdots\sin\theta_{n-2}\mathrm{d}\theta_1\cdots\mathrm{d}\theta_{n-1} \\
&= a^{n-1}\cdot n\int_0^1 r^{n-1}\mathrm{d}r \underset{\substack{0\leqslant\theta_1,\theta_2,\cdots,\theta_{n-2}\leqslant\pi \\ 0\leqslant\theta_{n-1}\leqslant 2\pi}}{\int\cdots\int} \sin^{n-2}\theta_1\sin^{n-3}\theta_2\cdots\sin\theta_{n-2}\mathrm{d}\theta_1\cdots\mathrm{d}\theta_{n-1} \\
&= na^{n-1}v(B_n(1)) = \begin{cases} 2ka^{2k-1}\cdot\dfrac{\pi^k}{k!}, & n=2k \\ (2k-1)a^{2k-2}\cdot\dfrac{2^k\pi^{k-1}}{(2k-1)!!}, & n=2k-1\end{cases} \\
&= \begin{cases} \dfrac{2\pi^k}{(k-1)!}a^{2k-1}, & n=2k \\ \dfrac{2^k\pi^{k-1}}{(2k-3)!!}a^{2k-2}, & n=2k-1\end{cases} \\
&= \frac{2\pi^{\frac{n}{2}}}{\Gamma\left(\frac{n}{2}\right)}a^{n-1}
\end{aligned}$$

解法 2　因为 $x_1^2+x_2^2+\cdots+x_n^2=a^2$,$2x_i+2x_n\cdot\dfrac{\partial x_n}{\partial x_i}=0$,即

$$\frac{\partial x_n}{\partial x_i}=-\frac{x_i}{x_n}$$

所以 $S^{n-1}(a)$的上半球面可由方程

$$x_n=\sqrt{a^2-(x_1^2+x_2^2+\cdots+x_{n-1}^2)},\quad x_1^2+x_2^2+\cdots+x_{n-1}^2\leqslant a^2$$

确定. 于是

$$\begin{aligned}
\sigma(S^{n-1}(a)) &= 2\underset{x_1^2+x_2^2+\cdots+x_{n-1}^2\leqslant a^2}{\int\cdots\int}\sqrt{1+\left(\frac{\partial x_n}{\partial x_1}\right)^2+\cdots+\left(\frac{\partial x_n}{\partial x_{n-1}}\right)^2}\mathrm{d}x_1\cdots\mathrm{d}x_{n-1} \\
&= 2\underset{x_1^2+x_2^2+\cdots+x_{n-1}^2\leqslant a^2}{\int\cdots\int}\sqrt{1+\left(-\frac{x_1}{x_n}\right)^2+\cdots+\left(-\frac{x_{n-1}}{x_n}\right)^2}\mathrm{d}x_1\cdots\mathrm{d}x_{n-1}
\end{aligned}$$

$$= 2 \underset{x_1^2+x_2^2+\cdots+x_{n-1}^2\leqslant a^2}{\int\cdots\int} \frac{a}{x_n}\mathrm{d}x_1\cdots\mathrm{d}x_{n-1}$$

$$\xlongequal{x_i = ay_i} 2 \underset{y_1^2+y_2^2+\cdots+y_{n-1}^2\leqslant 1}{\int\cdots\int} \frac{a}{\sqrt{a^2 - a^2(y_1^2 + y_2^2 + \cdots + y_{n-1}^2)}} a^{n-1}\mathrm{d}y_1\cdots\mathrm{d}y_{n-1}$$

$$= 2a^{n-1} \underset{y_1^2+y_2^2+\cdots+y_{n-1}^2\leqslant 1}{\int\cdots\int} \frac{\mathrm{d}y_1\cdots\mathrm{d}y_{n-1}}{\sqrt{1 - (y_1^2 + y_2^2 + \cdots + y_{n-1}^2)}}$$

$$= a^{n-1}\sigma(S^{n-1}(1))$$

$$\xlongequal{\text{例 10.5.14}} \begin{cases} \dfrac{2\pi^k}{(k-1)!}a^{2k-1}, & n = 2k \\ \dfrac{2^k\pi^{k-1}}{(2k-3)!!}a^{2k-2}, & n = 2k-1 \end{cases}$$

$$= \frac{2\pi^{\frac{n}{2}}}{\Gamma\left(\frac{n}{2}\right)}a^{n-1}$$

例 11.1.11 设 Σ 为锥面 $z^2 = k^2(x^2 + y^2)(k > 0)$ 被柱面 $x^2 + y^2 = 2ax$ 截下的部分,计算曲面积分

$$\iint_{\Sigma}(y^2z^2 + z^2x^2 + x^2y^2)\mathrm{d}\sigma$$

解 设 Σ 的上半部为

$$z = k\sqrt{x^2 + y^2}, \quad x^2 + y^2 \leqslant 2ax, \quad z > 0$$

故面积元为

$$\mathrm{d}\sigma = \sqrt{1 + \left(\frac{\partial z}{\partial x}\right)^2 + \left(\frac{\partial z}{\partial y}\right)^2}\mathrm{d}x\mathrm{d}y$$

$$= \sqrt{1 + \frac{k^2x^2}{x^2 + y^2} + \frac{k^2y^2}{x^2 + y^2}}\mathrm{d}x\mathrm{d}y$$

$$= \sqrt{1 + k^2}\mathrm{d}x\mathrm{d}y$$

于是

$$\iint_{\Sigma}(y^2z^2 + z^2x^2 + x^2y^2)\mathrm{d}\sigma$$

$$\xlongequal{\text{对称性}} 4 \underset{\substack{x^2+y^2\leqslant 2ax \\ x,y\geqslant 0}}{\iint} [(x^2 + y^2)k^2(x^2 + y^2) + x^2y^2]\sqrt{1 + k^2}\mathrm{d}x\mathrm{d}y$$

$$= 4\sqrt{1+k^2}\iint\limits_{\substack{x^2+y^2\leqslant 2ax\\ x,y\geqslant 0}}[k^2(x^2+y^2)^2+x^2y^2]\mathrm{d}x\mathrm{d}y$$

$$\xlongequal{\text{极坐标变换}} 4\sqrt{1+k^2}\int_0^{\frac{\pi}{2}}\mathrm{d}\varphi\int_0^{2a\cos\varphi}[k^2r^4+r^4\sin^2\varphi\cos^2\varphi]r\mathrm{d}r$$

$$= 4\sqrt{1+k^2}\int_0^{\frac{\pi}{2}}(k^2+\sin^2\varphi\cos^2\varphi)\left.\frac{r^6}{6}\right|_0^{2a\cos\varphi}\mathrm{d}\varphi$$

$$= \frac{128a^6}{3}\sqrt{1+k^2}\int_0^{\frac{\pi}{2}}(k^2+\sin^2\varphi\cos^2\varphi)\cos^6\varphi\mathrm{d}\varphi$$

$$= \frac{128a^6}{3}\sqrt{1+k^2}\int_0^{\frac{\pi}{2}}(k^2\cos^6\varphi+\cos^8\varphi-\cos^{10}\varphi)\mathrm{d}\varphi$$

$$= \frac{128a^6}{3}\sqrt{1+k^2}\left(k^2\cdot\frac{5\times 3}{6\times 4\times 2}+\frac{7\times 5\times 3}{8\times 6\times 4\times 2}-\frac{9\times 7\times 5\times 3}{10\times 8\times 6\times 4\times 2}\right)\frac{\pi}{2}$$

$$= \frac{128a^6}{3}\sqrt{1+k^2}\cdot\frac{5}{16}\left(k^2+\frac{7}{8}-\frac{63}{80}\right)\cdot\frac{\pi}{2} = \frac{\pi}{12}(80k^2+7)\sqrt{1+k^2}a^6$$

例 11.1.12　设 $\Sigma=\{(x,y,z)\mid x^2+y^2=a^2,0\leqslant z\leqslant h\}$ 为圆柱面，计算第一型曲面积分

$$\iint\limits_{\Sigma}(x^4+y^4)\mathrm{d}\sigma$$

解　由于 Σ 为圆柱面，故采用柱面坐标变换

$$\boldsymbol{x}(\varphi,z)=(x,y,z)=(a\cos\varphi,a\sin\varphi,z)$$

于是

$$\boldsymbol{x}'_\varphi=(-a\sin\varphi,a\cos\varphi,0)$$

$$\boldsymbol{x}'_z=(0,0,1)$$

$$E=\boldsymbol{x}'_\varphi\cdot\boldsymbol{x}'_\varphi=a^2,\quad F=\boldsymbol{x}'_\varphi\cdot\boldsymbol{x}'_z=0\quad(\boldsymbol{x}'_\varphi\perp\boldsymbol{x}'_z),\quad G=\boldsymbol{x}'_z\cdot\boldsymbol{x}'_z=1$$

面积元为 $\mathrm{d}\sigma=\sqrt{EG-F^2}\,\mathrm{d}\varphi\mathrm{d}z=a\mathrm{d}\varphi\mathrm{d}z$. 从而第一型曲面积分

$$\iint\limits_{\Sigma}(x^4+y^4)\mathrm{d}\sigma\xlongequal{\text{对称性}}2\iint\limits_{\Sigma}y^4\mathrm{d}\sigma$$

$$\xlongequal{\text{柱面坐标变换}}2\iint\limits_{\substack{0\leqslant\varphi\leqslant 2\pi\\ 0\leqslant z\leqslant h}}a^4\sin^4\varphi\cdot a\mathrm{d}\varphi\mathrm{d}z$$

$$= 8a^5\int_0^{\frac{\pi}{2}}\sin^4\varphi\mathrm{d}\varphi\cdot\int_0^h\mathrm{d}z = 8a^5h\cdot\frac{3\cdot 1}{4\cdot 2}\cdot\frac{\pi}{2} = \frac{3}{2}\pi ha^5$$

例 11.1.13 设 $\Sigma=\{(x,y,z)\mid x^2+y^2+z^2=a^2,z\geqslant 0\}$ 为半球面,计算第一型曲面积分

$$\iint_{\Sigma}(x+y+z)\mathrm{d}\sigma$$

解 因为 $\int_{\Sigma}x\mathrm{d}\sigma \xlongequal{x\text{ 为奇函数}} 0,\int_{\Sigma}y\mathrm{d}\sigma \xlongequal{y\text{ 为奇函数}} 0$, 所以

$$\begin{aligned}\iint_{\Sigma}(x+y+z)\mathrm{d}\sigma &= \iint_{\Sigma}z\mathrm{d}\sigma = \iint_{x^2+y^2\leqslant a^2}z\sqrt{1+\left(\frac{\partial z}{\partial x}\right)^2+\left(\frac{\partial z}{\partial y}\right)^2}\mathrm{d}x\mathrm{d}y\\ &= \iint_{x^2+y^2\leqslant a^2}z\sqrt{1+\left(-\frac{x}{z}\right)^2+\left(-\frac{y}{z}\right)^2}\mathrm{d}x\mathrm{d}y\\ &= \iint_{x^2+y^2\leqslant a^2}z\cdot\frac{a}{z}\mathrm{d}x\mathrm{d}y\\ &= a\cdot\pi a^2=\pi a^3\end{aligned}$$

例 11.1.14 设 $S^2(a)$ 是以原点为中心,a 为半径的球面,即 $x^2+y^2+z^2=a^2$,计算第一型曲面积分 $\iint_{S^2(a)}x^2\mathrm{d}\sigma$.

解法 1 应用球面坐标,有

$$\begin{aligned}\iint_{S^2(a)}x^2\mathrm{d}\sigma &= \iint_{\substack{0\leqslant\varphi\leqslant 2\pi\\ 0\leqslant\theta\leqslant\pi}}a^2\sin^2\theta\cos^2\varphi\cdot a^2\sin\theta\mathrm{d}\theta\mathrm{d}\varphi\\ &= a^4\int_0^{2\pi}\cos^2\varphi\mathrm{d}\varphi\int_0^{\pi}\sin^3\theta\mathrm{d}\theta\\ &= 8a^4\int_0^{\frac{\pi}{2}}\cos^2\varphi\mathrm{d}\varphi\int_0^{\frac{\pi}{2}}\sin^3\theta\mathrm{d}\theta\\ &= 8a^4\ \frac{1}{2}\cdot\frac{\pi}{2}\cdot\frac{2}{3}=\frac{4}{3}\pi a^4\end{aligned}$$

解法 2 由对称性显然有

$$\iint_{S^2(a)}x^2\mathrm{d}\sigma=\iint_{S^2(a)}y^2\mathrm{d}\sigma=\iint_{S^2(a)}z^2\mathrm{d}\sigma$$

将上面三式相加得到

$$\begin{aligned}\iint_{S^2(a)}x^2\mathrm{d}\sigma &= \frac{1}{3}\iint_{S^2(a)}(x^2+y^2+z^2)\mathrm{d}\sigma\\ &= \frac{a^2}{3}\iint_{S^2(a)}\mathrm{d}\sigma=\frac{a^2}{3}\sigma(S^2(a))\end{aligned}$$

$$= \frac{a^2}{3} \cdot 4\pi a^2 = \frac{4}{3}\pi a^4$$

例 11.1.15　设 Σ 是球面 $x^2+y^2+z^2=a^2$ 被平面 $z=h(0<h<a)$ 所截的顶部(图 11.1.9),计算第一型曲面积分 $\iint\limits_{\Sigma} \frac{\mathrm{d}\sigma}{z}$.

解　曲面 Σ 的参数表示为 $\boldsymbol{x}(x,y)=(x,y,z)=(x,y,\sqrt{a^2-x^2-y^2})$,其中 $\Delta=\{(x,y)\mid x^2+y^2\leqslant a^2-h^2\}$. 因为面积元

$$\mathrm{d}\sigma=\sqrt{1+(z'_x)^2+(z'_y)^2}\,\mathrm{d}x\mathrm{d}y=\frac{a}{\sqrt{a^2-x^2-y^2}}\mathrm{d}x\mathrm{d}y$$

所以

$$\iint\limits_{\Sigma}\frac{\mathrm{d}\sigma}{z}=\iint\limits_{\Delta}\frac{1}{\sqrt{a^2-x^2-y^2}}\cdot\frac{a}{\sqrt{a^2-x^2-y^2}}\mathrm{d}x\mathrm{d}y$$

$$\xlongequal{\text{极坐标变换}} a\int_0^{2\pi}\mathrm{d}\varphi\int_0^{\sqrt{a^2-h^2}}\frac{r}{a^2-r^2}\mathrm{d}r$$

$$=-\pi a\ln(a^2-r^2)\Big|_0^{\sqrt{a^2-h^2}}$$

$$=\pi a(\ln a^2-\ln h^2)$$

$$=2\pi a\ln\frac{a}{h}$$

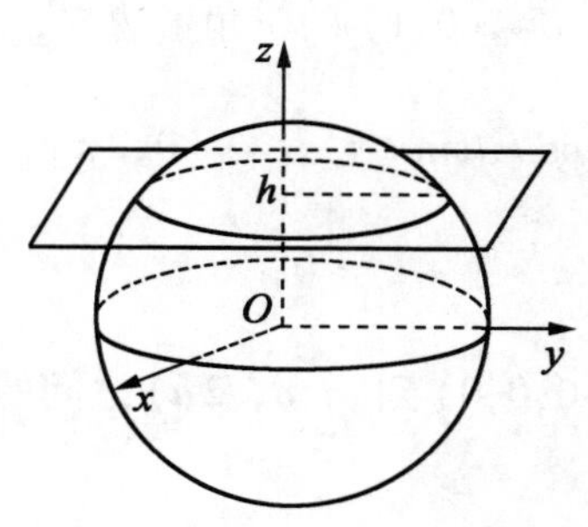

图 11.1.9

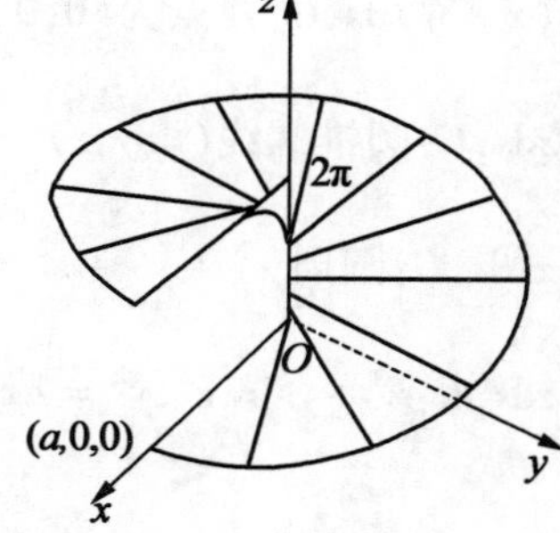

图 11.1.10

例 11.1.16　设 Σ 为螺旋面(图 11.1.10)的一部分,它的参数表示为

$$\boldsymbol{x}(u,v)=(x(u,v),y(u,v),z(u,v))$$
$$=(u\cos v,u\sin v,v)$$
$$(u,v)\in\Delta=[0,a]\times[0,2\pi]$$

计算第一型曲面积分 $\iint\limits_{\Sigma} z\mathrm{d}\sigma$.

解
$$\boldsymbol{x}'_u = (\cos v, \sin v, 0)$$
$$\boldsymbol{x}'_v = (-u\sin v, u\cos v, 1)$$
$$E = \boldsymbol{x}'_u \cdot \boldsymbol{x}'_u = 1$$
$$F = \boldsymbol{x}'_u \cdot \boldsymbol{x}'_v = 0 \quad (\boldsymbol{x}'_u \perp \boldsymbol{x}'_v), \quad G = \boldsymbol{x}'_v \cdot \boldsymbol{x}'_v = 1 + u^2$$

于是

$$\begin{aligned}\iint\limits_{\Sigma} z\mathrm{d}\sigma &= \iint\limits_{\Delta} v\sqrt{EG - F^2}\,\mathrm{d}u\mathrm{d}v = \int_0^a \sqrt{1+u^2}\,\mathrm{d}u \int_0^{2\pi} v\mathrm{d}v \\ &= \left[\frac{u}{2}\sqrt{1+u^2} + \frac{1}{2}\ln(u + \sqrt{1+u^2})\right]\Bigg|_0^a \cdot \frac{v^2}{2}\Bigg|_0^{2\pi} \\ &= \pi^2\left[a\sqrt{1+a^2} + \ln(a + \sqrt{1+a^2})\right]\end{aligned}$$

练习题 11.1

1. 计算下列第一型曲线积分:

(1) $\int_C (x^2+y^2)^n \mathrm{d}s$, C: $(x,y) = (a\cos t, a\sin t)$, $0 \leqslant t \leqslant 2\pi$, $n \in \mathbb{Z}_+$, $a > 0$;

(2) $\int_C (x+y)\mathrm{d}s$, C: 顶点为 $(0,0)$, $(1,0)$, $(0,1)$ 的三角形边界;

(3) $\int_C z\mathrm{d}s$, C: 圆锥螺线 $(x,y,z) = (t\cos t, t\sin t, t)$, $t \in [0, 2\pi]$;

(4) $\int_C x^2 \mathrm{d}s$, C: 圆周 $x^2+y^2+z^2 = a^2$, $x+y+z=0$;

(5) $\int_C z\mathrm{d}s$, C: $x^2+y^2 = z^2$, $y^2 = ax$, 由 $(0,0,0)$ 到 $(a,a,\sqrt{2}a)$ 之间的一段,其中 $a > 0$;

(6) $\int_C y^2 \mathrm{d}s$, C: 旋轮线的一拱, $(x,y) = (a(t-\sin t), a(1-\cos t))$, $0 \leqslant t \leqslant 2\pi$.

2. 考察椭圆

$$\frac{x^2}{a^2} + \frac{y^2}{b^2} = 1 \quad (a > b > 0)$$

称

$$e=\sqrt{\frac{a^2-b^2}{a^2}}$$

为该椭圆的离心率. 试通过 e 和曲线积分来表示椭圆的周长.

3. 曲线 C 用极坐标方程 $r=f(\varphi)\ (\alpha\leqslant\varphi\leqslant\beta)$ 所表示,其中 f 连续可导. 证明:C 的长度为

$$\int_\alpha^\beta\sqrt{f^2(\varphi)+[f'(\varphi)]^2}\,\mathrm{d}\varphi$$

利用这个公式表达题 2 中椭圆的周长.

4. 计算下列曲面的面积:

(1) 锥面 $z=\sqrt{x^2+y^2}$ 被圆柱面 $x^2+y^2=2x$ 截下的部分;

(2) 圆柱面 $x^2+z^2=a^2$ 被圆柱面 $x^2+y^2=a^2$ 截下的部分 $(a>0)$;

(3) 圆柱面介于平面 $x+z=0$ 与 $x-y=0$ 之间的部分;

(4) 球面 $x^2+y^2+z^2=a^2$ 被椭圆柱面

$$\frac{x^2}{a^2}+\frac{y^2}{b^2}=1\quad(0<b\leqslant a)$$

截下的部分;

(5) 马鞍面 $az=xy$ 被圆柱面 $x^2+y^2=a^2$ 截下的部分 $(a>0)$;

(6) 抛物面 $x^2+y^2=2az$ 被柱面 $(x^2+y^2)^2=2a^2xy$ 截下的部分 $(a>0)$;

(7) 螺旋面 $(x,y,z)=(r\cos\theta,r\sin\theta,h\theta)$, $(r,\theta)\in(0,a)\times[0,2\pi]$.

5. 计算下列第一型曲面积分:

(1) $\displaystyle\iint_\Sigma\frac{\mathrm{d}\sigma}{(1+x+y)^2}$,其中 Σ 为四面体 $x+y+z\leqslant1$, $x,y,z\geqslant0$ 的边界;

(2) $\displaystyle\iint_\Sigma|xyz|\,\mathrm{d}\sigma$, $\Sigma: z=x^2+y^2, z\leqslant1$;

(3) $\displaystyle\iint_\Sigma(xy+yz+zx)\,\mathrm{d}\sigma$, $\Sigma: z=\sqrt{x^2+y^2}$ 被圆柱面 $x^2+y^2=2x$ 割下的部分.

思考题 11.1

1. 设 Σ 为单位球面 $x^2+y^2+z^2=1$,证明

$$\iint_{\Sigma} f(ax+by+cz)\,\mathrm{d}\sigma = 2\pi\int_{-1}^{1} f(t\sqrt{a^2+b^2+c^2})\,\mathrm{d}t$$

2. 设 $\Sigma(t)$ 是平面 $x+y+z=t$ 被球面 $x^2+y^2+z^2=1$ 截下的部分,且

$$F(x,y,z)=1-(x^2+y^2+z^2)$$

证明:对于 $|t|\leqslant\sqrt{3}$ 时,有

$$\iint_{\Sigma(t)} F(x,y,z)\,\mathrm{d}\sigma = \frac{\pi}{18}(3-t^2)$$

3. 对常数 $a>0$,定义函数

$$f(x,y,z)=\begin{cases}1, & x^2+y^2+z^2\leqslant a^2\\ 0, & x^2+y^2+z^2>a^2\end{cases}$$

设 $\mathbb{R}^3$ 中的点 (ξ,η,ζ) 满足 $\xi^2+\eta^2+\zeta^2>a^2$,计算第一型曲面积分

$$F(\xi,\eta,\zeta,t) = \iint_{\Sigma(t)} f(x,y,z)\,\mathrm{d}\sigma$$

其中 $\Sigma(t)$ 为球面 $(x-\xi)^2+(y-\eta)^2+(z-\zeta)^2=t^2$.

4. 设 C 为右半 yOz 平面中的 C^1 简单曲线 $(y,z)=(\psi(u),\varphi(u))$, $a\leqslant u\leqslant b$. 让 C 绕 z 轴旋转一周得到旋转曲面 Σ,其参数表示为

$$\boldsymbol{x}(u,v)=(x(u,v),y(u,v),z(u,v))=(\psi(u)\cos v,\psi(u)\sin v,\varphi(u))$$

$$a\leqslant u\leqslant b,\quad 0\leqslant v\leqslant 2\pi,\quad \psi(u)>0$$

求面积元 $\mathrm{d}\sigma$,并证明 Σ 的面积

$$\sigma(\Sigma) = 2\pi\int_a^b \psi(u)\sqrt{[\varphi'(u)]^2+[\psi'(u)]^2}\,\mathrm{d}u$$

11.2 曲线、曲面及流形的定向

为了给出定向曲线上的第二型曲线积分、定向曲面上的第二型曲面积分以及定向流形上的外微分形式的积分,必须引进曲线、曲面及流形可定向与定向的概念,这是一个极其重要又关键的概念,它是由 Poincaré 首先提出来的.

定义 11.2.1 设 C 为空间 $\mathbb{R}^n$ 中的 C^1 曲线,如果沿 C 有处处非零的连续变动的切向量场,则称 C 是**可定向**的(图 11.2.1,简记为图 11.2.2).

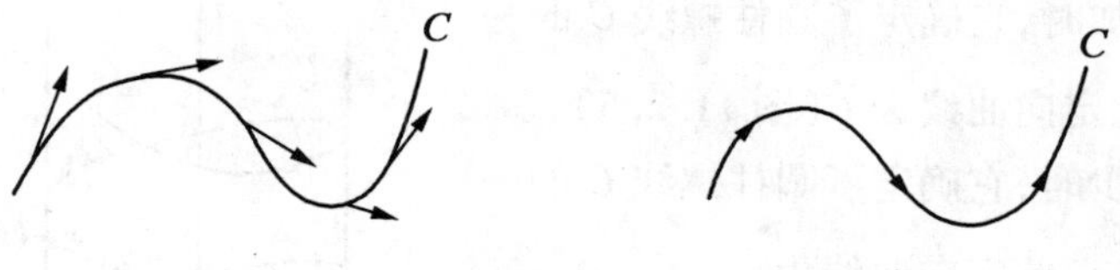

图 11.2.1　　图 11.2.2

如果 C 有 C^1 参数表示 $\boldsymbol{x}:[\alpha,\beta]\to\mathbb{R}^n$，沿参数增加的方向或切向量场 $\boldsymbol{x}'(t)$ 的指向确定了 C 的一个**定向**，记此定向曲线为 $\vec{C}$. 而参数减少的方向或 $-\boldsymbol{x}'(t)$ 的指向确定了 C 的另一个相反的定向，记为 $\vec{C}^-$，或称为 $\vec{C}$ 的**负向**. 如果参数定义域为$[\alpha,\beta]$，则 $f([\alpha,\beta])$ 为**道路连通集**，所以 C 恰有两个上述相反的定向.

如果 C 有两个不相连接的道路连通部分，则它恰有 4 个不同的定向.

例 11.2.1　平面$\mathbb{R}^2$上的圆 $C:x^2+y^2=R^2$.

参数表示为 $\boldsymbol{x}(\theta)=(x(\theta),y(\theta))=(R\cos\theta,R\sin\theta)$，$0\leqslant\theta\leqslant 2\pi$.

切向量场为 $\boldsymbol{x}'(\theta)=(x'(\theta),y'(\theta))=(-R\sin\theta,R\cos\theta)$.

从 $\theta=0$ 到 $\theta=2\pi$ 确定了圆 C 的一个定向，它是逆时针方向的定向圆，记为 $\vec{C}$（图 11.2.3）；而从 $\theta=2\pi$ 到 $\theta=0$ 确定了圆 $\vec{C}$ 的相反定向，它是顺时针方向的定向圆，记为 $\vec{C}^-$（图 11.2.4）.

实际上，不用圆 C 的参数表示，由 $(-y,x)\perp(x,y)=\boldsymbol{x}$ 也可看出 $(-y,x)$ 是沿 C 的逆时针方向的连续的单位切向量场（当然处处非零）. 而 $(-y,x)=(-R\sin\theta,R\cos\theta)$ 表明两种讨论的结果是一致的.

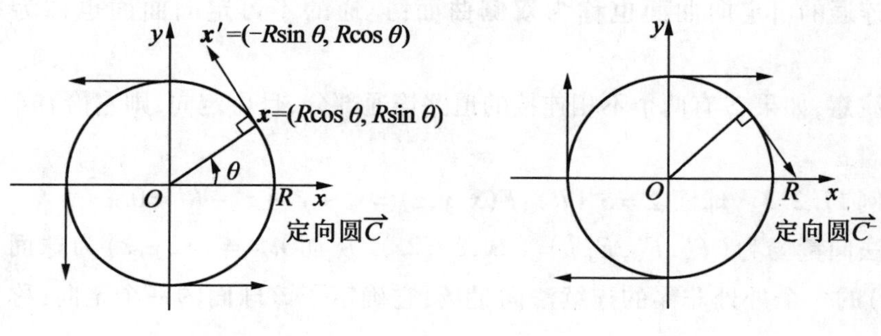

图 11.2.3　　图 11.2.4

例 11.2.2　$\mathbb{R}^3$中的圆柱螺线 $C:\boldsymbol{x}(\theta)=(x(\theta),y(\theta),z(\theta))=(R\cos\theta,R\sin\theta,b\theta)$，$R>0$，$b>0$.

切向量场 $\boldsymbol{x}'(\theta)=(x'(\theta),y'(\theta),z'(\theta))=(-R\sin\theta,R\cos\theta,b)\neq(0,0,0)$.

当θ增加时,它确定了圆柱螺线C的一个定向,记此定向曲线为$\vec{C}$(图11.2.5);

当θ减少时,它确定了圆柱螺线C的一个相反方向,记此定向曲线为$\vec{C}^-$.

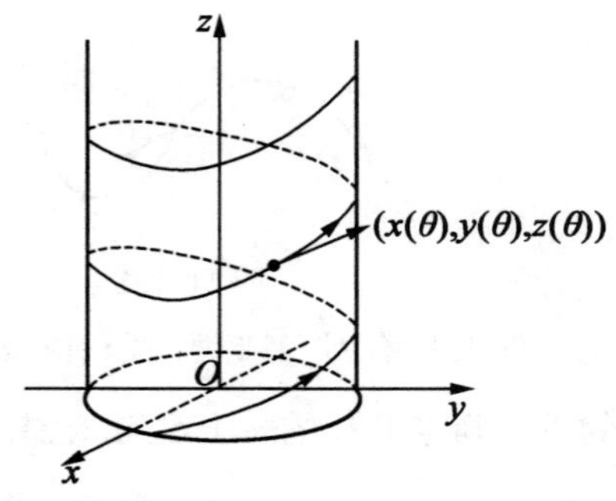

图11.2.5

定义11.2.2 $\mathbb{R}^n$中$n-1$维超曲面的定向.

设Σ为$\mathbb{R}^n$中的$n-1$维C^1超曲面(即$n-1$维C^1流形).如果Σ有连续变动的处处非零的法向量场,则称曲面Σ是**可定向**的(图11.2.6);否则Σ称为**不可定向**的(图11.2.7).

显然,如果Σ上的一个处处非零的连续法向量场$\boldsymbol{n}$确定了Σ的一个定向,记此定向曲面为$\vec{\Sigma}$,则$-\boldsymbol{n}$确定了Σ的另一个相反的定向,记此定向曲面为$\vec{\Sigma}^-$.而道路连通(这里等价于连通)的超曲面Σ恰有两个定向(图11.2.6).

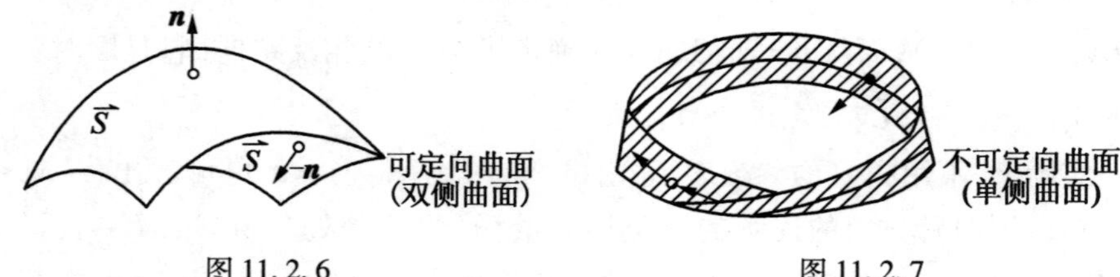

图11.2.6　　　　图11.2.7

连通的可定向曲面也称为**双侧曲面**;连通的不可定向曲面也称为**单侧曲面**.

注意,如果Σ有两个不相连接的道路连通部分,且可定向,则它恰有4个定向.

例11.2.3 球面$\Sigma=S^2(R):F(x,y,z)=x^2+y^2+z^2-R^2=0$.

法向量场为$(F'_x,F'_y,F'_z)=(2x,2y,2z)$.从而$\boldsymbol{n}_{外}=(x,y,z)$为球面$\Sigma=S^2(R)$的一个处处非零的连续法向量场,它确定了该球面的一个定向,称为**外法向(外侧)**,记作$\vec{\Sigma}$(图11.2.8);而$\boldsymbol{n}_{内}=-\boldsymbol{n}_{外}=(-x,-y,-z)$确定了该球面的另一个相反定向,称为**内法向(内侧)**,记作$\vec{\Sigma}^-$(图11.2.9).

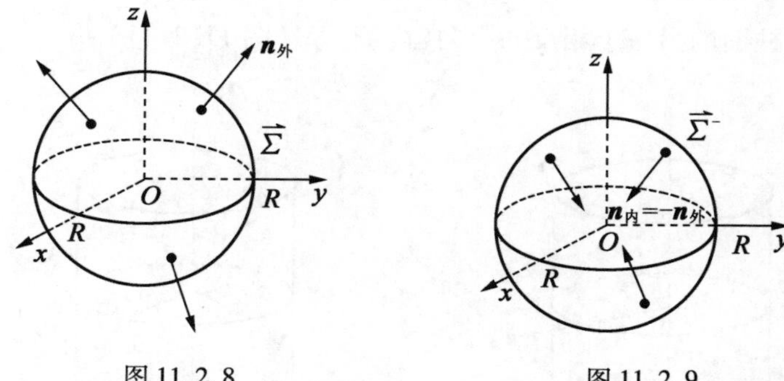

图 11.2.8　　　　图 11.2.9

因为球面 $\Sigma=S^n(R)$ 道路连通，所以它恰有两个定向（恰有两侧，外侧与内侧）. 蚂蚁能爬遍一侧，但不能从一侧爬到另一侧.

应用球面坐标有

$$\begin{aligned}\boldsymbol{x}(\theta,\varphi)&=(x(\theta,\varphi),y(\theta,\varphi),z(\theta,\varphi))\\&=(R\sin\theta\cos\varphi,R\sin\theta\sin\varphi,R\cos\theta)\\\boldsymbol{x}'_\theta&=(R\cos\theta\cos\varphi,R\cos\theta\sin\varphi,-R\sin\theta)\\\boldsymbol{x}'_\varphi&=(-R\sin\theta\sin\varphi,R\sin\theta\cos\varphi,0)\end{aligned}$$

法向量场为

$$\begin{aligned}\boldsymbol{x}'_\theta\times\boldsymbol{x}'_\varphi&=\begin{vmatrix}\boldsymbol{e}_1&\boldsymbol{e}_2&\boldsymbol{e}_3\\R\cos\theta\cos\varphi&R\cos\theta\sin\varphi&-R\sin\theta\\-R\sin\theta\sin\varphi&R\sin\theta\cos\varphi&0\end{vmatrix}\\&=(R^2\sin^2\theta\cos\varphi,R^2\sin^2\theta\sin\varphi,R^2\sin\theta\cos\theta)\\&=R^2\sin\theta(\sin\theta\cos\varphi,\sin\theta\sin\varphi,\cos\theta)\end{aligned}$$

当 $\theta=0,\pi$ 时，$\boldsymbol{x}'_\theta\times\boldsymbol{x}'_\varphi=\boldsymbol{0}$，这是由于选择 (θ,φ) 作为参数造成“北极”与“南极”为奇异点. 但是

$$\left(\frac{x}{R},\frac{y}{R},\frac{z}{R}\right)=(\sin\theta\cos\varphi,\sin\theta\sin\varphi,\cos\theta)=\boldsymbol{n}_0$$

为球面 $\Sigma=S^2(R)$ 的连续的单位法向量场，它确定了一个定向，就是外法向球面 $\vec{\Sigma}$.

例 11.2.4　$\mathbb{R}^3$ 中柱面 Σ：$F(x,y,z)=x^2+y^2-R^2=0$. 法向量场为 $(F'_x,F'_y,F'_z)=(2x,2y,0)$. 从而 $\boldsymbol{n}_{外}=(x,y,0)$ 为柱面 Σ 上的处处非零的连续法向量场，它确定了该柱面的一个定向（外侧）$\vec{\Sigma}$（图 11.2.10）；而 $\boldsymbol{n}_{内}=-\boldsymbol{n}_{外}=(-x,-y,$

0)确定了该柱面的另一个相反的定向(内侧)$\vec{\Sigma}^{-}$(图 11.2.11).

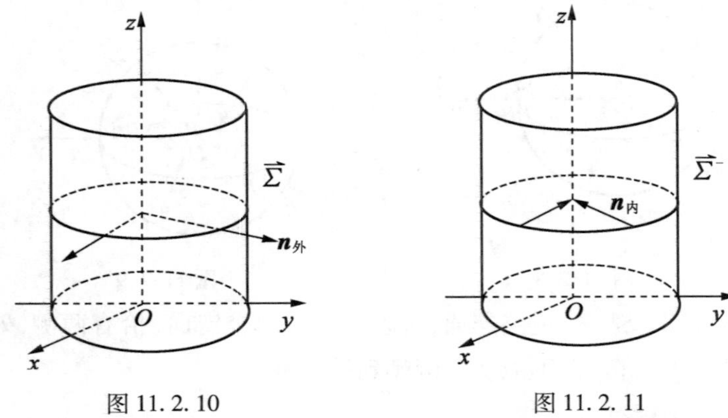

图 11.2.10　　　　图 11.2.11

因为柱面 Σ 是道路连通的,所以它恰有两个定向(恰有两侧,外侧与内侧). 蚂蚁能爬遍一侧,但不能从一侧爬到另一侧.

应用柱面坐标有

$$\boldsymbol{x}(\theta,z)=(x(\theta,z),y(\theta,z),z(\theta,z))=(R\cos\theta,R\sin\theta,z)$$

$$\boldsymbol{x}'_\theta=(-R\sin\theta,R\cos\theta,0)$$

$$\boldsymbol{x}'_z=(0,0,1)$$

法向量场

$$\begin{aligned}\boldsymbol{x}'_\theta\times\boldsymbol{x}'_z&=\begin{vmatrix}\boldsymbol{e}_1&\boldsymbol{e}_2&\boldsymbol{e}_3\\-R\sin\theta&R\cos\theta&0\\0&0&1\end{vmatrix}\\&=(R\cos\theta,R\sin\theta,0)\\&=(x,y,0)=\boldsymbol{n}_{外}\end{aligned}$$

为该柱面上的处处非零的连续法向量场,它确定了 $\vec{\Sigma}$(外侧).

例 11.2.5　Möbius 带 Σ.

不可定向的曲面的一个著名例子称为 **Möbius 带**. 设想有一张矩形纸带(图 11.2.12),记作 ABB_1A_1,用手捏着它的两头,然后像拧麻花一样将它扭转过来,再将线段 AB 与线段 A_1B_1 黏贴起来,但要使 A 与 B_1 黏合,且 B 与 A_1 黏合,这样得到的曲面就称为 Möbius 带(图 11.2.13). 记这张曲面为 Σ 或 M.

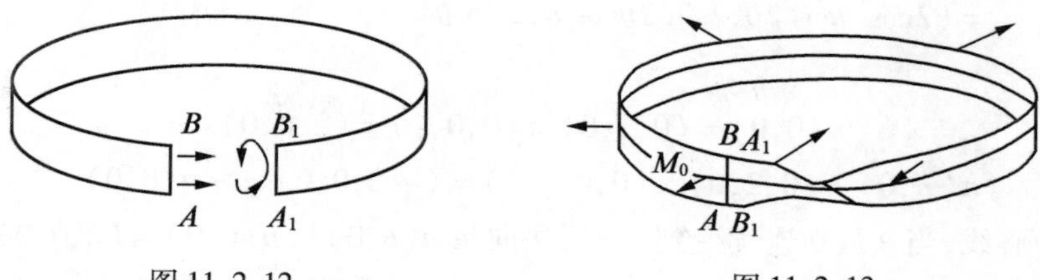

图 11.2.12　　　图 11.2.13

在 Σ 上任取一点 P，在点 P 处指定一个单位法向量，当点 P 在曲面 Σ 上沿其中心线连续变化时，这个单位法向量也连续地改变，当点 P 扫过一圈仍回到原来的出发点时，这时的单位法向量的方向正好与最初的单位法向量的方向相反. 这就说明 Möbius 带是不可定向的（严格证明应该用反证法），即它是单侧曲面. 蚂蚁在 Möbius 带上无须越过它的边界就能爬遍所有的地方. 换另一种通俗的说法，那就是，有一个人提着红色油漆桶来刷 Möbius 带，那么他可以将 Möbius 带的所有部分全刷上红色油漆，而无须越过它的边界. 对于双侧曲面（如球面、柱面等）是绝对做不到的！

上述只是一种定性的描述，就连连续变动的单位法向量场的描述也是不具体的. 现在我们给出 Möbius 带的一个参数表示，并计算它的法向量场. Möbius 带的参数表示为

$$\begin{aligned}\boldsymbol{x}(\theta,t)&=((1-t\sin\theta)\cos 2\theta,(1-t\sin\theta)\sin 2\theta,t\cos\theta)\\&=(\cos 2\theta,\sin 2\theta,0)+t(-\sin\theta\cos 2\theta,-\sin\theta\sin 2\theta,\cos\theta)\end{aligned}$$

$$0\leqslant\theta\leqslant\pi,\quad |t|\leqslant h$$

其中 h 为充分小的正数.

$$\begin{aligned}\boldsymbol{x}'_\theta=&(-2\sin 2\theta,2\cos 2\theta,0)+t(2\sin\theta\sin 2\theta-\cos\theta\cos 2\theta,\\&-2\sin\theta\cos 2\theta-\cos\theta\sin 2\theta,-\sin\theta)\end{aligned}$$

$$\boldsymbol{x}'_t=(-\sin\theta\cos 2\theta,-\sin\theta\sin 2\theta,\cos\theta)$$

重点 $\boldsymbol{x}(\pi,0)=\boldsymbol{x}(0,0)$.

中心线 $t=0$，$\boldsymbol{x}(\theta,0)=(\cos 2\theta,\sin 2\theta,0)$ 为 xOy 平面上的圆.

沿中心线的法向量场

$$\begin{aligned}\boldsymbol{n}(\theta,0)&=\boldsymbol{x}'_\theta(\theta,0)\times\boldsymbol{x}'_t(\theta,0)\\&=(-2\sin 2\theta,2\cos 2\theta,0)\times(-\sin\theta\cos 2\theta,-\sin\theta\sin 2\theta,\cos\theta)\\&=\begin{vmatrix}\boldsymbol{e}_1&\boldsymbol{e}_2&\boldsymbol{e}_3\\-2\sin 2\theta&2\cos 2\theta&0\\-\sin\theta\cos 2\theta&-\sin\theta\sin 2\theta&\cos\theta\end{vmatrix}\end{aligned}$$

$$=(2\cos\theta\cos 2\theta, 2\sin 2\theta\cos\theta, 2\sin\theta)$$

特别地

$$\boldsymbol{n}(0,0)=(0,2,0)\times(0,0,1)=(2,0,0)$$

$$\boldsymbol{n}(\pi,0)=(0,2,0)\times(0,0,-1)=(-2,0,0)=-\boldsymbol{n}(0,0)$$

故沿中心线,当θ从0连续变到π时,法向量$\boldsymbol{n}(\theta,0)$从$\boldsymbol{n}(0,0)=(2,0,0)$连续变到$\boldsymbol{n}(\pi,0)=-\boldsymbol{n}(0,0)=(-2,0,0)$(相反方向).应用反证法可知Möbius带是不可定向的(图11.2.14).

定义11.2.3 $\mathbb{R}^n$中n维连通开集Σ有两个定向,一个是**右手系**(图11.2.15),另一个是**左手系**(图11.2.16).

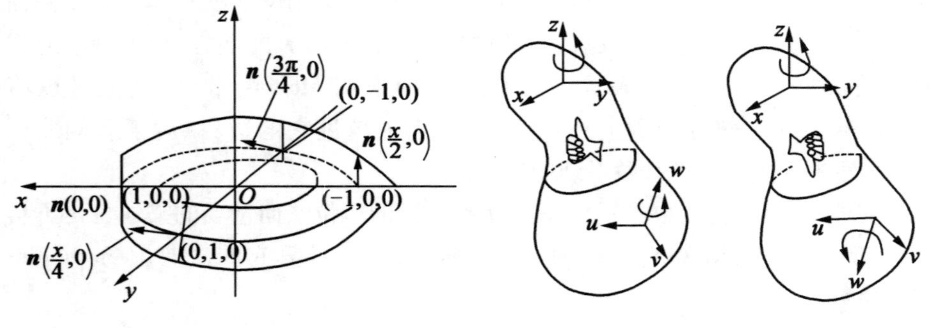

图11.2.14　　图11.2.15　　图11.2.16

如果上述n维开集有参数表示$\boldsymbol{x}:\Delta\to\Sigma$, $(u_1,u_2,\cdots,u_n)\to\boldsymbol{x}(u_1,u_2,\cdots,u_n)=(x_1(u_1,u_2,\cdots,u_n),x_2(u_1,u_2,\cdots,u_n),\cdots,x_n(u_1,u_2,\cdots,u_n))$,则

$$\frac{\partial(x_1,x_2,\cdots,x_n)}{\partial(u_1,u_2,\cdots,u_n)}\begin{cases}>0, & (u_1,u_2,\cdots,u_n)\text{为右手系参数}\\ <0, & (u_1,u_2,\cdots,u_n)\text{为左手系参数}\end{cases}$$

回忆一下$\mathbb{R}^n$中$n-1$维C^1正则超曲面Σ,它有参数表示$\boldsymbol{x}(u_1,u_2,\cdots,u_{n-1})$, $(u_1,u_2,\cdots,u_{n-1})\in\Delta$, $\operatorname{rank}\{\boldsymbol{x}'_{u_1},\boldsymbol{x}'_{u_2},\cdots,\boldsymbol{x}'_{u_{n-1}}\}=n-1$.因此,$\Sigma$上有处处非零的连续法向量场

$$\boldsymbol{x}'_{u_1}\times\cdots\times\boldsymbol{x}'_{u_{n-1}}=\begin{vmatrix}\boldsymbol{e}_1 & \cdots & \boldsymbol{e}_n\\ & \boldsymbol{x}'_{u_1} & \\ & \vdots & \\ & \boldsymbol{x}'_{u_{n-1}} & \end{vmatrix}$$

这就证明了Σ是可定向的超曲面.

注11.2.1 在例11.2.3中,读者千万不要误会从$\boldsymbol{x}'_\theta\times\boldsymbol{x}'_\varphi$为$S^2(R)$上的处

处连续的法向量场就能导出 $S^2(R)$ 是可定向的，原因是当 $\theta=0,\pi$ 时 $\boldsymbol{x}'_\theta\times\boldsymbol{x}'_\varphi=\boldsymbol{0}$，它不是非零法向量！用 θ,φ 作为 $S^2(R)$ 的参数，它不满足正则超曲面整体参数表示的要求. 但是，用这样的参数不行，也不能否定 $S^2(R)$ 是可定向的. 事实上，一眼就能看出 (x,y,z) 是 $S^2(R)$ 上的处处非零的连续法向量场，因而 $S^2(R)$ 是可定向的.

如果在 Möbius 带 $\boldsymbol{\Sigma}$（图 11.2.13）上挖去一条直线段 AB（与 B_1A_1 黏合），显然在余下的集合 $\boldsymbol{\Sigma}\backslash AB$ 上有连续变动的处处非零的法向量场. 但是，一旦当挖去的线段又黏合时，发现两边的法向量方向恰好相反，怎么也拼不起一个 $\boldsymbol{\Sigma}$ 上的整体处处非零的连续法向量. 这是不可定向曲面几何上的特性.

注 11.2.2　在定义 11.2.1 中用处处非零的连续变动的切向量场来刻画一维曲线的可定向性. 在定义 11.2.2 中用处处非零的连续变动的法向量场来刻画 $n-1$ 维超曲面的可定向性. 有一个问题自然会产生，即如何刻画 $k(2\leqslant k\leqslant n-2)$ 维曲面的可定向性. 上述方法不能借鉴，那么有什么新方法呢？下面的定理给出了希望.

定理 11.2.1　设 $\boldsymbol{\Sigma}$ 为 $\mathbb{R}^n$ 中的 $n-1$ 维超曲面（即 $n-1$ 维流形），则 $\boldsymbol{\Sigma}$ 上存在处处非零的连续法向量场 $\Leftrightarrow \boldsymbol{\Sigma}$ 上存在局部坐标系族

$$\mathscr{D}_1=\{(U_\alpha,\varphi_\alpha),\{u_i^\alpha \mid i=1,2,\cdots,n-1\}\mid \alpha\in\boldsymbol{\mu}\}$$

使得：

(1) $\bigcup\limits_{\alpha\in\mu}U_\alpha=\boldsymbol{\Sigma}$；

(2) U_α 为 $\boldsymbol{\Sigma}$ 中的开集，$\varphi:U_\alpha\to\varphi_\alpha(U_\alpha)$，$\boldsymbol{x}\to\varphi_\alpha(\boldsymbol{x})=(u_1^\alpha,u_2^\alpha,\cdots,u_{n-1}^\alpha)$ 为同胚，其中 $\varphi_\alpha(U_\alpha)$ 为 $\mathbb{R}^{n-1}$ 中的开集，$\boldsymbol{x}=\varphi_\alpha^{-1}(u_1^\alpha,u_2^\alpha,\cdots,u_{n-1}^\alpha)=(x_1(u_1^\alpha,u_2^\alpha,\cdots,u_{n-1}^\alpha),x_2(u_1^\alpha,u_2^\alpha,\cdots,u_{n-1}^\alpha),\cdots,x_n(u_1^\alpha,u_2^\alpha,\cdots,u_{n-1}^\alpha))$ 是 C^1 的；

(3) $\forall(U_\alpha,\varphi_\alpha),\{u_i^\alpha\}\in\mathscr{D}_1$，$\forall(U_\beta,\varphi_\beta),\{u_i^\beta\}\in\mathscr{D}_1$，如果 $U_\alpha\cap U_\beta\neq\varnothing$，则坐标变换 $\varphi_\beta\circ\varphi_\alpha^{-1}:\varphi_\alpha(U_\alpha\cap U_\beta)\to\varphi_\beta(U_\alpha\cap U_\beta)$，$(u_1^\alpha,u_2^\alpha,\cdots,u_{n-1}^\alpha)\to(u_1^\beta,u_2^\beta,\cdots,u_{n-1}^\beta)$ 的 Jacobi 行列式

$$\frac{\partial(u_1^\beta,u_2^\beta,\cdots,u_{n-1}^\beta)}{\partial(u_1^\alpha,u_2^\alpha,\cdots,u_{n-1}^\alpha)}>0$$

证明　$(\Rightarrow)$ 设 $\boldsymbol{\Sigma}$ 上存在处处非零的连续法向量场 $\boldsymbol{n}$，$\{x_i \mid i=1,2,\cdots,n\}$ 为 $\mathbb{R}^n$ 中的通常的整体直角坐标. 取 $\boldsymbol{\Sigma}$ 的连通的局部坐标系

$$(U_\alpha,\varphi_\alpha),\{u_i^\alpha\}\quad 与\quad (U_\beta,\varphi_\beta),\{u_i^\beta\}$$

使得

$$[\overrightarrow{\boldsymbol{x}'_{u_1^\alpha},\boldsymbol{x}'_{u_2^\alpha},\cdots,\boldsymbol{x}'_{u_{n-1}^\alpha},\boldsymbol{n}}]=[\overrightarrow{\boldsymbol{e}_1,\boldsymbol{e}_2,\cdots,\boldsymbol{e}_n}]$$

既左边 n 个向量用 $\boldsymbol{e}_1,\boldsymbol{e}_2,\cdots,\boldsymbol{e}_n$ 表示的矩阵的行列式大于0(只要有一点满足此式,则由 U_α 连通,$\boldsymbol{n}$ 连续与零值定值推出此式在 U_α 中成立),其中$\{\boldsymbol{e}_1,\boldsymbol{e}_2,\cdots,\boldsymbol{e}_n\}$为$\mathbb{R}^n$中关于直角坐标系$\{x_i\}$的规范基向量场. 同理有

$$[\overrightarrow{\boldsymbol{x}'_{u_1^\beta},\boldsymbol{x}'_{u_2^\beta},\cdots,\boldsymbol{x}'_{u_{n-1}^\beta},\boldsymbol{n}}]=[\overrightarrow{\boldsymbol{e}_1,\boldsymbol{e}_2,\cdots,\boldsymbol{e}_n}]$$

当 $U_\alpha\cap U_\beta\neq\varnothing$时,在 $U_\alpha\cap U_\beta$ 中有

$$\begin{pmatrix}\boldsymbol{x}'_{u_1^\beta}\\ \vdots\\ \boldsymbol{x}'_{u_{n-1}^\beta}\\ \boldsymbol{n}\end{pmatrix}=\begin{pmatrix}\dfrac{\partial u_1^\alpha}{\partial u_1^\beta} & \cdots & \dfrac{\partial u_{n-1}^\alpha}{\partial u_1^\beta} & 0\\ \vdots & & \vdots & \vdots\\ \dfrac{\partial u_1^\alpha}{\partial u_{n-1}^\beta} & \cdots & \dfrac{\partial u_{n-1}^\alpha}{\partial u_{n-1}^\beta} & 0\\ 0 & \cdots & 0 & 1\end{pmatrix}\begin{pmatrix}\boldsymbol{x}'_{u_1^\alpha}\\ \vdots\\ \boldsymbol{x}'_{u_{n-1}^\alpha}\\ \boldsymbol{n}\end{pmatrix}$$

故

$$\frac{\partial(u_1^\alpha,u_2^\alpha,\cdots,u_{n-1}^\alpha)}{\partial(u_1^\beta,u_2^\beta,\cdots,u_{n-1}^\beta)}=\det\begin{pmatrix}\dfrac{\partial u_1^\alpha}{\partial u_1^\beta} & \cdots & \dfrac{\partial u_{n-1}^\alpha}{\partial u_1^\beta} & 0\\ \vdots & & \vdots & \vdots\\ \dfrac{\partial u_1^\alpha}{\partial u_{n-1}^\beta} & \cdots & \dfrac{\partial u_{n-1}^\alpha}{\partial u_{n-1}^\beta} & 0\\ 0 & \cdots & 0 & 1\end{pmatrix}>0$$

于是

$$\mathscr{D}_1=\{(U,\varphi),\{u_i\}\mid[\overrightarrow{\boldsymbol{x}'_{u_1^\alpha},\boldsymbol{x}'_{u_2^\alpha},\cdots,\boldsymbol{x}'_{u_{n-1}^\alpha},\boldsymbol{n}}]=[\overrightarrow{\boldsymbol{e}_1,\boldsymbol{e}_2,\cdots,\boldsymbol{e}_n}]\}$$

为满足本定理右边三个条件的 $\boldsymbol{\Sigma}$ 的局部坐标系族.

($\Leftarrow$)设 $\mathscr{D}_1=\{(U_\alpha,\varphi_\alpha),\{u_i^\alpha\}\mid\alpha\in\mu\}$ 为 $\boldsymbol{\Sigma}$ 上满足右边三个条件的局部坐标系族,$(U_\alpha,\varphi_\alpha),\{u_i^\alpha\}\in\mathscr{D}_1$,且

$$\begin{pmatrix}\boldsymbol{x}'_{u_1^\alpha}\\ \vdots\\ \boldsymbol{x}'_{u_{n-1}^\alpha}\end{pmatrix}=\begin{pmatrix}\dfrac{\partial x_1}{\partial u_1^\alpha} & \cdots & \dfrac{\partial x_n}{\partial u_1^\alpha}\\ \vdots & & \vdots\\ \dfrac{\partial x_1}{\partial u_{n-1}^\alpha} & \cdots & \dfrac{\partial x_n}{\partial u_{n-1}^\alpha}\end{pmatrix}\begin{pmatrix}\boldsymbol{e}_1\\ \vdots\\ \boldsymbol{e}_n\end{pmatrix}$$

令

$$n_i^\alpha = (-1)^{i+n}\det\begin{pmatrix}\dfrac{\partial x_1}{\partial u_1^\alpha} & \cdots & \dfrac{\partial x_{i-1}}{\partial u_1^\alpha} & \dfrac{\partial x_{i+1}}{\partial u_1^\alpha} & \cdots & \dfrac{\partial x_n}{\partial u_1^\alpha} \\ \vdots & & \vdots & \vdots & & \vdots \\ \dfrac{\partial x_1}{\partial u_{n-1}^\alpha} & \cdots & \dfrac{\partial x_{i-1}}{\partial u_{n-1}^\alpha} & \dfrac{\partial x_{i+1}}{\partial u_{n-1}^\alpha} & \cdots & \dfrac{\partial x_n}{\partial u_{n-1}^\alpha}\end{pmatrix}$$

$$= (-1)^{i+n}\frac{\partial(x_1,\cdots,x_{i-1},x_{i+1},\cdots,x_n)}{\partial(u_1^\alpha,\cdots,u_{n-1}^\alpha)},\quad i=1,2,\cdots,n$$

$$\boldsymbol{n}^\alpha = \frac{\pm 1}{\sqrt{\sum\limits_{i=1}^n (n_i^\alpha)^2}}(n_1^\alpha,n_2^\alpha,\cdots,n_n^\alpha)$$

其中 ±1 选得使

$$[\overrightarrow{\boldsymbol{x}'_{u_1^\alpha},\boldsymbol{x}'_{u_2^\alpha},\cdots,\boldsymbol{x}'_{u_{n-1}^\alpha},\boldsymbol{n}^\alpha}] = [\overrightarrow{\boldsymbol{e}_1,\boldsymbol{e}_2,\cdots,\boldsymbol{e}_n}]$$

从 $\mathrm{rank}\left(\dfrac{\partial x_i}{\partial u_j^\alpha}\right) = \mathrm{rank}\{\boldsymbol{x}'_{u_1^\alpha},\boldsymbol{x}'_{u_2^\alpha},\cdots,\boldsymbol{x}'_{u_{n-1}^\alpha}\} = n-1$ 可知，$\boldsymbol{n}^\alpha$ 是定义确切的. 又因为 $\left(\dfrac{\partial x_i}{\partial u_j^\alpha}\right)$ 为连续函数，所以 $\boldsymbol{n}^\alpha$ 为 U_α 上的连续的单位法向量场.

如果 (U_β,φ_β)，$\{u_i^\beta\}\in\mathscr{D}_1$，类似地可得到 U_β 上的连续单位法向量场 $\boldsymbol{n}^\beta$，使得

$$[\overrightarrow{\boldsymbol{x}'_{u_1^\beta},\boldsymbol{x}'_{u_2^\beta},\cdots,\boldsymbol{x}'_{u_{n-1}^\beta},\boldsymbol{n}^\beta}] = [\overrightarrow{\boldsymbol{e}_1,\boldsymbol{e}_2,\cdots,\boldsymbol{e}_n}]$$

于是

$$\begin{pmatrix}\boldsymbol{x}'_{u_1^\beta} \\ \vdots \\ \boldsymbol{x}'_{u_{n-1}^\beta} \\ \boldsymbol{n}^\beta\end{pmatrix} = \begin{pmatrix}\dfrac{\partial u_1^\alpha}{\partial u_1^\beta} & \cdots & \dfrac{\partial u_{n-1}^\alpha}{\partial u_1^\beta} & 0 \\ \vdots & & \vdots & \vdots \\ \dfrac{\partial u_1^\alpha}{\partial u_{n-1}^\beta} & \cdots & \dfrac{\partial u_{n-1}^\alpha}{\partial u_{n-1}^\beta} & 0 \\ 0 & \cdots & 0 & \delta_{\beta\alpha}\end{pmatrix}\begin{pmatrix}\boldsymbol{x}'_{u_1^\alpha} \\ \vdots \\ \boldsymbol{x}'_{u_{n-1}^\alpha} \\ \boldsymbol{n}^\alpha\end{pmatrix}$$

其中 $\delta_{\beta\alpha} = \pm 1$. 由

$$\frac{\partial(u_1^\alpha,\cdots,u_{n-1}^\alpha)}{\partial(u_1^\beta,\cdots,u_{n-1}^\beta)}\cdot\delta_{\beta\alpha}=\det\begin{pmatrix}\dfrac{\partial u_1^\alpha}{\partial u_1^\beta} & \cdots & \dfrac{\partial u_{n-1}^\alpha}{\partial u_1^\beta} & 0\\ \vdots & & \vdots & \vdots\\ \dfrac{\partial u_1^\alpha}{\partial u_{n-1}^\beta} & \cdots & \dfrac{\partial u_{n-1}^\alpha}{\partial u_{n-1}^\beta} & 0\\ 0 & \cdots & 0 & \delta_{\beta\alpha}\end{pmatrix}>0$$

与

$$\frac{\partial(u_1^\alpha,u_2^\alpha,\cdots,u_{n-1}^\alpha)}{\partial(u_1^\beta,u_2^\beta,\cdots,u_{n-1}^\beta)}>0$$

推得 $\delta_{\beta\alpha}=1$,且在 $U_\alpha\cap U_\beta$ 中 $\boldsymbol{n}^\beta=\delta_{\beta\alpha}\boldsymbol{n}^\alpha=\boldsymbol{n}^\alpha$. 因此,我们可以拼成一个 $\boldsymbol{\Sigma}$ 上的连续的整体单位法向量场,当然它是处处非零的.

定理 11.2.1 给出的是充分必要条件,自然右边的条件也可作为$\mathbb{R}^n$中 $n-1$ 维超曲面($n-1$ 维流形)可定向的定义. 它与定义 11.2.2 相比的优点在于可以推广到$\mathbb{R}^n$中更一般的 $k(1\leqslant k\leqslant n-1)$维曲面($k$ 维流形)$\boldsymbol{\Sigma}$. 这里$\mathbb{R}^n$为 k 维曲面 $\boldsymbol{\Sigma}$ 的外围空间,右边条件(2)中还要用到 $\boldsymbol{x}=\boldsymbol{x}(u_1^\alpha,u_2^\alpha,\cdots,u_{n-1}^\alpha)$. 但是,我们可摆脱外围空间(即无外围空间,也无连续变动的处处非零法向量场)来定义 k 维可定向流形.

定义 11.2.4 设$(M,\mathscr{T})$为 Hausdorff 空间,如果存在局部坐标系族

$$\mathscr{D}\{(U_\alpha,\varphi_\alpha),\{u_i^\alpha\mid i=1,2,\cdots,n\}\mid\alpha\in\Gamma\}$$

使得:

(1) $\bigcup\limits_{\alpha\in\Gamma}U_\alpha=M$;

(2) U_α 为 M 中的开集,$\varphi_\alpha:U_\alpha\to\varphi_\alpha(U_\alpha)$为同胚,$\varphi_\alpha(U_\alpha)$为$\mathbb{R}^n$中的开集(**局部欧**);

(3)(**C^r 相容**) $\forall(U_\alpha,\varphi_\alpha),\{u_i^\alpha\}\in\mathscr{D}$, $\forall(U_\beta,\varphi_\beta),\{u_i^\beta\}\in\mathscr{D}$,如果 $U_\alpha\cap U_\beta\neq\varnothing$,则坐标变换 $\varphi_\beta\circ\varphi_\alpha^{-1}:\varphi_\alpha(U_\alpha\cap U_\beta)\to\varphi_\beta(U_\alpha\cap U_\beta)$,$(u_1^\alpha,\cdots,u_n^\alpha)\to(u_1^\beta,\cdots,u_n^\beta)=\varphi_\beta\circ\varphi_\alpha^{-1}(u_1^\alpha,\cdots,u_n^\alpha)$是 C^r 的$(r=1,2,\cdots,\infty,\omega)$,

则称 $\mathscr{D}$ 为$(M,\mathscr{T})$的 C^r **微分构造**,而$(M,\mathscr{D})$称为 n **维 C^r 微分流形**.

进而,如果 $\exists\mathscr{D}_1=\{(U_\alpha,\varphi_\alpha),\{u_i^2\}\mid\alpha\in\mu\}\subset\mathscr{D}$满足:

① $\bigcup\limits_{\alpha\in\mu}U_\alpha=M$;

② $\forall(U_\alpha,\varphi_\alpha),\{u_i^\alpha\}\in\mathscr{D}_1$, $\forall(U_\beta,\varphi_\beta),\{u_i^\beta\}\in\mathscr{D}_1$,如果 $U_\alpha\cap U_\beta\neq\varnothing$,则在

$U_\alpha \cap U_\beta$ 中，有

$$\frac{\partial(u_1^\beta, u_2^\beta, \cdots, u_n^\beta)}{\partial(u_1^\alpha, u_2^\alpha, \cdots, u_n^\alpha)} > 0$$

则称$(M, \mathscr{D})$是**可定向的**. $\mathscr{D}_1$ 就为$(M, \mathscr{D})$的一个**定向**.

例 11.2.6　证明：$\mathbb{R}^{n+1}$中单位球面

$$S^n = S^n(1) = \{(x_1, \cdots, x_n, x_{n+1}) \in \mathbb{R}^{n+1} \mid x_1^2 + \cdots + x_n^2 + x_{n+1}^2 = 1\}$$

是可定向的.

证法 1　易见 $\boldsymbol{n} = \sum\limits_{i=1}^{n+1} x_i \boldsymbol{e}_i$ 为 S^n 上的连续单位法向量场，根据定理 11.2.1 知，S^n 是可定向的.

证法 2　设 $\boldsymbol{x} = (x_1, \cdots, x_n, x_{n+1}) \in \mathbb{R}^{n+1}$. 令(图 11.2.17)

$$U_{南} = S^n \setminus \{(0, \cdots, 0, -1)\}$$

$$U_{北} = S^n \setminus \{(0, \cdots, 0, 1)\}$$

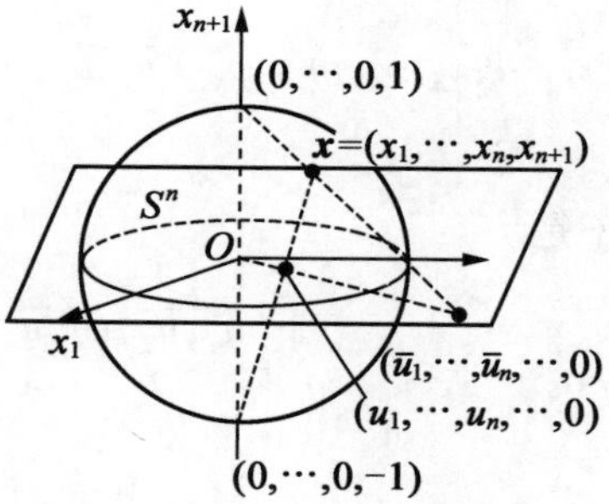

图 11.2.17

作南极投影 $\varphi_{南}: U_{南} \to \mathbb{R}^n$，且

$$(u_1, u_2, \cdots, u_n) = \varphi_{南}(x_1, \cdots, x_n, x_{n+1}) = \left(\frac{x_1}{1 + x_{n+1}}, \frac{x_2}{1 + x_{n+1}}, \cdots, \frac{x_n}{1 + x_{n+1}}\right)$$

$$(x_1, \cdots, x_n, x_{n+1}) = \varphi_{南}^{-1}(u_1, u_2, \cdots, u_n) = \left[\frac{2u_1}{1 + \sum\limits_{i=1}^n u_i^2}, \cdots, \frac{2u_n}{1 + \sum\limits_{i=1}^n u_i^2}, \frac{1 - \sum\limits_{i=1}^n u_i^2}{1 + \sum\limits_{i=1}^n u_i^2}\right]$$

其中由 $t(0, \cdots, 0, -1) + (1 - t)(x_1, \cdots, x_n, x_{n+1}) = 0$ 得到

$$-t + (1 - t)x_{n+1} = 0$$

$$t = \frac{x_{n+1}}{1 + x_{n+1}}, \quad u_i = (1 - t)x_i = \frac{x_i}{1 + x_{n+1}}$$

$$u_1^2 + u_2^2 + \cdots + u_n^2 = \frac{x_1^2 + x_2^2 + \cdots + x_n^2}{(1 + x_{n+1})^2} = \frac{1 - x_{n+1}^2}{(1 + x_{n+1})^2} = \frac{1 - x_{n+1}}{1 + x_{n+1}} = \frac{2}{1 + x_{n+1}} - 1$$

$$x_i = (1 + x_{n+1})u_i = \frac{2u_i}{1 + \sum\limits_{i=1}^n u_i^2}, \quad i = 1, 2, \cdots, n$$

$$x_{n+1}=\frac{2}{1+\sum_{i=1}^{n}u_i^2}-1=\frac{1-\sum_{i=1}^{n}u_i^2}{1+\sum_{i=1}^{n}u_i^2}$$

类似作北极投影 $\varphi_{北}:U_{北}\to\mathbb{R}^n$,且

$$(\bar{u}_1,\bar{u}_2,\cdots,\bar{u}_n)=\varphi_{北}(x_1,\cdots,x_n,x_{n+1})=\left(\frac{x_1}{1-x_{n+1}},\frac{x_2}{1-x_{n+1}},\cdots,\frac{x_n}{1-x_{n+1}}\right)$$

$$(x_1,\cdots,x_n,x_{n+1})=\varphi_{北}^{-1}(\bar{u}_1,\bar{u}_2,\cdots,\bar{u}_n)=\left[\frac{2\bar{u}_1}{1+\sum_{i=1}^{n}\bar{u}_i^2},\cdots,\frac{2\bar{u}_2}{1+\sum_{i=1}^{n}\bar{u}_i^2},\frac{\sum_{i=1}^{n}\bar{u}_i^2-1}{1+\sum_{i=1}^{n}\bar{u}_i^2}\right]$$

于是

$$(\bar{u}_1,\bar{u}_2,\cdots,\bar{u}_n)=\left[\frac{u_1}{\sum_{i=1}^{n}u_i^2},\frac{u_2}{\sum_{i=1}^{n}u_i^2},\cdots,\frac{u_n}{\sum_{i=1}^{n}u_i^2}\right]$$

$$(u_1,u_2,\cdots,u_n)=\left[\frac{\bar{u}_1}{\sum_{i=1}^{n}\bar{u}_i^2},\frac{\bar{u}_2}{\sum_{i=1}^{n}\bar{u}_i^2},\cdots,\frac{\bar{u}_n}{\sum_{i=1}^{n}\bar{u}_i^2}\right]$$

通过计算(留作习题)Jacobi 行列式

$$J_{\varphi_2\circ\varphi_1^{-1}}=\frac{\partial(\bar{u}_1,\bar{u}_2,\cdots,\bar{u}_n)}{\partial(u_1,u_2,\cdots,u_n)}=-\frac{1}{\left(\sum_{i=1}^{n}u_i^2\right)^n}$$

如果将局部坐标$\{\bar{u}_1,\bar{u}_2,\bar{u}_3,\cdots,\bar{u}_n\}$换成$\{\bar{u}_2,\bar{u}_1,\bar{u}_3,\cdots,\bar{u}_n\}$,则相应的 Jacobi 行列式就大于 0. 这就证明了 $\mathscr{D}_1=\{\{u_1,u_2,\cdots,u_n\},\{\bar{u}_2,\bar{u}_1,\bar{u}_3,\cdots,\bar{u}_n\}\}$确定了 S^n 的一个定向.

练习题 11.2

将下列拼接曲面分成两两之间无公共内点的光滑曲面片的并集,用参数方程表示这些光滑曲面片,并确定它们的边界的定向,使之与指定的曲面定向协调,即使边界定向为曲面定向的诱导定向:

(1)顶点为(0,0,0),(1,0,0),(0,1,0),(0,0,1)的四面体的表面,法向量

指向外侧;

(2)半球面 $x^2+y^2+z^2=1, z\geqslant 0$ 和 $z=0$ 围成的曲面,法向量指向球面的内部;

(3)设 $\Sigma=\Sigma_1\cup\Sigma_2$,其中

$$\Sigma_1=\left\{(x,y,z)\mid x^2+4y^2+z^2=12, 0\leqslant y\leqslant\frac{1}{2}\right\}$$

$$\Sigma_2=\left\{(x,y,z)\mid x^2+3y^2+z^2=12, -\frac{1}{2}\leqslant y\leqslant 0\right\}$$

法向量指向 Σ 的外侧.

11.3　第二型曲线、曲面积分、定向流形上的外微分形式的积分

为了引进第二型曲线积分、第二型曲面积分以及定向流形上的外微分形式的积分,先介绍外微分形式与外微分运算.

定义 11.3.1　外微分形式 ω.

设 $\mathrm{d}x_i,\mathrm{d}x_j$ 为微分,定义它们的**外积** $\wedge$,满足:

(1) $\mathrm{d}x_i\wedge\mathrm{d}x_j=-\mathrm{d}x_j\wedge\mathrm{d}x_i$,蕴涵着 $\mathrm{d}x_i\wedge\mathrm{d}x_i=0$;

(2)对运算 $+$,$\wedge$ 具有分配律、结合律. 如

$$\begin{aligned}&(\mathrm{d}x_1+\mathrm{d}x_2)\wedge(\mathrm{d}x_1-\mathrm{d}x_2)\\=&\mathrm{d}x_1\wedge\mathrm{d}x_1+\mathrm{d}x_2\wedge\mathrm{d}x_1-\mathrm{d}x_1\wedge\mathrm{d}x_2-\mathrm{d}x_2\wedge\mathrm{d}x_2\\=&-2\mathrm{d}x_1\wedge\mathrm{d}x_2\end{aligned}$$

$$(\mathrm{d}x_1\wedge\mathrm{d}x_2)\wedge\mathrm{d}x_3=\mathrm{d}x_1\wedge(\mathrm{d}x_2\wedge\mathrm{d}x_3)$$

在 $\mathbb{R}^1$ 中:

0 次微分形式:$\omega=f(x)$;

1 次微分形式:$\omega=f(x)\mathrm{d}x$;

$k(k\geqslant 2)$ 次微分形式:$\omega=\sum\limits_{i_1<\cdots<i_k}P_{i_1\cdots i_k}\mathrm{d}x_{i_1}\wedge\cdots\wedge\mathrm{d}x_{i_k}=0$(因 $k\geqslant 2$,$\mathrm{d}x_{i_1}\wedge\cdots\wedge\mathrm{d}x_{i_k}=\mathrm{d}x\wedge\cdots\wedge\mathrm{d}x=(\mathrm{d}x\wedge\mathrm{d}x)\wedge\cdots\wedge\mathrm{d}x=0\wedge\cdots\wedge\mathrm{d}x=0$).

在 $\mathbb{R}^2$ 中:

0 次微分形式:$\omega=f(x,y)$;

1 次微分形式:$\omega = P(x,y)\mathrm{d}x + Q(x,y)\mathrm{d}y$;

2 次微分形式:$\omega = f(x,y)\mathrm{d}x \wedge \mathrm{d}y$;

$k(k\geqslant 3)$次微分形式:$\omega = \sum\limits_{i_1<\cdots<i_k} P_{i_1\cdots i_k}\mathrm{d}x_{i_1}\wedge\cdots\wedge\mathrm{d}x_{i_k} = 0$(因 $k\geqslant 3$,$\mathrm{d}x_{i_1}\wedge\cdots\wedge\mathrm{d}x_{i_k}$中必有两个相同,再由性质(1)(2)知,它为0).

在$\mathbb{R}^3$中:

0 次微分形式:$\omega = f(x,y,z)$;

1 次微分形式:$\omega = P(x,y,z)\mathrm{d}x + Q(x,y,z)\mathrm{d}y + R(x,y,z)\mathrm{d}z$;

2 次微分形式:$\omega = P(x,y,z)\mathrm{d}y\wedge\mathrm{d}z + Q(x,y,z)\mathrm{d}z\wedge\mathrm{d}x + R(x,y,z)\mathrm{d}x\wedge\mathrm{d}y$;

3 次微分形式:$\omega = f(x,y,z)\mathrm{d}x\wedge\mathrm{d}y\wedge\mathrm{d}z$;

$k(k\geqslant 4)$次微分形式:$\omega = \sum\limits_{i_1<\cdots<i_k} P_{i_1\cdots i_k}\mathrm{d}x_{i_1}\wedge\cdots\wedge\mathrm{d}x_{i_k} = 0$(因 $k\geqslant 4$,$\mathrm{d}x_{i_1}\wedge\cdots\wedge\mathrm{d}x_{i_k}$中必有两个相同,再由性质(1)(2)知,它为0).

更一般地,在$\mathbb{R}^n$中:

0 次微分形式:$\omega = f(x_1,x_2,\cdots,x_n)$;

1 次微分形式:$\omega = \sum\limits_{i=1}^{n} P_i(x_1,x_2,\cdots,x_n)\mathrm{d}x_i$;

$\vdots$

$k(1\leqslant k\leqslant n)$次微分形式:$\omega = \sum\limits_{i_1<\cdots<i_k} P_{i_1\cdots i_k}(x_1,x_2,\cdots,x_n)\mathrm{d}x_{i_1}\wedge\cdots\wedge\mathrm{d}x_{i_k}$;

$\vdots$

n 次微分形式:$\omega = P_{12\cdots n}(x_1,x_2,\cdots,x_n)\mathrm{d}x_1\wedge\cdots\wedge\mathrm{d}x_n$;

$k(k\geqslant n+1)$次微分形式:$\omega = 0$(因 $k\geqslant n+1$,$\mathrm{d}x_{i_1}\wedge\cdots\wedge\mathrm{d}x_{i_k}$中必有两个相同,再由性质(1)(2)知,它为0).

定义 11.3.2　外微分(算子) $\mathrm{d}:\omega(k\text{ 次})\to\mathrm{d}\omega(k+1\text{ 次})$.

在$\mathbb{R}^1$中:

0 次微分形式:$\omega = f$,$\mathrm{d}\omega = f'\mathrm{d}x$(1 次微分形式);

1 次微分形式:$\omega = f\mathrm{d}x$,$\mathrm{d}\omega = 0$(2 次微分形式).

在$\mathbb{R}^2$中:

0 次微分形式:$\omega = f$,$\mathrm{d}\omega = \frac{\partial f}{\partial x}\mathrm{d}x + \frac{\partial f}{\partial y}\mathrm{d}y$(1 次微分形式);

1 次微分形式:　　　$\omega = P\mathrm{d}x + Q\mathrm{d}y$

$$\begin{aligned}\mathrm{d}\omega &= \mathrm{d}P \wedge \mathrm{d}x + \mathrm{d}Q \wedge \mathrm{d}y \\ &= \left(\frac{\partial P}{\partial x}\mathrm{d}x + \frac{\partial P}{\partial y}\mathrm{d}y\right) \wedge \mathrm{d}x + \left(\frac{\partial Q}{\partial x}\mathrm{d}x + \frac{\partial Q}{\partial y}\mathrm{d}y\right) \wedge \mathrm{d}y \\ &= \left(\frac{\partial Q}{\partial x} - \frac{\partial P}{\partial y}\right)\mathrm{d}x \wedge \mathrm{d}y \quad \text{（2 次微分形式）}\end{aligned}$$

2 次微分形式：　$\omega = f\mathrm{d}x \wedge \mathrm{d}y$

$$\begin{aligned}\mathrm{d}\omega &= \mathrm{d}f \wedge \mathrm{d}x \wedge \mathrm{d}y \\ &= \left(\frac{\partial f}{\partial x}\mathrm{d}x + \frac{\partial f}{\partial y}\mathrm{d}y\right) \wedge \mathrm{d}x \wedge \mathrm{d}y = 0 \quad \text{（3 次微分形式）}\end{aligned}$$

在$\mathbb{R}^3$中：

0 次微分形式：$\omega = f, \mathrm{d}\omega = \frac{\partial f}{\partial x}\mathrm{d}x + \frac{\partial f}{\partial y}\mathrm{d}y + \frac{\partial f}{\partial z}\mathrm{d}z$（1 次微分形式）；

1 次微分形式：　$\omega = P\mathrm{d}x + Q\mathrm{d}y + R\mathrm{d}z$

$$\begin{aligned}\mathrm{d}\omega &= \mathrm{d}P \wedge \mathrm{d}x + \mathrm{d}Q \wedge \mathrm{d}y + \mathrm{d}R \wedge \mathrm{d}z \\ &= \left(\frac{\partial P}{\partial x}\mathrm{d}x + \frac{\partial P}{\partial y}\mathrm{d}y + \frac{\partial P}{\partial z}\mathrm{d}z\right) \wedge \mathrm{d}x + \\ &\quad \left(\frac{\partial Q}{\partial x}\mathrm{d}x + \frac{\partial Q}{\partial y}\mathrm{d}y + \frac{\partial Q}{\partial z}\mathrm{d}z\right) \wedge \mathrm{d}y + \\ &\quad \left(\frac{\partial R}{\partial x}\mathrm{d}x + \frac{\partial R}{\partial y}\mathrm{d}y + \frac{\partial R}{\partial z}\mathrm{d}z\right) \wedge \mathrm{d}z \\ &= \left(\frac{\partial R}{\partial y} - \frac{\partial Q}{\partial z}\right)\mathrm{d}y \wedge \mathrm{d}z + \left(\frac{\partial P}{\partial z} - \frac{\partial R}{\partial x}\right)\mathrm{d}z \wedge \mathrm{d}x + \left(\frac{\partial Q}{\partial x} - \frac{\partial P}{\partial y}\right)\mathrm{d}x \wedge \mathrm{d}y \\ &\overset{\text{def}}{=\!=} \begin{vmatrix} \mathrm{d}y \wedge \mathrm{d}z & \mathrm{d}z \wedge \mathrm{d}x & \mathrm{d}x \wedge \mathrm{d}y \\ \frac{\partial}{\partial x} & \frac{\partial}{\partial y} & \frac{\partial}{\partial z} \\ P & Q & R \end{vmatrix} \quad \text{（2 次微分形式）}\end{aligned}$$

3 次微分形式：　$\omega = f\mathrm{d}x \wedge \mathrm{d}y \wedge \mathrm{d}z$

$$\begin{aligned}\mathrm{d}\omega &= \mathrm{d}f \wedge \mathrm{d}x \wedge \mathrm{d}y \wedge \mathrm{d}z \\ &= \left(\frac{\partial f}{\partial x}\mathrm{d}x + \frac{\partial f}{\partial y}\mathrm{d}y + \frac{\partial f}{\partial z}\mathrm{d}z\right) \wedge \mathrm{d}x \wedge \mathrm{d}y \wedge \mathrm{d}z = 0 \quad \text{（4 次微分形式）}\end{aligned}$$

更一般地，在$\mathbb{R}^n$中：

0 次微分形式：$\omega = f, \mathrm{d}\omega = \sum_{i=1}^{n} \frac{\partial f}{\partial x_i}\mathrm{d}x_i$（1 次微分形式）；

1 次微分形式：$$\omega=\sum_{i=1}^{n}P_i\mathrm{d}x_i$$

$$\mathrm{d}\omega=\sum_{i=1}^{n}\mathrm{d}P_i\wedge\mathrm{d}x_i=\sum_{i=1}^{n}\left(\sum_{j=1}^{n}\frac{\partial P_i}{\partial x_j}\mathrm{d}x_j\right)\wedge\mathrm{d}x_i$$

$$=\sum_{i<j}\left(\frac{\partial P_j}{\partial x_i}-\frac{\partial P_i}{\partial x_j}\right)\mathrm{d}x_i\wedge\mathrm{d}x_j\quad(2\text{ 次微分形式})$$

⋮

$k(1\leqslant k\leqslant n)$次微分形式：

$$\omega=\sum_{i_1<\cdots<i_k}P_{i_1\cdots i_k}\mathrm{d}x_{i_1}\wedge\cdots\wedge\mathrm{d}x_{i_k}$$

$$\mathrm{d}\omega=\sum_{i_1<\cdots<i_k}\mathrm{d}P_{i_1\cdots i_k}\wedge\mathrm{d}x_{i_1}\wedge\cdots\wedge\mathrm{d}x_{i_k}$$

$$=\sum_{i_1<\cdots<i_k}\left(\sum_{i=1}^{n}\frac{\partial P_{i_1\cdots i_k}}{\partial x_i}\mathrm{d}x_i\right)\wedge\mathrm{d}x_{i_1}\wedge\cdots\wedge\mathrm{d}x_{i_k}$$

$$=\sum_{i_1<\cdots<i_k}\sum_{i=1}^{n}\frac{\partial P_{i_1\cdots i_k}}{\partial x_i}\mathrm{d}x_i\wedge\mathrm{d}x_{i_1}\wedge\cdots\wedge\mathrm{d}x_{i_k}$$

⋮

$n-1$ 次微分形式：$\omega=\sum_{i=1}^{n}(-1)^{i-1}P_i\mathrm{d}x_1\wedge\cdots\wedge\widehat{\mathrm{d}x_i}\wedge\cdots\wedge\mathrm{d}x_n$，$\widehat{\mathrm{d}x_i}$表示删去 $\mathrm{d}x_i$，且

$$\mathrm{d}\omega=\sum_{i=1}^{n}(-1)^{i-1}\mathrm{d}P_i\wedge\mathrm{d}x_1\wedge\cdots\wedge\widehat{\mathrm{d}x_i}\wedge\cdots\wedge\mathrm{d}x_n$$

$$=\sum_{i=1}^{n}(-1)^{i-1}\left(\sum_{j=1}^{n}\frac{\partial P_i}{\partial x_j}\mathrm{d}x_j\right)\wedge\mathrm{d}x_1\wedge\cdots\wedge\widehat{\mathrm{d}x_i}\wedge\cdots\wedge\mathrm{d}x_n$$

$$=\sum_{i=1}^{n}\frac{\partial P_i}{\partial x_i}\mathrm{d}x_1\wedge\cdots\wedge\mathrm{d}x_n=\left(\sum_{i=1}^{n}\frac{\partial P_i}{\partial x_i}\right)\mathrm{d}x_1\wedge\cdots\wedge\mathrm{d}x_n\quad(n\text{ 次微分形式})$$

$k(k\geqslant n)$次微分形式：$\mathrm{d}\omega=0(k+1$ 次微分形式).

定理 11.3.1 在$\mathbb{R}^n$中，d 具有以下性质：

(1)$\mathrm{d}(\omega+\eta)=\mathrm{d}\omega+\mathrm{d}\eta$，$\mathrm{d}(c\omega)=c\mathrm{d}\omega$，其中 $c\in\mathbb{R}$ 为常数，ω 与 η 都为 k 次微分形式；

(2)$\mathrm{d}(\omega\wedge\eta)=\mathrm{d}\omega\wedge\eta+(-1)^k\omega\wedge\mathrm{d}\eta$，其中 ω 为 k 次微分形式，η 为 l 次微分形式；

(3)$\mathrm{d}^2\omega=\mathrm{d}(\mathrm{d}\omega)=0$，其中 ω 为 C^2(ω 的系数 $P_{i_1\cdots i_k}$为 C^2 函数)的 k 次微分

形式.

证明

(1)$\mathrm{d}(\omega+\eta)$

$$
\begin{aligned}
&=\mathrm{d}\Big(\sum_{i_1<\cdots<i_k}P_{i_1\cdots i_k}\mathrm{d}x_{i_1}\wedge\cdots\wedge\mathrm{d}x_{i_k}+\sum_{i_1<\cdots<i_k}Q_{i_1\cdots i_k}\mathrm{d}x_{i_k}\wedge\cdots\wedge\mathrm{d}x_{i_1}\Big)\\
&=\mathrm{d}\sum_{i_1<\cdots<i_k}(P_{i_1\cdots i_k}+Q_{i_1\cdots i_k})\mathrm{d}x_{i_1}\wedge\cdots\wedge\mathrm{d}x_{i_k}\\
&=\sum_{i_1<\cdots<i_k}\mathrm{d}(P_{i_1\cdots i_k}+Q_{i_1\cdots i_k})\wedge\mathrm{d}x_{i_1}\wedge\cdots\wedge\mathrm{d}x_{i_k}\\
&=\sum_{i_1<\cdots<i_k}\mathrm{d}P_{i_1\cdots i_k}\wedge\mathrm{d}x_{i_1}\wedge\cdots\wedge\mathrm{d}x_{i_k}+\sum_{i_1<\cdots<i_k}\mathrm{d}Q_{i_1\cdots i_k}\wedge\mathrm{d}x_{i_1}\wedge\cdots\wedge\mathrm{d}x_{i_k}\\
&=\mathrm{d}\omega+\mathrm{d}\eta
\end{aligned}
$$

$$
\begin{aligned}
\mathrm{d}(c\omega)&=\mathrm{d}\sum_{i_1<\cdots<i_k}(cP_{i_1\cdots i_k})\mathrm{d}x_{i_1}\wedge\cdots\wedge\mathrm{d}x_{i_k}\\
&=\sum_{i_1<\cdots<i_k}\mathrm{d}(cP_{i_1\cdots i_k})\wedge\mathrm{d}x_{i_1}\wedge\cdots\wedge\mathrm{d}x_{i_k}\\
&=\sum_{i_1<\cdots<i_k}c\mathrm{d}P_{i_1\cdots i_k}\wedge\mathrm{d}x_{i_1}\wedge\cdots\wedge\mathrm{d}x_{i_k}=c\mathrm{d}\omega
\end{aligned}
$$

(2)由(1)中线性性质,公式只需对单项式

$$\omega=f\mathrm{d}x_{i_1}\wedge\cdots\wedge\mathrm{d}x_{i_k},\quad \eta=g\mathrm{d}x_{j_1}\wedge\cdots\wedge\mathrm{d}x_{j_l}$$

加以证明

$$
\begin{aligned}
\mathrm{d}(\omega\wedge\eta)&=\mathrm{d}[(f\mathrm{d}x_{i_1}\wedge\cdots\wedge\mathrm{d}x_{i_k})\wedge(g\mathrm{d}x_{j_1}\wedge\cdots\wedge\mathrm{d}x_{j_l})]\\
&=\mathrm{d}(fg\mathrm{d}x_{i_1}\wedge\cdots\wedge\mathrm{d}x_{i_k}\wedge\mathrm{d}x_{j_1}\wedge\cdots\wedge\mathrm{d}x_{j_l})\\
&=\mathrm{d}(fg)\wedge\mathrm{d}x_{i_1}\wedge\cdots\wedge\mathrm{d}x_{i_k}\wedge\mathrm{d}x_{j_1}\wedge\cdots\wedge\mathrm{d}x_{j_l}\\
&=(g\mathrm{d}f+f\mathrm{d}g)\wedge\mathrm{d}x_{i_1}\wedge\cdots\wedge\mathrm{d}x_{i_k}\wedge\mathrm{d}x_{j_1}\wedge\cdots\wedge\mathrm{d}x_{j_l}\\
&=(\mathrm{d}f\wedge\mathrm{d}x_{i_1}\wedge\cdots\wedge\mathrm{d}x_{i_k})\wedge(g\mathrm{d}x_{j_1}\wedge\cdots\wedge\mathrm{d}x_{j_l})+\\
&\quad(-1)^k(f\mathrm{d}x_{i_1}\wedge\cdots\wedge\mathrm{d}x_{i_k})\wedge(\mathrm{d}g\wedge\mathrm{d}x_{j_1}\wedge\cdots\wedge\mathrm{d}x_{j_l})\\
&=\mathrm{d}\omega\wedge\eta+(-1)^k\omega\wedge\mathrm{d}\eta
\end{aligned}
$$

(3)由(1)中线性性质,公式只需对单项式 $\omega=f\mathrm{d}x_{i_1}\wedge\cdots\wedge\mathrm{d}x_{i_k}$ 加以证明

$$
\begin{aligned}
\mathrm{d}\omega&=\mathrm{d}f\wedge\mathrm{d}x_{i_1}\wedge\cdots\wedge\mathrm{d}x_{i_k}\\
&=\Big(\sum_{i=1}^n\frac{\partial f}{\partial x_i}\mathrm{d}x_i\Big)\wedge\mathrm{d}x_{i_1}\wedge\cdots\wedge\mathrm{d}x_{i_k}\\
&=\sum_{i=1}^n\frac{\partial f}{\partial x_i}\mathrm{d}x_i\wedge\mathrm{d}x_{i_1}\wedge\cdots\wedge\mathrm{d}x_{i_k}
\end{aligned}
$$

$$
\begin{aligned}
\mathrm{d}^2\omega &= \mathrm{d}(\mathrm{d}\omega) = \sum_{i=1}^{n} \mathrm{d}\left(\frac{\partial f}{\partial x_i}\mathrm{d}x_i \wedge \mathrm{d}x_{i_1} \wedge \cdots \wedge \mathrm{d}x_{i_k}\right) \\
&= \sum_{i=1}^{n} \left(\sum_{j=1}^{n} \frac{\partial^2 f}{\partial x_i \partial x_j}\mathrm{d}x_j\right) \wedge \mathrm{d}x_i \wedge \mathrm{d}x_{i_1} \wedge \cdots \wedge \mathrm{d}x_{i_k} \\
&= \sum_{i<j} \left(\frac{\partial^2 f}{\partial x_i \partial x_j} - \frac{\partial^2 f}{\partial x_j \partial x_i}\right)\mathrm{d}x_j \wedge \mathrm{d}x_i \wedge \mathrm{d}x_{i_1} \wedge \cdots \wedge \mathrm{d}x_{i_k} \\
&= \sum_{i<j} 0\mathrm{d}x_j \wedge \mathrm{d}x_i \wedge \mathrm{d}x_{i_1} \wedge \cdots \wedge \mathrm{d}x_{i_k} = 0
\end{aligned}
$$

例 11.3.1 在$\mathbb{R}^3$中,证明:

(1) $\mathrm{d}x \wedge \mathrm{d}y \wedge \mathrm{d}x = 0$;

(2)设微分形式 $\omega = f\mathrm{d}x + g\mathrm{d}y + h\mathrm{d}z, \eta = P\mathrm{d}x + Q\mathrm{d}y + R\mathrm{d}z$,则

$$
\omega \wedge \eta = \begin{vmatrix} \mathrm{d}y \wedge \mathrm{d}z & \mathrm{d}z \wedge \mathrm{d}x & \mathrm{d}x \wedge \mathrm{d}y \\ f & g & h \\ P & Q & R \end{vmatrix}
$$

(3)设微分形式

$$
\omega = f\mathrm{d}x + g\mathrm{d}y + h\mathrm{d}z, \eta = P\mathrm{d}y \wedge \mathrm{d}z + Q\mathrm{d}z \wedge \mathrm{d}x + R\mathrm{d}x \wedge \mathrm{d}y
$$

则

$$
\omega \wedge \eta = (fP + gQ + hR)\mathrm{d}x \wedge \mathrm{d}y \wedge \mathrm{d}z
$$

证明 (1)

$$
\begin{aligned}
\mathrm{d}x \wedge \mathrm{d}y \wedge \mathrm{d}x &= \mathrm{d}x \wedge (\mathrm{d}y \wedge \mathrm{d}x) \\
&= \mathrm{d}x \wedge (-\mathrm{d}x \wedge \mathrm{d}y) \\
&= -(\mathrm{d}x \wedge \mathrm{d}x) \wedge \mathrm{d}y = 0
\end{aligned}
$$

(2)

$$
\begin{aligned}
\omega \wedge \eta &= (f\mathrm{d}x + g\mathrm{d}y + h\mathrm{d}z) \wedge (P\mathrm{d}x + Q\mathrm{d}y + R\mathrm{d}z) \\
&= (gR - hQ)\mathrm{d}y \wedge \mathrm{d}z + (hP - fR)\mathrm{d}z \wedge \mathrm{d}x + (fQ - gP)\mathrm{d}x \wedge \mathrm{d}y \\
&\xlongequal{\text{def}} \begin{vmatrix} \mathrm{d}y \wedge \mathrm{d}z & \mathrm{d}z \wedge \mathrm{d}x & \mathrm{d}x \wedge \mathrm{d}y \\ f & g & h \\ P & Q & R \end{vmatrix}
\end{aligned}
$$

(3)

$$
\begin{aligned}
\omega \wedge \eta &= (f\mathrm{d}x + g\mathrm{d}y + h\mathrm{d}z) \wedge (P\mathrm{d}y \wedge \mathrm{d}z + Q\mathrm{d}z \wedge \mathrm{d}x + R\mathrm{d}x \wedge \mathrm{d}y) \\
&= fP\mathrm{d}x \wedge \mathrm{d}y \wedge \mathrm{d}z + gQ\mathrm{d}y \wedge \mathrm{d}z \wedge \mathrm{d}x + hR\mathrm{d}z \wedge \mathrm{d}x \wedge \mathrm{d}y \\
&= (fP + gQ + hR)\mathrm{d}x \wedge \mathrm{d}y \wedge \mathrm{d}z
\end{aligned}
$$

例 11.3.2 (1)在$\mathbb{R}^n$中,设 $\omega = \sum_{i=1}^{n} P_i \mathrm{d}x_i$,证明:$\omega \wedge \omega = 0$;

(2)在$\mathbb{R}^4$中,设 $\omega = \mathrm{d}x \wedge \mathrm{d}y - \mathrm{d}z \wedge \mathrm{d}u$,证明:$\omega \wedge \omega \neq 0$.

证明　(1)
$$\omega\wedge\omega=\Big(\sum_{i=1}^{n}P_i\mathrm{d}x_i\Big)\wedge\Big(\sum_{j=1}^{n}P_j\mathrm{d}x_j\Big)=\sum_{i,j=1}^{n}P_iP_j\mathrm{d}x_i\wedge\mathrm{d}x_j$$
$$=\sum_{i<j}(P_iP_j-P_jP_i)\mathrm{d}x_i\wedge\mathrm{d}x_j=\sum_{i<j}0\mathrm{d}x_i\wedge\mathrm{d}x_j=0$$

(2)
$$\begin{aligned}\omega\wedge\omega&=(\mathrm{d}x\wedge\mathrm{d}y-\mathrm{d}z\wedge\mathrm{d}u)\wedge(\mathrm{d}x\wedge\mathrm{d}y-\mathrm{d}z\wedge\mathrm{d}u)\\&=-\mathrm{d}z\wedge\mathrm{d}u\wedge\mathrm{d}x\wedge\mathrm{d}y-\mathrm{d}x\wedge\mathrm{d}y\wedge\mathrm{d}z\wedge\mathrm{d}u\\&=-2\mathrm{d}x\wedge\mathrm{d}y\wedge\mathrm{d}z\wedge\mathrm{d}u\neq0\end{aligned}$$

现在我们在定向曲线上引进第二型曲线积分,在定向曲面上引进第二型曲面积分,在定向流形上引进外微分形式的积分.

定义 11.3.3(1 次微分形式的积分——第二型曲线积分)　设 $U\subset\mathbb{R}^n$ 为开集,$\vec{C}\subset U$ 为定向曲线,其定向参数表示
$$\boldsymbol{x}=\boldsymbol{x}(t)=(x_1(t),x_2(t),\cdots,x_n(t)),\quad a\leqslant t\leqslant b$$
与曲线定向一致(即 $\boldsymbol{x}'(t)$ 与定向一致),$\omega=\sum\limits_{i=1}^{n}P_i\mathrm{d}x_i$ 为连续(即 P_i 连续,$i=1,2,\cdots,n$)的 1 次微分形式,称
$$\int_{\vec{C}}\omega=\int_{\vec{C}}\sum_{i=1}^{n}P_i\mathrm{d}x_i\xlongequal{\text{def}}\int_a^b\sum_{i=1}^{n}P_i(\boldsymbol{x}(t))\frac{\mathrm{d}x_i}{\mathrm{d}t}\mathrm{d}t$$
(若积分值存在)为 ω 沿定向曲线 $\vec{C}$ 的**第二型曲线积分**.

引理 11.3.1　定义 11.3.3 与定向参数的选取无关.

证明　设 $\vec{C}$ 的另一参数表示为 $\tilde{\boldsymbol{x}}(u)=\boldsymbol{x}(t(u))$,$u\in[\alpha,\beta]$,$\frac{\mathrm{d}t}{\mathrm{d}u}>0$,$t(\alpha)=a$,$t(\beta)=b$,于是
$$\int_a^b\sum_{i=1}^{n}P_i(\boldsymbol{x}(t))\frac{\mathrm{d}x_i}{\mathrm{d}t}\mathrm{d}t=\int_a^b\sum_{i=1}^{n}P_i(\boldsymbol{x}(t(u)))\frac{\mathrm{d}x_i}{\mathrm{d}u}\frac{\mathrm{d}u}{\mathrm{d}t}\mathrm{d}t$$
$$\xlongequal[\text{换元}]{t=t(u)}\int_\alpha^\beta\sum_{i=1}^{n}P_i(\tilde{\boldsymbol{x}}(u))\frac{\mathrm{d}x_i}{\mathrm{d}u}\mathrm{d}u$$

定理 11.3.2　设 ω 为 1 次微分形式,$\vec{C}$ 为定义 11.3.3 中的定向曲线,它的反向曲线为 $\vec{C}^-$,则
$$\int_{\vec{C}}\omega=-\int_{\vec{C}^-}\omega$$

证明　设 $\boldsymbol{x}(t)$ 与 $\vec{C}$ 的方向一致,$\tilde{\boldsymbol{x}}(u)$ 与 $\vec{C}^-$ 的方向一致. $t=t(u)$,$t(\alpha)=b$,

$t(\beta)=a$,故$\dfrac{\mathrm{d}t}{\mathrm{d}u}<0$. 于是

$$\begin{aligned}\int_{\vec{C}}\omega &= \int_a^b\left(\sum_{i=1}^n P_i(\boldsymbol{x}(t))\frac{\mathrm{d}x_i}{\mathrm{d}t}\right)\mathrm{d}t \\ &= \int_a^b\left[\sum_{i=1}^n P_i(\boldsymbol{x}(t(u)))\frac{\mathrm{d}x_i}{\mathrm{d}u}\right]\frac{\mathrm{d}u}{\mathrm{d}t}\mathrm{d}t \\ &\xlongequal[\text{换元}]{t=t(u)}\int_\beta^\alpha\left[\sum_{i=1}^n P_i(\tilde{\boldsymbol{x}}(u))\frac{\mathrm{d}x_i}{\mathrm{d}u}\right]\mathrm{d}u \\ &= -\int_\alpha^\beta\left[\sum_{i=1}^n P_i(\tilde{\boldsymbol{x}}(u))\frac{\mathrm{d}x_i}{\mathrm{d}u}\right]\mathrm{d}u = -\int_{\vec{C}^-}\omega\end{aligned}$$

设$\boldsymbol{F}=(P_1,P_2,\cdots,P_n)$,$\boldsymbol{x}=(x_1(t),x_2(t),\cdots,x_n(t))$,$\mathrm{d}\boldsymbol{x}=(\mathrm{d}x_1,\mathrm{d}x_2,\cdots,\mathrm{d}x_n)$,则有第二型曲线积分

$$\begin{aligned}\int_{\vec{C}}\omega &= \int_{\vec{C}}\sum_{i=1}^n P_i\mathrm{d}x_i = \int_{\vec{C}}\boldsymbol{F}\cdot\mathrm{d}\boldsymbol{x} = \int_a^b\boldsymbol{F}\cdot\boldsymbol{x}'(t)\mathrm{d}t \\ &= \int_a^b\boldsymbol{F}\cdot\frac{\boldsymbol{x}'(t)}{\|\boldsymbol{x}'(t)\|}\|\boldsymbol{x}'(t)\|\mathrm{d}t = \int_C\boldsymbol{F}\cdot\boldsymbol{\tau}\mathrm{d}s \\ &= \int_C\left(\sum_{i=1}^n P_i\cos\alpha_i\right)\mathrm{d}s \quad (\text{化为第一型曲线积分})\end{aligned}$$

其中$\boldsymbol{\tau}=(\cos\alpha_1,\cos\alpha_2,\cdots,\cos\alpha_n)$为定向曲线$\vec{C}$的单位切向量场,它的方向与$\vec{C}$一致(沿参数$t$增加的方向). 1次微分形式积分的向量形式为

$$\int_{\vec{C}}\boldsymbol{F}\cdot\mathrm{d}\boldsymbol{x} = \int_C\boldsymbol{F}\cdot\boldsymbol{\tau}\mathrm{d}s$$

当$n=3$时,$\omega=P\mathrm{d}x+Q\mathrm{d}y+R\mathrm{d}z$,$\boldsymbol{x}=(x,y,z)$,$\mathrm{d}\boldsymbol{x}=(\mathrm{d}x,\mathrm{d}y,\mathrm{d}z)$,则上述公式为

$$\begin{aligned}\int_{\vec{C}}\omega &= \int_{\vec{C}}P\mathrm{d}x+Q\mathrm{d}y+R\mathrm{d}z = \int_{\vec{C}}\boldsymbol{F}\cdot\mathrm{d}\boldsymbol{x} = \int_a^b\left(P\frac{\mathrm{d}x}{\mathrm{d}t}+Q\frac{\mathrm{d}y}{\mathrm{d}t}+R\frac{\mathrm{d}z}{\mathrm{d}t}\right)\mathrm{d}t \\ &= \int_C\boldsymbol{F}\cdot\boldsymbol{\tau}\mathrm{d}s = \int_C(P\cos\alpha+Q\cos\beta+R\cos\gamma)\mathrm{d}s\end{aligned}$$

例 11.3.3 计算第二型曲线积分

$$\int_{\vec{C}}(y^2-z^2)\mathrm{d}x+2xy\mathrm{d}y-x^2\mathrm{d}z$$

其中$\vec{C}$的参数表示为$\boldsymbol{x}(t)=(t,t^2,t^3)$,沿$t$从0到1增加的方向.

解 $\displaystyle\int_{\vec{C}}(y^2-z^2)\mathrm{d}x+2xy\mathrm{d}y-x^2\mathrm{d}z$

$$= \int_0^1 [(t^4 - t^6) \cdot 1 + 2t \cdot t^2 \cdot 2t - t^2 \cdot 3t^2] \mathrm{d}t$$

$$= \int_0^1 (2t^4 - t^6) \mathrm{d}t$$

$$= \left(\frac{2t^5}{5} - \frac{t^7}{7}\right)\Bigg|_0^1$$

$$= \frac{2}{5} - \frac{1}{7}$$

$$= \frac{9}{35}$$

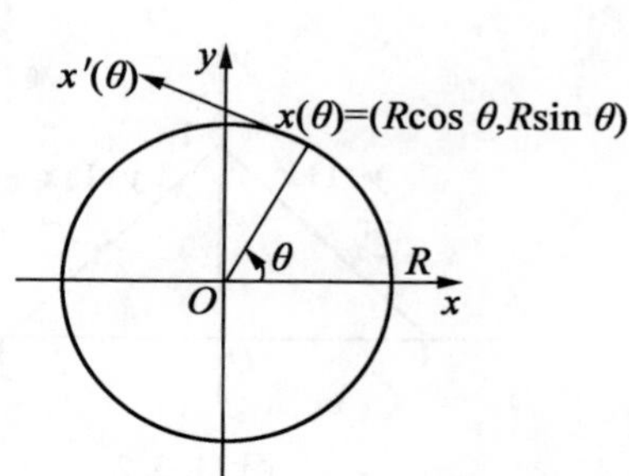

图 11.3.1

例 11.3.4　计算第二型曲线积分

$$\int_{\vec{C}} \frac{-y\mathrm{d}x + x\mathrm{d}y}{x^2 + y^2}$$

其中 $\vec{C}$ 为圆周 $x^2 + y^2 = R^2 (R > 0)$ 沿逆时针方向(图 11.3.1).

解　选与 $\vec{C}$ 的定向一致的参数 θ,使

$$\boldsymbol{x}(\theta) = (x(\theta), y(\theta)) = (R\cos\theta, R\sin\theta), \quad 0 \leqslant \theta \leqslant 2\pi$$

于是

$$\int_{\vec{C}} \frac{-y\mathrm{d}x + x\mathrm{d}y}{x^2 + y^2} = \int_0^{2\pi} \frac{-R\sin\theta(-R\sin\theta) + R\cos\theta(R\cos\theta)}{R^2\cos^2\theta + R^2\sin^2\theta} \mathrm{d}\theta$$

$$= \int_0^{2\pi} \mathrm{d}\theta = 2\pi$$

例 11.3.5　计算第二型曲线积分

$$\int_{\vec{C}} \frac{\mathrm{d}x + \mathrm{d}y}{|x| + |y|}$$

其中 $\vec{C}$ 由 $\vec{C}_1$ 与 $\vec{C}_2$ 组成(图 11.3.2).

解　$$\int_{\vec{C}} \frac{\mathrm{d}x + \mathrm{d}y}{|x| + |y|} = \int_{\vec{C}_1} \frac{\mathrm{d}x + \mathrm{d}y}{|x| + |y|} + \int_{\vec{C}_2} \frac{\mathrm{d}x + \mathrm{d}y}{|x| + |y|}$$

$$= \int_1^0 \frac{1 + (-1)}{x + (1 - x)} \mathrm{d}x + \int_0^{-1} \frac{1 + 1}{-x + 1 + x} \mathrm{d}x$$

$$= 0 + \int_0^{-1} 2\mathrm{d}x$$

$$= -2$$

例 11.3.6　计算 1 次微分形式 $\omega = xy\mathrm{d}x$ 在三条起点相同、终点相同的不

同定向曲线 $\vec{C}_i(i=1,2,3)$ 上的第二型曲线积分(图 11.3.3)

$$\int_{\vec{C}_i} xy\mathrm{d}x,\quad i=1,2,3$$

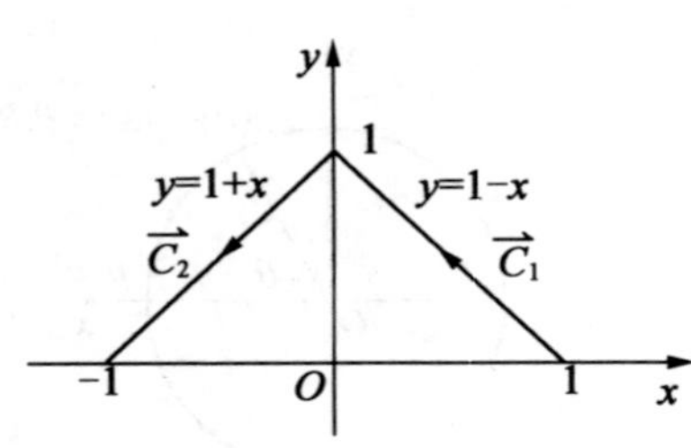

图 11.3.2

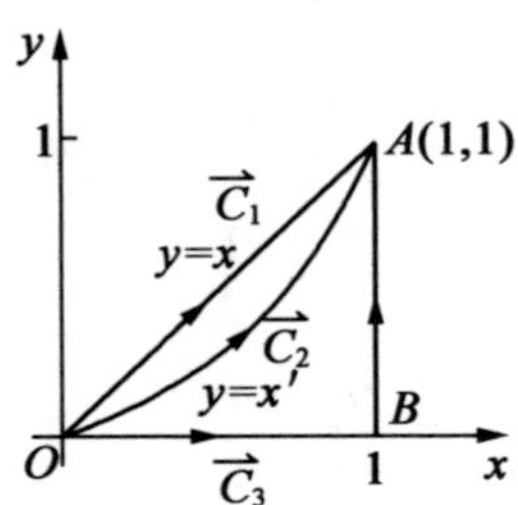

图 11.3.3

解

$$\int_{\vec{C}_1} xy\mathrm{d}x \xlongequal{\boldsymbol{x}=(x,x)} \int_0^1 x\cdot x\mathrm{d}x = \left.\frac{x^3}{3}\right|_0^1 = \frac{1}{3}$$

$$\int_{\vec{C}_2} xy\mathrm{d}x \xlongequal{\boldsymbol{x}=(x,x^2)} \int_0^1 x\cdot x^2\mathrm{d}x = \left.\frac{x^4}{4}\right|_0^1 = \frac{1}{4}$$

$$\int_{\vec{C}_3} xy\mathrm{d}x = \int_{\vec{OB}} xy\mathrm{d}x + \int_{\vec{BA}} xy\mathrm{d}x$$

$$= \int_0^1 x\cdot 0\mathrm{d}x + \int_0^1 1\cdot y\cdot 0\mathrm{d}y = 0$$

上面的计算表明,三个第二型曲线积分虽然起点相同、终点相同,但是它们的积分值不同,它们与所选路径有关.

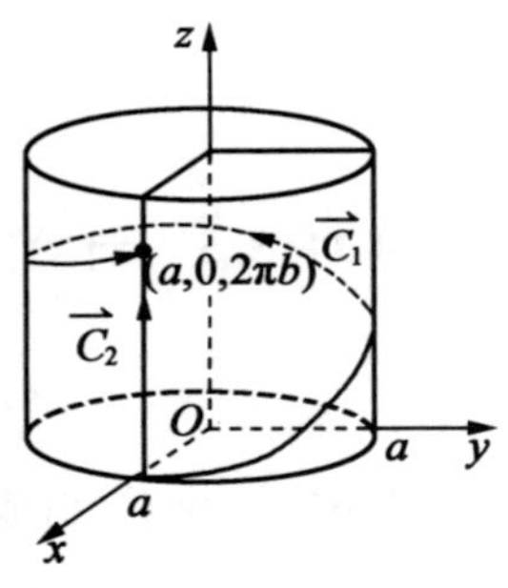

图 11.3.4

例 11.3.7 计算第二型曲线积分

$$\int_{\vec{C}_i} y\mathrm{d}x + z\mathrm{d}y + x\mathrm{d}z,\quad i=1,2$$

其中 $\vec{C}_1:\boldsymbol{x}=(a\cos t, a\sin t, bt), 0\leqslant t\leqslant 2\pi;\vec{C}_2:x=(a,0,t), 0\leqslant t\leqslant 2\pi b$(图 11.3.4).

解 $\int_{\vec{C}_1} y\mathrm{d}x + z\mathrm{d}y + x\mathrm{d}z$

$$= \int_0^{2\pi}[a\sin t\cdot(-a\sin t) + bt\cdot(a\cos t) + a\cos t\cdot b]\mathrm{d}t$$

$$= -4a^2\int_0^{\frac{\pi}{2}}\sin^2 t\mathrm{d}t + ab\left(t\sin t\Big|_0^{2\pi} - \int_0^{2\pi}\sin t\mathrm{d}t\right) + ab\sin t\Big|_0^{2\pi}$$

$$= -4a^2 \cdot \frac{1}{2} \cdot \frac{\pi}{2} + 0 + 0 = -\pi a^2$$

$$\int_{\vec{C}_2} y\mathrm{d}x + z\mathrm{d}y + x\mathrm{d}z = \int_0^{2\pi b} (0 \cdot 0 + t \cdot 0 + a \cdot 1)\mathrm{d}t = \int_0^{2\pi b} a\mathrm{d}t = 2\pi ab$$

这也说明了沿起点相同、终点相同的两条不同曲线的第二型曲线积分值一般而言并不相等,它们与所选路径有关.

定义 11.3.4($\mathbb{R}^3$中 2 次微分形式的积分——第二型曲面积分)　设 $U\subset\mathbb{R}^3$ 为开集,$\vec{\boldsymbol{\Sigma}}\subset U$ 为定向有界曲面,其定向参数表示为

$$\boldsymbol{x} = \boldsymbol{x}(u,v) = (x(u,v), y(u,v), z(u,v)),\quad (u,v)\in\boldsymbol{\Delta}$$

定向曲面 $\vec{\boldsymbol{\Sigma}}$ 的定向由 $\boldsymbol{x}'_u\times\boldsymbol{x}'_v$所确定.

$$\omega = P\mathrm{d}y\wedge\mathrm{d}z + Q\mathrm{d}z\wedge\mathrm{d}x + R\mathrm{d}x\wedge\mathrm{d}y$$

为连续(即 P,Q,R 连续)的 2 次微分形式. 称

$$\begin{aligned}\int_{\vec{\Sigma}}\omega &= \int_{\vec{\Sigma}} P\mathrm{d}y\wedge\mathrm{d}z + Q\mathrm{d}z\wedge\mathrm{d}x + R\mathrm{d}x\wedge\mathrm{d}y \\ &\xlongequal{\text{def}} \iint_{\Delta}\Big[P(\boldsymbol{x}(u,v))\frac{\partial(y,z)}{\partial(u,v)} + Q(\boldsymbol{x}(u,v))\frac{\partial(z,x)}{\partial(u,v)} + \\ &\quad R(\boldsymbol{x}(u,v))\frac{\partial(x,y)}{\partial(u,v)}\Big]\mathrm{d}u\mathrm{d}v \\ &= \iint_{\Delta}\begin{vmatrix} P(\boldsymbol{x}(u,v)) & Q(\boldsymbol{x}(u,v)) & R(\boldsymbol{x}(u,v)) \\ \dfrac{\partial x}{\partial u} & \dfrac{\partial y}{\partial u} & \dfrac{\partial z}{\partial u} \\ \dfrac{\partial x}{\partial v} & \dfrac{\partial y}{\partial v} & \dfrac{\partial z}{\partial v}\end{vmatrix}\mathrm{d}u\mathrm{d}v\end{aligned}$$

(若积分值存在)为 ω 沿定向曲面 $\vec{\boldsymbol{\Sigma}}$ 的**第二型曲面积分**,其中

$$\begin{aligned}\mathrm{d}y\wedge\mathrm{d}z &= \left(\frac{\partial y}{\partial u}\mathrm{d}u + \frac{\partial y}{\partial v}\mathrm{d}v\right)\wedge\left(\frac{\partial z}{\partial u}\mathrm{d}u + \frac{\partial z}{\partial v}\mathrm{d}v\right) \\ &= \left(\frac{\partial y}{\partial u}\frac{\partial z}{\partial v} - \frac{\partial y}{\partial v}\frac{\partial z}{\partial u}\right)\mathrm{d}u\wedge\mathrm{d}v = \frac{\partial(y,z)}{\partial(u,v)}\mathrm{d}u\wedge\mathrm{d}v\end{aligned}$$

引理 11.3.2　$\mathbb{R}^3$中 2 次微分形式 ω 的第二型曲面积分的定义 11.3.4 与定向曲面 $\vec{\boldsymbol{\Sigma}}$ 的定向参数的选择无关.

证明　设 $\boldsymbol{x}(u,v)$ 与 $\tilde{\boldsymbol{x}}(s,t)$ 都是与定向曲面 $\vec{\boldsymbol{\Sigma}}$ 的定向一致的参数表示,即

$\boldsymbol{x}'_u\times\boldsymbol{x}'_v$和$\boldsymbol{x}'_s\times\boldsymbol{x}'_t$都与$\vec{\Sigma}$的定向一致. $(u,v)\in\Delta,(s,t)\in\tilde{\Delta},\boldsymbol{x}(\Delta)=\Sigma=\tilde{\boldsymbol{x}}(\tilde{\Delta})$,并且$\exists h$使得

$$h:\Delta\to\tilde{\Delta},(u,v)\to(s,t)$$

为C^1微分同胚. 由$\boldsymbol{x}'_u\times\boldsymbol{x}'_v$与$\tilde{\boldsymbol{x}}'_s\times\tilde{\boldsymbol{x}}'_t$同向及

$$\begin{aligned}\boldsymbol{x}'_u\times\boldsymbol{x}'_v&=\left(\tilde{\boldsymbol{x}}'_s\frac{\partial s}{\partial u}+\tilde{\boldsymbol{x}}'_t\frac{\partial t}{\partial u}\right)\times\left(\tilde{\boldsymbol{x}}'_s\frac{\partial s}{\partial v}+\tilde{\boldsymbol{x}}'_t\frac{\partial t}{\partial v}\right)\\&=\left(\frac{\partial s}{\partial u}\frac{\partial t}{\partial v}-\frac{\partial s}{\partial v}\frac{\partial t}{\partial u}\right)\tilde{\boldsymbol{x}}'_s\times\tilde{\boldsymbol{x}}'_t\\&=\frac{\partial(s,t)}{\partial(u,v)}\tilde{\boldsymbol{x}}'_s\times\tilde{\boldsymbol{x}}'_t\end{aligned}$$

可知

$$\frac{\partial(s,t)}{\partial(u,v)}>0$$

由此推得

$$\begin{aligned}\iint_{\Delta}P(\boldsymbol{x}(u,v))\frac{\partial(y,z)}{\partial(u,v)}\mathrm{d}u\mathrm{d}v&=\iint_{\Delta}P(\boldsymbol{x}(u,v))\frac{\partial(y,z)}{\partial(s,t)}\frac{\partial(s,t)}{\partial(u,v)}\mathrm{d}u\mathrm{d}v\\&\xlongequal[\text{换元}]{\text{由}\frac{\partial(s,t)}{\partial(u,v)}>0}\iint_{\tilde{\Delta}}P(\tilde{\boldsymbol{x}}(s,t))\frac{\partial(y,z)}{\partial(s,t)}\mathrm{d}s\mathrm{d}t\end{aligned}$$

类似地,有

$$\iint_{\Delta}Q(\boldsymbol{x}(u,v))\frac{\partial(z,x)}{\partial(u,v)}\mathrm{d}u\mathrm{d}v=\iint_{\tilde{\Delta}}Q(\tilde{\boldsymbol{x}}(s,t))\frac{\partial(z,x)}{\partial(s,t)}\mathrm{d}s\mathrm{d}t$$

$$\iint_{\Delta}R(\boldsymbol{x}(u,v))\frac{\partial(x,y)}{\partial(u,v)}\mathrm{d}u\mathrm{d}v=\iint_{\tilde{\Delta}}R(\tilde{\boldsymbol{x}}(s,t))\frac{\partial(x,y)}{\partial(s,t)}\mathrm{d}s\mathrm{d}t$$

于是

$$\begin{aligned}&\iint_{\Delta}\left[P(\boldsymbol{x}(u,v))\frac{\partial(y,z)}{\partial(u,v)}+Q(\boldsymbol{x}(u,v))\frac{\partial(z,x)}{\partial(u,v)}+R(\boldsymbol{x}(u,v))\frac{\partial(x,y)}{\partial(u,v)}\right]\mathrm{d}u\mathrm{d}v\\=&\iint_{\tilde{\Delta}}\left[P(\tilde{\boldsymbol{x}}(s,t))\frac{\partial(y,z)}{\partial(s,t)}+Q(\tilde{\boldsymbol{x}}(s,t))\frac{\partial(z,x)}{\partial(s,t)}+R(\tilde{\boldsymbol{x}}(s,t))\frac{\partial(x,y)}{\partial(s,t)}\right]\mathrm{d}s\mathrm{d}t\end{aligned}$$

这就证明了$\mathbb{R}^3$中2次微分形式ω的第二型曲面积分与定向曲面$\vec{\Sigma}$的定向参数的选择无关.

定理 11.3.3 关于$\mathbb{R}^3$中2次微分形式ω在可定向曲面$\boldsymbol{\Sigma}$上,有

$$\iint_{\vec{\Sigma}} \omega = -\iint_{\vec{\Sigma}^-} \omega$$

证明　取 $\boldsymbol{x}(u,v)$ 与 $\vec{\Sigma}$ 一致，$\tilde{\boldsymbol{x}}(s,t)$ 与 $\vec{\Sigma}^-$ 一致，$(u,v)\in\boldsymbol{\Delta}$，$(s,t)\in\tilde{\boldsymbol{\Delta}}$，

$$h:\Delta\to\tilde{\Delta},\quad (u,v)\mapsto(s,t)$$

为 C^1 微分同胚. 于是

$$\frac{\partial(s,t)}{\partial(u,v)}<0$$

且

$$\begin{aligned}
\int_{\vec{\Sigma}}\omega &= \iint_{\Delta}\left[P(\boldsymbol{x}(u,v))\frac{\partial(y,z)}{\partial(u,v)}+Q(\boldsymbol{x}(u,v))\frac{\partial(z,x)}{\partial(u,v)}+R(\boldsymbol{x}(u,v))\frac{\partial(x,y)}{\partial(u,v)}\right]\mathrm{d}u\mathrm{d}v \\
&= \iint_{\Delta}\left[P(\tilde{\boldsymbol{x}}(s,t))\frac{\partial(y,z)}{\partial(s,t)}+Q(\tilde{\boldsymbol{x}}(s,t))\frac{\partial(z,x)}{\partial(s,t)}+\right. \\
&\quad \left.R(\tilde{\boldsymbol{x}}(s,t))\frac{\partial(x,y)}{\partial(s,t)}\right]\frac{\partial(s,t)}{\partial(u,v)}\mathrm{d}u\mathrm{d}v \\
&\xlongequal[\text{换元}]{\text{由}\frac{\partial(s,t)}{\partial(u,v)}<0} -\iint_{\tilde{\Delta}}\left[P(\tilde{\boldsymbol{x}}(s,t))\frac{\partial(y,z)}{\partial(s,t)}+\right. \\
&\quad \left.Q(\tilde{\boldsymbol{x}}(s,t))\frac{\partial(z,x)}{\partial(s,t)}+R(\tilde{\boldsymbol{x}}(s,t))\frac{\partial(x,y)}{\partial(s,t)}\right]\mathrm{d}s\mathrm{d}t \\
&= -\iint_{\vec{\Sigma}^-}\omega
\end{aligned}$$

令 $\boldsymbol{F}=(P,Q,R)$，$\boldsymbol{x}=(x(u,v),y(u,v),z(u,v))$，$\mathrm{d}\boldsymbol{x}=(\mathrm{d}x,\mathrm{d}y,\mathrm{d}z)$，且

$$\boldsymbol{n}_0=\frac{\boldsymbol{x}'_u\times\boldsymbol{x}'_v}{\|\boldsymbol{x}'_u\times\boldsymbol{x}'_v\|}$$

为单位法向量场. 于是，第二型曲面积分

$$\begin{aligned}
&\iint_{\vec{\Sigma}} P\mathrm{d}y\wedge\mathrm{d}z+Q\mathrm{d}z\wedge\mathrm{d}x+R\mathrm{d}x\wedge\mathrm{d}y \\
&= \iint_{\Delta}\begin{vmatrix} P & Q & R \\ \frac{\partial x}{\partial u} & \frac{\partial y}{\partial u} & \frac{\partial z}{\partial u} \\ \frac{\partial x}{\partial v} & \frac{\partial y}{\partial v} & \frac{\partial z}{\partial v}\end{vmatrix}\mathrm{d}u\mathrm{d}v
\end{aligned}$$

$$= \iint\limits_{\Delta} \boldsymbol{F} \cdot \frac{\boldsymbol{x}'_u \times \boldsymbol{x}'_v}{\|\boldsymbol{x}'_u \times \boldsymbol{x}'_v\|} \|\boldsymbol{x}'_u \times \boldsymbol{x}'_v\| \mathrm{d}u\mathrm{d}v$$

$$= \iint\limits_{\Delta} \boldsymbol{F} \cdot \boldsymbol{n}_0 \sqrt{EG - F^2}\mathrm{d}u\mathrm{d}v$$

$$= \iint\limits_{\Sigma} \boldsymbol{F} \cdot \boldsymbol{n}_0 \mathrm{d}\sigma$$

$$= \iint\limits_{\Sigma} (P\cos\alpha + Q\cos\beta + R\cos\gamma)\mathrm{d}\sigma$$

化为第一型曲面积分.

例 11.3.8 计算第二型曲面积分

$$\iint\limits_{\vec{\Sigma}} xyz\mathrm{d}x \wedge \mathrm{d}y$$

其中 $\vec{\Sigma}$ 为半径 1 的四分之一球面

$$\Sigma = \{(x,y,z) \mid x^2 + y^2 + z^2 = 1, x \leqslant 0, y \geqslant 0\}$$

并取球面的外侧(图 11.3.5).

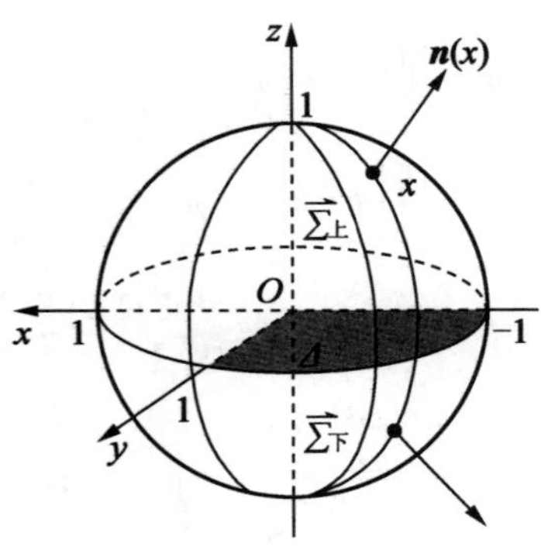

图 11.3.5

解法 1 将 Σ 分成如下两部分

$$\{(x,y,z) \mid x^2 + y^2 + z^2 = 1, x \leqslant 0, y \geqslant 0, z = \sqrt{1 - x^2 - y^2}\}$$

$$\{(x,y,z) \mid x^2 + y^2 + z^2 = 1, x \leqslant 0, y \geqslant 0, z = -\sqrt{1 - x^2 - y^2}\}$$

于是

$$\iint\limits_{\vec{\Sigma}} xyz\mathrm{d}x \wedge \mathrm{d}y = \iint\limits_{\vec{\Sigma}_上} xyz\mathrm{d}x \wedge \mathrm{d}y + \iint\limits_{\vec{\Sigma}_下} xyz\mathrm{d}x \wedge \mathrm{d}y$$

$$= \iint\limits_{\Delta_1} xy\sqrt{1 - x^2 - y^2}\frac{\partial(x,y)}{\partial(x,y)}\mathrm{d}x\mathrm{d}y - \iint\limits_{\Delta_1} xy(-\sqrt{1 - x^2 - y^2})\frac{\partial(x,y)}{\partial(x,y)}\mathrm{d}x\mathrm{d}y$$

$$= 2\iint\limits_{\substack{x^2+y^2 \leqslant 1 \\ x \leqslant 0, y \geqslant 0}} xy\sqrt{1 - x^2 - y^2}\mathrm{d}x\mathrm{d}y$$

$$\xlongequal{\text{极坐标变换}} 2\int_{\frac{\pi}{2}}^{\pi}\mathrm{d}\varphi\int_0^1 r\cos\varphi \cdot r\sin\varphi \cdot \sqrt{1 - r^2} \cdot r\mathrm{d}r$$

$$= 2\int_{\frac{\pi}{2}}^{\pi}\sin\varphi\cos\varphi\mathrm{d}\varphi\int_0^1 r^3\sqrt{1 - r^2}\mathrm{d}r$$

$$\xlongequal[\mathrm{d}u=-2r\mathrm{d}r]{u=1-r^2}\sin^2\varphi\Big|_{\frac{\pi}{2}}^{\pi}\cdot\int_1^0(1-u)\sqrt{u}\left(-\frac{1}{2}\mathrm{d}u\right)$$

$$=-\frac{1}{2}\int_0^1(u^{\frac{1}{2}}-u^{\frac{3}{2}})\mathrm{d}u$$

$$=-\frac{1}{2}\left(\frac{2}{3}u^{\frac{3}{2}}-\frac{2}{5}u^{\frac{5}{2}}\right)\Big|_0^1=-\frac{2}{15}$$

解法 2　$$\iint\limits_{\vec{\Sigma}}xyz\mathrm{d}x\wedge\mathrm{d}y=-\iint\limits_{\Delta_2}(-\sqrt{1-y^2-z^2})yz\frac{\partial(x,y)}{\partial(y,z)}\mathrm{d}y\mathrm{d}z$$

$$=\iint\limits_{\Delta_2}\sqrt{1-y^2-z^2}yz\left(-\frac{\partial x}{\partial z}\right)\mathrm{d}y\mathrm{d}z$$

$$=\iint\limits_{\Delta_2}\sqrt{1-y^2-z^2}yz\frac{z}{\sqrt{1-y^2-z^2}}\mathrm{d}y\mathrm{d}z$$

$$=-\iint\limits_{\Delta_2}yz^2\mathrm{d}y\mathrm{d}z\xlongequal{\text{极坐标变换}}-\int_{-\frac{\pi}{2}}^{\frac{\pi}{2}}\mathrm{d}\varphi\int_0^1r\cos\varphi\cdot r^2\sin^2\varphi\cdot r\mathrm{d}r$$

$$=-\int_{-\frac{\pi}{2}}^{\frac{\pi}{2}}\sin^2\varphi\cos\varphi\mathrm{d}\varphi\int_0^1r^4\mathrm{d}r=-\frac{\sin^3\varphi}{3}\Big|_{-\frac{\pi}{2}}^{\frac{\pi}{2}}\cdot\frac{r^5}{5}\Big|_0^1=-\frac{2}{15}$$

其中 $\Delta_2=\{(y,z)\mid y^2+z^2\leqslant 1,y\geqslant 0\}$.

解法 3　$$\iint\limits_{\vec{\Sigma}}xyz\mathrm{d}x\wedge\mathrm{d}y=-\iint\limits_{\Delta_3}x\sqrt{1-x^2-z^2}z\frac{\partial(x,y)}{\partial(x,z)}\mathrm{d}x\mathrm{d}z$$

$$=-\iint\limits_{\Delta_3}xz\sqrt{1-x^2-z^2}\frac{\partial y}{\partial z}\mathrm{d}x\mathrm{d}z$$

$$=-\iint\limits_{\Delta_3}xz\sqrt{1-x^2-z^2}\frac{-z}{\sqrt{1-x^2-z^2}}\mathrm{d}x\mathrm{d}z$$

$$=\iint\limits_{\substack{x^2+z^2\leqslant 1\\ x\leqslant 0}}xz^2\mathrm{d}x\mathrm{d}z\xlongequal{\text{极坐标变换}}\int_{\frac{\pi}{2}}^{\frac{3\pi}{2}}\mathrm{d}\varphi\int_0^1r\cos\varphi\cdot r^2\sin^2\varphi\cdot r\mathrm{d}r$$

$$=\int_{\frac{\pi}{2}}^{\frac{3\pi}{2}}\sin^2\varphi\cos\varphi\mathrm{d}\varphi\int_0^1r^4\mathrm{d}r=\frac{\sin^3\varphi}{3}\Big|_{\frac{\pi}{2}}^{\frac{3\pi}{2}}\cdot\frac{r^5}{5}\Big|_0^1=-\frac{2}{15}$$

其中 $\Delta_3=\{(x,y)\}\{x^2+z^2\leqslant 1,x\leqslant 0\}$.

解法 4　$$\iint\limits_{\vec{\Sigma}}xyz\mathrm{d}x\wedge\mathrm{d}y$$

$$\xlongequal{\text{球面坐标}} \iint\limits_{[0,\pi]\times[\frac{\pi}{2},\pi]} (\sin\theta\cos\varphi)(\sin\theta\sin\varphi)\cos\theta\frac{\partial(x,y)}{\partial(\theta,\varphi)}\mathrm{d}\theta\mathrm{d}\varphi$$

$$= \iint\limits_{[0,\pi]\times[\frac{\pi}{2},\pi]} \sin^2\theta\cos\theta\sin\varphi\cos\varphi(\sin\theta\cos\theta)\mathrm{d}\theta\mathrm{d}\varphi$$

$$= \iint\limits_{[0,\pi]\times[\frac{\pi}{2},\pi]} \sin^3\theta\cos^2\theta\sin\varphi\cos\varphi\mathrm{d}\theta\mathrm{d}\varphi$$

$$= \int_0^\pi \sin^3\theta\cos^2\theta\mathrm{d}\theta\int_{\frac{\pi}{2}}^\pi \sin\varphi\cos\varphi\mathrm{d}\varphi$$

$$= \left(\frac{\cos^5\theta}{5}-\frac{\cos^3\theta}{3}\right)\Big|_0^\pi\cdot\frac{\sin^2\varphi}{2}\Big|_{\frac{\pi}{2}}^\pi$$

$$= \frac{4}{15}\cdot\left(-\frac{1}{2}\right) = -\frac{2}{15}$$

解法5 应用化第二型曲面积分为第一型曲面积分的公式,有

$$\iint\limits_{\vec{\Sigma}} xyz\mathrm{d}x\wedge\mathrm{d}y = \iint\limits_{\vec{\Sigma}}(0\cdot\cos\alpha+0\cdot\cos\beta+xyz\cos\gamma)\mathrm{d}\sigma$$

$$= \iint\limits_{\vec{\Sigma}} xyz\cdot z\mathrm{d}\sigma$$

$$\xlongequal{\text{球面坐标}} \iint\limits_{[0,\pi]\times[\frac{\pi}{2},\pi]} (\sin\theta\cos\varphi)(\sin\theta\sin\varphi)\cos\theta\cdot\cos\theta\cdot(\sin\theta\mathrm{d}\theta\mathrm{d}\varphi)$$

$$= \iint\limits_{[0,\pi]\times[\frac{\pi}{2},\pi]} \sin^3\theta\cos^2\theta\sin\varphi\cos\varphi\mathrm{d}\theta\mathrm{d}\varphi \xlongequal{\text{解法4}} -\frac{2}{15}$$

例 11.3.9 计算第二型曲面积分

$$\iint\limits_{\vec{\Sigma}}(2x+z)\mathrm{d}y\wedge\mathrm{d}z+z\mathrm{d}x\wedge\mathrm{d}y$$

其中 $\vec{\Sigma}$ 为曲面 $\Sigma=\{(x,y,z)\mid z=x^2+y^2, z\in[0,1]\}$ 的下侧(图 11.3.6).

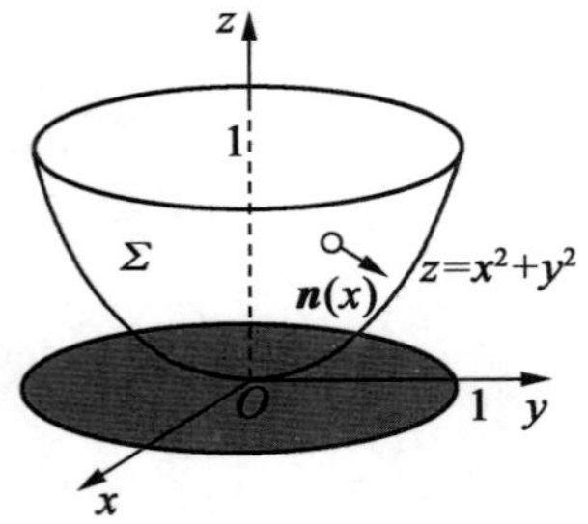

图 11.3.6

解法1 $\boldsymbol{x}(x,y)=(x,y,x^2+y^2)$

$$\boldsymbol{x}'_x=(1,0,2x),\quad \boldsymbol{x}'_y=(0,1,2y)$$

$$\boldsymbol{x}'_x \times \boldsymbol{x}'_y = \begin{vmatrix} \boldsymbol{e}_1 & \boldsymbol{e}_2 & \boldsymbol{e}_3 \\ 1 & 0 & 2x \\ 0 & 1 & 2y \end{vmatrix} = (-2x, -2y, 1)$$

这与 $\vec{\Sigma}$ 给定的方向恰好相反. 于是

$$\iint\limits_{\vec{\Sigma}} = \iint\limits_{\vec{\Sigma}} (2x+z)\mathrm{d}y \wedge \mathrm{d}z + z\mathrm{d}x \wedge \mathrm{d}y$$

$$= -\iint\limits_{x^2+y^2\leqslant 1} \begin{vmatrix} 2x+z & 0 & z \\ 1 & 0 & 2x \\ 0 & 1 & 2y \end{vmatrix} \mathrm{d}x\mathrm{d}y$$

$$= -\iint\limits_{x^2+y^2\leqslant 1} - \begin{vmatrix} 2x+z & z \\ 1 & 2x \end{vmatrix} \mathrm{d}x\mathrm{d}y$$

$$= \iint\limits_{x^2+y^2\leqslant 1} [(2x+x^2+y^2)\cdot 2x - (x^2+y^2)]\mathrm{d}x\mathrm{d}y$$

$$\xlongequal{\text{极坐标}} \int_0^{2\pi} \mathrm{d}\varphi \int_0^1 (4r^2\cos^2\varphi + 2r^3\cos\varphi - r^2) r\mathrm{d}r$$

$$= \int_0^{2\pi} \left(\cos^2\varphi + \frac{2}{5}\cos\varphi - \frac{1}{4}\right)\mathrm{d}\varphi$$

$$= 4\cdot\frac{1}{2}\cdot\frac{\pi}{2} + 0 - \frac{1}{4}\cdot 2\pi = \frac{\pi}{2}$$

解法 2　由解法 1 知, $-\boldsymbol{x}'_x \times \boldsymbol{x}'_y = (2x, 2y, -1)$ 与 $\vec{\Sigma}$ 的方向一致. 此外, 曲面 $\boldsymbol{\Sigma}$ 的面积元为

$$\mathrm{d}\sigma = \sqrt{1 + \left(\frac{\partial z}{\partial x}\right)^2 + \left(\frac{\partial z}{\partial y}\right)^2}\,\mathrm{d}x\mathrm{d}y = \sqrt{1+4x^2+4y^2}\,\mathrm{d}x\mathrm{d}y$$

于是

$$\iint\limits_{\vec{\Sigma}} (2x+z)\mathrm{d}y \wedge \mathrm{d}z + z\mathrm{d}x \wedge \mathrm{d}y$$

$$= \iint\limits_{\Sigma} [(2x+z)\cos\alpha + 0\cdot\cos\beta + z\cos\gamma]\mathrm{d}\sigma$$

$$= \iint\limits_{x^2+y^2\leqslant 1} \left[(2x+z)\cdot\frac{2x}{\sqrt{1+4x^2+4y^2}} + 0\cdot\frac{2y}{\sqrt{1+4x^2+4y^2}} + z\cdot\frac{-1}{\sqrt{1+4x^2+4y^2}}\right]\sqrt{1+4x^2+4y^2}\,\mathrm{d}x\mathrm{d}y$$

$$= \iint\limits_{x^2+y^2\leqslant 1} [(2x + x^2 + y^2) \cdot 2x - (x^2 + y^2)]\mathrm{d}x\mathrm{d}y \xlongequal{\text{由解法 1}} \frac{\pi}{2}$$

解法 3　建议读者将 Σ 剖分为两片,用 y,z 作为参数计算该第二型曲面积分,并体会其中的繁简.

例 11.3.10　计算第二型的曲面积分

$$\iint\limits_{\vec{\Sigma}} x^3 \mathrm{d}y \wedge \mathrm{d}z$$

其中 $\vec{\Sigma}$ 为椭球面 $\dfrac{x^2}{a^2}+\dfrac{y^2}{b^2}+\dfrac{z^2}{c^2}=1$ 的上半部并选取外侧为其定向(图 11.3.7).

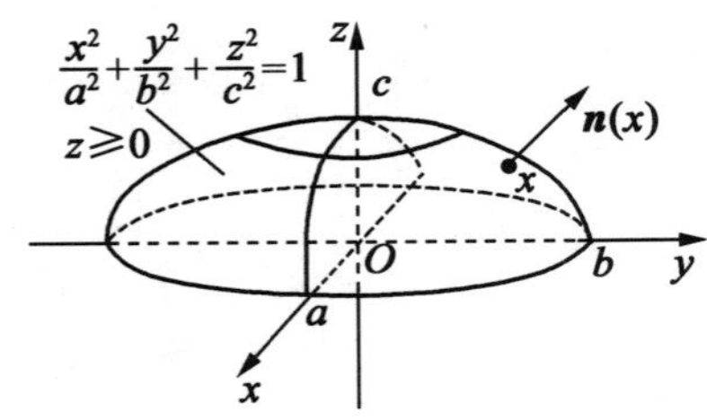

图 11.3.7

解　采用广义球面坐标

$$\boldsymbol{x}(\theta,\varphi) = (a\sin\theta\cos\varphi, b\sin\theta\sin\varphi, c\cos\theta),\quad 0\leqslant\theta\leqslant\frac{\pi}{2},\quad 0\leqslant\varphi\leqslant 2\pi$$

我们得到 $\boldsymbol{x}'_\theta \times \boldsymbol{x}'_\varphi$ 与 $\vec{\Sigma}$ 方向一致,且有

$$\begin{aligned}\iint\limits_{\vec{\Sigma}} x^3 \mathrm{d}y \wedge \mathrm{d}z &= \iint\limits_{[0,\frac{\pi}{2}]\times[0,2\pi]} a^3\sin^3\theta\cos^3\varphi\,\frac{\partial(y,z)}{\partial(\theta,\varphi)}\mathrm{d}\theta\mathrm{d}\varphi \\ &= \iint\limits_{[0,\frac{\pi}{2}]\times[0,2\pi]} a^3\sin^3\theta\cos^3\varphi \begin{vmatrix} b\cos\theta\sin\varphi & -c\sin\theta \\ b\sin\theta\cos\varphi & 0\end{vmatrix}\mathrm{d}\theta\mathrm{d}\varphi \\ &= a^3bc\int_0^{\frac{\pi}{2}}\sin^5\theta\mathrm{d}\theta\int_0^{2\pi}\cos^4\varphi\mathrm{d}\varphi \\ &= a^3bc\,\frac{4\cdot 2}{5\cdot 3}\cdot 4\cdot\frac{3\cdot 1}{4\cdot 2}\cdot\frac{\pi}{2} = \frac{2}{5}\pi a^3bc\end{aligned}$$

上例表明,被积微分形式中只有一项 $x^3\mathrm{d}y\wedge\mathrm{d}z$,采用计算 $\dfrac{\partial(y,z)}{\partial(\theta,\varphi)}$ 比较方便. 如果被积微分形式中有两项或三项,则应用例 11.3.9 中解法 1 或解法 2 比较方便.

例 11.3.11　计算第二型曲面积分

$$\iint\limits_{\vec{\Sigma}} x\mathrm{d}y\wedge\mathrm{d}z + y\mathrm{d}z\wedge\mathrm{d}x + z\mathrm{d}x\wedge\mathrm{d}y$$

其中 $\Sigma = \{(x,y,z) \mid x,y,z\geqslant 0, x+y+z=1\}$, $\vec{\Sigma}$ 的方向与 $(1,1,1)$ 一致(图 11.3.8).

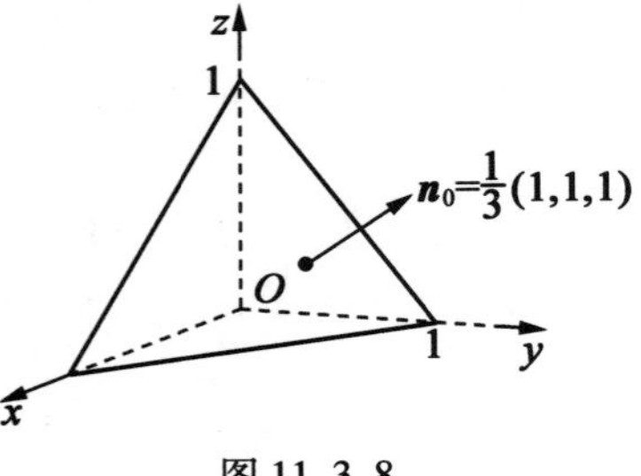

图 11.3.8

解法 1　先算

$$\begin{aligned}\iint\limits_{\vec{\Sigma}} z\mathrm{d}x\wedge\mathrm{d}y &= \iint\limits_{\substack{x+y\leqslant 1\\ x,y\geqslant 0}}(1-x-y)\mathrm{d}x\mathrm{d}y\\ &= \int_0^1\mathrm{d}x\int_0^{1-x}(1-x-y)\mathrm{d}y\\ &= \int_0^1\left(y-xy-\frac{y^2}{2}\right)\Bigg|_{y=0}^{y=1-x}\mathrm{d}x\\ &= \frac{1}{2}\int_0^1(1-x)^2\mathrm{d}x\\ &= -\frac{1}{6}(1-x)^3\Big|_0^1 = \frac{1}{6}\end{aligned}$$

根据对称性,有

$$\iint\limits_{\vec{\Sigma}} x\mathrm{d}y\wedge\mathrm{d}z = \iint\limits_{\vec{\Sigma}} y\mathrm{d}z\wedge\mathrm{d}x = \frac{1}{6}$$

所以

$$\iint\limits_{\vec{\Sigma}} x\mathrm{d}y\wedge\mathrm{d}z + y\mathrm{d}z\wedge\mathrm{d}x + z\mathrm{d}x\wedge\mathrm{d}y = \frac{1}{6}+\frac{1}{6}+\frac{1}{6} = \frac{1}{2}$$

解法 2　$\boldsymbol{F}=(x,y,z)$,与 $\vec{\Sigma}$ 方向一致的单位法向量场为 $\boldsymbol{n}_0=\frac{1}{\sqrt{3}}(1,1,1)$.

于是

$$\begin{aligned}&\iint\limits_{\vec{\Sigma}} x\mathrm{d}y\wedge\mathrm{d}z + y\mathrm{d}z\wedge\mathrm{d}x + z\mathrm{d}x\wedge\mathrm{d}y\\ &= \iint\limits_{\Sigma}\boldsymbol{F}\cdot\boldsymbol{n}_0\mathrm{d}\sigma\\ &= \iint\limits_{\Sigma}(x,y,z)\cdot\frac{1}{\sqrt{3}}(1,1,1)\mathrm{d}\sigma\\ &= \frac{1}{\sqrt{3}}\iint\limits_{\Sigma}(x+y+z)\mathrm{d}\sigma = \frac{1}{\sqrt{3}}\sigma(\Sigma)\\ &= \frac{1}{\sqrt{3}}\cdot\frac{1}{2}(\sqrt{2})^2\sin\frac{\pi}{3} = \frac{1}{2}\end{aligned}$$

解法 3　参阅例 11.4.7,应用 Stokes 定理.

例 11.3.12　计算第二型曲面积分

$$\iint_{\vec{\Sigma}} x^2 \mathrm{d}y \wedge \mathrm{d}z + y^2 \mathrm{d}z \wedge \mathrm{d}x + z^2 \mathrm{d}x \wedge \mathrm{d}y$$

其中 $\vec{\Sigma}$ 是球面 $(x-a)^2+(y-b)^2+(z-c)^2=R^2$ 的外侧. 该球面包围的球体记为 V.

解 用平面 $z=c$ 将 $\vec{\Sigma}$ 分成上、下两个半球面 $\vec{\Sigma}_{上}$, $\vec{\Sigma}_{下}$. 上半球面方程为

$$z_{上}=c+\sqrt{R^2-(x-a)^2-(y-b)^2}$$

下半球面方程为

$$z_{下}=c-\sqrt{R^2-(x-a)^2-(y-b)^2}$$

于是

$$\begin{aligned}
\iint_{\vec{\Sigma}} z^2 \mathrm{d}x \wedge \mathrm{d}y &= \iint_{\vec{\Sigma}_{上}} z^2 \mathrm{d}x \wedge \mathrm{d}y + \iint_{\vec{\Sigma}_{下}} z^2 \mathrm{d}x \wedge \mathrm{d}y \\
&= \iint_{(x-a)^2+(y-b)^2 \leqslant R^2} (z_{上}^2 - z_{下}^2)\mathrm{d}x\mathrm{d}y \\
&= \iint_{(x-a)^2+(y-b)^2 \leqslant R^2} (z_{上}+z_{下})(z_{上}-z_{下})\mathrm{d}x\mathrm{d}y \\
&= 2c \iint_{(x-a)^2+(y-b)^2 \leqslant R^2} (z_{上}-z_{下})\mathrm{d}x\mathrm{d}y \\
&= 2cv(V) = \frac{8c}{3}\pi R^3
\end{aligned}$$

由对称性知

$$\iint_{\vec{\Sigma}} x^2 \mathrm{d}y \wedge \mathrm{d}z + y^2 \mathrm{d}z \wedge \mathrm{d}x + z^2 \mathrm{d}x \wedge \mathrm{d}y = \frac{8}{3}(a+b+c)\pi R^3$$

定义 11.3.5($\mathbb{R}^3$ 中 3 次微分形式在定向区域上的第二型积分) 设 $\vec{\Sigma} \subset \mathbb{R}^3$ 为定向有界区域, $\Delta \subset \mathbb{R}^3$ 有体积, 参数表示为

$$\boldsymbol{x}=\boldsymbol{x}(u,v,w)=(x(u,v,w),y(u,v,w),z(u,v,w)),\quad (u,v,w)\in\Delta$$

它与 $\vec{\Sigma}$ 的定向一致, 即 $\{\boldsymbol{x}_u', \boldsymbol{x}_v', \boldsymbol{x}_w'\}$ 与 $\vec{\Sigma}$ 同为右手系或同为左手系. 我们定义 3 次微分形式 $\omega = f\mathrm{d}x \wedge \mathrm{d}y \wedge \mathrm{d}z$($f$ 连续) 沿 $\vec{\Sigma}$ 的第二型积分为

$$\iint_{\vec{\Sigma}} \omega = \iint_{\vec{\Sigma}} f(x,y,z)\mathrm{d}x \wedge \mathrm{d}y \wedge \mathrm{d}z$$

$$\xlongequal{\text{def}} \iiint_{\Delta} f(\boldsymbol{x}(u,v,w))\ \frac{\partial(x,y,z)}{\partial(u,v,w)}\mathrm{d}u\mathrm{d}v\mathrm{d}w$$

其中

$$\begin{aligned} f\mathrm{d}x \wedge \mathrm{d}y \wedge \mathrm{d}z &= f\left(\frac{\partial x}{\partial u}\mathrm{d}u + \frac{\partial x}{\partial v}\mathrm{d}v + \frac{\partial x}{\partial w}\mathrm{d}w\right) \wedge \\ &\quad \left(\frac{\partial y}{\partial u}\mathrm{d}u + \frac{\partial y}{\partial v}\mathrm{d}v + \frac{\partial y}{\partial w}\mathrm{d}w\right) \wedge \\ &\quad \left(\frac{\partial z}{\partial u}\mathrm{d}u + \frac{\partial z}{\partial v}\mathrm{d}v + \frac{\partial z}{\partial w}\mathrm{d}w\right) \\ &= f\frac{\partial(x,y,z)}{\partial(u,v,w)}\mathrm{d}u \wedge \mathrm{d}v \wedge \mathrm{d}w \end{aligned}$$

类似引理 11.3.1 与引理 11.3.2,有下面的引理.

引理 11.3.3　$\mathbb{R}^3$ 中 3 次微分形式 ω 在定向区域 $\vec{\Sigma}$ 上的第二型积分与定向参数的选择无关.

证明　设 $\boldsymbol{x}(u,v,w)$, $\tilde{\boldsymbol{x}}(s,t,q)$ 与 $\vec{\Sigma}$ 的定向一致,$(u,v,w) \in \boldsymbol{\Delta}$, $(s,t,q) \in \tilde{\boldsymbol{\Delta}}$,即

$$\boldsymbol{x}'_u \cdot (\boldsymbol{x}'_v \times \boldsymbol{x}'_w) = \frac{\partial(x,y,z)}{\partial(u,v,w)},\quad \tilde{\boldsymbol{x}}'_s \cdot (\tilde{\boldsymbol{x}}'_t \times \tilde{\boldsymbol{x}}'_q) = \frac{\partial(x,y,z)}{\partial(s,t,q)}$$

都与 $\vec{\Sigma}$ 相一致. 并且,$\boldsymbol{x}(\Delta) = \tilde{\boldsymbol{x}}(\tilde{\Delta}) = \Sigma$, $\exists\, h:\Delta \to \tilde{\Delta}, (u,v,w) \mapsto (s,t,q)$ 为 C^1 微分同胚. 由于 $\boldsymbol{x}'_u \cdot (\boldsymbol{x}'_v \times \boldsymbol{x}'_w)$ 与 $\tilde{\boldsymbol{x}}'_s \cdot (\tilde{\boldsymbol{x}}'_t \times \tilde{\boldsymbol{x}}'_q)$ 同号及

$$\begin{aligned} \boldsymbol{x}'_u \cdot (\boldsymbol{x}'_v \times \boldsymbol{x}'_w) &= \left(\tilde{\boldsymbol{x}}'_s\frac{\partial s}{\partial u} + \tilde{\boldsymbol{x}}'_t\frac{\partial t}{\partial u} + \tilde{\boldsymbol{x}}'_q\frac{\partial q}{\partial u}\right) \cdot \\ &\quad \left[\left(\tilde{\boldsymbol{x}}'_s\frac{\partial s}{\partial v} + \tilde{\boldsymbol{x}}'_t\frac{\partial t}{\partial v} + \tilde{\boldsymbol{x}}'_q\frac{\partial q}{\partial v}\right) \times \right. \\ &\quad \left.\left(\tilde{\boldsymbol{x}}'_s\frac{\partial s}{\partial w} + \tilde{\boldsymbol{x}}'_t\frac{\partial t}{\partial w} + \tilde{\boldsymbol{x}}'_q\frac{\partial q}{\partial w}\right)\right] \\ &= \frac{\partial(u,v,w)}{\partial(s,t,q)}\tilde{\boldsymbol{x}}'_s \cdot (\tilde{\boldsymbol{x}}'_t \times \tilde{\boldsymbol{x}}'_q) \end{aligned}$$

立即得到

$$\frac{\partial(u,v,w)}{\partial(s,t,q)} > 0$$

于是

$$\iiint\limits_{\Delta} f(\boldsymbol{x}(u,v,w))\frac{\partial(x,y,z)}{\partial(u,v,w)}\mathrm{d}u\mathrm{d}v\mathrm{d}w$$

$$=\iiint\limits_{\Delta} f(\tilde{\boldsymbol{x}}(s,t,q))\frac{\partial(x,y,z)}{\partial(s,t,q)}\frac{\partial(s,t,q)}{\partial(u,v,w)}\mathrm{d}u\mathrm{d}v\mathrm{d}w$$

$$\xlongequal[\text{换元}]{\frac{\partial(u,v,w)}{\partial(s,t,q)}>0}\iiint\limits_{\tilde{\Delta}} f(\tilde{\boldsymbol{x}}(s,t,q))\frac{\partial(x,y,z)}{\partial(s,t,q)}\mathrm{d}s\mathrm{d}t\mathrm{d}q$$

类似定理11.3.2与定理11.3.3,有下面的定理.

定理11.3.4 $\mathbb{R}^3$中3次微分形式ω在定向区域$\vec{\Sigma}$上,有

$$\iiint\limits_{\vec{\Sigma}}\omega=-\iiint\limits_{\vec{\Sigma}^-}\omega$$

证明 取$\boldsymbol{x}(u,v,w)$与$\vec{\Sigma}$的定向一致,$\tilde{\boldsymbol{x}}(s,t,q)$与$\vec{\Sigma}^-$的定向一致. 于是

$$\frac{\partial(s,t,q)}{\partial(u,v,w)}<0$$

从而

$$\iiint\limits_{\vec{\Sigma}}\omega=\iiint\limits_{\Delta} f(\boldsymbol{x}(u,v,w))\frac{\partial(x,y,z)}{\partial(u,v,w)}\mathrm{d}u\mathrm{d}v\mathrm{d}w$$

$$=\iiint\limits_{\Delta} f(\boldsymbol{x}(u,v,w))\frac{\partial(x,y,z)}{\partial(s,t,q)}\frac{\partial(s,t,q)}{\partial(u,v,w)}\mathrm{d}u\mathrm{d}v\mathrm{d}w$$

$$\xlongequal[\text{换元}]{\frac{\partial(s,t,q)}{\partial(u,v,w)}<0}-\iiint\limits_{\tilde{\Delta}} f(\tilde{\boldsymbol{x}}(s,t,q))\frac{\partial(x,y,z)}{\partial(s,t,q)}\mathrm{d}s\mathrm{d}t\mathrm{d}q=-\iiint\limits_{\vec{\Sigma}^-}\omega$$

更一般地,有下面的定义.

定义11.3.6($\mathbb{R}^n$中k次微分形式在k维定向曲面上的第二型积分) 设$U\subset\mathbb{R}^n$为开集,$\vec{\Sigma}\subset U$为k维定向有界曲面,其参数表示为

$$\boldsymbol{x}(u_1,u_2,\cdots,u_k)=(x_1(u_1,u_2,\cdots,u_k),x_2(u_1,u_2,\cdots,u_k),\cdots,x_k(u_1,u_2,\cdots,u_k))$$
$$(u_1,u_2,\cdots,u_k)\in\boldsymbol{\Delta}$$

定向曲面$\vec{\Sigma}$的定向由$\{\boldsymbol{x}'_{u_1},\boldsymbol{x}'_{u_2},\cdots,\boldsymbol{x}'_{u_k}\}$所确定. k次微分形式

$$\omega=\sum_{i_1<\cdots<i_k}P_{i_1\cdots i_k}\mathrm{d}x_{i_1}\wedge\cdots\wedge\mathrm{d}x_{i_k}$$

是连续的. 定义ω在$\vec{\Sigma}$上的第二型曲面积分为

$$\int\cdots\int_{\vec{\Sigma}}\omega = \int\cdots\int_{\vec{\Sigma}}\sum_{i_1<\cdots<i_k} P_{i_1\cdots i_k}\mathrm{d}x_{i_1}\wedge\cdots\wedge\mathrm{d}x_{i_k}$$

$$\xlongequal{\text{def}}\int\cdots\int_{\Delta}\sum_{i_1<\cdots<i_k} P_{i_1\cdots i_k}(\boldsymbol{x}(u_1,u_2,\cdots,u_k))\frac{\partial(x_{i_1},x_{i_2},\cdots,x_{i_k})}{\partial(u_1,u_2,\cdots,u_k)}\mathrm{d}u_1\cdots\mathrm{d}u_k$$

其中

$$\begin{aligned}\mathrm{d}x_{i_1}\wedge\cdots\wedge\mathrm{d}x_{i_k} &= \left(\sum_{j_1=1}^{k}\frac{\partial x_{i_1}}{\partial u_{j_1}}\mathrm{d}u_{j_1}\right)\wedge\cdots\wedge\left(\sum_{j_k=1}^{k}\frac{\partial x_{i_k}}{\partial u_{j_k}}\mathrm{d}u_{j_k}\right)\\ &= \frac{\partial(x_{i_1},x_{i_2},\cdots,x_{i_k})}{\partial(u_1,u_2,\cdots,u_k)}\mathrm{d}u_1\wedge\cdots\wedge\mathrm{d}u_k\end{aligned}$$

引理 11.3.4　$\mathbb{R}^n$中 k 次微分形式 ω 的第二型曲面积分与 $\vec{\Sigma}$ 的定向参数的选择无关.

证明　设 $\tilde{\boldsymbol{x}}(\tilde{u}_1,\tilde{u}_2,\cdots,\tilde{u}_k)$ 为 $\vec{\Sigma}$ 的另一定向参数表示,则

$$\frac{\partial(\tilde{u}_1,\tilde{u}_2,\cdots,\tilde{u}_k)}{\partial(u_1,u_2,\cdots,u_k)}>0$$

于是

$$\int\cdots\int_{\Delta}\sum_{i_1<\cdots<i_k} P_{i_1\cdots i_k}(\boldsymbol{x}(u_1,u_2,\cdots,u_k))\frac{\partial(x_{i_1},x_{i_2},\cdots,x_{i_k})}{\partial(u_1,u_2,\cdots,u_k)}\mathrm{d}u_1\cdots\mathrm{d}u_k$$

$$=\int\cdots\int_{\Delta}\sum_{i_1<\cdots<i_k} P_{i_1\cdots i_k}(\tilde{\boldsymbol{x}}(\tilde{u}_1,\tilde{u}_2,\cdots,\tilde{u}_k))\frac{\partial(x_{i_1},x_{i_2},\cdots,x_{i_k})}{\partial(\tilde{u}_1,\tilde{u}_2,\cdots,\tilde{u}_k)}\frac{\partial(\tilde{u}_1,\tilde{u}_2,\cdots,\tilde{u}_k)}{\partial(u_1,u_2,\cdots,u_k)}\mathrm{d}u_1\cdots\mathrm{d}u_k$$

$$\xlongequal[\text{换元}]{\frac{\partial(\tilde{u}_1,\tilde{u}_2,\cdots,\tilde{u}_k)}{\partial(u_1,u_2,\cdots,u_k)}>0}\int\cdots\int_{\tilde{\Delta}}\sum_{i_1<\cdots<i_k} P_{i_1\cdots i_k}(\tilde{\boldsymbol{x}}(\tilde{u}_1,\tilde{u}_2,\cdots,\tilde{u}_k))\frac{\partial(x_{i_1},x_{i_2},\cdots,x_{i_k})}{\partial(\tilde{u}_1,\tilde{u}_2,\cdots,\tilde{u}_k)}\mathrm{d}\tilde{u}_1\cdots\mathrm{d}\tilde{u}_k$$

其中 $h:\Delta\to\tilde{\Delta},(u_1,u_2,\cdots,u_k)\mapsto(\tilde{u}_1,\tilde{u}_2,\cdots,\tilde{u}_k)$ 为 C^1 微分同胚.

定理 11.3.5　关于$\mathbb{R}^n$中 k 次微分形式 ω 在可定向曲面 Σ 上,有

$$\int\cdots\int_{\vec{\Sigma}}\omega = -\int\cdots\int_{\vec{\Sigma}^-}\omega$$

证明　取 $\boldsymbol{x}(u_1,u_2,\cdots,u_k)$ 与 $\vec{\Sigma}$ 定向一致,$\tilde{\boldsymbol{x}}(\tilde{u}_1,\tilde{u}_2,\cdots,\tilde{u}_k)$ 与 $\vec{\Sigma}^-$ 定向一致,$(u_1,u_2,\cdots,u_k)\in\Delta,(\tilde{u}_1,\tilde{u}_2,\cdots,\tilde{u}_k)\in\tilde{\Delta},h:\Delta\to\tilde{\Delta},(u_1,u_2,\cdots,u_k)\mapsto(\tilde{u}_1,\tilde{u}_2,\cdots,$

$\tilde{u}_k$)为 C^1 微分同胚. 于是

$$\frac{\partial(\tilde{u}_1,\tilde{u}_2,\cdots,\tilde{u}_k)}{\partial(u_1,u_2,\cdots,u_k)}<0$$

由此推得

$$\begin{aligned}
\int\cdots\int_{\vec{\Sigma}}\omega &= \int\cdots\int_{\vec{\Sigma}}\sum_{i_1<\cdots<i_k}P_{i_1\cdots i_k}\mathrm{d}x_{i_1}\wedge\cdots\wedge\mathrm{d}x_{i_k}\\
&= \int\cdots\int_{\Delta}\sum_{i_1<\cdots<i_k}P_{i_1\cdots i_k}(\boldsymbol{x}(u_1,u_2,\cdots,u_k))\frac{\partial(x_{i_1},x_{i_2},\cdots,x_{i_k})}{\partial(u_1,u_2,\cdots,u_k)}\mathrm{d}u_1\cdots\mathrm{d}u_k\\
&= \int\cdots\int_{\Delta}\sum_{i_1<\cdots<i_k}P_{i_1\cdots i_k}(\tilde{\boldsymbol{x}}(\tilde{u}_1,\tilde{u}_2,\cdots,\tilde{u}_k))\frac{\partial(x_{i_1},x_{i_2},\cdots,x_{i_k})}{\partial(\tilde{u}_1,\tilde{u}_2,\cdots,\tilde{u}_k)}\frac{\partial(\tilde{u}_1,\tilde{u}_2,\cdots,\tilde{u}_k)}{\partial(u_1,u_2,\cdots,u_k)}\mathrm{d}u_1\cdots\mathrm{d}u_k\\
&\xlongequal[\text{换元}]{\frac{\partial(\tilde{u}_1,\tilde{u}_2,\cdots,\tilde{u}_k)}{\partial(u_1,u_2,\cdots,u_k)}<0} -\int\cdots\int_{\tilde{\Delta}}\sum_{i_1<\cdots<i_k}P_{i_1\cdots i_k}(\tilde{\boldsymbol{x}}(\tilde{u}_1,\tilde{u}_2,\cdots,\tilde{u}_k))\frac{\partial(x_{i_1},x_{i_2},\cdots,x_{i_k})}{\partial(\tilde{u}_1,\tilde{u}_2,\cdots,\tilde{u}_k)}\mathrm{d}\tilde{u}_1\cdots\mathrm{d}\tilde{u}_k\\
&= -\int\cdots\int_{\vec{\Sigma}^-}\omega
\end{aligned}$$

练习题 11.3

1. 计算下列第二型曲线积分:

(1) $\int_{\vec{C}}\frac{-y\mathrm{d}x-x\mathrm{d}y}{x^2+y^2}$, $\vec{C}$ 为反时针方向的圆周 $x^2+y^2=a^2, a>0$;

(2) $\int_{\vec{C}}(x+y)\mathrm{d}x+(x-y)\mathrm{d}y$, $\vec{C}$ 表示反时针方向的椭圆 $\frac{x^2}{a^2}+\frac{y^2}{b^2}=1, a>0, b>0$;

(3) $\int_{\vec{C}}(x^2-2xy)\mathrm{d}x+(y^2-2xy)\mathrm{d}y$, $\vec{C}$: $x=y^2, y\in[-1,1]$ 沿 y 增加的方向;

(4) $\int_{\vec{C}}x\mathrm{d}y$, $\vec{C}$: 直线 $2x+y=1$ 与两坐标轴组成的三角形, 沿反时针方向;

(5) $\int_{\vec{C}}(x^2+y^2)\mathrm{d}y$, $\vec{C}$ 是直线 $x=1, x=3$ 和 $y=1, y=4$ 构成的矩形, 沿

反时针方向.

2. 设常数 a,b,c 满足 $ac-b^2>0$. 计算第二型曲线积分

$$\int_{\vec{C}}\frac{-y\mathrm{d}x+x\mathrm{d}y}{ax^2+2bxy+cy^2}$$

其中 $\vec{C}$ 为反时针方向的单位圆.

3. 计算下列第二型曲线积分,曲线的定向是参数增加的方向:

(1) $\int_{\vec{C}}xz^2\mathrm{d}x+yx^2\mathrm{d}y+zy^2\mathrm{d}z$, $\vec{C}:(x,y,z)=(t,t^2,t^3)$, $t\in[0,1]$;

(2) $\int_{\vec{C}}(y+z)\mathrm{d}x+(z+x)\mathrm{d}y+(x+y)\mathrm{d}z$, $\vec{C}:(x,y,z)=(a\sin^2 t,2a\sin t\cdot\cos t,a\cos^2 t)$, $t\in[0,\pi]$.

4. 计算第二型曲线积分

$$\int_{\vec{C}}(y^2-z^2)\mathrm{d}x+(z^2-x^2)\mathrm{d}y+(x^2-y^2)\mathrm{d}z$$

$\vec{C}$ 为球面片 $x^2+y^2+z^2=1$, $x\geqslant 0$, $y\geqslant 0$, $z\geqslant 0$ 的边界,方向是从 $(1,0,0)$ 到 $(0,1,0)$ 到 $(0,0,1)$ 再回到 $(1,0,0)$.

5. 计算第二型曲线积分

$$\int_{\vec{C}}y\mathrm{d}x+z\mathrm{d}y+x\mathrm{d}z$$

(1) $\vec{C}$ 是平面 $x+y=2$ 与球面 $x^2+y^2+z^2=2(x+y)$ 交成的圆周,眼睛从原点看去顺时针方向是 $\vec{C}$ 的方向.

(2) $\vec{C}$ 是曲面 $z=xy$ 与 $x^2+y^2=1$ 的交线,沿 $\vec{C}$ 的方向行进时,z 轴在左手边.

6. 计算下列第二型曲面积分:

(1) $\int_{\vec{\Sigma}}x^4\mathrm{d}y\wedge\mathrm{d}z+y^4\mathrm{d}z\wedge\mathrm{d}x+z^4\mathrm{d}x\wedge\mathrm{d}y$,其中 $\vec{\Sigma}:x^2+y^2+z^2=a^2(a>0)$,内侧;

(2) $\int_{\vec{\Sigma}}xz\mathrm{d}y\wedge\mathrm{d}z+yz\mathrm{d}z\wedge\mathrm{d}x+x^2\mathrm{d}x\wedge\mathrm{d}y$,其中 $\vec{\Sigma}:x^2+y^2+z^2=a^2(a>0)$,外侧;

(3) $\int_{\vec{\Sigma}}f(x)\mathrm{d}y\wedge\mathrm{d}z+g(y)\mathrm{d}z\wedge\mathrm{d}x+h(z)\mathrm{d}x\wedge\mathrm{d}y$,其中 $\vec{\Sigma}:[0,a]\times[0,b]\times[0,c]$ 的边界,外侧;

(4) $\int_{\vec{\Sigma}} z\mathrm{d}x \wedge \mathrm{d}y$,其中 $\vec{\Sigma}: \frac{x^2}{a^2}+\frac{y^2}{b^2}+\frac{z^2}{c^2}=1$,外侧;

(5) $\int_{\vec{\Sigma}} (y-z)\mathrm{d}y \wedge \mathrm{d}z+(z-x)\mathrm{d}z \wedge \mathrm{d}x+(x-y)\mathrm{d}x \wedge \mathrm{d}y$,其中 $\vec{\Sigma}: z=\sqrt{x^2+y^2}$, $z=h$ 所围曲面,外侧;

(6) $\int_{\vec{\Sigma}} x\mathrm{d}y \wedge \mathrm{d}z+y\mathrm{d}z \wedge \mathrm{d}x+z\mathrm{d}x \wedge \mathrm{d}y$,其中 $\vec{\Sigma}: x^2+y^2+z^2=a^2(a>0)$,外侧;

(7) $\int_{\vec{\Sigma}} x^3\mathrm{d}y \wedge \mathrm{d}z+y^3\mathrm{d}z \wedge \mathrm{d}x+z^3\mathrm{d}x \wedge \mathrm{d}y$,其中 $\vec{\Sigma}: \frac{x^2}{a^2}+\frac{y^2}{b^2}+\frac{z^2}{c^2}=1(a,b,c>0)$,外侧.

思考题 11.3

1. 证明: $\left|\int_{\vec{C}} \boldsymbol{F} \cdot \mathrm{d}\boldsymbol{x}\right| \leqslant \int_C \|\boldsymbol{F}\| \mathrm{d}s$.

2. 计算第二型曲线积分

$$\int_{\vec{C}} \frac{-y\mathrm{d}x+x\mathrm{d}y}{x^2+y^2}$$

其中 $\vec{C}$ 是任意一条不通过原点的反时针方向的定向曲线.

3. 设 $\vec{\Sigma}: z=f(x,y),(x,y) \in \boldsymbol{\Delta}$,法向量向上,证明:

(1) $\iint\limits_{\vec{\Sigma}} P\mathrm{d}y \wedge \mathrm{d}z=-\iint\limits_{\Delta} P(x,y,f(x,y)) \frac{\partial f}{\partial x}\mathrm{d}x \wedge \mathrm{d}y$;

(2) $\iint\limits_{\vec{\Sigma}} Q\mathrm{d}z \wedge \mathrm{d}x=-\iint\limits_{\Delta} Q(x,y,f(x,y)) \frac{\partial f}{\partial y}\mathrm{d}x \wedge \mathrm{d}y$.

4. 设 $\mathbb{R}^n$ 中有 n 个一次微分形式

$$\omega_j=\sum_{i=1}^n a_j^i \mathrm{d}x_i, \quad j=1,2,\cdots,n$$

证明

$$\omega_1 \wedge \cdots \wedge \omega_n=\det(a_i^j(\boldsymbol{x}))\mathrm{d}x_1 \wedge \cdots \wedge \mathrm{d}x_n$$

5. 设 $f_j(x_1,x_2,\cdots,x_n)(j=1,2,\cdots,n)$ 是 $\mathbb{R}^n$ 中 n 个 $C^r(r \geqslant 1)$ 函数, $\mathrm{d}f_j$ 是它

们的微分，$j = 1,2,\cdots,n$. 证明

$$\mathrm{d}f_1 \wedge \cdots \wedge \mathrm{d}f_n = \frac{\partial(f_1,f_2,\cdots,f_n)}{\partial(x_1,x_2,\cdots,x_n)}\mathrm{d}x_1 \wedge \cdots \wedge \mathrm{d}x_n$$

11.4　Stokes 公式 $\int_{\overrightarrow{\partial M}}\omega = \int_{\vec{M}}\mathrm{d}\omega$

众所周知，一元 Riemann 积分有著名的 Newton-Leibniz 公式

$$\int_{\overrightarrow{[a,b]}}\mathrm{d}f = \int_a^b f'(x)\,\mathrm{d}x = f(x)\Big|_a^b = f(b) - f(a) = \int_{\partial\overrightarrow{[a,b]}} f$$

它建立了区间 $[a,b]$ 域内积分与边界 $\partial[a,b] = \{a,b\}$ 上函数值之间的联系，成为一元积分学的一块基石. 在多变量 Riemann 积分情形，是否也存在类似域内积分与边界积分之间的联系呢？回答是肯定的. 平面区域内的二重积分与其边界曲线积分之间的联系——Green 公式；空间曲面的曲面积分与其边界曲线积分之间的联系——Stokes 公式；空间区域内的三重积分与其边界曲面积分之间的联系——Gauss 公式. 这些公式统一为一个 Stokes 公式

$$\int_{\partial\vec{M}}\omega = \int_{\vec{M}}\mathrm{d}\omega$$

它在理论与应用中均有重大的价值.

定理 11.4.1（Newton-Leibniz）　设 $\vec{C}$ 为 $\mathbb{R}^n$ 中的定向曲线，起点为 A，终点为 B（图 11.4.1），ω 为 0 次（函数）C^1 微分形式，则

$$\int_{\vec{C}}\mathrm{d}\omega = \int_{\partial\vec{C}}\omega = \int_{\{\vec{B}^+,\vec{A}^-\}}\omega = \int_{\vec{B}^+}\omega + \int_{\vec{A}^-}\omega = \omega(B) - \omega(A)$$

特别地，当 $\vec{C} = \overrightarrow{[a,b]}$，$\partial\vec{C} = \{\vec{b}^+,\vec{a}^-\}$，$\omega = f$ 时，上式为

$$\int_a^b \mathrm{d}f = \int_{\overrightarrow{[a,b]}}\mathrm{d}f = \int_{\partial\overrightarrow{[a,b]}} f = f(b) - f(a)$$

即它是通常的 Newton-Leibniz 公式.

证明　设 $\boldsymbol{x}(t) = (x(t),y(t),z(t))$，$a \leqslant t \leqslant b$ 为 $\vec{C}$ 的参数表示，$\omega = f$，则

$$\int_{\vec{C}}\mathrm{d}\omega = \int_{\vec{C}}\mathrm{d}f = \int_{\vec{C}}\frac{\partial f}{\partial x}\mathrm{d}x + \frac{\partial f}{\partial y}\mathrm{d}y + \frac{\partial f}{\partial z}\mathrm{d}z$$

$$\xlongequal{\text{def}} \int_a^b \left(\frac{\partial f}{\partial x}\frac{\mathrm{d}x}{\mathrm{d}t} + \frac{\partial f}{\partial y}\frac{\mathrm{d}y}{\mathrm{d}t} + \frac{\partial f}{\partial z}\frac{\mathrm{d}z}{\mathrm{d}t} \right)\mathrm{d}t$$

$$= \int_a^b \frac{\mathrm{d}\, f(\boldsymbol{x}(t))}{\mathrm{d}t}\mathrm{d}t$$

$$\xlongequal{\text{通常的 Newton-Leibniz 公式}} f(\boldsymbol{x}(b)) - f(\boldsymbol{x}(a))$$

$$= \omega(B) - \omega(A) = \int_{\overrightarrow{\partial C}} \omega$$

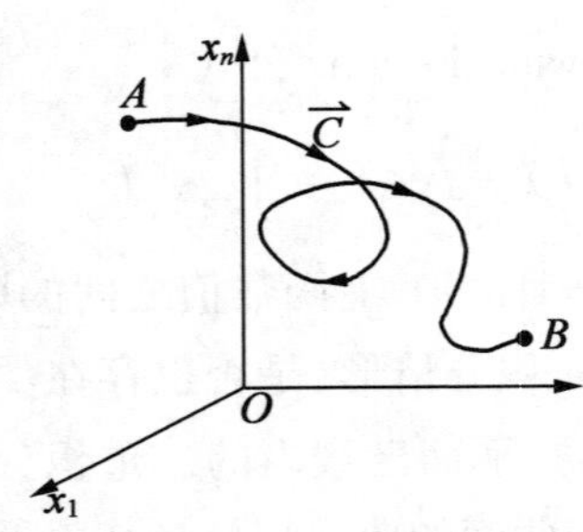

图 11.4.1

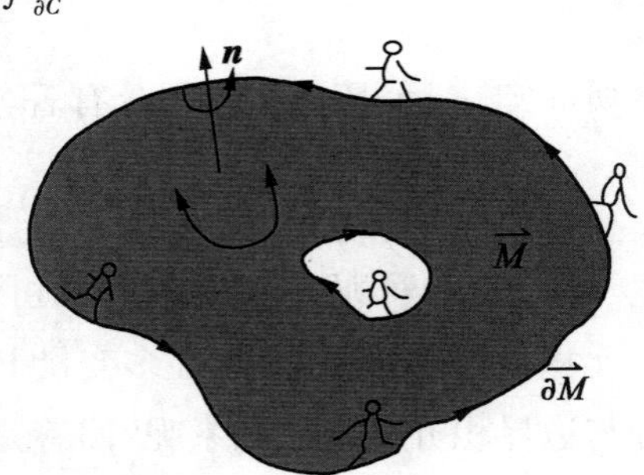

图 11.4.2

设 $M\subset\mathbb{R}^2$，$\overrightarrow{M}$ 为有界定向闭域，$\overrightarrow{\partial M}$为$\partial M$ 上(由 $\overrightarrow{M}$ 决定)的诱导定向(按"左手法则"：沿$\overrightarrow{\partial M}$走，$M$ 总在左侧(图 11.4.2))所决定的定向曲线.

我们考虑两种特殊的定向闭域：

(1)第一种定向闭域(图 11.4.3)$\overrightarrow{M}$.

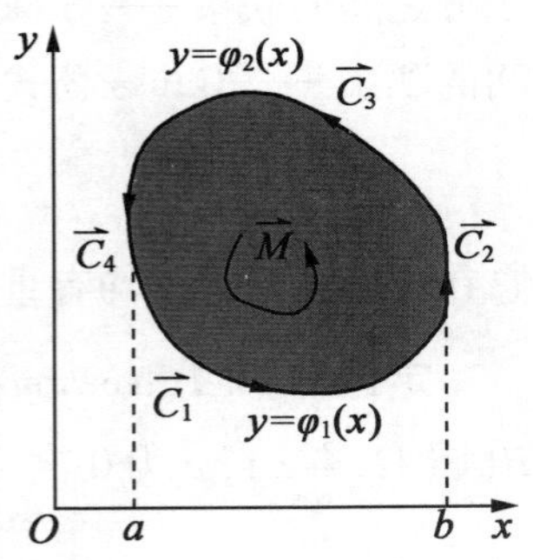

图 11.4.3

它由 4 条定向曲线 $\overrightarrow{C}_1,\overrightarrow{C}_2,\overrightarrow{C}_3^-,\overrightarrow{C}_4^-$ 所围成，其中：

$\overrightarrow{C}_1: y=\varphi_1(x), a\leqslant x\leqslant b$;

$\overrightarrow{C}_2: x=b, \varphi_1(b)\leqslant y\leqslant\varphi_2(b)$(可退缩为一点)；

$\overrightarrow{C}_3: y=\varphi_2(x), a\leqslant x\leqslant b$;

$\overrightarrow{C}_4: x=a, \varphi_1(a)\leqslant y\leqslant\varphi_2(a)$(可退缩为一点).

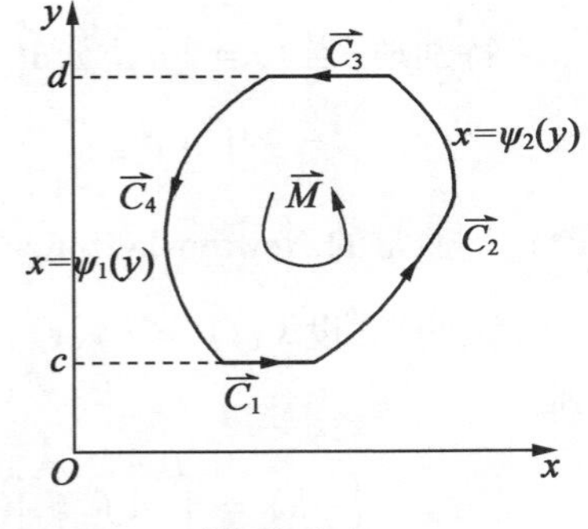

图 11.4.4

(2)第二种定向闭域(图 11.4.4)$\overrightarrow{M}$.

它由 4 条定向曲线 $\vec{C}_1,\vec{C}_2,\vec{C}_3^-,\vec{C}_4^-$ 所围成,其中

$\vec{C}_1: y=c,\psi_1(c)\leqslant x\leqslant\psi_2(c)$(可退缩为一点);

$\vec{C}_2: x=\psi_2(y),c\leqslant y\leqslant d$;

$\vec{C}_3: y=d,\psi_1(d)\leqslant x\leqslant\psi_2(d)$(可退缩为一点);

$\vec{C}_4: x=\psi_1(y),c\leqslant y\leqslant d$.

上述 $\varphi_i(x),\psi_i(y)(i=1,2)$ 都为连续函数.

引理 11.4.1　(1)设 $\vec{M}$ 为 $\mathbb{R}^2$ 中第一种定向闭域,$P(x,y)$ 为 M 上的二元 C^1 函数,则

$$\oint_{\partial\vec{M}} P\mathrm{d}x=-\iint_{\vec{M}}\frac{\partial P}{\partial y}\mathrm{d}x\wedge\mathrm{d}y$$

(2)设 $\vec{M}$ 为 $\mathbb{R}^2$ 中第二种定向闭域,$Q(x,y)$ 为 M 上的二元 C^1 函数,则

$$\oint_{\partial\vec{M}} Q\mathrm{d}x=\iint_{\vec{M}}\frac{\partial Q}{\partial x}\mathrm{d}x\wedge\mathrm{d}y$$

$\oint_{\partial\vec{M}}$ 表示 $\overrightarrow{\partial M}$ 为定向封闭曲线积分.

证明　(1) 不妨设 $\vec{M}$ 为 xOy 平面上的正向(右手系,或逆时针方向),则有(图 11.4.3)

$$-\iint_{\vec{M}}\frac{\partial P}{\partial y}\mathrm{d}x\wedge\mathrm{d}y\xlongequal{x,y\text{ 为参数}}-\iint_{M}\frac{\partial P}{\partial y}\mathrm{d}x\mathrm{d}y=-\int_a^b\mathrm{d}x\int_{\varphi_1(x)}^{\varphi_2(x)}\frac{\partial P}{\partial y}\mathrm{d}y$$

$$=\int_a^b[P(x,\varphi_1(x))-P(x,\varphi_2(x))]\mathrm{d}x=\int_{\vec{C}_1}P\mathrm{d}x-\int_{\vec{C}_3}P\mathrm{d}x$$

$$=\left(\int_{\vec{C}_1}+\int_{\vec{C}_2}+\int_{\vec{C}_3^-}+\int_{\vec{C}_4^-}\right)P\mathrm{d}x$$

$$=\oint_{\partial\vec{M}}P\mathrm{d}x$$

其中 $\int_{\vec{C}_2}P\mathrm{d}x\xlongequal[\mathrm{d}x=0]{x=b}0,\int_{\vec{C}_4^-}P\mathrm{d}x\xlongequal[\mathrm{d}x=0]{x=a}0.$

(2) 仿照(1) 证明(留作习题).

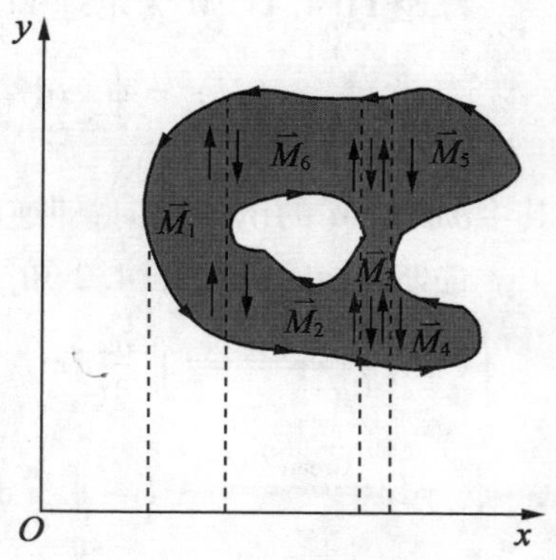

图 11.4.5

定理 11.4.2(Green 定理)　设 $\vec{M}$ 为 $\mathbb{R}^2$ 中的定向有界闭域,$\omega=P\mathrm{d}x+Q\mathrm{d}y$ 为一次 C^1 微分形式. 如果 $\vec{M}$ 既能分成有限个不相重叠

(无公共内点)的第一种定向闭域,又能分成有限个不相重叠(无公共内点)的第二种定向闭域(图 11.4.5),则

$$\oint_{\overrightarrow{\partial M}} P\mathrm{d}x + Q\mathrm{d}y = \iint_{\vec{M}} \left(\frac{\partial Q}{\partial x} - \frac{\partial P}{\partial y}\right)\mathrm{d}x \wedge \mathrm{d}y$$

即

$$\int_{\overrightarrow{\partial M}} \omega = \iint_{\vec{M}} \mathrm{d}\omega$$

其中$\overrightarrow{\partial M}$为 $\vec{M}$ 的诱导定向.

证明 不妨设 $\vec{M}$ 为 xOy 平面的正向(右手系,或逆时针方向). 如图 11.4.5,$\vec{M}$ 分成有限个不相重叠的第一种定向闭域 $\vec{M}_1,\vec{M}_2,\cdots,\vec{M}_k$(均与 $\vec{M}$ 同向),则

$$\iint_{\vec{M}} \frac{\partial P}{\partial y}\mathrm{d}x \wedge \mathrm{d}y = \sum_{i=1}^{k}\iint_{\vec{M}_i}\frac{\partial P}{\partial y}\mathrm{d}x\mathrm{d}y \xlongequal{\text{引理 11.4.1(1)}} -\sum_{i=1}^{k}\int_{\overrightarrow{\partial M_i}} P\mathrm{d}x$$

$$\xlongequal[\text{积分值正负相消}]{\text{相邻闭域边界定向相反}} -\oint_{\overrightarrow{\partial M}} P\mathrm{d}x$$

同理(应用引理 11.4.1(2))有

$$\iint_{\vec{M}} \frac{\partial Q}{\partial x}\mathrm{d}x \wedge \mathrm{d}y = \oint_{\overrightarrow{\partial M}} Q\mathrm{d}y$$

于是

$$\oint_{\overrightarrow{\partial M}} P\mathrm{d}x + Q\mathrm{d}y = \iint_{\vec{M}} \left(\frac{\partial Q}{\partial x} - \frac{\partial P}{\partial y}\right)\mathrm{d}x \wedge \mathrm{d}y$$

推论 11.4.1 $\vec{M}$ 为定理 11.4.2 中的平面正向有界闭域,则 M 的面积为

$$\sigma(M) = \oint_{\overrightarrow{\partial M}} x\mathrm{d}y = -\oint_{\overrightarrow{\partial M}} y\mathrm{d}x = \frac{1}{2}\oint_{\overrightarrow{\partial M}} (x\mathrm{d}y - y\mathrm{d}x)$$

其中$\overrightarrow{\partial M}$ 为 $\vec{M}$ 的诱导定向,即逆时针方向.

证明 由定理 11.4.2 知

$$\oint_{\overrightarrow{\partial M}} x\mathrm{d}y \xlongequal{\text{Green 公式}} \iint_{\vec{M}} \frac{\partial x}{\partial x}\mathrm{d}x \wedge \mathrm{d}y = \iint_{\vec{M}} \mathrm{d}x \wedge \mathrm{d}y \xlongequal{x,y\text{ 为参数}} \iint_{M}\mathrm{d}x\mathrm{d}y = \sigma(M)$$

$$-\oint_{\overrightarrow{\partial M}} y\mathrm{d}x \xlongequal{\text{Green 公式}} -\left(-\iint_{\vec{M}} \frac{\partial y}{\partial y}\mathrm{d}x \wedge \mathrm{d}y\right) = \iint_{\vec{M}} \mathrm{d}x \wedge \mathrm{d}y \xlongequal{x,y\text{ 为参数}} \iint_{M}\mathrm{d}x\mathrm{d}y = \sigma(M)$$

两式相加除以 2 得

$$\sigma(M) = \frac{1}{2}\left(\oint_{\overrightarrow{\partial M}} x\mathrm{d}y - \oint_{\overrightarrow{\partial M}} y\mathrm{d}x\right) = \frac{1}{2}\oint_{\overrightarrow{\partial M}} (x\mathrm{d}y - y\mathrm{d}x)$$

设 $\vec{M}$ 为 $\mathbb{R}^3$ 中的定向有界闭域，$\overrightarrow{\partial M}$ 为 ∂M 上（由 $\vec{M}$ 决定）的诱导定向（如果 $\vec{M}$ 为“右（左）手系”，则 $\overrightarrow{\partial M}$ 取外（内）法向）所决定的定向曲面.

我们考虑三种特殊的定向闭域：

（1）第一种定向闭域（图 11.4.6）$\vec{M}$.

$\vec{M}$ 取正向（右手系），$\overrightarrow{\partial M}$ 取外法向. 它由 $\vec{\Sigma}_1^-$，$\vec{\Sigma}_2$，$\vec{\Sigma}_3$ 三部分组成，其中：

$\vec{\Sigma}_1:(x,y,z)=(x,y,\varphi_1(x,y)),(x,y)\in\Delta_1$；

$\vec{\Sigma}_2:(x,y,z)=(x,y,\varphi_2(x,y)),(x,y)\in\Delta_1$；

$\vec{\Sigma}_3$：以 $\partial\Delta_1$ 为准线，母线平行于 Oz 轴的柱面. 当然也可蜕化为一条封闭曲线（图 11.4.7）.

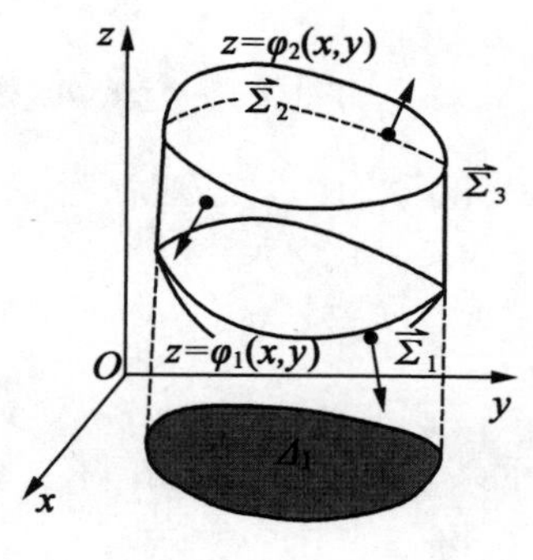

图 11.4.6

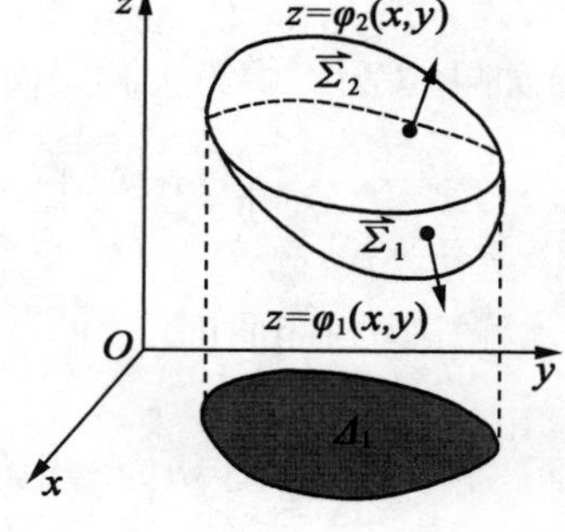

图 11.4.7

（2）第二种定向闭域 $\vec{M}$.

$\vec{M}$ 取正向（右手系），$\overrightarrow{\partial M}$ 取外法向. 它由 $\vec{\Sigma}_1^-$，$\vec{\Sigma}_2$，$\vec{\Sigma}_3$ 三部分组成，其中：

$\vec{\Sigma}_1:(x,y,z)=(\psi_1(y,z),y,z),(y,z)\in\Delta_2$；

$\vec{\Sigma}_2:(x,y,z)=(\psi_2(y,z),y,z),(y,z)\in\Delta_2$；

$\vec{\Sigma}_3$：以 $\partial\Delta_2$ 为准线，母线平行于 Ox 轴的柱面. 当然也可蜕化为一条封闭曲线.

(3)第三种定向闭域 $\vec{M}$.

$\vec{M}$ 取正向(右手系),$\partial\vec{M}$取外法向. 它由 $\vec{\Sigma}_1^-$,$\vec{\Sigma}_2$,$\vec{\Sigma}_3$ 三部分组成,其中:

$\vec{\Sigma}_1$:$(x,y,z)=(x,\theta_1(x,z),z),(z,x)\in\Delta_3$;

$\vec{\Sigma}_2$:$(x,y,z)=(x,\theta_2(x,z),z),(z,x)\in\Delta_3$;

$\vec{\Sigma}_3$:以$\partial\Delta_3$ 为准线,母线平行于 Oy 轴的柱面. 当然也可蜕化为一条封闭曲线.

上述 $\varphi_i(x,y)$,$\psi_i(y,z)$,$\theta_i(x,z)(i=1,2)$都为连续函数.

引理 11.4.2 (1)如果 $\vec{M}$ 为$\mathbb{R}^3$中第一种定向闭域,$R(x,y,z)$为 M 上的三元 C^1 函数,则

$$\oint\!\!\!\oint_{\partial\vec{M}} R\mathrm{d}x\wedge\mathrm{d}y=\iiint_{\vec{M}}\frac{\partial R}{\partial z}\mathrm{d}x\wedge\mathrm{d}y\wedge\mathrm{d}z$$

(2)如果 $\vec{M}$ 为$\mathbb{R}^3$中第二种定向闭域,$P(x,y,z)$为 M 上的三元 C^1 函数,则

$$\oint\!\!\!\oint_{\partial\vec{M}} P\mathrm{d}y\wedge\mathrm{d}z=\iiint_{\vec{M}}\frac{\partial P}{\partial x}\mathrm{d}x\wedge\mathrm{d}y\wedge\mathrm{d}z$$

(3)如果 $\vec{M}$ 为$\mathbb{R}^3$中第一种定向闭域,$Q(x,y,z)$为 M 上的三元 C^1 函数,则

$$\oint\!\!\!\oint_{\partial\vec{M}} Q\mathrm{d}z\wedge\mathrm{d}x=\iiint_{\vec{M}}\frac{\partial Q}{\partial y}\mathrm{d}x\wedge\mathrm{d}y\wedge\mathrm{d}z$$

其中 $\oint\!\!\!\oint_{\partial\vec{M}}$ 表示定向封闭曲面.

证明 (1) 不妨设 $\vec{M}$ 为$\mathbb{R}^3$中的正向(右手系)闭域,则有(图 11.4.6)

$$\begin{aligned}\iiint_{\vec{M}}\frac{\partial R}{\partial z}\mathrm{d}x\wedge\mathrm{d}y\wedge\mathrm{d}z&=\iiint_{M}\frac{\partial R}{\partial z}\mathrm{d}x\mathrm{d}y\mathrm{d}z\xlongequal{\text{化为累次积分}}\iint_{\Delta_1}\mathrm{d}x\mathrm{d}y\int_{\varphi_1(x,y)}^{\varphi_2(x,y)}\frac{\partial R}{\partial z}\mathrm{d}z\\&=\iint_{\Delta_1}R(x,y,\varphi_2(x,y))\mathrm{d}x\mathrm{d}y-\iint_{\Delta_1}R(x,y,\varphi_1(x,y))\mathrm{d}x\mathrm{d}y\\&\xlongequal{x,y\text{ 为参数}}\iint_{\vec{\Sigma}_2}R\mathrm{d}x\wedge\mathrm{d}y-\iint_{\vec{\Sigma}_1^-}R\mathrm{d}x\wedge\mathrm{d}y\\&=\iint_{\vec{\Sigma}_2}R\mathrm{d}x\wedge\mathrm{d}y+\iint_{\vec{\Sigma}_1}R\mathrm{d}x\wedge\mathrm{d}y+\iint_{\vec{\Sigma}_3}R\mathrm{d}x\wedge\mathrm{d}y=\oint\!\!\!\oint_{\partial\vec{M}}R\mathrm{d}x\wedge\mathrm{d}y\end{aligned}$$

其中柱面 Σ_3 的参数表示为 $\boldsymbol{x}(t,z)=(x(t),y(t),z)$,因此,法向量场为

$$\boldsymbol{n}(t,z) = (x'(t), y'(t), 0) \times (0,0,1) = (y', -x', 0)$$

单位法向量场 $\boldsymbol{n}_0(t,z) = (\cos\alpha, \cos\beta, 0)$. 于是

$$\iint_{\vec{\Sigma}_3} R\mathrm{d}x \wedge \mathrm{d}y = \iint_{\vec{\Sigma}_3} (0 \cdot \cos\alpha + 0 \cdot \cos\beta + R \cdot 0)\mathrm{d}\sigma = 0$$

或者由

$$\frac{\partial(x,y)}{\partial(t,z)} = \begin{vmatrix} x'(t) & 0 \\ y'(t) & 0 \end{vmatrix} = 0$$

推得

$$\iint_{\vec{\Sigma}_3} R\mathrm{d}x \wedge \mathrm{d}y = \iint_{\vec{\Sigma}_3} R\frac{\partial(x,y)}{\partial(t,z)}\mathrm{d}t\mathrm{d}z = \iint_{\vec{\Sigma}_3} 0\mathrm{d}t\mathrm{d}z = 0$$

(2)(3) 类似于(1) 的证明.

定理 11.4.3(Gauss 定理)　设 $\vec{M}$ 为 $\mathbb{R}^3$ 中的定向有界闭域, $\omega = P\mathrm{d}y \wedge \mathrm{d}z + Q\mathrm{d}z \wedge \mathrm{d}x + R\mathrm{d}x \wedge \mathrm{d}y$ 为二次 C^1 微分形式. 如果 $\vec{M}$ 既能分成有限个不相重叠(无公共内点)的第一种定向闭域,又能分成有限个不相重叠(无公共内点)的第二种定向闭域,还能分成有限个不相重叠(无公共内点)的第三种定向闭域,则

$$\oint\!\!\!\oint_{\partial\vec{M}} P\mathrm{d}y \wedge \mathrm{d}z + Q\mathrm{d}z \wedge \mathrm{d}x + R\mathrm{d}x \wedge \mathrm{d}y = \iiint_{\vec{M}} \left(\frac{\partial P}{\partial x} + \frac{\partial Q}{\partial y} + \frac{\partial R}{\partial z}\right)\mathrm{d}x \wedge \mathrm{d}y \wedge \mathrm{d}z$$

即

$$\int_{\partial\vec{M}} \omega = \int_{\vec{M}} \mathrm{d}\omega$$

证明　将 $\vec{M}$ 分成有限个不相重叠的第一种定向闭域 $\vec{M}_1, \vec{M}_2, \cdots, \vec{M}_k$, 在公共边界上定向相反. $\partial\vec{M}$ 取由 $\vec{M}$ 决定的诱导定向. 则有

$$\iiint_{\vec{M}} \frac{\partial R}{\partial z}\mathrm{d}x \wedge \mathrm{d}y \wedge \mathrm{d}z = \sum_{i=1}^{k} \iiint_{\vec{M}_i} \frac{\partial R}{\partial z}\mathrm{d}x \wedge \mathrm{d}y \wedge \mathrm{d}z \xlongequal{\text{引理 11.4.2(1)}} \sum_{i=1}^{k} \iint_{\partial\vec{M}_i} R\mathrm{d}x \wedge \mathrm{d}y$$

$$\xlongequal{\text{公共边界上积分正负相消}} \oint\!\!\!\oint_{\partial\vec{M}} R\mathrm{d}x \wedge \mathrm{d}y$$

同理有

$$\iiint_{\vec{M}} \frac{\partial P}{\partial x}\mathrm{d}x \wedge \mathrm{d}y \wedge \mathrm{d}z \xlongequal{\text{引理 11.4.2(2)}} \oint\!\!\!\oint_{\partial\vec{M}} P\mathrm{d}y \wedge \mathrm{d}z$$

$$\iiint\limits_{\vec{M}} \frac{\partial Q}{\partial y} \mathrm{d}x \wedge \mathrm{d}y \wedge \mathrm{d}z \xlongequal{\text{引理 11.4.2(3)}} \oiint\limits_{\partial\vec{M}} Q \mathrm{d}z \wedge \mathrm{d}x$$

三式相加得

$$\oiint\limits_{\partial\vec{M}} P\mathrm{d}y \wedge \mathrm{d}z + Q\mathrm{d}z \wedge \mathrm{d}x + R\mathrm{d}x \wedge \mathrm{d}y = \iiint\limits_{\vec{M}} \left(\frac{\partial P}{\partial x} + \frac{\partial Q}{\partial y} + \frac{\partial R}{\partial z}\right) \mathrm{d}x \wedge \mathrm{d}y \wedge \mathrm{d}z$$

推论 11.4.2 设 $\vec{M}$ 为定理 11.4.3 中的正向有界闭域,则 M 的体积为

$$v(M) = \frac{1}{3} \oiint\limits_{\partial\vec{M}} (x\mathrm{d}y \wedge \mathrm{d}z + y\mathrm{d}z \wedge \mathrm{d}x + z\mathrm{d}x \wedge \mathrm{d}y)$$

$\overrightarrow{\partial M}$ 取由 $\vec{M}$ 决定的 ∂M 的诱导定向,它是二维定向闭曲面.

证明

$$\begin{aligned} &\frac{1}{3} \oiint\limits_{\partial\vec{M}} (x\mathrm{d}y \wedge \mathrm{d}z + y\mathrm{d}z \wedge \mathrm{d}x + z\mathrm{d}x \wedge \mathrm{d}y) \\ &\xlongequal{\text{Gauss 公式}} \frac{1}{3} \iiint\limits_{\vec{M}} (1+1+1) \mathrm{d}x \wedge \mathrm{d}y \wedge \mathrm{d}z \\ &= \iiint\limits_{M} \mathrm{d}x\mathrm{d}y\mathrm{d}z = v(M) \end{aligned}$$

在平面Green公式的基础上,我们来证明空间Stokes公式,而Green公式就是它的特例.

引理 11.4.3 设 $\vec{M}$ 为 $\mathbb{R}^3$ 中二维 C^2 定向曲面,$\boldsymbol{x}: \vec{\Delta} \to \vec{M} \subset \mathbb{R}^3$,$(u,v) \to \boldsymbol{x}(u,v) = (x(u,v), y(u,v), z(u,v))$ 为 M 的定向参数表示,它是 C^2 类的,即有二阶连续偏导数. 如果 $\vec{\Delta}$ 为 uOv 平面中的正向闭域,$\overrightarrow{\partial\Delta}$ 由有限条定向 C^1 曲线组成,它的定向为 $\vec{\Delta}$ 的诱导定向. $\overrightarrow{\partial M} = \boldsymbol{x}(\overrightarrow{\partial\Delta})$. $\vec{\Delta}$ 满足Green公式的条件. 当 P,Q,R 在包含 M 的某三维区域内为 C^1 函数时,有

$$\oint_{\partial\vec{M}} P\mathrm{d}x = \iint\limits_{\vec{M}} \frac{\partial P}{\partial z} \mathrm{d}z \wedge \mathrm{d}x - \iint\limits_{\vec{M}} \frac{\partial P}{\partial y} \mathrm{d}x \wedge \mathrm{d}y$$

$$\oint_{\partial\vec{M}} Q\mathrm{d}y = \iint\limits_{\vec{M}} \frac{\partial Q}{\partial x} \mathrm{d}x \wedge \mathrm{d}y - \iint\limits_{\vec{M}} \frac{\partial Q}{\partial z} \mathrm{d}y \wedge \mathrm{d}z$$

$$\oint_{\partial\vec{M}} R\mathrm{d}z = \iint\limits_{\vec{M}} \frac{\partial R}{\partial y} \mathrm{d}y \wedge \mathrm{d}z - \iint\limits_{\vec{M}} \frac{\partial R}{\partial x} \mathrm{d}z \wedge \mathrm{d}x$$

证明 设 $\overrightarrow{\partial\Delta}$ 的 C^1 定向参数表示为 $(u,v) = \boldsymbol{\varphi}(t) = (u(t), v(t))$,$\alpha \leqslant t \leqslant$

β，则$\overrightarrow{\partial M}$的定向参数表示为

$$\boldsymbol{x} = (x,y,z) = \boldsymbol{x}\circ\boldsymbol{\varphi}(t) = (x(u(t),v(t)),y(u(t),v(t)),z(u(t),v(t)))$$

$$\alpha \leqslant t \leqslant \beta$$

于是

$$\begin{aligned}
\oint_{\overrightarrow{\partial M}} P\mathrm{d}x &\xlongequal{\text{def}} \int_\alpha^\beta P\circ\boldsymbol{x}\circ\boldsymbol{\varphi}(t)\,\frac{\mathrm{d}\boldsymbol{x}}{\mathrm{d}t}\mathrm{d}t \\
&= \int_\alpha^\beta P\circ\boldsymbol{x}\circ\boldsymbol{\varphi}(t)\left(\frac{\partial x}{\partial u}\frac{\mathrm{d}u}{\mathrm{d}t}+\frac{\partial x}{\partial v}\frac{\mathrm{d}v}{\mathrm{d}t}\right)\mathrm{d}t \\
&\xlongequal{\text{def}} \oint_{\overrightarrow{\partial \Delta}} P\circ\boldsymbol{x}\frac{\partial x}{\partial u}\mathrm{d}u + P\circ\boldsymbol{x}\frac{\partial x}{\partial v}\mathrm{d}v \\
&\xlongequal[\boldsymbol{x}\text{ 是 }C^2\text{ 类的}]{\text{Green 公式}} \iint_{\overrightarrow{\Delta}}\left[\frac{\partial}{\partial u}\left(P\circ x\frac{\partial x}{\partial v}\right)-\frac{\partial}{\partial v}\left(P\circ\boldsymbol{x}\frac{\partial x}{\partial u}\right)\right]\mathrm{d}u\wedge\mathrm{d}v \\
&= \iint_{\overrightarrow{\Delta}}\left[\left(\frac{\partial P}{\partial x}\circ\boldsymbol{x}\frac{\partial x}{\partial u}\frac{\partial x}{\partial v}+\frac{\partial P}{\partial y}\circ\boldsymbol{x}\frac{\partial y}{\partial u}\frac{\partial x}{\partial v}+\frac{\partial P}{\partial z}\circ\boldsymbol{x}\frac{\partial z}{\partial u}\frac{\partial x}{\partial v}\right)-\right. \\
&\quad\left(\frac{\partial P}{\partial x}\circ\boldsymbol{x}\frac{\partial x}{\partial v}\frac{\partial x}{\partial u}+\frac{\partial P}{\partial y}\circ\boldsymbol{x}\frac{\partial y}{\partial v}\frac{\partial x}{\partial u}+\frac{\partial P}{\partial z}\circ\boldsymbol{x}\frac{\partial z}{\partial v}\frac{\partial x}{\partial u}\right)+ \\
&\quad\left.P\circ\boldsymbol{x}\left(\frac{\partial^2 x}{\partial v\partial u}-\frac{\partial^2 x}{\partial u\partial v}\right)\right]\mathrm{d}u\wedge\mathrm{d}v \\
&= \iint_{\overrightarrow{\Delta}}\left[\frac{\partial P}{\partial z}\circ\boldsymbol{x}\frac{\partial(z,x)}{\partial(u,v)}-\frac{\partial P}{\partial y}\circ\boldsymbol{x}\frac{\partial(x,y)}{\partial(u,v)}\right]\mathrm{d}u\wedge\mathrm{d}v \\
&\xlongequal{\text{def}} \iint_{\overrightarrow{M}}\frac{\partial P}{\partial z}\mathrm{d}z\wedge\mathrm{d}x-\iint_{\overrightarrow{M}}\frac{\partial P}{\partial y}\mathrm{d}x\wedge\mathrm{d}y
\end{aligned}$$

其他两式可类似证明.

定理 11.4.4(Stokes 定理)　在引理 11.4.3 的假设下，如果 $\omega = P\mathrm{d}x + Q\mathrm{d}y + R\mathrm{d}z$ 为 M 上的一次 C^1 微分形式，则

$$\begin{aligned}
\oint_{\overrightarrow{\partial M}} P\mathrm{d}x+Q\mathrm{d}y+R\mathrm{d}z &= \iint_{\overrightarrow{M}}\begin{vmatrix}\mathrm{d}y\wedge\mathrm{d}z & \mathrm{d}z\wedge\mathrm{d}x & \mathrm{d}x\wedge\mathrm{d}y \\ \dfrac{\partial}{\partial x} & \dfrac{\partial}{\partial y} & \dfrac{\partial}{\partial z} \\ P & Q & R\end{vmatrix} \\
&= \iint_{\overrightarrow{M}}\left(\frac{\partial R}{\partial y}-\frac{\partial Q}{\partial z}\right)\mathrm{d}y\wedge\mathrm{d}z+\left(\frac{\partial P}{\partial z}-\frac{\partial R}{\partial x}\right)\mathrm{d}z\wedge\mathrm{d}x+ \\
&\quad\left(\frac{\partial Q}{\partial x}-\frac{\partial P}{\partial y}\right)\mathrm{d}x\wedge\mathrm{d}y
\end{aligned}$$

$$= \iint_{\vec{M}} \begin{vmatrix} \cos\alpha & \cos\beta & \cos\gamma \\ \dfrac{\partial}{\partial x} & \dfrac{\partial}{\partial y} & \dfrac{\partial}{\partial z} \\ P & Q & R \end{vmatrix} \mathrm{d}\sigma$$

其中 $\boldsymbol{n}_0 = (\cos\alpha, \cos\beta, \cos\gamma)$ 为与 $\vec{M}$ 一致的单位法向量场. 上式就是

$$\int_{\partial\vec{M}} \omega = \iint_{\vec{M}} \mathrm{d}\omega$$

证明 将引理 11.4.3 中三式相加得到

$$\begin{aligned}
\oint_{\partial\vec{M}} P\mathrm{d}x + Q\mathrm{d}y + R\mathrm{d}z &= \left(\iint_{\vec{M}} \frac{\partial P}{\partial z}\mathrm{d}z \wedge \mathrm{d}x - \frac{\partial P}{\partial y}\mathrm{d}x \wedge \mathrm{d}y\right) + \\
&\quad \left(\iint_{\vec{M}} \frac{\partial Q}{\partial x}\mathrm{d}x \wedge \mathrm{d}y - \iint_{\vec{M}} \frac{\partial Q}{\partial z}\mathrm{d}y \wedge \mathrm{d}z\right) + \\
&\quad \left(\iint_{\vec{M}} \frac{\partial R}{\partial y}\mathrm{d}y \wedge \mathrm{d}z - \frac{\partial R}{\partial x}\mathrm{d}z \wedge \mathrm{d}x\right) \\
&= \iint_{\vec{M}} \left(\frac{\partial R}{\partial y} - \frac{\partial Q}{\partial z}\right)\mathrm{d}y \wedge \mathrm{d}z + \\
&\quad \left(\frac{\partial P}{\partial z} - \frac{\partial R}{\partial x}\right)\mathrm{d}z \wedge \mathrm{d}x + \\
&\quad \left(\frac{\partial Q}{\partial x} - \frac{\partial P}{\partial y}\right)\mathrm{d}x \wedge \mathrm{d}y
\end{aligned}$$

例 11.4.1 计算第一型曲线积分

$$I = \int_{(0,0,0)}^{(1,1,1)} (x^2 - 2yz)\mathrm{d}x + (y^2 - 2xz)\mathrm{d}y + (z^2 - 2xy)\mathrm{d}z$$

解 显然

$$\begin{aligned}
\omega &= (x^2 - 2yz)\mathrm{d}x + (y^2 - 2xz)\mathrm{d}y + (z^2 - 2xy)\mathrm{d}z \\
&= \mathrm{d}\left[\frac{1}{3}(x^3 + y^3 + z^3) - 2xyz\right]
\end{aligned}$$

$$\theta = \frac{1}{3}(x^3 + y^3 + z^3) - 2xyz$$

所以,ω 为恰当微分形式,题中的第一型曲线积分只与起点 $(0,0,0)$,终点 $(1,1,1)$ 有关,而与 $\mathbb{R}^3$ 中的路径无关. 因此

$$I = \theta\Big|_{(0,0,0)}^{(1,1,1)} = \left[\frac{1}{3}(x^3 + y^3 + z^3) - 2xyz\right]\Big|_{(0,0,0)}^{(1,1,1)} = -1$$

或取 x 为参数,从(0,0,0) 到(1,1,1) 直线段为路径,$x = y = z$,则有

$$I = \int_0^1 [(x^2 - 2x^2) + (x^2 - 2x^2) + (x^2 - 2x^2)]\mathrm{d}x$$

$$= -3\int_0^1 x^2 \mathrm{d}x = -3 \cdot \frac{x^3}{3}\bigg|_0^1 = -1$$

例 11.4.2　计算第二型曲线积分

$$\oint_{\vec{C}} (x + y)\mathrm{d}x - (x - y)\mathrm{d}y$$

其中 $\vec{C}$ 为逆时针方向的圆 $x^2 + y^2 = R^2$,它所围的定向区域 $\vec{M}$ 就是右手系的圆片 $M = \{(x,y) \mid x^2 + y^2 \leqslant R^2\}$.

解法 1

$$\oint_{\vec{C}} (x + y)\mathrm{d}x - (x - y)\mathrm{d}y$$

$$\xlongequal{\text{Green 公式}} \iint_{\vec{M}} \left[\frac{\partial(y - x)}{\partial x} - \frac{\partial(x + y)}{\partial y}\right]\mathrm{d}x \wedge \mathrm{d}y$$

$$= -2\iint_{\vec{M}} \mathrm{d}x \wedge \mathrm{d}y = -2\iint_{M} \mathrm{d}x\mathrm{d}y = -2\pi R^2$$

解法 2

$$\oint_{C} (x + y)\mathrm{d}x - (x - y)\mathrm{d}y$$

$$\xlongequal{\begin{cases} x = R\cos\varphi \\ y = R\sin\varphi \end{cases}} \int_0^{2\pi} (R\cos\varphi + R\sin\varphi)(-R\sin\varphi) -$$

$$(R\cos\varphi - R\sin\varphi)R\cos\varphi]\mathrm{d}\varphi$$

$$= -R^2\int_0^{2\pi} \mathrm{d}\varphi = -2\pi R^2$$

例 11.4.3　计算第二型曲线积分

$$\oint_{\vec{C}} x\mathrm{d}y - y\mathrm{d}x$$

其中 $\vec{C}$ 为 xOy 平面上中心在原点,半径为 R,沿反时针方向绕行的圆.

解法 1　设 $\vec{M}$ 为由 $\vec{C}$ 所围的 xOy 平面上的正向圆,则

$$\oint_{\vec{C}} x\mathrm{d}y - y\mathrm{d}x \xlongequal{\text{Green 公式}} \iint_{\vec{M}} \left[\frac{\partial x}{\partial x} - \frac{\partial(-y)}{\partial y}\right]\mathrm{d}x \wedge \mathrm{d}y$$

$$= 2\iint_{\vec{M}} \mathrm{d}x \wedge \mathrm{d}y = 2\iint_{M} \mathrm{d}x\mathrm{d}y = 2\pi R^2$$

解法 2

$$\oint_{\vec{C}} x\mathrm{d}y - y\mathrm{d}x$$

$$\xlongequal{\begin{cases}x=R\cos\varphi\\y=R\sin\varphi\end{cases}}\int_0^{2\pi}[R\cos\varphi\cdot R\cos\varphi-R\sin\varphi(-R\sin\varphi)]\mathrm{d}\varphi$$

$$=R^2\int_0^{2\pi}\mathrm{d}\varphi=2\pi R^2$$

解法3 设 $\boldsymbol{F}=(-y,x)$,沿圆的单位切向量场

$$\boldsymbol{\tau}=\frac{1}{R}(-y,x),\quad \boldsymbol{x}=(x,y),\quad \mathrm{d}\boldsymbol{x}=(\mathrm{d}x,\mathrm{d}y)$$

则

$$\oint_{\vec{C}}x\mathrm{d}y-y\mathrm{d}x=\int_{\vec{C}}\boldsymbol{F}\cdot\mathrm{d}\boldsymbol{x}=\int_{\vec{C}}\boldsymbol{F}\cdot\boldsymbol{\tau}\mathrm{d}s=\frac{1}{R}\int_C(x^2+y^2)\mathrm{d}s=R\int_C\mathrm{d}s=2\pi R^2$$

例 11.4.4 计算第二型曲线积分

$$\oint_{\vec{C}}\frac{-y\mathrm{d}x+x\mathrm{d}y}{x^2+y^2}$$

其中 $\vec{C}$ 为反时针方向的闭曲线.

解 显然原点为 $P(x,y)=\dfrac{-y}{x^2+y^2}$ 与 $Q(x,y)=\dfrac{x}{x^2+y^2}$ 的奇点.

(1) 如果原点不在 $\vec{C}$ 所包围的区域 $\vec{M}$ 内(图 11.4.8),则

$$\oint_{\vec{C}}\frac{-y\mathrm{d}x+x\mathrm{d}y}{x^2+y^2}\xlongequal{\text{Green 公式}}\iint_{\vec{M}}\left[\frac{\partial}{\partial x}\left(\frac{x}{x^2+y^2}\right)-\frac{\partial}{\partial y}\left(\frac{-y}{x^2+y^2}\right)\right]\mathrm{d}x\wedge\mathrm{d}y$$

$$=\iint_{\vec{M}}\left[\frac{(x^2+y^2)-2x\cdot x}{(x^2+y^2)^2}+\frac{(x^2+y^2)-2y\cdot y}{(x^2+y^2)^2}\right]\mathrm{d}x\wedge\mathrm{d}y=\iint_{\vec{M}}0\mathrm{d}x\wedge\mathrm{d}y=0$$

其中,$\omega=\dfrac{-y\mathrm{d}x+x\mathrm{d}y}{x^2+y^2}$,$\mathrm{d}\omega=\left[\dfrac{\partial}{\partial x}\left(\dfrac{x}{x^2+y^2}\right)-\dfrac{\partial}{\partial y}\left(\dfrac{-y}{x^2+y^2}\right)\right]\mathrm{d}x\wedge\mathrm{d}y=0$(此时,称 ω 为闭形式).

(2) 如果原点在 $\vec{C}$ 所包围的区域 $\vec{M}$ 内,则可取 $\varepsilon>0$,使圆 $C_\varepsilon:x^2+y^2=\varepsilon^2$ 完全含在 M 内,并令 $\vec{C}_\varepsilon$ 为反时针方向的圆. 记 $\vec{M}_\varepsilon$ 为由 $\vec{C}$ 与 $\vec{C}_\varepsilon^-$ 围成的区域,$\vec{M}_\varepsilon$ 与 $\vec{M}$ 定向一致. 于是

$$\left(\int_{\vec{C}}-\int_{\vec{C}_\varepsilon}\right)\frac{-y\mathrm{d}x+x\mathrm{d}y}{x^2+y^2}=\oint_{\vec{C}+\vec{C}_\varepsilon^-}\frac{-y\mathrm{d}x+x\mathrm{d}y}{x^2+y^2}$$

$$=\iint_{\vec{M}_\varepsilon}\mathrm{d}\left(\frac{-y\mathrm{d}x+x\mathrm{d}y}{x^2+y^2}\right)=\iint_{\vec{M}_\varepsilon}0\mathrm{d}x\wedge\mathrm{d}y=0$$

$$\oint_{\vec{C}} \frac{-y\mathrm{d}x + x\mathrm{d}y}{x^2 + y^2} = \int_{\vec{C}_\varepsilon} \frac{-y\mathrm{d}x + x\mathrm{d}y}{x^2 + y^2} \xlongequal{\text{例 11.3.4}} 2\pi (\text{图 } 11.4.9)$$

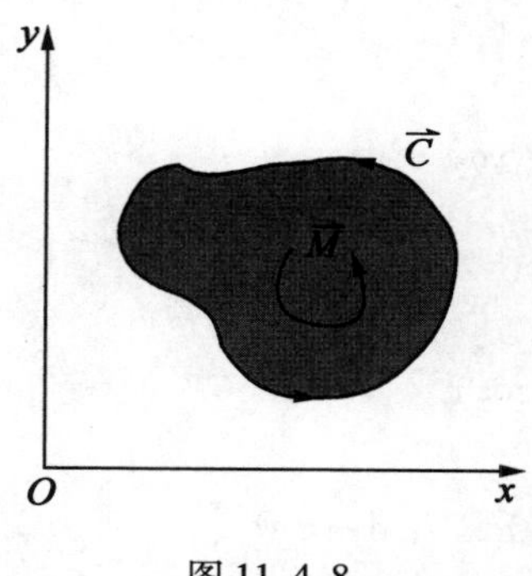

图 11.4.8

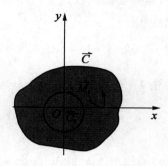

图 11.4.9

(3) 如果 $\vec{C}$ 为正则 C^1 曲线,且原点位于 $\vec{C}$ 上(图 11.4.10), $\forall \varepsilon > 0$,作圆 $x^2 + y^2 = \varepsilon^2$,交 $\vec{C}$ 于点 A_ε 与 B_ε. 设 l 为过原点的曲线 C 的切线,它与 Ox 轴的夹角为 α_0. 圆 $x^2 + y^2 = \varepsilon^2$ 截 $\vec{C}$ 得到的定向曲线段为 $\vec{C}_\varepsilon$. $\vec{C}$ 截圆得到的正向曲线段为 $\vec{\Gamma}_\varepsilon$. 于是

$$0 \xlongequal{\text{Green 公式}} \oint_{\vec{C}_\varepsilon + \vec{\Gamma}_\varepsilon^-} \frac{-y\mathrm{d}x + x\mathrm{d}y}{x^2 + y^2} = \left(\int_{\vec{C}_\varepsilon} - \int_{\vec{\Gamma}_\varepsilon}\right) \frac{-y\mathrm{d}x + x\mathrm{d}y}{x^2 + y^2}$$

$$\int_{\vec{C}} \frac{-y\mathrm{d}x + x\mathrm{d}y}{x^2 + y^2} = \lim_{\varepsilon \to 0^+} \int_{\vec{C}_\varepsilon} \frac{-y\mathrm{d}x + x\mathrm{d}y}{x^2 + y^2}$$

$$= \lim_{\varepsilon \to 0^+} \int_{\vec{\Gamma}_\varepsilon} \frac{-y\mathrm{d}x + x\mathrm{d}y}{x^2 + y^2} \xlongequal{\begin{cases} x = \varepsilon\cos\varphi \\ y = \varepsilon\sin\varphi \end{cases}} \lim_{\varepsilon \to 0^+} \int_{\alpha_\varepsilon}^{\beta_\varepsilon} \mathrm{d}\theta$$

$$= \lim_{\varepsilon \to 0^+} (\beta_\varepsilon - \alpha_\varepsilon) = (\pi + \alpha_0) - \alpha_0 = \pi$$

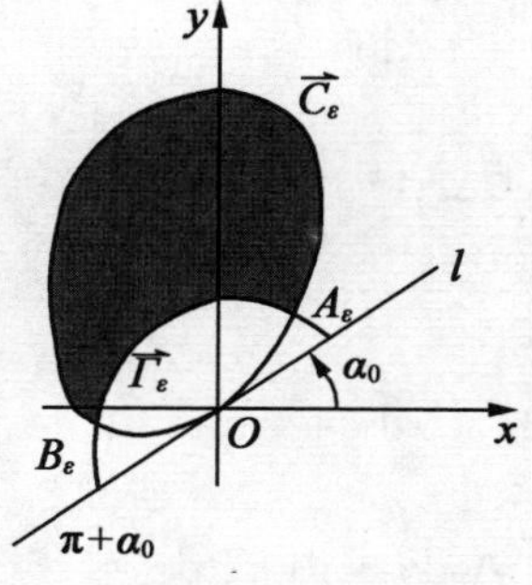

图 11.4.10

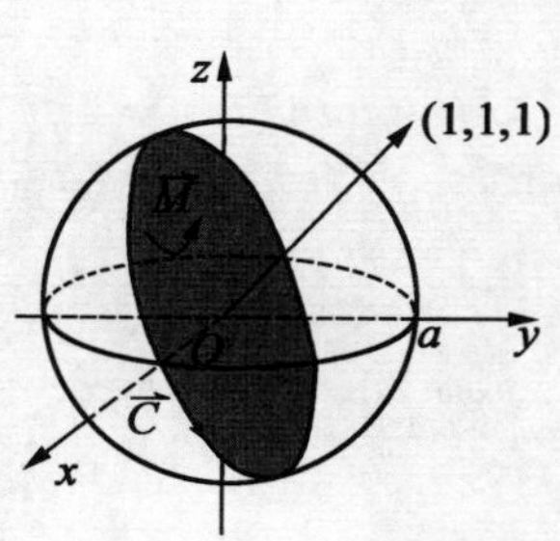

图 11.4.11

例 11.4.5 设 $\vec{C}$ 是由球面 $x^2+y^2+z^2=a^2$ 与平面 $x+y+z=0$ 交成的圆周,从第一卦限内看,它的方向是按反时针方向进行的(图 11.4.11).计算第二型曲线积分:

(1) $\oint_{\vec{C}} x\mathrm{d}x+y\mathrm{d}y+z\mathrm{d}z$; (2) $\oint_{\vec{C}} z\mathrm{d}x+x\mathrm{d}y+y\mathrm{d}z$.

解法 1 (1)

$$\begin{aligned}&\oint_{\vec{C}} x\mathrm{d}x+y\mathrm{d}y+z\mathrm{d}z\\ \xlongequal{\text{Stokes 公式}}&\iint_{\vec{M}}\mathrm{d}(x\mathrm{d}x+y\mathrm{d}y+z\mathrm{d}z)\\ =&\iint_{\vec{M}}0\mathrm{d}y\wedge\mathrm{d}z+0\mathrm{d}z\wedge\mathrm{d}x+0\mathrm{d}x\wedge\mathrm{d}y=0\end{aligned}$$

其中 $\vec{M}$ 为平面 $x+y+z=0$ 上的以原点为中心,a 为半径的定向圆片,并以 $\vec{C}$ 为诱导定向的边界.

应用第二型曲面积分化为第一型曲面积分,有

$$\oint_{\vec{C}} x\mathrm{d}x+y\mathrm{d}y+z\mathrm{d}z\xlongequal{\text{Stokes 公式}}\iint_{M}\begin{vmatrix}\frac{1}{\sqrt{3}}&\frac{1}{\sqrt{3}}&\frac{1}{\sqrt{3}}\\ \frac{\partial}{\partial x}&\frac{\partial}{\partial y}&\frac{\partial}{\partial z}\\ x&y&z\end{vmatrix}\mathrm{d}\sigma=\iint_{M}0\mathrm{d}\sigma=0$$

(2)

$$\begin{aligned}\oint_{\vec{C}} z\mathrm{d}x+x\mathrm{d}y+y\mathrm{d}z&\xlongequal{\text{Stokes 公式}}\iint_{M}\begin{vmatrix}\frac{1}{\sqrt{3}}&\frac{1}{\sqrt{3}}&\frac{1}{\sqrt{3}}\\ \frac{\partial}{\partial x}&\frac{\partial}{\partial y}&\frac{\partial}{\partial z}\\ z&x&y\end{vmatrix}\mathrm{d}\sigma\\ &=\frac{1}{\sqrt{3}}\iint_{M}(1+1+1)\mathrm{d}\sigma\\ &=\sqrt{3}\iint_{M}\mathrm{d}\sigma=\sqrt{3}\pi a^2\end{aligned}$$

或者

$$\begin{aligned}\oint_{\vec{C}} z\mathrm{d}x+x\mathrm{d}y+y\mathrm{d}z&\xlongequal{\text{Stokes 公式}}\iint_{M}\mathrm{d}(z\mathrm{d}x+x\mathrm{d}y+y\mathrm{d}z)\\ &=\iint_{\vec{M}}\mathrm{d}y\wedge\mathrm{d}z+\mathrm{d}z\wedge\mathrm{d}x+\mathrm{d}x\wedge\mathrm{d}y\end{aligned}$$

$$= \iint_{\vec{M}} \left(1 \cdot \frac{1}{\sqrt{3}} + 1 \cdot \frac{1}{\sqrt{3}} + 1 \cdot \frac{1}{\sqrt{3}}\right) \mathrm{d}\sigma$$

$$= \sqrt{3} \iint_{M} \mathrm{d}\sigma = \sqrt{3}\pi a^2$$

解法2　由例11.1.3解法1知,定向曲线 $\vec{C}$ 的参数表示为(图11.1.1)

$$\boldsymbol{x} = \boldsymbol{x}(\theta) = a\left(\frac{1}{\sqrt{6}}\cos\theta + \frac{1}{\sqrt{2}}\sin\theta, -\frac{2}{\sqrt{6}}\cos\theta, \frac{1}{\sqrt{6}}\cos\theta - \frac{1}{\sqrt{2}}\sin\theta\right),\quad 0 \leqslant \theta \leqslant 2\pi$$

因为 $\boldsymbol{e}_1, \boldsymbol{e}_2, \boldsymbol{e}_3$ 的坐标组成的行列式为

$$\begin{vmatrix} \frac{1}{\sqrt{6}} & -\frac{2}{\sqrt{6}} & \frac{1}{\sqrt{6}} \\ \frac{1}{\sqrt{2}} & 0 & -\frac{1}{\sqrt{2}} \\ \frac{1}{\sqrt{3}} & \frac{1}{\sqrt{3}} & \frac{1}{\sqrt{3}} \end{vmatrix} = \frac{1}{6}\begin{vmatrix} 1 & -2 & 1 \\ 1 & 0 & -1 \\ 1 & 1 & 1 \end{vmatrix} = \frac{1}{6}\begin{vmatrix} 1 & -2 & 2 \\ 1 & 0 & 0 \\ 1 & 1 & 2 \end{vmatrix} = 1$$

所以,$\boldsymbol{e}_1, \boldsymbol{e}_2, \boldsymbol{e}_3$ 为右手系的规范正交系,当 θ 从0变到 2π 时曲线 C 的方向就是 $\vec{C}$ 的定向.

(1)由于

$$\oint_{\vec{C}} y\mathrm{d}y = \int_0^{2\pi} \left(-a\frac{2}{\sqrt{6}}\cos\theta\right)\left(a\frac{2}{\sqrt{6}}\sin\theta\right)\mathrm{d}\theta$$

$$= -\frac{2}{3}a^2\int_0^{2\pi}\sin\theta\cos\theta\mathrm{d}\theta$$

$$= -\frac{2}{3}a^2\left.\frac{\sin^2\theta}{2}\right|_0^{2\pi} = 0$$

再由对称性,得

$$\oint_{\vec{C}} x\mathrm{d}x = \oint_{\vec{C}} z\mathrm{d}z = 0$$

从而

$$\oint_{\vec{C}} x\mathrm{d}x + y\mathrm{d}y + z\mathrm{d}z = 0$$

(2)

$$\oint_{\vec{C}} y\mathrm{d}z = \int_0^{2\pi}\left(-a\frac{2}{\sqrt{6}}\cos\theta\right)\cdot a\left(-\frac{1}{\sqrt{6}}\sin\theta - \frac{1}{\sqrt{2}}\cos\theta\right)\mathrm{d}\theta$$

$$= \frac{2}{\sqrt{6}}a^2 \cdot \frac{1}{\sqrt{2}}\int_0^{2\pi}\cos^2\theta\mathrm{d}\theta = \frac{a^2}{\sqrt{3}}\int_0^{2\pi}\frac{1+\cos 2\theta}{2}\mathrm{d}\theta$$

$$= \frac{a^2}{\sqrt{3}}(\pi + 0) = \frac{\sqrt{3}}{3}\pi a^2$$

再由对称性可知

$$\int_{\vec{C}} z\mathrm{d}x + x\mathrm{d}y + y\mathrm{d}z = \sqrt{3}\pi a^2$$

解法3 (1) 事实上,不通过具体计算也能得到所要的结果. 为此,设 $\boldsymbol{x} = (x,y,z)$ 在 $\vec{C}$ 上 $\boldsymbol{x} \cdot \boldsymbol{x} = a^2$,两边微分得到 $\boldsymbol{x} \cdot \mathrm{d}\boldsymbol{x} = 0$. 于是,有

$$\int_{\vec{C}} x\mathrm{d}x + y\mathrm{d}y + z\mathrm{d}z = \int_{\vec{C}} \boldsymbol{x} \cdot \mathrm{d}\boldsymbol{x} = \int_0^{2\pi} 0\mathrm{d}\theta = 0$$

例 11.4.6 设 C 为 $\Sigma = \{(x,y,z) \mid x,y,z \geqslant 0, x + y + z = 1\}$ 的边界(图 11.4.12). $\vec{\Sigma}$ 的定向与向量 $(1,1,1)$ 一致,$\vec{C}$ 为 $\vec{\Sigma}$ 的诱导定向的曲线. 计算第二型曲线积分:

(1) $\oint_{\vec{C}} x\mathrm{d}x + y\mathrm{d}y + z\mathrm{d}z$;　　(2) $\oint_{\vec{C}} z\mathrm{d}x + x\mathrm{d}y + y\mathrm{d}z$.

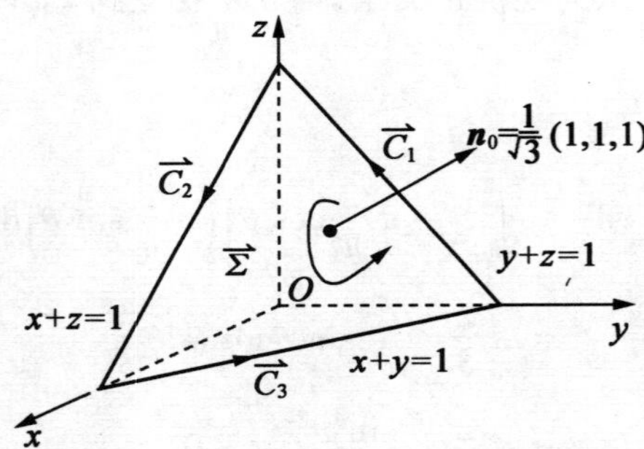

图 11.4.12

解法1 (1)

$$\oint_{\vec{C}} x\mathrm{d}x + y\mathrm{d}y + z\mathrm{d}z \xlongequal{\text{Stokes 公式}} \iint_{\vec{\Sigma}} \mathrm{d}(x\mathrm{d}x + y\mathrm{d}y + z\mathrm{d}z)$$

$$= \iint_{\vec{\Sigma}} 0\mathrm{d}y \wedge \mathrm{d}z + 0\mathrm{d}z \wedge \mathrm{d}x + 0\mathrm{d}x \wedge \mathrm{d}y = 0$$

(2)

$$\oint_{\vec{C}} z\mathrm{d}x + x\mathrm{d}y + y\mathrm{d}z = \iint_{\vec{\Sigma}} \mathrm{d}(z\mathrm{d}x + x\mathrm{d}y + y\mathrm{d}z)$$

$$= \iint_{\vec{\Sigma}} \mathrm{d}z \wedge \mathrm{d}x + \mathrm{d}y \wedge \mathrm{d}z + \mathrm{d}x \wedge \mathrm{d}y$$

$$= \iint_{\vec{\Sigma}} \left(1 \cdot \frac{1}{\sqrt{3}} + 1 \cdot \frac{1}{\sqrt{3}} + 1 \cdot \frac{1}{\sqrt{3}}\right) \mathrm{d}\sigma = \frac{3}{\sqrt{3}} \iint_{\vec{\Sigma}} \mathrm{d}\sigma$$

$$= \sqrt{3}\sigma(\Sigma) = \sqrt{3} \cdot \frac{1}{2}(\sqrt{2})^2 \sin\frac{\pi}{3} = \sqrt{3} \cdot \frac{\sqrt{3}}{2} = \frac{3}{2}$$

解法2　设 $\vec{C} = \vec{C}_1 + \vec{C}_2 + \vec{C}_3$，即 $\vec{C}$ 由三条定向直线组成，$\vec{C}_1$ 在 yOz 平面内，以 y 为参数，$\vec{C}_1$ 的参数表示为

$$\boldsymbol{x}(y) = (0, y, 1 - y)$$

$\vec{C}_2$ 在 zOx 平面内，以 z 为参数，$\vec{C}_2$ 的参数表示为

$$\boldsymbol{x}(z) = (1 - z, 0, z)$$

$\vec{C}_3$ 在 xOy 平面内，以 x 为参数，$\vec{C}_3$ 的参数表示为

$$\boldsymbol{x}(x) = (x, 1 - x, 0)$$

由此得到：

$$(1)\int_{\vec{C}_3} x\mathrm{d}x + y\mathrm{d}y + z\mathrm{d}z \xlongequal{\boldsymbol{x}'(x) = (x, 1-x, 0)' = (1, -1, 0)} \int_1^0 (x, y, z) \cdot (1, -1, 0)\mathrm{d}x$$

$$= \int_1^0 (x - y)\mathrm{d}x = \int_1^0 [x - (1 - x)]\mathrm{d}x$$

$$= \int_1^0 (2x - 1)\mathrm{d}x = (x^2 - x)\Big|_1^0 = 0$$

同理或由对称性，有

$$\int_{\vec{C}_1} x\mathrm{d}x + y\mathrm{d}y + z\mathrm{d}z = \int_{\vec{C}_2} x\mathrm{d}x + y\mathrm{d}y + z\mathrm{d}z = 0$$

因此，有

$$\oint_{\vec{C}} x\mathrm{d}x + y\mathrm{d}y + z\mathrm{d}z = \left(\int_{\vec{C}_1} + \int_{\vec{C}_2} + \int_{\vec{C}_3}\right) x\mathrm{d}x + y\mathrm{d}y + z\mathrm{d}z = 0 + 0 + 0 = 0$$

$$(2)\int_{\vec{C}_3} z\mathrm{d}x + x\mathrm{d}y + y\mathrm{d}z = \int_1^0 (z, x, y) \cdot (1, -1, 0)\mathrm{d}x = \int_1^0 (z - x)\mathrm{d}x$$

$$= \int_1^0 (0 - x)\mathrm{d}x = \int_0^1 x\mathrm{d}x = \frac{x^2}{2}\Big|_0^1 = \frac{1}{2}$$

由对称性得到

$$\oint_{\vec{C}} z\mathrm{d}x + x\mathrm{d}y + y\mathrm{d}z = \left(\int_{\vec{C}_1} + \int_{\vec{C}_2} + \int_{\vec{C}_3}\right) z\mathrm{d}x + x\mathrm{d}y + y\mathrm{d}z = \frac{1}{2} + \frac{1}{2} + \frac{1}{2} = \frac{3}{2}$$

例 11.4.7　计算第二型曲面积分

$$\iint\limits_{\vec{\Sigma}} x\mathrm{d}y \wedge \mathrm{d}z + y\mathrm{d}z \wedge \mathrm{d}x + z\mathrm{d}x \wedge \mathrm{d}y$$

其中 $\Sigma = \{(x,y,z) \mid x,y,z \geqslant 0, x+y+z=1\}$，$\vec{\Sigma}$ 的方向与向量 $(1,1,1)$ 一致(图 11.4.13).

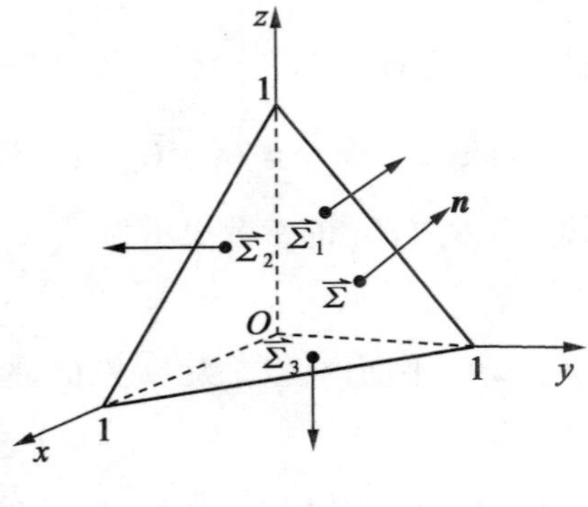

图 11.4.13

解法 1,2 参阅例 11.3.11 的解法 1,2.

解法 3 $\vec{\Sigma}$ 不是封闭曲面，如何应用 Gauss 公式?考虑 $\mathbb{R}^3$ 中四面体 $OABC$，记作 M，相应的定向为右手系，其定向区域为 $\vec{M}$. $\overrightarrow{\partial M}$ 为 $\vec{M}$ 所确定的诱导定向曲面，这诱导定向为 ∂M 的外法向. $\overrightarrow{\partial M}$ 与 $\vec{\Sigma}$ 方向一致. 三个坐标面上的定向三角形分别为 $\vec{\Sigma}_1, \vec{\Sigma}_2, \vec{\Sigma}_3$.

$$\iint\limits_{\vec{\Sigma}_3} x\mathrm{d}y \wedge \mathrm{d}z + y\mathrm{d}z \wedge \mathrm{d}x + z\mathrm{d}x \wedge \mathrm{d}y \xlongequal{z=0,\mathrm{d}z=0} 0$$

由对称性，有

$$\iint\limits_{\vec{\Sigma}_1} x\mathrm{d}y \wedge \mathrm{d}z + y\mathrm{d}z \wedge \mathrm{d}x + z\mathrm{d}x \wedge \mathrm{d}y = \iint\limits_{\vec{\Sigma}_2} x\mathrm{d}y \wedge \mathrm{d}z + y\mathrm{d}z \wedge \mathrm{d}x + z\mathrm{d}x \wedge \mathrm{d}y = 0$$

于是，有

$$\begin{aligned}
\frac{1}{2} &= 3 \times \frac{1}{3} \times 1 \times \left(\frac{1}{2} \times 1 \times 1\right) \\
&= 3v(M) = \iiint\limits_{M} (1+1+1)\mathrm{d}x\mathrm{d}y\mathrm{d}z \\
&= \iiint\limits_{\vec{M}} (1+1+1)\mathrm{d}x \wedge \mathrm{d}y \wedge \mathrm{d}z \\
&\xlongequal{\text{Gauss 公式}} \oiint\limits_{\overrightarrow{\partial M}} x\mathrm{d}y \wedge \mathrm{d}z + y\mathrm{d}z \wedge \mathrm{d}x + z\mathrm{d}x \wedge \mathrm{d}y \\
&= \left(\iint\limits_{\vec{\Sigma}_1} + \iint\limits_{\vec{\Sigma}_2} + \iint\limits_{\vec{\Sigma}_3} + \iint\limits_{\vec{\Sigma}}\right) x\mathrm{d}y \wedge \mathrm{d}z + y\mathrm{d}z \wedge \mathrm{d}x + z\mathrm{d}x \wedge \mathrm{d}y
\end{aligned}$$

$$= 0 + 0 + 0 + \iint_{\vec{\Sigma}} x\mathrm{d}y \wedge \mathrm{d}z + y\mathrm{d}z \wedge \mathrm{d}x + z\mathrm{d}x \wedge \mathrm{d}y$$

$$= \iint_{\vec{\Sigma}} x\mathrm{d}y \wedge \mathrm{d}z + y\mathrm{d}z \wedge \mathrm{d}x + z\mathrm{d}x \wedge \mathrm{d}y$$

例 11.4.8　计算第二型曲面积分

$$\oiint_{\overrightarrow{S^2(R)}} x\mathrm{d}y \wedge \mathrm{d}z + y\mathrm{d}z \wedge \mathrm{d}x + z\mathrm{d}x \wedge \mathrm{d}y$$

其中$\overrightarrow{S^2(R)}$为方向朝外的以原点为中心,半径为 R 的球面. 相应的半径为 R 的方向为右手系的球体为 $\vec{V}$.

解法 1

$$\oiint_{\overrightarrow{S^2(R)}} x\mathrm{d}y \wedge \mathrm{d}z + y\mathrm{d}z \wedge \mathrm{d}x + z\mathrm{d}x \wedge \mathrm{d}y$$

$$\xlongequal{\text{Stokes 公式}} \iiint_{\vec{V}} (1 + 1 + 1)\mathrm{d}x \wedge \mathrm{d}y \wedge \mathrm{d}z$$

$$= 3\iiint_{V} \mathrm{d}x\mathrm{d}y\mathrm{d}z = 3v(V) = 3 \cdot \frac{4}{3}\pi R^3 = 4\pi R^3$$

解法 2

$$\oiint_{\overrightarrow{S^2(R)}} x\mathrm{d}y \wedge \mathrm{d}z + y\mathrm{d}z \wedge \mathrm{d}x + z\mathrm{d}x \wedge \mathrm{d}y$$

$$\xlongequal{\text{球面坐标}} \iint_{\substack{0\leqslant\theta\leqslant\pi \\ 0\leqslant\varphi\leqslant 2\pi}} \begin{vmatrix} x & y & z \\ \dfrac{\partial x}{\partial\theta} & \dfrac{\partial y}{\partial\theta} & \dfrac{\partial z}{\partial\theta} \\ \dfrac{\partial x}{\partial\varphi} & \dfrac{\partial y}{\partial\varphi} & \dfrac{\partial z}{\partial\varphi} \end{vmatrix} \mathrm{d}\theta\mathrm{d}\varphi$$

$$= \iint_{\substack{0\leqslant\theta\leqslant\pi \\ 0\leqslant\varphi\leqslant 2\pi}} \begin{vmatrix} R\sin\theta\cos\varphi & R\sin\theta\sin\varphi & R\cos\theta \\ R\cos\theta\cos\varphi & R\cos\theta\sin\varphi & -R\sin\theta \\ -R\sin\theta\sin\varphi & R\sin\theta\cos\varphi & 0 \end{vmatrix} \mathrm{d}\theta\mathrm{d}\varphi$$

$$= R^3 \iint_{\substack{0\leqslant\theta\leqslant\pi \\ 0\leqslant\varphi\leqslant 2\pi}} [\cos\theta(\sin\theta\cos\theta) - (-\sin\theta)\sin^2\theta]\mathrm{d}\theta\mathrm{d}\varphi$$

$$= R^3 \iint_{\substack{0\leqslant\theta\leqslant\pi \\ 0\leqslant\varphi\leqslant 2\pi}} \sin\theta\mathrm{d}\theta\mathrm{d}\varphi = R^3\int_0^{2\pi}\mathrm{d}\varphi\int_0^{\pi}\sin\theta\mathrm{d}\theta$$

$$= 2\pi R^3(-\cos\theta)\Big|_0^{\pi} = 4\pi R^3$$

解法3 $\displaystyle\oiint_{\overrightarrow{S^2(R)}} x\mathrm{d}y\wedge\mathrm{d}z + y\mathrm{d}z\wedge\mathrm{d}x + z\mathrm{d}x\wedge\mathrm{d}y$

$$= \iint_{\overrightarrow{S^2(R)}} (x,y,z)\cdot\left(\frac{x}{R},\frac{y}{R},\frac{z}{R}\right)\mathrm{d}\sigma$$

$$= \iint_{\overrightarrow{S^2(R)}} \frac{1}{R}(x^2+y^2+z^2)\mathrm{d}\sigma$$

$$= R\iint_{\overrightarrow{S^2(R)}} \mathrm{d}\sigma = R\sigma(S^2(R))$$

$$= R\cdot 4\pi R^2 = 4\pi R^3$$

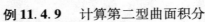

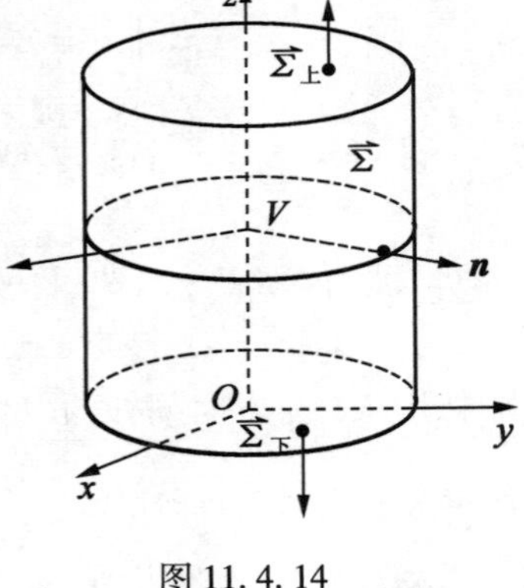

图 11.4.14

例 11.4.9 计算第二型曲面积分

$$\iint_{\vec{\Sigma}} yz\mathrm{d}y\wedge\mathrm{d}z + zx\mathrm{d}z\wedge\mathrm{d}x + xy\mathrm{d}x\wedge\mathrm{d}y$$

其中 $\vec{\Sigma}$ 是方向朝外的一段圆柱面:$x^2+y^2=R^2, 0\leqslant z\leqslant h$(图 11.4.14).

解法1 设定向圆柱面 $\vec{\Sigma}$ 的参数表示为

$$\boldsymbol{x}(\varphi,z) = (R\cos\varphi, R\sin\varphi, z)$$

$$\boldsymbol{x}'_{\varphi}\times\boldsymbol{x}'_{z} = \begin{vmatrix} \boldsymbol{e}_1 & \boldsymbol{e}_2 & \boldsymbol{e}_3 \\ -R\sin\varphi & R\cos\varphi & 0 \\ 0 & 0 & 1 \end{vmatrix}$$

$$= (R\cos\varphi, R\sin\varphi, 0)$$

单位法向量场 $\boldsymbol{n}_0 = (\cos\varphi, \sin\varphi, 0)$. 于是,有

$$\iint_{\vec{\Sigma}} yz\mathrm{d}y\wedge\mathrm{d}z + zx\mathrm{d}z\wedge\mathrm{d}x + xy\mathrm{d}x\wedge\mathrm{d}y$$

$$= \iint_{\Sigma}(yz\cos\varphi + zx\sin\varphi + xy\cdot 0)\mathrm{d}\sigma$$

$$\xlongequal{\text{柱面坐标}} \iint_{\substack{0\leqslant\varphi\leqslant 2\pi \\ 0\leqslant z\leqslant h}} (R\sin\varphi\cos\varphi + R\cos\varphi\sin\varphi)zR\mathrm{d}\varphi\mathrm{d}z$$

$$= 2R^2\int_0^{2\pi}\sin\varphi\cos\varphi\mathrm{d}\varphi\int_0^h z\mathrm{d}z = 2R^2\cdot\frac{\sin^2\varphi}{2}\Big|_0^{2\pi}\cdot\frac{z^2}{2}\Big|_0^h = 0$$

解法 2

$$\iint_{\vec{\Sigma}} yz\mathrm{d}y \wedge \mathrm{d}z + zx\mathrm{d}z \wedge \mathrm{d}x + xy\mathrm{d}x \wedge \mathrm{d}y$$

$$\xlongequal{\varphi,z\text{ 为参数}} \iint_{\substack{0\leqslant\varphi\leqslant 2\pi\\ 0\leqslant z\leqslant h}} \begin{vmatrix} yz & zx & xy \\ \dfrac{\partial x}{\partial \varphi} & \dfrac{\partial y}{\partial \varphi} & \dfrac{\partial z}{\partial \varphi} \\ \dfrac{\partial x}{\partial z} & \dfrac{\partial y}{\partial z} & \dfrac{\partial z}{\partial z} \end{vmatrix} \mathrm{d}\varphi\mathrm{d}z$$

$$= \iint_{\substack{0\leqslant\varphi\leqslant 2\pi\\ 0\leqslant z\leqslant h}} \begin{vmatrix} R\sin\varphi\cdot z & R\cos\varphi\cdot z & R^2\sin\varphi\cos\varphi \\ -R\sin\varphi & R\cos\varphi & 0 \\ 0 & 0 & 1 \end{vmatrix} \mathrm{d}\varphi\mathrm{d}z$$

$$= 2R^2\int_0^{2\pi}\sin\varphi\cos\varphi\mathrm{d}\varphi\int_0^h z\mathrm{d}z = 0$$

解法 3　因为 $\vec{\Sigma}$ 不是封闭曲面,所以不能直接应用 Stokes 公式. 我们可以与例 11.4.7 解法 3 一样用“加盖”的办法,再应用 Stokes 公式. 如图11.4.14, $\vec{\Sigma}+\vec{\Sigma}_{下}+\vec{\Sigma}_{上}$ 组成一个定向封闭曲面,方向为外法向. 它所围的三维定向区域为 $\vec{V}$,方向为右手系. 因为当 $z=0,h$ 时, $\mathrm{d}z=0$,所以,有

$$\left(\iint_{\vec{\Sigma}_{上}} + \iint_{\vec{\Sigma}_{下}}\right) yz\mathrm{d}y \wedge \mathrm{d}z + zx\mathrm{d}z \wedge \mathrm{d}x + xy\mathrm{d}x \wedge \mathrm{d}y$$

$$= \left(\iint_{\vec{\Sigma}_{上}} + \iint_{\vec{\Sigma}_{下}}\right) xy\mathrm{d}x \wedge \mathrm{d}y$$

$$= \iint_{x^2+y^2\leqslant R^2} xy\mathrm{d}x\mathrm{d}y - \iint_{x^2+y^2\leqslant R^2} xy\mathrm{d}x\mathrm{d}y = 0$$

由此得到

$$\iint_{\vec{\Sigma}} yz\mathrm{d}y \wedge \mathrm{d}z + zx\mathrm{d}z \wedge \mathrm{d}x + xy\mathrm{d}x \wedge \mathrm{d}y$$

$$= \left(\iint_{\vec{\Sigma}_{上}} + \iint_{\vec{\Sigma}_{下}} + \iint_{\vec{\Sigma}}\right) yz\mathrm{d}y \wedge \mathrm{d}z + zx\mathrm{d}z \wedge \mathrm{d}x + xy\mathrm{d}x \wedge \mathrm{d}y$$

$$\xlongequal{\text{Stokes 公式}} \iiint_{\vec{V}} \left[\frac{\partial(yz)}{\partial x} + \frac{\partial(zx)}{\partial y} + \frac{\partial(xy)}{\partial z}\right] \mathrm{d}x \wedge \mathrm{d}y \wedge \mathrm{d}z$$

$$= \iiint_{\vec{V}} 0\mathrm{d}x \wedge \mathrm{d}y \wedge \mathrm{d}z = 0$$

例 11.4.10 设 $\vec{\Sigma}$ 为立方体 $V=[0,1]^3$ 的表面,并取外法向. 计算第二型曲面积分

$$\oint\!\!\!\oint_{\vec{\Sigma}} x\mathrm{d}y\wedge\mathrm{d}z+y\mathrm{d}z\wedge\mathrm{d}x+z\mathrm{d}x\wedge\mathrm{d}y$$

解法 1 设 $\vec{V}$ 的定向取作右手系,根据 Stokes 公式,有

$$\begin{aligned}\oint\!\!\!\oint_{\vec{\Sigma}} x\mathrm{d}y\wedge\mathrm{d}z+y\mathrm{d}z\wedge\mathrm{d}x+z\mathrm{d}x\wedge\mathrm{d}y &= \iiint_{\vec{V}}(1+1+1)\mathrm{d}x\wedge\mathrm{d}y\wedge\mathrm{d}z\\ &=3\iiint_V \mathrm{d}x\mathrm{d}y\mathrm{d}z=3v(V)=3\cdot 1^3=3\end{aligned}$$

解法 2 将 $\vec{\Sigma}$ 分成 $\vec{\Sigma}_{上}$, $\vec{\Sigma}_{下}$, $\vec{\Sigma}_{左}$, $\vec{\Sigma}_{右}$, $\vec{\Sigma}_{前}$, $\vec{\Sigma}_{后}$ 6 块小定向曲面(图 11.4.15). 由于

$\vec{\Sigma}_{左}$ 上, $y=0$, $\mathrm{d}y=0$

$\vec{\Sigma}_{右}$ 上, $y=1$, $\mathrm{d}y=0$

$\vec{\Sigma}_{前}$ 上, $x=0$, $\mathrm{d}x=0$

$\vec{\Sigma}_{后}$ 上, $x=0$, $\mathrm{d}x=0$

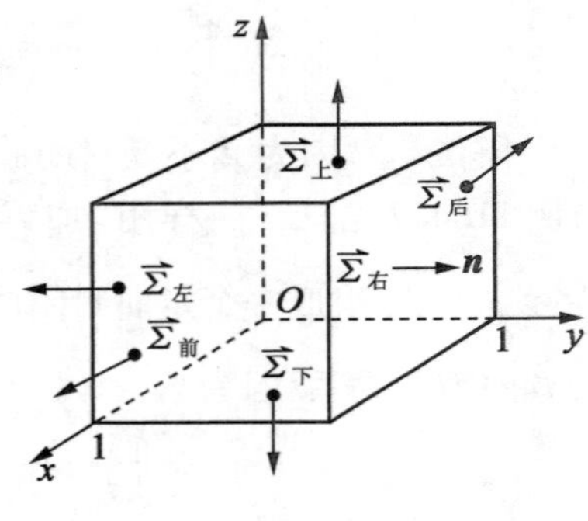

图 11.4.15

故

$$\begin{aligned}\oint\!\!\!\oint_{\vec{\Sigma}} z\mathrm{d}x\wedge\mathrm{d}y &= \iint_{\vec{\Sigma}_{上}} z\mathrm{d}x\wedge\mathrm{d}y+\iint_{\vec{\Sigma}_{下}} z\mathrm{d}x\wedge\mathrm{d}y\\ &=\iint_{\overrightarrow{[0,1]^2}}1\mathrm{d}x\mathrm{d}y-\iint_{\overrightarrow{[0,1]^2}}0\mathrm{d}x\mathrm{d}y=1-0=1\end{aligned}$$

由对称性,有

$$\oint\!\!\!\oint_{\vec{\Sigma}} x\mathrm{d}y\wedge\mathrm{d}z=\oint\!\!\!\oint_{\vec{\Sigma}} y\mathrm{d}z\wedge\mathrm{d}x=1$$

于是

$$\oint\!\!\!\oint_{\vec{\Sigma}} x\mathrm{d}y\wedge\mathrm{d}z+y\mathrm{d}z\wedge\mathrm{d}x+z\mathrm{d}x\wedge\mathrm{d}y=1+1+1=3$$

例 11.4.11 计算第二型曲面积分

$$\iint_{\vec{\Sigma}}(y^2+z^2)\mathrm{d}y\wedge\mathrm{d}z+(z^2+x^2)\mathrm{d}z\wedge\mathrm{d}x+(x^2+y^2)\mathrm{d}x\wedge\mathrm{d}y$$

其中 $\vec{\Sigma}$ 为上半球面 $x^2+y^2+z^2=R^2$,法向量朝外.

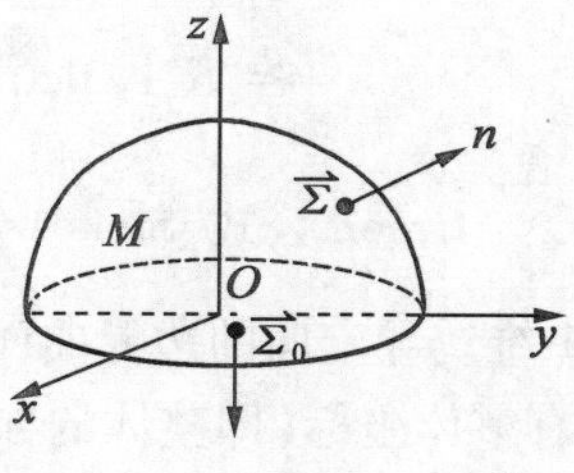

图 11.4.16

解法 1　设 $\vec{\Sigma}_0=\{(x,y,0)\mid x^2+y^2\leqslant R^2\}$,方向朝下. 则 $\vec{\Sigma}+\vec{\Sigma}_0$ 为封闭定向曲面(加底封闭或加盖封闭). 它所围的定向区域为 $\vec{M}$,取右手系(图 11.4.16). 于是,有

$$\oiint_{\vec{\Sigma}+\vec{\Sigma}_0}(y^2+z^2)\mathrm{d}y\wedge\mathrm{d}z+(z^2+x^2)\mathrm{d}z\wedge\mathrm{d}x+(x^2+y^2)\mathrm{d}x\wedge\mathrm{d}y$$

$$\xlongequal{\text{Gauss 公式}}\iiint_{\vec{M}}(0+0+0)\mathrm{d}x\wedge\mathrm{d}y\wedge\mathrm{d}z=0$$

由此得到

$$\iint_{\vec{\Sigma}}(y^2+z^2)\mathrm{d}y\wedge\mathrm{d}z+(z^2+x^2)\mathrm{d}z\wedge\mathrm{d}x+(x^2+y^2)\mathrm{d}x\wedge\mathrm{d}y$$

$$=-\iint_{\vec{\Sigma}_0}(y^2+z^2)\mathrm{d}y\wedge\mathrm{d}z+(z^2+x^2)\mathrm{d}z\wedge\mathrm{d}x+(x^2+y^2)\mathrm{d}x\wedge\mathrm{d}y$$

$$\xlongequal{z=0,\mathrm{d}z=0}\iint_{\vec{\Sigma}_{\bar{0}}}(x^2+y^2)\mathrm{d}x\wedge\mathrm{d}y\xlongequal{\text{极坐标}}\int_0^{2\pi}\mathrm{d}\varphi\int_0^R r^3\mathrm{d}r$$

$$=2\pi\left.\frac{r^4}{4}\right|_0^R=\frac{\pi}{2}R^4$$

解法 2　$$\iint_{\vec{\Sigma}}(y^2+z^2)\mathrm{d}y\wedge\mathrm{d}z+(z^2+x^2)\mathrm{d}z\wedge\mathrm{d}x+(x^2+y^2)\mathrm{d}x\wedge\mathrm{d}y$$

$$=\iint_{\Sigma}\left[(y^2+z^2)\frac{x}{R}+(z^2+x^2)\frac{y}{R}+(x^2+y^2)\frac{z}{R}\right]\mathrm{d}\sigma$$

$$\xlongequal{\text{正负相消}}\frac{1}{R}\iint_{\Sigma}(x^2+y^2)z\mathrm{d}\sigma$$

$$\xlongequal{\text{球面坐标}}\frac{1}{R}\iint_{\substack{0\leqslant\theta\leqslant\frac{\pi}{2}\\0\leqslant\varphi\leqslant2\pi}}R^2\sin^2\theta\cdot R\cos\theta\cdot R^2\sin\theta\mathrm{d}\theta\mathrm{d}\varphi$$

$$= R^4\int_0^{2\pi}\mathrm{d}\varphi\int_0^{\frac{\pi}{2}}\sin^3\theta\mathrm{d}\sin\theta = 2\pi R^4\cdot\frac{\sin^4\theta}{4}\bigg|_0^{\frac{\pi}{2}} = \frac{\pi}{2}R^4$$

Green 公式、Stokes 公式与 Gauss 公式可推广到$\mathbb{R}^n$中 k 维定向曲面$\vec{M}$与 $k-1$ 维诱导定向的边界曲面$\overrightarrow{\partial M}$ 的情形. 更进一步,如果所考虑的 M 与 ∂M 不一定有整体坐标(即整体的参数表示,如单位球面就没有整体坐标,参阅文献[5],p. 2). 因此,只能降低要求,M 与 ∂M 分别为 k 维与 $k-1$ 维微分流形,它们被一些局部坐标系的局部坐标邻域所覆盖. 惊人的是 Stokes 公式$\int_{\overrightarrow{\partial M}}\omega = \int_{\vec{M}}\mathrm{d}\omega$ 依然成立.

细心的读者会想到,在 $S^n(a)$采用的球面坐标并不是整体坐标,例 11. 2. 3 中指出,当 $\theta=0,\pi$ 时,$\boldsymbol{x}'_\theta\times\boldsymbol{x}'_\varphi=\boldsymbol{0}$,选择$(\theta,\varphi)$作为参数造成了"北极"与"南极"为奇异点. 此外,当 $\varphi=0$ 与 2π 时,球面上相应的点是一样的,即有重点. 因此,必须引进局部坐标系、流形以及单位分解等重要概念才能精确给出第一型与第二型曲线、曲面积分(后者就是定向流形上的外微分形式的积分)的定义. 给出的大量的计算题,虽然没有用单位分解来处理,但好在各例题中的奇异点与重点充其量只是一个零面积集或零体积集,它不会影响积分的值,读者可以放心使用.

细心的读者还会想到,Green 公式的定理 11. 4. 2 中对区域 M 所加的条件:M 既能分成有限个不相重叠的第一种定向闭域,又能分成有限个不相重叠的第二种定向闭域,对一般的平面定向闭域是否一定能做到,理论上的论证是十分困难的. 这是我们证明 Green 公式时不严密的地方. 关于 Gauss 公式与 Stokes 公式也有类似的问题. 这里我们用几何直观粗糙地进行了论证. 在流形上引进单位分解避免了这种困难,一切问题就迎刃而解了.

练习题 11.4

1. 应用 Green 公式计算第二型曲线积分:

(1)$\oint_{\vec{C}}xy^2\mathrm{d}y - x^2y\mathrm{d}x$,$\vec{C}$ 为反时针方向的圆周 $x^2+y^2=a^2(a>0)$;

(2)$\oint_{\vec{C}}(x+y)\mathrm{d}x-(x-y)\mathrm{d}y$,$\vec{C}$ 为反时针方向的椭圆$\frac{x^2}{a^2}+\frac{y^2}{b^2}=1(a>0,$

$b>0$)；

(3) $\oint_{\vec{C}} e^x \sin y\mathrm{d}x + e^x \cos y\mathrm{d}y$，$\vec{C}$ 为沿 x 增加方向的上半圆周 $x^2+y^2=ax$.

2. 用 Green 公式计算下列曲线围成的面积：

(1) 星形线 $(x,y)=(a\cos^3 t, a\sin^3 t)$，$0\leqslant t\leqslant 2\pi$；

(2) 双纽线 $(x^2+y^2)^2=a^2(x^2-y^2)$（提示：令 $y=x\tan\theta$）；

(3) 笛卡儿叶形线 $x^3+y^3=3axy(a>0)$（提示：令 $y=xt$）；

(4) $\left(\frac{x}{a}\right)^{2n+1}+\left(\frac{y}{b}\right)^{2n+1}=c\left(\frac{x}{a}\right)^n\left(\frac{y}{b}\right)^n$，常数 $a,b,c>0$，$n\in\mathbb{Z}_+$.

3. 设封闭曲线 $\vec{C}$ 有 C^1 参数表示 $(x,y)=(x(t),y(t))$，$t\in[\alpha,\beta]$，参数 t 增加指明了 $\vec{C}$ 的方向，证明：$\vec{C}$ 围成的面积为

$$\frac{1}{2}\int_\alpha^\beta \begin{vmatrix} x(t) & y(t) \\ x'(t) & y'(t) \end{vmatrix} \mathrm{d}t$$

4. 单变量函数 f 在 $\mathbb{R}$ 上连续可导，$\vec{C}$ 是任意一条分段 C^1 的封闭定向曲线，证明：

(1) $\oint_{\vec{C}} f(xy)(y\mathrm{d}x+x\mathrm{d}y)=0$；

(2) $\oint_{\vec{C}} f(x^2+y^2)(x\mathrm{d}x+y\mathrm{d}y)=0$；

(3) $\oint_{\vec{C}} f(x^n+y^n)(x^{n-1}\mathrm{d}x+y^{n-1}\mathrm{d}y)=0$，这里常数 $n\geqslant 1$.

当 f 为连续函数时，结论如何？

5. 计算第二型曲线积分

$$\int_{\widehat{AMO}} (e^x\sin y-my)\mathrm{d}x+(e^x\cos y-m)\mathrm{d}y$$

其中 m 为常数，$\widehat{AMO}$ 是以 $\left(\frac{a}{2},0\right)$ 为中心，$\frac{a}{2}$ 为半径的上半圆周，定向为逆时针方向.

6. 应用 Gauss 公式计算下列第二型曲面积分：

(1) $\iint_{\vec{\Sigma}} x^2\mathrm{d}y\wedge\mathrm{d}z+y^2\mathrm{d}z\wedge\mathrm{d}x+z^2\mathrm{d}x\wedge\mathrm{d}y$，$\vec{\Sigma}$ 为球面 $x^2+y^2+z^2=R^2(R>0)$，方向朝外；

(2) $\iint\limits_{\vec{\Sigma}} xy\,\mathrm{d}y \wedge \mathrm{d}z + yz\mathrm{d}z \wedge \mathrm{d}x + zx\mathrm{d}x \wedge \mathrm{d}y$,$\vec{\Sigma}$ 是由 4 张平面 $x = 0, y = 0, z = 0$ 和 $x + y + z = 1$ 围成的封闭曲面,方向朝外;

(3) $\iint\limits_{\vec{\Sigma}} (x - y)\mathrm{d}y \wedge \mathrm{d}z + (y - z)\mathrm{d}z \wedge \mathrm{d}x + (z - x)\mathrm{d}x \wedge \mathrm{d}y$,$\vec{\Sigma}$ 是曲面 $z = x^2 + y^2 (z \leqslant 1)$,方向朝下;

(4) $\iint\limits_{\vec{\Sigma}} x^2\mathrm{d}y \wedge \mathrm{d}z + y^2\mathrm{d}z \wedge \mathrm{d}x + z^2\mathrm{d}x \wedge \mathrm{d}y$,$\vec{\Sigma}$ 是曲面 $z^2 = x^2 + y^2 (0 \leqslant z \leqslant 1)$,方向朝下.

7. 应用 Stokes 公式计算下列第二型曲线积分:

(1) $\int_{\vec{C}} y\mathrm{d}x + z\mathrm{d}y + x\mathrm{d}z$,$\vec{C}$ 为圆周 $x^2 + y^2 + z^2 = a^2, x + y + z = 0$,从第一卦限看去,$\vec{C}$ 是反时针方向绕行的;

(2) $\int_{\vec{C}} (y + z)\mathrm{d}x + (z + x)\mathrm{d}y + (x + y)\mathrm{d}z$,$C$ 为椭圆 $x^2 + y^2 = 2y, y = z$,从点$(0,1,0)$ 向 $\vec{C}$ 看去,$\vec{C}$ 是反时针方向绕行的;

(3) $\int_{\vec{C}} (y^2 + z^2)\mathrm{d}x + (z^2 + x^2)\mathrm{d}y + (x^2 + y^2)\mathrm{d}z$,$\vec{C}$ 为曲线 $x^2 + y^2 + z^2 = 2ax$, $x^2 + y^2 = 2bx, z \geqslant 0, 0 < b < a$,从点$(b,0,0)$ 看去,$\vec{C}$ 是反时针方向绕行的.

思考题 11.4

1. 设 $\vec{C}$ 为 $\mathbb{R}^2$ 中 C^1 封闭曲线,依反时针方向定向,用 $\boldsymbol{n}_0$ 表示 $\vec{C}$ 上的单位外法向量场,而 $\boldsymbol{e}$ 为一个固定的单位向量,证明

$$\int_C \cos\langle \boldsymbol{e}, \boldsymbol{n}_0 \rangle \mathrm{d}s = 0$$

其中 $\langle \boldsymbol{e}, \boldsymbol{n}_0 \rangle$ 表示 $\boldsymbol{e}$ 与 $\boldsymbol{n}_0$ 之间夹成的角.

2. 设 C 为 $\mathbb{R}^2$ 上的一条 C^1 的封闭曲线,$\boldsymbol{n}_0$ 表示单位外法向量场,用 $\langle \boldsymbol{n}_0, \boldsymbol{i} \rangle$ 表示 $\boldsymbol{n}_0$ 与 x 轴正向的夹角,$\langle \boldsymbol{n}_0, \boldsymbol{j} \rangle$ 表示 $\boldsymbol{n}_0$ 与 y 轴正向的夹角,计算曲线积分

$$\oint_C (x\cos\langle \boldsymbol{n}_0, \boldsymbol{i}\rangle + y\cos\langle \boldsymbol{n}_0, \boldsymbol{j}\rangle)\,\mathrm{d}s$$

3. 设 M 为 $\mathbb{R}^3$ 中的一个闭区域，$\boldsymbol{n}_0$ 为 ∂M 的单位外法向量场，$\boldsymbol{e}$ 是一个固定的单位向量，证明

$$\iint_{\partial M} \cos\langle \boldsymbol{e}, \boldsymbol{n}_0\rangle \,\mathrm{d}\sigma = 0$$

4. 设 M 为 $\mathbb{R}^3$ 中的一个闭区域，向量 $\boldsymbol{n}_0$ 是 ∂M 的单位外法向量场，点 $(a,b,c) \notin \partial M$. 令 $\boldsymbol{p} = (x-a, y-b, z-c)$ 且 $p = \|\boldsymbol{p}\|$，证明

$$\iiint_M \frac{\mathrm{d}x\mathrm{d}y\mathrm{d}z}{p} = \frac{1}{2}\iint_{\partial M} \cos\langle \boldsymbol{p}, \boldsymbol{n}_0\rangle \,\mathrm{d}\sigma$$

5. 计算第二型曲线积分

$$\oint_{\vec{C}} \frac{\mathrm{e}^x}{x^2+y^2}[(x\sin y - y\cos y)\,\mathrm{d}x + (x\cos y + y\sin y)\,\mathrm{d}y]$$

其中 $\vec{C}$ 是包含原点在其内部的分段 C^1 闭曲线.

6. 应用 Stokes 公式计算练习题 11.3 中题 4 的第二型曲线积分.

7. 计算第二型曲线积分

$$\oint_{\vec{C}} (y-z)\,\mathrm{d}x + (z-x)\,\mathrm{d}y + (x-y)\,\mathrm{d}z$$

其中 $\vec{C}$ 为椭圆

$$\begin{cases} x^2 + y^2 = 1 \\ x + z = 1 \end{cases}$$

从 x 轴正向看去，$\vec{C}$ 是顺时针方向.

8. 计算第二型曲线积分

$$\oint_{\vec{C}} \frac{-y\mathrm{d}x + x\mathrm{d}y}{4x^2+y^2}$$

其中 $\vec{C}$ 为逆时针方向的圆周 $(x-1)^2 + y^2 = R^2, R \neq 1$.

9. 求第二型曲线积分

$$\oint_{\vec{C}} (y-z)\,\mathrm{d}x + (z-x)\,\mathrm{d}y + (x-y)\,\mathrm{d}z$$

其中 $\vec{C}$ 为球面 $x^2+y^2+z^2 = R^2$ 与平面 $y = x\tan\varphi\left(0 < \varphi < \frac{\pi}{2}\right)$ 的交线，方向：

从 x 轴正向看去,$\vec{C}$ 为逆时针方向.

10. 用各种方法计算第二型曲面积分

$$\iint_{\vec{\Sigma}} x^2 \mathrm{d}y \wedge \mathrm{d}z + y^2 \mathrm{d}z \wedge \mathrm{d}x + z^2 \mathrm{d}x \wedge \mathrm{d}y$$

其中 $\vec{\Sigma}$ 为球面 $(x-a)^2+(y-b)^2+(z-c)^2=R^2(R>0)$,方向朝外.

11. 用各种方法计算第二型曲面积分

$$\iint_{\vec{\Sigma}} x \mathrm{d}y \wedge \mathrm{d}z + y \mathrm{d}z \wedge \mathrm{d}x + z \mathrm{d}x \wedge \mathrm{d}y$$

其中 $\vec{\Sigma}$ 是由圆柱面 $x^2+y^2=1$,三个坐标平面及上半球面 $x^2+y^2+z^2=2z(z \geqslant 1)$ 所围立体在第一卦限部分的外侧面.

12. 计算第二型曲面积分

$$\iint_{\vec{\Sigma}} \frac{x}{r^3} \mathrm{d}y \wedge \mathrm{d}z + \frac{y}{r^3} \mathrm{d}z \wedge \mathrm{d}x + \frac{z}{r^3} \mathrm{d}x \wedge \mathrm{d}y$$

其中 $\vec{\Sigma}$ 为曲面 $(x-a)^2+2(y-b)^2+3(z-c)^2=1$ 的外侧,$r=\sqrt{x^2+y^2+z^2}$,且常数 a,b,c 满足 $a^2+2b^2+3c^2 \neq 1$.

13. 设曲面 Σ 有连续的单位法向量场 $\boldsymbol{n}_0$,$\boldsymbol{a}$ 是一个常向量,证明

$$\int_{\partial\Sigma} (\boldsymbol{a} \times \boldsymbol{x}) \cdot \mathrm{d}\boldsymbol{x} = 2\iint_{\Sigma} \boldsymbol{a} \cdot \boldsymbol{n}_0 \mathrm{d}\sigma$$

11.5 闭形式与恰当微分形式(全微分)

定义 11.5.1 设 $U \subset \mathbb{R}^n$ 为开集,ω 为 U 上的 k 次 $C^r(r \geqslant 1)$ 微分形式,如果 $\mathrm{d}\omega=0$,则称 ω 为**闭形式**,如果在 U 上存在 $k-1$ 次 C^{r+1} 微分形式 θ,使得 $\omega=\mathrm{d}\theta$,则称 ω 为**恰当微分形式**(**或全微分**).

定理 11.5.1(恰当微分形式的必要条件) ω 为开集 $U \subset \mathbb{R}^n$ 上的 k 次 $C^r(r \geqslant 1)$ 恰当微分形式,则 ω 为闭形式. 但反之不真.

证明 因为 ω 为 k 次 C^r 恰当微分形式,所以由定义 11.5.1,存在 $k-1$ 次 C^{r+1} 微分形式 θ,使得 $\omega=\mathrm{d}\theta$. 于是,根据定理 11.3.1(3),有

$$\mathrm{d}\omega = \mathrm{d}(\mathrm{d}\theta) = 0$$

即 ω 为闭形式.

反之不真. 例如:$U = \mathbb{R}^2 \setminus \{(0,0)\}$, $\omega = \frac{-y\mathrm{d}x + x\mathrm{d}y}{x^2 + y^2}$, $(x,y) \in U$. 由于

$$\begin{aligned}\mathrm{d}\omega &= \left(\frac{\partial}{\partial x}\left(\frac{x}{x^2+y^2}\right) - \frac{\partial}{\partial y}\left(\frac{-y}{x^2+y^2}\right)\right)\mathrm{d}x \wedge \mathrm{d}y \\ &= \left[\frac{y^2 - x^2}{(x^2+y^2)^2} + \frac{x^2 - y^2}{(x^2+y^2)^2}\right]\mathrm{d}x \wedge \mathrm{d}y = 0\end{aligned}$$

即 ω 为闭形式. 但 ω 不是恰当微分形式.（反证）假设 ω 为恰当微分形式,则由下面的定理 11.5.2,有

$$\int_{\vec{C}} \omega = 0$$

其中 $\vec{C}$ 为反时针方向的圆 $x^2 + y^2 = R^2$. 这与

$$\begin{aligned}\int_{\vec{C}} \omega &= \int_{\vec{C}} \frac{-y}{x^2+y^2}\mathrm{d}x + \frac{x}{x^2+y^2}\mathrm{d}y \\ &\xlongequal{(x,y) = (R\cos\varphi, R\sin\varphi)} \int_0^{2\pi} \left[\frac{-R\sin\varphi}{R^2}(-R\sin\varphi) + \frac{R\cos\varphi}{R^2}(R\cos\varphi)\right]\mathrm{d}\varphi \\ &= \int_0^{2\pi} \mathrm{d}\varphi = 2\pi\end{aligned}$$

相矛盾.

注 11.5.1　在 $\mathbb{R}^2_+ = \{(x,y) \mid y > 0\}$ 上,令 $\theta = -\arctan\frac{x}{y}$;

在 $\mathbb{R}^2 \setminus \{(x,0) \mid x \geqslant 0\}$ 上,令

$$\theta = \begin{cases} -\arctan\frac{x}{y}, & y > 0 \\ \frac{\pi}{2}, & y = 0, x < 0 \\ -\arctan\frac{x}{y} + \pi, & y < 0 \end{cases}$$

则 $\omega = \frac{-y}{x^2+y^2}\mathrm{d}x + \frac{x}{x^2+y^2}\mathrm{d}y = \mathrm{d}\theta$ 为恰当微分形式.

建议读者根据上述结果证明 ω 在 $\mathbb{R}^2 \setminus \{(0,0)\}$ 上不为恰当微分形式.

定理 11.5.2　设 $U \subset \mathbb{R}^n$ 为开区域,则以下各结论等价:

(1)ω 为 U 上的一次 $C^r(r\geqslant 1)$ 恰当微分形式;

(2)$\int_{\vec{C}}\omega=0$,其中 $\vec{C}$ 为 U 中任何分段 C^1 定向简单闭曲线;

(3)$\int_{\vec{C}}\omega$ 在 U 上与道路 $\vec{C}$ 的选取无关,而只与 $\vec{C}$ 的起点 $\boldsymbol{p}$ 和终点 $\boldsymbol{q}$ 有关.

证明 (1)⇒(2). 设闭曲线 $\vec{C}$ 的定向参数表示为 $\boldsymbol{x}(t),\alpha\leqslant t\leqslant\beta,\boldsymbol{x}(\alpha)=\boldsymbol{x}(\beta)$. 因为 ω 为恰当微分形式,所以 $\omega=\mathrm{d}\theta,\theta$ 为0次 C^2 微分形式(函数). 于是

$$\begin{aligned}\int_{\vec{C}}\omega&=\int_{\vec{C}}\mathrm{d}\theta=\int_{\vec{C}}\sum_{i=1}^{n}\theta'_{x_i}\mathrm{d}x_i\\&=\int_{\alpha}^{\beta}\sum_{i=1}^{n}\theta'_{x_i}\frac{\mathrm{d}x_i}{\mathrm{d}t}\mathrm{d}t=\int_{\alpha}^{\beta}\frac{\mathrm{d}\theta}{\mathrm{d}t}\mathrm{d}t\\&=\theta(\boldsymbol{x}(\beta))-\theta(\boldsymbol{x}(\alpha))=0\end{aligned}$$

(2)⇒(3). 设 $\vec{C}_1$ 与 $\vec{C}_2$ 为从 $\boldsymbol{p}$ 到 $\boldsymbol{q}$ 的两条定向 C^1 曲线,则 $\vec{C}_1+\vec{C}_2^-$ 为定向闭曲线. 由

$$0\xlongequal{(2)}\int_{\vec{C}_1+\vec{C}_2^-}\omega=\int_{\vec{C}_1}\omega+\int_{\vec{C}_2^-}\omega=\int_{\vec{C}_1}\omega-\int_{\vec{C}_2}\omega$$

得到

$$\int_{\vec{C}_1}\omega=\int_{\vec{C}_2}\omega$$

(3)⇒(1). 由(3),积分 $\int_{\vec{C}}\omega$ 只与 $\vec{C}$ 的起点 $\boldsymbol{p}$ 和终点 $\boldsymbol{q}$ 有关,而与道路 $\vec{C}$ 的选取无关. 固定起点 $\boldsymbol{p}$,就得到 U 上的函数

$$\theta(\boldsymbol{q})=\int_{\boldsymbol{p}}^{\boldsymbol{q}}\omega,\quad \boldsymbol{q}\in U$$

则有 $\omega=\mathrm{d}\theta$. 事实上,设

$$\boldsymbol{q}=(x_1^0,x_2^0,\cdots,x_n^0)\in U,\boldsymbol{q}'=(x_1^0,\cdots,x_{i-1}^0,x_i^0+\Delta x_i,x_{i+1}^0,\cdots,x_n^0)$$

$$\begin{aligned}\left.\frac{\partial\theta}{\partial x_i}\right|_{\boldsymbol{q}}&=\lim_{\Delta x_i\to 0}\frac{1}{\Delta x_i}[\theta(x_1^0,\cdots,x_{i-1}^0,x_i^0+\Delta x_i,x_{i+1}^0,\cdots,x_n^0)-\theta(x_1^0,x_2^0,\cdots,x_n^0)]\\&=\lim_{\Delta x_i\to 0}\frac{\int_{\boldsymbol{q}}^{\boldsymbol{q}'}\omega}{\Delta x_i}=\lim_{\Delta x_i\to 0}\frac{\int_{\boldsymbol{q}}^{\boldsymbol{q}'}\sum_{i=1}^{n}\omega_i\mathrm{d}x_i}{\Delta x_i}\\&=\lim_{\Delta x_i\to 0}\frac{\int_0^1\omega_i(x_1^0,\cdots,x_{i-1}^0,x_i^0+t\Delta x_i,x_{i+1}^0,\cdots,x_n^0)\Delta x_i\mathrm{d}t}{\Delta x_i}\end{aligned}$$

$$= \omega_i(x_1^0,\cdots,x_{i-1}^0,x_i^0,x_{i+1}^0,\cdots,x_n^0),\quad i = 1,2,\cdots,n$$

即

$$\omega = \sum_{i=1}^n \omega_i \mathrm{d}x_i = \sum_{i=1}^n \frac{\partial\theta}{\partial x_i}\mathrm{d}x_i = \mathrm{d}\theta$$

为恰当微分形式.

推论 11.5.1　设 $U \subset \mathbb{R}^n$ 为开区域，ω 为 U 上的 C^1 恰当微分形式. 如果存在 0 次微分形式 θ，使得 $\mathrm{d}\theta = \omega$，则

$$\theta(\boldsymbol{q}) = \int_{\boldsymbol{p}}^{\boldsymbol{q}} \omega + c,\quad \forall \boldsymbol{q} \in U$$

其中 $\boldsymbol{p} \in U$ 为固定点，c 为实常数.

证明　因为

$$\sum_{i=1}^n \frac{\partial\theta}{\partial x_i}\mathrm{d}x_i = \mathrm{d}\theta = \omega = \sum_{i=1}^n \omega_i \mathrm{d}x_i$$

所以，$\dfrac{\partial\theta}{\partial x_i} = \omega_i$. 于是

$$\frac{\partial}{\partial x_i}\left(\theta - \int_{\boldsymbol{p}}^{\boldsymbol{q}}\omega\right) = \frac{\partial\theta}{\partial x_i} - \omega_i = 0$$

根据定理 8.1.6 知

$$\theta - \int_{\boldsymbol{p}}^{\boldsymbol{q}}\omega = c,\quad \theta = \int_{\boldsymbol{p}}^{\boldsymbol{q}}\omega + c$$

其中 c 为实常数.

定理 11.5.3（平面 1 次闭形式为恰当微分形式的充分条件）　设 $U \subset \mathbb{R}^2$ 为单连通（即 U 中任一条封闭 C^1 的 Jordan 曲线内部全在 U 之中或任一封闭 C^1 的 Jordan 曲线可在 U 中缩成一点）开区域，ω 为 U 上的一次 $C^r(r \geqslant 1)$ 微分形式. 如果 ω 为闭形式，即 $\mathrm{d}\omega = 0$，则 ω 为恰当微分形式.

证明　设 $\overrightarrow{C}$ 为 U 中任一封闭 C^1 定向曲线，因为 U 是单连通的，所以 $\overrightarrow{C}$ 围成定向闭区域 $\overrightarrow{D}$，$D \subset U$. 由 Green 公式，有

$$\int_{\overrightarrow{C}}\omega = \int_{\overrightarrow{\partial D}}\omega = \iint_{\overrightarrow{D}}\mathrm{d}\omega = \int_{\overrightarrow{D}} 0 = 0$$

再由定理 11.5.2(2)，ω 为恰当微分形式.

注 11.5.2　在定理 11.5.1 中，$\omega = \dfrac{-y\mathrm{d}x + x\mathrm{d}y}{x^2 + y^2}$，$\mathrm{d}\omega = 0$，即 ω 为闭形式，

但 ω 不为恰当微分形式,这是因为 $U=\mathbb{R}^2\setminus\{(0,0)\}$ 不是单连通的开区域.

定理11.5.4($\mathbb{R}^n$中一次闭形式为恰当微分形式的充分条件)　设 $U\subset\mathbb{R}^n$ 为一开区域,且 U 中任一条封闭 C^1 定向曲线 $\vec{C}$ 均可张成一张全在 U 中的二维定向曲面 $\vec{M}$, $\partial\vec{M}=\vec{C}$. ω 为 U 上的一次 $C^r(r\geqslant 1)$ 微分形式,如果 ω 为闭形式,即 $d\omega=0$,则 ω 为恰当微分形式.

证明
$$\int_{\vec{C}}\omega=\int_{\partial\vec{M}}\omega\xlongequal{\text{Stokes 公式}}\iint_{\vec{M}}d\omega=\iint_{\vec{M}}0=0$$
再由定理11.5.2(2)知,ω 为恰当微分形式.

定理11.5.5($\mathbb{R}^n$中1次闭形式为恰当微分形式的充分条件)　设 $U\subset\mathbb{R}^n$ 为开区域,且 $\forall\boldsymbol{p},\boldsymbol{q}\in U$,任何联结 $\boldsymbol{p}$ 与 $\boldsymbol{q}$ 的平行于坐标轴的一固定顺序的折线(例如,先平行于 x_1 轴,再平行于 x_2 轴,等等,图11.5.1)全在 U 中,ω 为 U 上的一次 C^1 闭形式,即 $d\omega=0$. 则 ω 为恰当微分形式,即 $\omega=d\theta$.

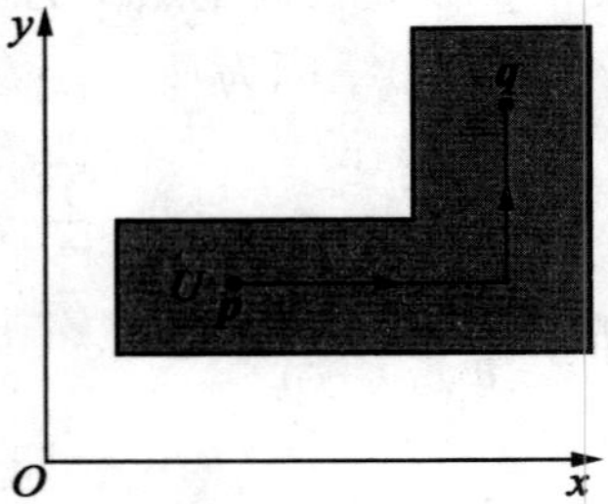

图 11.5.1

证明　具体构造 θ. 设 $\boldsymbol{x}^0=(x_1^0,x_2^0,\cdots,x_n^0)\in U$ 为固定点,令
$$\theta=\sum_{i=1}^n\int_{x_i^0}^{x_i}\omega_i(x_1,x_2,\cdots,x_i,x_{i+1}^0,\cdots,x_n^0)\,dx_i$$
则
$$\begin{aligned}\frac{\partial\theta}{\partial x_j}&=\frac{\partial}{\partial x_j}\Big(\sum_{i=1}^n\int_{x_i^0}^{x_i}\omega_i(x_1,x_2,\cdots,x_i,x_{i+1}^0,\cdots,x_n^0)\,dx_i\Big)\\&=\omega_j(x_1,x_2,\cdots,x_j,x_{j+1}^0,\cdots,x_n^0)+\sum_{i=j+1}^n\int_{x_i^0}^{x_i}\frac{\partial\omega_i(x_1,x_2,\cdots,x_i,x_{i+1}^0,\cdots,x_n^0)}{\partial x_j}dx_i\\&\xlongequal{d\omega=0\Leftrightarrow\frac{\partial\omega_i}{\partial x_j}=\frac{\partial\omega_j}{\partial x_i}}\omega_j(x_1,x_2,\cdots,x_j,x_{j+1}^0,\cdots,x_n^0)+\\&\quad\sum_{i=j+1}^n\int_{x_i^0}^{x_i}\frac{\partial\omega_j(x_1,x_2,\cdots,x_i,x_{i+1}^0,\cdots,x_n^0)}{\partial x_i}dx_i\\&=\omega_j(x_1,x_2,\cdots,x_j,x_{j+1}^0,\cdots,x_n^0)+\sum_{i=j+1}^n[\omega_j(x_1,x_2,\cdots,x_i,x_{i+1}^0,\cdots,x_n^0)-\\&\quad\omega_j(x_1,x_2,\cdots,x_{i-1},x_i^0,x_{i+1}^0,\cdots,x_n^0)]\end{aligned}$$

$$= \omega_j(x_1, x_2, \cdots, x_n)$$

于是,有

$$\mathrm{d}\theta = \sum_{j=1}^{n} \frac{\partial \theta}{\partial x_j}\mathrm{d}x_j = \sum_{j=1}^{n} \omega_j \mathrm{d}x_j = \omega$$

定理 11.5.6　设 $U \subset \mathbb{R}^3$ 为开区域,$(x_0, y_0, z_0) \in U$ 为一固定点,$\forall (x, y, z) \in U$,联结(x_0, y_0, z_0)与(x_0, y, z_0),联结(x_0, y, z_0)与(x, y, z_0),联结(x, y, z_0)与(x, y, z)得到的折线全在 U 中(如 U 为开长方体、第一卦限、半空间,图 11.5.2). 如果

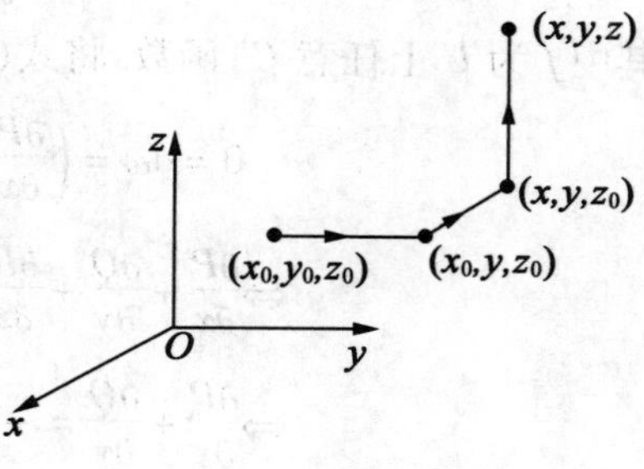

图 11.5.2

$$\omega = P\mathrm{d}y \wedge \mathrm{d}z + Q\mathrm{d}z \wedge \mathrm{d}x + R\mathrm{d}x \wedge \mathrm{d}y$$

为 U 上的 2 次 C^r 闭微分形式($r \geqslant 1$),即 $\mathrm{d}\omega = 0$,则 ω 为恰当微分形式,即 $\omega = \mathrm{d}\theta$.

证明　我们只需求出一个 θ,使 $\omega = \mathrm{d}\theta$. 当然应先到简单的形式去找. 为此,试一试能否求出形如

$$\theta = u\mathrm{d}x + v\mathrm{d}y \quad (\mathrm{d}z \text{ 的系数为} 0)$$

的一次 C^2 微分形式,使得

$$\begin{aligned}
&P\mathrm{d}y \wedge \mathrm{d}z + Q\mathrm{d}z \wedge \mathrm{d}x + R\mathrm{d}x \wedge \mathrm{d}y \\
&= \omega = \mathrm{d}\theta = \mathrm{d}(u\mathrm{d}x + v\mathrm{d}y) \\
&= \left(\frac{\partial u}{\partial y}\mathrm{d}y + \frac{\partial u}{\partial z}\mathrm{d}z\right) \wedge \mathrm{d}x + \left(\frac{\partial v}{\partial x}\mathrm{d}x + \frac{\partial v}{\partial z}\mathrm{d}z\right) \wedge \mathrm{d}y \\
&= -\frac{\partial v}{\partial z}\mathrm{d}y \wedge \mathrm{d}z + \frac{\partial u}{\partial z}\mathrm{d}z \wedge \mathrm{d}x + \left(\frac{\partial v}{\partial x} - \frac{\partial u}{\partial y}\right)\mathrm{d}x \wedge \mathrm{d}y
\end{aligned}$$

$$\Leftrightarrow \begin{cases} -\dfrac{\partial v}{\partial z} = P & (1) \\ \dfrac{\partial u}{\partial z} = Q & (2) \\ \dfrac{\partial v}{\partial x} - \dfrac{\partial u}{\partial y} = R & (3) \end{cases}$$

设$(x_0, y_0, z_0) \in U$ 为固定点,$\forall (x, y, z) \in U$. 由题设和式(1)(2)可取

$$v(x, y, z) = -\int_{z_0}^{z} P(x, y, z)\mathrm{d}z \tag{4}$$

$$u(x,y,z) = \int_{z_0}^{z} Q(x,y,z)\,\mathrm{d}z + f(x,y) \tag{5}$$

其中f为U上任意C^1函数. 将式(4)(5)代入式(3),并由

$$0 = \mathrm{d}\omega = \left(\frac{\partial P}{\partial x} + \frac{\partial Q}{\partial y} + \frac{\partial R}{\partial z}\right)\mathrm{d}x \wedge \mathrm{d}y \wedge \mathrm{d}z$$

$$\Leftrightarrow \frac{\partial P}{\partial x} + \frac{\partial Q}{\partial y} + \frac{\partial R}{\partial z} = 0$$

$$\Leftrightarrow \frac{\partial P}{\partial x} + \frac{\partial Q}{\partial y} = -\frac{\partial R}{\partial z} \tag{6}$$

得到

$$R(x,y,z) \overset{(3)}{=\!=\!=} \frac{\partial v}{\partial x} - \frac{\partial u}{\partial y} \overset{(4)(5)}{=\!=\!=\!=} -\int_{z_0}^{z}\left(\frac{\partial P}{\partial x} + \frac{\partial Q}{\partial y}\right)\mathrm{d}z - \frac{\partial f}{\partial y} \overset{(6)}{=\!=\!=} \int_{z_0}^{z}\frac{\partial R}{\partial z}\mathrm{d}z - \frac{\partial f}{\partial y}$$

$$= R(x,y,z) - R(x,y,z_0) - \frac{\partial f}{\partial y}$$

所以

$$\frac{\partial f}{\partial y}(x,y) = -R(x,y,z_0)$$

取

$$f(x,y) = -\int_{y_0}^{y} R(x,y,z_0)\,\mathrm{d}y$$

再将此式代入(5)得到

$$u(x,y,z) = \int_{z_0}^{z} Q(x,y,z)\,\mathrm{d}z - \int_{y_0}^{y} R(x,y,z_0)\,\mathrm{d}y$$

验证上述u,v满足式(1)(2)(3),即得$\mathrm{d}\theta = \omega$.

例 11.5.1 证明:$\omega = (x+y+1)\mathrm{d}x + (x-y^2+3)\mathrm{d}y$为恰当微分形式;并求出$\theta$,使$\mathrm{d}\theta = \omega$. 进而求全(恰当)微分方程$(x+y+1)\mathrm{d}x + (x-y^2+3)\mathrm{d}y = 0$的解.

解 设$P = x+y-1, Q = x-y^2+3, \dfrac{\partial Q}{\partial x} - \dfrac{\partial P}{\partial y} = 1-1 = 0$,故

$$\mathrm{d}\omega = \mathrm{d}(P\mathrm{d}x + Q\mathrm{d}y) = \left(\frac{\partial Q}{\partial x} - \frac{\partial P}{\partial y}\right)\mathrm{d}x \wedge \mathrm{d}y = 0$$

即ω为C^2闭形式. 又因$U = \mathbb{R}^2$为单连通区域,根据定理 11.5.3,ω为恰当微分形式.

取固定点$(0,0) \in \mathbb{R}^2$, $\forall (x,y) \in \mathbb{R}^2$,有

$$\begin{aligned}\theta(x,y) &= \int_{\vec{C}}\omega = \left(\int_{\vec{C}_1} + \int_{\vec{C}_2}\right)(x+y+1)\mathrm{d}x + (x-y^2+3)\mathrm{d}y \\ &= \int_0^x (x+0+1)\mathrm{d}x + \int_0^y (x-y^2+3)\mathrm{d}y \\ &= \left(\frac{x^2}{2}+x\right)\Big|_0^x + \left(xy-\frac{y^3}{3}+3y\right)\Big|_0^y \\ &= \frac{x^2}{2}+x+xy-\frac{y^3}{3}+3y\end{aligned}$$

进而,知

$$\mathrm{d}\theta = \omega = (x+y+1)\mathrm{d}x + (x-y^2+3)\mathrm{d}y = 0$$

的解为

$$\frac{x^2}{2}+x+xy-\frac{y^3}{3}+3y = \theta(x,y) = c(\text{常数})$$

这是全(恰当)微分方程$(x+y+1)\mathrm{d}x+(x-y^2+3)\mathrm{d}y=0$的解.

例 11.5.2　证明:$\omega=(xy+1)\mathrm{d}y\wedge\mathrm{d}z+z\mathrm{d}z\wedge\mathrm{d}x-yz\mathrm{d}x\wedge\mathrm{d}y$为恰当微分形式;并求出$\theta$,使$\mathrm{d}\theta=\omega$.

证明　因为

$$\begin{aligned}\mathrm{d}\omega &= \left(\frac{\partial P}{\partial x}+\frac{\partial Q}{\partial y}+\frac{\partial R}{\partial z}\right)\mathrm{d}x\wedge\mathrm{d}y\wedge\mathrm{d}z \\ &= (y+0-y)\mathrm{d}x\wedge\mathrm{d}y\wedge\mathrm{d}z = 0\end{aligned}$$

所以ω为闭形式. 又因$U=\mathbb{R}^3$,根据定理 11.5.6 知,ω为恰当微分形式.

为求$\theta=u\mathrm{d}x+v\mathrm{d}y$,套用定理 11.5.6 证明中的步骤与方法,有

$$\begin{cases}-\dfrac{\partial v}{\partial z} = xy+1 & \Rightarrow v = -\displaystyle\int_0^z (xy+1)\mathrm{d}z = -(xy+1)z \\ \dfrac{\partial u}{\partial z} = z & \Rightarrow u = \displaystyle\int_0^z z\mathrm{d}z + f(x,y) = \dfrac{z^2}{2}+f(x,y) \\ \dfrac{\partial v}{\partial x}-\dfrac{\partial u}{\partial y} = -yz & \Rightarrow -yz-f'_y = -yz,\text{即} f'_y=0,\text{取} f(x,y)=0\end{cases}$$

于是,有

$$\begin{aligned}\theta &= u\mathrm{d}x+v\mathrm{d}y = \left[\frac{z^2}{2}+f(x,y)\right]\mathrm{d}x-(xy+1)z\mathrm{d}y \\ &= \frac{z^2}{2}\mathrm{d}x-(xy+1)z\mathrm{d}y\end{aligned}$$

当然,也可套用定理 11.5.6 证明中关于u,v的公式,计算时可快一些. 但

是,没有书时,记住方法自己当场能推导出来,各有优缺点.

例 11.5.3 验证第二型曲线积分

$$\int_{\vec{C}}(y+z)\mathrm{d}x+(z+x)\mathrm{d}y+(x+y)\mathrm{d}z$$

与路径无关,并求被积形式的原函数 $\theta(x,y,z)$.

证明 设 $\omega=(y+z)\mathrm{d}x+(z+x)\mathrm{d}y+(x+y)\mathrm{d}z$,则

$$\mathrm{d}\omega=(\mathrm{d}y+\mathrm{d}z)\wedge\mathrm{d}x+(\mathrm{d}z+\mathrm{d}x)\wedge\mathrm{d}y+(\mathrm{d}x+\mathrm{d}y)\wedge\mathrm{d}z=0$$

即 ω 为闭形式,又因为 $U=\mathbb{R}^3$ 满足定理 11.5.5 中的条件,所以有

$$\begin{aligned}\theta(x,y,z)&=\int_0^x(0+0)\mathrm{d}x+\int_0^y(0+x)\mathrm{d}y+\int_0^z(x+y)\mathrm{d}z\\&=0+xy+(x+y)z=xy+xz+yz\end{aligned}$$

由推论 11.5.1 知,一般的原函数为

$$\theta(x,y,z)=xy+xz+yz+c$$

其中 c 为任意常数(实际上用观察法也能看出原函数为 $xy+xz+yz+c$).

例 11.5.4 设 f 为$\mathbb{R}$上的 C^1 函数,$f(0)=-\frac{1}{2}$,求 $f(x)$ 使第二型曲线积分

$$\int_A^B[\mathrm{e}^x+f(x)]y\mathrm{d}x-f(x)\mathrm{d}y$$

与路径无关,只与起点 A 和终点 B 有关,并求当 A,B 分别为$(0,0)$,$(1,1)$时,此第二型曲线积分的值.

解 因为要求第二型曲线积分

$$\int_A^B[\mathrm{e}^x+f(x)]y\mathrm{d}x-f(x)\mathrm{d}y$$

与路径无关,只与起点 A 和终点 B 有关,所以

$$0=\mathrm{d}[(\mathrm{e}^x+f(x))y\mathrm{d}x-f(x)\mathrm{d}y]=[-(\mathrm{e}^x+f(x))-f'(x)]\mathrm{d}x\wedge\mathrm{d}y$$

即

$$f'(x)+f(x)=-\mathrm{e}^x$$

其解为

$$f(x)=\mathrm{e}^{-\int\mathrm{d}x}\left[\int-\mathrm{e}^x\mathrm{e}^{\int\mathrm{d}x}\mathrm{d}x+c\right]=\mathrm{e}^{-x}\left(-\frac{1}{2}\mathrm{e}^{2x}+c\right)=-\frac{1}{2}\mathrm{e}^x+c\mathrm{e}^{-x}$$

再由 $f(0)=-\frac{1}{2}$ 得到

$$-\frac{1}{2}=-\frac{1}{2}\mathrm{e}^0+c\mathrm{e}^0=-\frac{1}{2}+c,\quad c=0$$

所以，$f(x) = -\dfrac{1}{2}e^x$.

当 A,B 的坐标分别为 $(0,0),(1,1)$ 时，有

$$\begin{aligned}\int_{(0,0)}^{(1,1)}\left(e^x - \frac{1}{2}e^x\right)y\,dx + \frac{1}{2}e^x\,dy &= \int_{(0,0)}^{(1,1)}\frac{1}{2}e^x y\,dx + \frac{1}{2}e^x\,dy \\ &= \int_{(0,0)}^{(1,0)} 0\,dx + \int_{(1,0)}^{(1,1)}\frac{1}{2}e^1\,dy \\ &= 0 + \frac{e}{2} = \frac{e}{2}\end{aligned}$$

练习题 11.5

1. 计算下列恰当微分形式的第二型曲线积分：

(1) $\displaystyle\int_{(1,1,1)}^{(2,3,-4)} x\,dx + y^2\,dy - z^2\,dz$；

(2) $\displaystyle\int_{(1,2,3)}^{(0,1,1)} yz\,dx + xz\,dy + xy\,dz$；

(3) $\displaystyle\int_{(x_1,y_1,z_1)}^{(x_2,y_2,z_2)} \frac{x\,dx + y\,dy + z\,dz}{\sqrt{x^2 + y^2 + z^2}}$，其中 (x_1,y_1,z_1) 是球面 $x^2 + y^2 + z^2 = a^2\ (a > 0)$ 上的一点，(x_2,y_2,z_2) 是球面 $x^2 + y^2 + z^2 = b^2\ (b > 0)$ 上的一点.

2. 设 f,g,h 为 $\mathbb{R}$ 上的单变量的 $C^r\ (r \geqslant 1)$ 函数，计算第二型曲线积分

$$\int_{(x_1,y_1,z_1)}^{(x_2,y_2,z_2)} f(x)\,dx + g(y)\,dy + h(z)\,dz$$

如果 f 为 $\mathbb{R}$ 上的连续函数结论如何？

3. 设 f 为 $\mathbb{R}$ 上的单变量的 $C^r\ (r \geqslant 1)$ 函数，计算第二型曲线积分：

(1) $\displaystyle\int_{(x_1,y_1,z_1)}^{(x_2,y_2,z_2)} f(x + y + z)(dx + dy + dz)$；

(2) $\displaystyle\int_{(x_1,y_1,z_1)}^{(x_2,y_2,z_2)} f(\sqrt{x^2 + y^2 + z^2})(x\,dx + y\,dy + z\,dz)$.

如果 f 为 $\mathbb{R}$ 上的连续函数，结论如何？

4. 求解下列恰当微分方程：

(1) $x\,dx + y\,dy = 0$；

(2) $x\,dy + y\,dx = 0$；

(3) $(x+2y)\mathrm{d}x+(2x+y)\mathrm{d}y=0$;

(4) $(x^2-y)\mathrm{d}x-(x+\sin^2 y)\mathrm{d}y=0$;

(5) $\mathrm{e}^y\mathrm{d}x+(x\mathrm{e}^y-2y)\mathrm{d}y=0$;

(6) $(x+y+1)\mathrm{d}x+(x-y^2+3)\mathrm{d}y=0$;

(7) $\dfrac{x\mathrm{d}x+y\mathrm{d}y}{\sqrt{x^2+y^2}}=\dfrac{y\mathrm{d}x-x\mathrm{d}y}{x^2}$;

(8) $\dfrac{x\mathrm{d}y-y\mathrm{d}x}{x^2+y^2}=x\mathrm{d}x+y\mathrm{d}y$.

11.6 场　论

曲线积分、曲面积分及相关的定理,对于物理学有着特别重要的意义. 它们在电磁学、流体力学、理论力学和理论物理等物理分支中,有着广泛的应用. 物理学家在使用这些数学理论时,往往采用一些特殊的术语和记号. 场是最重要的物理概念之一,不外乎数量场(如:温度场),它是函数;还有向量场(如:引力场、磁场、流速场、电场等).

我们将对外微分形式与场论之间的对偶理论给出详细的描述.

定义 11.6.1　设 $U\subset\mathbb{R}^n$, $u:U\to\mathbb{R}$ 为函数,则称 u 为分布在 U 上的一个**数量场**.

如果 $u\in C^0(U,\mathbb{R})$,则称 u 为**连续的数量场**或 **C^0 数量场**.

如果 $U\subset\mathbb{R}^n$ 为开集, $u\in C^r(U,\mathbb{R})$, $r=1,2,\cdots,\infty,\omega$,则称 u 为 **C^r 数量场**.

例如:温度场就是一个数量场.

定义 11.6.2　设 $U\subset\mathbb{R}^n$,映射 $\boldsymbol{F}=(F_1,F_2,\cdots,F_n):U\to\mathbb{R}^n$ 称为分布在 U 上的一个**向量场**.

如果 $\boldsymbol{F}\in C^0(U,\mathbb{R}^n)$ ($\Leftrightarrow F_i\in C^0(U,\mathbb{R})$, $i=1,2,\cdots,n$),则称 $\boldsymbol{F}$ 为**连续向量场**或 **C^0 向量场**.

如果 $U\subset\mathbb{R}^n$ 为开集,且 $\boldsymbol{F}\in C^r(U,\mathbb{R}^n)$ ($\Leftrightarrow F_i\in C^r(U,\mathbb{R})$, $i=1,2,\cdots,n$), $r=1,2,\cdots,\infty,\omega$,则称 $\boldsymbol{F}$ 为 **C^r 向量场**.

例如:引力场、磁场、流速场、电场、曲线的切向量场、曲面的法向量场.

定义 11.6.3　设 $U\subset\mathbb{R}^n$ 为开集, $u:U\to\mathbb{R}$ 为 $C^r(r\geqslant1)$ 数量场(C^r 函数),称

u 的 Jacobi,即 grad $u:U\to\mathbb{R}^n$,且

$$\boldsymbol{x}\longmapsto \text{grad } u=\left(\frac{\partial u}{\partial x_1},\frac{\partial u}{\partial x_2},\cdots,\frac{\partial u}{\partial x_n}\right)\bigg|_{\boldsymbol{x}}=\sum_{i=1}^{n}\frac{\partial u}{\partial x_i}\boldsymbol{e}_i$$

为数量场 u 在点 $\boldsymbol{x}$ 处的梯度(gradient). grad u 为 U 上的一个向量场,称为**梯度场**.

回忆一下 u 在 $\boldsymbol{p}\in U$ 沿 $\boldsymbol{e}=(\cos\alpha_1,\cos\alpha_2,\cdots,\cos\alpha_n)$ 方向的变化率,即 u 在点 $\boldsymbol{p}\in U$ 沿 $\boldsymbol{e}$ 方向的方向导数(设 u 在点 $\boldsymbol{p}$ 处可微)为

$$\begin{aligned}\frac{\partial u}{\partial \boldsymbol{e}}&=\lim_{t\to 0}\frac{u(\boldsymbol{p}+t\boldsymbol{e})-u(\boldsymbol{p})}{t}=\frac{\mathrm{d}u(\boldsymbol{p}+t\boldsymbol{e})}{\mathrm{d}t}\bigg|_{t=0}=\sum_{i=1}^{n}\frac{\partial u}{\partial x_i}\cos\alpha_i\\&=\text{grad } u\cdot\boldsymbol{e}=\|\text{grad } u\|\cos\theta\end{aligned}$$

其中 θ 为 grad u 与 $\boldsymbol{e}$ 的夹角. 显然,当 $\cos\theta=1$,即 $\theta=0$ 时,$\frac{\partial u}{\partial \boldsymbol{e}}$达到最大值 $\|\text{grad } u\|$. 此外,grad $u=\left(\frac{\partial u}{\partial x_1},\frac{\partial u}{\partial x_2},\cdots,\frac{\partial u}{\partial x_n}\right)$为 u 的等值面 $u(x_1,x_2,\cdots,x_n)=c$ 的法向量场. 而等值面族将数量场 u 的定义域分了"层". 例如:$z=z(x,y)$ 的等高线为 $z(x,y)=c$;$u=u(x,y,z)=x^2+y^2+z^2$ 的等值面为 $u(x,y,z)=x^2+y^2+z^2=c$($c<0$ 时为空集;$c=0$ 时为点$(0,0,0)$;$c>0$ 时是半径为$\sqrt{c}$的球面).

当 $\|\text{grad } u\|>0$ 时,grad u 指向等值面增加的方向,即 $c_1<c_2$,则 grad u 从 $u=c_1$ 指向 $u=c_2$. $\|\text{grad } u\|$ 越大,则 u 沿该梯度方向的变化率(方向导数)就越大. 因而,这个方向上的等值面就越密.

定义 11.6.4　设 $U\subset\mathbb{R}^3$为开区域,θ,P,Q,R 为 U 上的 $C^r(r\geqslant 1)$函数,$\boldsymbol{F}=P\boldsymbol{e}_1+Q\boldsymbol{e}_2+R\boldsymbol{e}_3$ 或 $P\boldsymbol{i}+Q\boldsymbol{j}+R\boldsymbol{k}$ 或(P,Q,R)为 U 上的 C^r 向量场.

记算符:

$$\nabla=\frac{\partial}{\partial x}\boldsymbol{e}_1+\frac{\partial}{\partial y}\boldsymbol{e}_2+\frac{\partial}{\partial z}\boldsymbol{e}_3\text{(假向量)}$$

$$\Delta=\frac{\partial^2}{\partial x^2}+\frac{\partial^2}{\partial y^2}+\frac{\partial^2}{\partial z^2}\text{(Laplace 算符)}$$

则

$$\text{grad }\theta=\frac{\partial\theta}{\partial x}\boldsymbol{e}_1+\frac{\partial\theta}{\partial y}\boldsymbol{e}_2+\frac{\partial\theta}{\partial z}\boldsymbol{e}_3=\left(\frac{\partial}{\partial x}\boldsymbol{e}_1+\frac{\partial}{\partial y}\boldsymbol{e}_2+\frac{\partial}{\partial z}\boldsymbol{e}_3\right)\theta=\nabla\theta$$

称为 θ 的**梯度场**

$$\text{rot}\,\boldsymbol{F}=\begin{vmatrix}\boldsymbol{e}_1 & \boldsymbol{e}_2 & \boldsymbol{e}_3\\ \dfrac{\partial}{\partial x} & \dfrac{\partial}{\partial y} & \dfrac{\partial}{\partial z}\\ P & Q & R\end{vmatrix}$$
$$=\left(\frac{\partial R}{\partial y}-\frac{\partial Q}{\partial z}\right)\boldsymbol{e}_1+\left(\frac{\partial P}{\partial z}-\frac{\partial R}{\partial x}\right)\boldsymbol{e}_2+\left(\frac{\partial Q}{\partial x}-\frac{\partial P}{\partial y}\right)\boldsymbol{e}_3$$
$$=\nabla\times\boldsymbol{F}$$

称为 $\boldsymbol{F}$ 的旋度(**rotation**)场. 而

$$\text{div}\,\boldsymbol{F}=\frac{\partial P}{\partial x}+\frac{\partial Q}{\partial y}+\frac{\partial R}{\partial z}=\left(\frac{\partial}{\partial x},\frac{\partial}{\partial y},\frac{\partial}{\partial z}\right)\cdot(P,Q,R)=\nabla\cdot\boldsymbol{F}$$

称为 $\boldsymbol{F}$ 的散度(**divergence**)场.

对 $r\geqslant 2$,有

$$\Delta\theta=\left(\frac{\partial^2}{\partial x^2}+\frac{\partial^2}{\partial y^2}+\frac{\partial^2}{\partial z^2}\right)\theta=\frac{\partial^2\theta}{\partial x^2}+\frac{\partial^2\theta}{\partial y^2}+\frac{\partial^2\theta}{\partial z^2}=\nabla\cdot\nabla\theta=\text{div}(\text{grad}\,\theta)$$

称为函数 θ 的 Laplace.

上述梯度场、散度场、Laplace 都可推广到$\mathbb{R}^n$. 此时,$\boldsymbol{F}=\sum\limits_{i=1}^{n}P_i\boldsymbol{e}_i$,有

$$\nabla=\sum_{i=1}^{n}\frac{\partial}{\partial x_i}\boldsymbol{e}_i,\quad \Delta=\sum_{i=1}^{n}\frac{\partial^2}{\partial x_i^2}$$

则

$$\text{grad}\,\theta=\sum_{i=1}^{n}\frac{\partial\theta}{\partial x_i}\boldsymbol{e}_i=\left(\sum_{i=1}^{n}\frac{\partial}{\partial x_i}\boldsymbol{e}_i\right)\theta=\nabla\theta$$

$$\text{div}\,\boldsymbol{F}=\sum_{i=1}^{n}\frac{\partial F_i}{\partial x_i}=\left(\frac{\partial}{\partial x_1},\frac{\partial}{\partial x_2},\cdots,\frac{\partial}{\partial x_n}\right)\cdot(F_1,F_2,\cdots,F_n)=\nabla\cdot\boldsymbol{F}$$

$$\Delta\theta=\left(\sum_{i=1}^{n}\frac{\partial^2}{\partial x_i^2}\right)\theta=\sum_{i=1}^{n}\frac{\partial^2\theta}{\partial x_i^2}=\nabla\cdot\nabla\theta=\text{div}(\text{grad}\,\theta)$$

引理 11.6.1 (1) $\nabla(cu)=c\,\nabla u$(c 为实常数), $\nabla(u_1+u_2)=\nabla u_1+\nabla u_2$,即 $\nabla(c_1u_1+c_2u_2)=c_1\nabla u_1+c_2\nabla u_2$(线性性),$c_1,c_2$ 为实常数,u_1,u_2 为 $C^r(r\geqslant 1)$函数;

(2) $\nabla(u_1u_2)=u_1\nabla u_2+u_2\nabla u_1$(导性),$u_1,u_2$ 为 $C^r(r\geqslant 1)$函数;

(3) $\nabla(f\circ u)=f'\circ u\,\nabla u, f\in C^r(\mathbb{R},\mathbb{R})$,$u$ 为 $x_1,x_2,\cdots,x_n$ 的 $C^r(r\geqslant 1)$函数;

(4) $\nabla\left(\dfrac{u_1}{u_2}\right)=\dfrac{1}{u_2^2}(u_2\nabla u_1-u_1\nabla u_2)$,$u_1,u_2$ 为 $C^r(r\geqslant 1)$函数,u_2 处处不为 0.

证明　(1)显然.

(2)
$$\begin{aligned}\nabla(u_1u_2) &= \left(\frac{\partial(u_1u_2)}{\partial x_1},\frac{\partial(u_1u_2)}{\partial x_2},\cdots,\frac{\partial(u_1u_2)}{\partial x_n}\right)\\ &= \left(u_1\frac{\partial u_2}{\partial x_1}+u_2\frac{\partial u_1}{\partial x_1},u_1\frac{\partial u_2}{\partial x_2}+u_2\frac{\partial u_1}{\partial x_2},\cdots,u_1\frac{\partial u_2}{\partial x_n}+u_2\frac{\partial u_1}{\partial x_n}\right)\\ &= u_1\left(\frac{\partial u_2}{\partial x_1},\frac{\partial u_2}{\partial x_2},\cdots,\frac{\partial u_2}{\partial x_n}\right)+u_2\left(\frac{\partial u_1}{\partial x_1},\frac{\partial u_1}{\partial x_2},\cdots,\frac{\partial u_1}{\partial x_n}\right)\\ &= u_1\nabla u_2+u_2\nabla u_1\end{aligned}$$

(3)
$$\begin{aligned}\nabla(f\circ u) &= \left(\frac{\partial(f\circ u)}{\partial x_1},\cdots,\frac{\partial(f\circ u)}{\partial x_n}\right)\\ &= \left(f'\circ u\frac{\partial u}{\partial x_1},\cdots,f'\circ u\frac{\partial u}{\partial x_n}\right)=f'\circ u\,\nabla u\end{aligned}$$

(4)
$$\begin{aligned}\nabla\left(\frac{u_1}{u_2}\right) &= \left(\frac{\partial}{\partial x_1}\frac{u_1}{u_2},\cdots,\frac{\partial}{\partial x_n}\frac{u_1}{u_2}\right)\\ &= \left(\frac{1}{u_2^2}\left(\frac{\partial u_1}{\partial x_1}u_2-u_1\frac{\partial u_2}{\partial x_1}\right),\cdots,\frac{1}{u_2^2}\left(\frac{\partial u_1}{\partial x_n}u_2-u_1\frac{\partial u_2}{\partial x_n}\right)\right)\\ &= \frac{1}{u_2^2}\left[u_2\left(\frac{\partial u_1}{\partial x_1},\cdots,\frac{\partial u_1}{\partial x_n}\right)-u_1\left(\frac{\partial u_2}{\partial x_1},\cdots,\frac{\partial u_2}{\partial x_n}\right)\right]\\ &= \frac{1}{u_2^2}(u_2\nabla u_1-u_1\nabla u_2)\end{aligned}$$

引理 11.6.2　设 $U\subset\mathbb{R}^n$ 为开集，$\boldsymbol{F},\boldsymbol{G}$ 为 U 上的 $C^r(r\geqslant1)$ 向量场，φ 为 U 上的 C^r 函数，c 为实常数，则：

(1) $\nabla\cdot(c\boldsymbol{F})=c\,\nabla\cdot\boldsymbol{F}$；

(2) $\nabla\cdot(\boldsymbol{F}+\boldsymbol{G})=\nabla\cdot\boldsymbol{F}+\nabla\cdot\boldsymbol{G}$；

(3) $\nabla\cdot(\varphi\boldsymbol{F})=\boldsymbol{F}\cdot\operatorname{grad}\varphi+\varphi\operatorname{div}\boldsymbol{F}=\boldsymbol{F}\cdot\nabla\varphi+\varphi\,\nabla\cdot\boldsymbol{F}$.

证明　(1)(2)显然.

(3)
$$\begin{aligned}\nabla\cdot(\varphi\boldsymbol{F}) &= \sum_{i=1}^n\frac{\partial(\varphi F_i)}{\partial x_i}=\sum_{i=1}^n\left(\frac{\partial\varphi}{\partial x_i}F_i+\varphi\frac{\partial F_i}{\partial x_i}\right)\\ &= \boldsymbol{F}\cdot\operatorname{grad}\varphi+\varphi\operatorname{div}\boldsymbol{F}=\boldsymbol{F}\cdot\nabla\varphi+\varphi\,\nabla\cdot\boldsymbol{F}\end{aligned}$$

引理 11.6.3　设 $U\subset\mathbb{R}^3$ 为开集，$\boldsymbol{F},\boldsymbol{G}$ 为 U 上的 $C^r(r\geqslant1)$ 向量场，φ 为 U 上的 C^r 函数，c 为实常数，则：

(1) $\nabla\times(c\boldsymbol{F})=c\,\nabla\times\boldsymbol{F}$；

(2) $\nabla\times(\boldsymbol{F}+\boldsymbol{G})=\nabla\times\boldsymbol{F}+\nabla\times\boldsymbol{G}$;

(3) $\nabla\times(\varphi\boldsymbol{F})=\varphi\,\nabla\times\boldsymbol{F}+\nabla\varphi\times\boldsymbol{F}$.

证明 (1)(2)显然.

(3)

$$\begin{aligned}
\nabla\times(\varphi\boldsymbol{F}) &= \begin{vmatrix} \boldsymbol{e}_1 & \boldsymbol{e}_2 & \boldsymbol{e}_3 \\ \dfrac{\partial}{\partial x} & \dfrac{\partial}{\partial y} & \dfrac{\partial}{\partial z} \\ \varphi P & \varphi Q & \varphi R \end{vmatrix} \\
&= \left(\frac{\partial\varphi}{\partial y}R+\varphi\frac{\partial R}{\partial y}-\frac{\partial\varphi}{\partial z}Q-\varphi\frac{\partial Q}{\partial z}\right)\boldsymbol{e}_1+ \\
&\quad \left(\frac{\partial\varphi}{\partial z}P+\varphi\frac{\partial P}{\partial z}-\frac{\partial\varphi}{\partial x}R-\varphi\frac{\partial R}{\partial x}\right)\boldsymbol{e}_2+ \\
&\quad \left(\frac{\partial\varphi}{\partial x}Q+\varphi\frac{\partial Q}{\partial x}-\frac{\partial\varphi}{\partial y}P-\varphi\frac{\partial P}{\partial y}\right)\boldsymbol{e}_3 \\
&= \varphi\begin{vmatrix} \boldsymbol{e}_1 & \boldsymbol{e}_2 & \boldsymbol{e}_3 \\ \dfrac{\partial}{\partial x} & \dfrac{\partial}{\partial y} & \dfrac{\partial}{\partial z} \\ P & Q & R \end{vmatrix} + \begin{vmatrix} \boldsymbol{e}_1 & \boldsymbol{e}_2 & \boldsymbol{e}_3 \\ \dfrac{\partial\varphi}{\partial x} & \dfrac{\partial\varphi}{\partial y} & \dfrac{\partial\varphi}{\partial z} \\ P & Q & R \end{vmatrix} \\
&= \varphi\,\nabla\times\boldsymbol{F}+\nabla\varphi\times\boldsymbol{F}
\end{aligned}$$

定义 11.6.5(外微分形式与场论的对偶) 设 $U\subset\mathbb{R}^3$ 为开区域,θ 为 U 上的 $C^{r+1}(r\geqslant 1)$ 函数,P,Q,R,B_1,B_2,B_3 为 U 上的 C^r 函数,$\vec{C}$ 为任意封闭的分段 C^1 曲线(分成有限段,在每一段上为 C^1 曲线,整个是 C^0 曲线). 将外微分形式 ω 与相应的向量场对应起来,就有下列结果:

(1)外微分形式 $\omega=P\mathrm{d}x+Q\mathrm{d}y+R\mathrm{d}z$; $\omega=\mathrm{d}\theta$ 为恰当微分形式,θ 为 ω 的**原函数**	向量场 $\boldsymbol{F}=(P,Q,R)$; $\boldsymbol{F}=\mathrm{grad}\,\theta=\nabla\theta=\left(\dfrac{\partial\theta}{\partial x},\dfrac{\partial\theta}{\partial y},\dfrac{\partial\theta}{\partial z}\right)$为**有势场**,$\theta$ 为 $\boldsymbol{F}$ 的**势函数**

$$\Leftrightarrow(P,Q,R)=\left(\frac{\partial\theta}{\partial x},\frac{\partial\theta}{\partial y},\frac{\partial\theta}{\partial z}\right)$$

$$\Leftrightarrow\oint_{\vec{C}}\omega=\oint_{\vec{C}}P\mathrm{d}x+Q\mathrm{d}y+R\mathrm{d}z=\oint_{\vec{C}}\boldsymbol{F}\cdot\mathrm{d}\boldsymbol{x}=\oint_{C}\boldsymbol{F}\cdot\boldsymbol{\tau}\mathrm{d}s=0$$

$\boldsymbol{\tau}$ 为与 $\vec{C}$ 同向的单位切向量. 称沿定向曲线 $\vec{C}$ 的**环量** $\oint_{\vec{C}} \boldsymbol{F} \cdot \mathrm{d}\boldsymbol{x} = 0$ 的向量场 $\boldsymbol{F}$ 为**保守场**.

(2) $\omega = P\mathrm{d}x + Q\mathrm{d}y + R\mathrm{d}z$ 为闭形式,即

$$\mathrm{d}\omega = \begin{vmatrix} \mathrm{d}y \wedge \mathrm{d}z & \mathrm{d}z \wedge \mathrm{d}x & \mathrm{d}x \wedge \mathrm{d}y \\ \dfrac{\partial}{\partial x} & \dfrac{\partial}{\partial y} & \dfrac{\partial}{\partial z} \\ P & Q & R \end{vmatrix} = 0$$

向量场 $\boldsymbol{F} = (P, Q, R)$ 为**无旋场**,即

$$\mathrm{rot}\ \boldsymbol{F} = \begin{vmatrix} \boldsymbol{e}_1 & \boldsymbol{e}_2 & \boldsymbol{e}_3 \\ \dfrac{\partial}{\partial x} & \dfrac{\partial}{\partial y} & \dfrac{\partial}{\partial z} \\ P & Q & R \end{vmatrix} = 0$$

$$\Leftrightarrow \begin{cases} \dfrac{\partial R}{\partial y} - \dfrac{\partial Q}{\partial z} = 0 \\ \dfrac{\partial Q}{\partial x} - \dfrac{\partial P}{\partial y} = 0 \\ \dfrac{\partial P}{\partial z} - \dfrac{\partial R}{\partial x} = 0 \end{cases}$$

(3) $\boldsymbol{\eta} = B_1\mathrm{d}x + B_2\mathrm{d}y + B_3\mathrm{d}z$

$\omega = P\mathrm{d}y \wedge \mathrm{d}z + Q\mathrm{d}z \wedge \mathrm{d}x + R\mathrm{d}x \wedge \mathrm{d}y$

为 2 次恰当微分形式,即

$$\omega = \mathrm{d}\boldsymbol{\eta} = \begin{vmatrix} \mathrm{d}y \wedge \mathrm{d}z & \mathrm{d}z \wedge \mathrm{d}x & \mathrm{d}x \wedge \mathrm{d}y \\ \dfrac{\partial}{\partial x} & \dfrac{\partial}{\partial y} & \dfrac{\partial}{\partial z} \\ B_1 & B_2 & B_3 \end{vmatrix}$$

$\boldsymbol{B} = (B_1, B_2, B_3)$,

$\boldsymbol{F} = (P, Q, R)$ 有**向量势** $\boldsymbol{B}$,即

$$\boldsymbol{F} = \mathrm{rot}\ \boldsymbol{B} = \nabla \times \boldsymbol{B} = \begin{vmatrix} \boldsymbol{e}_1 & \boldsymbol{e}_2 & \boldsymbol{e}_3 \\ \dfrac{\partial}{\partial x} & \dfrac{\partial}{\partial y} & \dfrac{\partial}{\partial z} \\ B_1 & B_2 & B_3 \end{vmatrix}$$

$$\Leftrightarrow (P, Q, R) = \left(\frac{\partial B_3}{\partial y} - \frac{\partial B_2}{\partial z}, \frac{\partial B_1}{\partial z} - \frac{\partial B_3}{\partial x}, \frac{\partial B_2}{\partial x} - \frac{\partial B_1}{\partial y} \right)$$

$\mathrm{d}\omega = \mathrm{d}(\mathrm{d}\boldsymbol{\eta}) = 0.$

$\nabla \cdot (\nabla \times \boldsymbol{B}) = \mathrm{div}(\mathrm{rot}\ \boldsymbol{B}) = 0.$

(4) $\omega = P\mathrm{d}y \wedge \mathrm{d}z + Q\mathrm{d}z \wedge \mathrm{d}x + R\mathrm{d}x \wedge \mathrm{d}y$ 为 2 次闭微分形式,即

$$\mathrm{d}\omega = \left(\frac{\partial P}{\partial x} + \frac{\partial Q}{\partial y} + \frac{\partial R}{\partial z} \right) \mathrm{d}x \wedge \mathrm{d}y \wedge \mathrm{d}z = 0$$

$\boldsymbol{F} = (P, Q, R)$ 为**无源场**(或**管形场**),即

$$\mathrm{div}\ \boldsymbol{F} = \frac{\partial P}{\partial x} + \frac{\partial Q}{\partial y} + \frac{\partial R}{\partial z} = 0$$

$$\Leftrightarrow \frac{\partial P}{\partial x} + \frac{\partial Q}{\partial y} + \frac{\partial R}{\partial z} = 0$$

从定义 11. 6. 5 立即可以看出,从外微分形式与场论的对偶关系,只要外微

分形式有的结论,场论也必有相应的对偶结论,不必重新去探讨、研究,照搬地翻译过来就行. 如果没有的结论,也需在外微分形式情况去研究,得到结论后再翻译为场论的结论.

根据定理 11.5.1 与定理 11.5.2,有相应场论的结论:

$\boldsymbol{F}$ 为有势场$\Leftrightarrow\boldsymbol{F}$ 为保守场$\Rightarrow\boldsymbol{F}$ 为无旋场.

$\boldsymbol{F}=\left(-\dfrac{y}{x^2+y^2},\dfrac{x}{x^2+y^2},0\right)$为无旋场,但不为有势场,不为保守场.

根据定理 11.5.1 知,$\boldsymbol{F}$ 有向量势$\Rightarrow\boldsymbol{F}$ 为无源场.

问题是,$\boldsymbol{F}$ 为无源场是否一定有向量势? 请参看例 11.6.2.

根据定理 11.5.5 可求势函数 θ. 根据定理 11.5.6 可求向量势 $\boldsymbol{B}$.

例 11.6.1 设 $\boldsymbol{r}=(x,y,z)$, $r=\|\boldsymbol{r}\|=\sqrt{x^2+y^2+z^2}$,求:

(1) ∇r 与$(\boldsymbol{r}\cdot\nabla)\boldsymbol{r}$;

(2) $\nabla\cdot(r^n\boldsymbol{r})$;

(3) $\nabla\times(\varphi\boldsymbol{r})$, $\varphi(r)$为 C^1 函数. $\boldsymbol{F}=\varphi\boldsymbol{r}$ 称为**有心**(心为原点)**场**(图 11.6.1),并证明:有心场必为无旋场.

解 (1)
$$\nabla r=\left(\frac{\partial r}{\partial x},\frac{\partial r}{\partial y},\frac{\partial r}{\partial z}\right)=\left(\frac{x}{r},\frac{y}{r},\frac{z}{r}\right)=\frac{\boldsymbol{r}}{r}=\frac{\boldsymbol{r}}{\|\boldsymbol{r}\|}$$

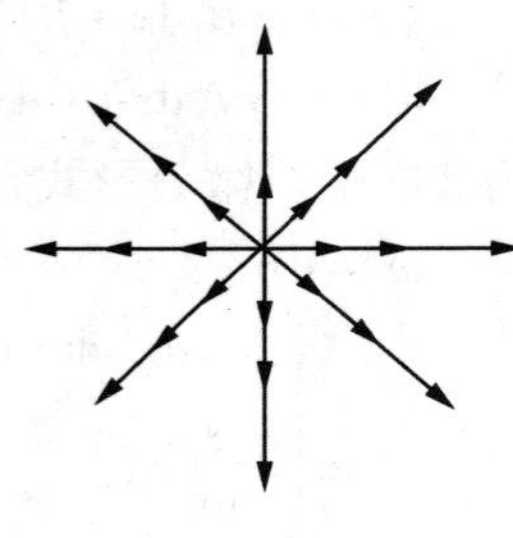

图 11.6.1

$$\begin{aligned}(\boldsymbol{r}\cdot\nabla)\boldsymbol{r}&=\left(x\frac{\partial}{\partial x}+y\frac{\partial}{\partial y}+z\frac{\partial}{\partial z}\right)\boldsymbol{r}\\&=\left(x\frac{\partial}{\partial x}+y\frac{\partial}{\partial y}+z\frac{\partial}{\partial z}\right)(x,y,z)\\&=x(1,0,0)+y(0,1,0)+z(0,0,1)\\&=(x,y,z)=\boldsymbol{r}\end{aligned}$$

(2)
$$\begin{aligned}\nabla\cdot(r^n\boldsymbol{r})&\xlongequal{\text{引理 11.6.2(3)}}\boldsymbol{r}\cdot\nabla r^n+r^n\nabla\cdot\boldsymbol{r}\\&=\boldsymbol{r}nr^{n-1}\frac{\boldsymbol{r}}{r}+r^n(1+1+1)\\&=nr^n+3r^n=(n+3)r^n\end{aligned}$$

当 $n=-3$ 时,有 $\nabla\cdot(r^{-3}\boldsymbol{r})=0$,即 $\mathrm{div}\left(\dfrac{\boldsymbol{r}}{r^3}\right)=0$.

(3)因为

$$\nabla\times\boldsymbol{r}=\begin{vmatrix}\boldsymbol{e}_1 & \boldsymbol{e}_2 & \boldsymbol{e}_3\\ \dfrac{\partial}{\partial x} & \dfrac{\partial}{\partial y} & \dfrac{\partial}{\partial z}\\ x & y & z\end{vmatrix}=\boldsymbol{0}$$

所以

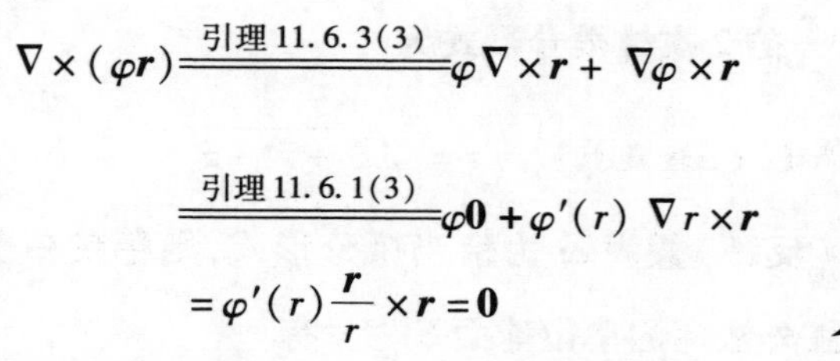

$$\nabla\times(\varphi\boldsymbol{r})\xlongequal{\text{引理 11.6.3(3)}}\varphi\nabla\times\boldsymbol{r}+\nabla\varphi\times\boldsymbol{r}$$

$$\xlongequal{\text{引理 11.6.1(3)}}\varphi\boldsymbol{0}+\varphi'(r)\ \nabla r\times\boldsymbol{r}$$

$$=\varphi'(r)\frac{\boldsymbol{r}}{r}\times\boldsymbol{r}=\boldsymbol{0}$$

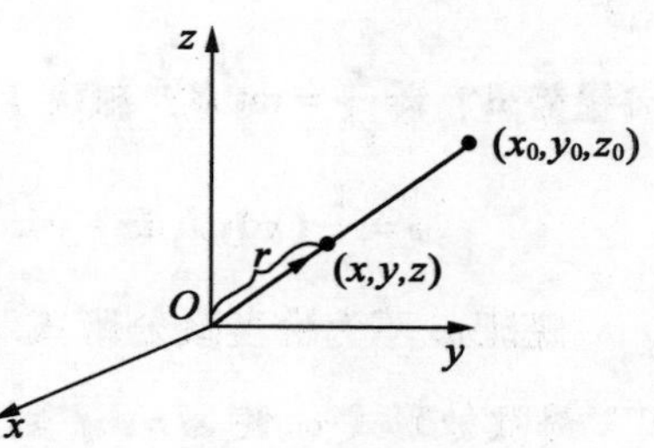

图　11.6.2

由此得到有心场 $\boldsymbol{F}=\varphi\boldsymbol{r}$ 为无旋场.

例 11.6.2　由例 11.6.1(3)知, $\nabla\times(\varphi\boldsymbol{r})=\boldsymbol{0}$,即有心场 $\boldsymbol{F}=\varphi(r)\boldsymbol{r}$ 为无旋场. 由于定义域 $\mathbb{R}^3$ 满足定理 11.5.5 的条件,故 $\boldsymbol{F}=\varphi(r)\boldsymbol{r}$ 为有势场,并由定理 11.5.5 的证明,可以得到势函数(图 11.6.2)

$$\begin{aligned}\theta(x_0,y_0,z_0)&=\int_{(0,0,0)}^{(x_0,y_0,z_0)}\varphi(r)(x\mathrm{d}x+y\mathrm{d}y+z\mathrm{d}z)\\&=\frac{1}{2}\int_{(0,0,0)}^{(x_0,y_0,z_0)}\varphi(r)\mathrm{d}(x^2+y^2+z^2)\\&=\int_{(0,0,0)}^{(x_0,y_0,z_0)}\varphi(r)r\mathrm{d}r\xlongequal{r\text{ 作参数}}\int_0^{r_0}\varphi(r)r\mathrm{d}r\end{aligned}$$

其中 $r_0=\sqrt{x_0^2+y_0^2+z_0^2}$, r 作参数时的变换为

$$(x,y,z)=\left(\frac{x_0}{\sqrt{x_0^2+y_0^2+z_0^2}},\frac{y_0}{\sqrt{x_0^2+y_0^2+z_0^2}},\frac{z_0}{\sqrt{x_0^2+y_0^2+z_0^2}}\right)r$$

$$x\mathrm{d}x+y\mathrm{d}y+z\mathrm{d}z=\frac{1}{2}\mathrm{d}(x^2+y^2+z^2)=\frac{1}{2}\mathrm{d}r^2=r\mathrm{d}r$$

于是,有心场的原函数为

$$\theta(x,y,z)=\int_0^{\sqrt{x^2+y^2+z^2}}\varphi(r)r\mathrm{d}r$$

例 11.6.3　$\boldsymbol{F}$ 为无源场,它一定具有向量势吗? 这是一个物理问题,对于不知外微分形式理论的物理学家要回答这个问题会有点困难. 上面我们已经熟悉了外微分形式与场论之间的对偶关系,自然可将这个问题化为:闭形式 $\omega=P\mathrm{d}y\wedge\mathrm{d}z+Q\mathrm{d}z\wedge\mathrm{d}x+R\mathrm{d}x\wedge\mathrm{d}y$ 是否一定是恰当微分形式? 即存在一次 C^{r+1} 微分形式 η,使得 $\omega=\mathrm{d}\eta$. 如果回答是肯定的,根据 $\mathrm{d}\omega=0$ 找出 η 使 $\omega=\mathrm{d}\eta$;如果

回答是否定的,就要像定理 11.5.1 那样,举出一个反例. 通过反复思考,结论是否定的. 为举反例,应该到无源场中去找! 发现例 11.6.1(2)中,有 $\operatorname{div}\frac{\boldsymbol{r}}{r^3}=0$,场$\frac{\boldsymbol{r}}{r^3}$的定义域为$\mathbb{R}^3\setminus\{(0,0,0)\}$. $\frac{\boldsymbol{r}}{r^3}$为$\mathbb{R}^3\setminus\{(0,0,0)\}$中的无源场,但它是否有向量势 $\boldsymbol{B}$? 即$\frac{\boldsymbol{r}}{r^3}=\operatorname{rot}\boldsymbol{B}$? 相应于$\frac{\boldsymbol{r}}{r^3}$的 2 次外微分形式为

$$\omega=\frac{1}{r^3}(x\mathrm{d}y\wedge\mathrm{d}z+y\mathrm{d}z\wedge\mathrm{d}x+z\mathrm{d}x\wedge\mathrm{d}y),\quad r=\sqrt{x^2+y^2+z^2}$$

现证 ω 不为恰当微分形式.(反证)假设 ω 为恰当微分形式,则存在一次 C^{r+1} 外微分形式 η,使 $\omega=\mathrm{d}\eta$. 则在外法向的单位球面 $\vec{S}^2$ 上,有

$$\iint_{\vec{S}^2}\omega=\iint_{\vec{S}^2}\mathrm{d}\eta\xlongequal{\text{Stokes 公式}}\iint_{\partial\vec{S}^2}\eta=\iint_{\vec{\varnothing}}\eta=0$$

或者将 $\vec{S}^2$ 分成上、下两个定向半球面 $\vec{S}^2_{上},\vec{S}^2_{下}$,两个半球面公共边界为 C,相应的诱导定向曲线为 $\vec{C},\vec{C}^-$,则

$$\begin{aligned}\oiint_{\vec{S}^2}\omega&=\iint_{\vec{S}^2_{上}}\omega+\iint_{\vec{S}^2_{下}}\omega=\iint_{\vec{S}^2_{上}}\mathrm{d}\eta+\iint_{\vec{S}^2_{下}}\mathrm{d}\eta\xlongequal{\text{Stokes 公式}}\oint_{\vec{C}}\eta+\oint_{\vec{C}^-}\eta\\&=\oint_{\vec{C}}\eta-\oint_{\vec{C}}\eta=0\end{aligned}$$

但是

$$\begin{aligned}\oiint_{\vec{S}^2}\omega&=\oiint_{\vec{S}^2}\frac{1}{r^3}(x\mathrm{d}y\wedge\mathrm{d}z+y\mathrm{d}z\wedge\mathrm{d}x+z\mathrm{d}x\wedge\mathrm{d}y)\\&=\iint_{S^2}\frac{1}{r^3}(x\cos\alpha+y\cos\beta+z\cos\gamma)\mathrm{d}\sigma\\&=\iint_{S^2}\frac{1}{r^3}(x^2+y^2+z^2)\mathrm{d}\sigma\\&=\iint_{S^2}\mathrm{d}\sigma=4\pi\neq0\end{aligned}$$

矛盾.

更一般地,$\omega=\sum\limits_{i=1}^{n}(-1)^{i-1}\frac{x_i}{r^n}\mathrm{d}x_1\wedge\cdots\wedge\widehat{\mathrm{d}x_i}\wedge\cdots\wedge\mathrm{d}x_n$ 为$\mathbb{R}^n\setminus\{\boldsymbol{0}\}$上的 C^∞ 的 $n-1$ 次微分形式,其中 $r=\sqrt{\sum\limits_{i=1}^{n}x_i^2}$,且

$$\mathrm{d}\omega = \sum_{i=1}^{n} (-1)^{i-1}\left(\frac{1}{r^n} - \frac{nx_i \cdot \frac{x_i}{r}}{r^{n+1}}\right)\mathrm{d}x_i \wedge \mathrm{d}x_1 \wedge \cdots \wedge \widehat{\mathrm{d}x_i} \wedge \cdots \wedge \mathrm{d}x_n$$

$$= \sum_{i=1}^{n}\left(\frac{1}{r^n} - \frac{nx_i^2}{r^{n+2}}\right)\mathrm{d}x_1 \wedge \cdots \wedge \mathrm{d}x_n = \frac{n}{r^n} - \frac{n \cdot r^2}{r^{n+2}} = 0$$

故 ω 为$\mathbb{R}^n\setminus\{\mathbf{0}\}$上的 $n-1$ 次闭形式. 再证 ω 不为恰当微分形式. (反证)假设 ω 为恰当微分形式,即存在$\mathbb{R}^n\setminus\{\mathbf{0}\}$上的 $n-2$ 次 $C^{r+1}(r\geqslant 1)$微分形式 η,使 $\omega=\mathrm{d}\eta$. 则

$$\int_{\vec{S}^{n-1}}\cdots\int \omega = \int_{\vec{S}^{n-1}}\cdots\int \mathrm{d}\eta \xlongequal{\text{Stokes 公式}} \int_{\partial\vec{S}^{n-1}}\cdots\int \eta = \int_{\vec{\varnothing}}\cdots\int \eta = 0$$

$\left(\text{或类似 } \vec{S}^2 \text{ 的第二种方法可算得} \iint_{\vec{S}^n} \omega = 0\right)$. 但是

$$\int_{\vec{S}^{n-1}}\cdots\int \omega = \int_{\vec{S}^{n-1}}\cdots\int \sum_{i=1}^{n} (-1)^{i-1}\frac{x_i}{r_n}\mathrm{d}x_1 \wedge \cdots \wedge \widehat{\mathrm{d}x_i} \wedge \cdots \wedge \mathrm{d}x_n$$

$$\xlongequal{\text{类似 } n=3} \int_{S^{n-1}}\cdots\int \left(\sum_{i=1}^{n}\frac{x_i}{r^n}\cdot\cos\alpha_i\right)\mathrm{d}\sigma$$

$$= \int_{S^{n-1}}\cdots\int \left(\sum_{i=1}^{n}\frac{x_i^2}{r^{n+1}}\right)\mathrm{d}\sigma = \int_{S^{n-1}}\cdots\int \frac{1}{r^{n-1}}\mathrm{d}\sigma$$

$$\xlongequal{r=1} \int_{S^{n-1}}\cdots\int \mathrm{d}\sigma = \frac{2\pi^{\frac{n}{2}}}{\Gamma\left(\frac{n}{2}\right)} \neq 0$$

矛盾.

例 11.6.4　设向量场 $\boldsymbol{F}$ 在$\mathbb{R}^3$中是 C^2 类的,证明:在$\mathbb{R}^3$上存在 C^2 的数量场 u 与 C^1 向量场 $\boldsymbol{B}$,使得

$$\boldsymbol{F} = \nabla u + \nabla\times\boldsymbol{B}$$

证明　由 Poisson 方程 $\nabla u = \nabla\cdot\boldsymbol{F}$ 有解知,存在函数 u 满足上述方程. 因为

$$\nabla\cdot(\boldsymbol{F} - \nabla u) = \nabla\cdot\boldsymbol{F} - \nabla\cdot(\nabla u) = \Delta u - \Delta u = 0$$

所以,$\boldsymbol{F} - \nabla u$ 为$\mathbb{R}^3$中的无源场,再根据定义 11.6.5(3)及定理 11.5.6,$\boldsymbol{F} - \nabla u$ 有向量势 $\boldsymbol{B}$,即

$$\boldsymbol{F} - \nabla u = \nabla\times\boldsymbol{B}$$
$$\boldsymbol{F} = \nabla u + \nabla\times\boldsymbol{B}$$

定理 11.6.1(Green 公式、Stokes 公式、Gauss 公式与场论的对偶) 设∂M 为

M 的边界,$\overrightarrow{\partial M}$取 $\vec{M}$ 的诱导定向.

Stokes 公式:

$$\oint_{\overrightarrow{\partial M}} P\mathrm{d}x + Q\mathrm{d}y + R\mathrm{d}z = \iint_{\vec{M}} \begin{vmatrix} \mathrm{d}y \wedge \mathrm{d}z & \mathrm{d}z \wedge \mathrm{d}x & \mathrm{d}x \wedge \mathrm{d}y \\ \frac{\partial}{\partial x} & \frac{\partial}{\partial y} & \frac{\partial}{\partial z} \\ P & Q & R \end{vmatrix} = \iint_{M} \begin{vmatrix} \cos\alpha & \cos\beta & \cos\gamma \\ \frac{\partial}{\partial x} & \frac{\partial}{\partial y} & \frac{\partial}{\partial z} \\ P & Q & R \end{vmatrix}$$

$$\oint_{\overrightarrow{\partial M}} \boldsymbol{F}\cdot \mathrm{d}\boldsymbol{x} = \iint_{M} \mathrm{rot}\,\boldsymbol{F}\cdot \boldsymbol{n}_0 \mathrm{d}\sigma = \iint_{M} (\nabla\times \boldsymbol{F})\cdot \boldsymbol{n}_0 \mathrm{d}\sigma$$

其中 $\boldsymbol{n}_0$ 为与 $\vec{M}$ 定向一致的连续单位法向量场.

Green 公式:

$$\oint_{\overrightarrow{\partial M}} P\mathrm{d}x + Q\mathrm{d}y = \iint_{\vec{M}} \left(\frac{\partial Q}{\partial x} - \frac{\partial P}{\partial y}\right)\mathrm{d}x \wedge \mathrm{d}y$$

$$\oint_{\overrightarrow{\partial M}} \boldsymbol{F}\cdot \mathrm{d}\boldsymbol{x} = \iint_{M} \mathrm{rot}\,\boldsymbol{F}\cdot \boldsymbol{n}_0 \mathrm{d}\sigma = \iint_{M} (\nabla\times \boldsymbol{F})\cdot \boldsymbol{e}_3 \mathrm{d}\sigma$$

其中 $\boldsymbol{F} = (P,Q,0)$,$\boldsymbol{n}_0 = \boldsymbol{e}_3$.

Gauss 公式:

$$\oiint_{\overrightarrow{\partial M}} P\mathrm{d}y \wedge \mathrm{d}z + Q\mathrm{d}z \wedge \mathrm{d}x + R\mathrm{d}x \wedge \mathrm{d}y = \iiint_{\vec{M}} \left(\frac{\partial P}{\partial x} + \frac{\partial Q}{\partial y} + \frac{\partial R}{\partial z}\right)\mathrm{d}x \wedge \mathrm{d}y \wedge \mathrm{d}z$$

$$\oiint_{\overrightarrow{\partial M}} \boldsymbol{F}\cdot \boldsymbol{n}_0 \mathrm{d}\sigma = \iiint_{M} \mathrm{div}\,\boldsymbol{F}\mathrm{d}v = \iiint_{M} \nabla\cdot \boldsymbol{F}\mathrm{d}v$$

Newton-Leibniz 公式:

$$\theta(B) - \theta(A) = \int_{\overrightarrow{\partial M}} \theta = \int_{\vec{M}} \frac{\partial \theta}{\partial x}\mathrm{d}x + \frac{\partial \theta}{\partial y}\mathrm{d}y + \frac{\partial \theta}{\partial z}\mathrm{d}z$$

$$\int_{\overrightarrow{\partial M}} \theta = \int_{\vec{M}} \mathrm{grad}\,\theta\cdot \mathrm{d}\boldsymbol{x} = \int_{\vec{M}} \nabla\theta\cdot \mathrm{d}\boldsymbol{x}$$

定理 11.6.2 设 $M \subset \mathbb{R}^3$ 为 Gauss 公式中的闭区域,f 与 g 都为 M 上的 C^2

函数,$\boldsymbol{n}_0$ 为 ∂M 的连续的单位外法向量场,$\overrightarrow{\partial M}$ 取 $\vec{M}$ 的诱导方向,则:

(1) $\displaystyle\oiint_{\partial M}\frac{\partial f}{\partial \boldsymbol{n}_0}\mathrm{d}\sigma = \iiint_M \Delta f\mathrm{d}v$;

(2)(**Green 第一公式**)

$$\oiint_{\partial M} g\frac{\partial f}{\partial \boldsymbol{n}_0}\mathrm{d}\sigma = \iiint_M \nabla f\cdot\nabla g\mathrm{d}v + \iiint_M g\Delta f\mathrm{d}v$$

(3)(**Green 第二公式**)

$$\oiint_{\partial M}\begin{vmatrix}\dfrac{\partial f}{\partial \boldsymbol{n}_0} & \dfrac{\partial g}{\partial \boldsymbol{n}_0}\\ f & g\end{vmatrix}\mathrm{d}\sigma = \iiint_M\begin{vmatrix}\Delta f & \Delta g\\ f & g\end{vmatrix}\mathrm{d}v$$

证明　(1)
$$\begin{aligned}\oiint_{\partial M}\frac{\partial f}{\partial \boldsymbol{n}_0}\mathrm{d}\sigma &= \oiint_{\partial M}\left(\frac{\partial f}{\partial x}\cos\alpha + \frac{\partial f}{\partial y}\cos\beta + \frac{\partial f}{\partial z}\cos\gamma\right)\mathrm{d}\sigma\\ &= \oiint_{\partial M}\nabla f\cdot\boldsymbol{n}_0\mathrm{d}\sigma \xlongequal{\text{Gauss 公式}} \iiint_M \nabla\cdot(\nabla f)\mathrm{d}v = \iiint_M \Delta f\mathrm{d}v\end{aligned}$$

或者

$$\begin{aligned}\oiint_{\partial M}\frac{\partial f}{\partial \boldsymbol{n}_0}\mathrm{d}\sigma &= \oiint_{\partial M}\left(\frac{\partial f}{\partial x}\cos\alpha + \frac{\partial f}{\partial y}\cos\beta + \frac{\partial f}{\partial z}\cos\gamma\right)\mathrm{d}\sigma\\ &= \iint_{\overrightarrow{\partial M}}\frac{\partial f}{\partial x}\mathrm{d}y\wedge\mathrm{d}z + \frac{\partial f}{\partial y}\mathrm{d}z\wedge\mathrm{d}x + \frac{\partial f}{\partial z}\mathrm{d}x\wedge\mathrm{d}y\\ &\xlongequal{\text{Gauss 公式}} \iiint_{\vec{M}}\left(\frac{\partial^2 f}{\partial x^2} + \frac{\partial^2 f}{\partial y^2} + \frac{\partial^2 f}{\partial z^2}\right)\mathrm{d}x\wedge\mathrm{d}y\wedge\mathrm{d}z = \iiint_M \Delta f\mathrm{d}v\end{aligned}$$

(2)
$$\begin{aligned}\oiint_{\partial M} g\frac{\partial f}{\partial \boldsymbol{n}_0}\mathrm{d}\sigma &= \oiint_{\partial M} g\left(\frac{\partial f}{\partial x}\cos\alpha + \frac{\partial f}{\partial y}\cos\beta + \frac{\partial f}{\partial z}\cos\gamma\right)\mathrm{d}\sigma\\ &= \oiint_{\partial M} g\,\nabla f\cdot\boldsymbol{n}_0\mathrm{d}\sigma \xlongequal{\text{Gauss 公式}} \iiint_M \nabla\cdot(g\,\nabla f)\mathrm{d}v\\ &\xlongequal{\text{引理 11.6.2(3)}} \iiint_M \nabla g\cdot\nabla f\mathrm{d}v + \iiint_M g\,\nabla\cdot(\nabla f)\mathrm{d}v\\ &= \iiint_M \nabla f\cdot\nabla g\mathrm{d}v + \iiint_M g\Delta f\mathrm{d}v\end{aligned}$$

或者

$$\begin{aligned}\oiint_{\partial M} g\frac{\partial f}{\partial \boldsymbol{n}_0}\mathrm{d}\sigma &= \oiint_{\partial M} g\left(\frac{\partial f}{\partial x}\cos\alpha + \frac{\partial f}{\partial y}\cos\beta + \frac{\partial f}{\partial z}\cos\gamma\right)\mathrm{d}\sigma\\ &= \oiint_{\overrightarrow{\partial M}} g\left(\frac{\partial f}{\partial x}\mathrm{d}y\wedge\mathrm{d}z + \frac{\partial f}{\partial y}\mathrm{d}z\wedge\mathrm{d}x + \frac{\partial f}{\partial z}\mathrm{d}x\wedge\mathrm{d}y\right)\end{aligned}$$

$$\xlongequal{\text{Gauss 公式}} \iiint\limits_{\vec{M}} g\left(\frac{\partial^2 f}{\partial x^2}+\frac{\partial^2 f}{\partial y^2}+\frac{\partial^2 f}{\partial z^2}\right)\mathrm{d}x\wedge\mathrm{d}y\wedge\mathrm{d}z+$$

$$\iiint\limits_{\vec{M}}\left(\frac{\partial f}{\partial x}\frac{\partial g}{\partial x}+\frac{\partial f}{\partial y}\frac{\partial g}{\partial y}+\frac{\partial f}{\partial z}\frac{\partial g}{\partial z}\right)\mathrm{d}x\wedge\mathrm{d}y\wedge\mathrm{d}z$$

$$=\iiint\limits_{M} g\Delta f\mathrm{d}v+\iiint\limits_{M}\nabla f\cdot\nabla g\mathrm{d}v$$

(3) 由(2) 得到

$$\oiint\limits_{\partial M}\begin{vmatrix}\frac{\partial f}{\partial \boldsymbol{n}_0} & \frac{\partial g}{\partial \boldsymbol{n}_0}\\ f & g\end{vmatrix}\mathrm{d}\sigma=\left(\iiint\limits_{M}\nabla f\cdot\nabla g\mathrm{d}v+\iiint\limits_{M} g\Delta f\mathrm{d}v\right)-\left(\iiint\limits_{M}\nabla g\cdot\nabla f\mathrm{d}v+\iiint\limits_{M} f\Delta g\mathrm{d}v\right)$$

$$=\iiint\limits_{M}\begin{vmatrix}\Delta f & \Delta g\\ f & g\end{vmatrix}\mathrm{d}v$$

定理 11.6.3　设 f 在闭区域 $M\subset\mathbb{R}^3$ 上为 C^2 函数,且满足 $\Delta f=0$,则称 f 为 M 上的**调和函数**. M 为 Gauss 公式中的闭区域,$\overrightarrow{\partial M}$ 取 $\vec{M}$ 的诱导方向,且为外法向,$\boldsymbol{n}_0$ 为连续的单位外法向量场,则:

(1) $\oiint\limits_{\partial M}\frac{\partial f}{\partial \boldsymbol{n}_0}\mathrm{d}\sigma=0.$

(2) $\oiint\limits_{\partial M} f\frac{\partial f}{\partial \boldsymbol{n}_0}\mathrm{d}\sigma=\iiint\limits_{M}\|\nabla f\|^2\mathrm{d}v.$

(3) $f(\boldsymbol{p}_0)=\frac{1}{4\pi}\oiint\limits_{\overrightarrow{\partial M}}\left[f(\boldsymbol{p})\frac{\cos\langle\boldsymbol{p},\boldsymbol{n}_0\rangle}{p^2}+\frac{1}{p}\frac{\partial f}{\partial \boldsymbol{n}_0}\right]\mathrm{d}\sigma,$

其中 $\boldsymbol{p}_0$ 为 $\mathring{M}$ 中任一点,$\boldsymbol{p}$ 为从 $\boldsymbol{p}_0$ 到 ∂M 上的向量,$p=\|\boldsymbol{p}\|$. 此公式表示调和函数由其边界上的值完全确定.

(4)(平均值定理)$f(\boldsymbol{p}_0)=\frac{1}{4\pi R^2}\iint\limits_{S^2(\boldsymbol{p}_0,R)} f(\boldsymbol{p})\mathrm{d}\sigma.$

(5) 若 f 不为常值函数,则 f 只能在 ∂M 上达到最大值与最小值.

证明　(1) 由定理 11.6.2(1),有

$$\oiint\limits_{\partial M}\frac{\partial f}{\partial \boldsymbol{n}_0}\mathrm{d}\sigma=\iiint\limits_{M}\Delta f\mathrm{d}v=\iiint\limits_{M}0\mathrm{d}v=0$$

(2) 在定理 11.6.2(2) 中,令 $g=f$,且由 $\Delta f=0$ 有

$$\oiint\limits_{\partial M} f\frac{\partial f}{\partial \boldsymbol{n}_0}\mathrm{d}\sigma=\iiint\limits_{M}\nabla f\cdot\nabla f\mathrm{d}v+\iiint\limits_{M} f\Delta f\mathrm{d}v=\iiint\limits_{M}\|\nabla f\|^2\mathrm{d}v$$

(3) 设 $\vec{S}_\varepsilon^2$ 为以 $\boldsymbol{p}_0$ 为中心,ε 为半径的球面,它的定向为小球 $\vec{S}_\varepsilon^2$ 的外法向,该连续的单位外法向量场记为 $\boldsymbol{n}_0$. ∂M 与 S_ε^2 围成的定向区域为 $\vec{M}_\varepsilon$,它与 $\vec{M}$ 的方向

一致. 于是,有

$$\left(\oint\!\!\!\oint_{\partial M} - \oint\!\!\!\oint_{\vec{S}^2_{\varepsilon_{下}}}\right)\left[f(\boldsymbol{p})\frac{\cos\langle\boldsymbol{p},\boldsymbol{n}_0\rangle}{p^2} + \frac{1}{p}\frac{\partial f}{\partial \boldsymbol{n}_0}\right]\mathrm{d}\sigma$$

$$= \left(\oint\!\!\!\oint_{\partial M} - \oint\!\!\!\oint_{S^2_\varepsilon}\right)\left(f(\boldsymbol{p})\frac{\boldsymbol{p}\cdot\boldsymbol{n}_0}{p^3} + \frac{1}{p}\frac{\partial f}{\partial \boldsymbol{n}_0}\right)\mathrm{d}\sigma$$

$$= \left(\oint\!\!\!\oint_{\partial M} - \oint\!\!\!\oint_{S^2_\varepsilon}\right)\left[-f(\boldsymbol{p})\frac{\partial\left(\frac{1}{p}\right)}{\partial \boldsymbol{n}_0} + \frac{1}{p}\frac{\partial f}{\partial \boldsymbol{n}_0}\right]\mathrm{d}\sigma$$

$$\xlongequal{\text{定理 11.6.2(3)}} \iiint_{M_\varepsilon}\begin{vmatrix}\Delta f & \Delta\left(\frac{1}{p}\right)\\ f(\boldsymbol{p}) & \frac{1}{p}\end{vmatrix}\mathrm{d}v$$

$$= \iiint_{M_\varepsilon}\begin{vmatrix}0 & 0\\ f(\boldsymbol{p}) & \frac{1}{p}\end{vmatrix}\mathrm{d}v = 0$$

因此

$$\frac{1}{4\pi}\oint\!\!\!\oint_{\partial M}\left[f(\boldsymbol{p})\frac{\cos\langle\boldsymbol{p},\boldsymbol{n}_0\rangle}{p^2} + \frac{1}{p}\frac{\partial f}{\partial \boldsymbol{n}_0}\right]\mathrm{d}\sigma$$

$$= \frac{1}{4\pi}\oint\!\!\!\oint_{S^2_\varepsilon}\left[f(\boldsymbol{p})\frac{\cos\langle\boldsymbol{p},\boldsymbol{n}_0\rangle}{p^2} + \frac{1}{p}\frac{\partial f}{\partial \boldsymbol{n}_0}\right]\mathrm{d}\sigma$$

$$= \frac{1}{4\pi}\oint\!\!\!\oint_{S^2_\varepsilon}\left[f(\boldsymbol{p})\frac{1}{p^2} + \frac{1}{p}\frac{\partial f}{\partial \boldsymbol{n}_0}\right]\mathrm{d}\sigma$$

$$= \frac{1}{4\pi\varepsilon^2}\oint\!\!\!\oint_{S^2_\varepsilon}f(\boldsymbol{p})\mathrm{d}\sigma + \frac{1}{4\pi\varepsilon}\oint\!\!\!\oint_{S^2_\varepsilon}\frac{\partial f}{\partial \boldsymbol{n}_0}\mathrm{d}\sigma$$

$$\xlongequal[\text{定理 11.6.2}]{\text{积分中值定理}} \frac{f(\boldsymbol{p}_\varepsilon)}{4\pi\varepsilon^2}\oint\!\!\!\oint_{S^2_\varepsilon}\mathrm{d}\sigma + \frac{1}{4\pi\varepsilon}\iiint_{B(\boldsymbol{p}_0,\varepsilon)}\Delta f\mathrm{d}v$$

$$= f(\boldsymbol{p}_\varepsilon) \longrightarrow f(\boldsymbol{p}_0) \quad (\varepsilon \to 0^+)$$

这就证明了

$$f(\boldsymbol{p}_0) = \frac{1}{4\pi}\oint\!\!\!\oint_{\partial M}\left[f(\boldsymbol{p})\frac{\cos\langle\boldsymbol{p},\boldsymbol{n}_0\rangle}{p^2} + \frac{1}{p}\frac{\partial f}{\partial \boldsymbol{n}_0}\right]\mathrm{d}\sigma$$

(4)
$$f(\boldsymbol{p}_0) \xlongequal{(3)} \frac{1}{4\pi}\oint\!\!\!\oint_{S^2(\boldsymbol{p}_0,R)}\left[f(\boldsymbol{p})\frac{\cos\langle\boldsymbol{p},\boldsymbol{n}_0\rangle}{p^2} + \frac{1}{p}\frac{\partial f}{\partial \boldsymbol{n}_0}\right]\mathrm{d}\sigma$$

$$\xlongequal{\boldsymbol{p}\ /\!/\ \boldsymbol{n}_0}\frac{1}{4\pi R^2}\oiint_{S^2(\boldsymbol{p}_0,R)} f(\boldsymbol{p})\mathrm{d}\sigma+\frac{1}{4\pi R}\oiint_{S(\boldsymbol{p}_0,R)}\frac{\partial f}{\partial \boldsymbol{n}_0}\mathrm{d}\sigma$$

$$\xlongequal{(1)}\frac{1}{4\pi R^2}\oiint_{S^2(\boldsymbol{p}_0,R)} f\mathrm{d}\sigma$$

(5)(反证)假设f在$\boldsymbol{p}_0\in\mathring{M}$达到最大值. 作以$\boldsymbol{p}_0$为中心,$\delta$为半径的小闭球$B(\boldsymbol{p}_0;\delta)\subset\mathring{M}$,则$\forall\boldsymbol{p}\in\overline{B(\boldsymbol{p}_0;\delta)}$,有

$$f(\boldsymbol{p})\leqslant f(\boldsymbol{p}_0)$$

可以证明,$f|_{\partial B(\boldsymbol{p}_0;\delta)}\equiv f(\boldsymbol{p}_0)$. 事实上,(反证)假设$\exists\boldsymbol{p}_1\in\partial B(\boldsymbol{p}_0;\delta)$,使得$f(\boldsymbol{p}_1)<f(\boldsymbol{p}_0)$,故由$f$连续与(4)(平均值定理),有

$$f(\boldsymbol{p}_0)=\frac{1}{4\pi\sigma^2}\iint_{\partial B(\boldsymbol{p}_0;\delta)} f(\boldsymbol{p})\mathrm{d}\sigma<f(\boldsymbol{p}_0)$$

矛盾. 由于δ是任取的,所以恒有

$$f|_{B(\boldsymbol{p}_0;\delta)}\equiv f(\boldsymbol{p}_0)$$

从而f为局部常值函数. 令

$$U=\{p\mid p\in\mathring{M},f(\boldsymbol{p})=f(\boldsymbol{p}_0)\}$$

$$V=\{p\mid p\in\mathring{M},f(\boldsymbol{p})\neq f(\boldsymbol{p}_0)\}$$

易见,U与V都为开集,且$\boldsymbol{p}_0\in U$,故U非空. 因为开区域$\mathring{M}$是连通的,所以必有$V=\varnothing$,$U=\mathring{M}$,即$f|_{\mathring{M}}\equiv f(\boldsymbol{p}_0)$. 再由$f$在$M$上连续知,$f|_M\equiv f(\boldsymbol{p}_0)$为常值,这与题设$f$不为常值函数相矛盾.

类似可证f只能在∂M上达到最小值,或者用$-f$代f并应用上面的结论推得$-f$只能在∂M上达到最大值,从而f只能在∂M上达到最小值.

练习题 11.6

1. 设u为一个$C^r(r\geqslant1)$的数量场,$\boldsymbol{f}$为一个C^r的向量场,计算$\nabla(u\circ\boldsymbol{f})$.

2. 设$\boldsymbol{p}=(x,y,z)$,$p=\|\boldsymbol{p}\|$,f为$C^r(r\geqslant1)$的单变量函数,计算:

(1) $\nabla\ln p$;　　(2) $\nabla f(p)$;

(3) $\nabla f(p^2)$;　　(4) $\nabla(f(p)\boldsymbol{p}\cdot\boldsymbol{a})$,$\boldsymbol{a}$为常向量.

3. 求数量场f沿数量场g的梯度方向的变化率. 问:何时这个变化率等

于零.

4. 在$\mathbb{R}^2$中,令$\boldsymbol{p}=(x,y)$且$p=\|\boldsymbol{p}\|$,证明:当$p>0$时,$\ln p$为调和函数.

5. 证明:$\Delta(fg)=f\Delta g+g\Delta f+2\ \nabla f\cdot\nabla g$.

思考题 11.6

1. 设f,g为连续可导的函数,$f(0)=g(0)=1$,且第二型曲线积分

$$\int_A^B yf(x)\mathrm{d}x+(f(x)+zg(y))\mathrm{d}y+g(y)\mathrm{d}z$$

与路径无关,只与起点A、终点B有关.求出f,g以及向量场$\boldsymbol{F}(x,y,z)=(yf(x),f(x)+zg(y),g(y))$的势函数$\theta$.

2. 设M为 Gauss 公式中的闭区域,$\boldsymbol{n}_0$为∂M上的单位外法向量场,数量场$u\in C^1(M,\mathbb{R})$,点$p\in\mathring{M}$,证明

$$\nabla u(\boldsymbol{p})=\lim_{M\to p}\frac{1}{v(M)}\oiint_{\partial M}u\boldsymbol{n}_0\mathrm{d}\sigma$$

3. 证明:$\nabla\times(\nabla\times\boldsymbol{F})=\nabla(\nabla\cdot\boldsymbol{F})-\nabla^2\boldsymbol{F}$.

4. 设M为 Gauss 公式中的闭区域,$\boldsymbol{n}_0$为∂M的单位法向量场.

(1) 如果向量场$\boldsymbol{F}\in C^1(M,\mathbb{R}^n)$,证明

$$\mathrm{rot}\ \boldsymbol{F}(\boldsymbol{p})=\min_{M\to p}\frac{1}{v(M)}\oiint_{\partial M}\boldsymbol{n}_0\times\boldsymbol{F}\mathrm{d}\sigma$$

(2) 如果数量场$f\in C^2(M,\mathbb{R})$处处不为零,且满足条件

$$\mathrm{div}(f\,\mathrm{grad}\,f)=af,\ \|\nabla f\|^2=bf$$

其中a与b为实常数,计算$\oiint_{\partial M}\frac{\partial f}{\partial\boldsymbol{n}_0}\mathrm{d}\sigma$.

11.7　积分在物理中的应用

在场论这一节,我们知道曲线积分、曲面积分以及 Green 公式、Stokes 公式、Gauss 公式都对物理学有着特别重要的意义. 现在将给出各种各样的具体

实例.

1. 物体的质量

设 $C\subset\mathbb{R}^3$ 为可求长曲线,其密度函数 $\rho:C\to\mathbb{R}$ 是连续的. 如果 C 分为 m 个小段 $C_1,C_2,\cdots,C_m$,每一小段 C_i 上取一点 $\boldsymbol{\xi}^i$,其质量近似为 $\rho(\boldsymbol{\xi}^i)\Delta s_i$,其中 Δs_i 为 C_i 的弧长. 于是,有

$$\sum_{i=1}^{m}\rho(\boldsymbol{\xi}^i)\Delta s_i$$

可以作为 C 的质量的近似值. 自然

$$\int_C\rho\mathrm{d}s=\lim_{\max\Delta s_i\to0}\sum_{i=1}^{m}\rho(\boldsymbol{\xi}^i)\Delta s_i$$

就是曲线 C 的质量的精确值. 这是第一型曲线积分.

如果 $\Sigma\subset\mathbb{R}^3$ 为有面积的二维曲面,其密度函数 $\rho:\Sigma\to\mathbb{R}$ 是连续的. 类似上述极限过程(以后不再赘述),曲面 Σ 的质量为

$$\iint_{\Sigma}\rho\mathrm{d}\sigma$$

这是第一型曲面积分.

如果 $\Omega\subset\mathbb{R}^3$ 为有体积的立体,其密度函数 $\rho:\Omega\to\mathbb{R}$ 是连续的,则 Ω 的质量为

$$\iiint_{\Omega}\rho\mathrm{d}v$$

这是三重积分,是第一型曲面积分的特殊情形.

注意,物体是什么形状(曲线、曲面、立体),就决定了采用什么类型的积分(第一型曲线积分、第一型曲面积分、三重积分).

2. 物体的质心

设 $C\subset\mathbb{R}^3$ 为可求长曲线,其密度函数 $\rho:C\to\mathbb{R}$ 是连续的,则 C 的质心为

$$(x_0,y_0,z_0)=\frac{1}{\int_C\rho\mathrm{d}s}\left(\int_C x\rho\mathrm{d}s,\int_C y\rho\mathrm{d}s,\int_C z\rho\mathrm{d}s\right)$$

当 C 是均匀时,令 $\rho=1$.

设 $\Sigma\subset\mathbb{R}^3$ 为有面积的二维曲面时,其密度函数 $\rho:\Sigma\to\mathbb{R}$ 是连续的,则 Σ 的质心为

$$(x_0,y_0,z_0)=\frac{1}{\iint_{\Sigma}\rho\mathrm{d}\sigma}\left(\iint_{\Sigma}x\rho\mathrm{d}\sigma,\iint_{\Sigma}y\rho\mathrm{d}\sigma,\iint_{\Sigma}z\rho\mathrm{d}\sigma\right)$$

当 Σ 是均匀时,令 $\rho = 1$.

设 $\Omega \subset \mathbb{R}^3$ 为有体积的立体,其密度函数 $\rho: \Omega \to \mathbb{R}$ 是连续的,则 Ω 的质心为

$$(x_0, y_0, z_0) = \frac{1}{\iiint\limits_{\Omega} \rho \mathrm{d}v} \left(\iiint\limits_{\Omega} x\rho \mathrm{d}v, \iiint\limits_{\Omega} y\rho \mathrm{d}v, \iiint\limits_{\Omega} z\rho \mathrm{d}v \right)$$

当 Ω 是均匀时,令 $\rho = 1$.

在平面上,密度为 ρ(连续) 的曲线 C 的质心为

$$(x_0, y_0) = \frac{1}{\int_C \rho \mathrm{d}s} \left(\int_C x\rho \mathrm{d}s, \int_C y\rho \mathrm{d}s \right)$$

密度为 ρ(连续) 的有面积集 Σ 的质心为

$$(x_0, y_0) = \frac{1}{\iint\limits_{\Sigma} \rho \mathrm{d}x\mathrm{d}y} \left(\iint\limits_{\Sigma} x\rho \mathrm{d}x\mathrm{d}y, \iint\limits_{\Sigma} y\rho \mathrm{d}x\mathrm{d}y \right)$$

3. 物体的转动惯量

在平面上,密度为 ρ(连续) 的曲线 C 对于 Ox 轴与 Oy 轴的**转动惯量**分别为

$$I_x = \int_C y^2 \rho \mathrm{d}s, \quad I_y = \int_C x^2 \rho \mathrm{d}s$$

密度为 ρ(连续) 的有面积集 Σ 对于 Ox 轴与 Oy 轴的转动惯量分别为

$$I_x = \iint\limits_{\Sigma} y^2 \rho \mathrm{d}x\mathrm{d}y, \quad I_y = \iint\limits_{\Sigma} x^2 \rho \mathrm{d}x\mathrm{d}y$$

在三维空间中,设 $\Omega \subset \mathbb{R}^3$ 为有体积的立体,其密度函数 $\rho: \Omega \to \mathbb{R}$ 是连续的.三重积分

$$I_{xy} = \iiint\limits_{\Omega} z^2 \rho \mathrm{d}x\mathrm{d}y\mathrm{d}z, \quad I_{yz} = \iiint\limits_{\Omega} x^2 \rho \mathrm{d}x\mathrm{d}y\mathrm{d}z, \quad I_{zx} = \iiint\limits_{\Omega} y^2 \rho \mathrm{d}x\mathrm{d}y\mathrm{d}z$$

分别称为**物体 Ω 对于坐标平面 xOy, yOz, zOx 的转动惯量**.

积分

$$I_l = \iiint\limits_{\Omega} r^2 \rho \mathrm{d}x\mathrm{d}y\mathrm{d}z$$

(其中 r 为物体 Ω 上的动点 (x, y, z) 与轴 l 的距离) 称为**物体 Ω 对于轴 l 的转动惯量**. 特别是,对于坐标轴 Ox, Oy, Oz 分别有

$$I_x = I_{xy} + I_{xz}, \quad I_y = I_{yx} + I_{yz}, \quad I_z = I_{zx} + I_{zy}$$

积分

$$I_O = \iiint_{\Omega}(x^2 + y^2 + z^2)\rho \mathrm{d}x\mathrm{d}y\mathrm{d}z = I_{xy} + I_{yz} + I_{zx}$$

称为**物体 Ω 对坐标原点的转动惯量**.

关于$\mathbb{R}^3$中密度为ρ(连续)的可求长曲线 C 与密度为ρ(连续)的有面积的曲面,可类似定义各种转动惯量. 前者是第一型曲线积分,后者是第一型曲面积分.

当$\rho = 1$时,称为**几何转动惯量**.

4. 引力场的位

积分

$$u(x,y,z) = \iiint_{\Omega}\rho(\xi,\eta,\zeta)\frac{\mathrm{d}\xi\mathrm{d}\eta\mathrm{d}\zeta}{r}$$

称为**物体 Ω 在点(x,y,z)的 Newton 位**,其中$\Omega\subset\mathbb{R}^3$为有体积的立体,$\rho:\Omega\to\mathbb{R}$为 Ω 的密度函数,ρ 连续,$r = \sqrt{(\xi - x)^2 + (\eta - y)^2 + (\zeta - z)^2}$.

质量为 m 的质点吸引物体的力在坐标轴 Ox,Oy,Oz 轴上的投影 X,Y,Z 分别为

$$X = km\frac{\partial u}{\partial x} = km\iiint_{\Omega}\rho\frac{\xi - x}{r}\mathrm{d}\xi\mathrm{d}\eta\mathrm{d}\zeta$$

$$Y = km\frac{\partial u}{\partial y} = km\iiint_{\Omega}\rho\frac{\eta - y}{r}\mathrm{d}\xi\mathrm{d}\eta\mathrm{d}\zeta$$

$$Z = km\frac{\partial u}{\partial z} = km\iiint_{\Omega}\rho\frac{\zeta - z}{r}\mathrm{d}\xi\mathrm{d}\eta\mathrm{d}\zeta$$

其中 k 为引力定律常数.

5. 变力做功、环量与涡量

称第二型曲线积分

$$\begin{aligned}\int_C \boldsymbol{F}\cdot\mathrm{d}\boldsymbol{x} &= \int_C P(x,y,z)\mathrm{d}x + Q(x,y,z)\mathrm{d}y + R(x,y,z)\mathrm{d}z\\ &= \int_\alpha^\beta[P(x(t),y(t),z(t))x'(t) +\\ &\quad Q(x(t),y(t),z(t))y'(t) +\\ &\quad R(x(t),y(t),z(t))z'(t)]\mathrm{d}t\end{aligned}$$

为变力 $\boldsymbol{F} = (P,Q,R)$ **沿定向曲线 $\vec{C}$ 所做的功**.

当$\vec{C}$为一条 C^1 的定向封闭曲线时,称$\int_{\vec{C}}\boldsymbol{F}\cdot\mathrm{d}\boldsymbol{x}$为向量场$\boldsymbol{F}$沿定向曲线$\vec{C}$的

环量. 若 $\vec{C}$ 为有向曲面 $\vec{M}$ 的边界时,$\vec{C}$ 的方向为 $\vec{M}$ 的诱导方向,则有

$$\oint_{\overrightarrow{\partial M}} \boldsymbol{F} \cdot \boldsymbol{\tau} \mathrm{d}s = \oint_{\overrightarrow{\partial M}} \boldsymbol{F} \cdot \mathrm{d}\boldsymbol{x} \xlongequal{\text{Stokes 公式}} \iint_{\vec{M}} \mathrm{rot}\, \boldsymbol{F} \cdot \boldsymbol{n}_0 \mathrm{d}\sigma$$

其中 $\boldsymbol{\tau}$ 为与 $\vec{C}$ 方向一致的连续单位切向量场,$\boldsymbol{n}_0$ 为与定向曲面 $\vec{M}$ 方向一致的连续单位法向量场,$\boldsymbol{F}$ 为 $C^r(r \geqslant 1)$ 向量场.

设 $\boldsymbol{F} = (P,Q,R)$ 为开区域 $U \subset \mathbb{R}^3$ 中的 $C^r(r \geqslant 1)$ 流速场,$\boldsymbol{n}_0(\boldsymbol{p})$ 为 $\boldsymbol{p} \in U$ 处的单位法向量,作垂直于 $\boldsymbol{n}_0(\boldsymbol{p})$ 的圆盘 M,则

$$\oint_{\overrightarrow{\partial M}} \boldsymbol{F} \cdot \boldsymbol{\tau} \mathrm{d}s = \oint_{\overrightarrow{\partial M}} \boldsymbol{F} \cdot \mathrm{d}\boldsymbol{x}$$

反映了流体环绕着圆周 ∂M 的旋转程度,而

$$\frac{1}{\sigma(M)} \oint_{\overrightarrow{\partial M}} \boldsymbol{F} \cdot \mathrm{d}\boldsymbol{x}$$

为**平均旋转强度**,保持方向 $\boldsymbol{n}_0$ 不变,令 $M \to \boldsymbol{p}$(M 缩成点 $\boldsymbol{p}$)得到

$$\begin{aligned}
\lim_{M \to \boldsymbol{p}} \frac{1}{\sigma(M)} \oint_{\overrightarrow{\partial M}} \boldsymbol{F} \cdot \mathrm{d}\boldsymbol{x} &\xlongequal{\text{Stokes 公式}} \lim_{M \to \boldsymbol{p}} \frac{1}{\sigma(M)} \iint_{\vec{M}} \mathrm{rot}\, \boldsymbol{F} \cdot \boldsymbol{n}_0 \mathrm{d}\sigma \\
&\xlongequal[\boldsymbol{\xi}^i \in M]{\text{积分中值定理}} \lim_{M \to \boldsymbol{p}} \frac{1}{\sigma(M)} \mathrm{rot}\, \boldsymbol{F}(\boldsymbol{\xi}^i) \cdot \boldsymbol{n}_0 \iint_{\vec{M}} \mathrm{d}\sigma \\
&= \mathrm{rot}\, \boldsymbol{F}(\boldsymbol{p}) \cdot \boldsymbol{n}_0
\end{aligned}$$

它是 $\mathrm{rot}\, \boldsymbol{F}(\boldsymbol{p})$ 在方向 $\boldsymbol{n}_0$ 上的投影,是流速场 $\boldsymbol{F}$ 在**点 $\boldsymbol{p}$ 关于方向 $\boldsymbol{n}_0$ 的旋转强度**,也称为流体在点 $\boldsymbol{p}$ 处绕 $\boldsymbol{n}_0$ 方向的**涡量**.

当 $\mathrm{rot}\, \boldsymbol{F}$ 与 $\boldsymbol{n}_0$ 同向时,绕 $\boldsymbol{n}_0$ 的涡量最大,其值为 $\| \mathrm{rot}\, \boldsymbol{F}(\boldsymbol{p}) \|$.

6. 通量

设 $M \subset \mathbb{R}^3$ 为一个区域,$\vec{M}$ 取右手系,$\overrightarrow{\partial M}$ 为取外法向的定向封闭曲面,$\boldsymbol{n}_0$ 为与 $\overrightarrow{\partial M}$ 的方向一致的连续的单位法向量,$\boldsymbol{F} = (P,Q,R)$ 为 C^1 流速场,则有 Gauss 公式

$$\oiint_{\overrightarrow{\partial M}} \boldsymbol{F} \cdot \boldsymbol{n}_0 \mathrm{d}\sigma = \iiint_{\vec{M}} \mathrm{div}\, \boldsymbol{F} \mathrm{d}v$$

上式左边的 $\boldsymbol{F} \cdot \boldsymbol{n}_0 \mathrm{d}\sigma$ 为单位时间内流过面积为 $\mathrm{d}\sigma$ 的小曲面的流量,而 $\oiint_{\overrightarrow{\partial M}} \boldsymbol{F} \cdot$

$\boldsymbol{n}_0 \mathrm{d}\sigma$ 为单位时间内流出定向封闭曲面$\overrightarrow{\partial M}$的总量,称为**通量**.这是一个代数和.

称$\dfrac{1}{v(M)}\oiint\limits_{\overrightarrow{\partial M}} \boldsymbol{F}\cdot\boldsymbol{n}_0 \mathrm{d}\sigma$ 为单位体积内流源的"**平均散射强度**".

如果$\oiint\limits_{\overrightarrow{\partial M}} \boldsymbol{F}\cdot\boldsymbol{n}_0 \mathrm{d}\sigma > 0$,$M$ 内有"源"(图 11.7.1),表明从$\overrightarrow{\partial M}$内流出;

如果$\oiint\limits_{\overrightarrow{\partial M}} \boldsymbol{F}\cdot\boldsymbol{n}_0 \mathrm{d}\sigma < 0$,$M$ 内有"汇"或"负源"(图 11.7.2),表明向$\overrightarrow{\partial M}$内流进;

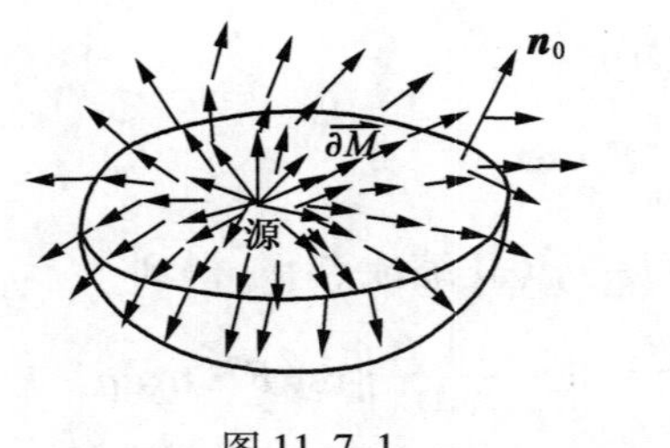

图 11.7.1

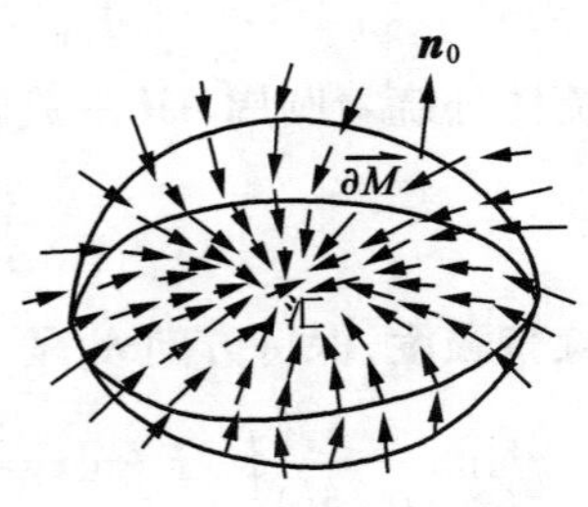

图 11.7.2

如果$\oiint\limits_{\overrightarrow{\partial M}} \boldsymbol{F}\cdot\boldsymbol{n}_0 \mathrm{d}\sigma = 0$,汇与源相抵消.

如果 $\mathrm{div}\,\boldsymbol{F} = 0$,则称场 $\boldsymbol{F}$ 为**无源场**.

在 M 内任取一个内点 $\boldsymbol{p}_0$,以 $\boldsymbol{p}_0$ 为球心,作一个半径为 ε 的小球 $B(\boldsymbol{p}_0;\varepsilon)$,让 ε 如此之小,使得 $B(\boldsymbol{p}_0;\varepsilon)\subset M$,$B(\boldsymbol{p}_0;\varepsilon)$ 的边界 $\partial B(\boldsymbol{p}_0;\varepsilon)$ 为小球的球面,取 $\boldsymbol{n}_0$ 为该小球面的连续的外单位法向量场,我们有

$$\iint\limits_{\overrightarrow{\partial B(\boldsymbol{p}_0;\varepsilon)}} \boldsymbol{F}\cdot\boldsymbol{n}_0 \mathrm{d}\sigma \xlongequal{\text{Gauss 公式}} \iiint\limits_{\overrightarrow{B(\boldsymbol{p}_0;\varepsilon)}} \mathrm{div}\,\boldsymbol{F}\mathrm{d}v \xlongequal[\boldsymbol{\xi}\in\overline{B(\boldsymbol{p}_0;\varepsilon)}]{\text{积分中值定理}} \mathrm{div}\,\boldsymbol{F}(\boldsymbol{\xi})v(B(\boldsymbol{p}_0;\varepsilon))$$

其中$\overrightarrow{B(\boldsymbol{p}_0;\varepsilon)}$为右手系.由此得到

$$\mathrm{div}\,\boldsymbol{F}(\boldsymbol{\xi}) = \frac{1}{v(B(\boldsymbol{p}_0;\varepsilon))}\iint\limits_{\overrightarrow{\partial B(\boldsymbol{p}_0;\varepsilon)}} \boldsymbol{F}\cdot\boldsymbol{n}_0 \mathrm{d}\sigma$$

这是单位体积上流速场送出的流体量.如果令 $\varepsilon\to 0^+$,即让小球无限地收缩到点 $\boldsymbol{p}_0$ 时,立即得到

$$\operatorname{div} \boldsymbol{F}(\boldsymbol{p}_0) = \lim_{\varepsilon\to 0^+} \operatorname{div} \boldsymbol{F}(\boldsymbol{\xi}) = \lim_{\varepsilon\to 0^+} \frac{1}{v(B(\boldsymbol{p}_0;\varepsilon))} \iint\limits_{\overrightarrow{\partial B(\boldsymbol{p}_0;\varepsilon)}} \boldsymbol{F} \cdot \boldsymbol{n}_0 \mathrm{d}\sigma$$

由此可见,散度刻画在一点处流速场产生流体的能力. 它是流源在点 $\boldsymbol{p}_0$ 的散射强度,称为 **$\boldsymbol{F}$ 在点 $\boldsymbol{p}_0$ 的散度**. 如果 $\operatorname{div} \boldsymbol{F} = 0$,称 $\boldsymbol{F}$ 为**无源场**,此时,由 Gauss 公式知,流过任何定向封闭曲面的通量恒为 0;反之,由上面公式推得 $\operatorname{div} \boldsymbol{F} = 0$.

类似可讨论磁场、磁通量.

例 11.7.1　静电场的 Gauss 定理:在静电场中,通过任一封闭曲面的电通量等于此曲面所包含的电荷总量的 4π 倍.

证明　设 $\vec{\Sigma}$ 为一封闭曲面,取单位外法向 $\boldsymbol{n}_0$ 的方向为其定向. $\vec{\Sigma}$ 所包围的定向区域为 $\vec{M}$,它的方向为右手系,则 $\vec{\Sigma} = \overrightarrow{\partial M}$. 分三步来证.

(1) 在坐标原点上,放置电量为 q 的点电荷. 这个点电荷产生的电场强度(简称**场强**)是向量

$$\boldsymbol{E}(\boldsymbol{p}) = \frac{q}{p^3}\boldsymbol{p}, \quad \boldsymbol{p} \neq \boldsymbol{0}$$

其中 $p = \|\boldsymbol{p}\|$. 由例 11.6.1 知,当 $\boldsymbol{p} \neq \boldsymbol{0}$ 时,有

$$\operatorname{div} \boldsymbol{E} = 0$$

如果原点 O 在 Σ 所围成的体 M 的外部,则 $\boldsymbol{E}$ 通过定向封闭曲面 $\vec{\Sigma}$ 的通量为零,即

$$\oiint\limits_{\Sigma} \boldsymbol{E} \cdot \boldsymbol{n}_0 \mathrm{d}\sigma \xlongequal{\text{Gauss 公式}} \iiint\limits_{M} \operatorname{div} \boldsymbol{E} \mathrm{d}v = \iiint\limits_{M} 0 \mathrm{d}v = 0$$

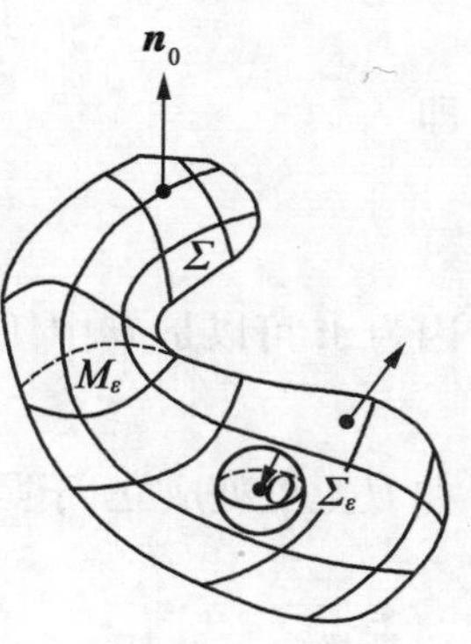

图 11.7.3

再设 O 被曲面 Σ 包围在内部. 这时,以 O 为中心,充分小的 $\varepsilon > 0$ 为半径作一小球面 Σ_ε,使得这个小球面完全落在曲面 Σ 的包围之内,由 Σ 与 Σ_ε 所围成的区域 M_ε 取右手系得到定向区域 $\vec{M}_\varepsilon$. 记 $\vec{\Sigma}_\varepsilon$ 为单位外法向 $\boldsymbol{n}_0$ 的定向球面(图 11.7.3),则 $\vec{\Sigma} + \vec{\Sigma}^- = \overrightarrow{\partial M}$($\vec{M}_\varepsilon$ 的诱导定向). 于是,有

$$\iint\limits_{\Sigma} \boldsymbol{E} \cdot \boldsymbol{n}_0 \mathrm{d}\sigma + \iint\limits_{\Sigma_\varepsilon} \boldsymbol{E} \cdot (-\boldsymbol{n}_0) \mathrm{d}\sigma = \iiint\limits_{M_\varepsilon} \operatorname{div} \boldsymbol{E} \mathrm{d}v = \iiint\limits_{M_\varepsilon} 0 \mathrm{d}v = 0$$

$$\iint_{\Sigma} \boldsymbol{E} \cdot \boldsymbol{n}_0 \mathrm{d}\sigma = \iint_{\Sigma_\varepsilon} \boldsymbol{E} \cdot \boldsymbol{n}_0 \mathrm{d}\sigma = \iint_{\Sigma_\varepsilon} \left(\frac{q}{p^3}\boldsymbol{p}\right) \cdot \frac{\boldsymbol{p}}{p} \mathrm{d}\sigma$$

$$= \iint_{\Sigma_\varepsilon} \frac{q}{\varepsilon^2} \mathrm{d}\sigma = \frac{q}{\varepsilon^2} 4\pi\varepsilon^2 = 4\pi q$$

(2) 设想有有限个点电荷,分别带电量 $q_1, q_2, \cdots, q_k$. 又设点电荷 q_i 产生的场强为 $\boldsymbol{E}_i (i = 1,2,\cdots,k)$. 因此,它们产生的总场强

$$\boldsymbol{E} = \boldsymbol{E}_1 + \boldsymbol{E}_2 + \cdots + \boldsymbol{E}_k$$

如果点电荷 $q_1, q_2, \cdots, q_t$ 被包含在 $\boldsymbol{\Sigma}$ 的内部,其他的点电荷 $q_{t+1}, \cdots, q_k$ 在 $\boldsymbol{\Sigma}$ 的外部,由(1) 可知

$$\int_{\Sigma} \boldsymbol{E}_i \cdot \boldsymbol{n}_0 \mathrm{d}\sigma = \begin{cases} 4\pi q_i, & i = 1,2,\cdots,t \\ 0, & i = t+1,\cdots,k \end{cases}$$

因此,有

$$\int_{\Sigma} \boldsymbol{E} \cdot \boldsymbol{n}_0 \mathrm{d}\sigma = \sum_{i=1}^{k} \int_{\Sigma} \boldsymbol{E}_i \cdot \boldsymbol{n}_0 \mathrm{d}\sigma = 4\pi(q_1 + q_2 + \cdots + q_t)$$

(3) 设区域 $U \subset \mathbb{R}^3$ 内的场强 $\boldsymbol{E}$ 是由连续分布的电荷所产生的,电荷密度为 $\rho(\boldsymbol{p})$,它是点 $\boldsymbol{p}$ 的连续函数. 设 $M \subset U$ 为区域,其内包含的总电荷为三重积分 $\iiint_M \rho \mathrm{d}v$. 于是

$$\iiint_M \mathrm{div}\, \boldsymbol{E} \mathrm{d}v = \iint_M \boldsymbol{E} \cdot \boldsymbol{n}_0 \mathrm{d}\sigma = 4\pi \iiint_M \rho \mathrm{d}v$$

即

$$\iiint_M (\mathrm{div}\, \boldsymbol{E} - 4\pi\rho) \mathrm{d}v = 0$$

因为 M 可以是 U 中任何立体,所以由上式及反证法可知

$$\mathrm{div}\, \boldsymbol{E} - 4\pi\rho = 0$$

在 U 上处处成立. 于是,有

$$\mathrm{div}\, \boldsymbol{E} = 4\pi\rho$$

这是静电场的基本公式之一.

例 11.7.2 设 $\boldsymbol{F}$ 为流速场,数量场 ρ 为流体在各点处的密度. 场 $\boldsymbol{F}$ 和 ρ 既依赖于空间点的位置,又依赖于时间 t. 又设 M 为空间中任意固定的区域. 则流体的质量关于时间 t 的变化率应该为

$$\frac{\mathrm{d}}{\mathrm{d}t}\iiint_M \rho(\boldsymbol{p},t)\,\mathrm{d}v = \iiint_M \frac{\partial\rho}{\partial t}(\boldsymbol{p},t)\,\mathrm{d}v$$

由于流体是不可压缩的,上述变化率必须等于流体进入 M 的速率,即

$$\frac{\mathrm{d}}{\mathrm{d}t}\iiint_M \rho(\boldsymbol{p},t)\,\mathrm{d}v = -\oiint_{\partial M} \rho\boldsymbol{F}\cdot\boldsymbol{n}_0\,\mathrm{d}\sigma$$

于是,有

$$\iiint_M \frac{\partial\rho}{\partial t}(\boldsymbol{p},t)\,\mathrm{d}v = \frac{\mathrm{d}}{\mathrm{d}t}\iiint_M \rho(\boldsymbol{p},t)\,\mathrm{d}v = -\oiint_{\partial M} \rho\boldsymbol{F}\cdot\boldsymbol{n}_0\,\mathrm{d}\sigma$$

$$\xlongequal{\text{Gauss 公式}} -\iiint_M \mathrm{div}(\rho\boldsymbol{F})\,\mathrm{d}v$$

$$\iiint_M \left[\frac{\partial\rho}{\partial t} + \mathrm{div}(\rho\boldsymbol{F})\right]\mathrm{d}v = 0$$

由于被积函数的连续性,M 是任意区域及反证法可知

$$\frac{\partial\rho}{\partial t} + \mathrm{div}(\rho\boldsymbol{F}) = 0$$

在 $\mathbb{R}^3$ 中处处成立,这个方程称为**流体的连续性方程**.

练习题 11.7

1. 定向曲线 $\vec{C}: x^2+y^2+z=a^2, x^2+y^2=ax, z\geqslant 0\ (a>0)$,从点 $\left(\frac{a}{2},0,0\right)$ 望去,沿反时针方向行进. 计算力场 $\boldsymbol{F}=(y^2,z^2,x^2)$ 沿 $\vec{C}$ 所做的功.

2. 质量为 m 的质点在力场 $\boldsymbol{F}$ 的作用下沿曲线 $\vec{C}$ 运动,$\vec{C}$ 的起点为 $\boldsymbol{a}$,终点为 $\boldsymbol{b}$. 用 $\boldsymbol{v}$ 记质点的速度向量. 证明:力场 $\boldsymbol{F}$ 所做的功

$$\int_{\vec{C}} \boldsymbol{F}\cdot\mathrm{d}\boldsymbol{x} = \frac{1}{2}m\boldsymbol{v}^2(\boldsymbol{p})\Big|_a^b$$

3. 设有流速场 $\boldsymbol{F}=(yz,zx,xy)$,曲面 $\boldsymbol{\Sigma}$ 是圆柱体 $x^2+y^2\leqslant a^2, 0\leqslant z\leqslant h$ 的表面,求流速场 $\boldsymbol{F}$ 流出 $\boldsymbol{\Sigma}$ 的流量.

4. 给定流速场 $\boldsymbol{F}=(y,z,x)$,封闭曲面 $\boldsymbol{\Sigma}: x^2+y^2=R^2\ (R>0), z=0, z=h$. 计算 $\boldsymbol{F}$ 流向曲面 $\boldsymbol{\Sigma}$ 之外的流量.

5. 设有向曲面 $\vec{\Sigma}$ 为

$$x+y+z=1,\quad x,y,z\geqslant 0,$$

其法向与向量(1,1,1)同向,求力场 $\boldsymbol{F}=(y^2,z^2,x^2)$ 绕 $\vec{\Sigma}$ 的诱导定向的边界 $\overrightarrow{\partial\Sigma}$ 一周所做的功.

6. 弹性力的方向指向坐标原点,力的大小与质点到坐标原点的距离成比例. 设此点依反时针方向描绘椭圆 $\frac{x^2}{a^2}+\frac{y^2}{b^2}=1$ 在第一象限那一段,求弹性力所做的功.

7. 设在半径为 R 的球上分布着某种物质,其密度函数 $\rho(\boldsymbol{p})=a\|\boldsymbol{p}\|$,其中 $a>0$ 为常数,计算球的质量.

8. 设有半径为 $a>0$ 的球,球心是 $(0,0,a)$,密度函数为 $\rho(\boldsymbol{p})=\frac{k}{p}$,其中 k 为常数,$p=\|\boldsymbol{p}\|$,计算球的质心.

9. 设有半径为 R 的球,密度 ρ 为常数(不妨设 $\rho=1$),求其引力场,并说明:

(1)对任何一点所产生的引力指向球心;

(2)对球外一点所产生的引力,等于在球心上放置一个质量为 $\frac{4}{3}\pi R^3$ 的质点对该点所产生的引力,即犹如球的质量全部集中在球心上;

(3)对球内一点 $\boldsymbol{p}$ 所产生的引力,等于半径为 l(点 $\boldsymbol{p}$ 到球心的距离)的球体对点 $\boldsymbol{p}$ 所产生的引力,犹如球面上一切点若它们到球心的距离大于点 $\boldsymbol{p}$ 到球心的距离时,它们对点 $\boldsymbol{p}$ 的引力不做贡献.

10. 设向量场 $\boldsymbol{F}=(x^2-2yz,y^2-2xz,z^2-2xy)$,证明:$\boldsymbol{F}$ 为有势场,并求出 $\boldsymbol{F}$ 的势函数.

11. 求有心场 $\boldsymbol{F}$ 的势函数.

12. 一条横截面为半圆形水渠,求水满时水闸门所承受的压力.

复习题 11

1. 用两种不同的方法证明:n 维球坐标换元(变换)

$$\begin{cases} x_1 = r\cos\theta_1 \\ x_2 = r\sin\theta_1\cos\theta_2 \\ x_3 = r\sin\theta_1\sin\theta_2\cos\theta_3 \\ \vdots \\ x_{n-1} = r\sin\theta_1\sin\theta_2\sin\theta_3\cdots\sin\theta_{n-2}\cos\theta_{n-1} \\ x_n = r\sin\theta_1\sin\theta_2\sin\theta_3\cdots\sin\theta_{n-2}\sin\theta_{n-1} \end{cases}$$

的 Jacobi 行列式为

$$\frac{\partial(x_1,x_2,\cdots,x_n)}{\partial(r,\theta_1,\cdots,\theta_n)} = r^{n-1}\sin^{n-2}\theta_1\sin^{n-3}\theta_2\cdots\sin\theta_{n-2}$$

体积元为

$$\mathrm{d}v = r^{n-1}\sin^{n-2}\theta_1\sin^{n-3}\theta_2\cdots\sin\theta_{n-2}\mathrm{d}r\mathrm{d}\theta_1\cdots\mathrm{d}\theta_{n-2}$$

(1)10.5 节中的证法;

(2)记 $\boldsymbol{x}(r,\theta_1,\cdots,\theta_{n-1}) = (x_1(r,\theta_1,\cdots,\theta_{n-1}), x_2(r,\theta_1,\cdots,\theta_{n-1}),\cdots,x_n(r,\theta_1,\cdots,\theta_{n-1}))$,由 $\boldsymbol{x}'_r,\boldsymbol{x}'_{\theta_1},\cdots,\boldsymbol{x}'_{\theta_{n-1}}$ 彼此正交推得.

2. 用两种不同的方法证明:$n-1$ 维球面坐标

$$\begin{cases} x_1 = R\cos\theta_1 \\ x_2 = R\sin\theta_1\cos\theta_2 \\ x_3 = R\sin\theta_1\sin\theta_2\cos\theta_3 \\ \vdots \\ x_{n-1} = R\sin\theta_1\sin\theta_2\sin\theta_3\cdots\sin\theta_{n-2}\cos\theta_{n-1} \\ x_n = R\sin\theta_1\sin\theta_2\sin\theta_3\cdots\sin\theta_{n-2}\sin\theta_{n-1} \end{cases}$$

的面积元为

$$\mathrm{d}\sigma = R^{n-1}\sin^{n-2}\theta_1\sin^{n-3}\theta_2\cdots\sin\theta_{n-2}\mathrm{d}\theta_1\cdots\mathrm{d}\theta_{n-1}$$

3. 设 $\mathbb{R}^n$ 中 $n-1$ 维超曲面 $\boldsymbol{\Sigma}$ 的参数表示为 $\boldsymbol{x}(x_1,x_2,\cdots,x_{n-1}) = (x_1,x_2,\cdots,x_{n-1},x_n(x_1,x_2,\cdots,x_{n-1}))$,$(x_1,x_2,\cdots,x_{n-1})\in\Delta$(开区域),其中 $x_n(x_1,x_2,\cdots,x_{n-1})$ 有连续偏导数,证明:$\boldsymbol{\Sigma}$ 的面积元为

$$\mathrm{d}\sigma = \sqrt{1+\left(\frac{\partial x_n}{\partial x_1}\right)^2+\left(\frac{\partial x_n}{\partial x_2}\right)^2+\cdots+\left(\frac{\partial x_n}{\partial x_{n-1}}\right)^2}\,\mathrm{d}x_1\cdots\mathrm{d}x_{n-1}$$

4. 设 $\boldsymbol{p} = (x,y,z)$,$p = \|\boldsymbol{p}\|$,$\boldsymbol{F} = \dfrac{\boldsymbol{p}}{p^3}$,$\boldsymbol{\Sigma}$ 为 $\mathbb{R}^3$ 中 C^1 正则的封闭曲面,证明:

当原点在曲面 Σ 的外、上、内时,分别有

$$\oiint_{\Sigma} \boldsymbol{F} \cdot \boldsymbol{n}_0 \mathrm{d}\sigma = 0, \quad 2\pi, \quad 4\pi$$

其中 $\boldsymbol{n}_0$ 为方向朝外的连续的单位法向量场.

5. 证明:第二型曲线积分

$$\int_{\vec{C}} y\mathrm{d}x + z\mathrm{d}y + x\mathrm{d}z = \frac{ac}{2} - \frac{\pi b}{4\sqrt{2}}(a + c)$$

其中 $\vec{C}$ 是曲线

$$\frac{x^2}{a^2} + \frac{y^2}{b^2} + \frac{z^2}{c^2} = 1, \quad \frac{x}{a} + \frac{z}{c} = 1, \quad x \geqslant 0, y \geqslant 0, z \geqslant 0$$

$(a > 0, b > 0, c > 0$ 为常数) 从点$(a,0,0)$ 到$(0,0,c)$ 的一段.

6. 证明:第二型曲线积分

$$\oint_{\vec{C}} \frac{-y\mathrm{d}x + x\mathrm{d}y}{[(\alpha x + \beta y)^2 + (\gamma x + \delta y)^2]^{\alpha}} = \frac{2\pi}{|\alpha\delta - \beta\gamma|}, \quad \alpha\delta - \beta\gamma \neq 0$$

其中 $\vec{C}$ 为椭圆$(\alpha x + \beta y)^2 + (\gamma x + \delta y)^2 = 1$,取逆时针方向.

7. 设 C 为平面上一条自身不相交的 C^1 曲线,其起点为$(1,0)$,终点为$(0,2)$,除起、终点以外,C 全部落在第一象限内,证明:第一型曲线积分

$$\int_C \frac{\partial \ln r}{\partial \boldsymbol{n}_0} \mathrm{d}s = -\frac{\pi}{2}$$

其中 $\boldsymbol{n}_0$ 为 C 上的连续的单位法向量场,方向指向原点所在的一侧;r 为 C 上动点到原点的距离,$\mathrm{d}s$ 为 C 的弧长元.

8. 设 $y > 0$,求

$$P\mathrm{d}x + Q\mathrm{d}y = \frac{y\mathrm{d}x - x\mathrm{d}y}{3x^2 - 2xy + 3y^2}$$

的原函数.

9. 证明:第一型曲面积分

$$F(t) = \iint_{x+y+z=t} f(x,y,z)\mathrm{d}\sigma = \begin{cases} \frac{\pi}{18}(3 - t^2)^2, & |t| \leqslant \sqrt{3} \\ 0, & |t| > \sqrt{3} \end{cases}$$

其中

$$f(x,y,z) = \begin{cases} 1 - x^2 - y^2 - z^2, & \text{当 } x^2 + y^2 + z^2 \leqslant 1 \\ 0, & \text{当 } x^2 + y^2 + z^2 > 1 \end{cases}$$

10. 设 $f(t)$ 在 $|t| \leqslant \sqrt{a^2+b^2+c^2}$ 内连续,证明:Poisson 公式

$$\int_0^{2\pi} \mathrm{d}\varphi \int_0^{\pi} f(a\sin\theta\cos\varphi + b\sin\theta\sin\varphi + c\cos\theta)\sin\theta \mathrm{d}\theta = 2\pi\int_{-1}^{1} f(kz)\,\mathrm{d}z$$

其中 $k = \sqrt{a^2+b^2+c^2} \neq 0$.

11. 设 $f(x)$ 在 $|x| \leqslant \sqrt{a^2+b^2+c^2}\,(a^2+b^2+c^2 \neq 0)$ 上连续,证明

$$\iiint_{\Omega} f\left(\frac{ax+by+cz}{\sqrt{x^2+y^2+z^2}}\right)\mathrm{d}x\mathrm{d}y\mathrm{d}z = \frac{2\pi}{3}\int_{-1}^{1} f(u\sqrt{a^2+b^2+c^2})\,\mathrm{d}u$$

其中 Ω 为单位球体 $x^2+y^2+z^2 \leqslant 1$.

12. 设 $f(t)$ 在 $|t| \leqslant 1$ 内连续可导,$f(-1)=f(1)=0$,$M = \max\limits_{-1\leqslant t\leqslant 1}\{f'(t)\}$,$S^2(1)$ 是中心在原点,半径为 1 的球面,证明

$$\left|\iint_{S^2(1)} f(mx+ny+pz)\,\mathrm{d}\sigma\right| \leqslant 2\pi M$$

其中 $m^2+n^2+p^2=1$,m,n,p 为常数.

13. 设 $\vec{\Sigma}$ 为

$$z - c = \sqrt{R^2-(x-a)^2-(y-b)^2}$$

的上侧,证明:第二型曲面积分

$$\iint_{\vec{\Sigma}} x^2\mathrm{d}y \wedge \mathrm{d}z + y^2\mathrm{d}z \wedge \mathrm{d}x + (x-a)yz\mathrm{d}x \wedge \mathrm{d}y = \frac{4}{3}\pi(a+b)R^3$$

14. 设 $\vec{\Sigma}$ 为曲面 $|x-y+z|+|y-z+x|+|z-x+y|=1$ 的外表面,证明:第二型曲面积分

$$\iint_{\vec{\Sigma}} (x+y-z)\mathrm{d}y \wedge \mathrm{d}z + [2y+\sin(z+x)]\mathrm{d}z \wedge \mathrm{d}x + (3z+\mathrm{e}^{x+y})\mathrm{d}x \wedge \mathrm{d}y = 2$$

15. 设 $\vec{\Sigma}$ 为 $1-\dfrac{z}{7} = \dfrac{(x-2)^2}{25}+\dfrac{(y-1)^2}{16}\,(z \geqslant 0)$ 的上侧,证明:第二型曲面积分

$$\iint_{\vec{\Sigma}} \frac{x\mathrm{d}y \wedge \mathrm{d}z + y\mathrm{d}z \wedge \mathrm{d}x + z\mathrm{d}x \wedge \mathrm{d}y}{\sqrt{(x^2+y^2+z^2)^3}} = 2\pi$$

参考文献

[1]菲赫金戈尔兹 Γ M. 微积分学教程[M]. 北京:高等教育出版社,1957.

[2]徐森林. 实变函数论[M]. 合肥:中国科学技术大学出版社,2002.

[3]裴礼文. 数学分析中的典型问题与方法[M]. 北京:高等教育出版社,1993.

[4]徐利治,冯克勤,方兆本,等. 大学数学解题法诠释[M]. 合肥:安徽教育出版社,1999.

[5]徐森林,薛春华. 流形[M]. 北京:高等教育出版社,1991.

[6]何琛,史济怀,徐森林. 数学分析[M]. 北京:高等教育出版社,1985.

[7]邹应. 数学分析[M]. 北京:高等教育出版社,1995.

[8]汪林. 数学分析中的问题和反例[M]. 昆明:云南科技出版社,1990.

[9]孙本旺,汪浩. 数学分析中的典型例题和解题方法[M]. 长沙:湖南科学技术出版社,1985.

刘培杰数学工作室

已出版(即将出版)图书目录——高等数学

书　　名	出版时间	定　价	编号
距离几何分析导引	2015－02	68.00	446
大学几何学	2017－01	78.00	688
关于曲面的一般研究	2016－11	48.00	690
近世纯粹几何学初论	2017－01	58.00	711
拓扑学与几何学基础讲义	2017－04	58.00	756
物理学中的几何方法	2017－06	88.00	767
几何学简史	2017－08	28.00	833
微分几何学历史概要	2020－07	58.00	1194
解析几何学史	2022－03	58.00	1490
复变函数引论	2013－10	68.00	269
伸缩变换与抛物旋转	2015－01	38.00	449
无穷分析引论(上)	2013－04	88.00	247
无穷分析引论(下)	2013－04	98.00	245
数学分析	2014－04	28.00	338
数学分析中的一个新方法及其应用	2013－01	38.00	231
数学分析例选:通过范例学技巧	2013－01	88.00	243
高等代数例选:通过范例学技巧	2015－06	88.00	475
基础数论例选:通过范例学技巧	2018－09	58.00	978
三角级数论(上册)(陈建功)	2013－01	38.00	232
三角级数论(下册)(陈建功)	2013－01	48.00	233
三角级数论(哈代)	2013－06	48.00	254
三角级数	2015－07	28.00	263
超越数	2011－03	18.00	109
三角和方法	2011－03	18.00	112
随机过程(Ⅰ)	2014－01	78.00	224
随机过程(Ⅱ)	2014－01	68.00	235
算术探索	2011－12	158.00	148
组合数学	2012－04	28.00	178
组合数学浅谈	2012－03	28.00	159
分析组合学	2021－09	88.00	1389
丢番图方程引论	2012－03	48.00	172
拉普拉斯变换及其应用	2015－02	38.00	447
高等代数.上	2016－01	38.00	548
高等代数.下	2016－01	38.00	549
高等代数教程	2016－01	58.00	579
高等代数引论	2020－07	48.00	1174
数学解析教程.上卷.1	2016－01	58.00	546
数学解析教程.上卷.2	2016－01	38.00	553
数学解析教程.下卷.1	2017－04	48.00	781
数学解析教程.下卷.2	2017－06	48.00	782
数学分析.第1册	2021－03	48.00	1281
数学分析.第2册	2021－03	48.00	1282
数学分析.第3册	2021－03	28.00	1283
数学分析精选习题全解.上册	2021－03	38.00	1284
数学分析精选习题全解.下册	2021－03	38.00	1285
函数构造论.上	2016－01	38.00	554
函数构造论.中	2017－06	48.00	555
函数构造论.下	2016－09	48.00	680
函数逼近论(上)	2019－02	98.00	1014
概周期函数	2016－01	48.00	572
变叙的项的极限分布律	2016－01	18.00	573
整函数	2012－08	18.00	161
近代拓扑学研究	2013－04	38.00	239
多项式和无理数	2008－01	68.00	22
密码学与数论基础	2021－01	28.00	1254

刘培杰数学工作室
已出版(即将出版)图书目录——高等数学

书　　名	出版时间	定　价	编号
模糊数据统计学	2008－03	48.00	31
模糊分析学与特殊泛函空间	2013－01	68.00	241
常微分方程	2016－01	58.00	586
平稳随机函数导论	2016－03	48.00	587
量子力学原理.上	2016－01	38.00	588
图与矩阵	2014－08	40.00	644
钢丝绳原理:第二版	2017－01	78.00	745
代数拓扑和微分拓扑简史	2017－06	68.00	791
半序空间泛函分析.上	2018－06	48.00	924
半序空间泛函分析.下	2018－06	68.00	925
概率分布的部分识别	2018－07	68.00	929
Cartan 型单模李超代数的上同调及极大子代数	2018－07	38.00	932
纯数学与应用数学若干问题研究	2019－03	98.00	1017
数理金融学与数理经济学若干问题研究	2020－07	98.00	1180
清华大学"工农兵学员"微积分课本	2020－09	48.00	1228
力学若干基本问题的发展概论	2020－11	48.00	1262
受控理论与解析不等式	2012－05	78.00	165
不等式的分拆降维降幂方法与可读证明(第 2 版)	2020－07	78.00	1184
石焕南文集:受控理论与不等式研究	2020－09	198.00	1198
实变函数论	2012－06	78.00	181
复变函数论	2015－08	38.00	504
非光滑优化及其变分分析	2014－01	48.00	230
疏散的马尔科夫链	2014－01	58.00	266
马尔科夫过程论基础	2015－01	28.00	433
初等微分拓扑学	2012－07	18.00	182
方程式论	2011－03	38.00	105
Galois 理论	2011－03	18.00	107
古典数学难题与伽罗瓦理论	2012－11	58.00	223
伽罗华与群论	2014－01	28.00	290
代数方程的根式解及伽罗瓦理论	2011－03	28.00	108
代数方程的根式解及伽罗瓦理论(第二版)	2015－01	28.00	423
线性偏微分方程讲义	2011－03	18.00	110
几类微分方程数值方法的研究	2015－05	38.00	485
分数阶微分方程理论与应用	2020－05	95.00	1182
N 体问题的周期解	2011－03	28.00	111
代数方程式论	2011－05	18.00	121
线性代数与几何:英文	2016－06	58.00	578
动力系统的不变量与函数方程	2011－07	48.00	137
基于短语评价的翻译知识获取	2012－02	48.00	168
应用随机过程	2012－04	48.00	187
概率论导引	2012－04	18.00	179
矩阵论(上)	2013－06	58.00	250
矩阵论(下)	2013－06	48.00	251
对称锥互补问题的内点法:理论分析与算法实现	2014－08	68.00	368
抽象代数:方法导引	2013－06	38.00	257
集论	2016－01	48.00	576
多项式理论研究综述	2016－01	38.00	577
函数论	2014－11	78.00	395
反问题的计算方法及应用	2011－11	28.00	147
数阵及其应用	2012－02	28.00	164
绝对值方程—折边与组合图形的解析研究	2012－07	48.00	186
代数函数论(上)	2015－07	38.00	494
代数函数论(下)	2015－07	38.00	495

刘培杰数学工作室
已出版(即将出版)图书目录——高等数学

书　　名	出版时间	定　价	编号
偏微分方程论:法文	2015－10	48.00	533
时标动力学方程的指数型二分性与周期解	2016－04	48.00	606
重刚体绕不动点运动方程的积分法	2016－05	68.00	608
水轮机水力稳定性	2016－05	48.00	620
Lévy 噪音驱动的传染病模型的动力学行为	2016－05	48.00	667
铣加工动力学系统稳定性研究的数学方法	2016－11	28.00	710
时滞系统:Lyapunov 泛函和矩阵	2017－05	68.00	784
粒子图像测速仪实用指南:第二版	2017－08	78.00	790
数域的上同调	2017－08	98.00	799
图的正交因子分解(英文)	2018－01	38.00	881
图的度因子和分支因子:英文	2019－09	88.00	1108
点云模型的优化配准方法研究	2018－07	58.00	927
锥形波入射粗糙表面反散射问题理论与算法	2018－03	68.00	936
广义逆的理论与计算	2018－07	58.00	973
不定方程及其应用	2018－12	58.00	998
几类椭圆型偏微分方程高效数值算法研究	2018－08	48.00	1025
现代密码算法概论	2019－05	98.00	1061
模形式的 p－进性质	2019－06	78.00	1088
混沌动力学:分形、平铺、代换	2019－09	48.00	1109
微分方程,动力系统与混沌引论:第 3 版	2020－05	65.00	1144
分数阶微分方程理论与应用	2020－05	95.00	1187
应用非线性动力系统与混沌导论:第 2 版	2021－05	58.00	1368
非线性振动,动力系统与向量场的分支	2021－06	55.00	1369
遍历理论引论	2021－11	46.00	1441
动力系统与混沌	2022－05	48.00	1485
Galois 上同调	2020－04	138.00	1131
毕达哥拉斯定理:英文	2020－03	38.00	1133
模糊可拓多属性决策理论与方法	2021－06	98.00	1357
统计方法和科学推断	2021－10	48.00	1428
有关几类种群生态学模型的研究	2022－04	98.00	1486
加性数论:典型基	2022－05	48.00	1491
乘性数论:第三版	2022－07	38.00	1528
吴振奎高等数学解题真经(概率统计卷)	2012－01	38.00	149
吴振奎高等数学解题真经(微积分卷)	2012－01	68.00	150
吴振奎高等数学解题真经(线性代数卷)	2012－01	58.00	151
高等数学解题全攻略(上卷)	2013－06	58.00	252
高等数学解题全攻略(下卷)	2013－06	58.00	253
高等数学复习纲要	2014－01	18.00	384
数学分析历年考研真题解析.第一卷	2021－04	28.00	1288
数学分析历年考研真题解析.第二卷	2021－04	28.00	1289
数学分析历年考研真题解析.第三卷	2021－04	28.00	1290
超越吉米多维奇.数列的极限	2009－11	48.00	58
超越普里瓦洛夫.留数卷	2015－01	28.00	437
超越普里瓦洛夫.无穷乘积与它对解析函数的应用卷	2015－05	28.00	477
超越普里瓦洛夫.积分卷	2015－06	18.00	481
超越普里瓦洛夫.基础知识卷	2015－06	28.00	482
超越普里瓦洛夫.数项级数卷	2015－07	38.00	489
超越普里瓦洛夫.微分、解析函数、导数卷	2018－01	48.00	852
统计学专业英语	2007－03	28.00	16
统计学专业英语(第二版)	2012－07	48.00	176
统计学专业英语(第三版)	2015－04	68.00	465
代换分析:英文	2015－07	38.00	499

刘培杰数学工作室
已出版(即将出版)图书目录——高等数学

书　名	出版时间	定　价	编号
历届美国大学生数学竞赛试题集.第一卷(1938—1949)	2015－01	28.00	397
历届美国大学生数学竞赛试题集.第二卷(1950—1959)	2015－01	28.00	398
历届美国大学生数学竞赛试题集.第三卷(1960—1969)	2015－01	28.00	399
历届美国大学生数学竞赛试题集.第四卷(1970—1979)	2015－01	18.00	400
历届美国大学生数学竞赛试题集.第五卷(1980—1989)	2015－01	28.00	401
历届美国大学生数学竞赛试题集.第六卷(1990—1999)	2015－01	28.00	402
历届美国大学生数学竞赛试题集.第七卷(2000—2009)	2015－08	18.00	403
历届美国大学生数学竞赛试题集.第八卷(2010—2012)	2015－01	18.00	404
超越普特南试题:大学数学竞赛中的方法与技巧	2017－04	98.00	758
历届国际大学生数学竞赛试题集(1994－2020)	2021－01	58.00	1252
历届美国大学生数学竞赛试题集:1938—2017	2020－11	98.00	1256
全国大学生数学夏令营数学竞赛试题及解答	2007－03	28.00	15
全国大学生数学竞赛辅导教程	2012－07	28.00	189
全国大学生数学竞赛复习全书(第2版)	2017－05	58.00	787
历届美国大学生数学竞赛试题集	2009－03	88.00	43
前苏联大学生数学奥林匹克竞赛题解(上编)	2012－04	28.00	169
前苏联大学生数学奥林匹克竞赛题解(下编)	2012－04	38.00	170
大学生数学竞赛讲义	2014－09	28.00	371
大学生数学竞赛教程——高等数学(基础篇、提高篇)	2018－09	128.00	968
普林斯顿大学数学竞赛	2016－06	38.00	669
考研高等数学高分之路	2020－10	45.00	1203
考研高等数学基础必刷	2021－01	45.00	1251
考研概率论与数理统计	2022－06	58.00	1522
越过211,刷到985:考研数学二	2019－10	68.00	1115
初等数论难题集(第一卷)	2009－05	68.00	44
初等数论难题集(第二卷)(上、下)	2011－02	128.00	82,83
数论概貌	2011－03	18.00	93
代数数论(第二版)	2013－08	58.00	94
代数多项式	2014－06	38.00	289
初等数论的知识与问题	2011－02	28.00	95
超越数论基础	2011－03	28.00	96
数论初等教程	2011－03	28.00	97
数论基础	2011－03	18.00	98
数论基础与维诺格拉多夫	2014－03	18.00	292
解析数论基础	2012－08	28.00	216
解析数论基础(第二版)	2014－01	48.00	287
解析数论问题集(第二版)(原版引进)	2014－05	88.00	343
解析数论问题集(第二版)(中译本)	2016－04	88.00	607
解析数论基础(潘承洞,潘承彪著)	2016－07	98.00	673
解析数论导引	2016－07	58.00	674
数论入门	2011－03	38.00	99
代数数论入门	2015－03	38.00	448
数论开篇	2012－07	28.00	194
解析数论引论	2011－03	48.00	100
Barban Davenport Halberstam 均值和	2009－01	40.00	33
基础数论	2011－03	28.00	101
初等数论 100 例	2011－05	18.00	122
初等数论经典例题	2012－07	18.00	204
最新世界各国数学奥林匹克中的初等数论试题(上、下)	2012－01	138.00	144,145
初等数论(Ⅰ)	2012－01	18.00	156
初等数论(Ⅱ)	2012－01	18.00	157
初等数论(Ⅲ)	2012－01	28.00	158

刘培杰数学工作室
已出版(即将出版)图书目录——高等数学

书　　名	出版时间	定　价	编号
Gauss,Euler,Lagrange 和 Legendre 的遗产:把整数表示成平方和	2022－06	78.00	1540
平面几何与数论中未解决的新老问题	2013－01	68.00	229
代数数论简史	2014－11	28.00	408
代数数论	2015－09	88.00	532
代数、数论及分析习题集	2016－11	98.00	695
数论导引提要及习题解答	2016－01	48.00	559
素数定理的初等证明.第2版	2016－09	48.00	686
数论中的模函数与狄利克雷级数(第二版)	2017－11	78.00	837
数论:数学导引	2018－01	68.00	849
域论	2018－04	68.00	884
代数数论(冯克勤　编著)	2018－04	68.00	885
范氏大代数	2019－02	98.00	1016
新编640个世界著名数学智力趣题	2014－01	88.00	242
500个最新世界著名数学智力趣题	2008－06	48.00	3
400个最新世界著名数学最值问题	2008－09	48.00	36
500个世界著名数学征解问题	2009－06	48.00	52
400个中国最佳初等数学征解老问题	2010－01	48.00	60
500个俄罗斯数学经典老题	2011－01	28.00	81
1000个国外中学物理好题	2012－04	48.00	174
300个日本高考数学题	2012－05	38.00	142
700个早期日本高考数学试题	2017－02	88.00	752
500个前苏联早期高考数学试题及解答	2012－05	28.00	185
546个早期俄罗斯大学生数学竞赛题	2014－03	38.00	285
548个来自美苏的数学好问题	2014－11	28.00	396
20所苏联著名大学早期入学试题	2015－02	18.00	452
161道德国工科大学生必做的微分方程习题	2015－05	28.00	469
500个德国工科大学生必做的高数习题	2015－06	28.00	478
360个数学竞赛问题	2016－08	58.00	677
德国讲义日本考题.微积分卷	2015－04	48.00	456
德国讲义日本考题.微分方程卷	2015－04	38.00	457
二十世纪中叶中、英、美、日、法、俄高考数学试题精选	2017－06	38.00	783
博弈论精粹	2008－03	58.00	30
博弈论精粹.第二版(精装)	2015－01	88.00	461
数学 我爱你	2008－01	28.00	20
精神的圣徒　别样的人生——60位中国数学家成长的历程	2008－09	48.00	39
数学史概论	2009－06	78.00	50
数学史概论(精装)	2013－03	158.00	272
数学史选讲	2016－01	48.00	544
斐波那契数列	2010－02	28.00	65
数学拼盘和斐波那契魔方	2010－07	38.00	72
斐波那契数列欣赏	2011－01	28.00	160
数学的创造	2011－02	48.00	85
数学美与创造力	2016－01	48.00	595
数海拾贝	2016－01	48.00	590
数学中的美	2011－02	38.00	84
数论中的美学	2014－12	38.00	351
数学王者　科学巨人——高斯	2015－01	28.00	428
振兴祖国数学的圆梦之旅:中国初等数学研究史话	2015－06	98.00	490
二十世纪中国数学史料研究	2015－10	48.00	536
数字谜、数阵图与棋盘覆盖	2016－01	58.00	298
时间的形状	2016－01	38.00	556
数学发现的艺术:数学探索中的合情推理	2016－07	58.00	671
活跃在数学中的参数	2016－07	48.00	675

刘培杰数学工作室

已出版(即将出版)图书目录——高等数学

书　　名	出版时间	定　价	编号
格点和面积	2012－07	18.00	191
射影几何趣谈	2012－04	28.00	175
斯潘纳尔引理——从一道加拿大数学奥林匹克试题谈起	2014－01	28.00	228
李普希兹条件——从几道近年高考数学试题谈起	2012－10	18.00	221
拉格朗日中值定理——从一道北京高考试题的解法谈起	2015－10	18.00	197
闵科夫斯基定理——从一道清华大学自主招生试题谈起	2014－01	28.00	198
哈尔测度——从一道冬令营试题的背景谈起	2012－08	28.00	202
切比雪夫逼近问题——从一道中国台北数学奥林匹克试题谈起	2013－04	38.00	238
伯恩斯坦多项式与贝齐尔曲面——从一道全国高中数学联赛试题谈起	2013－03	38.00	236
卡塔兰猜想——从一道普特南竞赛试题谈起	2013－06	18.00	256
麦卡锡函数和阿克曼函数——从一道前南斯拉夫数学奥林匹克试题谈起	2012－08	18.00	201
贝蒂定理与拉姆贝克莫斯尔定理——从一个拣石子游戏谈起	2012－08	18.00	217
皮亚诺曲线和豪斯道夫分球定理——从无限集谈起	2012－08	18.00	211
平面凸图形与凸多面体	2012－10	28.00	218
斯坦因豪斯问题——从一道二十五省市自治区中学数学竞赛试题谈起	2012－07	18.00	196
纽结理论中的亚历山大多项式与琼斯多项式——从一道北京市高一数学竞赛试题谈起	2012－07	28.00	195
原则与策略——从波利亚"解题表"谈起	2013－04	38.00	244
转化与化归——从三大尺规作图不能问题谈起	2012－08	28.00	214
代数几何中的贝祖定理(第一版)——从一道 IMO 试题的解法谈起	2013－08	18.00	193
成功连贯理论与约当块理论——从一道比利时数学竞赛试题谈起	2012－04	18.00	180
素数判定与大数分解	2014－08	18.00	199
置换多项式及其应用	2012－10	18.00	220
椭圆函数与模函数——从一道美国加州大学洛杉矶分校(UCLA)博士资格考题谈起	2012－10	28.00	219
差分方程的拉格朗日方法——从一道 2011 年全国高考理科试题的解法谈起	2012－08	28.00	200
力学在几何中的一些应用	2013－01	38.00	240
高斯散度定理、斯托克斯定理和平面格林定理——从一道国际大学生数学竞赛试题谈起	即将出版		
康托洛维奇不等式——从一道全国高中联赛试题谈起	2013－03	28.00	337
西格尔引理——从一道第 18 届 IMO 试题的解法谈起	即将出版		
罗斯定理——从一道前苏联数学竞赛试题谈起	即将出版		
拉克斯定理和阿廷定理——从一道 IMO 试题的解法谈起	2014－01	58.00	246
毕卡大定理——从一道美国大学数学竞赛试题谈起	2014－07	18.00	350
贝齐尔曲线——从一道全国高中联赛试题谈起	即将出版		
拉格朗日乘子定理——从一道 2005 年全国高中联赛试题的高等数学解法谈起	2015－05	28.00	480
雅可比定理——从一道日本数学奥林匹克试题谈起	2013－04	48.00	249
李天岩－约克定理——从一道波兰数学竞赛试题谈起	2014－06	28.00	349
整系数多项式因式分解的一般方法——从克朗耐克算法谈起	即将出版		

刘培杰数学工作室

已出版(即将出版)图书目录——高等数学 

书 名	出版时间	定 价	编号
布劳维不动点定理——从一道前苏联数学奥林匹克试题谈起	2014－01	38.00	273
伯恩赛德定理——从一道英国数学奥林匹克试题谈起	即将出版		
布查特－莫斯特定理——从一道上海市初中竞赛试题谈起	即将出版		
数论中的同余数问题——从一道普特南竞赛试题谈起	即将出版		
范·德蒙行列式——从一道美国数学奥林匹克试题谈起	即将出版		
中国剩余定理:总数法构建中国历史年表	2015－01	28.00	430
牛顿程序与方程求根——从一道全国高考试题解法谈起	即将出版		
库默尔定理——从一道 IMO 预选试题谈起	即将出版		
卢丁定理——从一道冬令营试题的解法谈起	即将出版		
沃斯滕霍姆定理——从一道 IMO 预选试题谈起	即将出版		
卡尔松不等式——从一道莫斯科数学奥林匹克试题谈起	即将出版		
信息论中的香农熵——从一道近年高考压轴题谈起	即将出版		
约当不等式——从一道希望杯竞赛试题谈起	即将出版		
拉比诺维奇定理	即将出版		
刘维尔定理——从一道《美国数学月刊》征解问题的解法谈起	即将出版		
卡塔兰恒等式与级数求和——从一道 IMO 试题的解法谈起	即将出版		
勒让德猜想与素数分布——从一道爱尔兰竞赛试题谈起	即将出版		
天平称重与信息论——从一道基辅市数学奥林匹克试题谈起	即将出版		
哈密尔顿－凯莱定理:从一道高中数学联赛试题的解法谈起	2014－09	18.00	376
艾思特曼定理——从一道 CMO 试题的解法谈起	即将出版		
一个爱尔特希问题——从一道西德数学奥林匹克试题谈起	即将出版		
有限群中的爱丁格尔问题——从一道北京市初中二年级数学竞赛试题谈起	即将出版		
糖水中的不等式——从初等数学到高等数学	2019－07	48.00	1093
帕斯卡三角形	2014－03	18.00	294
蒲丰投针问题——从 2009 年清华大学的一道自主招生试题谈起	2014－01	38.00	295
斯图姆定理——从一道“华约”自主招生试题的解法谈起	2014－01	18.00	296
许瓦兹引理——从一道加利福尼亚大学伯克利分校数学系博士生试题谈起	2014－08	18.00	297
拉姆塞定理——从王诗宬院士的一个问题谈起	2016－04	48.00	299
坐标法	2013－12	28.00	332
数论三角形	2014－04	38.00	341
毕克定理	2014－07	18.00	352
数林掠影	2014－09	48.00	389
我们周围的概率	2014－10	38.00	390
凸函数最值定理:从一道华约自主招生题的解法谈起	2014－10	28.00	391
易学与数学奥林匹克	2014－10	38.00	392
生物数学趣谈	2015－01	18.00	409
反演	2015－01	28.00	420
因式分解与圆锥曲线	2015－01	18.00	426
轨迹	2015－01	28.00	427
面积原理:从常庚哲命的一道 CMO 试题的积分解法谈起	2015－01	48.00	431
形形色色的不动点定理:从一道 28 届 IMO 试题谈起	2015－01	38.00	439
柯西函数方程:从一道上海交大自主招生的试题谈起	2015－02	28.00	440

刘培杰数学工作室
已出版(即将出版)图书目录——高等数学

书　　名	出版时间	定　价	编号
三角恒等式	2015－02	28.00	442
无理性判定:从一道 2014 年"北约"自主招生试题谈起	2015－01	38.00	443
数学归纳法	2015－03	18.00	451
极端原理与解题	2015－04	28.00	464
法雷级数	2014－08	18.00	367
摆线族	2015－01	38.00	438
函数方程及其解法	2015－05	38.00	470
含参数的方程和不等式	2012－09	28.00	213
希尔伯特第十问题	2016－01	38.00	543
无穷小量的求和	2016－01	28.00	545
切比雪夫多项式:从一道清华大学金秋营试题谈起	2016－01	38.00	583
泽肯多夫定理	2016－03	38.00	599
代数等式证题法	2016－01	28.00	600
三角等式证题法	2016－01	28.00	601
吴大任教授藏书中的一个因式分解公式:从一道美国数学邀请赛试题的解法谈起	2016－06	28.00	656
易卦——类万物的数学模型	2017－08	68.00	838
"不可思议"的数与数系可持续发展	2018－01	38.00	878
最短线	2018－01	38.00	879

从毕达哥拉斯到怀尔斯	2007－10	48.00	9
从迪利克雷到维斯卡尔迪	2008－01	48.00	21
从哥德巴赫到陈景润	2008－05	98.00	35
从庞加莱到佩雷尔曼	2011－08	138.00	136

从费马到怀尔斯——费马大定理的历史	2013－10	198.00	Ⅰ
从庞加莱到佩雷尔曼——庞加莱猜想的历史	2013－10	298.00	Ⅱ
从切比雪夫到爱尔特希(上)——素数定理的初等证明	2013－07	48.00	Ⅲ
从切比雪夫到爱尔特希(下)——素数定理 100 年	2012－12	98.00	Ⅲ
从高斯到盖尔方特——二次域的高斯猜想	2013－10	198.00	Ⅳ
从库默尔到朗兰兹——朗兰兹猜想的历史	2014－01	98.00	Ⅴ
从比勃巴赫到德布朗斯——比勃巴赫猜想的历史	2014－02	298.00	Ⅵ
从麦比乌斯到陈省身——麦比乌斯变换与麦比乌斯带	2014－02	298.00	Ⅶ
从布尔到豪斯道夫——布尔方程与格论漫谈	2013－10	198.00	Ⅷ
从开普勒到阿诺德——三体问题的历史	2014－05	298.00	Ⅸ
从华林到华罗庚——华林问题的历史	2013－10	298.00	Ⅹ

数学物理大百科全书.第 1 卷	2016－01	418.00	508
数学物理大百科全书.第 2 卷	2016－01	408.00	509
数学物理大百科全书.第 3 卷	2016－01	396.00	510
数学物理大百科全书.第 4 卷	2016－01	408.00	511
数学物理大百科全书.第 5 卷	2016－01	368.00	512

朱德祥代数与几何讲义.第 1 卷	2017－01	38.00	697
朱德祥代数与几何讲义.第 2 卷	2017－01	28.00	698
朱德祥代数与几何讲义.第 3 卷	2017－01	28.00	699

刘培杰数学工作室

已出版(即将出版)图书目录——高等数学

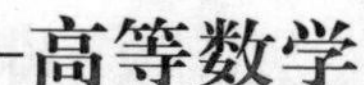

书　名	出版时间	定　价	编号
闵嗣鹤文集	2011－03	98.00	102
吴从炘数学活动三十年(1951～1980)	2010－07	99.00	32
吴从炘数学活动又三十年(1981～2010)	2015－07	98.00	491
斯米尔诺夫高等数学.第一卷	2018－03	88.00	770
斯米尔诺夫高等数学.第二卷.第一分册	2018－03	68.00	771
斯米尔诺夫高等数学.第二卷.第二分册	2018－03	68.00	772
斯米尔诺夫高等数学.第二卷.第三分册	2018－03	48.00	773
斯米尔诺夫高等数学.第三卷.第一分册	2018－03	58.00	774
斯米尔诺夫高等数学.第三卷.第二分册	2018－03	58.00	775
斯米尔诺夫高等数学.第三卷.第三分册	2018－03	68.00	776
斯米尔诺夫高等数学.第四卷.第一分册	2018－03	48.00	777
斯米尔诺夫高等数学.第四卷.第二分册	2018－03	88.00	778
斯米尔诺夫高等数学.第五卷.第一分册	2018－03	58.00	779
斯米尔诺夫高等数学.第五卷.第二分册	2018－03	68.00	780
zeta 函数,q-zeta 函数,相伴级数与积分(英文)	2015－08	88.00	513
微分形式:理论与练习(英文)	2015－08	58.00	514
离散与微分包含的逼近和优化(英文)	2015－08	58.00	515
艾伦・图灵:他的工作与影响(英文)	2016－01	98.00	560
测度理论概率导论,第 2 版(英文)	2016－01	88.00	561
带有潜在故障恢复系统的半马尔柯夫模型控制(英文)	2016－01	98.00	562
数学分析原理(英文)	2016－01	88.00	563
随机偏微分方程的有效动力学(英文)	2016－01	88.00	564
图的谱半径(英文)	2016－01	58.00	565
量子机器学习中数据挖掘的量子计算方法(英文)	2016－01	98.00	566
量子物理的非常规方法(英文)	2016－01	118.00	567
运输过程的统一非局部理论:广义波尔兹曼物理动力学,第 2 版(英文)	2016－01	198.00	568
量子力学与经典力学之间的联系在原子、分子及电动力学系统建模中的应用(英文)	2016－01	58.00	569
算术域(英文)	2018－01	158.00	821
高等数学竞赛:1962—1991 年的米洛克斯・史怀哲竞赛(英文)	2018－01	128.00	822
用数学奥林匹克精神解决数论问题(英文)	2018－01	108.00	823
代数几何(德文)	2018－04	68.00	824
丢番图逼近论(英文)	2018－01	78.00	825
代数几何学基础教程(英文)	2018－01	98.00	826
解析数论入门课程(英文)	2018－01	78.00	827
数论中的丢番图问题(英文)	2018－01	78.00	829
数论(梦幻之旅):第五届中日数论研讨会演讲集(英文)	2018－01	68.00	830
数论新应用(英文)	2018－01	68.00	831
数论(英文)	2018－01	78.00	832
测度与积分(英文)	2019－04	68.00	1059
卡塔兰数入门(英文)	2019－05	68.00	1060
多变量数学入门(英文)	2021－05	68.00	1317
偏微分方程入门(英文)	2021－05	88.00	1318
若尔当典范性:理论与实践(英文)	2021－07	68.00	1366

刘培杰数学工作室
已出版(即将出版)图书目录——高等数学

书　　名	出版时间	定　价	编号
湍流十讲(英文)	2018－04	108.00	886
无穷维李代数:第3版(英文)	2018－04	98.00	887
等值、不变量和对称性(英文)	2018－04	78.00	888
解析数论(英文)	2018－09	78.00	889
《数学原理》的演化:伯特兰·罗素撰写第二版时的手稿与笔记(英文)	2018－04	108.00	890
哈密尔顿数学论文集(第4卷):几何学、分析学、天文学、概率和有限差分等(英文)	2019－05	108.00	891
数学王子——高斯	2018－01	48.00	858
坎坷奇星——阿贝尔	2018－01	48.00	859
闪烁奇星——伽罗瓦	2018－01	58.00	860
无穷统帅——康托尔	2018－01	48.00	861
科学公主——柯瓦列夫斯卡娅	2018－01	48.00	862
抽象代数之母——埃米·诺特	2018－01	48.00	863
电脑先驱——图灵	2018－01	58.00	864
昔日神童——维纳	2018－01	48.00	865
数坛怪侠——爱尔特希	2018－01	68.00	866
当代世界中的数学.数学思想与数学基础	2019－01	38.00	892
当代世界中的数学.数学问题	2019－01	38.00	893
当代世界中的数学.应用数学与数学应用	2019－01	38.00	894
当代世界中的数学.数学王国的新疆域(一)	2019－01	38.00	895
当代世界中的数学.数学王国的新疆域(二)	2019－01	38.00	896
当代世界中的数学.数林撷英(一)	2019－01	38.00	897
当代世界中的数学.数林撷英(二)	2019－01	48.00	898
当代世界中的数学.数学之路	2019－01	38.00	899
偏微分方程全局吸引子的特性(英文)	2018－09	108.00	979
整函数与下调和函数(英文)	2018－09	118.00	980
幂等分析(英文)	2018－09	118.00	981
李群,离散子群与不变量理论(英文)	2018－09	108.00	982
动力系统与统计力学(英文)	2018－09	118.00	983
表示论与动力系统(英文)	2018－09	118.00	984
分析学练习.第1部分(英文)	2021－01	88.00	1247
分析学练习.第2部分.非线性分析(英文)	2021－01	88.00	1248
初级统计学:循序渐进的方法:第10版(英文)	2019－05	68.00	1067
工程师与科学家微分方程用书:第4版(英文)	2019－07	58.00	1068
大学代数与三角学(英文)	2019－06	78.00	1069
培养数学能力的途径(英文)	2019－07	38.00	1070
工程师与科学家统计学:第4版(英文)	2019－06	58.00	1071
贸易与经济中的应用统计学:第6版(英文)	2019－06	58.00	1072
傅立叶级数和边值问题:第8版(英文)	2019－05	48.00	1073
通往天文学的途径:第5版(英文)	2019－05	58.00	1074

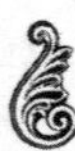

刘培杰数学工作室
已出版(即将出版)图书目录——高等数学

书　　名	出版时间	定　价	编号
拉马努金笔记. 第 1 卷(英文)	2019—06	165.00	1078
拉马努金笔记. 第 2 卷(英文)	2019—06	165.00	1079
拉马努金笔记. 第 3 卷(英文)	2019—06	165.00	1080
拉马努金笔记. 第 4 卷(英文)	2019—06	165.00	1081
拉马努金笔记. 第 5 卷(英文)	2019—06	165.00	1082
拉马努金遗失笔记. 第 1 卷(英文)	2019—06	109.00	1083
拉马努金遗失笔记. 第 2 卷(英文)	2019—06	109.00	1084
拉马努金遗失笔记. 第 3 卷(英文)	2019—06	109.00	1085
拉马努金遗失笔记. 第 4 卷(英文)	2019—06	109.00	1086
数论:1976 年纽约洛克菲勒大学数论会议记录(英文)	2020—06	68.00	1145
数论:卡本代尔 1979:1979 年在南伊利诺伊卡本代尔大学举行的数论会议记录(英文)	2020—06	78.00	1146
数论:诺德韦克豪特 1983:1983 年在诺德韦克豪特举行的 Journees Arithmetiques 数论大会会议记录(英文)	2020—06	68.00	1147
数论:1985—1988 年在纽约城市大学研究生院和大学中心举办的研讨会(英文)	2020—06	68.00	1148
数论:1987 年在乌尔姆举行的 Journees Arithmetiques 数论大会会议记录(英文)	2020—06	68.00	1149
数论:马德拉斯 1987:1987 年在马德拉斯安娜大学举行的国际拉马努金百年纪念大会会议记录(英文)	2020—06	68.00	1150
解析数论:1988 年在东京举行的日法研讨会会议记录(英文)	2020—06	68.00	1151
解析数论:2002 年在意大利切特拉罗举行的 C. I. M. E. 暑期班演讲集(英文)	2020—06	68.00	1152
量子世界中的蝴蝶:最迷人的量子分形故事(英文)	2020—06	118.00	1157
走进量子力学(英文)	2020—06	118.00	1158
计算物理学概论(英文)	2020—06	48.00	1159
物质,空间和时间的理论:量子理论(英文)	即将出版		1160
物质,空间和时间的理论:经典理论(英文)	即将出版		1161
量子场理论:解释世界的神秘背景(英文)	2020—07	38.00	1162
计算物理学概论(英文)	即将出版		1163
行星状星云(英文)	即将出版		1164
基本宇宙学:从亚里士多德的宇宙到大爆炸(英文)	2020—08	58.00	1165
数学磁流体力学(英文)	2020—07	58.00	1166
计算科学:第 1 卷,计算的科学(日文)	2020—07	88.00	1167
计算科学:第 2 卷,计算与宇宙(日文)	2020—07	88.00	1168
计算科学:第 3 卷,计算与物质(日文)	2020—07	88.00	1169
计算科学:第 4 卷,计算与生命(日文)	2020—07	88.00	1170
计算科学:第 5 卷,计算与地球环境(日文)	2020—07	88.00	1171
计算科学:第 6 卷,计算与社会(日文)	2020—07	88.00	1172
计算科学. 别卷,超级计算机(日文)	2020—07	88.00	1173
多复变函数论(日文)	2022—06	78.00	1518
复变函数入门(日文)	2022—06	78.00	1523

刘培杰数学工作室

已出版(即将出版)图书目录——高等数学

书　名	出版时间	定　价	编号
代数与数论:综合方法(英文)	2020－10	78.00	1185
复分析:现代函数理论第一课(英文)	2020－07	58.00	1186
斐波那契数列和卡特兰数:导论(英文)	2020－10	68.00	1187
组合推理:计数艺术介绍(英文)	2020－07	88.00	1188
二次互反律的傅里叶分析证明(英文)	2020－07	48.00	1189
旋瓦兹分布的希尔伯特变换与应用(英文)	2020－07	58.00	1190
泛函分析:巴拿赫空间理论入门(英文)	2020－07	48.00	1191
典型群,错排与素数(英文)	2020－11	58.00	1204
李代数的表示:通过 gln 进行介绍(英文)	2020－10	38.00	1205
实分析演讲集(英文)	2020－10	38.00	1206
现代分析及其应用的课程(英文)	2020－10	58.00	1207
运动中的抛射物数学(英文)	2020－10	38.00	1208
2－扭结与它们的群(英文)	2020－10	38.00	1209
概率,策略和选择:博弈与选举中的数学(英文)	2020－11	58.00	1210
分析学引论(英文)	2020－11	58.00	1211
量子群:通往流代数的路径(英文)	2020－11	38.00	1212
集合论入门(英文)	2020－10	48.00	1213
酉反射群(英文)	2020－11	58.00	1214
探索数学:吸引人的证明方式(英文)	2020－11	58.00	1215
微分拓扑短期课程(英文)	2020－10	48.00	1216
抽象凸分析(英文)	2020－11	68.00	1222
费马大定理笔记(英文)	2021－03	48.00	1223
高斯与雅可比和(英文)	2021－03	78.00	1224
π与算术几何平均:关于解析数论和计算复杂性的研究(英文)	2021－01	58.00	1225
复分析入门(英文)	2021－03	48.00	1226
爱德华·卢卡斯与素性测定(英文)	2021－03	78.00	1227
通往凸分析及其应用的简单路径(英文)	2021－01	68.00	1229
微分几何的各个方面.第一卷(英文)	2021－01	58.00	1230
微分几何的各个方面.第二卷(英文)	2020－12	58.00	1231
微分几何的各个方面.第三卷(英文)	2020－12	58.00	1232
沃克流形几何学(英文)	2020－11	58.00	1233
彷射和韦尔几何应用(英文)	2020－12	58.00	1234
双曲几何学的旋转向量空间方法(英文)	2021－02	58.00	1235
积分:分析学的关键(英文)	2020－12	48.00	1236
为有天分的新生准备的分析学基础教材(英文)	2020－11	48.00	1237

刘培杰数学工作室
已出版(即将出版)图书目录——高等数学

书　　名	出版时间	定　价	编号
数学不等式.第一卷.对称多项式不等式(英文)	2021—03	108.00	1273
数学不等式.第二卷.对称有理不等式与对称无理不等式(英文)	2021—03	108.00	1274
数学不等式.第三卷.循环不等式与非循环不等式(英文)	2021—03	108.00	1275
数学不等式.第四卷.Jensen 不等式的扩展与加细(英文)	2021—03	108.00	1276
数学不等式.第五卷.创建不等式与解不等式的其他方法(英文)	2021—04	108.00	1277
冯·诺依曼代数中的谱位移函数:半有限冯·诺依曼代数中的谱位移函数与谱流(英文)	2021—06	98.00	1308
链接结构:关于嵌入完全图的直线中链接单形的组合结构(英文)	2021—05	58.00	1309
代数几何方法.第 1 卷(英文)	2021—06	68.00	1310
代数几何方法.第 2 卷(英文)	2021—06	68.00	1311
代数几何方法.第 3 卷(英文)	2021—06	58.00	1312
代数、生物信息和机器人技术的算法问题.第四卷,独立恒等式系统(俄文)	2020—08	118.00	1119
代数、生物信息和机器人技术的算法问题.第五卷,相对覆盖性和独立可拆分恒等式系统(俄文)	2020—08	118.00	1200
代数、生物信息和机器人技术的算法问题.第六卷,恒等式和准恒等式的相等问题、可推导性和可实现性(俄文)	2020—08	128.00	1201
分数阶微积分的应用:非局部动态过程,分数阶导热系数(俄文)	2021—01	68.00	1241
泛函分析问题与练习:第 2 版(俄文)	2021—01	98.00	1242
集合论、数学逻辑和算法论问题:第 5 版(俄文)	2021—01	98.00	1243
微分几何和拓扑短期课程(俄文)	2021—01	98.00	1244
素数规律(俄文)	2021—01	88.00	1245
无穷边值问题解的递减:无界域中的拟线性椭圆和抛物方程(俄文)	2021—01	48.00	1246
微分几何讲义(俄文)	2020—12	98.00	1253
二次型和矩阵(俄文)	2021—01	98.00	1255
积分和级数.第 2 卷,特殊函数(俄文)	2021—01	168.00	1258
积分和级数.第 3 卷,特殊函数补充:第 2 版(俄文)	2021—01	178.00	1264
几何图上的微分方程(俄文)	2021—01	138.00	1259
数论教程:第 2 版(俄文)	2021—01	98.00	1260
非阿基米德分析及其应用(俄文)	2021—03	98.00	1261

刘培杰数学工作室

已出版(即将出版)图书目录——高等数学 

书　　名	出版时间	定　价	编号
古典群和量子群的压缩(俄文)	2021—03	98.00	1263
数学分析习题集.第3卷,多元函数:第3版(俄文)	2021—03	98.00	1266
数学习题:乌拉尔国立大学数学力学系大学生奥林匹克(俄文)	2021—03	98.00	1267
柯西定理和微分方程的特解(俄文)	2021—03	98.00	1268
组合极值问题及其应用:第3版(俄文)	2021—03	98.00	1269
数学词典(俄文)	2021—01	98.00	1271
确定性混沌分析模型(俄文)	2021—06	168.00	1307
精选初等数学习题和定理.立体几何.第3版(俄文)	2021—03	68.00	1316
微分几何习题:第3版(俄文)	2021—05	98.00	1336
精选初等数学习题和定理.平面几何.第4版(俄文)	2021—05	68.00	1335
曲面理论在欧氏空间 En 中的直接表示	2022—01	68.00	1444
维纳—霍普夫离散算子和托普利兹算子:某些可数赋范空间中的诺特性和可逆性(俄文)	2022—03	108.00	1496
Maple 中的数论:数论中的计算机计算(俄文)	2022—03	88.00	1497
贝尔曼和克努特问题及其概括:加法运算的复杂性(俄文)	2022—03	138.00	1498
复分析:共形映射(俄文)	2022—07	48.00	1542
微积分代数样条和多项式及其在数值方法中的应用(俄文)	2022—08	128.00	1543
蒙特卡罗方法中的随机过程和场模型:算法和应用(俄文)	2022—08	88.00	1544
狭义相对论与广义相对论:时空与引力导论(英文)	2021—07	88.00	1319
束流物理学和粒子加速器的实践介绍:第2版(英文)	2021—07	88.00	1320
凝聚态物理中的拓扑和微分几何简介(英文)	2021—05	88.00	1321
混沌映射:动力学、分形学和快速涨落(英文)	2021—05	128.00	1322
广义相对论:黑洞、引力波和宇宙学介绍(英文)	2021—06	68.00	1323
现代分析电磁均质化(英文)	2021—06	68.00	1324
为科学家提供的基本流体动力学(英文)	2021—06	88.00	1325
视觉天文学:理解夜空的指南(英文)	2021—06	68.00	1326
物理学中的计算方法(英文)	2021—06	68.00	1327
单星的结构与演化:导论(英文)	2021—06	108.00	1328
超越居里:1903年至1963年物理界四位女性及其著名发现(英文)	2021—06	68.00	1329
范德瓦尔斯流体热力学的进展(英文)	2021—06	68.00	1330
先进的托卡马克稳定性理论(英文)	2021—06	88.00	1331
经典场论导论:基本相互作用的过程(英文)	2021—07	88.00	1332
光致电离量子动力学方法原理(英文)	2021—07	108.00	1333
经典域论和应力:能量张量(英文)	2021—05	88.00	1334
非线性太赫兹光谱的概念与应用(英文)	2021—06	68.00	1337
电磁学中的无穷空间并矢格林函数(英文)	2021—06	88.00	1338
物理科学基础数学.第1卷,齐次边值问题、傅里叶方法和特殊函数(英文)	2021—07	108.00	1339
离散量子力学(英文)	2021—07	68.00	1340
核磁共振的物理学和数学(英文)	2021—07	108.00	1341
分子水平的静电学(英文)	2021—08	68.00	1342
非线性波:理论、计算机模拟、实验(英文)	2021—06	108.00	1343
石墨烯光学:经典问题的电解解决方案(英文)	2021—06	68.00	1344
超材料多元宇宙(英文)	2021—07	68.00	1345
银河系外的天体物理学(英文)	2021—07	68.00	1346
原子物理学(英文)	2021—07	68.00	1347

刘培杰数学工作室
已出版(即将出版)图书目录——高等数学

书　　名	出版时间	定　价	编号
将光打结:将拓扑学应用于光学(英文)	2021－07	68.00	1348
电磁学:问题与解法(英文)	2021－07	88.00	1364
海浪的原理:介绍量子力学的技巧与应用(英文)	2021－07	108.00	1365
多孔介质中的流体:输运与相变(英文)	2021－07	68.00	1372
洛伦兹群的物理学(英文)	2021－08	68.00	1373
物理导论的数学方法和解决方法手册(英文)	2021－08	68.00	1374
非线性波数学物理学入门(英文)	2021－08	88.00	1376
波:基本原理和动力学(英文)	2021－07	68.00	1377
光电子量子计量学.第1卷,基础(英文)	2021－07	88.00	1383
光电子量子计量学.第2卷,应用与进展(英文)	2021－07	68.00	1384
复杂流的格子玻尔兹曼建模的工程应用(英文)	2021－08	68.00	1393
电偶极矩挑战(英文)	2021－08	108.00	1394
电动力学:问题与解法(英文)	2021－09	68.00	1395
自由电子激光的经典理论(英文)	2021－08	68.00	1397
曼哈顿计划——核武器物理学简介(英文)	2021－09	68.00	1401
粒子物理学(英文)	2021－09	68.00	1402
引力场中的量子信息(英文)	2021－09	128.00	1403
器件物理学的基本经典力学(英文)	2021－09	68.00	1404
等离子体物理及其空间应用导论.第1卷,基本原理和初步过程(英文)	2021－09	68.00	1405
伽利略理论力学:连续力学基础(英文)	2021－10	48.00	1416
拓扑与超弦理论焦点问题(英文)	2021－07	58.00	1349
应用数学:理论、方法与实践(英文)	2021－07	78.00	1350
非线性特征值问题:牛顿型方法与非线性瑞利函数(英文)	2021－07	58.00	1351
广义膨胀和齐性:利用齐性构造齐次系统的李雅普诺夫函数和控制律(英文)	2021－06	48.00	1352
解析数论焦点问题(英文)	2021－07	58.00	1353
随机微分方程:动态系统方法(英文)	2021－07	58.00	1354
经典力学与微分几何(英文)	2021－07	58.00	1355
负定相交形式流形上的瞬子模空间几何(英文)	2021－07	68.00	1356
广义卡塔兰轨道分析:广义卡塔兰轨道计算数字的方法(英文)	2021－07	48.00	1367
洛伦兹方法的变分:二维与三维洛伦兹方法(英文)	2021－08	38.00	1378
几何、分析和数论精编(英文)	2021－08	68.00	1380
从一个新角度看数论:通过遗传方法引入现实的概念(英文)	2021－07	58.00	1387

刘培杰数学工作室
已出版(即将出版)图书目录——高等数学

书　名	出版时间	定　价	编号
动力系统:短期课程(英文)	2021—08	68.00	1382
几何路径:理论与实践(英文)	2021—08	48.00	1385
广义斐波那契数列及其性质(英文)	2021—08	38.00	1386
论天体力学中某些问题的不可积性(英文)	2021—07	88.00	1396
对称函数和麦克唐纳多项式:余代数结构与 Kawanaka 恒等式	2021—09	38.00	1400
杰弗里·英格拉姆·泰勒科学论文集:第 1 卷. 固体力学(英文)	2021—05	78.00	1360
杰弗里·英格拉姆·泰勒科学论文集:第 2 卷. 气象学、海洋学和湍流(英文)	2021—05	68.00	1361
杰弗里·英格拉姆·泰勒科学论文集:第 3 卷. 空气动力学以及落弹数和爆炸的力学(英文)	2021—05	68.00	1362
杰弗里·英格拉姆·泰勒科学论文集:第 4 卷. 有关流体力学(英文)	2021—05	58.00	1363
非局域泛函演化方程:积分与分数阶(英文)	2021—08	48.00	1390
理论工作者的高等微分几何:纤维丛、射流流形和拉格朗日理论(英文)	2021—08	68.00	1391
半线性退化椭圆微分方程:局部定理与整体定理(英文)	2021—07	48.00	1392
非交换几何、规范理论和重整化:一般简介与非交换量子场论的重整化(英文)	2021—09	78.00	1406
数论论文集:拉普拉斯变换和带有数论系数的幂级数(俄文)	2021—09	48.00	1407
挠理论专题:相对极大值,单射与扩充模(英文)	2021—09	88.00	1410
强正则图与欧几里得若尔当代数:非通常关系中的启示(英文)	2021—10	48.00	1411
拉格朗日几何和哈密顿几何:力学的应用(英文)	2021—10	48.00	1412
时滞微分方程与差分方程的振动理论:二阶与三阶(英文)	2021—10	98.00	1417
卷积结构与几何函数理论:用以研究特定几何函数理论方向的分数阶微积分算子与卷积结构(英文)	2021—10	48.00	1418
经典数学物理的历史发展(英文)	2021—10	78.00	1419
扩展线性丢番图问题(英文)	2021—10	38.00	1420
一类混沌动力系统的分歧分析与控制:分歧分析与控制(英文)	2021—11	38.00	1421
伽利略空间和伪伽利略空间中一些特殊曲线的几何性质(英文)	2022—01	48.00	1422

刘培杰数学工作室

已出版(即将出版)图书目录——高等数学

书　名	出版时间	定　价	编号
一阶偏微分方程:哈密尔顿—雅可比理论(英文)	2021—11	48.00	1424
各向异性黎曼多面体的反问题:分段光滑的各向异性黎曼多面体反边界谱问题:唯一性(英文)	2021—11	38.00	1425
项目反应理论手册.第一卷,模型(英文)	2021—11	138.00	1431
项目反应理论手册.第二卷,统计工具(英文)	2021—11	118.00	1432
项目反应理论手册.第三卷,应用(英文)	2021—11	138.00	1433
二次无理数:经典数论入门(英文)	2022—05	138.00	1434
数,形与对称性:数论,几何和群论导论(英文)	2022—05	128.00	1435
有限域手册(英文)	2021—11	178.00	1436
计算数论(英文)	2021—11	148.00	1437
拟群与其表示简介(英文)	2021—11	88.00	1438
数论与密码学导论:第二版(英文)	2022—01	148.00	1423
几何分析中的柯西变换与黎兹变换:解析调和容量和李普希兹调和容量、变化和振荡以及一致可求长性(英文)	2021—12	38.00	1465
近似不动点定理及其应用(英文)	2022—05	28.00	1466
局部域的相关内容解析:对局部域的扩展及其伽罗瓦群的研究(英文)	2022—01	38.00	1467
反问题的二进制恢复方法(英文)	2022—03	28.00	1468
对几何函数中某些类的各个方面的研究:复变量理论(英文)	2022—01	38.00	1469
覆盖、对应和非交换几何(英文)	2022—01	28.00	1470
最优控制理论中的随机线性调节器问题:随机最优线性调节器问题(英文)	2022—01	38.00	1473
正交分解法:涡流流体动力学应用的正交分解法(英文)	2022—01	38.00	1475
芬斯勒几何的某些问题(英文)	2022—03	38.00	1476
受限三体问题(英文)	2022—05	38.00	1477
利用马利亚万微积分进行 Greeks 的计算:连续过程、跳跃过程中的马利亚万微积分和金融领域中的 Greeks(英文)	2022—05	48.00	1478
经典分析和泛函分析的应用:分析学的应用(英文)	2022—05	38.00	1479
特殊芬斯勒空间的探究(英文)	2022—03	48.00	1480
某些图形的施泰纳距离的细谷多项式:细谷多项式与图的维纳指数(英文)	2022—05	38.00	1481
图论问题的遗传算法:在新鲜与模糊的环境中(英文)	2022—05	48.00	1482
多项式映射的渐近簇(英文)	2022—05	38.00	1483

刘培杰数学工作室

已出版(即将出版)图书目录——高等数学 

书　　名	出版时间	定　价	编号
一维系统中的混沌:符号动力学,映射序列,一致收敛和沙可夫斯基定理(英文)	2022—05	38.00	1509
多维边界层流动与传热分析:粘性流体流动的数学建模与分析(英文)	2022—05	38.00	1510
演绎理论物理学的原理:一种基于量子力学波函数的逐次置信估计的一般理论的提议(英文)	2022—05	38.00	1511
R^2 和 R^3 中的仿射弹性曲线:概念和方法(英文)	即将出版		1512
算术数列中除数函数的分布:基本内容、调查、方法、第二矩、新结果(英文)	2022—05	28.00	1513
抛物型狄拉克算子和薛定谔方程:不定常薛定谔方程的抛物型狄拉克算子及其应用(英文)	2022—07	28.00	1514
黎曼-希尔伯特问题与量子场论:可积重正化、戴森-施温格方程(英文)	即将出版		1515
代数结构和几何结构的形变理论(英文)	2022—08	48.00	1516
概率结构和模糊结构上的不动点:概率结构和直觉模糊度量空间的不动点定理(英文)	2022—08	38.00	1517
反若尔当对:简单反若尔当对的自同构	2022—07	28.00	1533
对某些黎曼—芬斯勒空间变换的研究:芬斯勒几何中的某些变换	2022—07	38.00	1534
内诣零流形映射的尼尔森数的阿诺索夫关系	即将出版		1535
与广义积分变换有关的分数次演算:对分数次演算的研究	即将出版		1536
强子的芬斯勒几何和吕拉几何(宇宙学方面):强子结构的芬斯勒几何和吕拉几何(拓扑缺陷)	即将出版		1537
一种基于混沌的非线性最优化问题:作业调度问题	即将出版		1538
广义概率论发展前景:关于趣味数学与置信函数实际应用的一些原创观点	即将出版		1539
纽结与物理学:第二版(英文)	2022—09	118.00	1547
正交多项式和 q—级数的前沿(英文)	即将出版		1548
算子理论问题集(英文)	即将出版		1549
抽象代数:群、环与域的应用导论:第二版(英文)	即将出版		1550
菲尔兹奖得主演讲集:第三版(英文)	即将出版		1551
多元实函数教程(英文)	即将出版		1552

联系地址:哈尔滨市南岗区复华四道街 10 号　哈尔滨工业大学出版社刘培杰数学工作室

网　　址:http://lpj.hit.edu.cn/

邮　　编:150006

联系电话:0451—86281378　　13904613167

E-mail:lpj1378@163.com